Taschenbuch
der
Physik

Inhaltsverzeichnis

Taschenbuch der Physik

Formeln • Tabellen • Übersichten

Herausgegeben von
Prof. Dr. Horst Stöcker

3., völlig überarbeitete
und erweiterte Auflage

Verlag Harri Deutsch

Professor Dr. Horst Stöcker
Universität Frankfurt

Die Deutsche Bibliothek - CIP-Einheitsaufnahme

Taschenbuch der Physik : Formeln, Tabellen, Übersichten /
hrsg. von Horst Stöcker. - 3., völlig überarb. und erw. Aufl. -
Thun ; Frankfurt am Main : Deutsch, 1998
  ISBN 3-8171-1556-3

ISBN 3-8171-1556-3

3., überarbeitete und erweiterte Auflage 1998
© Verlag Harri Deutsch, Thun und Frankfurt am Main, 1998
Druck: Clausen & Bosse, Leck
Printed in Germany

Autoren:[1]
Dipl.-Phys. **Christoph Best**, Uni Frankfurt, (Mechanik) mit
Dipl.-Ing. Helmut Kutz, Mauserwerke AG, Oberndorf,
Prof. Dr. Rudolf Pitka, FH Frankfurt
Dipl.-Phys. **Kordt Griepenkerl**, Uni Frankfurt, (Schwingungen und Wellen, Akustik, Optik) mit
Prof. Dr. Steffen Bohrmann, FHT Mannheim,
Dipl.-Phys. Klaus Horn, FH Frankfurt
Dr. **Christian Hofmann**, TU Dresden, (Elektrizität, Magnetismus) mit
Dipl.-Phys. Klaus-Jürgen Lutz, Uni Frankfurt,
Prof. Dr. Rudolf Taute, FH der Telekom, Berlin,
Prof. Dr. Georg Terlecki, FH Rheinland-Pfalz, Abt. Kaiserslautern
Dr. **Christoph Hartnack**, Ecole de Mines und Subatech, Nantes (Thermodynamik) mit
Dipl.-Betriebswirt (BA) Jochen Gerber, FH Frankfurt,
Dr. Ludwig Neise, Uni Heidelberg
Prof. Dr. **Alexander Andreeff**, ehem. TU Dresden, (Quantenphysik) mit
Dipl.-Phys. Markus Hofmann, Uni Frankfurt,
Dipl.-Phys. Christian Spieles, Uni Frankfurt
Mit Beiträgen von
Prof. Dr. Hans Babovsky, TU Ilmenau,
Dr. Heiner Heng, Physikalisches Institut, Frankfurt,
Dipl.-Phys. Frank Heyder, Physikalisches Institut, Frankfurt,
Dipl.-Phys. André Jahns, Uni Frankfurt,
Dr. habil. Karl-Heinz Kampert, Uni Karlsruhe,
Prof. Dr. Ralf Rüdiger Kories, FH der Telekom, Dieburg,
Dipl.-Ing. chem. Imke Krüger–Wiedorn, Naturwissenschaftl.-Techn. Akademie Isny,
Dipl.-Phys. Christiane Lesny, Uni Frankfurt,
Prof. Dr.-Ing. Holger Lutz, FH Gießen–Friedberg,
Prof. Dr.-Ing. Monika Lutz, FH Gießen–Friedberg,
Dipl.-Phys. Raffaele Mattiello, Uni Frankfurt,
Dr. Jörg Müller, University of Tennessee, Knoxville,
Dr. Jürgen Müller, Denton Vacuum, Inc., und APD Cryogenics, Inc., Frankfurt,
Prof. Dr. Gottfried Münzenberg, Uni Gießen und GSI Darmstadt,
Akad. Oberrat Dr. habil. Helmut Oeschler, TH Darmstadt,
Prof. Dr. Roland Reif, ehem. TU Dresden,
Akad. Oberrat Dr. Joachim Reinhardt, Uni Frankfurt,
Dr. Hans-Georg Reusch, Uni Münster und IBM Wissenschaftliches Zentrum Heidelberg,
Dipl.-Phys. Matthias Rosenstock, Uni Frankfurt,
Dr. Wolfgang Schäfer, Telenorma (Bosch-Telekom) GmbH, Frankfurt,
Priv.-Doz. Dr. Alwin Schempp, Inst. für Angewandte Physik, Uni Frankfurt,
Prof. Dr.-Ing. Heinz Schmidt-Walter, FH der Telekom, Dieburg,
Prof. Dr. Bernd Schürmann, Siemens AG, München,
Phys.-Techn. Ass. Astrid Steidl, NTA Isny,
Dr. Jürgen Theis, Hoechst AG, Höchst,
Prof. Dr. Thomas Weis, Uni Dortmund,
Prof. Dr.-Ing. Wolfgang Wendt, FHT Esslingen,
Dr. Michael Wiedorn, Gesamthochschule Essen und PSI Bern,
Dr. Bernd Wolf, Physikalisches Institut, Uni Frankfurt,
Dr.-Ing. Dieter Zetsche, Mercedes-Benz AG, Stuttgart.

Mit zahlreichen Beiträgen aus den Physik-Lehrbuchreihen von
Prof. Dr. Dr. h.c. mult. Walter Greiner, Uni Frankfurt, und
Prof. Dr. Dr. h.c. mult. Werner Martienssen, Physikalisches Institut, Frankfurt

[1] Die Angaben wurden vom Verlag nach bestem Wissen aktualisiert.

Vorwort

Die vielfältigen **Anwendungen der Physik** bestimmen heute weite Bereiche der Ingenieur- und Naturwissenschaften. In Ausbildung und Praxis wird es daher immer wichtiger, die **Grundlagen der Physik** und **aktueller Meßmethoden** griffbereit zu haben.
Das **Taschenbuch der Physik** wurde von einem Team erfahrener Hochschuldozenten, Wissenschaftler und in der Praxis stehender Ingenieure unter dem Gesichtspunkt „**Physik griffbereit**" erstellt: Alle wichtigen Formeln, Tabellen und **Anwendungen** sind hier kompakt zusammengestellt.

Das **Taschenbuch der Physik** vereint

* **Basiswissen** für Abiturienten, Fachoberschüler und Studenten im **Grundstudium**,
* **Aufbauwissen** für **fortgeschrittene** Studenten und
* den physikalischen **Background** für den **berufstätigen** Ingenieur und Wissenschaftler.

Das **Taschenbuch der Physik** ist hervorragend geeignet als

* rasch verfügbare Informationsquelle für Klausuren und Prüfungen,
* sicheres Hilfsmittel beim Lösen von Problemen und Übungsaufgaben,
* aktuelles **Nachschlagewerk** für den Berufspraktiker.

Jedes Kapitel ist für sich eine selbständige Einheit und enthält alle wichtigen

▲   **Begriffe, Formeln, Regeln** und **Sätze,**

■   **Beispiele** und praktische **Anwendungen,**

➤   Hinweise auf wichtige **Fehlerquellen,** Tips und Querverweise,

M   wichtige **Meßverfahren** für die Praxis sowie

zahlreiche **Tabellen** von Naturkonstanten und Materialeigenschaften.

Hervorzuheben ist die einheitliche Behandlung und Darstellung der physikalischen Begriffe und Formeln: Zu jeder Größe sind alle Eigenschaften wie Meßverfahren, wichtige Gesetze, verwandte Größen, Materialkonstanten, SI–Einheiten, Dimensionen, Umwandlungen und Anwendungshinweise zusammengetragen und kompakt dargestellt.

Der Anwender gewinnt die benötigten Informationen gezielt und rasch durch die benutzerfreundliche Gestaltung des **Taschenbuches der Physik**:

* strukturiertes Inhaltsverzeichnis,
* Griffleisten und farbige Lesezeichen für den schnellen Zugriff,
* ausführliches Stichwortverzeichnis.

Das **Taschenbuch der Physik** ist – wie das **Taschenbuch mathematischer Formeln und moderner Verfahren** von H. Stöcker (Hrsg.) – geeignet als **Nachschlagewerk** zum Lehr- und Lernbuch **Physik für Ingenieure** von S. Bohrmann, R. Pitka, H. Stöcker und G. Terlecki.

Aus dem Vorwort zur zweiten Auflage

Das **Taschenbuch der Physik** liegt hiermit in vollständig überarbeiteter und erweiterter Form vor. Viele Wünsche aus der Leserschaft wurden dabei berücksichtigt und einführende Abschnitte über **Mikromechanik, Chaos und Fraktale, Technische Akustik** und **Technische Optik, Laser** und **Optoelektronik, Supraleitung, Elementarteilchen** und **Astrophysik** aufgenommen.

Für wesentliche Beiträge zur Verbesserung bedanken wir uns bei

Prof. Dr. G. Brecht, FH Lippe,
Prof. Dr. H. Dirks, FH Darmstadt,
Prof. Dr. E. Groth, FH Hamburg,
Prof. Dr. K. Grupen, Uni Siegen,
Prof. Dr. Gutsch, FH Hannover,
Prof. Dr. S. Jordan, FH Schweinfurt,
Prof. Dr. P. Kienle, TU München,
Prof. Dr. U. Kreibig, RWTH Aachen,
Prof. Dr.-Ing. J. L. Leichsenring, FH Köln,
Prof. Dr. Löckenhoff, FH Dortmund,
Prof. Dr. H. Merz, Uni Münster,

Prof. Dr.-Ing. J. Michele, FH Wilhelmshaven,
Prof. Dr. H. D. Motz, GH Wuppertal,
Prof. Dr.-Ing. H. Niedrig, TU Berlin,
Prof. Dr. R. Nocker, FH Hannover,
Prof. Dr. H. J. Oberg, FH Hamburg,
Prof. Dr. A. Richter, TH Darmstadt
Prof. Dr. D. Riedel, FH Düsseldorf,
Prof. Dr.-Ing. W.-D. Ruf, FH Aalen,
Prof. Dr. J. A. Sahm, TU Berlin,
Prof. Dr. H. Schäfer, FH Schmalkalden,
Prof. Dr. G. Zimmerer, Uni Hamburg

Vorwort zur dritten Auflage

Auch zur zweiten Auflage des Taschenbuchs erhielten Verlag und Autoren zahlreiche sinnvolle Anregungen und Hinweise. Viele davon konnten in dieser dritten Auflage umgesetzt werden.

Am auffälligsten ist sicher die Umstellung auf das „**Bronstein-Format**" durch Herrn Prof. Dr. G. Flach, das ebenso zu einem ruhigeren Erscheinungsbild beiträgt wie die Nachbearbeitung der Abbildungen, für die wir Frau N. Flach zu Dank verpflichtet sind.

Für die Überarbeitung des Inhalts, die in größerem Umfang insbesondere die Teile **Mechanik** und **Quantenphysik** betrifft, möchten wir ausdrücklich danken

- Herrn Prof. R. Reif, Dresden, der neben der **Mechanik** auch das Kapitel zur **Kernphysik** überarbeitet und erweitert (und die Vorlagen zu zahlreichen Abbildungen geliefert) hat;
- Herrn Prof. Dr. P. Ziesche und Herrn Dr. D. Lehmann, Dresden, für die Ergänzungen im Abschnitt **Festkörperphysik**;
- Herrn Dr. J. Moisel, Ulm, für die Aktualisierung der **Optik**;
- Herrn Prof. Dr. R. Kories, Dieburg, für die Hinweise zum Kapitel **Halbleiterphysik**;
- Herrn Dr. E. Fischer, Aarau, für die konstruktive Kritik und die ausführliche Fehlerliste, die er nach vollständiger Durchsicht der zweiten Auflage erstellte.

Vor allem gilt unser Dank jedoch Herrn Dr. H.-R. Kissener, der die Überarbeitung des gesamten Buches verantwortlich begleitete.

Wir möchten Sie als Benutzer des **Taschenbuches der Physik** bitten, Vorschläge und Ergänzungen an den Verlag zu senden.

Autoren und Verlag Harri Deutsch
Gräfstr. 47–51
D–60486 Frankfurt am Main
Fax: 069/7073739
E–mail: verlag@harri-deutsch.de
http://www.Germany.EU.net/shop/HD/verlag/

Inhaltsverzeichnis

Tabellenverzeichnis

Teil I Mechanik

1 Kinematik

Kinematik, die Lehre von den Bewegungen der Körper. Die Kinematik beschäftigt sich mit der mathematischen Beschreibung von Bewegungen, ohne die wirkenden Kräfte zu betrachten. Dabei spielen die Größen Ort, Weg, Zeit, Geschwindigkeit und Beschleunigung die zentrale Rolle.

1.1 Beschreibung von Bewegungen

Bewegung, die Änderung des Ortes eines Körpers während eines Zeitraums. Zu ihrer Beschreibung werden dem **Ort** des Körpers in einem **Koordinatensystem** Zahlenwerte (**Koordinaten**) zugeordnet, deren Änderung in der **Zeit** die Bewegung charakterisiert.
Gleichförmige Bewegung, besteht, wenn der Körper in gleichen Zeiten gleiche Strecken zurücklegt. Gegensatz: **ungleichförmige Bewegung**.

1.1.1 Bezugssysteme

1. Dimension von Räumen

Dimension, eines **Raumes** die Anzahl der Zahlenwerte, die nötig sind, um den Ort eines Körpers in diesem Raum zu bestimmen.

- Eine Gerade ist eindimensional, da **ein** Zahlenwert zur Ortsbestimmung nötig ist; eine Fläche ist zweidimensional mit **zwei** Zahlenwerten, und der Raum ist dreidimensional, da **drei** Zahlenwerte zur Ortsbestimmung nötig sind.
- Jeder Punkt auf der Erde kann durch die Angabe seiner geographischen Länge und Breite bestimmt werden. Die Dimension der Erdoberfläche ist 2.
- Der Raum, in dem wir uns bewegen, ist dreidimensional. Eine Bewegung in der Ebene ist zweidimensional, eine Bewegung auf einer Schiene ist eindimensional. Als weitere Generalisierung findet man den nulldimensionalen Punkt und das vierdimensionale Raum-Zeit-Kontinuum (Minkowski-Raum), dessen Koordinaten drei Raumkoordinaten und eine Zeitkoordinate sind.
- ➤ Bei Zwangsbedingungen (z.B. geführte Bewegung längs Schiene oder auf Fläche) wird die Raumdimension eingeschränkt.

2. Koordinatensysteme

Koordinatensysteme dienen zur mathematischen Beschreibung von Bewegungen. Sie ordnen den Orten, an denen sich ein Körper befindet, Zahlenwerte zu. Dadurch kann eine Bewegung als mathematische Funktion beschrieben werden, die dem Körper zu jeder gegebenen Zeit die Ortskoordinaten zuordnet.
Es gibt verschiedene Arten von Koordinatensystemen ($\vec{e}_i$: Einheitsvektor in i-Richtung):
a) Affines Koordinatensystem, im zweidimensionalen Fall sind zwei durch einen Punkt O gehende Geraden (eingeschlossener Winkel beliebig) die Koordinatenachsen (**Abb. 1.1**), im dreidimensionalen Fall sind die Koordinatenachsen drei verschiedene Geraden, die nicht in einer Ebene liegen und durch den Koordinatenursprung O gehen. Die Koordinaten ξ, η, ζ eines Raumpunktes ergeben sich als Projektionen parallel zu den drei Koordinatenebenen, die von je zwei Koordinatenachsen aufgespannt werden, auf die Koordinatenachsen.
b) Kartesisches Koordinatensystem, Spezialfall des affinen Koordinatensystems, besteht aus jeweils senkrecht aufeinander stehenden geradlinigen Koordinatenachsen. Die Koordinaten x, y, z eines Raumpunktes P sind die senkrechten Projektionen des Ortes von P auf diese Achsen (**Abb. 1.2**).

Linienelement:	$\mathrm{d}\vec{r} = \mathrm{d}x\,\vec{e}_x + \mathrm{d}y\,\vec{e}_y + \mathrm{d}z\,\vec{e}_z$.
Flächenelement in der x, y–Ebene:	$\mathrm{d}A = \mathrm{d}x\,\mathrm{d}y$.
Volumenelement:	$\mathrm{d}V = \mathrm{d}x\,\mathrm{d}y\,\mathrm{d}z$.

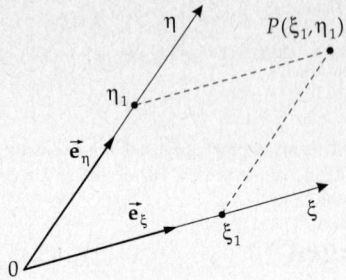

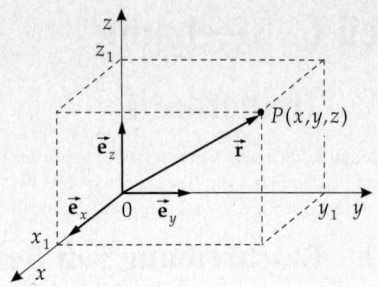

Abbildung 1.1: Affine Koordinaten in der Ebene.
Koordinaten des Punktes P: ξ_1, η_1

Abbildung 1.2: Kartesische Koordinaten im
dreidimensionalen Raum. Koordinaten des Punktes
P: x, y, z

Rechtssystem, im dreidimensionalen Raum spezielle Anordnung der Koordinatenachsen eines kartesischen
Koordinatensystems: Die x-, y- und z-Achsen zeigen in dieser Reihenfolge wie Daumen, Zeigefinger und
Mittelfinger der rechten Hand (**Abb. 1.3**).

c) Polarkoordinatensystem in der Ebene, Polarkoordinaten sind der Abstand r vom Ursprung und der
Winkel φ, den der Ortsvektor mit einer Bezugsrichtung (positive x-Achse) bildet (**Abb. 1.4**).
Linienelement: $d\vec{r} = dr\,\vec{e}_r + r\,d\varphi\,\vec{e}_\varphi$.
Flächenelement: $dA = r\,dr\,d\varphi$.

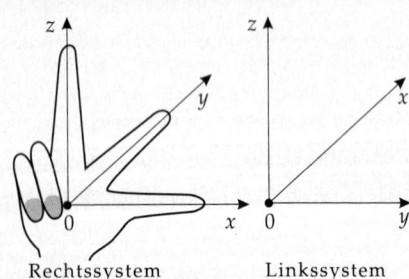

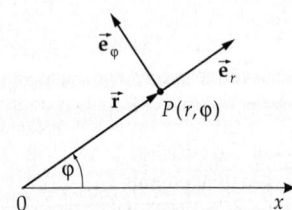

Abbildung 1.3: Rechts- und Linkssystem

Abbildung 1.4: Polarkoordinaten in der Ebene.
Koordinaten des Punktes P: r, φ

d) Kugelkoordinatensystem, Verallgemeinerung der Polarkoordinaten auf den dreidimensionalen Raum.
Kugelkoordinaten sind der Abstand r vom Ursprung, der Winkel ϑ des Ortsvektors gegen die z-Achse und
der Winkel φ, den die Projektion des Ortsvektors auf die x-y-Achse mit der positiven x-Achse bildet
(**Abb. 1.5**).
Linienelement: $d\vec{r} = dr\,\vec{e}_r + r\,d\vartheta\,\vec{e}_\vartheta + r\sin\vartheta\,d\varphi\,\vec{e}_\varphi$.
Volumenelement: $dV = r^2 \sin\vartheta\,dr\,d\vartheta\,d\varphi$.
Raumwinkelelement: $d\Omega = \sin\vartheta\,d\vartheta\,d\varphi$.

e) Zylinderkoordinatensystem, Mischung aus kartesischen und Polarkoordinaten im dreidimensionalen
Raum. Zylinderkoordinaten sind die Projektion des Ortsvektors $\vec{r}$ auf die z-Achse und die Polarkoordinaten
(ρ, φ) in der zur z-Achse senkrechten Ebene, also die Länge ρ des Lotes auf die z-Achse und der Winkel,
den dieses Lot mit der positiven x-Achse bildet (**Abb. 1.6**).

Linienelement: $\quad d\vec{r} = d\rho\,\vec{e}_\rho + \rho\,d\phi\,\vec{e}_\phi + dz\,\vec{e}_z$.

Volumenelement: $\quad dV = \rho\,d\rho\,d\phi\,dz$.

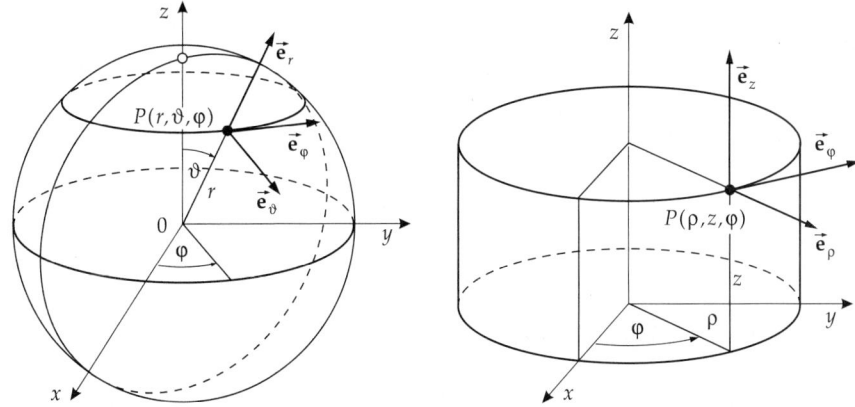

Abbildung 1.5: Kugelkoordinaten   Abbildung 1.6: Zylinderkoordinaten

3. Bezugssystem

Ein Bezugssystem besteht aus einem System von **Koordinaten**, relativ zu dem die Lage des mechanischen Systems angegeben wird, und einer **Uhr** zur Zeitanzeige. Die Verbindung zwischen dem Bezugssystem und physikalischen Vorgängen geschieht durch **Aufweisung**, d.h. durch die Angabe von Bezugspunkten und/oder Bezugsrichtungen.

■   Beim kartesischen Koordinatensystem in zwei Dimensionen ist der Ursprung und die Richtung der x-Achse anzugeben, in drei Dimensionen auch die Richtung der y-Achse. Alternativ können zwei bzw. drei Bezugspunkte angegeben werden.

▲   Es gibt kein absolutes Bezugssystem. Jede Bewegung ist eine Relativbewegung, d.h., sie hängt von dem gewählten Bezugssystem ab. Die Definition einer **absoluten** Bewegung ohne Angabe des Bezugssystems ist physikalisch sinnlos. Die Angabe des Bezugssystems ist für die Beschreibung jeder Bewegung **unbedingt notwendig**.

➤   Ein und dieselbe Bewegung kann in unterschiedlichen Bezugssystemen beschrieben werden. Die geschickte Wahl des Bezugssystems ist oft Voraussetzung für eine einfache Behandlung der Bewegung.

4. Ortsvektor und Ortsfunktion

Ortsvektor, $\vec{r}$, Vektor vom Koordinatenursprung zum Raumpunkt (x, y, z). Man schreibt den Ortsvektor als einen Spaltenvektor, dessen Komponenten die Koordinaten sind (s. S.1020):

$$\vec{r} = \begin{pmatrix} x \\ y \\ z \end{pmatrix}.$$

Ortsfunktion, $\vec{r}(t) = \begin{pmatrix} x(t) \\ y(t) \\ z(t) \end{pmatrix}$, gibt den Ort eines Körpers zu jedem Zeitpunkt t an. Durch die Ortsfunktion ist die Bewegung eindeutig und vollständig beschrieben.

5. Bahn,

die Menge aller Raumpunkte (Orte), die der Körper bei seiner Bewegung durchläuft.

■   Die Bahn einer Punktmasse, die auf einem sich drehenden Rad mit dem Radius R im Abstand $a < R$ von der Drehachse befestigt ist, ist ein Kreis. Rollt das Rad auf einer geraden Schiene ab, dann bewegt sich der Punkt auf einer verkürzten Zykloide (**Abb. 1.7**).

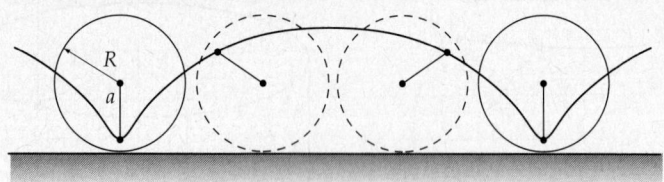

Abbildung 1.7: Verkürzte Zykloide als Überlagerung von Rotation und Translation

6. Bahnkurve,

Darstellung der Bahn als Funktion $\vec{r}(p)$ eines Parameters p, der z.B. der Zeitpunkt t oder der zurückgelegte Weg s sein kann. Mit wachsenden Parameterwerten durchläuft der Massenpunkt die Bahn in positiver Kurvenrichtung (**Abb. 1.8**).

➤   Aus der Bahn allein, ohne Kenntnis der zeitabhängigen Ortsfunktion, lässt sich die Geschwindigkeit des Massenpunktes nicht ableiten.

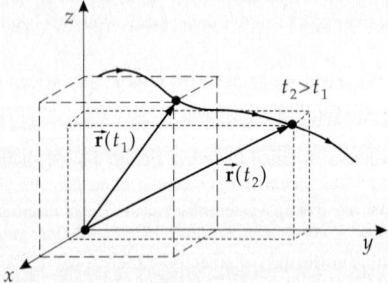

Abbildung 1.8: Bahnkurve $\vec{r}(t)$

a) Beispiel: Kreisbewegung eines Massenpunktes. Bewegung eines Massenpunktes auf einem Kreis mit dem Radius R in der x, y-Ebene des dreimensionalen Raumes. Parametrisierung der Bahnkurve durch den Drehwinkel φ in Abhängigkeit von der Zeit t

- in Kugelkoordinaten: $r = R$, $\vartheta = \pi/2$, $\varphi = \varphi(t)$,
- in kartesischen Koordinaten: $x(t) = R \cdot \cos\varphi(t)$, $y(t) = R \cdot \sin\varphi(t)$, $z(t) = 0$ (**Abb. 1.9**).

b) Beispiel: Punkt auf rollendem Rad. Die Bahnkurve eines Punktes, der sich auf einem mit konstanter Geschwindigkeit nach rechts rollenden Rad (Radius R) im Abstand $a < R$ von der Achse befindet, ist eine verkürzte Zykloide. Parameterdarstellung der verkürzten Zykloide in kartesischen Koordinaten durch den Wälzwinkel $\phi(t)$ (**Abb. 1.10**) lautet:

$$x(t) = vt - a\sin\phi(t),$$
$$y(t) = R - a\cos\phi(t).$$

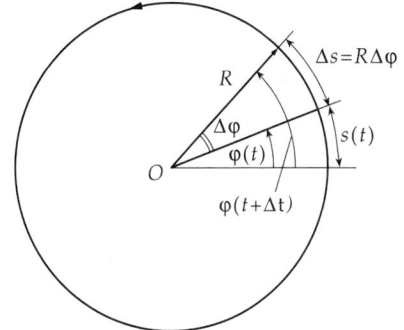

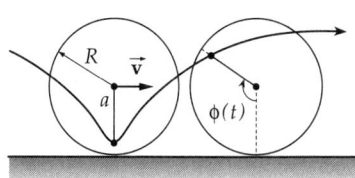

Abbildung 1.9: Bewegung auf einem Kreis mit dem Radius R. Element des Drehwinkels: $\Delta\varphi$, Element der Bogenlänge: $\Delta s = R \cdot \Delta\varphi$

Abbildung 1.10: Parameterdarstellung der Bewegung auf einer verkürzten Zykloide durch den Wälzwinkel ϕ als Funktion der Zeit t

7. Freiheitsgrade

eines mechanischen Systems, Anzahl der unabhängigen Größen, die notwendig sind, um die Lage des Systems eindeutig zu bestimmen.

■ Ein Massenpunkt im dreidimensionalen Raum hat drei Freiheitsgrade der Translation (Verschiebungen in drei voneinander unabhängigen Richtungen x, y, z). Ein freies System aus N Massenpunkten im dreidimensionalen Raum hat $3 \cdot N$ Freiheitsgrade.

Wird bei einem System aus N Massenpunkten die Bewegung der Massenpunkte durch innere oder äußere Zwangsbedingungen eingeschränkt, so dass k Nebenbedingungen zwischen den Koordinaten $\vec{r}_1, \vec{r}_2, \cdots, \vec{r}_N$ bestehen,

$$g_\alpha(\vec{r}_1, \vec{r}_2, \cdots, \vec{r}_N, t) = 0, \quad \alpha = 1, 2, \cdots, k,$$

dann hat das System nur noch $f = 3 \cdot N - k$ Freiheitsgrade.

■ Für einen Massenpunkt, der sich nur in der x, y-Ebene (Bedingung: $z = 0$) bewegen kann, verbleiben zwei Freiheitsgrade. Der Massenpunkt hat nur einen Freiheitsgrad, wenn die Bewegung auf die x-Achse (Bedingungen: $y = 0$, $z = 0$) eingeschränkt ist.
Ein System aus zwei, durch eine Stange der Länge l fest verbundenen Massenpunkten besitzt $f = 6 - 1 = 5$ Freiheitsgrade (Bedingung: $(\vec{r}_1 - \vec{r}_2)^2 = l^2$, $\vec{r}_1, \vec{r}_2$: Ortsvektoren der Massenpunkte).
Ein starrer Körper besitzt sechs Freiheitsgrade: drei Translationsfreiheitsgrade und drei Rotationsfreiheitsgrade. Wird ein starrer Körper an einem Punkt festgehalten (Kreisel), verbleiben drei Freiheitsgrade der Rotation. Ein starrer Körper, der sich nur um eine feste Achse drehen kann, ist ein physisches Pendel mit nur einem Rotationsfreiheitsgrad.
Eine nichtstarre, kontinuierliche Massenverteilung (Kontinuumsmodell eines deformierbaren Körpers) hat unendlich viele Freiheitsgrade.

1.1.2 Zeit

1. Definition und Messung der Zeit

Zeit, t, zur Quantifizierung zeitlich veränderlicher Vorgänge.

Periodische (wiederkehrende) Vorgänge in der Natur werden zur Festlegung der Zeiteinheit benutzt.

Zeitraum, Zeitintervall, Δt, der zeitliche Abstand zweier Ereignisse.

$\boxed{\text{M}}$ Die Messung der Zeit mittels **Uhren** beruht auf periodischen (Pendel, Drehschwingungen) oder gleichmäßigen (vormals in Gebrauch: Abbrennen einer Kerze, Wasseruhr) Vorgängen in der Natur.

Schwerependel bieten den Vorteil, dass ihre Periode T nur von ihrer Länge l (und der örtlichen Fallbeschleunigung g) abhängt: $T = 2\pi\sqrt{l/g}$. Mechanische Taschenuhren basieren auf der periodischen Drehbewegung der **Unruh**, die durch eine Spiralfeder erzwungen wird. Moderne Verfahren benutzen elektrische Schwingkreise, deren Frequenz durch die Resonanzfrequenz eines Quarzkristalls oder atomphysikalische Vorgänge stabilisiert wird.

Stoppuhr, dient zur Messung von Zeitintervallen, oft in Verbindung mit mechanischen oder elektrischen Signalgebern (Schalter, Lichtschranke).

Typische Genauigkeiten von Uhren liegen im Bereich von Minuten pro Tag für mechanische Uhren, bei einigen Zehntel Sekunden pro Tag für Quarzuhren und bei 10^{-14} (eine Sekunde in mehreren Millionen Jahren) für Atomuhren, die auch für Deutschland als primäres Zeitnormal (von der Physikalisch-Technischen Bundesanstalt in Braunschweig festgelegte Zeit) dienen.

2.   Zeiteinheiten

Sekunde, s, SI-Einheit der Zeit. Eine der Grundeinheiten des SI, definiert als 9 192 631 770 Periodendauern der elektromagnetischen Strahlung aus dem Übergang zwischen den Hyperfeinstrukturniveaus des Grundzustandes von Cäsium 133 (relative Genauigkeit: 10^{-14}). Ursprünglich definiert als der 86400ste Teil eines mittleren Sonnentages, der in 24 Stunden zu je 60 Minuten zu je 60 Sekunden aufgeteilt ist. Die Tageslänge ist nicht hinreichend konstant, um als Bezugsnormal zu dienen.

$[t] = \mathrm{s} = \text{Sekunde}$

Weitere Einheiten:

1 Minute (min)	=	60 s
1 Stunde (h)	=	60 min = 3600 s
1 Tag (d)	=	24 h = 1440 min = 86400 s
1 Jahr (a)	=	365.2425 d.

➤   Der Zeitstandard wird durch automatische Radioausstrahlungen (in Deutschland durch den Langwellensender DLF77 bei Frankfurt) allgemein zugänglich gemacht.

➤   Das Gregorianische **Jahr** hat 365.2425 Tage und weicht um 3/10000 Tage vom tropischen Jahr ab.

Die Zeit wird weiter in Wochen (zu 7 Tagen) und Monate (zu 28 bis 31 Tagen) (im Gregorianischen Kalender) unterteilt.

3.   Kalender,

dient zur weiteren Unterteilung von größeren Zeiträumen. Die Kalendersysteme beziehen sich auf den Mondzyklus von ca. 28 Tagen und den Sonnenzyklus von ca. $365\frac{1}{4}$ Tagen. Da diese nicht ineinander aufgehen, müssen Schalttage eingefügt werden.

In Deutschland gilt der **Gregorianische Kalender**, der seit 1582 den früheren **Julianischen Kalender** ersetzte, wobei die Schaltregel für glatte Jahrhundertjahre verändert wurde. Seitdem fällt der Frühlingsanfang auf den 21. oder 20. März.

➤   Der Julianische Kalender war in osteuropäischen Ländern teilweise bis nach der Oktoberrevolution 1917 in Rußland in Gebrauch. Er wich zuletzt um etwa drei Wochen vom Gregorianischen ab.

Schalttag, wird in allen durch 4 teilbaren Jahren am Ende des Februars eingefügt. Ausnahme: volle Jahrhunderte, die nicht durch 400 teilbar sind (2000 ist Schaltjahr, 1900 nicht).

Kalenderwoche, Unterteilung des Jahres in 52 oder 53 Wochen. Als erste Kalenderwoche eines Jahres zählt jene, die den ersten Donnerstag des Jahres enthält.

➤   Der erste Wochentag der bürgerlichen Woche ist der Montag, nach christlicher Tradition allerdings der Sonntag.

Gregorianische Kalenderjahre werden durch eine **Jahreszahl** fortlaufend numeriert. Jahre vor dem Jahr 1 werden durch „v.Chr." (vor Christus) oder „B.C." (before Christ) bezeichnet.

➤ Es gibt kein Jahr Null; auf das Jahr 1 v. Chr. folgt direkt das Jahr 1 n. Chr.
➤ Julianische Tageszählung: Zeitskala in der Astronomie.

Weitere Kalendersysteme: Andere gebräuchliche **Kalendersysteme** sind der hebräische Kalender (**Lunisolarkalender**, Mischung aus Sonnen- und Mondkalender) mit unterschiedlich langen Jahren und Schaltmonaten; Zählung der Jahre ab 7. Oktober 2761 v. Chr. „Erschaffung der Welt", Jahresanfang im September/Oktober, 1997 beginnt das Jahr 5758) und der mohammedanische Kalender (reiner Mondkalender ohne Schaltmonat; Zählung der Jahre ab der Flucht Mohammeds aus Mekka am 16. Juli 622 n. Chr., das mohammedanische Jahr 1418 begann im Jahr 1997 des Gregorianischen Kalenders).

1.1.3 Länge, Fläche, Volumen

1. Länge,

l, der **Abstand** (kürzeste **Verbindungslinie**) zwischen zwei Punkten im Raum.

Meter, m, SI-Einheit der Länge. Eine der Grundeinheiten des SI, definiert als die Strecke, die Licht im Vakuum während der Dauer von 1/299792458 einer Sekunde durchläuft (relative Genauigkeit: 10^{-14}). Ursprünglich definiert als der 40millionste Teil des Erdumfangs und durch ein im *Bureau International des Poids et Mesures* in Paris aufbewahrtes **Urnormal** aus Platin-Iridium repräsentiert.

$$[l] = \text{m} = \text{Meter}.$$

Weitere Einheiten siehe **Tab. 34.0/3**.

2. Längenmessung

Längenmessung geschah ursprünglich durch die Vorgabe und Vervielfältigung der Längeneinheit (z.B. Urmeter, Maßband, Zollstock, Messschraube, Mikrometerschraube, oft mit Noniusteilung zur genaueren Ablesung).

Interferometer: optische Präzisionslängenmessung (s. S. 358), wobei die Wellenlänge von monochromatischem Licht als Maßstab verwendet wird.

Sonar: akustische Entfernungsmessung durch die Laufzeitmessung von Ultraschall bei Schiffen, heute seltener zur Entfernungsmessung bei Kameras).

Radar: Entfernungsbestimmung durch Laufzeitmessung der an dem Objekt reflektierten elektromagnetischen Wellen.

Längenmessung ist bis zu einer relativen Genauigkeit von 10^{-14} möglich. Mit Mikrometerschrauben lassen sich Genauigkeiten im Bereich von 10^{-6} m erzielen.

Triangulation, ein geometrisches Verfahren zur Landvermessung. Dabei wird ausgenutzt, dass die verbleibenden zwei Seiten eines Dreiecks berechnet werden können, wenn eine Seite und zwei Winkel bekannt sind. Ausgehend von einer bekannten Basisstrecke können durch fortgesetzte Winkelmessung mittels eines **Theodoliten** beliebige Abstände vermessen werden.

Parallaxe, der Unterschied in der Richtung, in der ein Objekt erscheint, wenn es von zwei verschiedenen Punkten aus gesehen wird. Anwendung zur Entfernungsmessung.

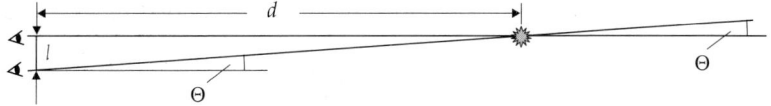

Abbildung 1.11: Parallaxe Θ bei Augenabstand l und Entfernung d: $\cot\Theta = d/l$ bzw. $\Theta \approx d/l$ für $d \gg l$.

3.   Fläche und Volumen

Fläche A und **Volumen** V sind aus der Längenmessung abgeleitete Größen.

Quadratmeter, m^2, SI-Einheit der Fläche. Ein Quadratmeter ist die Fläche eines Quadrates der Seitenlänge 1 m.

$$[A] = m^2 = \text{Quadratmeter.}$$

Kubikmeter, m^3, SI-Einheit des Volumens. Ein Kubikmeter ist das Volumen eines Würfels mit der Seitenlänge 1 m.

$$[V] = m^3 = \text{Kubikmeter.}$$

Weitere Einheiten siehe **Tab. 34.0/3** und **Tab. 34.0/4**.

M   Die Messung von Flächen kann durch die Unterteilung in einfache geometrische Figuren (Rechtecke, Dreiecke) erfolgen, deren Seiten und Winkel gemessen werden (z.B. durch Triangulation), woraus das Ergebnis rechnerisch ermittelt wird. Direkte Flächenmessung kann durch Abzählen der abgedeckten Quadrate auf einem Messgitter erfolgen.

Analog kann das Volumen von Hohlräumen durch Ausfüllen mit geometrischen Körpern (Würfel, Pyramiden, ...) bestimmt werden.

Für die Volumenmessung von Flüssigkeiten sind Normgefäße mit bekanntem Volumen üblich. Das Volumen von Festkörpern kann durch Untertauchen in einer Flüssigkeit bestimmt werden (s. S. 171).

Bei bekannter Dichte ρ eines homogenen Körpers kann das Volumen V aus der Masse m bestimmt werden, $V = \rho/m$.

➤   **Dezimalvorsätze bei Flächen- und Volumeneinheiten**:

Der Dezimalvorsatz bezieht sich auf die Längeneinheit, nicht auf die Flächen- oder Volumeneinheit:

$$1 \text{ Kubikzentimeter} = 1 \text{ cm}^3 = (1 \text{ cm})^3 = \left(1 \cdot 10^{-2} \text{ m}\right)^3 = 1 \cdot 10^{-6} \text{ m}^3.$$

1.1.4   Winkel

1.   Winkeldefinition

Winkel, ϕ, ein Maß für die Divergenz zwischen zwei Geraden in einer Ebene. Ein Winkel wird von zwei Geraden (**Schenkeln**) an ihrem Schnittpunkt (**Scheitel**) gebildet. Er wird gemessen, indem man vom Scheitelpunkt auf den Geraden eine Strecke (Radius) abträgt und die Länge des Kreisbogens bestimmt, der die Endpunkte der beiden Strecken verbindet (**Abb. 1.12**).

Winkel und Bogen			1
$\phi = \dfrac{l}{r}$	**Symbol**	**Einheit**	**Benennung**
	ϕ	rad	Winkel
	l	m	Länge des Kreisbogens
	r	m	Radius

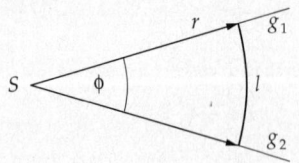

Abbildung 1.12: Bestimmung des Winkels ϕ zwischen den Geraden g_1 und g_2 durch Messung von Bogenlänge l und Radius r, $l = r \cdot \phi$. S: Scheitelpunkt

2. Winkeleinheiten

a) Radiant, rad, SI-Einheit des Winkels. 1 rad ist der Winkel, bei dem die Länge des Kreisbogens, der die Endpunkte der Schenkel verbindet, genauso groß ist wie die Länge eines Schenkels. Ein Vollkreis entspricht dem Winkel 2π rad.

➤ Radiant (und Grad) sind ergänzende SI-Einheiten, d.h., sie haben die Einheit Eins.

   1 rad $= 1\,\text{m}/1\,\text{m}$.

b) Grad, °, ebenfalls zulässige Einheit für die Winkelmessung. Ein Grad ist definiert als der 360ste Teil eines Vollkreises. Umrechnung:

$$1\,\text{rad} \quad = \quad \frac{360°}{2\pi} = 57.3°\,,$$

$$1° \quad = \quad \frac{2\pi}{360°} = 0.0175\,\text{rad}\,.$$

Unterteilungen sind:

   1 Grad $(°) = 60$ Bogenminuten $(') = 3600$ Bogensekunden $('')$.

c) Gon, (früher **Neugrad**), in der Vermessungstechnik gebräuchliche Einheit: 1 **gon**, der 100ste Teil eines rechten Winkels.

   1 gon $= 0.9° = 0.0157\,\text{rad}$

   1° $= 1.11$ gon

   1 rad $= 63.7$ gon

$\boxed{\text{M}}$ **Winkelmessung**:
Die Messung von Winkeln erfolgt direkt durch eine Winkelskala oder durch Messung der Sehne eines Winkels und Umrechnen bei bekanntem Radius. Bei der Bestimmung von Strecken durch Triangulation dient der **Theodolit** (s. S. 7) zur Winkelmessung.

3. Raumwinkel

Räumlicher Winkel, Ω, ist bestimmt durch diejenige Fläche einer Einheitskugel, die von einem Kegel mit der Spitze im Kugelmittelpunkt ausgeschnitten wird (**Abb. 1.13**).

Raumwinkel		Symbol	Einheit	Benennung
$\Omega = \dfrac{A}{r^2}$		Ω	sr	Raumwinkel
		A	m²	von Kegel ausgeschnittene Fläche
		r	m	Radius der Kugel

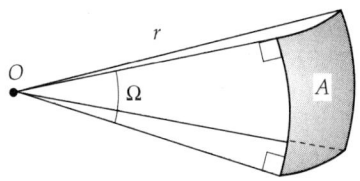

Abbildung 1.13: Bestimmung des Raumwinkels Ω durch Messung von Fläche A und Radius r ($\Omega = A/r^2$)

Steradiant, sr, SI-Einheit des Raumwinkels.
1 Steradiant ist der Raumwinkel, der auf einer Kugel mit dem Radius 1 m eine Oberfläche von 1 m² ausschneidet. Diese Oberfläche kann beliebig geformt sein und auch aus nichtzusammenhängenden Teilen bestehen.

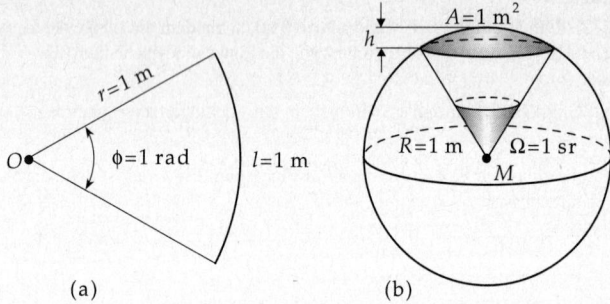

(a)   (b)

Abbildung 1.14: Definition der Winkeleinheiten Radiant (rad) (a) und Steradiant (sr) (b). Die Fläche der Kugelkappe A ist gegeben durch $A = 2\pi R \cdot h$

▲   Der räumliche Vollwinkel ist 4π sr.

➤   Radiant und Steradiant haben die Einheit Eins.

1.1.5   Mechanische Systeme

1.   Massenpunkt

Massenpunkt, Punktmasse, Idealisierung eines Körpers als mathematischer Punkt mit verschwindender Ausdehnung, aber endlicher Masse. Ein Massenpunkt besitzt keine Rotationsfreiheitsgrade. Bei der Behandlung der Bewegung eines Körpers kann das Modell des Massenpunktes benutzt werden, wenn es unter den gegebenen physikalischen Bedingungen ausreicht, nur die Bewegung des Schwerpunktes des Körpers zu untersuchen, ohne die räumliche Verteilung der Masse zu berücksichtigen.

➤   Zur mathematischen Beschreibung kann jeder starre Körper bei Bewegungen ohne Rotation durch einen Massenpunkt, dessen Ort im **Schwerpunkt** des starren Körpers liegt (s. S. 83), ersetzt werden.

■   Bei der Beschreibung der Planetenbewegung im Sonnensystem genügt es oft, die Planeten als Punkte zu betrachten, da ihre Ausdehnungen verglichen mit den typischen Abständen zwischen Sonne und Planeten sehr klein sind.

2.   System von Massenpunkten

System aus N einzelnen Massenpunkten $1, 2, \cdots, N$, dessen Bewegung durch die Angabe der Ortsvektoren $\vec{r}_1, \vec{r}_2, \cdots, \vec{r}_N$ als Funktion der Zeit t beschrieben werden kann: $\vec{r}_i(t)$, $i = 1, 2, \cdots N$ (**Abb. 1.15**).

3.   Kräfte im Massenpunktsystem

a) Innere Kräfte, von den Teilchen des Systems aufeinander ausgeübte Kräfte. Innere Kräfte sind i. Allg. Zweikörperkräfte (Paarkräfte), die von den Abständen (und eventuell den Geschwindigkeiten) von nur jeweils zwei Teilchen abhängen.

b) Äußere Kräfte, Kräfte, die von außen auf das System einwirken. Äußere Kräfte gehen von Körpern aus, die nicht zum System gehören.

c) Zwangs- oder Reaktionskräfte (äußere Kräfte) entstehen durch Lagerung des Systems. Die Wechselwirkung zwischen dem System und der Führung wird durch Zwangskräfte ersetzt, die senkrecht zur erzwungenen Bahn wirken. Zwangskräfte schränken die Bewegung des Systems ein.

■   Geführte Bewegungen: Masse an einseitig festgehaltenem Faden, Masse auf schiefer Ebene, Massenpunkt auf einer geraden, rotierenden Schiene, Gewehrkugel im Lauf.

4. Freie und abgeschlossene Systeme

Freier Massenpunkt, freies System von Massenpunkten, der Massenpunkt oder das Massenpunktsystem können den einwirkenden Kräften ohne einschränkende Zwangsbedingungen folgen.
Abgeschlossenes System, ein System, auf das keine äußeren Kräfte wirken.

5. Starrer Körper,

ein Körper, dessen materielle Bestandteile stets die gleichen Abstände voneinander behalten, also untereinander starr verbunden sind. Für die Abstände aller Punkte i, j des starren Körpers gilt: $|\vec{r}_i(t) - \vec{r}_j(t)| = r_{ij} =$ const.
(**Abb. 1.15**).

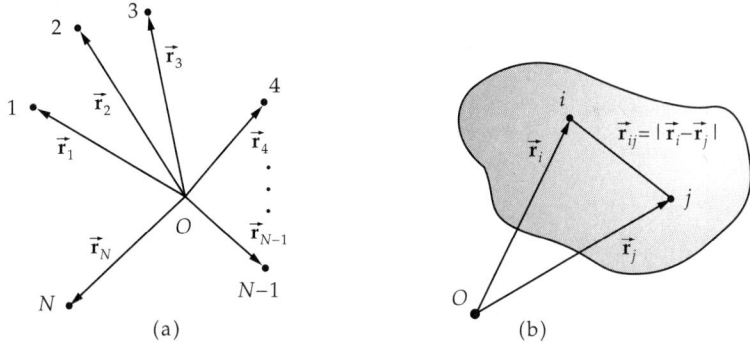

Abbildung 1.15: Mechanische Systeme. (a): System aus N Massenpunkten, (b): starrer Körper

6. Bewegung starrer Körper

Jede Bewegung eines starren Körpers kann zerlegt werden in zwei Bewegungsarten (**Abb. 1.16**):
a) Translation (fortschreitende Bewegung), jeder Punkt des Körpers legt die gleiche Strecke in gleicher Richtung zurück: Der Körper wird parallel verschoben. Die Bewegung des Körpers kann durch die Bewegung eines einzelnen repräsentativen Punktes des Körpers beschrieben werden.
b) Rotation (Drehung), bei der sich alle Punkte des Körpers um eine gemeinsame Achse drehen. Jeder Punkt des Körpers behält dabei seinen Abstand von der Drehachse und legt einen Weg auf einem Kreisbogen zurück.

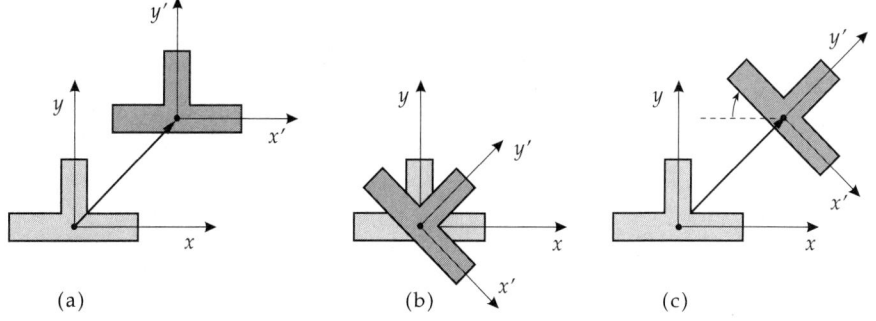

Abbildung 1.16: Translation und Rotation eines starren Körpers. (a): Translation, (b): Rotation, (c): Translation und Rotation

7.   Deformierbarer Körper,
kann seine Gestalt unter dem Einfluss von Kräften ändern. Beschreibbar durch

* viele diskrete Massenpunkte, die durch Kräfte verbunden sind, oder
* ein Kontinuumsmodell, nach dem der Körper den Raum lückenlos ausfüllt.

1.2   Bewegung in einer Dimension

Im folgenden werden Bewegungen auf einer geraden Bahn betrachtet. Als Koordinate wählt man den Abstand x des Körpers von einem festgelegten Punkt auf der Bewegungsachse. Das Vorzeichen von x gibt an, auf welcher Seite der Achse sich der Körper befindet. Die Wahl der positiven x-Achse ist Konvention.
Ort-Zeit-Diagramm, graphische Darstellung der Bewegung (**Ortsfunktion** $x(t)$) eines Massenpunktes in einem zweidimensionalen Diagramm. Auf der waagerechten Achse ist die Zeit t und auf der senkrechten Achse der Ort x (Koordinate) aufgetragen.

1.2.1   Geschwindigkeit

Geschwindigkeit, eine Größe, die zu jedem Zeitpunkt die Bewegung eines Massenpunktes charakterisiert. Man unterscheidet die Durchschnittsgeschwindigkeit $\bar{v}_x$ und die Momentangeschwindigkeit v_x.

1.2.1.1   Durchschnittsgeschwindigkeit

1.   Definition der Durchschnittsgeschwindigkeit
Durchschnittsgeschwindigkeit, $\bar{v}_x$, während eines Zeitraums $\Delta t \neq 0$, gibt das Verhältnis des in diesem Zeitraum zurückgelegten Wegelements Δx zur dazu benötigten Zeit Δt an (**Abb. 1.17**).

Durchschnittsgeschwindigkeit $= \dfrac{\text{Wegelement}}{\text{Zeitintervall}}$			LT^{-1}

		Symbol	Einheit	Benennung
$\bar{v}_x$	$= \dfrac{x_2 - x_1}{t_2 - t_1}$	$\bar{v}_x$	m/s	Durchschnittsgeschwindigkeit
	$= \dfrac{x(t_1 + \Delta t) - x(t_1)}{(t_1 + \Delta t) - t_1}$	x_1, x_2	m	Ort zur Zeit t_1 bzw. t_2
		$x(t)$	m	Ortsfunktion
	$= \dfrac{\Delta x}{\Delta t}$	t_1, t_2	s	Anfangs- und Endzeitpunkt
		Δx	m	zurückgelegtes Wegelement
		Δt	s	Zeitintervall

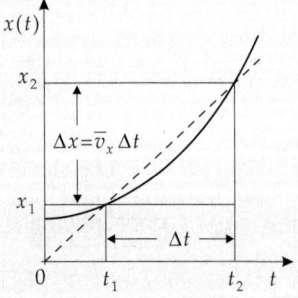

Abbildung 1.17: Mittlere Geschwindigkeit $\bar{v}_x$ der eindimensionalen Bewegung im Ort-Zeit-Diagramm

2.   Einheit der Geschwindigkeit
Meter pro Sekunde, ms^{-1}, die SI-Einheit der Geschwindigkeit.
1 m/s ist die Geschwindigkeit eines Körpers, der in einer Sekunde einen Meter zurücklegt. Weitere Einheiten s. **Tab. 34.0/3**.

■ Ein Körper, der in einer Minute die Strecke von 100 m zurücklegt, hat die Durchschnittsgeschwindigkeit

$$\bar{v}_x = \frac{\Delta x}{\Delta t} = \frac{100 \text{ m}}{60 \text{ s}} = 1.67 \text{ m/s} \,.$$

3. **Messung der Geschwindigkeit**

Geschwindigkeitmessung kann durch Laufzeitmessung auf einem Abschnitt bekannter Länge erfolgen (Lichtschranke). Sie erfolgt oft auch durch Umwandlung der Translationsbewegung in eine Drehbewegung.
Tachometer, zur Messung von Geschwindigkeiten in Kraftfahrzeugen. Dabei wird die Drehbewegung der Räder durch eine Welle in das Messgerät übertragen, in dem der Zeiger durch die bei dieser Drehbewegung entstehende Fliehkraft bewegt wird (**Fliehkraft-Tachometer**).
Beim **Wirbelstrom-Tachometer** wird die Drehbewegung auf einen Magneten übertragen, der in einer Aluminiumtrommel, an der der Zeiger montiert ist, Wirbelströme und damit ein Drehmoment erzeugt.
Elektrische Tachometer basieren auf einem Impulsgeber, der entsprechend der Umdrehungsgeschwindigkeit Impulsfolgen mit größerer oder kleinerer Frequenz gibt.
Geschwindigkeitsmessung durch **Dopplereffekt** (s. S. 278) ist mit Radar möglich (Kraftfahrzeugtechnik, Flugzeuge, Astronomie).

➤ Die Geschwindigkeit $\bar{v}_x$ kann ein positives oder ein negatives Vorzeichen haben, entsprechend einer Bewegung in Richtung der positiven Koordinatenachse oder der negativen Koordinatenachse.
➤ Die Durchschnittsgeschwindigkeit hängt i. Allg. von der Dauer Δt der Messung ab. Ausnahme: Bewegung mit konstanter Geschwindigkeit.

1.2.1.2 Momentangeschwindigkeit

1. **Definition der Momentangeschwindigkeit**

Momentangeschwindigkeit, der Grenzwert der Durchschnittsgeschwindigkeit für gegen Null gehende Zeitintervalle (Ableitung, Differentialquotient).

Momentangeschwindigkeit			$\mathbf{LT^{-1}}$
	Symbol	**Einheit**	**Benennung**
$v_x(t) = \lim\limits_{\Delta t \to 0} \dfrac{\Delta x}{\Delta t} = \dfrac{\mathrm{d}}{\mathrm{d}t}x(t) = \dfrac{\mathrm{d}x(t)}{\mathrm{d}t} = \dot{x}(t)$	$v_x(t)$	m/s	Momentangeschwindigkeit
	$x(t)$	m	Ort zur Zeit t
	Δt	s	Zeitintervall
	Δx	m	Wegelement

Die Funktion $x(t)$ gibt die Ortskoordinate x des Punktes zu jedem Zeitpunkt t an. Die Momentangeschwindigkeit $v_x(t)$ ist im Ort-Zeit-Diagramm die Steigung der Tangente von $x(t)$ im Punkt t (**Abb. 1.18**).
Folgende Fälle sind zu unterscheiden, wobei das Zeitintervall Δt stets eine positive Größe ist:

$v_x > 0$: $\Delta x > 0$ und daher $x(t + \Delta t) > x(t)$. Der Körper bewegt sich in Richtung der positiven Koordinatenachse, d.h., die x-t-Kurve steigt an: Die Ableitung der Kurve $x(t)$ ist positiv.

$v_x = 0$: $\Delta x = 0$ und daher $x(t + \Delta t) = x(t)$, der Abstand Δx ist konstant (Null). Der Körper ist (in diesem Koordinatensystem) in Ruhe (eventuell nur kurzzeitig), d.h., v_x ist die waagerechte Tangente an die x-t-Kurve, die Ableitung der Kurve $x(t)$ ist null.

$v_x < 0$: $\Delta x < 0$ und daher $x(t + \Delta t) < x(t)$. Der Körper bewegt sich in Richtung der negativen Koordinatenachse, d.h., die x-t-Kurve fällt, die Ableitung der Kurve $x(t)$ ist negativ.

2. **Geschwindigkeit-Zeit-Diagramm,**

graphische Darstellung der Momentangeschwindigkeit $v_x(t)$ als Funktion der Zeit t. Um bei gegebener Geschwindigkeitskurve $v_x(t)$ die Ortsfunktion $x(t)$ zu bestimmen, ist die Bewegung in kleine Intervalle Δt

zu zerlegen (**Abb. 1.19**). Ist das Intervall von t_1 bis t_2 in N Intervalle der Länge $\Delta t = (t_2 - t_1)/N$ unterteilt, t_i der Anfang des i-ten Zeitintervalls und $\bar{v}_x(t_i)$ die Durchschnittsgeschwindigkeit in diesem Intervall, so gilt

$$x(t_2) = x(t_1) + \lim_{\Delta t \to 0} \sum_{i=1}^{N-1} \bar{v}_x(t_i) \cdot \Delta t = x(t_1) + \int_{t_1}^{t_2} v_x(t)\, dt.$$

Weg = bestimmtes Integral der Geschwindigkeit über die Zeit				L

$$x(t) = x(t_1) + \int_{t_1}^{t} v(\tau)\, d\tau$$ $$x(t_2) = x(t_1) + \int_{t_1}^{t_2} v(t)\, dt$$	Symbol	Einheit	Benennung	
	$x(t)$	m	Bewegungskurve	
	$v(t)$	m/s	Geschwindigkeitskurve	
	t_1, t_2	s	Anfangs- und Endzeitpunkt	

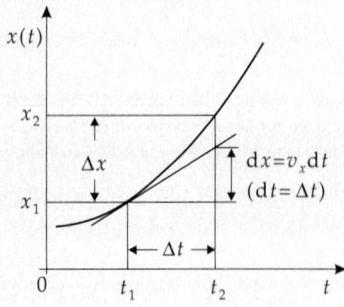

Abbildung 1.18: Momentangeschwindigkeit v_x der eindimensionalen Bewegung im Ort-Zeit-Diagramm zum Zeitpunkt t_1

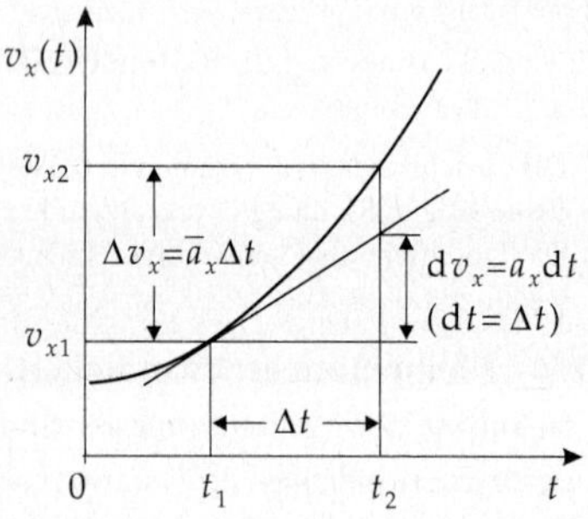

Abbildung 1.19: Geschwindigkeit-Zeit-Diagramm der eindimensionalen Bewegung. $\bar{a}_x$: Durchschnittsbeschleunigung, a_x: Momentanbeschleunigung zum Zeitpunkt t_1

1.2.2 Beschleunigung

Beschleunigung, dient zur Beschreibung von nicht gleichförmigen Bewegungen, in deren Verlauf sich die Geschwindigkeit ändert. Die Beschleunigung kann wie die Geschwindigkeit positiv oder negativ sein.

➤ Sowohl eine Erhöhung (**positive Beschleunigung**) als auch eine Verringerung der Geschwindigkeit (**Verzögerung**, als Folge eines Bremsvorgangs, negative Beschleunigung) wird als Beschleunigung bezeichnet.

1.   Durchschnittsbeschleunigung,

$\bar{a}_x$, Änderung der Geschwindigkeit während eines Zeitintervalls, geteilt durch die Länge des Zeitintervalls:

$$\text{Beschleunigung} = \frac{\text{Geschwindigkeitsänderung}}{\text{Zeitintervall}}$$				LT^{-2}

$$\bar{a}_x = \frac{\Delta v_x}{\Delta t} = \frac{v_{x2} - v_{x1}}{t_2 - t_1}$$	Symbol	Einheit	Benennung
	$\bar{a}_x$	m/s^2	Durchschnittsbeschleunigung
	Δv_x	m/s	Geschwindigkeitsänderung
	Δt	s	Zeitintervall
	v_{x1}, v_{x2}	m/s	Anfangs- und Endgeschwindigkeit
	t_1, t_2	s	Anfangs- und Endzeit

Meter pro Sekundenquadrat, m/s², die SI-Einheit der Beschleunigung. 1 m/s² ist die Beschleunigung eines Körpers, der in einer Sekunde seine Geschwindigkeit um 1 m/s erhöht.

Sind die Durchschnittsbeschleunigung und die Anfangsgeschwindigkeit gegeben, so lautet die Endgeschwindigkeit:

$$v_{x2} = v_{x1} + \bar{a}_x \cdot \Delta t \, .$$

Die benötigte Zeit, um von der Geschwindigkeit v_{x1} auf die Geschwindigkeit v_{x2} zu kommen, ist bei gegebener Durchschnittsbeschleunigung:

$$\Delta t = \frac{v_{x2} - v_{x1}}{\bar{a}_x} \, .$$

2. Momentanbeschleunigung,

Grenzwert der Durchschnittsbeschleunigung für sehr kleine Zeitintervalle ($\Delta t \rightarrow 0$).

Momentanbeschleunigung		**LT^{-2}**
$a_x(t) = \lim\limits_{\Delta t \to 0} \dfrac{\Delta v_x}{\Delta t} = \dfrac{dv_x}{dt} = \dfrac{d}{dt} v_x(t)$		

	Symbol	Einheit	Benennung
	Δt	s	Zeitintervall
	Δv_x	m/s	Geschwindigkeitsänderung
	$a_x(t)$	m/s²	Beschleunigung
	$v_x(t)$	m/s	Geschwindigkeit

Die Momentanbeschleunigung $a_x(t)$ ist die erste Ableitung der Geschwindigkeitsfunktion $v_x(t)$ und damit die zweite Ableitung der Ortsfunktion $x(t)$:

$$a_x(t) = \frac{dv_x(t)}{dt} = \dot{v}_x(t) = \frac{d}{dt}\frac{dx(t)}{dt} = \frac{d^2 x(t)}{dt^2} = \ddot{x}(t) \, .$$

Anschaulich stellt sie die Steigung der Tangente im Geschwindigkeit-Zeit-Diagramm dar (**Abb. 1.20**). Folgende Fälle sind zu unterscheiden:

$a_x > 0$: $\Delta v_x > 0$ und daher $v_{x2} > v_{x1}$. Für $v_{x1} > 0$ bewegt sich der Körper mit wachsender Geschwindigkeit, d.h. im v-t-Diagramm steigt die Kurve.

$a_x = 0$: $\Delta v_x = 0$ und daher $v_{x2} = v_{x1}$. Der Körper ändert seine Geschwindigkeit (eventuell nur kurzzeitig) nicht.

$a_x < 0$: $\Delta v_x < 0$ und daher $v_{x2} < v_{x1}$. Für $v_{x1} > 0$ bewegt sich der Körper mit kleiner werdender Geschwindigkeit.

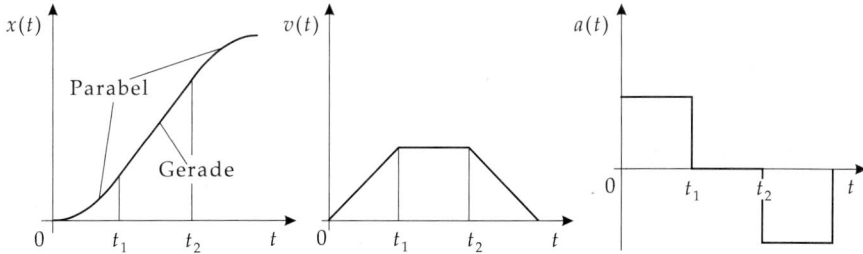

Abbildung 1.20: Ort-Zeit-, Geschwindigkeit-Zeit- und Beschleunigung-Zeit-Diagramm. Der Körper wird vom Ursprung ausgehend zunächst gleichmäßig beschleunigt, bewegt sich dann mit konstanter Geschwindigkeit und wird schließlich wieder gleichmäßig abgebremst

3. Bestimmung der Geschwindigkeit aus der Beschleunigung

Ist die Beschleunigung als Funktion der Zeit $a_x(t)$ gegeben, so lässt sich die Geschwindigkeit durch Integration bestimmen:

Geschwindigkeit = Integral der Beschleunigung über die Zeit		$\mathbf{LT^{-1}}$

$$v_x(t) = v_x(t_1) + \int_{t_1}^{t} a(t\tau)\,d\tau$$

$$v_x(t_2) = v_x(t_1) + \int_{t_1}^{t_2} a_x(t)\,dt$$

Symbol	Einheit	Benennung
$v_x(t)$	m/s	Geschwindigkeitskurve
$a_x(t)$	m/s^2	Beschleunigungskurve
t_1, t_2	s	Anfangs- und Endzeitpunkt

➤ Wenn ein Körper die Geschwindigkeit $v_{1x} < 0$ hat und eine positive Beschleunigung $a_x > 0$ erfährt, so wird seine Geschwindigkeit vom Betrage her kleiner! Der Begriff „Beschleunigung" bezieht sich auf Bewegungen in Richtung der positiven x-Achse.

1.2.3   Einfache Bewegungen in einer Dimension

Im Folgenden werden die gleichförmige und die gleichmäßig beschleunigte Bewegung als einfachste Formen der Bewegung und ihre physikalische Beschreibung diskutiert.

➤ Bei Bewegungen in einer Dimension können Index x und Vektorpfeil bei Geschwindigkeit v und der Beschleunigung a weggelassen werden. Es ist aber zu beachten, dass v und a positive und negative Werte annehmen können, also nicht Beträge, sondern Komponenten von Vektoren darstellen.

1.   Gleichförmige Bewegung,

eine Bewegung, bei der der Körper seine Geschwindigkeit nicht verändert. Dann gilt $\bar{v}_x = v_x =$ const. (**Abb. 1.21**).

Gesetze der gleichförmigen Bewegung		

$$x(t) = x_0 + v_x t$$
$$v_x(t) = v_x = v_0$$
$$a_x(t) = 0$$

Symbol	Einheit	Benennung
$x(t)$	m	Ort zur Zeit t
x_0	m	Anfangsort ($t = 0$)
v_x	m/s	gleichförmige Geschwindigkeit
v_0	m/s	Anfangsgeschwindigkeit
t	s	Zeit

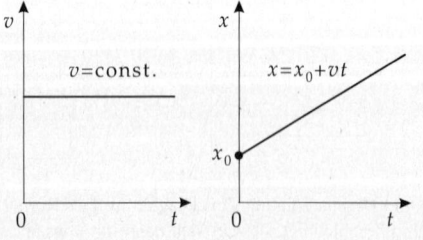

Abbildung 1.21: Gleichförmige Bewegung

▲ Eine gleichförmige Bewegung liegt vor, wenn auf den Körper keine Kraft einwirkt.

➤ Die Bewegungskurve $x(t)$ ergibt sich als Integral der Geschwindigkeitskurve $v_x(t) = $ const. zu

$$x(t) = x_0 + \int_0^t v_x(t')\, dt' = x_0 + v_0 t.$$

Anschaulich ist $v_x(t)$ eine Gerade und das Integral die Fläche unter der Geraden zwischen den Punkten 0 und t auf der Zeitachse.

2. Gleichmäßig beschleunigte Bewegung,

eine Bewegung, bei der die Beschleunigung konstant ist. Dann gilt $\bar{a}_x = a_x = a$ und

$$v_x(t) = at + v_0,$$

wenn v_0 die Anfangsgeschwindigkeit ist (**Abb. 1.22**).
Daraus folgt die Bewegungskurve durch Integration als

$$x(t) = \int_0^t v_x(t')\, dt' + x_0 = x_0 + \int_0^t (at' + v_0)\, dt' + x_0 = \frac{a}{2}t^2 + v_0 t + x_0.$$

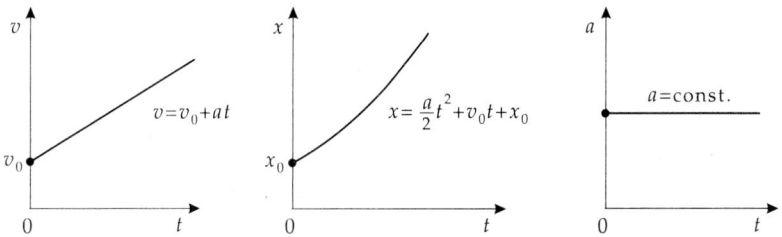

Abbildung 1.22: Gleichmäßig beschleunigte Bewegung

Dieses Ergebnis kann auch aus dem Geschwindigkeits-Zeit-Diagramm abgelesen werden: die Fläche unter der Kurve ist aus einem Rechteck der Fläche $v_0 \cdot t$ und einem Dreieck der Fläche $at^2/2$ (Höhe at und Grundlinie t) zusammengesetzt (**Abb. 1.23**).

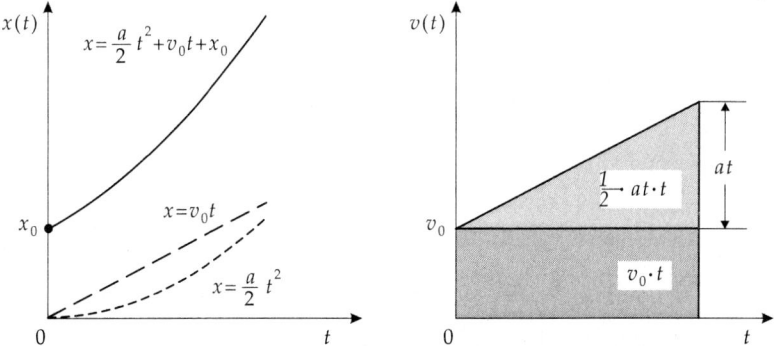

Abbildung 1.23: Zurückgelegte Strecke bei gleichmäßig beschleunigter Bewegung

---

Gleichmäßig beschleunigte Bewegung

$$x(t) = \frac{a}{2}t^2 + v_0 t + x_0$$
$$v_x(t) = at + v_0$$
$$a_x(t) = a = \text{const.}$$

Symbol	Einheit	Benennung
$x(t)$	m	Ort zur Zeit t
$v_x(t)$	m/s	Geschwindigkeit
t	s	Zeit
a_x, a	m/s^2	Beschleunigung
v_0	m/s	Anfangsgeschwindigkeit
x_0	m	Anfangsort

▲   Eine gleichmäßig beschleunigte Bewegung liegt vor, wenn eine konstante Kraft auf den Körper einwirkt.

Durch Umstellen findet man:

• Anfangs- und Endgeschwindigkeit v_0 und $v_x(t)$ gegeben, Ort $x(t)$ gesucht:

$$x(t) = \frac{v_0 + v_x(t)}{2}t + x_0 .$$

• Anfangsgeschwindigkeit v_0 und Ort $x(t)$ gegeben, $x_0 = 0$, Endgeschwindigkeit $v_x(t)$ gesucht:

$$v_x(t) = \sqrt{v_0^2 + 2ax(t)} .$$

• Sonderfall: Start aus der Ruhelage ($v_0 = 0$, $x_0 = 0$):

$$v_x(t) = at = \sqrt{2ax(t)} , \qquad x(t) = \frac{v_x(t)t}{2} = \frac{at^2}{2} .$$

3.   Verzögerungsvorgänge

Ein gleichmäßiger Verzögerungsvorgang (s. **Abb. 1.24**) ist ein Sonderfall der gleichmäßig beschleunigten Bewegung. Bei einer Verzögerung haben Geschwindigkeit und Beschleunigung entgegengesetztes Vorzeichen, so dass sich der Betrag der Geschwindigkeit verringert, bis die Anfangsgeschwindigkeit v_0 aufgezehrt ist. Der benötigte **Bremsweg** s_B bis zum Stillstand ist aus der Anfangsgeschwindigkeit und der Bremsverzögerung zu bestimmen; bei gegebenem Bremsweg s_B und bekannter Bremsverzögerung kann die Anfangsgeschwindigkeit bestimmt werden.

Gleichmäßige Verzögerung

$$t_B = \frac{|v_0|}{|a|} = -\frac{v_0}{a}$$
$$s_B = \frac{v_0^2}{2|a|}$$
$$v_0 = \sqrt{2|a|s_B}$$

Symbol	Einheit	Benennung
s_B	m	Bremsweg
t_B	s	Abbremszeit
$|v_0|$	m/s	Betrag der Anfangsgeschwindigkeit
$|a|$	m/s^2	Bremsverzögerung

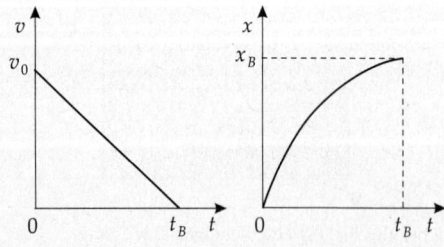

Abbildung 1.24: Geschwindigkeit-Zeit-und Ort-Zeit-Diagramm eines gleichmäßigen Bremsvorgangs. x_B: Bremsweg, t_B: Abbremszeit

➤ Die Betrachtung eines Bremsvorgangs als gleichmäßig gebremste Bewegung ist eine Idealisierung. Eine Abbremsung ist im Allgemeinen ungleichmäßig.

■ Bei einem Automobil kann eine Verzögerung von etwa $|a| = 4$ m/s^2 angenommen werden. Für eine Geschwindigkeit von 50 km/h = 13.9 m/s ergibt sich ein Bremsweg von

$$s_B = \frac{v_0^2}{2|a|} = \frac{(13.9 \text{ m/s})^2}{2 \cdot 4 \text{ m/s}^2} = 24 \text{ m}.$$

➤ In der Automobiltechnik gilt für den Bremsweg die Abschätzung:

$$s_B \approx \left(\frac{v_0}{10 \text{ km/h}}\right)^2 \text{m} + 3 \cdot \frac{v_0}{10 \text{ km/h}} \text{ m}.$$

Dabei ist eine Reaktionszeit des Fahrers von ca. 1 s berücksichtigt.

1.3 Bewegung in mehreren Dimensionen

Bewegungen in mehreren Dimensionen werden zweckmäßig in Vektorschreibweise dargestellt.

1. Bahnkurve im dreidimensionalen Raum

Zur Lagebestimmung eines Punktes im dreidimensionalen Raum ist die Angabe von drei Koordinaten erforderlich. In einem kartesischen Koordinatensystem fasst man diese zum **Ortsvektor** mit den Komponenten x, y und z zusammen:

$$\vec{r}(t) = \begin{pmatrix} x(t) \\ y(t) \\ z(t) \end{pmatrix}.$$

Die Vektorfunktion $\vec{r}(t)$ beschreibt die Bahnkurve eines Punktes oder Körpers im Raum, auch Raumkurve genannt (**Abb. 1.25**). Die Komponenten des Ortsvektors geben die x-, y- und z-Koordinate des Punktes zum Zeitpunkt t an.

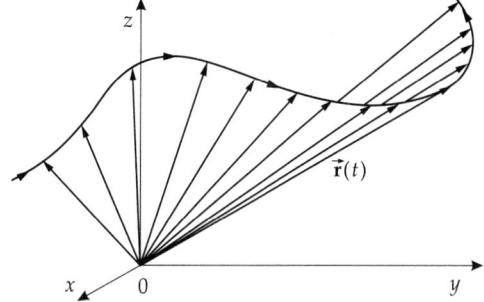

Abbildung 1.25: Bahnkurve in drei Dimensionen

2. Tangente und Normale

Tangente an eine Raumkurve in einem bestimmten Punkt M, eine Gerade, die die Kurve in diesem Punkt berührt. Analytisch ergibt sie sich durch die Ableitung der Raumkurve nach der Zeit in diesem Punkt. Damit gibt sie den Geschwindigkeitsvektor eines Massenpunktes an. Anschaulich zeigt die positive Richtung der Tangente in die momentane Richtung der Bewegung. Die **Normale** an eine Kurve in einem bestimmten Punkt M ist eine Gerade senkrecht zur Tangente in diesem Punkt. Sie steht senkrecht zur momentanen Richtung der Bewegung (**Abb. 1.26**).

■ Die Tangente an einen Kreis steht senkrecht auf dem Radiusvektor. Die Normale ist parallel zum Radiusvektor.

➤   Im dreidimensionalen Raum gibt es in einem Punkt der Raumkurve mehr als eine Normale. Alle
Normalen durch den Berührungspunkt der Tangente bilden die **Normalebene**. Die **Schmiegungsebene** ist die Grenzlage einer Ebene, die durch M und zwei benachbarte Kurvenpunkte geht, wenn
die beiden äußeren Kurvenpunkte gegen M streben.

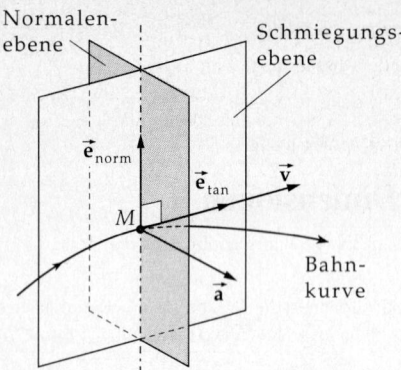

Abbildung 1.26: Tangente und Normalebene
einer Bahnkurve. Tangente und Hauptnormale
liegen in der Schmiegungsebene, die senkrecht
auf der Normalebene steht

1.3.1   Geschwindigkeitsvektor

Geschwindigkeitsvektor, $\vec{v}$, gibt Richtung und Betrag der Geschwindigkeit des Massenpunktes an.
1.   Mittlere Geschwindigkeit,
$\bar{\vec{v}}$ in einem Zeitintervall Δt, definiert durch (**Abb. 1.27**)

$$\bar{\vec{v}} = \frac{\vec{r}(t_2) - \vec{r}(t_1)}{t_2 - t_1} = \frac{\Delta \vec{r}}{\Delta t} = \begin{pmatrix} \frac{\Delta x}{\Delta t} \\ \frac{\Delta y}{\Delta t} \\ \frac{\Delta z}{\Delta t} \end{pmatrix}, \qquad \Delta \vec{r} = \begin{pmatrix} \Delta x \\ \Delta y \\ \Delta z \end{pmatrix}.$$

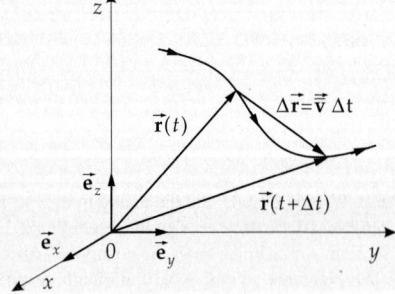

Abbildung 1.27: Mittlere Geschwindigkeit $\bar{\vec{v}}$

2. Momentangeschwindigkeit,

ergibt sich durch den Grenzübergang $\Delta t \to 0$ (**Abb. 1.28**):

Momentangeschwindigkeit			$\mathbf{LT}^{-1}$

$$\vec{v}(t) = \lim_{\Delta t \to 0} \frac{\vec{r}(t + \Delta t) - \vec{r}(t)}{\Delta t}$$

$$= \frac{d\vec{r}}{dt} = \dot{\vec{r}}(t) = \begin{pmatrix} \dot{x}(t) \\ \dot{y}(t) \\ \dot{z}(t) \end{pmatrix}$$

Symbol	Einheit	Benennung
$\vec{v}(t)$	m/s	Geschwindigkeitsvektor
Δt	s	Zeitintervall
t	s	Zeitpunkt
$\vec{r}(t)$	m	Bahnkurve
$\dot{x}, \dot{y}, \dot{z}$	m/s	Geschwindigkeitskomponenten

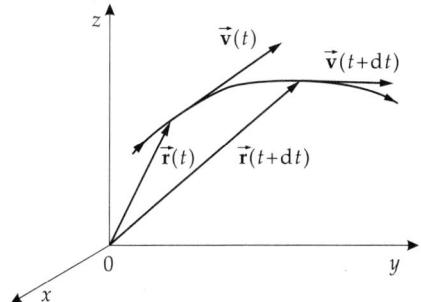

Abbildung 1.28: Momentangeschwindigkeit $\vec{v}(t)$

Die Komponenten des Geschwindigkeitsvektors sind die Ableitungen der Koordinatenfunktionen $x(t)$, $y(t)$ und $z(t)$ nach der Zeit. Sie geben seine Projektion auf die x-, y- und z-Achsen an:

$$v_x = \dot{x}, \quad v_y = \dot{y}, \quad v_z = \dot{z}.$$

3. Eigenschaften des Geschwindigkeitsvektors

Der Betrag des Geschwindigkeitsvektors, v, gibt die pro Zeiteinheit zurückgelegte Wegstrecke an.

▲ Der Geschwindigkeitsvektor $\vec{v}$ zeigt in die Richtung der Bewegung.

➤ Der Geschwindigkeitsvektor $\vec{v}(t)$ gibt die Änderung des Ortsvektors an, $d\vec{r} = \vec{v}\,dt$. Dabei ist es möglich, dass sich der Ortsvektor ändert, sein Betrag aber konstant bleibt (Kreisbewegung). Für die Änderung des Abstands vom Ursprung ergibt sich in Vektorschreibweise mit Hilfe der Produktregel und der Kettenregel der Differentiation:

$$\frac{d|\vec{r}|}{dt} = \frac{d\sqrt{\vec{r}^2}}{dt} = \frac{\vec{r} \cdot \vec{v}}{|\vec{r}|}.$$

Insbesondere bleibt der Abstand konstant, wenn $\vec{r} \cdot \vec{v} = 0$ ist, also wenn der Geschwindigkeitsvektor senkrecht auf dem Radiusvektor steht. Eine Bewegung, bei der der Abstand vom Ursprung oder einem anderen festen Punkt unverändert bleibt, ist eine **Kreisbewegung**.

Tangenteneinheitsvektor, $\vec{e}_{tan}$, ein Vektor der Länge Eins, der in die positive Richtung der Tangente an eine Kurve zeigt. Man kann dann die Geschwindigkeit als

$$\vec{v} = v\,\vec{e}_{tan}, \qquad \vec{e}_{tan} = \frac{\vec{v}}{v}$$

schreiben.

4.   Beispiel: Kreisbewegung in Ebene

Eine Kreisbewegung in der x-y-Ebene mit konstanter Winkelgeschwindigkeit $\omega = \dfrac{d\varphi}{dt}$ ($\varphi(t) = \omega t$) ist gegeben durch den Ortsvektor (**Abb. 1.29**)

$$\vec{r}(t) = \begin{pmatrix} x(t) \\ y(t) \\ z(t) \end{pmatrix} = \begin{pmatrix} r\cos\omega t \\ r\sin\omega t \\ 0 \end{pmatrix} .$$

Maßeinheit der Winkelgeschwindigkeit $[\omega] = \text{rad/s}$.
Der Geschwindigkeitsvektor $\vec{v}$ ist daher

$$\vec{v}(t) = \dot{\vec{r}}(t) = \begin{pmatrix} \dot{x} \\ \dot{y} \\ \dot{z} \end{pmatrix} = \begin{pmatrix} -r\omega\sin\omega t \\ r\omega\cos\omega t \\ 0 \end{pmatrix} .$$

Sein Betrag ist $|\vec{v}(t)| = \sqrt{\dot{x}^2 + \dot{y}^2 + \dot{z}^2} = r\omega$.

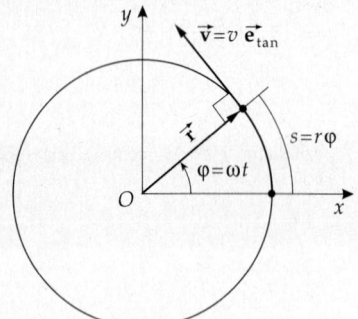

Abbildung 1.29: Kreisbewegung. v bezeichnet den Betrag der Geschwindigkeit

1.3.2   Beschleunigungsvektor

1.   Beschleunigungsvektor,

$\vec{a}$, die zeitliche Ableitung des Geschwindigkeitsvektors. Er gibt die Änderung der Geschwindigkeit pro Zeiteinheit an (**Abb. 1.30**). Analog zum Vorgehen bei der Geschwindigkeit kann man einen mittleren Beschleunigungsvektor $\bar{\vec{a}}$ während eines Zeitintervalls Δt,

$$\bar{\vec{a}}(t) = \frac{\vec{v}(t+\Delta t) - \vec{v}(t)}{\Delta t} ,$$

und einen momentanen Beschleunigungsvektor durch den Grenzübergang $\Delta t \to 0$ einführen:

$$\vec{a}(t) = \begin{pmatrix} a_x(t) \\ a_y(t) \\ a_z(t) \end{pmatrix} = \lim_{\Delta t \to 0} \frac{\vec{v}(t+\Delta t) - \vec{v}(t)}{\Delta t} = \frac{d\vec{v}(t)}{dt} = \begin{pmatrix} \dot{v}_x(t) \\ \dot{v}_y(t) \\ \dot{v}_z(t) \end{pmatrix} = \begin{pmatrix} \ddot{x}(t) \\ \ddot{y}(t) \\ \ddot{z}(t) \end{pmatrix} .$$

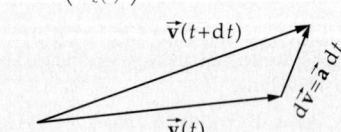

Abbildung 1.30: Beschleunigungsvektor

Die Komponenten des Beschleunigungsvektors sind die zweiten Ableitungen der Koordinatenfunktionen nach der Zeit:

$$a_x = \ddot{x}, \quad a_y = \ddot{y}, \quad a_z = \ddot{z}.$$

2. **Beispiel: Beschleunigungsvektor bei Kreisbewegung**

Bei der oben eingeführten Kreisbewegung mit konstanter Winkelgeschwindigkeit ω ist der Beschleunigungsvektor

$$\vec{a}(t) = \frac{d}{dt}\begin{pmatrix} -r\omega\sin\omega t \\ r\omega\cos\omega t \\ 0 \end{pmatrix} = \begin{pmatrix} -r\omega^2\cos\omega t \\ -r\omega^2\sin\omega t \\ 0 \end{pmatrix} = -\omega^2\vec{r}(t).$$

Beschleunigungsvektor und Radiusvektor sind antiparallel, der Beschleunigungsvektor zeigt zum Mittelpunkt.

Der Betrag der Beschleunigung ist

$$|\vec{a}(t)| = \sqrt{\ddot{x}^2 + \ddot{y}^2 + \ddot{z}^2} = r\omega^2\sqrt{\cos^2\omega t + \sin^2\omega t + 0} = r\omega^2.$$

3. **Tangential- und Normalbeschleunigung**

Tangentialbeschleunigung, $\vec{a}_{tan}$ und **Normalbeschleunigung**, $\vec{a}_{norm}$, die Projektionen des Beschleunigungsvektors auf die Tangente bzw. der senkrecht dazu stehenden Normale (**Abb. 1.31**):

$$\vec{a} = \vec{a}_{tan} + \vec{a}_{norm}.$$

Nach der Produktregel der Differentialrechnung gilt:

$$\vec{a} = \frac{d(v\,\vec{e}_{tan})}{dt} = \frac{dv}{dt}\vec{e}_{tan} + v\frac{d\vec{e}_{tan}}{dt}.$$

Der erste Term ist die Tangentialbeschleunigung,

$$\vec{a}_{tan} = \frac{dv}{dt}\vec{e}_{tan}, \qquad a_{tan} = \dot{v}.$$

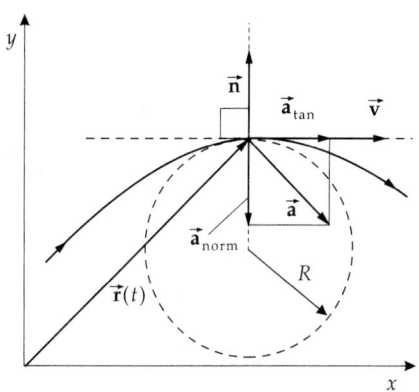

Abbildung 1.31: Tangential- und Normalbeschleunigung $\vec{a}_{tan}$, $\vec{a}_{norm}$

▲   Der Betrag der Tangentialkomponente der Beschleunigung ist die zeitliche Änderung des Betrags der Geschwindigkeit.

Der zweite Term ist die Normalbeschleunigung,

$$\vec{a}_{norm} = v\frac{d\vec{e}_{tan}}{dt}.$$

➤   Da der Betrag $|\vec{e}_{tan}|$ des Tangenteneinheitsvektors im Zeitablauf unverändert gleich Eins bleibt, gilt:

$$\frac{d}{dt}(\vec{e}_{tan})^2 = 2\vec{e}_{tan}\cdot\frac{d\vec{e}_{tan}}{dt} = 0.$$

Die Zeitableitung des Tangenteneinheitsvektors steht senkrecht auf dem Tangenteneinheitsvektor. Der zweite Term gibt die Normalkomponente der Beschleunigung an. Die von $\vec{e}_{tan}$ und $d\vec{e}_{tan}/dt$ aufgespannte Ebene ist die **Schmiegungsebene** der Bahnkurve.

4. Beispiel: Kreisbewegung

Für die Kreisbewegung mit konstanter Winkelgeschwindigkeit gilt

$$\vec{a}(t) = \begin{pmatrix} -r\omega^2 \cos\omega t \\ -r\omega^2 \sin\omega t \\ 0 \end{pmatrix} = -\omega^2 \vec{r}(t),$$

d.h., der Beschleunigungsvektor ist antiparallel zum Radiusvektor und damit zum Normalenvektor und zeigt zum Mittelpunkt hin. Daher verschwindet die Tangentialkomponente,

$$\vec{a}_{tan}(t) = 0,$$

und die Normalkomponente ist

$$a_{norm}(t) = r\omega^2 = \frac{v^2}{r},$$

wobei $v = r\omega$ eingesetzt wurde.

5. Krümmung der Bahnkurve und Beschleunigung

Die Normalkomponente des Beschleunigungsvektors steht mit der Krümmung der Bahnkurve in Zusammenhang.

Krümmungsradius, R, in einem Punkt einer Bahnkurve, der Radius eines Kreises, der die gleiche Krümmung hat wie die Kurve an diesem Punkt. Ein solcher Kreis schmiegt sich in diesem Punkt an die Bahnkurve.

▲   Die Normalkomponente des Beschleunigungsvektors ist

$$a_{norm} = \frac{v^2}{R}$$

mit dem Krümmungsradius R der Bahnkurve. Sie zeigt zum Mittelpunkt des Krümmungskreises.

➤   Eine Gerade hat den Krümmungsradius $R = \infty$. Die Normalbeschleunigung verschwindet für die Bewegung auf einer Geraden.

➤   Bei einer ungleichförmigen Kreisbewegung (**Abb. 1.32**) ist außer der Normalbeschleunigung (**Zentripetalbeschleunigung**) a_r auch die Tangentialbeschleunigung a_φ von Null verschieden:

$$\vec{v}(t) = r\dot{\varphi}\vec{e}_\varphi, \qquad \vec{a}(t) = a_r\vec{e}_r + a_\varphi\vec{e}_\varphi,$$
$$a_r = -r\dot{\varphi}^2 = -r\omega^2, \qquad a_\varphi = r\ddot{\varphi} = r\dot{\omega}.$$

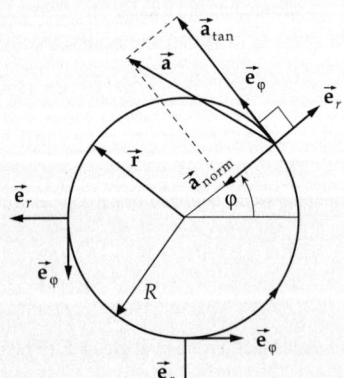

Abbildung 1.32: Ungleichförmige Kreisbewegung, $\vec{e}_{tan} = \vec{e}_\varphi$, $\vec{e}_{norm} = \vec{e}_r$

6. Orts-, Geschwindigkeits- und Beschleunigungsvektor in verschiedenen Koordinatensystemen

a) **Kartesische Koordinaten**

$$\vec{r}(t) = x(t)\,\vec{e}_x + y(t)\,\vec{e}_y + z(t)\,\vec{e}_z$$
$$\vec{v}(t) = \dot{x}(t)\,\vec{e}_x + \dot{y}(t)\,\vec{e}_y + \dot{z}(t)\,\vec{e}_z$$
$$\vec{a}(t) = \ddot{x}(t)\,\vec{e}_x + \ddot{y}(t)\,\vec{e}_y + \ddot{z}(t)\,\vec{e}_z$$

b) **Polarkoordinaten**

$$\vec{r}(t) = r\,\vec{e}_r$$
$$\dot{\vec{e}}_r = \dot{\varphi}\,\vec{e}_\varphi, \qquad \dot{\vec{e}}_\varphi = -\dot{\varphi}\,\vec{e}_r$$
$$\vec{v}(t) = \dot{r}\,\vec{e}_r + r\,\dot{\varphi}\,\vec{e}_\varphi$$
$$\vec{a}(t) = (\ddot{r} - r\,\dot{\varphi}^2)\,\vec{e}_r + (r\,\ddot{\varphi} + 2\,\dot{r}\,\dot{\varphi})\,\vec{e}_\varphi$$

c) **Kugelkoordinaten**

$$\vec{r}(t) = r\,\vec{e}_r$$
$$\dot{\vec{e}}_r = \dot{\vartheta}\,\vec{e}_\vartheta + \sin\vartheta\,\dot{\varphi}\,\vec{e}_\varphi, \qquad \dot{\vec{e}}_\vartheta = \dot{\varphi}\cos\vartheta\,\vec{e}_\varphi - \dot{\vartheta}\,\vec{e}_r, \qquad \dot{\vec{e}}_\varphi = -\dot{\varphi}\cos\vartheta\,\vec{e}_\vartheta - \sin\vartheta\,\dot{\varphi}\,\vec{e}_r$$
$$\vec{v}(t) = \dot{r}\,\vec{e}_r + r\,\dot{\vartheta}\,\vec{e}_\vartheta + r\sin\vartheta\,\dot{\varphi}\,\vec{e}_\varphi$$
$$\vec{a}(t) = (\ddot{r} - r\,\dot{\vartheta}^2 - r\sin^2\vartheta\,\dot{\varphi}^2)\,\vec{e}_r + (r\,\ddot{\vartheta} + 2\,\dot{r}\,\dot{\vartheta} - r\sin\vartheta\cos\vartheta\,\dot{\varphi}^2)\,\vec{e}_\vartheta$$
$$+ (r\sin\vartheta\,\ddot{\varphi} + 2\sin\vartheta\,\dot{r}\,\dot{\varphi} + 2r\cos\vartheta\,\dot{\vartheta}\,\dot{\varphi})\,\vec{e}_\varphi$$

d) **Zylinderkoordinaten**

$$\vec{r}(t) = \rho\,\vec{e}_\rho + z\,\vec{e}_z$$
$$\dot{\vec{e}}_\rho = \dot{\phi}\,\vec{e}_\phi, \qquad \dot{\vec{e}}_\phi = -\dot{\phi}\,\vec{e}_\rho, \qquad \dot{\vec{e}}_z = 0$$
$$\vec{v}(t) = \dot{\rho}\,\vec{e}_\rho + \rho\,\dot{\phi}\,\vec{e}_\phi + \dot{z}\,\vec{e}_z$$
$$\vec{a}(t) = (\ddot{\rho} - \rho\,\dot{\phi}^2)\,\vec{e}_\rho + (\rho\,\ddot{\phi} + 2\,\dot{\rho}\,\dot{\phi})\,\vec{e}_\phi + \ddot{z}\,\vec{e}_z$$

1.3.3 Freier Fall und Wurf

Freier Fall, Wurf, bezeichnen ein- bzw. zweidimensionale Bewegungen unter dem Einfluss der Erdanziehung. Eine solche Bewegung wird beschrieben durch die Bahnkurve

$$\vec{r}(t) = \begin{pmatrix} x(t) \\ y(t) \end{pmatrix}$$

und den Geschwindigkeitsvektor

$$\dot{\vec{r}}(t) = \begin{pmatrix} v_x(t) \\ v_y(t) \end{pmatrix}.$$

Dabei bedeutet die x-Koordinate den waagerechten Abstand vom Ursprung, die y-Koordinate die Höhe. Der Beschleunigungsvektor ist in jedem Fall der Vektor der Fallbeschleunigung $\vec{g}$,

$$\ddot{\vec{r}}(t) = \vec{g} = \begin{pmatrix} 0 \\ -g \end{pmatrix}.$$

➤ Die Annahme einer konstanten Beschleunigung ist nur gerechtfertigt, solange die Luftreibung vernachlässigbar und wenn die Fallhöhe klein gegen den Abstand vom Erdmittelpunkt ist, so dass sich die Gravitationsbeschleunigung während der Bewegung nur vernachlässigbar wenig verändert.

1. Freier Fall

Der Körper befinde sich anfangs in Ruhe und bewege sich unter dem Einfluss der Gravitation aus einer Höhe h_0 nach unten. Seine Bewegung wird (bei Vernachlässigung der Luftreibung oder im luftleeren Raum) beschrieben durch den Ort auf der y-Achse (momentane Höhe) $y(t)$ und die **Fallgeschwindigkeit** $v(t) = v_y(t)$ bei einer Anfangshöhe h_0:

$$x(t) = 0, \qquad y(t) = h_0 - \frac{gt^2}{2},$$
$$v_x(t) = 0, \qquad v_y(t) = -gt.$$

Falldauer t_F und **Aufprallgeschwindigkeit** $v(t_F)$ sind

$$t_F = \sqrt{\frac{2h_0}{g}}, \qquad v(t_F) = -\sqrt{2h_0 g}.$$

2.   Senkrechter Wurf nach oben

Der Körper befindet sich anfangs in der Höhe h_0 und erhält eine Geschwindigkeit v_0 nach oben:

$$x(t) = 0, \qquad y(t) = h_0 + v_0 t - \frac{gt^2}{2},$$
$$v_x(t) = 0, \qquad v_y(t) = v_0 - gt.$$

Die maximale Steighöhe H wird zum Zeitpunkt T_H erreicht, wenn die Geschwindigkeit $v_y(t)$ Null geworden ist (**Abb. 1.33**):

$$H = h_0 + \frac{v_0^2}{2g}, \qquad T_H = \frac{v_0}{g}.$$

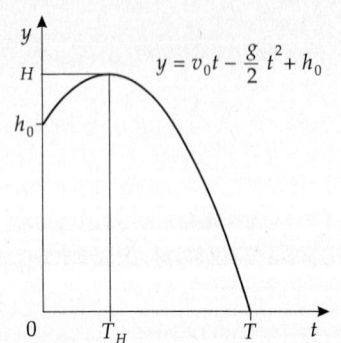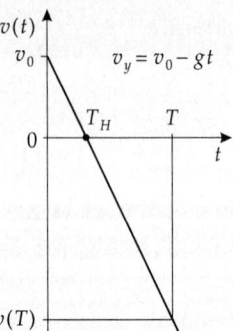

Abbildung 1.33: Senkrechter Wurf nach oben

3.   Schiefer Wurf

Der Körper erhält zu Anfang nicht nur eine Geschwindigkeit in y-Richtung (Höhe), sondern auch eine Geschwindigkeitskomponente in die x-Richtung (Waagerechte). Die Bewegung in der Waagerechten ist eine gleichförmige Bewegung, da sie von der Gravitationskraft unbeeinflusst bleibt. Die Bewegung beginne bei $x = y = 0$ und wird beschrieben durch

$$x(t) = v_{x0} t, \qquad y(t) = v_{y0} t - \frac{gt^2}{2},$$
$$v_x(t) = v_{x0}, \qquad v_y(t) = v_{y0} - gt.$$

Die Komponenten der Anfangsgeschwindigkeit sind durch den Wurfwinkel α gegeben (**Abb. 1.34**):

$$\vec{v}_0 = \begin{pmatrix} v_{x0} \\ v_{y0} \end{pmatrix} = \begin{pmatrix} v_0 \cos\alpha \\ v_0 \sin\alpha \end{pmatrix}.$$

Für $h_0 = 0$ sind die Zeit bis zum Gipfel der Flugbahn T_H und die Flugzeit T bis zum Aufprall gegeben durch

$$T_H = \frac{T}{2}, \qquad T = \frac{2v_{y0}}{g} = \frac{2v_0 \sin\alpha}{g}.$$

Der Körper hat beim Aufprall die gleiche Geschwindigkeit wie zu Anfang.

Die Bahnkurve des schiefen Wurfes ist eine **Parabel**,

$$y(x) = x\tan\alpha - \frac{g}{2v_0^2\cos^2\alpha}x^2.$$

Wurfhöhe H und **Wurfweite** L sind gegeben durch:

$$H = \frac{v_{y0}^2}{2g} = \frac{v_0^2\sin^2\alpha}{2g}, \qquad L = \frac{2v_0^2\sin\alpha\cos\alpha}{g} = \frac{v_0^2\sin 2\alpha}{g}.$$

➤ Die maximale Wurfweite ($\frac{dL}{d\alpha} = 0$) wird bei einem Winkel α von $45°$ erreicht. Sie beträgt

$$L_{max} = \frac{v_0^2}{g}.$$

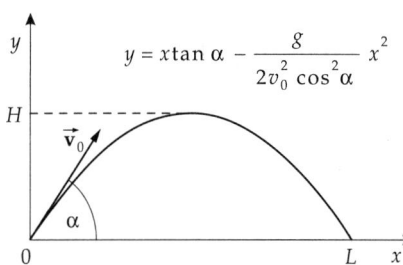

Abbildung 1.34: Schiefer Wurf nach oben

4. Realer Wurf

In Wirklichkeit ergeben sich Modifikationen der Bahnkurve aufgrund der Luftreibung. Die Fallgeschwindigkeit kann nicht unbegrenzt zunehmen, sondern strebt einer Grenzgeschwindigkeit v_{max} zu, bei der die Reibungskraft der Luft der Erdanziehungskraft gleich wird:

$$v_{max} = \sqrt{\frac{2mg}{\rho c_W A}},$$

(m Masse des Körpers, ρ Dichte der Luft, c_W Luftwiderstandsbeiwert, A Querschnittsfläche des Körpers). Die Bahnkurve beim realen Wurf ist durch die Lösung einer Differentialgleichung zu bestimmen.

1.4 Drehbewegung

Drehbewegung, die Bewegung eines Körpers, bei der die Abstände aller Punkte untereinander und zu einer festen Drehachse gleich bleiben. Sie ist gekennzeichnet durch einen Drehwinkel $\varphi(t)$, der die Lage des Körpers zu jedem Zeitpunkt t charakterisiert.

Rotation, räumlich periodische Drehbewegung, bei der das System volle Umläufe ausführt.

Kreisbewegung, die Bewegung eines Massenpunktes auf einer Bahn in einem konstanten Abstand von einer festen Drehachse. Sie ist das einfachste Beispiel einer Drehbewegung (**Abb. 1.35**).

Die zur Beschreibung von Drehbewegungen gebrauchten Größen Winkel, Winkelgeschwindigkeit und Winkelbeschleunigung entsprechen Position, Geschwindigkeit und Beschleunigung bei der Translationsbewegung.

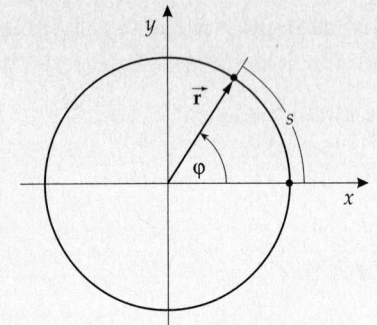

Abbildung 1.35: Kreisbewegung eines
Massenpunktes. Drehwinkel: φ, zurückgelegter
Weg: $s = r\varphi$

1.4.1   Winkelgeschwindigkeit

1.   Definition der Winkelgeschwindigkeit

Winkelgeschwindigkeit, $\vec{\omega}$, ein Vektor längs der Drehachse, dessen Betrag die Änderung des Drehwinkels
eines Körpers pro Zeiteinheit und dessen Richtung den Drehsinn angibt. Analog zur Geschwindigkeit der
Translationsbewegung lassen sich die mittlere Winkelgeschwindigkeit im Zeitintervall Δt,

$$|\vec{\omega}| = \frac{\Delta\varphi}{\Delta t},$$

und durch den Grenzübergang $\Delta t \to 0$ die momentane Winkelgeschwindigkeit einführen:

Winkelgeschwindigkeit = $\dfrac{\text{Drehwinkelelement}}{\text{Zeitintervall}}$			$\mathbf{T^{-1}}$
$|\vec{\omega}| = \lim\limits_{\Delta t \to 0} \dfrac{\Delta\varphi}{\Delta t} = \dfrac{d\varphi}{dt} = \dot{\varphi}$	Symbol	Einheit	Benennung
	$\vec{\omega}$	rad/s	Winkelgeschwindigkeit
	φ	rad	Drehwinkel
	$\Delta\varphi$	rad	Drehwinkelelement
	Δt	s	Zeitintervall

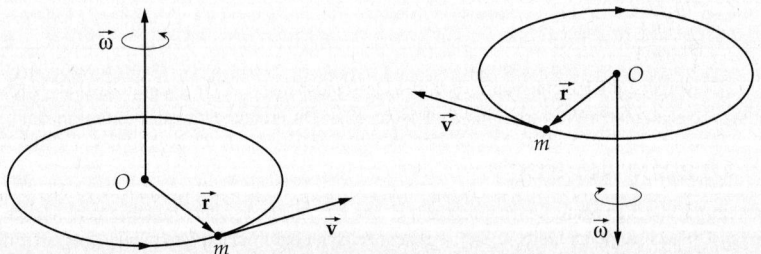

Abbildung 1.36: Winkelgeschwindigkeit der Kreisbewegung

2.   Maßeinheit der Winkelgeschwindigkeit

Radiant pro Sekunde, rad/s, SI-Einheit der Winkelgeschwindigkeit.
1 rad/s ist die Winkelgeschwindigkeit eines Körpers, der seinen Drehwinkel pro Sekunde um einen Radiant
($\approx 57.3°$) ändert.

■ Die Erde dreht sich in 24 h einmal um ihre Achse. Ihre Winkelgeschwindigkeit ist

$$\omega = \frac{2\pi \text{ rad}}{24 \text{ h}} = \frac{2\pi \text{ rad}}{86400 \text{ s}} \approx 7.27 \cdot 10^{-5} \text{ rad/s}.$$

3. Drehzahl und Periode

Drehzahl oder **Drehfrequenz**, n, die Anzahl der Umdrehungen pro Zeiteinheit. Zusammenhang mit der Winkelgeschwindigkeit:

$$\omega = 2\pi n, \qquad n = \frac{\omega}{2\pi}.$$

Die Drehzahl wird in U/s (**Umdrehungen pro Sekunde**) oder U/min angegeben.

Periodendauer, T, die Zeit für eine Umdrehung:

$$\omega = \frac{2\pi}{T}, \qquad T = \frac{1}{n} = \frac{2\pi}{\omega}.$$

■ Die Periodendauer der Erdumdrehung ist $T = 24$ h. Ihre Drehzahl ist

$$n = \frac{1}{T} = \frac{1}{24 \text{ h}} = 1.157 \cdot 10^{-5} \text{ s}^{-1}.$$

4. Rechte-Hand-Regel,

gibt bei gegebenem Drehsinn (links- oder rechtsdrehend) die Richtung der Winkelgeschwindigkeit $\vec{\omega}$ an:

▲ Die Winkelgeschwindigkeit $\vec{\omega}$ ist per Definition so gerichtet, dass der Daumen der rechten Hand die Richtung von $\vec{\omega}$ bezeichnet, wenn die gekrümmten Finger den Drehsinn der Bewegung beschreiben (**Abb. 1.37**).

➤ Blickt man in Richtung des Vektors der Winkelgeschwindigkeit, so erfolgt die Drehung nach rechts und damit im **Uhrzeigersinn** (mathematisch negativen Drehsinn).

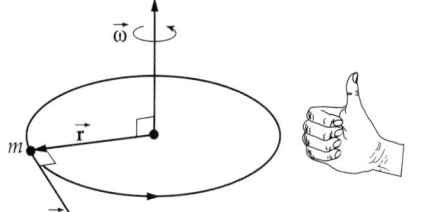

Abbildung 1.37: Relative Orientierung von Winkelgeschwindigkeit $\vec{\omega}$, Radiusvektor $\vec{r}$ und Bahngeschwindigkeit $\vec{v}$ nach der Rechte-Hand-Regel

➤ Winkelgeschwindigkeit, Radiusvektor und Bahngeschwindigkeit stehen wie Daumen, Zeigefinger und Mittelfinger der rechten Hand aufeinander.

➤ Diese Festlegung ist Konvention. Würde man die linke Hand gebrauchen, wäre die Richtung der Winkelgeschwindigkeit gerade umgekehrt.

■ Die Erde dreht sich in östlicher Richtung. Der Vektor der Winkelgeschwindigkeit zeigt also in Richtung des Nordpols.

5. Winkelgeschwindigkeit als axialer Vektor

Der Vektor der Winkelgeschwindigkeit ist ein **axialer Vektor**, d.h., bei einer Punktspiegelung am Ursprung (**Inversion**), $\vec{r} \rightarrow -\vec{r}$, kehrt er seine Richtung im Unterschied zu einem **polaren Vektor** (wie dem Geschwindigkeitsvektor oder dem Beschleunigungsvektor) nicht um:

$$\vec{r} \rightarrow -\vec{r}: \qquad \vec{v} \rightarrow -\vec{v}, \qquad \vec{\omega} \rightarrow \vec{\omega}.$$

➤ Das Kreuzprodukt zweier polarer Vektoren ist ein axialer Vektor. Das Kreuzprodukt eines polaren und eines axialen Vektors ist ein polarer Vektor.

1.4.2 Winkelbeschleunigung

Winkelbeschleunigung $\vec{\alpha}$, die Änderung der Winkelgeschwindigkeit pro Zeitintervall. Sie ist eine axiale Vektorgröße. Bleibt die Drehachse unverändert, so zeigt die Winkelbeschleunigung parallel oder antiparallel zur Winkelgeschwindigkeit. Analog zur Beschleunigung bei der Translationsbewegung führt man die mittlere Winkelbeschleunigung im Zeitintervall Δt,

$$\vec{\bar{\alpha}} = \frac{\Delta \vec{\omega}}{\Delta t},$$

und durch den Grenzübergang $\Delta t \to 0$ die momentane Winkelbeschleunigung ein:

Winkelbeschleunigung $= \dfrac{\text{Änderung der Winkelgeschwindigkeit}}{\text{Zeitintervall}}$			T^{-2}
$\vec{\alpha} \;=\; \lim\limits_{\Delta t \to 0} \dfrac{\Delta \vec{\omega}}{\Delta t} = \dfrac{d\vec{\omega}}{dt}$	Symbol	Einheit	Benennung
	$\vec{\alpha}$	rad/s^2	Winkelbeschleunigung
	$\vec{\omega}(t)$	rad/s	Winkelgeschwindigkeit
	$\Delta \vec{\omega}$	rad/s	Änderung der Winkelgeschwindigkeit
	Δt	s	Zeitintervall

Radiant pro Sekundenquadrat, rad/s^2, SI-Einheit der Winkelbeschleunigung.
1 rad/s^2 ist die Winkelbeschleunigung, wenn die Winkelgeschwindigkeit pro Sekunde um 1 rad/s zunimmt.

➤   Ist die Drehachse während der Bewegung raumfest, so liegt der Vektor der Winkelbeschleunigung stets in der Drehachse: Die Winkelbeschleunigung bewirkt lediglich eine Erhöhung (Winkelbeschleunigung und Winkelgeschwindigkeit gleichgerichtet) oder Verringerung der Umdrehungsgeschwindigkeit bzw. eine Umkehrung des Drehsinns (Winkelbeschleunigung und Winkelgeschwindigkeit entgegengesetzt gerichtet). Im allgemeinen Fall drückt die Winkelbeschleunigung sowohl die Änderung der Umdrehungsgeschwindigkeit als auch die Änderung der Lage der Drehachse aus.

1.4.3 Bahngeschwindigkeit

1. Definition der Bahngeschwindigkeit

Bahngeschwindigkeit, **Umfangsgeschwindigkeit**, $\vec{v}$, eines Massenpunktes auf einer Kreisbahn, das Vektorprodukt aus Winkelgeschwindigkeit $\vec{\omega}$ und Ortsvektor $\vec{r}$ (**Abb. 1.38**):

Bahngeschwindigkeit $=$ Winkelgeschwindigkeit $\times$ Ortsvektor			LT^{-1}
$\vec{v} \;=\; \dfrac{d\vec{r}}{dt} = \vec{\omega} \times \vec{r}$	Symbol	Einheit	Benennung
	$\vec{v}$	m/s	Bahngeschwindigkeit
	$\vec{r}$	m	Ortsvektor
	$\vec{\omega}$	rad/s	Winkelgeschwindigkeit

▲   Bei einer Kreisbewegung steht der Vektor der Bahngeschwindigkeit senkrecht auf dem Ortsvektor und senkrecht auf dem Vektor der Winkelgeschwindigkeit, wenn die Drehachse durch den Koordinatenursprung läuft.

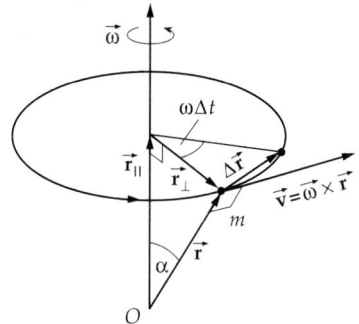

Abbildung 1.38: Bahngeschwindigkeit $\vec{v}$ als Vektorprodukt von Winkelgeschwindigkeit $\vec{\omega}$ und Ortsvektor $\vec{r}$

2. Zerlegung des Bahngeschwindigkeitvektors

Der Vektor $\vec{r}$ kann in zwei Komponenten zerlegt werden: $\vec{r}_{\parallel}$ parallel zur Winkelgeschwindigkeit (Drehachse) $\vec{\omega}$ und $\vec{r}_{\perp}$ senkrecht dazu. Dann gilt $\vec{\omega} \times \vec{r}_{\parallel} = 0$ und daher

$$\vec{v} = \vec{\omega} \times \vec{r} = \vec{\omega} \times \vec{r}_{\perp}.$$

Für die Bahngeschwindigkeit ist also nur der **senkrechte Abstand** des Massenpunktes von der Drehachse relevant. Das Kreuzprodukt bewirkt diese Zerlegung des Ortsvektors.
Für den Betrag der Bahngeschwindigkeit gilt:

$$|\vec{v}| = |\vec{\omega}|\,|\vec{r}_{\perp}| = |\vec{\omega}|\,|\vec{r}|\sin\alpha,$$

wenn α der Winkel zwischen Drehachse und Ortsvektor ist. Die Bahngeschwindigkeit ist proportional zur Winkelgeschwindigkeit und zum senkrechten Abstand von der Drehachse.
Insbesondere gilt für die Umfangsgeschwindigkeit eines Rades mit Radius R:

$$v = R\omega = 2\pi Rn = \frac{2\pi R}{T},$$

wenn n die Drehzahl und T die Periodendauer der Drehung ist.

3. Beispiel: Bahngeschwindigkeit der Erde

Die Erde hat einen Radius R von 6380 km. Die Umfangsgeschwindigkeit am Äquator ist

$$v = \omega R = \frac{2\pi\ \text{rad}}{24\ \text{h}} \cdot 6380\ \text{km} = 464\ \text{m/s} = 1670\ \text{km/h}.$$

Die Bahngeschwindigkeit eines Punktes bei $45°$ nördlicher Breite, dessen senkrechter Abstand zur Erdachse

$$R_{\perp} = R/\sqrt{2}$$

ist, beträgt dagegen $v = 1670/\sqrt{2}\ \text{km/h} = 1180\ \text{km/h}$.

2 Dynamik

Dynamik, die Lehre von den Kräften, die der Bewegung zugrundeliegen. Die Dynamik beschreibt, wie sich Körper unter der Einwirkung äußerer Kräfte bewegen. Im Gegensatz zur Kinematik stellt sie damit die Frage nach den Ursachen der Bewegung eines Körpers und führt zu deren Beschreibung die Begriffe Masse und Kraft ein.

2.1 Grundgesetze der Dynamik

Kräfte sind die Ursachen für die Änderung des Bewegungszustandes eines Körpers. Die Newtonschen Gesetze stellen eine Beziehung zwischen den Kräften und den kinematischen Größen Geschwindigkeit und Beschleunigung eines Körpers her.

2.1.1 Masse und Impuls

2.1.1.1 Masse

1. Träge und schwere Masse

Träge Masse, gibt an, welchen Widerstand ein Körper einer Bewegungsänderung entgegensetzt.

Schwere Masse, drückt aus, wie stark ein Körper von einem anderen aufgrund der Gravitationskraft angezogen wird (z.B. im Schwerefeld der Erde).

▲ Träge Masse und schwere Masse eines Körpers sind gleich.

➤ Diese Äquivalenz ist eine empirische Tatsache, die durch Hochpräzisionsversuche untersucht wird. Sie liegt als Postulat der allgemeinen Relativitätstheorie zugrunde.

Masse, m, wird jedem Körper als elementare Eigenschaft zugeordnet. **Massenpunkte** haben nur diese Eigenschaft; ausgedehnte Körper (**starre Körper**) werden zusätzlich noch durch ihr Trägheitsmoment (s. S. 100) charakterisiert. Das Trägheitsmoment eines starren Körpers hängt von der Massenverteilung im Körper und von der Wahl der Drehachse ab.

2. Maßeinheit der Masse

Kilogramm, kg, die SI-Einheit der Masse. Eine der sieben Grundgrößen des SI.

1 kg ist definiert als die Masse des **Urkilogramms**, eines Platin-Iridium-Zylinders, der in Paris aufbewahrt wird. Die relative Genauigkeit beträgt 10^{-9}.

$$[m] = \text{kg} = \text{Kilogramm}.$$

3. Messung der Masse

Die Bestimmung einer Masse erfolgt durch Wägen, d.h., durch Vergleich der Gewichtskraft des Körpers mit der eines Körpers bekannter Masse (**Balkenwaage** nach dem **Hebelgesetz**, **Laufgewichtswaage** mit verschiebbarem Gegengewicht). Wägen ist eine der Messungen, die mit einfachen Mitteln sehr genau durchgeführt werden können.

Bei der **Federwaage** wird die Gewichtskraft eines Körpers direkt durch die Dehnung einer Feder gemessen (Dynamometer).

Bei atomaren Teilchen kann die Masse aufgrund ihrer Trägheitswirkung etwa durch Ablenkung im elektrischen und magnetischen Feld (**Massenspektrometer, Massenspektrograph**) gemessen werden.

➤ Masse und Gewichtskraft (Gewicht) sind verschiedene Qualitäten. Das Gewicht hängt von der wirkenden Gravitationskraft ab. Ein Körper der Masse 1 kg hat auch auf dem Mond die Masse 1 kg, wiegt dort aber nur 1/6 seines Gewichts auf der Erde (s. S. 47).

4. Dichte,

ρ, das Verhältnis von Masse zu Volumen eines homogenen Körpers:

$\text{Dichte} = \dfrac{\text{Masse}}{\text{Volumen}}$			$\mathbf{ML}^{-3}$
$\rho = \dfrac{m}{V}$	Symbol	Einheit	Benennung
	ρ	kg/m³	Dichte
	m	kg	Masse
	V	m³	Volumen

5. Maßeinheit der Dichte

Kilogramm pro Kubikmeter, SI-Einheit der Dichte.
Ein Kilogramm pro Kubikmeter ist die Dichte eines homogenen Körpers, der ein Volumen von einem Kubikmeter und eine Masse von einem Kilogramm hat.

$$[\rho] = \text{kg/m}^3.$$

➤   Die Dichte wird üblicherweise in Kilogramm pro Kubikdezimeter (kg/dm³) bzw. Gramm pro Kubikzentimeter (g/cm³) angegeben:

$$1\,\text{kg/dm}^3 = 1\,\text{g/cm}^3 = 10^3\,\text{kg/m}^3.$$

Wasser hat bei $20\,^\circ\text{C}$ die Dichte von etwa 1 g/cm³, Metalle das dreifache (Aluminium) bis zwanzigfache (Platin), Benzin hat eine Dichte von etwa 0.7 g/cm³ (s. **Tab. 8.1**).

➤   Die Dichte ist von der Temperatur des Körpers abhängig (**Volumenausdehnungskoeffizient**), insbesondere bei Gasen auch vom Druck.

$\boxed{\text{M}}$ Die Messung der Dichte von Festkörpern erfolgt mit der **Mohrschen Waage** über die Auftriebskraft des Körpers in einer Flüssigkeit (s. S. 170).

6. Dichte inhomogener Körper

Bei einem **inhomogenen** Körper mit kontinuierlicher Massenverteilung variiert die Dichte mit dem Ort $\vec{r}$, $\rho = \rho(\vec{r})$. Man denkt sich den Körper zerlegt in Volumenelemente ΔV, in denen die Dichte annähernd konstant ist. Die Masse im Volumenelement ΔV am Ort $\vec{r}$ ist Δm. Für die Dichte im Volumenelement ΔV gilt: $\rho = \Delta m/\Delta V$. Bei einer kontinuierlichen Massenverteilung erhält man für die Dichte am Ort $\vec{r}$:

$$\rho(\vec{r}) = \lim_{\Delta V \to 0} \frac{\Delta m}{\Delta V} = \frac{dm}{dV}, \quad dm = \rho(\vec{r}) \cdot dV.$$

Die Gesamtmasse m des Körpers ist gegeben durch ein Volumenintegral,

$$m = \int dm = \int \rho(\vec{r})\,dV.$$

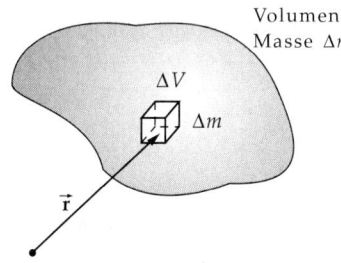

Volumen ΔV
Masse Δm

ΔV

Δm

$\vec{r}$

Abbildung 2.1: Dichte $\rho(\vec{r})$ eines inhomogenen Körpers mit kontinuierlicher Massenverteilung

2.1.1.2   Impuls

1.   Definition des Impulses

Impuls, **Bewegungsgröße**, das Stoßvermögen eines Körpers, gegeben durch das Produkt aus Masse und Geschwindigkeit des Körpers. Der Impuls ist wie die Geschwindigkeit eine vektorielle Größe; seine Richtung stimmt mit der Bewegungsrichtung des Körpers überein. Er charakterisiert den Bewegungszustand eines Körpers relativ zu einem Bezugssystem.

Impuls = Masse · Geschwindigkeit			MLT^{-1}

	Symbol	Einheit	Benennung
$\vec{p} = m\vec{v}$	$\vec{p}$	kg m/s	Impuls des Körpers
	m	kg	Masse des Körpers
	$\vec{v}$	m/s	Geschwindigkeit des Körpers

2.   Maßeinheit des Impulses

Kilogrammmeter pro Sekunde, kg m/s, die SI-Einheit des Impulses.
Ein Kilogrammmeter pro Sekunde ist der Impuls eines Körpers von 1 kg Masse, der sich mit der Geschwindigkeit 1 m/s bewegt.

$$[p] = \frac{\text{kg m}}{\text{s}} = \text{Ns}, \quad \text{N} = \text{Newton} = \text{kgm/s}^2 \quad \text{(s. S. 36)}.$$

■   Ein Körper von 10 kg, der sich mit 3 m/s bewegt, hat einen Impuls von

$$p = mv = 10\,\text{kg} \cdot 3\,\text{m/s} = 30\,\text{Ns}.$$

Ein doppelt so schwerer Körper von 20 kg hat bei der gleichen Geschwindigkeit den doppelten Impuls:

$$p = mv = 20\,\text{kg} \cdot 3\,\text{m/s} = 60\,\text{Ns}.$$

2.1.2   Newtonsche Gesetze

Die Newtonschen Gesetze stellen eine Beziehung zwischen Kräften (Definition s. S. 36) und Änderungen der Bewegungsgröße Impuls her. Das erste Newtonsche Gesetz drückt das Trägheitsprinzip aus, das zweite das Aktionsprinzip, das dritte das Reaktionsprinzip.

2.1.2.1   Trägheit (Erstes Newtonsches Gesetz)

1.   Erstes Newtonsches Gesetz

(**Galileisches Trägheitsprinzip**), beschreibt das Beharrungsvermögen oder die **Trägheit** der Körper:

Erstes Newtonsches Gesetz:

Ein Körper, auf den keine äußere Kraft wirkt, verändert seinen Impuls nicht.

$\vec{F} = 0 \implies \vec{p} = \text{const.}$	Symbol	Einheit	Benennung
	$\vec{F}$	N	äußere Kraft
	$\vec{p}$	kg m/s	Impuls
$m = \text{const.} \implies \vec{v} = \text{const.}$	m	kg	Masse
	$\vec{v}$	m/s	Geschwindigkeit

➤   Das erste Newtonsche Gesetz gilt auch dann, wenn die Masse m nicht konstant ist, wie z.B. im Fall einer Rakete (Rückstoßantrieb). Dann gilt der Schluss $m = \text{const.} \implies \vec{v} = \text{const.}$ nicht mehr.

Der Begriff einer konstanten Geschwindigkeit ist gekoppelt an ein spezielles Bezugssystem.

■ Ein sitzender Passagier auf einem Transatlantikflug bewegt sich mit der konstanten Geschwindigkeit $v = 0$ relativ zum Flugzeug, aber auf einem Bogen relativ zu einem Punkt auf der Erdoberfläche. Relativ zu einem Punkt außerhalb der Erde überlagert sich noch die Erddrehung, und relativ zur Sonne kommt die Drehung der Erde um die Sonne hinzu. Die Sonne wieder bewegt sich relativ zum Zentrum der Milchstrasse, das sich wiederum relativ zu anderen Galaxien bewegt.

2. Inertialsysteme,
Bezugssysteme, in denen das erste Newtonsche Gesetz erfüllt ist. Ein Bezugssystem, das sich gegenüber einem Inertialsystem geradlinig und gleichförmig bewegt, ist ebenfalls ein Inertialsystem (**Abb. 2.2**). Daher gibt es beliebig viele Inertialsysteme, in denen die Gesetze der Physik in der gleichen Form gelten (s. S. 130).

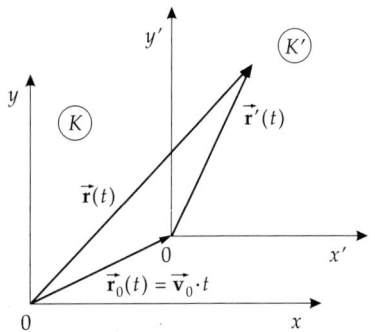

Abbildung 2.2: Relativbewegung zweier Inertialsysteme K und K' mit der Geschwindigkeit $\vec{v}_0$. $\vec{r}_0(t)$: Ortsvektor des Koordinatenursprungs von K' in K zum Zeitpunkt t

■ Ein Körper, der sich kräftefrei auf einer waagerechten reibungsfreien Schiene bewegt, behält eine konstante Geschwindigkeit bei. Diesen Idealfall gibt es in der Praxis nicht, da weder die Reibung auf der Schiene noch die Luftreibung völlig vermieden werden kann. Bewegungen im Weltraum weitab von Gravitationszentren kommen der Idealisierung näher.

2.1.2.2   Grundgesetz der Dynamik (Zweites Newtonsches Gesetz)

Zweites Newtonsches Gesetz (**Aktionsprinzip**) , beschreibt, wie der Bewegungszustand eines Körpers durch auf ihn wirkende Kräfte (Definition s. im folgenden Abschnitt) verändert wird (**Abb. 2.3**):

Zweites Newtonsches Gesetz: Wirkt eine Kraft auf einen Körper, so ist die dadurch erfolgende Impulsänderung zur wirkenden Kraft proportional. Die Impulsänderung geschieht in Richtung der Kraft.			MLT^{-2}
	Symbol	Einheit	Benennung
$$\frac{d\vec{p}}{dt} = \frac{d(m\vec{v})}{dt} = \vec{F}$$	$\vec{v}$	m/s	Momentangeschwindigkeit
	$\vec{p}$	kg m/s	Impuls
	$\vec{F}$	N	Kraft
	m	kg	Masse

Kann die Masse des Körpers bei dem dynamischen Vorgang als konstant angesehen werden, so gilt:

$m\vec{a} = \vec{F}$.

$\vec{a}$ ist die Beschleunigung, $\vec{a} = \dfrac{d\vec{v}}{dt}$, mit der SI-Einheit

$[\vec{a}] = ms^{-2}$.

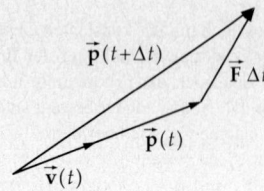

Abbildung 2.3: Kraft $\vec{F}$ und Impulsänderung
$\vec{p}(t + \Delta t) - \vec{p}(t)$

▲   Das zweite Newtonsche Gesetz ist das **Grundgesetz der Dynamik**.

■   Wirkt eine Kraft auf einen Körper mit der doppelten Masse eines anderen, so erfährt er nur die halbe Beschleunigung.

➤   Das zweite Newtonsche Gesetz gilt auch dann, wenn sich die Masse des Körpers während der Bewegung verändert (Rakete). Entsprechend der Produktregel der Differentiation hat es dann die Form
$$\frac{d\vec{p}}{dt} = \frac{dm}{dt}\vec{v} + m\frac{d\vec{v}}{dt} = \vec{F}.$$

➤   Betrachtet man Länge, Zeit und Masse als Grundgrößen der Bewegung (wie im SI), so erlaubt das zweite Newtonsche Gesetz die Ableitung der Krafteinheit. Wären dagegen Länge, Zeit und Kraft Grundgrößen, so würde es die Masse definieren.

2.1.2.3   Kraft

1.   Definition der Kraft

Im SI wird die Kraft aufgrund des zweiten Newtonschen Gesetzes definiert:

Kraft, das Produkt aus der Masse eines Körpers und der durch die Kraft verursachten Beschleunigung des Körpers. Die Kraft ist eine Vektorgröße und zeigt in Richtung der Beschleunigung. Sie ist damit definiert durch:

Kraft = Masse · Beschleunigung			MLT^{-2}
	Symbol	Einheit	Benennung
	$\vec{F}$	N	wirkende Kraft
$\vec{F} = m\vec{a}$	m	kg	Masse
	$\vec{a}$	m/s^2	resultierende Beschleunigung

2.   Maßeinheit der Kraft

Newton, N, ist die SI-Einheit der Kraft:
1 Newton ist die Kraft, die einer Masse von 1 kg die Beschleunigung 1 m/s^2 erteilt.
$$[F] = \mathrm{N} = \mathrm{Newton} = \mathrm{kg\,m/s^2}.$$

Keine SI-Einheiten:

$$1\,\text{Kilopond (kp)} = 9.80665\,\mathrm{N},$$
$$1\,\text{Dyn (dyn)} = 10\,\mu\mathrm{N}.$$

Masse, der Proportionalitätsfaktor von Kraft und Beschleunigung: Je mehr Masse ein Körper hat, desto weniger wird er durch eine auf ihn wirkende Kraft beschleunigt. Dies erlaubt es, die Masse als das Verhältnis von wirkender Kraft und resultierender Beschleunigung zu bestimmen,

$$m = \frac{|\vec{F}|}{|\vec{a}|}.$$

3. Kraftstoß,
das Produkt $\vec{F}\Delta t$. Der Kraftstoß gibt die Änderung $\Delta\vec{p} = \vec{p}_2 - \vec{p}_1$ des Impulses an (**Abb. 2.4**).

Kraftstoß = Kraft · Zeitintervall bei konstanter Kraft			**MLT^{-1}**
	Symbol	Einheit	Benennung
	$\Delta\vec{p}$	kg m/s	Impulsänderung
$\Delta\vec{p} = m(\vec{v}(t+\Delta t) - \vec{v}(t)) = \vec{F}\Delta t$	Δt	s	Zeitintervall
	$\vec{v}$	m/s	Geschwindigkeit
	$\vec{F}$	N	wirkende Kraft

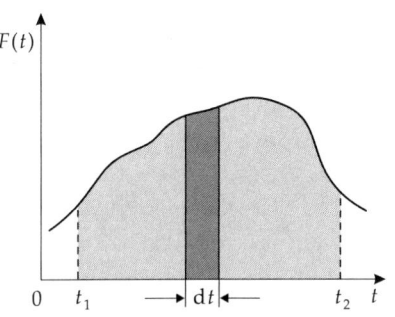

Abbildung 2.4: Eindimensionale Bewegung. Kraftstoß als Fläche unter der Kurve $F(t)$ im Kraft-Zeit-Diagramm

➤ Ist die Kraft über den Zeitraum Δt nicht konstant, so ist die Integralform zu verwenden:

$$\Delta\vec{p} = \int_{t_1}^{t_2} \vec{F}\,dt\,.$$

2.1.2.4 Reaktionsprinzip (Drittes Newtonsches Gesetz)

Drittes Newtonsches Gesetz(Reaktionsprinzip), stellt fest, dass zu jeder Kraft $\vec{F}$, die auf einen Körper 1 wirkt, eine zweite Kraft $\vec{F}'$ auftritt, die an einem anderen Körper 2 angreift und gleich groß, aber entgegengerichtet ist (**Abb. 2.5**),

$$\vec{F} = -\vec{F}', \qquad \text{actio} = \text{reactio.}$$

Drittes Newtonsches Gesetz: **Zwei Körper üben aufeinander entgegengesetzt gleiche Kräfte aus.**			**MLT^{-2}**
	Symbol	Einheit	Benennung
$\vec{F} = -\vec{F}'$	$\vec{F}$	N	Kraft von 2 auf 1
	$\vec{F}'$	N	Kraft von 1 auf 2

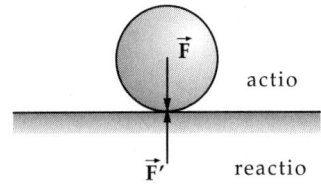

Abbildung 2.5: Zum Reaktionsprinzip

■ Zwei Personen auf zwei reibungsarmen Wagen halten die Enden eines Seils. Zieht eine von beiden an dem Seil, um sich vorwärts zu bewegen, so bewegt sich auch der zweite Wagen.

➤ Die Kräfte F und F' sind zwar betragsgleich, aber der Körper mit der größeren Masse erfährt eine kleinere Beschleunigung als der Körper mit der kleineren Masse.

2.1.2.5   Trägheitskräfte

1.   Definition der Trägheitskräfte

Trägheitskräfte, auf die Trägheit des Körpers zurückzuführende Scheinkräfte, die ein Beobachter in einem Bezugsystem feststellt, das gegenüber dem Inertialsystem eine beschleunigte Bewegung ausführt (**Abb. 2.6**). Im Gegensatz zu den oben aufgeführten Kräften sind sie nicht Ursache, sondern Folge der Beschleunigung. Bei einer beschleunigten Translationsbewegung des Bezugsystems sind die Trägheitskräfte der Beschleunigung entgegengerichtet, als Vorfaktor tritt die Masse des Körpers auf.

Bei einer beschleunigten Translationsbewegung des Bezugsystems ist die Trägheitskraft der sie hervorrufenden Beschleunigung entgegengerichtet. Ihr Betrag ist gleich dem Betrag der Kraft, die die Beschleunigung des Bezugsystems bewirkt.	MLT^{-2}

$\vec{\mathbf{F}}_T \;=\; -m\vec{\mathbf{a}}$	Symbol	Einheit	Benennung
	$\vec{\mathbf{F}}_T$	N	Trägheitskraft
	m	kg	Masse
	$\vec{\mathbf{a}}$	m/s^2	Beschleunigung

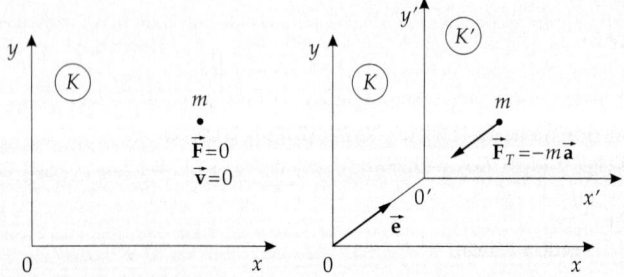

Abbildung 2.6: Trägheitskraft in einem gegenüber dem Bezugsystem K gleichmäßig beschleunigt bewegten Bezugsystem K'

2.   Beispiele zur Trägheitskraft

■ Ein Massenpunkt m ruht in dem Bezugsystem K ($\vec{\mathbf{F}} = 0$). Ein zweites Bezugsystem K' wird gegenüber K in der x,y-Ebene mit der Geschwindigkeit $\vec{\mathbf{v}}$ und der konstanten Beschleunigung $\vec{\mathbf{a}} = \mathrm{d}\vec{\mathbf{v}}/\mathrm{d}t \neq 0$ in Richtung $\vec{\mathbf{e}}$ verschoben. Unter dem Einfluss der Trägheitskraft $\vec{\mathbf{F}}_T = -m\vec{\mathbf{a}}$ stellt ein Beobachter in K' eine beschleunigte Bewegung des Massenpunktes in eine dem Verschiebungsvektor $\vec{\mathbf{d}}(t)$ entgegengesetzte Richtung fest.

■ Ein Körper von 1 kg Masse befinde sich in einem Wagen, der mit 3 m/s^2 beschleunigt wird. Im Wagen gemessen, erfährt der Körper eine Scheinkraft von

$$F_T = -ma = -1\,\mathrm{kg} \cdot 3\,\mathrm{m/s}^2 = -3\,\mathrm{N}.$$

Dies ist der Betrag der Kraft, die notwendig ist, um den Körper mit 3 m/s^2 zu beschleunigen.

3. Trägheitskräfte bei Rotationsbewegungen

Andere Trägheitskräfte treten bei Rotationsbewegungen auf (s. S. 54).

■ Ein Beobachter auf einer rotierenden Scheibe bemerkt, dass Körper radial nach außen beschleunigt werden. Er führt daher die **Zentrifugalkraft** als Scheinkraft ein.

2.1.2.6 D'Alembertsches Prinzip

Dynamisches Gleichgewicht besteht, wenn die Summe der wirkenden Kraft $\vec{F}$ und der ihr entgegengesetzten Trägheitskraft $\vec{F}_T$ verschwindet (**d'Alembertsches Prinzip**). Das dynamische Gleichgewicht ist Ausdruck des dritten Newtonschen Gesetzes.

Körper im dynamischen Gleichgewicht

	Symbol	Einheit	Benennung
$\vec{F} + \vec{F}_T = 0$	$\vec{F}$	N	wirkende Kraft
$\vec{F} - m\vec{a} = 0$	$\vec{F}_T$	N	Trägheitskraft
	$\vec{a}$	m/s^2	Beschleunigung

➤ Im Gegensatz zum statischen Gleichgewicht bedeutet das Bestehen eines dynamischen Gleichgewichts nicht, dass der Körper in seiner Bewegung verharrt. Das Auftreten von Trägheitskräften impliziert ja gerade eine Beschleunigung.

➤ Diese Regel erlaubt es, die Bewegung eines Körpers aus der Bedingung, dass sich Kräfte und Trägheitskräfte aufheben, zu berechnen. Dynamische Vorgänge werden damit auf statische Gleichgewichtsprobleme zurückgeführt.

2.1.2.7 Zusammensetzung von Kräften

1. Resultierende Kraft,

$\vec{F}_R$, ersetzt zwei an einem Massenpunkt angreifende Kräfte $\vec{F}_1$ und $\vec{F}_2$ durch eine einzige Kraft $\vec{F}_R$. Kräfte werden vektoriell nach dem **Kräfteparallelogramm** zusammengesetzt (**Abb. 2.7**).

Resultierende Kraft = Vektorsumme der Einzelkräfte			**MLT**$^{-2}$
	Symbol	Einheit	Benennung
$\vec{F}_R = \vec{F}_1 + \vec{F}_2$	$\vec{F}_R$	N	resultierende Kraft
$F_{Rx} = F_1 \cos\alpha_1 + F_2 \cos\alpha_2$	$\vec{F}_1, \vec{F}_2$	N	Kraftvektoren
$F_{Ry} = F_1 \sin\alpha_1 + F_2 \sin\alpha_2$	F_{Rx}, F_{Ry}	N	Komponenten der result. Kraft
$F_R = \sqrt{F_1^2 + F_2^2 + 2F_1 F_2 \cos\varphi}$	φ	rad	Winkel zw. $\vec{F}_1$ und $\vec{F}_2$
	α_1	rad	Winkel zw. $\vec{F}_1$ und x-Achse
$\alpha = \arctan\dfrac{F_1 \sin\alpha_1 + F_2 \sin\alpha_2}{F_1 \cos\alpha_1 + F_2 \cos\alpha_2}$	α_2	rad	Winkel zw. $\vec{F}_2$ und x-Achse
	α	rad	Winkel zw. $\vec{F}_R$ und x-Achse

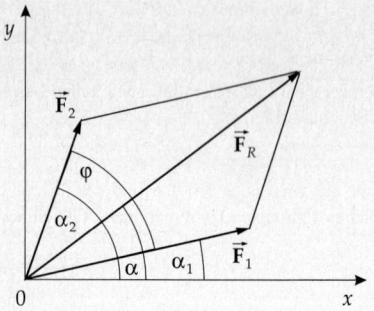

Abbildung 2.7: Zusammensetzung von
Kräften. Kräfteparallelogramm

2. Krafteck

Durch Wiederholen dieses Vorgangs können beliebig viele Kräfte, die am gleichen Punkt angreifen, durch eine einzige resultierende Kraft ersetzt werden:

▲ $\vec{F}_R = \vec{F}_1 + \vec{F}_2 + \vec{F}_3 + \ldots$

Graphisch kann dies durch ein **Krafteck** (**Kräfteplan**) erfolgen: Man reiht die Kraftpfeile durch Parallelverschiebung (also unter Erhaltung von Betrag und Richtung) aneinander. Die Resultierende ist der Kraftpfeil von Anfang des ersten Kraftpfeils zum Ende des letzten (**Abb. 2.8**).

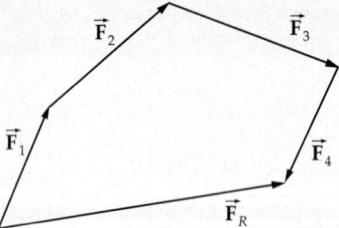

Abbildung 2.8: Krafteck

3. Komponentenaddition

Die resultierende Kraft kann auch durch Addition der Komponenten berechnet werden (s. S. 1020):

$$\vec{F}_R = \begin{pmatrix} F_{Rx} \\ F_{Ry} \\ F_{Rz} \end{pmatrix} = \vec{F}_1 + \vec{F}_2 = \begin{pmatrix} F_{1x} + F_{2x} \\ F_{1y} + F_{2y} \\ F_{1z} + F_{2z} \end{pmatrix} .$$

➤   Zeigen zwei Vektoren in die gleiche Richtung ($\varphi = 0$), so gilt

$|\vec{F}_R| = |\vec{F}_1 + \vec{F}_2| = |\vec{F}_1| + |\vec{F}_2|$.

Zeigen sie in entgegengesetzte Richtung ($\varphi = \pi$), dann ist

$|\vec{F}_R| = |\vec{F}_1 + \vec{F}_2| = |\vec{F}_1| - |\vec{F}_2|$.

Stehen die Kräfte senkrecht aufeinander ($\varphi = \pi/2$), dann gilt

$|\vec{F}_R| = |\vec{F}_1 + \vec{F}_2| = \sqrt{|\vec{F}_1|^2 + |\vec{F}_2|^2}$.

2.1.2.8   Zerlegung von Kräften

1.   Allgemeine Zerlegung von Kräften

Die Zerlegung einer Kraft $\vec{F}$ in zwei Kräfte $\vec{F}_1, \vec{F}_2$, die in vorgegebene Richtungen zeigen, erfolgt mittels des **Skalarprodukts** nach dem Kräfteparallelogramm.

Zerlegung einer Kraft

	Symbol	Einheit	Benennung
$F_1 = F\,\dfrac{\sin(\alpha_2 - \alpha)}{\sin(\alpha_2 - \alpha_1)}$			
$F_2 = F\,\dfrac{\sin(\alpha - \alpha_1)}{\sin(\alpha_2 - \alpha_1)}$	$\vec{F}$	N	vorgegebene Kraft
	$\vec{F}_1, \vec{F}_2$	N	Kraftvektoren
$\alpha_1 = \alpha - \arccos\dfrac{F^2 + F_1^2 - F_2^2}{2\,F\,F_1}$	α	rad	Winkel zw. $\vec{F}$ und x-Achse
	α_1	rad	Winkel zw. $\vec{F}_1$ und x-Achse
$\alpha_2 = \alpha + \arccos\dfrac{F^2 + F_2^2 - F_1^2}{2\,F\,F_2}$	α_2	rad	Winkel zw. $\vec{F}_2$ und x-Achse

2. Tangential- und Normalkraft

Die Zerlegung einer Kraft im Spezialfall zweier zueinander senkrechter Richtungen lässt sich ebenfalls mittels des **Skalarprodukts** durchführen (**Abb. 2.9**):

Die Komponente F_1 der Kraft $\vec{F}$ längs der durch den Einheitsvektor $\vec{e}_1$ gegebenen Richtung ist das Skalarprodukt von $\vec{F}$ und dem Einheitsvektor $\vec{e}_1$:

$$F_x = \vec{F} \cdot \vec{e}_1 = F \cos\alpha, \quad \alpha: \text{ Winkel zwischen } \vec{F} \text{ und } \vec{e}_1 .$$

Die Komponente F_2 von $\vec{F}$ in der zur Richtung 1 senkrechten Richtung 2, $\vec{e}_1 \cdot \vec{e}_2 = 0$, ist gegeben durch

$$F_2 = \vec{F} \cdot \vec{e}_2 = F \cos(\tfrac{\pi}{2} - \alpha) = F \sin\alpha .$$

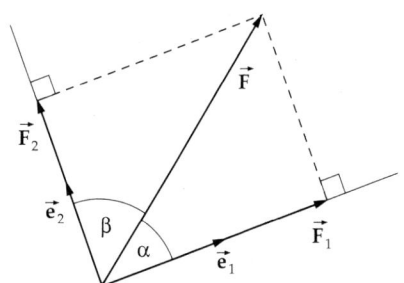

Abbildung 2.9: Zerlegung einer Kraft $\vec{F}$ in zwei zueinander senkrechte Komponenten $\vec{F}_1$ und $\vec{F}_2$

Tangentialkraft, in Richtung der Tangente an die Bahnkurve wirkende Kraft. Die Tangentialkraft führt zu einer reinen Bahnbeschleunigung (**Tangentialbeschleunigung**), indem sie den Betrag v der Geschwindigkeit $\vec{v}$, nicht aber die Richtung von $\vec{v}$ ändert:

$$\vec{F}_{\text{tan}} = m \cdot \dot{v} \cdot \vec{e}_{\text{tan}} .$$

Normalkraft, in Richtung der Hauptnormalen an die Bahnkurve wirkende Kraft. Die Normalkraft führt zu einer reinen **Normalbeschleunigung**, die nicht den Betrag der Geschwindigkeit $\vec{v}$, sondern nur die Richtung von $\vec{v}$ ändert:

$$\vec{F}_{\text{norm}} = m \cdot \frac{v^2}{R} \cdot \vec{e}_{\text{norm}} ,$$

R - Krümmungsradius der Bahnkurve, $\vec{e}_{\text{norm}}$ - Einheitsvektor in Richtung der Hauptnormalen.

3. Zentripetalkraft

Bei einer gleichförmigen Kreisbewegung (Radius R) ist die Tangentialkraft gleich null. Als Normalkraft sorgt die **Zentripetalkraft**

$$\vec{F}_r = -m \frac{v^2}{R} \vec{e}_r$$

für eine gleichmäßige, zum Kreismittelpunkt hin gerichtete Beschleunigung (**Zentripetalbeschleunigung**). Die Zentripetalkraft ist eine **Zentralkraft**.

4.   Nutzung der Kraftzerlegung

Die Zerlegung von Kräften wird angewendet, wenn ein Körper in einer bestimmten Weise unterstützt wird. Dabei wird die Kraftkomponente in einer bestimmten Richtung aufgefangen. Die Unterstützung (Halterung, Schiene, Auflagefläche) liefert eine Gegenkraft (**Führungskraft, Zwangskraft, Reaktionskraft**), die ohne Berücksichtigung der Reibung genauso groß ist wie die in dieser Richtung wirkende Kraft. Die Führungskraft steht senkrecht auf der Kurve oder Fläche im Raum, an welche die bewegte Masse gebunden ist.

5.   Anwendung auf die schiefe Ebene

Schiefe Ebene: Gesucht sind die Komponenten der Gewichtskraft $\vec{F}_G$ senkrecht (**Normalkraft** $\vec{F}_N$) und parallel zur schiefen Ebene (**Hangabtriebskraft** $\vec{F}_H$). Die Hangabtriebskraft beschleunigt den Körper, während die Normalkraft von der Ebene aufgefangen wird (**Abb. 2.10**).

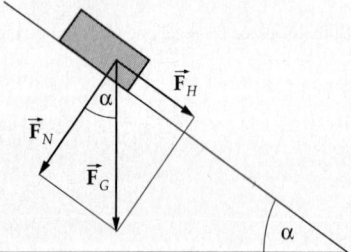

Abbildung 2.10: Schiefe Ebene. Zerlegung der Gewichtskraft $\vec{F}_G$ in Normalkraft $\vec{F}_N$ und Hangabtriebskraft $\vec{F}_H$

Man findet:

Hangabtriebskraft: $F_H = F_G \sin\alpha = mg \sin\alpha$,
Normalkraft: $F_N = F_G \cos\alpha = mg \cos\alpha$.

α ist der Neigungswinkel der Ebene gegen die Horizontale.

■   Ein Körper von $m = 2$ kg gleitet eine um $\alpha = 30°$ geneigte Ebene hinab. Die Hangabtriebskraft ist

$$F_H = F \sin\alpha = mg \sin\alpha = 2 \text{ kg} \cdot 9.81 \text{ m/s}^2 \cdot 0.5 = 9.81 \text{ N}.$$

Entsprechend wirkt eine Beschleunigung von

$$a = \frac{F_H}{m} = 4.91 \text{ m/s}^2 = \frac{1}{2}g,$$

also die Hälfte der Fallbeschleunigung. Bei einem Winkel von $\alpha = 45°$ ist der Reduktionsfaktor $1/\sqrt{2} \approx 0.707$, bei $\alpha = 60°$ $\sqrt{3}/2 \approx 0.866$. Der Anteil der Gewichtskraft, der von der Ebene aufgefangen wird (also die Kraft, mit der der Körper auf die Ebene drückt), ist jeweils $\sqrt{3}/2$, $1/\sqrt{2}$ und $1/2$.

➤   Bei einer Neigung von 45° sind Hangabtriebskraft und Normalkraft gleich groß:

$$F_H = F_N = \frac{1}{\sqrt{2}} F_G \approx 0.707 \, F_G.$$

➤   Der Tangens von α gibt das Verhältnis von Höhenunterschied zu in waagerechter Richtung zurückgelegter Strecke an und heißt **Anstieg**.

➤   Im Verkehrswesen versteht man unter **Steigung** das Verhältnis h/l von gewonnenem Höhenunterschied h zur zurückgelegten Strecke l, also $\sin\alpha$.

■   Ein Zug von 1000 t benötigt bei einer Steigung von $h/l = 1 : 150$ zur Überwindung der Erdanziehung eine Kraft von

$$F_H = F_G \sin\alpha = mg\frac{h}{l} = 10^6 \text{ kg} \cdot 9.81 \text{ m/s}^2 \cdot \frac{1}{150} = 65.4 \text{ kN}.$$

2.1.3 Bahndrehimpuls

1. Definition des Bahndrehimpulses

Drehimpuls, Bahndrehimpuls, $\vec{l}$, das Vektorprodukt aus Ortsvektor $\vec{r}$ und Impuls $\vec{p} = m\vec{v}$, $\vec{v}$ ist die Geschwindigkeit des Massenpunktes (**Abb. 2.11**)

Radialer Impuls, $\vec{p}_r$, Komponente des Impulses $\vec{p}$ eines Massenpunktes in Richtung des Ortsvektors $\vec{r}$:

$$\vec{p}_r = (\vec{p} \cdot \vec{e}_r)\vec{e}_r, \qquad \vec{e}_r : \text{Einheitsvektor in } \vec{r}\text{-Richtung}.$$

Die Komponente von $\vec{p}$, die in der von $\vec{r}$ und $\vec{p}$ aufgespannten Ebene senkrecht auf dem radialen Impuls steht, ist gegeben durch den Vektor $-\vec{e}_r \times (\vec{e}_r \times \vec{p})$. Diese zum Ortsvektor senkrechte Komponente von $\vec{p}$ geht in den **Bahndrehimpuls** ein.

Bahndrehimpuls = Ortsvektor × Impuls			$\mathbf{ML^2T^{-1}}$

	Symbol	Einheit	Benennung
	$\vec{l}$	kg m²/s	Drehimpuls
$\vec{l} = \vec{r} \times \vec{p} = m\vec{r} \times \vec{v}$	$\vec{r}$	m	Ortsvektor
$l = r \cdot m \cdot v \cdot \sin\alpha$	$\vec{p}$	kg m/s	Impuls
	$\vec{v}$	m/s	Bahngeschwindigkeit
	m	kg	Masse
	α	rad	Winkel zw. $\vec{r}$ und $\vec{p}$

Kilogramm mal Meterquadrat pro Sekunde, kgm²/s, SI-Einheit des Drehimpulses.

2. Eigenschaften des Bahndrehimpulses

➤ Der Bahndrehimpuls eines Massenpunktes ist ein Vektor, der senkrecht auf der Bewegungsrichtung des Massenpunktes und senkrecht auf dem Ortsvektor steht. Sein Betrag ist gegeben durch $l = r \cdot p \cdot \sin\alpha$, wobei α der Winkel zwischen Orts- und Impulsvektor ist.

➤ Der Bahndrehimpuls hängt von der Wahl des Bezugspunktes ab.

➤ Der Bahndrehimpuls verschwindet, wenn der Impulsvektor keine Komponente senkrecht zum Ortsvektor hat. Die Bewegung auf einer Geraden durch den Koordinatenursprung als Bezugspunkt entspricht dem Bahndrehimpuls Null.

■ Bei einer Kreisbewegung ist die Bahngeschwindigkeit $\vec{v}$ das Vektorprodukt aus Winkelgeschwindigkeit $\vec{\omega}$ und Ortsvektor $\vec{r}$, $\vec{v} = \vec{\omega} \times \vec{r}$. Damit wird der Drehimpuls der Kreisbewegung $\vec{l} = m\vec{r} \times (\vec{\omega} \times \vec{r}) = mr^2 \vec{\omega} = J \cdot \vec{\omega}$.

Die Größe $J = mr^2$ wird als Massenträgheitsmoment eines Massenpunktes bezeichnet.

➤ Der Drehimpuls einer Kreisbewegung zeigt in Richtung des Winkelgeschwindigkeitsvektors. Er steht also senkrecht auf der Bahnebene.

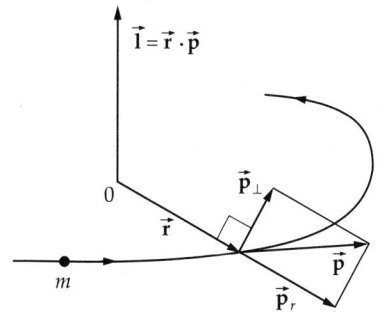

Abbildung 2.11: Bahndrehimpuls $\vec{l}$ eines Massenpunktes m

3.   Massenträgheitsmoment eines Massenpunktes

bei einer Kreisbewegung, das Produkt aus der Masse m und dem Quadrat des senkrechten Abstandes r von der Drehachse.

Massenträgheitsmoment eines Massenpunktes			ML^2
$J = m \cdot r^2$	Symbol	Einheit	Benennung
	J	kg m^2	Massenträgheitsmoment
	m	kg	Masse
	r	m	Abstand von der Drehachse

➤   Bei einer Drehbewegung entsprechen Massenträgheitsmoment J und Drehimpuls $\vec{I} = J \cdot \vec{\omega}$ der Masse m und dem Impuls $\vec{p} = m \cdot \vec{v}$ der Translationsbewegung.

2.1.4   Drehmoment

1.   Definition des Drehmoments

Drehmoment, Moment einer Kraft, das Vektorprodukt aus dem Ortsvektor $\vec{r}$ und der Kraft $\vec{F}$, die am Ort $\vec{r}$ wirkt (**Abb. 2.12**).

Drehmoment = Ortsvektor × Kraft			ML^2T^{-2}
$\vec{M} = \vec{r} \times \vec{F}$	Symbol	Einheit	Benennung
	$\vec{M}$	Nm	Drehmoment
$M = r \cdot F \cdot \sin\alpha$	$\vec{r}$	m	Ortsvektor
	$\vec{F}$	N	Kraft
	α	rad	Winkel zwischen Orts- und Kraftvektor

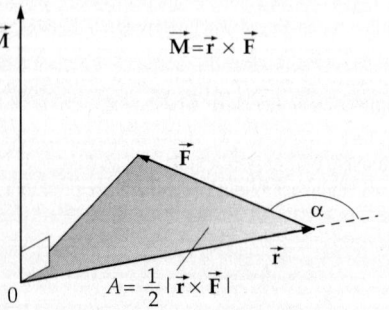

Abbildung 2.12: Drehmoment $\vec{M}$ einer Kraft $\vec{F}$

Newtonmeter, die SI-Einheit des Drehmoments:

1 Newtonmeter ist das Drehmoment, das eine Kraft von 1 N erzeugt, die in einem Abstand von 1 m vom Drehpunkt senkrecht zum Ortsvektor angreift.

$[\vec{M}]$ = Newtonmeter = Nm = N $\cdot$ m.

2.   Eigenschaften des Drehmoments

▲   Der Drehmomentvektor steht senkrecht auf der vom Ortsvektor $\vec{r}$ und der Kraft $\vec{F}$ aufgespannten Fläche A. Der Betrag des Drehmoments ist das Produkt aus dem Abstand des Angriffspunktes der Kraft vom Bezugspunkt (Koordinatenursprung) und der senkrecht zum Ortsvektor des Angriffspunktes wirkenden Kraftkomponente.

➤ Das Drehmoment wird maximal, wenn $\vec{r}$ und $\vec{F}$ senkrecht aufeinander stehen (sin α = 1). Da nur die Kraftkomponente senkrecht zum Ortsvektor zum Drehmoment beiträgt, erzeugt eine Kraft, die bezogen auf das Kraftzentrum radial nach außen oder innen orientiert ist, $\vec{F} \sim \vec{r}$, kein Drehmoment. Solche Kräfte bezeichnet man als **Zentralkräfte**. Eine Bewegung, die unter dem Einfluss einer Zentralkraft abläuft, nennt man **Zentralbewegung**.

▲ Verdoppelt man bei gleichbleibender Kraft den Abstand des Angriffspunktes der Kraft vom Bezugspunkt , so verdoppelt sich das Drehmoment. Anwendung: Schraubenschlüssel.

■ Eine Kraft von $F = 5$ N greift in einem Abstand von $d = 20$ cm von der Drehachse an einem Schraubenschlüssel an. Das wirkende Drehmoment ist

$$M = F \cdot d = 5 \text{ N} \cdot 20 \text{ cm} = 1 \text{ Nm}.$$

3. Resultierendes Drehmoment

Wirken auf einen Körper mehrere Kräfte $\vec{F}_i$, $i = 1, 2, \cdots$, dann können die einzelnen Drehmomente $\vec{M}_i = \vec{r}_i \times \vec{F}_i$ vektoriell zu einem resultierenden Drehmoment zusammengesetzt werden.

Zusammensetzung von Drehmomenten			$\mathbf{ML^2T^{-2}}$
	Symbol	Einheit	Benennung
$\vec{M}_R = \vec{M}_1 + \vec{M}_2 + \cdots$	$\vec{M}_R$	Nm	resultierendes Drehmoment
	$\vec{M}_1, \vec{M}_2, \ldots$	Nm	einzelne Drehmomente

➤ Im Falle zweier entgegengesetzt gleicher Kräfte (**Kräftepaar**), $\vec{F}_2 = -\vec{F}_1$, ist die resultierende Kraft null, $\vec{F}_1 + \vec{F}_2 = 0$. Das resultierende Drehmoment $\vec{M}_R$ dagegen verschwindet nicht, wenn die Kräfte nicht im gleichen Punkt angreifen (**Abb. 2.13**):

$$\vec{M}_R = \vec{r}_1 \times \vec{F}_1 + \vec{r}_2 \times \vec{F}_2 = (\vec{r}_1 - \vec{r}_2) \times \vec{F}_1.$$

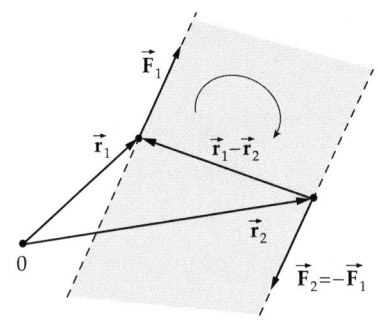

Abbildung 2.13: Drehmoment eines Kräftepaares (senkrecht zu der von $\vec{r}_1 - \vec{r}_2$ und $\vec{F}_1(\vec{F}_2)$ aufgespannten Ebene

4. Drehmoment: zeitliche Änderung des Drehimpulses

Die zeitliche Änderung des Drehimpulses $\vec{l} = \vec{r} \times \vec{p}$ der Bahnbewegung eines Massenpunktes ist nach der Produktregel der Differentiation gegeben durch

$$\frac{d\vec{l}}{dt} = \frac{d(\vec{r} \times \vec{p})}{dt} = \frac{d\vec{r}}{dt} \times m\vec{v} + \vec{r} \times \frac{d\vec{p}}{dt}.$$

Der erste Term auf der rechten Seite verschwindet, weil $d\vec{r}/dt = \vec{v}$ und das Vektorprodukt paralleler Vektoren gleich Null ist. Die Änderung des Impulses $d\vec{p}/dt$ kann nach dem zweiten Newtonschen Gesetz durch die Kraft $\vec{F}$ ersetzt werden.

▲ Die zeitliche Änderung des Drehimpulses ist gleich dem Drehmoment der wirkenden Kraft (s. **Abb. 2.14**).

Änderung des Drehimpulses = Drehmoment			ML^2T^{-2}
$\dfrac{d\vec{l}}{dt} = \vec{r} \times \vec{F} = \vec{M}$	Symbol	Einheit	Benennung
	$\vec{l}$	kg m²/s	Drehimpuls
	$\vec{r}$	m	Ortsvektor
	$\vec{F}$	N	wirkende Kraft
	$\vec{M}$	Nm	erzeugtes Drehmoment

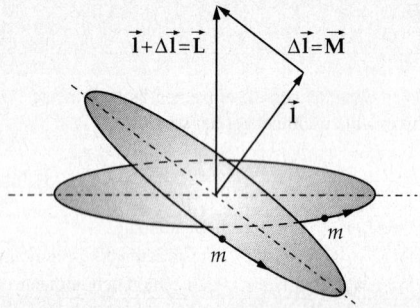

$\vec{l}+\Delta\vec{l}=\vec{L}$ $\Delta\vec{l}=\vec{M}$

$\vec{l}$

m

m

Abbildung 2.14: Drehmoment $\vec{M}$ und Drehimpulsänderung $\Delta\vec{l}$. Der Betrag der Winkelgeschwindigkeit und die Lage der Drehachse werden geändert

➤ Ist das Drehmoment parallel oder antiparallel zum Bahndrehimpuls gerichtet, so ändert sich nur der Betrag des Bahndrehimpulses, während die Lage der Bahnebene im Raum unverändert bleibt. Ist das Drehmoment nicht parallel oder antiparallel zum Bahndrehimpuls orientiert, so verändert sich auch die Richtung des Vektors der Winkelgeschwindigkeit, d.h., die Bahnebene wird gekippt.

➤ Bewegt sich der Massenpunkt unter dem Einfluss einer **Zentralkraft**, die längs des Ortsvektors $\pm\vec{r}$ wirkt, dann ist das **Drehmoment** gleich null. Der **Bahndrehimpuls** ist hinsichtlich Betrag und Richtung eine **Erhaltungsgröße** der Bewegung.

➤ Die Gravitationskraft ist eine Zentralkraft. Das 2. Keplersche Gesetz (Flächensatz) für die Bewegung der Planeten auf Ellipsenbahnen um die Sonne folgt aus der Erhaltung des Bahndrehimpulses.

2.1.5 Dynamisches Grundgesetz für Drehbewegungen

Für die Drehbewegung eines Körpers mit dem Bahndrehimpuls $\vec{L} = J \cdot \vec{\omega}$ und einem zeitlich konstanten Massenträgheitsmoment J, $dJ/dt = 0$, wird

$$\frac{d\vec{L}}{dt} = J\frac{d\vec{\omega}}{dt} = J\vec{\alpha} = \vec{M}.$$

▲ Die Winkelbeschleunigung $\vec{\alpha} = \dot{\vec{\omega}}$ ist dem Drehmoment $\vec{M}$ der Kraft proportional. Als Proportionalitätsfaktor tritt das Massenträgheitsmoment J auf.

1. Dynamisches Grundgesetz für Drehbewegungen

Dieses Gesetz bestimmt alle Drehbewegungen:

Drehmoment = Massenträgheitsmoment · Winkelbeschleunigung			ML^2T^{-2}
$\vec{M} = J \cdot \dfrac{d\vec{L}}{dt} = J \cdot \vec{\alpha}$	Symbol	Einheit	Benennung
	M	N m	Drehmoment
	J	kg m²	Massenträgheitsmoment
	$\vec{\alpha}$	rad/s²	Winkelbeschleunigung
	$\vec{L}$	kg m²/s	Drehimpuls

Durch Integration erhält man

$$\int_{t_1}^{t_2} \vec{M}\, dt = \Delta \vec{L}.$$

▲ Der **Drehmomentstoß** (Zeitintegral über Drehmoment) ist gleich der Änderung des Drehimpulses.

2. Vergleich von Translation und Drehbewegung

Translation			Drehung	
Ort	$\vec{r}$		Winkel	φ
Wegelement	$d\vec{r}$		Winkelelement	$d\varphi$
Geschwindigkeit	$\vec{v} = \dfrac{d\vec{r}}{dt}$		Winkelgeschwindigkeit	$\vec{\omega} = \dfrac{d\varphi}{dt}$
Beschleunigung	$\vec{a} = \dfrac{d\vec{v}}{dt} = \dfrac{d^2\vec{r}}{dt^2}$		Winkelbeschleunigung	$\vec{\alpha} = \dfrac{d\vec{\omega}}{dt} = \dfrac{d^2\varphi}{dt^2}$
Masse	m		Massenträgheitsmoment	$J = mr^2$
Impuls	$\vec{p} = m\vec{v}$		Drehimpuls	$\vec{L} = J\vec{\omega}$
Kraft	$\vec{F} = m\vec{a} = \dot{\vec{p}}$		Drehmoment	$\vec{M} = J\alpha = \dot{\vec{L}}$
kinetische Energie	$E_{kin} = \dfrac{1}{2}mv^2$		kinetische Energie	$E_{kin} = \dfrac{1}{2}J\omega^2$
Arbeit	$dW = \vec{F}\, d\vec{r}$		Arbeit	$dW = \vec{M}\, d\varphi$
Leistung	$P = \vec{F}\vec{v}$		Leistung	$P = \vec{M}\vec{\omega}$
gleichförmige Bewegung				
$a = 0$			$\dot{\omega} = 0$	
$v = v_0 = $ const.			$\omega = \omega_0 = $ const.	
$x = v_0 t + x_0$			$\varphi = \omega_0 t + \varphi_0$	
gleichmäßig beschleunigte Bewegung				
$a = a_0 = $ const.			$\dot{\omega} = \dot{\omega}_0 = $ const	
$v = a_0 t + v_0$			$\omega = \dot{\omega}_0 t + \omega_0$	
$x = \dfrac{a_0}{2}t^2 + v_0 t + x_0$			$\varphi = \dfrac{\dot{\omega}_0}{2}t^2 + \omega_0 t + \varphi_0$	

2.2 Kräfte

Im folgenden werden einige häufig auftretende Arten von Kräften charakterisiert.

2.2.1 Gewichtskraft

1. Definition der Gewichtskraft

Gewichtskraft, Gewicht, die Anziehungskraft (Gravitation) der Erde, die auf alle Körper wirkt. Sie ist proportional zur Masse des Körpers.

Die Proportionalitätskonstante ist die **Fallbeschleunigung** g, die an einem festen Ort für alle Körper unabhängig von ihrer Masse gleich groß ist.

Gewichtskraft = Masse · Fallbeschleunigung			MLT^{-2}
	Symbol	Einheit	Benennung
$F_G = mg$	F_G	N	Gewichtskraft
	m	kg	Masse des Körpers
	g	m/s^2	Fallbeschleunigung

➤ Die hier auftretende Masse der Körper heißt **schwere Masse**. Sie ist immer gleich der trägen Masse. Diese Aussage ist eine experimentell überprüfte Tatsache und Ausgangspunkt für die allgemeine Relativitätstheorie.

Die Beschleunigung, die ein Körper der Masse m im Gravitationsfeld erfährt, ist nach dem Grundgesetz der Dynamik

$$a = \frac{F_G}{m} = g.$$

■ In einer luftleeren Röhre fallen eine Stahlkugel und eine Feder gleich schnell. Der erfahrungsgemäße Unterschied in ihren Fallgeschwindigkeiten beruht auf dem größeren Luftwiderstand der Feder im Verhältnis zu ihrem geringeren Gewicht.

2. Fallbeschleunigung

■ Ein Körper der Masse 1 kg erfährt an der Erdoberfläche die Kraft $F_G = 1\ kg \cdot 9.81\ m/s^2 = 9.81\ N$. Seine Beschleunigung ist

$$a = \frac{F_G}{m} = \frac{9.81\ N}{1\ kg} = 9.81\ m/s^2.$$

Ein doppelt so schwerer Körper der Masse 2 kg erfährt die doppelte Kraft 19.62 N, seine Beschleunigung ist aber wieder 19.62 N/2 kg = 9.81 m/s².

➤ Die Fallbeschleunigung ist ortsabhängig. Sie hängt von der Höhe über dem Meeresspiegel, vom Breitengrad (aufgrund der Erdrotation und der Abplattung der Erde) sowie in geringem Masse von Dichteschwankungen der Erdkruste ab. Die **Normalfallbeschleunigung** beträgt 9.806 65 m/s². In Frankfurt am Main beträgt die Fallbeschleunigung (an einem Referenzpunkt 99.5 m über dem Meeresspiegel) 9.810 66 m/s².

Auf anderen Planeten herrschen andere Schwerebeschleunigungen.

▲ Alle Körper erfahren an einem festen Ort durch die Gewichtskraft die gleiche Beschleunigung.

2.2.2 Federkräfte und Torsionskräfte

1. Hookesches Gesetz

Eine gespannte Feder übt aufgrund ihrer **Elastizität** eine rücktreibende Kraft aus, die nach dem **Hookeschen Gesetz** proportional zu ihrer Auslenkung ist; die Proportionalitätskonstante heißt **Federkonstante** (**Abb. 2.15**).

Hookesches Gesetz : Kraft ~ Auslenkung			MLT^{-2}
	Symbol	Einheit	Benennung
$F_x = -kx$	F_x	N	Federkraft
	k	N/m	Federkonstante
	x	m	Auslenkung aus der Ruhelage

➤ Das Hookesche Gesetz gilt nur näherungsweise für kleine Auslenkungen aus der Ruhelage. Bei größeren Ausdehnungen treten Nichtlinearitäten auf, d.h., die Kraft steigt nicht mehr linear mit der Ausdehnung an; letztendlich bricht die Feder.

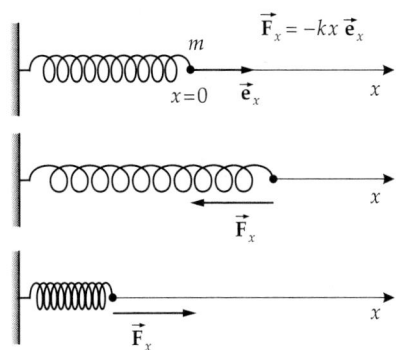

Abbildung 2.15: Federkraft

■ An einer Feder mit der Federkonstanten $k = 100$ N/m hängt ein Gewicht von $m = 1$ kg Masse. Die Ausdehnung d der Feder ist

$$d = \frac{|F_x|}{k} = \frac{mg}{k} = \frac{1 \text{ kg} \cdot 9.81 \text{ m/s}^2}{100 \text{ N/m}} = 0.0981 \text{ m} = 9.81 \text{ cm}.$$

2. Eigenschaften von Federn

Es gibt folgende Arten von Federn:

* **Zugfedern**, die bei Ausdehnung eine Zugkraft ausüben,
* **Druckfedern**, die bei Zusammendrücken eine Druckkraft entgegensetzen,
* **Torsionsfedern**, Drehfedern, die einem äußeren Drehmoment ein Gegenmoment entgegensetzen.

Werden mehrere Federn verbunden, so können sie durch eine einzige **Ersatzfeder** mit einer **resultierenden Federkonstanten** ersetzt werden. Jedes beliebige Netz von Federn kann in Kombinationen von Parallel- und Reihenschaltungen zerlegt werden:

Parallelschaltung von Federn: Die einzelnen Federkonstanten addieren sich (**Abb. 2.16**),

$$k_{res} = k_1 + k_2 + \cdots .$$

Reihenschaltung von Federn: Die Kehrwerte der einzelnen Federkonstanten addieren sich (**Abb. 2.17**),

$$\frac{1}{k_{res}} = \frac{1}{k_1} + \frac{1}{k_2} + \cdots .$$

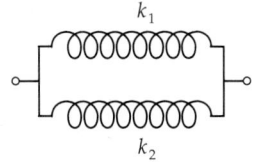

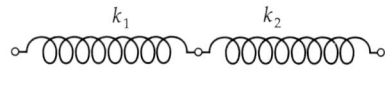

Abbildung 2.16: Parallelschaltung von Federn

Abbildung 2.17: Reihenschaltung von Federn

M Aufgrund des Hookeschen Gesetzes sind Federn gut zur Messung von Kräften geeignet (**Dynamometer**). Auf einer Seite ist die Feder fest eingespannt. Auf der anderen Seite lässt man die zu messende Kraft wirken. Die Ausdehnung der Feder ist dann proportional zur wirkenden Kraft. Die Eichung kann mittels eines Körpers bekannter Masse und damit bekannter Gewichtskraft erfolgen.

2.2.3   Reibungskräfte

Reibungskraft, der Bewegung eines Körpers entgegenwirkende Kraft, die auftritt, wenn sich der Körper in Berührung mit einem anderen Körper oder durch eine Flüssigkeit (oder ein Gas) bewegt. Reibungskräfte wirken parallel zu der Berührungsfläche.

Festkörperreibung, Reibung, die an der Berührungsfläche fester Körper auftritt.

➤   Die Festkörperreibung ist unabhängig von der Größe der Berührungsfläche.

➤   Die in viskosen Flüssigkeiten oder Gasen wirkenden Reibungskräfte hängen von der Geschwindigkeit des bewegten Körpers ab.

Bei der Festkörperreibung unterscheidet man: **Haftreibung**, **Gleitreibung** und **Rollreibung**.

2.2.3.1   Haftreibung

1.   Definition der Haftreibung

Haftreibung, **Ruhereibung**, durch die Rauheit der Berührungsflächen bedingte Kraft, die sich als Widerstand des Körpers gegen ein Gleiten äußert. Haftreibung tritt nur auf, wenn der Körper auf der Berührungsfläche ruht. Wirkt auf den Körper eine Kraft, dann setzt eine Bewegung erst ein, wenn diese Kraft die Haftreibungskraft F_H übersteigt. Die Haftreibungskraft ist proportional zur Auflagekraft (**Normalkraft**), die den einen Körper gegen den anderen drückt,

$$F_H \le F_{H,max} = \mu_0 F_N .$$

Die Proportionalitätskonstante μ_0, die den Maximalwert der Haftreibungskraft bestimmt, heißt **Haftreibungszahl** oder **Haftungskoeffizient** (**Abb. 2.18**).

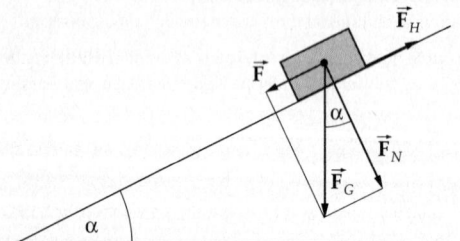

Abbildung 2.18: Haftreibung

2.   Eigenschaften der Haftreibung

➤   Die Haftreibung ist unabhängig von der Größe der Berührungsfläche.

➤   Die Haftreibungszahl hängt vom Material der Körper und ihrer Oberflächenbeschaffenheit (Rauhigkeit) ab (s. **Tab. 8.3/3**).

[M]   Die Haftreibungszahl für zwei Materialien kann bestimmt werden, indem man einen Körper der Masse m des einen Materials auf eine schiefe Ebene des anderen Materials bringt und den Neigungswinkel α vergrößert, bis der Körper zu gleiten beginnt. Das Gleiten setzt ein, wenn die Hangabtriebskraft $F = mg\sin\alpha$ durch die Haftreibungskraft F_H gerade nicht mehr übertroffen wird, $F = F_{H,max}$. Der Winkel, bei dem dies geschieht, heißt **Haftreibungswinkel** φ. Für den Haftreibungswinkel gilt:

$$F = mg\sin\varphi = F_{H,max} = \mu_0 F_N = \mu_0 mg\cos\varphi .$$

Die Haftreibungszahl ergibt sich zu

$$\mu_0 = \tan\varphi .$$

▲   Die Haftreibungszahl μ_0 ist gleich dem Tangens des Haftreibungswinkels φ .

2.2.3.2 Gleitreibung

Gleitreibung tritt auf, wenn ein Körper auf der Berührungsfläche gleitet. Die Gleitreibungskraft ist der Geschwindigkeit des Körpers entgegengerichtet, ihr Betrag ist proportional zum Betrag der Normalkraft (**Abb. 2.19**).

Gleitreibungskraft			$\mathbf{MLT^{-2}}$
	Symbol	Einheit	Benennung
$F_{GR} = \mu F_N$	F_{GR}	N	Gleitreibungskraft
	μ	1	Gleitreibungszahl
	F_N	N	Normalkraft

Der Proportionalitätsfaktor μ heißt **Gleitreibungszahl** (s. **Tab. 8.3/2**).

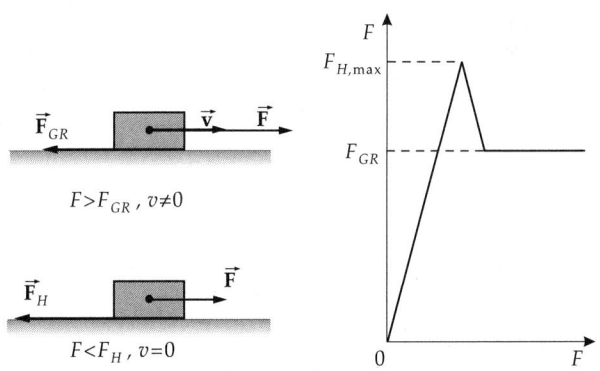

Abbildung 2.19: Festkörperreibung. Haft- und Gleitreibung

Die Gleitreibung ist i. Allg. geringer als die maximale Haftreibung (s. **Tab. 8.3/3**).

■ Ein Metallblock von 10 kg gleitet auf Holz. Die Haftreibungszahl Metall/Holz ist $\mu_0 \approx 0.5$, die Gleitreibungszahl beträgt $\mu \approx 0.4$. Um den ruhenden Metallblock in Bewegung zu setzen, muss eine Kraft wirken, die größer ist als die Haftreibung

$$F_{H,max} = \mu_0 F_N = \mu_0 mg = 0.5 \cdot 10 \text{ kg} \cdot 9.81 \text{ m/s}^2 = 49 \text{ N}.$$

Sobald sich der Metallblock bewegt, wirkt nur noch die Gleitreibung

$$F_{GR} = \mu F_N = \mu mg = 0.4 \cdot 10 \text{ kg} \cdot 9.81 \text{ m/s}^2 = 39 \text{ N}.$$

2.2.3.3 Rollreibung

1. Definition der Rollreibung

Rollreibung liegt vor, wenn der Körper (z.B. ein Rad) auf einer ebenen Unterlage nicht gleitet, sondern rollt. Bei einer **Rollbewegung** bewegt sich jeder Punkt auf der Umfangslinie des Rades (Radius R) relativ zum Radmittelpunkt genauso schnell, wie sich das Rad als Ganzes fortbewegt (**Abb. 2.20**):

$$R\omega = v.$$

Die Geschwindigkeit der Umfangslinie an der Berührungsstelle mit dem Boden ist gleich null, da die von der Kreisbewegung herrührende Umfangsgeschwindigkeit $R\omega$ gerade durch die lineare Bewegung v des Rades ausgeglichen wird. Rollreibung kommt zustande durch die Deformation von Rad und Unterlage. Eine am Radkranz angreifende, der Zugkraft an der Radachse entgegengerichtete Reibungskraft $\vec{F}_R$ bewirkt, dass die Bodenkraft nicht am Punkt P_1 (momentane Drehachse), sondern am Punkt P_2 angreift. Die Bodenkraft ist die Resultierende aus der Normalkraft $\vec{F}_N$ und der Kraft $\vec{F}_R$. Das Rad rollt gleichmäßig, wenn die Summe von Normalkraft, Bodenkraft und Zugkraft verschwindet (**Abb. 2.21**). Das Drehmoment der Zugkraft in bezug auf die momentane Drehachse durch den Punkt P_1 ist

$M = R \cdot F_R, \quad R$: Radius des Rades.

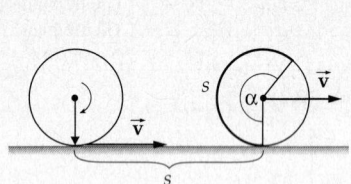

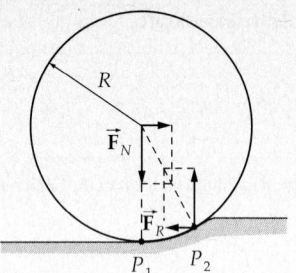

Abbildung 2.20: Rollbewegung. Die Strecke, um die sich die Achse fortbewegt, ist genauso groß wie die abgewickelte Umfangslinie: $s = R\alpha$.

Abbildung 2.21: Rollreibung

2.   Rollreibungszahl,

f, drückt die Proportionalität zwischen der Auflagekraft F_N und dem durch die Reibungskraft bewirkten Drehmoment M aus:

$$M = f \cdot F_N.$$

Es folgt

$$F_R = \frac{f}{R} F_N.$$

Die Rollreibung ist abhängig von der Belastung, dem Raddurchmesser und dem Material von Rad und Unterlage.

➤   Die Rollreibungskraft wird mit wachsendem Raddurchmesser geringer.
➤   Die Rollreibungszahl hat die Dimension einer Länge. Sie ist geschwindigkeitsabhängig. Bei Stahl auf Stahl liegt sie zwischen 0.01 cm bei 4 m/s und 0.05 cm bei 30 m/s (s. **Tab. 8.3/1**).

2.2.3.4   Seilreibung

1.   Definition der Seilreibung

Seilreibung, **Umschlingungsreibung**, Reibungswirkung zwischen Seil (auch Riemen oder Band) und Rolle (Trommel). Die Kraft F_2 kompensiert beim Heben sowohl die Last F_1 als auch die Reibungskraft $F_{GR} = F_2 - F_1$ (**Abb. 2.22**). Es gilt:

Seilreibung				MLT^{-2}
$\begin{aligned} F_{GR} &= F_1\left(e^{\mu_0\alpha} - 1\right) \\ &= F_2\left(1 - e^{-\mu_0\alpha}\right) \end{aligned}$		Symbol	Einheit	Benennung
		F_{GR}	N	Gleitreibungskraft
		F_1	N	Last
		F_2	N	Zugkraft
		e	1	Eulersche Zahl = 2.7183 …
		μ_0	1	Haftreibungszahl
		α	rad	umfasster Winkel des Seils

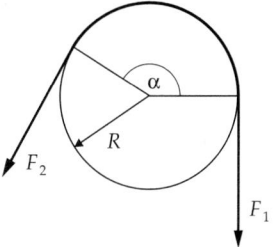

Abbildung 2.22: Beim Heben einer Last F_1 durch die Kraft F_2 hängt die Seilreibung vom umfassten Winkel α ab

➤ Beim Heraufziehen einer Last ist F_1 die Last, F_2 die hebende Kraft. Beim Herablassen ist F_2 die Last, F_1 die haltende Kraft:

$$F_{\text{Hebe}} = e^{\mu\alpha} F_{\text{Last}},$$

$$F_{\text{Senk}} = e^{-\mu\alpha} F_{\text{Last}}.$$

➤ Diese Formeln gelten, wenn der Zylinder in Ruhe ist und das Seil sich mit konstanter Geschwindigkeit bewegt, oder wenn das Seil ruht und der Zylinder mit gleichbleibender Geschwindigkeit rotiert.

2. **Eigenschaften der Seilreibung**
➤ Bei der Seilreibung hängt der Gleitreibungskoeffizient von der Geschwindigkeit des Seils und vom Radius der Rolle ab.
▲ Das Seil ist in Ruhe, wenn die Zugkraft zu klein ist, um die Last zu heben, oder zu groß, um sie herabzulassen:

$$F_{\text{Last}} e^{-\mu\alpha} < F < F_{\text{Last}} e^{\mu\alpha}.$$

▲ Soll beim Heben einer Last F_1 durch die Kraft F_2 das Seil nicht rutschen, dann muss gelten:

$$F_2/F_1 \leq e^{\mu_0\alpha},$$

wobei μ_0 die Haftreibungszahl ist. Bei technischen Anwendungen (Treibriemen), bei denen kein Gleiten zwischen Seil und Unterlage auftritt, ist sinngemäß die Haftreibungszahl zu verwenden.
➤ Reibungszahlen siehe **Tab. 8.3/2 bis Tab. 8.3/3**.

2.3   Trägheitskräfte in rotierenden Bezugssystemen

Sowohl bei der Translationsbewegung als auch bei Rotationsbewegungen treten Trägheitskräfte auf. Dazu beschreibt man die Drehbewegung als **Kreisbewegung** eines Massenpunktes und bestimmt die daraus folgenden Trägheitskräfte. Die Kreisbewegung ist keine gleichförmige geradlinige Bewegung, sondern eine beschleunigte und muss damit Folge einer Kraft sein. Die Beschleunigung macht sich jedoch nicht unbedingt in einer Erhöhung der Geschwindigkeit bemerkbar, sondern in einer Änderung ihrer Richtung.

Bewegungsgleichung eines Massenpunktes mit der Masse m in einem **Nichtinertialsystem**, dessen Koordinatenursprung sich mit der Beschleunigung $\vec{a}_0$ bewegt und das mit der Winkelgeschwindigkeit $\vec{\omega}$ rotiert:

$$m\ddot{\vec{r}} = \vec{F} - m\vec{a}_0 - m\vec{\omega} \times (\vec{\omega} \times \vec{r}) - m\dot{\vec{\omega}} \times \vec{r} - 2m\vec{\omega} \times \dot{\vec{r}}.$$

Zentrifugalkraft: $\vec{F}_Z = -m\vec{\omega} \times (\vec{\omega} \times \vec{r})$.

Corioliskraft: $\vec{F}_C = -2m\vec{\omega} \times \dot{\vec{r}}$.

2.3.1   Zentripetalkraft und Zentrifugalkraft

Die Beschleunigung $\vec{a}$, die ein Massenpunkt am Ort $\vec{r}$ erfährt, wenn er sich mit der Winkelgeschwindigkeit $\vec{\omega}$ auf einer Kreisbahn bewegt, ist

$$\vec{a} = \frac{d\vec{v}}{dt} = \frac{d}{dt}(\vec{\omega} \times \vec{r}).$$

Die Ableitung des Kreuzproduktes ergibt nach der Kettenregel

$$\vec{a} = \frac{d\vec{\omega}}{dt} \times \vec{r} + \vec{\omega} \times \frac{d\vec{r}}{dt}\,.$$

Beschleunigung bei der Rotation			$\mathbf{LT^{-2}}$
	Symbol	Einheit	Benennung
	$\vec{a}$	m/s^2	Beschleunigung
$\vec{a} \;=\; \vec{\alpha} \times \vec{r} + \vec{\omega} \times (\vec{\omega} \times \vec{r})$	$\vec{\alpha}$	rad/s^2	Winkelbeschleunigung
	$\vec{r}$	m	Abstand vom Mittelpunkt
	$\vec{\omega}$	rad/s	Winkelgeschwindigkeit

Der erste Term beschreibt den Beitrag der Winkelbeschleunigung $\vec{\alpha}$ zur Beschleunigung. Der zweite Term ist die Zentralbeschleunigung, die durch jene Kraft entsteht, die den Körper auf seine Kreisbahn zwingt.

1.   Zentripetalkraft

Zentralbeschleunigung, **Zentripetalbeschleunigung**, a_r, die bei der Bewegung eines Massenpunktes auf einer Kreisbahn wirkende Beschleunigung. Sie ist zum Kreismittelpunkt gerichtet und beträgt

$$a_r = |\vec{\omega} \times (\vec{\omega} \times \vec{r})| = \omega^2 \cdot r \cdot \sin\vartheta\,,$$

wobei ϑ den Winkel zwischen Ortsvektor und Drehachse angibt. Wenn $\vec{r}$ senkrecht auf der Drehachse steht, so gilt

$$a_r = \omega^2 \cdot r\,.$$

Dann ist r der **senkrechte Abstand** des Körpers von der Drehachse.

Nach dem Newtonschen Gesetz ist die Zentralbeschleunigung Folge einer Kraft:

Zentripetalkraft, $\vec{F}_r$, Kraft, die die Zentralbeschleunigung bewirkt und damit den Körper auf der Kreisbahn hält:

Zentripetalkraft			$\mathbf{MLT^{-2}}$
	Symbol	Einheit	Benennung
	F_r	N	Zentripetalkraft
$F_r \;=\; m \cdot a_r = m \cdot \omega^2 \cdot r$	m	kg	Masse des Teilchens
	a_r	m/s^2	Zentralbeschleunigung
$\quad\;=\; m \cdot \dfrac{v^2}{r}$	ω	rad/s	Winkelgeschwindigkeit
	r	m	Abstand von der Drehachse
	v	m/s	Geschwindigkeit

In Vektorschreibweise lautet die Zentripetalkraft:

$$\vec{F}_r = -F_r\,\vec{e}_r = m\,\vec{\omega} \times (\vec{\omega} \times \vec{r})\,.$$

Die Zentripetalkraft ist auf den Mittelpunkt gerichtet. Als Folge seiner Trägheit verspürt ein mitrotierender Beobachter dagegen eine Kraft, die nach außen gerichtet ist.

2.   Zentrifugalkraft

Zentrifugalkraft, **Fliehkraft**, $\vec{F}_Z$, Kraft, die ein sich auf einer Kreisbahn bewegender Beobachter verspürt. Sie ist vom Mittelpunkt nach außen gerichtet und dem Betrag nach gleich der Zentripetalkraft (**Abb. 2.23**),

$$\vec{F}_Z = F_r\,\vec{e}_r = -m\,\vec{\omega} \times (\vec{\omega} \times \vec{r})\,.$$

➤   Die Zentrifugalkraft ist eine Trägheitskraft, d.h., sie tritt nur in beschleunigten Bezugssystemen auf und wird nur von einem Beobachter in einem solchen System verspürt.

■ Ein Auto mit einer Masse $m = 800$ kg, das mit $v = 30$ km/h eine Kurve mit einem Krümmungsradius $r = 10$ m durchfährt, erfährt eine Fliehkraft

$$F_Z = \frac{mv^2}{r} \approx 5.5 \text{ kN}.$$

Man versucht, diese Kraft durch Überhöhung der Kurve auszugleichen. Um dies vollständig zu erreichen, ist eine Neigung α von

$$\tan \alpha = \frac{F_Z}{F_G} = \frac{v^2/r}{g} \approx 0.7 \implies \alpha \approx 35°$$

(F_G Gravitationskraft, g Fallbeschleunigung) notwendig.

M   **Fliehkraftregler**, zwei auf einer Achse montierte Pendel. Durch die Fliehkraft werden die Pendel bei Rotation der Achse nach außen gedrängt. Die dabei wirkende Kraft kann zur **Drehzahlregelung** nutzbar gemacht werden.

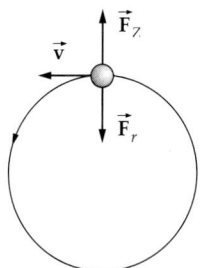

Abbildung 2.23: Zur Zentrifugalkraft. Bei der Kreisbewegung herrscht Gleichgewicht zwischen der Zentrifugalkraft $\vec{F}_Z$ und der Zentripetalkraft $\vec{F}_r$, die den Körper auf der Kreisbahn hält

2.3.2   Corioliskraft

1.   Definition der Corioliskraft

Corioliskraft $\vec{F}_C$, Kraft, die ein Beobachter verspürt, der sich auf einer rotierenden Scheibe radial nach innen oder nach außen bewegt. Sie wirkt senkrecht zur Bewegungsrichtung des Beobachters und senkrecht zur Drehachse.

Die physikalische Ursache der Corioliskraft liegt in der höheren Bahngeschwindigkeit der weiter von der Drehachse entfernten Punkte.

In Vektorschreibweise lautet die Corioliskraft:

Corioliskraft			MLT^{-2}
	Symbol	Einheit	Benennung
	$\vec{F}_C$	N	Corioliskraft
$\vec{F}_C = -2m\vec{\omega} \times \vec{v}$	m	kg	Masse
	$\vec{\omega}$	rad/s	Winkelgeschwindigkeit der Drehung
	$\vec{v}$	m/s	Geschwindigkeit der Masse im rotierenden System

2.   Körper auf rotierendem Stab

Je weiter sich eine Masse vom Mittelpunkt der Drehung entfernt, desto größer wird ihr Trägheitsmoment $J = mr^2$. Dieser Zuwachs verursacht ein Drehmoment trotz konstanter Winkelgeschwindigkeit ω (**Abb. 2.24**):

$$M = \frac{dL}{dt} = \omega \cdot \frac{dJ}{dt},$$

$$= \omega \cdot m \frac{d}{dt}(r^2) = 2m \cdot \omega \cdot r \cdot v_r.$$

Dieses Drehmoment muss vom Antrieb aufgebracht werden, damit die Drehzahl sich nicht ändert. Auf die Masse wirkt entsprechend eine Kraft vom Betrag

$$F_C = 2m \cdot \omega \cdot v_r.$$

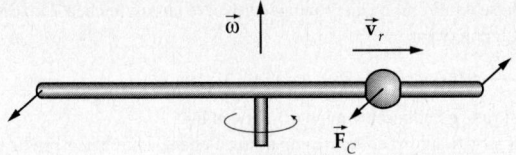

Abbildung 2.24: Richtung der Corioliskraft bei einem Körper, der sich auf einem rotierenden Stab nach außen bewegt

3.   Beispiele zur Corioliskraft

Die Bahnkurve eines sich im Inertialsystem gleichförmig bewegenden Körpers erscheint auf einer rotierenden Scheibe gekrümmt (**Abb. 2.25**)

■   Bewegt sich ein Körper auf der Erdoberfläche nach Norden, so erfährt er aufgrund der Erdrotation $\vec{\omega}$ eine Corioliskraft, die ihn auf der Nordhalbkugel nach Osten und auf der Südhalbkugel nach Westen ablenkt. Der Unterschied in den Richtungen ergibt sich daraus, dass der Körper auf der Nordhalbkugel bei Bewegung nach Norden in Gebiete mit stetig abnehmender Erdumfangsgeschwindigkeit hineinläuft, der Erddrehung wegen seiner Trägheit also vorausläuft, auf der Südhalbkugel bei Bewegung nach Norden dagegen in Gebiete mit zunehmender Umlaufgeschwindigkeit hineinläuft, also hinter der Erddrehung zurückbleibt (**Abb. 2.26**).

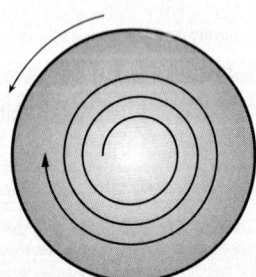

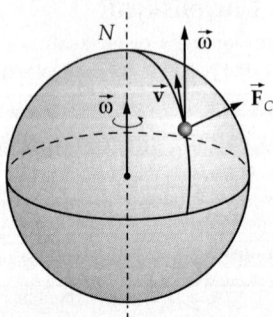

Abbildung 2.25: Die Bahnkurve eines sich im Inertialsystem gleichförmig nach außen bewegenden Körpers erscheint auf einer rotierenden Scheibe gekrümmt

Abbildung 2.26: Corioliskraft $\vec{F}_C$ auf der Erdoberfläche. Ein sich auf der Nordhalbkugel mit der Geschwindigkeit $\vec{v}$ nach Norden bewegender Körper wird nach Osten abgelenkt (auf der Südhalbkugel nach Westen). $\vec{\omega}$: Winkelgeschwindigkeit der Erdrotation

2.4 Arbeit und Energie

Arbeit und Energie sind grundlegende Größen zur Beschreibung physikalischer Vorgänge. Energie ist eine Erhaltungsgröße. Sie tritt in verschiedenen Formen auf, die ineinander umgewandelt werden können.

2.4.1 Arbeit

1. Definition der Arbeit

Arbeit: eine Kraft $\vec{F}$, die einen Körper um ein Wegelement $d\vec{r}$ verschiebt, verrichtet die Arbeit

$$dW = \vec{F}(\vec{r}, t) \cdot d\vec{r} = F(\vec{r}, t) \cos\alpha \, dr,$$

wobei α der Winkel zwischen Kraft und Wegelement ist (**Abb. 2.27**).

Arbeit = Kraft · Weg			$\mathbf{ML^2T^{-2}}$

	Symbol	Einheit	Benennung
$dW = \vec{F} \cdot d\vec{r}$	dW	J = Nm	Arbeit
$\quad\ = \lvert\vec{F}\rvert\,\lvert d\vec{r}\rvert \cos\alpha$	$\vec{F}$	N	Kraft
	$d\vec{r}$	m	Wegelement
	α	rad	Winkel zwischen Kraft und Wegelement

2. Maßeinheit der Arbeit

Joule, die SI-Einheit der Arbeit: 1 Joule ist die Arbeit, die verrichtet wird, wenn ein Körper durch eine Kraft von 1 N um 1 m verschoben wird.

$$[W] = \text{Joule} = J = N \cdot m = \frac{\text{kgm}^2}{s^2}$$

Weitere Einheiten s. **Tab. 34.0/3 und 34.0/5**. Keine SI-Einheiten:

$$
\begin{aligned}
1\,\text{Kilopondmeter (kpm)} &= 9.80665\,J \\
1\,\text{erg} &= 10^{-7}\,J \\
1\,\text{Elektronenvolt (eV)} &= 1.602 \cdot 10^{-19}\,J
\end{aligned}
$$

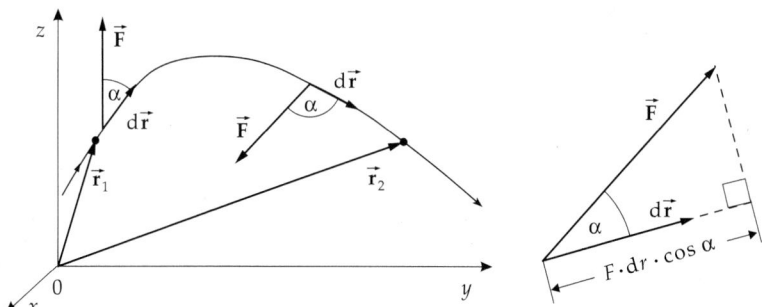

Abbildung 2.27: Arbeit längs des Weges von $\vec{r}_1$ nach $\vec{r}_2$

3. Eigenschaften der Arbeit

➤ Der Wert der Arbeit wird wie folgt gezählt.

$dW > 0$: Die Verschiebung hat eine Komponente in Kraftrichtung ($\cos\alpha > 0$).

$dW < 0$: Die Verschiebung hat eine Komponente entgegen der Kraftrichtung ($\cos\alpha < 0$).

■ Ein Körper wird durch eine Kraft $F = 10$ N um $s = 20$ cm in Richtung der Kraft verschoben. Die dabei verrichtete Arbeit ist

$W = Fs = 10$ N $\cdot 0.2$ m $= 2$ J.

Wird der Körper um den doppelten Weg, $s = 40$ cm, in Kraftrichtung verschoben, so wird dabei die doppelte Arbeit verrichtet:

$W = Fs = 10$ N $\cdot 0.4$ m $= 4$ J.

Ebenso wäre die Arbeit doppelt so groß, wenn die doppelte Kraft über den einfachen Weg wirkte.

➤ Wirkt die Kraft nicht parallel zur Bewegungsrichtung des Körpers, so trägt nur die Kraftkomponente in Bewegungsrichtung (d.h. die Projektion des Kraftvektors auf die Bewegungsrichtung) zur Arbeit bei. Eine Kraft, die senkrecht zum Wegelement angreift, verrichtet keine mechanische Arbeit ($\cos\alpha = 0$). Die Arbeit erreicht ihren maximalen Wert, wenn die Verschiebung in Kraftrichtung erfolgt ($\cos\alpha = 1$).

➤ **Zwangskräfte** verrichten keine Arbeit, weil sie senkrecht auf der Bahn stehen.

■ Ein Körper bewegt sich auf einer Schiene, wobei eine Kraft im Winkel von $45°$ auf ihn wirkt. Als bewegende Kraft ist $F\cos 45° = \dfrac{1}{\sqrt{2}} F$ einzusetzen.

4. Arbeit als Integral

Die gesamte Arbeit, die längs des Weges vom Ort $\vec{r}_1$ zum Ort $\vec{r}_2$ verrichtet wird, ist das Wegintegral über die Kraft.

Arbeit = Integral der Kraft über den Weg			$\mathbf{ML^2T^{-2}}$
	Symbol	Einheit	Benennung
	W	J = Nm	Arbeit
$W = \displaystyle\int_{\vec{r}_1}^{\vec{r}_2} \vec{F}(\vec{r}) \cdot d\vec{r}$	$\vec{F}(\vec{r})$	N	Kraftvektor am Ort $\vec{r}$
	$\vec{r}$	m	Ortsvektor
	$\vec{r}_1$	m	Anfangsort
	$\vec{r}_2$	m	Endort

Dabei durchläuft $\vec{r}$ alle Punkte auf dem Weg von $\vec{r}_1$ bis $\vec{r}_2$.

➤ Bei einer eindimensionalen Bewegung ergibt sich die Arbeit als Fläche unter der Kraftkurve $F(x)$ (**Abb. 2.28**),

$$W = \int_{x_1}^{x_2} F(x)\, dx.$$

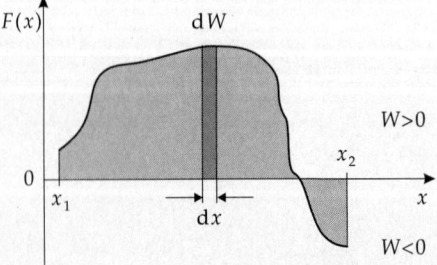

Abbildung 2.28: Eindimensionale Bewegung. Arbeit als Fläche unter der Kraftkurve $F(x)$

2.4.2 Energie

1. Definition und Eigenschaften der Energie

Energie, eine für den Zustand (Lage, Bewegungszustand, Temperatur, Verformung usw.) charakteristische Größe eines Körpers. Durch Arbeit, die an ihm geleistet wird, wird die Energie eines Körpers erhöht; Arbeit, die der Körper verrichtet, vermindert seine Energie. Die Arbeit verursacht dabei eine Änderung des Zustands, in dem sich der Körper befindet (Verschiebung, Beschleunigung, Erwärmung, Formänderung usw.).

▲ **Energie** ist ein Maß dafür, wieviel Arbeit einem Körper zugeführt wurde bzw. von ihm verrichtet (abgeführt) wurde.

Die Energie hat die gleiche SI-Einheit wie die Arbeit, das **Joule**.

➤ Energie ist eine vom gewählten Bezugssystem abhängige Größe. Die Energie eines Körpers kann daher immer nur relativ zum Bezugssystem angegeben werden.

■ Zieht eine Lokomotive einen Zug den Berg hinauf, so erhöht sie seine (potentielle) Energie. Rollt der Zug dann den Berg wieder hinunter, kann er diese Energie als Reibungswärme (Bremsen) abgeben oder in Bewegungsenergie (kinetische Energie) umwandeln.

Es gibt verschiedene Arten von Energie, die ineinander umgewandelt werden können.

■ Elektrische Energie wird durch die Lokomotive in kinetische und potentielle Energie des Zuges umgewandelt, die beim Bremsen durch Reibung in Wärme umgewandelt wird. Wärme ist auch eine Energieform.

2. Energieerhaltung

In physikalischen Vorgängen kann keine Energie vernichtet werden, wohl aber können verschiedene Energiearten ineinander umgewandelt werden.

Satz von der Energieerhaltung: **In einem abgeschlossenen System bleibt bei allen physikalischen Vorgängen die Gesamtenergie konstant. Energie kann nur in verschiedene Energieformen umgewandelt oder zwischen Teilsystemen ausgetauscht werden.**	ML^2T^{-2}

$\sum E_i = E_{\text{pot}} + E_{\text{kin}} + \ldots = \text{const.}$	Symbol	Einheit	Benennung
	E_i	J	Energie der Art i
	E_{pot}	J	potentielle Energie
	E_{kin}	J	kinetische Energie
	$\ldots$	J	weitere Energiearten

3. Energie als Zustandsgröße

Energie ist eine Eigenschaft eines bestimmten Zustands eines Systems (z.B. von Ort und Geschwindigkeit eines Körpers im Gravitationsfeld). Die **Energiedifferenz** zwischen zwei Zuständen muss dem System in Form von Arbeit zugeleitet werden, wenn es von einem Zustand niederer Energie in einen anderen Zustand höherer Energie übergeht.

▲ Der **Nullpunkt der Energie** kann willkürlich festgelegt werden, da in physikalischen Vorgängen nur Differenzen von Energien auftreten. Zur Energie jedes Systems kann daher eine beliebige konstante Energie addiert werden, ohne die physikalische Aussage zu verändern.

Neben mechanischen Energieformen kann Energie in elektromagnetischen Feldern gespeichert werden. **Wärme** ist ebenfalls eine Energieform; Bewegungsenergie kann bei Reibung in Wärme umgewandelt werden. **Wärmekraftmaschinen** wandeln Wärme in mechanische Energie um (**Dampfmaschine**, s. S. 650, **Explosionsmotor**).

2.4.3   Kinetische Energie

1.   Definition der kinetischen Energie

Beschleunigungsarbeit, die beim Beschleunigen einer Masse m mit der Beschleunigung $\vec{a}$ gegen die Trägheitskraft $\vec{F}_T = -m\vec{a}$ verrichtete Arbeit, $dW'_B = -m\vec{a}\,d\vec{r}$.

Kinetische Energie, Bewegungsenergie, die dem Körper durch die Beschleunigungsarbeit zugeführte Energie der Bewegung, die z.B. beim Abbremsen als Reibungswärme freigesetzt werden kann:

$$dW_B = -dW'_B = -\vec{F}_T\,d\vec{r} = m\frac{d\vec{v}}{dt}\vec{v}\,dt = mv\,dv = d\left(\frac{m}{2}v^2\right).$$

Beschleunigungsarbeit			$\mathbf{ML^2T^{-2}}$
	Symbol	Einheit	Benennung
$dW_B = m\vec{a}\,d\vec{r}$	W_B	J	Beschleunigungsarbeit
	m	kg	Masse des Körpers
$W_B = \dfrac{1}{2}m\left(v^2 - v_0^2\right)$	$\vec{a}$	m/s^2	Beschleunigung
	$d\vec{r}$	m	Wegelement
	v	m/s	Endgeschwindigkeit
	v_0	m/s	Anfangsgeschwindigkeit

Die Beschleunigungsarbeit hängt außer von der Masse m nur von der Anfangsgeschwindigkeit v_0 und der erreichten Endgeschwindigkeit v ab.

Kinetische Energie eines Massenpunktes der Masse m, die Größe

$$E_{kin} = \frac{1}{2}mv^2.$$

Sie gibt die Beschleunigungsarbeit an, die nötig war, um den Massenpunkt aus der Ruhe ($v_0 = 0$) auf seine momentane Geschwindigkeit v zu beschleunigen.

2.   Kinetische Energie und Bezugssystem

➤   Die kinetische Energie hängt vom Bewegungszustand des Körpers und daher vom Bezugssystem ab. Dies drückt die Freiheit in der Wahl des Energienullpunkts aus. Ein Körper mit der Geschwindigkeit $\vec{v}$ hat in einem Bezugssystem die kinetische Energie

$$E_{kin} = \frac{1}{2}mv^2.$$

In einem relativ dazu gleichförmig mit der Geschwindigkeit $\vec{v}_0$ bewegten Bezugssystem ist seine kinetische Energie

$$E'_{kin} = \frac{1}{2}m(v')^2 = \frac{1}{2}m\left(v^2 + 2\vec{v}\vec{v}_0 + v_0^2\right).$$

■   Ein Körper der Masse 5 kg, der sich in 2 m Höhe über dem Boden befindet, hat eine potentielle Energie von 98.1 J (s.u.). Fällt er herab, so wird die potentielle Energie in kinetische Energie umgewandelt. Beim Erreichen des Bodens ist die gesamte potentielle Energie in kinetische Energie umgewandelt. Seine Geschwindigkeit beträgt dann

$$v = \sqrt{\frac{2E_{kin}}{m}} = \sqrt{\frac{2 \cdot 98.1\,\text{J}}{5\,\text{kg}}} = 6.26\,\text{m/s}.$$

2.4.4 Potentielle Energie

Allgemein wird die Energie, die nur vom Ort des Körpers und nicht von der Geschwindigkeit abhängt, als potentielle Energie bezeichnet.

2.4.4.1 Hubarbeit gegen Gravitationskraft

1. Hubarbeit und potentielle Energie

Hubarbeit im Gravitationsfeld, die gegen die konstante Gravitationskraft $F_G = mg$ beim Heben eines Körpers verrichtete Arbeit.

Hubarbeit			$\mathbf{ML^2T^{-2}}$

	Symbol	Einheit	Benennung
	W_H	J	Hubarbeit
$W_H = F_G \Delta h = mg\Delta h$	F_G	N	Gravitationskraft
	m	kg	Masse des gehobenen Körpers
	g	m/s²	Fallbeschleunigung (9.81 m/s²)
	Δh	m	Höhendifferenz

Potentielle Energie, Lageenergie, die einem Körper durch Hubarbeit zugeführte Energie. Sie hängt von der Lage des Körpers ab (**Abb. 2.29**).

➤ Diese Formel gilt nur, wenn die Gravitationskraft als konstant angesehen werden kann.

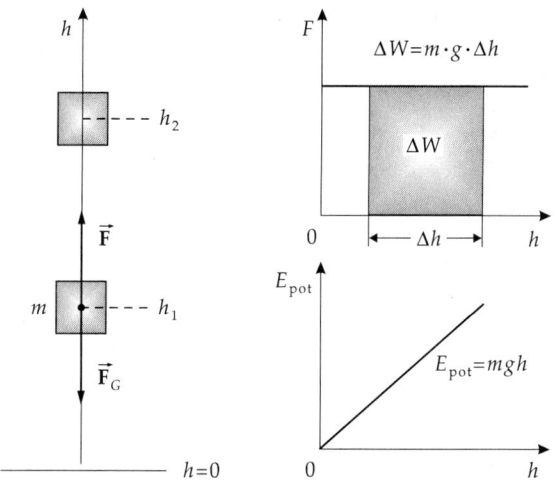

Abbildung 2.29: Hubarbeit

2. Eigenschaften der potentiellen Energie

Potentielle Energie, die Größe

$$E_{pot} = mgh.$$

Die Höhe h wird von einem frei wählbaren Höhennullpunkt gemessen.

➤ Die potentielle Energie hängt vom gewählten Höhennullpunkt ab, aber die Differenz der potentiellen Energie zwischen zwei Punkten und damit die zu verrichtende Hubarbeit ist unabhängig von der Wahl des Höhennullpunkts.

■ Ein Körper von 5 kg Masse soll um 2 m angehoben werden. Die dazu erforderliche Hubarbeit ist
$W_H = mgh = 5\ \text{kg} \cdot 9.81\ \text{m/s}^2 \cdot 2\ \text{m} = 98.1\ \text{J}.$

Soll er doppelt so hoch gehoben werden oder hat er die doppelte Masse, so ist die doppelte Arbeit zu verrichten.

➤ Eine analoge Arbeit wird bei der Verschiebung einer elektrischen Ladung gegen die Kraft eines elektrischen Feldes verrichtet (s. S. 413).

2.4.4.2   Verformungsarbeit und Spannungsenergie einer Feder

1.   Verformungsarbeit,
die beim Verformen eines Körpers verrichtete Arbeit.

Verformungsarbeit wird beim Spannen einer Feder um die Länge x gegen die **Rückstellkraft** (Federkraft) $F_x = -kx$ verrichtet (**Abb. 2.30**).

Die Federkraft ist nicht, wie die Gravitationskraft, konstant, sondern bei kleiner Federdehnung proportional zur Auslenkung x. Die von einer äußeren Kraft $F = -F_x$ zum Spannen der Feder zu verrichtende Arbeit ist daher

$$W_F = \int_{x_{min}}^{x_{max}} F\,\mathrm{d}x = \int_{x_{min}}^{x_{max}} kx\,\mathrm{d}x,$$

wenn die Ausdehnung der Feder von x_{min} bis x_{max} erfolgt. Man erhält:

Verformungsarbeit			ML^2T^{-2}
	Symbol	Einheit	Benennung
	W_F	J	Verformungsarbeit
$W_F = \frac{1}{2}k(x_{max}^2 - x_{min}^2)$	k	N/m	Federkonstante
	x_{min}	m	Anfangsauslenkung aus Ruhelage
	x_{max}	m	Endauslenkung aus Ruhelage

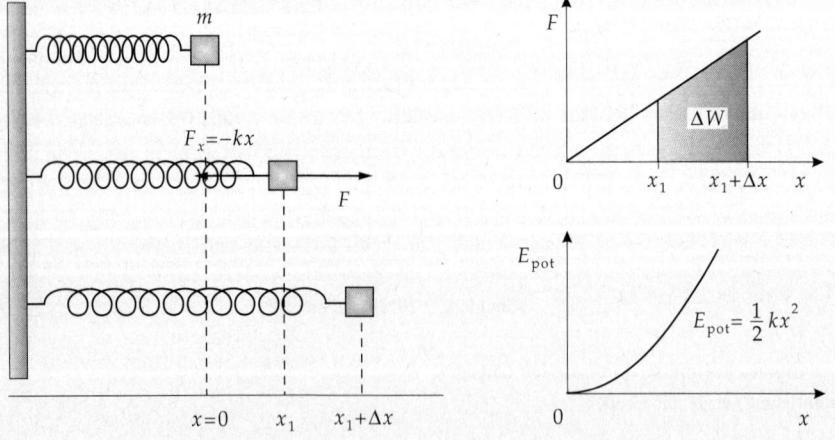

Abbildung 2.30: Verformungsarbeit und Spannungsenergie einer Feder

2. Spannungsenergie,

die potentielle Energie eines elastisch verformten Körpers, stellt die bei der Verformung im Körper gespeicherte Arbeit dar. Sie hängt vom Verformungszustand des Körpers ab und wird freigesetzt, wenn der Körper seine ursprüngliche Form wieder annimmt.

Spannungsenergie E_F einer Feder, die Größe

$$E_F = \frac{1}{2}kx^2.$$

Sie gibt die Arbeit an, die notwendig war, um die Feder aus dem ungespannten Zustand ($x = 0$) bis zur Auslenkung x zu verformen.

➤ Ein Teil der Verformungsarbeit wird immer durch Reibung in Wärme umgewandelt. Daher ist die Summe aus kinetischer und potentieller Energie nur annähernd erhalten; die Schwingung wird gedämpft.

3. Beispiel: Schwingung einer Feder

Bei der Schwingung einer Feder werden während eines Bewegungszyklus kinetische und potentielle Energie ineinander umgewandelt. Die Gesamtenergie E ist bei Vernachlässigung der Reibung

$$E = E_{kin} + E_{pot} = \frac{1}{2}mv^2 + \frac{1}{2}kx^2 = \text{const.}$$

Daher ist die Geschwindigkeit der Masse m bei einer gegebenen Auslenkung x

$$v = \sqrt{\frac{2E}{m} - \frac{k}{m}x^2}.$$

Die maximale Auslenkung x_{max} wird erreicht für $v = 0$:

$$x_{max} = \sqrt{\frac{2E}{k}}$$

Bei maximaler Auslenkung ist die gesamte Energie als potentielle Energie gespeichert. Bei $x = 0$ dagegen ist die gesamte Energie in kinetische Energie umgewandelt, es gilt

$$E = \frac{1}{2}mv_{max}^2,$$

wobei v_{max} die Geschwindigkeit bei $x = 0$ ist.

2.4.5 Reibungsarbeit

Reibungsarbeit, die gegen die Reibungskraft verrichtete Arbeit. Die dabei aufgewandte Arbeit wird in Wärme umgewandelt.

➤ Die durch Reibungsarbeit in Wärme umgewandelte Energie kann durch eine Wärmekraftmaschine nicht mehr vollständig in mechanische Energie zurückverwandelt werden.

Bei **Gleitreibung** ist die Reibungskraft F_R näherungsweise konstant und proportional zur Normalkraft (Auflagekraft) des Körpers. Sie wirkt entgegengesetzt zur Bewegungsrichtung. Bei gleichartigen Oberflächen des Gleitkörpers hängt die Reibungskraft nicht von der Größe der Auflagefläche ab.

Gleitreibungsarbeit				ML^2T^{-2}
		Symbol	Einheit	Benennung
dW_R	$= F_R\,dx$	dW_R	J	Reibungsarbeit
		F_R	N	Gleitreibungskraft
	$= \mu F_N\,dx$	dx	m	Wegelement
		μ	1	Gleitreibungszahl
		F_N	N	Normalkraft

Die Gleitreibung bei trockenen Oberflächen ist in erster Näherung von der Geschwindigkeit unabhängig. Bei **Gas-** und **Flüssigkeitsreibung** ist die Reibungskraft von der Geschwindigkeit abhängig (s. S. 187).

2.5 Leistung

Leistung, P, die pro Zeiteinheit verrichtete Arbeit. Sie wird besonders zur Charakterisierung von kontinuierlich arbeitenden Maschinen gebraucht.

$$\text{Leistung} = \frac{\text{Arbeit}}{\text{Zeit}} \qquad\qquad \mathbf{ML^2T^{-3}}$$

	Symbol	Einheit	Benennung
$P = \dfrac{\Delta W}{\Delta t}$	P	W	Leistung
	ΔW	J	verrichtete Arbeit
	Δt	s	benötigte Zeit

Watt, W, die SI-Einheit der Leistung.
Ein Watt ist die Leistung einer Maschine, die pro Sekunde ein Joule Arbeit verrichtet.

$$[P] = \text{Watt} = W = \frac{J}{s} = \frac{kg \cdot m^2}{s^3}.$$

Weitere Einheiten s. **Tab. 34.0/3.**
Keine SI-Einheit:

$$1 \text{ Pferdestärke (PS)} = 735.4988 \text{ W}$$

➤   Ist die Leistung zeitabhängig, so schreibt man für die Momentanleistung:

$$P = \frac{dW}{dt}.$$

■   Ein Motor verrichtet pro Minute eine Arbeit von 600 kJ. Seine Leistung ist

$$P = \frac{\Delta W}{\Delta t} = \frac{600 \text{ kJ}}{60 \text{ s}} = 10 \text{ kW}.$$

➤   Umgangssprachlich bezeichnet die Leistung oft die verrichtete Arbeit. In der Physik und Technik dagegen bezeichnet Leistung ausschließlich die in einem physikalischen System pro Zeiteinheit verrichtete Arbeit.

2.5.1 Wirkungsgrad

Wirkungsgrad, η, das Verhältnis der Arbeit, die bei einer Energieumwandlung abgegeben wird (**effektive Leistung**) zu der dazu aufgenommenen Arbeit (**Nennleistung**). Da Maschinen i. Allg. kontinuierlich Arbeit leisten, wird der Wirkungsgrad meist als das Verhältnis von Ausgangsleistung zu Eingangsleistung definiert:

$$\text{Wirkungsgrad} = \frac{\text{Nutzarbeit}}{\text{aufgewendete Arbeit}} = \frac{\text{Ausgangsleistung}}{\text{Eingangsleistung}} \qquad \mathbf{1}$$

	Symbol	Einheit	Benennung
$\eta = \dfrac{P_{aus}}{P_{ein}}$	η	1	Wirkungsgrad
$= \dfrac{P_{ein} - P_{Verlust}}{P_{ein}}$	P_{aus}	W	Ausgangsleistung
	P_{ein}	W	aufgenommene Leistung
$= 1 - \dfrac{P_{Verlust}}{P_{ein}}$	$P_{Verlust}$	W	Verlustleistung

Der Wirkungsgrad hat die Dimension 1; er wird oft in Prozent angegeben.

■ An der Abtriebswelle eines Getriebes werden 40 kW geleistet. Dazu muss die Antriebswelle mit einer Leistung von 50 kW versehen werden. Der Wirkungsgrad ist

$$\eta = \frac{40 \, \text{kW}}{50 \, \text{kW}} = 0.8 = 80\%.$$

20% der aufgewandten Energie gehen als Reibungswärme verloren.

▲ Ein Wirkungsgrad von $\eta = 1$ entspricht einer perfekt (verlustfrei) arbeitenden Maschine.

▲ Aufgrund des Satzes von der Energieerhaltung und der unvermeidbaren Verluste ist der Wirkungsgrad stets kleiner als 1,

$$\eta < 1.$$

Gesamtwirkungsgrad mehrerer hintereinander geschalteter Maschinen, ergibt sich durch Multiplikation der Einzelwirkungsgrade:

$$\eta_{ges} = \eta_1 \cdot \eta_2 \cdots.$$

Der Gesamtwirkungsgrad liegt daher immer zwischen Null und Eins, er kann nicht größer sein als der Wirkungsgrad einer einzelnen Maschine.

2.6 Stoßprozesse

Stöße, kurzzeitige Wechselwirkungen zwischen zwei oder mehreren bewegten Körpern, die ein abgeschlossenes System darstellen. Stöße sind durch sehr große, aber nur kurzreichweitige Kräfte gekennzeichnet. Zur Beschreibung von Stößen ist die genaue Kenntnis der Kraftwirkung nicht erforderlich; es genügt, den Austausch von Impuls und Energie zwischen den Teilchen zu berechnen.

1.   Kinematische Beziehungen bei Zweikörperstößen

Zweikörperstöße, das Zusammenprallen zweier Körper, wobei kurzzeitig große Kräfte geringer Reichweite wirksam werden. Während des Stoßvorgangs wird Energie und Impuls zwischen den Stoßpartnern übertragen, so dass sich Geschwindigkeit, Bewegungsrichtung und innere Energie der Körper ändern können. Außerhalb des Wechselwirkungsgebietes bewegen sich die Stoßpartner kräftefrei (geradlinig, gleichförmig).

Kinematische Beziehungen bei Zweikörperstößen:

Stoßpartner:	A, B
Masse der Stoßpartner:	m_A, m_B
Geschwindigkeiten vor dem Stoß:	$\vec{v}_A, \vec{v}_B$
Geschwindigkeiten nach dem Stoß:	$\vec{u}_A, \vec{u}_B$
Impulse vor dem Stoß:	$\vec{p}_A = m_A \vec{v}_A, \quad \vec{p}_B = m_B \vec{v}_B$
Impulse nach dem Stoß:	$\vec{p}_A{}' = m_A \vec{u}_A, \quad \vec{p}_B{}' = m_B \vec{u}_B$
Kinetische Energie vor dem Stoß:	$E_{kin} = \dfrac{m_A}{2} v_A^2 + \dfrac{m_B}{2} v_B^2$
Kinetische Energie nach dem Stoß:	$E'_{kin} = \dfrac{m_A}{2} u_A^2 + \dfrac{m_B}{2} u_B^2$
Änderung der inneren Energie der Stoßpartner:	ΔW

2.   Energie- und Impulserhaltung

Impulserhaltung:

$$m_A \vec{v}_A + m_B \vec{v}_B = m_A \vec{u}_A + m_B \vec{u}_B.$$

Energieerhaltung:

$$E_{kin} = E'_{kin} + \Delta W.$$

$\Delta W > 0 \, (E'_{kin} < E_{kin})$:   **Endothermer Stoß**. Kinetische Energie wird in innere Energie der Stoßpartner umgewandelt (Anregung der Stoßpartner).

$\Delta W < 0 \, (E'_{kin} > E_{kin})$:   **Exothermer Stoß**. Innere Energie der Stoßpartner wird in kinetische Energie umgewandelt (Abregung der Stoßpartner).

Nach der Erhaltung und Nichterhaltung der mechanischen Energie unterscheidet man elastische und unelastische Stöße.

3.   Elastischer Stoß,

mechanische Gesamtenergie und Gesamtimpuls bleiben erhalten,

$$\Delta W = 0, \quad E_{kin} = E'_{kin}.$$

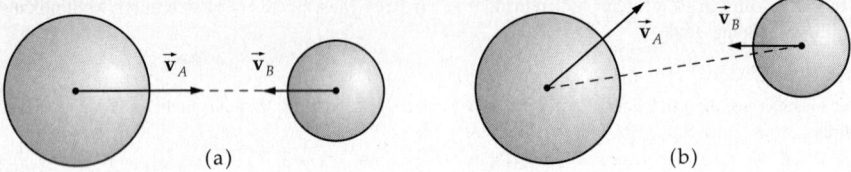

(a)   (b)

Abbildung 2.31: Elastische Stöße. (a): Gerader Stoß, (b): schiefer Stoß

■   Der Stoß zweier Billardkugeln ist in sehr guter Näherung elastisch.

■   In der Atomphysik treten Stöße zwischen Elektronen aufgrund der Coulombwechselwirkung auf. Bei Vernachlässigung der Ausstrahlung elektromagnetischer Wellen sind diese Stöße elastisch.

4.   Unelastischer Stoß,

während des Stoßvorganges wird ein Teil der mechanischen Energie in andere Energieformen (Wärme, Deformationsenergie) umgewandelt. Die Gesamtenergie ist nur erhalten, wenn man neben der kinetischen Energie der Stoßpartner vor und nach dem Stoß auch die Änderung ihrer inneren Anregungsenergie ΔW berücksichtigt (**Abb. 2.32**).

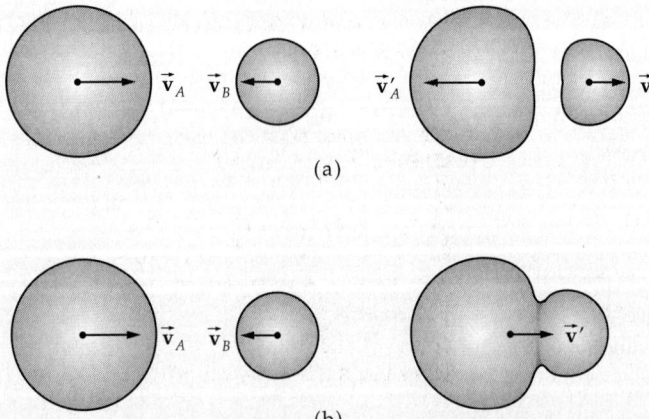

(a)

(b)

Abbildung 2.32: Unelastische Stöße. (a): Teilunelastischer Stoß, (b): total unelastischer Stoß

■ Das Aufprallen eines Tennisballs auf dem Boden ist mit einem Energieverlust (Reibung) verbunden, also unelastisch. Der Ball springt mit einer geringeren Geschwindigkeit nach oben, als er aufgeprallt ist.

Total unelastischer Stoß, ein Stoß, bei dem beide stoßenden Körper nach dem Stoß die gleiche Geschwindigkeit haben, also aneinander haften.

■ Zwei Schneebälle, die aufeinander prallen, stoßen total unelastisch und kleben zusammen. Die verlorene Energie wird zur Verformung der Bälle aufgewendet.

5. Stoßgeometrie

Nach der Richtung des Stoßes unterscheidet man bei Bewegung in mehreren Dimensionen:

Gerader Stoß, die Schwerpunkte der stoßenden Körper bewegen sich vor und nach dem Stoß auf der Verbindungslinie der Schwerpunkte; zur Beschreibung des Stoßes ist eine Koordinate (der Schwerpunktsabstand der Körper) ausreichend.

Schiefer Stoß, die Schwerpunkte der stoßenden Körper bewegen sich in verschiedene Richtungen.

Stoßnormale, die Richtung, in der beim Stoß Kraft übertragen wird. Die Stoßnormale steht senkrecht zur **Stoßebene**, der Berührungsebene der beiden Körper.

Bei starren Körpern unterscheidet man nach dem wirkenden Drehmoment:

Zentraler Stoß, die Stoßnormale steht im Moment des Stoßes parallel zur Verbindungslinie der Schwerpunkte. Es wirkt kein Drehmoment ($\sin \phi = 0$, ϕ Winkel zwischen Hebelarm und Kraftrichtung (**Abb. 2.33 (a)**, s. S. 44).

Exzentrischer Stoß, die Stoßnormale steht nicht parallel zur Verbindungslinie der Schwerpunkte, dadurch wirkt ein Drehmoment. Die Körper geraten in Rotation (**Abb. 2.33 (b)**).

➤ Für Massenpunkte gibt es lediglich zentrale Stöße, da nur ausgedehnte Körper rotieren können.

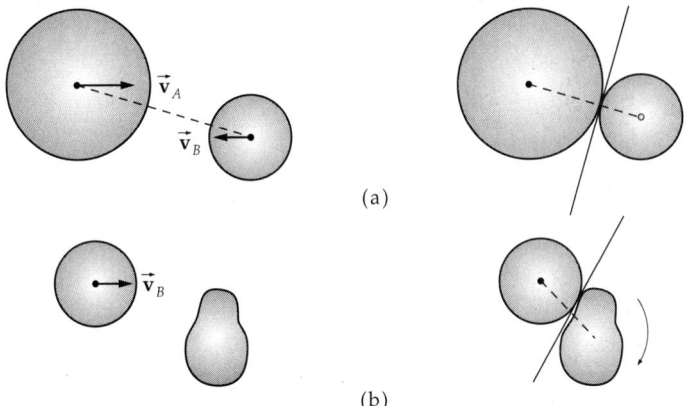

(a)

(b)

Abbildung 2.33: Zentraler (a) und exzentrischer Stoß (b) starrer Körper

2.6.1 Elastische, gerade, zentrale Stöße

Zwei Körper der Masse m_A und m_B bewegen sich gemeinsam auf einer geraden Bahn, die mit der x-Achse zusammenfällt. Gesamtenergie und Gesamtimpuls in Bahnrichtung sind dabei Erhaltungsgrößen (**Abb. 2.34**).

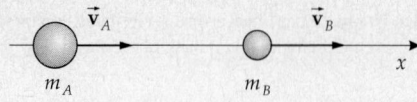

Abbildung 2.34: Elastischer, gerader, zentraler Stoß

Es gilt daher:

$$\frac{1}{2}m_A v_A^2 + \frac{1}{2}m_B v_B^2 = \frac{1}{2}m_A u_A^2 + \frac{1}{2}m_B u_B^2,$$
$$m_A v_A + m_B v_B = m_A u_A + m_B u_B.$$

Umformung durch Sortieren der Terme nach ihrer Zugehörigkeit zu den Körpern A und B liefert:

$$m_A(v_A^2 - u_A^2) = m_B(u_B^2 - v_B^2),$$
$$m_A(v_A + u_A)(v_A - u_A) = m_B(u_B + v_B)(u_B - v_B), \qquad \text{bzw.}$$
$$m_A(v_A - u_A) = m_B(u_B - v_B).$$

Division der letzten beiden Gleichungen ergibt:

$$v_A + u_A = u_B + v_B.$$

Diese Gleichung kann nach u_B aufgelöst und in den Impulssatz eingesetzt werden:

$$u_B = v_A + u_A - v_B.$$

Damit gibt es nur noch eine Unbekannte in der Impulsgleichung, nämlich die Geschwindigkeit u_A. Auf ähnliche Weise findet man die Geschwindigkeit des Körpers B nach dem Stoß:

$$u_A = \frac{m_A - m_B}{m_A + m_B}v_A + \frac{2m_B}{m_A + m_B}v_B, \qquad u_B = \frac{2m_A}{m_A + m_B}v_A + \frac{m_B - m_A}{m_A + m_B}v_B.$$

1.   Stoß zweier Körper mit gleichen Massen

Haben beide Körper die gleiche Masse, so gilt:

$$u_A = v_B, \qquad u_B = v_A.$$

Die stoßenden Körper tauschen ihre Geschwindigkeiten aus.

2.   Stoß eines schweren mit einem leichten Körper

Der Körper A sei sehr viel schwerer als der Körper B: $m_A \gg m_B$. Dann gilt näherungsweise:

$$u_A \approx v_A, \qquad u_B \approx 2v_A - v_B.$$

Der schwere Körper A bleibt fast unbeeinflusst. Die Relativgeschwindigkeit des zweiten Körpers nach dem Stoß ist gerade das Negative der Relativgeschwindigkeit vor dem Stoß:

$$u_B - u_A \approx -(v_B - v_A).$$

Der leichte Körper wird also an dem schweren Körper reflektiert.

2.6.2   Elastische, schiefe, zentrale Stöße

Impuls wird nur in Richtung der Stoßnormalen (y-Achse) ausgetauscht; die Komponenten der Impulse senkrecht zur Stoßnormalen (x-Achse) sind vor und nach dem Stoß gleich (**Abb. 2.35**):

$$m_A v_{Ax} = m_A u_{Ax},$$
$$m_B v_{Bx} = m_B u_{Bx}.$$

Impulserhaltung in Richtung der Stoßnormalen:

$$m_A v_{Ay} + m_B v_{By} = m_A u_{Ay} + m_B u_{By}.$$

Energieerhaltung:

$$\frac{m_A}{2}\left(v_{Ax}^2 + v_{Ay}^2\right) + \frac{m_B}{2}\left(v_{Bx}^2 + v_{By}^2\right) = \frac{m_A}{2}\left(u_{Ax}^2 + u_{Ay}^2\right) + \frac{m_B}{2}\left(u_{Bx}^2 + u_{By}^2\right).$$

Geschwindigkeitskomponenten nach dem Stoß:

$$u_{Ax} = v_{Ax}, \quad u_{Bx} = v_{Bx},$$

$$u_{Ay} = \frac{m_A - m_B}{m_A + m_B} v_{Ay} + \frac{2m_B}{m_A + m_B} v_{By},$$

$$u_{By} = \frac{2m_A}{m_A + m_B} v_{Ay} + \frac{m_B - m_A}{m_A + m_B} v_{By}.$$

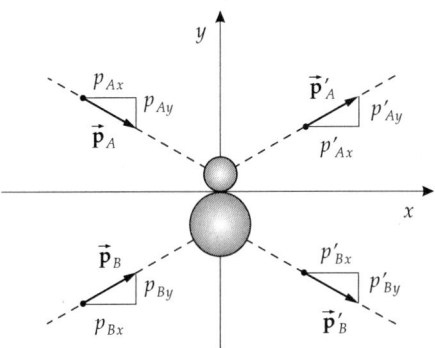

Abbildung 2.35: Elastischer, schiefer, zentraler Stoß

2.6.3   Elastischer, schiefer Stoß mit einem ruhenden Körper

Der Körper A mit dem Impuls $\vec{p}_A = m_A \vec{v}_A$ stößt auf einen ruhenden Körper B ($\vec{p}_B = 0$). Nach dem Stoß bewegt sich der Körper A mit dem Impuls $\vec{p}_A{}' = m_A \vec{u}_A$, der Körper B hat den Rückstoßimpuls $\vec{p}_B{}' = m_B \vec{u}_B$. Der Stoßprozess wird durch Energie- und Impulssatz nicht vollständig festgelegt: zur Bestimmung der 6 Komponenten der Endimpulse stehen nur 4 Gleichungen zur Verfügung. Die Endpunkte von $\vec{p}_A{}'$ liegen auf der **Impulskugel** mit dem Radius $p_A \cdot \dfrac{m_B}{m_A + m_B}$, wobei der Mittelpunkt dieser Kugel den Impuls $\vec{p}_A$ im Verhältnis der Massen teilt (**Abb. 2.37**),

$$\left(\vec{p}_A{}' - \frac{m_A}{m_A + m_B}\vec{p}_A\right)^2 = \left(\frac{m_B}{m_A + m_B}\vec{p}_A\right)^2.$$

Es besteht Rotationssymmetrie um die $\vec{p}_A$-Achse, so dass der Stoßvorgang nur durch den polaren **Streuwinkel** ϑ charakterisiert wird.

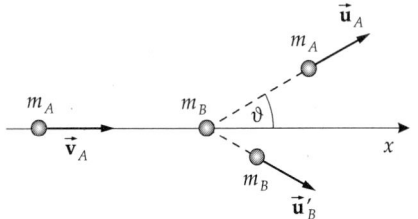

Abbildung 2.36: Elastischer Stoß des Körpers A an einem ruhenden Körper B

Fallunterscheidung:

$m_A > m_B$:   Es gibt einen maximalen Streuwinkel ϑ_{max}, $\sin \vartheta_{max} = m_B/m_A$. Mögliche Streuwinkel liegen im Intervall $0 \leq \vartheta \leq \vartheta_{max}$.

$m_A = m_B$:   Der Streuwinkel liegt im Intervall $0 \leq \vartheta \leq \pi$. Die Impulse nach dem Stoß schließen stets den Winkel $\pi/2$ ein (Satz von Thales).

$m_A < m_B$:   Alle Streuwinkel zwischen 0 und π sind möglich: $0 \leq \vartheta \leq \pi$.

➤   Bei einem unelastischen Stoß ändert sich der Radius der Impulskugel bei gleichbleibendem Mittelpunkt. Der Radius wird größer (kleiner) für $\Delta W < 0 \, (\Delta W > 0)$.

➤   Der unelastische Stoß geht mit verschwindendem Radius der Impulskugel in den total unelastischen Stoß über.

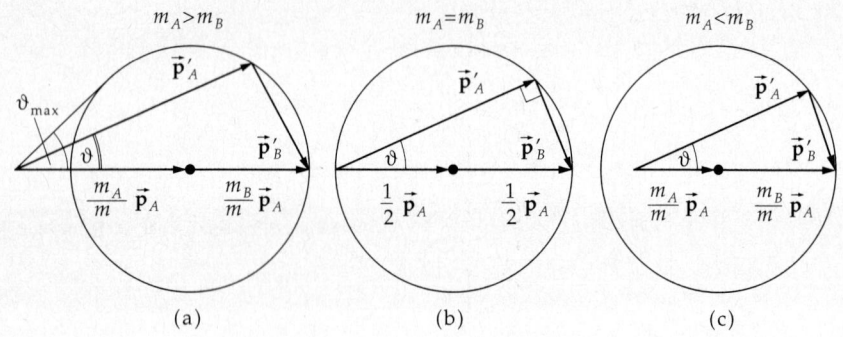

Abbildung 2.37: Impulskugel ($m = m_A + m_B$). (a): $m_A > m_B$, (b): $m_A = m_B$, (c): $m_A < m_B$

■   Ein Körper prallt auf eine Wand, die parallel zur y-Richtung verläuft. Die Richtung des Stoßes ist senkrecht zur Wand, so dass nur die x-Komponente seines Impulses verändert wird. Der Vorgang entspricht einem elastischen Stoß mit einem sehr schweren Körper,

$$p'_x = -p_x.$$

Aus diesem Beispiel ergibt sich das **Reflexionsgesetz** des elastischen Stoßes:

▲   Stößt ein Körper elastisch gegen eine feste Wand, so ist sein Reflexionswinkel ε' gleich dem Einfallswinkel ε, und der Betrag des Impulses bleibt unverändert. Die Bewegungsrichtungen vor und nach dem Stoß liegen in einer Ebene (**Abb. 2.38**).

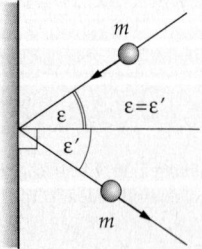

Abbildung 2.38: Reflexionsgesetz für elastischen Stoß an einer Wand.
ε: Einfallswinkel, ε': Reflexionswinkel

2.6.4 Unelastische Stöße

Bei unelastischen Stößen geht ein Teil der Bewegungsenergie verloren. Sie wird zur permanenten Verformung der Stoßpartner aufgewandt und in Verformungswärme umgewandelt.

2.6.4.1 Teilunelastische Stöße

Energieverlust ΔW, liegt zwischen dem Energieverlust bei total unelastischem Stoß als größtem Wert und Null:

$$0 < \Delta W < \frac{m_A m_B}{2(m_A + m_B)}(v_A - v_B)^2.$$

Wie groß dieser Anteil ist, hängt von der unelastischen Verformbarkeit der Stoßpartner ab.

2.6.4.2 Total unelastischer Stoß

Nach dem Stoß gilt $u_a = u_b = u$. Aus dem Gesetz der Impulserhaltung folgt:

$$m_A \cdot v_A + m_B \cdot v_B = (m_A + m_B)u,$$

und daher

$$u = \frac{m_A v_A + m_B v_B}{m_A + m_B}.$$

Kinetische Energie vor bzw. nach dem Stoß:

$$E_{\text{kin}} = \frac{1}{2}m_A v_A^2 + \frac{1}{2}m_B v_B^2,$$

$$E'_{\text{kin}} = \frac{1}{2}(m_A + m_B)u^2 = \frac{1}{2}\frac{(m_A v_A + m_B v_B)^2}{m_A + m_B}.$$

Energieverlust $\Delta W = E_{\text{kin}} - E'_{\text{kin}}$ beim total unelastischen Stoß:

$$\Delta W = \frac{m_A \cdot m_B}{2(m_A + m_B)}(v_A - v_B)^2.$$

Stößt ein Körper gegen einen **ruhenden** Körper ($v_B = 0$), so ist das Verhältnis der kinetischen Energien nach und vor dem Stoß nur noch massenabhängig:

$$\frac{E'_{\text{kin}}}{E_{\text{kin}}} = \frac{m_A}{m_A + m_B} \leq 1.$$

Verhältnis von Energieverlust zur anfänglich vorhandenen kinetischen Energie E_{kin} in diesem Fall ($v_B = 0$):

$$\frac{\Delta W}{E_{\text{kin}}(t_0)} = \frac{m_B}{m_A + m_B} \leq 1.$$

Gleiche Massen m_A und m_B: Die Hälfte der kinetischen Energie E_{kin} geht verloren. Dieser Betrag wird bei makroskopischen Stoßvorgängen in Verformungs- und Erwärmungsenergie der Stoßpartner umgewandelt.

2.7 Raketen

Rückstoßprinzip, folgt aus der Erhaltung des Impulses, wird zum Antrieb von **Raketen** benutzt. Im Gegensatz zu Antriebsarten, die auf Reibung basieren, funktionieren Raketen auch im luftleeren Raum.

➤ Raketen werden zum Transport in den Weltraum eingesetzt und dienen als Träger für Nutzlasten wie Satelliten (zur Nachrichtenübertragung, Erd- und Wetterbeobachtung, Forschung) und bemannte Raumfahrzeuge. Auf der Erde ist ihre Bedeutung beschränkt. Flugkörper mit Düsenantrieb (Jets) sind keine Raketen, da sie ihre Rückstoßmasse (**Reaktionsmasse**) nicht selbst mitführen, sondern als Luft ansaugen.

2.7.1   Schubkraft

Rakete, stößt kontinuierlich heiße Gase, die aus der Verbrennung des mitgeführten Treibstoffs mittels eines ebenfalls mitgeführten Oxidationsmittels entstehen, mit hoher Ausströmgeschwindigkeit nach hinten aus und wird durch deren **Rückstoß** nach vorn getrieben (**Abb. 2.39**). Die Raketenmasse nimmt daher während des Beschleunigungsvorgangs ab. Im Gegensatz zu einem gewöhnlichen **Düsentriebwerk**, das Luft aus der Atmosphäre ansaugt und nach hinten ausstößt, kann sie auch im Vakuum betrieben werden.

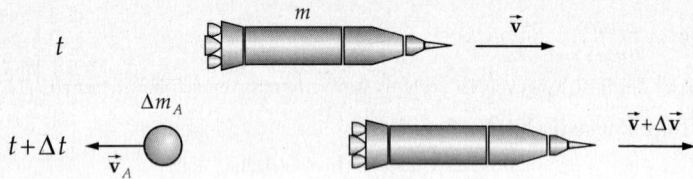

Abbildung 2.39: Rakete

1.   Beschleunigung einer Rakete

Zur Berechnung der Beschleunigung, die die Rakete erfährt, betrachtet man ein kleines Zeitintervall Δt, in dem eine Masse Δm_A von der Rakete mit der Geschwindigkeit $\vec{v}_A$ ausgestoßen wird, wobei die Geschwindigkeit der Rakete von $\vec{v}$ auf $\vec{v} + \Delta\vec{v}$ ansteigt. Bei der Impulsbilanz ist der Impuls $\Delta m_A \vec{v}_A$ des ausgestoßenen Gases mit zu berücksichtigen. Die Impulsänderung des Systems aus Rakete und ausgestoßenem Gas während dieses Zeitraums ist

$$\Delta\vec{p} = [(m - \Delta m_A)(\vec{v} + \Delta\vec{v}) + \Delta m_A \vec{v}_A] - m\vec{v},$$
$$= m\Delta\vec{v} + \Delta m_A [\vec{v}_A - (\vec{v} + \Delta\vec{v})].$$

Führt man die Ausströmgeschwindigkeit

$$\vec{v}_0 = \vec{v}_A - \vec{v}$$

ein, die die Geschwindigkeit des ausgestoßenen Gases relativ zur Rakete bezeichnet, und vernachlässigt man das Produkt zweier kleiner Terme, $\Delta m_A \cdot \Delta\vec{v} \approx 0$, so lautet der Impulserhaltungssatz (wenn keine äußeren Kräfte wirken):

$$\Delta\vec{p} = m\Delta\vec{v} - \Delta m_A \vec{v}_0 = 0.$$

2.   Rückstoß

Die Impulsdifferenz heißt **Rückstoß**. Ein Rückstoß tritt immer auf, wenn ein Körper einen anderen Körper von sich stößt. Er ist Ausdruck des dritten Newtonschen Gesetzes (actio = reactio).

Nach Division durch Δt und Grenzübergang $\Delta t \to 0$ findet man:

$$\frac{d\vec{p}}{dt} = \lim_{\Delta t \to 0} \frac{\Delta\vec{p}}{\Delta t} = m\frac{d\vec{v}}{dt} - \frac{dm}{dt}\vec{v}_0 = 0.$$

3.   Gleichung der Raketenschubkraft

Raketenschubkraft			MLT^{-2}
$\vec{F}_{Schub} = \dfrac{dm(t)}{dt}\vec{v}_0 = \dot{m}\vec{v}_0$	Symbol	Einheit	Benennung
	$\vec{F}_{Schub}$	N	Schubkraft
	t	s	Zeitpunkt
	$m(t)$	kg	Masse zum Zeitpunkt t
	$\dot{m}$	kg/s	Massenstrom
	$\vec{v}_0$	m/s	Ausströmgeschwindigkeit

Wirkt zudem eine äußere Kraft F_a (z.B. die Erdanziehung), so steht sie anstelle der Null auf der rechten Seite der Gleichung für $\dfrac{d\vec{p}}{dt}$. Man schreibt

$$m\frac{d\vec{v}}{dt} = \frac{dm}{dt}\vec{v}_0 + F_a = \dot{m}\vec{v}_0 + F_a$$

und nennt den ersten Term auf der rechten Seite die Schubkraft $\vec{F}_{Schub}$. Die Beschleunigung der Rakete $\vec{a}$ ergibt sich unter Berücksichtigung der äußeren Kräfte $\vec{F}_a$ (Gravitation, Reibung):

$$\vec{a} = \frac{d\vec{v}}{dt} = \frac{1}{m(t)}(\vec{F}_{Schub} + \vec{F}_a).$$

■ Eine Saturn-V-Rakete hat die Startmasse $m_0 = 2.95 \cdot 10^6$ kg, eine Brennzeit der ersten Stufe von $t_B = 130$ s und eine Leermasse bei Brennschluss der ersten Stufe von $m_{leer} = 1.0 \cdot 10^6$ kg. Der Massenstrom ist

$$\dot{m} = \frac{m_0 - m_{leer}}{t_B} = \frac{2.95 \cdot 10^6 \text{ kg} - 1.0 \cdot 10^6 \text{ kg}}{130 \text{ s}} = 1.50 \cdot 10^4 \text{ kg/s}.$$

Bei einer Ausströmgeschwindigkeit von $v_0 = 2220$ m/s ist die Schubkraft
$F_{Schub} = \dot{m}v_0 = 1.50 \cdot 10^4$ kg/s $\cdot 2220$ m/s $= 3.3 \cdot 10^7$ N.

2.7.2 Raketengleichung

1. Bestimmung der Endgeschwindigkeit und der Raketensteighöhe

Um die Endgeschwindigkeit der Rakete zu errechnen, muss die Beschleunigung der Rakete über die Zeit integriert werden. Dies ist relativ einfach, wenn die Ausströmgeschwindigkeit v_0 und der Massenstrom $\dot{m}$ während der Brennzeit t_B konstant sind. Dann gilt für die Masse zum Zeitpunkt t: $m(t) = m_0 - \dot{m}t$, wenn m_0 die Startmasse der Rakete war. Berücksichtigt man als äußere Kraft nur eine Gravitationskraft mit konstanter Gravitationsbeschleunigung, $F_a = m(t)g$, so lautet die Beschleunigung der Rakete:

$$a(t) = \frac{\dot{m}}{m_0 - \dot{m}t}v_0 - g.$$

Durch Integration über die Zeit findet man für die Geschwindigkeit v zum Zeitpunkt t:

$$v(t) = v_0 \ln\left(\frac{m_0}{m_0 - \dot{m}t}\right) - gt.$$

Durch eine weitere Integration findet man die Höhe h zum Zeitpunkt t,

$$h(t) = \frac{v_0(m_0 - \dot{m}t)}{\dot{m}}\left[\frac{m_0}{m_0 - \dot{m}t} - 1 - \ln\left(\frac{m_0}{m_0 - \dot{m}t}\right)\right] - \frac{1}{2}gt^2.$$

2. Gestalt der Raketengleichung

Bei Brennschluss lauten daher Endgeschwindigkeit und Höhe:

Raketengleichung				
$v_B = v_0 \ln\left(\dfrac{m_0}{m_{leer}}\right) - gt_B$		Symbol	Einheit	Benennung
$h_B = \dfrac{v_0 m_{leer}}{\dot{m}}$		v_B	m/s	Geschwindigkeit bei Brennschluss
		h_B	m	Höhe bei Brennschluss
$\times \left[\dfrac{m_0}{m_{leer}} - 1 - \ln\left(\dfrac{m_0}{m_{leer}}\right)\right]$		v_0	m/s	Ausströmgeschwindigkeit
		m_0	kg	Startmasse
$-\dfrac{1}{2}gt_B^2$		m_{leer}	kg	Masse bei Brennschluss
		$\dot{m}$	kg/s	Massenstrom
$m_{leer} = m_0 - \dot{m}t_B$		g	m/s^2	Fallbeschleunigung
		t_B	s	Brennzeit

3.   Eigenschaften der Raketengleichung

➤ Diese Gleichung gilt nur unter der Annahme einer konstanten Fallbeschleunigung, d.h., solange sich die Rakete in der Nähe der Erdoberfläche befindet. Auch die Luftreibung wurde vernachlässigt.

➤ Die erzielbare Endgeschwindigkeit und Höhe hängen nur von der Ausströmgeschwindigkeit und dem Logarithmus des Verhältnisses m_0/m_{leer} von Startmasse m_0 zu Leermasse m_{leer} ab. Daher beträgt die Nutzlast einer Rakete typischerweise nur 10 % der Startmasse.

➤ Die in einem chemischen Treibstoff gespeicherte chemische Energie reicht nicht aus, um den Treibstoff in eine Umlaufbahn um die Erde zu bringen. Bei einer Rakete bleibt aber der größte Teil des verbrannten Treibstoffes auf der Erde (bzw. in der Atmosphäre) zurück, nachdem er seine Energie auf die Rakete übertragen hat. Nur aufgrund dieser Tatsache funktionieren Raketen mit chemischen Treibstoffen.

■ Bei der oben charakterisierten ersten Stufe einer Saturn-V-Rakete ist die Endgeschwindigkeit

$$v_B = v_0 \ln\left(\frac{m_0}{m_{\text{leer}}}\right) - g t_B,$$

$$= 2.22 \cdot 10^3 \text{ m/s} \ln\left(\frac{2.95 \cdot 10^6 \text{ kg}}{1.0 \cdot 10^6 \text{ kg}}\right) - 9.81 \text{ m/s}^2 \cdot 130 \text{ s},$$

$$= 1\,126 \text{ m/s}.$$

Die Höhe bei Brennschluss der ersten Stufe ergibt sich zu $h_B = 45.6$ km.

2.8   Massenpunktsysteme

Massenpunktsystem, System aus N individuellen Massenpunkten (Teilchen) $1, \cdots, N$, deren Bewegung durch die Angabe der Ortsvektoren $\vec{r}_1, \cdots, \vec{r}_N$ als Funktion der Zeit t beschrieben werden kann: $\vec{r}_i(t), i = 1, \cdots, N$.

Schwerpunkt, **Massenmittelpunkt**, Punkt in einem Massenpunktsystem, dessen Ortsvektor $\vec{R}$ sich aus den Massen m_i und den Ortsvektoren $\vec{r}_i$ berechnet nach

$$\vec{R} = \frac{1}{M} \sum_{i=1}^{N} m_i \vec{r}_i \quad, \qquad M = \sum_{i=1}^{N} m_i.$$

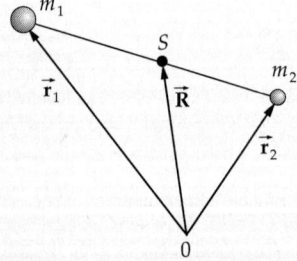

Abbildung 2.40: Schwerpunkt S eines Systems aus zwei Massenpunkten m_1, m_2

2.8.1   Bewegungsgleichungen

1.   Kräfte in Teilchensystemen

Innere Kräfte, von den Teilchen des Systems aufeinander ausgeübte Kräfte. Innere Kräfte sind i. Allg. eine Summe von Zweikörperkräften $\vec{F}_{ik}$, die von den Orten (und eventuell den Geschwindigkeiten) jeweils eines Teilchenpaares (i, k) abhängen.

Nach dem dritten Newtonschen Gesetz (Reaktionsprinzip) ist die vom Massenpunkt i auf den Massenpunkt k ausgeübte Kraft $\vec{F}_{ik}$ entgegengesetzt gleich der vom Massenpunkt k auf den Massenpunkt i ausgeübten Kraft $\vec{F}_{ki}$.

Äußere Kräfte, von außen auf das System einwirkende Kräfte. Die äußere Kraft $\vec{F}_i^{ext}$ auf den Massenpunkt i hängt nicht von den Koordinaten der anderen Massenpunkte ab (**Abb. 2.41**).

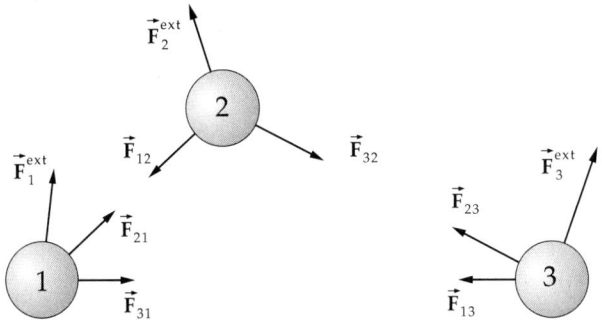

Abbildung 2.41: Innere und äußere Kräfte im Massenpunktsystem. Die inneren Kräfte $\vec{F}_{ik} = -\vec{F}_{ki}$ heben sich auf

$$\vec{F}_{ik} = \vec{F}_{ik}(\vec{r}_i, \vec{r}_k), \quad \vec{F}_{ik} = -\vec{F}_{ki}, \quad \vec{F}_i^{ext} = \vec{F}_i^{ext}(\vec{r}_i)$$

Zwangskräfte, Reaktionskräfte, entstehen durch Lagerung des Systems. Zwangskräfte schränken die Bewegung des Systems ein.

Freies Massenpunktsystem, ein Massenpunktsystem, das den einwirkenden Kräften ohne einschränkende Zwangsbedingungen folgen kann.

Abgeschlossenes System, ein Massenpunktsystem, auf das keine äußeren Kräfte wirken.

2. Dynamisches Gesetz für Massenpunktsysteme

Dynamisches Grundgesetz für Massenpunktsysteme

	Symbol	Einheit	Benennung
$m_i\ddot{\vec{r}}_i = \vec{F}_i, \quad i = 1, \cdots, N$	m_i	kg	Masse Massenpunkt i
$\vec{F}_i = \sum\limits_{k \neq i}^{N} \vec{F}_{ki} + \vec{F}_i^{ext}$	$\vec{r}_i$	m	Ortsvektor Massenpunkt i
	$\vec{F}_i$	N	Kraft auf Massenpunkt i
$\vec{F}^{ext} = \sum\limits_{i=1}^{N} \vec{F}_i^{ext}$	$\vec{F}_{ik}$	N	Zweikörperkraft zwischen i und k
	$\vec{F}^{ext}$	N	gesamte äußere Kraft
	$\vec{F}_i^{ext}$	N	äußere Kraft auf Massenpunkt i

Die Bewegungsgleichungen für ein Massenpunktsystem sind ein gekoppeltes System von Differentialgleichungen zweiter Ordnung in der Zeit für die Ortsvektoren der Massenpunkte. Die Kopplung der Gleichungen erfolgt über die Ortsabhängigkeit der Kräfte. Die allgemeine Lösung des Systems enthält $6N$ freie Parameter, die so zu bestimmen sind, um vorgegebene Anfangsbedingungen für die Orte und Geschwindigkeiten der Massenpunkte zu erfüllen.

3. Impuls, Drehimpuls und Energie von Massenpunktsystemen

Gesamtimpuls des Systems:

$$\vec{p} = \sum_{i=1}^{N} \vec{p}_i = \sum_{i=1}^{N} m_i \dot{\vec{r}}_i.$$

Gesamtdrehimpuls des System:

$$\vec{l} = \sum_{i=1}^{N} \vec{l}_i = \sum_{i=1}^{N} m_i \left(\vec{r}_i \times \vec{p}_i \right).$$

Gesamtenergie des Systems:

$$E = E_{\text{kin}} + E_{\text{pot}}, \quad E_{\text{kin}} = \sum_{i=1}^{N} \frac{m_i}{2} \dot{\vec{r}}_i^2, \quad E_{\text{pot}} = \sum_{i<k=1}^{N} U_{ik}(|\vec{r}_i - \vec{r}_k|) + \sum_{i=1}^{N} U_i^{\text{ext}}(\vec{r}_i).$$

➤ Die potentielle Energie des Systems ist die Summe der Potentiale der inneren und der äußeren Kräfte. Das Potential U_{ik} der inneren Kraft $\vec{F}_{ik}$ kann nur vom Abstand $r_{ik} = |\vec{r}_i - \vec{r}_k|$ der Teilchen i, k abhängen, damit $\vec{F}_{ik} = -\vec{F}_{ki}$ erfüllt ist. Das gesamte Potential der inneren Kräfte ergibt sich durch Summation über alle Paare (i, k). Das Potential U_i^{ext} der äußeren Kraft $\vec{F}_i^{\text{ext}}$ hängt nur von der Position des Teilchens i ab.

2.8.2   Impulserhaltungssatz

Die Änderung des Gesamtimpulses $\vec{p}$ des Systems pro Zeitintervall ist aufgrund des Grundgesetzes der Dynamik gleich der Summe der wirkenden Kräfte. Nach dem Reaktionsprinzip heben sich die inneren Kräfte gegenseitig auf, so dass nur die äußeren Kräfte zur Änderung des Gesamtimpulses beitragen.

1.   Impulserhaltungssatz

Änderung des Gesamtimpulses pro Zeit = Summe der äußeren Kräfte			MLT^{-2}
$\dfrac{d\vec{p}}{dt} = \vec{F}^{\text{ext}}$	Symbol	Einheit	Benennung
	$\vec{p}$	Ns	Gesamtimpuls
	$\vec{F}^{\text{ext}}$	N	äußere Kraft

Impulserhaltungssatz: Wenn keine äußeren Kräfte wirken, dann bleibt der Gesamtimpuls erhalten.

Der Gesamtimpuls eines Massenpunktsystems, auf das keine äußeren Kräfte wirken, ist konstant.			MLT^{-1}
$\vec{p} = \sum_i \vec{p}_i = \text{const.}$	Symbol	Einheit	Benennung
	$\vec{p}$	Ns	Gesamtimpuls
	$\vec{p}_i$	Ns	Impuls Massenpunkt i

2.   Schwerpunktssatz

Dem Impulserhaltungssatz des N-Teilchensystems entspricht der **Schwerpunktssatz**:

Der Schwerpunkt eines Massenpunktsystems bewegt sich so, als ob die gesamte Masse in ihm vereinigt wäre und die Resultierende der äußeren Kräfte auf ihn wirkt.			
$M\ddot{\vec{R}} = \vec{F}^{\text{ext}}$	Symbol	Einheit	Benennung
	m_i	kg	Masse Massenpunkt i
	$\vec{r}_i$	m	Ortsvektor Massenpunkt i
$\vec{R} = \dfrac{1}{M} \sum_{i=1}^{N} m_i \vec{r}_i$, $M = \sum_{i=1}^{N} m_i$	M	kg	Gesamtmasse
	$\vec{R}$	m	Ortsvektor Schwerpunkt
	$\vec{F}^{\text{ext}}$	N	äußere Kräfte

2.8.3 Drehimpulserhaltungssatz

Die zeitliche Änderung des Gesamtdrehimpulses $\vec{l}$ eines Massenpunktsytems ist gegeben durch

$$\frac{d\vec{l}}{dt} = \sum_{i=1}^{N}(\vec{r}_i \times \vec{F}_i) = \sum_{i=1}^{N}(\vec{r}_i \times \vec{F}_i^{ext}) = \sum_{i=1}^{N}\vec{M}_i^{ext}.$$

Der Vektor $\vec{M}_i^{ext}$ ist das Drehmoment, das die äußere Kraft $\vec{F}_i^{ext}$ auf den Massenpunkt i ausübt.
Die inneren Kräfte ändern den Gesamtdrehimpuls nicht, da sie längs der Verbindungslinien der Massenpunkte wirken:

$$\vec{r}_i \times \vec{F}_{ki} + \vec{r}_k \times \vec{F}_{ik} = (\vec{r}_i - \vec{r}_k) \times \vec{F}_{ki} = 0.$$

Die zeitliche Änderung des Gesamtdrehimpulses ist gleich der Summe der Drehmomente der äußeren Kräfte.

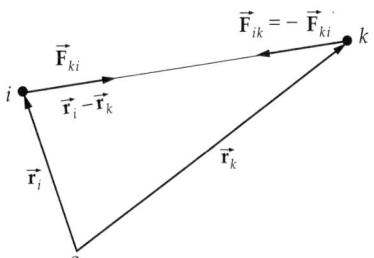

Abbildung 2.42: Verschwindendes Drehmoment der inneren Kräfte

Der Gesamtdrehimpuls des Massenpunktsystems bleibt erhalten, wenn die äußeren Kräfte verschwinden.

> **Drehimpulserhaltungssatz:**
> **In einem abgeschlossenen System von Massenpunkten bleibt der Gesamtdrehimpuls erhalten.**
>
> ML^2T^{-1}

$$\vec{l} = \sum_{i=1}^{N}\vec{l}_i = \text{const.}$$

	Symbol	Einheit	Benennung
	$\vec{l}$	kg m²/s	Gesamtdrehimpuls
	$\vec{l}_i$	kg m²/s	Drehimpuls Massenpunkt i

2.8.4 Energieerhaltungssatz

Konservative Kräfte, Kräfte, die ein Potential besitzen. Notwendige und hinreichende Bedingung für die Existenz eines Potentials der Kraft $\vec{F}$: $\text{rot}\,\vec{F} = 0$. Eine konservative Kraft leistet auf einem geschlossenen Weg keine Arbeit:

$$\oint \vec{F}\,d\vec{r} = 0.$$

Dissipative Kräfte, Kräfte, die kein Potential besitzen.
Zerlegung der Kraft $\vec{F}_i$ auf das Teilchen i in einen konservativen und einen dissipativen Anteil:

$$\vec{F}_i = \vec{F}_{i,cons} + \vec{F}_{i,diss}.$$

Die zeitliche Änderung der Gesamtenergie eines Massenpunktsystems ist gleich der Leistung der dissipativen Kräfte:

$$\frac{dE}{dt} = \frac{d}{dt}\left(E_{kin} + E_{pot}\right) = \sum_{i=1}^{N}\vec{F}_{i,diss} \cdot \dot{\vec{r}}_i.$$

▲   Für dissipative Kräfte hängt die Arbeit bei der Bewegung vom Ort $\vec{r}_1$ zum Ort $\vec{r}_2$ vom Verlauf des Weges zwischen Anfangs- und Endpunkt ab.

➤   Reibungskräfte, die der Geschwindigkeit proportional sind, sorgen dafür, dass das System mechanische Energie an die Umgebung abgibt. Reibungskräfte sind dissipative Kräfte. Bei der Verschiebung eines Körpers von $\vec{r}_1$ nach $\vec{r}_2$ wächst die Reibungsarbeit mit der Länge des gewählten Weges.

■   Gedämpfte Federschwingung eines einzelnen Massenpunktes:
Bewegungsgleichung: $m\ddot{x} + cx + \mu\dot{x} = 0$.

Energie: $E = E_{\text{kin}} + E_{\text{pot}}$, $E_{\text{kin}} = \dfrac{m}{2}\dot{x}^2$, $E_{\text{pot}} = \dfrac{c}{2}x^2$.

Energieänderung: $\dfrac{\mathrm{d}}{\mathrm{d}t}E = \dfrac{\mathrm{d}}{\mathrm{d}t}\left(\dfrac{m}{2}\dot{x}^2 + \dfrac{c}{2}x^2\right) = -\mu\dot{x}^2 < 0$.

Die Summe aus kinetischer und potentieller Energie des Pendels nimmt wegen des Reibungsterms ($\mu > 0$) ständig ab.

Die Gesamtenergie des Massenpunktsystems bleibt erhalten, wenn die dissipativen Kräfte verschwinden.

Energieerhaltungssatz: **Die Gesamtenergie eines Massenpunktsystems bleibt erhalten, wenn keine dissipativen Kräfte auftreten.**	$\mathrm{ML^2T^{-2}}$

$E = E_{\text{kin}} + E_{\text{pot}} = \text{const.}$	Symbol	Einheit	Benennung
	E	J	Gesamtenergie
	E_{kin}	J	gesamte kinetische Energie
	E_{pot}	J	gesamte potentielle Energie

2.9   Lagrange- und Hamilton-Gleichungen

2.9.1   Lagrange-Gleichungen und Hamiltonsches Prinzip

1.   Generalisierte mechanische Größen

Generalisierte Koordinaten, q_k, dem gegebenen mechanischen System optimal angepasste Koordinaten. Generalisierte Koordinaten können unterschiedliche physikalische Bedeutung (Länge, Winkel etc.) besitzen. Die Anzahl der generalisierten Koordinaten stimmt mit der Zahl der Freiheitsgrade des Systems überein.

$q_k(t)$, $k = 1, \dots, f$, f: Zahl der Freiheitsgrade

■   Generalisierte Koordinaten für
Pendel: Winkel φ der Auslenkung aus der Ruhelage.
Massenpunkt auf Kugeloberfläche: Kugelkoordinaten θ, φ.

Generalisierte Geschwindigkeiten, $\dot{q}_k$, erste Ableitung der generalisierten Koordinaten q_k nach der Zeit,

$\dot{q}_k(t)$, $k = 1, \dots, f$, f: Zahl der Freiheitsgrade.

Generalisierte Kräfte, Q_k, definiert durch die Ausdrücke

$$Q_k = \sum_{i=1}^{3N} F_i \frac{\partial x_i}{\partial q_k}, \quad k = 1, \dots, f.$$

$x_i, i = 1, \dots, 3N$ sind die kartesischen Koordinaten eines Systems aus N Massenpunkten.

2.   Lagrange-Funktion,

Differenz der kinetischen Energie $E_{\text{kin}} = T$ und der potentiellen Energie $E_{\text{pot}} = V$ als Funktionen der generalisierten Koordinaten q_k und generalisierten Geschwindigkeiten $\dot{q}_k$,

$$L(q_k, \dot{q}_k, t) = T(q_k, \dot{q}_k) - V(q_k, t).$$

➤ Die Lagrange-Funktion hat die Dimension einer Energie.

■ Lagrange-Funktion einfacher mechanischer Systeme:

Freier Massenpunkt: $\qquad L = T = \dfrac{m}{2}\dot{\mathbf{r}}^2 = \dfrac{m}{2}(\dot{x}^2 + \dot{y}^2 + \dot{z}^2)$.

Massenpunkt im Potentialfeld $V(\mathbf{r})$: $\qquad L = \dfrac{m}{2}\dot{\mathbf{r}}^2 - V(\mathbf{r})$.

Federschwingung, Federkonstante k: $\qquad L = \dfrac{m}{2}\dot{x}^2 - \dfrac{k}{2}x^2$.

Mathematisches Pendel, Pendellänge l: $\qquad L = \dfrac{m}{2}l^2\dot{\varphi}^2 + mgl\cos\varphi$.

Physisches Pendel: $\qquad L = \dfrac{J}{2}\dot{\varphi}^2 + mgl\cos\varphi$.

Abstand Drehachse-Schwerpunkt l,
Trägheitsmoment J.

3. Lagrange-Gleichungen,

System von f Differentialgleichungen 2. Ordnung in der Zeit zur Bestimmung der generalisierten Koordinaten q_k als Funktionen der Zeit:

$$\frac{\mathrm{d}}{\mathrm{d}t}\frac{\partial L}{\partial \dot{q}_k} - \frac{\partial L}{\partial q_k} = 0, \qquad k = 1,\ldots,f.$$

In den Lagrange-Gleichungen treten Zwangskräfte oder Nebenbedingungen nicht mehr auf. Die Lösungen enthalten $2f$ Integrationskonstanten.

▲ Lagrange-Gleichungen und zweites Newtonsches Gesetz sind äquivalente Formulierungen der Mechanik.

4. Beispiele zum Lagrange-Formalismus

■ Eindimensionale Bewegung eines Massenpunktes im Potential $V(x)$, kartesische Koordinate x:
Generalisierte Koordinate: $q = x$.   Generalisierte Geschwindigkeit: $\dot{q} = \dot{x}$.
Lagrange-Funktion: $L = T - V = \dfrac{m}{2}\dot{x}^2 - V(x)$.
Lagrange-Gleichung:

$$\frac{\partial L}{\partial \dot{q}} = m\dot{x}, \quad \frac{\mathrm{d}}{\mathrm{d}t}\frac{\partial L}{\partial \dot{q}} = m\ddot{x},$$

$$\frac{\partial L}{\partial q} = \frac{\partial V}{\partial x}, \quad m\ddot{x} + \frac{\partial V}{\partial x} = 0.$$

Wegen $-\partial V/\partial x = F_x$ folgt aus der Lagrange-Gleichung die Newtonsche Bewegungsgleichung $m\ddot{x} = F_x$ für die Bewegung eines Massenpunktes unter dem Einfluss der Kraft F_x.

■ Bewegung in einem zentralsymmetrischen Potential $V(r)$:
Generalisierte Koordinaten: r, ϑ.   Generalisierte Geschwindigkeiten: $\dot{r}, \dot{\vartheta}$.
Lagrange-Funktion: $L = T - V = \dfrac{m}{2}(\dot{r}^2 + r^2\dot{\vartheta}^2) - V(r)$.
Lagrange-Gleichungen:

$$\frac{\partial L}{\partial \dot{r}} = m\dot{r}, \quad \frac{\mathrm{d}}{\mathrm{d}t}\frac{\partial L}{\partial \dot{r}} = m\ddot{r}, \quad \frac{\partial L}{\partial r} = mr\dot{\vartheta}^2 - \frac{\partial V}{\partial r},$$

$$\frac{\partial L}{\partial \dot{\vartheta}} = mr^2\dot{\vartheta}, \quad \frac{\partial L}{\partial \vartheta} = 0.$$

Bewegungsgleichungen:

$$m\ddot{r} = mr\dot{\vartheta}^2 - \frac{\partial V}{\partial r} = mr\dot{\vartheta}^2 + F(r), \quad \frac{\mathrm{d}}{\mathrm{d}t}(mr^2\dot{\vartheta}) = 0.$$

$F(r)$ ist der Betrag der wirkenden Zentralkraft. Die letzte Gleichung impliziert die Erhaltung des Drehimpulses $l = mr^2\dot{\vartheta}$.

5.   Virtuelle Verrückung,

momentane infinitesimale Verschiebung $\delta\vec{r}$ eines Massenpunktes unter Einhaltung der für die Bewegung geltenden einschränkenden Nebenbedingungen, ohne Änderung der Zeitvariablen:

$$\vec{r} \longrightarrow \vec{r} + \delta\vec{r} \quad \text{bei } \delta t = 0.$$

Virtuelle Verrückungen sind gedachte Verschiebungen, die nicht mit dem tatsächlichen Verlauf der Bahnkurve übereinstimmen müssen.

➤   Bei Verwendung von generalisierten Koordinaten können virtuelle Verrückungen willkürlich, ohne Beachtung von Nebenbedingungen ausgeführt werden.

➤   Die virtuelle Verrückung eines Systems aus N Massenpunkten setzt sich aus den virtuellen Verrückungen jedes einzelnen Massenpunktes, $\delta\vec{r}_i, i = 1, \ldots, N$ zusammen.

Virtuelle Bahnkurve, zwischen zwei festen Punkten $q_k(t_1), q_k(t_2)$ verlaufende Bahnkurve $\hat{q}_k(t)$, die von der tatsächlichen Bahnkurve $q_k(t)$ infinitesimal abweicht durch Zusammenfassung der virtuellen Verrückungen δq_k zu einer festen Zeit t $(\delta t = 0)$,

$$\hat{q}_k(t) = q_k(t) + \delta q_k(t).$$

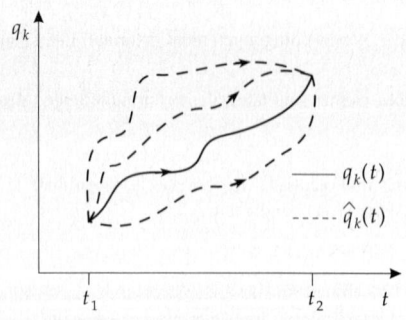

——— $q_k(t)$

----- $\hat{q}_k(t)$

Abbildung 2.43: Virtuelle Bahnkurven $\hat{q}_k(t)$. $q_k(t)$: durchlaufene Bahnkurve

6.   Wirkung und Hamiltonsches Prinzip

Wirkungsfunktion, Wirkungsintegral W, Integral der Lagrange-Funktion $L(q_k, \dot{q}_k, t)$ über die Zeit,

$$W = \int_{t_1}^{t_2} L(q_k(t), \dot{q}_k(t), t)\, \mathrm{d}t.$$

➤   Die Wirkungsfunktion hat die Dimension Energie mal Zeit.

Prinzip der kleinsten Wirkung, Hamiltonsches Prinzip, die von einem mechanischen System im Zeitablauf beschriebene Bahnkurve ist vor allen anderen virtuellen Bahnkurven dadurch ausgezeichnet, dass das Wirkungsintegral einen Extremwert (meistens ein Minimum) annimmt:

$$W = \int_{t_1}^{t_2} L(q_k(t), \dot{q}_k(t), t)\, \mathrm{d}t = \text{Extremwert}.$$

➤   Das Hamiltonsche Prinzip gilt unabhängig von der speziellen Koordinatenwahl. Als Extremalprinzip ist es gleichbedeutend mit den Bewegungsgleichungen nach Newton oder Lagrange.

➤   Extremalprinzipien in anderen Gebieten der Physik: Fermatsches Prinzip des kürzesten Weges in der Optik; Ritzsches Verfahren zur näherungsweisen Berechnung von Energieeigenwerten in der Quantenmechanik.

2.9.2 Hamilton-Gleichungen

1. Generalisierter Impuls,

p_k, definiert als Ableitung der Lagrange-Funktion $L = T - V$ nach der generalisierten Geschwindigkeit $\dot{q}_k$:

$$p_k = \frac{\partial L}{\partial \dot{q}_k}, \qquad k = 1, \ldots, f, \qquad f: \text{Zahl der Freiheitsgrade}.$$

➤ Die so eingeführten Größen q_k und p_k werden als **kanonisch konjugiert** bezeichnet.

■ Bei der Kreisbewegung ist der Drehwinkel φ die generalisierte Koordinate. Der kanonisch konjugierte Impuls ist der Drehimpuls l.

2. Hamilton-Funktion,

H, ergibt sich, wenn man die generalisierten Geschwindigkeiten $\dot{q}_k$ zugunsten der kanonisch konjugierten Impulse p_k aus der theoretischen Beschreibung eliminiert:

$$H(q_k, p_k, t) = \sum_{k=1}^{f} \dot{q}_k p_k - L(q_k, \dot{q}_k, t).$$

➤ Die Hamilton-Funktion hängt von den generalisierten Koordinaten, den kanonisch konjugierten Impulsen und eventuell von der Zeit ab. Ist die Hamilton-Funktion zeitunabhängig, dann stellt sie die Gesamtenergie (Summe aus kinetischer Energie und potentieller Energie) dar. Die Gesamtenergie ist eine Erhaltungsgröße der Bewegung:

$$\frac{\partial H}{\partial t} = \frac{dH}{dt} = 0, \qquad H = T + V = E = \text{const}.$$

3. Legendre-Transformation

Der Übergang von der Lagrange-Funktion $L(q_k, \dot{q}_k)$ zur Hamilton-Funktion $H(q_k, p_k)$ wird als **Legendre-Transformation** bezeichnet.

Eine Funktion $f(x, y)$ der beiden Variablen x, y kann in eine gleichwertige Funktion h, die von den Variablen x und $p = \partial f / \partial y$ abhängt, überführt werden durch

$$h(x, p) = f(x, y) - y p.$$

Wegen

$$\frac{\partial h}{\partial y} = \frac{\partial f}{\partial y} - p = 0$$

hängt die Funktion h von x und p, aber nicht mehr von y ab.

Die Legendre-Transformation wird in der Thermodynamik häufig angewendet, um Zustandsgrößen auf andere Zustandsvariable zu transformieren. Zum Beispiel erhält man die freie Energie F als Funktion der Temperatur T, indem man in der inneren Energie $E(S, \ldots)$ die Variable Entropie S durch die Variable Temperatur $T = \partial U / \partial S$ ersetzt:

$$F(T, \ldots) = U(S, \ldots) - T S.$$

4. Hamilton-Gleichungen,

Zeitableitungen der generalisierten Koordinaten und Impulse,

$$\dot{q}_k = \frac{\partial H}{\partial p_k}, \qquad \dot{p}_k = -\frac{\partial H}{\partial q_k}, \qquad k = 1, \ldots, f, \qquad f: \text{Zahl der Freiheitsgrade}.$$

Die Hamilton-Gleichungen sind ein System von $2f$ Differentialgleichungen erster Ordnung in der Zeit. Die Lösungen enthalten $2f$ Integrationskonstanten, die frei gewählt werden können (z.B. die Anfangswerte der Koordinaten und Impulse). Die Hamilton-Gleichungen sind gleichbedeutend mit den Lagrange-Gleichungen.

■ Eindimensionaler harmonischer Oszillator:

Lagrange-Funktion: $L = \dfrac{m}{2}\dot{x}^2 - \dfrac{k}{2}x^2$.

Generalisierter Impuls: $p = \dfrac{\partial L}{\partial \dot{x}} = m\dot{x}$.

Hamilton-Funktion: $H = p\dot{x} - L = \dfrac{p^2}{2m} + \dfrac{k}{2}x^2 = T(t) + V(t) = E = \text{const}$.

Hamilton-Gleichungen: $\dot{x} = \dfrac{\partial H}{\partial p} = \dfrac{p}{m}$, $\dot{p} = -\dfrac{\partial H}{\partial x} = -kx$.

Diese Gleichungen ergeben die Newtonsche Bewegungsgleichung $m\ddot{x} = -kx$.

5. Phasenraum

Zyklische Koordinate, generalisierte Koordinate, von der die Lagrange-Funktion nicht abhängt:

$$\frac{\partial L}{\partial \varphi} = 0 \implies \frac{d}{dt}\frac{\partial L}{\partial \dot{\varphi}} = \frac{d}{dt}p_\varphi = 0.$$

▲ Der zu einer zyklischen Koordinate kanonisch konjugierte Impuls ist eine Erhaltungsgröße.

Konfigurationsraum, f-dimensionaler Raum der generalisierten Koordinaten q_k. Bahnkurve im Konfigurationsraum: $q_k(t), k = 1, \dots, f$.

Phasenraum, abstrakter Raum mit $2f$ Dimensionen, dessen Koordinaten die generalisierten Koordinaten q_k und kanonisch konjugierten Impulse p_k sind. Trajektorie des Systems im Phasenraum: $(q_k(t), p_k(t)), k = 1, \dots, f$.

➤ Bei konservativen Systemen ist jede Trajektorie im Phasenraum durch einen Wert der Hamilton-Funktion (Gesamtenergie) charakterisiert. Räumlich periodische Bewegungen entsprechen geschlossenen Bahnkurven im Phasenraum.

■ Im Phasenraum beschreibt ein eindimensionaler harmonischer Oszillator im Zeitablauf eine Ellipse, die durch die Energie $E = \dfrac{m}{2}A^2\omega^2$ charakterisiert wird (A: Amplitude, ω: Kreisfrequenz).

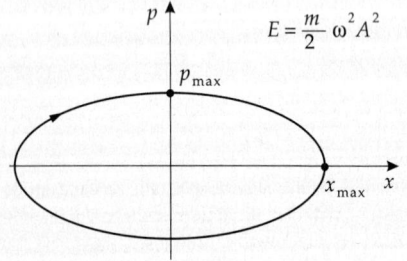

Abbildung 2.44: Trajektorie des harmonischen Oszillators im Phasenraum

$p_{max} = m\omega A$, $x_{max} = A$

3 Starre Körper

Starrer Körper, ein Körper, dessen materielle Bestandteile immer die gleichen Abstände voneinander beibehalten, also starr miteinander verbunden sind. Man kann sich vorstellen, dass der starre Körper aus Massenpunkten zusammengesetzt ist (**Abb. 3.1**). Für die Abstände aller Massenpunkte i, j des starren Körpers gilt: $|\vec{r}_i(t) - \vec{r}_j(t)| = r_{ij}$ =const.
Ein starrer Körper ist nicht deformierbar.

3.1 Kinematik

3.1.1 Dichte

Dichte ρ eines **homogenen** Körpers, das Verhältnis von Masse m zu Volumen V,

$$\rho = \frac{m}{V}.$$

Bei einem **inhomogenen** Körper mit kontinuierlicher Massenverteilung variiert die Dichte mit dem Ort $\vec{r}$ (**Abb. 3.2**). Man denkt sich den Körper zerlegt in Volumenelemte ΔV, in denen die Dichte annähernd konstant ist. Die Masse im Volumenelement ΔV am Ort $\vec{r}$ ist Δm. Für die Dichte im Volumenelement ΔV gilt: $\rho = \Delta m / \Delta V$. Bei einer kontinuierlichen Massenverteilung erhält man für die Dichte am Ort $\vec{r}$:

$$\rho(\vec{r}) = \lim_{\Delta V \to 0} \frac{\Delta m}{\Delta V} = \frac{dm}{dV}, \quad dm = \rho(\vec{r}) \cdot dV.$$

Die Gesamtmasse m des Körpers ist gegeben durch das Volumenintegral

$$m = \int dm = \int \rho(\vec{r}) \, dV.$$

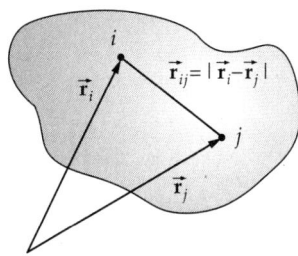

Abbildung 3.1: Starrer Körper

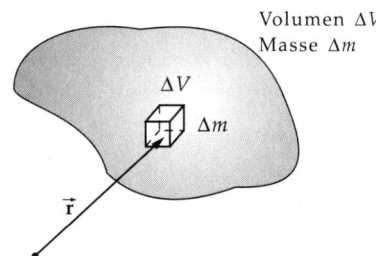

Volumen ΔV
Masse Δm

Abbildung 3.2: Dichte $\rho(\vec{r})$ eines inhomogenen starren Körpers mit kontinuierlicher Massenverteilung

3.1.2 Schwerpunkt

1. Definition des Schwerpunktes

Schwerpunkt, **Massenmittelpunkt**, der Angriffspunkt der resultierenden Kraft, die sich aus den **Gewichtskräften** aller Elemente des Körpers zusammensetzt. Die Wirkung der Schwerkraft auf einen starren Körper kann durch eine einzige, am Schwerpunkt angreifende Kraft des Betrags

$$F_G = mg$$

dargestellt werden. m ist die Gesamtmasse des Körpers.

▲ Bei einem symmetrischen Körper homogener Dichte liegt der Schwerpunkt auf der Symmetrieachse.

Um den Körper im Gleichgewicht zu halten, kann man

- den Körper im Schwerpunkt unterstützen,
- den Körper an mehreren Punkten so unterstützen, dass die Resultierende der Stützkräfte im Schwerpunkt liegt.
▲ Ein starrer Körper, auf den die Gewichtskraft wirkt, ist im Gleichgewicht, wenn er am Schwerpunkt unterstützt wird.
➤ Insbesondere übt die Gewichtskraft bezogen auf den Schwerpunkt des Körpers kein Drehmoment aus.

2.   Schwerpunktskoordinaten
Der Ortsvektor $\vec{R}$ des Schwerpunkts ist gegeben durch:

Schwerpunktskoordinaten			**L**
$\vec{R} = \dfrac{\sum_i \vec{r}_i \Delta m_i}{m}$ $m = \sum_i \Delta m_i$	Symbol	Einheit	Benennung
	$\vec{R}$	m	Ortsvektor des Schwerpunkts
	$\vec{r}_i$	m	Koordinate des i-ten Elements
	Δm_i	kg	Masse des i-ten Elements
	m	kg	Gesamtmasse

Integralform bei kontinuierlicher Massenverteilung:

$$\vec{R} = \frac{\int \vec{r}\,dm}{\int dm} = \frac{\int_V \vec{r}\rho(\vec{r})\,dV}{\int_V \rho(\vec{r})\,dV} ,$$

$\rho(\vec{r})$: Dichte des Körpers, dV: Volumenelement.
Für einen homogenen Körper ($\rho = const.$) ergibt sich

$$\vec{R} = \frac{1}{V} \int_V \vec{r}\,dV .$$

3.   Schwerpunktsbestimmung
M   **Zeichnerische Bestimmung** des Schwerpunktes einer Fläche: Die zu betrachtende Fläche wird in Teile zerlegt, deren Flächen und Schwerpunkte bekannt sind. Man bringt dann am Schwerpunkt jeder Teilfläche eine Kraft an, die der Größe der Teilfläche proportional ist und in eine beliebige, aber für alle Teilflächen gleiche Richtung zeigt, und bestimmt die Resultierende aller dieser Kräfte. Man wiederholt dies nun mit einer anderen beliebigen Richtung. Der Schnittpunkt der Wirkungslinien der beiden so bestimmten Resultierenden ist der Schwerpunkt.
Experimentelle Bestimmung des Schwerpunkts einer Platte (**Abb. 3.3**):

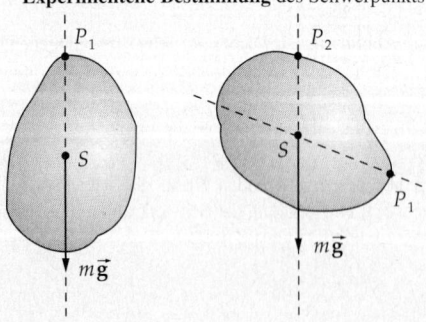

Abbildung 3.3: Bestimmung des Schwerpunkts einer Platte

Die Platte wird nacheinander an verschiedenen Punkten $P_1, P_2, \ldots$, die nicht auf der gleichen Angriffslinie der Schwerkraft liegen, aufgehängt und jeweils die Angriffslinie der Schwerkraft bestimmt. Die verschiedenen Angriffslinien der Schwerkraft schneiden sich im Schwerpunkt S.

➤ Der Schwerpunkt eines Körpers kann auch außerhalb des Körpervolumens liegen.

4. Schwerpunktssatz:
Die Bewegung des Schwerpunkts wird durch die inneren Kräfte des Körpers nicht verändert. Der Schwerpunkt bewegt sich wie ein Punktteilchen mit der Masse des gesamten Körpers, an dem die Resultierende aller äußeren Kräfte angreift.

■ Zwei Körper der Massen $m_1 = 1$ kg und $m_2 = 3$ kg seien durch eine Stange der Länge $l = 2$ m verbunden. Die Masse der Stange sei vernachlässigbar. Wählt man das Koordinatensystem so, dass der erste Körper im Ursprung liegt, der zweite auf der x-Achse, so lauten die Koordinaten:

$$\vec{r}_1 = \begin{pmatrix} 0 \\ 0 \end{pmatrix}, \qquad \vec{r}_2 = \begin{pmatrix} l \\ 0 \end{pmatrix}.$$

Der Schwerpunkt hat dann die Koordinaten:

$$\vec{R} = \frac{m_1 \vec{r}_1 + m_2 \vec{r}_2}{m_1 + m_2} = \begin{pmatrix} 1.5 \text{ m} \\ 0 \end{pmatrix},$$

liegt also in 1.5 m Abstand vom ersten Körper und damit in 0.5 m Abstand vom zweiten Körper.

3.1.3 Kinematische Grundgrößen

1. Koordinatensysteme

Raumfestes Koordinatensystem, K', Koordinatensystem mit einem im Raum fixierten Ursprung und raumfesten Achsen. Einheitsvektoren in Achsenrichtungen: $\vec{e}_x', \vec{e}_y', \vec{e}_z'$.

Körperfestes Koordinatensystem, K, ein willkürlicher Punkt S (Bezugspunkt) des starren Körpers wird als Koordinatenursprung ausgewählt. Die Koordinatenachsen sind fest mit dem Körper verbunden. Einheitsvektoren in Achsenrichtung: $\vec{e}_x(t), \vec{e}_y(t), \vec{e}_z(t)$. Vom raumfesten Koordinatensystem aus gesehen ändern sich diese Einheitsvektoren in Achsenrichtung i. Allg. mit der Zeit (**Abb. 3.4**).

➤ Als Ursprung des körperfesten Koordinatensystems kann der **Schwerpunkt** des starren Körpers gewählt werden. Bei einem Kreisel wählt man zweckmäßigerweise den Unterstützungspunkt als Koordinatenursprung (**Abb. 3.5**).

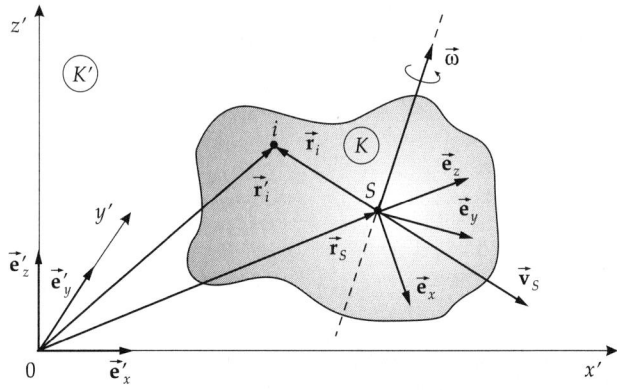

Abbildung 3.4: Körperfestes (K) und raumfestes Koordinatensystem K'

In Abb. 3.4 bedeuten:

$\vec{r}_i{}'$:   Ortsvektor des Punktes i im raumfesten Bezugssystem K'.
$\vec{r}_i$:   Ortsvektor des Punktes i im körperfesten Bezugssystem K.
$\vec{r}_S$:   Ortsvektor des Bezugspunktes im raumfesten Bezugssystem K'.
$\vec{v}_S$:   Translationsgeschwindigkeit des Bezugspunktes.
$\vec{v}_i{}'$:   Geschwindigkeit des Punktes i im raumfesten Bezugssystem K'.
$\vec{v}_i$:   Geschwindigkeit des Punktes i im körperfesten Bezugssystem K.
$\vec{\omega}$:   Vektor der Winkelgeschwindigkeit für Drehungen um eine Achse durch den Bezugspunkt.

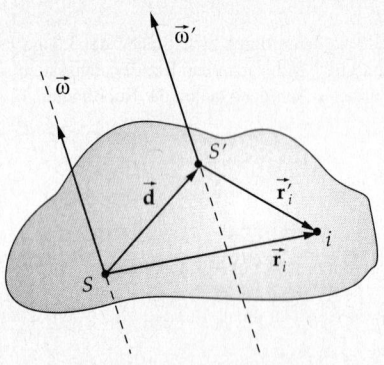

Abbildung 3.5: Verschiebung des Bezugspunktes des körperfesten Koordinatensystems um $\vec{d}$ von S nach S'

2.   Beziehungen zwischen kinematischen Grundgrößen

Zwischen den Größen in den Bezugssystemen K und K' gelten folgende Beziehungen:

Ortsvektor: $\vec{r}_i{}'(t) = \vec{r}_S(t) + \vec{r}_i(t)$,
Geschwindigkeit: $\vec{v}_i{}'(t) = \vec{v}_S(t) + \vec{\omega} \times \vec{r}_i(t)$,
Beschleunigung: $\vec{a}_i{}'(t) = \vec{a}_S(t) - \dot{\omega} \times \vec{r}_i(t) - 2\vec{\omega} \times \dot{\vec{r}}_i(t) - \vec{\omega} \times (\vec{\omega} \times \vec{r}_i)$.

➤   Die Translationsgeschwindigkeit $\vec{v}_S$ hängt von der Wahl des Bezugspunktes S für das körperfeste Koordinatensystem ab. Die Winkelgeschwindigkeit $\vec{\omega}$ ist unabhängig von der Wahl dieses Bezugspunktes, d.h., mit verschiedenen Bezugspunkten verknüpfte körperfeste Koordinatensysteme rotieren mit dem gleichen Betrag der Winkelgeschwindigkeit um zueinander parallele Achsen.

3.   Allgemeine Bewegung des starren Körpers,

zusammengesetzt aus der **Translation** des Bezugspunktes S mit der Geschwindigkeit $\vec{v}_S(t)$ und einer **Rotation** mit der Winkelgeschwindigkeit $\vec{\omega}(t)$ um eine Achse durch S. Die Orientierung der Rotationsachse und der Betrag der Winkelgeschwindigkeit können sich im Zeitablauf ändern.

Feste Achse, im starren Körper festliegende Achse, die durch äußere Lager fixiert ist.

Freie Achse, Achse im starren Körper, deren Lage sich nicht ändert, solange kein Drehmoment wirkt. Eine freie Achse muss nicht durch äußere Lager stabilisiert werden.

➤   Für jeden starren Körper können drei senkrecht aufeinander stehende freie Achsen gefunden werden. Die Achsen mit dem größten und kleinsten Trägheitsmoment sind immer freie Achsen. Die dritte freie Achse steht auf diesen beiden Achsen senkrecht.

➤   Die Hauptträgheitsachsen eines starren Körpers sind freie Achsen.

4.   Beispiel: Bewegung einer Hantel

Der Bewegung einer Hantel kann zerlegt werden in eine Rotation der beiden Massen um den Schwerpunkt und die Translationsbewegung des Schwerpunkts. Ist $\vec{\omega}$ die Winkelgeschwindigkeit der Rotation und $\vec{v}$ die Translationsgeschwindigkeit, so beschreibt $\vec{R}$ eine Translation des Schwerpunkts:

$$\vec{R}(t) = \vec{R}_0 + \vec{v}t$$

($\vec{R}_0$: Ort des Schwerpunkts zur Zeit $t = 0$). Die Relativkoordinaten $\Delta\vec{r}_i = \vec{r}_i - \vec{R}$ beschreiben eine Drehung:

$$\Delta\vec{r}_1(t) = \vec{l}_1 \begin{pmatrix} \cos\omega t \\ \sin\omega t \end{pmatrix}, \qquad \Delta\vec{r}_2(t) = -\vec{l}_2 \begin{pmatrix} \cos\omega t \\ \sin\omega t \end{pmatrix},$$

wobei l_1 und l_2 der (konstante) Abstand jedes der Körper vom Schwerpunkt ist; $\vec{l}_1, \vec{l}_2$ bezeichnen die Vektoren vom Schwerpunkt zu den beiden Massen. Die Gesamtbewegung wird damit beschrieben durch die Gleichungen

$$\vec{r}_1(t) = \vec{R}(t) + \Delta\vec{r}_1(t) = \vec{R}_0 + \vec{v}t + \vec{l}_1 \begin{pmatrix} \cos\omega t \\ \sin\omega t \end{pmatrix},$$

$$\vec{r}_2(t) = \vec{R}(t) + \Delta\vec{r}_2(t) = \vec{R}_0 + \vec{v}t - \vec{l}_2 \begin{pmatrix} \cos\omega t \\ \sin\omega t \end{pmatrix}.$$

3.2 Statik

Statik, Lehre vom Gleichgewicht der Kräfte am starren Körper. Sie dient insbesondere zur Berechnung von Kräften, die in Fachwerken, auf Lagern und Balken (**Baustatik**) auftreten.

3.2.1 Kraftvektoren

1. Kraftvektor und Angriffspunkt

Kräfte am starren Körper werden durch **Kraftvektoren** dargestellt. Diese unterscheiden sich von gewöhnlichen Vektoren dadurch, dass sie auch einen Angriffspunkt beinhalten, der angibt, an welcher Stelle eines Körpers die Kraft angreift.

Kraftvektor, wird charakterisiert durch seinen Betrag (Länge), seine Richtung (**Wirkungslinie**) und seinen **Angriffspunkt**. Er wird durch einen Pfeil veranschaulicht, der am Angriffspunkt beginnt, in Richtung der Wirkungslinie zeigt, und dessen Länge den Betrag des Vektors angibt (**Abb. 3.6**).

▲ Eine Kraft, die an einem starren Körper angreift, kann entlang ihrer Wirkungslinie beliebig verschoben werden. Der Kraftvektor am starren Körper ist ein **linienflüchtiger Vektor** (**Abb. 3.7**).

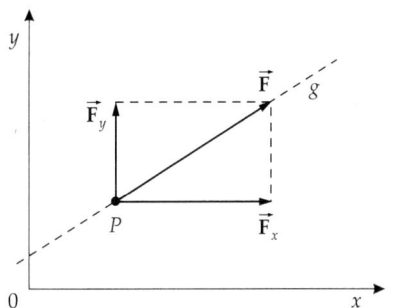

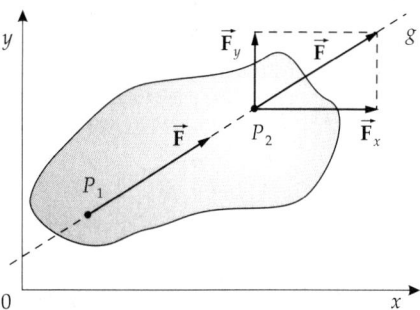

Abbildung 3.6: Kraftvektor $\vec{F}$ mit dem Angriffspunkt P, der Wirkungslinie g, den Komponenten $\vec{F}_x, \vec{F}_y$ und dem Betrag $F = \sqrt{F_x^2 + F_y^2}$

Abbildung 3.7: Verschiebung einer Kraft in ihrer Wirkungslinie g von P_1 nach P_2

2. Zusammensetzung von ebenen Kräften

Ebenes Kraftsystem, Satz von Kräften, die alle in einer Ebene liegen.

Resultierende Kraft, ersetzt zwei ebene Kräfte $\vec{F}_1$ und $\vec{F}_2$ mit dem gleichen Angriffspunkt durch eine einzige Kraft $\vec{F}_R$. Dies geschieht im **Kräfteparallelogramm** (s. S. 39). Dabei wird der zweite Kraftvektor parallel ans Ende des ersten verschoben. Die Verbindungslinie vom Angriffspunkt des ersten zum Endpunkt des zweiten Kraftvektors ergibt die resultierende Kraft $\vec{F}_R$ (**Abb. 3.8**).

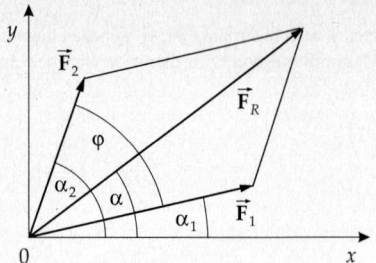

Abbildung 3.8: Kräfteparallelogramm. Addition der Kräfte $\vec{F}_1$ und $\vec{F}_2$ zur resultierenden Kraft $\vec{F}_R$

Der Betrag der resultierenden Kraft ergibt sich aus dem Cosinussatz:

Resultierende Kraft = Vektorsumme der Einzelkräfte			MLT^{-2}
	Symbol	Einheit	Benennung
$\vec{F}_R = \vec{F}_1 + \vec{F}_2$	$\vec{F}_R$	N	resultierende Kraft
$|\vec{F}_R| = \sqrt{|\vec{F}_1|^2 + |\vec{F}_2|^2 + 2|\vec{F}_1|\,|\vec{F}_2|\cos\varphi}$	$\vec{F}_1, \vec{F}_2$	N	Kraftvektoren
	φ	rad	Winkel zw. $\vec{F}_1$ und $\vec{F}_2$

3.   Krafteck

Durch Wiederholen dieses Vorgangs können beliebig viele Kräfte, die am gleichen Punkt angreifen, durch eine einzige resultierende Kraft ersetzt werden:

▲ $\vec{F}_R = \vec{F}_1 + \vec{F}_2 + \vec{F}_3 + \dots$

Graphisch kann dies durch ein **Krafteck** (s. S. 40) (**Kräfteplan**) erfolgen: Man reiht die Kraftpfeile durch Parallelverschiebung (also unter Erhaltung von Betrag und Richtung) aneinander. Die Resultierende ist der Kraftpfeil von Anfang des ersten Kraftpfeils zum Ende des letzten (**Abb. 3.9**).

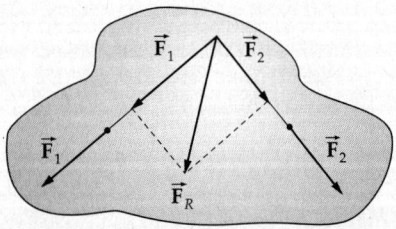

Abbildung 3.9: Addition von ebenen Kräften am starren Körper

➤   Die resultierende Kraft kann auch durch Addition der Komponenten der Einzelkräfte berechnet werden:

$$\vec{F}_R = \begin{pmatrix} F_{Rx} \\ F_{Ry} \\ F_{Rz} \end{pmatrix} = \vec{F}_1 + \vec{F}_2 = \begin{pmatrix} F_{1x} + F_{2x} \\ F_{1y} + F_{2y} \\ F_{1z} + F_{2z} \end{pmatrix}.$$

4.   Gleich- oder entgegengesetzt gerichtete Kräfte

Zeigen zwei Vektoren in die gleiche Richtung ($\varphi = 0$), so gilt

$$|\vec{F}_R| = |\vec{F}_1 + \vec{F}_2| = |\vec{F}_1| + |\vec{F}_2| \,.$$

Zeigen sie in entgegengesetzte Richtung ($\varphi = \pi$), dann ist

$$|\vec{F}_R| = |\vec{F}_1 + \vec{F}_2| = ||\vec{F}_1| - |\vec{F}_2|| \,.$$

Stehen die Kräfte senkrecht aufeinander ($\varphi = \pi/2$), dann gilt

$$|\vec{F}_R| = |\vec{F}_1 + \vec{F}_2| = \sqrt{|\vec{F}_1|^2 + |\vec{F}_2|^2} \,.$$

Um zwei Kräfte, die an einem starren Körper an zwei verschiedenen Punkten angreifen, zu addieren, verschiebt man beide zum gemeinsamen Schnittpunkt ihrer Wirkungslinien und nimmt dort die Vektoraddition nach dem Parallelogramm der Kräfte vor.

Wirken beide Kräfte in die gleiche Richtung, so haben ihre Wirkungslinien keinen Schnittpunkt. Daher fügt man beiden Kräften $\vec{F}_1$ und $\vec{F}_2$ jeweils entgegengesetzte Hilfskräfte $\vec{F}_a$ und $-\vec{F}_a$ mit gleicher Wirkungslinie hinzu. Diese heben sich bei der Addition weg, erlauben es jedoch, die Kräfte an einen gemeinsamen Angriffspunkt zu verschieben (**Abb. 3.10**).

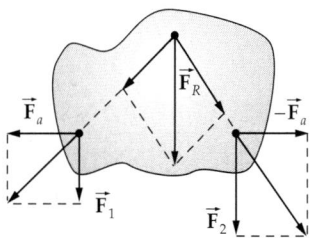

Abbildung 3.10: Addition von ebenen, parallelen Kräften am starren Körper

3.2.2   Drehmoment

1.   Drehmoment einer angreifenden Kraft

Drehmoment, das Produkt aus dem Betrag der angreifenden Kraft und der Länge des **Hebelarms** zu einem Bezugspunkt, an dem der Körper drehbar gelagert ist (**Drehpunkt**). Analog zu einer Kraft, die einen Körper in Translationsbewegung versetzt, kann ein Drehmoment einen frei beweglichen starren Körper in eine **Drehbewegung** um den Schwerpunkt (**Rotation**, s. S. 27) versetzen (**Abb. 3.11**).

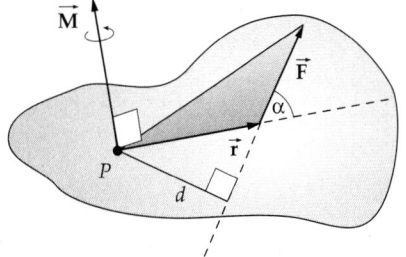

Abbildung 3.11: Drehmoment $\vec{M}$ der Kraft $\vec{F}$, bezogen auf den Drehpunkt P

Betrag des Drehmoments			$\mathbf{ML^2T^{-2}}$
	Symbol	Einheit	Benennung
$M = F \cdot d$	M	Nm	Betrag des Drehmoments
	F	N	angreifende Kraft
	d	m	Hebelarm

Newtonmeter, Nm, SI-Einheit des Drehmoments. 1 Nm ist das Drehmoment, das eine Kraft von 1 N bei einem Hebelarm von 1 m am Drehpunkt erzeugt.

$$1\,\text{Nm} = 1\,\text{N} \cdot 1\,\text{m}$$

➤   Der Hebelarm ist die Länge des vom Drehpunkt auf die Wirkungslinie der Kraft gefällten Lots.

➤   Ist der Angriffspunkt der Kraft gegeben, so ist der Hebelarm

$$d = r\sin\alpha,$$

wobei $\vec{r}$ der Ortsvektor vom Drehpunkt zum Angriffspunkt der Kraft und α der Winkel zwischen $\vec{r}$ und dem Kraftvektor $\vec{F}$ ist.

2.   Eigenschaften des Drehmoments

Das Drehmoment ist ein Vektor, der in die Richtung der Drehachse zeigt:

$$\vec{M} = \vec{r} \times \vec{F}, \quad |\vec{M}| = |\vec{r}|\,|\vec{F}|\sin\alpha = d\,|\vec{F}|\,.$$

Man bezeichnet das Vektorprodukt

$$\vec{M} = \vec{r} \times \vec{F}$$

auch als **Moment** der Kraft $\vec{F}$.

■   Eine Kraft von $F = 5$ N greift in einem Abstand von $d = 20$ cm an eine Schraube an. Das wirkende Drehmoment ist

$$M = F \cdot d = 5\,\text{N} \cdot 20\,\text{cm} = 1\,\text{Nm}$$

➤   Geht die Wirkungslinie der Kraft durch den Drehpunkt, so ist der Hebelarm null, und das Drehmoment verschwindet.

▲   Verdoppelt man den Hebelarm bei gleichbleibender Kraft, so verdoppelt sich das Drehmoment. Anwendung: Schraubenschlüssel.

3.   Resultierendes Drehmoment

Die von den Kräften $\vec{F}_1, \vec{F}_2, \ldots, \vec{F}_n$ ausgeübten Drehmomente können zu einem resultierenden Moment $\vec{F}_R$ zusammengefasst werden (**Abb. 3.12**),

$$\vec{M}_R = \sum_{i=1}^{n} \vec{r}_i \times \vec{F}_i,$$

wobei $\vec{r}_i$ der Ortsvektor des Angriffspunktes der Kraft $\vec{F}_i$ ist.

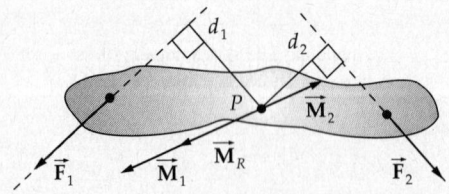

Abbildung 3.12: Zusammensetzung von Drehmomenten. Die Kräfte $\vec{F}_1, \vec{F}_2$ bilden ein ebenes Kraftsystem in der Ebene. Die Momente $\vec{M}_1, \vec{M}_2$ stehen senkrecht auf der Ebene

Zusammensetzung von Drehmomenten			$\mathbf{ML^2T^{-2}}$
$\vec{M}_R = \vec{M}_1 + \vec{M}_2 + \cdots$	Symbol	Einheit	Benennung
	$\vec{M}_R$	Nm	resultierendes Drehmoment
	$\vec{M}_1, \vec{M}_2, \ldots$	Nm	Drehmomente

3.2.3 Kräftepaar

1. Kräftepaar und Drehmoment des Kräftepaars

Kräftepaar, zwei gleich große, entgegengesetzt parallele Kräfte $\vec{F}_1, \vec{F}_2 = -\vec{F}_1$, die in verschiedenen Punkten des starren Körpers angreifen, so dass ihre Wirkungslinien nicht zusammenfallen. Ein Kräftepaar lässt sich nicht auf eine Einzelkraft reduzieren.

Für ein Kräftepaar ist die resultierende Kraft null, $\vec{F}_1 + \vec{F}_2 = 0$, so dass der Translationszustand des starren Körpers durch ein Kräftepaar nicht geändert wird. Das resultierende Drehmoment dagegen verschwindet nicht.

Drehmoment eines Kräftepaares, hängt nur von den Kräften und dem Abstandsvektor der Angriffspunkte ab (**Abb. 3.13**):

$$\vec{M} = (\vec{r}_1 - \vec{r}_2) \times \vec{F}_1, \qquad M = F_1 \cdot d, \qquad d: \text{Abstand der Wirkungslinien}.$$

Ein Kräftepaar verursacht eine Drehung des Körpers. Der Drehsinn ist per Definition des Vektorprodukts festgelegt, so dass $\vec{r}_1 - \vec{r}_2, \vec{F}_1$ und $\vec{M}$ ein Rechtssystem bilden. Das Drehmoment eines Kräftepaares ist unabhängig vom Bezugspunkt. Im Gegensatz zur Verschiebung eines Kraftvektors außerhalb seiner Wirkungslinie ändert sich an der Drehmomentbilanz nichts, wenn das Kräftepaar in seiner Ebene auf dem starren Körper verschoben wird.

▲ Ein Kräftepaar kann in seiner Ebene verschoben werden, ohne dass sich seine statische Wirkung auf den starren Körper ändert. Der Vektor des Drehmoments eines Kräftepaares ist ein **freier Vektor**.

2. Reduktion eines ebenen Kraftsystems

Jedes ebene Kraftsystem am starren Körper kann auf eine resultierende Einzelkraft und ein Kräftepaar reduziert werden. Der Angriffspunkt der Resultierenden kann dabei frei gewählt werden (**Abb. 3.15**).

Parallelverschiebung einer Kraft, eine Kraft $\vec{F}$ kann parallel zu ihrer Wirkungslinie vom Angriffspunkt P in den Angriffspunkt P' verschoben werden, wenn man ein Kräftepaar $\vec{F}, -\vec{F}$ einführt (**Abb. 3.14**).

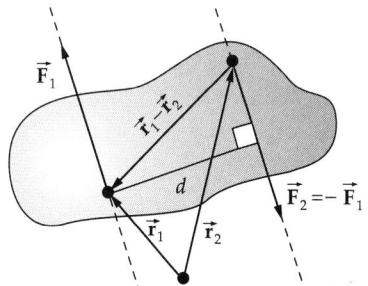
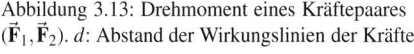
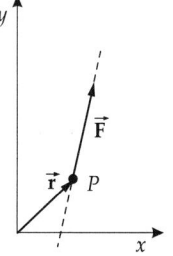
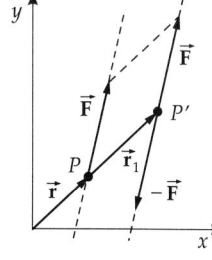

Abbildung 3.13: Drehmoment eines Kräftepaares $(\vec{F}_1, \vec{F}_2)$. d: Abstand der Wirkungslinien der Kräfte

Abbildung 3.14: Parallelverschiebung einer Kraft $\vec{F}$ durch Einführung des Versetzungsmoments $\vec{M}_1 = \vec{r}_1 \times \vec{F}$

Versetzungsmoment $\vec{M}_1$, kompensiert die Änderung des Drehmoments der Kraft $\vec{F}$ infolge der Verschiebung, $\vec{M}_1 = \vec{r}_1 \times \vec{F}$.

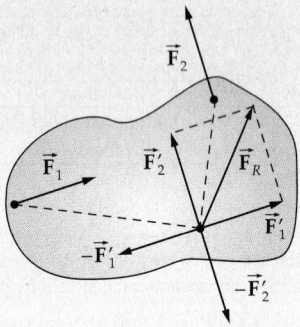

Abbildung 3.15: Reduktion eines ebenen Kraftsystems $\vec{F}_1, \vec{F}_2$ auf eine resultierende Einzelkraft $\vec{F}_R$ und zwei Kräftepaare $(\vec{F}_1, -\vec{F}_1')$ und $(\vec{F}_2, -\vec{F}_2')$, deren Drehmomente zu einem einzigen Drehmoment zusammengesetzt werden können

3.2.4   Gleichgewichtsbedingungen der Statik

Ein Körper ist dann in Ruhe, wenn folgende Bedingungen erfüllt sind (**Abb. 3.16**):

> **Die Resultierende aller angreifenden Kräfte verschwindet.**
> **Die Summe aller Drehmomente verschwindet.**
> **Die erste Regel stellt sicher, dass der Körper nicht in eine Translationsbewegung versetzt wird; die zweite Regel garantiert, dass er keine Drehbewegung ausführt.**
>
> $$\vec{F}_R = \vec{F}_1 + \vec{F}_2 + \cdots = 0$$
> $$\vec{M}_R = \vec{M}_1 + \vec{M}_2 + \cdots = 0$$

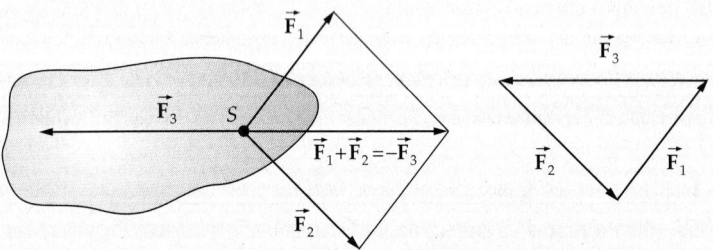

Abbildung 3.16: Gleichgewicht am starren Körper. S: Schwerpunkt

➤ In Komponentenschreibweise entsprechen diese beiden Vektorgleichungen den folgenden sechs Gleichungen:

$$\begin{aligned}
F_{1x} + F_{2x} + \cdots &= \textstyle\sum_i F_{ix} = 0 & M_{1x} + M_{2x} + \cdots &= \textstyle\sum_i M_{ix} = 0 \\
F_{1y} + F_{2y} + \cdots &= \textstyle\sum_i F_{iy} = 0 & M_{1y} + M_{2y} + \cdots &= \textstyle\sum_i M_{iy} = 0 \\
F_{1z} + F_{2z} + \cdots &= \textstyle\sum_i F_{iz} = 0 & M_{1z} + M_{2z} + \cdots &= \textstyle\sum_i M_{iz} = 0
\end{aligned}$$

➤ Wirken alle Kräfte im gleichen Punkt, so reduziert sich die Gleichgewichtsbedingung auf

$$\vec{F}_1 + \vec{F}_2 + \cdots = 0,$$

da dann die Summe der Drehmomente ebenfalls verschwindet. Liegen alle Kräfte in einer Ebene, so kann die Komponentengleichung für die zur Ebene senkrechte Koordinate weggelassen werden.

Kräfte, deren Wirkungslinien sich in einem Punkt schneiden, sind im Gleichgewicht, wenn das Krafteck ein **geschlossenes Polygon** bilden.

Aus der zweiten Regel folgt das Hebelgesetz: Greifen zwei Kräfte F_1 und F_2 in den Abständen d_1 und d_2 vom Drehpunkt an einem starren Körper an, so gilt im Gleichgewicht

$$F_1 : F_2 = d_2 : d_1 .$$

1. Standfestigkeit

Ein Körper, der auf einer Fläche steht, erfährt eine **Unterstützungskraft**, die seine Schwerkraft ausgleicht. Die Unterstützungskraft ist die Resultierende von Kräften, die dort angreifen, wo der Körper aufliegt. Daher kann sie nur zwischen den **Kippkanten** wirken, also den äußersten Punkten, an denen der Körper noch unterstützt ist.

▲ Ein Körper steht dann fest, wenn das Lot vom Schwerpunkt die Unterstützungsfläche innerhalb der Kippkanten schneidet (**Abb. 3.17**).

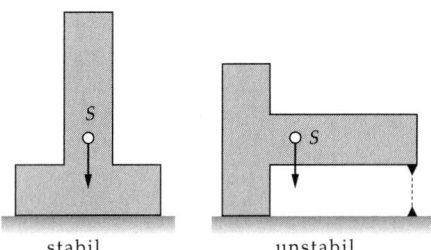

stabil   unstabil

Abbildung 3.17: Umkippen eines Körpers. Der Körper steht stabil, solange ein vom Schwerpunkt S gefälltes Lot die Unterstützungsfläche zwischen den äußersten Unterstützungspunkten schneidet. Gestrichelt: mögliche Stütze zur Stabilisierung

➤ Bringt man eine Stütze am Körper an, so erweitert man dadurch die Kippkante bis zum Angriffspunkt der Stütze.

Ein Körper steht fester, wenn

• der waagerechte Abstand des Schwerpunkts von den Kippkanten größer ist, der Schwerpunkt also mehr zur Mitte hin liegt,
• der Schwerpunkt tiefer liegt,
• das Gewicht des Körpers größer ist.

Kippmoment, das Drehmoment, das nötig ist, um den Körper umzukippen:

Kippmoment = Kantenabstand · Gewichtskraft			$\mathbf{ML^2T^{-2}}$

	Symbol	Einheit	Benennung
$M = d \cdot mg$	M	Nm	Kippmoment
	d	m	waagrechter Abstand des Schwerpunkts von Kippkante
	mg	N	Gewichtskraft

2. Räumliche Statik

Räumliche Statik, Zusammenfassung und Zerlegung von Kräften, deren Angriffslinien sich i. Allg. im Raum nicht schneiden, d.h., windschief zueinander stehen. Die komponentenweise Addition der Kräfte und Momente führt auf eine resultierende Kraft $\vec{F}$ und ein resultierendes Moment $\vec{M}$. Das resultierende Moment lässt sich durch ein Kräftepaar $\vec{F}_1, \vec{F}_2$ darstellen, das verschoben wird, bis seine Kraft $\vec{F}_1$ mit dem Angriffspunkt von $\vec{F}$ zusammenfällt. Die Addition von $\vec{F}$ und $\vec{F}_1$ liefert eine Einzelkraft $\vec{F}_{res}$. Es verbleiben zwei windschiefe Kräfte $\vec{F}_2 = -\vec{F}_1$ und $\vec{F}_{res}$, die nicht weiter zusammengefasst werden können.

3.2.5   Technische Mechanik

3.2.5.1   Lagerreaktionen

Lager, ein Punkt, an dem ein starrer Körper, auf den z.b. Gewichtskräfte wirken, unterstützt ist, damit er sich im statischen Gleichgewicht befindet.

Lagerreaktion, vom Lager auf den Körper wirkende Kraft. Sie entsteht durch die auf den unterstützten Körper wirkenden Kräfte (i. Allg. Gewichtskräfte), die aufgrund der Gleichgewichtsbedingung der Statik ausgeglichen werden müssen.

1.   Verschiedene Lagerarten

Man unterscheidet:

Rollenlager (**Pendelstütze**), aufgefangen werden nur senkrecht auf das Lager wirkende Kräfte (z.b. eine Platte, die auf einem **Balken** aufliegt).

Gelenklager (**festes Lager**), das auch seitliche Kräfte auffängt, aber Drehungen zulässt (z.b. eine drehbare **Achse**).

Einspannung, bei der weder Verschiebungen noch Drehungen möglich sind und sowohl Kräfte als auch Drehmomente aufgefangen werden (z.b. in einem **Schraubstock**).

Für einen freien Rand des Körpers gilt:

▲   Wo der Körper nicht gelagert ist, dürfen keine inneren Kräfte und Momente auftreten.

2.   Verbindungen starrer Körper,

übertragen Kräfte von einem Körper auf den anderen.

Man unterscheidet (**Abb. 3.18**):

*   **Pendelstab**, überträgt Kräfte nur parallel zur Richtung des Stabes,
*   **Gelenk**, überträgt Kräfte parallel und senkrecht zur Stabrichtung, erlaubt aber Drehungen,
*   **Querkraftgelenk**, überträgt Kräfte und Drehmomente parallel zur Achse,
*   **feste Verbindung**, überträgt Kräfte und Drehmomente.

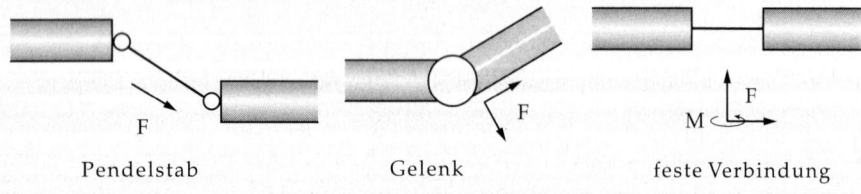

Pendelstab   Gelenk   feste Verbindung

Abbildung 3.18: Verbindungen

3.2.5.2   Fachwerke

Fachwerk, Konstruktion zum Auffangen und Verteilen von Kräften, insbesondere in Gebäuden. Ein Fachwerk besteht aus geraden **Stäben**, die an ihren Enden (**Knoten**) gelenkig verbunden sind. Sie übertragen äußere Kräfte, die nur an Knoten wirken, entlang der Stabrichtung.

Ebenes Fachwerk, Fachwerk, bei dem sowohl Stäbe als auch alle Kräfte in einer Ebene liegen (**Abb. 3.19**). Zu berechnen sind die auf alle Stäbe wirkenden Kräfte, wenn die äußeren Kräfte und die Lager gegeben sind. Damit das System bestimmt ist, muss dabei gelten:

ebenes Fachwerk			
$2K = S + 3$	Symbol	Einheit	Benennung
	K	1	Anzahl der Knoten
	S	1	Anzahl der Stäbe

➤ Zu den auf **Balken** wirkenden Kräften s. S. 144.

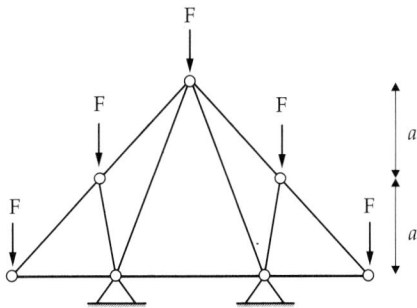

Abbildung 3.19: Ebenes Fachwerk

3.2.6 Maschinen

▲ **Goldene Regel der Mechanik:** Eingesparte Kraft muss durch einen längeren Weg ausgeglichen werden (Energieerhaltung).

3.2.6.1 Hebel

1. Hebelarten

Hebel, ein starrer Körper, der an einer Stelle unterstützt oder auf einer festen Achse drehbar gelagert ist. Zwei Kräfte $\vec{F}_1$ (Kraft) und $\vec{F}_2$ (Last), deren Wirkungslinie den senkrechten Abstand d_1 bzw. d_2 vom Drehpunkt besitzen, erzeugen die Drehmomente $\vec{M}_1$, $M_1 = d_1 \cdot F_1$ und $\vec{M}_2$, $M_2 = d_2 \cdot F_2$. Der Hebel ist im Gleichgewicht, wenn das Gesamtdrehmoment $\vec{M} = \vec{M}_1 + \vec{M}_2$ verschwindet,

$$\vec{M} = \vec{M}_1 + \vec{M}_2 = 0.$$

Hebelarm, senkrechter Abstand des Drehpunktes von der Wirkungslinie einer am Hebel angreifenden Kraft.
Gerader Hebel, eine Stange, die an einem Punkt drehbar gelagert ist.
Einseitiger gerader Hebel, Last und Kraft liegen auf derselben Seite des Drehpunkts.
Zweiseitiger gerader Hebel, Last und Kraft liegen auf verschiedenen Seiten des Drehpunkts.
Winkelhebel, die Teile des Hebels schließen einen Winkel ein (**Abb. 3.20**).

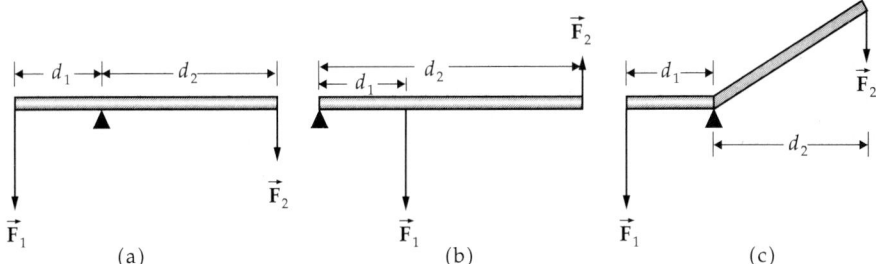

Abbildung 3.20: Hebel. (a): Zweiseitiger gerader Hebel, (b): einseitiger gerader Hebel, (c): Winkelhebel

Hebel werden eingesetzt, um Lasten zu heben oder zu verschieben oder einen Kräfteausgleich zu erreichen.

2. Hebelsatz

Hebelsatz: Im Gleichgewicht verhalten sich die Kräfte umgekehrt wie die Hebelarme	ML^2T^{-2}

$$\vec{M}_1 = -\vec{M}_2$$
$$F_1 d_1 = F_2 d_2$$
$$F_1 : F_2 = d_2 : d_1$$

Symbol	Einheit	Benennung
F_1	N	aufgewendete Kraft, um das Gleichgewicht zu halten
F_2	N	Last
$\vec{M}$	Nm	Drehmoment
d_1	m	Kraftarm
d_2	m	Lastarm

➤ Der Hebelsatz gilt auch für **Winkelhebel**.

■ **Waage**, zur Messung einer unbekannten (Gewichts-)Kraft. Die Waage kann entweder durch Verändern oder durch Verschieben des Gegengewichtes (**Brückenwaage**) ausgeglichen werden.

Schubkarren, einseitiger Hebel, Kraftarm ist länger als Lastarm.

Wurfhebel (Schleuder), Lastarm ist länger als der Kraftarm, so dass mit einer gegebenen hohen Kraft (Feder) ein langer Beschleunigungsweg erreicht werden kann.

Druckhebel (Nussknacker), zwei drehbar verbundene einseitige Hebel mit längerem Kraftarm als Lastarm zur Verstärkung von Kräften, als zweiseitige (verbundene) Hebel in Verbindung mit einem Keil als **Schere** oder **Kneifzange**.

3.2.6.2   Keile und Schrauben

1.   Keil,

setzt die beim Einschlagen in Richtung der Flächennormalen wirkende Kraft $\vec{F}$ in zwei senkrecht auf den Flanken des Keils stehende Kräfte $\vec{F}_N$ (Normalkräfte) um (**Abb. 3.21**). Nach dem Gesetz der Zerlegung von Kräften gilt

$$F_N = \frac{F}{2\sin\alpha},$$

wenn α der Anstiegswinkel der Fläche gegen die Normale (der halbe Keilwinkel) ist.

2.   Schraube,

analog zu einer um einen Zylinder gewickelten schiefen Ebene. Eine Schraube wird durch ihre Ganghöhe (Abstand zwischen zwei benachbarten Schraubengängen) und ihren mittleren Gewinderadius r charakterisiert. Wirkt eine äußere Kraft F_1 im Abstand R von der Schraubenachse, so legt der Angriffspunkt pro Drehung den Weg $b = 2\pi R$ zurück, während die Schraube um den Betrag h nach vorn rückt (**Abb. 3.22**). Entsprechend gilt für die von der Schraube ausgeübte Vordringkraft F_2:

$$F_2 = F_1 \frac{2\pi R}{h}.$$

Reibungswirkung bei Schrauben, im Gegensatz zur Vortriebswirkung, wie sie beim Bohren ausgenutzt wird. Die Vordringkraft wirkt dabei als eine Auflagekraft, die zu einer entsprechend großen Reibungskraft führt. Letztere wirkt der Drehung entgegen und verhindert ein Lösen der Schraube. Für die Reibungskraft ist unwichtig, ob die Schraube nach vorn oder nach hinten getrieben wird. Man nutzt sie daher so aus, dass man die Schraube unter Spannung setzt, d.h., dass das Material, in das die Schraube gedreht ist, gegen die Schraube drückt. Bei einer Spannungskraft F_2 und einem Reibungskoeffizienten μ ist die an einem Hebel der Länge R entgegengesetzte Kraft

$$F_1 = F_2 \frac{\mu h}{2\pi R}.$$

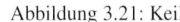

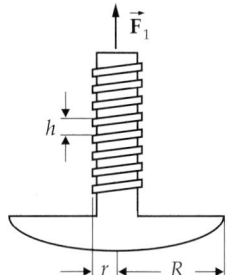

Abbildung 3.21: Keil   Abbildung 3.22: Schraube

3.2.6.3 Rollen

1. Rolle,

dient in Verbindung mit **Seilen**, **Ketten**, **Zahnrädern** oder **Keilriemen** zur Umlenkung und Verstärkung von Kräften. Im allgemeinen besteht eine auf Rollen basierende Maschine aus einer oder mehreren Rollen (möglicherweise verschiedenen Durchmessers), über die ein Seil führt. Eine äußere Kraft F_1 zieht an dem Seil, während die Last (mit der Gewichtskraft F_2) entweder am anderen Ende des Seils oder an der Achse einer der Rollen befestigt ist. Haben die Rollen einer Maschine verschiedenen Durchmesser (Getriebe) oder sind einige von ihnen freie Rollen (Flaschenzug), so bewirkt das gleiche Drehmoment verschiedene Kräfte. Zur Analyse dieses Problems bestimmt man, welche Kraft F_1 nach dem Hebelgesetz (Gleichheit der Drehmomente) erforderlich ist, um die Gewichtskraft F_2 aufzuwiegen.

2. Rollenarten

Feste Rolle (Abb. 3.23), über die ein Seil läuft, wobei die Kraft nur umgelenkt, ihr Betrag aber nicht verändert wird. Am einen Ende des Seils wird gezogen, am anderen hängt die Last. Statisches Gleichgewicht herrscht für

$$F_1 = F_2 \,.$$

Lose Rolle (Abb. 3.24), das Seil ist an einem Ende befestigt; die Last hängt an der Rolle. Zieht man das Seil um die Strecke d, so bewegt sich die Rolle und damit die Last um die Strecke $d/2$. Gemäß dem Hebelgesetz gilt dann die Gleichgewichtsbedingung

$$F_2 = \frac{F_1}{2} \,.$$

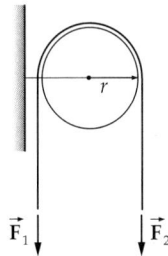

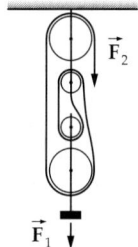

Abbildung 3.23: Feste Rolle   Abbildung 3.24: Lose Rolle   Abbildung 3.25: Flaschenzug

Flaschenzug (Abb. 3.25), montiert aus zwei Gruppen von Rollen, besitzt aber insgesamt $2n$ Rollen, über die das Seil läuft. Dann gilt im statischen Gleichgewicht

$$F_2 = \frac{F_1}{2n}.$$

Die Zahl n ist die Anzahl der Rollen jeder Gruppe bzw. der Seile, die in der Mitte des Flaschenzuges auf einer Seite (mit gleicher Bewegungsrichtung) nebeneinander verlaufen.

➤   Der Durchmesser der Rollen geht nicht in die Gleichung ein.

3.   Getriebe,

Vorrichtungen zur Weiterleitung und Umformung von Kräften, insbesondere zur Umsetzung von Drehmomenten. Dabei wird das Getriebe durch ein Drehmoment M_1 an einer **Antriebswelle** mit Drehgeschwindigkeit ω_1 angetrieben und gibt ein anderes Drehmoment M_2 mit einer anderen Drehgeschwindigkeit ω_2 an der **Abtriebswelle** ab. In einem idealen Getriebe ohne Reibungsverlust gilt Energieerhaltung:

$$P_1 = P_2 \quad \Longleftrightarrow \quad M_1\omega_1 = M_2\omega_2,$$

(P_1, P_2: Leistungen, M_1, M_2: Drehmomente, ω_1, ω_2: Winkelgeschwindigkeiten). Reale Getriebe verlieren Energie durch Reibung. Die entstehende Wärme muss durch Kühlvorrichtungen abgeführt werde. Die Verluste können durch **Schmierung** verkleinert werden.

4.   Zugmittel-Getriebe,

zwei Rollen sind durch einen Riemen fest verbunden. Da der Riemen auf beide Rollen die gleiche Kraft F ausübt (**Abb. 3.26**), gilt für die Drehmomente:

$$\frac{M_1}{M_2} = \frac{Fr_1}{Fr_2} = \frac{r_1}{r_2}.$$

Wenn die Geschwindigkeit des Riemens v ist, dann gilt für die Winkelgeschwindigkeiten der beiden Rollen:

$$\frac{\omega_1}{\omega_2} = \frac{v/r_1}{v/r_2} = \frac{r_2}{r_1}.$$

▲   Die Drehmomente verhalten sich wie die Radien, die Winkelgeschwindigkeiten verhalten sich umgekehrt wie die Radien.

■   Keilriemen in Motoren. Elektrische Antriebe durch kleine Elektromotoren mit kleinem Drehmoment, aber hoher Drehzahl. Kettenschaltung beim Fahrrad.

5.   Räder-Getriebe,

die Kraftübertragung erfolgt nicht durch einen Riemen, sondern durch direkte Berührung der Räder. Besonders als **Zahnrad-Getriebe**. Ihr Wirkungsgrad ist höher und die Bauform kompakter, aber die Ansprüche an die Festigkeit des Materials sind höher (**Abb. 3.27**).

■   Antriebswellen von Fahrzeug-Motoren. Werkzeugmaschinen. Uhren. Nabenschaltung beim Fahrrad.

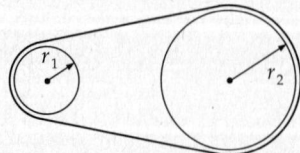

Abbildung 3.26: Zugmittel-Getriebe

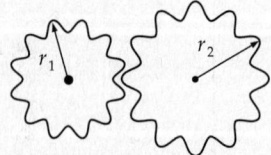

Abbildung 3.27: Zahnrad-Getriebe

6.   Mehrstufige Getriebe,

entstehen durch Hintereinanderschalten mehrerer einfacher Getriebe. Besonders als **Schaltgetriebe** beim Automobil, da der Verbrennungsmotor nur in einem kleinen Drehzahlbereich rationell arbeitet: Durch Verschieben der Zahnräder werden jeweils andere Kombinationen genutzt, um verschiedene Übersetzungsverhältnisse zu erhalten. Bei moderneren Getrieben laufen die Zahnräder immer mit und werden beim Schalten durch eine **Klauenkupplung** abwechselnd mit der genuteten Welle verbunden. **Synchrongetriebe** verwenden eine zusätzliche Reibungskupplung, die vor dem Eingreifen der Klauen beide Räder synchronisiert (geräuscharmes Schalten).

7.   Automatische Getriebe,

schalten selbsttätig in Abhängigkeit vom Drehzahlbereich. Man verwendet entweder herkömmliche Schaltgetriebe, die durch Fliehkraftregler mechanisch geschaltet werden, oder **Planetengetriebe** (**Umlaufräder-Getriebe**). Bei letzteren laufen die Planetenräder frei zwischen einem fest auf der Antriebswelle sitzenden Zahnrad und einem Zahnkranz. Wird der Zahnkranz festgehalten, so vollführen die Planetenräder gemeinsam eine Drehbewegung (neben ihrer Eigendrehung), die als Abtrieb genutzt wird. Ist der Zahnkranz dagegen frei, wird er anstelle des Abtriebs getrieben. Schalten ist dadurch einfach und weich durch Bremsen des Zahnkranzes möglich.

8.   Stufenlose Getriebe,

können als **hydrodynamische Getriebe** (**Flüssigkeits-Getriebe**) ausgeführt werden. Die Kraftübertragung erfolgt durch die viskose Strömung von dünnflüssigem Öl: Bei niedriger Drehzahl dreht es sich fast frei, bei höherer Drehzahl wird die Reibung und damit die Kopplung fester. Anwendung bei Kraftfahrzeugen mit automatischer Schaltung als automatische Kupplung und als Drehmomentverteiler.

Stufenlose mechanische Getriebe, gebrauchen kegelförmige Rollen, so dass der Antriebsradius und damit die Übersetzung durch Verändern der Position des Keilriemens je nach Drehmoment gewählt werden kann. Anwendung in Kleinwagen.

9.   Ausgleichsgetriebe

(**Differentialgetriebe**), dienen zur Verteilung von Drehmomenten. Es handelt sich um Getriebe, bei denen Drehzahl und Drehmoment der Abtriebe nicht eindeutig bestimmt sind. Je nach dem Widerstand an den Abtrieben wird so das Drehmoment des Antriebs verteilt. Bauform als **Kegelrad-Differential**, bei dem vier Kegelräder im geschlossenen Kreis ineinandergreifen.

➤   Im weiteren Sinne umfassen Getriebe auch **Schrauben-Getriebe** (Umsetzung von Drehbewegung in Translation des Kolbens) und hydraulische oder **Druckmittel-Getriebe** (s. S 163).

10.   Kurbelgetriebe,

zur Umsetzung einer (periodischen) Translationsbewegung in eine Rotation und umgekehrt (z.B. beim Antrieb einer Welle durch einen Kolben). Eine **Lenkstange** (**Pleuel**) der Länge l ist auf der einen Seite über ein Gelenk im Abstand r von der Rotationsachse mit der rotierenden Welle verbunden, das andere Ende befindet sich auf einer Schiene, wo es sich zwischen den beiden **Totpunkten** hin- und herbewegt (**Abb. 3.28**). Zusammenhang zwischen Drehwinkel α und Weg s auf der Schiene, beide gemessen vom oberen Totpunkt:

$$s = r\left(\frac{\lambda}{2}\sin^2\alpha - \cos\alpha\right), \quad \text{für } \lambda^2 << 1$$

mit dem **Lenkstangen-Verhältnis** λ:

$$\lambda = \frac{r}{l}.$$

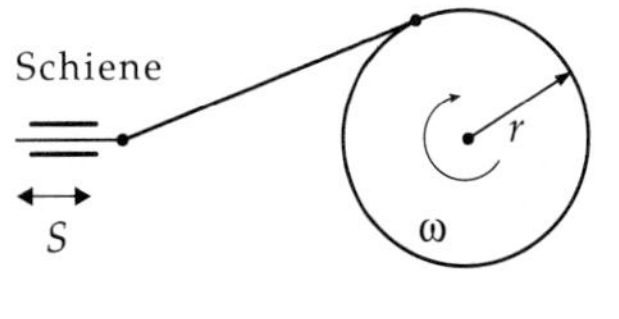

Abbildung 3.28: Kurbelgetriebe

3.3   Dynamik

Dynamik des starren Körpers, beschreibt die Bewegung des starren Körpers unter dem Einfluss von Kräften. Das mechanische Verhalten des starren Körpers folgt aus sechs Differentialgleichungen, die die Translationsbewegung des Schwerpunkts $\vec{R}$ unter der Wirkung der Kraft $\vec{F}$ und die zeitliche Änderung des Drehimpulses $\vec{L}$ durch das Drehmoment $\vec{M}$ erfassen:

$$m\ddot{\vec{R}} = \vec{F}, \qquad \frac{d\vec{L}}{dt} = \vec{M}.$$

3.4   Trägheitsmoment und Drehimpuls

In Analogie zu Kraft, (linearem) Impuls und (träger) Masse bei linearen Bewegungen stehen Drehmoment, Drehimpuls und Trägheitsmoment bei **Drehbewegungen**. Sie sind durch das Grundgesetz der Dynamik bei Drehbewegungen verbunden.

■   Die einfachste Form einer Drehbewegung ist die Kreisbewegung eines Massenpunktes um eine feste Achse (**Abb. 3.29**).

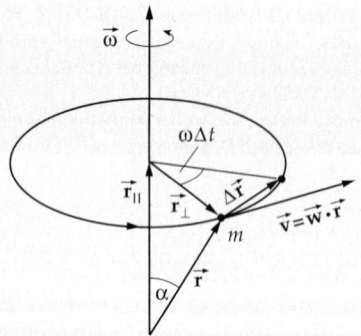

Abbildung 3.29: Kreisbewegung eines Massenpunktes m mit der Bahngeschwindigkeit $\vec{v}$ und der Winkelgeschwindigkeit $\vec{\omega}$. Drehachse und Drehsinn sind durch den Vektor $\vec{\omega}$ festgelegt

Im folgenden wird zunächst die **Drehbewegung um feststehende Achsen** betrachtet. Die **Kreiseltheorie** beschäftigt sich mit der Beschreibung von Drehbewegungen bei beweglichen Achsen.

Die Drehbewegung eines starren Körpers um eine feste Achse kann analog zur geradlinigen Bewegung beschrieben werden. Dabei tritt der Winkel ϕ, der die Lage des Körpers zu einem bestimmten Zeitpunkt beschreibt, an die Stelle der Koordinate x.

3.4.1   Massenträgheitsmoment

Das Massenträgheitsmoment beschreibt, mit welcher Winkelbeschleunigung ein Körper auf ein wirkendes Drehmoment reagiert. Es hängt von Form und Massenverteilung des Körpers sowie von der Lage der Drehachse ab. Das Massenträgheitsmoment spielt bei der Drehbewegung die gleiche Rolle wie die träge Masse bei der Translationsbewegung: Es beschreibt den Widerstand, den ein Körper einer Veränderung seines Bewegungszustandes (hier: Winkelgeschwindigkeit) entgegensetzt.

1.   Trägheitsmoment bezüglich einer Achse

Massenträgheitsmoment, **Trägheitsmoment** J_X bezüglich einer Achse X, die Proportionalitätskonstante von Drehmoment M_X bezüglich der Achse X und der erzielten Winkelbeschleunigung α_X der Drehung um diese Achse:

Drehmoment = Massenträgheitsmoment · Winkelbeschleunigung		$\mathbf{ML^2T^{-2}}$

$$M_X = J_X \cdot \alpha_X$$

Symbol	Einheit	Benennung
M_X	Nm	Drehmoment
J_X	kg m^2	Massenträgheitsmoment
α_X	rad/s^2	Winkelbeschleunigung

Kilogramm mal Quadratmeter, kgm^2, SI-Einheit des Massenträgheitsmoments:
1 Kilogramm mal Quadratmeter ist das Massenträgheitsmoment eines Körpers, der durch ein Drehmoment von 1 Nm eine Winkelbeschleunigung von 1 rad/s^2 erfährt.

➤ Diese Formel ist analog zur Einführung der Kraft als „Masse mal Beschleunigung".

➤ Alle Größen beziehen sich auf die Drehachse X. Insbesondere gehören zu verschiedenen Drehachsen desselben Körpers verschiedene Trägheitsmomente.

Um das Trägheitsmoment eines starren Körpers zu berechnen, zerlegt man ihn in Massenelemente, die sich jeweils in einem festen Abstand um die Drehachse bewegen:

2. Massenträgheitsmoment eines Massenpunktes,
der sich mit der Winkelgeschwindigkeit $\vec{\omega}$ auf einer Kreisbahn mit dem Radius r bewegt (**Abb. 3.30(a)**), ergibt sich aus dem Grundgesetz der Dynamik:

$$\vec{M} = \vec{r} \times \vec{F} = \vec{r} \times m\frac{d\vec{v}}{dt}, \quad \vec{v} = \vec{\omega} \times \vec{r}, \quad |\vec{M}| = r \cdot mr\frac{d\omega}{dt} = mr^2\alpha.$$

Man findet:

Massenträgheitsmoment eines Massenpunktes		$\mathbf{ML^2}$

$$J_X = m \cdot r^2$$

Symbol	Einheit	Benennung
J_X	kg m^2	Massenträgheitsmoment bezüglich der Achse X
m	kg	Masse
r	m	Abstand von der Drehachse X

▲ Das Massenträgheitsmoment eines Massenpunktes ist das Produkt aus der Masse m und dem Quadrat des senkrechten Abstands r von der Drehachse.

3. Massenträgheitsmoment eines starren Körpers,
ergibt sich durch Zerlegung in Massenelemente Δm und Aufsummierung (**Abb. 3.30(b)**):

Massenträgheitsmoment eines starren Körpers		$\mathbf{ML^2}$

$$J_X = \sum_{i=1}^{N} \Delta m_i r_i^2 = \iiint r^2 \, dm$$
$$dm = \rho \, dV$$

Symbol	Einheit	Benennung
J_X	kg m^2	Massenträgheitsmoment bezüglich der Achse X
Δm_i	kg	i-tes Massenelement
ρ	kg/m^3	Dichte
dV	m^3	Volumenelement
r_i	m	Abstand des i-ten Elements von der Drehachse X

▲ Das Massenträgheitsmoment eines Körpers hängt von der gewählten Drehachse ab.

➤ Das Massenträgheitsmoment eines starren Körpers ist eine **Tensorgröße** (s. S. 110).

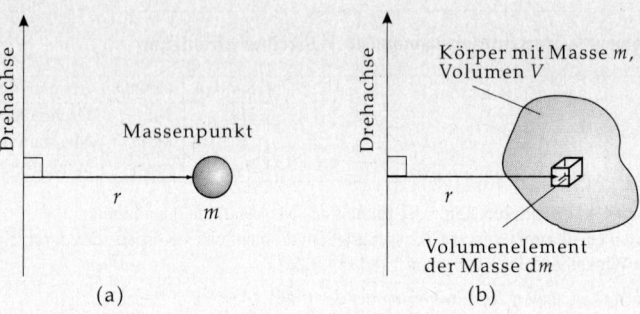

Abbildung 3.30: Massenträgheitsmoment. (a): Massenpunkt auf einer Kreisbahn, (b): starrer Körper

4.   Trägheitsmoment von Flächen

Äquatoriale Trägheitsmomente (Abb. 3.31(a)):

$$J_x = \int y^2 \, \mathrm{d}A, \quad J_y = \int x^2 \, \mathrm{d}A, \quad \mathrm{d}A = \mathrm{d}x\mathrm{d}y.$$

Polares Trägheitsmoment (Abb. 3.31(b)):

$$J_0 = \int r^2 \, \mathrm{d}A, \quad r^2 = x^2 + y^2, \quad \mathrm{d}A = \mathrm{d}x\mathrm{d}y.$$

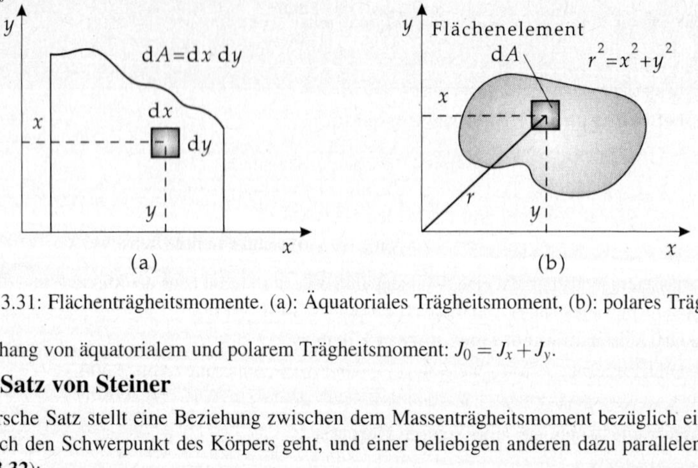

Abbildung 3.31: Flächenträgheitsmomente. (a): Äquatoriales Trägheitsmoment, (b): polares Trägheitsmoment

Zusammenhang von äquatorialem und polarem Trägheitsmoment: $J_0 = J_x + J_y$.

3.4.1.1   Satz von Steiner

Der Steinersche Satz stellt eine Beziehung zwischen dem Massenträgheitsmoment bezüglich einer Achse X_S, die durch den Schwerpunkt des Körpers geht, und einer beliebigen anderen dazu parallelen Achse X her (**Abb. 3.32**):

▲   **Satz von Steiner**: Das Massenträgheitsmoment bezüglich einer beliebigen Achse, deren kleinster Abstand vom Schwerpunkt des Körpers r_S ist, lautet:

Satz von Steiner			$\mathbf{ML^2}$
	Symbol	Einheit	Benennung
	J_X	kg m^2	Massenträgheitsmoment bezüglich der Achse X
$J_X = mr_S^2 + J_S$	m	kg	Masse des Körpers
	r_S	m	Abstand der Achse X von Schwerpunkt S
	J_S	kg m^2	Massenträgheitsmoment bezüglich einer zu X parallelen Achse durch den Schwerpunkt

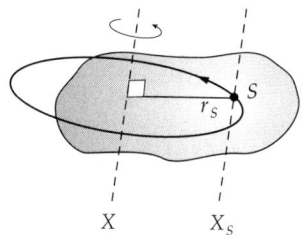

Abbildung 3.32: Zum Satz von Steiner

➤ Die Rotation eines Körpers um eine beliebige Achse kann daher interpretiert werden als eine Rotation des Körpers um eine Schwerpunktsachse parallel zur gewählten Drehachse (Trägheitsmoment J_S) und eine Rotation des Schwerpunkts um die gewählte Drehachse, wobei die gesamte Masse im Schwerpunkt des Körpers vereint zu denken ist (Trägheitsmoment mr_S^2).

3.4.1.2 Trägheitsmomente geometrischer Körper

Typ	Drehachse	Moment
dünner Stab (Länge l)	S	$\frac{1}{12}Ml^2$
	S, l	$\frac{1}{3}Ml^2$
Platte (Seitenlängen a,b,c)	b, S, c, a	$\frac{1}{12}M(a^2+b^2)$
	b, S, c, a	$\frac{1}{12}Ma^2$
dünne Kreisscheibe (Radius r)	S	$\frac{1}{2}Mr^2$
	S	$\frac{1}{4}Mr^2$
dünner Kreisring (Radius r)	S	Mr^2
	S	$\frac{1}{2}Mr^2$

Typ	Drehachse	Moment
Quader (Seitenlängen a,b,c)		$\frac{1}{12}M(a^2+b^2)$
		$\frac{1}{12}M(4a^2+b^2)$
Kreiszylinder (Radius r, Höhe h)		$\frac{1}{2}Mr^2$
		$\frac{1}{12}M(h^2+3r^2)$
Kreiskegel (Radius r, Höhe h)		$\frac{3}{10}Mr^2$
		$\frac{3}{80}M(h^2+4r^2)$
Kugel (Radius r)		$\frac{2}{5}Mr^2$
		$\frac{7}{5}Mr^2$
Hohlkugel (Innenradius r_i, Außenradius r_a)		$\frac{2}{5}M\dfrac{r_a^5-r_i^5}{r_a^3-r_i^3}$
		$M\dfrac{7r_a^5+5r_a^2r_i^3-2r_i^5}{5(r_a^3-r_i^3)}$
Ellipsoid (Halbachsen a,b,c)		$\frac{1}{5}M(a^2+b^2)$

3.4.2 Drehimpuls

Analog zum Impuls der Translationsbewegung lässt sich für die Drehbewegung eines starren Körpers um eine feste Achse ein **Drehimpuls** angeben, der die Bewegungsgröße der Drehbewegung darstellt. Er ist ebenfalls eine vektorielle Größe und zeigt in Richtung der Drehachse.

1. Definition des Drehimpulses starrer Körper

Drehimpuls, **Drall** $\vec{L}$, das Produkt aus Massenträgheitsmoment J_X bezüglich der Drehachse X und Winkelgeschwindigkeit $\vec{\omega}$:

Drehimpuls = Massenträgheitsmoment · Winkelgeschwindigkeit	ML^2T^{-1}

$\vec{L} = J_X \cdot \vec{\omega}$	Symbol	Einheit	Benennung
	$\vec{L}$	kg m²/s	Drehimpuls
	J_X	kg m²	Massenträgheitsmoment
	$\vec{\omega}$	rad/s	Winkelgeschwindigkeit

Kilogramm mal Meterquadrat pro Sekunde, SI-Einheit des Drehimpulses.

1 Kilogramm mal Meterquadrat pro Sekunde ist der Drehimpuls eines Körpers mit dem Massenträgheitsmoment 1 kg m², der mit der Winkelgeschwindigkeit 1 rad/s rotiert.

➤ Diese Definition ist analog zur Definition (linearer) Impuls = Masse mal Geschwindigkeit.

2. Grundgesetz der Dynamik für Drehbewegungen

Für Drehbewegungen gilt: die Änderung des Drehimpulses ist gleich dem Drehmoment.

Änderung des Drehimpulses = Drehmoment	ML^2T^{-2}

$\dfrac{d\vec{L}}{dt} = \vec{r} \times \vec{F} = \vec{M}$	Symbol	Einheit	Benennung
	$\vec{L}$	kg m²/s	Drehimpuls
	$\vec{r}$	m	Abstand vom Drehpunkt
	$\vec{F}$	N	wirkende Kraft
	$\vec{M}$	Nm	wirksames Drehmoment

➤ Ist das Drehmoment parallel oder antiparallel zum Drehimpuls orientiert, so ändert sich nur der Betrag des Drehimpulses und damit der Winkelgeschwindigkeit. Sind Drehmoment und Winkelgeschwindigkeit nicht parallel oder antiparallel zueinander orientiert, dann verändert sich bei einem frei beweglichen starren Körper auch die Richtung des Drehimpulses und damit die momentane Drehachse.

3. Drehimpuls als Erhaltungsgröße

▲ Der Drehimpuls ist eine Erhaltungsgröße der Bewegung, wenn das Drehmoment verschwindet:
$M = 0$, $L =$ const. (**Abb. 3.33**).

Abbildung 3.33: Zur Drehimpulserhaltung. Die Vertikalkomponente des Drehimpulses ist eine Erhaltungsgröße. Da sie im linken Bild verschwindet, wird die auf einem Drehteller stehende Versuchsperson beim Aufrichten der Radachse in eine Drehbewegung versetzt, deren Drehimpuls den Drehimpuls des rotierenden Rades gerade kompensiert

■   Zwei Massen von je 1 kg rotieren an den beiden Enden eines Armes von 100 cm Länge um den gemeinsamen Mittelpunkt mit einer Drehzahl von 2 U/s. Ihr Trägheitsmoment ist

$J = J_1 + J_2 = 2 \cdot 1 \,\text{kg} \cdot (50\,\text{cm})^2 = 0.5 \,\text{kg m}^2$.

Der Drehimpuls des Systems ist

$L = J\omega = 0.5 \,\text{kg m}^2\, 4\pi \,\text{rad/s} = 6.28 \,\text{kgm}^2/\text{s}$.

Halbiert man nun den Abstand der Massen zum Drehpunkt auf 25 cm, so bleibt der Drehimpuls dabei erhalten, während sich das Trägheitsmoment auf

$J' = J_1' + J_2' = 2 \cdot 1 \,\text{kg} \cdot (25\,\text{cm})^2 = 0.125 \,\text{kg m}^2 = J/4$

reduziert. Damit der Drehimpuls erhalten bleibt, muss die Winkelgeschwindigkeit nun

$$\omega' = \frac{L}{J'} = \frac{6.28 \,\text{kgm}^2/\text{s}}{0.125 \,\text{kg m}^2} = 50.27 \,\text{rad/s} = 4\,\omega$$

sein, das entspricht 8 U/s, also dem Vierfachen der ursprünglichen Drehzahl.

3.4.2.1   Gleichgewicht bei Drehbewegungen

Analog zur Gleichgewichtsbedingung für Translationsbewegungen, $\sum_i \vec{F}_i = 0$, existiert eine Gleichgewichtsbedingung für Rotationsbewegungen:

▲   Ein Körper rotiert gleichförmig (Sonderfall: verharrt in Ruhe), wenn die Summe aller an ihm angreifenden Drehmomente verschwindet:

Statisches Gleichgewicht bei Drehbewegungen	ML^2T^{-2}
$\sum_i \vec{M}_i \;=\; \sum_i (\vec{r}_i \times \vec{F}_i) = 0$	

➤   Schreibt man die Ortsvektoren der angreifenden Kräfte, $\vec{r}_i$, als Summe aus dem Ortsvektor des Schwerpunkts, $\vec{R}_S$, und dem Abstandsvektor des i-ten Angriffspunkts vom Schwerpunkt, $\Delta\vec{r}_i$,

$\vec{r}_i = \vec{R}_S + \Delta\vec{r}_i$,

so lautet die Gleichgewichtsbedingung

$$\sum_i (\vec{r}_i \times \vec{F}_i) = \vec{R}_S \times \sum_i \vec{F}_i + \sum_i (\Delta\vec{r}_i \times \vec{F}_i).$$

Verschwindet die Summe der äußeren Kräfte, $\sum_i \vec{F}_i = 0$, so lautet die Gleichgewichtsbedingung

$$\sum_i (\vec{r}_i \times \vec{F}_i) = \sum_i (\Delta\vec{r}_i \times \vec{F}_i).$$

Es genügt also, dass die Summe der Drehmomente bezüglich des Schwerpunkts verschwindet.

3.5   Arbeit, Energie und Leistung

Greift am Ort $\vec{r}$ eines starren Körpers eine Kraft $\vec{F}$ an, so verrichtet sie bei einer Drehung um das Winkelelement $\Delta\phi$ (Drehachse X) die Arbeit

$$\Delta W = \vec{F} \cdot \Delta\vec{r} = F \sin\alpha\, r\,\Delta\phi = F_t\, r\,\Delta\phi,$$

wobei $\Delta r = r\Delta\phi$ die vom Teilchen bei der Drehung um den Winkel $\Delta\phi$ zurückgelegte Strecke ist. Der von $\vec{r}$ und $\vec{F}$ eingeschlossene Winkel ist α, so dass $\vec{F}_t$ die Kraftkomponente in Drehrichtung (Tangentialkomponente) ist (**Abb. 3.34**). Da das Drehmoment bezüglich der Rotationsachse X durch $M_X = F_t\, r$ gegeben ist, gilt:

Arbeit = Drehmoment · Winkelelement			ML^2T^{-2}

$$\Delta W \; = \; M_X \cdot \Delta\phi$$

Symbol	Einheit	Benennung
ΔW	J	verrichtete Arbeit
M_X	Nm	Drehmoment bezüglich Achse X
$\Delta\phi$	rad	Winkelelement

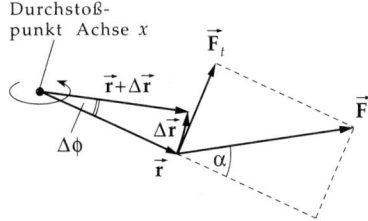

Durchstoß-
punkt Achse x

Abbildung 3.34: Arbeit bei Drehbewegung

Die von dem angreifenden Drehmoment erbrachte Durchschnittsleistung im Zeitintervall Δt ist

$$\bar{P} = M_X \frac{\Delta\phi}{\Delta t} = M_X \bar{\omega},$$

wobei $\bar{\omega}$ die durchschnittliche Winkelgeschwindigkeit ist.

➤ Nur die Komponente des Drehmoments in Richtung der Rotationsachse trägt zur Arbeit bei. Die dazu senkrechte Komponente bewirkt nur eine Drehung der Rotationsachse, bei der keine Arbeit verrichtet wird.

Das Drehmoment M_X bezeichnet die Drehmomentkomponente in Richtung der Drehachse X, also in Richtung von $\bar{\omega}$. Daher gilt in Vektorschreibweise:

Leistung = Drehmoment · Winkelgeschwindigkeit			ML^2T^{-3}

$$P \; = \; \vec{M} \cdot \vec{\omega}$$

Symbol	Einheit	Benennung
P	W	Momentanleistung
$\vec{M}$	Nm	Drehmomentvektor
$\vec{\omega}$	rad/s	Winkelgeschwindigkeit

3.5.1 Kinetische Energie

1. Kinetische Energie eines starren Körpers

Wenn der Ursprung des körperfesten Koordinatensystems in den Schwerpunkt S gelegt wird, ist die kinetische Energie eines starren Körpers eine Summe aus der kinetischen Energie der Translationsbewegung des Schwerpunkts mit der Geschwindigkeit $\vec{v}$ und der kinetischen Energie der Rotationsbewegung mit der Winkelgeschwindigkeit $\vec{\omega}$ um eine Achse X_S durch den Schwerpunkt:

$$E_{kin} = \frac{m}{2}v^2 + \sum_{i,k=1}^{3} J_{ik}\,\omega_i\,\omega_k, \qquad i,k = x,y,z.$$

m: Gesamtmasse, $J_{i,k}$: Komponenten des Trägheitstensors $\hat{J}$, ω_i: Komponenten des Winkelgeschwindigkeitsvektors $\vec{\omega}$.

In Matrixschreibweise:

$$E_{\text{kin}} = \frac{1}{2} (\;\omega_x \;\; \omega_y \;\; \omega_z\;) \begin{pmatrix} J_{xx} & J_{xy} & J_{xz} \\ J_{yx} & J_{yy} & J_{yz} \\ J_{zx} & J_{zy} & J_{zz} \end{pmatrix} \begin{pmatrix} \omega_x \\ \omega_y \\ \omega_z \end{pmatrix} = \frac{1}{2}\,\vec{\omega}^{\mathsf{T}}\,\hat{J}\,\vec{\omega}.$$

$\vec{\omega}^{\mathsf{T}}$ ist der zum Spaltenvektor $\vec{\omega}$ transponierte Vektor (Zeilenvektor).

Im Hauptachsensystem gilt:

$$E_{\text{kin}} = \frac{1}{2}(J_x^2 \omega_x^2 + J_y^2 \omega_y^2 + J_z^2 \omega_z^2).$$

2. Kinetische Energie bei fester Drehachse

Kinetische Energie eines um eine feststehende Achse X rotierenden starren Körpers:

Rotationsenergie			$\mathbf{ML^2 T^{-2}}$
$E_{\text{rot}} = \dfrac{1}{2} J_X \cdot \omega^2$	Symbol	Einheit	Benennung
	E_{rot}	J	Rotationsenergie
	J_X	kg m^2	Massenträgheitsmoment
	ω	rad/s	Winkelgeschwindigkeit

Die kinetische Energie der Rotationsbewegung ist proportional zum Quadrat der Winkelgeschwindigkeit.

3. Kinetische Energie eines Massenpunktes

Wenn sich der Massenpunkt auf einer Kreisbahn mit dem Radius r bewegt, gilt:

$$E_{\text{rot}} = \frac{1}{2} m \cdot v^2 = \frac{1}{2}(m \cdot r^2)\omega^2 = \frac{1}{2} J \cdot \omega^2,$$

wobei J das Trägheitsmoment des Massenpunktes (s. S. 100) ist.

➤ Nach dem Satz von Steiner gilt für das Trägheitsmoment bezüglich einer beliebigen Achse, deren senkrechter Abstand vom Schwerpunkt r_S ist,

$$J = m \cdot r_S^2 + J_S,$$

wobei J_S das Massenträgheitsmoment bezüglich einer Achse durch den Schwerpunkt ist. Damit ergibt sich für die Rotationsenergie

$$E_{\text{rot}} = \frac{1}{2} J_S \cdot \omega^2 + \frac{1}{2} m r_S^2 \cdot \omega^2.$$

Der erste Term $\frac{1}{2} J_S \cdot \omega^2$ beschreibt die kinetische Energie der Rotation um eine Achse durch den Schwerpunkt; der zweite Ausdruck $\frac{1}{2} \cdot m \cdot (r_S \cdot \omega)^2 = \frac{1}{2} m v^2$ gibt die kinetische Energie der Kreisbewegung des Schwerpunkts um die Drehachse des gesamten Systems an.

Der Steinersche Satz erlaubt die Aufteilung der Bewegung in eine Bewegung des Schwerpunkts um die Drehachse und eine Drehung des Körpers um eine Schwerpunktsachse. Beide Drehbewegungen erfolgen beim starren Körper mit der gleichen Winkelgeschwindigkeit ω.

Die allgemeine Bewegung eines starren Körpers ist eine Translation des Schwerpunktes mit einer überlagerten Drehung um eine Achse durch den Schwerpunkt. Die gesamte kinetische Energie kann daher aufgespalten werden in die **Translationsenergie** $\frac{1}{2} m v_S^2$ des Schwerpunktes und die **Rotationsenergie** $\frac{1}{2} J_S \cdot \omega^2$:

$$E_{\text{Gesamt}} = E_{\text{kin}} + E_{\text{rot}} = \frac{1}{2} m v_S^2 + \frac{1}{2} J_S \omega^2.$$

4. Potentielle Energie des starren Körpers,

Lageenergie des Schwerpunkts,

$$E_{\text{pot}} = m g h_S,$$

mit: m - Gesamtmasse, g - Fallbeschleunigung, h_S - Höhe des Schwerpunkts über einem Bezugsniveau.

5. Energiesatz

Der Energiesatz der Mechanik gilt bei Abwesenheit von Reibung auch unter Einschluss der Rotationsenergie: Die Summe von kinetischer Energie der Translation, kinetischer Energie der Rotation und potentieller Energie sind konstant, wenn keine dissipativen Kräfte wirken:

▲ **Energiesatz der Mechanik:**

$$E_{kin} + E_{rot} + E_{pot} = \text{const}$$

3.5.2 Potentielle Energie der Torsion

Potentielle Energie bei Drehbewegung tritt bei **Spiralfedern** auf. Bei Verdrehung der Achse um den Winkel ϕ entwickeln sie das rücktreibende Drehmoment M:

Hookesches Gesetz bei Spiralfedern			$\mathbf{ML^2T^{-2}}$
	Symbol	Einheit	Benennung
$M = -D_m\phi$	M	Nm	Drehmoment
	D_m	Nm	Direktionsmoment (Federkonstante)
	ϕ	rad	Drehwinkel aus Ruhelage

Die Größe D_m, das **Direktionsmoment**, entspricht der Federkonstanten k bei linearen Federn. Die **potentielle Energie einer Spiralfeder** ist damit

$$W_{pot} = \frac{1}{2}D_m \cdot \phi^2 .$$

Analog zur potentiellen Energie einer linearen Feder ($\frac{k}{2}x^2$) ist sie proportional zum Quadrat der Auslenkung ϕ.

3.6 Kreiseltheorie

Kreisel, ein rotierender starrer Körper, der an einem Punkt festgehalten wird. Beim Kreisel sind die Drehachse und damit die Richtung der Winkelgeschwindigkeit $\vec{\omega}$ veränderlich (**Abb. 3.35**). Die Bewegung eines Kreisels ergibt sich aufgrund des **Grundgesetzes der Dynamik für Drehbewegungen**

$$\frac{d\vec{L}}{dt} = \vec{M}$$

aus dem angreifenden Gesamtdrehmoment $\vec{M}$. In dieser Gleichung ist der Drehimpuls $\vec{L}$ als frei veränderliche vektorielle Größe zu betrachten.

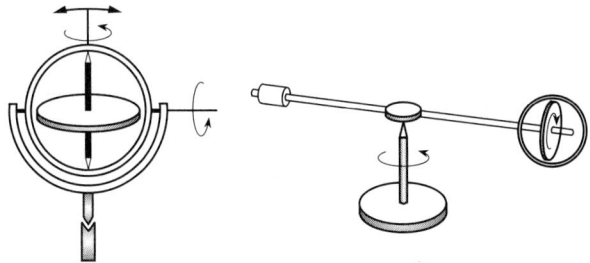

Abbildung 3.35: Kreisel. Damit sich die Kreiselachse frei drehen kann, verwendet man kräftefreie **kardanische Aufhängungen**

Lagermoment (**Lagerkraft**), das (die) Drehmoment (Kraft), die erforderlich ist, um die Drehachse in einer bestimmten Richtung oder Ebene festzuhalten (**gefesselter Kreisel**). Die Lagerkraft ergibt sich aus den unten diskutierten Bewegungen eines freien Kreisels, die unterbunden werden sollen.

3.6.1 Trägheitstensor

1.   Definition des Trägheitstensors

Trägheitstensor, $\hat{J}$, ein **Tensor zweiter Stufe**, der die Beziehung zwischen der Winkelgeschwindigkeit $\vec{\omega}$ eines Körpers und seinem Drehimpuls $\vec{L}$ herstellt. Es gilt:

Trägheitstensor			$\mathbf{ML^2}$
	Symbol	Einheit	Benennung
$\vec{L} \;=\; \hat{J} \cdot \vec{\omega}$	$\vec{L}$	kg m^2/s	Drehimpuls
	$\hat{J}$	kg m^2	Trägheitstensor
	$\vec{\omega}$	rad/s	Winkelgeschwindigkeit

Der Trägheitstensor hat die gleiche Dimension wie das Trägheitsmoment; er unterscheidet sich von ihm dadurch, dass er nicht auf eine bestimmte Achse bezogen ist.

2.   Trägheitstensor in Matrixschreibweise

Der Trägheitstensor lässt sich in Matrixschreibweise darstellen:

$$\hat{J} = \begin{pmatrix} J_{xx} & J_{xy} & J_{xz} \\ J_{yx} & J_{yy} & J_{yz} \\ J_{zx} & J_{zy} & J_{zz} \end{pmatrix} .$$

Der Trägheitstensor ist ein reeller, symmetrischer Tensor:

$$J_{xy} = J_{xy}^*, \qquad J_{xz} = J_{xz}^*, \qquad J_{yz} = J_{yz}^*,$$
$$J_{xy} = J_{yx}, \qquad J_{xz} = J_{zx}, \qquad J_{yz} = J_{zy}.$$

Er kann durch nur sechs unabhängige Elemente charakterisiert werden.

In Komponentendarstellung lautet die Beziehung zwischen Drehimpuls und Winkelgeschwindigkeit:

$$L_x \;=\; J_{xx}\omega_x + J_{xy}\omega_y + J_{xz}\omega_z,$$
$$L_y \;=\; J_{yx}\omega_x + J_{yy}\omega_y + J_{yz}\omega_z,$$
$$L_z \;=\; J_{zx}\omega_x + J_{zy}\omega_y + J_{zz}\omega_z.$$

In kompakter Schreibweise:

$$L_i = J_{ij}\omega_j, \qquad i, j = 1.2, 3,$$

wobei $i, j = 1.2, 3$ für die x-, y- und z-Richtung steht und über den doppelt auftretenden Index j zu summieren ist (**Einsteinsche Summenkonvention**).

3.   Berechnung des Trägheitstensors

Die Berechnung des Trägheitstensors eines ausgedehnten Körpers erfolgt, indem man von dem Trägheitstensor eines Massenpunktes Δm ausgeht. Dieser hat die Form

$$\hat{J} = \Delta m \begin{pmatrix} y^2 + z^2 & -xy & -xz \\ -yx & x^2 + z^2 & -yz \\ -zx & -zy & x^2 + y^2 \end{pmatrix},$$

wobei x, y und z die kartesischen Koordinaten des Massenpunktes sind. Insbesondere enthalten die Diagonalkomponenten (**axiale Massenträgheitsmomente**) den senkrechten Abstand von der jeweiligen Achse, z.B.

$$J_{xx} = \Delta m \cdot r_x^2 = \Delta m (y^2 + z^2).$$

r_x ist der senkrechte Abstand von der x-Achse. Die Elemente außerhalb der Diagonalen sind die negativen **Zentrifugal-** oder **Deviationsmomente**.

Der Trägheitstensor eines ausgedehnten Körpers ergibt sich durch Zerlegung in kleine Massenelemente Δm_i und Summieren bzw. Integrieren:

$$\hat{J} = \sum_i \hat{J}_i = \sum_i \Delta m_i \begin{pmatrix} y_i^2 + z_i^2 & -x_i y_i & -x_i z_i \\ -y_i x_i & x_i^2 + z_i^2 & -y_i z_i \\ -z_i x_i & -z_i y_i & x_i^2 + y_i^2 \end{pmatrix},$$

wobei x_i, y_i und z_i die Koordinaten des i-ten Elements sind.

Für die Komponenten des Trägheitstensors gilt:

$$J_{kl} = \sum_i \Delta m_i \left(r_i^2 \delta_{kl} - x_{ik} x_{il} \right).$$

Kronecker-Symbol: $\delta_{kl} = 1$, falls $k = l$, sonst Null. Bei vorgegebenem Koordinatensystem sind die Komponenten des Trägheitstensors durch die Massenverteilung des Körpers bestimmt.

➤ Die Summation über die Massenelemente Δm_i kann als Integral geschrieben werden,

$$J_{kl} = \int \int \int \left(r^2 \delta_{kl} - x_k x_l \right) dm.$$

4. Beispiel: Trägheitstensor eines Würfels

Trägheitstensor für einen Würfel der Kantenlänge a und der Masse m mit homogener Massendichte ρ_0, $dm = \rho_0 dV = \rho_0 dx dy dz$, $m = \rho_0 V$. Als Bezugspunkt (Koordinatenursprung) wird die linke untere Ecke gewählt, so dass im Volumenintegral für alle Richtungen die Integrationsgrenzen 0 und a sind:

$$J_{11} = \rho_0 \int_0^a \int_0^a \int_0^a (x^2 + y^2) dx dy dz = \frac{2}{3} ma^2,$$

$$J_{12} = -\rho_0 \int_0^a \int_0^a \int_0^a xy dx dy dz = -\frac{1}{4} ma^2.$$

Man erhält:

$$\hat{J} = ma^2 \begin{pmatrix} 2/3 & -1/4 & -1/4 \\ -1/4 & 2/3 & -1/4 \\ -1/4 & -1/4 & 2/3 \end{pmatrix}.$$

5. Hauptachsensystem

Die Gestalt des Trägheitstensors hängt vom gewählten Koordinatensystem ab. Es ist aber immer möglich, ein **Hauptachsensystem** zu finden, in dem der Tensor Diagonalgestalt hat:

$$\hat{J} = \begin{pmatrix} J_x & 0 & 0 \\ 0 & J_y & 0 \\ 0 & 0 & J_z \end{pmatrix}.$$

Die Achsen eines solchen Koordinatensystems heißen **Hauptachsen** oder **freie Achsen**. J_x, J_y und J_z geben die Trägheitsmomente bezüglich der Hauptachsen an (**Hauptachsenmomente, Hauptträgheitsmomente**).

6. Kreiselarten

Man unterscheidet:

Unsymmetrischer Kreisel: $J_x \neq J_y \neq J_z$.

Symmetrischer Kreisel: $J_x = J_y \neq J_z$ oder

$J_y = J_z \neq J_x$ oder

$J_x = J_z \neq J_y$.

Kugelkreisel: $J_x = J_y = J_z$.

➤ Bei Körpern mit Symmetrieachsen fallen letztere mit den Hauptachsen zusammen.

■ Bei einer Kugel ist jede Achse durch ihren Mittelpunkt eine Hauptachse.
   Bei einem Quader stehen die Hauptachsen senkrecht auf den Seitenflächen.

   Bei einem langen Zylinder liegt eine Trägheitsachse entlang der Zylinderachse (kleineres Trägheitsmoment), die beiden anderen stehen senkrecht dazu und gehen durch den Mittelpunkt des Zylinders
   (größere Trägheitsmomente).

Im Hauptachsensystem gilt:

$$L_x = J_x\,\omega_x, \quad L_y = J_y\,\omega_y, \quad L_z = J_z\,\omega_z\,.$$

Damit sind Drehimpuls und Winkelgeschwindigkeit dann parallel zueinander, wenn sie auch parallel zu
einer Hauptachse sind. Trifft das nicht zu, so können sie in verschiedene Richtungen zeigen, wobei die
Abweichung vom Unterschied der verschiedenen Hauptachsenmomente J_x, J_y und J_z abhängt.

▲ Nur bei Rotation um eine Hauptträgheitsachse sind Winkelgeschwindigkeit $\vec{\omega}$ und Drehimpuls $\vec{L}$
   parallel gerichtet.

▲ Ein einseitig aufgehängter Kreisel stellt sich immer so, dass er um die freie Achse mit dem größten
   Trägheitsmoment rotiert (**Abb. 3.36**).

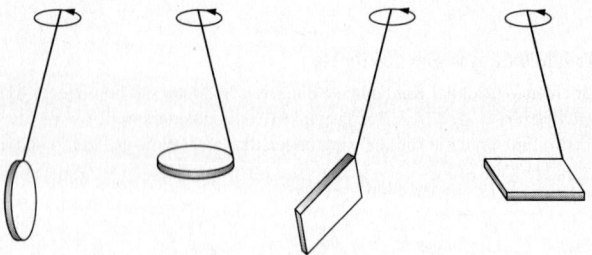

Abbildung 3.36: Einseitig aufgehängte Kreisel stellen sich in eine freie Achse

3.6.2   Nutation und Präzession

Figurenachse, geometrisch ausgezeichnete Symmetrieachse eines symmetrischen Kreisels.
Momentane Drehachse, Richtung der Winkelgeschwindigkeit.

3.6.2.1   Nutation

Nutation, **Nickbewegung**, die Bewegung eines Kreisels, auf den keine Kräfte wirken. Sie tritt auf, wenn
die Hauptachsenmomente nicht alle gleich groß sind und die Rotation nicht um eine Hauptachse erfolgt.

1.   Kräftefreier, symmetrischer Kreisel

Bewegung eines **kräftefreien, symmetrischen** Kreisels ($J_x = J_y \neq J_z$):

Da keine Kräfte und damit keine Drehmomente wirken, steht der Drehimpulsvektor im Raum fest, $\vec{L} =$const.
Die momentane Drehachse und damit der Vektor der Winkelgeschwindigkeit $\vec{\omega}$ bildet einen festen Winkel
mit dem Drehimpulsvektor, dessen Wert sich aus dem Trägheitstensor ergibt. Der Vektor $\vec{\omega}$ rotiert mit konstanter Winkelgeschwindigkeit um den Drehimpulsvektor. Dabei formt er einen Kreiskegel, den **Spurkegel**
(**Rastpolkegel**), der fest im Raum steht und dessen Mittelachse der Drehimpulsvektor ist (**Abb. 3.37**).

2.   Polkegel

Die Figurenachse muss ebenfalls nicht mit der Drehachse zusammenfallen, sondern kann einen festen Winkel mit der Drehachse und damit dem Vektor der Winkelgeschwindigkeit bilden. Infolgedessen ergibt sich
ein weiterer Kreiskegel, der **Polkegel** (**Gangpolkegel**), dessen Mittelachse die Figurenachse ist und der

sich mit seiner Außenfläche ($J_x > J_z$) oder seiner Innenfläche ($J_x < J_y$) auf dem Spurkegel abwälzt. Die beiden Kegel berühren sich gerade an der momentanen Drehachse. Auf diese Weise lässt sich die Bewegung eines Kreisels durch das Abrollen zweier Kegel aufeinander beschreiben, wobei die Kegelspitzen im Unterstützungspunkt liegen und die Figurenachse auf dem **Nutationskegel** um die Drehimpulsachse geführt wird.

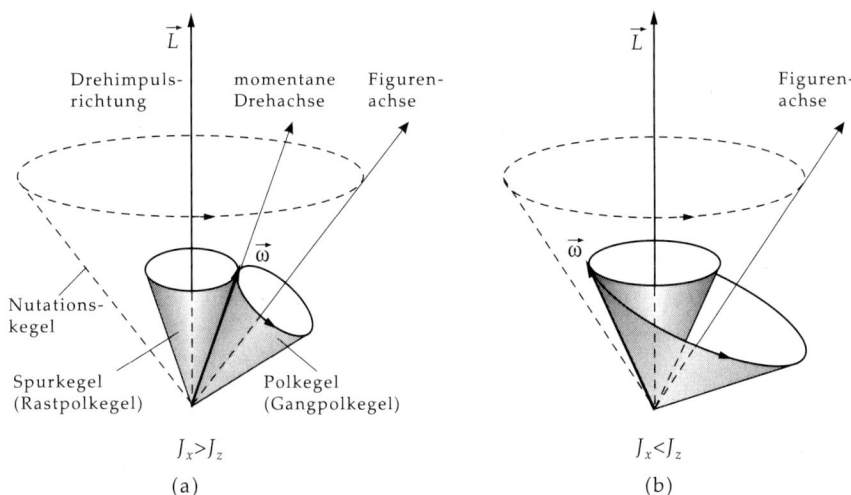

Abbildung 3.37: Lage der Achsen eines kräftefreien symmetrischen Kreisels ($J_x = J_y \neq J_z$). Der Drehimpulsvektor $\vec{L}$ ist raumfest, die Figurenachse bewegt sich auf dem Nutationskegel um die Richtung des Drehimpulses. Die Winkelgeschwindigkeit $\vec{\omega}$ (momentane Drehachse) bewegt sich auf dem Spurkegel (Rastpolkegel) um den Drehimpulsvektor. Die relative Lage der Achsen ist dadurch bestimmt, dass der Polkegel (Gangpolkegel) mit seiner Außenfläche ($J_x > J_z$) (a) oder mit seiner Innenfläche ($J_x < J_z$) (b) auf dem Spurkegel abrollt

➤ Ein rotierender Körper, der in seinem Schwerpunkt unterstützt wird, ist ein kräftefreier Kreisel, da das von der Gewichtskraft bewirkte Gesamtdrehmoment verschwindet.

➤ Durch Reibungseffekte stellt sich ein Kreisel immer auf eine Hauptträgheitsachse ein. Daher beobachtet man die Nutation nur, wenn man dem Kreisel einen Stoß gibt, der den Drehimpulsvektor zeitweise aus der Hauptträgheitsachse heraus bewegt.

➤ Für einen unsymmetrischen Kreisel sind Rastpolkegel, Gangpolkegel und Nutationskegel keine Kreiskegel. Die Kegel müssen nicht einmal geschlossen sein.

3.6.2.2 Präzession

Schwerekreisel, Kreisel, dessen Unterstützungspunkt nicht mit dem Schwerpunkt zusammenfällt, so dass auf ihn die Gewichtskraft wirkt.

1. Präzession,

die Bewegung eines Kreisels unter dem Einfluss eines äußeren Drehmoments, das senkrecht zum Drehimpuls wirkt. Der Drehimpuls ändert seine Richtung, aber nicht seinen Betrag. (Ein Drehmoment parallel zum Drehimpuls würde nur den Drehimpulsbetrag ändern.)

Die Änderung des Drehimpulses folgt aus dem dynamischen Grundgesetz für Drehbewegungen. Der Drehmomentvektor

$$\vec{M} = \vec{r} \times \vec{F}$$

zeigt senkrecht zu $\vec{r}$ und damit zur Drehachse. Folglich steht die Änderung des Drehimpulses $\Delta\vec{L} = \vec{M}\Delta t$ senkrecht auf dem Drehimpuls $\vec{L}$, was zu einer Rotation der Drehimpulsachse führt. Die Rotation erfolgt in einer Ebene senkrecht zur angreifenden Kraft (**Abb. 3.38**).

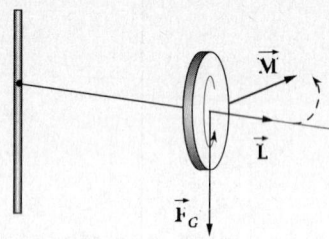

Abbildung 3.38: Präzession einer auf einer Achse rotierenden Scheibe unter dem Einfluss der Erdanziehung $\vec{F}_G$. Die durch den Drehimpuls $\vec{L}$ gegebene Drehachse beginnt sich in der Waagerechten zu drehen

2. Präzessionsgeschwindigkeit

Die Winkelgeschwindigkeit der Präzession $\omega_p = \dfrac{\Delta\phi}{\Delta t}$ ergibt sich, wenn man den Drehwinkel $\Delta\phi$ der Drehimpulsachse durch die Änderung ΔL des Drehmoments ausdrückt,

$$\Delta\phi = \frac{\Delta L}{L} = \frac{M}{L}\Delta t,$$

und daraus die Winkelgeschwindigkeit ω_p (der Rotation des Drehimpulses, nicht die des Kreisels) berechnet:

Präzessionsgeschwindigkeit			T^{-1}
	Symbol	Einheit	Benennung
	ω_p	rad/s	Geschwindigkeit der Präzession
$\omega_p = \dfrac{M}{L} = \dfrac{M}{J\omega}$	M	Nm	Drehmoment
	L	kg m^2/s	Drehimpuls
	J	kg m^2	Trägheitsmoment
	ω	rad/s	Rotationsgeschwindigkeit des Kreisels

3. Präzessionsfrequenz

Häufig wird statt der Präzessionsgeschwindigkeit die **Präzessionsfrequenz** f_p verwendet. Die Präzessionsfrequenz gibt an, wie oft pro Zeiteinheit die Kreiselachse eine Rotation um die Vertikale vollendet:

$$f_p = \frac{\omega_p}{2\pi} = \frac{M}{2\pi J\omega}.$$

Sie ist umso größer, je größer das angreifende Drehmoment M ist und je kleiner das Trägheitsmoment J des Kreisels und seine Rotationsgeschwindigkeit ω sind.

4. Rotationsrichtung

Die Richtung der Rotation der Kreiselachse um die Vertikale ergibt sich aus dem

▲   **Satz vom gleichsinnigen Parallelismus**:

Ein Kreisel ist bestrebt, die Richtung seines Drehimpulsvektors auf kürzestem Weg parallel zur Richtung eines angreifenden Drehmoments einzustellen.

➤ Dabei ist die Rotation des Kreisels in einer Hauptträgheitsachse angenommen, J ist das Trägheitsmoment bezüglich dieser Achse. Trifft das nicht zu, überlagern sich Präzession und Nutation.

■ **Unsymmetrisch aufgehängter Kreisel**, ein Kreisel, der nur an der einen Seite seiner waagerecht liegenden Drehachse aufgehängt ist. Die Gewichtskraft greift nicht am Punkt der Aufhängung an, sie übt ein Drehmoment aus. Trotzdem dreht sich die Drehachse nicht nach unten, sondern sie rotiert in der waagerechten Ebene.

3.6.2.3 Kreiselmomente

Kreiselmoment, das durch die **Lagerkräfte** entstehende Drehmoment, das vom Lager eines fest gelagerten Kreisels aufgenommen werden muss, wenn die Drehachse gedreht werden soll. Es ergibt sich zu

Kreiselmoment			$\mathrm{ML^2T^{-2}}$
$\vec{M} = \vec{L} \times \vec{\omega}_p$	Symbol	Einheit	Benennung
	$\vec{M}$	Nm	Kreiselmoment
	$\vec{L}$	kg m^2/s	Drehimpuls
	$\vec{\omega}_p$	rad/s	erzwungene Präzessionsgeschwindigkeit

■ Eine waagerecht stehende Drehachse einer rotierenden Scheibe soll um die Senkrechte gedreht werden. Dabei liegt $\vec{\omega}_p$ senkrecht, $\vec{L}$ waagerecht. Auf die Lager wirkt eine Kraft, die bestrebt ist, die Drehimpulsachse in die Senkrechte zu drehen. Diese Kraft muss durch die Lager aufgefangen werden.

Fahrrad, die Räder wirken als stabilisierende Kreisel. Um das Fahrrad umzukippen, muss ein Drehmoment angreifen, das die Richtung des Drehimpulsvektors der Räder dreht; dieses Drehmoment muss um so größer sein, je schneller die Räder rotieren.

Zusätzlich stabilisierend wirkt das Präzessionsdrehmoment am Vorderrad, das entsteht, wenn das Rad sich in einer Kurve zur Seite neigt (Drehung um die Längsachse). Das entstehende Drehmoment dreht das Vorderrad gerade in die Richtung der Kurve.

3.6.3 Anwendungen von Kreiseln

1. Kreiselkompass,

ein Kreisel, dessen Drehachse sich in der Horizontalebene frei bewegen kann, in der Vertikalachse aber durch die Aufhängung gefesselt ist. Der Kreisel erfährt dadurch eine Zwangsdrehung mit der Erdrotation ω_E und versucht, seinen Drehimpuls in ihre Richtung zu drehen. Die Winkelgeschwindigkeit der Erdrotation zeigt stets nach Norden, so dass der Kreiselkompass sich immer in Nordrichtung einstellt; er kann auf diese Weise einen magnetischen Kompass ergänzen oder ersetzen.

➤ Das Hauptproblem beim Kreiselkompass besteht darin, den wegen der Langsamkeit der Erdrotation sehr kleinen Effekt messbar zu machen und vor Störungen zu schützen. Man bedient sich eines sehr schnell rotierenden Kreisels und möglichst reibungsfreier Lagerung (z.b. in einer Flüssigkeit).

➤ Auf einem fahrenden Schiff tritt durch die Bewegung entlang einem Meridian eine weitere Drehung auf, die zu einer Abweichung des Kreiselkompasses führt. Flugzeuge können sich sogar schneller als die Erddrehung bewegen, so dass der Kreiselkompass nicht anwendbar ist.

➤ In der Nähe der Pole versagt der Kreiselkompass genauso wie der Magnetkompass, weil die Drehachse der Erde fast senkrecht aus der Oberfläche hinaus ragt und das auf die Horizontalebene projizierte Drehmoment sehr klein wird.

2. Kreiselhorizont,

zur Bestimmung der Horizontlage in einem Flugzeug aufgrund der Erhaltung des Drehimpulses. Ein Kreisel wird auf dem Boden in Rotation versetzt und behält in einer kardanischen Aufhängung seine ursprüngliche Richtung bei.

3.   Kreiselpendel,

Verbesserung des Kreiselhorizonts, wobei der Kreisel in eine langsame Präzession versetzt wird. Dabei wird ausgenutzt, dass die Präzession immer um die Richtung der Vertikalen erfolgt. Das Kreiselpendel zeichnet sich gegenüber dem gewöhnlichen **Lot** oder **Pendel** durch seine sehr kleine Schwingungsfrequenz aus, so dass es nicht auf kurzzeitige Beschleunigungen bei Kurvenflügen reagiert.

4.   Wendekreisel,

zur Messung der Wendegeschwindigkeit eines Fahrzeugs aufgrund der Kreiselmomente bei einer durch den Wendevorgang erzwungenen Präzession. Die Kreiselmomente werden an den Lagern durch Federn abgenommen, so dass der Ausschlag des Kreisels proportional zur Wendegeschwindigkeit ist.

4 Mikromechanik

Mikromechanik, Entwurf und Konstruktion dreidimensionaler mechanischer Systeme im Mikrometerbereich mit Mitteln der Halbleitertechnik (insbesonder Lithographie, Ätztechnik). Sie erlaubt den Aufbau mechanischer Elemente im Mikrometerbereich und eröffnet völlig neue konstruktive Möglichkeiten für Mikrosensoren, die in Siliciumchips integriert werden können, und für Mikromotoren.

4.1 Dünnschichttechnik

1. Silicium-Planartechnologie,
grundlegende Technik zur Herstellung von Strukturen im Mikrometerbereich: Dünne Schichten aus Materialien mit unterschiedlichen Eigenschaften werden schichtweise auf einem einkristallinen Siliciumsubstrat (**Wafer**) aufgebaut und durch Lithographie und Ätzen bearbeitet.

2. Dünnschichttechnik,
Verfahren zum Aufbau dünnster Schichten (0.1 nm bis 10 μm) aus molekularen Bestandteilen (im Gegensatz zur Herstellung von Folien durch Umformen oder Zerspanen). Durch ihre besonderen Verfahren erlaubt sie es, hochreine Materialien in definierter Dicke und mit weit variierenden physikalischen und chemischen Eigenschaften direkt am Ort der Anwendung herzustellen.

Materialien für die Schichten sind neben Silicium dessen Oxid (SiO_2), Silicide (Metallverbindungen des Siliciums), Leichtmetalle (Al, Cr, Ni als Widerstandsschichten), Edelmetalle (Au, Pt), Metalloxide (für Kondensator- oder gasempfindliche Schichten), Metallverbindungen (NiFe, CoFeB, ergibt magnetisch empfindliche Schichten), Polyamid (Schutzschichten), Phthalocyanin (gasempfindliche organische Schichten).

Die wichtigsten Verfahren sind:

a) Aufdampfen (**Physical Vapor Deposition**, PVD), Schichtaufbau durch Kondensation von durch Erhitzen erzeugtem Dampf an Objekten im Hochvakuum.

b) Sputtern, Erzeugen von Dampf in einem Plasma an einer elektrischen Entladung. Anders als beim einfachen Verdampfen stammt die Energie zum Auslösen der Atome nicht aus Wärme, sondern aus den im elektrischen Feld beschleunigten Ionen des Plasmas.

c) Molekularstrahlepitaxie, im Ultrahochvakuum werden mit einer Elektronenkanone oder Effusionszellen Molekularstrahlen erzeugt, die auf das Substrat treffen. Anders als beim einfachen Aufdampfen stellt der Dampf kein Gas im thermodynamischen Gleichgewicht dar, sondern einen Strahl von Molekülen, die sich etwa der gleichen Geschwindigkeit bewegen.

d) Ionen-Cluster-Strahl-Technik, anders als bei der Molekularstrahlepitaxie werden die Moleküle in einem elektrischen Feld noch beschleunigt. Dies ist möglich, weil bei adiabatischer Expansion des Dampfes Cluster von einigen 1000 Atomen entstehen, die in einem elektrischen Feld ionisiert werden können.

e) Chemisches Aufdampfen, der Dampf wird nicht durch Kondensation, sondern durch einen chemischen Prozess auf der Oberfläche deponiert, alle anderen Reaktionsprodukte werden jedoch als Gase abtransportiert.

f) Galvanik (galvanische Abscheidung), der zu deponierende Stoff wird auf galvanischem Wege (also durch Reduktion eines Ions) aus einer Lösung gezogen. Der dafür notwendige Strom wird entweder von außen oder durch ein Reduktionsmittel im Elektrolyten geliefert.

g) Ionenimplantation, Ionen werden in einem Ionenbeschleuniger auf Energien von 10 bis 200 keV beschleunigt und in die Siliciumschicht geschossen. Normalerweise zur Dotierung gebraucht, lassen sich durch hohe Ionendosen auch chemisch verschiedene Substanzen (Oxide) erzeugen.

h) Spin-on-Verfahren, zum Aufbringen gelöster Polymere. Die Lösung wird durch Rotation des Trägers gleichmäßig verteilt, das Lösungsmittel verdampft.

i) Langmuir-Blodgett-Methode, basiert auf der Möglichkeit, einen monomolekularen Film einer Substanz durch Ausbringen auf einer Wasseroberfläche zu erzeugen (ähnlich wie einen Ölfilm) und durch „Dippen" auf das Subtrat zu übertragen.

3. Dotierung,

Einbringen von Fremdatomen in Halbleiter zur gezielten Veränderung ihrer elektrischen Eigenschaften. Sie erfolgt durch Diffusion (aus einem Dampf), Ionenstrahlimplantation oder Epitaxie.

4.2 Belichtungs- und Ätzverfahren

1. Lithographie,

(eigtl. Steindruck, nach dem prinzipgleichen Druckverfahren), das Bearbeiten einer Oberfläche mit einem Ätzmittel, nachdem diejenigen Stellen, die erhalten bleiben sollen, durch eine Maske aus widerstandsfähigem Lack (**Resist**) abgedeckt worden sind (**Abb. 4.1**).

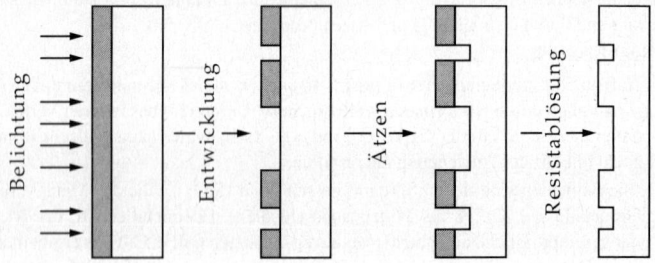

Abbildung 4.1: Schritte bei der lithographischen Erzeugung von Mikrostrukturen

Die verschiedenen Lithographie-Verfahren werden durch ihre erzielbare Auflösung (kleinster Abstand zwischen zwei Punkten, die noch getrennt werden können) charakterisiert.

2. Photolithographie,

Lithographie-Verfahren, bei dem die Maske durch UV-Licht (zwischen 200 und 400 nm Wellenlänge) von einer Vorlage auf die Oberfläche des Substrats abgebildet wird. Dazu verwendet man einen lichtempfindlichen Lack, dessen Löslichkeit durch Belichtung verändert wird (**Photoresist**). Bei dem anschließenden Entwicklungsprozess (vor der Ätzung) werden die so selektierten Stellen dann vom Lack freigelegt. Als Lichtquelle wird eine Quecksilberdampflampe (Wellenlänge ca. 350 nm) oder, moderner, ein Excimer-Laser (unterhalb 300 nm) gebraucht.

Man unterscheidet nach Art der Belichtung:

a) Kontaktbelichtung, die Maske liegt direkt auf dem mit Resist beschichteten Substrat auf. Vorteil ist die hohe erzielbare Auflösung, Nachteil die Gefahr von Beschädigungen auf dem Substrat und der Maske.

b) Proximitybelichtung, die Maske wird in 10 bis 30 μm vom Substrat gehalten. Durch Beugung wird allerdings die erzielbare Auflösung beschränkt (etwa 3 μm).

c) Projektionsbelichtung, die Maske wird durch eine Projektionsvorrichtung auf das Substrat projiziert. Die Auflösung wird durch Fokussierungsprobleme (Unebenheiten des Wafers) und die Qualität des optischen Systems beschränkt (bis etwa 0.5 μm).

Ein Wafer enthält im allgemeinen viele identische Chips. Für höchste Auflösungen benutzt man heute **Wafer-Stepper**, bei denen die Chips nacheinander unter das Reticle (Vorlage im Maßstab 5:1 oder 10:1) gebracht werden.

Die Belichtungsvorlagen werden elektronisch erstellt und durch einen **Elektronenstrahlschreiber** auf eine elektronenstrahlempfindliche Lackschicht oder durch einen **Pattern-Generator** (mit einer elektronisch steuerbaren, rechteckigen Blende, die über das lichtempfindliche Maskensubstrat bewegt wird) auf das Maskensubstrat übertragen.

3. Röntgenlithographie,

gebraucht Röntgenstrahlung, die durch ihre kleinere Wellenlänge höhere Auflösung erzielen kann. Man verwendet dazu Synchrotronstrahlung, die in einem Elektronspeicherring erzeugt wird. Wegen der geringen Strahldivergenz der Synchrotonstrahlung ist es möglich, auch bei dicken Resistschichten sehr feine Strukturen zu erreichen. Als Röntgenmasken benutzt man stark absorbierende Materialien, z.B. Gold, da dessen galvanisches Aufbringen gut beherrscht wird.

4. Elektronenstrahllithographie,

verwendet nicht elektromagnetische Wellen (Licht, Röntgenstrahlung), sondern einen Elektronenstrahl zur Bearbeitung des Resist. Deren De-Broglie-Wellenlänge (s. S. 748) ist extrem klein (etwa 0.01 μm), allerdings tritt neben Beugung auch Streuung der Elektronen auf. Die Belichtung ist auch ohne Maske durch Elektronenstrahlschreiben möglich, wegen des hohen Zeitaufwandes aber im industriellen Prozess unrentabel.

5. Ätzvorgang,

schließt sich an die Belichtung des resistbeschichteten Substrats an. Als Ätzmittel dienen Flusssäure, Phosphorsäure, Essigsäure bei Temperaturen zwischen 80 °C und 180 °C. Das ganze Verfahren basiert auf der unterschiedlichen Ätzrate von Maskierschicht (Resist), aufgebrachter Schicht und Substrat; das Ätzratenverhältnis heißt **Selektivität**. Die Ätzrate ist häufig abhängig von der Richtung der Kristallachsen (Anisotropie).

6. Plasmaunterstützte Ätzverfahren,

setzen in einem Plasma erzeugte Ionen und Radikale als Ätzmittel ein. Das Ätzmittel liegt dabei als Gas vor (**Trockenätzverfahren**). Beim **Barrel Etching** tragen in einer Gasentladung bei ca. 100 Pa Radikale aus der Spaltung von O_2 das Resist ab; beim **Ion Beam Etching** wird ein Ionenstrahl (500 eV) aus Edelgasionen auf die Oberfläche gerichtet.

7. Teilchenspur-Ätztechnik,

basiert auf dem Beschuss der Oberfläche mit schweren Ionen hoher Energie (bis 100 MeV). Beim Eindringen in die Schicht erzeugen die Ionen in einer Kaskade von Atomstößen Kanäle von ca. 10 nm Durchmesser, die durch einen nasschemischen Ätzprozess dann weiter ausgeätzt werden.

8. Laserinduziertes Ätzen,

verwendet einen Laser, der die in einem Ätzgas befindliche Oberfläche bestrahlt und dort den chemischen Ätzvorgang (durch photoinduzierte Spaltung der Ätzgasmoleküle in Radikale) auslöst. Da der Laser fokussierbar ist, kann der Ätzvorgang auch ohne Resistschicht und vorheriges Aufbelichten der Maske ausgeführt weden. Ein verwandtes Verfahren ist die **Photoablation** organischer Schichten, bei denen UV-Laserstrahlung die chemischen Bindungen direkt in der Oberfläche aufbricht und keine ätzende Atmosphäre notwendig ist.

4.3 Anwendungen

Mit den dargestellten Verfahren lassen sich fast beliebige mechanische Strukturen im Mikrometerbereich formen.

4.3.1 Sensoren

Sensoren, übermitteln Messwerte physikalischer Größen als analoge Spannungsschwankungen oder als Frequenzschwankung eines Wechselstromsignals. Zur Weiterverarbeitung werden diese Signale in **Analog-Digital-Konvertern** in digitale Signale umgewandelt.

Besondere Vorteile von Mikrosensoren: Sehr hohe Messgeschwindigkeit und Genauigkeit, keine mechanischen Teile, also hohe Zuverlässigkeit, integrierbar mit mikroelektronischen Bauteilen.

1. Drucksensoren,

zur Messung von Drücken. Der zu messende Druck wirkt auf eine eingespannte Membran, die aus dem Silicium herausgeätzt wird. Druckänderungen führen zu einer Ausdehnung oder Stauchung, die als Widerstandsänderung messbar wird (**piezoresistiver Drucksensor**). Bei **kapazitiven Drucksensoren** bildet die Membran mit einer metallisierten Glasplatte einen Kondensator, dessen Kapazitätsänderung als Frequenzänderung eines Schwingkreises beobachtet wird. Messbereich ca. 10 bis 10^7 Pa.

■ **Miniaturmikrophon,** ein kapazitiver Drucksensor mit besonders dünner Membran (ca. 150 nm). Es arbeitet kapazitiv; die Membran ist etwa 1 mm^2 groß, der Luftspalt zwischen Membran und Gegenelektrode beträgt ca. 2 μm (**Abb. 4.2**).

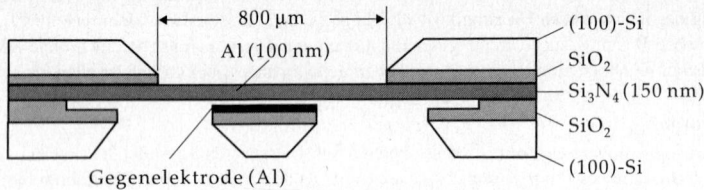

Abbildung 4.2: Schnitt durch ein mikromechanisches Mikrophon. Die beiden Aluminiumschichten dienen als Kapazitäten, die sich unter dem Einfluss des Schalldrucks verändern

2. Taktile Sensoren,

aus mehreren Sensoren als **Sensorarray** aufgebaut, dienen zur Erfassung flächenhafter Drücke (analog dem Tastsinn der Haut).

3. Beschleunigungssensoren,

als freistehende Zungen aufgebaut (Dicke einige Mikrometer). Bei Einwirkung einer Beschleunigung verbiegt sich die Zunge; dies kann piezoresistiv oder kapazitiv gemessen werden.

4. Flusssensoren,

messen Flussgeschwindigkeiten von Flüssigkeiten und Gasen, basierend auf dem Prinzip des **Hitzdrahtanemometers** (die Abkühlung eines erhitzten Drahtes ist umso größer, je schneller sich die umgebende Luft bewegt). Man verwendet eine Siliciumzunge, die abwechselnd erhitzt und gekühlt wird. Je langsamer das Erhitzen und je schneller das Abkühlen verläuft, desto schneller der Gasfluss. Genauigkeit 3%, Messbereich 2 bis 30 m/s. Ein integrierter Temperatursensor (Diode) kompensiert Temperaturänderungen des Gases. Zur Messung von Flüssigkeitsgeschwindigkeiten verwendet man in die Oberfläche eingeätzte Kanäle und berücksichtigt die Viskosität.

5. Strahlungssensoren,

für Infrarotstrahlung, beruhen auf mit absorbierendem Material beschichteten Siliciumzungen, die durch die Strahlung erwärmt werden.

6. Gassensoren,

zur Messung der Wärmeleitfähigkeit eines Gases. Eine Miniaturmembran wird durch in sie integrierte Miniaturwiderstände erhitzt und die Wärmeleitfähigkeit durch die Abkühlung mit einem – ebenfalls integrierten – Temperatursensor ermittelt. Typische Anwendungen sind Druckmessungen im Grobvakuum und die Konzentrationsbestimmung in Gasgemischen.

7. Quarzsensoren,

messen die Resonanzfrequenz eines Quarzkristalls. Diese wird durch Temperatur, äußere Kräfte (Druck, Beschleunigung) und Massenbelegung (Gas, Feuchte) beeinflusst, so dass aus der gemessenen Resonanzfrequenz auf diese Größen geschlossen werden kann.

8.   Akustische Oberflächenwellenelemente,

nutzen mechanische Wellen an der Oberfläche des Substrats aus. Diese werden piezoelektisch erzeugt und ihre Laufzeit in einer **Verzögerungsleitung**, bestehend aus Sender und rückgekoppeltem Empfänger, gemessen. Die Laufzeit wird durch mechanische Größen, elektrische und magnetische Felder (bei Einsatz magnetischer Materialien) beeinflusst.

4.3.2   Aktoren

Aktoren, Bauelemente, die mechanische Kräfte ausüben. Dazu werden folgende Kräfte eingesetzt:

- elektrostatische Kräfte zwischen Elektroden,
- piezoelektrische Kräfte, die aufgrund von Spannungen in piezoelektrischen Materialien (s. S. 977) entstehen,
- thermomechanische Kräfte aufgrund thermischer Ausdehnung,
- *shape memory alloys* (SMA) sind Legierungen mit Formgedächtnis, die bei Erwärmung eine ihnen eingeprägte Form wieder annehmen und dabei mechanische Kräfte ausüben.

1.   Mikroschalter,

die Bewegung einer Zunge schließt einen Stromkreis. Es können Ströme bis zu 1 A geschaltet werden.

2.   Mikroblenden,

(**Lichtmodulatoren**), dienen als Anzeigeelemente mit hoher Lebensdauer und kurzen Ansprechzeiten. Ähnlich arbeiten **Silicium-Drehspiegel** zum Ablenken und Positionieren von Lichtstrahlen.

3.   Mikromechanische Ventile,

benutzen freitragende Siliciummembranen, die elektrostatisch ausgelenkt werden. Ebenso lassen sich bereits durch Wechselspannungen betätigte Pumpen herstellen (Leistung einige Mikroliter pro Minute).

4.   Mikropositionierelemente,

auf piezoelektrischer Basis, dienen zum Positionieren im Mikrometerbereich (z.B. im Raster-Tunnelelektronenmikroskop. Anwendungen im Bereich der **Mikrooptik** (s. S. 325).

5.   Mikromotoren,

Elektromotoren, deren Rotor (s. S. 501) einen Durchmesser von etwa 100 μm hat und bei denen das Siliciumsubstrat geätzt ist. Man benutzt elektrostatische Kräfte, die bei kleinen Abständen dominieren. Mikromotoren sind mögliche Grundlagen einer Mikroroboter-Technologie (**Abb. 4.3**).

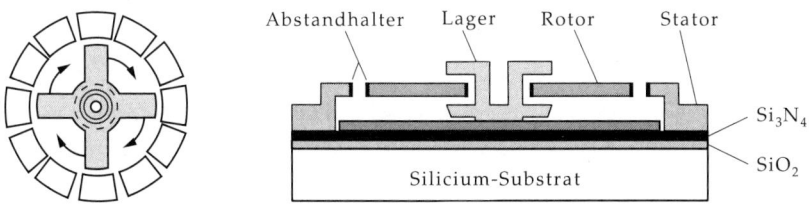

Abstandhalter   Lager   Rotor   Stator

Si_3N_4

SiO_2

Silicium-Substrat

Abbildung 4.3: Mikromotor in der Draufsicht und im Schnitt

4.3.3   Technische Anwendungen

1.   Optische Gitter,

mit hoher Präzision in Siliciumoberflächen geätzte Gitter. So hergestellte Gitter bieten höhere Effektivität und Stabilität sowie ein breiteres Spektrum von frei wählbaren Parametern als herkömmliche Gitter.

2.   Düsen für Tintenstrahldrucker,

benutzen piezoelektrische Druckelemente, um Druckstöße zu erzeugen, die kleine Flüssigkeitströpfchen aus der Düse herausschleudern.

3.   Mikromechanische Gaschromatographen,

integrieren einen vollständigen Gaschromatographen auf Siliciumsubstrat (1983 in Stanford entwickelt). Gemessen wird die für jede Komponente eines Gases spezifische Geschwindigkeit, mit der sie durch eine mit Silikonöl benetzte Kapillare wandert (aufgrund der verschiedenen Absorptions- und Desorptionsrate im Silikonöl). Die Kapillare hat einen rechteckigen Querschnitt mit einer Breite von 200 μm und einer Höhe von 40 μm bei einer Länge von 1.5 m. Am Ende der Kapillare werden die verschiedenen Gaskomponenten durch einen Gassensor festgestellt. Anwendung z.B. im medizinischen Umfeld zur schnellen Blutanalyse.

4.   Vakuum-Mikroelektronik,

ersetzt die herkömmliche Röhrentechnik. Das Vakuum ist dabei in einem wenige Mikrometer großen Bereich auf dem Siliciumsubstrat realisiert. Eine mikromechanische **Feldemissionskathode** in Form einer Metallspitze mit sehr kleinem Krümmungsradius arbeitet wesentlich effektiver als eine herkömmliche Drahtelektrode. Diese Bauelemente werden in Arrays angeordnet.

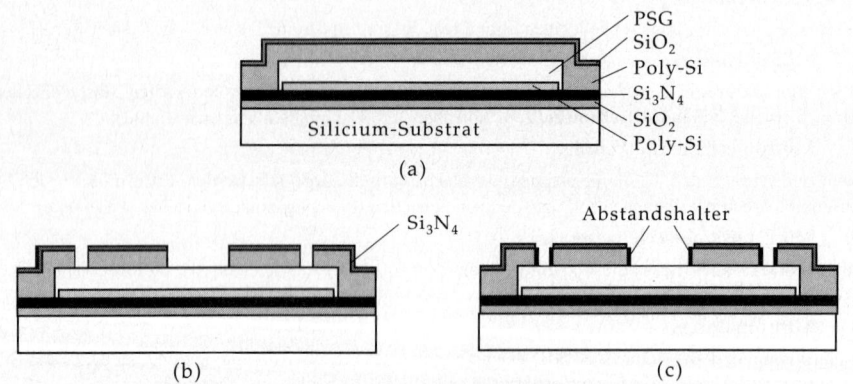

Abbildung 4.4: Prozessschritte bei der Herstellung eines Mikromotors:
(a) Aufbringen der Schichten: Siliciumdioxid (SiO_2) und Siliciumnitrid (Si_3N_4) zur Isolierung, polykristallines Silicium (Poly-Si) für Stator und Rotor, und Phosphorsilicatglas (PSG) als Basis,
(b) Rotor und Stator werden herausgeätzt. Der Rotor ruht auf dem isolierenden Polysilicatglas. Eine weitere Siliciumnitrid-Schicht wird aufgebracht,
(c) Aus der letzten Siliciumnitrid-Schicht werden Abstandshalter zum Reduzieren der Reibung herausgeätzt

5 Gravitation und Relativitätstheorie

5.1 Gravitationsfeld

5.1.1 Gravitationsgesetz

1. Gravitation

Die Eigenschaft der Körper, aufgrund ihrer Masse aufeinander Kräfte auszuüben, wird **Gravitation** genannt. Während für die elektrische Kraft zwischen Körpern die elektrische Ladung der Körper, nicht aber deren Masse maßgebend ist, wird die Gravitationskraft nur durch die Masse der beteiligten Körper bestimmt. Die Gravitationskraft zwischen zwei Körpern ist immer anziehend, im Gegensatz zur Coulombkraft, bei der in Abhängigkeit vom Vorzeichen der Ladung Anziehung oder Abstoßung auftreten kann. Die Gravitationskraft wird durch das Gravitationsgesetz beschrieben:

Gravitationsgesetz			$\mathbf{MLT^{-2}}$
	Symbol	Einheit	Benennung
$F_g = G\dfrac{m_1 m_2}{r_{12}^2}$	F_g	N	Gravitationskraft
	G	N m²/kg²	Gravitationskonstante
	m_1, m_2	kg	Massen der Körper
	r_{12}	m	Schwerpunktsabstand der Körper

2. Eigenschaften der Gravitationskraft

Die Gravitationskraft zeigt jeweils in die Richtung des anderen Körpers (**Abb. 5.1**). In Vektorschreibweise gilt: Die auf den Körper 2 wirkende Kraft ist

$$\vec{F}_{g,2} = -G\frac{m_1 m_2}{r_{12}^2}\frac{\vec{r}_{12}}{|\vec{r}_{12}|},$$

wobei $\vec{r}_{12}$ der Vektor vom Schwerpunkt des Körpers 1 zum Schwerpunkt des Körpers 2 ist. Nach der Potentialtheorie kann man zur Berechnung der Gravitationskraft ausgedehnte kugelförmige Massenverteilungen als im Schwerpunkt konzentriert ansehen.

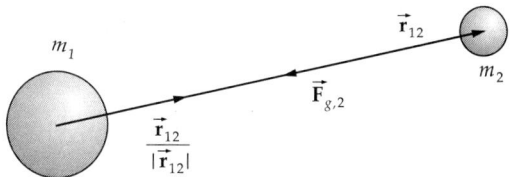

Abbildung 5.1: Gravitationskraft. Die auf den Körper m_2 wirkende Kraft ist dem Abstandsvektor von m_1 nach m_2 entgegengerichtet

➤ Der Ausdruck $\vec{r}/|\vec{r}|$ (Vektor geteilt durch seinen Betrag) ist der Einheitsvektor in Richtung des Vektors $\vec{r}$. Die auf den Körper 2 wirkende Kraft zeigt also (Minuszeichen beachten!) vom Körper 2 zum Körper 1.

▲ Die Gravitationskraft ist immer eine anziehende Kraft.

➤ Die **Gravitationskonstante** G ist eine Naturkonstante. Ihr Wert ist
$G = 6.67259 \cdot 10^{-11} \, \text{Nm}^2/\text{kg}^2$.

➤ Die Formel gibt sowohl den Betrag der Kraft an, die Körper 1 auf Körper 2 ausübt, als auch umgekehrt. Die Gravitationskraft ist immer auf den anziehenden Körper gerichtet.

▲ Die Gravitationskraft zwischen zwei Körpern ist proportional zur Masse jedes Körpers und umgekehrt proportional zum Quadrat des Abstandes zwischen beiden.

Man beachte die Ähnlichkeit dieses Ausdrucks mit dem Coulombschen Gesetz (s. Teil Elektrizitätslehre). Allerdings ziehen sich Massen immer an, während sich gleichnamige Ladungen abstoßen. In Analogie zur elektrischen Feldstärke führt man die Gravitationsfeldstärke ein.

3. Gravitationsfeldstärke,

$\vec{E}_g$, eine vektorielle Größe, die an jedem Punkt $\vec{r}$ des Raumes die Kraft pro Masseneinheit angibt, die auf einen Körper aufgrund der Gravitationskraft wirkt:

$$\vec{E}_g = -G \frac{M}{r^2} \frac{\vec{r}}{|\vec{r}|}.$$

Die Gravitationsfeldstärke $\vec{E}_G$ hängt nur noch von der Masse M des anziehenden Körpers ab, der sich im Koordinatenursprung befindet und als Quelle des Gravitationsfeldes angesehen wird. Die Kraft auf einen Probekörper der Masse m ist $\vec{F} = m\vec{E}_g$. Sie zeigt in die Richtung des anziehenden Körpers und bestimmt die Beschleunigung des Probekörpers.

4. Gravitationspotential,

Φ, Potential der Gravitationsfeldstärke, beschreibt die **Arbeit im Gravitationsfeld**.

Gravitationspotential			$\mathbf{ML^2T^{-2}}$
$\Phi \;=\; -G\dfrac{M}{r}$	Symbol	Einheit	Benennung
	Φ	J = Nm	Gravitationspotential
	G	N m^2/kg^2	Gravitationskonstante
	M	kg	Masse des anziehenden Körpers
	r	m	Abstand vom anziehenden Körper

Die Gravitationskraft $\vec{F}$ berechnet sich aus dem Gravitationspotential Φ,

$$\vec{F}_g(\vec{r}) = -m\,\text{grad}\,\Phi(r).$$

➤ Das Potential der Gravitationskraft ist $V(r) = m\Phi(r)$, $\vec{F}_g = -\text{grad}\,V(r)$.

Die potentielle Energie eines Probekörpers der Masse m am Ort $\vec{r}$ im Gravitationsfeld eines Körpers der Masse M ist

$$E_{\text{pot}}(\vec{r}) = m\Phi(\vec{r}).$$

Die Arbeit, die benötigt wird, um einen Probekörper der Masse m vom Punkt $\vec{r}_1$ gegen die Gravitationskraft zum Punkt $\vec{r}_2$ zu verschieben, ist gleich der Differenz der potentiellen Energien an den Punkten $\vec{r}_2$ und $\vec{r}_1$:

$$W_{12} = -\int_{\vec{r}_1}^{\vec{r}_2} \vec{F}_g \, d\vec{r} = E_{\text{pot}}(\vec{r}_2) - E_{\text{pot}}(\vec{r}_1) = GmM \left(\frac{1}{r_1} - \frac{1}{r_2} \right).$$

5. Erdanziehungskraft,

Gewichtskraft, die Kraft, die die Erde aufgrund der Massenanziehungskraft auf einen Körper auf ihrer Oberfläche ausübt. Sie ergibt sich aus dem Gravitationsgesetz, der Masse der Erde und ihrem Radius und der Masse des Probekörpers.

Fallbeschleunigung g, nahezu konstante Beschleunigung aufgrund der Erdanziehungskraft, der alle fallenden Körper unterworfen sind: $g = 9.80665$ m/s^2 für Meereshöhe in etwa $45°$ geographischer Breite.

➤ Die Fallbeschleunigung ist nicht überall auf der Oberfläche gleich. Sie hängt wegen der nichtspärischen Form der Erde und aufgrund der Zentrifugalkraft der Erddrehung vom Breitengrad ab und aufgrund des Gravitationsgesetzes auch von der Höhe, in der die Messung vorgenommen wird. Schließlich führen Dichteschwankungen in der Erdkruste zu Massenkonzentrationen, die sowohl den Betrag als auch die Richtung der Erdanziehung verändern können. Dieser Effekt wird bei der Suche nach Rohstofflagern ausgenutzt.

➤ Nach dem Gravitationsgesetz gilt für das Verhältnis der Fallbeschleunigungen g_r im Abstand $r > R$ vom Erdmittelpunkt und g auf der Erdoberfläche:

$$\frac{g_r}{g} = \frac{R^2}{r^2}, \qquad R: \text{ Erdradius.}$$

➤ Die Hypothese einer „fünften Kraft", die durch einen Yukawa-Term mit dem Stärkeparameter α und dem Reichweiteparameter λ als Zusatzglied zum Potential der Gravitationskraft beschrieben werden kann,

$$V(r) = -G\frac{Mm}{r}(1 + \alpha e^{-r/\lambda}),$$

führt zu einer effektiven Gravitationskonstanten, die vom Abstand r des Probekörpers von der anziehenden Masse M abhängig wäre. Diese Hypothese konnte bisher nicht experimentell bestätigt werden.

5.1.2 Planetenbewegung

Neben der Erdanziehungskraft äußert sich die Gravitationskraft in der Bewegung der Planeten. Sie wurde 1609 durch Johannes Kepler empirisch in den **Keplerschen Gesetzen** beschrieben, die sich aus dem Gravitationsgesetz und den Newtonschen Gesetzen ableiten lassen:

1. Erstes Keplersches Gesetz

Alle Planeten bewegen sich auf Ellipsenbahnen, in deren einem Brennpunkt die Sonne steht.

➤ Eine Ellipse wird durch die Angabe ihrer großen und entweder ihrer kleinen Halbachse oder ihrer Exzentrizität beschrieben. In unserem Sonnensystem sind die Planetenbahnen nahezu kreisförmig.

Ekliptik, die Ebene der Erdbahn. Sie dient als astronomisches Bezugssystem. **Perihel**, der Punkt der Erdbahn, in dem die Erde die kleinste Entfernung von der Sonne hat. **Aphel**, der Punkt der Erdbahn, in dem die Erde die größte Entfernung von der Sonne hat.

➤ Die Jahreszeiten auf der Erde werden nicht durch den verschiedenen Abstand zur Sonne an Perihel oder Aphel verursacht, sondern durch die Neigung des Erdäquators gegen die Bahnebene der Erdbahn um die Sonne. Diese Neigung bewirkt, dass einmal die Nordhalbkugel und einmal die Südhalbkugel der Sonne mehr zugewandt ist.

2. Zweites Keplersches Gesetz

Ein von der Sonne zu einem Planeten gezogener Leitstrahl überstreicht in gleichen Zeiten gleiche Flächen (**Abb. 5.2**).

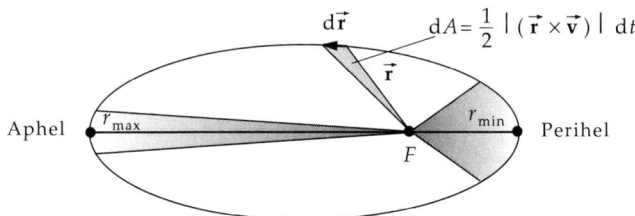

Abbildung 5.2: Zweites Keplersches Gesetz. F: Brennpunkt der Ellipse. Die schraffierten Flächen um r_{min} und r_{max} sind gleich groß.

➤ Diese Aussage folgt aus der Erhaltung des Drehimpulses $\vec{l} = \vec{r} \times \vec{p}$: Das in der Zeit dt überstrichene Flächenstück dA ist gegeben durch $2 \cdot dA = |\vec{r} \times d\vec{r}|$, also $2m \cdot dA/dt = |\vec{r} \times \vec{p}| = |\vec{l}|$. Wenn der Drehimpuls eine Erhaltungsgröße der Bewegung ist, $|\vec{l}| = $ const., dann ist die pro Zeitintervall dt überstrichene Fläche dA für alle Abschnitte der Bahn gleich. Insbesondere folgt daraus, dass die Bahngeschwindigkeit am Perihel, v_P, höher ist als am Aphel, v_A, da $l = r_{min}v_P = r_{max}v_A \Longrightarrow v_P > v_A$.

3.   Drittes Keplersches Gesetz

Die Quadrate der Umlaufzeiten T_1 und T_2 zweier Planeten verhalten sich wie die dritten Potenzen der großen Halbachsen a_1 und a_2 ihrer Bahnen:

$$T_1^2 : T_2^2 = a_1^3 : a_2^3, \qquad \frac{T^2}{a^3} = \text{const}.$$

➤ Die Keplerschen Gesetze beschreiben die Bewegung der Planeten aufgrund der Anziehung der Sonne. Sie berücksichtigen nicht die Anziehung der Planeten untereinander.

➤ Nach der allgemeinen Relativitätstheorie treten in der Nähe der Sonne Abweichungen vom $\frac{1}{r^2}$-Gesetz auf, die sich in einer langsamen Rotation der Umlaufellipse des Merkur manifestieren (Rosettenbahn).

▲ Parabeln und Hyperbeln sind ebenfalls mögliche Bahnen von Himmelskörpern. Sie führen jedoch nur einmal in ihrer Bewegung in die Nähe des Zentralgestirns, danach entfernt sich der Himmelskörper wieder aus dem Planetensystem (Beispiel: manche Kometen).

5.1.3   Planetensystem

5.1.3.1   Sonne und Planeten

1.   Sonne,

der Zentralstern des **Sonnensystems**, das aus den neun Planeten und den kleineren Himmelskörpern (Monde, Kometen, Asteroiden) besteht. Die neun Planeten des Sonnensystems sind teilweise erdähnlich in ihrer Größe (Merkur, Venus, Mars) und Zusammensetzung, teilweise wesentlich größere Gasriesen (Jupiter, Saturn, Uranus, Neptun).

Daten der Sonne		
Radius	696 000 km	= 109 Erdradien
Masse	$1.99 \cdot 10^{30}$ kg	= 332000 Erdmassen
mittlere Dichte	1 410 kg/m^3	
Fallbeschleunigung	273.7 m/s^2	= 27.9fache der Erdbeschleunigung

2.   Planeten und Sonnensystem

Planet, im Gegensatz zum **Fixstern** ein nicht selbstleuchtender Himmelskörper. Ein Planet ist sichtbar durch das von ihm reflektierte Licht. Unter dem Einfluss der Anziehungskraft ihres Zentralsterns bewegen sich Planeten auf Ellipsenbahnen um den Zentralstern. Ein Stern kann mehrere Planeten haben, die ihn auf verschiedenen Bahnen umkreisen (**Planetensystem**).

Im Sonnensystem existieren neun Planeten.

➤ Es ist nicht klar, ob weitere Planeten im Sonnensystem existieren. Da das von einem eventuellen weiteren Planeten reflektierte Sonnenlicht zu gering wäre, um derzeit messbar zu sein, versucht man seine Existenz durch seine Gravitationskraft auf andere Planeten und die daraus folgenden Bahnabweichungen aufzuspüren.

➤ Planeten wurden auch außerhalb unseres Sonnensystems entdeckt.

Wichtige Daten der Planeten im Sonnensystem:

Planet	Große Bahnhalb-achse (10^6 km)	Umlaufzeit (a)	Durchmesser (km)	Masse (in Erdmassen)	Rotationszeit
Merkur	57.9	0.241	4840	0.053	59 d
Venus	108.2	0.615	12400	0.815	243 d
Erde	149.6	1.000	12756	1.000	23 h 56 min
Mars	227.9	1.881	6800	0.107	24 h 37 min
Jupiter	778	11.862	142800	318.00	9 h 50 min
Saturn	1427	29.458	120800	95.22	10 h 14 min
Uranus	2870	84.015	47600	14.55	10 h 49 min
Neptun	4496	164.79	44600	17.23	15 h 40 min
Pluto	5946	247.7	5850	ca. 0.1	unbekannt

3. Wichtige Daten der Erde

Daten der Erde	
Äquatorradius	6378.163 km
Polarradius	6356.777 km
Abplattung	1:298 ($= (R_A - R_P)/R_A$)
Masse	$5.977 \cdot 10^{24}$ kg
mittlere Dichte	5517.0 kg/m^3
Fallbeschleunigung	9.80665 m/s^2
Fluchtgeschwindigkeit	11.19 km/s

Fluchtgeschwindigkeit (auch 2. kosmische Geschwindigkeit): die zum Verlassen des Gravitationsfeldes erforderliche Minimalgeschwindigkeit.

➤ Die Rotationszeit der Erde ist nicht genau 24 h, sondern um etwa 4 min geringer. Diese 4 min entsprechen dem Vorwärtsrücken der Erde auf ihrer Bahn um die Sonne.

4. Titius-Bodesche Beziehung

Die Radien a_n der Planetenbahnen bilden näherungsweise eine geometrische Reihe:

$$a_n \approx a_{\text{Erde}} k^n, \qquad k \approx 1.85,$$

($n_{\text{Erde}} = 0$, $n_{\text{Venus}} = -1$, $n_{\text{Merkur}} = -2$, $n_{\text{Mars}} = 1$, $n_{\text{Jupiter}} = 3$, $n_{\text{Saturn}} = 4$, ...).

➤ Der fehlende Wert $n = 2$ entspricht dem Asteroidengürtel zwischen Mars und Jupiter.

➤ Die Ursache dieser Beziehung wird in den Störungen der Planeten untereinander und den daraus resultierenden Bedingungen für stabile Bahnen vermutet.

5. Astronomische Einheit,

AE, der mittlere Abstand der Erde von der Sonne,

$$1 \text{AE} = 149.6 \cdot 10^6 \text{ km}.$$

Pluto, der äußerste Planet, ist ca. 40 AE von der Sonne entfernt, Merkur, der innerste, ca. 0.4 AE. Damit ist das Sonnensystem sehr viel kleiner als der Abstand zum nächsten Stern (Proxima Centauri, $4.3 \text{Lj} \approx 272265$ AE).

Lichtjahr, Lj (engl. **ly**), die Strecke, die Licht in einem Jahr zurücklegt:

$$1 \text{ Lj} = 9.4605 \cdot 10^{12} \text{ km} = 63240 \text{ AE}.$$

Parsec (Parallaxensekunde), die Entfernung, von der aus gesehen der Radius der Erdbahn um die Sonne unter dem Winkel von 1 Bogensekunde erscheint:

$$1 \text{ pc} = 3.262 \text{ Lj} = 30.857 \cdot 10^{12} \text{ km}.$$

6.   Messung astronomischer Größen

$\boxed{\text{M}}$ **Parallaxe**, die Verschiebung eines Sterns (z.B. gegen andere, weiter entfernte Sterne) am Sternhimmel im Verlauf eines Jahres aufgrund der Bewegung der Erde auf der Erdbahn. Je näher der Stern, desto größer die Parallaxe.

Parallaktische Entfernungsmessung, Entfernungsmessung eines Sterns durch Vergleich von im Laufe eines Jahres gemachten Aufnahmen. Ein Stern, der 1 pc entfernt ist, vollführt eine Parallaxe von 1 Bogensekunde. Anwendbar bis etwa 100 Lj, darüber hinaus indirekte Methoden (Helligkeit, Doppler-Verschiebung, ...).

7.   Mond,

Himmelskörper, der einen Planeten umkreist. Der Durchmesser des **Erdmondes** beträgt etwa ein Viertel des Durchmessers der Erde. Viele Planeten, besonders die Großplaneten Jupiter, Saturn und Uranus, haben mehrere Monde, die fast die Größe von Planeten erreichen können. Den Monden verwandt sind die **Ringe des Saturn**, die aus den Planeten umkreisenden Felsbrocken und Staub bestehen.

Daten des Erdmondes		
Durchmesser	3476.0 km	= 27% des Erddurchmessers
Masse	$7.350 \cdot 10^{22}$ kg	= 1.2% der Erdmasse
mittlere Dichte	3 342 kg/m^3	= 61% der Erddichte
Fallbeschleunigung	1.620 m/s^2	= 16.6% der Erdfallbeschleunigung
Fluchtgeschwindigkeit	2.37 km/s	

8.   Planetenrotation

Planeten (und Monde) rotieren um ihre eigene Achse; die Erde einmal in 24 Stunden, der Erdmond einmal im Monat (ca. 28 Tage). Letzteres bewirkt, dass der Erdmond der Erde immer die gleiche Seite zuwendet; die andere Seite des Mondes ist von der Erde aus permanent unsichtbar.

Äquator, Großkreis in der Ebene der Planetenrotation. Die Neigung der Äquatorebene gegen die Bahnebene bestimmt die Tageslänge im Jahreslauf und ist für die Jahreszeiten verantwortlich.

9.   Asteroiden und Kometen

Asteroiden, **Kleinplanet**, deutlich kleiner als jeder der neun Planeten. Die meisten Asteroiden finden sich in einem **Asteroidengürtel** zwischen Mars und Jupiter. Ihre Durchmesser reichen von wenigen Kilometern bis zu 740 km (Ceres).

Komet, ein Objekt auf einer extrem exzentrischen Ellipsenbahn oder auf einer Hyperbelbahn. Letztere nähert sich der Sonne bzw. der Erde nur einmal, erstere in periodischen Abständen, die 200 Jahre erreichen können. Der bekannteste Komet ist **Halleys Komet** mit einer Umlaufzeit von 76 Jahren. Befinden sich Kometen nicht in Sonnennähe (d.h., innerhalb der Bahnen der neun Planeten), so sind sie nicht beobachtbar. Kometen haben einen Durchmesser, der typischerweise zwischen 1 km und 100 km liegt. Gefrorene Gase auf der Oberfläche des Kometen verdampfen bei der Annäherung an die Sonne und werden als **Kometenschweif** sichtbar.

Meteor, eine Leuchterscheinung, verursacht durch **Meteoriten**, die in die Erdatmosphäre eintreten und durch die Luftreibung verglühen, deren oft metallische Reste manchmal die Erdoberfläche erreichen.

5.1.3.2   Satelliten

Satellit, ein Körper, der sich im Gravitationsfeld eines anderen Körpers, i. Allg. eines Planeten, auf einer Umlaufbahn bewegt. Ursprünglich betraf dieser Begriff die Monde, heute sind damit auch **künstliche Satelliten** gemeint.

▲   Für Satelliten lässt sich das erste Keplersche Gesetz dahingehend modifizieren, dass diese sich auf Kegelschnittbahnen bewegen, d.h. auf Kreis-, Ellipsen-, Parabel- oder Hyperbelbahnen, in Abhängigkeit von der Anfangsgeschwindigkeit des Satelliten.

Parabel- und Hyperbelbahnen führen zum Entweichen des Satelliten aus dem Gravitationsfeld des Zentralobjekts.

1. Erste kosmische Geschwindigkeit

Kreisbahngeschwindigkeit, v_K, **erste kosmische Geschwindigkeit**, die Geschwindigkeit, die ein Körper haben muss, um sich auf einer Kreisbahn nahe der Erdoberfläche zu bewegen. Sie ist die Geschwindigkeit, die ein Satellit mindestens haben muss, um nicht auf die Erdoberfläche aufzuprallen. Die Kreisbahngeschwindigkeit folgt aus dem Gleichgewicht von Zentrifugalkraft und Gravitationskraft der Erde, die die Zentripetalkraft zur Aufrechterhaltung der Kreisbewegung liefert.

2. Zweite kosmische Geschwindigkeit

Parabelbahngeschwindigkeit, v_P, **zweite kosmische Geschwindigkeit** oder **Fluchtgeschwindigkeit**, die Geschwindigkeit, die ein Körper haben muss, um sich aus dem Gravitationsfeld der Erde zu lösen. Der Körper bewegt sich dann auf einer Parabelbahn von der Erde weg.
Die kosmischen Geschwindigkeiten für die Erde sind (**Abb. 5.3**):

Kosmische Geschwindigkeiten			LT^{-1}

	Symbol	Einheit	Benennung
$v_K = \sqrt{\dfrac{GM}{R}} = 7912 \,\text{m/s}$	v_K	m/s	Kreisbahngeschwindigkeit
$v_P = \sqrt{2}v_K = \sqrt{\dfrac{2GM}{R}}$	v_P	m/s	Parabelbahngeschwindigkeit
	G	N m²/kg²	Gravitationskonstante
$= 11190 \,\text{m/s}$	M	kg	Erdmasse
	R	m	Erdradius

➤ Für Geschwindigkeiten $v_K < v < v_P$ ergeben sich Ellipsenbahnen. Hyperbelbahnen werden erreicht für $v > v_P$.

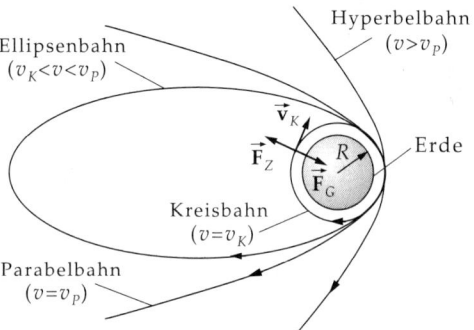

Abbildung 5.3: Satellitenbahnen. $\vec{F}_Z$: Zentrifugalkraft, $\vec{F}_G$: Gewichtskraft (Zentripetalkraft), R: Erdradius, v_K: erste kosmische Geschwindigkeit, v_P: zweite kosmische Geschwindigkeit

3. Dritte kosmische Geschwindigkeit

Dritte kosmische Geschwindigkeit, die Geschwindigkeit, die ein Körper haben muss, um sich aus dem Sonnensystem zu entfernen. Sie ergibt sich aus der gleichen Formel wie die zweite kosmische Geschwindigkeit, wobei nun die Masse der Sonne und der Abstand von der Sonne einzusetzen sind:

$$v = \sqrt{\frac{2GM_{\text{Sonne}}}{r_{\text{Sonne}-\text{Erde}}}} = 42.1 \,\text{km/s}.$$

➤ Mit der Beziehung $g = GM/R^2$ lassen sich die Geschwindigkeiten v_K und v_P auch durch die Fallbeschleunigung g auf der Erdoberfläche ausdrücken.

5.2 Spezielle Relativitätstheorie

1. Spezielle Relativitätstheorie,

von A. Einstein (1905) entwickelte Theorie zur Erklärung von Erscheinungen bei Bewegungen, deren Geschwindigkeit mit der Lichtgeschwindigkeit vergleichbar ist.

Zentrales Konzept der Speziellen Relativitätstheorie ist die Gleichheit der physikalischen Gesetze in jedem gleichförmig bewegten Bezugssystem, insbesondere die **Konstanz der Vakuumlichtgeschwindigkeit** in allen Inertialsystemen. Dies führt zu einer Neudefinition der Begriffe von Zeit und Raum im Rahmen eines **Raum-Zeit-Kontinuums**.

2. Allgemeine Relativitätstheorie,

ebenfalls von A. Einstein (1916) entwickelte Erweiterung der Speziellen Relativitätstheorie, die auch beliebig beschleunigte Bezugssysteme in das **Relativitätsprinzip** einbezieht.

■ Die allgemeine Relativitätstheorie führt zu einer Gleichbehandlung von Gravitation und Trägheitskräften mittels eines gekrümmten Raum-Zeit-Kontinuums und bildet die Grundlage der modernen **Kosmologie**.

3. Relativistische Effekte

Unterschiede zwischen der gewöhnlichen, nichtrelativistischen Physik und der Speziellen oder Allgemeinen Relativitätstheorie werden erst bei Geschwindigkeiten, die nahe der Lichtgeschwindigkeit liegen, und bei Bewegungen im Umfeld extrem massereicher Objekte bedeutend. Sie sind im täglichen Leben i. Allg. nicht beobachtbar.

■ Physikalische Anwendungen der Relativitätstheorie finden sich in der Elementarteilchenphysik (Teilchenbeschleuniger), der Atomphysik sowie in der Astronomie und Astronautik. Aufgrund der steigenden Genauigkeit von Präzisionsmessungen können relativistische Effekte auch in makroskopischen Prozessen auf der Erde nachgewiesen werden (Zeitdilatation in Flugzeugen).

5.2.1 Relativitätsprinzip

1. Inertialsystem,

ein System, in dem die Newtonschen Gesetze gelten, insbesondere das Trägheitsgesetz. In einem Inertialsystem verharrt ein Körper, auf den keine Kräfte wirken, in seinem Bewegungszustand. Daher sind Inertialsysteme jene Systeme, die sich mit gleichförmiger Geschwindigkeit gegeneinander bewegen.

➤ Die Angabe der Geschwindigkeit eines Systems ist nicht möglich, ohne ein Bezugssystem anzugeben, in dem diese Geschwindigkeit gemessen wird. Daher kann ein Inertialsystem nicht als ein System, das sich mit gleichförmiger Geschwindigkeit bewegt, definiert werden, ohne ein anderes Bezugssystem anzugeben, das wiederum ein Inertialsystem ist.

▲ Ein System, das sich mit gleichförmiger Geschwindigkeit $v = $ const. in Bezug auf ein Inertialsystem bewegt, ist wieder ein Inertialsystem.

Ereignis, in einem Bezugssystem durch die Angabe seiner Zeitkoordinate t und seiner Ortskoordinate x festgelegt. Damit erhält jedes physikalische Ereignis in einem gegebenen Bezugssystem eine **Koordinate** (x, t) im Raum-Zeit-Kontinuum zugeordnet.

2. Galilei-Transformation,

die Transformation der Koordinaten beim Übergang von einem Inertialsystem in ein anderes *ohne Berücksichtigung der Speziellen Relativitätstheorie*. x bzw. x' bezeichne die Ortskoordinate, t und t' die Zeitkoordinate in den beiden Systemen. Es wird vorausgesetzt, dass zum Zeitpunkt $t = 0$ der Koordinatenursprung beider Systeme am gleichen Ort liegt und ihre Relativbewegung in x-Richtung verläuft (**Abb. 5.4**). Wenn sich das zweite System mit der Geschwindigkeit v in bezug auf das erste System bewegt, dann lautet die Galilei-Transformation:

Galilei-Transformation

	Symbol	Einheit	Benennung
$x' = x - vt$	x, x'	m	Ortskoordinaten
$t' = t$	t, t'	s	Zeitkoordinaten
	v	m/s	Relativgeschwindigkeit der Bezugssysteme

Die zweite Beziehung, $t' = t$, drückt aus, dass die Zeitmessung (der Gang einer Uhr, die Bewegung eines Pendels) nicht von der Geschwindigkeit, mit der sich der Zeitmesser bewegt, abhängt.

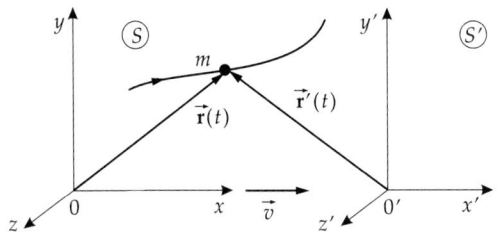

Abbildung 5.4: Galilei-Transformation. Der Koordinatenursprung O' des Bezugssystems S' bewegt sich gegenüber dem Koordinatenursprung O des Bezugssystems S geradlinig gleichförmig mit der Geschwindigkeit $\vec{v}$ längs der x-Achse. Bahnkurve in S: $\vec{r}(t) = \vec{r}'(t) + \vec{v}t$. In beiden Bezugssystemen wird die gleiche Zeitskala vorausgesetzt

➤ Man bezeichnet ein System S' als bewegtes Bezugssystem, wenn es sich gegenüber dem System S des Beobachters mit der Geschwindigkeit $\vec{v} \neq 0$ bewegt. Umgekehrt ist dann S für einen Beobachter, der in S' ruht, ein mit der Geschwindigkeit $-\vec{v}$ bewegtes Bezugssystem.

3. Bahnkurve,

$x(t)$, charakterisiert die Bewegung eines Körpers m in einem gegebenen Bezugssystem. Seine Bahnkurve in S:

$$\vec{r}(t) = \vec{r}'(t) + \vec{v}t .$$

■ Gemäß der Galilei-Transformation ist die Bahnkurve in einem mit der Geschwindigkeit v in x-Richtung bewegten System S' gegeben durch

$$x'(t') = x'(t) = x(t) - vt .$$

■ Ein mit der Geschwindigkeit u gleichförmig bewegter Körper hat die Bahnkurve

$$x(t) = x_0 + ut , \qquad x_0 : \text{ Koordinate zum Zeitpunkt } t = 0 .$$

In einem mit der Geschwindigkeit v bewegten Koordinatensystem ist die Bahnkurve gegeben durch

$$x'(t) = x(t) - vt = x_0 + ut - vt = x_0 + (u - v)t.$$

Bei einer Galilei-Transformation ergibt sich die Geschwindigkeit u' im bewegten System S' also durch Subtraktion der ursprünglichen Geschwindigkeit u des Körpers und der Relativgeschwindigkeit v des bewegten Systems S':

$$u' = u - v , \quad u = u' + v .$$

4. Relativitätsprinzip der klassischen nichtrelativistischen Mechanik

Die Gesetze der klassischen Mechanik haben in jedem Inertialsystem die gleiche Gestalt.

■ Transformation des zweiten Newtonschen Gesetzes:

Beobachter in S: $\vec{F} = m\ddot{\vec{r}}$.
Beobachter in S': $\dot{\vec{r}} = \dot{\vec{r}}' + \vec{v}$, $\dot{\vec{v}} = 0$,
                       $\ddot{\vec{r}} = \ddot{\vec{r}}'$, $\vec{F}' = m\ddot{\vec{r}}'$.

Das Kraftgesetz hat für beide Beobachter die gleiche mathematische Form.

5.   Maxwellsche Gleichungen,

beschreiben die Ausbreitung elektromagnetischer Wellen, folgen **nicht** diesem Relativitätsprinzip:

▲   Elektromagnetische Wellen (Licht) breiten sich im Vakuum mit der Geschwindigkeit

$$c = 2.99792458 \cdot 10^8 \text{ m/s}$$

aus. Würde sich diese Geschwindigkeit gemäß der Galilei-Transformation transformieren, so könnte dieser Wert offensichtlich nur in einem einzigen und damit ausgezeichneten Bezugssystem gelten, was der experimentellen Erfahrung widerspricht.

Bei der Ausbreitung von Schall in einem Gas gilt die Schallgeschwindigkeit in dem Bezugssystem, in dem sich das Gas in Ruhe befindet. Eine sehr schnell bewegte Schallquelle kann sich tatsächlich schneller als der von ihr emittierte Schall bewegen und erzeugt dabei eine Schockwelle.

Die führt zu der Frage, ob ein Beobachter, der sich schneller als die Lichtgeschwindigkeit bewegt, das von ihm ausgesandte Licht überholen kann.

6.   Ätherhypothese,

Analogie zwischen Licht- und Schallausbreitung, nach der elektromagnetische Wellen von einem als **Äther** bezeichneten Medium übertragen werden. Das System, in dem der Äther ruht, wäre als ein absolutes Koordinatensystem zu betrachten.

■   Der Wert der Lichtgeschwindigkeit würde dann gerade in jenem Bezugssystem gelten, in dem sich der Äther in Ruhe befindet.

[M]   Insbesondere würde die Existenz eines Äthers dazu führen, dass sich elektromagnetische Wellen in einem bewegten Bezugssystem (analog zur Schallaubreitung) mit verschiedenen Geschwindigkeiten nach vorne (d.h. in Bewegungsrichtung) und seitwärts ausbreiten. Diese Hypothese wurde erstmals mittels eines **Michelson-Interferometers** im **Michelson-Morley-Versuch** (1887) überprüft. Dabei wird mit einem Interferenzversuchs geprüft, ob sich die Ausbreitungsgeschwindigkeit des Lichts während der Drehung der Erde verändert. Das bewegte System, in dem gemessen wurde, stellte die Erde selbst auf ihrer Umlaufbahn dar. Dieses Experiment zeigte, dass sich Licht sowohl in Richtung der Erdbahnbewegung als auch senkrecht dazu mit der gleichen Geschwindigkeit c ausbreitet.

7.   Spezielles Relativitätsprinzip

Alle Inertialsysteme sind gleichberechtigt. Licht breitet sich in jedem Inertialsystem in alle Richtungen mit der gleichen Vakuumlichtgeschwindigkeit c aus.

➤   Im Gegensatz zur Ätherhypothese (absolute Bewegung) gibt es gemäß dem Relativitätsprinzip nur eine **relative Bewegung** in dem gewählten Bezugssystem; daher der Name **Relativitätstheorie**.

5.2.2   Lorentz-Transformation

1.   Einführung der Lorentz-Transformation

Die Gültigkeit des Relativitätsprinzips ist nur gewährleistet, wenn man die Galilei-Transformation durch eine andere Transformation, die **Lorentz-Transformation**, ersetzt. Sind im dreidimensionalen Raum die Koordinaten eines Ereignisses bezüglich eines Koordinatensystems S durch x, y, z und die Zeit t gegeben, so lauten die Koordinaten x', y', z', t' desselben Ereignisses in einem Koordinatensystem S', das sich mit der Geschwindigkeit v gleichförmig entlang der x-Achse gegen das erste bewegt (**Abb. 5.5**):

Lorentz-Transformation

$$x' = \frac{x - vt}{\sqrt{1 - v^2/c^2}}$$

$$y' = y$$

$$z' = z$$

$$t' = \frac{\left(t - \dfrac{v}{c^2}x\right)}{\sqrt{1 - v^2/c^2}}$$

Symbol	Einheit	Benennung
x, y, z	m	Ortskoordinaten im System S
t	s	Zeitkoordinate im System S
x', y', z'	m	Ortskoordinaten im System S'
t'	s	Zeitkoordinate im System S'
v	m/s	Relativgeschwindigkeit von S' gegen S
c	m/s	Lichtgeschwindigkeit

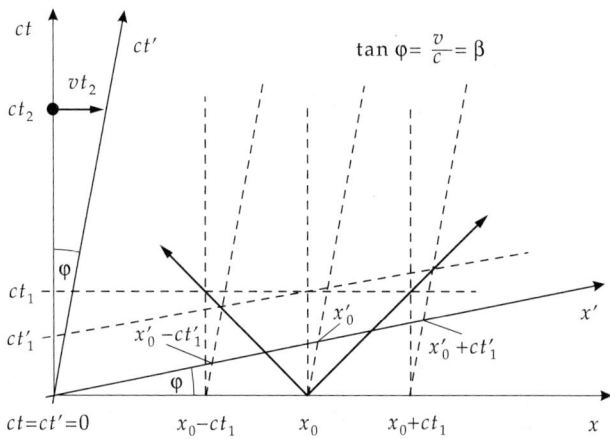

$$\tan\varphi = \frac{v}{c} = \beta$$

Abbildung 5.5: Lorentz-Transformation im Minkowski-Diagramm. Neben den Achsen (x, ct), (x', ct') der beiden Systeme ist die Weltlinie (= Bahnkurve im Minkowski-Raum) eines bei $(x = x_0, t = 0)$ ausgesandten Lichtimpulses eingezeichnet. Da sich der Lichtimpuls in beiden Systemen mit Lichtgeschwindigkeit c ausbreitet, lässt sich so der Maßstab der Achsen im System S' bestimmen

➤ Die Umkehrung der Lorentz-Transformation erhält man, indem man das Vorzeichen der Geschwindigkeit umkehrt. Das System S bewegt sich mit der Geschwindigkeit $-v$ relativ zum System S'.

$$x = \frac{x' + vt'}{\sqrt{1 - v^2/c^2}}, \quad t = \frac{\left(t' + \dfrac{v}{c^2}x'\right)}{\sqrt{1 - v^2/c^2}}.$$

2. Relativistischer Faktor,

γ, charakteristische Größe der Lorentz-Transformation:

$$\gamma = \frac{1}{\sqrt{1 - \dfrac{v^2}{c^2}}}.$$

Für Geschwindigkeiten, die klein gegen die Lichtgeschwindigkeit sind, gilt

$$v \ll c \implies \gamma \approx 1.$$

▲   Die Lorentz-Transformation geht für $v \ll c$ in die Galilei-Transformation über.

■   Dadurch ist sichergestellt, dass die Lorentz-Transformation nicht der Alltagserfahrung widerspricht, denn relativistische Effekte werden erst bei großen Geschwindigkeiten, die außerhalb unseres täglichen Erfahrungsbereiches liegen, messbar.

3.   Minkowski-Diagramm und Weltpunkt,

dienen der Veranschaulichung der Lorentz-Transformation. Man trägt auf der Abszisse den Ort x und auf der Ordinate die Zeit t (oder ct) auf, so dass jedem Ereignis ein **Weltpunkt** (t,x) im Diagramm zugeordnet werden kann (**Abb. 5.6**).

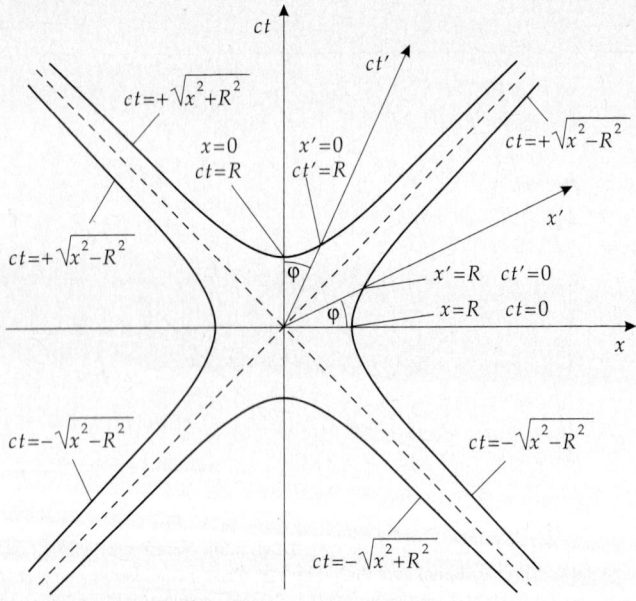

Abbildung 5.6: Lorentz-Transformation im Minkowski-Diagramm. Eingezeichnet sind die Achsen x, ct und x', ct' der beiden Systeme sowie die Hyperbeln $ct = \pm\sqrt{x^2 \pm R^2}$

Weltlinie, die Bahnkurve eines Teilchens im Minkowski-Diagramm. Zweckmäßigerweise wählt man die Einheiten auf den Achsen so, dass eine Bewegung mit Lichtgeschwindigkeit, $x(t) = ct$, als Gerade mit 45° Steigung erscheint und trägt dazu den Abstand in Lichtsekunden (Ls) und die Zeit in Sekunden auf. Eine **Lichtsekunde** ist die Strecke, die das Licht in 1 Sekunde zurücklegt: $1 \, \text{Ls} \approx 3 \cdot 10^8$ m.

Bei einer Lorentz-Transformation sind die Koordinatenachsen des bewegten Systems in das Minkowski-Diagramm einzuzeichnen. Die Koordinaten des Ursprungs $(t' = 0, \, x' = 0)$ sind $(t = 0, \, x = 0)$, d.h., die Ursprünge beider Koordinatensysteme liegen im gleichen Weltpunkt. Die x'-Achse des Systems S' hat die Gleichung

$$t' = 0 \quad \Longrightarrow \quad \gamma\left(t - \frac{v}{c^2}x\right) = 0 \quad \Longrightarrow \quad t = \frac{v}{c^2}x.$$

Dies entspricht einer Geraden, die im Winkel φ mit

$$\tan\varphi = \frac{v}{c}$$

zur x-Achse verläuft. Entsprechend findet man den gleichen Winkel, aber gezählt in die Gegenrichtung, für den Winkel der ct'-Achse zur ct-Achse.

Schließlich sind die Skalen auf den Achsen des Systems S' um den Faktor γ (> 1) weiter zu wählen als im System S (s. S. 137).

➤ Für einen Beobachter im System S' bewegt sich das System S mit der Geschwindigkeit $-v$.

4. Vergleich mit der Galilei-Transformation

Die radikalste Veränderung in der Lorentz-Transformation gegenüber der Galilei-Transformation ist die Aussage, dass die Zeitkoordinate nicht in beiden Systemen gleich sein kann. Dies ist eine direkte Folge des Postulats der Konstanz der Lichtgeschwindigkeit und lässt sich nicht vermeiden.

■ Zwei Ereignisse, die in einem Bezugssystem zum gleichen Zeitpunkt an verschiedenen Orten stattfinden, erscheinen in einem anderen Bezugssystem nicht als gleichzeitig. Diese **Relativität der Gleichzeitigkeit** ist ein allgemeines Phänomen und hängt damit zusammen, dass die Information über ein Ereignis nicht schneller als mit Lichtgeschwindigkeit von einem Ort zum anderen transportiert werden kann.

▲ Die größte Geschwindigkeit, mit der sich ein physikalischer Effekt ausbreiten kann, ist die Lichtgeschwindigkeit.

Der relativistische Faktor γ ist für die Geschwindigkeit $v = c$ nicht definiert (Division durch Null) und wird für Geschwindigkeiten $v > c$ imaginär. Es ist daher für massive Körper nicht möglich, im Vakuum eine Geschwindigkeit $v \geq c$ zu erreichen. Dies wird durch das **Additionstheorem der Geschwindigkeiten** ausgedrückt.

5. Tachyonen,

hypothetische Teilchen, die sich mit Überlichtgeschwindigkeit bewegen würden, aber nicht langsamer als die Lichtgeschwindigkeit werden könnten.

$\boxed{\text{M}}$ Tachyonen würden auch im Vakuum Licht aussenden. Strahlung entsteht, wenn sich ein Masseteilchen in einem optischen Medium mit dem Brechungsindex n schneller als mit der Geschwindigkeit $c_p = c/n$ bewegt (c: Vakuumlichtgeschwindigkeit, s. S. 267).

5.2.2.1 Addition der Geschwindigkeit

1. Addition der Geschwindigkeiten bei Lorentz-Transformation

Ein Körper bewege sich in einem Bezugssystem S', das gegenüber dem System S die Relativgeschwindigkeit $\vec{v}$ besitzt, mit der Geschwindigkeit $\vec{u}'$. Seine Geschwindigkeit $\vec{u}$ relativ zum Bezugssystem S ergibt sich nicht einfach durch Vektoraddition von $\vec{u}'$ und $\vec{v}$, sondern gemäß der Lorentz-Transformation nach dem

---

Additionstheorem der Geschwindigkeiten

$$u_x = \frac{u_x' + v}{1 + \dfrac{v}{c^2}u_x'}$$

$$u_y = \frac{u_y'}{\gamma\left(1 + \dfrac{v}{c^2}u_x'\right)}$$

$$u_z = \frac{u_z'}{\gamma\left(1 + \dfrac{v}{c^2}u_x'\right)}$$

Symbol	Einheit	Benennung
u_x, u_y, u_z	m/s	Geschwindigkeit in S
u_x', u_y', u_z'	m/s	Geschwindigkeit in S'
v	m/s	Relativgeschwindigkeit von S' entlang der x-Achse von S
c	m/s	Lichtgeschwindigkeit
γ	1	relativistischer Faktor

➤ Umkehrung durch Vertauschen des Vorzeichens der Relativgeschwindigkeit, $v \rightarrow -v$.

2. Herleitung des Additionstheorems

Man erhält diese Ausdrücke, wenn man die gleichförmige Bewegung eines Teilchens in einem bewegten Koordinatensystem S'

$$x' = u'_x t, \quad y' = u'_y t, \quad z' = u'_z t,$$

einer Lorentz-Transformation unterwirft und die resultierenden Ausdrücke für $x(t)$, $y(t)$ und $z(t)$ im (ruhenden) System S des Beobachters betrachtet. Dazu ist es zweckmäßig, die während einer kurzen Zeit dt zurückgelegte Strecke ($\mathrm{d}x$, $\mathrm{d}y$, $\mathrm{d}z$) zu betrachten. Nach den Differentiationsregeln gilt

$$\mathrm{d}x = \gamma \mathrm{d}x' + \gamma v \mathrm{d}t', \quad \mathrm{d}y = \mathrm{d}y', \quad \mathrm{d}z = \mathrm{d}z', \quad \mathrm{d}t = \gamma \mathrm{d}t' + \frac{v}{c^2}\mathrm{d}x'.$$

Im bewegten System S' vergeht eine andere Zeitspanne dt' als im ruhenden System S. Geschwindigkeit im System S:

$$u_x = \frac{\mathrm{d}x}{\mathrm{d}t} = \frac{\gamma \mathrm{d}x' + \gamma v \mathrm{d}t'}{\gamma \mathrm{d}t' + \gamma \dfrac{v}{c^2}\mathrm{d}x'} = \frac{\dfrac{\mathrm{d}x'}{\mathrm{d}t'} + v}{1 + \dfrac{v}{c^2}\dfrac{\mathrm{d}x'}{\mathrm{d}t'}}.$$

In gleicher Weise findet man die Geschwindigkeiten u_y und u_z.

3. Schlussfolgerungen aus dem Additionstheorem

▲   Für kleine Geschwindigkeiten $v \ll c$ reduziert sich die relativistische Addition der Geschwindigkeiten auf die gewöhnliche, nichtrelativistische Vektoraddition der Geschwindigkeiten $u = u' + v$.

▲   Für Geschwindigkeiten nahe der Lichtgeschwindigkeit gilt dagegen $u < u' + v$, d.h., die Geschwindigkeit ist kleiner als die einfache Vektorsumme.

Insbesondere gilt für $u'_x \approx c$ und $v \approx c$ nach dem relativistischen Additionstheorem

$$u_x = \frac{u'_x + v}{1 + \dfrac{v}{c^2}u'_x} \approx \frac{c + c}{1 + \dfrac{c}{c^2}c} \approx c.$$

▲   Die Geschwindigkeit eines Körpers kann die Lichtgeschwindigkeit nicht übersteigen.

5.2.3   Relativistische Effekte

Relativistische Effekte, anhand der Lorentz-Transformation vorausgesagte Effekte.

5.2.3.1   Längenkontraktion

1. Abstand im bewegten System

Der Abstand zwischen zwei Punkten auf der x'-Achse im S'-System ist durch

$$l' = x'_2 - x'_1$$

gegeben. Im System S wird die Länge l gemessen, indem die Koordinaten des Anfangs- und Endpunktes x_1, x_2 **zum gleichen Zeitpunkt** t bestimmt werden, $l = x_2 - x_1$. Nach der Lorentz-Transformation gilt dann

$$x'_1 = \gamma(x_1 - vt), \quad x'_2 = \gamma(x_2 - vt),$$

oder

$$l = \frac{1}{\gamma}l'.$$

Die **Länge** der gleichen Strecke erscheint also im System S **um den Faktor** $1/\gamma$ **verkürzt**.

2. Längenkontraktion

Die Länge einer Strecke in einem bewegten Bezugssystem erscheint dem Beobachter in seinem Ruhesystem verkürzt um den Faktor

$$\frac{1}{\gamma} = \sqrt{1 - \frac{v^2}{c^2}}.$$

➤ Das Relativitätsprinzip führt zu dem scheinbaren Paradoxon, dass einem Beobachter im System S' die Länge einer Strecke im System S **ebenfalls verkürzt** erscheint: $l' = (1/\gamma)l$. Die Auflösung dieses Paradoxons liegt in der Relativität der Gleichzeitigkeit der Messung in beiden Systemen.

5.2.3.2 Zeitdilatation

1. Zeitintervall im bewegten System

Finden zwei Ereignisse im bewegten Bezugssystem S' an den Orten x'_1 und x'_2 zu den Zeitpunkten t'_1 und t'_2 statt, so ist der Zeitabstand Δt zwischen den Ereignissen im ruhenden System S gegeben durch:

$$\Delta t = t_2 - t_1 = \gamma \left[\left(t'_2 + \frac{vx'_2}{c^2} \right) - \left(t'_1 + \frac{vx'_1}{c^2} \right) \right],$$

$$= \gamma(\Delta t' + \frac{v}{c^2}(x'_2 - x'_1)).$$

Finden beide Ereignisse im bewegten System S' **am gleichen Ort** ($x'_2 = x'_1$) statt, so gilt

$$\Delta t = \gamma \Delta t'.$$

2. Zeitdilatation

Der **Zeitabstand** zwischen zwei Ereignissen in einem bewegten System erscheint dem Beobachter im Ruhesystem **verlängert** um den Faktor

$$\gamma = \frac{1}{\sqrt{1 - \frac{v^2}{c^2}}}.$$

➤ Dieser Satz gilt auch umgekehrt für einen Beobachter im System S': $\Delta t' = \gamma \Delta t$. **Jedem** Beobachter erscheint das Zeitintervall im anderen System **verlängert**.

Weiterhin folgt, dass zwei in einem bewegten System gleichzeitig stattfindende Ereignis ($\Delta t' = 0$) in einem ruhenden System nicht gleichzeitig erscheinen, wenn die Ereignisse nicht am gleichen Ort stattfinden:

$$\Delta t = \gamma \frac{v}{c^2}(x'_2 - x'_1).$$

3. Beispiel: Höhenstrahlung

Beim Eindringen in die Erdatmosphäre erzeugt die primäre Höhenstrahlung (kosmische Strahlung) durch Stöße mit den Luftmolekülen eine harte Sekundärstrahlung, die aus energiereichen Mesonen besteht. In etwa 30 km Höhe gebildete μ-Mesonen haben in ihrem Ruhesystem eine Lebensdauer von $2 \cdot 10^{-6}$ s. Bei einer Geschwindigkeit von $v = 0.9995\,c$ ($\gamma \approx 32$) könnten diese Mesonen ohne relativistische Effekte eine Strecke von nur ≈ 600 m zurücklegen, sie könnten auf der Erdoberfläche also nicht beobachtet werden. Berücksichtigt man die Zeitdilatation, dann ergibt sich eine Lebensdauer von $32 \cdot 2 \cdot 10^{-6}$ s $\approx 6 \cdot 10^{-5}$ s. Dieses Zeitintervall reicht aus, den Weg vom Erzeugungsort zur Erdoberfläche zurückzulegen, so dass die μ-Mesonen aus der Höhenstrahlung auf der Erdoberfläche nachgewiesen werden können.

5.2.4 Relativistische Dynamik

Relativistische Dynamik, die Verallgemeinerung der Dynamik auf Geschwindigkeiten, die nicht klein gegen die Lichtgeschwindigkeit sind. Sie berücksichtigt die relativistische Massenzunahme und führt zur Äquivalenz von Masse und Energie.

5.2.4.1 Relativistische Massenzunahme

1. Massenzunahme

Der Impulserhaltungssatz kann mit der Definition $\vec{p} = m\vec{v}$ wegen des Additionstheorems der Geschwindigkeiten in der Relativitätstheorie nur gelten, wenn die Masse geschwindigkeitsabhängig wird (**Abb. 5.7**).

Relativistische Massenzunahme			M

$$m(v) = \frac{m_0}{\sqrt{1 - \dfrac{v^2}{c^2}}} = \gamma m_0$$

Symbol	Einheit	Benennung
$m(v)$	kg	Masse bei Geschwindigkeit v
m_0	kg	Ruhemasse
v	m/s	Geschwindigkeit des Körpers
c	m/s	Lichtgeschwindigkeit
γ	1	relativistischer Faktor

➤ Die relativistische Masse kann beliebig groß werden, wenn sich die Geschwindigkeit des Körpers der Lichtgeschwindigkeit nähert. Es ist daher nicht möglich, einen Körper durch eine Kraft oder durch Stöße auf Lichtgeschwindigkeit zu beschleunigen, da dies einem unendlich großen Energieaufwand entspräche.

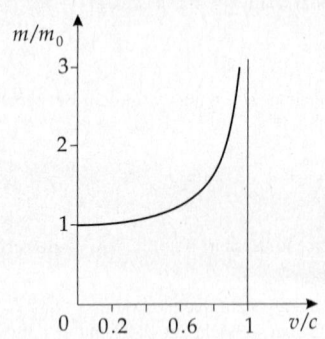

Abbildung 5.7: Relativistische Massenzunahme

2. **Relativistischer Impuls,**

$$\vec{p} = m(v)\vec{v} = \frac{m_0\vec{v}}{\sqrt{1 - \dfrac{v^2}{c^2}}} = \gamma m_0 \vec{v}.$$

Setzt man diesen Ausdruck in den Impulsbilanzen ein, so gelten der Impulserhaltungssatz und alle aus ihm abgeleiteten Beziehungen unverändert weiter.

3. **Relativistische Kraft**

Für die **relativistische Kraft** gilt:

$$\vec{F} = \frac{d\vec{p}}{dt} = \frac{d}{dt}\left(\frac{m_0\vec{v}}{\sqrt{1 - \dfrac{v^2}{c^2}}} \right).$$

Unterscheidung, ob die Kraft parallel oder senkrecht zur Bewegung wirkt: $\vec{v}$ sei parallel zur x-Achse,

$$F_x = \frac{m_0 a_x}{(1 - v^2/c^2)^{3/2}} = m_0\gamma^3 a_x,$$

$$F_y = \frac{m_0 a_y}{\sqrt{1 - v^2/c^2}} = m_0\gamma a_y,$$

$$F_z = \frac{m_0 a_z}{\sqrt{1 - v^2/c^2}} = m_0\gamma a_z.$$

$\vec{a}$ ist der Beschleunigungsvektor.

▲ Um einen Körper weiter in Bewegungsrichtung zu beschleunigen, ist also im Vergleich zum nichtrelativistischen Fall eine um den Faktor γ^3 erhöhte Kraft erforderlich. Für die Beschleunigung senkrecht zu seiner Bewegungsrichtung ist nur der Faktor γ notwendig.

5.2.4.2 Relativistische kinetische Energie

1. Relativistische Arbeit,

die beim Beschleunigen eines Körpers geleistete Arbeit,

$$\Delta W = F \Delta s = m_0 \gamma^3 a \Delta s = m_0 \gamma^3 \frac{\Delta v}{\Delta t} v \Delta t = m_0 \gamma^3 v \Delta v ,$$

F wirkende Kraft, Δs zurückgelegter Weg, Δv Geschwindigkeitszuwachs, Δt Zeitintervall.

Für die Beschleunigung aus der Ruhe, $u = 0$, bis zur Geschwindigkeit $u = v$ ergibt das Integral

$$W = \int_0^v \frac{m_0 u}{\left(1 - \frac{u^2}{c^2}\right)^{3/2}} \, du = m_0 c^2 \left(\frac{1}{\sqrt{1 - v^2/c^2}} - 1 \right)$$

den Ausdruck für die relativistische kinetische Energie.

2. Relativistische kinetische Energie

Relativistische kinetische Energie			$\mathbf{ML^2T^{-2}}$

$\begin{aligned} E_{\text{kin}} &= m_0 c^2 \left[\dfrac{1}{\sqrt{1 - \dfrac{v^2}{c^2}}} - 1 \right] \\ &= m_0 c^2 (\gamma - 1) \end{aligned}$	Symbol	Einheit	Benennung
	E_{kin}	J	kinetische Energie
	m_0	kg	Ruhemasse
	v	m/s	Geschwindigkeit
	c	m/s	Lichtgeschwindigkeit
	γ	1	relativistischer Faktor

➤ Im nichtrelativistischen Fall ist

$$\gamma = \frac{1}{\sqrt{1 - \dfrac{v^2}{c^2}}} \approx 1 + \frac{1}{2} \frac{v^2}{c^2} , \qquad E_{\text{kin}} \approx \frac{m_0}{2} v^2 .$$

Das ist der nichtrelativistische Ausdruck für die kinetische Energie.

3. Äquivalenz von Masse und Energie

Da der Nullpunkt der Energie beliebig gelegt werden kann, gibt man jedem Körper die relativistische Gesamtenergie $E = mc^2$ mit der **geschwindigkeitsabhängigen Masse** $m = \gamma m_0$.

▲ **Äquivalenz von Masse und Energie:**

Ein Körper mit der Masse m hat die **relativistische Gesamtenergie** E

$$E = mc^2 .$$

Ein ruhender Körper hat die **Ruheenergie (Massenenergie)**

$$E_0 = m_0 c^2 .$$

■ Die Energie kann nur freigesetzt werden, wenn es gelingt, die Massenenergie in eine andere Energieform umzuwandeln.

Die Anwendung der Relativitätstheorie auf Elementarteilchen (Relativistische Quantenfeldtheorie) führt gerade auf solche Prozesse.

Beim Zusammentreffen von Teilchen und Antiteilchen kann die Massenenergie $2m_0 c^2$ beider Teilchen in andere Energieformen, insbesondere elektromagnetische Strahlung umgewandelt werden (**Paarannihilation**). Teilchen-Antiteilchen-Paare können umgekehrt aus Strahlung erzeugt werden (**Paarerzeugung**).

4.   Energie-Impuls-Beziehung für relativistische Teilchen

Energie-Impuls-Beziehung

$\dfrac{E^2}{c^2} = p^2 + m_0^2 c^2$	Symbol	Einheit	Benennung
	E	J	relativistische Gesamtenergie
	p	kg m/s	Impuls
	m_0	kg	Ruhemasse
	c	m/s	Lichtgeschwindigkeit

wobei für E die relativistische Gesamtenergie mc^2 einzusetzen ist.

5.   Schwerpunktsenergie,

E_{cm} (cm = center of mass), bei der Kollision zweier Teilchen die gesamte Energie der beiden Teilchen, gemessen im Schwerpunktssystem, in dem der Schwerpunkt ruht:

$$E_{cm} = \sqrt{m_1^2 c^4 + m_2^2 c^4 + 2E_1 E_2 \left(1 - \frac{v_1}{c}\frac{v_2}{c}\right)\cos\theta},$$

(E_1, E_2 - relativistische Energie der Teilchen 1 und 2 in einem beliebigen System, v_1, v_2 - deren Geschwindigkeiten in diesem System, θ - Winkel zwischen den Teilchen). Ist das Teilchen 2 im **Laborsystem** in Ruhe, gilt insbesondere:

$$E_{cm} = \sqrt{m_1^2 c^4 + m_2^2 c^4 + 2E_{1lab}\, m_2 c^2}.$$

Die Schwerpunktsenergie charakterisiert die in Elementarteilchenstößen verfügbare Energie.
Die Geschwindigkeit im Schwerpunktssystem ist

$$\frac{\vec{v}_{cm}}{c} = \frac{\vec{p}_{1lab}\,c}{E_{1lab} + m_2 c^2},$$

($\vec{p}_{1lab}$ - Impuls im Laborsystem). Der relativistische Faktor ist

$$\gamma_{cm} = \frac{E_{1lab} + m_2 c^2}{E_{cm}}.$$

➤   In der Thermodynamik sind Druck und Entropie invariant gegenüber Lorentz-Transformationen, während Temperatur und Wärmemenge vom Bewegungszustand des Systems abhängen.

5.3   Allgemeine Relativitätstheorie und Kosmologie

Allgemeine Relativitätstheorie (AR), Erweiterung der speziellen Relativitätstheorie auf beliebige (Nicht-inertial-)Systeme. Sie behandelt insbesondere die **Gravitation** mit dem mathematischen Hilfsmittel eines **gekrümmten vierdimensionalen Raum-Zeit-Kontinuums**.

1.   Allgemeines Relativitätsprinzip

Ein Inertialsystem, das sich in einem Gravitationsfeld befindet, ist äquivalent zu einem Bezugssystem im gravitationsfreien Raum, das (relativ zu einem Inertialsystem) gleichförmig beschleunigt wird. Das heißt, ein Beobachter kann durch kein Experiment feststellen, ob er sich in dem einen oder dem anderen System befindet.

■   Ein Astronaut in einem Aufzug, der nur durch die Luftreibung gebremst mit einer Beschleunigung von 5/6 der Fallbeschleunigung auf der Erdoberfläche nach unten fällt und so nur das verbleibende Sechstel verspürt, kann glauben, er befinde sich auf dem Mond, dessen Anziehungskraft nur 1/6 der Erdanziehungskraft beträgt.

Krümmung des Raumes, tritt als Folge der Anwesenheit von Massen ein und äußert sich unter anderem in der Gravitationskraft.

2. Überprüfung der Allgemeinen Relativitätstheorie

- **Lichtablenkung** im Schwerefeld der Sonne. Ein Lichtstrahl von einem fernen Stern, der nahe am Rand der Sonne vorbeiläuft, wird durch die Raumkrümmung um $1.75''$ abgelenkt. Der Stern scheint dann seine Position zu ändern. Dies kann bei einer Sonnenfinsternis überprüft werden. Das Licht wird auch in der Newtonschen Betrachtung abgelenkt, allerdings nur halb so viel wie nach der AR. Die Ablenkung als solche ist somit kein Test der AR, wohl aber der genannte Zahlenwert.

- **Drehung der Apsidenlinie** (der Linie, die Aphel und Perihel verbindet) bei den inneren Planeten aufgrund einer Modifikation des Newtonschen Gravitationsgesetzes bei starken Gravitationsfeldern. Nach Berücksichtigung der Einflüsse der anderen Planeten bleibt beim Merkur eine überschüssige Drehung von $43''$ pro Jahrhundert, die gemessen worden ist.

- **Rotverschiebung** des Sternenlichts. Nach der allgemeinen Relativitätstheorie unterliegt auch Licht der Gravitation. Die Energie, die das Licht zum Verlassen des Gravitationsfeldes eines Sternes aufgebracht hat, bewirkt eine Energieverminderung, d.h. eine Verschiebung der Spektrallinien nach dem langwelligen (infraroten) Bereich. Die Rotverschiebung im Gravitationsfeld wird auch nach der Newtonschen Theorie (plus $E = h \cdot f$) vorausgesagt.

Schwarzes Loch, ein Stern, dessen Gravitationsfeld so stark ist, dass ihn kein Licht verlassen kann.

3. Eigenschaften des Universums

Die allgemeine Relativitätstheorie sagt entweder ein unendliches oder ein endliches Weltall voraus, in Abhängigkeit von der im Weltall vorhandenen Masse. Ein endliches Weltall kann mit der Oberfläche einer Kugel verglichen werden: Sie hat keine Grenzen, ist aber trotzdem endlich.

Hubble-Effekt, Nachweis der Expansion des Weltalls. Die Spektren weit entfernter Sterne zeigen eine Verschiebung ins Infrarote, die strahlenden Objekte bewegen sich also von uns fort. Diese Hubblesche (kosmologische) Rotverschiebung ist nur als ferne Analogie zum optischen Dopplereffekt zu deuten.

Hubble-Konstante H, gibt den Zuwachs der Expansionsgeschwindigkeit an:

$$H = 50 \text{ bis } 100 \text{ km/s pro Mpc},$$

(1 Mpc = 1 Megaparsec = 3.26 Mill. Lichtjahre). In einem gekrümmten Raum ist es möglich, dass jeder Beobachter gleichermaßen glaubt, alle anderen Punkte entfernten sich von ihm (wie Punkte auf der Oberfläche eines Luftballons, der aufgeblasen wird).

Von der im Universum vorhandenen Masse hängt es ab, ob das Universum eine maximale Ausdehnung erreichen und danach wieder zusammenfallen wird (**geschlossenes Universum**) oder ob es sich immer weiter ausdehnt (**offenes Universum**). Der größte Teil der Masse des Universums scheint in Form von **Dunkelmaterie** vorzuliegen, die in allen Formen von Teleskopen unsichtbar ist. Die Untersuchung der Rotation von Galaxien weist darauf hin, dass Galaxien in Halos von Dunkelmaterie eingeschlossen sind.

Urknall, Annahme, dass das Universum vor ca. $1\text{-}2 \cdot 10^{10}$ Jahren aus **einem** Punkt (**Singularität**) extrem hoher Energiedichte entstanden ist. Es breitete sich rasch aus und kühlte dabei ab.

3-Kelvin-Hintergrundstrahlung, die beobachtete, stark abgekühlte, nahezu isotrope thermische Strahlung im Weltall, die von der Strahlung in den ersten Sekunden nach dem Urknall übriggeblieben ist.

5.3.1 Sterne und Galaxien

1. Sterne und ihre Klassifikation

Stern, selbstleuchtender Himmelskörper. Er setzt Energie frei durch einen **Kernfusionsprozess**, der bei sehr hohen Temperaturen ($\approx 10^6$ K) im Innern des Sterns abläuft.

Klassifikation:

Sterne werden nach den Wellenlängen (Farben) des ausgestrahlten Lichtes und ihrer Größe klassifiziert. Die typischen Abstände zwischen Sternen in Galaxien sind Lichtjahre, zwischen Galaxien Millionen Lichtjahre. Mit freiem Auge sind etwa 5 000 bis 10 000 Sterne zu sehen, mit einem kleinen Fernrohr bereits 100 000. Insgesamt sind etwa 10 Milliarden Einzelsterne astronomischen Instrumenten zugänglich.

2.   Sternenverzeichnisse

Sterne werden nach **Durchmusterungen** (Sternverzeichnissen) bezeichnet. Die hellsten haben Eigennamen aus dem Arabischen oder Griechischen. Die meisten mit bloßem Auge sichtbaren Sterne haben Namen nach der Durchmusterung von Bayer (1603), bestehend aus einem griechischen Buchstaben, der die Helligkeit des Sternes in seinem Sternbild angibt, und dem Namen des Sternbildes. Reicht das griechische Alphabet nicht aus, so wird mit lateinischen Buchstaben und Zahlen fortgeführt. Schwächere Sterne werden nach Katalognummern von Durchmusterungen bezeichnet.

■   Der hellste Stern im Sternbild Cassiopeia:
Eigenname   Schedir
Bayerscher Name   α Cassiopeiae (kurz: α Cas)
Bonner Durchmusterung BD +55°139

3.   Größenklassen und Spektralklassen

Größenklasse, gibt die scheinbare Helligkeit eines Sterns an. Ursprünglich von 1^m bis 6^m (m - magnitudo, lat. für Größe), reicht sie heute von der Helligkeit der Sonne, -27^m, bis zu den schwächsten photographierbaren Sternen, 23^m. Kleinere (negativere) Zahlen bedeuten hellere Sterne; jede Klasse ist $10^{0.4} = 2.512$ mal heller als die nächstfolgende.

Größenklasse	Beispiel
-27^m	Sonne
-13^m	Vollmond
-11^m	Halbmond
-5^m bis -1^m	nahe Planeten
bis -2^m	hellste Sterne (Sirius, Wega)
$+6^m$	Beobachtungsgrenze für das Auge
$+14^m$	Pluto
$+23^m$	photographische Beobachtungsgrenze

Spektralklasse, klassifiziert die Art des Spektrums von Licht, das ein Stern aussendet.
Spektrum des Lichts von einem Stern, besteht aus breiten **Emissionsbanden**, auf denen **Absorptionslinien** liegen. Spektralklassen werden durch einen lateinischen Großbuchstaben und eine Zahl bezeichnet.

■   Die Sonne hat den Spektraltyp G 2.
▲   Die Spektralklasse steht mit der Oberflächentemperatur der Sterne in engem Zusammenhang.

4.   Galaxis,

diskus- oder spiralförmige Ansammlung (Durchmesser 30 000 parsec) von Sternen. **Milchstraße**, spiralförmige Galaxis mit einer Gesamtmasse von etwa 200 Milliarden Sonnenmassen, in deren einem Spiralarm sich die Sonne befindet. Am Sternhimmel als schwaches Band sichtbar. Sie ist umgeben von kugelförmigen **Sternhaufen**. Galaxien schließen sich zu Nebelgruppen und **Nebelhaufen** (Durchmesser einige Millionen Lichtjahre) zusammen.

5.3.1.1   Sternentwicklung

1.   Energiequelle der Sterne

Sterne beziehen ihre Energie aus Kernfusionsprozessen, die bei mehreren Millionen Grad Celsius in ihrem Inneren ablaufen. Dabei wird, katalysiert von Kohlenstoff und Stickstoff, Wasserstoff zu Helium fusioniert (**Bethe-Weizsäcker-Zyklus** oder **Kohlenstoff-Stickstoff-Zyklus**). Diese „H-Verbrennung" erfolgt relativ langsam.

■   Die Sonne hat in 4.5 Milliarden Jahren ihres Bestehens nur etwa 3 Promille ihrer Masse verbraucht; bei massereicheren Sternen erfolgt der Energieumsatz sehr viel schneller.

Ist der Wasserstoff verbraucht, lässt die Energieerzeugung im Kern des Sternes nach. Als Folge kontrahiert der Stern, weil die Gravitationskraft überwiegt. Während des Kontraktionsprozesses wachsen Druck und

Temperatur im Zentralgebiet an, so dass höhere Fusionsprozesse bis zum Kohlenstoff möglich werden. Die Gesamtenergieproduktion steigt wieder steil an, und die Kontraktion infolge Gravitation wird gestoppt. Schließlich entsteht ein **roter Riesenstern**, indem sich der Stern aufbläht und im Inneren Temperaturen bis zu 1 Milliarde Grad Celsius erreicht.

■ Die Sonne wird diesen Zustand wahrscheinlich in 3.5 Milliarden Jahren erreichen. Massereiche Sterne werden schließlich nach Verbrauchen des Brennstoffes unstabil und bilden zunächst pulsierende Sterne, dann Novae und Supernovae, endlich weiße Zwerge, Neutronensterne oder Schwarze Löcher.

2. Spezielle Sternzustände

Doppelstern, ein System aus zwei Sternen, die sich aufgrund der Gravitation umkreisen.

Veränderliche Sterne, Sterne mit veränderlicher Helligkeit. Periodische Veränderliche entstehen durch Überdeckung von Doppelsternen oder periodische Instabilitäten des Verbrennungsvorgangs.

Novae (eruptive Veränderliche), Sterne, die durch eine explosiv expandierende Gashülle innerhalb ca. eines Tages um 7 bis 10 Größenklassen heller werden, um danach über Monate oder Jahre wieder abzuklingen. Dabei wird nur ein kleiner Teil der Sternmasse abgestoßen. Einige Novae treten periodisch auf. In unserem Milchstraßensystem sind bisher 166 Novae beobachtet worden.

Supernovae, explosive Endstadien in der Entwicklung massiver Sterne. Supernovae treten sehr viel seltener auf als Novae, erreichen aber Helligkeitsanstiege bis zu 20 Größenklassen (Zunahme der Leuchtkraft um den Faktor 10^8). Etwa 7 bis 10 Supernova-Explosionen sollen seit Christi Geburt im Milchstraßensystem stattgefunden haben; einige sind schon in der Antike beobachtet worden. Nach einer Supernova bleiben vom Stern meist - neben Radiostrahlung - nur expandierende Gashüllen (**Gasnebel**) und evtl. ein weißer Zwergstern.

Pulsar, Radioquelle mit periodisch schwankender Intensität. Die Perioden liegen im Millisekunden- bis Sekunden-Bereich. Die Pulsdauer liegt bei etwa 5% der Periodendauer. Bei Pulsaren handelt es sich wahrscheinlich um schnell rotierende Neutronensterne mit außerordentlich hohen Magnetfeldern.

Neutronenstern, Überreste eines Sterns nach Supernovaausbruch. Sterne haben in einer Supernova den größten Teil ihrer Energie abgegeben und sind unter ihrer eigenen Gravitationskraft so stark zusammengefallen, dass sie nicht mehr aus gewöhnlicher Materie (Atomkerne + Elektronenhülle) bestehen, sondern aus dicht gepackten Neutronen, nachdem die Elektronen der Hülle von den Protonen der Kerne absorbiert wurden (s. S. 803). Neutronensterne haben eine Masse von der Größenordnung der Sonnenmasse. Typische Radien sind ca. 10 km, Dichten ca. $3 \cdot 10^{17}$ kg/m^3 (Dichte von Kernmaterie). Die Radiostrahlung entsteht durch im Gravitationsfeld beschleunigte Plasmawolken, die Periodizität durch Rotation des Systems. Bei weiterer Kontraktion des Sterns und ausreichender Masse kann ein **schwarzes Loch** entstehen.

6   Mechanik der deformierbaren Körper

6.1   Elastizitätslehre

Die Elastizitätslehre beschäftigt sich mit den Auswirkungen von äußeren, i. Allg. statischen Kräften auf die Form fester Körper.

Elastische Verformung, ein reversibler (umkehrbarer) Verformungsprozess, bei dem der Körper nach Abklingen der äußeren Kraft wieder in seine ursprüngliche Form zurückkehrt.

Plastische Verformung, ein irreversibler (nichtumkehrbarer) Verformungsprozess, bei dem nach Abklingen der äußeren Kraft eine Verformung des Körpers bestehen bleibt.

6.1.1   Spannung

1.   Definition und Eigenschaften der Spannung

Spannungen, innere Kräfte in einem Körper. Man beschreibt die in einem Körper wirkenden Spannungen durch Zerlegen des Körpers in kleine Volumenelemente, auf die diese Kräfte wirken. Die Volumenelemente erleiden unter den Spannungen **Formänderungen**.

Spannung, S, der Quotient aus wirkender Kraft und Flächenelement, an dem die Kraft angreift.

Normalspannung, σ, wirkt senkrecht zum Flächenelement.

Schubspannung, τ, wirkt parallel zur Fläche.

Spannung				$\mathbf{ML^{-1}T^{-2}}$
		Symbol	Einheit	Benennung
$\vec{S} = \dfrac{\Delta \vec{F}}{\Delta A}$		$\vec{S}$	N/m^2	Spannungsvektor
		$\vec{\sigma}$	N/m^2	Normalspannungsvektor
$\vec{\sigma} = \dfrac{\Delta \vec{F}_n}{\Delta A}$		$\vec{\tau}$	N/m^2	Schubspannungsvektor
		ΔA	m^2	Flächenelement
$\vec{\tau} = \dfrac{\Delta \vec{F}_t}{\Delta A}$		$\Delta \vec{F}$	N	wirkende Kraft
		$\Delta \vec{F}_n$	N	Normalkomponente von $\vec{F}$
		$\Delta \vec{F}_t$	N	Tangentialkomponente von $\vec{F}$

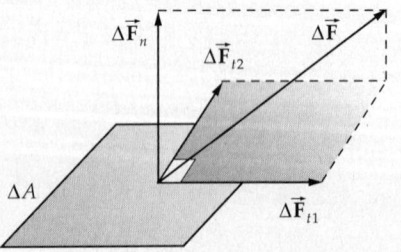

Abbildung 6.1: Zerlegung der an einer Fläche ΔA angreifenden Kraft $\Delta \vec{F}$ in eine Normalkomponente $\Delta \vec{F}_n$ und zwei zueinander senkrechte Tangentialkomponenten $\Delta \vec{F}_{t1}$, $\Delta \vec{F}_{t2}$

Newton pro Quadratmeter, N/m^2, SI-Einheit der Spannung:
1 N/m^2 ist die wirkende Spannung, wenn an der Fläche von 1 m^2 eine Kraft von 1 N angreift.

➤   Die typische Größenordnung für die Spannung ist MN/m^2 = N/mm^2.

➤ Bei Druckbelastung hat die Spannung ein negatives Vorzeichen.

➤ Es wird angenommen, dass sich der Querschnitt bei der Verformung nicht ändert.

■ An einem Draht des Durchmessers $d = 1$ mm hängt ein Gewicht von $m = 1$ kg. Die Spannung des Drahtes ist

$$S = \frac{F}{A} = \frac{mg}{\pi (d/2)^2} = \frac{1 \text{ kg} \cdot 9.81 \text{ m/s}^2}{\pi \cdot (0.5 \text{ mm})^2} = 12.5 \text{ N/mm}^2 = 12.5 \text{ MN/m}^2.$$

2. Spannungstensor,

$\hat{\tau}$, beschreibt den **Spannungszustand** eines kleinen, würfelförmigen Körperelements. Der Spannungszustand kann allgemein durch die Angabe von **neun** Größen beschrieben werden, wobei für jede Seite des Würfels drei Kraftkomponenten anzugeben sind (**Abb. 6.2**). Ist der Würfel hinreichend klein, so wirkt auf den gegenüberliegenden Seiten die gleiche Kraft, so dass der Spannungszustand durch die Elemente des **Spannungstensors** τ_{ij} beschrieben wird:

$$\hat{\tau} = \begin{pmatrix} \tau_{xx} = \sigma_x & \tau_{xy} & \tau_{xz} \\ \tau_{yx} & \tau_{yy} = \sigma_y & \tau_{yz} \\ \tau_{zx} & \tau_{zy} & \tau_{zz} = \sigma_z \end{pmatrix}.$$

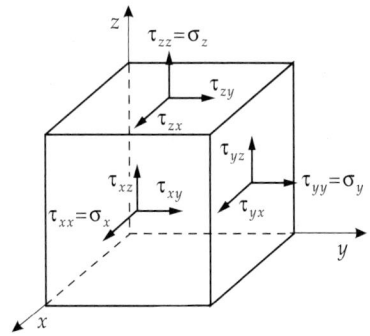

Abbildung 6.2: Komponenten des Spannungstensors

■ Bei den Komponenten des Spannungstensors charakterisiert der erste Index die Fläche und der zweite die Kraftrichtung. So gibt das Element τ_{xy} die an einem Flächenelement wirkende Schubspannung mit der Flächennormalen in x-Richtung und der Kraft in y-Richtung an.

In der Diagonale stehen die **Normalspannungen** (Komponenten der Spannung in Richtung der Flächennormalen), außerhalb der Diagonale die **Schubspannungen** oder **Tangentialspannungen** (Komponenten der Spannung senkrecht zur Flächennormalen). Der Spannungstensor ist symmetrisch:

$$\tau_{xy} = \tau_{yx}, \qquad \tau_{xz} = \tau_{zx}, \qquad \tau_{yz} = \tau_{zy}.$$

$\hat{\tau}$ enthält daher nur sechs unabhängige Größen: drei Normalspannungen und drei Schubspannungen.

6.1.1.1 Zug, Biegung, Scherung, Torsion

Folgende Begriffe beschreiben elementare Belastungsfälle:

Zug bzw. **Druck**, tritt auf, wenn die Schubspannungen verschwinden und die Kraft gleichmäßig am Körper angreift. Der Körper reagiert mit **Dehnung** und **Querdehnung** (**Abb. 6.3** und **Abb. 6.4**).

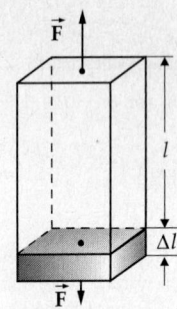

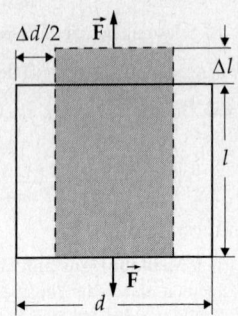

Abbildung 6.3: Dehnung   Abbildung 6.4: Querdehnung

Isotroper Druck (hydrostatischer Druck), der gleiche Druck wirkt auf alle Seiten des Körpers (**Abb. 6.5**).
Biegung, die Schubspannungen verschwinden, der Druck oder Zug greift aber ungleichmäßig an und bewirkt eine ungleichförmige Verformung des Körpers; an einigen Stellen des Körpers herrscht eine Zugbelastung, an anderen eine Druckbelastung (**Abb. 6.7**).
Scherung, tritt auf, wenn nur Schubspannungen wirken, die Kräfte also parallel zur Oberfläche des Körpers angreifen. Der Körper reagiert mit einer Verformung, die als Scherung bezeichnet wird. Die Winkel zwischen den Kanten des Körpers verändern sich (**Abb. 6.6**).

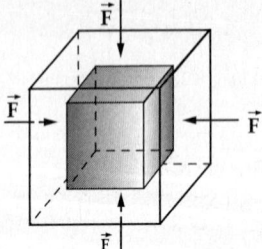

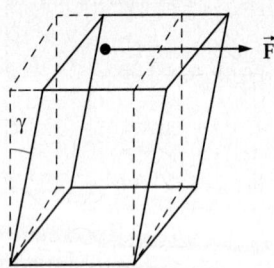

Abbildung 6.5: Allseitige Kompression   Abbildung 6.6: Scherung. Scherwinkel γ

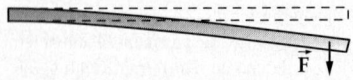

Abbildung 6.7: Biegung

Torsion, wie bei der Scherung treten nur Schubspannungen auf, die aber an verschiedenen Stellen in verschiedene Richtungen zeigen und dadurch ein **Drehmoment** erzeugen. Dies führt zu einer Verdrehung der Körperachsen.
Praktische Belastungsfälle lassen sich aus diesen elementaren Fällen zusammensetzen.

6.1.2 Elastische Verformung

Elastische Verformung wird beschrieben als die Veränderung in der Geometrie eines Körpers unter dem Einfluss äußerer Kräfte.

Methode der finiten Elemente: Um die Verformung eines Körpers zu beschreiben, betrachtet man ein kleines würfelförmiges Element dieses Körpers und seine aus der wirkenden Spannung folgende Verformung. Die Verformung eines ausgedehnten Körpers kann dann durch Summierung der Verformung der Elemente berechnet werden.

Man unterscheidet grundsätzlich zwei Arten der Verformung eines Würfels:

Dehnung, ε, eine oder mehrere Seitenlängen des Würfels verändern sich, die rechten Winkel bleiben jedoch erhalten,

$$\varepsilon = \frac{\Delta l}{l},$$

wobei l und Δl die ursprüngliche Länge bzw. die eintretende Längenänderung ist.

➤ Stauchungen sind negative Dehnungen.

Scherung, γ, eine Veränderung eines oder mehrerer Winkel im Würfel, ohne dass sich die Seitenlängen ändern. Die Scherung γ bezeichnet die Abweichung des betreffenden Winkels vom rechten Winkel (in rad). In der Praxis treten die folgenden vier Fälle auf:

- **Dehnung**,
- **Querdehnung**,
- **allseitige Kompression**,
- **Scherung**.

6.1.2.1 Dehnung
1. Eigenschaften der Dehnung

Dehnung, aufgrund der äußeren Zugkraft verlängert sich der Körper in Richtung der wirkenden Normalkraft oder verkürzt sich aufgrund einer äußeren Druckkraft. Die Längenänderung folgt im elastischen Bereich dem **Hookeschen Gesetz**, ist also proportional zur anliegenden Spannung (**Abb. 6.8**):

Spannung = Elastizitätsmodul · Dehnung	(Hookesches Gesetz)			$\mathbf{ML^{-1}T^{-2}}$

	Symbol	Einheit	Benennung
$\varepsilon = \dfrac{1}{E}\sigma$	ε	1	Dehnung
	E	N/m^2	Elastizitätsmodul
$\sigma = E\varepsilon$	σ	N/m^2	Normalspannung

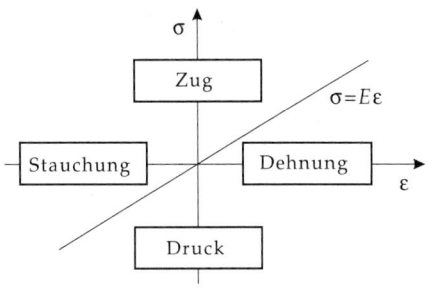

Abbildung 6.8: Hookesches Gesetz. Die Dehnung ε ist der Spannung σ proportional

2. Elastizitätsmodul und Dehnungszahl

Elastizitätsmodul, Youngscher Modul, E, gibt die notwendige Normalspannung σ pro Dehnung (relativer Längenänderung $\varepsilon = \Delta l / l$) an. E ist eine Werkstoffkonstante. SI-Einheit von E:

$$[E] = \frac{N}{m^2}.$$

Der Elastizitätsmodul wird üblicherweise in N/mm^2 = MN/m^2 oder GN/m^2 angegeben.

Dehnungszahl α, der Kehrwert des Elastizitätsmoduls, gibt die erfolgende Dehnung pro angewandter Spannung an,

$$\alpha = \frac{1}{E}.$$

SI-Einheit der Dehnungszahl α:

$$[\alpha] = \frac{m^2}{N}.$$

➤   Das Hookesche Gesetz gilt nur näherungsweise bei kleinen Dehnungen. Bei größeren Dehnungen hängen Normalspannung und Dehnung **nichtlinear** zusammen. Der Elastizitätsmodul ist eine Werkstoffkonstante, die auch von der Temperatur abhängt. Typische Werte liegen zwischen 10^4 und 10^5 N/mm^2 (siehe Tab. 8.2).

■   Gold hat einen Elastizitätsmodul von 81000 N/mm^2. Um einen Würfel aus Gold der Kantenlänge $l = 10$ cm um 1 ‰ seiner Seitenlänge zu stauchen ($\varepsilon = -0.001$), muss eine Spannung von

$$\sigma = E\varepsilon = -81 \cdot 10^9 \, \text{N/m}^2 \cdot 0.001 = -81 \, \text{N/mm}^2$$

angewandt werden, d.h., auf seiner nach oben gewandten Fläche muss die Masse

$$m = \frac{F}{g} = \frac{A \cdot \sigma}{g} = \frac{l^2 \sigma}{g} = 82.6 \cdot 10^3 \, \text{kg} = 82.6 \, \text{t}$$

lasten.

Im allgemeinen ist die Dehnung ε eines würfelförmigen Körperelements eine Funktion $\varepsilon(\sigma)$ der anliegenden Normalspannung σ.

Elastizitätsmodul bei einer gegebenen Normalspannung, die Änderung dσ der Normalspannung, die für eine Änderung der Dehnung um dε erforderlich ist:

$$E(\sigma) = \frac{d\sigma}{d\varepsilon}.$$

Der Elastizitätsmodul ist also die Ableitung der Funktion $\sigma(\varepsilon)$, oder graphisch die Steigung der Kurve im Spannungs-Dehnungs-Diagramm.

6.1.2.2   Querdehnung

1.   Definition der Querdehnung

Querdehnung, die Veränderung der Seitenlänge eines Würfels senkrecht zur wirkenden Kraft.

▲   Aufgrund einer Zugkraft wird der Körper länger, aber auch schmaler.

Relative Dickenänderung (Querdehnung), ε_q, proportional zur Dehnung und zur Normalspannung:

Querdehnung, Querkontraktion		1

$$\varepsilon_q = \frac{\Delta d}{d}$$
$$= -\nu \cdot \varepsilon = -\frac{1}{\mu}\varepsilon$$
$$= -\frac{\nu}{E}\sigma = -\frac{1}{\mu E}\sigma$$

Symbol	Einheit	Benennung
d	m	Dicke
Δd	m	Dickenänderung
ε_q	1	Querdehnung
ε	1	Dehnung
ν	1	Querdehnungszahl
μ	1	Poissonzahl
E	N/m^2	Elastizitätsmodul
σ	N/m^2	Normalspannung

Querdehnungszahl, ν, die Proportionalitätskonstante zwischen Dehnung und Querdehnung.

2. **Poissonzahl,**

Poissonscher Koeffizient, Kehrwert der Querdehnungszahl ν, gibt das Verhältnis von relativer Dickenänderung $\Delta d/d$ zu relativer Längenänderung $\Delta l/l$ an:

$$\mu = \frac{1}{\nu} = -\frac{\Delta d/d}{\Delta l/l}.$$

➤ Das negative Vorzeichen zwischen ε_q und ε drückt aus, dass z.B. der Durchmesser eines zylindrischen Drahtes bei Zug kleiner wird, während sich die Länge vergrößert.

➤ Typische Werte der Querdehnungszahl: $\nu \approx 0.3$ bis 0.4, $\mu \approx 2$ bis 3.

■ Bei dem oben aufgeführten Beispiel eines Würfels aus Gold mit der Kantenlänge $l = 10$ cm, auf dem eine Masse von 82.6 t eine Stauchung von $1\,°/_{oo}$ ($\varepsilon = -0.001$) erzielt, wird der Würfel breiter um

$$\varepsilon_q = -\nu\varepsilon = 0.42 \cdot 0.01 = 0.42\,°/_{oo}.$$

3. **Volumenänderung**

Aufgrund von Dehnung und Querdehnung ändert sich das Volumen eines Stabes mit quadratischem Querschnitt:

$$\Delta V = V' - V = (d + \Delta d)^2(l + \Delta l) - d^2 l$$

(V, V' Volumen ohne und unter Spannung, ΔV Volumenänderung, l, d Abmessungen des Stabes ohne Spannung, Δl Änderung der Abmessung in Spannungsrichtung, Δd Änderung der Abmessung senkrecht zur Spannungsrichtung). Für kleine Veränderungen dürfen Terme, die quadratisch in Δd und Δl sind, vernachlässigt werden:

$$\Delta V = d^2 \Delta l + 2d \cdot l \Delta d.$$

Die relative Volumenänderung ist

$$\frac{\Delta V}{V} = \frac{\Delta l}{l} + 2\frac{\Delta d}{d} = \varepsilon(1 - 2\nu).$$

➤ Für $\nu = 0.5$ bleibt das Volumen gerade unverändert, für $\nu < 0.5$ erhöht es sich. Werte von $\nu > 0.5$ würden eine Verringerung des Volumens bei einer anliegenden Zugspannung bedeuten, was physikalisch nicht auftritt.

■ Der Goldwürfel von 10 cm Kantenlänge ändert sein Volumen um

$$\frac{\Delta V}{V} = \varepsilon(1 - 2\nu) = -0.001(1 - 2 \cdot 0.42) = -0.16\,°/_{oo},$$

in absoluten Zahlen:

$$\Delta V = -0.00016 \cdot V = -0.00016 \cdot 1000\ \text{cm}^3 = 0.16\ \text{cm}^3.$$

4.   Dehnungstensor,

$\hat{\varepsilon}$, bestimmt den allgemeinen Dehnungszustand des Körpers, wenn ein Massenpunkt bei $\vec{r} = (x_1, x_2, x_3)$ durch die Dehnung um den Verschiebungsvektor $\vec{s}(\vec{r})$ nach $\vec{r} + \vec{s}(\vec{r})$ verschoben wird:

$$dx_i \rightarrow dx_i + ds_i = dx_i + \sum_{k=1}^{3} \frac{\partial s_i}{\partial x_k} dx_k \,.$$

Die Komponenten des Dehnungstensors $\hat{\varepsilon}$ werden durch die partiellen Ableitungen der Komponenten des Verschiebungsvektors $\vec{s}$ nach den Koordinaten x_i, $i = 1.2, 3$ ausgedrückt:

$$\hat{\varepsilon} = \frac{1}{2} \begin{pmatrix} \varepsilon_1 & \gamma_{12} & \gamma_{13} \\ \gamma_{21} & \varepsilon_2 & \gamma_{23} \\ \gamma_{31} & \gamma_{32} & \varepsilon_3 \end{pmatrix}, \quad \varepsilon_i = 2\frac{\partial s_i}{\partial x_i}, \quad \gamma_{ik} = \gamma_{ki} = \frac{\partial s_k}{\partial x_i} + \frac{\partial s_i}{\partial x_k} \,.$$

Der Dehnungstensor ist ein symmetrischer Tensor.

6.1.2.3   Allseitige Kompression

1.   Eigenschaften der allseitigen Kompression

Allseitige Kompression, die Veränderung des Volumens eines Körpers, wenn von allen Seiten die gleiche Druckkraft wirkt, im Gegensatz zu Dehnung und Querdehnung, bei denen die Kraft nur in eine Richtung wirkt.

Die relative Volumenänderung ist

$$\frac{\Delta V}{V} = 3\varepsilon(1 - 2\nu) \,,$$

wobei der Faktor 3 berücksichtigt, dass nicht nur eine, sondern drei Normalspannungen wirken. Setzt man für letztere

$$\sigma = -\Delta p \,,$$

wobei Δp die Druckbelastung ist, und verwendet $\varepsilon = \sigma/E$, so gilt

$$-\Delta p = \frac{\Delta V}{V} \frac{E}{3(1 - 2\nu)} \,.$$

Analog zum Elastizitätsmodul definiert man die Proportionalität

Druck = Kompressionsmodul · relative Volumenänderung			$\mathbf{ML^{-1}T^{-2}}$

	Symbol	Einheit	Benennung
	Δp	$Pa = N/m^2$	Druck
$-\Delta p = K\dfrac{\Delta V}{V}$	K	N/m^2	Kompressionsmodul
	ΔV	m^3	Volumenänderung
	V	m^3	Volumen des Körpers

2.   Kompressionsmodul,

K, gibt den Druck an, der pro relativer Volumenänderung erforderlich ist.
Übliche Einheit für K: $N/mm^2 = MN/m^2$ oder GN/m^2.

➤   Typische Werte für den Kompressionsmodul liegen zwischen 100 und 200 GN/m^2, (Eis: $K \approx 10\ GN/m^2$, Blei: $K \approx 44\ GN/m^2$, s. **Tab. 8.3/4**).

■   Kupfer hat einen Kompressionsmodul von 126 000 N/mm^2. Unter Atmosphärendruck von ca. 10^5 Pa verändert sich das Volumen eines Kupferblocks also um

$$\frac{\Delta V}{V} = -\frac{\Delta p}{K} = 7.9 \cdot 10^{-7} = 0.000079\% \,.$$

Das Volumen eines Kupferblockes von 1 m^3 verändert sich also um ca. 0.8 cm^3.

Kompressionsmodul K und Elastizitätsmodul E sind durch die Querdehnungszahl verbunden:

$$K = \frac{E}{3(1-2\nu)}.$$

In der Thermodynamik ist es bei der Betrachtung von Flüssigkeiten und Gasen üblich, anstelle des Kompressionsmoduls K den Kehrwert, die Kompressibilität κ, zu betrachten:

3. Kompressibilität,

κ, der Kehrwert des Kompressionsmoduls (s. **Tab. 8.3/4**):

$$\kappa = \frac{1}{K} = \frac{\Delta V/V}{-\Delta p}.$$

Bei Gasen gilt:

$$\kappa = \frac{A}{V(p+p_T)}.$$

A ist eine für das Gas charakteristische, mit der Temperatur anwachsende Funktion. V - Volumen, p - äußerer Druck, p_T - van-der-Waals-Druck. Für das ideale Gas ist $A = 1$ und $p_T = 0$.

6.1.2.4 Biegung eines Stabes (Balkens)

1. Begriffsbestimmung für die Biegung

Biegung, tritt auf, wenn ein punktweise eingespanntes oder gestütztes Bauteil außerhalb der Stützstellen belastet wird. Nachfolgend wird nur der Fall eines Balkens betrachtet, der längs der z-Achse orientiert sei und konstanten Querschnitt (x,y) habe. Die belastende Kraft wirkt senkrecht zur z-Achse.

Balastungsfälle bei Biegung:

* einseitig fest eingespannter Stab (Tangente horizontal), Belastung punktweise (freies Ende) oder Belastung kontinuierlich längs z-Achse verteilt,
* beiderseitig feste Einspannung, Belastung punktweise oder kontinuierlich,
* einseitig, feste Einspannung, andere Seite auf Stütze aufliegend,
* beiderseits auf Stützpunkt aufliegend.

In einem Teil des Balkenquerschnitts wirkt Druckbelastung, im anderen Teil Zugbelastung. Dazwischen liegt die **neutrale Faser**, die durch den Schwerpunkt des Balkenquerschnitts führt (s. **Abb. 6.9**).

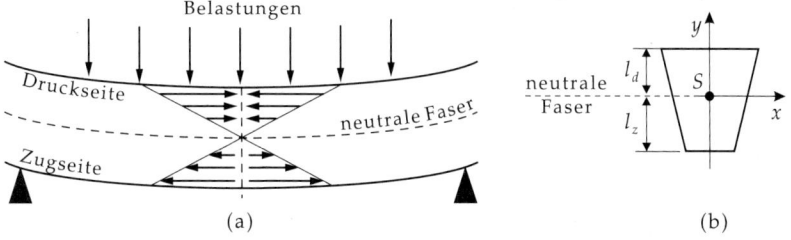

Abbildung 6.9: Schematische Darstellung von Durchbiegung, Druck- und Zugverteilung in einem beiderseits aufliegenden Balken. Die neutrale Faser verläuft durch den Schwerpunkt S. l_d, l_z: Abstände der äußersten Faser auf Druck- bzw. Zugseite von neutraler Faser. (a): Längsschnitt, (b): Querschnitt

2. Biegemoment,

M_b, Produkt aus Kraft F und Kraftarm l. Beim einseitig eingespannten Stab der Länge l, der am freien Ende belastet wird, ist der Kraftarm vom freien Ende zur Einspannung hin zu zählen. Das Biegemoment auf einen zur Balkenachse (z) senkrechten Querschnitt ist am freien Ende Null; es ist maximal an der Einspannungsstelle, $M_{b,\max} = F \cdot l$.

Beim einseitig eingespannten Balken mit mehreren Punktlasten (oder Linienlast) ist das Biegemoment auf einem ausgewählten Balkenquerschnitt die Summe (das Integral) über die Biegemomente der Einzelkräfte. Beim beiderseits frei aufliegenden oder eingespannten Balken mit einer Einzellast liegt das maximale Biegemoment an der Belastungsstelle.

Beim beiderseits aufliegenden oder eingespannten Balken mit konstanter Linienlast (oder einer Summe äquidistanter, gleichgroßer Punktlasten) liegt das maximale Biegemoment in der Balkenmitte.

Biegemoment			$\mathbf{ML^2T^{-2}}$
$M_b = \sum_i F_i \cdot l_i$	Symbol	Einheit	Benennung
	M_b	Nm	Biegemoment
	F_i	N	i-te wirkende Kraft
	l_i	m	i-ter Kraftarm

Wirken mehrere Kräfte, so sind die Biegemomente zu addieren. Rechtsdrehende Momente und linksdrehende Momente gehen mit unterschiedlichen Vorzeichen ein.

Flächenträgheitsmoment, J, auch Flächenmoment; charakterisiert Form und Größe der Querschnittsfläche des Balkens (s. **Abb. 6.9 (b)**)

Axiales Flächenträgheitsmoment J_a, bezogen auf die neutrale Faser:

$$J_x = \int y^2 \, dA, \quad J_y = \int x^2 \, dA, \quad dA \text{ Flächenelement.}$$

Polares Flächenträgheitsmoment J_p, bezogen auf den Schwerpunkt:

$$J_p = \int r^2 \, dA = \int (x^2 + y^2) \, da = J_x + J_y.$$

Widerstandsmoment, W_b:

$$W_{x,\text{zug}} = \frac{J_x}{e_{\text{zug}}}, \quad W_{x,\text{druck}} = \frac{J_x}{e_{\text{druck}}},$$

mit $e_{\text{zug}}, e_{\text{druck}}$ als Abstände der äußersten Faser auf der Zug- bzw. Druckseite des Balkenquerschnitts von der neutralen Faser (s. **Abb. 6.9**)

Die **maximale Biegespannung** (Randspannung) ist gegeben durch

$$\sigma_b = \frac{M_b}{W_b}.$$

3.   Durchbiegung,

wird bestimmt von der Geometrie der Lagerung und vom Verhältnis

$$\frac{F}{EJ_a}$$

der wirkenden Kraft F zum Produkt aus Elastizitätsmodul E und axialem **Flächenträgheitsmoment** J_a des Balkenquerschnitts. Das axiale Flächenmoment für kreisförmigen Querschnitt mit Durchmesser d und für einen rechteckigen Querschnitt (Breite b und Höhe h) ist:

$$J_{a,\text{Kreis}} = \frac{\pi}{64} d^4 \approx 0.049 \, d^4, \quad J_{a,\text{Rechteck}} = \frac{bh^3}{12} \approx 0.083 \, bh^3.$$

Die größtmögliche Belastung eines Balkens mit Rechteckquerschnitt ist proportional zur Breite und zum Quadrat der Höhe, aber umgekehrt proportional zur Länge des Balkens.

4.   Beispiele: Biegemomente und Durchbiegungen für typische Belastungsfälle

- Einseitig eingespannter Stab, Punktlast F am Ende (**Abb. 6.10 (a)**):

$$F_A = F, \quad s = \frac{l^3}{3} \frac{F}{EJ_a}, \quad M_{b,\text{max}} = lF.$$

• Einseitig eingespannter Stab, Linienlast, Summe F (**Abb. 6.10 (b)**):

$$F_A = F, \quad s = \frac{l^3}{8} \frac{F}{EJ_a}, \quad M_{b,\text{max}} = \frac{l}{2}F.$$

• Beiderseits aufliegender Stab, Punktlast F, unsymmetrisch (**Abb. 6.10 (c)**):

$$F_A = \frac{b}{l}F, \quad a + b = l, \quad F_B = \frac{a}{l}F$$

$$s = \frac{a^2b^2}{3l} \frac{F}{EJ_a}, \quad M_{b,\text{max}} = \frac{ab}{l}F.$$

• Beiderseits aufliegender Stab, Linienlast, Summe F (**Abb. 6.10 (d)**):

$$F_A = F_B = F/2, \quad s \approx \frac{l^3}{77} \frac{F}{EJ_a}, \quad M_{b,\text{max}} = \frac{l}{8}F.$$

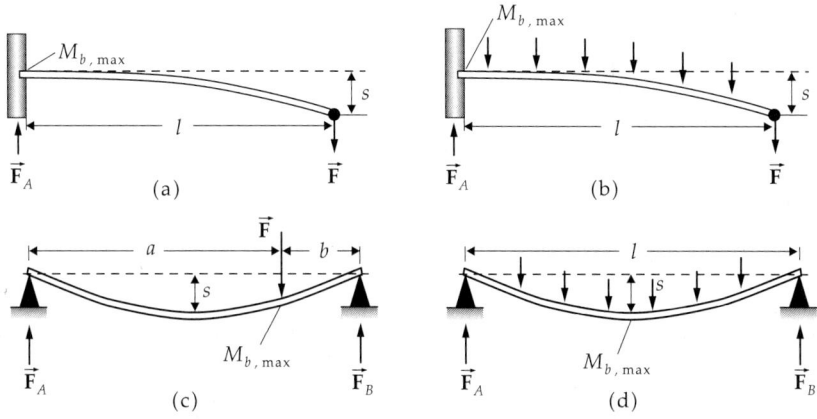

Abbildung 6.10: Biegelinien (statisch bestimmt) eines Balkens. Links: Punktlast, rechts: Linienlast. Oben: einseitige Einspannung, unten: beidseitig aufliegend

5. **Beispiel: Stahlträger**

Ein Stahlträger (Elastizitätsmodul 200 GN/m^2) mit einer quadratischen Querschnittsfläche der Seitenlänge 10 cm und einer Länge von 2 m wird mit einer Masse von 1000 kg belastet. Sein Flächenträgheitsmoment J_a ist

$$J_a = J_{a,\text{Rechteck}} = 0.083 \cdot (0.1 \text{ m}) \cdot (0.1 \text{ m})^3 = 8.3 \cdot 10^{-6} \text{ m}^4.$$

Daraus folgt

$$\frac{F}{EJ_a} = 5.9 \cdot 10^{-3} \text{ m}^{-2}.$$

Für verschiedene Belastungsfälle ergeben sich folgende Durchbiegungen und Normalspannungen:

einseitig, gleichmäßig	$s = \dfrac{l^3}{8}\dfrac{F}{EJ_a} = 5.9\,\text{mm}$	$M_b = \dfrac{l}{2}F = 9810\,\text{Nm}$
zweiseitig gleichmäßig	$s = \dfrac{l^3}{77}\dfrac{F}{EJ_a} = 0.6\,\text{mm}$	$M_b = \dfrac{l}{8}F = 2450\,\text{Nm}$
einseitig Last am Ende	$s = \dfrac{l^3}{3}\dfrac{F}{EJ_a} = 16\,\text{mm}$	$M_b = lF = 19620\,\text{Nm}$
zweiseitig Last in der Mitte	$s = \dfrac{(l/2)^2(l/2)^2}{3l}\dfrac{F}{EJ_a}$ $= 1\,\text{mm}$	$M_b = \dfrac{(l/2)(l/2)}{l}F = 4900\,\text{Nm}$

Weiter gilt:

- Verdoppelt man die Länge des Trägers, so verachtfacht sich die Durchbiegung, die maximale Normalspannung verdoppelt sich.

- Halbiert man die Seitenlängen der Querschnittsfläche, so sinkt das Flächenträgheitsmoment auf ein Sechzehntel, so dass die Durchbiegung auf das Sechzehnfache steigt.

6.   Biegespannung,

σ_b, die bei der Biegung im Balken erzeugte Spannung, Quotient von Biegemoment M_b und **Widerstandsmoment** W_b:

$$\sigma_b = \frac{M_b}{W_b}, \quad W_{b,\text{Kreis}} = \frac{\pi d^3}{32} = 0.098\,d^3, \quad W_{b,\text{Rechteck}} = \frac{bh^2}{6} = 0.167\,bh^2\,.$$

■   Für das letzte Beispiel gilt

$W_b = 1.67 \cdot 10^{-4}\,\text{m}^3$.

Damit ergeben sich die folgenden maximal auftretenden Spannungen:

einseitig, gleichmäßig	$\sigma_b = 59\,\text{N/mm}^2$,
zweiseitig, gleichmäßig	$\sigma_b = 15\,\text{N/mm}^2$,
einseitig, Last am Ende	$\sigma_b = 118\,\text{N/mm}^2$,
zweiseitig, Last in der Mitte	$\sigma_b = 3\,\text{N/mm}^2$.

Die Zugfestigkeit von Stählen liegt dagegen zwischen 400 und 1200 N/mm^2. Halbiert man die Seitenlänge des Querschnitts, so sinkt das Widerstandsmoment auf ein Achtel, die Spannung steigt auf das Achtfache.

6.1.2.5   Scherung

1.   Eigenschaften der Scherung

Scherung, Verformung eines Körpers, bei der sich die rechten Winkel in einem kleinen würfelförmigen Element um den **Scherwinkel** γ ändern. Scherung tritt auf, wenn Kräfte parallel zu einer Oberfläche des Würfels auftreten.

▲   Für kleine Scherwinkel ist der Scherwinkel proportional zur **Schubspannung** τ.

Schubspannung = Schubmodul · Scherwinkel	$\mathbf{ML^{-1}T^{-2}}$

	Symbol	Einheit	Benennung
$\tau = G\gamma$	τ	N/m²	Schubspannung
	G	N/m²	Schubmodul
	γ	rad	Scherwinkel

2. Schubmodul,

G, Proportionalitätskonstante, die die erforderliche Schubspannung pro Scherwinkeleinheit angibt.

SI-Einheit von G:

$$[G] = \frac{N}{m^2} = 1\,\text{Pa}\,.$$

Allgemein ist die benötigte Schubspannung τ eine Funktion des gewünschten Scherwinkels γ, und man definiert den Schermodul allgemein durch

$$G = \frac{d\tau}{d\gamma}\,.$$

▲   Schubmodul G und Elastizitätsmodul E sind durch die Querdehnungszahl ν verbunden:

$$G = \frac{E}{2(1+\nu)}\,.$$

Aus $0 \leq \nu \leq 0.5$ folgt:

$$\frac{E}{3} \leq G \leq \frac{E}{2}\,.$$

➤   In anisotropen Werkstoffen, die sich nicht in allen Richtungen gleich verhalten, können für jede Raumrichtung andere Werkstoffkonstanten gelten.

6.1.2.6   Torsion

1. Torsion und Torsionsspannung

Torsion, Schubspannungen wirken in verschiedene Richtung, so dass ein Drehmoment auf den Körper einwirkt.

Torsionsspannung, τ, das Verhältnis von wirkendem Drehmoment M_t zum **Widerstandsmoment** W_t bei Torsion des Körpers:

$$\tau = \frac{M_t}{W_t}\,, \qquad [\tau] = \frac{N}{m^2}\,.$$

▲   Das Widerstandsmoment W_t hängt von der Geometrie des Körpers ab.

■   Für einen kreisförmigen Querschnitt mit Durchmesser d gilt:

$$W_t = \frac{\pi}{16}d^3 = 0.196\,d^3\,, \qquad [W_t] = m^3\,.$$

Bei der Torsion von Stäben wird jeder Querschnitt in Abhängigkeit von der Position längs des Stabes um einen Torsionswinkel ϕ verdreht.

2. Drillung,

ψ, bei einem kreiszylindrischen Körper der Torsionswinkel ϕ je Längeneinheit, $\psi = \phi/l$, oder $\psi = d\phi/dl$.
Die Drillung ist proportional zum Drehmoment M_t, aber umgekehrt proportional zum Schubmodul G (**Abb. 6.11**):

Drillung			L^{-1}

	Symbol	Einheit	Benennung
	ψ	rad/m	Drillung
	ϕ	rad	Torsionswinkel
$\psi = \dfrac{\mathrm{d}\phi}{\mathrm{d}l} = \dfrac{W_t}{GJ_p}\tau = \dfrac{M_t}{GJ_p}$	l	m	Länge des Körpers
	W_t	m³	Widerstandsmoment
	J_p	m⁴	polares Flächenmoment
	G	N/m²	Schubmodul
	τ	N/m²	Torsionsspannung
	M_t	Nm	Drehmoment

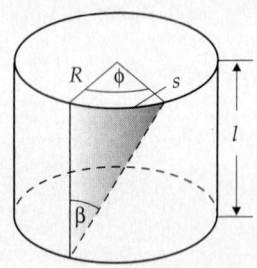

Abbildung 6.11: Torsion eines zylindrischen Stabes, Radius R, Länge l, Torsionswinkel ϕ. Verschiebung s am Rand der Stirnfläche: $s = R \cdot \phi = l \cdot \beta$

3. Polares Flächenmoment,

J_p, das Flächenmoment des Querschnitts, bezogen auf seinen Schwerpunkt:

$$J_p = \int r^2\,\mathrm{d}A, \quad r^2 = x^2 + y^2, \quad \mathrm{d}A = \mathrm{d}x\,\mathrm{d}y.$$

■ Für einen kreisförmigen Querschnitt mit Durchmesser d gilt:

$$J_p = \frac{\pi}{32} \cdot d^4 = 0.098\,d^4, \qquad [J_p] = \mathrm{m}^4.$$

Für einen Kreisring mit dem äußeren Radius R_1 und dem inneren Radius R_2 gilt:

$$J_p = \frac{\pi}{2}\left(R_1^4 - R_2^4\right).$$

➤ Besitzt der Körper keinen kreisförmigen Querschnitt, dann ist in der Formel für den Verdrillwinkel das polare Flächenmoment J_p durch das Torsionsmoment J_t ($J_t \le J_p$) zu ersetzen.

6.1.2.7 Energie und Arbeit bei Verformungen

1. Verformungsarbeit

Bei einer elastischen Verformung eines Körpers wird Arbeit verrichtet. Betrachtet man nur die Dehnung ε, so findet man mit der Definition der Arbeit:

$$\Delta W = F\Delta l = \sigma A \cdot l\Delta\varepsilon = V\sigma\Delta\varepsilon.$$

In Integralschreibweise ergibt sich:

Verformungsarbeit	ML^2T^{-2}

	Symbol	Einheit	Benennung
	ΔW	J	verrichtete Arbeit
	V	m^3	Volumen des Körpers
$\Delta W = V \int \sigma(\varepsilon)\, d\varepsilon$	$\Delta\varepsilon$	1	Dehnungsänderung
	σ	N/m^2	Normalspannung
	A	m^2	Fläche
	l	m	Länge des Körpers
	Δl	m	Längenänderung

$\sigma(\varepsilon)$ ist die beim Verformungsprozess anliegende Normalspannung in Abhängigkeit von der erzielten Kompression. Das Integral geht von der ursprünglichen Dehnung bis zum Endwert der Dehnung.

Bei Druckbelastung $\sigma > 0$ erfolgt eine Stauchung ($\Delta\varepsilon < 0$). Für die verrichtete Arbeit gilt:

$$\Delta W = -V\sigma\Delta\varepsilon > 0.$$

Bei Kompression und bei Dehnung eines Körpers muss Arbeit aufgebracht werden.

2. Energieerhaltungssatz bei elastischen Verformungen

Ist eine Verformung völlig elastisch, so wird die zur Verformung aufgewandte Arbeit bei der Entspannung des Körpers als Federarbeit wieder abgegeben.

➤ Es gibt keine völlig elastischen Verformungen. Ein Teil der aufgewandten Arbeit geht aus thermodynamischen Gründen immer als **Verlustwärme** verloren.

◼ Um den oben behandelten Goldwürfel von 10 cm Seitenlänge um $1\,\%_{\!\circ}$ zu stauchen, muss die Arbeit

$$W = V\sigma\Delta\varepsilon = 1000\,cm^3 \cdot (-810\,N/mm^2) \cdot (-0.001) = 810\,J$$

verrichtet werden.

6.1.3 Plastische Verformung

1. Eigenschaften der plastischen Verformung

Plastische Verformung, die Verformung bleibt teilweise oder völlig bestehen. Daher kann die zur Verformung aufgewandte Arbeit nicht vollständig zurückgewonnen werden.

Dies äußert sich in der **Hysteresekurve** der plastischen Verformung: Die aufgewandte Spannung σ wird gegen die erzielte Dehnung ε bei einem Belastungsprozess, bei dem sich Dehnung und Kompression (Zug und Druck) abwechseln, aufgetragen (**Abb. 6.12**). **Spannungs-Dehnungs-Diagramm** (σ-ε-**Diagramm**): Bei einer vollständig elastischen Verformung wird sowohl bei der Dehnung als auch bei der Kompression die gleiche Kurve durchlaufen. Plastische Verformungen äußern sich durch das Auftreten einer Hysterese, d.h. zweier verschiedener Zweige der Kurve, die in verschiedenen Richtungen durchlaufen werden. Dabei bleibt auch bei verschwindender Spannung σ eine **Restdehnung** ε_1 oder **Restkompression** ε_2 übrig.

2. Plastische Verlustenergie

Die bei diesem Prozess verrichtete Arbeit ist der Fläche zwischen den beiden Kurven proportional:

Plastische Verlustenergie	ML^2T^{-2}

	Symbol	Einheit	Benennung
	W	J	Verlustenergie
$W = V \oint \sigma\, d\varepsilon$	V	m^3	Volumen
	σ	N/m^2	Normalspannung
	ε	1	Dehnung

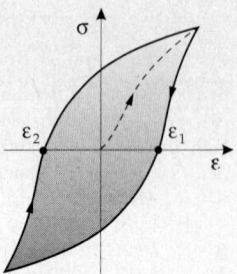

Abbildung 6.12: Hysteresekurve bei plastischer Verformung. Gestrichelte Kurve: Neukurve. Schraffierte Fläche: plastische Verlustenergie

➤ Plastische Verformungen spielen eine wichtige Rolle in der Materialbearbeitung (Pressen, Walzen, Biegen usw.).

6.1.3.1 Bereiche bei Zugbelastung

Das Verhalten von Materialien unter Zugbelastung wird mittels einer Prüfmaschine ermittelt und in einem **Spannungs-Dehnungs-Diagramm** aufgetragen (**Abb. 6.13**).

1. Zugbelastungsbereiche

Es lassen sich folgende Bereiche unterscheiden:

a) elastischer Bereich, in dem die Dehnung dem Hookeschen Gesetz folgt und die Verformung wieder vollständig verschwindet, wenn die Spannung nicht mehr wirkt,

b) elastisch-plastischer Bereich, in dem die Verformung nach Abklingen der Spannung nicht vollständig zurückgeht, aber das Hookesche Gesetz noch gilt,

c) plastischer Bereich, in dem die Verformung größtenteils auch ohne Spannung erhalten bleibt. Die Spannungs-Dehnungs-Kurve flacht sich in diesem Bereich gewöhnlich ab; bei großen Dehnungen nimmt die erforderliche Spannung wieder ab, weil die innere Struktur des Körpers durch die Dehnung bereits weitgehend verändert wurde.

d) Bruchpunkt, die Dehnung, bei der der Körper bricht (zerreißt).

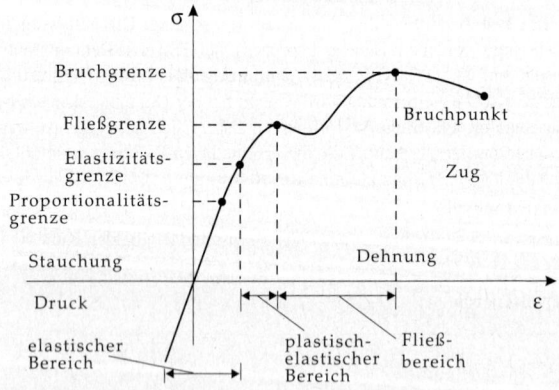

Abbildung 6.13: Spannungs-Dehnungs-Diagramm

2. Parameter und Eigenschaften der Zugbelastung

M Die Vermessung des Spannungs-Dehnungs-Diagramms erfolgt mittels einer Prüfmaschine nach **DIN 50 145** bei festgelegten äußeren Parametern wie der Temperatur und mittels eines bestimmten Prüfungsablaufs (Zuggeschwindigkeit usw.).

➤ Alle Materialkonstanten hängen von der Zusammensetzung des Stoffes ab. Dies gilt insbesondere bei Legierungen.

a) Hookesche Gerade, Tangente an die Spannungs-Dehnungs-Kurve im Nullpunkt. Ihre Steigung ist der **Elastizitätsmodul** E des Körpers für kleine Dehnungen.

Die Grenzen zwischen den Bereichen des Spannungs-Dehnungs-Diagramms werden durch **kritische Spannungen** beschrieben:

b) Dehngrenze, R_p, oder **Fließspannung**, σ_f, Spannung, bei der eine bestimmte Verformung als plastische zurückbleibt. Üblich ist die Angabe der 0.2 %-Dehngrenze $R_{p0.2}$, die man findet, wenn man zur Hookeschen Geraden ein Parallele zieht, die die Abszisse bei $\varepsilon_r = 0.2\%$ schneidet. Der Schnittpunkt zwischen dieser Geraden und der Spannungs-Dehnungs-Kurve gibt die Dehngrenze an.

c) Zugfestigkeit, R_m, oder **Bruchspannung**, σ_B, die größte auftretende Spannung im Spannungs-Dehnungs-Diagramm. Treten an einem Körper größere Spannungen auf, so wird der Bruchpunkt erreicht und der Körper zerreißt.

➤ Typische Werte für Metalle sind 10 bis 20 N/mm^2; bei gewöhnlichen Stählen können Werte von 400 bis 1200 N/mm^2 erreicht werden. Hochfeste Stähle erreichen bis zu 4500 N/mm^2.

d) Streckgrenze (**Fließgrenze**), jener Punkt, über den hinaus die Zugkraft auch bei weiterer Ausdehnung nicht mehr ansteigt. Manche Materialien weisen einen nicht-monotonen Übergang zwischen elastischem und plastischem Bereich auf, d.h., die Spannung sinkt am Ende des elastischen Bereiches zunächst ab und nimmt dann wieder zu. In diesem Fall unterscheidet man eine obere und eine untere Streckgrenze, die den lokalen Minima der Spannungs-Dehnungs-Kurve entsprechen.

e) Bruchdehnung, ε_B, der Wert der Dehnung, bei der der Körper bricht.

➤ Typische Werte für die Bruchdehnung sind 0.02 (Kupfer) über 0.45 (V2A-Stahl) bis 0.5 (Aluminium und Gold).

➤ Bei plastischen Verformungen treten im Gegensatz zur elastischen Verformung keine (oder nur sehr kleine) Volumenänderungen auf. Dementsprechend muss für die Querdehnungszahl $\nu \approx 0.5$ gelten.

6.1.3.2 Knickung

1. Knickung und Knickspannung

Knickung, tritt auf, wenn ein Stab, der unter Druckspannung steht, seitlich ausweicht (**Abb. 6.14**).

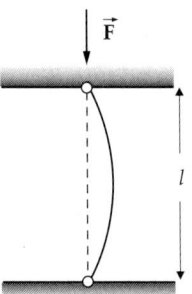

Abbildung 6.14: Knickung eines Stabes durch eine Kraft $\vec{F}$. Durch die Verformung des Stabes wird die Druckspannung zu einer Biegespannung, unter der der Stab sehr viel leichter nachgibt

Knickung tritt ein, wenn die wirkende Druckspannung σ die Knickspannung σ_k übersteigt. **Euler-Formel** für die Knickspannung:

Knickspannung: Euler-Formel			$ML^{-1}T^{-2}$

$$\sigma_k = \pi^2 \frac{E}{\lambda^2}$$

Symbol	Einheit	Benennung
σ_k	N/m²	Knickspannung
E	N/m²	Elastizitätsmodul
λ	1	Schlankheitsgrad

➤ Beim Entwerfen von Maschinenteilen sind Sicherheitsfaktoren von 5 bis 10 einzurechnen.

2. Schlankheitsgrad und Sicherheitszahl

Schlankheitsgrad λ, beschreibt die Schlankheit eines Stabes:

$$\lambda = l \sqrt{\frac{A}{J_a}}$$

(l Stablänge, A Querschnittsfläche, J_a Flächenmoment).

■ Ein kreisrunder Stab mit dem Durchmesser 1 cm und der Länge 1 m hat das Flächenträgheitsmoment

$$J_a = \frac{\pi}{64} \cdot d^4 = 0.049 \cdot (1\,\text{cm})^4 = 490\,\text{mm}^4$$

und damit den Schlankheitsgrad

$$\lambda = 1\,\text{m} \cdot \sqrt{\frac{79\,\text{mm}^2}{490\,\text{mm}^4}} = 400.$$

Bei einem Elastizitätsmodul von 200 GN/m² ergibt sich die Knickspannung zu

$$\sigma_k = \pi^2 \frac{200\,\text{GN}/\text{m}^2}{400^2} = 12.3\,\text{MN}/\text{m}^2.$$

Dies entspricht einer maximalen Belastung

$$F = \sigma_k \cdot A = 975\,\text{N}.$$

Bei einem Sicherheitsfaktor von 8 kann der Stab also mit 12 kg belastet werden.

Sicherheitszahl, bei Konstruktionsaufgaben das Verhältnis eines Spannungsgrenzwertes (Fließspannung, Bruchspannung, Knickspannung) zur vorhandenen Spannung. Typische Werte liegen zwischen 1.5 und 3.

6.1.3.3 Härte

1. Definition der Härte

Härte, der Widerstand eines Körpers gegen das Eindringen eines kleinen Probekörpers in seine Oberfläche. Bei einem solchen Vorgang treten an einer kleinen Stelle des Körpers hohe Spannungen auf, die zu einer lokalen Verformung führen.

Die Härte eines Stoffes wird mittels standardisierter Messverfahren bestimmt und durch eine Kennzahl bezeichnet. Alle Messverfahren basieren auf einem standardisierten Probekörper, der mit einer bestimmten Kraft in einer bestimmten Zeit auf die Oberfläche gedrückt wird (**Abb. 6.15**). Aus der wirkenden Kraft, der Geometrie des Probekörpers und der Verformung kann die Härtezahl bestimmt werden (s. **Tab. 8.2**).

➤ Der Probekörper muss eine höhere Härte als der zu prüfende Stoff haben, um nicht selbst deformiert zu werden.

2. Brinell-Härte,

HB (**DIN 50 351**), der Probekörper ist eine Kugel. Die Brinell-Härte ist das Verhältnis der wirkenden Kraft F zur Größe der eingedrückten Oberfläche A, multipliziert mit einem Faktor 0.102:

$$HB = 0.102 \frac{F}{A}.$$

Der Faktor 0.102 rechnet die SI-Einheit N in die alte Einheit kp (Kilopond) um und stellt sicher, dass die alten Härtewerte unverändert auch im SI gebraucht werden können.

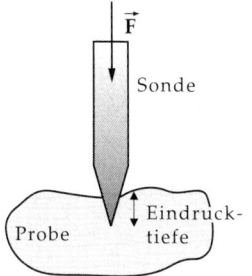

Abbildung 6.15: Härtemessung. Gemessen wird die Eindrucktiefe (d.h., die Abdruckfläche) einer genormten Sonde, die mit festgelegter Kraft $\vec{F}$ eine bestimmte Zeit lang auf die Probe gedrückt wird

➤ Da runde Oberflächen nicht gut in feste Stoffe eindringen, kann dieses Verfahren nur bei weichen Werkstoffen angewandt werden.

➤ Die Härtewerte sind nur sinnvoll, wenn der Durchmesser des Abdrucks zwischen dem 0.2fachen und 0.7fachen des Durchmessers der Prüfkugel liegt.

3. Vickers-Härte,

HV (**DIN 50 133**), der Probekörper ist eine Diamantpyramide mit quadratischer Grundfläche. Wieder gibt man das Verhältnis von wirkender Kraft zu eingedrückter Oberfläche an, wobei sich letztere einfach aus der Diagonalen d des quadratischen Eindrucks bestimmen lässt:

$$HV = 0.102\frac{F}{A} = 0.189\frac{F}{d^2}.$$

➤ Vickers- und Brinell-Härte haben ungefähr den gleichen Zahlenwert. Die Vickers-Methode kann allerdings auch bei harten Stoffen angewandt werden und dient daher allgemein als Referenzverfahren.

➤ **DIN 50 150** sieht eine Beziehung zwischen der Vickers-Härte und der Zugfestigkeit R_m von Stahl vor:

$$R_m \approx 3.38\,HV\,.$$

4. Rockwell-Härte,

HR (**DIN 50 103**), mit einem standardisierten Probekörper (Rockwell-B: Stahlkugel mit Durchmesser 1.59 mm (1/16 Zoll), Rockwell-C: Diamantkegel, Kegelwinkel 120°) wird die Eindringtiefe bei einer vorgegebenen Kraft (Rockwell-B: 883 N, Rockwell-C: 1373 N) gemessen. Je 2 μm Eindringtiefe entsprechen einer Härteeinheit. Zur besseren Vergleichbarkeit ist bei beiden Verfahren eine Prüfvorkraft von 98 N vorgesehen. Rockwell-B wird für mittelharte Werkstoffe angewandt, Rockwell-C für sehr harte (gehärtete Stähle). Die Rockwell-Methode erlaubt eine automatisierte Härtemessung, ist aber weniger genau.

➤ Die Härte nach den verschiedenen Verfahren ist in gewissen Grenzen vergleichbar. Vergleichstabellen sind mit **DIN 50 150** gegeben.

6.2 Hydrostatik, Aerostatik

Hydrostatik (**Aerostatik**), die Lehre von den Eigenschaften der Flüssigkeiten (Gase) im ruhenden Zustand, im Gegensatz zur **Hydrodynamik** (**Aerodynamik**), die sich mit strömenden Flüssigkeiten (Gasen) beschäftigt. Dabei wird der **Druck** und der daraus folgende **Auftrieb** als Kraftwirkung der Flüssigkeiten auf die in ihnen eingetauchten Körper eingeführt.

6.2.1 Flüssigkeiten und Gase

Flüssigkeit, Zustand der Materie, der durch die gegenseitige Verschiebbarkeit der Moleküle gekennzeichnet ist. Flüssigkeiten können beliebige Gestalt annehmen, doch bestehen zwischen den Molekülen noch erhebliche Kräfte (Kohäsionskräfte), die sich in der geringen Kompressibilität und in der Oberflächenspannung manifestieren.

Gas, Zustand der Materie, in dem zwischen den Molekülen nur noch geringe, kurzreichweitige Kräfte bei Zusammenstößen wirken. Gase zeichnen sich durch hohe Kompressibilität (siehe Thermodynamik) sowie durch Fehlen von Oberflächenspannung und Kohäsion aus. Das Fließen von Gasen kann ebenfalls durch die Hydrodynamik beschrieben werden, wobei aber die hohe Kompressibilität und die daraus resultierenden Dichteschwankungen berücksichtigt werden müssen.

6.2.2 Druck

1. Definition des Drucks

Druck, Kraftwirkung pro Flächeneinheit auf ein kleines Flächenelement innerhalb einer Flüssigkeit. Durch die leichte Verschiebbarkeit der Flüssigkeitsmoleküle wirkt eine an einer Stelle ausgeübte Kraft im gesamten Flüssigkeitsvolumen nach allen Seiten mit der gleichen Größe. Die Normalkraft, die in einer ruhenden Flüssigkeit auf eine kleine Probefläche (z.B. einen Teil der Wand oder der Oberfläche eines untergetauchten Körpers) ausgeübt wird, ist überall gleich und unabhängig von der Ausrichtung der Probefläche (**isotroper Druck, Abb. 6.16**). Dies gilt nur, solange der Schweredruck (s. S. 164) vernachlässigt werden kann, Schubspannungen treten in Flüssigkeiten nicht auf.

$\text{Druck} = \dfrac{\textbf{Kraft}}{\textbf{Fläche}}$			$\mathrm{ML^{-1}T^{-2}}$
	Symbol	Einheit	Benennung
$p = \dfrac{F_N}{A}$	p	Pa	Druck
	F_N	N	wirkende Normalkraft
	A	m^2	Fläche, auf die die Kraft wirkt

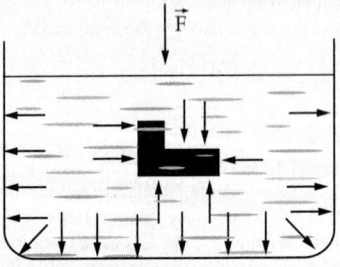

Abbildung 6.16: Isotroper Druck, dessen Kraftwirkung hier durch Pfeile dargestellt wird, wirkt gleichmäßig in alle Richtungen

2. SI-Einheit des Drucks,

Pascal, Pa, SI-Einheit des Drucks.
1 Pascal ist der Druck, bei dem auf eine Fläche von 1 m^2 eine Kraft von 1 N ausgeübt wird.

$$[p] = \mathrm{Pa} = \text{Pascal} = \mathrm{N/m^2}$$

➤ Der isotrope Druck ist keine vektorielle Größe; er wirkt in alle Richtungen gleichermaßen.

➤ Achtung! Für den Druck wird dasselbe Formelsymbol p wie für den Impuls gebraucht.

Atmosphärendruck, in Meereshöhe ungefähr 1 bar = 10^5 Pa.

3. Druckmessung

M **Autoklav**, Druckgefäß zur Erzeugung sehr hoher Drücke (1000–10000 bar).
Vakuumpumpe zur Erzeugung sehr niedriger Drücke (derzeit bis zu 10^{-11} bar).
Das Messverfahren basiert auf der Messung der Kraft, die aufgrund des Druckes auf eine bekannte Fläche wirkt, wobei beim **Manometer** die Kraftmessung durch Federn erfolgt, beim **Aneroid-Barometer** durch die Verformung einer luftleeren Blechdose, bei der **Bourdonschen Röhre** durch

die Verformung eines Rohres, die direkt auf einen Zeiger übertragen werden kann. **Quecksilberbaro-meter**, misst den Druck durch Vergleich eines unbekannten Drucks mit dem bekannten Schweredruck einer Flüssigkeit. Moderne Verfahren gebrauchen **piezoelektrische Elemente** (siehe Elektrotechnik), bei denen durch die Krafteinwirkung auf einen Kristall eine Spannung erzeugt wird.

6.2.2.1   Kolbendruck

1.   Definition des Kolbendrucks

Kolbendruck, der Druck, der in einer Flüssigkeit zustandekommt, indem ein beweglicher Stempel in einen das Gefäß abschließenden Zylinder hineingedrückt wird (**Abb. 6.17**). Der Druck p der Flüssigkeit hebt im statischen Gleichgewicht gerade die äußeren Kräfte F_1 und F_2 auf. Daher gilt:

$$F_1 = A_1 p, \qquad F_2 = A_2 p,$$

und damit

$$p = \frac{F_1}{A_1} = \frac{F_2}{A_2}, \quad \frac{F_1}{F_2} = \frac{A_1}{A_2}.$$

▲   Der Kolbendruck ist in der ganzen Flüssigkeit gleich.

2.   Hydraulische Presse,

eine Vorrichtung zum Verstärken von Kräften. Eine kleine äußere Kraft F_1 wirkt auf eine kleine Fläche A_1, so dass an der großen Fläche A_2 eine große Kraft

$$F_2 = \frac{A_2}{A_1} F_1$$

nutzbar gemacht werden kann.

➤   Aus der Energieerhaltung folgt dann, dass der Kolbenhub an der großen Fläche um den Faktor A_1/A_2 geringer ist als an der kleinen Fläche. Dasselbe folgt aus der Eigenschaft der Inkompressibilität des Mediums.

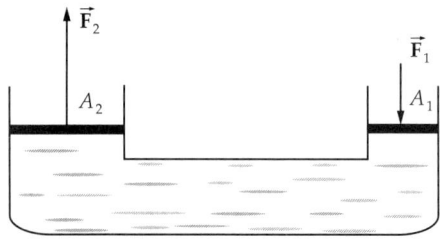

Abbildung 6.17: Kolbendruck bei der hydraulischen Presse

3.   Hydraulik,

die Anwendung des Kolbenprinzips zur Kraftübertragung und -verstärkung in der Technik. Typische Anwendungen sind Flüssigkeitsbremsen, Hebebühnen und Druckwandler. Besonderer Vorteil ist die Möglichkeit, die Richtung der wirkenden Kraft zu verändern, ohne mechanische Elemente wie Hebel oder Rollen einzusetzen.

Gase sind im Gegensatz zu Flüssigkeiten sehr kompressibel. Die beim Komprimieren geleistete **Kompressionsarbeit** wird als **innere Energie** (siehe Thermodynamik) im Gas gespeichert und lässt sich an jeder Stelle und zu jeder Zeit entnehmen. Komprimierte Gase (Pressluft) dienen als Energieträger und zur Steuerung von Maschinen (**Pneumatik**).

6.2.2.2   Schweredruck in Flüssigkeiten
1.   Definition des Schweredrucks
Schweredruck, der Druck, der in einer Flüssigkeit aufgrund ihres eigenen Gewichtes entsteht. Er ergibt sich aus der Kraft, die von einer Flüssigkeitssäule der Höhe h und des Volumens $V = hA$ auf ihre Grundfläche A ausgeübt wird:

Schweredruck $\mathbf{ML^{-1}T^{-2}}$

	Symbol	Einheit	Benennung
	p	Pa	Schweredruck
	ρ	kg/m^3	Dichte der Flüssigkeit
$p \; = \; \dfrac{\rho V g}{A} = h\rho g$	V	m^3	Volumen der Flüssigkeitssäule
	A	m^2	Grundfläche der Flüssigkeitssäule
	h	m	Höhe der Flüssigkeitssäule
	g	m/s^2	Fallbeschleunigung $= 9.81$ m/s^2

■   Eine Wassersäule von 10 m Höhe übt auf ihre Grundfläche einen Druck von
$$p = h\rho g = 10\,\text{m} \cdot 1000\,\text{kg/m}^3 \cdot 9.81\,\text{m/s}^2 = 9.81 \cdot 10^4\,\text{Pa}$$
aus. Eine Quecksilbersäule (Dichte 13600 kg/m^3), die den gleichen Druck ausübt, hat eine Höhe von
$$h = \frac{p}{\rho g} = \frac{9.81 \cdot 10^4\,\text{Pa}}{13600\,\text{kg/m}^3 \cdot 9.81\,\text{m/s}^2} = 735\,\text{mm}.$$
Der Schweredruck in einer Flüssigkeit ist abhängig von der Tiefe, in der er gemessen wird. In einer Flüssigkeit ist der isotrope Druck also nur in einer festen Tiefe überall gleich, nicht in verschiedenen Tiefen (**Abb. 6.18**).

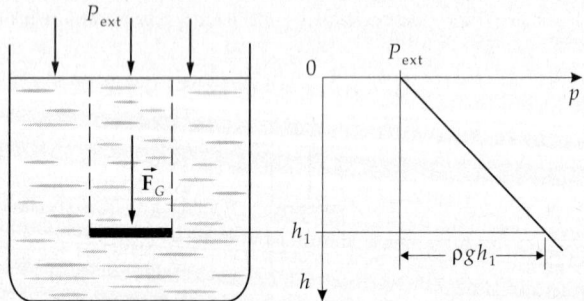

Abbildung 6.18: Schweredruck in einer Flüssigkeit. P_{ext}: äußerer Druck

2.   Hydrostatisches Paradoxon,
der Druck am Boden eines Gefäßes hängt nur von der Füllhöhe und der Bodenfläche, aber nicht von der Form des Gefäßes und damit auch nicht von der Flüssigkeitsmenge ab (**Abb. 6.19**).

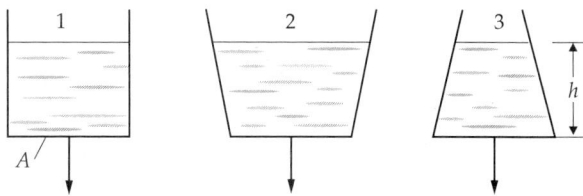

Abbildung 6.19: Hydrostatisches Paradoxon. Der Druck auf den Boden der Fläche A ist bei gleicher Füllhöhe h unabhängig von der Form der Gefäße 1, 2, 3

3. Manometer

M **Quecksilbermanometer**, Messgerät zur Messung von Drücken durch Vergleich mit dem Schwere-druck einer Flüssigkeitssäule. Auf der einen Seite des Manometers wirkt der zu messende Druck p und der Schweredruck $\rho g h_1$ (ρ Dichte, g Fallbeschleunigung, h_1 Höhe), auf der anderen Seite der Schweredruck der Flüssigkeitssäule $\rho g h_2$ und ein Vergleichsdruck p_0. Im Gleichgewicht gilt

$$p - p_0 = \rho g(h_2 - h_1).$$

Der Druckunterschied ist also dem Höhenunterschied proportional. Je schwerer die Flüssigkeit, desto höher ist der messbare Druck; daher benutzt man Quecksilber zur Messung des Luftdrucks. In sei-ner einfachsten Ausführung besteht das Manometer aus einem oben geschlossenen Glasrohr, dessen unteres Ende in Quecksilber getaucht ist. Der Vergleichsdruck, d.i. der Druck in dem am oberen En-de entstehenden Hohlraum, ist der Dampfdruck des Quecksilbers und sehr gering (Vakuum). Diese Anordnung zur Messung des Luftdrucks nennt man **Barometer**. Die **Abb. 6.20** zeigt das Barometer nach Torricelli.

4. Kommunizierende Röhren

In mehreren verbundenen Röhren steigt die Flüssigkeit auf die gleiche Höhe, wenn überall der gleiche äußere Druck wirkt (**Abb. 6.21**). Dabei sind Kapillarkräfte vernachlässigt.

M Manometer auf Basis von kommunizierenden Röhren können insbesondere zur Messung von kleinen Druckdifferenzen eingesetzt werden.

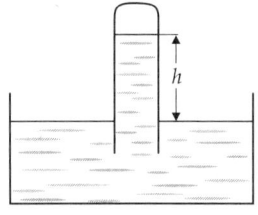

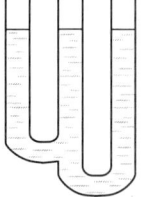

Abbildung 6.20: Einfachste Form des Manometers: Barometer zur Messung des Luftdrucks nach Torricelli. Die Steighöhe im Schauglas ist proportional zum Atmosphärendruck

Abbildung 6.21: Kommunizierende Röhren

6.2.2.3 Kompressibilität

1. Definition der Kompressibilität

Kompressibilität, die Veränderung eines Flüssigkeitsvolumens aufgrund einer Druckänderung. Sie ist de-finiert als das Verhältnis der relativen Volumenveränderung zur Druckänderung:

Kompressibilität			$M^{-1}LT^2$
	Symbol	Einheit	Benennung
$\kappa = \dfrac{\Delta V}{V \Delta p}$	κ	$1/Pa = m^2/N$	Kompressibilität
	ΔV	m^3	Volumenabnahme
	V	m^3	ursprüngliches Volumen
	Δp	Pa	Druckzunahme

Typische Kompressibilitäten liegen in der Größenordnung von 10^{-9} 1/Pa (s. **Tab. 8.3/4**).

■   Wasser hat bei Normbedingungen (Temperatur 0 °C und Druck 101.325 kPa) die Kompressibilität $0.5 \cdot 10^{-9}$ 1/Pa. Unter dem Druck der Erdatmosphäre von 10^5 Pa ändert sich das Volumen von 1 m^3 Wasser um

$$\Delta V = \kappa V \Delta p = 0.5 \cdot 10^{-9} \, 1/\mathrm{Pa} \cdot 1 \, \mathrm{m}^3 \cdot 10^5 \, \mathrm{Pa} = 0.5 \cdot 10^{-4} \, \mathrm{m}^3 = 50 \, \mathrm{cm}^3 \,.$$

2.   Volumenausdehnungskoeffizient,

Raumausdehnungskoeffizient, γ, beschreibt die Ausdehnung einer Flüssigkeit bei einer Erhöhung ihrer Temperatur. Die relative Ausdehnung eines Flüssigkeitsvolumens ist proportional zur Temperaturerhöhung, solange diese klein gegen die ursprüngliche Temperatur ist.

Volumenausdehnungskoeffizient			1
	Symbol	Einheit	Benennung
$\dfrac{\Delta V}{V} = \gamma \Delta \theta$	$\Delta V/V$	1	relative Volumenänderung
	γ	1/K	Volumenausdehnungskoeffizient
	$\Delta \theta$	K	Temperaturänderung

Der Volumenausdehnungskoeffizient hat die Einheit 1/K. Er hängt von der Temperatur des Stoffes ab und wird üblicherweise auf die Temperatur $\theta_0 = 0$ °C bezogen.

➤   Wasser hat den Volumenausdehnungskoeffizienten $\gamma = 0.18 \cdot 10^{-3}$ 1/K bei 20 °C. Andere Flüssigkeiten erreichen das Mehrfache davon. Für ideale Gase gilt bei dieser Temperatur

$$\gamma = \frac{1}{\theta_0} = 3.4 \cdot 10^{-3} \, 1/\mathrm{K} \,.$$

6.2.2.4   Schweredruck in Gasen

1.   Berechnung des Schweredrucks in Gasen

Bei der Berechnung des Schweredrucks in Gasen muss die Kompressibilität des Gases berücksichtigt werden. Die Dichte ρ eines Gases bei einem Druck p ist durch die Proportionalität

$$\rho = \rho_0 \frac{p}{p_0}$$

gegeben, wenn ρ_0 die Dichte bei einem Bezugsdruck p_0 ist. Die Änderung des Druckes Δp bei einer Zunahme Δh der Höhe über dem Boden der Gassäule ist

$$\Delta p = -\frac{\Delta m g}{A} = -\rho g \Delta h \,.$$

(A Querschnittsfläche der Gassäule, Δm Masse in der Schicht Δh, g Fallbeschleunigung). Dieser Ausdruck kann in ein Integral umgeschrieben werden:

$$\int_{p_0}^{p_1} \frac{\mathrm{d}p}{p} = -\int_0^{h_1} \frac{\rho_0 g}{p_o} \, \mathrm{d}h \,,$$

(p_0 Druck am Boden, p_1 Druck in der Höhe h_1). Integration ergibt

$$\ln\left(\frac{p}{p_0}\right) = -\frac{\rho_0 g}{p_0} h \,.$$

2.   Barometrische Höhenformel

Aus dem Schweredruck folgt die **Barometrische Höhenformel** (**Abb. 6.22**):

Barometrische Höhenformel

$$p = p_0 e^{-Ch}$$

$$C = \frac{\rho_0 g}{p_0}$$

Symbol	Einheit	Benennung
p	Pa	Druck in der Höhe h
h	m	Höhe
C	1/m	Konstante
p_0	Pa	Druck am Boden
ρ_0	kg/m^3	Dichte am Boden
g	m/s^2	Fallbeschleunigung

Der Druck in einer Gassäule (insbesondere in der Erdatmosphäre) fällt exponentiell mit der Höhe ab. Die Konstante C hat für Luft den Wert

$$C = 0.1256/\text{km}$$

für einen Druck von $p_0 = 101.3$ kPa am Boden bei einer Temperatur von 0 °C.

▲   Für je ca. 8 m Höhenzuwachs in Bodennähe nimmt der Luftdruck um 100 Pa = 1 mbar ab.

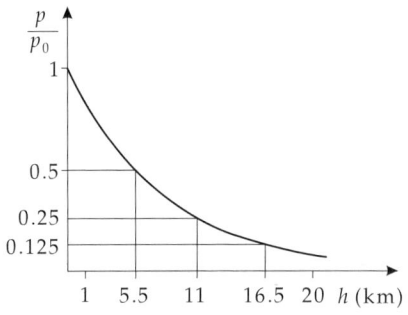

Abbildung 6.22: Barometrische Höhenformel

3.   Internationale Höhenformel

In der barometrischen Höhenformel ist die Abnahme der Temperatur mit der Höhe nicht einbezogen. Berücksichtigt man diese, so erhält man die **Internationale Höhenformel** :

$$p = \left(1 - \frac{0.00651/\text{m} \cdot \text{h}}{288}\right)^{5.255} \cdot 101.325 \text{ kPa}.$$

Diese Formel ist bis zu Höhen von 11 km gültig. Für die Dichte der Luft gilt:

$$\rho = \left(1 - \frac{0.00651/\text{m} \cdot \text{h}}{288}\right)^{4.255} \cdot 1.2255 \frac{\text{kg}}{\text{m}^3}.$$

4.   Normatmosphäre

Der Luftdruck weist Schwankungen von ca. 10 % je nach Wetterlage und Temperatur auf. **Normaldruck** und **Normaldichte** der Luft sind in Meereshöhe bei 15 °C im Jahresdurchschnitt

$$p_0 = 101.325 \text{ kPa}, \qquad \rho_0 = 1.293 \text{ kg/m}^3$$

(früher: 760 Torr, 1 atm = physikalische Atmosphäre). Dies ist die **Normatmosphäre** nach **DIN 5450**.

6.2.2.5   Pumpen

Pumpen, Maschinen zur Förderung von Flüssigkeiten und Gasen.

1.   Pumpenarten

a)   Kolbenpumpe, ein auf und ab bewegter Kolben saugt durch ein **Saugventil** Flüssigkeit an, die beim Zurückgehen des Kolbens durch ein **Druckventil** heraustritt (insbesondere zum Antrieb durch Kraftmaschinen, oft als doppelt wirkende Kolbenpumpe ausgeführt) (**Abb. 6.23**).

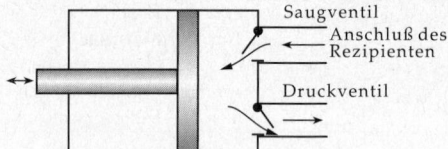

Saugventil
Anschluß des Rezipienten
Druckventil

Abbildung 6.23: Prinzip der Kolbenpumpe. Der sich hin- und herbewegende Kolben saugt abwechselnd Flüssigkeit aus dem Rezipienten an und drückt sie wieder in die Umgebung hinaus

b)   Membranpumpe, anstelle des Kolbens wird eine Membran verwendet (z.b. für ätzende Flüssigkeiten, Kraftstoffpumpen).

c)   Flügelpumpe, ein oder mehrere in einem Zylinder angebrachte Flügel bewegen sich anstelle des Kolbens hin und her; Druckventile befinden sich in den Flügeln, Saugventile im Ansaugrohr (meist zum Handbetrieb).

d)   Zahnradpumpe, ineinandergreifende Zahnräder drücken die Flüssigkeit von einer Seite zur anderen (häufigste Bauform für Schmiermittelpumpen).

e)   Kreiselpumpe, auch **Schleuder-** oder **Zentrifugalpumpe,** Flüssigkeit tritt in der Mitte ein, wo sie von den Schaufeln erfasst, beschleunigt und aufgrund der Zentrifugalkraft nach außen geschleudert wird (Wasserpumpen für große Fördermengen, Antrieb durch Elektromotor als Turbopumpe) (**Abb. 6.25**).

f)   Wasserstrahlpumpe, ein aus einer Düse ausströmender Wasserstrahl saugt die Luft aus dem Rezipienten (siehe Saugeffekte strömender Flüssigkeiten).

g)   Dampfstrahlpumpe, ein austretender Dampfstrahl fördert Wasser.

h)   Diffusionspumpe, zur Erzeugung von Hochvakuum. Ein Treibmittel wird im Vorvakuum verdampft, es steigt auf, nimmt dabei die abzupumpenden Gasmoleküle durch Diffusion in den Treibdampfstrahl mit und wird nach Kondensation an den gekühlten Wänden zurückgeführt (meist als **Quecksilberdiffusionspumpe**) (**Abb. 6.24**).

i)   Molekularpumpe, eine Turbopumpe, die Gasmoleküle durch Zusammenstöße mit einer rotierenden Scheibe in Raumbereiche höheren Druckes bringt.

j)   Getterpumpen, für Ultrahochvakuum, Pumpwirkung durch Adsorption von Restgasmolekülen an einem Zusatzstoff (Getter).

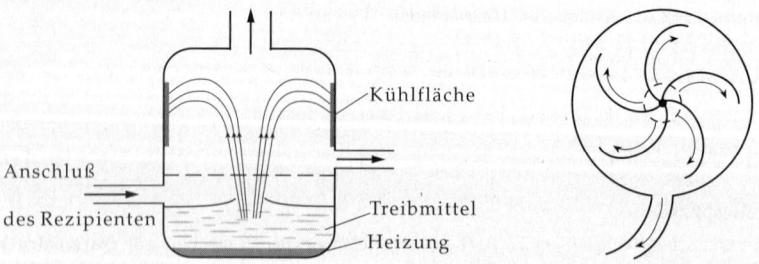

Kühlfläche

Anschluß
des Rezipienten

Treibmittel
Heizung

Abbildung 6.24: Diffusionspumpe

Abbildung 6.25: Kreiselpumpe. Die Saugleitung ist axial angeschlossen

2. Pumpenparameter und -eigenschaften

Rezipient, das zu evakuierende Gefäß.

Förderhöhe, H, die maximale Höhe, um die eine Pumpe eine Flüssigkeit nach oben fördern kann. Sie ist eine Kenngröße der Pumpe und bestimmt sich aus dem verfügbaren Pumpendruck, der den Druck einer Wassersäule dieser Höhe ausgleichen kann. Damit ist sie auch bestimmend für die in einem Rohr erzielbare Strömungsgeschwindigkeit. Je nach Bauart ist die Förderhöhe vom Förderstrom abhängig.

Förderstrom, Q, das pro Zeiteinheit geförderte Volumen der zu pumpenden Flüssigkeit. Er wird von der Größe der Pumpe und der erzielten Strömungsgeschwindigkeit bestimmt.

Pumpenkennlinie, ein Diagramm der Förderhöhe in Abhängigkeit vom Förderstrom. Im allgemeinen fällt die Pumpenkennlinie bei höheren Förderströmen ab.

Förderleistung, P_Q, die von der Pumpe verrichtete Hebearbeit je Zeiteinheit. Sie ist das Produkt aus Gravitationskraft pro Volumen ρg, Volumenstrom Q und Förderhöhe H:

$$P_Q = g\rho HQ.$$

Wirkungsgrad einer Pumpe, das Verhältnis von erzielter Förderleistung P_Q zu verbrauchter mechanischer Leistung P_0:

$$\eta = \frac{P_Q}{P_0}.$$

3. Saug- und Druckpumpen

Saugpumpen, nutzen den Luftdruck der Atmosphäre aus, indem sie ein Unterdruckgebiet schaffen (z.B. durch Volumenexpansion bei Bewegung eines Kolbens). Die Saugwirkung entsteht dann aufgrund des Druckunterschieds zwischen dem Atmosphärendruck und dem Unterdruckgebiet. Der maximale Pumpendruck ist damit der Luftdruck der Atmosphäre und die maximale Förderhöhe für Wasser etwa 10 m.

Druckpumpen, arbeiten unabhängig vom Luftdruck direkt im Medium.

4. Turbinen

Turbine, die Umkehrung der Pumpe. In ihr wird Energie der Strömung in mechanische Bewegungsenergie (Rotationsenergie) umgewandelt (z.B. zum Betrieb von Generatoren). Im Gegensatz zur Kolbenmaschine geschieht dies nicht auf dem Umweg über eine Kolbenbewegung, vielmehr wird eine Welle direkt von der Strömung angetrieben.

Wasserrad, älteste Vorrichtung zur Umsetzung von Strömungsenergie in mechanische Energie. Beim oberschlächtigen Wasserrad fällt das Wasser von oben auf die Schaufeln herab, beim unterschlächtigen strömt es unter dem Wasserrad und nimmt die Schaufeln mit. Wirkungsgrad 80 bis 85%. Leistung:

$$P = g \cdot \rho \cdot Q \cdot h,$$

(g Fallbeschleunigung, ρ Dichte der Flüssigkeit, Q Volumenfluss, h Fallhöhe).

a) Wasserturbine, wichtigste Wasserkraftmaschine zur Gewinnung von Energie aus Wasserströmung. Bei der **Freistrahlturbine** trifft ein Wasserstrahl die am **Laufrad** angebrachten Schaufeln, bei der **Kaplan-** und der **Francis-Turbine** tritt das Wasser von außen durch Leitschaufeln in die Schaufeln des Leitrades ein, wo es seine Bewegungsenergie bei der Bewegung von außen nach innen abgibt und an der Achse abgeleitet wird. Leistungen bis 250 MW. Vorteile gegenüber Kolbenmaschinen liegen in der einfacheren Bauform, höheren Drehzahl und weit höheren Leistung, geringerer Dampfverbrauch, Abwesenheit von Öl im verbrauchten Dampf.

b) Dampfturbine, zur Erzeugung von Energie in Wärmekraftwerken. Der Dampf wird in feststehenden Leiträdern zunächst entspannt (was bei Wasserturbinen wegen der Inkompressibilität nicht stattfindet) und dabei auf hohe Geschwindigkeit beschleunigt, dann treibt er ein oder mehrere Laufräder an. Die verschiedenen Bauformen werden durch den Geschwindigkeits- und Druckverlauf in der Turbine charakterisiert.

c) Gasturbine, zum Antrieb durch Verbrennungsabgase. Kombination aus eigentlicher Turbine, die durch die heißen Abgase einer Verbrennung angetrieben wird, und einem der Verbrennung vorgeschalteten, auf der gleichen Welle sitzenden **Verdichter,** der Luft in den Brennraum drückt. Anwendung bei Flugzeugen als **Turboprop-Triebwerk,** wobei auf der Welle auch ein Propeller sitzt, und **Strahltriebwerk** ohne Luftschraube; zum Antrieb von Generatoren; seltener zum Antrieb von Fahrzeugen. Vorteil ist die einfache Bauform mit wenigen bewegten Teilen, niedriges Leistungsgewicht, hohe Drehzahlen (bis 20 000 U/min), Wirkungsgrad bis zu 35 % bei mehrstufigen Anlagen, billige Brennstoffe.

6.2.3   Auftrieb

1.   Auftriebskraft

Auftrieb, eine entgegen der Erdanziehung gerichtete Kraft auf alle Körper, die in einer Flüssigkeit (oder einem Gas) untergetaucht sind. Sie ergibt sich aus dem Schweredruckunterschied zwischen der Ober- und der Unterseite des Körpers der gleichen Fläche A (**Abb. 6.26**). Befindet sich die Oberseite des Körpers in der Tiefe h_1 und die Unterseite in einer Tiefe h_2, so gilt

$$F_A = F_2 - F_1 = A(p_2 - p_1) = A\rho_{Fl}\, g\,(h_2 - h_1),$$

(ρ_{Fl} Dichte der Flüssigkeit, p_1, p_2 Druck in der Höhe h_1 bzw. h_2, F_1, F_2 Kraft auf Oberseite bzw. Unterseite des Körpers, F_A Auftriebskraft, g Fallbeschleunigung). Die Größe $A(h_2 - h_1)$ ist das vom Körper verdrängte Flüssigkeitsvolumen V. Daher gilt:

Auftriebskraft			$\mathbf{MLT^{-2}}$
$\begin{aligned} F_A &= \rho_{Fl}\, g\, V \\ &= m_{\mathrm{verd}}\, g = F_{\mathrm{G,verd}} \\ &= \frac{\rho_{Fl}}{\rho_K} F_G \end{aligned}$	**Symbol**	**Einheit**	**Benennung**
	F_A	N	Auftriebskraft
	ρ_{Fl}	kg/m^3	Dichte der Flüssigkeit
	g	m/s^2	Fallbeschleunigung (9.81 m/s^2)
	V	m^3	Volumen des Körpers
	m_{verd}	kg	verdrängte Flüssigkeitsmasse
	$F_{\mathrm{G,verd}}$	N	Gewichtskraft von m_{verd}
	ρ_K	kg/m^3	Dichte des Körpers
	F_G	N	Gewichtskraft des Körpers

➤   Die Dichte des Körpers ist die mittlere Dichte des gesamten Körpers, d.h., Gesamtmasse durch Gesamtvolumen.

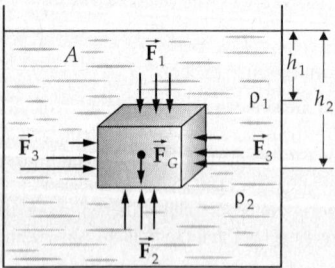

Abbildung 6.26: Zum Auftrieb. Die seitlichen Kräfte $\vec{F}_3$ heben sich auf; die Kraft $\vec{F}_2$ (unten) überwiegt die Kraft $\vec{F}_1$ (oben)

2.   Archimedisches Prinzip und Eigenschaften des Auftriebs

Archimedisches Prinzip, die Auftriebskraft, die ein Körper in einer Flüssigkeit erfährt, ist der Gewichtskraft der verdrängten Flüssigkeitsmenge gleich.

➤   Diese Regel gilt auch für Körper, die nur teilweise untergetaucht sind.

Es sind drei Möglichkeiten für die Auftriebskraft zu unterscheiden:

$F_A < F_G$:   Der Körper sinkt nach unten. Seine Dichte ist größer als die der Flüssigkeit.

$F_A = F_G$:   Der Körper schwebt. Seine Dichte ist gleich der der Flüssigkeit.

$F_A > F_G$:   Der Körper schwimmt und taucht nur teilweise unter. Seine Dichte ist kleiner als die der Flüssigkeit.

➤   Ein Körper mit kleinerer Dichte als die der Flüssigkeit bleibt trotzdem auf dem Boden eines Gefäßes liegen, wenn keine Flüssigkeit zwischen Boden und Körper eindringen kann.

■   Eisen hat die 7.8fache Dichte des Wassers. Ein Körper aus Eisen hat also die Auftriebskraft

$$F_A = \frac{\rho}{\rho_{\text{Körper}}} F_G = \frac{1}{7.8} F_G = 0.13 F_G \,,$$

also 13% seines Gewichtes. Unter Wasser ist das effektive Gewicht von Eisen nur 87% seines echten Gewichtes.

Die effektive Gewichtskraft, die auf einen untergetauchten Körper wirkt, ist die um den Auftrieb verminderte tatsächliche Gewichtskraft:

$$F_{\text{eff}} = F_G - F_A = \left(1 - \frac{\rho_{Fl}}{\rho_K}\right) F_G \,.$$

Ein Körper erfährt auch in der Luft einen Auftrieb, der der Gewichtskraft der verdrängten Luft entspricht.

3.   Ballon,

Flugkörper, der durch Auftriebskraft in der Luft gehalten wird. Die Auftriebskraft wird durch Füllung des Ballons mit einem Gas, das eine kleinere Dichte als die Luft der Atmosphäre hat (erhitzte Luft, Helium, früher: Wasserstoff), erzeugt.

4.   Dichtemessung mit der Mohrsche Waage

Der Auftrieb kann benutzt werden, um die Dichte eines festen Körpers ρ_K zu messen. Dazu misst man die Ausgleichskraft, die notwendig ist, um eine Waage im Gleichgewicht zu halten, wenn sich der Körper in der Flüssigkeit, F_{Fl}, und in der Luft, F_G, befindet (**Mohrsche Waage, Abb. 6.27**). Dann ist die Differenz gleich der Differenz der Auftriebskräfte,

$$F_G - F_{Fl} = F_{A,Fl} - F_{A,\text{Luft}} = (\rho_{Fl} - \rho_{\text{Luft}}) V g \approx \rho_{Fl} V g \,,$$

($F_{A,Fl}$ Auftriebskraft in der Flüssigkeit, $F_{A,\text{Luft}}$ Auftriebskraft in Luft, ρ_{Fl} Dichte der Flüssigkeit, ρ_{Luft} Dichte der Luft, V Volumen des Körpers, g Fallbeschleunigung). Im allgemeinen kann man die Dichte der Luft gegen die der Flüssigkeit vernachlässigen. Dividiert man dann auf beiden Seiten durch

$$F_G = \rho_K V g = mg \,,$$

(m Masse des Körpers) so ergibt sich:

$$\rho_K = \frac{\rho_{Fl}}{1 - \dfrac{F_{Fl}}{mg}} \,.$$

➤   Dichtebestimmung auf diese Art ist nur möglich, wenn der Körper nicht schwimmt, seine Dichte also größer ist als die der Flüssigkeit.

Ist die Dichte des Körpers geringer als die der Flüssigkeit, so fügt man am Körper ein Hilfsgewicht hinzu und ersetzt die Ausgleichskraft in der Flüssigkeit F_{Fl} durch die Differenz $F_H - F_{Fl}$ der Ausgleichskraft für das Hilfsgewicht allein, F_H, und zusammen mit dem Körper, F_{Fl}:

$$\rho_K = \frac{\rho_{Fl}}{1 - \dfrac{F_H - F_{Fl}}{mg}} \,.$$

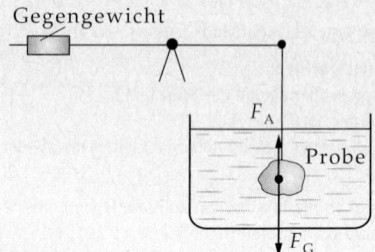

Abbildung 6.27: Messung der Dichte mit der Mohrschen Waage

Umgekehrt lässt sich die Dichte der Flüssigkeit mit einem Körper bekannter Dichte bestimmen. Durch Umstellen der obigen Formel findet man

$$\rho_{Fl} = \rho_K \left(1 - \frac{F_{Fl}}{mg} \right).$$

Sind die Ausgleichskräfte $F_{Fl,1}$ und $F_{Fl,2}$ der Waage für das Untertauchen desselben Körpers in zwei Flüssigkeiten verschiedener Dichten ρ_1 und ρ_2 bekannt, so gilt für das Verhältnis der Dichten:

$$\frac{\rho_1}{\rho_2} = \frac{1 - \dfrac{F_{Fl,1}}{mg}}{1 - \dfrac{F_{Fl,2}}{mg}}.$$

5.   Dichtebestimmung durch Eintauchtiefe

Ein anderes Verfahren zur Dichtebestimmung einer Flüssigkeit beruht auf der Eintauchtiefe eines schwimmenden Körpers. Hat dieser die Querschnittsfläche A, die Höhe H und taucht eine Tiefe von h ein, so lautet die Kräftebilanz (bei konstanter Querschnittsfläche):

$$0 = F_A - F_G = hA\rho_{Fl}g - HA\rho_K g.$$

Daraus folgt

$$\rho_{Fl} = \frac{H}{h}\rho_K.$$

Die Dichte eines schwimmenden Körpers lässt sich ebenfalls nach dieser Methode bestimmen:

$$\rho_K = \frac{h}{H}\rho_{Fl}.$$

6.2.4   Kohäsion, Adhäsion, Oberflächenspannung

1.   Kohäsion,

die Eigenschaft von Flüssigkeiten und Festkörpern, zusammenzuhängen und dabei nicht abreißende Fäden oder Schichten zu bilden. Sie entsteht durch anziehende Kräfte zwischen den Molekülen, die ihren Ursprung in der ungleichen Ladungsverteilung (Polarisierung) in den Molekülen und der daraus folgenden elektrostatischen Anziehung haben (siehe **van-der-Waalssche Kräfte**, S. 610). Die Kohäsionskräfte bei Gasen sind viel geringer und haben nur in der Nähe des Siedepunktes einen großen Einfluss.

■   **Heber (Abb. 6.28).** Sobald die Flüssigkeit den höchsten Punkt des Rohres überwunden hat, wird sie von der Schwerkraft in die andere Hälfte des Rohres herabgezogen. Die Kohäsion bewirkt, dass der Flüssigkeitsfaden nicht abreißt. Bei einem Gas ist dies nicht möglich: die Dichte des Gases im Rohr nimmt gemäß der barometrischen Höhenformel ab.

2.   Oberflächenspannung,

durch die Kräfte im Innern der Flüssigkeit (**Abb. 6.29**) an ihrer Oberfläche hervorgerufene Kraft. Innerhalb der Flüssigkeit wirken die Kohäsionskräfte in alle Richtungen isotrop, da jedes Molekül in jede Richtung gleichermaßen von anderen Molekülen umgeben ist. An der Oberfläche dagegen wirkt eine resultierende Kohäsionskraft nach innen, der ein Druck im Innern der Flüssigkeit entgegenwirken muss.

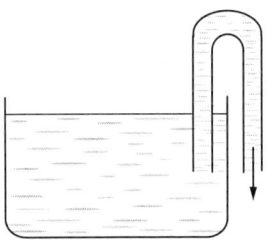

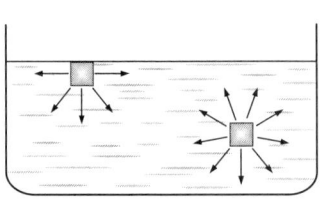

Abbildung 6.28: Heber. Durch die Kohäsionskräfte und den Schweredruck wird die Flüssigkeit aus dem Gefäß gezogen

Abbildung 6.29: Oberflächenspannung. Die Kohäsionskräfte heben sich nur im Innern der Flüssigkeit auf

Oberflächenenergie, die aus der der Oberflächenspannung resultierende potentielle Energie.
Die Oberflächenspannung wirkt einer Vergrößerung der Oberfläche entgegen. Um die Oberfläche um einen Betrag ΔA zu vergrößern, ist eine Arbeit ΔW erforderlich. Das Verhältnis der Arbeit ΔW zur gewonnenen Oberfläche ΔA heißt Oberflächenspannung σ:

Oberflächenspannung			$\mathbf{MT^{-2}}$
	Symbol	Einheit	Benennung
$\sigma = \dfrac{\Delta W}{\Delta A}$	σ	$J/m^2 = kg/s^2 = N/m$	Oberflächenspannung
	ΔW	J	verrichtete Arbeit
	ΔA	m^2	gewonnene Oberfläche

➤ Typische Werte für die Oberflächenspannung sind 0.02 N/m bei Kohlenwasserstoffen, 0.07 N/m bei stark polarisierten Molekülen wie Wasser oder Glycerol, beim Extremfall Quecksilber 0.49 N/m. Die Oberflächenspannung hängt von der Temperatur des Stoffes ab. Sie reagiert sehr empfindlich auf Verunreinigungen durch bestimmte Substanzen (Detergentien).

3. **Messung der Oberflächenspannung**

M Die Messung der Oberflächenspannung erfolgt mit einem Drahtbügel der Länge d (**Abb. 6.30**), der in die Flüssigkeit getaucht wird und beim Herausziehen um den Betrag Δs eine dünne Flüssigkeitshaut der Oberfläche $\Delta A = 2d\,\Delta s$ bildet. Wird der Drahtbügel mit der Kraft F aus der Flüssigkeit gezogen, so ist die zum Herausziehen der Flüssigkeitshaut benötigte Arbeit $\Delta W = F\,\Delta s$. Daher gilt:

$$\sigma = \frac{\Delta W}{\Delta A} = \frac{F\,\Delta s}{2d\,\Delta s} = \frac{F}{2d}.$$

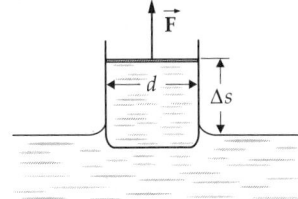

Abbildung 6.30: Messung der Oberflächenspannung. Mit einem Drahtbügel wird eine Flüssigkeitshaut gezogen und die Kraft $\vec{F}$ gemessen

4.   Spezifika der Oberflächenspannung

Die Oberflächenspannung stellt eine Kraft pro Längeneinheit der Randlinie dar.

▲   Die Kraft F_σ, die aufgrund der Oberflächenspannung auf eine Randlinie der Länge l wirkt, ist
$F_\sigma = l\sigma$.

➤   Ein System versucht stets, den Zustand kleinster potentieller Energie einzunehmen. Aus diesem Grund ist die Oberfläche einer Flüssigkeit stets eine **Minimalfläche**, d.h., die Flüssigkeitsoberfläche ist bei gegebenem Volumen so klein wie möglich.

■   Der Körper mit der kleinsten Oberfläche bei einem gegebenen Volumen ist die Kugel. Wirken keine anderen Kräfte, so nimmt ein Flüssigkeitstropfen Kugelform an. Sonderfall: Seifenblase.

6.2.4.1   Kapillarität

1.   Adhäsion,

bezeichnet die Anziehungskräfte zwischen den Molekülen zweier **verschiedener** Stoffe, im Unterschied zur Kohäsion zwischen Molekülen gleicher Stoffe. Sie kann zwischen festen, flüssigen und gasförmigen Stoffen auftreten. Insbesondere sind bei der Berührung einer Flüssigkeit (Tropfen) mit einem festen Stoff (Unterlage) folgende Fälle zu unterscheiden, je nachdem, in welchem Verhältnis die Stärken der Kohäsions- und der Adhäsionskräfte stehen (**Abb. 6.31**):

•   die Adhäsionskräfte überwiegen: die Flüssigkeit breitet sich auf der Oberfläche aus (**Benetzung**),
•   die Kohäsionskräfte überwiegen: die Flüssigkeit zieht sich zusammen (**keine Benetzung**).

Randwinkel ϕ, der Winkel, den die Flüssigkeitsoberfläche am Berührungspunkt mit der Oberfläche bildet. Für benetzende Flüssigkeiten gilt $0 \leq \phi \leq \pi/2$. Bei einer nichtbenetzenden Flüssigkeit gilt $\pi/2 < \phi \leq \pi$.

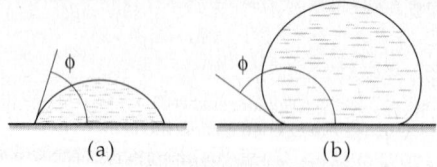

(a)   (b)

Abbildung 6.31: Berührung von Flüssigkeitstropfen mit einer festen Oberfläche. (a): Benetzung, Randwinkel $\phi < \pi/2$, (b): keine Benetzung, Randwinkel $\phi > \pi/2$

2.   Kapillarität,

die Erscheinung, dass eine Flüssigkeit in einem engen Röhrchen (**Kapillare**) aufsteigt (**Abb. 6.32**). Ihre Ursache ist die Oberflächenspannung an der Randlinie der Flüssigkeit und die aus ihr resultierende Kraft $F_\sigma = \sigma l = \sigma \cdot 2\pi r$ (l: Umfang). Sie wird durch das Gewicht der Flüssigkeitssäule $F_G = mg = \rho \cdot h \cdot \pi r^2$ (m Masse der Flüssigkeitssäule) ausgeglichen. Aus $F_G = F_\sigma$ ergibt sich:

Kapillarsteighöhe (Kapillaraszension)			L
	Symbol	Einheit	Benennung
$h = \dfrac{2\sigma}{g\rho r}$	h	m	Steighöhe
	σ	N/m	Oberflächenspannung
	ρ	kg/m^3	Dichte der Flüssigkeit
	g	m/s^2	Fallbeschleunigung
	r	m	Innenradius des Röhrchens

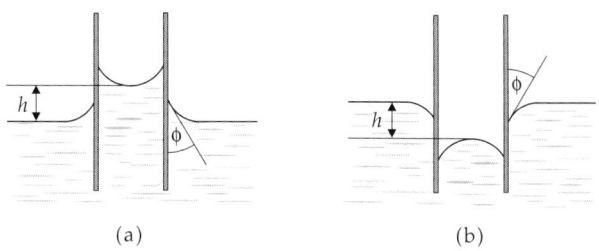

(a) (b)

Abbildung 6.32: Kapillarität. (a): Kapillaraszension, (b): Kapillardepression

■ In eine Kapillare vom Innendurchmesser 1 mm steigt Wasser (Oberflächenspannung 0.07 N/m, Dichte 1000 kg/m³) bis in die Höhe

$$h = \frac{2\sigma}{g\rho r} = \frac{2 \cdot 0.07\,\text{N/m}}{9.81\,\text{m/s}^2 \cdot 1000\,\text{kg/m}^3 \cdot 0.5\,\text{mm}} = 29\,\text{mm}.$$

➤ Die Steighöhe hängt für einen gegebenen Stoff nur vom Radius des Röhrchens ab.

➤ Aus der Kapillaraszension (-depression) lässt sich die Oberflächenspannung der Flüssigkeit ermitteln.

Benetzungsenergie, $E_{\text{Benetzung}}$, Maß für die Stärke der Adhäsion. Die Benetzungsenergie wird beim Benetzen einer Oberfläche des Flächeninhalts A frei. Sie kann aus dem Randwinkel ϕ und der Oberflächenspannung σ berechnet werden:

$$E_{\text{Benetzung}} = A\sigma(1 + \cos\phi).$$

6.3 Hydrodynamik, Aerodynamik

Strömungsmechanik, die Lehre von den Strömungen in Flüssigkeiten (**Hydrodynamik**) und Gasen (**Aerodynamik**). Sie beschreibt den Transport von Materie aufgrund von Druckdifferenzen und äußeren Kräften unter Berücksichtigung der inneren Reibung der Flüssigkeit. Gase unterscheiden sich auch hier von Flüssigkeiten durch ihre hohe Kompressibilität. Ist die Strömungsgeschwindigkeit jedoch deutlich kleiner als die Schallgeschwindigkeit (ca. ein Drittel), so verhalten sich auch Gase praktisch inkompressibel.

Zentraler Begriff der Strömungsmechanik ist das Strömungsfeld.

6.3.1 Strömungsfeld

1. Definition des Strömungsfeldes

Jedes Masseteilchen einer strömenden Flüssigkeit hat in einem gegebenen Moment eine nach Betrag und Richtung bestimmte Geschwindigkeit. Grundannahme der Hydrodynamik ist, dass die mittlere Geschwindigkeit der Teilchen in einem kleinen Volumen ungefähr gleich ist. Damit kann man jedem Ort in der Flüssigkeit eine mittlere Geschwindigkeit $\vec{v}$ der Masseteilchen, die sich in einem Volumenelement um diesen Ort befinden, zuordnen. Die so entstehende räumliche und zeitliche Geschwindigkeitsverteilung heißt **Geschwindigkeitsfeld** $\vec{v}(x,y,z,t)$. Analog führt man dazu das **Druckfeld** $p(x,y,z,t)$, das **Temperaturfeld** $T(x,y,z,t)$ und das **Dichtefeld** $\rho(x,y,z,t)$ ein.

➤ Diese Beschreibung gilt nur im lokalen thermodynamischen Gleichgewicht (s. S. 633). Nur dann lassen sich Druck und Temperatur sinnvoll definieren und über die Zustandsgleichung eine Beziehung zur Dichte herstellen. Die Beschreibung von Flüssen, die sich nicht im lokalen thermodynamischen Gleichgewicht befinden, ist Gegenstand der **kinetischen Theorie (Transporttheorie)**.

2.   Eigenschaften des Geschwindigkeitsfeldes

Das Geschwindigkeitsfeld ist ein Vektorfeld; sein Wert $\vec{v}(x,y,z,t)$ gibt die mittlere Geschwindigkeit der Teilchen an, die sich zur Zeit t in einem kleinen Volumen um den Ort (x,y,z) befinden. Man unterscheidet zeitunabhängige (stationäre) und zeitabhängige (nichtstationäre) sowie ortsabhängige (inhomogene) und ortsunabhängige (homogene) Strömungen. Bei stationären Strömungen gilt:

$$\vec{v} = \vec{v}(x,y,z), \quad \frac{\partial \vec{v}}{\partial t} = 0.$$

Stromlinien und **Bahnlinien** dienen zur Visualisierung des Strömungsfeldes. **Stromlinien** folgen in einem gegebenen Zeitpunkt den Geschwindigkeitsvektoren, d.h., eine an eine Stromlinie gelegte Tangente gibt die Strömungsrichtung in diesem Punkt an (**Abb. 6.33**). Von ihnen zu unterscheiden sind **Bahnlinien**, die die tatsächliche Bewegung der Materieteilchen über einen Zeitraum beschreiben.

▲   Bei stationären Strömungen stimmen Strom- und Bahnlinien überein.

Die vollständige mathematische Beschreibung von Strömungen erfolgt mit den Mittel der **Vektoranalysis**.

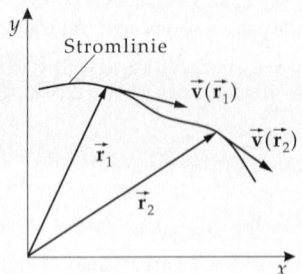

Abbildung 6.33: Stromlinie. Der Geschwindigkeitsvektor $\vec{v}(\vec{r})$ bildet die Tangente im Punkt $\vec{r}$ an die Stromlinie

3.   Beispiele für Stromlinienbilder

Im Stromlinienbild charakterisiert die endliche Liniendichte n (n: Anzahl der Stromlinien, die die Flächeneinheit durchsetzen) die Strömungsgeschwindigkeit: $n \sim |\vec{v}|$.

Stromröhre, schlauchförmiges Raumgebiet, dessen Mantellinien mit den Stromlinien übereinstimmen. Bei einer stationären Strömung wird die Wand der Stromröhre von der Flüssigkeit nicht durchbrochen.

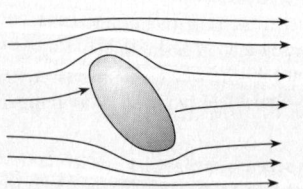

Abbildung 6.34: Strömungsfeld einer umströmten Platte

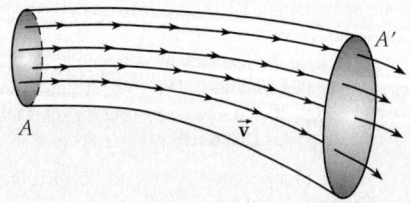

Abbildung 6.35: Geschwindigkeitsfeld. Stromlinien in einer Stromröhre mit den Querschnitten A und A'

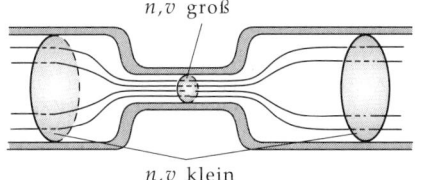

n,v groß

n,v klein

Abbildung 6.36: Stromliniendichte n in einem Rohr mit variablem Querschnitt

6.3.2 Grundgleichungen idealer Strömungen

Ideale Flüssigkeit, Flüssigkeit, die inkompressibel ist und keine Reibung aufweist. In einer idealen Flüssigkeit entstehen keine Wirbel, rot $\vec{v} = 0$. Wie der Name andeutet, handelt es sich um eine physikalisch nicht realisierbare Idealisierung.

Ideale Strömung, eine inkompressible Strömung, in der keine Reibungskräfte auftreten.

➤   **Ideale Gase** sind Gase, deren Kompressibilität dem idealen Gasgesetz folgt. Die Strömung von realen Gasen ist keine ideale Strömung.

6.3.2.1 Kontinuitätsgleichung

1. Aufstellung der Kontinuitätsgleichung

Kontinuitätsgleichung, drückt die Erhaltung der Masse aus. Man betrachtet dazu (**Abb. 6.37**) eine Röhre mit der Querschnittsfläche A, die von der Flüssigkeit durchströmt wird. Die Masse Δm aller Teilchen, die in einer Zeit Δt durch die Fläche A hindurchtreten, ist gegeben durch das Produkt aus der Fläche, dem Zeitintervall, der Dichte ρ der Flüssigkeit und der Geschwindigkeit v der Flüssigkeit:

$$\Delta m = \rho v A \Delta t .$$

An einer anderen Stelle der Röhre, für die Querschnittsfläche und Geschwindigkeit die Werte A' bzw. $\vec{v}'$ haben, muss pro Zeiteinheit die gleiche Masse hindurchfließen, wenn keine Masse vernichtet oder erzeugt werden kann (**Massen-Erhaltungssatz**). Dann gilt

$$\rho v A = \rho' v' A' .$$

Inkompressible Flüssigkeit: $\rho = \rho'$, und damit

Kontinuitätsgleichung inkompressibler Medien			$\mathbf{L^3 T^{-1}}$
	Symbol	Einheit	Benennung
$vA \;=\; v'A'$	v, v'	m/s	Geschwindigkeiten
	A, A'	m²	Querschnittsflächen

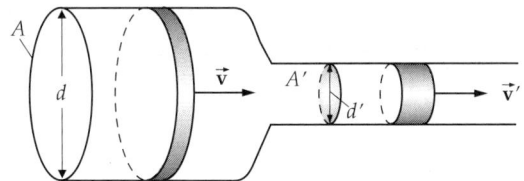

Abbildung 6.37: Fluss in einer Röhre mit variierendem Querschnitt A

▲ Je kleiner der Querschnitt eines Rohres, desto größer ist die Geschwindigkeit der darin strömenden Flüssigkeit.

Volumenstrom, Stromstärke, Bezeichung für die Größe $Q = vA$, $[Q] = m^3/s$. Volumen der Flüssigkeit, das pro Zeiteinheit ein Rohr mit der Querschnittsfläche A durchströmt. **Stromdichte, Massenstromdichte,** Bezeichnung für den Vektor $\vec{j} = \rho\,\vec{v}$.

➤ Eine analoge Kontinuitätsgleichung gilt für die Erhaltung der elektrischen Ladung bei elektrischen Strömen in der Elektrodynamik. Allgemein drückt eine Kontinuitätsgleichung immer die Erhaltung einer physikalischen Größe aus.

2. Kontinuitätsgleichung in differentieller Form

▲ Das in einem gegebenen Zeitintervall in einen kleinen, im Raum feststehenden Würfel hineinfließende Flüssigkeitsvolumen ist gleich dem im gleichen Zeitintervall hinausfließenden Volumen.

Daraus folgt die **differentielle Formulierung der Kontinuitätsgleichung**: Der Volumenstrom $Q_{ein,x}$ durch die Stirnfläche eines Quaders senkrecht zur x-Richtung ist gegeben durch

$$Q_{ein,x} = v_x(x) \cdot \Delta y \cdot \Delta z.$$

Hier bedeuten Δx, Δy und Δz die Kantenlängen des Quaders. Der Volumenstrom durch die gegenüberliegende Fläche ist

$$Q_{aus,x} = v_x(x + \Delta x) \cdot \Delta y \cdot \Delta z.$$

Nach dem Satz von Taylor gilt

$$v_x(x + \Delta x) \approx v_x(x) + \frac{\partial v_x(x)}{\partial x}\Delta x.$$

Die gleiche Behandlung für die y- und die z-Richtung liefert den gesamten Volumenstrom durch den Quader,

$$\Delta Q = \left(\frac{\partial v_x}{\partial x} + \frac{\partial v_y}{\partial y} + \frac{\partial v_z}{\partial z} \right) \cdot \Delta x \cdot \Delta y \cdot \Delta z.$$

Die Größe in Klammern heißt **Divergenz** des Vektorfeldes $\vec{v}$:

$$\operatorname{div}\vec{v} = \frac{\partial v_x}{\partial x} + \frac{\partial v_y}{\partial y} + \frac{\partial v_z}{\partial z}.$$

Mit ihr lässt sich die Kontinuitätsgleichung differentiell formulieren:

Kontinuitätsgleichung in differentieller Form			LT^{-1}
$\operatorname{div}\vec{v} \;=\; 0$	Symbol	Einheit	Benennung
	$\vec{v}$	m/s	Geschwindigkeitsfeld

3. Geschwindigkeitspotential, Laplace- und Poisson-Gleichung

Die Lösung der Kontinuitätsgleichung kann durch Einführung eines **Geschwindigkeits-** oder **Strömungspotentials** Φ erfolgen. Das Geschwindigkeitspotential ist ein skalares Feld. Die Stromlinien stehen senkrecht auf den Flächen $\Phi = const$. Der **Gradient** von Φ ist ein Vektorfeld, das an jedem Punkt in die Richtung des steilsten Anstiegs von Φ zeigt. Der Gradient des Geschwindigkeitspotentials Φ ist das Geschwindigkeitsfeld $\vec{v}$:

$$\operatorname{grad}\Phi = \left(\frac{\partial \Phi}{\partial x}, \frac{\partial \Phi}{\partial y}, \frac{\partial \Phi}{\partial z} \right) = \vec{v}.$$

Nach Einsetzen von Φ lautet die Kontinuitätsgleichung

$$\left(\frac{\partial^2}{\partial x^2} + \frac{\partial^2}{\partial y^2} + \frac{\partial^2}{\partial z^2} \right) \Phi = 0.$$

Die Gleichung heißt **Laplace-Gleichung**. Wenn auf der rechten Seite der Gleichung statt der Null eine endliche Quelldichte q auftritt, ergibt sich die **Poisson-Gleichung**:

$$\left(\frac{\partial^2}{\partial x^2} + \frac{\partial^2}{\partial y^2} + \frac{\partial^2}{\partial z^2}\right)\Phi = -4\pi q.$$

Laplace-Operator, Skalarprodukt des **Nablaoperators** $\vec{\nabla}$ mit sich selbst, Summe über alle partiellen zweiten Ableitungen,

$$\Delta = \vec{\nabla} \cdot \vec{\nabla} = \frac{\partial^2}{\partial x^2} + \frac{\partial^2}{\partial y^2} + \frac{\partial^2}{\partial z^2}.$$

Für die Lösung der Laplace-Gleichung bei gegebenen Randbedingungen (**Randwertproblem**) existiert ein umfangreiches analytisches und numerisches Instrumentarium.

4.   Helmholtz-Bedingung

Die Darstellung eines Flusses durch ein Potential Φ ist nur möglich, wenn der Fluss **wirbelfrei** ist, d.h., wenn keine geschlossenen Stromlinien auftreten. Für ein stationäres Strömungsfeld bedeutet dies, dass kein Teilchen in der Flüssigkeit einem geschlossenen Pfad folgt. Die Wirbeleigenschaft des Strömungsfeldes kann in der Vektoranalysis durch die **Rotation** $\mathrm{rot}\,\vec{v}$ des Geschwindigkeitsfeldes

$$\mathrm{rot}\,\vec{v} = \begin{pmatrix} \dfrac{\partial v_z}{\partial y} - \dfrac{\partial v_y}{\partial z} \\[2mm] \dfrac{\partial v_x}{\partial z} - \dfrac{\partial v_z}{\partial x} \\[2mm] \dfrac{\partial v_y}{\partial x} - \dfrac{\partial v_x}{\partial y} \end{pmatrix}$$

ausgedrückt werden. Wenn die Rotation des Geschwindigkeitsfeldes überall verschwindet, so ist die Strömung wirbelfrei,

$$\mathrm{rot}\,\vec{v} = 0.$$

Dies ist die **Helmholtz-Bedingung**.

5.   Quellen und Senken

Quelle oder **Senke**, Raumgebiet, in dem Stromlinien beginnen (Quelle) oder enden (Senke). Die Anzahl der Stromlinien, die durch eine Fläche, welche die Quelle (Senke) umschließt, eintreten, ist nicht gleich der Anzahl der Stromlinien, die durch diese Fläche austreten. Für die Divergenz des Geschwindigkeitsfeldes gilt dann:

$$\mathrm{div}\,\vec{v} = q, \qquad q: \text{Quelldichte}, \quad q > 0: \text{Quelle}, \quad q < 0: \text{Senke}.$$

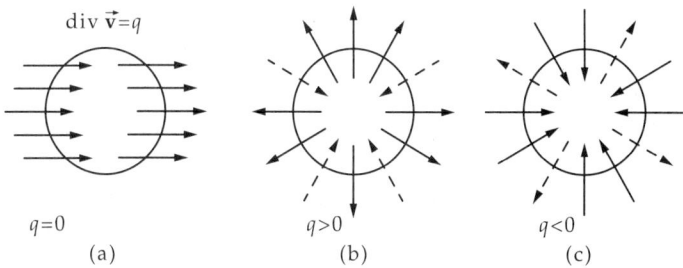

Abbildung 6.38: Divergenz des Geschwindigkeitsfeldes. (a): Quellenfreie Strömung, (b): Quelle $q > 0$, (c): Senke $q < 0$

6.3.2.2   Eulersche Gleichung

Eulersche Gleichung, beschreibt die imkompressible, reibungsfreie Strömung. Sie ist Ausdruck des Newtonschen Kraftgesetzes:

$$\rho \cdot \left((\vec{v} \cdot \mathrm{grad}) \, \vec{v} + \frac{\partial \vec{v}}{\partial t} \right) \equiv \rho \cdot \frac{\mathrm{d}\vec{v}}{\mathrm{d}t} = \vec{F} - \mathrm{grad}\, p .$$

Auf der rechten Seite der Gleichung stehen die auf die Flüssigkeit wirkende Kraft pro Volumeneinheit $\vec{F}$, zum Beispiel die Gravitationskraft, und der Gradient des Drucks, in dessen Richtungen die Druckkraft wirkt. Auf der linken Seite steht die **substantielle** oder **mitbewegte Ableitung** des Geschwindigkeitsfeldes nach der Zeit,

$$\frac{\mathrm{d}\vec{v}}{\mathrm{d}t} = (\vec{v} \cdot \mathrm{grad}) \, \vec{v} + \frac{\partial \vec{v}}{\partial t} .$$

Sie gibt die Änderung der Geschwindigkeit eines kleinen Volumenelements in einem sich mit der Flüssigkeit bewegenden Bezugssystem an. Damit steht auf der linken Seite der Gleichung die Beschleunigung, auf der rechten Seite stehen die wirkenden Kräfte:

- die äußere Kraft pro Volumeneinheit $\vec{F}$,
- die Druckkraft pro Volumeneinheit entlang dem Druckgradienten $-\mathrm{grad}\, p$.

➤ Im Falle von Strömungen mit Reibung wird die Euler-Gleichung zur Navier-Stokes-Gleichung (s. S. 188).

6.3.2.3   Gesetz von Bernoulli

1.   Gesetz von Bernoulli,

stellt einen Zusammenhang zwischen dem Querschnitt eines Rohres und dem in ihm herrschenden Druck her. Man unterscheidet:

- **statischer Druck**, der sowohl senkrecht zur Strömungsrichtung als auch in Strömungsrichtung gleichermaßen wirkt,
- **Schweredruck** (**geodätischer Druck**), der dem hydrostatischen Druck in einer Flüssigkeitssäule entspricht,
- **dynamischer Druck**, **Staudruck**, der aufgrund der Strömung zusätzlich wirkt. Der Staudruck hängt von der Geschwindigkeit der Strömung ab.

➤ In einer fließenden Flüssigkeit ist daher der Druck in verschiedene Richtung verschieden groß. Er ist **nicht isotrop**. Der statische Druck ist gerade der isotrope Anteil des Druckes.

▲ **Gesetz von Bernoulli**:
Die Summe aus statischem und dynamischem Druck ist in einer stationären Strömung konstant.

2.   Ableitung der Bernoullischen Gleichung

Das Gesetz von Bernoulli folgt aus der Erhaltung der Energie. Hat ein Flüssigkeitsvolumen ΔV an einer Stelle, wo der Querschnitt der Röhre A beträgt, eine kinetische Energie $\frac{1}{2}\rho\Delta V v^2$ (ρ Dichte, v Geschwindigkeit) und an einer anderen Stelle mit dem Querschnitt A' die kinetische Energie $\frac{1}{2}\rho\Delta V v'^2$, so muss die Differenz der beiden,

$$\Delta W_{\mathrm{kin}} = \frac{1}{2}\rho\Delta V (v'^2 - v^2) ,$$

im Druckunterschied und im Unterschied der potentiellen Energien $\Delta V \rho g(h - h')$ (h, h' entsprechende Höhen) begründet sein.

Druckenergie, W_p, die Arbeit, die aufgebracht werden muss, um das Volumen ΔV beim Druck p in das Rohr hineinzupressen, also

$$W_p = pA\Delta s = p\Delta V .$$

Dann gilt:

$$\Delta W_{kin} = \Delta V(p - p') + \Delta V \rho g(h - h'),$$

und daher schließlich:

Bernoulli-Gleichung			$ML^{-1}T^{-2}$
	Symbol	Einheit	Benennung
	p	Pa	statischer Druck
$p + \dfrac{1}{2}\rho v^2 + \rho g h \;=\; \text{const.}$	ρ	kg/m³	Dichte
	v	m/s	Strömungsgeschwindigkeit
	g	m/s²	Fallbeschleunigung
	h	m	Höhe

Der erste Term ist der statische Druck, der zweite der dynamische Druck, der dritte der Schweredruck (**Abb. 6.39**).

➤ Die Bernoulli-Gleichung gilt für stationären, reibungsfreien Fluss und ist daher eine Idealisierung.

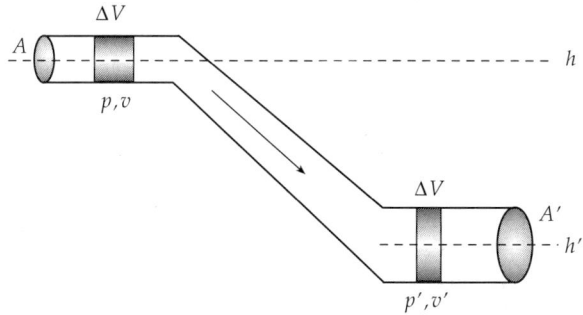

Abbildung 6.39: Zur Bernoulli-Gleichung

3. Messverfahren nach dem Bernoullischen Gesetz

Düse, Kanalverengung in Strömungsrichtung zur Erhöhung der Strömungsgeschwindigkeit. Grundlegendes Hilfsmittel zur Umsetzung von Druckenergie in Geschwindigkeitsenergie. Anwendung in Turbinen, Schubdüsen.

Diffusor, Kanalerweiterung. Umkehrung der Düse: Geschwindigkeitsenergie der anströmenden Flüssigkeit wird in Druckenergie umgewandelt. Anwendung in Strömungspumpen.

Die Kontinuitäts- und die Bernoulligleichung sind die Grundlage mehrerer Messverfahren (**Abb. 6.40**):

M **Drucksonde,** zur Messung des statischen Drucks. Dieser wird an einer Öffnung im Mantel des Rohres abgegriffen und durch kommunizierende Röhren oder ein anderes druckmessendes Element gemessen.

M **Pitot-Rohr,** zur Messung des statischen und dynamischen (Stau-)Drucks. Der Druck entsteht an der Mündung eines gegen die Strömungsrichtung zeigenden Rohres.

M **Prandtlsches Staurohr,** vereinigt Pitot-Rohr und Drucksonde. Misst den Staudruck als Differenz von Gesamtdruck und statischem Druck. Bei bekannter Dichte ρ kann aus dem Staudruck p_S die Strömungsgeschwindigkeit v berechnet werden, $v = \sqrt{2p_S/\rho}$.

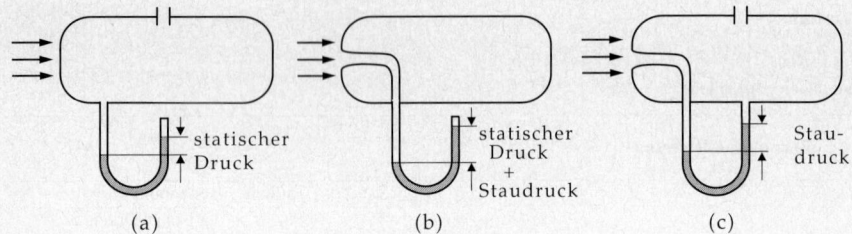

Abbildung 6.40: Druckmessverfahren auf Basis des Bernoullischen Gesetzes. (a): Drucksonde (stat. Druck), (b): Pitot-Rohr (stat. Druck und Staudruck) (c): Prandtlsches Staurohr (Staudruck)

4. Venturi-Rohr,

(**Drosselgerät**), zur Ermittlung des Volumenstroms Q nach dem Venturi-Prinzip (s. S. 184). Dabei wird die Differenz des statischen Drucks vor und in einer Rohrverengung gemessen. Der statische Druck ist umso geringer, je schneller die Flüssigkeit fließt (**Abb. 6.41**):

$$Q = A_1 \cdot \sqrt{\frac{1}{(A_1/A_2)^2 - 1}} \cdot \sqrt{\frac{2\Delta p}{\rho}},$$

$$= A_1 \cdot \sqrt{\frac{1}{(A_1/A_2)^2 - 1}} \cdot \sqrt{2g\Delta h}$$

(A_1 Rohrquerschnitt, A_2 verengter Querschnitt, Δp Druckunterschied, ρ Dichte der Flüssigkeit, g Fallbeschleunigung, Δh Höhendifferenz im Steigrohr).

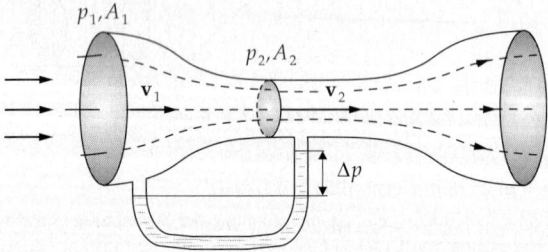

Abbildung 6.41: Venturi-Rohr zur Messung des Volumenstroms nach dem Bernoulli-Prinzip

➤   Bei realen Strömungen muss die Reibung berücksichtigt werden. In der Praxis erfolgt dies durch Korrekturfaktoren, die über eine Eichung bestimmt werden.

6.3.2.4   Torricellisches Ausflussgesetz

1. Ausflussgeschwindigkeit

Die Ausflussgeschwindigkeit einer Flüssigkeit aus einem kleinen Loch im Mantel des Gefäßes unter dem Einfluss der Gewichtskraft ergibt sich aus der Bernoulli-Gleichung. Vergleicht man ein kleines Flüssigkeitsvolumen an einem beliebigen Punkt im Gefäß (Höhe h_1, in Ruhe) mit einem am Ausflusspunkt (Höhe h_2, Geschwindigkeit v), so gilt unter Berücksichtigung des Atmosphärendrucks p_0

$$\rho g h_1 + p_0 = \rho g h_2 + \frac{\rho}{2} v^2 + p_0,$$

und damit:

Ausflussgeschwindigkeit $\sim \sqrt{\overline{\text{Höhe}}}$			$\mathbf{LT^{-1}}$
	Symbol	Einheit	Benennung
$v = \sqrt{2gh}$	v	m/s	Ausflussgeschwindigkeit
	g	m/s^2	Fallbeschleunigung
	h	m	Höhe der Flüssigkeitssäule über Austrittsöffnung

2. Torricellisches Ausflussgesetz

Die Ausflussgeschwindigkeit einer Flüssigkeitssäule der Höhe h über der Austrittsöffnung ist gleich der Fallgeschwindigkeit eines Körpers aus der Höhe h (**Abb. 6.42**).

Entfernung L des Strahls von der Gefäßwand in der Höhe h_2 unter der Austrittsöffnung:

$$L = 2\sqrt{h \cdot h_2}.$$

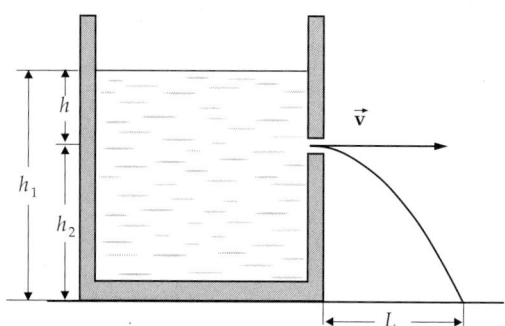

Abbildung 6.42: Torricellisches Ausflussgesetz. Die Ausflussgeschwindigkeit v hängt von der Höhe h des Flüssigkeitsspiegels über der Ausflussöffnung ab

Befindet sich die Ausflussöffnung im Boden des Behälters, dann ergibt sich die Ausflussgeschwindigkeit

$$v = \sqrt{2gh_1}.$$

Wirkt auf die Flüssigkeitsoberfläche der zusätzliche Druck p_{ext}, dann gilt für die Ausflussgeschwindigkeit:

$$v = \sqrt{2\left(gh + \frac{p_{\text{ext}}}{\rho}\right)}.$$

3. Ausströmgeschwindigkeit

Durch die gleiche Überlegung findet man für die **Ausströmgeschwindigkeit** aus einem Rohr, in dem der Überdruck p gegenüber dem Außenraum herrscht:

Ausströmgeschwindigkeit			$\mathbf{LT^{-1}}$
	Symbol	Einheit	Benennung
$v = \sqrt{\dfrac{2p}{\rho}}$	v	m/s	Ausströmgeschwindigkeit
	p	Pa	Überdruck
	ρ	kg/m^3	Dichte

➤ Bei diesen Betrachtungen wurde die Flüssigkeitsreibung (s. Viskosität S. 187) vernachlässigt. Sie kann durch die **Geschwindigkeitsziffer** ϕ berücksichtigt werden (Wasser: $\phi \approx 0.97$). Weiter tritt eine Einschnürung des Strahls beim Austreten auf, die durch die **Kontraktionszahl** α berücksichtigt wird (scharfkantige Ausflussöffnung: $\alpha \approx 0.61$). Das Produkt beider Größen heißt **Ausflusszahl** μ, $\mu = \phi\alpha$. Die nach den obigen Formeln berechneten Werte für Ausflussgeschwindigkeit v und Entfernung L sind mit der Ausflusszahl μ zu multiplizieren, um die Viskosität der Flüssigkeit und die Eigenschaften der Ausflussöffnung einzubeziehen.

4. Überfall,

Ausfluss einer Flüssigkeit über die Kante des Gefäßes, z.B. bei Schleusen in Flüssen (**Abb. 6.43**). Der Volumenstrom Q ist

$$Q = \frac{2\kappa}{3} \cdot h \cdot b \cdot \sqrt{2gh},$$

(h Durchflusshöhe, b seitliche Breite, g Fallbeschleunigung). Die Kontraktionszahl κ kann nach Schweizer Normen wie folgt bestimmt werden:

$$\kappa = 0.615 \cdot \left(1 + \frac{1}{1.6 + 1000h}\right)\left(1 + 0.5\frac{h^2}{H^2}\right), \quad h \quad \text{in m}.$$

Gültig für Fallhöhe $H - h \geq 0.3$ m, Pegel $H \geq 2h$ und Durchflusshöhe $h = 0.025$ m $\dots 0.8$ m.

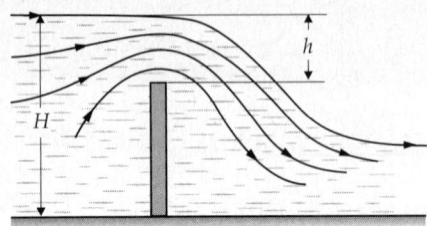

Abbildung 6.43: Überfall. Ausfluss einer Flüssigkeit über eine Kante

6.3.2.5 Saugeffekte

Aufgrund des Bernoullischen Gesetzes ist der statische Druck in einer Strömung kleiner als der statische Druck in der Umgebung. Dies bewirkt **Saugeffekte** bei Strömungen:

▲   **Venturi-Prinzip**, durch Verkleinerung des Rohrquerschnitts und die daraus erfolgende Beschleunigung der Strömung kann der statische Druck im Rohr kleiner werden als der umgebende Atmosphärendruck, so dass eine andere Flüssigkeit angesaugt werden kann.

a)   Wasserstrahlpumpe, zum Ansaugen eines Gases durch eine Flüssigkeit (**Abb. 6.44**). Die mit hoher Geschwindigkeit durch eine Düse ausströmende Flüssigkeit (Wasser, Quecksilber) führt zu einem verminderten statischen Druck, wodurch das Ansaugen des Gases aus dem Rezipienten bewirkt wird. **Quecksilberdampfpumpen** dieser Bauart sind in der Vakuumtechnik üblich; sie erreichen Drücke bis 1 Pa $= 10^{-5}$ bar. Der erreichbare Druck ist durch den Dampfdruck der Flüssigkeit begrenzt.

b)   Zerstäuber, zum Ansaugen einer Flüssigkeit in einen Luftstrom (**Abb. 6.45**). Die Spitze des Zerstäuberrohrs ragt in einen Luftstrom hinein. Da dessen statischer Druck geringer ist als der auf die Flüssigkeitsoberfläche wirkende Druck der ruhenden Luft, wird die Flüssigkeit angesaugt.

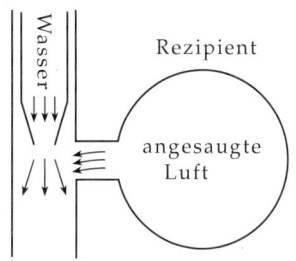

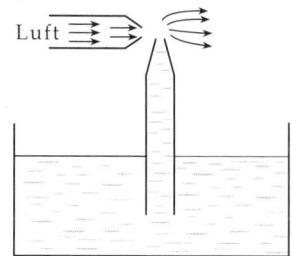

Abbildung 6.44: Wasserstrahlpumpe   Abbildung 6.45: Zerstäuber

c) Hydrodynamisches Paradoxon: Eine ausströmende Flüssigkeit oder ein ausströmendes Gas kann eine direkt auf die Ausströmöffnung gesetzte Platte ansaugen (**Abb. 6.46**). Dies geschieht, wenn die Ausströmgeschwindigkeit so groß ist, dass der äußere Druck größer wird als der verbleibende statische Druck der zwischen Austrittsrohr und Platte strömenden Flüssigkeit. Aufgrund dieses Effektes ziehen sich zwei dicht nebeneinander fahrende Fahrzeuge an.

6.3.2.6 Auftrieb an umströmten Körpern

1. Auftrieb

Auftrieb an einem umströmten Körper, entsteht aufgrund des Bernoullischen Gesetzes, wenn die Strömungsgeschwindigkeit auf verschiedenen Seiten eines Körpers verschieden groß ist. Dann entsteht auf der Seite mit der höheren Geschwindigkeit ein **Unterdruck**, und auf der anderen Seite ein **Überdruck**.

Magnus-Effekt (Abb. 6.47), ein in einer strömenden Flüssigkeit rotierender Zylinder erfährt eine senkrecht zur Strömung wirkende Kraft. Aufgrund der Rotation wird die Strömung auf der einen Seite des Zylinders abgebremst, auf der anderen beschleunigt, wodurch verschiedene statische Drücke auf beiden Seiten entstehen.

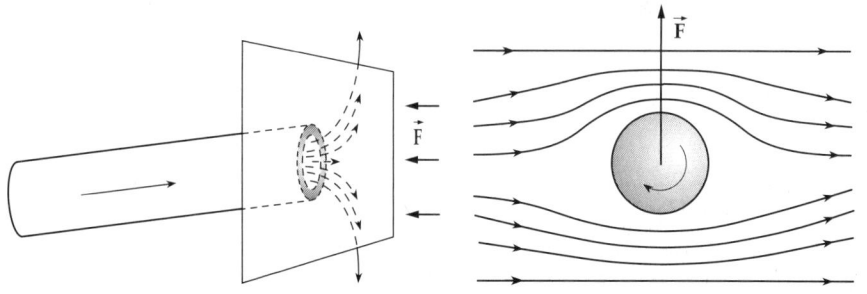

Abbildung 6.46: Hydrodynamisches Paradoxon.   Abbildung 6.47: Magnus-Effekt
Eine Platte wird von einem aus einem Rohr
auftreffenden Strahl angesaugt

2. Auftriebskraft

Flügel, ein von vorn angeströmter Körper, der so geformt ist, dass die Umströmungsgeschwindigkeit auf der Oberseite größer ist als auf der Unterseite. Durch den entstehenden Druckunterschied erfährt der Körper eine **dynamische Auftriebskraft**:

Dynamische Auftriebskraft			MLT^{-2}
$F_A = c_A \dfrac{\rho}{2} A v^2$	Symbol	Einheit	Benennung
	F_A	N	dynamische Auftriebskraft
	c_A	1	Auftriebsbeiwert
	ρ	kg/m^3	Dichte der Flüssigkeit
	v	m/s	Strömungsgeschwindigkeit
	A	m^2	max. Projektionsfläche

Die Auftriebskraft ist proportional zum Quadrat der Geschwindigkeit (vgl. Reibungskraft) und zu einer typischen Flächenausdehnung. Letztere ist hier die größte Fläche bei einer Projektion des Flügels auf eine beliebige Ebene (Spannweite mal Spanntiefe) (**Abb. 6.48**).

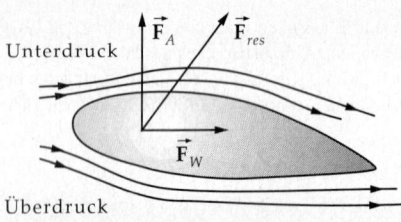

Abbildung 6.48: Auftriebskraft $\vec{F}_A$ an einem umströmten Flügel. Auftriebskraft $\vec{F}_A$ und Widerstandskraft $\vec{F}_W$ addieren sich zur resultierenden Kraft $\vec{F}_{res}$

➤   Der Auftriebsbeiwert wird im Windkanal bestimmt. Typische Werte liegen zwischen 0.02 und 0.05.

➤   Bei der Berechnung von Flugzeugen ist neben der Auftriebskraft auch die **Widerstandskraft** F_W zu berücksichtigen,

$$F_W = c_W \frac{\rho}{2} A v^2, \quad c_W : \text{Widerstandsbeiwert}.$$

Dies führt zu einer resultierenden Kraft F_{res}, die nach oben und nach hinten zeigt. Ihr Angriffspunkt heißt **Druckpunkt**. Er kann aus dem vom **Anstellwinkel** abhängigen Drehmoment auf den Flügel im Windkanal bestimmt werden. Der nach hinten wirkende Anteil der Kraft wird durch die Vortriebskraft der Triebwerke kompensiert.

6.3.3   Reale Strömungen

Reale Strömungen unterscheiden sich von idealen Strömungen im Auftreten von Reibung. Man unterscheidet

- **laminare Strömung**, die sich von der Strömung einer idealen Flüssigkeit im wesentlichen durch eine veränderte Geschwindigkeit unterscheidet,
- **turbulente Strömung**, die nicht mehr stationär ist und bei der sich an einem festgehaltenen Raumpunkt Richtung und Geschwindigkeit der Flüssigkeitsbewegung ungeordnet ändern.

6.3.3.1   Innere Reibung

Innere Reibung, durch Kohäsionskräfte zwischen den Molekülen von Flüssigkeiten oder Gasen bewirkte Reibungskräfte. Durch Reibung geht kinetische Energie der Flüssigkeit verloren, was sich in einer Erwärmung äußert.

1.   Laminare Strömung,

eine Strömung, bei der einzelne Flüssigkeitsschichten endlicher Dicke mit verschiedenen Geschwindigkeiten übereinander hinweg gleiten, ohne sich stark zu vermischen, wie z. B. bei einer Strömung zwischen zwei gegeneinander bewegten Platten (**Abb. 6.49**).

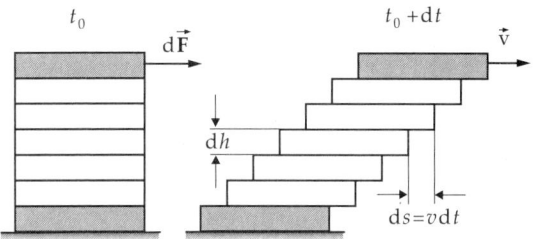

Abbildung 6.49: Flüssigkeitsschichten bei laminarer Strömung zwischen zwei gegeneinander bewegten Platten

Die Flüssigkeit in dem gesamten so betrachteten Volumen bewegt sich in die gleiche Richtung, die einzelnen Schichten bewegen sich jedoch mit unterschiedlicher Geschwindigkeit. Beim Aufeinandergleiten entstehen so Reibungskräfte, die zu einer gleichmäßigen Verringerung der Geschwindigkeit quer zum Strömungsprofil führen (**Abb. 6.50**). Gegensatz: **turbulente Strömung**.

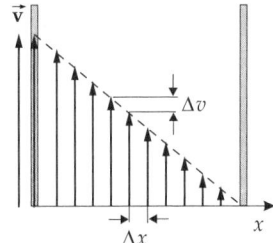

Abbildung 6.50: Geschwindigkeitsprofil bei laminarer Strömung zwischen zwei gegeneinander bewegten Platten

Geschwindigkeitsgradient, dv/dx, der Unterschied zwischen den Geschwindigkeiten zweier benachbarter Schichten, bezogen auf die Dicke einer Schicht. Trägt man die Geschwindigkeit der Schicht gegen ihre Position auf, so erhält man ein **Geschwindigkeitsprofil**, $v(x)$, dessen erste Ableitung dv/dx den Geschwindigkeitsgradienten angibt.

2. Newtonsches Reibungsgesetz,

beschreibt die Stärke der Reibungskraft zwischen den benachbarten Schichten einer laminaren Strömung. Die Kraft, die auf eine solche Schicht wirkt, ist proportional zur Fläche der Schicht und zum Geschwindigkeitsgradienten zu den benachbarten Schichten:

Newtonsches Reibungsgesetz			**MLT^{-2}**
	Symbol	Einheit	Benennung
	F_R	N	Reibungskraft
$F_R = \eta A \dfrac{dv}{dx}$	η	Pa·s = N·s/m^2	dynamische Viskosität
	A	m^2	Fläche der Schicht
	dv/dx	1/s	Geschwindigkeitsgradient

Die Proportionalitätskonstante η heißt **dynamische Viskosität** oder **Zähigkeit**. Sie hat die Einheit **Pascalsekunde** (Pa·s). Je größer die Viskosität einer Flüssigkeit, desto mehr Kraft ist erforderlich, um die Schichten gegeneinander zu bewegen. Typische Größenordnung für η ist 10^{-5} Pa·s bei Gasen, 10^{-3} Pa·s bei Wasser und zwischen 0.1 und 0.01 Pa·s (je nach Temperatur) bei Schmierölen.

188 6. Mechanik der deformierbaren Körper

M Direkt äußert sich die Viskosität beim Herausziehen einer Platte aus einem engen Gefäß. Ist der Abstand zwischen Platte und Gefäßwand hinreichend klein, so macht sich die Viskosität als bremsende Kraft bemerkbar.

Keine SI-Einheit: Poise (nach dem Physiker Poiseuille)

1 Poise $= 0.1$ Pa $\cdot$ s.

3. Fluidität und kinematische Viskosität

Fluidität, ϕ, der Kehrwert der dynamischen Viskosität:

$$\phi = \frac{1}{\eta}, \quad [\phi] = \frac{m^2}{Ns}.$$

Kinematische Viskosität, ν, das Verhältnis von dynamischer Viskosität η zur Dichte ρ der Flüssigkeit:

$$\nu = \frac{\eta}{\rho}, \quad [\nu] = \frac{m^2}{s}.$$

Nicht mehr zugelassene Einheit:

1 **Stokes** $= 1$ St $= 10^{-4}$ m^2/s.

Typische Größenordnungen der kinematischen Viskosität sind 10^{-6} m^2/s bei Wasser, 10^{-4} m^2/s bei Luft und von 1 bis mehrere Hundert m^2/s bei Motorenölen.

Während die dynamische Viskosität die Kraft angibt, die auf eine Flüssigkeitsschicht wirkt, berücksichtigt die kinematische Viskosität die Dichte der Flüssigkeit und damit die Masse $\Delta m = \rho \Delta V = \rho A \Delta x$ der Flüssigkeitsschicht. Die kinematische Viskosität gibt die wirkende Beschleunigung an:

$$a = \frac{F_R}{\Delta m} = \frac{F_R}{\rho A \Delta x} = \nu \frac{\Delta v}{(\Delta x)^2},$$

(a Beschleunigung, Δm Masse der Schicht, F_R Reibungskraft, A Fläche, Δx Dicke der Schicht, ν kinematische Viskosität, Δv Geschwindigkeitsunterschied).

➤ Die Viskosität ist eine Materialkonstante und stark von Temperatur und Druck abhängig. Die Abhängigkeit oder der Temperatur wird näherungsweise durch

$$\eta = A\, e^{b/T}$$

mit Materialkonstanten A und b beschrieben; sie nimmt also bei steigender Temperatur ab. Besonders wichtig ist die Viskosität und ihre Veränderung bei Schmiermitteln.

Die dynamische Viskosität von Gasen ist sehr viel geringer als die von Flüssigkeiten (Luft $1.7 \cdot 10^{-5}$ Pa $\cdot$ s, Wasser $1.8 \cdot 10^{-3}$ Pa $\cdot$ s bei 0 °C).

Die Viskosität von Lösungen und Fluidmischungen ist stark von der Konzentration abhängig.

➤ **Nichtnewtonsche Substanzen**, Stoffe, für die das Newtonsche Reibungsgesetz nicht gilt und/oder deren Verformung nicht plastisch ist. Dazu gehören insbesondere polymere Stoffe (**Flüssigkunststoffe**) und **Dispersionen** (Flüssigkeiten, in denen feste Stoffe oder andere Flüssigkeiten als kleine Kügelchen aufgeschwemmt sind; je nach deren Größe auch als **Suspension** oder **Kolloid** bezeichnet).

6.3.3.2   Navier-Stokes-Gleichung

1. Bewegungsgleichungen der realen Strömung

Die Kontinuitätsgleichung gilt auch für reale Strömungen. Die Euler-Gleichung wird zur **Navier-Stokes-Gleichung**:

$$\rho \cdot \left((\vec{v} \cdot \text{grad})\,\vec{v} + \frac{\partial \vec{v}}{\partial t} \right) = \rho \cdot \frac{d\vec{v}}{dt} = \vec{F} - \text{grad}\, p + \eta \cdot \Delta \vec{v}.$$

Auf der linken Seite steht die substantielle Ableitung des Geschwindigkeitsfeldes. Die rechte Seite enthält neben der äußeren Kraft pro Volumeneinheit $\vec{F}$ und der Druckkraft pro Volumeneinheit $-\text{grad}\, p$ einen weiteren Kraftterm

$$\eta \cdot \Delta \vec{v} = \eta \cdot \left(\frac{\partial^2 \vec{v}}{\partial x^2} + \frac{\partial^2 \vec{v}}{\partial y^2} + \frac{\partial^2 \vec{v}}{\partial z^2} \right).$$

Er hängt von der Krümmung der Geschwindigkeitsverteilung ab und drückt die Reibungskraft aus. Δ bezeichnet den Laplace-Operator.

Die Navier-Stokes-Gleichung ist die Grundgleichung der Hydrodynamik viskoser Flüssigkeiten. Zusammen mit der Kontinuitätsgleichung kann sie alle Strömungen inkompressibler Flüssigkeiten, insbesondere auch turbulente Strömungen, beschreiben. Zu ihrer Lösung existieren wirkungsvolle numerische Algorithmen.

2. Spezialfälle realer Strömung

Man unterscheidet folgende Spezialfälle:

- Strömungen mit vernachlässigbarer Reibung: $\eta \approx 0$. Die Navier-Stokes-Gleichung reduziert sich dann auf die Euler-Gleichung (s. S. 674).
- Stationäre Strömungen. Die Zeitableitungen verschwinden.
- Schleichende Strömungen bei sehr großer Viskosität: $\eta \to \infty$. Die linke Seite der Navier-Stokes-Gleichungen kann vernachlässigt werden; die Strömung ist bestimmt durch das Gleichgewicht zwischen Druckgradienten und Reibung.
- Wirbelströmungen bei Turbulenzen. Anstatt die Gleichungen direkt zu lösen, drückt man die Änderung der Wirbelstärke in einem Volumenelement durch die Energiedissipation aufgrund von Reibung aus. Dadurch lassen sich turbulente Strömungen effizient beschreiben.

6.3.3.3 Laminare Strömung in einem Rohr

1. Modellierung der laminaren Strömung im Rohr

Die laminare Strömung in einem zylindrischen Rohr mit dem Innenradius R kann aus vielen Hohlzylindern der Dicke Δr, in denen sich die Flüssigkeit mit der gleichen Geschwindigkeit bewegt, zusammengesetzt gedacht werden. Der äußerste Hohlzylinder haftet an der Wand und ist in Ruhe. Die Geschwindigkeit der anderen Hohlzylinder ergibt sich aus dem Gleichgewicht der Reibungskräfte F_R, die nach dem Newtonschen Reibungsgesetz beschrieben werden, und der Druckkraft F_p. Betrachtet man speziell einen Hohlzylinder des Radius r um die Mittellinie des Rohres der Länge l, so ist die wirkende Druckkraft (A: Querschnittsfläche)

$$F_p = pA = \pi p r^2.$$

Die dagegen wirkende Reibungskraft

$$F_R = -\eta A \frac{\Delta v}{\Delta r} = -\eta 2\pi r l \frac{\Delta v}{\Delta r}$$

ist im Gleichgewicht der Druckkraft gleich. Man erhält so für den Geschwindigkeitsgradienten

$$\frac{\Delta v}{\Delta r} = -\frac{pr}{2\eta l}.$$

Der Geschwindigkeitsgradient nimmt mit steigendem Druck zu und mit steigender Zähigkeit sowie mit steigender Rohrlänge ab. Er wächst linear mit dem Abstand von der Rohrachse.

2. Ableitung des Hagen-Poiseuilleschen Gesetzes

Man geht nun vom Differenzenquotienten $\Delta v / \Delta r$ zum Differentialquotienten dv/dr über und separiert die so entstehende Differentialgleichung. Es gilt:

$$r\,dr = -\frac{2\eta l}{p}\,dv.$$

Integration dieser Differentialgleichung ergibt

$$r^2 = -\frac{4\eta l}{p}v + C,$$

mit einer Integrationskonstanten C; letztere erhält man aus der Forderung, dass an der Wand ($r = R$) die Geschwindigkeit $v = 0$ sein soll, zu $C = R^2$. Umformen liefert das Gesetz für laminare Rohrströmung:

Hagen-Poiseuillesches Gesetz			LT^{-1}

	Symbol	Einheit	Benennung
	$v(r)$	m/s	Geschwindigkeitsprofil
	r	m	Abstand von der Mittellinie
$v(r) = \dfrac{p}{4\eta l}(R^2 - r^2)$	p	Pa	Druck
	η	Pa s	dynamische Viskosität
	l	m	Länge des Rohres
	R	m	Innenradius des Rohres

Das Geschwindigkeitsprofil ist eine Parabel (**Abb. 6.51**). Die Flüssigkeit strömt am schnellsten in der Mitte des Rohres; die Geschwindigkeit ist proportional zum Druck und zum Quadrat des Radius des Rohres (und damit zur Querschnittsfläche) und umgekehrt proportional zur Zähigkeit und zur Länge des Rohres.

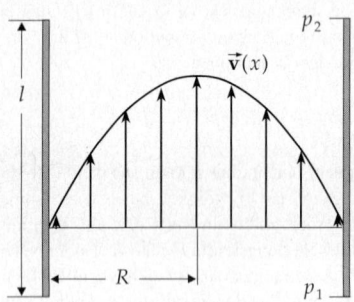

Abbildung 6.51: Hagen-Poiseuillesches Gesetz. Geschwindigkeitsprofil einer laminaren Rohrströmung

3.   Eigenschaften der laminaren Strömung im Rohr

Der Druck p gibt den **Druckabfall** zwischen den beiden Enden des Rohres an. Bei gegebener Geschwindigkeit ist er also proportional zur Länge des Rohres. Betrachtet man die Geschwindigkeit $v_0 = v(0)$ in der Mitte des Rohres, so gilt folgende Beziehung zwischen Druckabfall und Strömungsgeschwindigkeit:

$$p = \frac{4\eta l}{R^2} v_0.$$

Der Volumenstrom $\Delta V/\Delta t$, d.i. das Volumen ΔV der Flüssigkeit, das pro Zeiteinheit Δt das Rohr durchströmt, ergibt sich durch Integration der Geschwindigkeit über den Rohrquerschnitt zu:

$$\frac{\Delta V}{\Delta t} = \frac{\pi R^4}{8\eta l} p.$$

➤   Der Volumenstrom ist also durch Erhöhen des Rohrquerschnitts einfacher zu steigern als durch Erhöhen des Druckes.

➤   Bei gegebenem Volumenstrom ist der Druckabfall

$$p = \frac{8\eta l}{\pi R^4} \frac{\Delta V}{\Delta t}.$$

[M]   Die Messung der Viskosität kann aufgrund dieser Beziehung zwischen Druck und Volumenstrom erfolgen. Dazu misst man die Zeit, die eine bestimmte Menge der Flüssigkeit benötigt, um bei konstanter Höhe der Flüssigkeitssäule durch die Öffnung eines Trichters zu fließen. Der wirkende Druck ergibt sich aus der Dichte der Flüssigkeit und der Höhe der Flüssigkeitssäule über dem Trichter.

6.3.3.4 Umströmung einer Kugel

Eine analoge Betrachtung ergibt die Kraft, die bei laminarer Umströmung auf eine Kugel in der Flüssigkeit wirkt. Es gilt:

Stokessches Reibungsgesetz			$\mathbf{MLT^{-2}}$
	Symbol	Einheit	Benennung
	F_R	N	Reibungskraft
$F_R \;=\; 6\pi\eta r v$	η	Pa s	dynamische Viskosität
	r	m	Radius der Kugel
	v	m/s	Geschwindigkeit der Strömung

Die Reibungskraft ist also proportional zum Durchmesser der Kugel, zur Geschwindigkeit der Strömung und zur dynamischen Viskosität der Flüssigkeit.

M **Höppler-Kugelfallviskosimeter**, zur Messung der dynamischen Viskosität η aufgrund des Stokesschen Gesetzes durch die Bestimmung der Sinkgeschwindigkeit v einer Kugel des Radius r. Letztere ist gegeben aus dem Gleichgewicht zwischen der Reibungskraft F_R und der um die Auftriebskraft F_A verminderten Gewichtskraft F_G:

$$F_R = 6\pi\eta r v = F_G - F_A = \frac{4}{3}\pi r^3(\rho_K - \rho_{Fl}),$$

(ρ_K Dichte der Kugel, ρ_{Fl} Dichte der Flüssigkeit). Die Sinkgeschwindigkeit ist damit

$$v = \frac{2gr^2(\rho_K - \rho_{Fl})}{9\eta},$$

und für die dynamische Viskosität ergibt sich

$$\eta = \frac{2gr^2(\rho_K - \rho_{Fl})}{9v}.$$

6.3.3.5 Bernoulli-Gleichung

Für den Fall einer realen Strömung mit Reibung ist das Bernoullische Gesetz zu modifizieren:

▲ **Gesetz von Bernoulli**:
   Die Summen aus statischem und dynamischem Druck, gemessen an zwei verschiedenen Stellen eines Rohres, unterscheiden sich um den Betrag des Druckabfalls, berechnet nach dem Hagen-Poiseuilleschen Gesetz:

$$(p_1 + \frac{1}{2}\rho v_1^2 + \rho g h_1) - (p_2 + \frac{1}{2}\rho v_2^2 + \rho g h_2) = \Delta p,$$

wobei p_1, p_2 der Druck, v_1, v_2 die Geschwindigkeit der Flüssigkeit und h_1, h_2 die Höhe an den beiden Messpunkten sind und Δp den Druckabfall bezeichnet. Letzterer ist positiv zu zählen, wenn der erste Messpunkt stromaufwärts vom zweiten liegt.

Verlusthöhe, h_V, jene Höhe, um die der Zufluss des Rohres angehoben werden muss, um die Reibung auszugleichen:

$$h_V = \frac{\Delta p}{\rho g}.$$

Sie wird durch die Rohrreibungszahl ρ bestimmt.

6.3.4 Turbulente Strömungen

1. Charakterisierung turbulenter Strömung

Turbulente Strömung, eine Strömung, die an einem festgehaltenen Raumpunkt durch ungeordnete Änderungen in Richtung und Geschwindigkeit gekennzeichnet ist. Sie ist nicht mehr stationär. Misst man jedoch über eine Zeitspanne, die viel größer ist als eine typische Zeitspanne für die turbulenten Änderungen, so erhält man eine mittlere Geschwindigkeitsverteilung. Ist letztere von der Zeit unabhängig, so behandelt man die turbulente Strömung als stationär und versucht die Effekte der Turbulenzen durch entsprechende Reibungskoeffizienten einzubeziehen.

2.   Wirbelbildung,

tritt aufgrund der Reibung beim **Ablösen von Flüssigkeitsschichten** auf. Beim Umströmen einer Kugel durch eine ideale Flüssigkeit ist der Druck dort am größten, wo die Oberfläche senkrecht zur Strömung steht („vorn" und „hinten"), weil dort die Geschwindigkeit $v = 0$ ist, während der Druck dort am kleinsten und die Geschwindigkeit am größten ist, wo die Kugeloberfläche parallel zur Strömung ist („oben" und „unten"). Flüssigkeitsteilchen, die an der Kugel vorbeiströmen, werden so zunächst abgebremst (Staudruck), dann wieder beschleunigt (Bernoulli-Prinzip) und zur Eingliederung in die normale Strömung wieder abgebremst. Durch die Reibungskräfte erhöht sich nun die letzte Abbremsung der Teilchen, so dass die Teilchen noch vor dem Erreichen der Mittelachse zur Ruhe kommen. Dadurch entstehen **Wirbel**, die aufgrund der Erhaltung des Drehimpulses paarweise auftreten.

3.   Reynoldszahl,

eine dimensionslose Größe, die bestimmt, wie stark die Wirbelbildung stattfindet. Bei höheren Reynoldszahlen tritt Wirbelbildung spontan aus kleinen Störungen auf (**Abb. 6.52**). Turbulente Strömungen sind ein Beispiel für nichtlineare Dynamik (s. S. 199) eines ausgedehnten Systems.

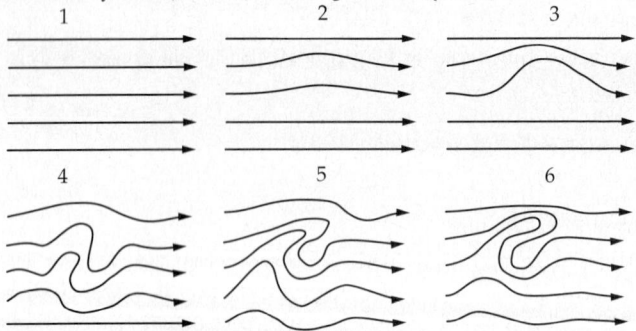

Abbildung 6.52: Übergang von laminarer zu turbulenter Strömung. Wirbelentstehung aus einer kleinen Störung

Durch die Reibung der Flüssigkeitsteilchen in einem Wirbel wird weitere Energie verbraucht, die der Strömung der Flüssigkeit durch eine zusätzliche Reibungskraft entzogen wird.

▲   Die Reibungskraft bei turbulenter Strömung ist größer als die Reibungskraft bei laminarer Strömung.

6.3.4.1   Widerstandsbeiwert

1.   Widerstandskraft

Auf einen Körper in einer turbulenten Strömung wirken zwei Widerstandskräfte (**Abb. 6.53**):

- **Reibungswiderstandskraft**, F_R, die aufgrund des Reibungsgesetzes wirkende Kraft zwischen Flüssigkeit und Körperoberfläche im Bereich der laminaren Strömung,
- **Druckwiderstandskraft**, F_D, der bei turbulenter Strömung zusätzlich wirkende Druckunterschied vor und hinter dem umströmten Körper. Dieser Druckunterschied entsteht durch die Wirbelbildung auf der Rückseite des Körpers. In den Wirbeln bewegt sich die Flüssigkeit sehr schnell, so dass aufgrund der Bernoulli-Gleichung der statische Druck dort geringer ist als auf der Vorderseite.

Beide Anteile zusammen ergeben die Widerstandskraft, $\vec{F}_W$,

$$\vec{F}_W = \vec{F}_R + \vec{F}_D.$$

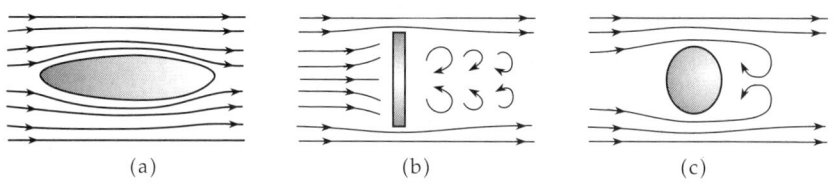

Abbildung 6.53: Widerstände bei der Umströmung von Körpern. (a): Reibungswiderstand bei laminarer Strömung, (b): Druckwiderstand bei turbulenter Umströmung einer Platte, (c): Reibungs- und Druckwiderstand bei der Umströmung einer Kugel

2. Widerstandsbeiwert,

charakterisiert die Größe der Widerstandskraft. Es gilt:

Widerstandskraft			$\mathbf{MLT^{-2}}$
	Symbol	Einheit	Benennung
	F_W	N	Widerstandskraft
$F_W = c_w \dfrac{\rho}{2} A v^2$	c_w	1	Widerstandsbeiwert
	ρ	kg/m³	Dichte der Flüssigkeit
	A	m²	Querschnittsfläche des Körpers
	v	m/s	Strömungsgeschwindigkeit

Der Widerstandsbeiwert ist eine dimensionslose Größe. Er hängt stark von der Form des Körpers ab.

▲ Die Widerstandskraft ist proportional zur Querschnittsfläche eines Körpers und zum Quadrat der Geschwindigkeit.

➤ Typische Werte für den Widerstandsbeiwert liegen zwischen 0.055 (Stromlinienkörper) und 1.1 bis 1.3 (Platte).

M Der Widerstandsbeiwert wird durch direkte Messung der Widerstandskraft im Windkanal bestimmt. Aufgrund der Ähnlichkeitsgesetze ist es möglich, an einem verkleinerten Modell zu messen.

3. Stromlinienkörper,

ein tropfenähnlicher Körper, der den geringstmöglichen Widerstandsbeiwert aufweist. Der Druckabfall längs eines Stromlinienkörpers erfolgt so langsam, dass keine Wirbelbildung auftritt. Dazu dient insbesondere das lang auslaufende Heck.

➤ Die Widerstandskraft eines Körpers in der Atmosphäre beruht überwiegend auf der Wirbelbildung. Man versucht daher, sie durch Schlitze oder Führungsbleche soweit wie möglich zu unterbinden und die Strömung laminar zu halten.

Die Leistung P, die zur Bewegung eines Körpers in einer turbulenten Strömung aufgebracht werden muss, ergibt sich wegen $P = F_W v$ zu

$$P = c_w \frac{\rho}{2} A v^3.$$

■ Bei einer Verdopplung der Geschwindigkeit muss die Leistung auf das Achtfache erhöht werden.

4. Winddruck

auf Bauwerke, entsteht durch Druck oder Sog (auf der windabgewandten Seite, Abheben von Dächern). **Beaufort-Grade** (s. **Tab. 34.0/6**).

■   Der Luftdruck im Innern eines Hauses ist bei Wind größer als über dem Dach (s. S. 180).

▲   Der Winddruck p_w nimmt mit dem Quadrat der Windgeschwindigkeit zu:

$$p_w = c_p v^2, \quad [p_w] = \text{Pa} = \text{Pascal}.$$

Der Proportionalitätsfaktor hat die Dimension kg/m^3. Typische Zahlenwerte liegen bei $c_p = 1.0$ kg/m^3.

Typische Windstaudrücke auf Bauwerke		
Höhe über Boden	Windgeschwindigkeit/(m/s)	Staudruck/(kPa)
bis 8 m	30	0.5
8 bis 20 m	36	0.8
20 bis 100 m	42	1.1
mehr als 100 m	46	1.3

6.3.5 Ähnlichkeitsgesetze

1. Ähnlichkeitsarten

Ähnlichkeitsgesetze, stellen eine Beziehung zwischen den strömungsmechanischen Eigenschaften von verkleinerten Modellen zu denen der Originale her. Das Modell muss die beiden folgenden Ähnlichkeitsbedingungen erfüllen:

*   **Geometrische Ähnlichkeit**: Das Modell muss hinsichtlich der geometrischen Abmessungen und der Oberflächenbeschaffenheit eine maßstabsgerechte verkleinerte Darstellung des Originals abgeben.
*   **Hydrodynamische Ähnlichkeit**: Dichte, Viskosität, Geschwindigkeit der Flüssigkeit und Widerstandskraft im Modellversuch müssen in einem bestimmten Verhältnis zu denen der Originalsituation stehen.

2. Reynoldszahl,

Re, beschreibt die hydrodynamische Ähnlichkeit.

Reynoldszahl			**1**

	Symbol	Einheit	Benennung
	Re	1	Reynoldszahl
	L	m	charakteristische Länge
$\mathrm{Re} = \dfrac{L\rho v}{\eta} = \dfrac{Lv}{\nu}$	ρ	kg/m^3	Dichte der Flüssigkeit
	v	m/s	Strömungsgeschwindigkeit
	η	Pa s	dynamische Viskosität
	ν	m^2/s	kinematische Viskosität

Die Reynoldszahl ist eine dimensionslose Größe. L bezeichnet eine typische Ausdehnung in der betrachteten Geometrie, z.B. den Durchmesser einer Kugel oder die Seitenlänge eines Würfels. Die Reynoldszahl ist ein Maß für das Verhältnis der Trägheitskraft eines Flüssigkeitsvolumens zur Widerstandskraft. Das Verhalten der Strömung wird durch das Wechselspiel dieser beiden Größen bestimmt. Die Reynoldszahl ist temperaturabhängig.

▲   **Ähnlichkeitsgesetz**:
    Die Widerstandswerte zweier geometrisch ähnlicher Körper stimmen überein, wenn die Reynoldsschen Zahlen in beiden Fällen übereinstimmen.

➤ Dieses Gesetz ist die Grundlage für die Messung von Widerstandsbeiwerten an Modellen in **Windkanälen**.

▲ Um die hydrodynamische Ähnlichkeit zu erhalten, muss bei einer Verkleinerung des Modells entweder die Geschwindigkeit proportional vergrößert oder die kinematische Viskosität entsprechend verringert werden. Letzteres wiederum kann durch Verringerung der dynamischen Viskosität oder durch Erhöhung der Dichte erfolgen.

3. Kritische Reynoldszahl,

Re_{krit}, gibt ein Kriterium für den Übergang von der laminaren zur turbulenten Strömung an. Überschreitet die Reynoldszahl einer Strömung die kritische Reynoldszahl, $Re > Re_{krit}$, so wird die Strömung turbulent (**Abb. 6.54**).

➤ Die kritische Reynoldszahl hängt stark von der Geometrie der Strömung ab. In einer glatten Röhre liegt sie zwischen 1000 und 2500. Das Umschlagen von laminarer zu turbulenter Strömung erfolgt nicht sprunghaft und hängt auch von der Anwesenheit von Störungen im Fluss ab.

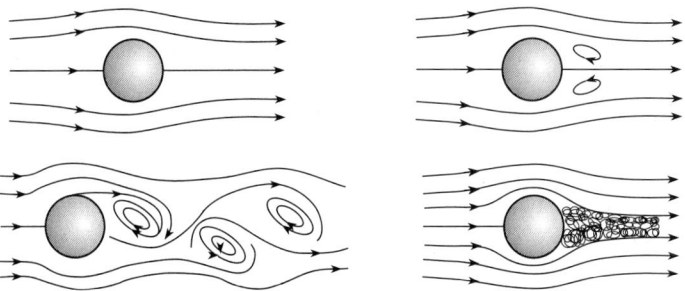

Abbildung 6.54: Wirbelentstehung und Übergang zur turbulenten Strömung bei zunehmender Reynoldszahl

Insbesondere treten Turbulenzen erst ab einer gewissen Mindestgeschwindigkeit auf. Aus diesem Grund entstehen die Wirbel beim Umströmen eines Körpers auf dessen Rückseite, wo die Flüssigkeit wieder zusammenfließt und dabei radial und axial beschleunigt wird.

Laminare Grenzschicht, bildet sich beim Umströmen eines Körpers in einer realen Flüssigkeit. In ihr ist aufgrund der Reibung an der Oberfläche des Körpers die Strömungsgeschwindigkeit klein. In diesem Fall liegt die Reynoldszahl unterhalb der kritischen Reynoldszahl. Erst außerhalb dieser Grenzschicht setzt die Wirbelbildung ein (**Abb. 6.55**).

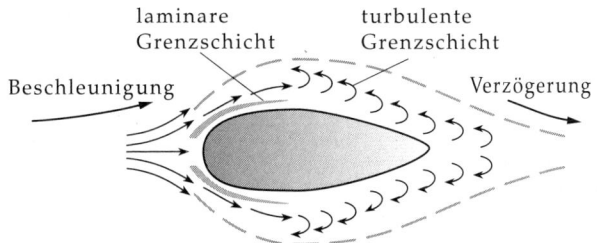

laminare   turbulente
Grenzschicht   Grenzschicht

Beschleunigung   Verzögerung

Abbildung 6.55: Laminare und turbulente Grenzschicht

Froudezahl, Fr, eine Ähnlichkeitszahl, die die Wirkung der Erdanziehung einbezieht: Dynamische Ähnlichkeit verlangt gleiches Verhältnis von Trägheitskraft und Schwerkraft. Die Froudezahl ist für die Beschreibung von Oberflächenwellen von Bedeutung (z.B. beim Umströmen von Schiffskörpern):

$$\mathrm{Fr} = \frac{v}{\sqrt{Lg}},$$

(v Strömungsgeschwindigkeit, L charakteristische Länge, g Fallbeschleunigung). Idealerweise müssten bei Modelluntersuchungen sowohl Froudezahl als auch Reynoldszahl gleich sein. Dies ist aber aufgrund der verschiedenen Abhängigkeiten von L nicht möglich. Bei Untersuchungen von Strömungen in Rohren usw., wo die Erdanziehung nur einen geringen Einfluss auf die innere Bewegung der Flüssigkeit hat, wird auf die Reynoldszahl geachtet, bei Strömungsuntersuchungen von Schiffsrümpfen, wo der Einfluss der Oberflächenwellen größer ist, oder bei Ausfluss– und Strahlproblemen, dagegen auf die Froudezahl.

6.3.5.1 Rohrreibung

1. Rohrreibungsgesetz,

die Proportionalität zwischen der Verlusthöhe (s. S. 191) und der Länge l des Rohres:

$$h_V = \lambda \frac{l}{d} \frac{v^2}{2g},$$

(d Durchmesser, l Länge des Rohres, v Geschwindigkeit der Strömung, g Fallbeschleunigung). Die Proportionalitätskonstante λ heißt **Rohrreibungszahl**.

Bei glatten Rohren kann die Rohrreibungszahl durch empirische Formeln, die für verschiedene Bereiche der Reynoldszahl gelten, bestimmt werden:

* **laminare Strömung**: $\mathrm{Re} < \mathrm{Re}_{\mathrm{krit}}$,

   $$\lambda = \frac{64}{\mathrm{Re}}.$$

* **Blasius-Formel**: $\mathrm{Re}_{\mathrm{krit}} \leq \mathrm{Re} \leq 10^5$,

   $$\lambda = \frac{0.3164}{\sqrt[4]{\mathrm{Re}}}$$

* **Nikuradse-Formel**: $10^5 \leq \mathrm{Re} \leq 10^8$,

   $$\lambda = 0.0032 + \frac{0.221}{\mathrm{Re}^{0.237}}$$

* **Kirschmer-Prandtl-Kármán-Formel**: $\mathrm{Re} > \mathrm{Re}_{\mathrm{krit}}$,

   $$\frac{1}{\lambda} = \left(2 \cdot \log \frac{\sqrt{\lambda} \cdot \mathrm{Re}}{2.51} \right)^2.$$

   Die Gleichung ist eine Bestimmungsgleichung, die numerisch oder graphisch gelöst werden muss.

2. Rauheit

Die Rohrreibungszahl bei Rohren mit rauher Oberfläche hängt von der **mittleren Rauheitshöhe** k ab. Sie gibt die typische Größe von Erhebungen auf der Oberfläche an:

Rohrart	Rauheitshöhe k
Kunststoffrohre	≈ 0.007 mm
Stahlrohre	0.05 mm
angerostete Stahlrohre	0.15 mm bis 4 mm
Gusseisen-Rohre	0.1 mm bis 0.6 mm
Betonkanäle	1 mm bis 3 mm
gemauerte Kanäle	3 mm bis 5 mm

➤ Ob ein glattes oder ein rauhes Rohr vorliegt, hängt von der **relativen Rauheit**

$$k_{\mathrm{rel}} = \frac{k}{d}$$

(d Rohrdurchmesser) des Rohrs und der Reynoldszahl ab. Für

$$Re \cdot \frac{k}{d} > 1300$$

liegt ein rauhes Rohr vor, bei Werten bis zu 65 ein glattes Rohr, dazwischen ein Mischbereich.

6.3.6 Strömungen mit Dichteänderungen

Strömungen mit Dichteänderungen, treten in Gasen auf; bei Flüssigkeiten ist die Dichteänderung fast immer vernachlässigbar. Die vorherrschenden Phänomene dabei sind die Ausbreitung kleiner Dichteänderungen (Schall) und großer Dichteänderungen (Stoßwellen). Weiter müssen bei Strömungen mit hoher Geschwindigkeit (Düsen) und bei Strömungen in der Atmosphäre (Meteorologie) Dichteänderungen beachtet werden.

Die Bewegungsgleichungen für Strömungen kompressibler Medien nutzen die Zustandsgleichung des Mediums, die Druck, Dichte und Temperatur verbindet, aus.

1. Schall,

die Ausbreitung kleiner Druckstörungen. Sie erfolgt durch Schallwellen (s. S. 288) statt, die sich mit einer konstanten, von Medium, Temperatur und Druck abhängigen **Schallgeschwindigkeit** c ausbreiten. Beim idealen Gas gilt für die Schallgeschwindigkeit

$$c = \sqrt{\kappa \cdot R \cdot T / M},$$

(κ Isentropenkoeffizient des Gases, R universelle Gaskonstante, T Temperatur, M Molmasse).

▲   In einem ruhenden, homogenen Gas erfolgt die Ausbreitung von Schall in Form einer von der Schallquelle ausgehenden Kugelwelle, die sich nach allen Seiten gleichmäßig (isotrop) mit Schallgeschwindigkeit ausbreitet.

Bewegt sich die Schallquelle relativ zum Beobachter, so überlagert sich die Bewegung der Schallquelle mit der Bewegung der Schallwellen

2. Machscher Kegel,

Schallausbreitung bei einer Schallquelle, die sich mit einer Geschwindigkeit v_q höher als die Schallgeschwindigkeit c bewegt. Die Schallquelle läuft den ausgesandten Schallwellen davon, $v_q t > ct$. Die zu verschiedenen Zeitpunkten emittierten Kugelwellen überlagern sich so, dass sich eine kegelförmige Wellenfront ausbildet mit einem Maximum der Druckerhöhung auf dem Kegelmantel (**Abb. 6.56**). Ein Beobachter, den diese Wellenfront passiert, registriert einen Überschallknall.

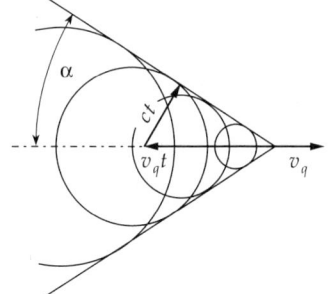

Abbildung 6.56: Machscher Kegel. Eine Schallquelle bewegt sich mit Überschallgeschwindigkeit $v_q > c$. α: Machscher Winkel

Machscher Winkel, α, halber Öffnungswinkel des Machschen Kegels:

$$\sin \alpha = \frac{c}{v_q} = \frac{1}{M},$$

(v_q Geschwindigkeit der Schallquelle, c Schallgeschwindigkeit, M Machzahl). Die Machzahl M gibt die Geschwindigkeit der Schallquelle in Einheiten der Schallgeschwindigkeit an.

3.   Stoßwelle,

(**Verdichtungsstoß**), große, unstetige Druckänderung, die sich mit **Überschallgeschwindigkeit** ausbreitet. Der Drucksprung in einer solchen Welle geschieht auf Abständen von wenigen freien Molekülweglängen (im Mikrometerbereich). Stetige Wellen großer Amplitude verwandeln sich in Stoßwellen, da sich der Schall in Bereichen hohen Drucks (hoher Temperatur) schneller ausbreitet als in Bereichen niedrigen Drucks und so der stetige Anstieg am Anfang der Welle vom Kamm der Welle eingeholt wird.

➤   Stoßwellen treten bei Detonationen auf.

7   Nichtlineare Dynamik, Chaos und Fraktale

Nichtlineare Dynamik, beschäftigt sich mit den durch nichtlineare Terme in den Bewegungsgleichungen verursachten komplexen Phänomenen, insbesondere mit deterministischem Chaos.

1.   Beispiel: Oszillatoren und Schwingungen mit nichtlinearer Dämpfung

Oszillatoren mit nichtlinearer Dämpfung und/oder Rückstellkraft. Solche Oszillatoren weisen ein **breites Spektrum von Resonanzen** auf, die sich mit der Amplitude verändern (**Amplitudenabhängigkeit** der Resonanzfrequenz) und sich unter Umständen **selbst erregen**.

Schwingungen in mechanischen Elementen sind nur bei kleinen Amplituden annähernd linear. Bei großen Auslenkungen treten dagegen **Verzerrungen** der Schwingungen auf, die im Extremfall zu unerwarteten Materialbrüchen führen können.

Elektronische Bauelemente besitzen fast immer nichtlineare Kennlinien. Daher verzerren elektronische Verstärker bei großen Aussteuerungen die Eingangsinformation (**Klirren**).

2.   Beispiel: Kräfte zwischen Planeten

Die Kräfte zwischen den Planeten hängen über die Abstände, die Quadratwurzeln enthalten, nichtlinear von den Koordinaten ab. Während sich die Bewegungsgleichungen im Falle zweier Körper noch lösen lassen, existiert für das Mehrkörperproblem auch bei einfachen Zweiteilchenkräften keine allgemeine Lösung.

Im Planetensystem dominiert zwar die Anziehung zwischen Sonne und Planeten, aber die Anziehung der Planeten untereinander erzeugt Bahnstörungen. Die nichtlineare Dynamik untersucht die **Stabilität** der Planetenbahnen gegenüber diesen Störtermen.

3.   Turbulenzen

Turbulenzen in Flüssigkeiten und Gasen sind Beispiele für ausgedehnte nichtlineare Vorgänge. Charakteristisch für sie ist, dass sie erst auftreten, wenn ein bestimmter kritischer **Parameter** (hier die Reynoldszahl, s. S. 194) groß genug wird (**Bifurkation**).

Turbulenzen in der Atmosphäre bestimmen das Wetter. Sie illustrieren die **empfindliche Abhängigkeit der dynamischen Entwicklung von den Anfangsbedingungen**: Manche Turbulenzen (Wirbel von vielen 100 km Durchmesser) wären nur voraussagbar, wenn die Anfangsbedingungen genau bekannt wären. Solche Systeme sind zwar deterministisch, aber trotzdem nicht voraussagbar (**deterministisches Chaos**).

4.   Stadionbillard

Ein **Billard** ist ein von reflektierenden Wänden begrenzter Raum, in dem sich Teilchen ansonsten frei bewegen. Sind die Wände gekrümmt (**Stadionbillard**), so hängt auch der Weg eines Teilchens i. Allg. empfindlich von den Anfangsbedingungen ab. Es ist dann nicht voraussagbar, ob und wann das Teilchen den Raum durch eine Öffnung verlässt (**Abb. 7.1**).

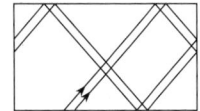 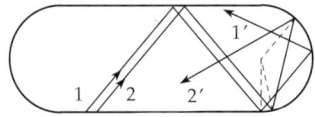

Abbildung 7.1: Rechteck- und Stadionbillard. Beim Stadionbillard laufen die beiden ursprünglich nahen Trajektorien immer mehr auseinander

7.1   Dynamische Systeme und Chaos

Die Dynamik beschäftigt sich allgemein mit der **Zeitentwicklung** von Systemen. Grundlegend für sie ist der Begriff eines **dynamischen Systems**. Man unterscheidet nach **konservativen** (energieerhaltenden)

und **dissipativen** (energieverlierenden) Systemen. Bei konservativen Systemen untersucht man Fragen der **Integrabilität**, bei dissipativen Systemen das **Langzeitverhalten**, die Existenz von **Attraktoren** und die **empfindliche Abhängigkeit von den Anfangsbedingungen**, die zu **seltsamen Attraktoren** und **deterministischem Chaos** führt.

7.1.1 Dynamische Systeme

1. Dynamisches System,

abstrakte Beschreibungsweise für einen (physikalischen, chemischen, ökonomischen, ökologischen, ...) Vorgang. Der Zustand eines dynamischen Systems wird durch eine Reihe von **Variablen** dargestellt, die die physikalische Situation beschreiben und einer **Zeitentwicklung** unterworfen sind.

2. Beispiele dynamischer Systeme

■ Ein mathematisches Pendel (s. S. 241) wird durch seine Auslenkung aus der Ruhelage beschrieben. Variable ist der Winkel θ der Auslenkung. Die Zeitentwicklung wird durch die Differentialgleichung des Pendels bestimmt:

$$\frac{d^2\theta}{dt^2} = -\omega^2 \sin\theta,$$

ω = $\sqrt{g/l}$ ist die Kreisfrequenz der Schwingung bei kleinen Ausschlägen, l die Pendellänge, g die Gravitationsbeschleunigung. Die Nichtlinearität (**Anharmonizität**) besteht bei diesem einfachen System im Auftreten von höheren Potenzen von θ in der Reihenentwicklung des Sinus.

■ Andere Beispiele für dynamische Systeme: die Bewegung von Körpern in der klassischen Mechanik, der Fluss von Strömen in elektrischen Schaltkreisen, der Verlauf chemischer Reaktionen, die Entwicklung ökonomischer Größen, der Populationsverlauf in der Biologie.

3. Gegenbeispiel zum dynamischen System

Gegensatz: **thermodynamische Gleichgewichte**, die in der Wärmelehre (s. S. 572) betrachtet werden. Sie beschreiben keine Zeitentwicklung, sondern geben Auskunft über den stationären Zustand des Systems in Abhängigkeit von den Umgebungsbedingungen. Die **kinetische Theorie** stellt den Zusammenhang zwischen dem dynamischen System (Molekularbewegung) und den Gleichgewichtsbedingungen her.

4. Deterministisches System,

ein System, dessen Zeitentwicklung in der Zukunft aus der Kenntnis der Gegenwart (und evtl. der Vergangenheit) bestimmt werden kann.

■ Jedes klassisch-mechanische System ist deterministisch: die Bewegung wird durch die Newtonschen Bewegungsgleichungen bestimmt, es genügt die Kenntnis von Orten und Impulsen zu einem Zeitpunkt, um die Zeitentwicklung des Systems für alle Zeiten festzulegen.

Nichtdeterministisch sind stochastische Systeme, in denen Einflüsse auftreten, von denen nur die Wahrscheinlichkeitsverteilung bekannt ist: Gasmoleküle in der Thermodynamik, kinetische Theorie, Brownsche Bewegung, ebenso Quantensysteme und Modelle aus Ökonomie und Biologie, bei denen stochastische Terme (**Rauschen**) zufallsbedingte Veränderungen simulieren.

5. Kontinuierliches System,

ein System, dessen Variablen sich kontinuierlich ändern, so dass jedem reellen Wert der Zeit t ein Zustand des Systems zugeordnet werden kann. Seine Zeitentwicklung kann durch ein System von **Differentialgleichungen** bestimmt werden, die angeben, wie schnell sich jede Variable bei einem gegebenen Zustand des Systems ändert.

■ Die Bewegung von Körpern in der klassischen Mechanik und das Verhalten von elektrischen Schaltkreisen wird durch kontinuierliche Variable (Orte, Ströme) beschrieben.

6. Diskretes System,

ein System, dessen Variablen sich von einem Zeitschritt t_n zum nächsten t_{n+1} ändern, ohne dass irgendein Zustand des Systems zwischen diesen Zeiten angenommen wird. Seine Zeitentwicklung wird durch eine

Abbildung bestimmt, die angibt, welchen Wert die Variablen zum Zeitpunkt t_{n+1} annehmen, wenn ihre Werte zum Zeitpunkt t_n und möglicherweise zu weiteren, früheren Zeitpunkten $t_{n-1}, t_{n-2}, \ldots$ gegeben sind.

■ Diskrete Systeme treten in mathematischen Modellen auf, z.B. bei der Modellierung ökonomischer Sachverhalte (Bruttosozialprodukt in verschiedenen Jahren) und bei der Beschreibung kontinuierlicher Systeme durch Poincaré-Schnitte (s. S. 204).

7.   Lineares System und Superpositionsprinzip

Lineares System, ein System, in dem Ursache und Wirkung proportional zueinander sind und das daher durch eine lineare Gleichung dargestellt werden kann.

■ Harmonischer Oszillator: die Rückstellkraft ist proportional zur Auslenkung x,

$$\ddot{x} = -\omega^2 x,$$

ω ist die Kreisfrequenz der Schwingung.

▲ **Superpositionsprinzip**:
Kennt man zwei Lösungen $x_1(t)$ und $x_2(t)$ eines linearen Systems, so ist auch die **lineare Superposition** oder **Linearkombination**

$$x(t) = \alpha x_1(t) + \beta x_2(t)$$

mit beliebigen Koeffizienten α, β wieder eine Lösung des Systems.

Insbesondere kann man die Eigenschaften des Systems bei größeren Werten der Variablen durch Skalieren ableiten.

■ Die Frequenz eines harmonischen Oszillators hängt nicht von der Amplitude ab.

■ Der harmonische Oszillator hat zwei elementare Lösungen, z.B. die Sinus- und die Cosinusschwingung, die sich nur in der Phase unterscheiden. Durch Linearkombination der Elementarlösungen lässt sich eine Lösung mit beliebiger Amplitude und Phase konstruieren.

Wegen des Superpositionsprinzips genügt es für ein lineares System, einige wenige Fundamentallösungen der Gleichungen zu kennen.

8.   Nichtlineares System

Ursache und Wirkung sind nicht proportional, das System kann nicht durch eine lineare Gleichung beschrieben werden.

■ Nichtlineare Rückstellkräfte und/oder Dämpfungen bewirken, dass sich die Eigenschaften eines Oszillators mit der Amplitude verändern. Solche Oszillatoren können eine große Zahl von Resonanzen aufweisen, deren Lage von der **Amplitude** der Erregung abhängt.

■ Mathematisches Pendel: Bei großen Auslenkungen steigt die Rückstellkraft nicht proportional zum Winkel an, sondern nur mit dem Sinus des Auslenkungswinkel. Die Rückstellkraft ist also geringer als im linearen Fall. Bei kleinen Auslenkungen vollführt das System Schwingungen um die Ruhelage, bei großen Auslenkungen sind Überschläge möglich.

7.1.1.1   Zustandsraum und Phasenraum

1.   Konfigurationsraum,

der Raum, der von den Ortsvariablen eines physikalischen Systems aufgespannt wird.

▲ Die Zeitentwicklung eines dynamischen Systems wird durch die Angabe einer **Trajektorie** im Konfigurationsraums dargestellt, d.h., jedem Zeitpunkt t wird ein Punkt $x(t)$ im Konfigurationsraum zugeordnet.

a)   Beispiele für Trajektorien

■ Bahnkurve eines Massenpunktes in der klassischen Mechanik; der Konfigurationsraum ist dabei der dreidimensionale Raum, in dem die Bewegung erfolgt.

■   **Fibonacci-Reihe**, als dynamisches System definiert durch die Vorschrift

$$x_n = x_{n-1} + x_{n-2}$$

mit den Anfangsbedingungen $x_0 = x_1 = 1$. Konfigurationsraum ist die reelle Achse, Trajektorie ist die Reihe $(x_0, x_1, x_2, \ldots)$.

| M | x-t-**Schreiber**, dient zur Darstellung der Bewegung eines Systems. Auf der senkrechten Achse werden eine oder mehrere Variable des Systems dargestellt, auf der waagerechten die Zeit.

b)   Beispiel: Mathematisches Pendel Das x-t-Bild eines mathematischen Pendels bei kleinen Ausschlägen ist eine Sinuskurve.

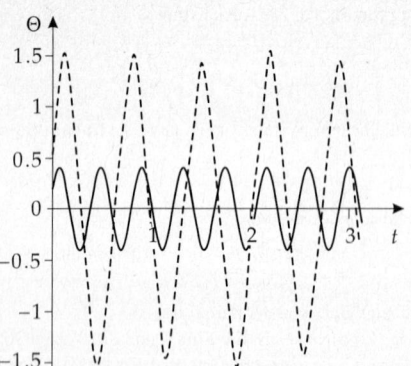

Abbildung 7.2: θ-t-Diagramm des Pendels. Bei kleinen Amplituden schwingt es harmonisch, bei größeren Auslenkungen verändern sich die Form und die Frequenz der Schwingung

2.   Zustandsraum

Um die weitere Entwicklung eines Systems zu berechnen, genügt es im Allgemeinen nicht, nur den gegenwärtigen Zustand des Systems zu kennen, sondern die gegenwärtigen Änderungsgeschwindigkeiten (Zeitableitungen) der Variablen müssen ebenfalls bekannt sein.

■   Beim mathematischen Pendel muss man neben der Auslenkung auch die momentane Geschwindigkeit des Pendels kennen.

Zustandsraum, der Raum, der von allen Größen, deren Kenntnis zu *einem* Zeitpunkt t für die Berechnung der weiteren Zeitentwicklung nötig ist, aufgespannt wird. Jeder Punkt im Zustandsraum charakterisiert eindeutig den gegenwärtigen und zukünftigen Zustand des Systems.

a)   Beispiele zum Zustandsraum

■   Um die weitere Entwicklung der Fibonacci-Reihe vorherzusagen, muss man die gegenwärtige Zahl x_n und die davorliegende Zahl x_{n-1} kennen. Jeder Punkt im Zustandsraum wird also durch **zwei** Zahlen dargestellt.

■   Zustandsraum für ein System der klassischen Mechanik ist der **Phasenraum** (s. S. 82), der von den Ortsvariablen und den dazugehörigen Impulsvariablen aufgespannt wird.
Beim mathematischen Pendel wird der Phasenraum von der Variablen θ und ihrer Zeitableitung $\dot{\theta}$ aufgespannt.

b)   Trajektorie im Phasenraum

➤   Der Begriff Phasenraum wird auch häufig für andere Systeme gebraucht und bezeichnet dann den Zustandsraum.

Trajektorie im Phasenraum, die Bewegung eines Systems durch den Phasenraum: jedem Zeitpunkt wird ein Punkt im Phasenraum zugeordnet (**Abb. 7.3**).

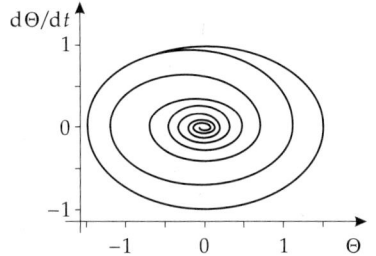

Abbildung 7.3: Phasenraum-Trajektorie des harmonischen Oszillators (Ellipse, periodische Bewegung) und des gedämpften Pendels (Spirale)

M *x-y*-**Schreiber**, stellt die Bewegung eines Systems im Phasenraum dar: auf jeder Achse wird eine Phasenraum-Koordinate dargestellt.

c) Beispiel: Mathematisches Pendel: Bei kleinen Auslenkungen ist die Phasenraum-Trajektorie eine Ellipse.

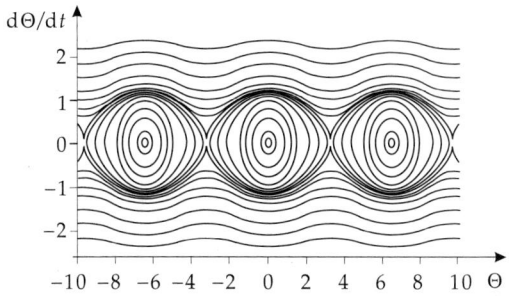

Abbildung 7.4: Phasenraum-Trajektorien des mathematischen Pendels. Bei kleinen Amplituden Θ entspricht die Trajektorie der des harmonischen Oszillators, bei größeren Auslenkungen treten Verzerrungen auf, schließlich kommt es zu Überschlägen

d) Eigenschaften von Phasenraum-Trajektorien

▲ Geschlossene Phasenraum-Trajektorien stellen periodische Bewegungen dar.

In einem deterministischen System bestimmt der Ort des Systems im Phasenraum zu einem beliebigen Zeitpunkt den weiteren Verlauf der Trajektorie, d.h. die gesamte zukünftige Entwicklung des Systems.

▲ Phasenraum-Trajektorien können sich nicht schneiden.

Anderenfalls wäre am Schnittpunkt zweier Trajektorien unbestimmt, welcher der beiden das System folgt.

➤ **Singularität**, ein Punkt im Phasenraum, auf den viele Trajektorien hinlaufen und in dem das System verharrt oder ihn nur asymptotisch erreicht. An einem solchen Punkt verliert das System Information darüber, auf welcher Trajektorie es zu ihm gelangt ist.

3. Poincaré-Schnitt

a) Definition des Poincaré-Schnittes: Eine einfache Möglichkeit, das Verhalten eines Systems zu veranschaulichen, ist der Poincaré-Schnitt. Dabei betrachtet man nicht den ganzen Phasenraum, sondern nur einen Unterraum (Hyperfläche), der von $n-1$ Phasenraumkoordinaten aufgespannt wird. Jedesmal, wenn alle anderen Phasenraumkoordinaten zuvor festgelegte Werte annehmen, markiert man mit einem Punkt den Wert der Phasenraumkoordinate, die man betrachtet.

Poincaré-Schnitt, ein Unterraum des Phasenraums, definiert dadurch, dass eine Phasenraumkoordinate einen bestimmten Wert annimmt. Auf ihm betrachtet man seine Schnittpunkte mit den Phasenraum-Trajektorien.

➤ Dieses Vorgehen ist von einer **Phasenraum-Projektion** zu unterscheiden, bei der man kontinuierlich die Werte der betrachteten Phasenraumkoordinaten abträgt. Beim Schnitt betrachtet man das System nur in den Momenten, in denen die eine Phasenraumkoordinate einen bestimmten Wert annimmt.

b)   Beispiel Poincaré-Schnitt eines anharmonischen Oszillators: Die Variable, nach der geschnitten wurde, ist die Phase $\sin \omega t = 0$ der äußeren Erregung. Technisch kann dies mit einem **Stroboskop** durchgeführt werden. Die Abbildung zeigt die dazugehörige Phasenraum-Trajektorie.

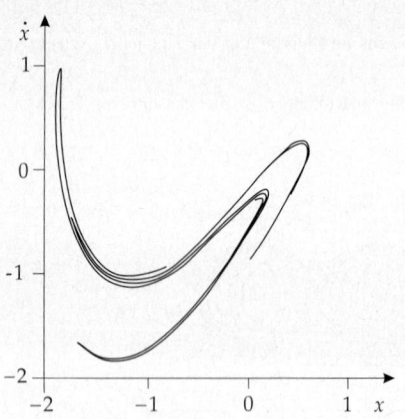

Abbildung 7.5: Poincaré-Schnitt eines anharmonischen Oszillators (Duffing-Oszillator)

c)   Beispiel Pendel: Beim Pendel kann man die Nullinie $\theta = 0$ des Ausschlags als Poincaré-Schnitt benutzen. Jede Trajektorie schneidet sie an zwei verschiedenen Punkten: einmal, wenn das Pendel von links kommt und sich nach rechts bewegt ($\dot{\theta} > 0$), und einmal in der Gegenrichtung ($\dot{\theta} < 0$). Der Poincaré-Schnitt ist eine Gerade, auf der $\dot{\theta}$ abgetragen ist und diese beiden Punkte markiert sind.

Alternativ kann man die Nullinie der Geschwindigkeit $\dot{\theta} = 0$ als Schnitt nehmen. Dann trägt man den Wert von θ auf, wenn $\dot{\theta}$ gleich null ist. Dies ist gerade der Fall für die Punkte $\pm\theta_{max}$, die maximalen Ausschläge.

d)   Eigenschaften des Poincaré-Schnittes

▲   Jeder Punkt auf einem Poincaré-Schnitt entspricht genau einem Punkt im Phasenraum.

➤   Im Gegensatz dazu lässt sich bei einer Projektion die herausprojizierte Koordinate nicht mehr rekonstruieren.

Daher bestimmt ein Punkt auf einem Poincaré-Schnitt vollständig die Trajektorie, die durch ihn hindurchgeht, und damit auch den nächsten Schnittpunkt der Trajektorie mit dem Poincaré-Schnitt.

4.   Poincaré-Abbildung,

ordnet jedem Punkt auf dem Poincaré-Schnitt den jeweils nächsten Schnittpunkt der Phasenraum-Trajektorie zu. Sie erlaubt es, die Dynamik des Systems auf die Frage zu reduzieren, an welchem Punkt die Phasenraum-Trajektorie zum nächsten Mal den Poincaré-Schnitt kreuzt.

▲   Die Poincaré-Abbildung reduziert ein kontinuierliches dynamisches System auf ein diskretes dynamisches System.

Der Poincaré-Schnitt erlaubt die Identifizierung periodischer Systeme:

- **Periodische** oder **quasiperiodische** Phasenraum-Trajektorie, schneidet den Poincaré-Schnitt nur an endlich vielen Punkten, die auf einer Kurve angeordnet sind.
- **Chaotische** Phasenraum-Trajektorie, schneidet den Poincaré-Schnitt an unendlich vielen, irregulär verteilten Punkten.

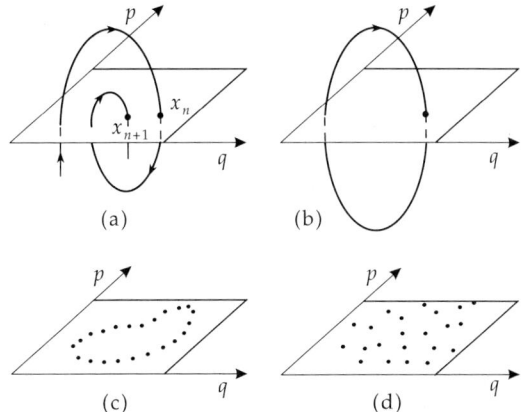

Abbildung 7.6: Visualisierung der Trajektorie im Phasenraum durch eine Poincaré-Abbildung (schematisch). Betrachtet wird die Folge der Punkte $x = (q, p)$, in denen die Trajektorie die p, q-Ebene von oben nach unten senkrecht durchstößt. (a): Poincaré-Abbildung $x_n \rightarrow x_{n+1}$. (b): Periodische Trajektorie. (c): Reguläre Trajektorie. Die Durchstoßpunkte liegen auf einer invarianten Kurve. (d): Chaotische Trajektorie. Die Durchstoßpunkte sind irregulär in der Ebene verteilt

7.1.2 Konservative Systeme

Konservatives System, ein System, in dem sich die Energie in der Zeit nicht ändert. Charakteristisch für ein solches System ist die Existenz einer **Energiefunktion**, die jedem Punkt im Phasenraum einen Energiewert zuordnet. Das System bewegt sich dann auf den Äquipotentialflächen dieser Funktion.

■ Mechanische Systeme ohne Reibung stellen konservative Systeme dar, ebenso elektrische Schaltkreisen ohne ohmsche Widerstände.
Die Bewegung der Planeten unter Berücksichtigung der Gravitationsanziehung der Sonne und der Planeten untereinander ist ein Beispiel für ein nichtlineares konservatives System. Das Zwei-Körper-Problem (Sonne + ein Planet) kann noch analytisch gelöst werden, das Mehrkörperproblem (Sonne + mehrere Planeten) nicht mehr.

7.1.2.1 Satz von Liouville

Das Verhalten eines konservativen Systems im Phasenraum ist durch den Liouvilleschen Satz charakterisiert. Man betrachtet dazu Trajektorien im Phasenraum, die von mehreren, eng beieinanderliegenden Punkten ausgehen.

➤ Der Phasenraum umfasst nicht nur die Ortsvariablen, sondern auch die Impulse. Nähe von Punkten im Phasenraum bedeutet daher: ähnliche Orte und ähnliche Geschwindigkeiten.

▲ **Satz von Liouville :**
Die Größe der Fläche, die ein Ensemble im Phasenraum einnimmt, verändert sich nicht im Laufe der Zeitentwicklung des Systems (**Abb. 7.7**).

➤   Betrachtet man z.B. eine quadratische Fläche im Phasenraum, so besagt der Satz von Liouville, dass die Punkte dieses Quadrates in der Zeitentwicklung des Systems wieder eine Fläche der gleichen Größe überdecken. Über die Form dieser Fläche wird jedoch nichts ausgesagt. Sie kann ein langgezogenes Rechteck sein, aber ebenso eine völlig irreguläre Form besitzen oder ein Fraktal (s. S. 214) darstellen.

Der Satz von Liouville stellt eine starke Beschränkung der Dynamik eines konservativen Systems dar.

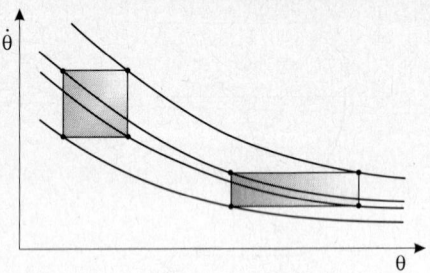

Abbildung 7.7: Satz von Liouville: Die Größe eines Phasenraumelements eines Ensembles ändert sich bei der zeitlichen Entwicklung nicht. Die schraffierten Flächen sind gleich groß

7.1.2.2   Integrabilität

1.   Beispiel: Konservatives System - Harmonischer Oszillator

Klassische Beispiele für ein konservatives System sind der harmonische Oszillator (s. S. 82) und Systeme von gekoppelten harmonischen Oszillatoren. Ihre Lösung ist immer eine **quasiperiodische** Bewegung, d.h. eine Bewegung, die durch eine Überlagerung von harmonischen Schwingungen verschiedener Frequenz beschrieben werden kann:

$$x(t) = c_1 \sin(\omega_1 t + \phi_1) + c_2 \sin(\omega_2 t + \phi_2) + \dots$$

($c_1, c_2, \dots$ Konstanten, $\omega_1, \omega_2, \dots$ Schwingungsfrequenzen, $\phi_1, \phi_2, \dots$ Phasen).

■   Gekoppelte Pendel können als Überlagerung von Fundamentalschwingungen beschrieben werden:

$$x_1(t) = A \sin\left(\frac{\omega_1 + \omega_2}{2} t\right) \cos\left(\frac{\omega_1 - \omega_2}{2} t\right),$$
$$x_2(t) = A \sin\left(\frac{\omega_1 - \omega_2}{2} t\right) \cos\left(\frac{\omega_1 + \omega_2}{2} t\right).$$

Wählt man als Variable z_1 und z_2 die Summe bzw. die Differenz von x_1 und x_2, so gilt:

$$z_1(t) = x_1(t) - x_2(t) = A_1 \sin(\omega_1 t + \phi_1),$$
$$z_2(t) = x_1(t) + x_2(t) = A_2 \sin(\omega_2 t + \phi_2).$$

2.   Integration dynamischer Systeme

Um die Bewegungsgleichung eines gegebenen dynamischen Systems zu integrieren, versucht man solche Koordinaten zu finden, in denen das System harmonische Schwingungen ausführt. Dabei stellt sich die Frage, ob durch eine geeignete **Koordinatentransformation** jedes konservative System auf einen oder mehrere gekoppelte harmonische Oszillatoren zurückgeführt werden kann.

a)   Integrables System, ein System, das bei geeigneter Wahl der Variablen als Überlagerung harmonischer Oszillatoren beschrieben werden kann. Es ist charakterisiert durch die Existenz von **Konstanten der Bewegung** (**Bewegungsintegrale**), d.h. Größen, die sich im Verlaufe der Zeitentwicklung nicht verändern (wie die Energie und die Schwingungsfrequenzen ω_i). Die Kenntnis aller Konstanten der Bewegung charakterisiert die Bewegung vollständig bis auf die Angabe der Phasen ϕ_i.

■   Alle linearen Systeme sind integrabel.
Das Zwei-Körper-Problem (Bewegung eines Planeten um die Sonne) ist integrabel.

b) **Nichtintegrables System,** ein System, dessen Bewegung nicht periodisch oder quasiperiodisch ist und das daher durch keine Koordinatentransformation als harmonischer Oszillator beschrieben werden kann.

Nichtintegrable Systeme können periodisches Verhalten in einem Teil ihres Phasenraums aufweisen, während sie sich in einem anderen Teil irregulär verhalten. Insbesondere weisen sie **empfindliche Abhängigkeit von den Anfangsbedingungen** und damit Chaos (s. S. 209) auf.

■   Das Mehrkörperproblem (Bahn zweier oder mehr Planeten um die Sonne) ist nicht integrabel. Es existieren bestimmte stabile Orbits, andere Orbits sind unstabil und führen zum Entweichen des Planeten von seiner Bahn und/oder zum Zusammenbruch des Systems.

7.1.3   Dissipative Systeme

1.   Definition des dissipativen Systems

Dissipatives System, ein System, das im Laufe seiner Zeitentwicklung Energie verliert.

■   Ein klassisches Pendel mit Dämpfung, ein elektrischer Schwingkreis mit einem ohmschen Widerstand.

Für dissipative Systeme gilt der Satz von Liouville nicht:

▲   In einem dissipativen System verringert sich die Größe der Fläche, die ein Ensemble im Phasenraum einnimmt, im Laufe der Zeitentwicklung des Systems.

Charakteristisch für dissipative Systeme ist die Existenz von Attraktoren und Grenzzyklen, die ihr **Langzeitverhalten** bestimmen.

2.   Fixpunkt und Grenzzyklus

Fixpunkt, ein Punkt, an dem das System verharrt, sich also nicht mehr ändert, wenn es ihn erreicht hat. Er kann der Endpunkt einer oder mehrerer Phasenraum-Trajektorien oder ein isolierter Punkt sein.

Grenzzyklus, eine periodische Bewegung, in die das System „hineinläuft", nachdem **Transienten (Einschwingvorgänge)** abgeklungen sind. Ein System, das einen Grenzzyklus besitzt, wird für eine große Zahl von Anfangsbedingungen nach hinreichend langer Zeit diesen einen Grenzzyklus erreichen und ihn nicht wieder verlassen. Die Information über die Anfangsbedingungen geht dabei weitgehend verloren.

➤   Wegen des Satzes von Liouville ist ein solches Verhalten für konservative Systeme nicht möglich.

3.   Attraktoren

Fixpunkte und Grenzzyklen sind die einfachsten Beispiele von Attraktoren.

Attraktor, ein Bereich im Phasenraum, den das System, wenn es ihn einmal erreicht hat, nicht mehr verlassen wird.

Attraktionsbecken eines Attraktors, alle jene Punkte im Phasenraum, deren Trajektorien in den Attraktor hineinlaufen.

Die Kenntnis der Attraktoren eines Systems und ihrer Attraktionsbecken erlaubt es, ein dissipatives System zu beschreiben. Aufgabe der nichtlinearen Dynamik dissipativer Systeme ist das Auffinden und die Charakterisierung dieser Attraktoren, die das **Langzeitverhalten** des Systems bestimmen.

7.1.3.1   Seltsame Attraktoren, deterministisches Chaos

Die einfachsten Attraktoren sind Punktattraktoren (das System erreicht einen bestimmten Zustand und verharrt dort) und Grenzzyklen (das System erreicht eine periodische Bewegung). Ihre Kenntnis macht eine vollständige Aussage über das Verhalten des Systems nach hinreichend langer Zeit. Es existieren jedoch andere Attraktoren, die nur eine Aussage darüber erlauben, in welchem Teil des Phasenraums das System sich befinden wird. Sie sind dadurch charakterisiert, dass die tatsächliche Bewegung des Systems nur voraussagbar ist, wenn die Anfangsbedingungen exakt bekannt sind. Jede Unsicherheit in den Anfangsbedingungen verstärkt sich so, dass nach einiger Zeit keine Aussage über den Zustand des Systems mehr möglich ist.

1. Empfindliche Abhängigkeit von den Anfangsbedingungen

liegt vor, wenn eine sehr kleine Änderung in den Anfangsbedingungen nach hinreichend langer Zeit dazu führt, dass das System einen völlig anderen Zustand annimmt.

- **Bernoullische Abbildung**, eine iterative Abbildung nach der Vorschrift:

$$x_{n+1} = \begin{cases} 2x_n, & \text{falls } x_n \text{ aus dem Intervall } [0; 0.5], \\ 2x_n - 1, & \text{falls } x_n \text{ aus dem Intervall } [0.5; 1]. \end{cases}$$

Die reellen Zahlen x_n liegen zwischen Null und Eins. Kennt man den Anfangswert x_0 nicht mit vollständiger Genauigkeit, so ist es nicht möglich, vorauszusagen, ob ein Wert x_n in der oberen oder der unteren Hälfte des Intervalls liegt.

Schreibt man nämlich x_0 im Binärsystem, $x_0 = 0, b_1 b_2 b_3 \ldots$, mit binären Ziffern $b_i = 0$ oder 1, so schiebt die Bernoullische Abbildung nur das Komma nach rechts, d.h. $x_1 = 0, b_2 b_3 b_4 \ldots$ usw. Ist $b_2 = 0$, so liegt diese Zahl in der unteren Intervallhälfte. Eine irrationale Zahl hat unendlich viele scheinbar zufällige Binärziffern b_i, so dass sich das System nur dann voraussagbar verhält, wenn man die Anfangsbedingung genügend genau kennt.

2. Ergodizität,

die Eigenschaft einer Bewegung, dass die Trajektorie für hinreichend lange Zeiten jedem vorgegebenen Punkt aus der Menge der erreichbaren Phasenraumpunkte beliebig nahe kommt. Eine ergodische Bewegung deckt die gesamte Menge ab.

3. Ljapunov-Exponent,

λ, charakterisiert, wie schnell eine kleine Störung anwächst:

$$|f(x + \Delta x, t) - f(x, t)| = \Delta x \, e^{-\lambda t},$$

für hinreichend große Zeiten t und genügend kleine Abstände Δx.

4. Beispiel: Duffing-Oszillator

Duffing-Oszillator, ein nichtlinearer Oszillator, der durch die Bewegungsgleichung

$$m\ddot{x} = -D_1 x - D_2 x^2 - D_3 x^3 - b\dot{x} + F \sin \omega t$$

dargestellt wird. D_1 ist die Federkonstante des linearen Anteils am System, während D_2 und D_3 nichtlineare Modifikationen der Federkraft beschreiben, die bei großen Ausschlägen sichtbar werden (**Abb. 7.8**). b stellt eine (lineare) Reibungskraft dar. Mit diesen vier Konstanten kann das nichtlineare Verhalten des Systems bestimmt werden.

Der Term $F \sin \omega t$ beschreibt eine periodische äußere Kraft der Amplitude F und Kreisfrequenz ω, die den Oszillator anregt.

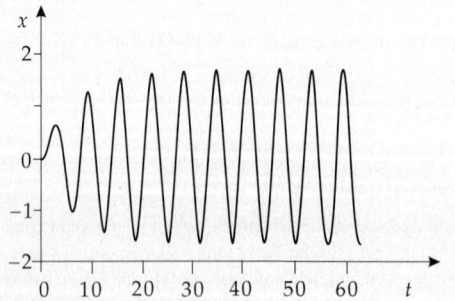 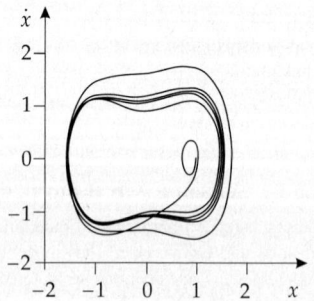

Abbildung 7.8: Duffing-Oszillator. Die Schwingung weicht deutlich von der harmonischen Form ab, die Phasenraum-Trajektorie ist deformiert. Das Verhalten bleibt aber trotzdem noch regulär

5. Chaotisches System,

ein System, das eine empfindliche Abhängigkeit von den Anfangsbedingungen aufweist, sich aber trotzdem nur in einem beschränkten Phasenraumbereich bewegt.

➤ Empfindliche Abhängigkeit von den Anfangsbedingungen können auch lineare Systeme aufweisen, z.B. bei exponentiell divergierenden Trajektorien; ein chaotisches System hat zusätzlich noch die Eigenschaft, dass seine Bewegung auf einen endlichen Phasenraumbereich beschränkt bleibt.

6. Deterministisches Chaos

Da eine exakte Kenntnis der Anfangsbedingungen nie möglich ist, kann das Verhalten des Systems nicht für lange Zeit vorausgesagt werden, obwohl es sich streng deterministisch verhält. Das System ist deterministisch, aber nicht vorhersagbar.

7. Seltsamer Attraktor,

ein Attraktor, auf dem das System empfindlich von den Anfangsbedingungen abhängig ist. Das System bewegt sich zwar in den Attraktor hinein, aber seine Bewegung auf dem Attraktor ist chaotisch (**Abb. 7.9**).

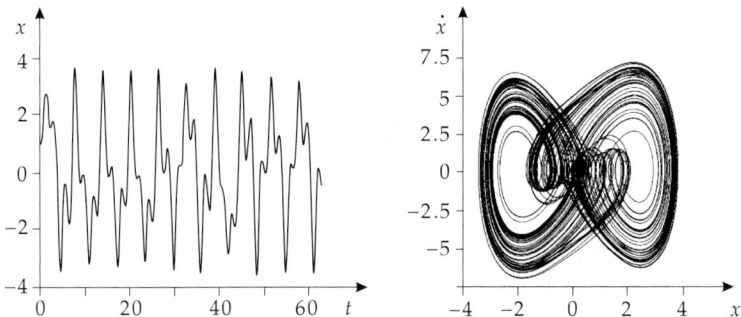

Abbildung 7.9: Duffing-Oszillator im chaotischen Bereich. Das x-t-Diagramm zeigt ein irreguläres Umkehrverhalten in der Nähe der Nulllinie. Die Phasenraum-Trajektorie wird flächenfüllend, sie befindet sich in einem seltsamen Attraktor

7.2 Bifurkationen

Äußerer Parameter, eine das System als Ganzes charakterisierende Größe, die von außen, d.h. vom Experimentator, vorgegeben wird.

■ Die Massen der Körper im Mehrkörperproblem, die Federkonstante und Dämpfung eines Oszillators. Parameter können insbesondere den Grad der Nichtlinearität bestimmen, z.B. durch Verändern der Kennlinie einer Feder in einem Oszillator.

Die Chaostheorie beschäftigt sich auch mit der Frage, bei welchen Werten seiner Parameter sich ein System chaotisch verhält.

7.2.1 Logistische Abbildung

1. Definition der logistischen Abbildung

Logistische Abbildung, ein diskretes dynamisches System mit einer Variable x, das durch die Abbildung

$$x_{n+1} = r x_n (1 - x_n)$$

bestimmt wird. x_n, x_{n+1} sind Werte der Variablen in aufeinanderfolgenden Schritten, r ist ein Parameter. Sie ist eines der einfachsten Beispiele für ein nichtlineares diskretes dynamisches System.

2.   Graph der logistischen Abbildung

Abb. 7.10 zeigt den x_n–x_{n+1}-Graphen der logistischen Abbildung. Auf der waagerechten Achse ist der Wert x_n abgetragen, auf der senkrechten findet man den dazugehörigen nachfolgenden Wert.

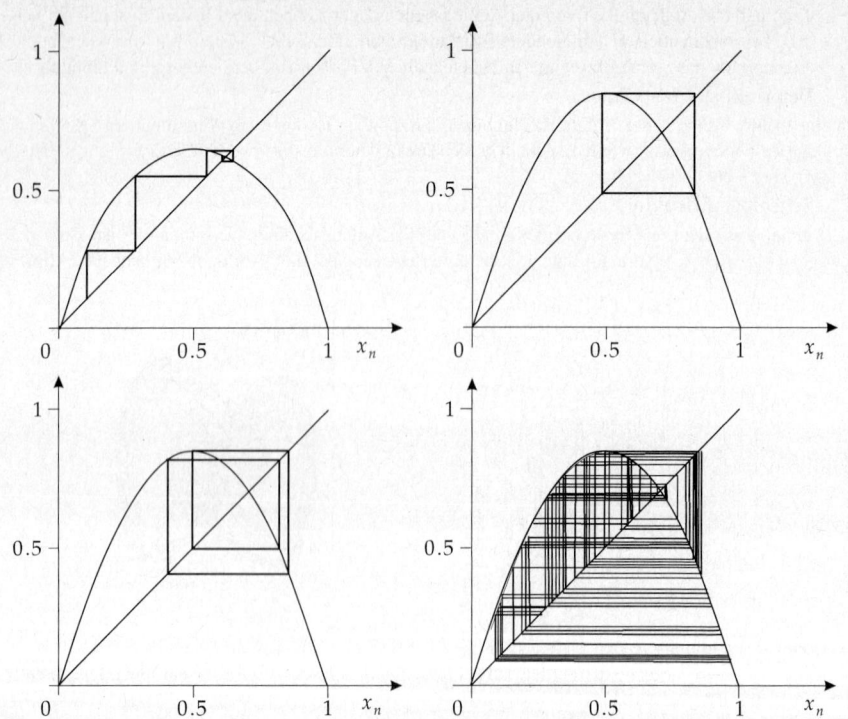

Abbildung 7.10: Iterationsschritte der logistischen Gleichung bei verschiedenen Werten des Parameters r, der die Steilheit der Parabel bestimmt

Der x_n-x_{n+1}-Graph kann dazu dienen, die Dynamik der logistischen Abbildung zu veranschaulichen. Dazu beginnt man an einem gegebenen Punkt x_n auf der waagerechten Achse, geht dann senkrecht nach oben bis zur Kurve und von dort nach links, wo man den darauf folgenden Wert x_{n+1} findet. Von dort geht man wieder waagerecht zurück bis zur eingezeichneten Diagonalen und dann senkrecht nach unten, bis man die waagerechte Achse wieder erreicht hat, aber nun im Punkt x_{n+1}, und man beginnt von vorn.

Lässt man die doppelt durchlaufenen Wege weg, so genügt es, jeweils senkrecht von der Diagonale zur Kurve und waagerecht wieder zurück zur Diagonale zu gehen.

➤   Der Konfigurationsraum der logistischen Abbildung ist die reelle Achse, auf der die Variable x abgetragen ist. Da keine weitere Information als der gegenwärtige Wert von x notwendig ist, um die zukünftigen Werte zu finden, ist der Zustandsraum ebenfalls die reelle Achse.

Abb. 7.10 zeigt einige solcher Iterationen bei verschiedenen Werten des Parameters r.

3. Eigenschaften der logistischen Abbildung für unterschiedliche Parameter r

- Anziehender **Fixpunkt** als Attraktor. Das System läuft von den meisten Anfangsbedingungen aus auf einen Fixpunkt zu, d.i. ein Punkt x, für den gilt

$$x = rx(1 - x) \quad \Longrightarrow \quad x_{n+1} = x_n = x.$$

- Bei größeren Werten des Parameters r, der die Form der Parabel bestimmt, tritt ein Grenzzyklus der Periode 2 auf. Wenn die Transienten abgeklungen sind, springt das System zwischen zwei Werten hin und her.

- Macht man die Steilheit der Parabel noch größer, so tritt ein Grenzzyklus mit der Periode 4 auf: **Periodenverdopplung**. Nach vier Schritten erreicht das System wieder den gleichen Zustand wie beim ersten.

- Für noch größere r findet man Grenzzyklen mit immer längerer Periode (8, 16, 32, ...). Die Abstände zwischen den verschiedenen Werten r_n, an denen die nächsthöhere Periode einsetzt, werden immer kürzer.

- Ab einem bestimmten kritischen Wert r_∞ wird die Periode unendlich, das System also aperiodisch.

4. Trajektorie der logistischen Abbildung

Die **Trajektorie** der logistischen Abbildung besteht aus allen Punkten x_n, die ausgehend von einem Anfangswert x_0 erreicht werden. Hat man die Transienten abgezogen, indem man z.B. erst bei der hundertsten Iteration zu markieren beginnt, besteht sie im Falle eines Fixpunktes nur aus dem Fixpunkt (und vielleicht seiner nächsten Umgebung). Für den Grenzzyklus der Periode 2 besteht sie aus zwei Punkten, nämlich den beiden Werten, die x annimmt, für den Grenzzyklus der Periode n besteht sie aus n verschiedenen Punkten. Im aperiodischen Bereich schließlich treten unendlich viele Punkte auf, ein ganzer Abschnitt der Achse wird geschwärzt.

5. Bifurkationsdiagramm der logistischen Abbildung

Aus diesen Trajektorien gewinnt man das Bifurkationsdiagramm.

Bifurkationsdiagramm, ein Diagramm, auf dessen waagerechter Achse der Parameter r und auf dessen senkrechter Achse die Werte x_n aufgetragen werden, und zwar als Trajektorie: Für jeden Wert von r nimmt man alle Werte von x_n, die sich aus einem bestimmten Anfangswert bei diesem r ergeben, wobei man wieder die Transienten am Anfang auslässt (**Abb. 7.11**).

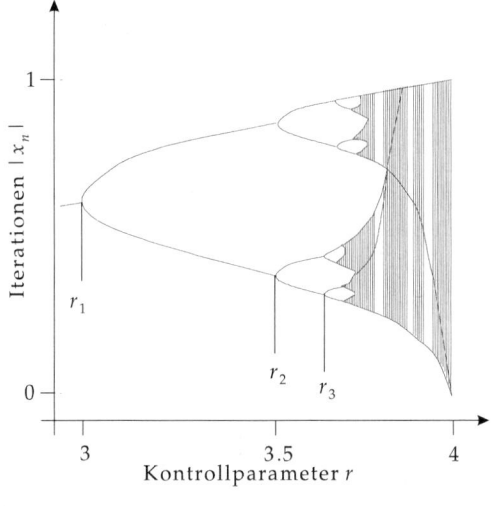

Abbildung 7.11: Bifurkationsdiagramm der logistischen Gleichung (schematisch): Zu jedem Wert des Kontrollparameters r sind diejenigen x geschwärzt, die irgendeinem bei diesem Parameter auftretenden x_n entsprechen (Transienten sind nicht gezeigt)

- $r < r_1$: Das System hat einen Fixpunkt, für jedes r wird nur ein einzelner Punkt geschwärzt, auf dem Bifurkationsdiagramm erscheint ein einziger Zweig der Kurve.
- $r_1 < r < r_2$: Das System ist in einem periodischen Grenzzyklus, zwei Punkte werden geschwärzt, auf dem Bifurkationsdiagramm erscheinen zwei Zweige.
- Bei weiter steigenden r treten immer höhere Perioden auf und dementsprechend viele Zweige der Kurve.
- Schließlich wird die Dynamik aperiodisch, ganze Bereiche sind geschwärzt.

Auf dem Bifurkationsdiagramm sieht man daher eine Kurve, die sich bei bestimmten Werten von r in jeweils zwei Zweige aufteilt. Diese Verzweigungen folgen immer schneller aufeinander, bis sich die Kurve bei einem kritischen Wert r_∞ in unendlich viele Zweige aufgeteilt hat.

6.   Bifurkation,

(lat. Verzweigung), allgemein eine qualitative Veränderung des Verhaltens eines Systems (hier: Übergang vom Fixpunkt zur Periode 2, dann zur Periode 4 usw., schließlich zu aperiodischer Bewegung) bei einer kleinen Veränderung eines kontinuierlichen Parameters (hier: r).

Die besondere Rolle der logistischen Abbildung liegt darin, dass die Poincaré-Abbildungen (s. S. 204) vieler dynamischer Systeme eine ähnliche Struktur haben und dieselbe Reihe von Bifurkationen durchlaufen. Man sagt, solche Systeme erreichen eine chaotische Bewegung im Feigenbaum-Szenario.

▲   Systeme, die das Chaos im Feigenbaum-Szenario erreichen, werden durch eine Folge von Perioden-verdopplungen charakterisiert, bis Chaos eintritt.

➤   Es existieren noch andere **Wege ins Chaos**; nicht alle Systeme folgen dem Feigenbaum-Szenario.

7.2.2   Universalität

Universalität, erwächst aus der Tatsache, dass die Poincaré-Abbildungen vieler Systeme eine ähnliche Form wie die logistische Abbildung haben, so dass diese Systeme ebenfalls eine Folge von Periodenver-dopplungen durchlaufen.

Feigenbaum gelang es 1979, daraus universelle Eigenschaften dieser Systeme abzuleiten:

▲   Bezeichnet man mit r_n den Wert des Parameters r bei der n-ten Periodenverdopplung und mit r_∞ seinen Wert beim Eintreten chaotischer Bewegung, so bilden die Abstände $r_\infty - r_n$ eine geometrische Reihe:

$$r_\infty - r_n = C\delta^{-n}.$$

(erstes **Feigenbaum-Gesetz**). C ist eine systemabhängige Konstante, aber die Zahl δ ist universell: sie hat den gleichen Wert für alle Systeme, die diesem Szenario folgen:

$$\delta = 4.669201\ldots, \qquad \text{erste } \textbf{Feigenbaum-Konstante}.$$

Die Parameterwerte, an denen Periodenverdopplungen eintreten, stehen also in einem einfachen Zusammenhang, der experimentell überprüft werden kann. Chaotische Bewegung bedeutet also keineswegs, dass man keine Aussagen über Eigenschaften der Bewegung machen kann.

➤   Zwei weitere Feigenbaum-Gesetze beschreiben weitere universelle Eigenschaften, insbesondere die Lage der Attraktorelemente x_n.

7.3   Fraktale

1.   Fraktale Dimension

D einer Menge, wird mit Hilfe eines Maßstabes, mit dem man die Menge vermisst, ermittelt. Auf der Geraden ist ein solcher Maßstab eine Strecke mit einer festgelegten Länge l, auf der Fläche ein Quadrat der Seitenlänge l, im Raum ein Kubus der Kantenlänge l. Man nimmt diesen Maßstab und zählt, wie oft man ihn benötigt, um die Menge vollständig zu überdecken. Verkleinert man den Maßstab, so wächst diese Zahl $N(l)$ im D-dimensionalen Raum mit der D-ten Potenz:

$$\frac{N(l)}{N(l_0)} \sim \left(\frac{l_0}{l}\right)^D,$$

(l_0 ursprünglicher Maßstab, l neuer Maßstab).

■   Halbiert man die Seitenlänge des Maßstab-Quadrates in zwei Dimensionen, so benötigt man $2^2 = 4$ der kleineren Quadrate, um die gleiche Fläche zu überdecken. In drei Dimensionen benötigt man entsprechend $2^3 = 8$-mal soviel Kuben.

2.   Objekte mit gebrochener fraktaler Dimension

Es existieren Objekte, für die die Zahl der benötigten Maßstäbe nicht mit einer ganzen Zahl D, sondern mit einer Bruchzahl als Exponent anwächst.

a)   Cantor-Menge, eine Untermenge des Intervalls zwischen 0 und 1 in einer Dimension. Man schneidet aus dem Intervall das mittlere Drittel heraus, schneidet dann aus den verbleibenden beiden Dritteln jeweils wieder deren mittleres Drittel heraus usw. Versucht man diese Menge mit Maßstäben zu überdecken, so findet man für ihre Dimension D:

$$D = \frac{\ln 2}{\ln 3} \approx 0.63.$$

Wird also die Größe des Maßstabes halbiert, so benötigt man nur ca. $2^{0.63} \approx 1.55$mal mehr Maßstäbe als zuvor.

b)   Landesküste: Misst man die Länge der Küste eines Landes auf einer niedrigauflösenden Landkarte, so erhält man einen kleineren Wert bei hochauflösende Karten, die mehr der kleineren Buchten zeigen.

c)   Koch-Kurve und Kochsche Schneeflocke: Koch-Kurve, ergibt sich nach folgendem Konstruktionsprinzip: Beginn mit einer Strecke; das mittlere Drittel der Strecke wird durch zwei Strecken, die einen Winkel von 60° bilden, ersetzt; mit den sich ergebenden vier Strecken wird analog verfahren (**Abb. 7.12**). Dimension der Koch-Kurve:

$$D = \frac{\ln 4}{\ln 3} \approx 1.262.$$

Kochsche Schneeflocke, entsteht aus einem gleichseitigen Dreieck, wenn man aus den Seiten Koch-Kurven konstruiert. Bei jedem Iterationsschritt vergrößert sich der Umfang der Figur um den Faktor 4/3, die Fläche hingegen bleibt endlich (**Abb. 7.13**).

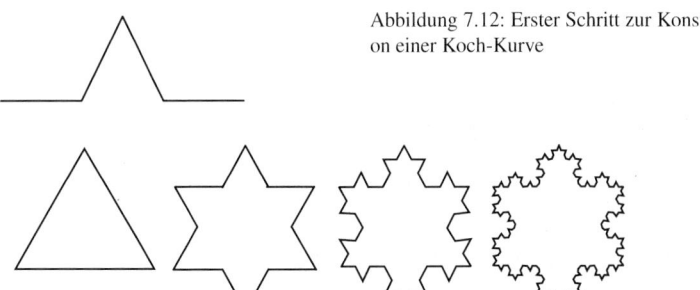

Abbildung 7.12: Erster Schritt zur Konstruktion einer Koch-Kurve

Abbildung 7.13: Die ersten vier Schritte zur Konstruktion der Kochschen Schneeflocke

d) Sierpinski-Dreieck, entsteht aus einem gleichseitigen Dreieck durch sukzessives Entfernen der jeweiligen, um den Faktor 2 verkleinerten Dreiecke, deren Ecken die jeweiligen Seitenmittelpunkte der Dreiecke aus dem vorangegangenen Iterationsschritt sind. In jedem Iterationsschritt verringert sich die Fläche um den Faktor 3/4 (**Abb. 7.14**). Dimension des Sierpinski-Dreiecks:

$$D = \frac{\ln 3}{\ln 2} \approx 1.585 \,.$$

Abbildung 7.14: Die ersten Konstruktionsschritte zum Sierpinski-Dreieck und fortgeschrittene Iteration des Sierpinski-Dreiecks

3. Fraktal,

Objekt mit einer gebrochenen Dimension, im Gegensatz zu Objekten wie Geraden, Flächen, Volumina, die eine ganzzahlige Dimension besitzen.

Selbstähnlichkeit, die Eigenschaft, dass eine fraktale Menge in der Vergrößerung wieder so erscheint wie die ursprüngliche Menge selbst.

■   Bei der Cantor-Menge sieht jedes Drittel eines Intervalls so aus wie das Intervall selbst (**Abb. 7.15**).

Abbildung 7.15: Cantor-Menge

▲   Alle bekannten seltsamen Attraktoren sind Fraktale.

➤   Die Menge aller Punkte im Phasenraum, die zu dem Attraktor gehören, hat eine fraktale Dimension. Dies ist die zentrale Verbindung zwischen nichtlinearer Dynamik und fraktaler Geometrie.

Andere fraktale Mengen treten auf, wenn man betrachtet, bei welchen Werten seiner Parameter ein System chaotisches Verhalten aufweist.

4. Mandelbrot-Menge,

bekanntestes fraktales Objekt; die Menge aller Punkte μ der komplexen Ebene, so dass die iterierte Abbildung

$$z \to z^2 - \mu$$

(beginnend bei $z_0 = 0$) nicht gegen Unendlich geht. Diese Menge („Apfelmännchen", **Abb. 7.16**) ist selbstähnlich und wird durch eine fraktale Kurve begrenzt.

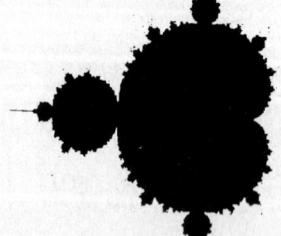

Abbildung 7.16: Apfelmännchen

Formelzeichen Mechanik

Symbol	Einheit	Benennung
α	rad/s^2	Winkelbeschleunigung
α	1	Dehnungszahl
γ	1	relativistischer Faktor
ε	1	Dehnung
η	1	Wirkungsgrad
η	Pa s	dynamische Viskosität
κ	1/Pa	Kompressibilität
μ	1	Gleitreibungszahl
μ_0	1	Haftreibungszahl
μ	1	Poissonscher Koeffizient
ν	1	Querdehnungszahl
ν	m^2/s	kinematische Viskosität
ρ	kg/m^3	Dichte
σ	N/m^2	Normalspannung
σ	N/m	Oberflächenspannung
τ	N/m^2	Schubspannung
Φ	J	Gravitationspotential
ϕ	rad	Winkel
ϕ	$m^2/(Ns)$	Fluidität
ω	rad/s	Winkelgeschwindigkeit
A	m^2	Fläche
a	m/s^2	Beschleunigung
c	m/s	Lichtgeschwindigkeit
c_a	1	Auftriebsbeiwert
c_w	1	Luftwiderstandsbeiwert
D_m	Nm	Direktionsmoment
d	m	Abstand, Hebelarm
E	J	Energie
E	N/m^2	Elastizitätsmodul
$\vec{e}$	1	Einheitsvektor
e	1	Eulersche Zahl
$\vec{F}$	N	Kraft
f	1/s	Frequenz
f	m	Rollreibungszahl
Fr	1	Froudezahl

Symbol	Einheit	Benennung
G	$N\,m^2/kg^2$	Gravitationskonstante
G	N/m^2	Schubmodul
g	m/s^2	Fallbeschleunigung
HB	1	Brinell-Härte
HV	1	Vickers-Härte
HR	1	Rockwell-Härte
h, H	m	Höhe
J	m^4	Flächenträgheitsmoment
J	$kg\,m^2$	Massenträgheitsmoment
$\hat{J}$	$kg\,m^2$	Trägheitstensor
K	N/m^2	Kompressionsmodul
k	N/m	Federkonstante
$\vec{L}$	$kg\,m^2/s$	Drehimpuls
$\vec{l}$	$kg\,m^2/s$	Bahndrehimpuls
l	m	Länge
M	Nm	Drehmoment
m	kg	Masse
P	W	Leistung
p	Pa	Druck
$\vec{p}, p$	kg m/s	Impuls
Q	m^3/s	Volumenstrom
Re	1	Reynoldszahl
r	m	Radius
$\vec{r}$	m	Ortsvektor
$\vec{r}(t)$	m	Ortsfunktion
S	N/m^2	Spannung
s	m	Weg
t	s	Zeitpunkt
Δt	s	Zeitintervall
V	m^3	Volumen
W	J	Arbeit
v	m/s	Geschwindigkeit
x, y, z	m	Ortskoordinate

8 Tabellen zur Mechanik

8.1 Dichte

8.1.1 Festkörper

Die Dichte fester Körper wird bei der Temperatur 293 K $= 20\,^{\circ}$C angegeben.

8.1/1: Einfache Metalle

Stoff		Dichte $\rho\,(10^3\,\mathrm{kg/m^3})$	Stoff		Dichte $\rho\,(10^3\,\mathrm{kg/m^3})$
Aluminium	Al	2.707	Osmium	Os	22.480
Antimon	Sb	6.684	Palladium	Pd	12.080
Arsen	As	5.727	Platin	Pt	21.450
Barium	Ba	3.510	Plutonium	Pu	19.84
Beryllium	Be	1.850	Polonium	Po	9.320
Blei	Pb	11.373	Praseodym	Pr	6.773
Cadmium	Cd	8.648	Protactinium	Pa	15.37
Calcium	Ca	1.540	Quecksilber (flüssig)	Hg	13.546
Cäsium	Cs	1.878	Radium	Ra	5.500
Cer (kub.)	Ce	6.657	Rhenium	Re	20.530
Cer (hex.)		6.757	Rhodium	Rh	2.400
Chrom	Cr	7.190	Rubidium	Rb	1.520
Cobalt	Co	8.830	Ruthenium	Ru	12.300
Dysprosium	Dy	8.550	Samarium	Sm	7.520
Eisen	Fe	7.897	Scandium	Sc	2.989
Erbium	Er	9.006	Selen	Se	4.81
Europium	Eu	5.243	Silber	Ag	10.500
Gallium	Ga	5.904	Strontium	Sr	2.630
Gadolinium	Gd	7.900	Thallium	Tl	11.860
Germanium	Ge	5.350	Tantal	Ta	16.690
Gold	Au	19.320	Tantal (Pulver)		14.401
Hafnium	Hf	13.300	Tellur	Te	6.250
Holmium	Ho	8.795	Tellur (amorph)		6.00
Iridium	Ir	22.420	Terbium	Tb	8.229
Indium	In	7.28	Titan	Ti	4.540
Kalium	K	0.851	Thorium	Th	11.7
Kupfer	Cu	8.954	Thulium	Tm	9.321
Lanthan	La	6.145	Uran	U	18.700
Lithium	Li	0.530	Vanadium	V	5.960
Lutetium	Lu	9.840	Wismut	Bi	9.800
Magnesium	Mg	1.746	Wolfram	W	19.350
Mangan	Mn	7.210	Ytterbium	Yb	6.965
Molybdän	Mo	10.200	Yttrium	Y	4.469
Natrium	Na	0.971	Zink	Zn	7.144
Neodym	Nd	7.004	Zinn (weiss)	Sn	7.304
Neptunium	Np	20.45	Zinn (grau)		5.75
Nickel	Ni	8.906	Zirkonium	Zr	6.520
Niob	Nb	8.570			

8.1.1.1 Metallische Legierungen

8.1/2: **Konstruktionswerkstoffe**

Stoff	Zusammensetzung	ρ $(10^3 kg/m^3)$
Aluminiumlegierungen		
Dural	Al (0.5 % Cu)	2.787
Aluminiumbronze	*	2.7
AlCuMg	*	2.8
AlMg	5 % Mg	2.6
Gussaluminium(Si)	12 % Si	2.65
Kupferlegierungen		
Deltametall	56 % Cu, 40 % Zn, 2 % Fe, 1 % Pb	8.6
Messing (gewalzt)	30 % Zn	8.522
Gussmessing	*	8.4
Phosphorbronze	4.5 % Sn, 0.2 % P	8.91
Bronze	25 % Sn	8.666
Manganin	12 % Mn, 2 % Ni	8.5
Neusilber	15 % Ni, 22 %Zn	8.618
Eisenlegierungen		
Gusseisen	Fe+0.4 % C	7.272
Invar	36 % Ni	8.7
Stahl		
	0.5 % C	7.833
	1.0 % C	7.801
	1.5 % C	7.753
St304, St316, St347		8.0
St410, St414		7.7
Chromstahl	3 % Cr	7.7
Tombak	6...20 % Sn	8.7...8.9
Nickellegierungen		
ChromNickelstahl	24 % Fe, 16 % Cr	8.250
Chromnickel V	20 % Cr	8.410
Monel	32 % Cu, 1 % Mn	8.9

8.1/3: **Elektrische Funktionswerkstoffe**

Stoff	Zusammensetzung	$\rho/(10^3 kg/m^3)$
Widerstandslegierungen		
Manganin	86 % Cu, 12 % Mn, 2 % Ni	8.5
Isabellin	70 % Cu, 10 % Mn, 20 % Ni	8.0
Konstantan	55 % Cu, 1 % Mn, 44 % Ni	8.8
Nickelin	67 % Cu, 3 % Mn, 30 % Ni	8.8
Kontaktwerkstoffe		
Silberbronze	1...7 %Ag, 0.2 % Cd, Rest Cu	8.9...9.2
Hartsilber	3...4 % Cu, Rest Ag	10.4
Silber-Cadmium	5...20 % Cd, Rest Ag	10.1

8.1/4:   **Magnetische Funktionswerkstoffe**

Stoff	Zusammensetzung	$\rho/(10^3\text{kg/m}^3)$
Trafoperm	Stahl mit 2.5...4.5 % Si	7.57...7.7
Permenorm	Stahl mit 36...40 % Ni	8.15
Mumetall	Ni-Fe-Legierung mit $\approx$ 50 % Ni	8.6
AlNiCo 9/5	11...13 % Al, <5 % Co, <1 % Ti, 2...4 % Cu, 21...28 % Ni, Rest Fe	6.8
AlNiCo 18/9	6...8 % Al, 24...34 % Co, 5...8 % Ti, 3...6 % Cu, 13...19 % Ni, Rest Fe	7.2
SECo 112/110	Seltenerd-Cobalt-Legierung	8.1

8.1.1.2   Nichtmetalle

8.1/5:   **Ferrite**

Stoff	Zusammensetzung	$\rho/(10^3\text{kg/m}^3)$
SIFERRIT DB	15 % BaO, 85 % Fe_2O_3	5
SIFERRIT DS	16 % SrO, 84 % Fe_2O_3	4.4...4.6
MAGNETOFLEX 35	52 % Co, 13 % V, 35 % Fe	8.1
SIFERRIT U 60	Eisenoxide, Ba,Co	4.8
SIFERRIT K	Eisenoxide, Ni, Zn	4,2...4.4
SIFERRIT M	Eisenoxide, Ni, Mn, Zn	4.5...4.6
SIFERRIT N	Eisenoxide, Ni, Mn, Zn	4.7...4.8

8.1/6:   **Glas**

Stoff	$\rho/(10^3\text{kg/m}^3)$	Stoff	$\rho/(10^3\text{kg/m}^3)$
Aluminiumsilicatglas	2.53	Flaschenglas	2.6
Baritkronglas (hell; optisch)	2.90	Flintglas (leicht)	2.5...3.2
Baritkronglas (dunkel; optisch)	3.56	Flintglas (schwer)	3.5...5.9
Bleiglas	2.89	Glasfaser (Textilien)	2.46
Borsilicatglas	2.23	Glasfaser (Fiberglas)	2.53
Fensterglas	2.48	Quarzglas	2.2

8.1/7:   **Keramik**

Stoff	$\rho/(10^3\text{kg/m}^3)$	Stoff	$\rho/(10^3\text{kg/m}^3)$
Porzellan	2.3...2.6	Steatit	2.7
Rutil	3.7	Bariumtitanat	5
Korund	3.8	Al_2O_3	3.9
ZrO_2	5.5	SiC	3.2
Si_3N_4	3.2	Diamant(gesintert)	3.5

8.1/8: Kunststoffe

Stoff	Zusammensetzung	$\rho/(10^3\mathrm{kg/m^3})$
Duroplaste		
Phenoplaste	Phenolaldehyd	1.27...1.35
Bakelit	Phenolaldehyd mit Holzmehl	1.35...1.45
Bakelit	Phenolaldehyd mit Asbest	1.7...2.1
Aminoplaste	Anilin	1.2...1.25
	Harnstoff mit Holzmehl	1.45...1.5
	Melamin mit Holzmehl	1.45...1.55
	Melamin mit Asbest	1.7...2.0
Polyesterharze	mit Glasgewebe	1.7...1.9
Thermoplaste		
Cellulosederivate	Cellulose A, weich	1.32
	Celluloseacetat A, mittel	1.33
	Celluloseacetat A, hart	1.34
	Celluloseacetobutyrat	1.20
	Cellulosenitrat	1.38
	Ethylcellulose	1.14
	Benzylcellulose	1.22
Ethylenderivate	Hochdruckpolyethylen	0.92
	Niederdruckpolyethylen	0.94
	Polypropylen	0.90...0.91
	Polystyrol	1.05
	Styrol/Butadienmischpolymere	1.06
	Styrol/Acrylnitril	1.08
	Polyacrylsäureester	1.18
	Polyvinylchlorid (PVC)	1.38
Polycarbonat		1.2
Proteine	Polyurethan	1.21
	Kunsthorn	1.35
	Polyamid (Ultramid A)	1.15
	Polyamid (Rilsan)	1.04
	Polyamid (Vestamid)	1.02
Fluorcarbonate	Polychlortrifluorethylen	2.1...2.2
(Teflon)	Polytetrafluorethylen	2.2
Silicone	Siliconkautschuk	1.2...2.3
	Siliconharz	1.65
Elastomere		
Neopren	Polychlorbutadien	1.24
Buna S	Butadien/Styrolmischpolymere	1.2
Perbunan	Butadien/Acrylnitrilmischpolymere	1.2

8.1/9: **Halbleiter**

Stoff		$\rho/(10^3\mathrm{kg/m^3})$	Stoff		$\rho/(10^3\mathrm{kg/m^3})$
Element-	Ge	5.32	$A_{IV}B_{VI}$	PbS	7.50
halbleiter	Si	2.33		PbSe	8.15
	Se	4.79		PbTe	8.16
	Te	6.24	$A_{III}B_V$	BN	2.25
$A_{II}B_{IV}$	ZnS	4.09		BP	2.97
	ZnSe	5.26		AlP	2.38
	ZnTe	5.70		AlAs	3.79
	CdS	4.84		AlSb	4.26
	CdSe	5.74		GaP	4.13
	CdTe	5.86		GaAs	5.32
	HgSe	8.26		GaSb	5.60
	HgTe	8.20		InP	4.78
$A_{IV}B_{IV}$	SiC	3.22		InAs	5.66
				InSb	5.77

8.1/10: **Baustoffe**

Anmerkung: Man unterscheidet zwischen Rohdichte ρ_R und Reindichte ρ. Die Rohdichte ist definiert durch $\rho_R = $ Masse/Gesamtvolumen. Die Reindichte berücksichtigt das Porenvolumen und ist wie folgt definiert: $\rho = $ Masse/Feststoffvolumen. In der Tabelle ist die Rohdichte aufgeführt.

Stoff	$\rho/(10^3\mathrm{kg/m^3})$	Stoff	$\rho/(10^3\mathrm{kg/m^3})$
Mauersteine		**Natursteine**	
Vollziegel	1.0...2.2	Granite, Syenite	2.6...2.8
Klinker	1.6...2.2	Basalt, Diabas	2.9...3.9
Lochziegel	0.8...2.0	Marmore, Diorit	2.6...2.8
Gasbetonziegel	0.5...0.8	Sandstein	2.6...2.7
Schamottesteine	0.8...2.1	Bimsstein	0.2...1.3
Steinzeug	2.0...2.5	Schiefer	2.6...2.7
Holz 15 Gew.-% feucht		Gipsstein	2.0...2.2
Fichte,Tanne	0.43...0.49	Asbest	2.5...2.6
Kiefer	0.48...0.56	Quarz	2.65
Lärche	0.55...0.63	Kalkstein	2.4...2.8
Eiche	0.63...0.72	Grauwacke	2.6...2.7
Buche	0.66...0.76	Gneis	2.6...2.9

8.1/11:   Schüttgüter

Anmerkung: Angegeben ist die Schüttdichte für **lose** Schüttungen. Sie ist die Masse pro Volumen einschliesslich den Haufwerksporen und den in den Einzelkörnern eingeschlossenen Poren.

Schüttgut	$\rho/(10^3\mathrm{kg/m^3})$	Schüttgut	$\rho/(10^3\mathrm{kg/m^3})$
Baumwollwatte (luftgetr.)	0.080	Sand	1.2...1.6
Erbsen	0.700	Schnee (frisch)	0.08...0.19
Heu	0.050	Schnee (alt)	0.2...0.4
Kalk	0.500	Zement	0.9...1.2
Kartoffeln	0.670	Kies	1.8
Mais	0.750	Polystyrol	0.015

8.1.2   Flüssigkeiten

Die Dichte ist wegen der Ausdehnung temperaturabhängig. Im Folgenden wird sie für die Temperatur $293\ \mathrm{K} = 20\,°\mathrm{C}$ angegeben. Die Dichte bei einer anderen Temperatur T kann, wenn dieselbe Phase vorliegt, durch die Beziehung $\rho_T = \dfrac{\rho}{1 + \gamma(T - 293\ \mathrm{K})}$ ausgerechnet werden.

8.1/12:   Flüssigkeiten unter Normalbedingungen

Stoff	$\rho/(10^3\mathrm{kg/m^3})$	Stoff	$\rho/(10^3\mathrm{kg/m^3})$
Aceton	0.792	Natronlauge (40 %)	1.43
Alkohole		Pentan	0.626
Pentanol	0.814	Petroleum	0.81
Ethylalkohol	0.789	**Säuren**	
Butylalkohol	0.810	Essigsäure	1.049
Glycerol	1.260	Salpetersäure (50 %)	1.31
Isobutylalkohol	0.801	Salpetersäure (100 %)	1.502
Isopropylalkohol	0.785	Salzsäure (40 %)	1.195
Methylalkohol	0.793	Schwefelsäure (50 %)	1.40
Propylalkohol	0.804	Schwefelsäure (100 %)	1.834
Bromethan	1.430	**Öle**	
Ethylacetat	0.901	Erdöl	0.73...0.94
Iodethan	1.933	Heizöl	0.95...1.08
Benzin (Fahrzeug)	0.68...0.72	Maschinenöl	0.90...0.92
Benzin (Flugzeug)	0.72	Olivenöl	0.91
Benzen	0.921	Paraffinöl	0.87...0.88
Trichlormethan	0.879	Speiseöl	0.87
Chlorbenzen	1.066	Siliconöl	0.76
Diethylether	0.714	Terpentinöl	0.86
Fluorbenzen	1.024	Transformatoröl	0.87
Glycerol	1.26	Vaselinöl	0.8
Kerosin	0.82	Toluen	0.867
Xylen	0.88	Tetrachlormethan	1.595
Meerwasser	1.01...1.05	Wasser	1.003
Milch	1.03	Schweres Wasser	1.1

8.1/13:   **Dichte einiger Metalle im flüssigen Zustand**

Stoff	$T/(°C)$	$\rho/(10^3 kg/m^3)$	Stoff	$T/(°C)$	$\rho/(10^3 kg/m^3)$
	660	2.380		100	0.928
Al	900	2.315	Na	400	0.854
	1100	2.261		700	0.780
	300	10.03		409	6.834
Bi	600	9.66	Sb	574	6.729
	962	9.20		704	6.640
Fe	1530	7.23		400	10.51
	1100	17.24	Pb	600	10.27
Au	1200	17.12		1000	9.81
	1300	17.00		960.5	9.30
K	64	0.82	Ag	1092	9.20
Hg	100	12.875		1300	9.00

8.1.3   Gase

Die Dichte der Gase ist stark temperaturabhängig. Diese Temperaturabhängigkeit ist beim realen Gas nicht linear.

In der Tabelle ist die Dichte ρ_0 für $T_0 = 273$ K (und Normaldruck $p_0 = 1.0132 \cdot 10^5$ Pa) angegeben. Verhalten sich die Gase ideal, so kann bei anderen Drücken und Temperaturen ρ gemäß $\rho = \rho_0 \cdot (p/p_0) \cdot (T_0/T)$ berechnet werden.

Gas	$\rho_0/(kg/m^3)$	Gas	$\rho_0/(kg/m^3)$
Ethan	1.355	Krypton[*]	3.68
Ethylen	1.2611	Leuchtgas	≈ 0.58
Ammoniak	0.7708	Luft,trocken	1.2928
Argon[*]	1.783	Methan	0.7167
Acetylen	1.1715	Neon[*]	0.900
Butan	2.70	Ozon	2.14
Isobutan	2.67	Propan	2.01
Chlor	3.17	Radon[*]	9.73
Chlorwasserstoff	1.639	Sauerstoff[*]	1.429
Frigen	5.51	Schwefelkohlenstoff	3.40
Gichtgas	1.28	Schwefeldioxid	2.931
Helium[*]	0.1785	Schwefelwasserstoff	1.54
Kohlenstoffdioxid[*]	1.9768	Stickstoff[*]	1.2504
Kohlenstoffmonoxid[*]	1.2502	Wasserstoff[*]	0.08988
Xenon[*]	5.85		

[*] Diese Gase verhalten sich wie "ideale Gase" im Temperaturbereich $T < 1000$ K

8.2 Elastische Eigenschaften

In der folgenden Tabelle sind die Fließspannung σ_f – sie wird auch als Umformfestigkeit k_f oder Vergleichsspannung σ_v bezeichnet –, der Elastizitätsmodul E, der Scher- oder Schubmodul G und die Querdehnungszahl ν angegeben. Außerdem sind die die Härte eines Festkörpers charakterisierenden Größen, wie die Zugfestigkeit σ_B und die Brinell-Härte H_B, aufgeführt. Alle diese Größen sind stark von der Vorgeschichte des betrachteten Materials abhängig. Deshalb sind sie als Richtwerte zu betrachten.

8.2/1: **Elastische Eigenschaften**

Werkstoff	$E/(10^{10}\mathrm{Pa})$	$G/(10^{10}\mathrm{Pa})$	ν
Ag (geglüht)	8.05	2.59	0.38...0.407
Al (geglüht)	6.85	2.45	0.359...0.369
Au (gegossen)	8.06	2.91	0.422
Bi (gegossen)	3.19	1.2	0.33
Cd (gegossen)	4.99	1.92	0.3
Co (geglüht)	19.6...20.6	–	0.34
Cu (gewalzt)	11.2	4.15	0.358...0.378
Cr	27.9	11.5	–
Fe (gegossen)	10...13	3.5...5.3	0.23...0.31
Fe (Schweiss-)	21	7.7	0.28
In	5.2	–	–
Ir	5.2	–	0.44
Mg (gegossen)	15.6	0.35	0.31
Mn	15.7	–	–
Mo (gegossen)	30900	11810	0.324
Nb (geglüht)	15.6	3.8	0.38
Ni (geglüht)	20.2	7.7	0.300
Os	55.5	–	–
Pb (gegossen)	1.62	0.562	0.446
Pd (gegossen)	11.3	5.11	0.393
Pt (geglüht)	14.7	6.09	0.387
Rh (geglüht)	27.5	–	0.32
Ru (geglüht)	42.2	–	–
Sb	7.8	–	0.33
Sn (gegossen)	12.7	1.8	0.33
Ta (geglüht)	18.3	6.9	0.39
Ti	11.6	4.4	–
U	16.6	8.3	0.21
V (geglüht)	14.8	–	–
W (geglüht)	34.2...40	8.8...21.5	–
Zn (gegossen)	4.06...5.86	1.64...4.78	0.33
Zr	7.4	–	–

8.2/2:   Kritische Spannungen[*)]

Werkstoff	$\sigma_f/(10^7\,\mathrm{Pa})$	$\sigma_B/(10^7\,\mathrm{Pa})$	$H_B/(10^7\,\mathrm{Pa})$
Ag (geglüht)	–	13.5	20.6
Al (geglüht)	5.63…6.44	8.96…10.75	18.4
Au (gegossen)	–	12.4	18.9
Bi	–	–	7
Ca	–	6.0	41.6
Cd	–	6.3	19.6
Co (geglüht)	–	48.6	129.1
Cr (geglüht)	–	8	68.8
Cu (gewalzt)	6.85	20…25	52
Fe (gegossen)	–	1.84…22.5	–
In	3.0	5.05	0.98
Ir	–	22	212
La	–	13	40
Mg (gegossen)	11.2	29.4	4.4
Mo (gegossen)	29.4	30.8	134
Nb (geglüht)	–	32.2…40.6	73.5
Ni (geglüht)	20.5	34.5…56.1	90…120
Os	–	–	348.7
Pb (gegossen)	0.49…0.98	1.47…1.76	3.75…4.18
Pd (gegossen)	–	18.2	31
Pt (geglüht)	–	14.0	29.9
Rh (geglüht)	–	55	54
Ru (geglüht)	–	–	179.5
Sn (gegossen)	–	2.94…3.92	29.2…44.1
Ta (geglüht)	–	31…44.7	44.1…122.4
Ti (geglüht)	7.5	29.6	102.8
U	–	38.6	–
V (geglüht)	52.5	56.5	74.2
W (geglüht)	10.8	69.9…80.9	196…245
Zn (gegossen)	1.17	1.47…2.4	4.8…5.2
Zr	11.3	24.7	33.3

8.2/3:   Drähte[*)]

Werkstoff	$E/$ (GPa)	$\sigma_B/$ (GPa)
Stahl	196	3.4
Be	290	1.52
W	400	2.75

8.2/4:   Whisker[*)]

Werkstoff	$E/$ (GPa)	$\sigma_B/$ (GPa)
Graphit	980	20.5
Al_2O_3	410	1.08…17.6
BeO	410	19
SiC	450	3.05
B_4C	450	9.8

[*)] Anstelle der Fließspannung σ_f wird auch die Dehngrenze R_p, anstelle der Bruchspannung σ_B die Zugfestigkeit R_m angegeben.

8.2/5: **Stahl**

Der Elastizitätsmodul $E = (195\ldots206)$ GPa, der Schermodul $G = (79\ldots89)$ GPa und die Poissonzahl $\nu = 0.23\ldots0.31$ liegen bei allen Stahlsorten dicht beieinander. Der Unterschied bei den verschiedenen Stählen liegt in der Bruchspannung σ_B (bzw. Zugfestigkeit R_m) sowie der Fließspannung σ_f (bzw. Dehngrenze R_p) und der Härte wie der Brinellhärte H_B.

Stahlsorte	Zusammensetzung (Beispiel)	$\sigma_B/(10^8\text{Pa})$	$\sigma_f/(10^8\text{Pa})$	$H_B/(10^8\text{Pa})$
Massenstahl	$\approx 0.25\%$ C	≈ 4.7	2.5	≈ 13
Federstahl	$\approx 0.47\%$ C, $\approx 1.65\%$ Si, $\approx 0.65\%$ Mn	14	12.2	41
Schienenstahl	0.55% C, 0.2% Si, 0.8% Mn	≈ 7.5	≈ 4	20
Klaviersaitendraht	0.9% C, 0.15% Si, 0.4% Mn	≤ 36	-	-
Silberstahl	0.9% C, 0.33% Si, 0.4% Mn, 0.1% W	9	4.5	25
Feilenstahl	1.3% C, 0.25% Si 0.35% Mn	6	-	17
V2A-Stahl	$< 0.1\%$ C, 0.4% Si, 0.3% Mn, 18% Cr, 8% Ni	≈ 6.5	> 2.7	≈ 16.5
Trafoblech	0.07% C, 3.7% Si, 0.2% Mn	≤ 12	-	-
Stahlguss	0.1% C, 0.3% Si 0.4% Mn	3.8	1.8	11
Hartmetall	6% C, 88% W, 6% Co	-	-	160

8.2/6: **Keramische Werkstoffe**

σ_{bB} ist die Bruchspannung für eine Biegebelastung, E ist der Elastizitätsmodul.

Werkstoff	chemische Formel	$\sigma_{bB}/(\text{MPa})$	$E/(\text{GPa})$
Aluminiumoxid	Al_2O_3	400	400
Zirconiumoxid	ZrO_2	600	240
Siliciumkarbid	SiC	440	440
Siliciumnitrid	Si_3N_4	700	210
Diamant (gesintert)	-	300	900

8.2/7:   **Kunststoffe**

σ_B ist die Bruchspannung (oder auch Zugfestigkeit R_m).
σ_{dB} ist die Bruchspannung für eine Druckbelastung und σ_{bB} die entsprechende Spannung für eine Biegebelastung. δ bezeichnet die Bruchdehnung in Prozent.

Werkstoff	E/GPa	σ_B/MPa	σ_{dB}/MPa	σ_{bB}/MPa	H_B/GPa	δ/%
Polyamide	1.5…3.2	60…90	93…98	93…98	147…176	6…12
glasfaserverst.	10…18	120…220	108	122…147	274…294	4…6
Polycarbonate	2…3.5	55…75	78…88	78	147…157	5…7
glasfaserverst.	3.5…9.5	70…140	130	171…219	-	2…5
Polystyrol	3…3.6	45…65	98	98	137…147	2…4
glasfaserverst.	5…10	96…117	103…130	-	3	
PolyethylenHD	0.4…1.5	20…35	24.5	21.6	44…57	12…20
PolyethylenLD	0.15…0.6	8…20	12.3	11.8…16.7	-	8…11
Polypropylen	0.65…1.4	18…38	59	78	61.7	10…20
glasfaserverst.	2.5…6	40…75	48	69	-	7…70
Polyvinylchlorid(hart)	2.9…3.6	50…80	-	-	-	3…4
Polyvinylchlorid(weich)	0.45…0.6	15…30	-	-	-	50…300
Polytetrafluorethylen	0.45…0.75	9…12	-	-	-	250…500

8.2/8:   **Faser**

Werkstoff	σ_B/(MPa)	δ/%	Werkstoff	σ_B/(MPa)	δ/%
Acetatseide	176…215	25	Glas	2100	-
Bambus	345	-	Seide	410	-
Viskose	265…440	15…24	Wolle	156…172	-
Nylon	490…635	15…35	SiO_2	1380…1480	-

8.3   Dynamische Eigenschaften

8.3.1   Reibungszahlen

Gleit- und Haftreibung sind stark von den Adhäsionseigenschaften der Oberfläche der einzelnen Materialien abhängig. Deshalb schwanken die Angaben über die Reibungzahlen in gewissen Grenzen. Die in den
folgenden Tabellen angegebenen Daten sind nur als Richtwerte aufzufassen. Viele Werte sind Mittelwerte.
Für genauere Zwecke ist die Reibungszahl in jedem einzelnen Fall experimentell zu bestimmen.

8.3/1:   **Rollreibung**

Werkstoff	auf Werkstoff	f/(cm)
Gummi	Asphalt	0.10
Gummi	Beton	0.15
Holz	Holz	0.5…0.8
Stahl	Stahl(gehärtet)	0.005…0.01
Stahl	Stahl(weich)	0.05

8.3/2: Gleitreibungszahl

Werkstoff	auf Werkstoff	Gleitreibungszahl μ trocken	geschmiert mit H_2O	Fett
Bronze	Bronze	0.20	0.10	0.06
	Grauguss	0.18		0.08
	Stahl	0.18		0.07
Eiche	Eiche=*	0.20...0.40	0.10	0.05...0.15
	Eiche⊥*	0.15...0.35	0.08	0.04...0.12
Grau-guss	Grauguss		0.31	0.1
	Kupfer	0.25		
	Holz	0.35	0.25	
Gummi	Asphalt	0.5	0.3	0.2
	Beton	0.6	0.5	0.3
	Grauguss	0.4...0.5		
Leder-riemen	Eiche	0.4		
	Metall	0.28	0.25	0.12
Stahl	Eiche	0.2...0.5	0.26	0.02...0.1
	Eis		0.014	
	Stahl	0.1...0.3		0.02...0.08
	Bremsbelag	0.5...0.6		
	Polyethylen	0.4...0.5		
	Teflon	0.03...0.05		
	Polyamid	0.3...0.5		0.1
	Hostaflon	0.35...0.45		
Polyethylen	Polyethylen	0.5...0.7		
Teflon	Teflon	0.035...0.055		
Polyamid	Polyamid	0.4...0.5		

* = entspricht Bewegung in Faserrichtung und ⊥ der Bewegung senkrecht zur Faserrichtung.

8.3/3: Haftreibungszahl

Werkstoff	auf Werkstoff	Haftreibung μ_0 trocken	geschmiert mit H_2O	Fett
Bronze	Bronze			0.11
	Stahl	0.19		0.10
Eiche	Eiche=*	0.40...0.60		0.18
	Eiche⊥*	0.50		
Grauguss	Grauguss			0.16
Hanfseil	Holz	0.5		
Leder-riemen	Eiche	0.5		
	Metall	0.6	0.25	0.62
Stahl	Eiche	0.5...0.6		0.11
	Eis		0.03	
	Stahl	0.15...0.3		0.1

* = entspricht Bewegung in Faserrichtung und ⊥ der Bewegung senkrecht zur Faserrichtung.

8.3.2   Kompressibilität

Die Kompressibilität eines Stoffes wird durch seinen Kompressionsmodul $\kappa = \left(\dfrac{1}{V}\right)\left(\dfrac{\Delta V}{\Delta p}\right)$ ausgedrückt.

Dabei ist ΔV die Volumenänderung bei Änderung des Druckes um Δp. Der Kompressionsmodul ist sowohl von der Temperatur als auch dem Druck abhängig. Für Gase gilt:

$$\kappa = \frac{A}{V(p+p_T)},$$

A ist eine mit der Temperatur anwachsende Funktion, p der äußere Druck und p_T der Van-der-Waals-Druck bei der Temperatur T.

8.3.2.1   Gase

In den folgenden Tabellen ist die Kompressibilität einiger Gase als Abweichung vom Verhalten eines idealen Gases durch die Größe $\kappa + \dfrac{1}{p}$ angegeben.

8.3/4:   **Helium**

Druck/(MPa)	$\left(\dfrac{1}{V}\dfrac{\Delta V}{\Delta p} + \dfrac{1}{p}\right)/(10^3\ \mathrm{Pa}^{-1})$							
	$-253\,°\mathrm{C}$	$-208\,°\mathrm{C}$	$-183\,°\mathrm{C}$	$-150\,°\mathrm{C}$	$-100\,°\mathrm{C}$	$-50\,°\mathrm{C}$	$0\,°\mathrm{C}$	$50\,°\mathrm{C}$
0–0.1	0	10.34	8.97	6.57	4.67	3.62	2.47	2.1
0.1–1	−0.74	8.88	7.09	5.56	4.13	3.21	2.57	2.17
1–5	22.2	9.43	7.12	5.56	4.1	3.19	2.55	2.16
5–10	29.6	9.29	7.21	5.51	4.07	3.14	2.49	2.12

8.3/5:   **Stickstoff**

Druck/(MPa)	$\left(\dfrac{1}{V}\dfrac{\Delta V}{\Delta p} + \dfrac{1}{p}\right)/(10^3\ \mathrm{Pa}^{-1})$							
	$-130\,°\mathrm{C}$	$-100\,°\mathrm{C}$	$-50\,°\mathrm{C}$	$0\,°\mathrm{C}$	$50\,°\mathrm{C}$	$100\,°\mathrm{C}$	$200\,°\mathrm{C}$	$400\,°\mathrm{C}$
0–0.1	−33.1	−17.9	−6.65	−2.47	0	1.08	1.71	1.80
0.1–1	−36.4	−18.5	−6.96	−2.14	0	1.12	1.96	2.11
1–2	−43	−18.9	−6.66	−1.84	0.21	1.22	2.04	2.11
2–4	−60.7	−20.7	−6.09	−2.1	0.5	1.4	2.08	2.12
4–6	−83.1	−20.7	−5.17	0	0.872	1.62	1.56	2.15
6–8	–	−17.4	−3.93	−0.05	1.22	1.84	2.84	2.17
8–10	–	−8.67	−2.29	0.7	1.58	2.07	2.33	2.17
10–20	–	–	2.87	2.41	2.59	2.29	2.69	2.29
20–40	–	–	6.73	4.36	3.83	3.15	2.85	2.17
40–60	–	–	5.94	5.15	3.95	3.41	2.72	2.03
60–80	–	–	4.7	4.7	3.53	3.12	2.54	1.93
80–100	–	–	3.78	3.43	3.07	2.78	2.34	1.81

8.3/6: **Wasserstoff**

Druck/(MPa)	$\left(\dfrac{1}{V}\dfrac{\Delta V}{\Delta p} + \dfrac{1}{p}\right)/(10^3\,\mathrm{Pa}^{-1})$							
	$-208\,°\mathrm{C}$	$-183\,°\mathrm{C}$	$-150\,°\mathrm{C}$	$-50\,°\mathrm{C}$	$0\,°\mathrm{C}$	$50\,°\mathrm{C}$	$100\,°\mathrm{C}$	$200\,°\mathrm{C}$
0–0.1	−33.2	−4.49	1.09	3.11	3.63	2.96	2.92	2.53
0.1–1	−15	−3	1.7	3.28	3.28	3.06	2.82	2.48
1–2	−15.2	−1.96	2.07	7.14	3.29	3.08	2.81	2.51
2–4	−11.7	−0.28	2.76	1.63	3.38	3.10	2.77	2.47
4–6	−0.93	1.96	3.52	3.72	3.45	3.09	2.74	2.45
6–8	6.87	4.24	4.31	3.96	3.51	3.12	2.71	2.46
8–10	–	6.41	10.2	4.51	3.58	3.1	2.7	2.45

8.3/7: **Methan**

Druck/(MPa)	$\left(\dfrac{1}{V}\dfrac{\Delta V}{\Delta p} + \dfrac{1}{p}\right)/(10^3\,\mathrm{Pa}^{-1})$						
	$-70\,°\mathrm{C}$	$-50\,°\mathrm{C}$	$-25\,°\mathrm{C}$	$0\,°\mathrm{C}$	$25\,°\mathrm{C}$	$50\,°\mathrm{C}$	$100\,°\mathrm{C}$
0–0.1	−29.9	−23.6	−16.8	−11.8	−9.03	−5.83	−2.88
0.1–2	−35.2	−25.1	−17.3	−12.2	−8.75	−6.32	−3.36
2–4	−51.8	−30.1	−18.7	−12.5	−8.56	−6.05	−2.94
4–6.1	−107	−40.8	−20.6	−12.8	−8.36	−5.75	−2.60
6.1–8.1	−67.4	−46.2	−21.0	−12.3	−7.88	−4.97	−2.06
8.1–10.1	23.0	−29.0	−113	−10.8	−6.54	−4.15	−1.51
10.1–12.1	30.5	0.60	84.0	−8.32	−5.36	−3.27	−2.09
12.1–14.1	26.4	11.7	−3.38	−4.93	−3.27	−2.13	1.94
14.1–16.2	25.1	16.6	3.80	−0.99	−1.38	−0.95	−0.19
16.2–18.2	22.2	−17.2	7.83	1.99	0.27	0.24	0.47
18.2–20.2	20.4	50.6	9.55	4.91	2.47	1.66	1.33
20.2–30.4	16.0	14.1	10.8	7.66	5.32	3.91	2.72
30.4–40.5	11.7	10.8	9.51	8.15	6.59	5.45	3.92
40.5–50.6	9.18	8.64	7.88	6.99	6.27	5.54	4.32
50.6–60.8	7.48	7.19	6.72	6.20	5.70	5.11	4.15
60.8–81.1	5.93	5.74	5.44	3.22	4.77	4.49	3.86
81.1–101.3	4.63	4.47	4.29	8.9	4.05	3.73	3.35

8.3/8:   **Stickstoffmonoxid**

Druck/(MPa)	$\left(\dfrac{1}{V}\dfrac{\Delta V}{\Delta p} + \dfrac{1}{p}\right)/(10^3\ \mathrm{Pa}^{-1})$							
	$-70\,°C$	$-50\,°C$	$-25\,°C$	$0\,°C$	$25\,°C$	$50\,°C$	$100\,°C$	$150\,°C$
0–0.1	−6.64	−6.04	−5.43	−3.45	0	0	0	0
0.1–2.5	−11.4	−6.66	−3.19	−2.27	−0.94	−0.35	1.2	2.64
2.5–5	−11.3	−7.31	−3.79	−2.01	0.17	1.29	1.5	
5–7.5	−9.75	−6.05	−3.18	−1.21	0	0.83	1.56	1.99
7.5–10	−5.38	−3.5	−0.92	−0.20	0.18	1.16	1.55	2.09
10–15	0.64	0.54	0.80	1.51	2.16	1.96	2.29	2.35
15–20	6.77	4.75	4.02	2.76	2.64	2.95	2.71	2.65
20–30	9	6.67	5.53	4.54	3.99	3.63	3.26	2.99
30–40	8.34	7.82	6.02	5.41	4.65	4.19	3.49	3
40–61	6.69	6.17	5.53	5.03	4.45	4.09	3.51	3.11
61–81	5.09	4.85	4.51	4.18	4.98	3.63	3.16	2.86
81–101	4.08	1.15	3.71	3.51	2.32	3.09	2.82	2.58

8.3/9:   **Kohlenstoffdioxid**

Druck/(MPa)	$\left(\dfrac{1}{V}\dfrac{\Delta V}{\Delta p} + \dfrac{1}{p}\right)/(10^3\ \mathrm{Pa}^{-1})$							
	$0\,°C$	$10\,°C$	$20\,°C$	$30\,°C$	$40\,°C$	$50\,°C$	$60\,°C$	$80\,°C$
0–5	−160	−158	−44.9	−35.7	−30.0	−25.3	−21.8	−16.9
5–7.5	73.4	68.2	−230	−221	−61.8	−41	−30.9	−20.5
7.5–10	54.5	52.5	47.3	30	−132	−47.3	−24.6	
10–15	36.9	36.3	34.5	29.9	19.6	−15.6	−30.3	−24.3
15–20	26.1	25.6	24.6	23.6	21.3	17.4	11.1	−3.09
20–30	18.3	17.8	17.4	17	16	14.8	13.2	8.85
30–40	12.9	12.7	12.4	12	11.7	11.3	10.8	9.38
40–50	15.1	9.8	9.64	9.43	9.09	8.9	8.66	7.97
50–60	2.85	7.95	7.84	7.79	7.68	7.42	7.16	6.79
60–71	6.82	6.81	6.65	6.57	6.46	6.34	6.22	5.9
71–81	5.85	5.84	5.83	5.73	5.64	5.52	5.43	5.15
81–91	5.2	5.13	5.02	5.93	4.88	4.82	4.75	4.58
91–101	4.58	4.47	4.42	4.25	4.25	4.23	4.12	4.01

8.3.2.2   Flüssigkeiten und Festkörper

8.3/10:   **Temperaturabhängigkeit der Kompressibilität**

$T/$ (°C)	κ/MPa^{-1}						
	Aceton	Tetrachlor-methan	Benzen	Trichlor-methan	Ethyl-alkohol	Methyl-alkohl	Wasser
0	82	89.8	80.9	86.6	98.7	107	50
10	110	97	87	91.8	104	114	47.8
20	125	103.5	94.5	100	111	121.5	45.8
30	133.4	112.8	102	109	118.5	129.5	44.6
40	150	122	110	118.5	126.5	138.5	44.1
50	160	132.6	118.5	129.5	136	147.6	44

8.3/11: **Kompressibilität von Flüssigkeiten unter Normalbedingungen**

Stoff	$\kappa/(\text{MPa}^{-1})$
Olivenöl	63
Paraffinöl	62.67
Quecksilber	4
Petroleum	69.6

8.3/12: **Kompressibilität von Festkörpern bei 0 °C**

Stoff	$\kappa/(\text{MPa}^{-1})$	Stoff	$\kappa/(\text{MPa}^{-1})$
Al	1.38	Si	0.324
Au	0.617	Mo	0.47
Cd	2.13	Cu	0.74
Fe	0.597	Pl	0.385

8.3.3 Viskosität

8.3/13: **Viskosität von Flüssigkeiten bei Normaldruck und 20 °C**

Stoff	$\eta/(\mu\text{Pa}\cdot\text{s})$	Stoff	$\eta/(\mu\text{Pa}\cdot\text{s})$
Aceton	330	Terpentin	1490
Ethylalkohol	1192	o-Xylen	807
Methylalkohol	591	m-Xylen	615
Benzen	649	p-Xylen	643
Kohlenstoffdisulfid	367	Quecksilber	1550
Ether	234	Petroleum	1460
Glycerol	$83 \cdot 10^4$	Toluen	585
Salpetersäure	1770	Pech	$3 \cdot 10^{13}$
Schwefelsäure	$22 \cdot 10^3$	Schweres Wasser	1260

8.3/14: **Viskosität kryogener Flüssigkeiten bei Sättigungsdruck**

Wasserstoff		Stickstoff		Sauerstoff		Argon	
T/K	$\eta/(\mu\text{Pa}\cdot\text{s})$	T/K	$\eta/(\mu\text{Pa}\cdot\text{s})$	T/K	$\eta/(\mu\text{Pa}\cdot\text{s})$	T/K	$\eta/(\mu\text{Pa}\cdot\text{s})$
15	217	60		60	5800	85	2720
16	197	70	2200	70	3580	90	2300
17	178	80	1410	80	2500	95	1970
18	161	90	1040	90	1890	100	1970
19	147	100	850	100	1520	105	1540
20	134	110	760	110	1280	110	1410

8.3/15: **Viskosität wässriger Lösungen von Glycerol in** $(\text{mPa}\cdot\text{s})$

Glycerol (Masse %)	Temperatur $/(°\text{C})$					
	0	20	40	60	80	100
20	2.44	1.76	1.07	0.731	0.635	...
40	8.25	3.72	2.07	1.3	0.918	0.668
60	29.9	10.8	5.08	2.85	1.84	1.28
80	255	60.1	20.8	9.42	5.13	3.18
90	1310	219	60.0	22.5	11.0	6.00
95	3690	523	121	39.9	17.5	9.08
100	12070	1412	284	81.3	31.9	14.8

8.3/16:   **Viskosität von Wasser bei verschiedenen Temperaturen**

$T/(°C)$	$\eta/(\mu Pa \cdot s)$	$T/(°C)$	$\eta/(\mu Pa \cdot s)$
0	1793	60	469
10	1309	70	406
20	1006	80	357
30	800	90	315
40	657	100	284
50	550		

8.3/17:   **Viskosität als Funktion der Temperatur bei Normaldruck**

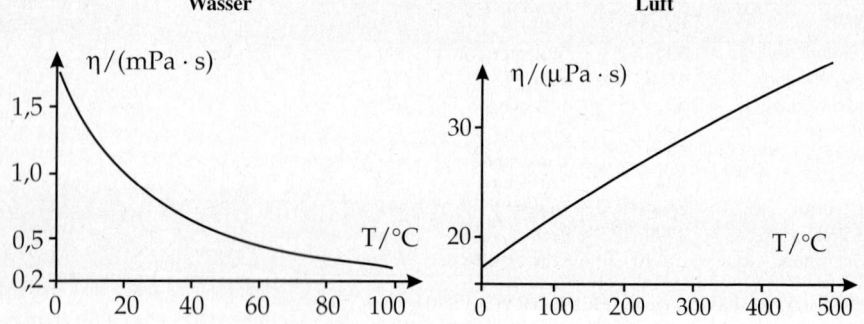

Wasser   **Luft**

8.3/18:   **Viskosität von Gasen bei Normaldruck und** $20\ °C$

Stoff	$\eta/(Pa \cdot s)$	Stoff	$\eta/(\mu Pa \cdot s)$
Luft	18.1	Chlor	14.7
Ammoniak	10.8	Methan	12
Kohlenstoffmonoxid	18.4	Stickstoffmonoxid	18.6
Kohlenstoffdioxid	16	Stickstoff	18.4
Wasserstoff	9.5	Sauerstoff	20.9
Schwefelwasserstoff	13	Schwefeldioxyd	13.8

8.3/19: **Viskosität von Gasen bei Normaldruck und $T_0 = 273.15$ K**

Stoff	$\eta/$ (Pa·s)	Stoff	$\eta/$ (Pa·s)	Stoff	$\eta/$ (Pa·s)	Stoff	$\eta/$ (Pa·s)
N_2	$1665 \cdot 10^{-8}$	C_5H_{10}	$665 \cdot 10^{-8}$	CO_2	$1367 \cdot 10^{-8}$	C_3H_6	$784 \cdot 10^{-8}$
NO	$1800 \cdot 10^{-8}$	C_4H_{10}	$689 \cdot 10^{-8}$	C_2H_6	$1223 \cdot 10^{-8}$	C_3H_7OH	$715 \cdot 10^{-8}$
NH	$935 \cdot 10^{-8}$	C_5H_{12}	$638 \cdot 10^{-8}$	C_2H_4	$855 \cdot 10^{-8}$	H_2S	$1179 \cdot 10^{-8}$
Ar	$2085 \cdot 10^{-8}$	C_3H_7OH	$720 \cdot 10^{-8}$	$C_3H_6O_2$	$685 \cdot 10^{-8}$	CS_2	$920 \cdot 10^{-8}$
H_2	$840 \cdot 10^{-8}$	C_3H_4	$808 \cdot 10^{-8}$	C_2H_2	$955 \cdot 10^{-8}$	SH_4	$1076 \cdot 10^{-8}$
H_2O	$883 \cdot 10^{-8}$	C_5H_{10}	$665 \cdot 10^{-8}$	C_6H_6	$693 \cdot 10^{-8}$	C_5H_{10}	$639 \cdot 10^{-8}$
(Dampf)		CH_3Br	$1232 \cdot 10^{-8}$	Br_2	$1390 \cdot 10^{-8}$	CCl_4	$906 \cdot 10^{-8}$
Luft	$1708 \cdot 10^{-8}$	CH_2Cl_2	$916 \cdot 10^{-8}$	C_3H_{10}	$682 \cdot 10^{-8}$	C_2N_2	$933 \cdot 10^{-8}$
He	$1860 \cdot 10^{-8}$	CH_3OH	$870 \cdot 10^{-8}$	C_4H_{10}	$690 \cdot 10^{-8}$	HCN	$672 \cdot 10^{-8}$
O_2	$1910 \cdot 10^{-8}$	CH_3Cl	$1084 \cdot 10^{-8}$	HBr	$1710 \cdot 10^{-8}$	C_6H_{12}	$653 \cdot 10^{-8}$
Kr	$2330 \cdot 10^{-8}$	$NOCl$	$989 \cdot 10^{-8}$	HI	$1700 \cdot 10^{-8}$	C_3H_6	$808 \cdot 10^{-8}$
Xe	$2110 \cdot 10^{-8}$	CO	$1132 \cdot 10^{-8}$	HCl	$1320 \cdot 10^{-8}$	Cl_2	$1245 \cdot 10^{-8}$
CH_4	$1028 \cdot 10^{-8}$	C_5H_{10}	$623 \cdot 10^{-8}$	PH_3	$1072 \cdot 10^{-8}$	$CHCl_3$	$933 \cdot 10^{-8}$
Ne	$2975 \cdot 10^{-8}$	C_3H_8	$750 \cdot 10^{-8}$	C_6H_{14}	$600 \cdot 10^{-8}$	$C_4H_8O_2$	$960 \cdot 10^{-8}$
SO_2	$1158 \cdot 10^{-8}$	$C_5H_{10}O_2$	$740 \cdot 10^{-8}$	$(CH_3)_2O$	$870 \cdot 10^{-8}$	C_2H_5OH	$775 \cdot 10^{-8}$
CO	$1662 \cdot 10^{-8}$			$(CH_5)_2O$	$680 \cdot 10^{-8}$	C_2H_5Cl	$911 \cdot 10^{-8}$

8.3/20: **Der Temperaturkorrekturfaktor**

Für Gase kann die Abhängigkeit der Viskosität von der absoluten Temperatur durch die Formel

$$\eta = \eta_{T_0} \sqrt{\frac{T}{T_0}} \, \frac{1 + \frac{C}{T_0}}{1 + \frac{C}{T}}$$

beschrieben werden.

Der Temperaturkorrekturfaktor C ist nur schwach temperaturabhängig.

Stoff	$C/$ (°C)	$\vartheta/$ (°C)	Stoff	$C/$ (°C)	$\vartheta/$ (°C)	Stoff	$C/$ (°C)	$\vartheta/$ (°C)
N_2	103.9	25-280	$(C_2H_5)_2O$	404	122-309	C_3H_6	312.6	20-120
NO	128	20-250	C_5H_{10}	368	20-120	C_3H_7OH	515.6	122-273
NH	503	20-300	C_4H_{10}	368	20-120	SO_2	306	300-825
Ar	142	20-827	C_3H_7OH	459.9	119-308	H_2S	331	0-100
C_2H_2	198.2	20-120	I_2	568	106-523	CS_2	499.5	114-310
$C_3H_6O_2$	541.5	119-306	HI	390	0-100	C_4H_4S	467	20-245
C_6H_6	447.5	130-313	O_2	126.6	20-280	PH_3	290	0-100
Br_2	533	190-600		125	15-630	CO_2	254	25-280
HBr	375	0-100	Kr	188	0-100		213	300-824
C_3H_{10}	377.4	20-120	Xe	252	0-100	CO	101.2	22-277
Luft	106.8	20-280	CH_4	162	20-500	CCl_4	335	128-315
	111	16-825	CH_3Br	276	20-120		365.4	128-315
H_2	73	20-200	CH_3OH	486.9	111-312	Cl_2	351	20-250
	86	100-200	CH_2Cl_2	425	22-309	HCl	360	0-250
	105	200-250	CH_3Cl	441	20-308	$CHCl_3$	373	121-308
	234	713-822	H_3AS	300	0-100	C_2H_2	330	0-100
Wasserdampf	673	100-350	Ne	61	20-100	HCN	901	20-330
He	83	100-200	C_5H_{10}	382.8	122-306	C_3H_6	372	20-120
	95	200-250	C_3H_8	278	20-250	C_6H_{12}	350.9	122-306
	173	682-815		290	25-280	C_2H_6	252	20-250
			C_2H_4	225	20-250	$C_4H_8O_2$	504	128-314

8.3.4   Strömungswiderstand

8.3/21:   Widerstandsbeiwert

Körperform		c_W	Körperform		c_W
		1,1	2R	$R : r = 2$	1,22
	$a : b = 1$ $a : b = 4$ $a : b = 10$ $a : b = 18$	1,1 1,19 1,29 1,4		$l : d = 2$ $l : d = 5$ $l : d = 10$ $l : d = 20$	0,2 0,06 0,083 0,094
	ohne Boden (Fallschirm)	1,33		mit Boden	1,17
	ohne Boden	0,34		mit Boden	0,4
	$Re < 2 \cdot 10^5$ $Re = 10^6$	0,45 0,13	mit Boden	$\alpha = 60°$ $\alpha = 30°$	0,51 0,34
	$Re > 10^5$ $l : d = 1,8$ $Re < 4,5 \cdot 10^5$ $l : d = 0,75$ $Re > 5,5 \cdot 10^5$ $l : d = 0,45$	0,1 0,6 0,2		$Re \approx 8 \cdot 10^4$ $h : d = 1$ $l : d = 2$ $l : d = 5$ $l : d = 10$	0,63 0,68 0,74 0,82
	$Re \approx 5 \cdot 10^5$ $l : d = 30$	0,78		$Re \approx 10^6$ $l : d = 5$ $l : d = 8$ $l : d = 18$	0,08 0,1 0,2
		0,4 ⋮ 0,55			0,3 ⋮ 0,4
		0,23			0,6 ⋮ 0,7

8.3.5 Oberflächenspannung

8.3/22: **Oberflächenspannung von Flüssigkeiten und Lösungen**

Flüssigkeit	$\sigma/$ $(10^{-3}Nm^{-1})$	Flüssigkeit	$\sigma/$ $(10^{-3}Nm^{-1})$
Azeton	23,7	Olivenöl	33
Äthylalkohol	22,3	Parafinöl	26
Methylalkohol	22,6	Terpentin	27
Anilin	43	Wasser	
Benzol	28,9	Wasser bei 5 °C	74,92
Chloroform	27,2	Wasser bei 10 °C	74,22
Glyzerin	64	Wasser bei 20 °C	72,75
Quecksilber	475	Wasser bei 30 °C	71,18
Lösungen			
Schwefelsäure (konz.)	55	Salpetersäure	41
Pro 1 Gew.-% muß der folgende Wert zu dem von reinen Wasser addiert werden.			
Kalziumchlorid	0,29	KOH	0,32
Kupfersulfat	0,11	Natriumchlorid	0,28
Kaliumchlorid	0,19	NaOH	0,5

Teil II   Schwingungen und Wellen

Schwingung, zeitlich periodische Zustandsänderung eines Systems (**Oszillator**), die immer dann auftritt, wenn

- ein System durch eine äußere Störung aus seinem mechanischen, elektrischen oder thermischen Gleichgewicht gebracht wird und
- Kräfte wirksam werden, die das System wieder in Richtung des Gleichgewichts bewegen.

Schwingungen können in fast allen physikalischen Systemen auftreten.

Welle (s. S. 266), zeitlich und räumlich periodische Zustandsänderung eines Systems, die immer dann auftritt, wenn

- ein System aus Teilsystemen besteht, die alle Schwingungen ausführen können,
- die Teilsysteme miteinander wechselwirken können, also Energie von einem Teilsystem auf ein anderes, benachbartes Teilsystem übertragen werden kann und
- mindestens eines der Teilsysteme durch eine äußere Störung aus seinem mechanischen, elektrischen oder thermischen Gleichgewicht gebracht wird.

Es wird dann Energie von einem Teilsystem auf andere Teilsysteme übertragen, ohne dass dabei ein Massentransport stattfindet.

■ Schall ist die Bezeichnung für die in Medien auftretenden Dichtewellen; Licht bezeichnet elektromagnetische Wellen innerhalb eines bestimmten Frequenzbereichs.

9   Schwingungen

1.   Periodische Vorgänge,

sich regelmäßig wiederholende Vorgänge oder Anordnungen. Wiederholt sich ein Vorgang immer wieder nach einem festen Zeitintervall, so nennt man ihn **zeitlich periodisch**. Wiederholt sich eine Anordnung immer wieder nach einem festen Abstand im Raum, dann nennt man sie **räumlich periodisch**.

2.   Schwingungsdauer,

Periodendauer, T, kleinste Zeitdauer, nach der sich bestimmte zeitlich periodische Erscheinungen wiederholen:

$$u(t+T) = u(t).$$

Die SI-Einheit der Periodendauer ist die Sekunde s. Die Periodendauer ist durch die Systemparameter bestimmt.

Frequenz, f, gibt an, wie oft sich ein zeitlich periodischer Vorgang pro Sekunde wiederholt, $f = 1/T$.

Hertz, **Hz**, SI-Einheit der Frequenz. 1 Hz = 1/s.

■ Die Frequenz 1 Hz bedeutet, dass der Vorgang sich einmal pro Sekunde wiederholt. Die Netzspannung in Deutschland hat 50 Hz, sie wechselt 100 mal pro Sekunde ihre Richtung.

3.   Oszillator,

Schwinger, System, in dem Schwingungen auftreten können.

■ Ein Pendel ist ein mechanischer Oszillator, z.B. eine an einem Kran hängende Masse. Der elektrische Schwingkreis ist ein Beispiel für einen elektrischen Oszillator.

Ruhelage, der Zustand eines schwingungsfähigen Systems, in dem sich das System befindet, bevor es eine äußere Störung erfährt, also der mechanische, elektrische oder thermische **Gleichgewichtszustand**.

4. Harmonische Schwingung,

periodischer Vorgang, dessen Verlauf durch eine Sinus- oder Cosinusfunktion beschrieben wird (**Abb. 9.1**). Beide Funktionen unterscheiden sich durch eine Phasenverschiebung von $\pi/2$.

Harmonische Schwingung			
	Symbol	Einheit	Benennung
$u(t) = A\cos(2\pi f t + \phi)$	u		Zustand des Systems
	A		Amplitude
$= A\sin\left(2\pi f t + \phi + \dfrac{\pi}{2}\right)$	f	Hz	Frequenz
	t	s	Zeit
	ϕ	rad	Phasenverschiebung

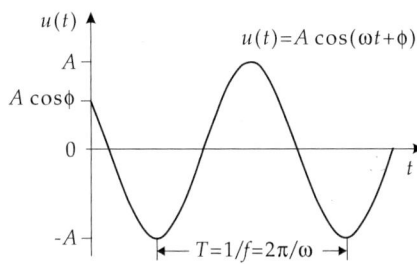

Abbildung 9.1: Harmonische Schwingung

Dabei beschreibt $u(t)$ den Zustand des Systems zur Zeit t. Die physikalische Bedeutung von u hängt vom betrachteten System ab (Weg- oder Winkelkoordinate, Spannung, elektrisches oder magnetisches Feld u.ä.).

- ■ Für ein Federpendel ist u die Auslenkung, für einen elektrischen Schwingkreis bedeutet u die elektrische Spannung (oder die elektrische Ladung). Die Dimension von u richtet sich nach dem jeweiligen System.

5. Phase und Amplitude

Phase, **Phasenwinkel**, Argument der Sinus- oder Cosinusfunktion, $2\pi f t + \phi$, bestimmt den momentanen Schwingungszustand.

Nullphasenwinkel, **Anfangsphase**, ϕ, Wert der Phase für $t = 0$, beschreibt den Zustand des Systems zum Anfangszeitpunkt.

Amplitude A, maximaler Wert der Funktion $u(t)$.

6. Frequenz, Kreisfrequenz und Periodendauer

Kreisfrequenz $= 2\pi \cdot$ **Frequenz**			$\mathbf{T^{-1}}$
	Symbol	Einheit	Benennung
$\omega = 2\pi f$	f	Hz	Frequenz
	ω	rad/s	Kreisfrequenz

Die harmonische Schwingung hat die Form

$$u(t) = A\cos(\omega t + \phi) .$$

Der Zusammenhang zwischen Periodendauer, Frequenz und Kreisfrequenz ist gegeben durch:

Periodendauer = Kehrwert der Frequenz			T
	Symbol	Einheit	Benennung
$T = 1/f = 2\pi/\omega$	T	s	Periodendauer
	f	Hz	Frequenz
	ω	rad/s	Kreisfrequenz

➤ In der Natur treten immer Reibungskräfte auf. Bewegte Körper kommen zur Ruhe, wenn ihnen die Energie, die sie durch die Reibung verlieren, nicht von außen wieder zugeführt wird. Aus diesem Grund wird kein Vorgang exakt durch die harmonische Schwingung beschrieben, denn nach dieser Gleichung wiederholt sich der periodische Vorgang unendlich oft.

➤ Die Sinusfunktion beschreibt eine Schwingung, die auch bereits in aller Vergangenheit ($t \to -\infty$) ablief. In der Natur beginnt die Schwingung dann, wenn einem schwingungsfähigen System Energie zugeführt wird, also etwa das Pendel angestoßen wird. Der Zustand des Systems vor Beginn der Schwingung ist der gleiche wie der, in den es bei Ausklingen der Schwingung zurückkehrt, nachdem alle anfangs zugeführte Energie dem System durch Reibung verloren gegangen ist.

Eigenfrequenz, nur von den Systemgrößen abhängige Frequenz, mit der ein Oszillator schwingt, wenn keine äußere Kraft auf ihn einwirkt.

7.   Arten von Schwingungen

Man unterteilt Schwingungen in:

• **Freie Schwingungen**, die Schwingung wird einmalig angeregt und verläuft dann ohne äußere Anregung. Die Frequenz ist konstant und durch Systemgrößen bestimmt.

• **Gedämpfte Schwingungen**, es treten Reibungskräfte auf. Der Oszillator verliert dauernd Energie.

• **Erzwungene Schwingungen**, Oszillator wird von äußerer periodischer Kraft zu Schwingungen angeregt. Schwingt der Oszillator mit der Frequenz der äußeren Kraft, dann bezeichnet man das schwingende System als **Resonator**.

Kombination der letzten beiden Fälle: **erzwungene, gedämpfte Schwingung**. Eine äußere periodische Kraft regt einen gedämpften Oszillator an; die Schwingung klingt nicht ab, da die äußere Anregung dem Oszillator immer wieder Energie zuführt.

Schwingung	frei	erzwungen
ungedämpft	keine Reibung, keine äußere Erregung, Energie konstant	keine Reibung, äußere Erregung, Energiezufuhr, Resonanzkatastrophe
gedämpft	Reibung, keine äußere Erregung, Energieverlust	Reibung, äußere Erregung, Energiezufuhr und -verlust, Resonanz

■ Die Erregung einer Sendeantenne ist ein Anwendungsbeispiel für eine erzwungene elektromagnetische Schwingung, bei der ein Energieverlust durch Abstrahlung elektromagnetischer Energie erfolgt.

9.1 Freie ungedämpfte Schwingungen

Freie ungedämpfte Schwingung, Schwingung ohne äußere Erregung und ohne Reibung, wird exakt durch die harmonische Zeitabhängigkeit beschrieben. Amplitude und Frequenz sind zeitunabhängig.

9.1.1 Federpendel

1. Definition des Federpendels

Feder-Masse-System, Federpendel, Körper, der an einer Schraubenfeder befestigt ist.

Schwinger, Bezeichung für den an der Feder befestigten Körper.

■ Wagen an einer einseitig befestigten Feder, der sich reibungslos auf einer horizontalen Ebene bewegt (**Abb. 9.2**).

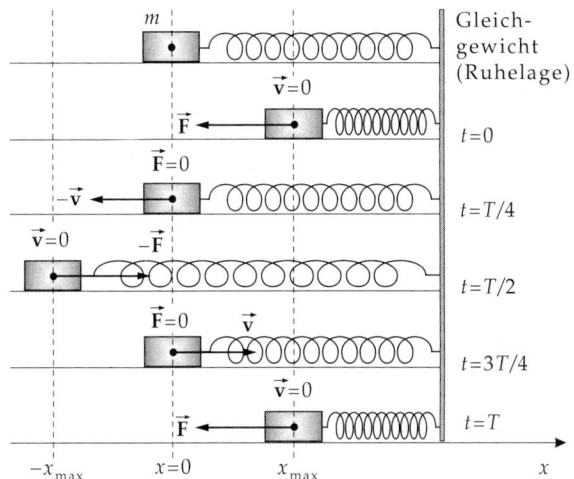

Abbildung 9.2: Federpendel. Rücktreibende Kraft $\vec{F}$ und Geschwindigkeit $\vec{v}$

Ruhelage: oberes Bild, die Feder ist entspannt.

Störung: äußere Kraft staucht (oder dehnt) die Feder um die Länge x, System gerät aus dem mechanischen Gleichgewicht.

Auslenkung, x, gibt an, wie weit das System aus seinem mechanischen Gleichgewicht ausgelenkt ist, also wie stark die Feder gestaucht oder gedehnt wurde.

➤ Die Beschreibung des Systems wird am einfachsten, wenn man den Koordinatenursprung mit der Ruhelage der Masse zusammenfallen lässt. Im folgenden wird das Koordinatensystem immer so gewählt.

2. Rücktreibende Kraft,

Rückstellkraft, Kraft, die das System zur Gleichgewichtslage treibt.

Lineares Kraftgesetz, Hookesches Gesetz, die rücktreibende Kraft ist proportional zur Auslenkung und ihrer Richtung entgegengesetzt, wesentliche Voraussetzung für **harmonische** Schwingungen:

Rückstellkraft = −Federkonstante · Auslenkung			MLT^{-2}
	Symbol	Einheit	Benennung
$F \;=\; -cx$	F	kg m/s^2	Rückstellkraft
	c	kg/s^2	Federkonstante
	x	m	Auslenkung

➤   Die Federkraft ist nur innerhalb gewisser Grenzen proportional zur Auslenkung. Deshalb gelten auch die folgenden Gleichungen mit genügender Genauigkeit nur innerhalb dieser Grenzen.

Wird der Wagen außerhalb der Gleichgewichtslage losgelassen, so beschleunigt ihn die Rückstellkraft. Aufgrund seiner Trägheit rollt er über die Gleichgewichtslage hinaus und dehnt oder staucht die Feder. Die Federkraft wirkt wieder auf den Wagen, diesmal in der umgekehrten Richtung.

3.   Bewegungsgleichung des Federpendels

Bewegungsgleichung, folgt mit dem Ansatz für die Rückstellkraft aus der Newtonschen Gleichung, $F = ma = m\ddot{x}$,

Bewegungsgleichung und Lösung des Feder-Masse-Systems			
	Symbol	Einheit	Benennung
$\ddot{x} \;=\; -\dfrac{c}{m}x$	x	m	Auslenkung
	$\dot{x}$	m/s	Geschwindigkeit
$x(t) \;=\; A\cos(\omega t + \phi)$	$\ddot{x}$	m/s^2	Beschleunigung
$\dot{x}(t) \;=\; -A\omega\sin(\omega t + \phi)$	c	kg/s^2	Federkonstante
$\ddot{x}(t) \;=\; -A\omega^2\cos(\omega t + \phi)$	m	kg	Masse des Schwingers
	t	s	Zeit
$\omega \;=\; \sqrt{\dfrac{c}{m}}, \quad f = \dfrac{1}{2\pi}\sqrt{\dfrac{c}{m}}$	A	m	Amplitude
	ω	rad/s	Kreisfrequenz
$T \;=\; 2\pi\sqrt{\dfrac{m}{c}}$	f	Hz	Frequenz
	ϕ	rad	Nullphasenwinkel
	T	s	Periodendauer

Abb. 9.3 illustriert den zeitlichen Verlauf der Größen $x(t)$, $\dot{x}(t)$ und $\ddot{x}(t)$.

➤   Der schwingende Körper erreicht seine maximale Geschwindigkeit $|v_{max}| = A\,\omega$ beim Durchgang durch die Gleichgewichtslage. Die Beschleunigung wird maximal an den Umkehrpunkten, $|a_{max}| = A\,\omega^2$.

Der in **Abb. 9.2** skizzierte Versuchsaufbau entspricht dem eines horizontal oszillierenden Schwingers. Beim hängenden Schwinger muss berücksichtigt werden, dass die Feder schon im Gleichgewichtszustand des Systems durch die ständig wirkende Schwerkraft vorgedehnt ist, z.B. indem man den Koordinatenursprung in die Position des Schwingers legt, die sich im Gleichgewicht mit der Schwerkraft ergibt. Dann hat die Schwingungslösung die gleiche Form wie oben.

4.   Energie des Feder-Masse-Systems

Die Energie des Feder-Masse-Systems ist eine Summe aus kinetischer und potentieller Energie (**Abb. 9.4**):

● Kinetische Energie E_{kin}, die Bewegungsenergie des Schwingers.
● Potentielle Energie E_{pot}, in der gedehnten oder gestauchten Feder gespeicherte Deformationsenergie.

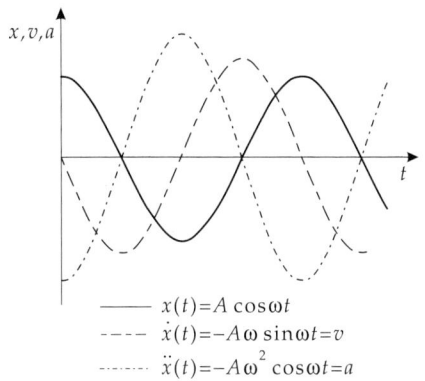

$$x(t) = A \cos \omega t$$
$$\dot{x}(t) = -A \omega \sin \omega t = v$$
$$\ddot{x}(t) = -A \omega^2 \cos \omega t = a$$

Abbildung 9.3: Auslenkung $x(t)$, Geschwindigkeit $v = \dot{x}(t)$ und Beschleunigung $a = \ddot{x}(t)$ eines Federpendels

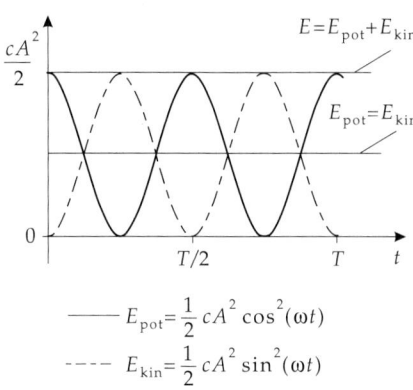

$$E_{pot} = \frac{1}{2} cA^2 \cos^2(\omega t)$$
$$E_{kin} = \frac{1}{2} cA^2 \sin^2(\omega t)$$

Abbildung 9.4: Kinetische Energie $E_{kin}(t)$, potentielle Energie $E_{pot}(t)$ und Gesamtenergie E des Federpendels

Energie beim Feder-Masse-System			$\mathbf{ML^2T^{-2}}$

	Symbol	Einheit	Benennung
$E_{kin}(t) = \dfrac{m\dot{x}^2}{2} = \dfrac{mA^2\omega^2 \sin^2(\omega t + \phi)}{2}$	W_{kin}	J	kinetische Energie
	W_{pot}	J	potentielle Energie
	m	kg	Masse Schwinger
$E_{pot}(t) = \dfrac{cx^2}{2} = \dfrac{mA^2\omega^2 \cos^2(\omega t + \phi)}{2}$	x	m	Auslenkung
	A	m	Amplitude
	ω	rad/s	Kreisfrequenz
$E_{kin}(t) + E_{pot}(t) = \dfrac{mA^2\omega^2}{2} = \dfrac{cA^2}{2} = \text{const.}$	t	s	Zeit
	ϕ	rad	Nullphasenwinkel
	c	kg/s^2	Federkonstante

Kinetische und potentielle Energie des Systems sind einzeln zeitabhängig. Die Gesamtenergie ist zeitlich konstant und wird bei gegebener Federkonstante durch das Quadrat der Amplitude bestimmt.

9.1.2 Fadenpendel

Fadenpendel, an einem Faden hängender Körper im Schwerefeld. Der Pendelkörper wird ausgelenkt und dann losgelassen. Der Ursprung des Koordinatensystems liege im Aufhängungspunkt des Pendels.

1. Mathematisches Pendel und seine Beschreibungsgrößen

Mathematisches Pendel, idealisiertes Fadenpendel mit folgenden Annahmen:

- nichtdehnbarer Faden mit vernachlässigbarer Masse,
- reibungsfreie Aufhängung des Pendels,
- punktförmige Masse des Pendelkörpers.

Die Beschreibung erfolgt durch Fadenlänge l und Masse m des Pendels, Auslenkwinkel $\alpha(t)$ zwischen Lot und ausgelenktem Pendel zur Zeit t oder die **horizontale Auslenkung** $x(t)$ des Pendelkörpers zur Zeit t:

$$x(t) = l \sin \alpha(t).$$

Rücktreibende Kraft, F, bewegt Pendel in die Richtung der Ruhelage (**Abb. 9.5**):

Rücktreibende Kraft beim Pendel			MLT^{-2}
	Symbol	Einheit	Benennung
$F = -mg\sin\alpha$	F	N	rücktreibende Kraft
	m	kg	Masse Pendelkörper
	g	m/s²	Fallbeschleunigung
	α	rad	Auslenkwinkel

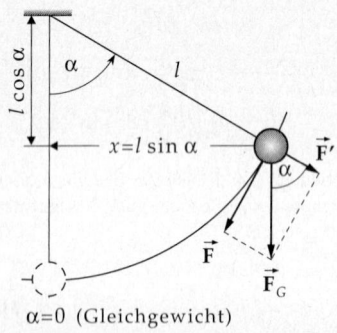

$\alpha=0$ (Gleichgewicht)

Abbildung 9.5: Fadenpendel der Fadenlänge l. α: Auslenkwinkel, x: horizontale Auslenkung, $\vec{F}_G$: Gewichtskraft, $F_G = mg$, $\vec{F}$: rücktreibende Kraft, $F = mg\sin\alpha$, $\vec{F}'$: Spannkraft längs des Pendelfadens

2. Linearisierung der Bewegungsgleichung

Die Bewegungsgleichung lässt sich durch Beschränkung auf kleine Auslenkungen α linearisieren, indem näherungsweise $\sin\alpha$ durch α ersetzt wird:

Bewegungsgleichung des linearisierten mathematischen Pendels			
	Symbol	Einheit	Benennung
$x = l\alpha$	F	N	Kraft
	m	kg	Masse
$v = \dot{x} = l\dot{\alpha}$	l	m	Fadenlänge
	x	m	horizontale Auslenkung
$a = \dot{v} = l\ddot{\alpha}$	v	m/s	Geschwindigkeit
$F = ma = ml\ddot{\alpha} = -mg\alpha$	a	m/s²	Beschleunigung
	α	rad	Auslenkwinkel
$\ddot{\alpha} = -\frac{g}{l}\alpha$	$\dot{\alpha}$	rad/s	Winkelgeschwindigkeit
	$\ddot{\alpha}$	rad/s²	Winkelbeschleunigung
	g	m/s²	Fallbeschleunigung

➤   Eine solche Näherung, die den Sinus durch das erste Glied der Reihenentwicklung ersetzt, wird zur Beschreibung vieler Schwingungen gemacht. Erst dann ist das Problem i. Allg. analytisch lösbar.

➤   Bei der Näherung $x \approx l\alpha$ ist zu beachten, dass die Einheit des Winkels α rad und nicht Grad ist.

■   3° entsprechen $3° \cdot (2\pi/360°) = 0.052$ rad. Bei einer Fadenlänge von 0.5 m ist die horizontale Auslenkung $x \approx l\alpha = 0.5$ m $\cdot 0.052$ rad $= 0.026$ m.

3. **Lösung der linearisierten Bewegungsgleichung des mathematischen Pendels**

	Symbol	Einheit	Benennung
Schwingungslösung des linearisierten mathematischen Pendels			
$x(t) = A\cos(\omega t + \phi)$	$x(t)$	m	Auslenkung
	t	s	Zeit
$\omega = \sqrt{\dfrac{g}{l}}$	A	m	Amplitude, maximale Auslenkung
	l	m	Fadenlänge
$f = \dfrac{1}{2\pi}\sqrt{\dfrac{g}{l}}$	ω	rad/s	Kreisfrequenz
	g	m/s^2	Fallbeschleunigung
$T = 2\pi\sqrt{\dfrac{l}{g}}$	f	Hz	Frequenz
	ϕ	rad	Phasenverschiebung
	T	s	Periodendauer

▲ Bei kleinen Auslenkungen ist die Schwingungsdauer des Fadenpendels abhängig von der Pendellänge und der Schwerebeschleunigung, aber unabhängig von seiner Masse und von der Amplitude der Schwingung.

➤ Für größere Auslenkungen des Pendels ist die Periode T mit Korrekturfaktoren zu multiplizieren (s. **Tab. 13.1/1**).

➤ Alle harmonischen Systeme, die freie Schwingungen ausführen, genügen einer Differentialgleichung der Form $\ddot{x} = -\omega^2 x$. Die Konstante ω^2 ist durch Systemparameter gegeben.

9.1.2.1 Schwingung und Kreisbewegung

▲ Periodische Bewegungen sind eng mit Kreisbewegungen verbunden: die Parallelprojektion einer Kreisbewegung ergibt die Ort-Zeit-Funktion einer harmonischen Schwingung.

Benötigt ein mit konstanter Winkelgeschwindigkeit ω in der x-y-Ebene rotierender Zeiger der Länge R die Zeit T für eine Umdrehung, so gibt die Projektion des Zeigers auf die y-Achse (x-Achse) eine Sinuskurve (Cosinuskurve),

$$y(t) = R\sin(\omega t + \phi), \quad \omega = \frac{2\pi}{T},$$

$$x(t) = R\cos(\omega t + \phi), \quad \omega = \frac{2\pi}{T}.$$

Dabei ist ϕ der Winkel des Zeigers mit der x-Achse zur Zeit $t = 0$ (**Abb. 9.6**).

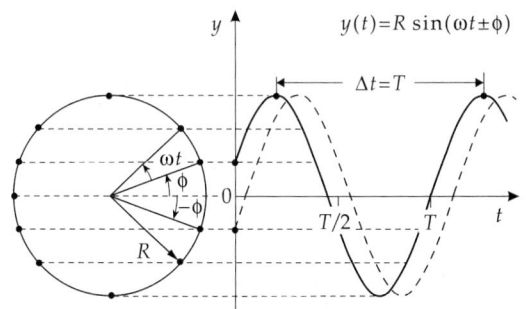

Abbildung 9.6: Parallelprojektion einer Kreisbewegung auf die y-Achse

Es ist oft zweckmäßig, Schwingungen oder Drehbewegungen durch einen komplexen Zeiger darzustellen (**Abb. 9.7**):

$$x(t) + jy(t) = R(\cos(\omega t + \phi) + j\sin(\omega t + \phi)) = Re^{j(\omega t + \phi)} \qquad (j^2 = -1).$$

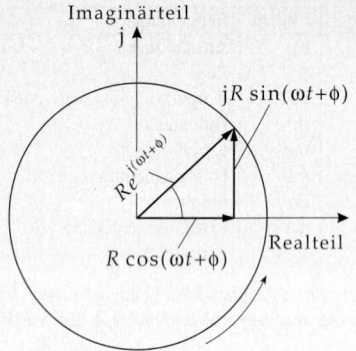

Abbildung 9.7: Komplexe Darstellung der Kreisbewegung eines Zeigers

Oft wird ein komplexer Ansatz für die Lösung der Bewegungsgleichung eines Oszillators gemacht. Dies ist möglich, weil Realteil und Imaginärteil für sich genommen Lösung einer linearen Differentialgleichung sind.

9.1.3   Physisches Pendel

1.   Definition des physischen Pendels

Physisches Pendel, physikalisches Pendel, Schwerependel, ein starrer Körper, der unter der Wirkung der Schwerkraft Drehbewegungen um eine feste Achse A, die nicht durch seinen Schwerpunkt geht, ausführt.

■   Stabpendel: ein hängender Stab, der am oberen Ende drehbar gelagert ist (**Abb. 9.8**).

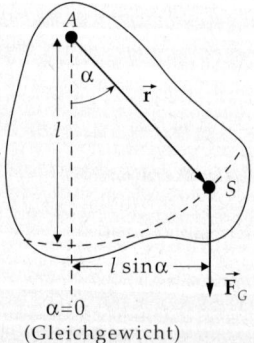

Abbildung 9.8: Physisches Pendel. S: Schwerpunkt, $\vec{F}_G$: Gewichtskraft

Drehmoment $\vec{M}$ und Drehimpuls $\vec{L}$ des Pendels stehen senkrecht auf der Schwingungsebene.

2.   Bewegungsgleichung des physischen Pendels

Bewegungsgleichung, das Drehmoment der Gewichtskraft in Bezug auf die Drehachse A ist nach dem **dynamischen Grundgesetz der Drehbewegung** gleich dem Produkt aus dem Trägheitsmoment J_A und der Winkelbeschleunigung $\ddot{\alpha}$.

Drehimpuls und Drehmoment um Achse A

$$L = J_A \ddot{\alpha}$$

$$M = \dot{L} = J_A \ddot{\alpha}$$

$$M = -lmg \sin \alpha$$

Symbol	Einheit	Benennung
L	Nms	Drehimpuls
M	Nm	Drehmoment
l	m	Entfernung Achse - Schwerpunkt
m	kg	Masse des Pendels
g	m/s^2	Fallbeschleunigung
α	rad	Auslenkwinkel
J_A	kg m^2	Trägheitsmoment um Achse A

Für kleine Winkel α ($\sin \alpha \approx \alpha$) gilt:

Bewegungsgleichung und Lösung für physisches Pendel

$$\ddot{\alpha} = -\frac{lmg}{J_A} \alpha$$

$$\alpha(t) = \alpha_{max} \cos(\omega t + \phi)$$

$$\omega = \sqrt{\frac{mgl}{J_A}}$$

$$f = \frac{1}{2\pi} \sqrt{\frac{mgl}{J_A}}$$

$$T = 2\pi \sqrt{\frac{J_A}{mgl}}$$

Symbol	Einheit	Benennung
α	rad	Auslenkwinkel
$\ddot{\alpha}$	rad/s^2	Winkelbeschleunigung
l	m	Abstand Achse - Schwerpunkt
m	kg	Pendelmasse
g	m/s^2	Fallbeschleunigung
J_A	kg m^2	Trägheitsmoment des Pendels um Achse A
α_{max}	rad	maximale Amplitude
ω	rad/s	Kreisfrequenz
f	Hz	Frequenz
t	s	Zeit
ϕ	rad	Phasenwinkel
T	s	Periodendauer

M Trägheitsmomente J_A beliebiger starrer Körper lassen sich durch Messung von m, l und T mit obiger Gleichung bestimmen.

3. Reduzierte Pendellänge

eines physischen Pendels, die Fadenlänge, die ein mathematisches Pendel haben muss, damit seine Periodendauer gleich der Periodendauer des betrachteten physischen Pendels ist.

Reduzierte Pendellänge   **L**

$$l' = \frac{J_A}{ml}$$

Symbol	Einheit	Benennung
l	m	Abstand Achse - Schwerpunkt
l'	m	reduzierte Pendellänge
m	kg	Masse des physischen Pendels
J_A	kg m^2	Trägheitsmoment des Pendels um Achse A

➤ Nach dem Steinerschen Satz kann das Trägheitsmoment J_A für Drehungen um die Achse A ersetzt werden durch

$$J_A = J_S + ml^2 .$$

J_S ist das Trägheitsmoment für Drehungen um eine Achse parallel zur Achse A durch den Schwerpunkt S. Damit kann in der reduzierten Pendellänge das Trägheitsmoment J_A durch das Trägheitsmoment J_S bezogen auf den Schwerpunkt ersetzt werden:

$$l' = \frac{J_S}{ml} + l.$$

4.   Beispiel: Homogenes Stabpendel

Der Schwerpunkt eines homogenen Stabpendels der Masse m und der Länge L halbiert den Stab, $l = L/2$. Das Trägheitsmoment des Stabes in Bezug auf die Drehachse durch einen Endpunkt ist gegeben durch

$$J_A = \frac{1}{3} mL^2.$$

Für die reduzierte Pendellänge l' ergibt sich

$$l' = \frac{1}{3} mL^2 \frac{2}{mL} = \frac{2}{3} L.$$

Das Trägheitsmoment des Stabes bezogen auf die Drehachse durch den Schwerpunkt ist

$$J_S = \frac{1}{12} mL^2.$$

Man erhält den gleichen Wert für die reduzierte Pendellänge:

$$l' = \frac{L}{6} + \frac{L}{2} = \frac{2}{3} L.$$

9.1.4   Torsionsschwingung

1.   Definition der Torsionsschwingung

Torsion (s. S. 155), die Verdrehung oder Verdrillung eines Körpers führt zu einem Drehmoment M, das proportional, aber entgegengesetzt gerichtet zu dem die Verdrillung verursachenden Drehmoment ist. Für kleine Torsionswinkel α gilt $M = -D^*\alpha$.

Winkelrichtgröße, D^* , Proportionalitätskonstante zwischen M und α.

Drehschwingung, **Torsionsschwingung**, ergibt sich, wenn ein Körper durch äußere Drehmomente tordiert (d.h. verdreht), also aus seinem mechanischen Gleichgewicht gebracht wird und dann um eine Achse schwingt (**Abb. 9.9**).

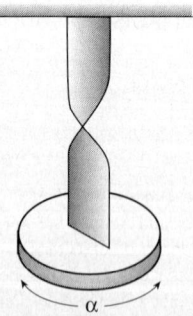

Abbildung 9.9: Dreh- oder Torsionsschwingung. Eine Scheibe der Masse m hängt an einem Metallstreifen, der verdrillt wird

Torsionsschwinger, System, das Torsionsschwingungen ausführt.

2.   Bewegungsgleichung der Torsionsschwingung

Bewegungsgleichung, folgt aus dem Newtonschen Gesetz $M = J_A\ddot{\alpha}$ (M Drehmoment, $\ddot{\alpha}$ Winkelbeschleunigung):

Bewegungsgleichung und Lösung der Torsionsschwingung

	Symbol	Einheit	Benennung
$\ddot{\alpha} = -\dfrac{D^*}{J_A}\alpha$	α	rad	Torsionswinkel
	$\ddot{\alpha}$	rad/s^2	Winkelbeschleunigung
$\alpha(t) = \alpha_{max}\cos(\omega t + \phi)$	D^*	Nm/rad	Winkelrichtgröße
	J_A	kg m^2	Trägheitsmoment
$\omega = \sqrt{\dfrac{D^*}{J_A}}$	α_{max}	rad	Amplitude
	ω	rad/s	Kreisfrequenz
$f = \dfrac{1}{2\pi}\sqrt{\dfrac{D^*}{J_A}}$	f	Hz	Frequenz
	t	s	Zeit
$T = 2\pi\sqrt{\dfrac{J_A}{D^*}}$	ϕ	rad	Nullphasenwinkel
	T	s	Periodendauer

3. **Kinetische und potentielle Energie des Torsionspendels**

$$E_{kin} = \frac{1}{2}J_A \cdot \dot{\alpha}^2, \qquad E_{pot} = \frac{1}{2}D^*\alpha^2.$$

M **Trägheitsmomente** können durch die Messung der Schwingungsdauer bestimmt werden, denn es gilt:

$$J_A = -D^*\frac{\alpha}{\ddot{\alpha}} = \frac{T^2}{4\pi^2}D^*.$$

Die Winkelrichtgröße D^* kann durch Messen des Torsionswinkels α und des entsprechenden Drehmoments M oder durch die Messung der Periodendauer T bei bekanntem Trägheitsmoment (Kreisscheibe um Mittelpunkt) ermittelt werden.

9.1.5 Flüssigkeitspendel

1. **Definition des Flüssigkeitspendels**

Flüssigkeitspendel, in einem U-Rohr aus dem Gleichgewicht gebrachte Flüssigkeit, die um die Ruhelage oszilliert (**Abb. 9.10**). In der Ruhelage steht die Flüssigkeit in beiden Schenkeln gleich hoch.

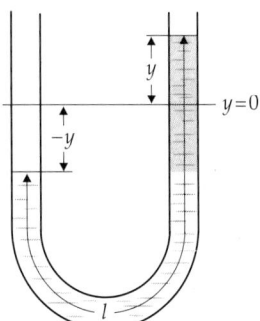

Abbildung 9.10: Flüssigkeitspendel. Die Gewichtskraft der im U-Rohr überstehenden Flüssigkeitsmenge (schraffiert) ergibt eine Rückstellkraft

Rücktreibende Kraft, resultiert aus der Schwerkraft der überstehenden Flüssigkeitssäule. Sind die Pegel um $\pm y$ aus der Ruhelage verschoben, so ist bei einer Querschnittsfläche A des U-Rohrs:

Rückstellkraft beim Flüssigkeitspendel			MLT^{-2}
	Symbol	Einheit	Benennung
	F	N	Rückstellkraft
$F = -2yA\rho g$	y	m	Auslenkung der Flüssigkeitssäule
	A	m^2	Querschnittsfläche
	ρ	kg/m^3	Dichte der Flüssigkeit
	g	m/s^2	Fallbeschleunigung

2.   Bewegungsgleichung des Flüssigkeitspendels

Bewegungsgleichung und Lösung des Flüssigkeitspendels			
	Symbol	Einheit	Benennung
$m\ddot{y} = -2A\rho gy$	y	m	Auslenkung
$y(t) = B\cos(\omega t + \phi)$	$\ddot{y}$	m/s^2	Beschleunigung
	m	kg	Masse der Flüssigkeit
$\omega = \sqrt{\dfrac{2A\rho g}{m}} = \sqrt{\dfrac{2g}{l}}$	A	m^2	Querschnittsfläche
	ρ	kg/m^3	Dichte der Flüssigkeit
$f = \dfrac{1}{2\pi}\sqrt{\dfrac{2g}{l}}$	B	m	Amplitude
	ω	rad/s	Kreisfrequenz
$T = 2\pi\sqrt{\dfrac{l}{2g}}$	f	Hz	Frequenz
	ϕ	rad	Nullphasenwinkel
	t	s	Zeit
$m = lA\rho$	T	s	Periodendauer
	l	m	Länge Flüssigkeitssäule

➤ m ist die Gesamtmasse der Flüssigkeit in den Schenkeln, also $m = lA\rho$, wobei l die Länge der Flüssigkeitssäule ist. y beschreibt dann die Bewegung des Pegels in einem Schenkel, während der Pegel im
anderen Schenkel durch $-y$ beschrieben wird.

9.1.6   Elektrischer Schwingkreis

Schwingkreis, Kombination aus Spule und Kondensator, die in einem Kreis geschaltet sind (**Abb. 9.11**).

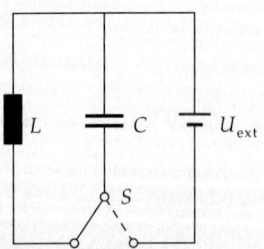

Abbildung 9.11: Parallelschwingkreis mit
Spule (Induktivität L) und Kondensator
(Kapazität C). U_{ext}: zur Erregung des
Anfangszustandes über den Schalter S
angelegte Gleichspannung

Die Auslenkung aus der Ruhelage beim Pendel entspricht hier dem Aufladen des Kondensators durch eine
angelegte Gleichspannung U_{ext}. Im Anfangszustand (maximale elektrostatische Energie, analog zur potentiellen Energie) ist die Kondensatorspannung maximal, in der Spule fließt kein Strom. Beim Entladen des
Kondensators baut der fließende Strom in der Spule ein magnetisches Feld auf (analog zur kinetischen
Energie). Ist der Kondensator entladen (analog zum Nulldurchgang des Pendels, maximale magnetische

Energie), so nimmt das Magnetfeld wieder ab. Dadurch entsteht ein Strom, der den Kondensator mit umgekehrter Spannung wieder auflädt. Im Zeitablauf oszilliert die Gesamtenergie zwischen Kondensator und Spule hin und her. Die rücktreibende Kraft, die der Schwerkraft beim Pendel entspricht, wächst mit dem Kehrwert der Kapazität.

Schwingungsgleichung: Da der Stromkreis geschlossen ist, müssen sich die Spannungen an Spule U_L und Kondensator U_C zu Null addieren:

Ungedämpfter elektrischer Schwingkreis

$$0 = U_L + U_C$$
$$U_L = L\dot{I}$$
$$U_C = Q/C$$
$$I = \dot{Q}$$
$$0 = L\ddot{Q} + \frac{Q}{C}$$
$$Q(t) = A\cos(\omega t + \phi)$$
$$\omega = \sqrt{\frac{1}{LC}}$$
$$f = \frac{1}{2\pi}\sqrt{\frac{1}{LC}}$$
$$T = 2\pi\sqrt{LC}$$

Symbol	Einheit	Benennung
Q	C	Ladung des Kondensators
U_L	V	Spannung an Spule
U_C	V	Spannung am Kondensator
t	s	Zeit
A	C	Amplitude, max. Ladung des Kondensators
ω	rad/s	Kreisfrequenz
f	Hz	Frequenz
ϕ	rad	Nullphasenwinkel
L	Vs/A	Induktivität der Spule
C	As/V	Kapazität
T	s	Periodendauer
I	A	Strom

Elektrische Energie E_{el} und **magnetische Energie** E_{magn} des Schwingkreises:

$$E_{el} = \frac{1}{2C}Q^2, \qquad E_{magn} = \frac{1}{2}LI^2.$$

➤ Der Schwingkreis ist ein wichtiges Grundschaltelement in der Elektrotechnik und wird zum Beispiel zur Erzeugung elektromagnetischer Schwingungen in Sendeantennen benutzt.

9.2 Gedämpfte Schwingungen

Gedämpfte Schwingung, die Energie des Oszillators bleibt nicht konstant, sondern wird an die Umgebung abgegeben.

■ Bei mechanischen Oszillatoren geschieht dieser Energieverlust durch Reibung infolge Kopplung an die Umgebung. Die Reibungskraft wirkt der Bewegung des Oszillators entgegen. Die Oszillation kommt so nach einiger Zeit zur Ruhe (**Abb. 9.12**).

■ Pendel können nie ganz reibungsfrei gelagert werden. Durch die Reibung erwärmt sich das Lager, und ein Teil der Energie fließt als Wärmeenergie vom System ab.

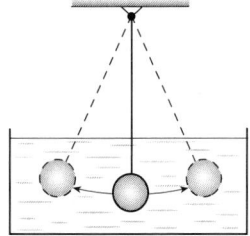

Abbildung 9.12: Gedämpfte Schwingung. Schwerependel im Ölbad

Schwingungsgleichung mit zusätzlicher Reibungskraft F_R:

Schwingungsgleichung mit Reibung			MLT^{-2}
	Symbol	Einheit	Benennung
	F	N	Gesamtkraft
	m	kg	Masse
$m\ddot{x} \;=\; F = -cx + F_R$	x	m	Auslenkung
	$\ddot{x}$	m/s^2	Beschleunigung
	c	kg/s^2	Richtgröße
	F_R	N	Reibungskraft

9.2.1   Reibung

Je nach Art der Reibung (s. S. 50) erhält die Schwingungsgleichung eine andere Form. Nur für einige wenige Formen der Reibung ist die Bewegungsgleichung analytisch lösbar.

9.2.1.1   Gleitreibung und Rollreibung

1.   Coulomb-Reibung

Coulomb-Reibung, **Festkörperreibung**, F_R, Reibung, die vom Betrag der Geschwindigkeit unabhängig und ihrer Richtung entgegengesetzt ist (s. S. 51). Bei Bewegung in x-Richtung gilt:

$$F_R = -\mathrm{sgn}(v_x)\mu F_N \,.$$

Normalkraft, F_N, Kraft, mit der der Körper auf die Unterlage gedrückt wird. Wirken außer der Erdanziehung keine äußeren Kräfte auf den Körper, so ist F_N die Normalkomponente der Gewichtskraft $F_G = mg$.

Schwingungsgleichung:

$$m\ddot{x} + cx + \mathrm{sgn}(v_x)\mu F_N = 0 \,.$$

2.   Eigenschaften der Lösung der Schwingungsgleichung für Gleitreibung

- Die Frequenz und damit Periode bleiben konstant, die Periode ist gleich der der ungedämpften Schwingung.
- Die Amplitude nimmt **linear** mit der Zeit ab.
- Die Schwingung kann bei einer von Null verschiedenen Auslenkung enden.
- Die Periodendauer ist **endlich**.
- Die Amplitude der Schwingung nimmt pro Periode T um $4x_0$ ab. Die Amplituden bilden eine arithmetische Reihe.
- Die Ruhelage wechselt mit jeder halben Periode zwischen x_0 und $-x_0$.
- Die Schwingung kommt zur Ruhe, sobald die Auslenkung nach einer Halbschwingung kleiner als x_0 ist.

Die Lösung lässt sich nicht geschlossen (in analytischer Form) als Funktion der Zeit angeben, sondern jeweils nur für ein gewisses Zeitintervall. Es ist zum Beispiel (**Abb. 9.13**):

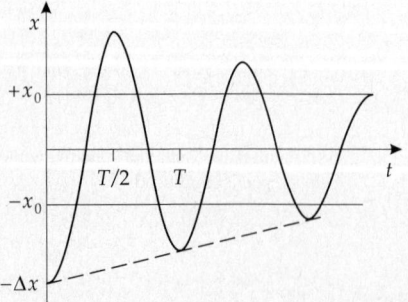

Abbildung 9.13: Gedämpfte Schwingung bei geschwindigkeitsunabhängiger Reibung. Die maximale Auslenkung nimmt linear mit der Zeit ab

Schwingung mit Gleitreibung			L

	Symbol	Einheit	Benennung
$x(t) = -(\Delta x - x_0) \cdot \sin\left(\omega t + \frac{\pi}{2}\right) - x_0$	x	m	Auslenkung
für $0 \leq t \leq \frac{T}{2}$	Δx	m	anfängliche Auslenkung
	x_0	m	Endauslenkung
$x(t) = -(\Delta x - 3x_0) \cdot \sin\left(\omega t + \frac{\pi}{2}\right) + x_0$	ω	rad/s	Kreisfrequenz
für $\frac{T}{2} \leq t \leq T$	t	s	Zeit
	T	s	Periodendauer
$x_0 = \dfrac{\mu F_N}{c}$	c	kg/s^2	Richtgröße
	F_N	N	Normalkraft
	μ	1	Reibungszahl

Dabei ist x_0 die Auslenkung, für die die Rückstellkraft gleich der Reibungskraft wird. Das System muss also um mehr als x_0 ausgelenkt werden, damit überhaupt eine Schwingung einsetzt.

9.2.1.2   Viskose Reibung

1.   Schwingungsgleichung bei viskoser Reibung

Viskose Reibung, Stokessche Reibung, proportional zum Betrag der Geschwindigkeit und ihr entgegengerichtet:

$$F_R = -bv = -b\dot{x}.$$

Dämpfungskonstante, Dämpfungskoeffizient, b, Proportionalitätskonstante zwischen viskoser Reibungskraft und Geschwindigkeit.

Schwingungsgleichung:

Schwingungsgleichung bei viskoser Reibung			MLT^{-2}

	Symbol	Einheit	Benennung
	m	kg	Masse
	x	m	Auslenkung
$m\ddot{x} + b\dot{x} + cx = 0$	$\dot{x}$	m/s	Geschwindigkeit
	$\ddot{x}$	m/s^2	Beschleuninung
	c	kg/s^2	Richtgröße
	b	kg/s	Dämpfungskonstante

2.   Lösung der Schwingungsgleichung bei viskoser Reibung

Schwingung mit viskoser Reibung			

	Symbol	Einheit	Benennung
$x(t) = Ae^{-\delta t} e^{\pm j\sqrt{\omega_0^2 - \delta^2}\, t}$	x	m	Auslenkung
	A	m	Anfangsamplitude
$= Ae^{-\delta t} e^{\pm j\omega_0 \sqrt{1 - D^2}\, t}$	ω_0	1/s	Kreisfrequenz
$\delta = \dfrac{b}{2m}$	t	s	Zeit
	δ	1/s	Abklingkoeffizient
$D = \dfrac{\delta}{\omega_0} = \dfrac{b}{2m\omega_0}$	D	1	Dämpfungsgrad
	b	kg/s	Dämpfungskonstante
$\omega_0 = \sqrt{\dfrac{c}{m}}$	m	kg	Masse

Die Eigenfrequenz der ungedämpften Schwingung wird durch die Masse des Schwingers m und die Richtgröße c bestimmt:

$$\omega_0 = \sqrt{c/m}.$$

Verlustfaktor d, doppelter Wert des Dämpfungsgrades:

$$d = 2D = b/\sqrt{mc}.$$

Güte Q, Kehrwert des Verlustfaktors d:

$$Q = \frac{1}{d} = \frac{\sqrt{mc}}{b}.$$

3.   Gedämpfte Torsionsschwingung bei viskoser Reibung

Gedämpfte Torsionsschwingung bei viskoser Reibung			
	Symbol	Einheit	Benennung
	α	rad	Torsionswinkel
$J_A\,\ddot{\alpha} + b\,\dot{\alpha} + D^*\alpha \;=\; 0$	b	kg m^2/s	Reibungskonstante
	J_A	kg m^2	Trägheitsmoment, Drehachse A
	D^*	kg m^2/s^2	Winkelrichtgröße

4.   Arten von Dämpfungsgraden

Fallunterscheidung bezüglich des Dämpfungsgrades D (**Abb. 9.14**):

- **Schwingfall**, $D < 1$ $(\omega_0 > \delta)$, schwache Dämpfung:

$$\omega' = \sqrt{\omega_0^2 - \delta^2} = \omega_0\sqrt{1 - D^2}, \quad \omega' < \omega_0 \text{ reell},$$

$$x(t) = Ae^{-\delta t}\cos\left(\sqrt{\omega_0^2 - \delta^2}\,t + \phi\right).$$

Die Kreisfrequenz ω' der gedämpften Schwingung ist kleiner als die Kreisfrequenz ω_0 der ungedämpften Schwingung. Die Amplitude der Schwingung nimmt exponentiell ab, die Periodendauer bleibt aber gleich. Die Einhüllende der Schwingung ist eine Exponentialfunktion.

- **Kriechfall**, $D > 1$ $(\omega_0 < \delta)$:

Dämpfungsfrequenz: $\omega' = j\sqrt{\delta^2 - \omega_0^2}$, ω' imaginär.

$$x(t) = A_1 e^{\left(-\delta + \sqrt{\delta^2 - \omega_0^2}\right)t} + A_2 e^{\left(-\delta - \sqrt{\delta^2 - \omega_0^2}\right)t}.$$

Hier tritt keine Schwingung mehr auf. Das aus der Ruhelage gebrachte System kehrt nur exponentiell in die Ruhelage zurück, aber langsamer als im aperiodischen Grenzfall.

- **Aperiodischer Grenzfall**, $D = 1$ $(\omega_0 = \delta)$:

$$\omega' = \omega_0 = \delta, \quad x(t) = (A_1 + A_2 t)e^{-\delta t}.$$

Die Lösungen im Kriechfall und im aperiodischen Grenzfall sind keine Schwingungen im eigentlichen Sinn mehr, da das System nach der Auslenkung aus der Ruhelage nicht mehr durch die Ruhelage hindurchgeht.

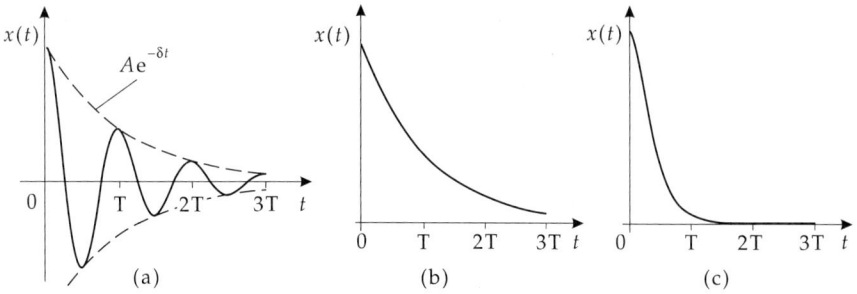

Abbildung 9.14: Gedämpfte Schwingung.(a): Schwingfall, (b): Kriechfall, (c): aperiodischer Grenzfall

M Der aperiodische Grenzfall ist für die Praxis wichtig, da hierbei der Gleichgewichtszustand nach einer Störung des Systems am schnellsten erreicht wird. Messgeräte und Anzeigeinstrumente sind so eingestellt, zum Beispiel das **ballistische Galvanometer**.

5. **Kenngrößen von Schwingungen mit viskoser Dämpfung**

Kenngrößen der Schwingung bei viskoser Dämpfung

$$\omega_0 = \sqrt{\frac{c}{m}}$$

$$\omega' = \sqrt{\frac{c}{m} - \left(\frac{b}{2m}\right)^2}$$

$$\delta = \frac{b}{2m}$$

$$D = \frac{\delta}{\omega_0} = \frac{b}{2}\frac{1}{\sqrt{mc}}$$

$$d = 2D = \frac{2\delta}{\omega_0} = \frac{b}{\sqrt{mc}}$$

$$Q = \frac{1}{d} = \frac{1}{2D}$$

$$\Lambda = \ln(x(t)/x(t+T)) = \delta T$$

Symbol	Einheit	Benennung
D	1	Dämpfungsgrad
δ	1/s	Abklingkoeffizient
ω_0	1/s	Kreisfrequenz der ungedämpften Schwingung
ω'	1/s	Kreisfrequenz der gedämpften Schwingung
d	1	Verlustfaktor
Q	1	Güte
b	kg/s	Dämpfungskonstante
Λ	1	logarithmisches Dekrement
m	kg	Masse

Logarithmisches Dekrement, Λ, Logarithmus des Verhältnisses zweier um eine Periode aufeinander folgender Amplituden,

$$\Lambda = \ln\left(\frac{x(t)}{x(t+T)}\right) = \delta T\,.$$

9.2.1.3 Newtonsche Reibung

Die Newtonsche Reibungskraft F_R ist proportional zum Quadrat der Geschwindigkeit,

$$F_R = -bv^2\,.$$

Sie tritt bei Bewegungen in zähen Medien auf, wenn sich ein Körper in ihnen unterhalb einer gewissen Grenzgeschwindigkeit bewegt, die von der Zähigkeit des Substrats abhängt. Es ergibt sich eine **nichtlineare Differentialgleichung** in x, die analytisch nicht mehr allgemein lösbar ist:

$$m\ddot{x} + cx + b\dot{x}^2 = 0\,.$$

9.2.2   Gedämpfter elektrischer Schwingkreis

1.   Gedämpfter elektrischer Schwingkreis,

enthält zusätzlich zu Kondensator C und Spule L noch einen ohmschen Widerstand R (**Abb. 9.15**).

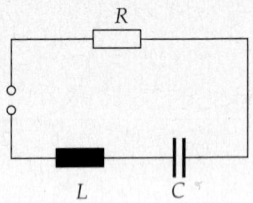

Abbildung 9.15: Gedämpfter elektrischer Schwingkreis aus Kondensator C, Spule L und ohmschem Widerstand R

Gedämpfter elektrischer Schwingkreis

$$0 = U_L + U_C + U_R$$
$$U_L = L\dot{I}$$
$$U_C = Q/C$$
$$U_R = RI$$
$$I = \dot{Q}$$
$$0 = L\ddot{Q} + R\dot{Q} + \frac{Q}{C}$$
$$\omega_0 = \sqrt{\frac{1}{LC}}$$
$$\omega' = \sqrt{\frac{1}{LC} - \left(\frac{R}{2L}\right)^2}$$
$$\delta = \frac{R}{2L}$$
$$D = \frac{\delta}{\omega_0} = \frac{R}{2}\sqrt{\frac{C}{L}}$$

Symbol	Einheit	Benennung
Q	C	Ladung des Kondensators
U_L	V	Spannung an Spule
U_C	V	Spannung am Kondensator
U_R	V	Spannung am Widerstand
I	A	Strom
t	s	Zeit
R	Ω	Widerstand
L	Vs/A	Induktivität
C	As/V	Kapazität
ω_0	rad/s	Kreisfrequenz ungedämpfte Schwingung
ω'	rad/s	Kreisfrequenz gedämpfte Schwingung
δ	1/s	Abklingkonstante
D	1	Dämpfungsgrad

2.   Analogien bei mechanischen und elektromagnetischen gedämpften Schwingungen

Charakteristik	mechanische Schwingung	elektromagnetische Schwingung
Schwingungsgleichung	$m\ddot{x} + b\dot{x} + cx = 0$	$L\ddot{I} + R\dot{I} + \frac{1}{C}I = 0$
ungedämpfte Kreisfrequenz ω_0	$\sqrt{\frac{c}{m}}$	$\sqrt{\frac{1}{LC}}$
gedämpfte Kreisfrequenz ω'	$\sqrt{\frac{c}{m} - \left(\frac{b}{2m}\right)^2}$	$\sqrt{\frac{1}{LC} - \left(\frac{R}{2L}\right)^2}$
Abklingkonstante δ	$\frac{b}{2m}$	$\frac{R}{2L}$
Dämpfungsgrad $D = \delta/\omega_0$	$\frac{b}{2}\sqrt{\frac{1}{mc}}$	$\frac{R}{2}\sqrt{\frac{C}{L}}$
Güte Q	$\frac{\sqrt{mc}}{b}$	$\frac{1}{R}\sqrt{\frac{L}{C}}$

m: Masse, L: Induktivität, c: Richtgröße (Feder o.ä.), C: Kapazität, b: Dämpfungskonstante, R: ohmscher Widerstand.

9.3 Erzwungene Schwingungen

1. Definition der erzwungenen Schwingung

Erzwungene Schwingung, Schwingung, bei der eine äußere Kraft F_{ext} auf den Oszillator einwirkt. Nach einem Einschwingvorgang folgt der Oszillator der von der äußeren Kraft vorgegebenen Frequenz. Schwingungsgleichung für $F_{ext} = B\cos(\omega_{ext}t)$ und viskose Reibung:

Schwingungsgleichung für erzwungene, gedämpfte Schwingung

$$F = m\ddot{x}$$
$$= -cx - b\dot{x} + B\cos(\omega_{ext}t)$$
$$x(t) = A(\omega_{ext})\sin((\omega_{ext}t + \phi(\omega_{ext})))$$
$$A(\omega_{ext}) = \frac{B}{\sqrt{\left(m\omega_{ext}^2 - c\right)^2 + b^2\omega_{ext}^2}}$$
$$\phi(\omega_{ext}) = \arctan\frac{b\omega_{ext}}{\left(m\omega_{ext}^2 - c\right)}$$

Symbol	Einheit	Benennung
F	N	Kraft
m	kg	Masse des Oszillators
$\ddot{x}$	m/s^2	Beschleunigung
x	m	Auslenkung
A	m	Amplitude
c	kg/s^2	Richtgröße
b	kg/s	Dämpfungskonstante
B	N	Erregeramplitude
ω_{ext}	rad/s	Erregerkreisfrequenz
ϕ_{ext}	rad	Phasenverschiebung
t	s	Zeit

2. Eigenschaften der Lösung

Die Lösung besteht aus der Überlagerung der allgemeinen Lösung der homogenen Gleichung (ohne die Inhomogenität F_{ext}; diese entspricht freien gedämpften Schwingungen mit der Kreisfrequenz $\omega_0 = \sqrt{c/m}$) und einer speziellen Lösung der inhomogenen Gleichung. Sie ist eine Sinusfunktion mit der Erregerkreisfrequenz ω_{ext} sowie einer Amplitude und einer Phase, die von ω_{ext} abhängen.

▲ Die Amplitude der Schwingung ist proportional zum Erregerkraftmaximum und hängt von der Frequenz der äußeren Kraft ab. Für große Anregungskreisfrequenzen geht die Amplitude unabhängig von der Reibung gegen null, $A \to 0$ für $\omega_{ext} \to \infty$ (s. **Abb. 9.16**).

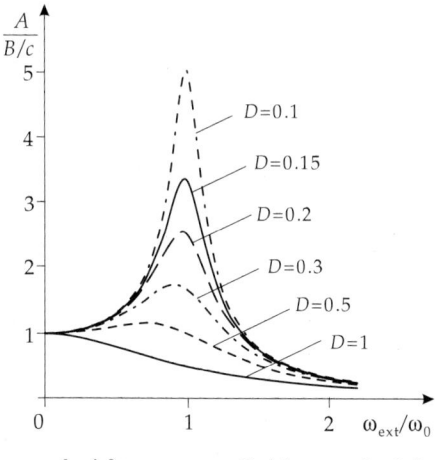

Abbildung 9.16: Erzwungene Schwingung. Normierte Amplitude $\frac{A(\omega_{res})}{B/c}$ als Funktion von ω_{ext}/ω_0 für verschiedene Dämpfungsgrade D

Resonanzkreisfrequenz, ω_{res}, Kreisfrequenz der äußeren Anregung, bei der die resultierende Amplitude maximal wird. Ergibt sich aus dem Minimum des Nenners für positive ω_{ext} von $A(\omega_{ext})$.

Resonanzamplitude, A_{max}, Amplitude der Schwingung bei der Resonanzfrequenz. Sie ergibt sich durch Einsetzen der Resonanzfrequenz ω_{res} für ω_{ext} in $A(\omega_{ext})$.

Phasenverschiebung, ϕ, Phasendifferenz zwischen Anregung und Schwingung (s. **Abb. 9.17**).

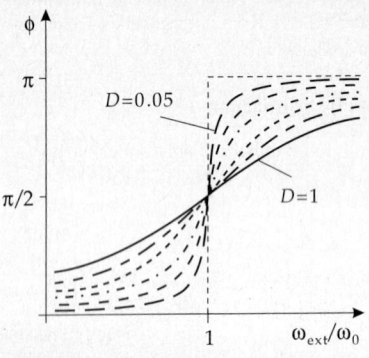

Abbildung 9.17: Erzwungene Schwingung. Phasenverschiebung ϕ als Funktion von ω_{ext}/ω_0 für verschiedene Dämpfungsgrade D

▲   Für $\omega_{ext} = \omega_0$ gilt $\phi = \pi/2$.

Diese Eigenschaft kann ebenfalls zur Definition der Resonanz benutzt werden.

3.   Resonanz bei erzwungenen Schwingungen

Kenngrößen der Resonanz

$$\omega_{res} = \sqrt{\frac{c}{m} - \frac{b^2}{2m^2}}$$

$$= \omega_0\sqrt{1 - 2D^2}$$

$$A_{max} = \frac{B}{b\sqrt{\frac{c}{m} - \left(\frac{b}{2m}\right)^2}}$$

$$= \frac{B}{2cD\sqrt{1 - D^2}}$$

$$\phi = \arctan\left(\frac{2\delta\omega_{ext}}{\omega_{ext}^2 - \omega_0^2}\right)$$

$$D = \frac{b}{2m\omega}$$

Symbol	Einheit	Benennung
ω_{res}	rad/s	Resonanzkreisfrequenz
A		Resonanzamplitude
B		Erregeramplitude
c	kg/s^2	Richtgröße
m	kg	Masse
b	kg/s	Dämpfungskonstante
δ	1/s	Abklingkoeffizient
D	1	Dämpfungsgrad
ω_0	rad/s	Kreisfrequenz der freien Schwingung

▲   Mit zunehmender Schwingungsdämpfung verschiebt sich das Maximum der Resonanz zu kleineren Frequenzen (s. **Abb. 9.16**).

4.   Kennwerte der Resonanz

a)   Resonanzüberhöhung, Wert der renormierten Amplitudenkurve bei der Resonanzfrequenz, renormierte Resonanzamplitude (**Abb. 9.18**),

$$\frac{A(\omega_{res})}{B/c} = \frac{A_{max}}{B/c}.$$

b)   Halbwertsbreite, Breite der Resonanz, Bereich der Erregerkreisfrequenz $\Delta\omega_{ext}$ zwischen den Kreisfrequenzen mit der Amplitude $A_{max}/\sqrt{2}$ (**Abb. 9.18**),

$$\Delta\omega_{ext}/\omega_0,$$

c) **Resonanzkatastrophe,** tritt für verschwindende Reibung, $b = 0$, im Grenzfall $\omega_{ext} \to \omega_0$ ein: Die Amplitude der Schwingung wird unendlich groß.

➤ In der Technik sind Resonanzen oft unerwünscht, da sie zu Schäden am Oszillator führen können. Um ihr Auftreten zu verhindern, muss eine Maschine bei Frequenzen arbeiten, die genügend weit unterhalb ihrer Resonanzfrequenz liegen, oder die Resonanzfrequenz muss beim Ein- und Ausschalten schnell genug durchfahren werden, wenn die Maschine oberhalb von ω_0 arbeiten soll. Auch beim Bau von Brücken und Gebäuden in Erdbebengebieten muss man Resonanzen möglichst vermeiden oder genügend dämpfen.

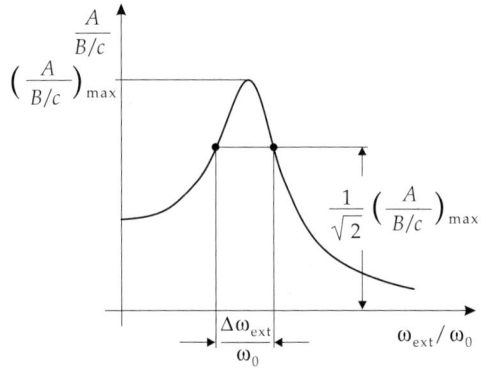

Abbildung 9.18: Erzwungene Schwingung. Halbwertsbreite $\Delta\omega_{ext}/\omega_0$ und Resonanzüberhöhung $\frac{A_{max}}{B/c}$

9.4 Überlagerung von Schwingungen

Superpositionsgesetz, gilt aufgrund der **Linearität der Bewegungsgleichungen** für harmonische Schwingungen:

▲ Harmonische Schwingungen überlagern sich, ohne sich gegenseitig zu beeinflussen.

Führt ein System mehrere Schwingungen gleichzeitig aus, so kann für jede Schwingung die entsprechende Schwingungsgleichung gelöst werden. Die augenblickliche Auslenkung des Oszillators ergibt sich aus der Summe der Auslenkungen, die aus den einzelnen Schwingungsgleichungen folgen.

9.4.1 Überlagerung von Schwingungen gleicher Frequenz

Aus den beiden harmonischen Schwingungen

$$x_1(t) = A_1 \cos(\omega t + \phi_1), \quad x_2(t) = A_2 \cos(\omega t + \phi_2), \quad \Delta\phi = \phi_1 - \phi_2$$

erhält man mit den Additionstheoremen der trigonometrischen Funktionen eine resultierende harmonische Schwingung mit der gleichen Frequenz wie die der Ausgangsschwingungen (**Abb. 9.19**):

Überlagerung von Schwingungen gleicher Frequenz

	Symbol	Einheit	Benennung
$x_1(t) = A_1\cos(\omega t + \phi_1)$	$x_1(t), x_2(t)$		Schwingung 1, 2
$x_2(t) = A_2\cos(\omega t + \phi_2)$	$x_{1+2}(t)$		resultierende Schwingung
	A_1, A_2		Amplitude 1, 2
$\Delta\phi = \phi_1 - \phi_2$	A_{1+2}		resultierende Amplitude
$x_{1+2}(t) = x_1(t) + x_2(t) = A_{1+2}\cos(\omega t + \phi_{1+2})$	ω	rad/s	Kreisfrequenz
	t	s	Zeit
$A_{1+2} = \sqrt{A_1^2 + A_2^2 + 2A_1A_2\cos\Delta\phi}$	ϕ_1, ϕ_2	rad	Nullphasenwinkel 1, 2
$\tan\phi_{1+2} = \dfrac{A_1\sin\phi_1 + A_2\sin\phi_2}{A_1\cos\phi_1 + A_2\cos\phi_2}$	$\Delta\phi$	rad	Phasendifferenz
	ϕ_{1+2}	rad	resultierender Nullphasenwinkel

Maximale Verstärkung: $\Delta\phi = 0$, $A_{1+2} = A_1 + A_2$.
Überlagerung von Schwingungen gleicher Amplitude ($A_1 = A_2 = A$):

$$A_{1+2} = 2A\cos(\Delta\phi/2) \qquad \phi_{1+2} = \frac{\phi_1 - \phi_2}{2}$$

- Maximale Verstärkung: $\Delta\phi = 0$, $A_{1+2} = 2A$.
- Auslöschung: $\Delta\phi = \pi$, $A_{1+2} = 0$ (**Abb. 9.20**).

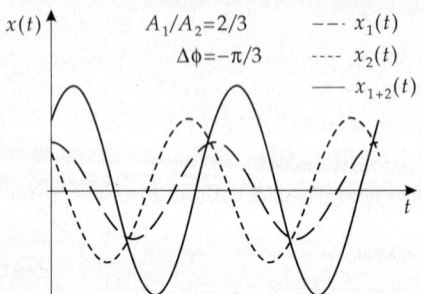

Abbildung 9.19: Überlagerung von Schwingungen $x_1(t)$, $x_2(t)$ gleicher Frequenz ω und der Phasendifferenz $\Delta\phi$ für spezielle Werte von A_1/A_2 und $\Delta\phi$

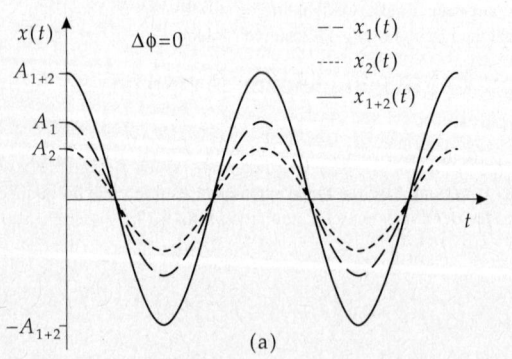

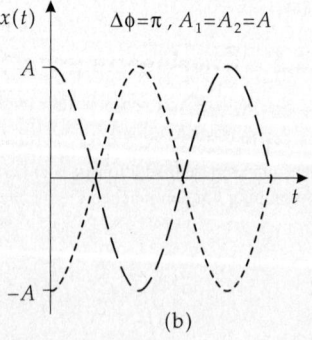

Abbildung 9.20: Überlagerung von Schwingungen $x_1(t)$, $x_2(t)$ gleicher Frequenz ω.
(a): Maximale Verstärkung ($\Delta\phi = 0$), (b): Auslöschung ($\Delta\phi = \pi$)

9.4.2 Überlagerung von Schwingungen ungleicher Frequenz

Schwingungen:

$$x_1(t) = A_1\cos(\omega_1 t + \phi_1), \quad x_2(t) = A_2\cos(\omega_2 t + \phi_2)$$

Unter der vereinfachenden Annahme $\phi_1 = \phi_2 = 0$, $A_1 = A_2 = A$ folgt mit den Additionstheoremen der trigonometrischen Funktionen:

Überlagerung von Schwingungen ungleicher Frequenz

		Symbol	Einheit	Benennung
$x_1(t)$	$= A\cos\omega_1 t$	x_1, x_2		Auslenkung 1, 2
$x_2(t)$	$= A\cos\omega_2 t$	x_{1+2}		resultierende Auslenkung
		A		Amplitude
$x_{1+2}(t)$	$= 2A\cos\left(\dfrac{\omega_1 - \omega_2}{2}t\right)\cos\left(\dfrac{\omega_1 + \omega_2}{2}t\right)$	ω_1, ω_2	rad/s	Kreisfrequenz 1, 2
		t	s	Zeit

1. Schwebung,

tritt auf, wenn der Frequenzunterschied der überlagerten Schwingungen klein ist, $\omega_2 = \omega_1 + \Delta\omega$, $|\Delta\omega| \ll \omega_1$. Das Resultat lässt sich als Schwingung mit der Kreisfrequenz $(\omega_1 + \omega_2)/2$ interpretieren, deren Amplitude sich langsam und periodisch mit der Frequenz $|(\omega_1 - \omega_2)|/2$ ändert (**Abb. 9.21**).

2. Frequenz und Periode der Schwebung

Schwebungsdauer, T_S, definiert als zeitlicher Abstand zweier Nulldurchgänge der Amplitude der Schwebung, ergibt sich aus $\pi = |(\omega_1 - \omega_2)|T_S/2$ zu $T_S = 2\pi/|(\omega_1 - \omega_2)|$,

Frequenz und Periodendauer der Schwebung

		Symbol	Einheit	Benennung
f_S	$= |f_1 - f_2|$	f_S	s^{-1}	Schwebungsfrequenz
$\dfrac{1}{T_S}$	$= \left|\dfrac{1}{T_1} - \dfrac{1}{T_2}\right|$	f_1, f_2	s^{-1}	Frequenz Schwingung 1, 2
		T_S	s	Schwebungsdauer
		T_1, T_2	s	Periodendauer Schwingung 1, 2

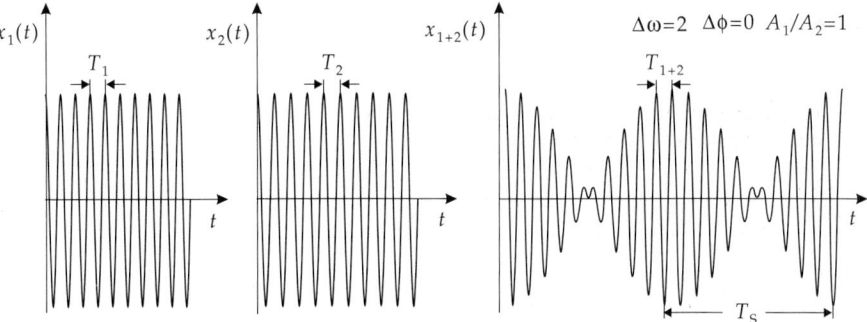

Abbildung 9.21: Schwebung. Überlagerung von Schwingungen $x_1(t)$, $x_2(t)$ mit geringem Frequenzunterschied $\Delta\omega$. T_1, T_2: Periodendauer der Schwingungen, T_S: Schwebungsdauer, T_{1+2}: Periodendauer der resultierenden Schwingung

■ In der Musik sind Schwebungen im Allgemeinen unerwünscht. Sie treten auf, wenn zwei Klänge, deren Grundfrequenzen sich nur geringfügig unterscheiden, gleichzeitig erklingen. Das menschliche Ohr empfindet den entstehenden Klang als dissonant und erkennt die oszillierende Amplitude der resultierenden Schwebung.

3.   Frequenz und Periode im allgemeinen Fall

Frequenz und Periodendauer der resultierenden Schwingung

	Symbol	Einheit	Benennung
$\omega_{1+2} = \dfrac{\omega_1 + \omega_2}{2}$	ω_{1+2}	rad/s	Kreisfrequenz der res. Schwingung
$f_{1+2} = \dfrac{f_1 + f_2}{2}$	ω_1, ω_2	rad/s	Kreisfrequenz Schwingung 1, 2
	f_{1+2}	s^{-1}	Frequenz der res. Schwingung
$T_{1+2} = \dfrac{2\pi}{\omega_{1+2}} = \dfrac{4\pi}{\omega_1 + \omega_2}$	f_1, f_2	s^{-1}	Frequenz Schwingung 1, 2
	T_1, T_2	s	Periodendauer Schwingung 1, 2
$= 2\dfrac{T_1 T_2}{T_1 + T_2}$	T_{1+2}	s	Periodendauer der res. Schwingung

➤ Für große Frequenzunterschiede $\Delta\omega$ der überlagerten Schwingungen ergibt sich als resultierende Schwingung i. Allg. keine harmonische Zeitabhängigkeit (**Abb. 9.22**).

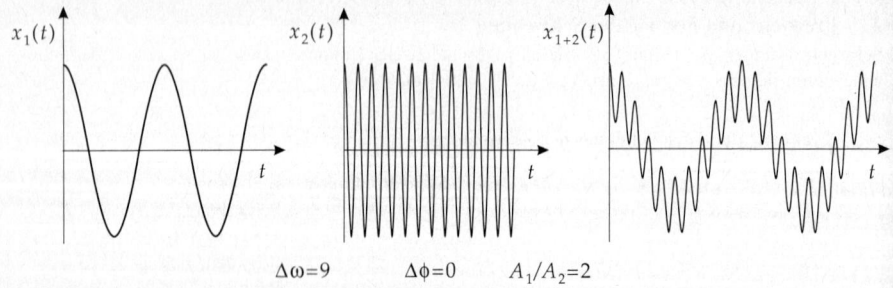

$$\Delta\omega = 9 \qquad \Delta\phi = 0 \qquad A_1/A_2 = 2$$

Abbildung 9.22: Überlagerung von Schwingungen $x_1(t)$, $x_2(t)$ mit großem Frequenzunterschied $\Delta\omega$

9.4.3   Überlagerung von Schwingungen in ungleicher Richtung und mit verschiedener Frequenz

1.   Lissajoussche Figuren

Werden zwei Schwingungen in verschiedenen Richtungen (z.B. in x- und y-Richtung) überlagert, so geht man von der Darstellung der Einzelschwingungen im kartesischen Koordinatensystem aus:

$$x(t) = A_x \sin(\omega_x t + \phi_x),$$
$$y(t) = A_y \sin(\omega_y t + \phi_y).$$

Darstellung der resultierenden Schwingung in Polarkoordinaten:

$$r(t) = \sqrt{x(t)^2 + y(t)^2}, \quad \alpha(t) = \arctan\frac{y(t)}{x(t)}.$$

wobei r die Länge des resultierenden Vektors und α der Winkel zwischen dem Vektor und der positiven x-Achse, gegen den Uhrzeigersinn gemessen, ist.

Der Vektor $\vec{r} = (x(t), y(t))$ beschreibt **Lissajoussche Figuren**, deren Gestalt durch das Verhältnis von

A_x zu A_y, das Verhältnis von ω_x zu ω_y und die Differenz der Phasenwinkel $\Delta\phi = \phi_x - \phi_y$ bestimmt wird (**Abb. 9.23**).

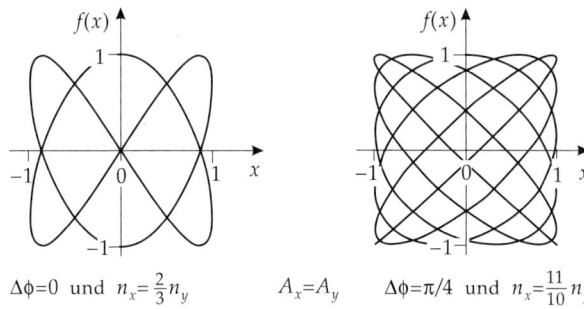

$$\Delta\phi = 0 \quad \text{und} \quad n_x = \frac{2}{3}n_y \qquad A_x = A_y \qquad \Delta\phi = \pi/4 \quad \text{und} \quad n_x = \frac{11}{10}n_y$$

Abbildung 9.23: Lissajoussche Figuren

Eigenschaften: periodische Struktur; eine bestimmte Kurve im zweidimensionalen Raum wird periodisch durchlaufen.

■ $x(t) = A\cos(\omega t), \quad y(t) = A\sin(\omega t)$:
$\vec{r}$ beschreibt einen Kreis.

■ $x(t) = A_x\cos(\omega t), \quad y(t) = A_y\cos(\omega t)$:
Es folgt die Geradengleichung $y(t) = \dfrac{A_y}{A_x}x(t)$.

➤ Lissajoussche Figuren können mit einem Oszilloskop sichtbar gemacht werden, indem die Auslenkung des Strahls in x- und y-Richtung mit entsprechenden Frequenzen und Amplituden angesteuert wird. Durch die endliche Nachleuchtzeit des Bildschirms und die Möglichkeit, mit hohen Frequenzen zu arbeiten, kann man erreichen, dass der Beobachter eine stehende Figur sieht.

2. Zweidimensionaler harmonischer Oszillator

Bewegungsgleichungen des zweidimensionalen harmonischen Oszillators:

$$m\ddot{x} = -cx, \quad m\ddot{y} = -cy, \quad \omega = \sqrt{\frac{c}{m}} \,.$$

Lösung:

$$x(t) = A_x\cos(\omega t + \phi_1), \quad y(t) = A_y\cos(\omega t + \phi_2) \,.$$

Die Amplituden A_x, A_y und die Phasenwinkel ϕ_1, ϕ_2 sind durch die Anfangsbedingungen bestimmt.
Die Bahnkurve ergibt sich durch Elimination der Zeit t:

$$\frac{x^2}{A_x^2} - xy\frac{2\cos\phi}{A_xA_y} + \frac{y^2}{A_y^2} = \sin^2\phi, \quad \phi = \phi_2 - \phi_1 \,.$$

Die Bahnkurve ist eine Ellipse. Für $\phi = \pi/2$ fallen deren Hauptachsen mit den Koordinatenachsen zusammen:

$$\frac{x^2}{A_x^2} + \frac{y^2}{A_y^2} = 1 \,.$$

9.4.4 Fourier-Analyse, Zerlegung nach Schwingungen

So wie Überlagerungen von Sinus- oder Cosinus-Schwingungen wieder Schwingungen, also periodische Erscheinungen ergeben, lassen sich umgekehrt beliebige periodische Erscheinungen als Überlagerung reiner Sinus- bzw. Cosinus-Schwingungen darstellen. Dies ist die Aussage des Satzes von Fourier.

▲   **Fourier-Zerlegung**: Jede periodische Funktion lässt sich als (ggf. unendliche) Summe aus Sinus- und Cosinus-Funktionen unterschiedlicher Frequenz und Amplitude darstellen. Die Fourier-Frequenzen sind ganzzahlige Vielfache einer Grundfrequenz.

1.   Fourier-Reihe,

mathematische Darstellung einer periodischen Funktion $x(t)$ mit der Periode T durch Überlagerung von Sinus- und Cosinus-Schwingungen,

$$x(t) = \frac{a_0}{2} + \sum_{k=1}^{\infty} \left(a_k \cdot \cos(k \cdot \omega t) + b_k \cdot \sin(k \cdot \omega t) \right),$$

mit den **Fourier-Koeffizienten**

$$a_k = \frac{2}{T} \int_0^T x(t) \cdot \cos(k\omega t) \mathrm{d}t, \qquad k = 0, 1, 2, 3, \ldots$$

und

$$b_k = \frac{2}{T} \int_0^T x(t) \cdot \sin(k\omega t) \mathrm{d}t, \qquad k = 1, 2, 3, \ldots,$$

wobei $\omega = 2\pi/T$. Die Fourier-Amplituden geben an, wie stark die einzelnen Frequenzanteile in der periodischen Funktion $x(t)$ vertreten sind.

$k = 1$:   **Grundschwingung (erste Harmonische)**
$k = 2$:   **erste Oberschwingung (zweite Harmonische)**
$k = 3$:   **zweite Oberschwingung (dritte Harmonische)**

2.   Fourier-Analyse,

Untersuchung, aus welchen harmonischen Komponenten eine gegebene periodische Funktion aufgebaut ist. Die Analyse zeigt, welche Frequenzen mit welchen Amplituden in der die Funktion beschreibenden Summe vorkommen.

Fourierspektrum, Darstellungsart einer Fourieranalyse als Frequenz-Amplituden-Diagramm, in dem man die Amplituden der in der Summe vorkommenden Fourier-Terme über den Frequenzen als senkrechte Linien aufträgt (**Abb. 9.24**).

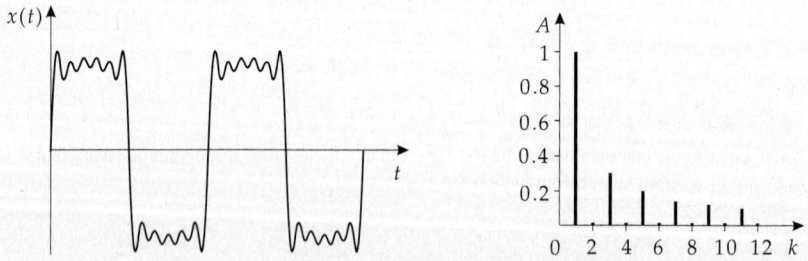

Abbildung 9.24: Fourier-Analyse einer periodischen Funktion

Fourier-Synthese, Aufbau eines komplexen Zeitsignals aus mehreren Sinus- und Cosinusfunktionen unterschiedlicher Frequenz und Amplitude.

3.   Komplexe Darstellung der Fourier-Reihe

Im Komplexen lautet die Darstellung der Fourier-Reihe:

$$x(t) = \sum_{k=-\infty}^{\infty} c_k \cdot \mathrm{e}^{\mathrm{j}\omega \cdot k \cdot t},$$

mit den Koeffizienten

$$c_k = \frac{1}{T} \int_{-T/2}^{T/2} x(t) \cdot e^{-j\omega \cdot k \cdot t} dt , \quad k = ..., -2, -1, 0, 1, 2, ...$$

Hier ist T die Periodendauer des analysierten Signals.

➤ Zusammenhang zwischen den Koeffizienten a_n, b_n und c_n:
$n = 0$: $a_0 = 2c_0$.
$n > 0$: $a_n = c_n + c_{-n}$, $b_n = j(c_n - c_{-n})$.

In der Akustik werden Eigenschaften von Schallwellen mit Fourier-Analysen untersucht. Töne mit nur einem Fourier-Koeffizienten klingen „synthetisch". Ein Klangeindruck bestimmt sich nach Art und Amplitude der Beimischung weiterer Koeffizienten.

In der „synthetischen" Musik (Synthesizer) können alle Instrumente und Stimmen per Computer „Fourier"-synthetisiert werden.

9.5   Gekoppelte Schwingungen

1.   Schwingungen gekoppelter schwingender Teilsysteme

Gekoppelte Schwingungen, Schwingungen, die in Systemen entstehen, die aus mehreren sich gegenseitig beeinflussenden, schwingungsfähigen Teilsystemen bestehen. Die Teilsysteme können untereinander Energie austauschen.

Im Folgenden wird die Kopplung am Beispiel zweier, durch eine Schraubenfeder verbundener Pendel betrachtet (**Abb. 9.25**).

Annahme:

● Beide Pendel haben gleiche Masse m und gleiche Fadenlänge l, und daher auch gleiche Richtgröße c und Schwingungsdauer T.

● **Schwache Kopplung**, die Kopplung zwischen den Oszillatoren ist viel schwächer als die Rückstellkräfte der Oszillatoren selbst.

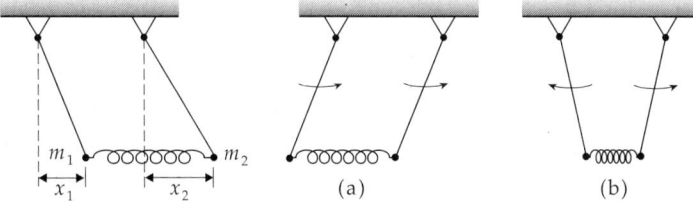

Abbildung 9.25: Gekoppelte Pendel. (a): Gleichphasige Schwingung, (b): gegenphasige Schwingung

➤ Systeme mit nur einem Oszillator haben eine feste Frequenz, mit der der freie Oszillator schwingt. Bei mehreren miteinander gekoppelten Oszillatoren treten in der Regel verschiedene Schwingungsarten (**Schwingungsmoden**) auf.

2.   Fundamentalschwingungen,

die Schwingungsarten eines gekoppelten Systems, bei denen die Oszillatoren keine Energie untereinander austauschen.   Fundamentalschwingungen zweier gekoppelter Pendel:

● **gleichsinnige** oder **gleichphasige Schwingung**, bei der die beiden Pendel synchron die gleiche Bewegung ausführen,

- **gegensinnige** oder **gegenphasige Schwingung**, bei der die Pendel synchron in zueinander entgegengesetzten Richtungen schwingen.

Auslenkung nur eines Oszillators führt zum Abklingen seiner Schwingung, während der zweite zu schwingen beginnt. Dann klingt die Schwingung des zweiten ab, und der erste schwingt wieder. Die Gesamtenergie wird zwischen den beiden Pendeln ständig ausgetauscht.

3. Bewegungsgleichungen für gekoppelte identische Oszillatoren

Bewegungsgleichungen zweier gekoppelter Pendel

	Symbol	Einheit	Benennung
$m\ddot{x}_1(t) = -cx_1 - c_{12}(x_1 - x_2)$			
$m\ddot{x}_2(t) = -cx_2 - c_{12}(x_2 - x_1)$	m	kg	Pendelmasse
$m(\ddot{x}_1 - \ddot{x}_2) = -(c + 2c_{12})(x_1 - x_2)$	c	kg/s^2	Richtgröße Einzelpendel
$m(\ddot{x}_1 + \ddot{x}_2) = -c(x_1 + x_2)$	c_{12}	kg/s^2	Richtgröße Kopplungsfeder
$x_1(t) = A\sin\left(\dfrac{\omega_I + \omega_{II}}{2}t\right) \cdot \cos\left(\dfrac{\omega_1 - \omega_2}{2}t\right)$	$x_{1,2}$	m	Auslenkung Pendel 1, 2
$x_2(t) = A\sin\left(\dfrac{\omega_1 - \omega_2}{2}t\right) \cdot \cos\left(\dfrac{\omega_1 + \omega_2}{2}t\right)$	$\ddot{x}_{1,2}$	m/s^2	Beschleunigung Pendel 1, 2
	A	m	Amplitude
$\omega_I = \sqrt{\dfrac{c}{m}} = \omega$	$\omega_{I,II}$	1/s	Kreisfrequenz der Fundamentalschwingungen
$\omega_{II} = \sqrt{\dfrac{c + 2c_{12}}{m}}$	t	s	Zeit

Dabei ist c_{12} die Richtgröße der Kopplungsfeder zwischen den beiden Pendeln. Die angegebene Lösung ergibt sich, indem man $(F_1 - F_2)/m$ und $(F_1 + F_2)/m$ bildet, diese Gleichung für die neuen Variablen $x_1 - x_2$ und $x_1 + x_2$ löst und daraus wieder x_1 und x_2 berechnet.

➤ Jeder der Oszillatoren führt eine Schwebung aus. Die beiden Schwebungen finden zeitlich verschoben zueinander statt.

Die Fundamentalschwingungen sind in den Lösungen $x_1(t)$ und $x_2(t)$ enthalten:

- Gleichphasige Fundamentalschwingung, $x_1(t) = x_2(t)$:
  Die Gleichungen für F_1 und F_2 reduzieren sich auf zwei nicht gekoppelte Gleichungen für jeweils ein freies Pendel. Die Lösung der Differentialgleichung ergibt die Kreisfrequenz $\omega_I = \omega = \sqrt{c/m}$ der freien Schwingung der ungekoppelten Oszillatoren.
- Gegenphasige Fundamentalschwingung, $x_1(t) = -x_2(t)$:
  Die Lösung ergibt die Kreisfrequenz $\omega_{II} = \sqrt{(c + 2c_{12})/m}$ für jeden der beiden Oszillatoren.

4. Kreisfrequenzen der Fundamentalschwingungen

Die Kreisfrequenz ω_I der **gleichsinnigen** Fundamentalschwingung ist gleich der Kreisfrequenz der einzelnen Pendel ω, da die Kopplung nicht wirkt und somit die Pendelschwingung nicht beeinflusst,

$$\omega_I = \omega = \sqrt{c/m}.$$

Bei der **gegensinnigen** Fundamentalschwingung ist die rücktreibende Kraft eine andere als ohne Kopplung. Die näherungsweise Beschreibung des Schwingungsvorgangs durch einen linearen Ansatz für die rücktreibende Kraft des einzelnen Oszillators mit geänderter Richtgröße,

$$F = c'x \quad \text{mit} \quad c' \neq c = \frac{mg}{l},$$

ergibt

$$\omega_{II} = \sqrt{\frac{c + 2c_{12}}{m}} \quad .$$

Man ersieht daraus, dass die rücktreibende Kraft der gegenphasigen Fundamentalschwingung der Richtgröße $c' = c + 2c_{12}$ entspricht.

Schwebung, tritt für beide Pendel auf, wenn das System keine der beiden Fundamentalschwingungen ausführt. Beispiel: Nur eines der Pendel wird aus der Ruhelage bewegt und dann losgelassen. Es überträgt seine Energie vollständig an das andere Pendel und versetzt dieses in Schwingung. Dann überträgt das zweite Pendel die Energie wieder auf das erste, und so fort.

Diese Schwebung ist eine Überlagerung der beiden Fundamentalschwingungen.

Kopplungsgrad, K, zweier identischer schwingungsfähiger Systeme, definiert als

$$K = \frac{\omega_I^2 - \omega_{II}^2}{\omega_I^2 + \omega_{II}^2}$$

mit den Fundamentalfrequenzen ω_I und ω_{II}. Für schwache Kopplung ist $K \ll 1$, $\omega_I \approx \omega_{II}$.

➤ In Schiffen wird das Prinzip der Kopplung zweier Oszillatoren beim Schlingertank ausgenutzt, um die Schlingerbewegung des Schiffs zu verringern. Die Schwingung des Schiffs überträgt sich auf Wasser, das sich in einem Tank im Schiffsrumpf befindet. Die Schwingung des Wassers wird aber durch die Form des Tanks stark gedämpft, so dass die Schwingungsenergie des Schiffs letzlich in Wärme umgewandelt wird.

10 Wellen

Wellen, in Raum und Zeit periodische Ausbreitung eines Schwingungszustandes, bei der Energietransport ohne gleichzeitigen Massentransport stattfindet.

Systeme, in denen Wellen auftreten, kann man sich aus unendlich vielen, miteinander gekoppelten Oszillatoren aufgebaut denken. Der Schwingungszustand des einzelnen Oszillators hängt von Ort und Zeit ab. Die Energie wird zwischen den Oszillatoren ständig umverteilt.

Freie Wellen treten auf, wenn keine äußere Kraft auf das System wirkt und keine Energieverluste (z.B. durch Reibung) auftreten. Die Ausbreitung der Welle geschieht durch Kopplung benachbarter Oszillatoren.

Mechanische Realisierung einer Welle, z.B. mit nur endlich vielen Pendeln, die durch Federn schwach mit den nächsten Nachbarn gekoppelt sind. Abgesehen von der jeweiligen Auslenkung der Pendelkörper bleiben alle Pendel an ihrem Ort, nur die Energie wird von Pendel zu Pendel übertragen (s. S. 263).

Wellen werden durch eine Funktion der Form $f(\vec{r}, t)$ beschrieben, wobei f für die Auslenkung des Oszillators am Ort $\vec{r}$ zur Zeit t steht.

➤ **Stoßwellen**, nichtperiodische Wellen großer Amplitude, die mit Massentransport verbunden sein können. Die Ausbreitungsgeschwindigkeit ist dabei amplitudenabhängig (**nichtlineare Welle**). Für Stoßwellen gilt das Superpositionsprinzip nicht.

10.1 Grundlegende Eigenschaften von Wellen

1. Beschreibung von Wellen durch die Wellengleichung

Wellengleichung, lineare partielle Differentialgleichung zweiter Ordnung im Ort und in der Zeit für die Funktion $f(\vec{r}, t)$. Beschreibt die räumliche und zeitliche Ausbreitung der Welle:

$$\triangle f(\vec{r}, t) - \frac{1}{c^2}\frac{\partial^2 f(\vec{r}, t)}{\partial t^2} = \frac{\partial^2 f(\vec{r}, t)}{\partial x^2} + \frac{\partial^2 f(\vec{r}, t)}{\partial y^2} + \frac{\partial^2 f(\vec{r}, t)}{\partial z^2} - \frac{1}{c^2}\frac{\partial^2 f(\vec{r}, t)}{\partial t^2} = 0.$$

Die allgemeinste Lösung der Wellengleichung ist eine Überlagerung von Wellen, die sich mit der gleichen Ausbreitungsgeschwindigkeit c in beliebige Richtungen $\vec{e}_i$ ausbreiten,

$$F(\vec{r}, t) = \sum_i f_i\left(t - \frac{\vec{e}_i \cdot \vec{r}}{c}\right).$$

➤ Bei der mathematischen Beschreibung von Wellenphänomenen ist es i. Allg. leichter, unendlich ausgedehnte Wellen zu betrachten. In der Natur kommen jedoch in der Regel nur räumlich begrenzte Wellen vor. Diese Begrenzung zeigt sich in der Gestalt der Lösungen der Wellengleichung, da diese dann mit den entsprechenden Randbedingungen gelöst werden muss.

2. Phase und Wellenfront einer Welle

Phase einer Welle, das Argument der Lösungsfunktion f, geschrieben in der Form $\omega t - \vec{k}\vec{r} + \phi$. Größe, die den Schwingungszustand der Welle beschreibt.

Wellenfront, **Wellenfläche**, die Orte $\vec{r}$, an denen f zu vorgegebener Zeit dieselbe Phase hat (**Abb. 10.1**).

➤ Da die Welle im Raum periodisch ist, gibt es immer unendlich viele Wellenfronten.

Nach der Form der Wellenfront unterscheidet man:

- ebene Wellen,
- Zylinderwellen,
- Kugelwellen.

➤ Innerhalb hinreichend kleiner Raumbereiche ΔV kann jede Wellenfront als eben angesehen werden.

Wellennormale, Normale der Wellenfront.

3. Wellenvektor und Wellenzahl

Wellenzahlvektor, Wellenvektor, $\vec{k}$, in der Lösung der Wellengleichung auftretender konstanter Vektor. Man erkennt seine Bedeutung, wenn man die Funktion $f(\omega t - \vec{k}\vec{r} + \phi)$ für den Fall $t = 0$ betrachtet. Dann hat f den gleichen Wert für alle Punkte $\vec{r}$ mit $\vec{k}\vec{r} = \text{const.}$, also für Punkte $\vec{r}$, die auf zu $\vec{k}$ senkrechten Ebenen liegen. Die Ebenen gleicher Phase bewegen sich parallel zueinander mit der Geschwindigkeit c in Richtung von $\vec{k}$. Der Vektor $\vec{k} = k \cdot \vec{e}$ gibt also die **Ausbreitungsrichtung** der Welle an (**Abb. 10.1**).

$$\vec{k} = k \cdot \vec{n}, \quad \vec{n}: \text{Einheitsvektor der Wellennormale}.$$

Eine Welle, die sich in entgegengesetzter Richtung ausbreitet, hat den Wellenzahlvektor $-\vec{k}$.

Ausbreitungsvektor, $\vec{e}$, $\hat{\vec{k}}$, auf 1 normierter Wellenzahlvektor,

$$\vec{e} = \hat{\vec{k}} = \vec{k}/k.$$

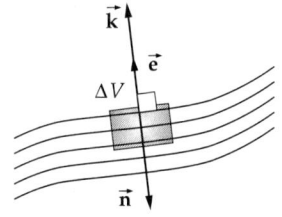

Abbildung 10.1: Wellenfront, Wellennormale $\vec{n}$, Wellenzahlvektor $\vec{k}$, Ausbreitungsvektor $\vec{e}$, ΔV Volumenelement

Wellenzahl, k, Betrag des Wellenzahlvektors $|\vec{k}|$.

4. Phasengeschwindigkeit, Frequenz und Wellenlänge von Wellen

Phasengeschwindigkeit, c, Geschwindigkeit, mit der sich die Wellenfronten der Welle bewegen. Bei Schall ist c die Schallgeschwindigkeit, bei Licht ist c die Lichtgeschwindigkeit im jeweiligen Medium.

Periode, T, Zeit, nach der sich in einem festen Punkt der Schwingungszustand wiederholt.

Frequenz, f, Anzahl der Wiederholungen des Schwingungszustands in einem festen Punkt pro Sekunde.

Kreisfrequenz, ω, analog zu Schwingungen definiert: $\omega = 2\pi f$.

Wellenlänge, λ, Abstand zwischen zwei aufeinanderfolgenden Wellenfronten gleicher Phase. Kenngröße der räumlichen Periodizität. Beziehung zwischen Wellenzahl und Wellenlänge:

$$k = \frac{2\pi}{\lambda}, \quad \lambda = \frac{2\pi}{k}.$$

Periodizität in der Zeit: $\omega \cdot T = 2\pi$, **Periodizität im Raum:** $k \cdot \lambda = 2\pi$.

Für die Phasengeschwindigkeit ergibt sich

Phasengeschwindigkeit			LT^{-1}
	Symbol	Einheit	Benennung
	c	m/s	Phasengeschwindigkeit
$c = \dfrac{\omega}{\lvert\vec{k}\rvert} = \dfrac{\lambda}{T} = \lambda f$	ω	rad/s	Kreisfrequenz
	$\vec{k}$	1/m	Wellenzahlvektor
	T	s	Periode
	f	Hz	Frequenz
	λ	m	Wellenlänge

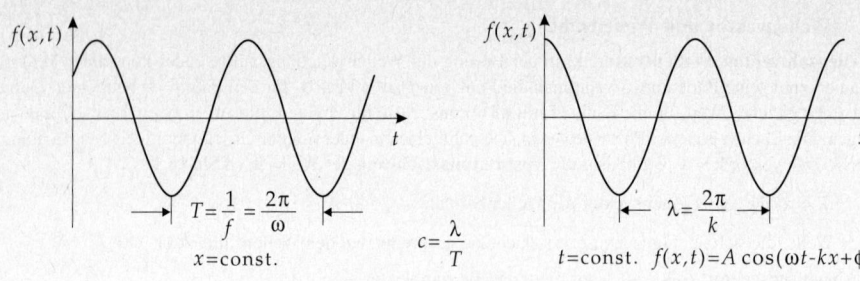

Abbildung 10.2: Frequenz f und Wellenlänge λ einer harmonischen Welle. c: Phasengeschwindigkeit

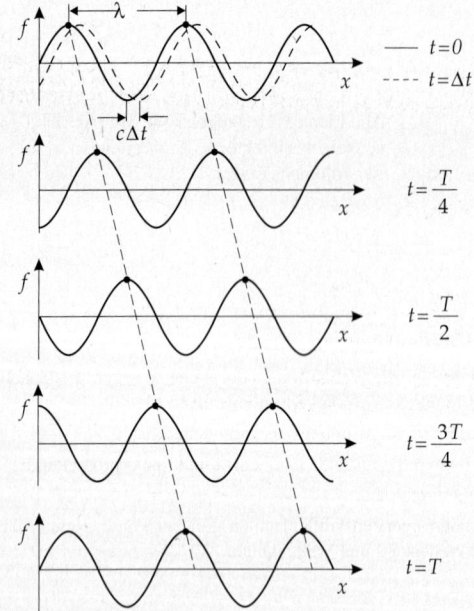

Abbildung 10.3: Ausbreitung einer harmonischen Welle

5.   Phasengeschwindigkeit verschiedener Wellen

a)   Longitudinalwellen in Flüssigkeiten

$c = \sqrt{K/\rho}$, K Kompressionsmodul, ρ Dichte.

b)   Longitudinalwellen in Gasen

$c = \sqrt{\kappa p/\rho}$, κ Isentropenexponent, p Druck, ρ Dichte.

c)   Torsionswellen in Stäben (kreisförmiger Querschnitt)

$c = \sqrt{G/\rho}$, G Schubmodul, ρ Dichte.

d)   Transversalwellen auf einer Saite

$c = \sqrt{\dfrac{F}{A\rho}}$, F Spannkraft, A Saitenquerschnitt, ρ Dichte.

e) Elektromagnetische Wellen im Vakuum

$$c = \frac{1}{\sqrt{\varepsilon_0 \cdot \mu_0}}$$

ε_0 elektrische Feldkonstante, μ_0 magnetische Feldkonstante (s. S. 420 und 434).

f) Elektromagnetische Wellen im Medium

$$c = \frac{1}{\sqrt{\varepsilon_r \cdot \varepsilon_0 \cdot \mu_r \cdot \mu_0}}$$

ε_0 elektrische Feldkonstante, μ_0 magnetische Feldkonstante, ε_r relative Permittivität, μ_r relative Permeabilität.

6. Ebene Welle und Kugelwelle als spezielle Lösungen der Wellengleichung

a) Ebene Welle, die Wellenfronten sind Ebenen senkrecht zur Ausbreitungsrichtung (s. **Abb. 10.4**).

	Symbol	Einheit	Benennung
Ebene Welle			
$f(\vec{r},t) = A\cos(\omega t - \vec{k}\vec{r} + \phi)$	$f(\vec{r},t)$		Auslenkung am Ort $\vec{r}$ zur Zeit t
	A		Amplitude
	ω	rad/s	Kreisfrequenz
$\vec{k}^2 = \dfrac{\omega^2}{c^2}$	t	s	Zeit
	$\vec{k}$	1/m	Wellenzahlvektor
	$\vec{r}$	m	Ort
$\lambda = \dfrac{2\pi}{|\vec{k}|}$	ϕ	rad	Phasenverschiebung
	c	m/s	Phasengeschwindigkeit
	λ	m	Wellenlänge

b) Kugelwelle, kugelsymmetrische Lösung der Wellengleichung. Die Wellenfronten sind Oberflächen konzentrischer Kugeln um die Quelle bei $r = 0$ ($\vec{k} \cdot \vec{r} = kr$) (**Abb. 10.5**):

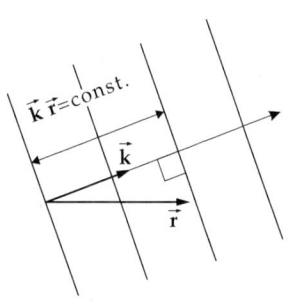

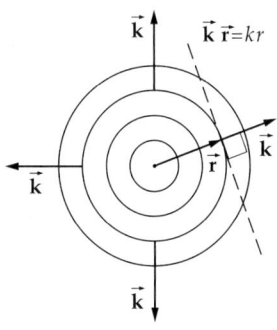

Abbildung 10.4: Wellenfronten einer ebenen Welle   Abbildung 10.5: Wellenfronten einer Kugelwelle

	Symbol	Einheit	Benennung
Kugelwelle			
	$f(\vec{r},t)$		Zustand
	A		Amplitude
	ω	rad/s	Kreisfrequenz
$f(\vec{r},t) = \dfrac{A}{|\vec{r}|} \cos(k|\vec{r}| - \omega t + \phi)$	t	s	Zeit
	$\vec{k}$	1/m	Wellenzahlvektor
	$\vec{r}$	m	Ort
	ϕ	rad	Phasenverschiebung
	c	m/s	Phasengeschwindigkeit
	λ	m	Wellenlänge

7. Komplexe Darstellung von Wellen

Ebene Welle:

$$f(\vec{r},t) = \mathrm{e}^{-\mathrm{j}(\omega t - \vec{k}\vec{r})}.$$

Kugelwelle:

- vom Punkt $r = 0$ auslaufend

  $$f(\vec{r},t) = \mathrm{e}^{-\mathrm{j}(\omega t - kr)},$$

- in den Punkt $r = 0$ einlaufend

  $$f(\vec{r},t) = \mathrm{e}^{-\mathrm{j}(\omega t + kr)}.$$

8. Superpositionsprinzip und Huygenssches Prinzip

Superpositionsprinzip, lineare Wellen überlagern sich, ohne sich gegenseitig zu beeinflussen. Die resultierende Auslenkung in einem Punkt $\vec{r}$ zur Zeit t ist die Summe der Auslenkungen jeder einzelnen Welle.

➤   Das Superpositionsprinzip gilt nicht für nichtlineare Wellen (**Stoßwellen**, **Schwerewellen**).

Huygenssches Prinzip, Prinzip zur Konstruktion der Wellenfronten bei der Ausbreitung von Wellen (**Abb. 10.6**).

▲   Jeder Punkt einer Wellenfront ist Ausgangspunkt einer **Elementarwelle**. Die Wellenfront zu einem späteren Zeitpunkt ergibt sich als Einhüllende aus der Überlagerung aller Elementarwellen, die von einer gegebenen Wellenfront ausgehen.

▲   **Elementarwellen** sind auslaufende **Kugelwellen**. Wird die Elementarwelle zum Zeitpunkt t emittiert, hat ihre Wellenfront nach der Zeit Δt den Radius $r = c \cdot \Delta t$. Mit Ausnahme der Richtung der Normalen zur Gesamtwellenfront heben sich die Elementarwellen durch Interferenz gegenseitig auf.

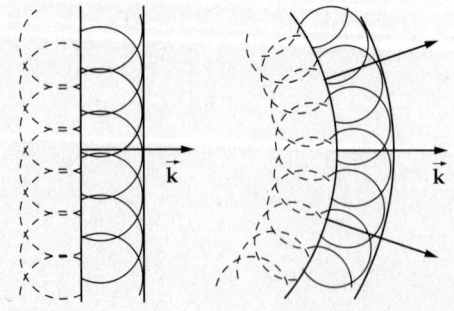

Abbildung 10.6: Ausbreitung einer Wellenfront nach dem Huygensschen Prinzip. (a): Ebene Welle, (b): Kugelwelle

9.   Vektorwellen

Viele physikalische Größen, z.B. das magnetische und elektrische Feld, sind Vektoren und werden durch eine vektorielle Wellengleichung beschrieben,

$$\triangle\vec{\mathbf{g}}(\vec{\mathbf{r}},t) - \frac{1}{c^2}\frac{\partial^2\vec{\mathbf{g}}(\vec{\mathbf{r}},t)}{\partial t^2} = \frac{\partial^2\vec{\mathbf{g}}(\vec{\mathbf{r}},t)}{\partial x^2} + \frac{\partial^2\vec{\mathbf{g}}(\vec{\mathbf{r}},t)}{\partial y^2} + \frac{\partial^2\vec{\mathbf{g}}(\vec{\mathbf{r}},t)}{\partial z^2} - \frac{1}{c^2}\frac{\partial^2\vec{\mathbf{g}}(\vec{\mathbf{r}},t)}{\partial t^2} = 0,$$

mit der vektoriellen Größe $\vec{\mathbf{g}}(\vec{\mathbf{r}},t)$. Die Funktion $\vec{\mathbf{g}}$ (und damit auch die Wellengleichung) lässt sich in ihre einzelnen Komponenten $g_x(\vec{\mathbf{r}},t)$, $g_y(\vec{\mathbf{r}},t)$, $g_z(\vec{\mathbf{r}},t)$ zerlegen, für die dann jeweils die oben angegebenen Lösungen gelten.

■   In der Elektrodynamik steht $\vec{\mathbf{g}}$ z.B. für die Vektoren des magnetischen Feldes ($\vec{\mathbf{B}}$) oder des elektrischen Feldes ($\vec{\mathbf{E}}$), die jeweils einer vektoriellen Wellengleichung genügen.

Vektorwelle, Lösung der vektoriellen Wellengleichung, z.B. eine ebene Welle,

$$\vec{\mathbf{g}}(\vec{\mathbf{r}},t) = \vec{\mathbf{A}}\cos(\omega t - \vec{\mathbf{k}}\vec{\mathbf{r}} + \phi), \quad \vec{\mathbf{k}}^2 - \frac{\omega^2}{c^2} = 0.$$

Der Vektor $\vec{\mathbf{A}}$ gibt außer der **Amplitude der Welle**, $|\vec{\mathbf{A}}|$, auch die **Richtung der Auslenkung** der Oszillatoren, $\hat{\vec{\mathbf{A}}} = \vec{\mathbf{A}}/A$, an.

➤   Man kann die Vektoren $\vec{\mathbf{g}}(\vec{\mathbf{r}},t)$ und $\vec{\mathbf{A}}$ bezüglich eines kartesischen Koordinatensystems in ihre Komponenten g_x, g_y, g_z und A_x, A_y, A_z zerlegen. Diese Komponenten sind Lösungen der entsprechenden skalaren Wellengleichung.

10.   Longitudinalwelle,

Längswelle, Welle, bei der der Ausbreitungsvektor der Welle $\hat{\vec{\mathbf{k}}}$ und die Auslenkung der einzelnen Oszillatoren $\vec{\mathbf{A}}$ parallel zueinander sind (**Abb. 10.7**),

$$\vec{\mathbf{A}} = |\vec{\mathbf{A}}|\hat{\vec{\mathbf{k}}}.$$

■   Wird eine auf einer Unterlage liegende Schraubenfeder am Ende in ihrer Längsrichtung angestoßen, so breitet sich die vom Stoß verursachte Verdichtung längs der Feder aus. Die einzelnen Abschnitte der Feder oszillieren dabei in der Richtung der Federachse, in der sich auch die Verdichtungswelle fortpflanzt.

➤   Schall ist ein Beispiel für Longitudinalwellen, wobei sich Druckschwankungen und infolgedessen Verdichtungen im jeweiligen Medium ausbreiten.

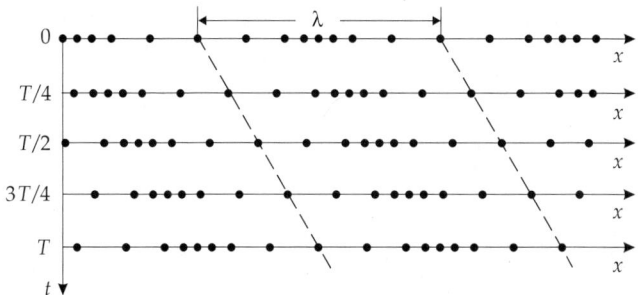

Abbildung 10.7: Ausbreitung einer Longitudinalwelle

11.   Transversalwelle,

Querwelle, Welle, bei der die Oszillatoren senkrecht zum Ausbreitungsvektor der Welle schwingen, $\hat{\vec{k}} \cdot \vec{A} = 0$.

- Bewegt man das Ende eines Seiles rasch auf und ab, so laufen Wellenberge und Wellentäler am Seil entlang. Die einzelnen Abschnitte des Seils werden also senkrecht zur Seilachse ausgelenkt, während die Welle das Seil entlang wandert.

➤ Elektromagnetische Wellen sind transversale Wellen, bei denen elektrisches und magnetisches Feld senkrecht auf der Ausbreitungsrichtung der Welle stehen.

10.2   Polarisation

Polarisation, Orientierung des Wellenzahlvektors $\vec{k}$ in Bezug zur Auslenkungsrichtung $\hat{\vec{A}}$ einer Welle.

Longitudinale Polarisation, Wellenzahlvektor steht parallel zur Auslenkungsrichtung einer Welle.

Transversale Polarisation, Wellenzahlvektor steht senkrecht zur Auslenkungsrichtung einer Welle.

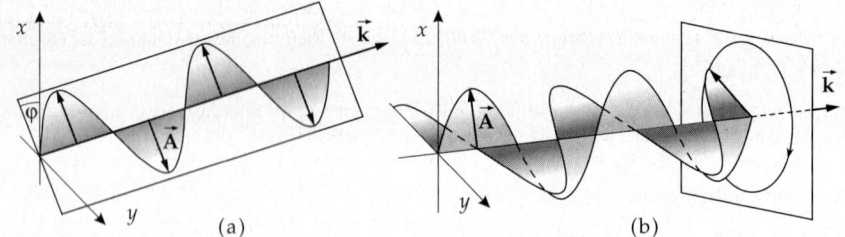

Abbildung 10.8: Polarisation von Transversalwellen. (a): Lineare Polarisation, (b): Zirkularpolarisation

Unterscheidung transversaler Wellen nach dem Verhalten des Auslenkungsvektors:

- **Lineare Polarisation,** der Auslenkungsvektor $\vec{A}$ ändert seine Lage in der zu $\vec{k}$ senkrechten Ebene nicht.
- **Elliptische Polarisation,** der Auslenkungsvektor $\vec{A}$ dreht sich in der zu $\vec{k}$ senkrechten Ebene. Der Endpunkt von $\vec{A}$ beschreibt eine Ellipse.
- **Zirkulare Polarisation,** der Auslenkungsvektor $\vec{A}$ dreht sich in der zu $\vec{k}$ senkrechten Ebene. Der Endpunkt von $\vec{A}$ beschreibt einen Kreis. Spezialfall der elliptischen Polarisation.

Liegt $\vec{k}$ in z-Richtung eines Koordinatensystems, dann liegt $\vec{A}$ in der x-y-Ebene. Die Drehung von $\vec{A}$ kann durch die Überlagerung zweier Schwingungen in x- und y-Richtung, $x(t) = A \sin(\omega t - \phi_x)$ und $y(t) = B \sin(\omega t - \phi_y)$, dargestellt werden.

10.3   Interferenz

Interferenz, Bezeichnung für die bei der Überlagerung verschiedener Wellen auftretenden Phänomene. Im engeren Sinn spricht man nur dann von Interferenz, wenn die überlagerten Wellen **kohärent** sind.

10.3.1   Kohärenz

Kohärente Wellen, zwei Wellen sind kohärent, wenn ihre Phasendifferenz nicht von der Zeit abhängt.

- Laser liefern **kohärentes** monochromatisches Licht.

- Durch Reflexion eines gebündelten Strahles an einem halbdurchlässigen Spiegel oder an einer planparallelen Platte können mit einer ausgedehnten, konventionellen Lichtquelle **kohärente** Wellen erzeugt werden.

■ Zwei Wellen ohne feste Phasenbeziehung sind **inkohärent**.

■ Rechtwinklig zueinander polarisierte Strahlen der gleichen Strahlenquelle sind **inkohärent**.

Wellenzug, eine zeitlich und räumlich begrenzte Welle, die aus der Überlagerung unendlich vieler Wellen mit verschiedenen Frequenzen und Phasenverschiebungen aufgebaut ist.

Kohärenz, Interferenzfähigkeit von Wellenzügen, d.h., die bei der Überlagerung auftretenden Effekte lassen sich im Zeitmittel experimentell nachweisen.

Bei Wellenzügen tritt Interferenz dann auf, wenn sie sich im Beobachtungsgebiet überlagern und wenn die dabei auftretenden Maxima und Minima in der Intensität nicht ständig ihren Ort ändern.

Kohärenzlänge, l, größter Gangunterschied zweier Wellenzüge, bei dem gerade noch Interferenz nachgewiesen werden kann. Wird ein Wellenzug während der Zeit τ erzeugt (oder - bei Licht - emittiert), so gilt:

Kohärenzlänge			L
	Symbol	Einheit	Benennung
$l = c\tau$	l	m	Kohärenzlänge
	c	m/s	Ausbreitungsgeschwindigkeit
	τ	s	Emissionszeit

10.3.2 Interferenz

Für lineare Wellen gilt das Superpositionsprinzip.

▲ Die momentane Auslenkung der resultierenden Welle in einem Raumpunkt ergibt sich durch Addition der momentanen Auslenkungen aller Teilwellen in diesem Raumpunkt.

1. Beispiel zur Interferenz

Überlagerung zweier Wellen mit gleicher Amplitude A und Kreisfrequenz ω, aber unterschiedlichem Phasenwinkel ϕ, mit gleicher Ausbreitungsrichtung.

Erste Welle:

$$y_1(x,t) = A\cos(\omega t - kx + \phi_1).$$

Zweite Welle:

$$y_2(x,t) = A\cos(\omega t - kx + \phi_2).$$

Mit dem Additionstheorem für den Cosinus folgt für die resultierende Welle

$$
\begin{aligned}
y_{\text{ges}}(x,t) &= y_1(x,t) + y_2(x,t) \\
&= 2A\cos\left(\omega t - kx + \frac{\phi_1 + \phi_2}{2}\right) \cdot \cos\left(\frac{\Delta\phi}{2}\right)
\end{aligned}
$$

mit dem **Phasenunterschied**

$$\Delta\phi = \phi_1 - \phi_2.$$

2. Gangunterschied und Intensität bei Interferenz

Gangunterschied, δ, zu gegebenem Phasenunterschied $\Delta\phi$ definiert als

Berechnung des Gangunterschieds			L
	Symbol	Einheit	Benennung
$\delta = \dfrac{\Delta\phi}{2\pi}\lambda$	δ	m	Gangunterschied
	$\Delta\phi$	rad	Phasenunterschied
	λ	m	Wellenlänge

Intensität, I, Bezeichnung für das Quadrat der Amplitude einer Welle.

Für die resultierende Welle erhält man die Intensität

$$I = 2A^2 \left(1 + \cos(\Phi_1 - \Phi_2)\right), \quad \Phi_1 = \omega_1 t + \phi_1, \quad \Phi_2 = \omega_2 t + \phi_2.$$

Werden zwei Wellen mit den Frequenzen f_1 und f_2 überlagert, so hat die Intensität eine Periode T (s. S. 259):

$$T = \left| \frac{1}{f_1} - \frac{1}{f_2} \right|.$$

Ist die Beobachtungsdauer wesentlich größer als T, so kann im Experiment nur der Mittelwert der Intensität gemessen werden:

$$\bar{I} = 2A^2 = I_1 + I_2,$$

d.h., der **Interferenzterm** $2A\cos(\Phi_1 - \Phi_2)$ fällt weg. Gleiches gilt allgemein für die Überlagerung von inkohärenten Wellen und von Wellenzügen:

▲   Bei der Überlagerung inkohärenter Wellen tritt keine Interferenz auf, die Intensitäten der Wellen addieren sich lediglich.

3.   Spezialfälle der Interferenz

- **Konstruktive Interferenz**, **Verstärkung**, $\delta = n\lambda$, n ganzzahlig. Sich überlagernde Wellen gleicher Amplitude verstärken sich maximal, die Amplitude der resultierenden Welle ist doppelt so groß wie die der Ausgangswelle.

- **Destruktive Interferenz**, **Auslöschung**, $\delta = (2n+1)\lambda/2$, n ganzzahlig. Die Wellen löschen sich gegenseitig aus. Die resultierende Welle hat die Amplitude Null.

- $\delta = (n + 1/4)\lambda$, n ganzzahlig. Die resultierende Amplitude ist $\sqrt{2}A$, die Phase der resultierenden Welle ist so verschoben, dass ihre Nulldurchgänge zwischen denen der ursprünglichen Wellen liegen.

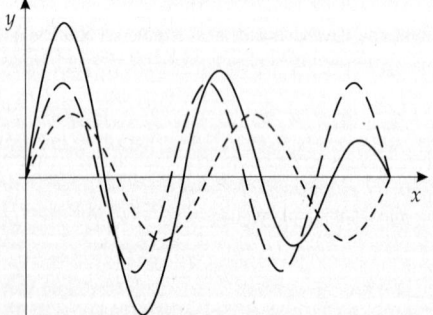

Abbildung 10.9: Interferenz. Überlagerung zweier Wellen y_1, y_2 (gestrichelte Linien) mit verschiedenen Frequenzen und Amplituden zu einer festen Zeit als Funktion der Ortes x. Die resultierende Welle y ist durchgezogen gezeichnet

10.3.3   Stehende Wellen

Stehende Wellen, entstehen durch Überlagerung zweier Wellen mit gleicher Frequenz, gleicher Amplitude und gleichem Phasenwinkel, aber entgegengesetzter Laufrichtung. Die Wellenzahlvektoren $(\vec{k}, -\vec{k})$ beider Wellen sind betragsgleich und antiparallel.

Mathematische Beschreibung:

$$\begin{aligned}
y_1(\vec{r}, t) &= A\cos(\vec{k} \cdot \vec{r} - \omega t), \\
y_2(\vec{r}, t) &= A\cos(-\vec{k} \cdot \vec{r} - \omega t), \\
y(\vec{r}, t) &= y_1(\vec{r}, t) + y_2(\vec{r}, t) = -2A\cos(\omega t)\cos(\vec{k} \cdot \vec{r}).
\end{aligned}$$

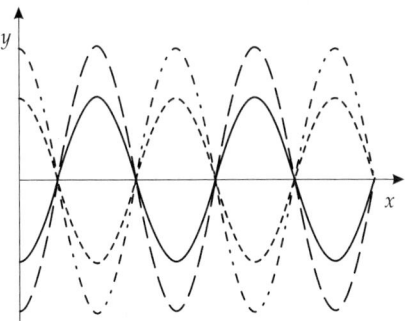

Abbildung 10.10: Stehende Welle. Auslenkung y an den Orten x zu verschiedenen Zeitpunkten

▲ Die Minima und Maxima der stehenden Welle sind ortsfest.

Schwingungsknoten, Bezeichnung für ein ortsfestes Minimum einer stehenden Welle.

Schwingungsbauch, Bezeichnung für ein ortsfestes Maximum einer stehenden Welle.

10.3.3.1 Stehende Wellen in einseitig eingespannten Stäben

Läuft eine Dichtewelle durch einen Stab der Länge l, so wird sie an dessen Enden reflektiert. Das Ende, an dem der Stab eingespannt ist, bildet dabei ein festes Ende (**Abb. 10.11**). Es bilden sich stehende Wellen aus, wenn für die Wellenlänge λ_n gilt:

Stehende Welle: ein freies, ein festes Ende			**L**
	Symbol	Einheit	Benennung
$\lambda_n = \dfrac{4l}{2n+1}$	λ_n	m	Wellenlänge
	l	m	Stablänge
	n	1	Knotenzahl

Diese stehende Wellen bezeichnet man als **Eigenschwingungen des Stabs**. Wellen vom gleichen Typ treten auch bei an einem Ende offenen Pfeifen auf. Die Knotenzahl n (≥ 0) entspricht der Zahl der Schwingungsknoten, wobei der Knoten am eingespannten Ende nicht gezählt wird.

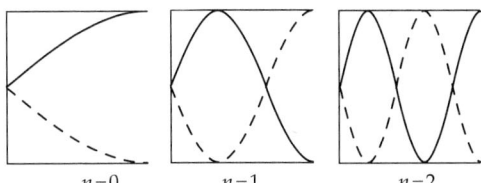

$$n=0 \qquad n=1 \qquad n=2$$

Abbildung 10.11: Eigenschwingungen eines Stabs mit einem freien und einem festen Ende

Grundschwingung, stehende Welle mit $n = 0$. Ihre Wellenlänge ist:

$$\lambda_0 = 4l.$$

Grundfrequenz, f_0, Frequenz der Grundschwingung,

$$f_0 = \frac{c}{\lambda_0} = \frac{c}{4l},$$

wobei c die Phasengeschwindigkeit der Welle im Stab ist.

Oberschwingung, stehende Welle mit von Null verschiedener Knotenzahl n.

M   Ein Stab wird zu Schwingungen angeregt, indem man ihn transversal oder horizontal anstößt. Der Stoß ist eine komplizierte Anregung, die viele Frequenzen beinhaltet. Schwingungen mit Frequenzen, die nicht den Eigenschwingungen des Stabs entsprechen, klingen sehr viel schneller ab als die Schwingungen mit der **Eigenfrequenz** des Stabs.

10.3.3.2   Stehende Wellen auf Saiten

Saite, fadenförmiges, elastisches Gebilde, dessen Länge wesentlich größer der Durchmesser ist.

Wird eine Saite an beiden Enden eingespannt, so können auf ihr Transversalwellen angeregt werden. An den Enden der Saite treten Reflexionen am festen Ende auf. Bei geeigneter Wellenlänge bilden sich stehende Wellen, die als **Eigenschwingung** der Saite bezeichnet werden (**Abb. 10.12**).

Bedingung für die Wellenlänge λ_n:

Stehende Welle: zwei feste Enden			L
$\lambda_n = \dfrac{2l}{n+1}$	Symbol	Einheit	Benennung
	λ_n	m	Wellenlänge
	l	m	Saitenlänge
	n	1	Knotenzahl (≥ 0)

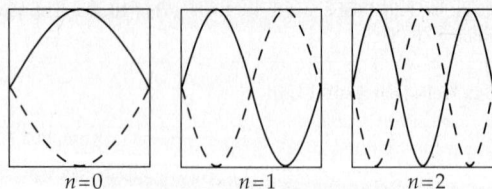

$n=0$ $n=1$ $n=2$

Abbildung 10.12: Eigenschwingungen einer Saite mit zwei festen Enden

Grundschwingung, stehende Welle für den Fall $n = 0$, Wellenlänge

$$\lambda_0 = 2l\,.$$

Grundfrequenz, f_0, Frequenz der Grundschwingung,

$$f_0 = \frac{c}{\lambda_0} = \frac{c}{2l}\,,$$

wobei c die Phasengeschwindigkeit der Welle auf der Saite ist.

Die Tonhöhe (Frequenz des Grundtons) nimmt mit zunehmendem Durchmesser der Saite ab (Klaviersaiten).

10.3.3.3   Stehende Wellen im Kundtschen Rohr

M   **Kundtsches Rohr**, Apparatur, mit der logitudinale stehende Wellen in Luft sichtbar gemacht werden können. Es besteht aus einem Glasrohr, das an einem Ende durch eine schwingende Membran (Lautsprecher) und auf der anderen Seite durch einen verschiebbaren Stempel abgeschlossen ist. Auf dem Boden des Rohrs befindet sich Korkmehl.

Die Membran versetzt die Luftsäule im Rohr in Schwingungen. Die Länge der Luftsäule kann durch die Position des Stempels festgelegt werden. Am Stempel tritt Reflexion am festen Ende auf, so dass sich stehende Wellen ausbilden. An den Orten der Schwingungsknoten bewegt sich das Korkmehl nicht, während es sich an den Schwingungsbäuchen senkrecht zur Rohrachse verteilt.

➤   Durch Verschieben des Stempels kann die Länge der Luftsäule verändert und damit die Bedingung für die Ausbildung stehender Wellen überprüft werden.

➤ Die Druckverteilung längs der Luftsäule lässt sich mit einer ähnlichen Anordnung, dem Rubensschen Flammenrohr, sinnfällig demonstrieren.

Bedingung für die Wellenlänge λ_n bei zwei freien Enden (**Abb. 10.13**):

Stehende Welle: zwei freie Enden **L**

$$\lambda_n = \frac{2l}{n+1}$$

Symbol	Einheit	Benennung
λ_n	m	Wellenlänge
l	m	Röhrenlänge
n	1	ganze, nicht negative Zahl

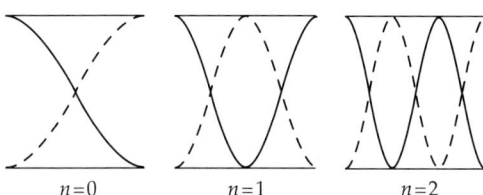

$$n=0 \qquad n=1 \qquad n=2$$

Abbildung 10.13: Eigenschwingungen im Kundtschen Rohr mit zwei freien Enden

Grundschwingung, stehende Welle für den Fall $n = 0$, Wellenlänge

$$\lambda_0 = 2l\,.$$

Grundfrequenz, f_0, Frequenz der Grundschwingung,

$$f_0 = \frac{c}{\lambda_0} = \frac{c}{2l}\,,$$

wobei c die Phasengeschwindigkeit der Welle in Luft (Schallgeschwindigkeit) ist.

10.3.4 Wellen mit unterschiedlichen Frequenzen

1. Überlagerung zweier harmonischer Wellen

Zwei harmonische Wellen

$$y_1(x,t) = A\cos(\omega_1 t - k_1 x)\,,$$
$$y_2(x,t) = A\cos(\omega_2 t - k_2 x)$$

mit **verschiedenen** Frequenzen und Wellenzahlen, aber **gleicher** Amplitude überlagern sich zu

$$y(x,t) = y_1(x,t) + y_2(x,t) = 2A\cos(\omega t - kx)\cos(\Delta\omega t - \Delta k x)$$

mit

$$\omega = \frac{\omega_1 + \omega_2}{2}\,, \quad k = \frac{k_1 + k_2}{2}\,, \quad \Delta\omega = \frac{\omega_1 - \omega_2}{2}\,, \quad \Delta k = \frac{k_1 - k_2}{2}\,.$$

Dies entspricht einer Welle mit Kreisfrequenz ω, deren Amplitude mit der Frequenz $\Delta\omega$ moduliert wird.

Einhüllende der Welle:

$$\cos(\Delta\omega t - \Delta k x)\,.$$

Gruppengeschwindigkeit, v_{gr}, Geschwindigkeit, mit der sich die einhüllende Welle bewegt,

$$v_{\text{gr}} = \frac{\Delta\omega}{\Delta k} = \frac{\omega_1 - \omega_2}{k_1 - k_2}\,.$$

2.   Wellenpaket,

Wellengruppe, räumlich begrenzte (**lokalisierte**) Welle, die durch Überlagerung unendlich vieler harmonischer Wellen mit kontinuierlicher Verteilung $c(\vec{k})$ der Wellenzahlvektoren erzeugt werden kann (**Fourier-Synthese**):

$$f(\vec{r},t) = \int c(\vec{k}) \cos(\omega t - \vec{k}\vec{r}) \, d^3\vec{k}, \quad \vec{k} = k(\omega)\vec{e}, \quad \vec{e} : \text{Ausbreitungsvektor}.$$

Durch die Wahl der Verteilung $c(\vec{k})$ lässt sich jede beliebige Einhüllende des Wellenpakets generieren.

Gruppengeschwindigkeit eines Wellenpakets im Medium, v_{gr}, definiert als $\dfrac{d\omega}{d\vec{k}}$.

Gruppen- und Phasengeschwindigkeit im Medium (eindimensional)			LT^{-1}
	Symbol	Einheit	Benennung
$v_{gr} = v - \lambda\dfrac{dv}{d\lambda}$	v_{gr}	m/s	Gruppengeschwindigkeit im Medium
	v	m/s	Phasengeschwindigkeit im Medium
$v_{gr} = \dfrac{d\omega}{dk}$	λ	m	Wellenlänge
	k	1/m	Wellenzahl
	ω	1/s	Kreisfrequenz

Gruppengeschwindigkeit und Phasengeschwindigkeit unterscheiden sich, wenn Dispersion vorliegt, d.h., wenn die Ausbreitungsgeschwindigkeit von Wellen im Medium von der Wellenlänge abhängt (s. S. 282). Der Transport von Energie (allgemein: Information) durch ein Wellenpaket erfolgt mit der Gruppengeschwindigkeit.

10.4   Doppler-Effekt

Doppler-Effekt, Frequenz und Wellenlänge, die ein Beobachter wahrnimmt, ändern sich, sobald sich der Wellenerreger (Quelle) und der Beobachter relativ zueinander bewegen.

■   Der Ton einer Hupe eines sich auf einen Beobachter zu bewegenden Autos erscheint dem Beobachter höher als der Ton der Hupe des ruhenden Autos.

Die Anzahl der Wellenfronten, die den Beobachter innerhalb eines bestimmten Zeitintervalls erreichen, ändert sich, wenn die Quelle sich von ihm fort oder auf ihn zu bewegt (**Abb. 10.14**).

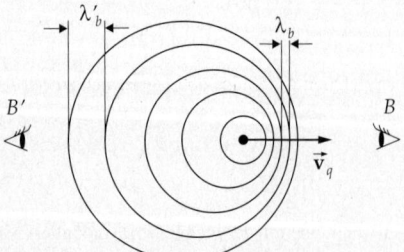

Abbildung 10.14: Doppler-Effekt. Wellenfronten einer mit der Geschwindigkeit $\vec{v}_q$ bewegten Quelle im Bezugssystem der ruhenden Beobachter B, B'.

λ_b, λ'_b: vom Beobachter gemessene Wellenlänge

1.   Fallunterscheidung beim Doppler-Effekt im Medium

Beim Doppler-Effekt im Medium hängt der Zusammenhang zwischen der Frequenz f_q und Wellenlänge λ_q im Ruhesystem der Wellenquelle und der Frequenz f_b und Wellenlänge λ_b im Ruhesystem des Beobachters davon ab, ob sich die Quelle, der Beobachter oder beide bewegen:

Doppler-Effekt: bewegte Quelle, ruhender Beobachter

	Symbol	Einheit	Benennung
$f_b = \dfrac{f_q}{\left(1 \pm \dfrac{v_q}{c}\right)}$	f_b	Hz	Frequenz im Ruhesystem Beobachter
	f_q	Hz	Frequenz im Ruhesystem Quelle
	λ_b	m	Wellenlänge im Ruhesystem Beobachter
$\lambda_b = \left(\dfrac{c}{f_q}\right)\left(1 \pm \dfrac{v_q}{c}\right)$	λ_q	m	Wellenlänge im Ruhesystem Quelle
	v_q	m/s	Geschwindigkeit Quelle im Medium
	c	m/s	Phasengeschwindigkeit im Medium

➤ In obigen Formeln gilt das Pluszeichen, wenn sich die Quelle vom Beobachter entfernt, das Minuszeichen, wenn sie sich dem Beobachter nähert.

Doppler-Effekt: ruhende Quelle, bewegter Beobachter

	Symbol	Einheit	Benennung
$f_b = f_q\left(1 \pm \dfrac{v_b}{c}\right)$	f_b	Hz	Frequenz im Ruhesystem Beobachter
	f_q	Hz	Frequenz im Ruhesystem Quelle
	λ_b	m	Wellenlänge im Ruhesystem Beobachter
$\lambda_b = \dfrac{c}{f_q}\dfrac{1}{\left(1 \pm \dfrac{v_b}{c}\right)}$	λ_q	m	Wellenlänge im Ruhesystem Quelle
	v_b	m/s	Geschwindigkeit Beobachter im Medium
	c	m/s	Phasengeschwindigkeit im Medium

➤ In obigen Formeln gilt das Pluszeichen in der Formel, wenn sich der Beobachter der Quelle nähert, das Minuszeichen, wenn er sich von der Quelle entfernt.

2. Dopplereffekt elektromagnetischer Wellen ohne Dispersion,

ergibt für die Frequenz f' im **bewegten Bezugssystem** für den

a) **transversalen Dopplereffekt:** Beobachter bewegt sich mit der **Relativgeschwindigkeit** v zur Quelle senkrecht zur Ausbreitungsrichtung der elektromagnetischen Welle,

$$f' = f\sqrt{1 - (v/c)^2},$$

b) **longitudinalen Dopplereffekt:** Beobachter bewegt sich mit der **Relativgeschwindigkeit** v zur Quelle

• Quelle entfernt sich vom Beobachter

$$f' = f\sqrt{\frac{c-v}{c+v}},$$

• Quelle nähert sich dem Beobachter

$$f' = f\sqrt{\frac{c+v}{c-v}}.$$

[M] Der Dopplereffekt wird bei der **Radarkontrolle** ausgenutzt, wobei elektromagnetische Wellen vom bewegten Fahrzeug reflektiert werden.

10.4.1 Mach-Wellen und Mach-Stoßwellen

Mach-Wellen, kegelförmige Wellenfront mit der Quelle als Spitze, wenn sich die Quelle mit einer Geschwindigkeit v_q durch ein Medium bewegt, die größer ist als die Ausbreitungsgeschwindigkeit c der Wellen im Medium. Der halbe Öffnungswinkel α des **Machschen Kegels** berechnet sich mit der **Mach-Formel**,

Mach-Winkel α			1
	Symbol	Einheit	Benennung
$\sin\alpha = \dfrac{c}{v_q}$	α	rad	halber Öffnungswinkel des Machschen Kegels
	c	m/s	Schallgeschwindigkeit im Medium
	v_q	m/s	Geschwindigkeit der Quelle im Medium

■ **Überschallknall** bei Schallwellen.

■ **Ćerenkov-Strahlung** bei elektromagnetischen Wellen, Bewegung geladener Körper mit der Geschwindigkeit $v \approx c$ in Medien mit Brechungsindex $n > 1$.

Mach-Zahl M, Quotient aus Schallgeschwindigkeit c und Geschwindigkeit v_q der Quelle.

■ Verkehrsflugzeuge fliegen normalerweise mit $v < 1000$ km/h, $M < 1$. Die Concorde erreicht jedoch $M > 2$.

Mach-Stoßwellen, treten auf, wenn die Schallgeschwindigkeit des Mediums, in dem sich die Quelle bewegt, von der Dichte des Mediums abhängig ist. In der Regel nimmt die Schallgeschwindigkeit mit steigender Dichte zu. Die Schallgeschwindigkeit ist in der Nähe der Quelle am größten, da durch deren Bewegung Kompression auftritt. Die Fronten maximaler Dichte weichen dann von der Kegelform durch eine typische Krümmung ab. Die Mach-Formel gilt immer noch in *folgendem Sinne*: Verschiebt man die Tangente entlang der gekrümmten Front, so fällt die Tangente mit dem nach der Mach-Formel berechneten Kegel am Ort der Quelle zusammen. Die Mach-Stoßfront befindet sich dann also innerhalb dieses Kegels.

10.5   Brechung

1.   Definition der Brechung

Brechung, Änderung der Ausbreitungsrichtung einer Welle an der Grenzfläche zwischen zwei Medien, in denen sich die Ausbreitungsgeschwindigkeit unterscheidet.

Die Brechung kann mit der Huygensschen Konzeption der Elementarwellen interpretiert werden: Von jedem Punkt der Grenzfläche, auf den die einfallende Wellenfront trifft, geht eine Elementarwelle mit der entsprechenden Ausbreitungsgeschwindigkeit aus. Die Elementarwellen erzeugen dann eine neue Wellenfront (**Abb. 10.15**).

➤ Die Brechung kann auch durch das Prinzip von Fermat erklärt werden, nach dem die Lichtausbreitung zwischen zwei Punkten auf dem kürzesten optischen Weg, d.h, auf dem geometrischen Weg erfolgt, für den das Licht die kleinste Laufzeit braucht. Dabei ist zu berücksichtigen, dass die Ausbreitungsgeschwindigkeit des Lichts vom (evtl. ortsabhängigen) Brechungsindex des Mediums abhängt. Die Bestimmung des optischen Weges ist somit ein **Variationsproblem**.

2.   Brechungsgesetz

▲ Ist die Wellengeschwindigkeit im ersten Medium c_1 und im zweiten Medium c_2, und ist der Einfallswinkel ε, dann gilt für den Brechungswinkel ε' (**Abb. 10.16**):

Brechungsgesetz			
	Symbol	Einheit	Benennung
$\dfrac{\sin\varepsilon}{\sin\varepsilon'} = \dfrac{c_1}{c_2}$	ε	rad	Einfallswinkel
	ε'	rad	Brechungswinkel
	c_1, c_2	m/s	Wellengeschwindigkeit Medium 1, 2

➤ Die an der Grenzfläche erregten Elementarwellen breiten sich auch in dem Medium aus, aus dem die ursprüngliche Welle einfällt. Trifft eine Welle auf eine Grenzfläche, so wird also ein Teil gebrochen, während ein anderer Teil der Welle reflektiert wird.

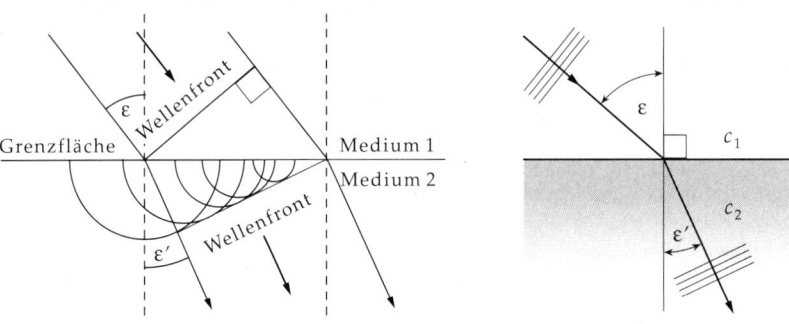

Abbildung 10.15: Brechung im Wellenbild. ε, ε': Winkel zwischen Ausbreitungsrichtung der Welle und dem Lot auf der Grenzfläche vor bzw. nach der Brechung

Abbildung 10.16: Brechungsgesetz. ε: Einfallswinkel, ε': Brechungswinkel. c_1, c_2: Wellengeschwindigkeit im Medium 1, 2

10.6 Reflexion

Reflexionsgesetz (Abb. 10.17):

- Der Einfallswinkel ist gleich dem Ausfallswinkel.
- Der reflektierte Strahl liegt in der von Lot und einfallendem Strahl gebildeten **Einfallsebene**.

Einfallswinkel = Ausfallswinkel			
	Symbol	Einheit	Benennung
$\varepsilon = \varepsilon_r$	ε	rad	Einfallswinkel
	ε_r	rad	Ausfallswinkel

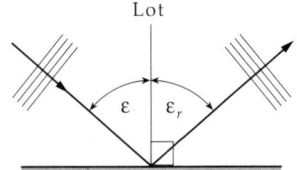

Abbildung 10.17: Reflexionsgesetz. ε: Einfallswinkel, ε_r: Ausfallswinkel

10.6.1 Phasenbeziehungen

1. Phasenänderung bei Reflexion

Bei Reflexion ändert sich die Phase der Welle in Abhängigkeit von der Art der Grenzfläche, an sie reflektiert wird:

▲ Wird eine Welle an einer Grenzfläche reflektiert, hinter der sich ein Medium befindet, in dem die Ausbreitungsgeschwindigkeit der Welle höher ist als vor der Grenzfläche, dann ändert sich die Phase der reflektierten Welle nicht.

▲ Wird eine Welle an einer Grenzfläche reflektiert, hinter der sich ein Medium befindet, in dem die Ausbreitungsgeschwindigkeit der Welle kleiner ist als davor, dann ändert sich die Phase der reflektierten Welle um π.

■ Breitet sich Licht im Vakuum aus und fällt auf eine Grenzfläche zu Glas, so wird das Licht mit einer Phasenverschiebung von π reflektiert.

2.   Phasenbeziehungen für mechanische Wellen

• **Reflexion am freien Ende**, Punkt, an dem Reflexion stattfindet, ist frei beweglich: keine Phasenverschiebung.

• **Reflexion am festen Ende**, Punkt, an dem Reflexion stattfindet, ist weniger beweglich als der Rest des Systems: Phasenverschiebung um π.

■ Befestigt man eine Schraubenfeder an einem Ende an einer starren Wand und lässt dann longitudinale oder transversale Wellen durch die Schraubenfeder laufen, so ist das Ende an der Wand ein festes Ende.

Wird das Ende der Schraubenfeder mit einem dünnen längeren Faden an der Wand befestigt, so ist dies praktisch ein freies Ende (**Abb. 10.18**).

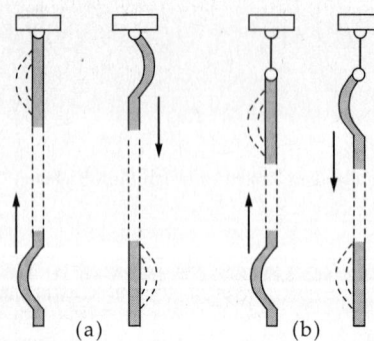

(a)   (b)

Abbildung 10.18: Phasenänderung bei Reflexion. (a): Reflexion am festen Ende, (b): Reflexion am freien Ende

10.7   Dispersion

Dispersion, Abhängigkeit der Phasengeschwindigkeit einer Welle von der Wellenlänge:

a) **normale Dispersion:** die Phasengeschwindigkeit v wird mit wachsender Wellenlänge λ größer,

$$\frac{\mathrm{d}v}{\mathrm{d}\lambda} > 0, \quad v_{\mathrm{gr}} < v.$$

Die Gruppengeschwindigkeit $v_{\mathrm{gr}} = v - \lambda\dfrac{\mathrm{d}v}{\mathrm{d}\lambda}$ (s. S. 278) ist kleiner als die Phasengeschwindigkeit v.

b) **anomale Dispersion:** die Phasengeschwindigkeit v wird mit wachsender Wellenlänge λ kleiner,

$$\frac{\mathrm{d}v}{\mathrm{d}\lambda} < 0, \quad v_{\mathrm{gr}} > v.$$

Die Gruppengeschwindigkeit $v_{\mathrm{gr}} = v - \lambda\dfrac{\mathrm{d}v}{\mathrm{d}\lambda}$ ist größer als die Phasengeschwindigkeit v.

c) **keine Dispersion:** die Phasengeschwindigkeit v hängt nicht von der Wellenlänge λ ab,

$$\frac{\mathrm{d}v}{\mathrm{d}\lambda} = 0, \quad v_{\mathrm{gr}} = v.$$

Die Gruppengeschwindigkeit v_{gr} ist gleich der Phasengeschwindigkeit v.

10.8   Beugung

Beugung, Abweichung von der geradlinigen Ausbreitung einer Welle. Erklärung durch Huygenssche Elementarwellen, die von jedem von der Welle erreichten Punkt eines Gegenstandes ausgehen.

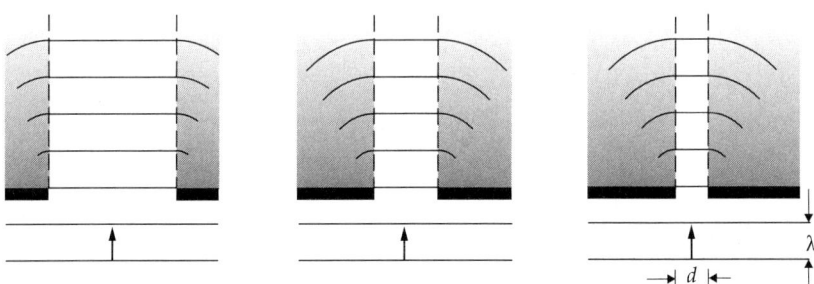

Abbildung 10.19: Eindringen einer ebenen Welle der Wellenlänge λ in den Schatten hinter einem Spalt der Breite d. Der Beugungseffekt wächst mit abnehmendem Verhältnis von Spaltbreite zu Wellenlänge

Schatten, der Bereich hinter einem Gegenstand, der im Sinne der geometrischen Optik durch einen von der Quelle ausgehenden Strahl nicht erreichbar ist. Durch Beugung dringt die Welle auch in die geometrische Schattenzone hinter dem Gegenstand ein. Die Details der Beugungserscheinung werden vom Verhältnis der Wellenlänge zur geometrischen Abmessung des Gegenstandes bestimmt.

10.8.1   Beugung am Spalt

1.   Beugung einer ebenen Welle am Spalt

Eine ebene Welle falle senkrecht auf eine Blende mit einem Spalt der Breite d. Die Wellenfronten sind dann parallel zur Blendenebene. Jeder Punkt in der Ebene des Spalts wirkt als Ausgangspunkt einer Huygensschen Elementarwelle (**Abb. 10.20**) Auf einem Schirm hinter der Blende ergeben sich in Abhängigkeit vom Beugungswinkel α, um den sich die Ausbreitungsrichtung ändert, folgende Wellenintensitäten I_α:

Intensität bei Beugung am Spalt				1
	Symbol	Einheit	Benennung	
$$I_\alpha = I_0 \frac{\sin^2\left(\frac{\pi d \sin\alpha}{\lambda}\right)}{\left(\frac{\pi d \sin\alpha}{\lambda}\right)^2}$$	α	rad	Beugungswinkel	
	I_α		Intensität bei α	
	I_0		Intensität bei $\alpha = 0$	
	d	m	Spaltbreite	
	λ	m	Wellenlänge	

➤   Diese Formel gilt nur, wenn der Abstand des Schirms sehr groß gegenüber der Spaltbreite ist.

Diese Form der Intensitätsverteilung erklärt sich dadurch, dass die von verschiedenen Punkten der Spaltebene ausgehenden Elementarwellen in Abhängigkeit von α unterschiedliche Gangunterschiede Δ haben und daher die von den Spalthälften ausgehenden Elementarwellen sich durch **Interferenz** gegenseitig auslöschen oder verstärken können (**Abb. 10.21**).

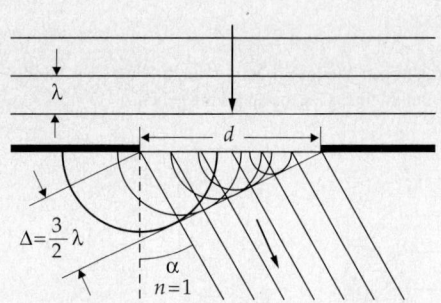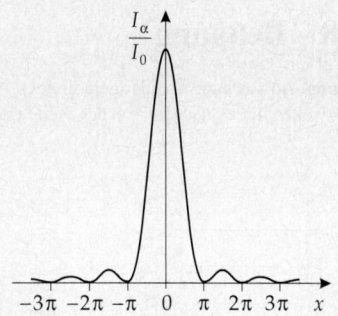

Abbildung 10.20: Beugung am Spalt im Wellenbild. λ: Wellenlänge, d: Spaltbreite, Δ: Gangunterschied

Abbildung 10.21: Beugung am Spalt der Breite d. Intensitätsverteilung als Funktion von $x = \pi d \sin(\alpha)/\lambda$

2. Intensitätsmaxima und -minima bei Beugung am Spalt

Lage der Intensitätsminima: bei Winkeln α_n, die die Bedingung

$$\sin\alpha_n = \pm n\frac{\lambda}{d}, \quad n = 1, 2, 3, \ldots$$

erfüllen.

Lage der Intensitätsmaxima: bei Winkeln α_n, die die Bedingung

$$\sin\alpha_n = \pm \left(n + \frac{1}{2}\right)\frac{\lambda}{d}, \quad n = 1, 2, 3, \ldots$$

erfüllen.

➤ Als **Hauptmaximum** bezeichnet man das bei $\alpha_n = 0$ auftretende dominante nullte Intensitäts- oder Beugungsmaximum.

▲ Bei der Beugung an einer kreisrunden Blende mit Durchmesser d ist das erste Interferenzminimum durch

$$\sin\alpha = 1.22\frac{\lambda}{d}$$

gegeben. Optische Instrumente können aufgrund der Beugung an der Kreisblende zwei Punkte nur dann getrennt abbilden, wenn diese unter einem Sehwinkel ε mit

$$\varepsilon \geq 1.22\frac{\lambda}{d}$$

gesehen werden. Diese Begrenzung wird als **Auflösungsvermögen** bezeichnet.

10.8.2 Beugung am Gitter

Eine ebene Welle falle auf ein Gitter mit Spaltbreite d und Abstand der Spalte g. Die Anzahl der Spalte sei q (**Abb. 10.22**).

Gitterkonstante g, Bezeichung für den Abstand der Spalte („Striche") eines Gitters.

Die Intensitätenverteilung auf einem Schirm hinter dem Gitter ist wieder durch Überlagerung von Huygensschen Elementarwellen zu erklären, die von den Gitterspalten ausgehen. Die von den verschiedenen Spalten ausgehenden Elementarwellen überlagern sich mit vom Beugungswinkel α abhängenden Gangunterschieden wie folgt:

Intensität bei Beugung am Strichgitter				1

$$I_\alpha = I_0 \frac{\sin^2\left(\dfrac{\pi d \sin\alpha}{\lambda}\right)}{\left(\dfrac{\pi d \sin\alpha}{\lambda}\right)^2} \times \frac{\sin^2\left(\dfrac{q\pi g \sin\alpha}{\lambda}\right)}{\sin^2\left(\dfrac{\pi g \sin\alpha}{\lambda}\right)}$$

Symbol	Einheit	Benennung
α	rad	Beugungswinkel
I_α		Intensität bei α
I_0		Intensität bei $\alpha = 0$
d	m	Spaltbreite
g	m	Gitterkonstante
q	1	Anzahl der Spalte
λ	m	Wellenlänge

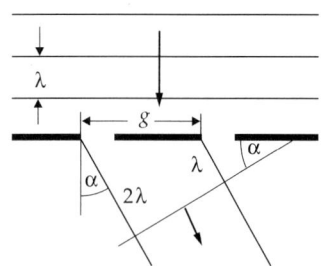

Abbildung 10.22: Beugung am Strichgitter mit der Gitterkonstanten g. λ: Wellenlänge

Lage der Intensitätsmaxima bei Winkeln α_n, die die Bedingung

$$\sin\alpha_n = \pm n\frac{\lambda}{g}, \qquad n = 0, 1, 2, \cdots$$

erfüllen.

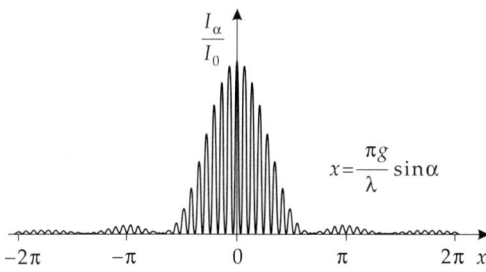

Abbildung 10.23: Intensitätsverteilung bei Beugung am Doppelspalt (Gitter mit $q = 2$) als Funktion von $x = \pi g \sin(\alpha)/\lambda$. λ: Wellenlänge, g: Gitterkonstante

10.9   Modulation von Wellen

Wellen können als Nachrichtenträger dienen, wenn man bei ihrer Erzeugung Information aufprägen und diese Information beim Empfang wieder abnehmen kann.

Modulation, Vorgang des Aufprägens von Information auf eine Welle beim Senden.

Demodulation, Vorgang des Abnehmens der Information einer Welle bei Empfang.

Adressierung, Auswahl des Empfängers eines Signals, meist durch das Auswählen einer speziellen Frequenz für die Trägerwelle, die das Signal trägt.

Modulation zur Nachrichtenübertragung spielt vor allem bei elektromagnetischen Wellen eine Rolle.

1.   Amplitudenmodulation

Amplitudenmodulation (AM), Veränderung der Amplitude einer hochfrequenten Trägerwelle im Rhythmus des zu übertragenden niederfrequenten Signals. Modulierendes Signal: $\Delta A \sin(\Omega t)$.

Die Zeitabhängigkeit der Auslenkung y einer amplitudenmodulierten Welle an einem festen Ort ist dann

$$y(t) = (A + \Delta A \sin(\Omega t)) \sin(\omega t),$$

wobei ω die Kreisfrequenz der Trägerwelle und Ω die Kreisfrequenz des Signals ist (**Abb. 10.24**).

■   Amplitudenmodulation wird beim AM-Radio im Lang-, Mittel- und Kurzwellenbereich verwendet.

2.   Frequenzmodulation

Frequenzmodulation (FM), Veränderung der Frequenz einer hochfrequenten Trägerwelle im Rhythmus des niederfrequenten Signals. Modulierendes Signal: $\Delta \omega \sin(\Omega t)$.

Die Abhängigkeit der Auslenkung y einer frequenzmodulierten Welle an einem festen Ort ist dann

$$y(t) = A \cos(\omega + \Delta \omega \sin(\Omega t) t),$$

wobei ω die Kreisfrequenz der Trägerwelle, Ω die Kreisfrequenz des Signals ist (**Abb. 10.25**).

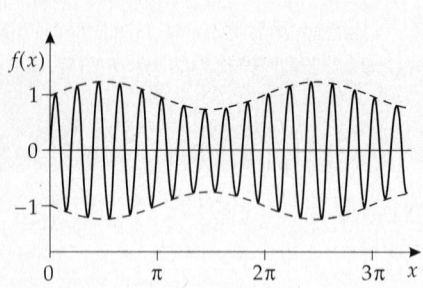 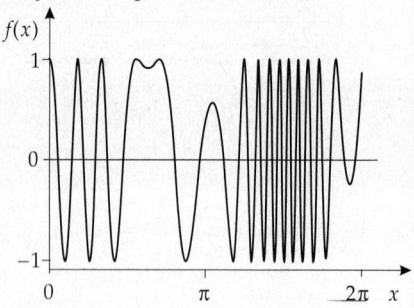

Abbildung 10.24: Amplitudenmodulation. Beispiel: $\delta A = 0.25A$, $\Omega = 0.1\,\omega$

Abbildung 10.25: Frequenzmodulation. Beispiel: $\Delta \omega = 0.5\,\omega$, $\Omega = 0.17\,\omega$

■   UKW-Radio und Tonübertragung beim Fernsehen arbeiten mit Frequenzmodulation (FM) elektromagnetischer Wellen.

Phasenmodulation, Veränderung des Phasenwinkels einer Trägerwelle durch das Signal.

➤   Phasenmodulation und Frequenzmodulation sind identisch, wenn die Modulation durch eine Sinusschwingung erfolgt.

3.   Pulsmodulation

Pulsmodulation, Veränderung

•   der Amplitude, der Frequenz oder der Phase einer Pulsfunktion,
•   der Dauer eines Pulses.

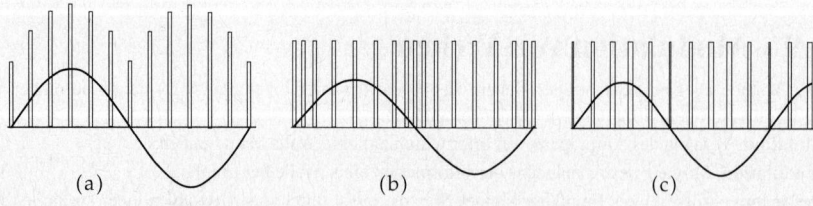

Abbildung 10.26: Verfahren der Pulsmodulation. (a): Pulsamplitudenmodulation, (b): Pulsfrequenzmodulation, (c): Pulsdauermodulation

10.10 Oberflächenwellen und Schwerewellen

Oberflächenwellen, Grenzflächenwellen an der freien Oberfläche einer Flüssigkeit.

▲ Oberflächenwellen sind weder rein longitudinale noch rein transversale Wellen.

Die Flüssigkeitsteilchen führen komplizierte ellipsenartige Bewegungen aus. Schwerewellen an der Grenzfläche Flüssigkeit - Gas zeigen eine wellenlängenabhängige Ausbreitungsgeschwindigkeit (**Dispersion, Abb. 10.27**):

Phasengeschwindigkeit von Oberflächenwellen			LT^{-1}
	Symbol	Einheit	Benennung
$$v_0 = \sqrt{\frac{g\lambda}{2\pi} + \frac{2\pi\sigma}{\lambda\rho}}$$	v_0	m/s	Phasengeschwindigkeit
	g	m/s^2	Fallbeschleunigung
	λ	m	Wellenlänge
	σ	N/m	Oberflächenspannung
	ρ	kg/m^3	Dichte der Flüssigkeit

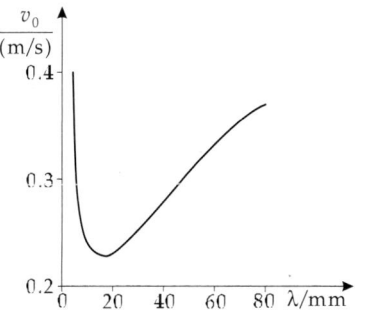

Abbildung 10.27: Dispersion von Oberflächenwellen ($h > 0.5\lambda$). h: Flüssigkeitstiefe, λ: Wellenlänge

Die Dichte der Flüssigkeit muss groß sein gegen die Dichte des Gases. Die Flüssigkeitstiefe h muss größer als 0.5λ sein.

Bei geringer Flüssigkeitstiefe $h < 0.5\lambda$ gilt:

$$v_0 = \sqrt{gh}.$$

In der folgenden Tabelle sind verschiedene Formen von Wasserwellen aufgeführt:

Name	Periode	Ursache
Kapillarwellen	bis 1 s	Wind
gewöhnliche Schwerewellen	$1 \ldots \approx 12$s	Wind
Dünung,	$0.5 \ldots 5$ min	gewöhnl. Schwere-
Infra-Schwerewellen		wellen, Wind
Seiches, Tsunami	5 min bis mehrere Stunden	Erdbeben, Wind und
		Luftdruckänderungen
Gezeitenwellen	12, 24 Stunden	Mond, Sonne
(langperiodische Wellen)		
Trans-Gezeitenwellen	>24 h	Mond, Sonne, Stürme

11 Akustik

Akustik, die Lehre von Schwingungen und Wellen in elastischen Medien. Die Akustik im engeren Sinne behandelt den hörbaren Frequenzbereich zwischen 16 Hz und 20 kHz. Physiologische und psychologische Probleme des Hörens gehören ebenfalls zur Akustik.

■   Elastische Medien sind z.B. Luft, Wasser oder auch feste Körper wie Metalle, Beton und Holz.

11.1 Schallwellen

Schallwellen, Ausbreitung von Druckschwankungen in elastischen Medien.

▲   In **festen** elastischen Medien treten sowohl **longitudinale** (**Längswellen**) als auch **transversale** (**Querwellen**) Wellen auf.
▲   Bei longitudinalen Wellen oszillieren die Teilchen parallel zur Ausbreitungsrichtung.
▲   In Gasen und weitgehend auch in Flüssigkeiten fehlt Scherviskosität. Es treten daher nur longitudinale Wellen auf, die **nicht polarisierbar** sind.

Longitudinale Wellen breiten sich in elastischen Medien als Verdünnungs- und Verdichtungsfronten aus.
Verdünnungsfront, Gesamtheit aller benachbarten Orte mit minimalem Druck.
Verdichtungsfront, Gesamtheit aller benachbarten Orte mit maximalem Druck.

▲   Im Vakuum gibt es **keinen** Schall.

11.1.1 Schallgeschwindigkeit

Von einer idealen punktförmigen Schallquelle in einem dreidimensionalen homogenen, isotropen Medium breitet sich Schall in Form von Kugelwellen aus.
Schallgeschwindigkeit, c, Ausbreitungsgeschwindigkeit von Schallwellen im Medium.
Meter/Sekunde, m/s, SI-Einheit der Schallgeschwindigkeit. Die Schallgeschwindigkeit beträgt 1 m/s, wenn sich der Schall in 1 Sekunde 1 m ausgebreitet hat.
$[c] = $ m/s.
Die Schallgeschwindigkeit ist von den Eigenschaften des Mediums abhängig.

➤   Bei großen Amplituden der Schallwellen ist die Schallgeschwindigkeit von der Amplitude abhängig.

1.   Schallgeschwindigkeit in Gasen
Schallgeschwindigkeit in Gasen, hängt ab von dem Adiabatenkoeffizienten κ (s. S. 632) und der Temperatur T bzw. dem Druck p des Gases:

Schallgeschwindigkeit in Gasen			LT^{-1}
	Symbol	Einheit	Benennung
	c_G	m/s	Schallgeschwindigkeit
$c_G = \sqrt{\dfrac{p \cdot \kappa}{\rho}}$	p	Pa	Druck
	κ	1	Adiabatenkoeffizient
$= \sqrt{\kappa R_s T}$	ρ	kg/m^3	Gasdichte
	T	K	Temperatur
	R_s	J/(K kg)	spezifische Gaskonstante

■   Die Schallgeschwindigkeit vieler technischer Gase liegt im Bereich $c \approx 200\text{-}1300$ m/s, also im Bereich der mittleren Molekülgeschwindigkeiten.

▲ Die Schallgeschwindigkeit von Gasen hängt stark von der Temperatur ab.

In Luft kann die Temperaturabhängigkeit der Schallgeschwindigkeit zwischen $-20\,°C$ und $40\,°C$ linear genähert werden durch:

$$c_L = (331.5 + 0.6 \cdot T)\,m/s \qquad (T\;in\;°C).$$

(s. **Tab. 13.1/2 und 13.1/3**, Schallgeschwindigkeiten verschiedener Gase).

2. Schallgeschwindigkeit in Flüssigkeiten

Schallgeschwindigkeit in Flüssigkeiten, hängt ab von dem Kompressionsmodul K (s. S. 150) und der Dichte ρ der Flüssigkeit:

Schallgeschwindigkeit in Flüssigkeiten			LT^{-1}
	Symbol	Einheit	Benennung
$c_{Fl} = \sqrt{\dfrac{K}{\rho}}$	c_{Fl}	m/s	Schallgeschwindigkeit
	ρ	kg/m^3	Dichte
	K	N/m^2	Kompressionsmodul

■ c_{Fl} liegt im Bereich 1100-2000 m/s (Wasser bei 20 °C: $c_W = 1480$ m/s).

■ Schallgeschwindigkeit in Flüssigkeiten: Wasser (20 °C) 1480 m/s, Benzen (20 °C) 1330 m/s, Methyl-alkohol (20 °C) 1156 m/s, Benzin (25 °C) 1295 m/s, Transformatoröl (32.5 °C) 1425 m/s (s. **Tab. 13.1/6 und 13.1/7**).

3. Schallgeschwindigkeit in Festkörpern - Körperschall

Schallgeschwindigkeit in Festkörpern, hängt von dem Elastizitätsmodul E (s. S. 159) und der Dichte ρ des Festkörpers ab:

Schallgeschwindigkeit in Festkörpern (Stäben)			LT^{-1}
	Symbol	Einheit	Benennung
$c_{Fk} = \sqrt{\dfrac{E}{\rho}}$	c_{Fk}	m/s	Schallgeschwindigkeit
	E	N/m^2	Elastizitätsmodul
	ρ	kg/m^3	Dichte

➤ Schallwellen in Festkörpern können Longitudinalwellen oder Transversalwellen sein.

➤ Bei nichtisotropen Festkörpern hängt die Schallgeschwindigkeit von der Ausbreitungsrichtung ab.

➤ Bei Ultraschallanwendungen ist die Welle lateral auf einen kleinen Bereich des Körpers begrenzt. Die Schallgeschwindigkeit ist dann gegeben durch

$$c = \sqrt{\frac{E(1-\nu)}{\rho(1+\nu)(1-2\nu)}}.$$

ν ist die Querkontraktionszahl.

■ c_{Fk} liegt im Bereich 1200-6000 m/s (Beton: $c = 3100$ m/s, Eisen: $c = 5000$ m/s).

■ Schallgeschwindigkeit in Festkörpern: Eisen 5000 m/s, Blei 1200 m/s, Zinn 2490 m/s, PVC (weich) 80 m/s, PVC (hart) 1700 m/s, Beton 3100 m/s, Buchenholz 3300 m/s, Kork 500 m/s (s. **Tab. 13.1/9, 13.1/10, 13.1/11**).

11.1.2 Schallkenngrößen

1. Schallwechseldruck,

auch **Schalldruck**, p, dem statischen Gleichgewichtsdruck p_0 (z. B. Luftdruck) überlagerter Druck, der mit den Verdichtungen und Verdünnungen des Mediums verbunden ist. p hat eine sinusförmige Abhängigkeit von Zeit und Ort. Bei einer Erregerfrequenz f hat p in **einer Dimension** die Form:

Harmonischer Schallwechseldruck			$ML^{-1}T^{-2}$
	Symbol	Einheit	Benennung
	p	Pa	Druck
	p_0	Pa	statischer Druck
$p(x,t) = \hat{p}\cos\left[2\pi f\left(t - \dfrac{x}{c}\right)\right]$	p_{ges}	Pa	Gesamtdruck
	$\hat{p}$	Pa	Druckamplitude
$p_{ges} = p_0 + p(x,t)$	f	1/s	Frequenz
	t	s	Zeit
	x	m	Position
	c	m/s	Schallgeschwindigkeit

Effektiver Schalldruck, p_{eff}, analog zum Effektivwert elektrischer Wechselströme:

$$p_{eff} = \frac{\hat{p}}{\sqrt{2}}.$$

➤ Im dreidimensionalen Fall nimmt der Schallwechseldruck mit zunehmender Entfernung von der Schallquelle wie folgt ab (**Abb. 11.1**),

- $\hat{p} = \hat{p}(r_0)\,\dfrac{r_0}{r}$:   Punktquelle,

- $\hat{p} = \hat{p}(r_0)\,\sqrt{\dfrac{r_0}{r}}$:   Linienquelle.

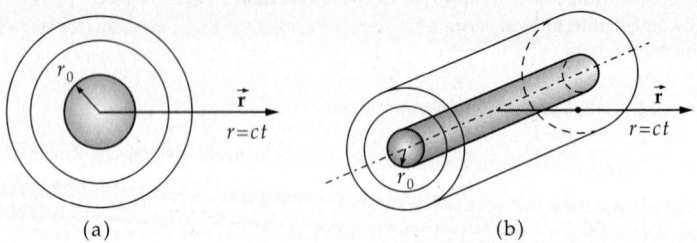

(a)   (b)

Abbildung 11.1: Die Amplitude des Schallwechseldrucks hängt von der Entfernung zur Quelle ab. (a): Punktförmige Quelle, (b): linienförmige Quelle. r_0: Bezugsentfernung von Schallquelle

2.   Schallwellenlänge,
Wellenlänge des Schalls, λ, Abstand zwischen zwei gleichsinnigen Nulldurchgängen der Cosinus- oder Sinuskurve zum gleichen Zeitpunkt. Die Wellenlänge ist proportional zum Kehrwert der Frequenz:

Wellenlänge = Schallgeschwindigkeit/Frequenz			L
	Symbol	Einheit	Benennung
$\lambda = \dfrac{c}{f}$	λ	m	Schallwellenlänge
	c	m/s	Schallgeschwindigkeit
	f	Hz	Schallfrequenz

■ Bei einer Erregerfrequenz von $f = 300$ Hz beträgt die Wellenlänge in Luft $\lambda \approx 1$m.

3. Schallfrequenzen

Frequenzbereiche des Schalls:

Infraschall, Schall mit Frequenzen $f < 16$ Hz,

Hörschall, Schall innerhalb des **Hörbereichs**, 16 Hz $< f < 20$ kHz,

Ultraschall, Schall mit Frequenzen $f > 20$ kHz.

- Fledermäuse geben Töne im Ultraschallbereich ab.
- **Galtonpfeife**, Lippenpfeife mit veränderlicher Pfeifenlänge. Sie erzeugt hohe Töne bis in den Ultraschallbereich (< 30 kHz).

| M | Ultraschall wird zur Entfernungsmessung und zur Signalübertragung benutzt, weiterhin zur Werkstückprüfung, Reinigung und Unterwasserortung (Sonar).

Hyperschall, Schall mit Frequenzen $f > 10$ GHz, Erzeugung durch piezoelektrische Anregung von Quarzkristallen.

| M | Anwendung von Hyperschall in der Phononenspektroskopie und der Molekulardynamik.

Debye-Frequenz, obere Grenzfrequenz für Schallschwingungen. Wird erreicht, wenn die Wellenlänge in den Bereich des doppelten Molekülabstandes fällt.

- In Eisen beträgt der Atomabstand $2.9 \cdot 10^{-10}$ m. Bei einer Schallgeschwindigkeit von $c \approx 5 \cdot 10^3$ m/s ergibt sich aus $f = c/\lambda$ eine Debye-Frequenz von $\approx 10^{13}$ Hz.

11.1.2.1 Schallausschlag

Schallausschlag, **Elongation** $y(x,t)$, Auslenkung der schwingenden Teilchen aus der Ruhelage:

$$y(x,t) = \frac{1}{2\pi f} \frac{1}{\rho c} \hat{p} \sin\left\{ 2\pi f\left(t - \frac{x}{c}\right)\right\} .$$

▲ Der Schallausschlag y ist bei ebenen fortschreitenden Wellen um $\pi/2$ phasenverschoben zum Schalldruck p.

11.1.2.2 Schallschnelle und Wellenwiderstand

1. Schallschnelle,

v, die Geschwindigkeit der schwingenden Teilchen des Mediums in einer Schallwelle:

$$v(x,t) = \frac{\mathrm{d}y(x,t)}{\mathrm{d}t} .$$

Für die Orts- und Zeitabhängigkeit der Schallschnelle $v(x,t)$ ergibt sich:

$$v(x,t) = \frac{\hat{p}}{\rho \cdot c} \cos\left[2\pi f\left(t - \frac{x}{c}\right)\right] .$$

Die Amplitude der Schallschnelle $\hat{v}$ ist proportional zur Druckamplitude $\hat{p}$. Der inverse Proportionalitätsfaktor ist die Schallkennimpedanz Z:

Amplitude der Schallschnelle			LT^{-1}
	Symbol	Einheit	Benennung
$\hat{v} = \dfrac{1}{Z}\hat{p}$ $\ = \dfrac{1}{\rho \cdot c}\hat{p}$	$\hat{v}$	m/s	Schnelleamplitude
	$\hat{p}$	Pa	Druckamplitude
	ρ	kg/m³	Dichte
	c	m/s	Schallgeschwindigkeit
	Z	kg/(m²s)	Schallkennimpedanz

➤ In der Praxis wird statt der Amplitude der Schallschnelle $\hat{v}$ meist ihr Effektivwert $v_{\text{eff}} = \hat{v}/\sqrt{2}$ angegeben.

2. Wellenwiderstand,

Schallkennimpedanz, Z, Kenngröße des Mediums bezüglich der Ausbreitung von Wellen. Produkt aus Dichte des Mediums ρ und Schallgeschwindigkeit c. Schallkennimpedanzen sind Materialkenngrößen:

$$Z = \frac{\hat{p}}{\hat{v}} = \rho \cdot c.$$

$[Z] = \mathrm{kg}/(\mathrm{m}^2\mathrm{s})$, SI-Einheit der Schallkennimpedanz Z.

■ Schallkennimpedanzen (in $\mathrm{kg}/(\mathrm{m}^2\mathrm{s})$) bei Normbedingung ($p_n, T_n$): Luft 427, Wasser $1.4 \cdot 10^6$, Beton $8 \cdot 10^6$, Glas $13 \cdot 10^6$, Stahl $39 \cdot 10^6$.

➤ Besitzen zwei Medien die gleiche Schallkennimpedanz, so tritt beim Schallübergang an ihren Grenzflächen keine Reflexion (s. S. 281) auf.

Hörschwelle, untere Hörgrenze bei $f = 1000$ Hz, also kleinste Lautstärke eines Tons mit der Frequenz 1000 Hz, die ein Mensch noch wahrnimmt.

Bezugsschalldruck $p_{\mathrm{eff},0}$, effektiver Schalldruck an der **Hörschwelle**, liegt nach DIN 45630 bei

$$p_{\mathrm{eff},0} = 2 \cdot 10^{-5} \mathrm{Pa}.$$

11.1.2.3   Energiedichte

Energiedichte einer Schallwelle, w, die transportierte Schallenergie ΔW pro Volumenelement ΔV:

$$w = \frac{dW}{dV} = \lim_{\Delta V \to 0} \frac{\Delta W}{\Delta V}.$$

Für eine Schallwelle ist die Energiedichte w proportional dem Quadrat der Schnelleamplitude $\hat{v}$ bzw. dem Quadrat der Amplitude des Schalldrucks $\hat{p}$:

Energiedichte einer Schallwelle			$\mathrm{MT}^{-2}\mathrm{L}^{-1}$
$w = \frac{1}{2}\frac{\hat{p}^2}{\rho c^2}$	Symbol	Einheit	Benennung
	w	J/m^3	Energiedichte
$= \frac{1}{2}\hat{v}^2 \cdot \rho$	$\hat{p}$	Pa	Druckamplitude
	ρ	kg/m^3	Dichte
	c	m/s	Schallgeschwindigkeit

Die Schallenergie W im Volumen V ergibt sich durch Integration der Energiedichte w über das Volumen V:

$$W = \int_V w\,dV.$$

11.1.2.4   Schallintensität und Schallleistung

1.   Schallintensität,

Schallstärke, I, die pro Zeiteinheit durch die Fläche A tretende Energie W der Schallwelle, Produkt aus Energiedichte w und Schallgeschwindigkeit c:

Schallintensität			MT^{-3}
$I = \frac{1}{A}\frac{dW}{dt}$	Symbol	Einheit	Benennung
	I	W/m^2	Schallintensität
	w	J/m^3	Energiedichte
$= w \cdot c$	c	m/s	Schallgeschwindigkeit
	W	J	Energie
	t	s	Zeitintervall
	A	m^2	Fläche

Watt/Quadratmeter, W/m^2, SI-Einheit der Schallintensität I.

$[I] = \mathrm{W/m^2}$.

Ausgedrückt durch die Amplituden von Schallschnelle $\hat{v}$ und Schalldruck $\hat{p}$ ist die Schallintensität gegeben durch:

$$I = \frac{1}{2}\hat{v}\hat{p} = \frac{1}{2}\rho c\hat{v}^2 = \frac{1}{2}\frac{\hat{p}^2}{\rho c}.$$

Schallstärke ausgedrückt durch Effektivwerte von Schalldruck und Schallschnelle:

$$I = p_{\mathrm{eff}} \cdot v_{\mathrm{eff}} = \frac{p_{\mathrm{eff}}^2}{Z}.$$

■ Schallkenngrößen für Luft bei 20 °C im Abstand $r = 3$ m von einer Schallquelle, die bei einer Schallleistung von $P = 1 \cdot 10^{-3}$ W einen Ton der Frequenz $f = 440$ Hz aussendet: Schallintensität $I = P/4\pi r^2 = 8.85 \cdot 10^{-6}$ W/m^2, $\rho c = 408$ kg/(m^{2}s), Schallschnelle $\hat{v} = \sqrt{2I/(\rho c)} = 2.08 \cdot 10^{-4}$ m/s, Schallausschlag $\hat{y} = \hat{v}/(2\pi f) = 0.75 \cdot 10^{-7}$ m. Schalldruck $\hat{p} = \sqrt{2I\rho c} = 0.85 \cdot 10^{-2}$ Pa, relative Druckschwankung $\hat{p}/p_0 = 10^{-7}$.

2. Schallleistung,

P, einer Schallquelle, über eine geschlossene Oberfläche O um die Schallquelle integrierte Schallintensität I:

Schallleistung = Schallintensität × Fläche			$\mathbf{ML^2T^{-3}}$
	Symbol	Einheit	Benennung
$P = \displaystyle\oint_O I\,\mathrm{d}A$	P	W	Schallleistung
	I	W/m^2	Schallstärke
	$\mathrm{d}A$	m^2	Flächenelement
	O	m^2	geschlossene Oberfläche

Watt, W, SI-Einheit der Schallleistung P.

$[P] = \mathrm{W}$.

■ Schallleistung einiger Schallquellen: Unterhaltung: 10^{-5} W, Trompete: 0.1 W, Schrei: 10^{-3} W, Orgel: bis 10 W.

11.1.3 Verhältnisgrößen

1. Definition von Verhältnisgrößen

In Akustik und Nachrichtentechnik werden häufig **dimensionslose Verhältnisgrößen** benutzt. An die Größen werden Zusätze angehängt:

- **Faktoren** bezeichnen Verhältnisse linearer Größen, z.B. Reflexions**faktor**
- **Grade** bezeichnen Verhältnisse quadratischer Größen, z.B. Wirkungs**grad**
- **Maße** bzw. **Pegel** bezeichnen den Logarithmus von Verhältnissen, z.B. Übertragungs**maß**, Schalldruck**pegel**

Dezibel, Abkürzung **dB**, bei dimensionslosen Größen M proportional zum dekadischen Logarithmus des Quotienten zweier physikalischer Größen X_0, X_1 gleicher Dimension.

- Bei Verhältnissen **linearer** Größen x_1, x_2 gilt:

$$M = \mathbf{20}\lg\frac{x_1}{x_2}\ \mathbf{dB}.$$

- Bei Verhältnissen **quadratischer** Größen X_1, X_2 gilt:

$$M = \mathbf{10}\lg\frac{X_1}{X_2}\ \mathbf{dB}.$$

2.   Schall-Verhältnisgrößen

Schalldruckpegel, L_p, logarithmischer Maßstab für relative **Schalldrücke**:

$$L_p = 10 \lg \frac{p_{\text{eff}}^2}{p_{\text{eff},0}^2} \, \text{dB} = 20 \lg \frac{p_{\text{eff}}}{p_{\text{eff},0}} \, \text{dB}.$$

Bezugsschalldruck:

$$p_{\text{eff},0} = 2 \cdot 10^{-5} \, \text{Pa}.$$

Schallleistungspegel, L_p, logarithmischer Maßstab für relative **Schallleistung**:

$$L_w = 10 \lg \frac{P}{P_0} \, \text{dB}.$$

Bezugsschallleistung:

$$P_0 = 10^{-12} \, \text{W}.$$

Schallintensitätspegel:

$$L_I = 10 \lg \frac{I}{I_0} \, \text{dB}.$$

Bezugsschallintensität:

$$I_0 = 10^{-12} \, \text{W/m}^2.$$

■   Ein effektiver Schalldruck von $p_{\text{eff}} = 3 \cdot 10^{-3}$ Pa entspricht einem Schalldruckpegel von

$$L_p = 20 \lg \frac{3 \cdot 10^{-3} \, \text{Pa}}{2 \cdot 10^{-5} \, \text{Pa}} \, \text{dB} = 20 \lg(1.5 \cdot 10^2) \, \text{dB} = 43.5 \, \text{dB}.$$

3.   Addition von Schallpegeln

Die relativen Schallintensitäten von n Schallquellen können addiert werden zur relativen Gesamtschallintensität,

$$\frac{I}{I_0} = \sum_{k=1}^{n} \frac{I_k}{I_0} = \sum_{k=1}^{n} 10^{0.1 L_{Ik}},$$

L_{Ik}:   Schallintensitätspegel der Schallquelle k.

Der **Gesamtschallpegel** L_G ist gegeben durch

$$L_G = 10 \lg \frac{I}{I_0} \, \text{dB} = 10 \lg \left(\sum_{i=1}^{n} 10^{L_i/10} \right) \, \text{dB}.$$

▲   Zwei Schallpegel werden **nicht** linear addiert.

■   Für $L_1 = 70$ dB und $L_2 = 80$ dB ist

$$L_G = 10 \lg(10^7 + 10^8) \, \text{dB} = 80.4 \, \text{dB}.$$

$L_1 = 0$ dB und $L_2 = 0$ dB ergibt $L_G = 3$ dB.

■   Neben einem lauten Lastkraftwagen hört man keine Vögel zwitschern.

■   Zwei gleich starke Quellen mit je 100 dB haben zusammen einen gegenüber einer einzigen Quelle nur um 3 dB erhöhten Schallpegel: L_G =103 dB. Zwei gleich starke Quellen mit je Null dB haben zusammen 0 dB + 0 dB = 3 dB.

▲   **Schallpegel** werden mit Hilfe des **Schallpegelzuschlags** L_Z und der **Schallpegeldifferenz** ΔL,

$$\Delta L = L_1 - L_2,$$

nacheinander – jeweils vom größeren Pegel L_1 ausgehend – gliedweise addiert, also:

$$L_G = L_1 + L_Z.$$

$\Delta L = 0$ dB	$L_Z = 3$ dB
$\Delta L = 3$ dB	$L_Z = 1.8$ dB
$\Delta L = 5$ dB	$L_Z = 1.2$ dB
$\Delta L = 7$ dB	$L_Z = 0.8$ dB
$\Delta L = 10$ dB	$L_Z = 0.4$ dB
$\Delta L \geq 20$ dB	$L_Z = 0$ dB

11.2 Schallquellen und Schallempfänger

Schallquelle, in einem Medium schwingender Körper, von dem periodisch Verdichtungsfronten und Verdünnungsfronten, also Wellen, ausgehen.

11.2.1 Mechanische Schallsender

1. Saiten

Stäbe und **Saiten**, lineare Schallquellen.
Eigenschwingungen entstehen durch Anregung stehender Wellen, deren Frequenzen durch die Abmessungen des schwingungsfähigen Objektes gegeben sind.

■ Saiteninstrumente (Klavier, Geige, Gitarre).

Bei **zwei festen Enden** gilt für die Wellenlänge λ_n der Eigenschwingungen eines Stabes oder einer Saite der Länge l:

Wellenlänge für Saiteneigenschwingungen (2 Enden fest)			**L**

	Symbol	Einheit	Benennung
$\lambda_n = \dfrac{c}{f_n} = \dfrac{2l}{n+1}$	λ	m	Wellenlänge
	n	1	Anzahl der Wellen
$n = 0, 1, 2, \ldots$	f_n	Hz	Frequenz
	c	m/s	Schallgeschwindigkeit

Die Tonhöhe der Saite hängt bei fester Länge von der Longitudinalspannung ab (Stimmen von Instrumenten).

Grundschwingung (1. Harmonische), f_0, für $n = 0$.
Oberschwingung, f_n, für $n > 1$.
1. Oberschwingung (2. Harmonische): $f_1 = 2f_0$.
2. Oberschwingung (3. Harmonische): $f_2 = 3f_0$.

2. Membranen

Membran, meist rundes, nur am Rande eingespanntes Plättchen, zweidimensionale Entsprechung der eingespannten Saite.
Die Eigenschwingungen der Membran werden durch zwei ganze Zahlen (n, m) gekennzeichnet.

■ Trommel, Pauke.

Wellenlängen $\lambda_{m,n}$ der Eigenschwingungen einer **kreisförmigen** Membran mit Radius R:

Wellenlänge von Membraneigenschwingungen			**L**
	Symbol	Einheit	Benennung
	λ	m	Wellenlänge
	R	m	Radius der Membran
$\lambda_{m,n} = \dfrac{2\pi Rc}{B_{m,n}} \sqrt{\dfrac{\rho}{\sigma_F}}$	c	m/s	Schallgeschwindigkeit
	$B_{m,n}$	1	Nullstellen Besselscher Zylinderfunktionen
	σ_F	N/m^2	Flächenspannung der Membran
	ρ	kg/m^3	Dichte der Membran

➤ σ_F ist zu messen, wenn die Membran ruht.

Grundschwingung: gesamte Membranfläche schwingt gleichphasig.

Oberschwingung: Ausbildung von Knotenlinien auf der Membran entsprechend den Knoten bei der Saite. Gegenphasige Schwingung der durch die Knotenlinien begrenzten Segmente der Membran.

Einteilung der Schwingungsform in Abhängigkeit von der Lage der Knoten:

- Zusammenfallen der Knotenlinien mit den Durchmessern der Membran.
- Kreisförmige Knotenlinien mit Mittelpunkt in der Membranmitte.
- Kombination der Knotenlinien aus beiden obigen Fällen.

Platte und **Glocke**, zwei- bzw. dreidimensionale Entsprechung des schwingenden Stabes. Schwingungsformen wie bei der Membran.

M   **Chladnische Klangfiguren**, Muster, die sich (analog zu den **Kundtschen Staubfiguren** im Schallrohr) bilden, wenn eine schwingende Membran mit Korkmehl bestreut wird. Das Mehl sammelt sich dann entlang der Knotenlinien. So kann die **Schwingungsmode** der Membran sichtbar gemacht werden.

11.2.1.1   Schwingende Luftsäulen

a)   Sirene, besteht aus einer rotierenden kreisförmigen Scheibe mit konzentrisch angebrachten Lochreihen und einer Düse, die Luft auf die Scheibe bläst. Dadurch entsteht eine periodische Freigabe und Unterbrechung des Luftstroms. Infolgedessen treten periodische Luftdruckänderungen auf, die als Ton wahrgenommen werden.

Die Frequenz des Tons wächst mit der Rotationsgeschwindigkeit der Scheibe.

b)   Schneidentonerzeuger, besteht aus einer scharfen Kante oder einem dünnen Draht, angeblasen von einem Luftstrom.

An der Kante bilden sich Wirbel aus, die sich periodisch ablösen und dadurch periodische Druckschwankungen hervorrufen.

Die Frequenz f des erzeugten Tons ist abhängig vom Abstand d zwischen Düse und Kante oder Draht und von der Strömungsgeschwindigkeit v_S der Luft.

Schneidentonfrequenz			**T^{-1}**
	Symbol	Einheit	Benennung
	f	Hz	Frequenz
$f = \gamma \dfrac{v_S}{d}$	γ	1	Proportionalitätskonstante
	v_S	m/s	Strömungsgeschwindigkeit
	d	m	Abstand Düse–Kante

■   Das **Propellergeräusch** eines Hubschraubers beruht auf der Schneidentonerzeugung.

■ Wenn Wind „pfeift", so sind dies Schneidentöne, die an Häuserecken, Vorsprüngen und ähnlichem erzeugt werden.

Bei Kopplung der Kante oder des Drahts mit einem Resonator ist die Frequenz der Wirbelablösung bestimmt durch die Resonanzfrequenz des Resonators. Der Resonator ist meist eine Röhre, in der sich stehende Wellen ausbilden.

■ In einer Flasche oder der Kappe eines Stifts bilden sich stehende Wellen aus, wenn man sie anbläst. Sie „pfeifen" dann.

■ Pfeifen und Flöten funktionieren durch Erzeugung von Schneidentönen.

c) Hörner

■ Alle Blechblasinstrumente.

Die Lippen sind geschlossen, der von der Bauchmuskulatur erzeugte Luftdruck steigt im Mundraum an, bis die Lippenspannung überwunden ist und die Lippen sich öffnen. Luft entweicht, dadurch entsteht ein Druckabfall im Mundraum. Die Lippen schließen sich aufgrund der Lippenspannung wieder. Dieser Prozess wiederholt sich periodisch und führt zu periodischen Druckschwankungen im Instrument, in dem sich dann stehende Wellen ausbilden, wenn Resonanz vorliegt, das heißt, falls die Lippenspannung mit der Länge des Instruments korrespondiert.

d) Holzblasinstrumente, besitzen - mit Ausnahme der Flöten und Pfeifen - ein elastisches Blättchen, das durch Anblasen in Schwingungen versetzt wird und so Luftstrom und Druck moduliert.

11.2.2 Elektroakustische Schallwandler

Schallwandler, Gerät zur Umwandlung von elektrischer Energie in Schallenergie und umgekehrt.
Schallsender, ein mechanisches System, das durch mechanische, elektrische oder magnetische Kräfte in Schwingung versetzt wird.

■ **Lautsprecher,** besteht meist aus einer Schallmembran im Feld eines Dauermagneten. Anlegen einer Wechselspannung bewirkt eine erzwungene Schwingung der Membran, die dann Schallwellen erzeugt.

1. Elektrisch angetriebene Schallsender

a) Elektromagnetisch angetriebener Sender, Metallmembran im Feld eines Dauermagneten.

■ Lautsprecher, Hupe, Telefonhörer (elektromagnetisch)

b) Elektrodynamisch angetriebener Sender, Schwingspule mit Membran.

■ Lautsprecher: der Klirrfaktor ist wesentlich kleiner als beim elektromagnetischen System. Größere Schallleistung kann verzerrungsfrei abgestrahlt werden. Vergrößerter Wirkungsgrad durch Exponentialtrichter.

c) Piezoelektrischer Schallsender, enthält ein **piezoelektrisches** Element, dessen Ausdehnung sich bei Anlegen einer elektrischen Spannung ändert. Bei Anlegen einer Wechselspannung oszilliert die Oberfläche und erzeugt Schallwellen. Anwendung meist im Ultraschallbereich.

➤ **Piezoelektrische Kristalle** (Quarz, Seignettesalz) führen Bewegungen aus, wenn sich auf 2 Belegungen auf parallelen, nach einer Vorzugsrichtung ausgeschnittenen Schnittfläche elektrische Ladungen ändern (und umgekehrt).

■ Kristalltonabnehmer, Kristallmikrophon, Hochtonlautsprecher.

d) Thermische Schallerzeugung, Umwandlung von Wärme in Schallenergie.

■ Funkenschallwellen, Thermophon, tönender Lichtbogen.

e) Magnetostriktionssender

■ Ultraschallerzeugung.

f) Kondensatormikrophon

2.   Elektroakustischer Übertragungsfaktor

für Schallsender, B_S, Größe zur Angabe des Frequenzbereichs, den ein reversibler Schallwandler übertragen kann. Für einen Schallerzeuger (etwa einen Lautsprecher) ist der elektroakustische Übertragungsfaktor B_S das Verhältnis von abgestrahltem Schalldruck p_r im Abstand von 1 m zur am Schallwandler anliegenden Spannung U.

Elektroakustischer Übertragungsfaktor			$L^{-3}T^1I$
$B_S = \frac{p_r}{U}$	Symbol	Einheit	Benennung
	B_S	Pa/V	elektroakustischer Übertragungsfaktor Sender
	p_r	Pa	Schalldruck im Abstand von 1 m
	U	V	Spannung

Bezugsübertragungsfaktor für Schallquellen, B_{S0}, definiert als $B_{S0} = 0.1$ Pa/V.

3.   Elektroakustisches Übertragungsmaß für Sender,

G_S, oft statt des Übertragungsfaktors B_S angegebene Größe, proportional dem Logarithmus zur Basis 10 des Verhältnisses von Übertragungsfaktor B zu einem Bezugsübertragungsfaktor B_{S0}:

Elektroakustisches Übertragungsmaß			1
$G_S = 20 \cdot \lg \frac{B_S}{B_{S0}}$	Symbol	Einheit	Benennung
	G_S	dB	elektroakustisches Übertragungsmaß Sender
	B_S	Pa/V	elektroakustischer Übertragungsfaktor
	B_{S0}	Pa/V	Bezugsübertragungsfaktor Sender

G_S wird in dB angegeben ($B_{S0} = 10^{-1}$ Pa/V).

4.   Lautsprecherempfindlichkeit,

$\overline{E}_k$, zur Charakterisierung eines Lautsprechers eingeführte Größe, ergibt sich als Produkt des über den Frequenzbereich $f \in [0.25\text{-}4 \text{ kHz}]$ gemittelten Übertragungsfaktors $\overline{B}_S$, der Wurzel aus der Impedanz Z des Lautsprechers und dem Verhältnis des Abstands r vom Lautsprecher zu einem Bezugsabstand r_0 von 1 m:

Lautsprecherkennempfindlichkeit			
$\overline{E}_k = \overline{B}_s \cdot \sqrt{Z} \cdot \frac{r}{r_0}$	Symbol	Einheit	Benennung
	$\overline{E}_k$	Pa $\sqrt{VA}$	Lautsprecherkennempfindlichkeit
	$\overline{B}_S$	Pa/V	Mittelwert Übertragungsfaktor
	Z	Ω	Impedanz
	r	m	Abstand vom Lautsprecher
	r_0	m	Bezugsabstand

5.   Reichweite von Lautsprechern,

r, definiert als Produkt von Lautsprecherkennempfindlichkeit $\overline{E}_k$ und Wurzel aus der aufgenommenen elektrischen Scheinleistung P, geteilt durch den gewünschten Schalldruck p:

Reichweite von Lautsprechern			L

	Symbol	Einheit	Benennung
$r = \dfrac{\overline{E_k}}{\overline{B_S} \cdot \sqrt{Z}} = \dfrac{\overline{E_k} \cdot \sqrt{P}}{p}$	r	m	Reichweite
	$\overline{E_k}$	Pa$\sqrt{\text{VA}}$	Kennempfindlichkeit
	$\overline{B_S}$	Pa/V	Übertragungsfaktor
	Z	Ω	Scheinwiderstand
	P	VA	Scheinleistung
	p	Pa	Schalldruck

11.2.2.1 Schallempfänger oder Mikrophone

Schallempfänger oder **Mikrophone**, wandeln Schallenergie in elektrische Energie um.

1. Arten von Mikrophonen

a) **Piezoelektrischer Wandler,** Umkehrung der piezoelektrischen Schallquelle. Besteht aus einem piezoelektrischen Element, dessen Oberfläche auf die Druckschwankungen reagiert, die durch die auffallende Schallwelle erzeugt werden. In dem piezoelektrischen Element entsteht eine zum Schalldruck proportionale Spannung.

■   Anwendung: **Körperschall-** und **Wasserschallmikrophone.**

b) **Piezoresistiver Wandler,** basiert auf der durch Druckänderung erzeugten Widerstandsänderung in einem piezoresistiven Element. Strommodulation über Widerstandsänderung.

■   Anwendung in **Fernsprechapparaten.**

c) **Magnetostriktiver Wandler,** besteht aus einem ferromagnetischen Material, das seine Länge als Funktion eines angelegten Magnetfelds ändert. Mit magnetischen Wechselfeldern lassen sich somit Schallwellen erzeugen.

■   Anwendung in **Ultraschallexperimenten.**

d) **Elektrostatischer Wandler,** Kondensator, dessen eine Platte eine metallene Membran ist. Schall bewirkt eine Verformung der Membran und damit eine Änderung der Kapazität, und infolgedessen eine Änderung der elektrischen Spannung.

■   Anwendung in Kondensatormikrophonen in Studios und in Handmikrophonen. Umkehrung der Energieumwandlung führt zum Schallerzeuger, eingesetzt vor allem in Kopfhörern.

e) **Elektrodynamischer Wandler,** Schalldruck verformt eine Membran. Die Membran bewegt eine Spule im Feld eines Permanentmagneten. Dadurch wird in der Spule ein Strom induziert.

■   Anwendung in handlichen, kleinen Mikrophonen und Kopfhörern.

f) **Bio-akustischer Wandler,** Schallenergie induziert biologische Prozesse. Wichtigstes Beispiel ist das menschliche Gehör, das über eine Reihe mechanischer und chemischer Prozesse Schall in Gehirnströme umwandelt.

2. Elektroakustischer Übertragungsfaktor für Schallempfänger,

B_E, Verhältnis von empfangenem Schalldruck p zur erzeugten elektrischen Spannung U.

Elektroakustischer Übertragungsfaktor			$L^3T^{-1}I$

	Symbol	Einheit	Benennung
$B_E = \dfrac{U}{p}$	B_E	V/Pa	elektroakustischer Übertragungsfaktor Empfänger
	p	Pa	empfangener Schalldruck
	U	V	elektrische Spannung

Bezugsübertragungsfaktor für Schallempfänger, B_{E0}, definiert als $B_{E0} = 10$ V/Pa.

3.   Elektroakustisches Übertragungsmaß für Schallempfänger

Elektroakustisches Übertragungsmaß			1
$G_E = 20 \cdot \lg \dfrac{B_E}{B_{E0}}$	Symbol	Einheit	Benennung
	G_E	1	elektroakustisches Übertragungsmaß Empfänger
	B_E	V/Pa	elektroakustischer Übertragungsfaktor
	B_{E0}	V/Pa	Bezugsübertragungsfaktor Empfänger

4.   Mikrophonempfindlichkeit,

E_M, analog zur Lautsprecherempfindlichkeit:

Mikrophonempfindlichkeit			dB
$E_M = \dfrac{\sqrt{P}}{p}$	Symbol	Einheit	Benennung
	E_M	$\sqrt{VA}$/Pa	Mikrophonempfindlichkeit
	P	VA	aufgenommene elektrische Leistung
	p	Pa	Schalldruck

5.   Stereosignale

Differenzsignal: $D = L - R$

Summensignal: $S = L + R$

Links-Signal: $S + D = L + R + L - R = 2L$

Rechts-Signal: $S - D = L + R - L + R = 2R$

Frequenzen im **Stereo-Rundfunk**:

Hauptsignal-Frequenz (Summe, Mono): $f_M = 30\,\text{Hz} \ldots 15\,\text{kHz}$

Hilfsträger-Frequenz: $f_H = 38\,\text{kHz}$

Stereo-Zusatzfrequenz: $f_S = f_H \pm f_M$

Oberes Seitenband: $f_{So} = f_H + f_M = 38.03 \ldots 53\,\text{kHz}$

Unteres Seitenband: $f_{Su} = f_H - f_M = 23 \ldots 37.97\,\text{kHz}$

11.2.3   Schallabsorption

1.   Störungen der Schallwellenausbreitung,

erfolgen durch:

- Schallreflexion,
- Schallbeugung,
- Schallbrechung,
- Schallinterferenz,
- Schallabsorption.

2.   Schallabsorption,

Schalldämpfung, Energieverlust bei der Ausbreitung einer Schallwelle infolge

- innerer Reibung,
- isentroper Kompression,
- Anregung innerer Freiheitsgrade (wie Rotation der Moleküle) des Mediums, das die Schallwelle überträgt.

Exponentielle Abnahme der Schallintensität I durch Schallabsorption mit zunehmendem Abstand r von der Schallquelle gemäß

$$I(r) = I(r_0)\text{e}^{-\alpha(r - r_0)}.$$

$I(r_0)$ ist die Schallintensität beim Bezugsabstand r_0 von der Quelle.

3. Schalldämpfungskoeffizient,

α, abhängig von der Frequenz der Schallquelle und von Absorptionseigenschaften des Mediums (s. **Tab. 13.1/4 und 13.1/8**).

$[\alpha] = \mathrm{m}^{-1}$, SI-Einheit des Schalldämpfungskoeffizienten α.

■ Schalldämpfungskoeffizient in cm^{-1} für verschiedene Frequenzen in einigen Flüssigkeiten bei 20 °C: Wasser 23.28 (307 MHz), 55.3 (482 MHz), 172 (843 MHz), Benzen 711.5 (307 kHz), 1150 (482 kHz), Tetrachlormethan 492 (307 kHz), 1115.2 (482 kHz), 3269 (482 kHz); s. **Tab. 13.1/8**.

Schallschluckstoff, Material, das schalldämpfend wirkt.

Technische Realisierung:

● Homogenes oder poröses Material, Umwandlung des Schalls in Wärme durch Deformation des Materials oder Reibung.

● Resonatoren, wandeln Schall mit Frequenzen in der Umgebung ihrer Resonanzfrequenz über Strömungs- und Reibungsverlust in Wärme um.

4. Schallreflexionsgrad,

ρ, Verhältnis der reflektierten Schallstärke zur einfallenden Schallstärke bei senkrechtem Schalleinfall:

Schallreflexionsgrad				1
	Symbol	Einheit	Benennung	
$\rho = \dfrac{I_r}{I_e}$	ρ	1	Schallreflexionsgrad	
	I_e	$\mathrm{W/m^2}$	Schallstärke der einfallenden Welle	
	I_r	$\mathrm{W/m^2}$	Schallstärke der reflektierten Welle	

5. Schallabsorptionsgrad,

α, $[\alpha] = 1$, dimensionslose Größe für das Absorptionsvermögen eines Körpers. α gibt die normierte Differenz von einfallender und reflektierter Schallstärke an:

Schallabsorptionsgrad				1
	Symbol	Einheit	Benennung	
$\alpha = \dfrac{I_e - J_r}{I_e}$	α	1	Schallabsorptionsgrad	
	I_e	$\mathrm{W/m^2}$	Schallstärke der einfallenden Welle	
	I_r	$\mathrm{W/m^2}$	Schallstärke der reflektierten Welle	

➤ Der Schallabsorptionsgrad α, $[\alpha] = 1$, ist **nicht** zu verwechseln mit dem oben angeführten Schalldämpfungskoeffizienten α, $[\alpha] = 1/\mathrm{m}$.

■ Schallabsorptionsgrad einiger Baustoffe bei verschiedenen Frequenzen: Leichtbeton 0.07 (125 Hz), 0.22 (500 Hz), 0.10 (2000 Hz), Holztüren 0.14 (125 Hz), 0.06 (500 Hz), 0.10 (2000 Hz), Holzpaneele 0.25 (125 Hz), 0.25 (500 Hz), 0.08 (2000 Hz) (s. **Tab. 13.1/16**).

[M] Messung des Schallabsorptionsgrades mit dem Kundtschen Rohr.

6. Schalltransmissionsgrad,

τ, das Verhältnis der durchgelassenen Schallintensität I_d zur einfallenden Schallintensität I_e,

$$\tau = \frac{I_d}{I_e} = \frac{p_d^2}{p_e^2}.$$

Schalldissipationsgrad, δ, das Verhältnis der in der Wand absorbierten Schallintensität I_a zur einfallenden Schallintensität I_e,

$$\delta = \frac{I_a}{I_e} = \frac{I_e - I_r - I_d}{I_e} = \alpha - \tau = 1 - \rho - \tau.$$

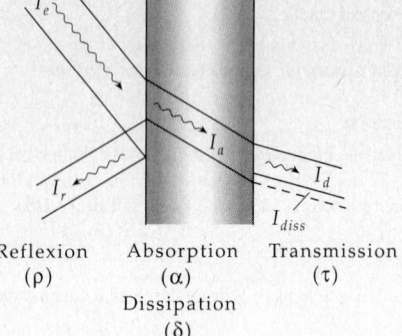

Abbildung 11.2: Reflexion, Absorption, Dissipation und Transmission von Schallwellen

Reflexion   Absorption   Transmission
(ρ)   (α)   (τ)
           Dissipation
            (δ)

▲   Für die Schallenergie an der Grenzfläche zweier Medien gilt der Energieerhaltungssatz:
$$\rho + \tau + \delta = 1, \quad \rho + \alpha = 1.$$

Schallreflexionsgrad ρ, Schallabsorptionsgrad α und Schalltransmissionsgrad τ können bei senkrechtem Einfall der Schallwelle auf die Grenzfläche durch die Schallkennimpedanzen Z_1, Z_2 der beiden Medien ausgedrückt werden:

$$\rho = \left(\frac{Z_2 - Z_1}{Z_2 + Z_1}\right)^2, \quad \tau = \frac{4Z_1 Z_2}{(Z_1 + Z_2)^2}, \quad \alpha = 1 - \left(\frac{Z_2 - Z_1}{Z_2 + Z_1}\right)^2.$$

Anpassung, die reflektierte Welle verschwindet für $Z_1 = Z_2$.

11.2.4   Schalldämmung

Schalldämmung, Behinderung der Schallausbreitung durch Reflexion des Schalls an Hindernissen, insbesondere Reflexion an Grenzflächen zwischen Medien mit unterschiedlichen Eigenschaften bezüglich der Schallausbreitung.

Schallreflexionsfaktor, r, dimensionslose Größe, Verhältnis der Druckamplitude der reflektierten Welle $\hat{p}_r$ zur Druckamplitude der einfallenden Welle $\hat{p}_e$.

Schallreflexionsfaktor				1
	Symbol	Einheit	Benennung	
	r	1	Schallreflexionsfaktor	
$r = \dfrac{\hat{p}_r}{\hat{p}_e} = \dfrac{Z_2 - Z_1}{Z_1 + Z_2}$	Z_1, Z_2	kg/(m²s)	Schallkennimpedanz Medium 1, 2	
	$\hat{p}_e$	kg/(ms²)	Druckamplitude einfallender Schall	
	$\hat{p}_r$	kg/(ms²)	Druckamplitude reflektierter Schall	

$r = 0$: keine Reflexion, $r = \pm 1$: vollständige Reflexion.

Zusammenhang von **Schallreflexionsgrad** ρ und **Schallreflexionsfaktor** r:

$$\rho = \frac{I_r}{I_e} = \frac{\hat{p}_r^2}{\hat{p}_e^2} = r^2.$$

▲   Größtmögliche Dämmung wird durch Verwendung eines Reflexionsmaterials erreicht, dessen Schallkennimpedanz sich möglichst stark von der des Mediums unterscheidet, in dem sich die einfallende Welle bewegt.

Dämmmaß *R* einer Wand			1

	Symbol	Einheit	Benennung
$R = 10 \lg \dfrac{I_e}{I_\tau} = L_1 - L_2$	R	dB	Dämmmaß
	I_e	W/m^2	Schallintensität vor Wand
	I_τ	W/m^2	Schallintensität hinter Wand
	L_1	dB	Schallpegel vor Wand
	L_2	dB	Schallpegel hinter Wand

Technische Realisierung:

- **Luftschall** wird meist durch eine Trennwand aus möglichst schwerem und hartem Material gedämpft.
- **Körperschall**, Schall in festen Körpern, wird durch weiche Dämmschichten mit kleiner Schallkennimpedanz am besten gedämpft.
- **Trittschall**, in Gebäuden durch Schritte verursachter Körperschall. Trittschall pflanzt sich durch Zwischendecken fort. Dämmung durch **schwimmenden Estrich**, der nicht direkt auf dem Betonboden, sondern auf einer weichen Zwischenschicht aufgebracht wird, oder durch abgehängte Decken.

11.2.4.1 Nachhall

Nachhall, meist exponentielles Abklingen des Schallfeldes nach Abschalten der akustischen Erregung.
Nachhallzeit, T_N, Zeitintervall, in dem die Schallenergie um 60 dB, d.h. auf 1 ppm $= 10^{-6}$ des ursprünglichen Wertes, gefallen ist (**Abb. 11.3**).

Nachhallzeit (Sabinesches Gesetz)			T

	Symbol	Einheit	Benennung
$T_N = 0.163 \dfrac{V}{\alpha A}$	T_N	s	Nachhallzeit
	V	m^3	Raumvolumen
	A	m^2	Absorptionsflächen
	α	1	Schallabsorptionsgrad

■ Ein Saal von $V = 500$ m^3 hat eine typische Nachhallzeit von $T_N = 1$ s.

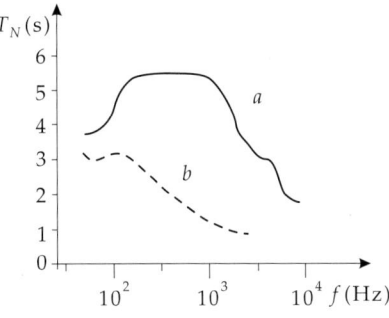

Abbildung 11.3: Nachhallzeiten in der Dresdner Frauenkirche in Abhängigkeit von der Frequenz (aus Tonaufnahmen bestimmt). (a): leer, (b): mit 4000 Personen besetzt

11.2.5 Strömungsgeräusch

Flüssigkeiten erzeugen beim Ausströmen bzw. Umströmen von Hindernissen und Krümmungen ein breitbandiges **Strömungsrauschen**, das durch Druckschwankungen im Wirbelfeld der Strömung entsteht. Vermeidung durch:

- Ummantelung der Rohre,
- Wasserschalldämpfer,
- Akustische Siebketten (Tiefpassfilter) in Schalldämpfern von Belüftungskanälen oder Kfz-Auspuff.

Weitere Strömungsgeräusche sind schmalbandige Hiebtöne, breitbandige Geräusche bei der Implosion von Dampfblasen und sehr breitbandige Freistrahlgeräusche, die beim Einströmen eines Strahles in ein ruhendes Gas entstehen.

11.3 Ultraschall

1. Eigenschaften des Ultraschalls

Ultraschall, Frequenzen $f > 20$ kHz.

Hyperschall, Frequenzen $f > 10$ GHz $= 10^{10}$ Hz.

Wellenlänge des Ultraschalls in Luft bei einer mittleren Schallgeschwindigkeit von $c \approx 330$ m/s:

$$\lambda_{\text{Luft}} < 1.5 \text{ cm}.$$

Ultraschallwellen sind fokussierbar und ermöglichen die Bildung paralleler Strahlenbündel. Ihre Ausbreitung erfolgt geradlinig mit geringen Beugungseffekten.

Ultraschallerzeugung, durch Magnetostriktion.

$\boxed{\text{M}}$ Messung von Ultraschallgeschwindigkeit und -dämpfung:
  Sing-around-Verfahren,
  Impuls-Echo-Verfahren,
  Reverberationsverfahren.

2. Anwendungen des Ultraschalls

a) Ultraschalldiagnostik in der Medizin, Therapie, Mikrochirurgie.

b) Materialuntersuchungen an Festkörpern:
Bestimmung elastischer Eigenschaften.

c) Ultraschall in Elektronik und Mikroelektronik: Ultraschallverzögerungsleitung,
Ultraschalloberflächenwellen-Filter,
Ultraschallmikroskop,
Ultraschallschweißapparatur.

d) Hydroakustik: Schallortung unter Wasser, SONAR (sound navigation and ranging),
Echolot-Tiefenbestimmung,
Unterwasserkommunikation.

e) Steuerung von Produktionsprozessen mit Ultraschall:
Füllstandmessung,
Durchflussmessung,
Verfolgung chemischer Prozesse,
Konzentrationsbestimmung,
Qualitätskontrolle (Werkstoffprüfung auf 10^{-4} m genau).

f) Leistungsultraschall im Bereich $\approx 20 \ldots 40$ kHz:
Ultraschallkavitation an festen Grenzflächen:
Ultraschallbohren,
Ultraschallreinigung,
Ultraschallschweißen.

11.4 Physiologische Akustik und das Gehör

Gehör, menschliches Sinnesorgan, das Schallwellen registriert und dabei Lautstärken und Frequenzen analysiert. Beispiel für einen **bio-akustischen Wandler**.

- **Ohrmuschel**, flacher Trichter, der den Schall sammelt und in den Gehörgang weiterleitet.
- **Gehörgang**, Verbindungsgang zwischen Ohrmuschel und Trommelfell.
- **Trommelfell**, etwa 0.5 cm^2 große trichterförmige Membran, die durch die Schallwellen in Schwingungen versetzt wird.
- **Hammer, Amboss** und **Steigbügel**, drei **Gehörknöchelchen**, auf die sich die Schwingung der Membran überträgt. Sie wirken als Hebelsystem, das die unterschiedlichen Kennimpedanzen von Außenohr (Luft) und Innenohr (im wesentlichen Wasser) aneinander anpasst.
- **Ovales Fenster** und **rundes Fenster**, zwei Membranen zwischen Mittelohr und dahinter befindlichem Innenohr. Der Steigbügel überträgt Schwingungen auf diese Membranen, die die Druckschwankungen noch einmal um einen Faktor 20 bis 30 verstärken.
- **Innenohr**, in zwei Teile gegliederter Raum hinter dem Mittelohr, gefüllt mit einer natriumionenreichen, inkompressiblen Flüssigkeit. Eigentlicher bio-akustischer Wandler.
- **Schneckenspindel**, teilt das Innenohr in zwei Teile, mit einer kaliumionenreichen Flüssigkeit gefüllt. Daher besteht eine elektrische Potentialdifferenz zwischen den Flüssigkeiten in Schneckenspindel und Innenohr.
- **Basilarmembran**, an der Schneckenspindel befindliche Membran, die über die Flüssigkeit im Innenohr durch die Schwingungen von rundem und ovalem Fenster mechanisch verformt wird.
- **Haarzellen des Cortischen Organs**, sitzen auf der Basilarmembran. Bewegungen der Basilarmembran lösen in ihnen elektrische Potentialänderungen aus, die im Hörnerv Reizströme verursachen. Diese lösen dann im Gehirn eine Schallempfindung aus.

11.4.1 Schallempfindung

1. Hörbereich

Hörbereich, Frequenzbereich zwischen 16 Hz und 20 000 Hz, innerhalb dessen Schwingungen und Wellen in elastischen Medien vom menschlichen Ohr wahrgenommen werden können (**Abb. 11.4**).

- **Frequenzbereich** der **Sprache**: ≈ 10 Hz ... 10 kHz.
- **Verständliche Sprache**: ≈ 300 Hz ... 3 kHz.

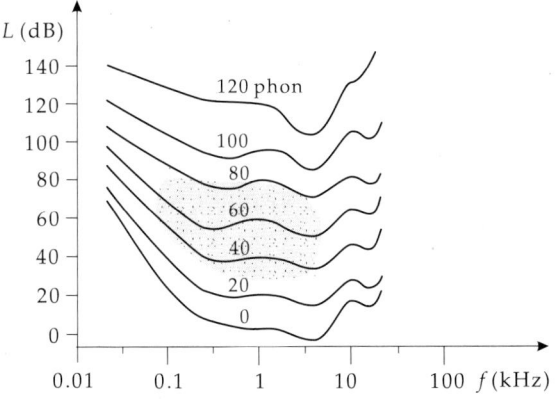

Abbildung 11.4: Kurven gleicher Lautstärke. Schraffiert: Hörbereich des Menschen

➤ Mit zunehmendem Alter wird der Hörbereich kleiner. Durch Überbelastung können außerdem Frequenzbereiche auf Dauer ausfallen (Verklumpung der Härchen).

▲ Gleiche Schallpegel mit verschiedenen Frequenzen werden unterschiedlich laut wahrgenommen.

2. Lautstärkepegel

Weber-Fechnersches Gesetz: Die Änderung der Lautempfindung ΔL ist proportional dem Logarithmus des Verhältnisses der Schallintensitäten,

$$\Delta L \sim \lg I_2/I_1 .$$

Lautstärkepegel, L_S, Maß für subjektives Lautheitsempfinden des Gehörs, frequenzabhängig. Wird so gewählt, dass bei einer Schallfrequenz von 1 kHz der Wert des Lautstärkepegels gleich dem Schalldruckpegel ist:

$$L_S = 10 \lg \left(\frac{I}{I_0} \right) = 20 \lg \frac{P}{P_0} \text{ dB} .$$

Bezugsschallintensität:

$$I_0 = 10^{-12} \text{ W/m}^2 ,$$

entspricht der Hörschwelle des Ohrs bei 1 kHz.

Phon, die Einheit des Lautstärkepegels L_S. Phon ist eine dimensionslose Größe.

▲ Die **DIN-Hörschwelle** liegt bei 4 Phon (entspricht $I_0 = 10^{-12}$ W/m^2).

Das menschliche Ohr hat einen extrem großen **dynamischen Bereich**: das **Hörvermögen** erstreckt sich über 12 **Intensitätsgrößenordnungen** mit Auslenkungsamplituden zwischen 10^{-11} m (1/10 Atomradius) und 10 Mikrometern.

➤ Null Phon entspricht **nicht** der frequenzabhängigen **DIN-Normhörschwelle**!

➤ Ein Unterschied von $\Delta L_s = 1$ Phon ist für das menschliche Ohr gerade noch wahrnehmbar.

▲ Die **Schmerzgrenze** liegt bei 120 Phon (entspricht $I \approx 1$ W/m^2).

▲ Bei $f = 1000$ Hz ist der Schalldruckpegel gleich dem Lautstärkepegel,

$$L_p = L_s \quad \text{bei} \quad f = 1 \text{ kHz} .$$

■ Bei $f = 1000$ Hz gilt also: **Schalldruckpegel** von 40, 80, 120 dB entsprechen einem **Lautstärkepegel** von 40, 80, 120 Phon.

▲ Schall**intensitäten** I werden summiert, $I_G = I_1 + I_2 + I_3$.

▲ Schall**pegel** werden mit Schallpegelzuschlag (s. S. 294) summiert.

11.4.2   Bewertete Schallpegel

Bewertungskurve A (DIN), berücksichtigt den komplexen Zusammenhang zwischen dem physikalischen Schallpegelspektrum und der menschlichen Schallempfindung.

[M] Zu den gemessenen frequenzabhängigen Schallpegeln L_i wird ein frequenzabhängiger Bewertungsfaktor Δ_i^* (in dB) addiert.

A-bewerteter Schallpegel:

$$L_A = 10 \lg \left(\sum_{i=1}^{n} 10^{(L_i + \Delta_i^*)/10} \right) \text{ dB} .$$

f/ Hz	90	220	400	1000	3000	60000
Δ_i^*/dB	-20	-10	-5	0	$+2$	0

Lautheit, S, physiologische Größe zum subjektiven Vergleich von Schallquellen. Die Lautheit ist so definiert, dass die Verdopplung ihres Wertes einer Verdopplung der **subjektiv wahrgenommenen** Lautheit entspricht:

$$S = 2^{0.1(L_S - 40)} \text{ sone}.$$

sone, dimensionslose Größe, Einheit der Lautheit.

➤ Eine Verdoppelung der Lautheit entspricht einer Änderung des Lautstärkepegels von $\Delta L_S = 8\text{-}10$ Phon.

■ Die Lautheit $S = 1$ sone entspricht der Lautstärke $L_S = 40$ dB

11.5 Musikalische Akustik

Das menschliche Gehör beurteilt Schall nach **Lautstärke** und **Frequenzspektrum**.
Schall kann immer durch Überlagerung von sinusförmigen Druckänderungen mit verschiedenen Frequenzen und Amplituden dargestellt werden (**Fourier-Darstellung**).
Frequenzbereich der Musik: ≈ 16 Hz-16 kHz.
Einordnung des Höreindrucks:

- **Ton**, rein sinusförmiger Druckverlauf, enthält eine einzige Frequenz (harmonische Schwingung, **Abb. 11.5 (a)**). Eine reine Sinusschwingung kann mit herkömmlichen Musikinstrumenten nicht erzeugt werden, sie wird jedoch elektronisch generiert.
- **Klang**, Überlagerung von Tönen mit verschiedenen Frequenzen und Amplituden, bei der die Frequenzen in ganzzahligen Verhältnissen zueinander stehen (**Abb. 11.5 (b)**).
- **Geräusch**, Überlagerung von Tönen mit kontinuierlichem Frequenzspektrum. Geräusche sind keine periodischen Schwingungen.
- **Knall**, Überlagerung von Tönen mit kontinierlichem Spektrum und nahezu gleicher Intensität, d.h., die Beiträge zu verschiedenen Frequenzen haben alle fast die gleiche Amplitude (**Abb. 11.5 (c)**).

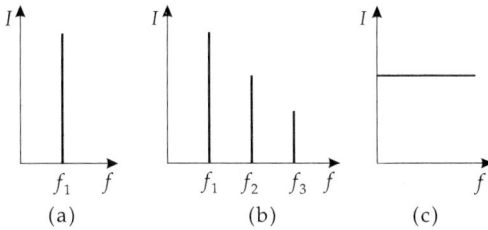

Abbildung 11.5: Frequenzspektren (schematisch). (a): Ton, (b): Klang, (c): Knall

1. Diatonische Tonleiter

Tonleiter, stufenweise Anordnung der Töne innerhalb der Oktave.
Klänge werden eingeteilt in

- **Wohlklang, Konsonanz**: das Frequenzverhältnis der Töne f_2/f_1 lässt sich durch ganze Zahlen N_1, N_2 ausdrücken, die nicht größer als acht sind.
- **Missklang, Dissonanz**, wenn dies nicht möglich ist.

➤ Diese Definition von Wohlklang und Missklang ist rein subjektiv und entspricht dem abendländischen Klangempfinden.

Intervall, Bezeichnung für das Frequenzverhältnis jeweils zweier Töne.

Tabelle der Intervall-Bezeichnungen:

Frequenzverhältnis	Intervall	Empfindung
1:1	Prime	konsonant
16:15	kleine Sekunde	dissonant
10:9; 9:8	große Sekunde	dissonant
6:5	kleine Terz	konsonant
5:4	große Terz	konsonant
4:3	Quarte	konsonant
3:2	Quinte	konsonant
8:5	kleine Sexte	konsonant
5:3	große Sexte	konsonant
9:5; 16:9	kleine Septime	dissonant
15:8	große Septime	dissonant
2:1	Oktave	konsonant

▲   Die Oktave entspricht der Frequenzverdopplung.

■ $A = 110$ Hz, $a = 220$ Hz, $a^1 = 440$ Hz, $a^2 = 880$ Hz, $a^3 = 1760$ Hz.

▲   Die Oktave wird in 12 **Halbtöne** (kleine Sekunden) eingeteilt.

Ganzton, Bezeichung für eine große Sekunde.

Ton-Bezeichnung mit zunehmender Frequenz: c, cis oder des, d, dis oder es, e, f, fis oder ges, g, gis oder as, a, ais oder b, h und c.

Kammerton, a^1, genormt auf $f = 440$ Hz.

2.   Chromatische Tonleiter

Chromatische Tonleiter: 12 Halbtonschritte in **wohltemperierter** (**gleichschwebender**) Stimmung.

▲   Frequenzverhältnis je **Halbtonintervall**:

   $1 : {}^{12}\sqrt{2} = 1 : 1.059463$.

▲   Frequenzverhältnis je **Ganztonintervall**:

   $1 : {}^{6}\sqrt{2} = 1 : 1.1222462$.

Tonhöhe, Bezeichnung für die Frequenz eines Tons.

Tonstärke, Bezeichnung für die Intensitätsamplitude eines Tons.

Grundton: Herkömmliche Musikinstrumente erzeugen nie reine Sinustöne, sondern eine Überlagerung von Sinustönen mit von der Art der Instrumente und deren Tonhöhe abhängigem Mischungsverhältnis. Spricht man bei Instrumenten von Ton, so ist jeweils die kleinste Frequenz einer vorgegebenen Überlagerung gemeint. In der Regel hat der Grundton die größte Amplitude.

Obertöne, die Töne in einem Klang, die eine größere Frequenz haben als der Grundton.

Harmonische Schwingungen:

Grundschwingung	f_1	1. Harmonische
1. Oberschwingung	$f_2 = 2f_1$	2. Harmonische
2. Oberschwingung	$f_3 = 3f_1$	3. Harmonische

Klangfarbe, Bezeichnung für das Mischungsverhältnis der Amplituden der verschiedenen in einem Klang auftretenden Töne.

■   Die verschiedenen Musikinstrumente unterscheiden sich durch ihre Klangfarben.

Tonumfang eines Instruments, Frequenzbereich zwischen den **Grundtönen** des höchsten und tiefsten Klangs, der auf einem Instrument erzeugt werden kann, neben der Klangfarbe weiteres Charakteristikum eines Instruments (**Abb. 11.6**).

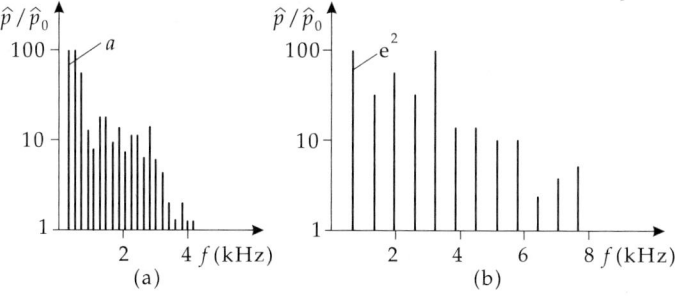

Abbildung 11.6: Frequenzspektren von Saiteninstrumenten. (a): Cello, (b): Geige

■ Da der Tonumfang bei vielen Instrumenten und auch bei Gesangsstimmen sehr vom Können des Musikers abhängt, versteht man unter Tonumfang meist einschränkend die Anforderung an eine Stimme oder ein Instrument in der klassischen Musik.

Tonumfang verschiedener Instrumente und Stimmen:

Instrument oder Stimme	tiefste Frequenz (Hz)	höchste Frequenz (Hz)
Geige	200	3000
Klavier	30	4000
Flöte	250	2500
Cello	70	800
Kontrabass	40	300
Tuba	50	400
Trompete	200	1000
Orgel	16	1600
Bass	100	350
Bariton	150	400
Tenor	150	500
Alt	200	800
Sopran	250	1200

12 Optik

Optik, die Lehre vom Licht, dem Wellenlängenbereich der elektromagnetischen Strahlung, der vom menschlichen Auge wahrgenommen werden kann. Dieser Bereich liegt zwischen den Wellenlängen $\lambda = 380$ nm und $\lambda = 780$ nm (1 nm $= 10^{-9}$ m). Im allgemeinen wird auch elektromagnetische Strahlung außerhalb des sichtbaren Bereichs einbezogen.

Die Optik befasst sich mit Vorgängen, die bei der Wechselwirkung von Licht mit Medien auftreten.

1. Hauptcharakteristika des Lichts

Ausbreitungsgeschwindigkeit des Lichts, abhängig vom Medium, in dem es sich ausbreitet.

Vakuumlichtgeschwindigkeit, grundlegende Naturkonstante mit dem Wert

$c = 299\,792\,458$ m/s.

▲   Die Lichtgeschwindigkeit ist in allen Medien kleiner als im Vakuum.

■   Die Lichtgeschwindigkeit beträgt in Wasser $2.24 \cdot 10^8$ m/s, in Glas $(1.85 \pm 0.25) \cdot 10^8$ m/s, in Diamant $1.22 \cdot 10^8$ m/s.

Wellenlänge λ und **Frequenz** f hängen mit der Ausbreitungsgeschwindigkeit c wie folgt zusammen:

Lichtgeschwindigkeit = Frequenz · Wellenlänge			
	Symbol	Einheit	Benennung
$c \;=\; f\lambda$	k	1/m	Wellenzahl
$k \;=\; \dfrac{2\pi}{\lambda}$	λ	m	Wellenlänge
$f \;=\; \dfrac{1}{T}$	ω	rad/s	Kreisfrequenz
	c	m/s	Lichtgeschwindigkeit
$\omega \;=\; \dfrac{2\pi}{T} = 2\pi f = c\,k$	f	1/s	Frequenz
	T	s	Periode

2. Erscheinungsformen elektromagnetischer Wellen

Frequenz f (Hz)	Wellenlänge λ (m)	Bezeichnung
$> 10^{19}$	$< 3 \cdot 10^{-11}$	γ-Strahlung
$> 10^{17}$	$< 3 \cdot 10^{-9}$	Röntgenstrahlung
$10^{15} \ldots 10^{17}$	$3 \cdot 10^{-7} \ldots 3 \cdot 10^{-9}$	Ultraviolett
$\sim 0.5 \cdot 10^{15}$	$\sim 6 \cdot 10^{-7}$	sichtbares Licht
$10^{13} \ldots 10^{14}$	$3 \cdot 10^{-5} \ldots 3 \cdot 10^{-6}$	Infrarot
$10^{9} \ldots 10^{13}$	$0.3 \ldots 3 \cdot 10^{-5}$	Mikrowellen
$\sim 10^{8}$	3	Ultrakurzwellen
$\sim 10^{7}$	30	Kurzwellen
$\sim 10^{6}$	300	Mittelwellen
$\sim 10^{5}$	3000	Langwellen

Eine Unterteilung des ultravioletten Bereichs findet man in **Tab. 13.2/8**.

3. Spektralfarben und -bereiche

Spektralfarbe, Sinneswahrnehmung des Auges für einzelne Wellenlängenbereiche des Spektrums.
Bereiche der Spektralfarben:

Farbe	Frequenz (10^{12} Hz)	Wellenlänge (10^{-9} m)
Violett	659 … 769	455 … 390
Blau	610 … 659	492 … 455
Grün	520 … 610	577 … 492
Gelb	503 … 520	597 … 577
Orange	482 … 503	622 … 597
Rot	384 … 482	780 … 622

4. Theoretische Modelle des Lichts

Wellentheorie, Modell zur Erklärung optischer Erscheinungen durch die Vorstellung, dass Licht eine Wellenerscheinung ist.

Korpuskeltheorie, Modell zur Erklärung optischer Erscheinungen durch die Vorstellung, dass Licht aus **Korpuskeln** (lateinisch für Teilchen) besteht, die sich ohne Wechselwirkung mit Materie geradlinig fortbewegen.

Welle-Teilchen-Dualismus, bestimmte Experimente können nur innerhalb der Wellentheorie, andere Experimente aber nur innerhalb der Korpuskeltheorie erklärt werden. Die Notwendigkeit, zwei widersprüchliche Modelle zur Erklärung der Gesamtheit der Erscheinungen einzusetzen, wird als Welle-Teilchen-Dualismus bezeichnet.

➤ Die klassische Wellentheorie versagt immer dann, wenn man Versuche erklären will, in denen Licht mit atomaren Teilchen wechselwirkt. Beispiele dafür sind der lichtelektrische Effekt (Photoeffekt) und der Compton-Effekt. Sie kann aber auch Phänomene der Wärmestrahlung nicht korrekt beschreiben (Plancksches Strahlungsgesetz).

5. Gliederung der Optik

- **Klassische Optik**, beschreibt Vorgänge der Optik mit den Modellen der klassischen Physik.
- **Geometrische Optik** oder **Strahlenoptik**, Teilgebiet der klassischen Optik. Sie beschreibt die Wechselwirkung von Licht mit Objekten, deren Abmessungen wesentlich größer als die Wellenlänge des Lichts sind.
- **Wellenoptik**, Teilgebiet der klassischen Optik. Sie beschreibt die Wechselwirkung von Licht mit Objekten, deren Abmessungen die gleiche Größenordnung wie die Wellenlänge des Lichts haben.
- **Quantenoptik**, beschreibt Vorgänge der Optik mit den Methoden der Quantenmechanik. Bei diesem Vorgehen gelangt man, besonders bei der Beschreibung der Wechselwirkung von Licht und Materie, wieder zu einem Teilchenbild.

Elektronenoptik, Ionenoptik, Erzeugung von Abbildungen mit Hilfe von Elektronen(Ionen-)strahlen durch Ablenkung in Kombinationen von inhomogenen elektrischen und magnetischen Feldern, die analog zu lichtoptischen Bauelementen wirken.

12.1 Geometrische Optik

Geometrische Optik oder **Strahlenoptik**, beschreibt die Wechselwirkung von Licht mit Objekten, deren Abmessungen wesentlich größer als die Wellenlänge des Lichts sind.

■ Wechselwirkung von Licht mit Linsen, Spiegeln, Prismen und Blenden.

Lichtweg, optische Weglänge, λ, das Produkt aus der geometrischen Weglänge l des Lichtstrahls und der Brechzahl n des Mediums, in dem sich das Licht ausbreitet,

$$\lambda = l \cdot n.$$

1. Prinzip von Fermat,

Extremalprinzip, aus dem sich die gesamte Strahlenoptik ableiten lässt:

▲   Die Lichtausbreitung erfolgt so, dass der Lichtweg einen Extremwert, meistens ein Minimum, annimmt.

Licht legt zwischen zwei Punkten den **zeitlich kürzesten Weg** zurück. Da die Ausbreitungsgeschwindigkeit des Lichts vom Medium abhängt, ist der Lichtweg zwischen zwei Punkten in unterschiedlichen Medien nicht unbedingt die kürzeste geometrische Verbindung.

2. Eigenschaften der Lichtstrahlen

Das Fermatsche Prinzip fußt auf dem Konzept der **Lichtstrahlen (Abb. 12.1)**:

●   Licht kann durch einzelne Strahlen beschrieben werden. Ein Strahl beschreibt, ähnlich einer Teilchenbahn im kräftefreien Raum, im homogenen Medium eine gerade Linie. Im inhomogenen Medium können Lichtstrahlen gekrümmt sein.

●   Strahlen verlaufen senkrecht zur Wellenfront der entsprechenden Welle.

●   Strahlen können sich schneiden und beeinflussen sich nicht gegenseitig.

●   Die Richtung der Strahlen ist umkehrbar.

●   An der Grenzfläche zwischen zwei Medien, in denen sich Licht unterschiedlich schnell ausbreitet, ändert sich die Richtung eines Lichtstrahls.

➤   Die Regel, dass sich Strahlen gegenseitig nicht beeinflussen, entspricht dem **Überlagerungsprinzip** oder **Superpositionsprinzip** in der Wellentheorie.

➤   Strahlen sind ein Hilfsmittel zur Beschreibung der Lichtausbreitung, das in gewissen Grenzen einfache Aussagen erlaubt.

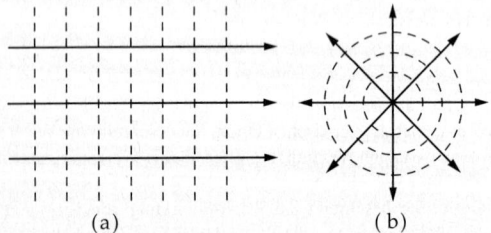

(a)   (b)

Abbildung 12.1: Wellenfronten (gestrichelte Linien) und Strahlen (Pfeile). (a): Ebene Welle, (b): Kugelwelle

3. Arten von Strahlen

●   **Strahlenbündel**, räumliche Gesamtheit von Lichtstrahlen.

●   **Strahlenbüschel**, ebene Gesamtheit von Strahlen. Teilmenge eines Bündels, die z.B. durch Ausblendung durch einen Spalt entsteht.

●   **Divergente Strahlen**, Strahlen, die von einem Punkt ausgehen (wie bei der auslaufenden Kugelwelle, s. **Abb. 12.2 (a)**).

●   **Konvergente Strahlen**, Strahlen, die in einem Punkt zusammenlaufen (wie bei der einlaufenden Kugelwelle, s. **Abb. 12.2 (b)**).

●   **Parallele Strahlen**, alle Strahlen verlaufen parallel zueinander. Dies entspricht der ebenen Welle (s. **Abb. 12.2 (c)**).

●   **Homozentrische Strahlen**, Oberbegriff für divergente, konvergente und parallele Strahlen.

• **Diffuse Strahlen**, die einzelnen Strahlen verlaufen wahllos zueinander (s. **Abb. 12.2 (d)**), Gegensatz zu homozentrischen Strahlen. Sie entstehen z.b. bei der Reflexion paralleler Strahlung an einer rauhen Oberfläche.

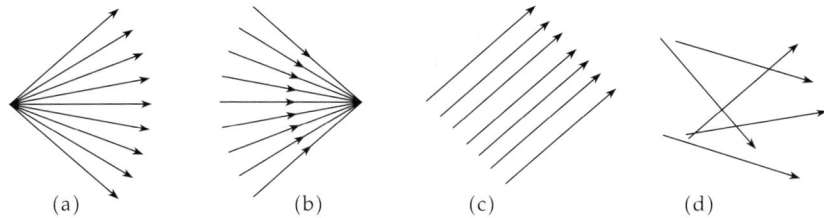

Abbildung 12.2: Strahlenbündel. (a): Divergentes Strahlenbündel, (b): konvergentes Strahlenbündel, (c): paralleles Strahlenbündel, (d): diffuses Strahlenbündel

12.1.1 Optische Abbildung - Grundbegriffe

Optische Abbildung, Umwandlung eines von einem **Objektpunkt** ausgehenden homozentrischen Strahlenbündels in ein anderes homozentrisches Bündel, dessen Zentrum der **Bildpunkt** ist.

Objektpunkt, O, **Gegenstandspunkt**, G, jeder Punkt, von dem Licht ausgeht.

Bildpunkt, B, Zentrum des Strahlenbündels, das bei einer optischen Abbildung aus einem Objektpunkt hervorgeht.

1. Reelle und virtuelle Abbildungen

Reelle Abbildung, zu Bildpunkten gehörige Strahlenbündel sind konvergent (**Abb. 12.3 (e)**).

Virtuelle Abbildung, zu Bildpunkten gehörige Strahlenbündel sind divergent; nicht die Strahlen selbst schneiden sich wieder, sondern ihre rückwärtigen Verlängerungen.

Virtueller Bildpunkt, B', Schnittpunkt der verlängerten Strahlen bei einer virtuellen Abbildung (**Abb. 12.3 (a) - (d)**).

2. Optische Elemente und ihre Charakteristika

Optische Elemente: Linsen, Spiegel, Blenden, Platten, Prismen usw. sowie deren Zusammenfassung zu funktionalen Gruppen.

■ Objektiv, Okular, Kondensor und Umkehrsystem.

Optische Achse, Symmetrieachse optischer Elemente bezüglich Drehungen, z.B. die Verbindungslinie der Krümmungsmittelpunkte der brechenden Flächen eines optischen Systems.

Zentriertes System, System, bei dem die optischen Achsen aller optischen Elemente zusammenfallen.

■ Die Krümmungsmittelpunkte aller optisch brechenden Flächen liegen auf einer Geraden, der optischen Achse.

3. Brennpunkte optischer Elemente

Objektbrennpunkt, $\bar{F}$, Punkt, von dem Strahlen ausgehen, die hinter dem optischen System parallel zur optischen Achse verlaufen.

Bildbrennpunkt, F', Punkt, in dem sich parallel zur optischen Achse einfallende Strahlen schneiden.

Hauptebenen: Bei der Konstruktion der Abbildung führt man statt der tatsächlich meist gekrümmten Oberflächen der optischen Elemente ebene Flächen ein, an denen die Richtungsänderung der Strahlen stattfinden soll. Diese Flächen stehen senkrecht auf der optischen Achse; ihre Position muss so bestimmt werden, dass die mit ihrer Hilfe konstruierte Abbildung mit der realen Abbildung übereinstimmt, die an den gekrümmten Oberflächen stattfindet.

➤   Die Hauptebenen sind ein Hilfskonzept zur vereinfachten Berechnung und graphischen Approximation des Strahlenverlaufs bei der Abbildung. Die tatsächlichen Richtungsänderungen erfolgen natürlich an den Grenzflächen der Linsen, Prismen oder Spiegel.

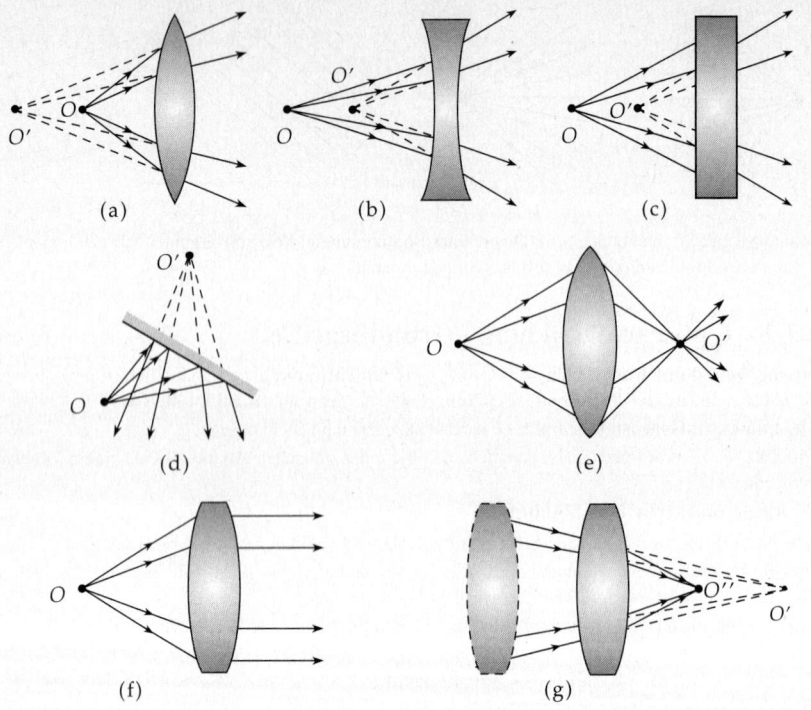

(a)   (b)   (c)

(d)   (e)

(f)   (g)

Abbildung 12.3: Optische Abbildungen (schematisch). (a) - (d): Virtuelle Abbildung, (e): reelle Abbildung, (f): Abbildung nach Unendlich, (g): reelle Abbildung eines virtuellen Objektpunktes O' nach O''

Hauptpunkte, Schnittpunkte der Hauptebenen mit der optischen Achse.

Bei Linsen gibt es zwei Oberflächen, an denen Brechung stattfindet. Entsprechend werden zwei Hauptebenen und zwei Hauptpunkte eingeführt:

• **Gegenstandshauptpunkt**, H, der näher am Gegenstand befindliche Hauptpunkt.
• **Bildhauptpunkt**, H', der näher am Bild befindliche Hauptpunkt.

4.   Brennweiten und Gegenstandsweiten

Gegenstandsseitige Brennweite, **Objektbrennweite**, $\bar{f}$, Abstand zwischen Gegenstandshauptpunkt und Objektbrennpunkt.

Bildseitige Brennweite, **Bildbrennweite**, f', Abstand zwischen Bildhauptpunkt und Bildbrennpunkt.

➤   Zu einer optischen Abbildung trägt oft nur ein kleiner Teil der von einem Objekt ausgehenden Strahlen bei, nämlich die Strahlen, die durch die Öffnung eines Instruments auch tatsächlich zur Abbildung gelangen. Je kleiner die Neigungswinkel der Strahlen gegen die optische Achse sind, desto stärkere Vereinfachungen lassen sich bei der Berechnung machen.

Gegenstandsweite, Objektweite, a, Entfernung zwischen dem Lot des Gegenstandspunkts auf die optische Achse und der Objekthauptebene, $a = \overline{HO}$.

Bildweite, a', Entfernung zwischen dem Lot des Bildpunktes auf die optische Achse und der bildseitigen Hauptebene, $a' = \overline{H'O'}$.

Brennpunktbezogene Objektweite, z, Abstand der Objektebene vom Objektbrennpunkt, $z = \overline{FO}$.

Brennpunktbezogene Bildweite, z', Abstand der Bildebene vom bildseitigen Brennpunkt, $z' = \overline{F'O'}$.

Beziehungen:

$$z = a - \bar{f}, \qquad z' = a' - f'$$

Schnittweiten, $\bar{s}$ und s', von den Scheitelpunkten aus gemessene Entfernungen von Objekt bzw. Bild.

Abbildungsgleichung, Zusammenhang zwischen den konjugierten Größen (Gegenstandsweite, Bildweite) einer Abbildung.

Gegenstandsgröße, Objektgröße, y, Größe eines Gegenstandes.

Bildgröße, y', Größe des reellen Bildes des Gegenstands.

Paraxialgebiet, achsennaher Raum, der Raum, in dem die Strahlen einen so kleinen Winkel α mit der optischen Achse bilden, dass $\sin \alpha$ und $\tan \alpha$ mit ausreichender Genauigkeit durch α ersetzt werden können. Die Abbildungsgleichungen vereinfachen sich dadurch wesentlich.

Das Paraxialgebiet kann nicht allgemein definiert werden, sondern hängt von der jeweils geforderten Genauigkeit ab.

Gaußsche Optik , Bezeichnung für die Strahlenoptik im Paraxialgebiet.

➤ Auch für die Analyse **außerhalb** des Paraxialgebiets ist die Gaußsche Optik eine erste Näherung zur Bestimmung der Grundeigenschaften eines optischen Systems.

Im folgenden werden hauptsächlich zentrierte Systeme im Paraxialgebiet betrachtet.

5. Vorzeichenregeln (nach DIN 1335)

- **Lichtrichtung** von links nach rechts.
- Benutzung orientierter Strecken. Strecken werden vom Bezugspunkt nach rechts (in Lichtrichtung) positiv und nach links negativ gezählt.
- Die y-Richtung zählt nach oben hin positiv.
- Der Krümmungsradius (Linse, Spiegel) wird positiv gezählt, wenn der Krümmungsmittelpunkt (C) rechts vom Scheitel (S) liegt, und negativ, wenn C links von S liegt.
- Konjugierte Größen (einander entsprechende Größen im Bild- und Gegenstandsraum) sind Größen, die ineinander abgebildet werden können; sie erhalten gleiche Buchstaben. Die Größen im Bildraum werden durch einen Strich rechts oben gekennzeichnet.
- Bei Größen, die paarweise auftreten, aber nicht ineinander abgebildet werden, wird die objektseitige Größe mit einem Querstrich versehen, z.B. $\overline{F}$ (objektseitig) und F' (bildseitig).
- Zur Winkelmessung wird ein Bezugsschenkel festgelegt. Ein Winkel zählt dann positiv, wenn der andere Schenkel bis zum Zusammenfallen mit dem Bezugsschenkel gegen den Uhrzeigersinn zu drehen ist, andernfalls negativ. Winkelpfeile zeigen vom Bezugsschenkel weg.

➤ In Abbildungen wird oft auf das Vorzeichen einer Größe hingewiesen, indem man es in Klammern vor die Größe schreibt. $(-)f$ bedeutet also, dass f negativ ist.

6. Bezeichnungen in Formeln und Abbildungen

■ Die Gegenstandsgröße wird in die Bildgröße abgebildet; diese Größen sind daher konjugiert zueinander und erhalten die Bezeichnungen y und y'.

Symbol	Bedeutung
$\bar{C}, C'$	Krümmungsmittelpunkte
S, S'	Scheitelpunkte
d	Linsendicke
n	Brechzahl
a (auch g), a' (auch b)	Dingweite, Bildweite
$\bar{f}, f'$	Dingbrennweite, Bildbrennweite
y (auch G)	Gegenstandsgröße
y' (auch B)	Bildgröße
$\bar{F}, F'$	Dingbrennpunkt, Bildbrennpunkt
H, H'	gegenstandsseitiger und bildseitiger Hauptpunkt
O	Punkt auf der optischen Achse
s, s'	Schnittweiten
i	Abstand der Hauptebenen
β'	Abbildungsmaßstab
Γ'	Vergrößerung

12.1.2 Reflexion

Spiegel, ebene oder gekrümmte Oberfläche, deren Rauhigkeit klein im Verhältnis zur Wellenlänge der auftreffenden Strahlung ist.

Um die Reflexion eines Lichtstrahls geometrisch zu beschreiben, benötigt man die Normale zur Spiegelfläche in dem Punkt, in dem der Strahl auftrifft (**Abb. 12.4**).

Lot, Einfallslot, die Normale auf der Fläche in dem Punkt, in dem der Strahl auftrifft.

Einfallswinkel, ε, Winkel zwischen dem Lot auf die Oberfläche und dem einfallenden Strahl.

Ausfallswinkel, ε_r, Winkel zwischen dem Lot auf die Oberfläche und dem reflektierten Strahl.

Reflexionsgesetz (s. S. 281):

▲ Einfallswinkel gleich Ausfallswinkel,

   $\varepsilon = \varepsilon_r$.

▲ Einfallsstrahl, Lot und Reflexionsstrahl liegen in einer Ebene.

➤ Die Reflexion ist unabhängig von der Wellenlänge (der Farbe). Daher tritt bei ihr, im Gegensatz zur Brechung (Abbildung durch Linsen), kein **Farbfehler** (chromatische Aberration) auf.

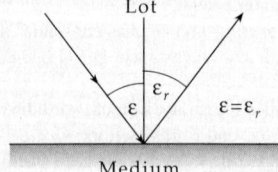

Abbildung 12.4: Reflexiongesetz. Lot, Einfallswinkel ε und Ausfallswinkel ε_r

12.1.2.1 Ebener Spiegel

Zusammenhang zwischen Bildpunkt und Objektpunkt:

▲ Virtueller Bildpunkt und Objektpunkt haben den gleichen Abstand vom Spiegel und liegen auf der gleichen Spiegelnormalen.

Das am ebenen Spiegel entstehende virtuelle Bild ist aufrecht und seitenverkehrt. Die Bildgröße ist gleich der Gegenstandsgröße (**Abb. 12.5**).

➤ Da die Strahlen nur Hilfsmittel der Darstellung sind, lassen sich von jedem Objektpunkt beliebig viele Strahlen in beliebige Richtungen zeichnen. Alle auf den ebenen Spiegel treffenden Strahlen ergeben denselben virtuellen Bildpunkt (kein Abbildungsfehler).

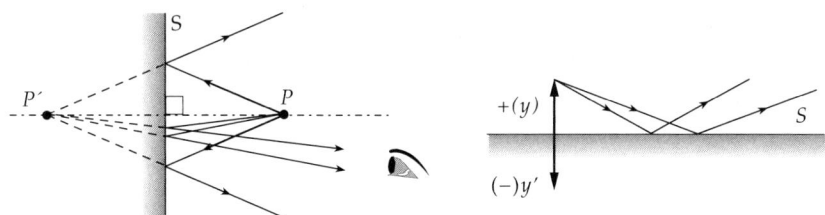

Abbildung 12.5: Bildentstehung am ebenen Spiegel. P: Objektpunkt, P': virtueller Bildpunkt, y: Objekt, y': Bild. Homozentrische Bündel bewirken entsprechend dem Reflexionsgesetz die Abbildung. Je nach Position des Auges blendet dieses einen Anteil aus, der zur Wahrnehmung des virtuellen Bildes führt.

12.1.2.2 Konkavspiegel oder Hohlspiegel

Konkavspiegel, **Hohlspiegel**, allgemeine Bezeichnung für Spiegel, die parallel einfallende Strahlen sammeln.

■ Die wichtigsten dieser Spiegel haben die Form einer Kugelkalotte (**sphärischer Spiegel, Kugelspiegel**) oder entstehen durch Rotation einer Parabel (**Parabolspiegel**) oder anderer Kegelschnitte um ihre Symmetrieachse.

1. Kenngrößen von Hohlspiegeln

Scheitel, **Scheitelpunkt** S eines Spiegels, Schnittpunkt der optischen Achse mit der Spiegelfläche.

Brennpunkt beim Hohlspiegel, per Definition der Punkt, in dem sich Strahlen schneiden, die sehr nahe der optischen Achse und parallel zu ihr einfallen.

Brennweite, $\bar{f}$, Entfernung zwischen Brennpunkt und Scheitel.

➤ Beim Spiegel fallen die Hauptebenen H und H' mit einer Ebene durch den Scheitel S zusammen.

Brennweite sphärischer Hohlspiegel = halber Kugelradius			**L**
$(-)\bar{f} = \dfrac{(-)r}{2}$	Symbol	Einheit	Benennung
	$\bar{f}$	m	Brennweite
	r	m	Spiegelradius

Laut Vorzeichenregel hat der Hohlspiegel einen negativen Krümmungsradius und **negative Brennweite**.

▲ Für sphärische Hohlspiegel fallen die Brennpunkte $\bar{F}$ und F' zusammen. Die Bildbrennweite ist gleich der Objektbrennweite,

$$\bar{f} = f'.$$

➤ In Wirklichkeit erfolgt die Reflexion nicht an der Hauptebene, sondern an der Spiegeloberfläche. Im Paraxialgebiet (s. S. 315) ist der Unterschied vernachlässigbar.

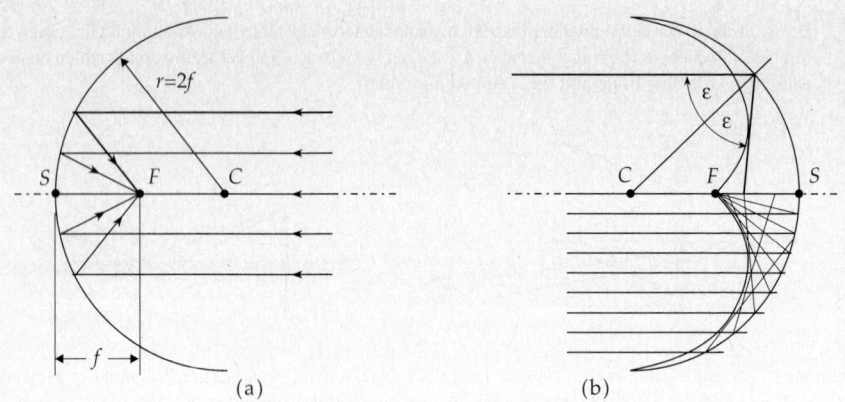

Abbildung 12.6: Sphärischer Hohlspiegel. C: Mittelpunkt, S: Scheitelpunkt, F: Brennpunkt.
(a): Krümmungsradius r und Brennweite f, (b): Katakaustik (Einhüllende der reflektierten Strahlen) und Öffnungsfehler

2.   Bildkonstruktion beim Hohlspiegel

▲   **Bildkonstruktion** mit zwei ausgezeichneten Strahlen (**Abb. 12.7**):
Brennstrahl, fällt durch den Brennpunkt auf den Spiegel und wird parallel zur optischen Achse reflektiert.
Parallelstrahl, fällt parallel zur optischen Achse ein und wird in den Brennpunkt reflektiert.

Strahlen durch den Krümmungsmittelpunkt (**Mittelpunktstrahlen**) werden beim sphärischen Hohlspiegel in sich selbst reflektiert.

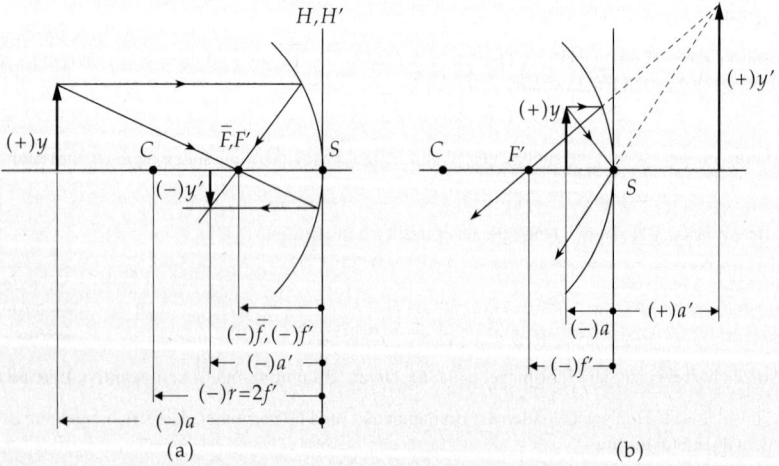

Abbildung 12.7: Bildkonstruktion beim sphärischen Hohlspiegel. (a): Gegenstand außerhalb der doppelten Brennweite, (b): Gegenstand innerhalb der einfachen Brennweite

3. Abbildungsgleichung und Abbildungsmaßstab des Hohlspiegels

Abbildungsgleichung des Hohlspiegels:

Abbildungsgleichung des Hohlspiegels			L^{-1}
	Symbol	Einheit	Benennung
$\dfrac{1}{a'} + \dfrac{1}{a} = \dfrac{1}{f'}$	a	m	Gegenstandsweite
	a'	m	Bildweite
	f'	m	Bildbrennweite

➤ Die Abbildungsgleichung ergibt sich unmittelbar durch Anwendung der Strahlensätze auf die Bildkonstruktion.

Abbildungsmaßstab, Lateralvergrößerung, β', des Hohlspiegels:

Abbildungsmaßstab $= \dfrac{\text{Bildgröße}}{\text{Gegenstandsgröße}}$			1
	Symbol	Einheit	Benennung
$\beta' = \dfrac{y'}{y} = -\dfrac{a'}{a}$	β	1	Abbildungsmaßstab
	y'	m	Bildgröße
	y	m	Gegenstandsgröße
	a	m	Gegenstandweite
	a'	m	Bildweite

➤ Aufgrund der Vorzeichenregeln ist der Abbildungsmaßstab positiv (negativ), wenn ein aufrechtes (umgekehrtes) Bild entsteht.

Bilder beim sphärischen Hohlspiegel in Abhängigkeit von der Objektweite a:

Objektweite a	Bildweite a'	Bild	Abbildungsmaßstab β
$-\infty < a < 2f'$	$2f' < a' \leq f'$	reell, verkleinert, umgekehrt	$-1 < \beta < 0$
$2f'$	$2f'$	reell, gleich groß, umgekehrt	-1
$2f' < a < f'$	$-\infty < a' \leq 2f'$	reell, vergrößert, umgekehrt	$-\infty < \beta < -1$
$f' < a < 0$	$0 < a' < \infty$	virtuell, vergrößert, aufrecht	$1 < \beta < \infty$

4. Nichtparaxiale Fälle

● **Sphärischer Hohlspiegel** oder **Kugelspiegel**, je weiter die parallel einfallenden Strahlen von der optischen Achse entfernt sind, desto weiter entfernt sich der Durchgangspunkt der Strahlen auf der optischen Achse vom Brennpunkt. Im Sinne der Gaußschen Optik ist diese Erscheinung ein Abbildungsfehler, den man als **Öffnungsfehler** (**sphärische Aberration**) bezeichnet (**Abb. 12.6 (b)**). Die reflektierten Strahlen haben eine zusammenhängende einhüllende Fläche, die **Katakaustik**.

● **Parabolspiegel**, Hohlspiegel, der durch Rotation der durch die Parabel $y^2 = 2cx$ um die x-Achse (optische Achse) entsteht (**Abb. 12.8**). Der **Koeffizient** c ist der Krümmungsradius der Parabel im Scheitelpunkt.

➤ Im Sinne der Gaußschen Optik sind Parabolspiegel mit Parabelkoeffizient c und Kugelspiegel mit Radius $r = c$ gleich. Insbesondere gelten dieselben Abbildungsgleichungen.
Sämtliche zur optischen Achse parallelen Strahlen schneiden sich im Brennpunkt des Parabolspiegels. Dieser hat also keinen Öffnungsfehler. Dafür sind Abbildungsfehler selbst für parallele Strahlen, die nur geringfügig gegenüber der optischen Achse geneigt sind, sehr groß (Koma).

12.1.2.3   Konvexspiegel oder Wölbspiegel

Konvexspiegel, **Wölbspiegel**, außen spiegelnde Kugel- oder nach außen gewölbte andere Rotationsfläche (**Abb. 12.9**).

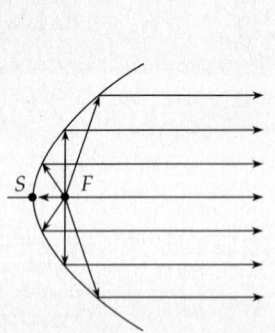

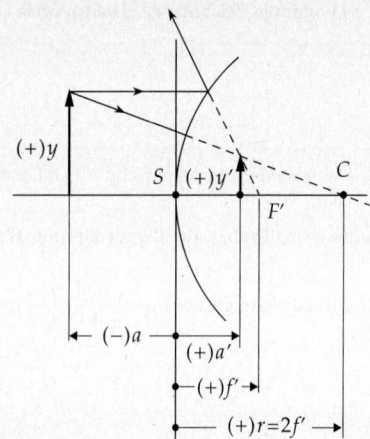

Abbildung 12.8: Erzeugung eines parallelen Strahlenbündels mit einem Parabolspiegel

Abbildung 12.9: Bildkonstruktion beim Wölbspiegel mit Mittelpunktstrahl und Brennpunktstrahl

- Parallel einfallendes Licht wird nicht gebündelt, sondern zerstreut.
- Nach den Vorzeichenregeln hat der Wölbspiegel einen positiven Krümmungsradius und eine **positive Brennweite**,

$$(+)f = \frac{(+)r}{2}.$$

- Beim Wölbspiegel entstehen stets virtuelle, verkleinerte und aufrechte Bilder.

12.1.3   Brechung

Brechung (s. S. 280), Änderung der Richtung eines Strahls beim Durchgang durch die Grenzfläche zwischen zwei Medien.

➤ Nicht die gesamte Lichtmenge dringt in das zweite Medium ein; ein bestimmter Anteil wird reflektiert.

12.1.3.1   Brechungsindex

Brechzahl, **Brechungsindex** n, Materialkonstante, charakterisiert das Brechungsverhalten des Mediums beim Übergang von Licht vom Vakuum in dieses Medium.

▲ Grenzen zwei Medien aneinander, so nennt man das Medium mit der größeren Brechzahl **optisch dichter**, das mit der kleineren Brechzahl **optisch dünner** als das jeweils andere.

■ Die Brechzahl für das Vakuum selbst ist 1, die Brechzahlen für Luft, Wasser und Diamant sind 1.0003, 1.333 bzw. 2.417. Die Brechzahlen für Gläser liegen im Bereich 1.4 bis 1.9 (z.B. Quarzglas 1.46, Borkronglas 1.51, Flintglas 1.61, schweres Flintglas 1.76).

Für weitere Brechzahlen s. **Tab. 13.2/2**.

Brechzahl und Ausbreitungsgeschwindigkeit			**1**
	Symbol	Einheit	Benennung
$n_{\text{Medium}} = \dfrac{c_{\text{Vakuum}}}{c_{\text{Medium}}}$	n_{Medium}	1	Brechzahl
	c_{Vakuum}	m/s	Phasengeschw. im Vakuum
	c_{Medium}	m/s	Phasengeschw. im Medium

Die Brechzahl ist i. Allg. wellenlängenabhängig (s. S. 282).

➤   In der technischen Optik wird als Brechzahl $n' = c_{\text{Luft}}/c_{\text{Medium}}$ eingeführt. Die Brechzahlen n und n' unterscheiden sich nur wenig voneinander. Für trockene Luft unter Normbedingungen ist $n' = 1$ und $n = 1.0003$.

Einfallswinkel, ε, Winkel zwischen einfallendem Strahl und Lot. **Brechungswinkel**, ε', Winkel zwischen gebrochenem Strahl und Lot.

12.1.3.2   Brechungsgesetz

Brechungsgesetz, **Snelliussches Gesetz**, beschreibt die Verknüpfung von Einfalls- und Ausfallswinkel bei der Brechung (**Abb. 12.10**):

Snelliussches Brechungsgesetz			
	Symbol	Einheit	Benennung
$\dfrac{\sin\varepsilon}{\sin\varepsilon'} = \dfrac{n_2}{n_1} = \dfrac{c_1}{c_2}$	ε	rad	Einfallswinkel
	ε'	rad	Ausfallswinkel, Brechungswinkel
	n_1, n_2	1	Brechzahl Medium 1, 2
	c_1, c_2	m/s	Phasengeschwindigkeit Medium 1, 2

▲   Das Verhältnis zwischem dem Sinus des Einfallswinkel und dem Sinus des Ausfallswinkels ist eine Konstante, die nur von den Materialeigenschaften der beiden Medien abhängt.

▲   Einfallender Strahl, Lot und gebrochener Strahl liegen in einer Ebene; der reflektierte Strahl liegt in der gleichen Ebene.

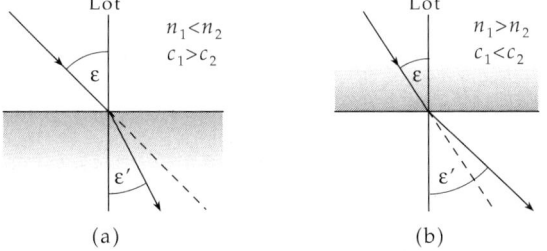

Abbildung 12.10: Snelliussches Brechungsgesetz. ε: Einfallswinkel, ε': Brechungswinkel.
(a): $n_1 < n_2, c_1 > c_2$, Brechung zum Lot hin, (b): $n_1 > n_2, c_1 < c_2$, Brechung vom Lot weg

▲   Beim Übergang in ein optisch dichteres Medium ($n_1 < n_2, c_1 > c_2$) wird der Lichtstrahl zum Lot hin gebrochen; beim Übergang in ein optisch dünneres ($n_1 > n_2, c_1 < c_2$) wird der Lichtstrahl vom Lot weg gebrochen.

■   Beim Übergang von Luft in Glas wird der Strahl zum Lot hin gebrochen. Für Licht der Wellenlänge $\lambda = 632.8$ nm ergeben sich für die Einfallswinkel $\varepsilon = 10°, 30°, 60°, 80°$ die Brechungswinkel $\varepsilon' = 6.5°, 19.0°, 35.0°, 40.0°$.

Relative Brechzahl, Bezeichnung für das Verhältnis der Brechzahlen n_2/n_1 zweier Medien.

12.1.3.3   Fresnelsche Formeln

Bei jeder Reflexion nimmt die Intensität des reflektierten Strahls ab:

- bei Reflexion an Metallschichten wegen kleiner Absorption in der Metallschicht (s. **Abb. 12.11**),
- an der Grenzfläche von Medien unterschiedlicher Brechzahlen wird nur ein Teil reflektiert.

1.   Allgemeine Fresnelsche Formeln für die Lichtintensität

Fresnelsche Formeln, quantitative Aussagen über die Aufteilung der Intensität zwischen reflektiertem und transmittiertem Strahl bei Reflexion in Abhängigkeit vom Polarisationszustand des Lichts (**Abb. 12.11**). Sie folgen aus den Maxwellschen Gleichungen der Elektrodynamik:

Fresnelsche Formeln für die Lichtintensität		
$R_{\parallel} = \dfrac{\tan^2(\theta_i - \theta_t)}{\tan^2(\theta_i + \theta_t)}$	Symbol	Benennung
	θ_i	Einfallswinkel
	θ_t	Ausfallswinkel
$R_{\perp} = \dfrac{\sin^2(\theta_i - \theta_t)}{\sin^2(\theta_i + \theta_t)}$	$R_{\parallel}$	Reflexionskoeffizient Anteil mit Polarisation $\parallel$ Einfallsebene
	$R_{\perp}$	Reflexionskoeffizient Anteil mit Polarisation $\perp$ Einfallebene

Die transmittierten Anteile sind dann

$$T_{\parallel} = 1 - R_{\parallel}, \quad T_{\perp} = 1 - R_{\perp}$$

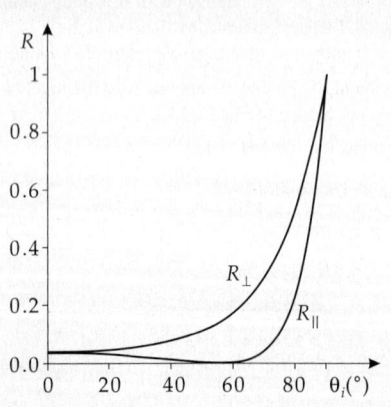

Abbildung 12.11: Reflexionskoeffizienten in Abhängigkeit von Polarisation und Einfallswinkel an einer Glas-Luft-Grenzfläche

2.   Fresnelsche Formeln für senkrechten Lichteinfall,

geben den reflektierten und transmittierten Anteil für den Einfallswinkel $\theta_i = 0$ an.

$$R = \left(\frac{n-1}{n+1}\right)^2, \quad T = \frac{4n}{(n+1)^2}, \quad n = n_2/n_1.$$

➤   Wegen des flachen Verlaufs der Kurve in **Abb. 12.11** reicht es oft, mit diesen vereinfachten Formeln zu rechnen.

■   An jeder Luft-Glas-Grenzfläche werden mindestens 4% der Intensität reflektiert, deswegen müssen Linsen in optischen Geräten immer entspiegelt sein. Beispiel: in einem Objektiv mit 3 Linsengruppen (6 Grenzflächen) ginge ohne Entspiegelung fast 25% des Lichtes verloren.

➤   Bei einem bestimmten Winkel, dem Brewsterwinkel, θ_B, ist der Anteil $R_\parallel = 0$. Der reflektierte Anteil von unter diesem Winkel auftreffendem unpolarisiertem Licht ist linear polarisiert (s. S. 272)

Brewsterwinkel: $\tan\theta_B = n_2/n_1$.

12.1.3.4 Regenbogen

Regenbogen, atmosphärisch-optische Erscheinung, die auf Brechung und Reflexion von Licht in Wassertropfen beruht. Der Regenbogen ist Teil eines Kreises, dessen Mittelpunkt auf der Verbindungslinie von Sonne und Beobachter auf der von der Sonne abgewandten Seite liegt. Bei einer m-fachen Reflexion im Tropfeninnern ergibt sich ein Ablenkwinkel δ von

$$\delta = 2(\varepsilon - \varepsilon') + m(\pi - 2\varepsilon').$$

Dabei ist ε der Einfallswinkel und ε' der Brechungswinkel beim Eintritt des Lichtstrahls in den Wassertropfen (**Abb. 12.12**). Mit der Brechzahl n folgt für die minimale Ablenkung:

$$\frac{\partial\delta}{\partial\varepsilon} = 0, \quad \cos\varepsilon_{\min} = \sqrt{\frac{n^2 - 1}{n + 2m}}.$$

Hauptregenbogen, hat einen Radius von 42.5° und eine Breite von 1.5°. Er entsteht bei zweimaliger Brechung und einmaligem Reflexion des Lichts durch einen Wassertropfen. Durch Dispersion entsteht die Strahlverbreiterung mit der Farbfolge Rot, Orange, Gelb, Grün, Indigo und Violett von innen nach außen.

Nebenregenbogen, hat eine Radius von 52° und eine Breite von 3°. Er entsteht durch zweimalige Brechung, zweimalige Reflexion und Dispersion im Wassertropfen. Seine Farbfolge ist regellos.

➤   Die Bildung des Regenbogens ist mit Interferenzerscheinungen verknüpft, die von der Größe der Wassertropfen abhängen. Diese Interferenzen äußern sich in abwechselnd hellen und dunklen Ringen und in der unregelmäßigen Farbfolge des Nebenregenbogens.

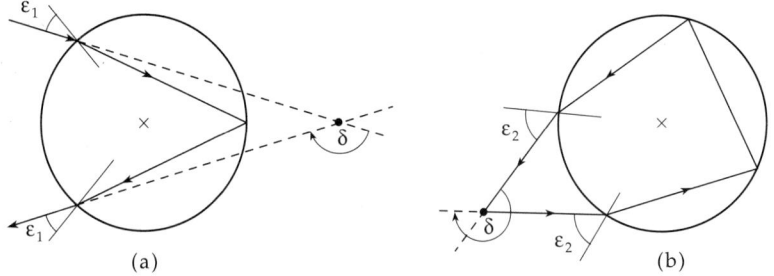

Abbildung 12.12: Strahlengang beim Regenbogen. (a): Hauptregenbogen, (b): Nebenregenbogen

12.1.3.5 Totalreflektion

Totalreflexion, tritt ein, wenn Licht vom optisch dichteren Medium unter einem Winkel größer oder gleich dem Grenzwinkel der Totalreflexion auf die Grenzfläche zum optisch dünneren Medium fällt.

Grenzwinkel der Totalreflexion, ε_g, der Einfallswinkel, für den der Ausfallswinkel $\pi/2$ beträgt, wenn der Strahl vom optisch dichteren Medium zum optisch dünneren läuft (**Abb. 12.13**).

Grenzwinkel der Totalreflexion			1
$\sin\varepsilon_g = \dfrac{n_2}{n_1}$	Symbol	Einheit	Benennung
	ε_g	rad	Grenzwinkel der Totalreflexion
	n_1, n_2	1	Brechzahl Medium 1, 2

Grenzwinkel der Totalreflexion für einige Medien, umgebendes Medium ist Luft.

Substanz	ε_g	Substanz	ε_g
Diamant	23°	leichtes Kronglas	40°
schweres Flintglas	34°	Glycerol	43°
Schwefelkohlenstoff	38°	Wasser	49°

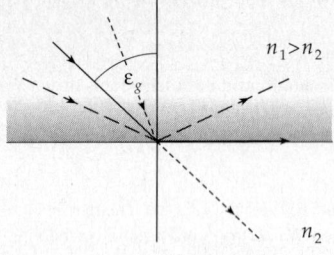

Abbildung 12.13: Grenzwinkel der Totalreflexion ε_g ($n_1 > n_2$). Brechung für $\varepsilon < \varepsilon_g$ (gepunktete Linie), Grenzfall für $\varepsilon = \varepsilon_g$ (ausgezogene Linie), Totalreflexion für $\varepsilon > \varepsilon_g$ (gestrichelte Linie)

Grenzwinkel weiterer Materialien lassen sich aus den tabellierten Brechzahlen (Tab. 13.2/2) berechnen.

■   Die Brechzahl von Luft ist 1.0003, die von Eis 1.310. Läuft ein Strahl durch Eis und trifft auf eine Grenzfläche zu Luft, so ergibt sich für den Grenzwinkel der Totalreflexion

$$\varepsilon_g = \arcsin \frac{n_{\text{Luft}}}{n_{\text{Eis}}} = \arcsin \frac{1.0003}{1.310} = 0.868851\,\text{rad} = 49.78°\,.$$

Strahlen, die unter Einfallswinkeln $\varepsilon > 49.78°$ auf die Grenzfläche fallen, werden total reflektiert.

➤   Totalreflexion wird in Prismen zur Umlenkung der Strahlrichtung genutzt.

Porro-Prismensystem, Prismensatz zur Bildumkehr durch vierfache Totalreflexion (**Abb. 12.14**).

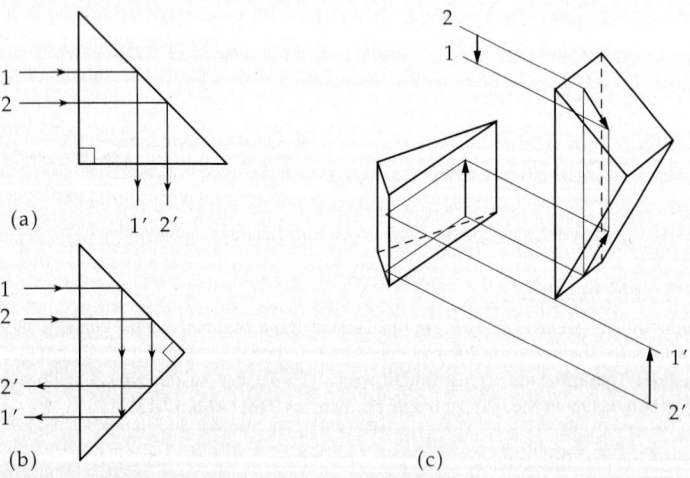

Abbildung 12.14: Strahlumlenkung durch totalreflektierende Prismen. (a): Ablenkung um $\pi/2$, (b): Ablenkung um π, (c): Porro-Prismensystem (Bildumkehr)

12.1.3.6 Lichtwellenleiter

Lichtwellenleiter, Anordnung von Spiegeln oder totalreflektierenden Grenzflächen, die die Ausbreitung des Lichtes auf eine bestimmte Richtung (längs der Symmetrieachse der Anordnung) beschränkt.

- ■ Rohr mit verspiegelter Innenwand.
- ■ Wichtigste Anwendung: Glasfasern für die optische Nachrichtenübertragung.
- ➤ Es besteht eine direkte Analogie zu Hohlleitern der Mikrowellentechnik.

1. Funktionsweise von Lichtwellenleitern

a) Aufbau und Eigenschaften von Lichtwellenleitern: Lichtwellenleiter, besteht aus einem **Kern** mit Brechungsindex n_1 und einem **Mantel** mit Brechungsindex $n_2 < n_1$ (**Abb. 12.15**).

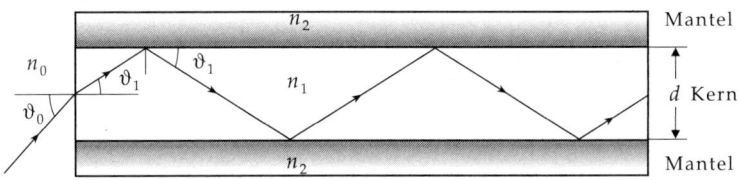

Abbildung 12.15: Aufbau eines Lichtwellenleiters

Wenn der Winkel ϑ_1 klein genug ist, wird der Lichtstrahl an der Grenzfläche zwischen Kern und Mantel **totalreflektiert** und kann den Kern des Lichtwellenleiters erst wieder durch die Endfläche verlassen. **Grenzwinkel der Totalreflexion** ϑ_1 an der Grenzfläche zwischen Kern und Mantel ist gegeben durch die Gleichung

$$n_1 \sin(90° - \vartheta_1) = n_2 \quad \Rightarrow \quad \cos \vartheta_1 = n_2/n_1.$$

An der Eintrittsfläche gilt das Brechungsgesetz $n_0 \sin \vartheta_0 = n_1 \sin \vartheta_1$. Beide Beziehungen zusammen ergeben die **numerische Apertur** $N.A._{WL}$ des Wellenleiters:

$$n_0 \sin \vartheta_0 = n_1 \sqrt{1 - \cos^2 \vartheta_1} = n_1 \sqrt{1 - (n_2/n_1)^2} = \sqrt{n_1^2 - n_2^2} = \sqrt{n_{\text{Kern}}^2 - n_{\text{Mantel}}^2} = N.A._{WL}.$$

- ➤ Nur Lichtstrahlen, für die $n_0 \sin \vartheta_0$ kleiner oder gleich $N.A._{WL}$ ist, werden vom Wellenleiter geführt. Für größere Einfallswinkel ϑ_0 ist die Bedingung der Totalreflexion nicht erfüllt.
- ➤ Diese Überlegung gilt nur für die Näherung der Strahlenoptik, also für Abmessungen des Wellenleiters, die wesentlich größer als die Wellenlänge des verwendeten Lichtes sind. Im wichtigen Fall der *single-mode*-Wellenleiter ist diese Bedingung nicht erfüllt; hier ist die Angabe einer numerischen Apertur sinnlos und sollte durch die Kenngrößen des **Eigenmodes** des Wellenleiters (z.B. 1/e-Breite bei Gaußscher Näherung) ersetzt werden.
- ■ Das Prinzip des Wellenleiters wurde bereits 1870 von John Tyndall in London an einem Wasserstrahl (Kern, $n = 1.33$) in Luft (Mantel, $n = 1.00$) demonstriert.
- ▲ Wird ein Wellenleiter gekrümmt, so wird für einen Teil der Strahlen die Bedingung der Totalreflexion verletzt und diese gehen verloren („koppeln aus"). Je größer der Brechzahlunterschied zwischen Kern und Mantel ist, desto unempfindlicher ist der Wellenleiter gegenüber diesen Krümmungsverlusten.

b) Wellenoptische Randbedingung: Ist die Kohärenzlänge des verwendeten Lichtes größer als die Dicke d des Wellenleiterkerns, so ist zusätzlich eine **wellenoptische Randbedingung** zu erfüllen:

- ▲ Nach zweimaliger Reflexion an den Grenzflächen muss die Wellenfront mit ihren noch nicht reflektierten Anteilen konstruktiv interferieren (**Abb. 12.16**), d.h. der Gangunterschied muss ein ganzzahliges Vielfaches $m \cdot \lambda$ der Wellenlänge λ sein (Polarisation und Phasenverschiebung werden vernachlässigt).

Dann gilt

$$n_1 \sin \vartheta_1 = \frac{m\lambda}{2d} \leq N.A._{\text{WL}} = \sqrt{n_1^2 - n_2^2} \quad \Rightarrow \quad m \leq \frac{2d}{\lambda} \sqrt{n_1^2 - n_2^2}.$$

Die größte ganze Zahl N, die diese Bedingung erfüllt, ist die Zahl der erlaubten Strahlrichtungen. Ist dies nur für $N = 0$ der Fall, spricht man von einem **single-mode-Wellenleiter**.

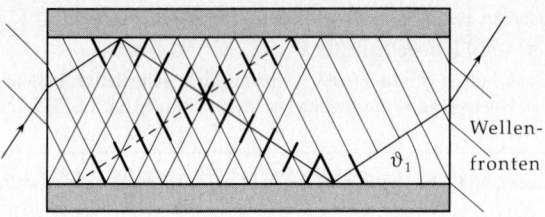

Abbildung 12.16: Quantisierung der Ausbreitungswinkel im Wellenbild: Der reflektierte Anteil muss mit dem noch nicht reflektierten Anteil konstruktiv interferieren.

▲   Die quantitative Beschreibung von Wellenleitern mit wenigen erlaubten Ausbreitungswinkeln und speziell von *single-mode*-Wellenleitern erfolgt durch Lösung der Maxwell-Gleichungen unter den gegebenen Randbedingungen. Anstelle von strahlenoptischen Ausbreitungswinkeln erhält man die **(Eigen-)Moden** des Wellenleiters. Diese sind erlaubte Verteilungen der elektrischen und magnetischen Felder. Es besteht eine enge Analogie zu den Wahrscheinlichkeitsfunktionen eines quantenmechanischen Teilchens im Potentialtopf.

➤   Die aus den Maxwellgleichungen berechnete Intensitätsverteilung in einem *single-mode*-Wellenleiter kann in guter Näherung durch einen Gauß-förmigen Verlauf beschrieben werden (**Abb. 12.17**).

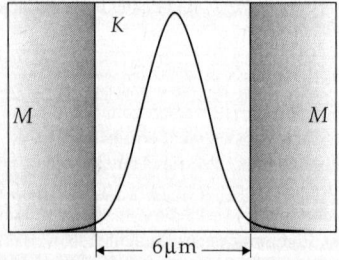

Abbildung 12.17: Querschnitt und Intensitätsverteilung für eine typische single-mode-Faser. M - Mantel ($n = 1.455$), K - Kern ($n = 1.46$)

2.   Anwendungen von Lichtwellenleitern

■   Einfachster Lichtwellenleiter: auf der Innenseite verspiegelter Schlauch mit einigen Millimetern Durchmesser. Er wird z.B. verwendet, um UV-Licht an schwierig zugängliche Stellen zu leiten, wo es zur Aushärtung von UV-Kitt benötigt wird (Zahnarzt).

Wichtige Anwendungen: Endoskope, Wechselzeichen-Signalanlagen, Faseroptikplatten für Bildwandler und zur Einschränkung des Blickwinkels bei Monitoren (Geldautomaten) sowie faseroptische Sensoren (s.u.), Fasern für die **optische Nachrichtenübertragung**.

a)   Optische Nachrichtenübertragung: Hauptanwendungsgebiet für Glasfasern: Ersatz von elektrischen Verbindungen. Vorteile:

•   höhere Übertragungskapazität und geringere Dämpfung

- sehr hohe Abhörsicherheit
- Unempfindlichkeit gegen EMI (elektromagnetische Interferenz)

➤ Seit 1988 werden für die Unterseekabel für die transatlantischen (TAT-8) und transpazifischen (TPC-3) Verbindungen Glasfasern verwendet.

Signaldispersion, wichtige Kenngröße, die angibt, wie stark ein Signal „verschmiert" wird. Je kleiner die Dispersion, desto schneller können aufeinanderfolgende Pulse gesendet werden. Die Signaldispersion wird von der Materialdispersion und von der Modendispersion verursacht.

Materialdispersion, beschreibt die Abhängigkeit des Brechungsindex und damit der Lichtgeschwindigkeit im Medium von der Wellenlänge.

➤ Die Materialdispersion kann **nicht** durch Verwendung einer „monochromatischen" Lichtquelle umgangen werden. Da die Energie-Zeit-Unschärferelation Linienbreite und Kohärenzlänge verbindet, hätte eine tatsächlich monochromatische Lichtquelle die Kohärenzlänge ∞ zur Bedingung. Für die Datenübertragung im GHz- (bzw. GBit/s)-Bereich sind aber Pulse mit Längen ≤ 1ns erforderlich, entprechend Wellenzügen einer maximalen Länge von 20 cm (bei $n = 1.5$) und entsprechenden Frequenzunschärfen.

Aus diesem Grund versucht man, die Materialdispersion der Fasern durch spezielle Geometrien und Materialien zu verringern (*dispersion-shifted-fibre, dispersion-flattened-fibre*). **Modendispersion**, entsteht, weil die Lichtstrahlen mit unterschiedlichen Ausbreitungswinkeln und daher in unterschiedlichen Zeiten die Faser durchlaufen.

▲ Die Modendispersion ist das wichtigste Unterscheidungsmerkmal verschiedener Typen von Glasfasern.

multi-mode-Fasern werden ausschließlich für kurze Verbindungen eingesetzt, da die Modendispersion schnell unakzeptable Werte annimmt.

single-mode (=mono-mode)-Fasern weisen prinzipiell keine Modendispersion auf, ihre Übertragungskapazität ist durch die Materialdispersion begrenzt. Sie benötigen aber wegen ihres kleinen Kerndurchmessers allerdings einen sehr hohen Montageaufwand (Justierung mit sub-μm-Genauigkeit).

b) Gradientenindexfasern, (GRIN-Fasern, GI-Fasern), besitzen einen Kern mit nach außen kontinuierlich abnehmendem Brechungsindex. Sie entsprechen einer Reihe von Gradientenindex-Linsen (Stablinsen, SELFOC^{TM}-Linsen) mit sehr kleinem Durchmesser (**Abb. 12.18**).

Die **optischen Wegunterschiede** werden für einen Brechungsindexverlauf

$$n(r) = n_1(1 - \alpha r^2)$$

minimal. Aus diesem Grund nehmen die Gradientenindex-Fasern hinsichtlich ihrer Übertragungskapazität eine Mittelstellung zwischen multi-mode und single-mode Stufenindexfasern ein.

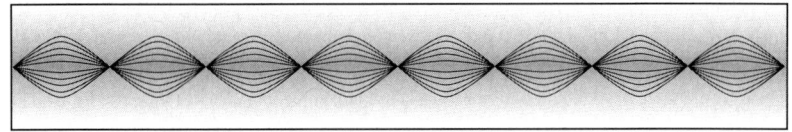

Abbildung 12.18: Gradientenindexfaser als Folge von Gradientenindex-Linsen

c) Faseroptische Sensoren, Füllstandssensor, ein Lichtleiter, der Luft als niedrigbrechenden Mantel verwendet, taucht in einen Behälter ein (**Abb. 12.19**). Wird Licht eingekoppelt, so ist bei leerem Behälter der Brechungsindexsprung so groß, dass trotz der Krümmung kaum Licht verloren geht und auf einen Detektor (Photodiode) am anderen Ende des Kerns trifft. Wird der Behälter so weit mit Flüssigkeit gefüllt, dass der Kern darin eintaucht, dient die Flüssigkeit als Mantelmaterial. Aufgrund des verringerten Brechungsindexsprunges geht viel Licht verloren, das Ausgangssignal der Photodiode ändert sich.

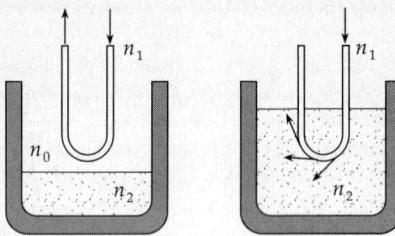

Abbildung 12.19: Einfachstes Beispiel eines faseroptischen Sensors: Füllstandssensor

Durch geeignete Strukturierung der Grenzfläche (Bragg-Gitter) zwischen Kern und Mantel kann die Empfindlichkeit eines solchen Sensors enorm gesteigert werden und z.B. die Anlagerung bestimmter Moleküle nachgewiesen werden. Weiterhin kann mit solchen Gittern auch die Dehnung einer Faser sehr genau erfasst werden (Zug, Druck, Temperatur). Messgrößen sind in diesen Fällen nicht die Gesamttransmission, sondern Phasen- und Polarisationsänderungen sowie Absorptionen/Reflexionen in sehr schmalen Wellenlängenbereichen.

d)   Einkoppeln von Licht in Wellenleiter: Einkopplungseffizienz, Verhältnis der eingekoppelten Lichtleistung zu der von der Lichtquelle ausgesandten Leistung.

Abb. 12.20 zeigt, dass im Falle maximaler Einkopplung gelten muss:

$$B = D\frac{b}{g} < d, \quad \text{und} \quad \vartheta_{\mathrm{WL}} < \mathrm{N.A.}_{\mathrm{WL}}.$$

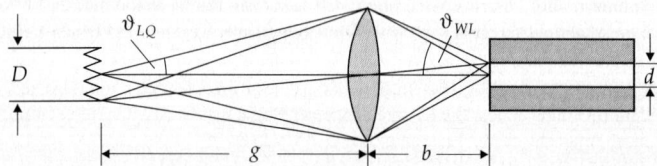

Abbildung 12.20: Einkoppeln des Lichts einer Halogenlampe LQ in einen Wellenleiter WL

Für eine Lichtquelle, die in alle Raumrichtungen abstrahlt (Halogenlampe, Bogenlampe, Leuchtdiode), ist diese Bedingung nicht erfüllbar. Darüber hinaus ist das Produkt aus der Größe der leuchtenden Fläche und dem Raumwinkel, den die Linse einfängt, eine Konstante der optischen Abbildung. Daraus folgt, dass bei einer optischen Abbildung, die die leuchtende Fläche **verkleinert**, der Raumwinkel **vergrößert** wird.

▲   Aus diesem Grund ist eine hocheffiziente Einkopplung in Glasfasern ausschließlich mit Lasern möglich, da bei diesen das Licht definitionsgemäß die kleinstmögliche Phasenraumzelle füllt.

➤   Für Laserdioden wird eine Anpassung an Fasern mit Brechungsindex 1.5 durch **Vergrößern** der leuchtenden Fläche und **Verkleinern** des Raumwinkels erreicht. Zusätzlich verwendet man ein **anamorphotisches** Abbildungssystem, um aus einem elliptischen Strahlprofil eines mit rundem Querschnitt zu machen.

Abschätzung der Kopplungseffizienz:

$$\eta = \left(\frac{d \cdot \vartheta_{WL}}{D \cdot \vartheta_{LQ}}\right)^2$$

Zur genaueren Betrachtung muss das Überlappungsintegral zwischen Eigenmode $A(x,y)$ des Wellenleiters und komplexer Amplitude $B(x,y)$ des auf die Endfläche auftreffenden Lichtes berechnet werden:

$$\eta = \frac{\left[\int\int A(x,y)B^*(x,y)\mathrm{d}x\mathrm{d}y\right]^2}{\int\int A(x,y)A^*(x,y)\mathrm{d}x\mathrm{d}y \int\int B(x,y)B^*(x,y)\mathrm{d}x\mathrm{d}y}$$

➤ Für die meisten praktischen Anwendungen können die Funktionen $A(x,y)$ und $B(x,y)$ mit Gauß-Funktionen $\exp\left(\dfrac{-x^2}{\sigma^2}\right)$ genähert werden.

Abschätzung der Größenordnung der Einkoppeleffizienzen verschiedener Kombinationen aus Lichtquellen und Wellenleitern:

	Halogenlampe	Kurzbogenlampe	Leuchtdiode	Laser
Hohlleiter 10 mm	1	1	1	1
Kunststoffaser 1 mm	0.001	0.01	1	1
Multimodefaser 50 μm	10^{-5}	10^{-4}	0.01	1
Singlemodefaser 6 μm	10^{-8}	10^{-7}	10^{-5}	1

e) Integrierte Optik, Wellenleiterstrukturen mit bestimmten Funktionen wie Aufteilen, Vereinigen, Schalten usw. von Licht (**Abb. 12.21**).

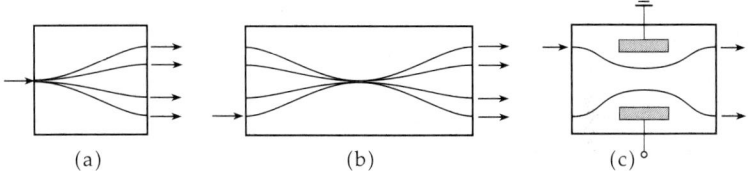

(a)   (b)   (c)

Abbildung 12.21: Beispiele für integrierte optische Elemente: (a) Verzweiger 1×4, (b) Sternkoppler 4×4, (c) elektrooptischer Schalter

▲ Die Wellenleiter werden auf Wafern (Analogie zu integrierten Schaltkreisen der Mikroelektronik) mit lithographischen Verfahren (s. S. 118) hergestellt. Basismaterialien sind z.B. Glas, Lithiumniobat und Polymere.
Zusätzlich können Elektroden, Heizelemente o.ä. aufgebracht werden.

■ Umschaltung von Licht zwischen zwei Wellenleitern durch Veränderung des Brechungsindex (mittels elektrischer Felder oder Temperatur).

Unterscheidung von:

aktiven Komponenten wie Schalter, Modulatoren,

passiven Komponenten wie Sternkoppler, Verzweigungen usw.

12.1.3.7 Brechung am Prisma

Prisma, aus durchsichtigen Werkstoffen geformtes Bauteil mit mindestens zwei zueinander geneigten ebenen Flächen, deren Schnittgerade **brechende Kante** heißt.
Bei einem dreiseitigen Prisma (**Abb. 12.22**) trifft Licht auf zwei Grenzflächen. Ein Strahl wird daher zweimal gebrochen. Das Prisma habe die Brechzahl n_1, das umgebende Medium die Brechzahl n_2, $n_2 < n_1$.

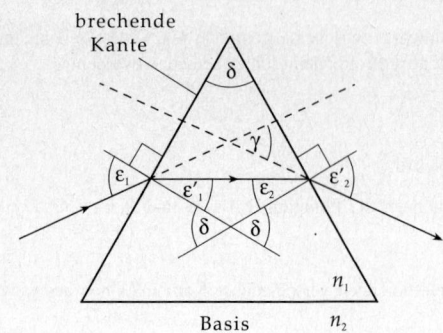

Abbildung 12.22: Brechung am dreiseitigen Prisma bei symmetrischem Strahlenverlauf. δ: Scheitelwinkel des Prismas, ε_1: Einfallswinkel, ε_2': Austrittswinkel, γ: Ablenkwinkel

1. Ablenkwinkel,

γ, des ausfallenden Strahls gegenüber dem einfallenden Strahl: $\gamma = \varepsilon_1 + \varepsilon_2' - \delta$.

Ablenkungswinkel beim Prisma			**1**

	Symbol	Einheit	Benennung
$\gamma = \varepsilon_1 - \delta + \arcsin$ $\left\{ \sin\delta \sqrt{\left(\dfrac{n_1}{n_2}\right)^2 - \sin^2\varepsilon_1} \right.$ $\left. - \cos\delta\sin\varepsilon_1 \right\}$ $\gamma_{min} = 2\arcsin\left(\dfrac{n_1}{n_2}\sin\dfrac{\delta}{2}\right) - \delta$	γ	rad	Ablenkungswinkel
	γ_{min}	rad	min. Ablenkungswinkel
	ε_1	rad	Einfallswinkel
	n_1	1	Brechzahl Prisma
	n_2	1	Brechzahl Medium
	δ	rad	Scheitelwinkel Prisma

▲   Der Ablenkungswinkel γ ist minimal bei symmetrischen Lichtdurchgang, $\varepsilon_1 = \varepsilon_2'$, $\varepsilon_1' = \varepsilon_2$.

Berücksichtigt man die Abhängigkeit der Brechzahl n_1 von der Wellenlänge, so hängt der Ablenkwinkel γ ebenfalls von der Wellenlänge ab (s. S. 282): Licht wird im Prisma spektral zerlegt (**Abb. 12.23**).

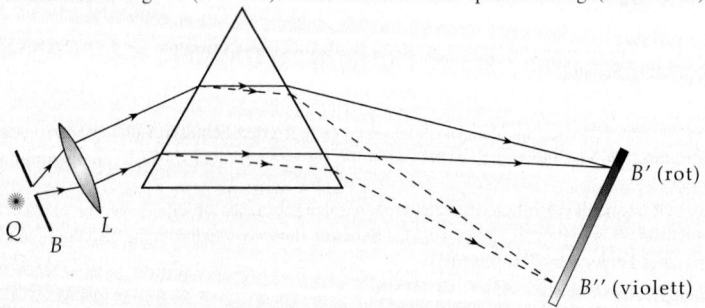

Abbildung 12.23: Spektralzerlegung durch Brechung am Prisma. Q: Lichtquelle, B: Blende L: Linse, B', B'': Bilder der Blende

M   Die Messung von γ_{min} eignet sich zur Brechzahlbestimmung,
$$n_2 = \frac{n_1 \sin(\delta/2)}{\sin\left(\dfrac{\gamma_{min} + \delta}{2}\right)}.$$

Da mit diesem Verfahren die Brechzahl sehr genau bestimmt werden kann, eignet es sich auch zur Bestimmung der Frequenzabhängigkeit der Brechzahl (s. S. 282).

2. Fraunhofer-Linien,

Absorptionslinien im Spektrum der Sonne, die durch Absorption durch verschiedene Elemente in der Photosphäre (und in wenigen Fällen in der Erdatmosphäre) entstehen. Die stärksten Linien sind mit lateinischen Großbuchstaben gekennzeichnet (s. Tab. 13.2/9).

Da die Fraunhofer-Linien durch Absorption entstehen, erscheinen sie in einem Spektrum des Sonnenlichts als schwarze Linien, weil die Energie der entsprechenden Wellenlängen von den absorbierenden Elementen aufgenommen wird. Es gibt einige hundert Fraunhofer-Linien.

Abbesche Zahl, ν_e, zur Kennzeichnung der Dispersion eines optischen Materials eingeführte Größe,

$$\nu_e = \frac{n_e - 1}{n_{F'} - n_{C'}},$$

wobei n_e die Brechzahl bei der Quecksilber-e-Linie ($\lambda = 546.1$ nm), und n'_F und n'_C die Brechzahlen bei den Cadmium-Linien F' ($\lambda = 480.0$ nm) und C' ($\lambda = 643.8$ nm) sind (s. **Tab. 13.2/9**). Die Abbesche Zahl n_λ für die Wellenlänge λ ergibt sich, wenn man die Brechzahl n_e durch die Brechzahl $n(\lambda)$ für die Spektrallinie mit der Wellenlänge λ ersetzt.

12.1.3.8   Brechung an planparallelen Platten

▲   Bei Durchgang eines Strahls durch eine planparallele Platte der Dicke d sind einfallender und ausfallender Strahl nach zweimaliger Brechung um eine Strecke δ seitlich parallel versetzt (**Abb. 12.24**).

▲   Bei Durchgang eines Büschels erfolgt eine axiale Verschiebung des Zentrums des Büschels um Δ. Ein Beobachter nimmt einen Gegenstand um den entsprechenden Betrag verschoben wahr (**Abb. 12.25**).

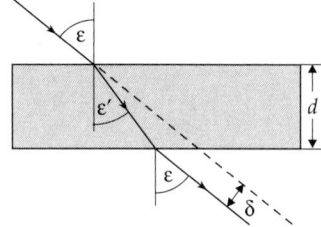

Abbildung 12.24: Seitliche Verschiebung δ eines Strahls an einer planparallelen Platte der Dicke d

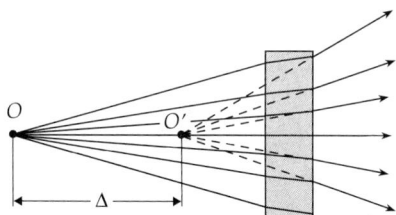

Abbildung 12.25: Axiale Verschiebung Δ eines Strahlenbüschels an einer planparallelen Platte

Parallelverschiebung an planparalleler Platte

	Symbol	Einheit	Benennung
$\delta = d\dfrac{\sin(\varepsilon - \varepsilon')}{\cos \varepsilon'}$	ε	rad	Einfallswinkel
	ε'	rad	Brechungswinkel
$\dfrac{\sin \varepsilon}{\sin \varepsilon'} = \dfrac{n_2}{n_1}$	δ	m	seitliche Verschiebung des Strahls
	d	m	Plattendicke
$\Delta = d\left(1 - \dfrac{n_1}{n_2}\right)$ bei kleinen ε	n_1	1	Brechzahl Luft
	n_2	1	Brechzahl Platte
	Δ	m	Verschiebung des Büschelscheitels

Um δ zu bestimmen, berechnet man zunächst aus vorgegebenem Einfallswinkel ε mit dem Brechungsgesetz den Ausfallswinkel ε' und setzt diese Werte in die Formel ein.

➤   Die Größe Δ ist bei Umkehrprismen wichtig. Sie muss bei der Bildkonstruktion berücksichtigt werden.

12.1.3.9   Brechung an Kugeloberflächen

Linsen haben meist kugelförmige Grenzflächen. Daher ist die Brechung an einer Kugeloberfläche von grundsätzlicher Bedeutung.

Vorgegeben sei eine kugelförmige Grenzfläche mit Radius R und Zentrum C. Die Brechzahl innerhalb und außerhalb der Kugel sei n_2 bzw. n_1.

Betrachtet wird ein einfallender Lichtstrahl von einem beliebigen Punkt O außerhalb der Kugel auf einen beliebigen Punkt A auf der Grenzfläche. Verfolgt wird der gebrochene Lichtstrahl, insbesondere bis zu seinem Schnittpunkt O' mit der optischen Achse $\overline{OC}$ (**Abb. 12.26**).

Lot $\overline{AC}$, Senkrechte zur Tangentialebene in dem Punkt, in dem der Strahl die Oberfläche trifft.

Scheitel, S, Schnittpunkt der optischen Achse mit der Kugeloberfläche.

Schnittweiten, s und s', Entfernung der Schnittpunkte O bzw. O' des einfallenden bzw. des gebrochenen Strahls mit der optischen Achse vom Scheitel S. Sie werden vom Scheitel aus nach rechts positiv und nach links negativ gerechnet.

l und l' sind die Entfernungen der Schnittpunkte O bzw. O' von dem Punkt A, an dem der Strahl auf die Kugeloberfläche trifft. Die Entfernung von der Kugeloberfläche wird nach links negativ und nach rechts positiv gerechnet.

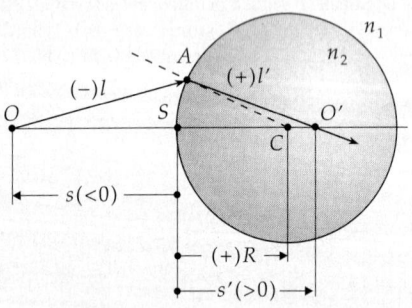

Abbildung 12.26: Brechung an der Oberfläche einer Kugel vom Radius R

Zusammenhang zwischen den Schnittweiten			1

	Symbol	Einheit	Benennung
	n_1	1	Brechzahl Medium außerhalb Kugel
	n_2	1	Brechzahl Medium innerhalb Kugel
$n_1 \dfrac{s-R}{l} = n_2 \dfrac{s'-R}{l'}$	R	m	Kugelradius
	s	m	Entfernung $\overline{SO}$
	s'	m	Entfernung $\overline{SO'}$
	l	m	Entfernung $\overline{AO}$
	l'	m	Entfernung $\overline{AO'}$

12.2   Linsen

Linse, lichtdurchlässiger Körper mit zwei Grenzflächen, von denen i. Allg. wenigstens eine gekrümmt ist. Eine Linse bewirkt eine optische Abbildung.

Sphärische Linse, Linse, die durch zwei Kugelflächen begrenzt ist.

■   Sonderfälle: Planparallele Platte, Meniskus (Linse mit einer konvexen und einer konkaven Seite). Andere Linsenformen: asphärische Linse, **Zylinderlinse**, **Fresnel-Linse**, Korrekturplatte bei Schmidt-Spiegel.

Im Allgemeinen bestehen Linsen aus optisch dichterem Material als das sie umgebende Medium (meist Luft). Dann gilt:

• Sammellinsen sind in der Mitte dicker als am Rand,

• Zerstreuungslinsen sind in der Mitte dünner als am Rand.

■   Brillengläser für Kurzsichtige sind konvex-konkave Zerstreuungslinsen (**Abb. 12.27 (f)**).

➤   Zur Minimierung von Abbildungsfehlern muss die Form und Richtung der jeweiligen Sammel- oder Zerstreuungslinse so gewählt werden, dass die durchgehenden Strahlen an beiden Grenzflächen etwa gleich stark gebrochen werden.

▲   Die stärker gekrümmte Fläche muss in Richtung des Parallelstrahls zeigen.

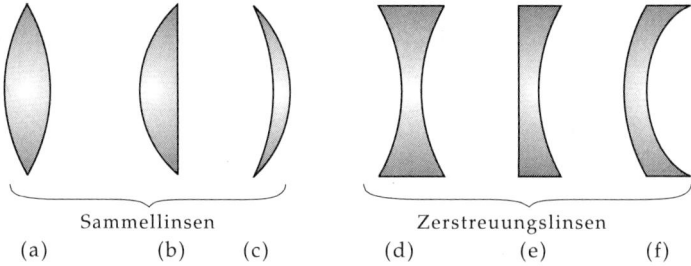

Sammellinsen   Zerstreuungslinsen
(a)   (b)   (c)   (d)   (e)   (f)

Abbildung 12.27: Linsenformen. (a): Bikonvexlinse ($r_1 > 0, r_2 < 0, f' > 0$), (b): Plankonvexlinse ($r_1 = \infty, r_2 < 0, f' > 0$), (c): Konkavkonvexlinse ($r_1 < r_2 < 0, f' > 0$), (d): Bikonkavlinse ($r_1 < 0, r_2 > 0, f' < 0$), (e): Plankonkavlinse ($r_1 = \infty, r_2 > 0, f' < 0$), (f): Konvexkonkavlinse ($0 < r_2 < r_1, f' < 0$). (a)-(c): Sammellinsen, (d)-(e): Zerstreuungslinsen

12.2.1   Dicke Linsen

Dicke Linse, Linse, deren Brechungsverhalten im Paraxialgebiet durch Brechung an zwei Hauptebenen, der objektseitigen und der bildseitigen Hauptebene, beschrieben werden kann. Bei dieser Konstruktion verläuft der Strahl zwischen den beiden Hauptebenen parallel zur optischen Achse.

1.   Kenngrößen dicker Linsen

Gegenstandsweite, a, Entfernung von der objektseitigen Hauptebene zum Gegenstand.

Bildweite, a', Abstand zwischen bildseitiger Hauptebene und Bild, positiv in Richtung der einfallenden Strahlen, negativ in der entgegengesetzten Richtung.

Meridionalschnitt, Schnitt durch ein optisches System, der die optische Achse sowie einen nicht auf ihr liegenden Gegenstandspunkt enthält (s. **Abb. 12.28**).

Meridionalstrahlen, im Meridionalschnitt verlaufende Strahlen.

Sagittalschnitt, senkrecht auf dem Meridionalschnitt stehende Ebene. Die optische Achse verläuft schräg zum Sagittalschnitt (s. **Abb. 12.28**).

Sagittalstrahlen, im Sagittalschnitt verlaufende Strahlen.

Brennpunkt, F' oder $\bar{F}$, Punkt auf der optischen Achse, in dem parallel zur optischen Achse einfallende Strahlen gesammelt werden.

Brennweite, $\bar{f}$ oder f', Entfernung zwischen dem objektseitigen oder bildseitigen Hauptpunkt und dem objektseitigen oder bildseitigen Brennpunkt.

Brennebenen, senkrecht zur optischen Achse stehende Ebenen, in denen der bildseitige oder objektseitige Brennpunkt liegt.

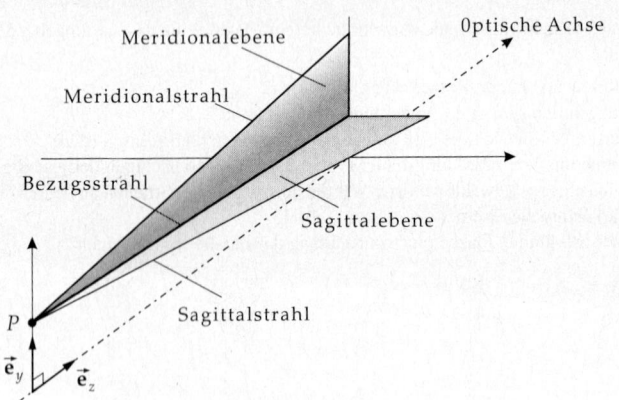

Abbildung 12.28: Meridional- und Sagittalebene

2.   Spezialfall: dicke sphärische Linse

Sphärische Linse, Linse aus einem Material mit der Brechzahl n, deren brechende Flächen Ausschnitte von Kugeloberflächen sind. Abstände (wie die Brennweite und Gegenstandsweite) werden bei Linsen von der jeweiligen Hauptebene nach links negativ und nach rechts positiv gezählt.

■   Für die bikonvexe Linse gilt für die Radien r_1, r_2 der Kugeln $r_1 > 0$ und $r_2 < 0$, (s. **Abb. 12.27 (a)**).

▲   Die Brennweiten $\bar{f}$ und f', die Bildweite a' und Gegenstandsweite a werden von der jeweils näheren Hauptebene aus gemessen.

Mittendicke, d, Abstand der Scheitel einer Linse voneinander.

▲   Die Beträge der beiden Brennweiten $\bar{f}$ und f' sind verschieden, wenn sich die Brechzahlen auf beiden Seiten der Linse unterscheiden,

$$\frac{\bar{f}}{f'} = -\frac{n}{n'}.$$

Ist die Linse beiderseitig vom gleichen Medium umgeben, so ist die bildseitige Brennweite f' betragsgleich der objektseitigen Brennweite $\bar{f}$,

$$\bar{f} = -f'.$$

3.   Linsenformel für dicke Linsen

Für von Luft umgebene dicke (sphärische) Linsen gelten folgende Formeln zur Bestimmung der Brennweite f', des Abstands s_H des objektseitigen Hauptpunkts H vom objektseitigen Scheitel S, des Abstands $s'_{H'}$ des bildseitigen Hauptpunkts H' vom bildseitigen Scheitel S' und des Abstands i zwischen den beiden Hauptebenen (s. **Abb. 12.29**):

Linsenformeln für dicke Linse		L

$$f' = \frac{nr_1r_2}{(n-1)\,[n(r_2-r_1)+(n-1)d]}$$

$$s_H = \frac{r_1d}{n(r_1-r_2)-(n-1)d}$$

$$s'_{H'} = \frac{r_2d}{n(r_1-r_2)-(n-1)d}$$

$$i = \frac{(r_1-r_2-d)(n-1)d}{n(r_1-r_2)-(n-1)d}$$

Symbol	Einheit	Benennung
f'	m	Brennweite
n	1	Brechzahl Linse
r_1, r_2	m	Kugelradius 1, 2
d	m	Mittendicke
s_H	m	Abstand $\overline{SH}$
$s'_{H'}$	m	Abstand $\overline{S'H'}$
i	m	Abstand $\overline{HH'}$

M Bei gewöhnlichen Glaslinsen in Luft beträgt der Abstand der Hauptebenen etwa ein Drittel der Linsendicke (Abstand zwischen den Scheiteln).

4. Bildkonstruktion für eine dicke Linse

Bildpunkt, zur Konstruktion seiner Lage werden drei Strahlen benutzt:

- **Parallelstrahl**, verläuft vom Objektpunkt bis zur bildseitigen Hauptebene parallel zur optischen Achse und geht dann durch den bildseitigen Brennpunkt.

- **Mittelpunktstrahl**, verläuft vom Objektpunkt bis zum Schnittpunkt von objektseitiger Hauptebene und optischer Achse (**Hauptpunkt**), dann bis zur bildseitigen Hauptebene parallel zur optischen Achse. Danach wird er parallel zum Strahl zwischen Objektpunkt und objektseitigem Hauptpunkt fortgesetzt.

- **Brennpunktstrahl**, vom Objektpunkt wird eine Linie durch den objektseitigen Brennpunkt bis zur objektseitigen Hauptebene gezogen. Danach verläuft der Brennpunktstrahl parallel zur optischen Achse.

Alle drei von einem Objektpunkt ausgehenden Strahlen treffen sich wieder in einem Bildpunkt.

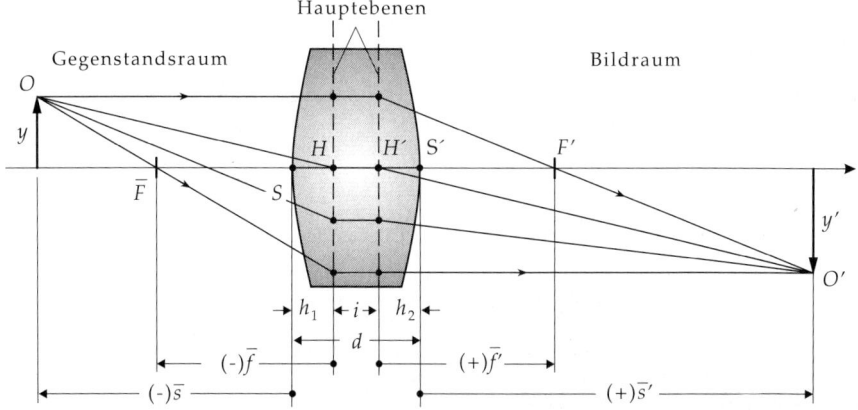

Abbildung 12.29: Bildkonstruktion bei einer dicken Sammellinse mit zwei Hauptebenen

5.   Abbildungsgleichung und Brechkraft einer dicken Linse

Den Zusammenhang zwischen Brennweite f', Gegenstandsweite a (OH) und Bildweite a' $(H'O')$ stellt die Abbildungsgleichung her:

Abbildungsgleichung			$\mathbf{L^{-1}}$
$\dfrac{1}{f'} = \dfrac{1}{a'} - \dfrac{1}{a}$	Symbol	Einheit	Benennung
	f'	m	Brennweite
	a	m	Gegenstandsweite
	a'	m	Bildweite

Andere Formulierung:

Newtonsche Abbildungsgleichung, Gegenstands- und Bildweite, bezogen auf die Hauptebenen, werden ersetzt durch die brennpunktbezogenen Gegenstands- und Bildweiten, $z = a - \bar{f}$, $z' = a' - f'$:

$$z \cdot z' = \bar{f} f',$$

oder mit $\bar{f} = -f'$,

$$z \cdot z' = -f'^2.$$

Brechkraft, B, einer Linse oder eines Systems von Linsen, definiert als

Brechkraft $= \dfrac{1}{\text{Brennweite}}$			$\mathbf{L^{-1}}$
$B = \dfrac{1}{f'}$	Symbol	Einheit	Benennung
	B	1/m	Brechkraft
	f'	m	Brennweite

Dioptrie, dpt, gebräuchliche Einheit für die Brechkraft. 1 dpt = 1/m.

6.   Sammellinse

Abb. 12.30 zeigt eine Linse mit folgenden Eigenschaften:

- Parallel zur optischen Achse auf eine dünne Sammellinse fallende Strahlen werden im **reellen Bildbrennpunkt** F gesammelt.
- Vom objektseitigen Brennpunkt ausgehende Strahlen verlassen die Linse parallel zur optischen Achse (Umkehrung des Strahlenganges).
- Gegen die optische Achse geneigte parallele Strahlenbündel innerhalb des Paraxialgebiets schneiden sich in einem Punkt in der Brennebene.
- Die Bildbrennweite f' ist positiv.

In Abhängigkeit von der Gegenstandsweite a erzeugt die Sammellinse verschiedene Bilder:

- $a > f$, der Gegenstand befindet sich zwischen Hauptebene und Brennpunkt. Das entworfene Bild ist vergrößert, virtuell und aufrecht. Innerhalb dieses Bereichs für die Gegenstandsweite arbeitet die **Lupe**.
- $2f < a < f$, der Gegenstand befindet sich zwischen Brennweite und doppelter Brennweite. Das Bild ist reell, umgekehrt und vergrößert. Innerhalb dieses Bereichs für die Gegenstandsweite arbeitet der **Diaprojektor** und der **Overheadprojektor**.
- $a < 2f$, der Abstand des Gegenstands von der Hauptebene ist größer als die doppelte Brennweite. Das Bild ist reell, umgekehrt und verkleinert. Innerhalb dieses Bereichs für die Gegenstandsweite arbeitet das **Fernrohr**.

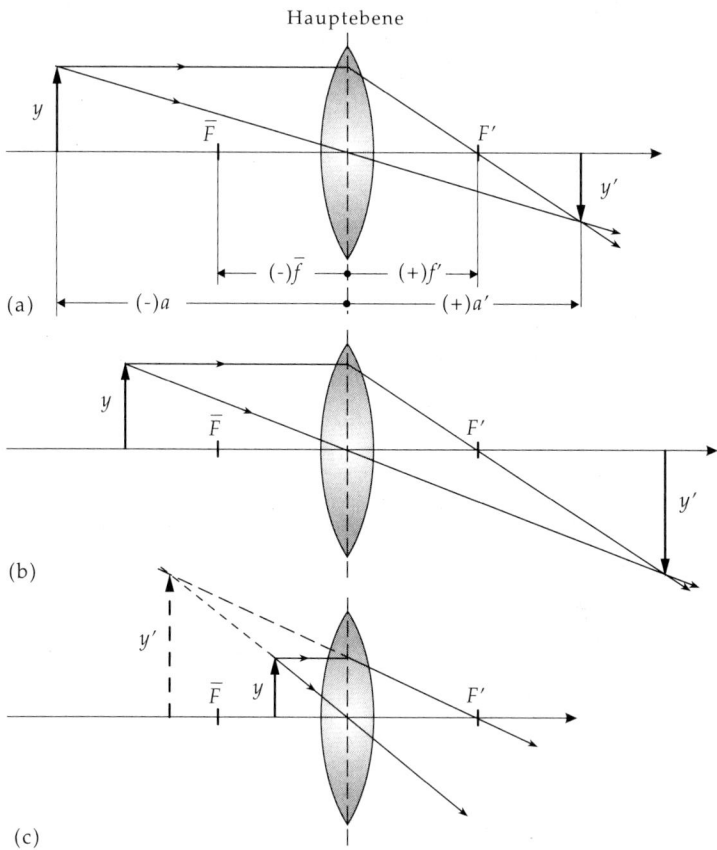

Abbildung 12.30: Bildkonstruktion für eine Sammellinse. (a): Gegenstand außerhalb der doppelten Brennweite, Bild verkleinert, umgekehrt, reell, (b): Gegenstand zwischen doppelter und einfacher Brennweite, Bild vergrößert, umgekehrt, reell, (c): Gegenstand innerhalb der Brennweite, Bild vergrößert, aufrecht, virtuell

➤ Die maximale Vergrößerung wird durch technische Grenzen bestimmt, da man die Brennweite einer Linse nicht beliebig verkleinern kann.

7. Zerstreuungslinse,
Linse mit folgenden Eigenschaften (**Abb. 12.31**):

- Parallel zur optischen Achse auf eine dünne Zerstreuungslinse fallende Strahlen werden so gebrochen, dass die gebrochenen Strahlen alle von einem Punkt zu kommen scheinen, dem **virtuellen Bildbrennpunkt** F'.

- Zum Brennpunkt hinzielende Strahlen verlassen die Linse parallel zur optischen Achse (Umkehrung des Strahlenganges).

- Abbildungsgleichung ist die gleiche wie für die Sammellinsen, die Bildbrennweite f' ist aber negativ. Damit ist auch die Brechkraft einer Zerstreuungslinse negativ.

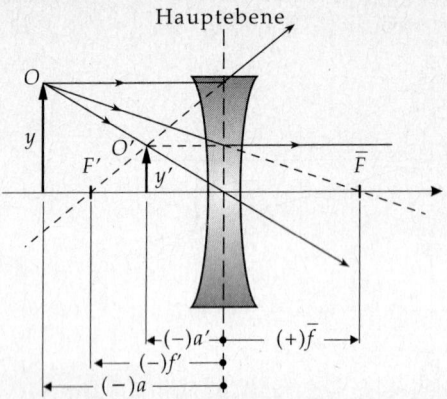

Abbildung 12.31: Abbildung durch eine dünne Zerstreuungslinse. Verkleinertes, aufrechtes, virtuelles Bild

8. Durchbiegung: Mehrere Linsen gleicher Brechkraft

Durchbiegung, Bezeichnung für eine Reihe von Linsen mit unterschiedlicher Gestalt, aber gleicher Brechkraft. Den Begriff der Durchbiegung veranschaulicht eine Berechnung: Sind für eine Linse die Brennweite f' und die Brechzahl n vorgegeben, so lässt sich zu einem beliebig gewählten Krümmungsradius r_1 immer ein Krümmungsradius r_2 und die Mittendicke d so bestimmen, dass die Vorgaben erfüllt sind.

M   Man benutzt das Verfahren der Durchbiegung, indem man bei vorgegebener Brennweite und Brechzahl die Werte (r_1, r_2, d) so wählt, dass Abbildungsfehler minimiert werden.

Zwei Gruppen durchgebogener Sammel- und Zerstreuungslinsen mit jeweils gleicher Brennweite sind in **Abb. 12.32** gezeigt.

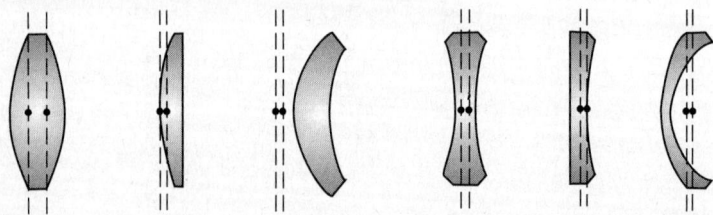

Abbildung 12.32: Durchgebogene Linsen. Infolge der Durchbiegung können die Hauptebenen vollständig aus der Linse herauswandern. Die Brennweite bleibt dabei unverändert

9. Zusammenfassende Darstellung der Eigenschaften dicker Linsen

Bildweite und Abbildungsmaßstab von Linsen in Abhängigkeit von der Objektweite:

Objektweite a	Bildweite a'	Bild	Abbildungsmaßstab β
Sammellinse			
$-\infty < a < 2\bar{f}$	$f' \leq a' < 2f'$	reell, verkleinert, umgekehrt	$0 < \beta < 1$
$2\bar{f} < a \leq \bar{f}$	$2f' < a' \leq \infty$	reell, vergrößert, umgekehrt	$1 < \beta < \infty$
$f < a < 0$	$-\infty < a' < 0$	virtuell, vergrößert, aufrecht	$-\infty < \beta < -1$
Zerstreuungslinse			
$-\infty \leq a < 0$	$f' \leq a' < 0$	virtuell, verkleinert, aufrecht	$-1 \leq \beta < 0$

12.2.2 Dünne Linsen

Dünne Linse, Linse, bei der die Dicke d klein im Verhältnis zu den Radien r_1 und r_2 ist, so dass gilt:

$$n(r_2 - r_1) + (n-1)d \approx n(r_2 - r_1), \quad r_1 - r_2 - d \approx r_1 - r_2.$$

Die Linsenformeln vereinfachen sich dann wie folgt:

Linsenformeln dünne Linse			**L**
	Symbol	Einheit	Benennung
$f' = \dfrac{r_1 r_2}{(n-1)(r_2 - r_1)}$	f'	m	Brennweite
	n	1	Brechzahl Linse
$s_H = \dfrac{r_1 d}{n(r_1 - r_2)}$	r_1, r_2	m	Kugelradius 1, 2
	d	m	Mittendicke
$s'_{H'} = \dfrac{r_2 d}{n(r_1 - r_2)}$	s_H	m	Abstand $\overline{SH}$
	$s'_{H'}$	m	Abstand $\overline{S'H'}$
$i = \dfrac{n-1}{n}d$	i	m	Abstand $\overline{HH'}$

Unendlich dünne Linse, die Dicke d wird vernachlässigt.
Die Linsenformeln vereinfachen sich dann weiter:

$$f' = \frac{r_1 r_2}{(n-1)(r_2 - r_1)}, \quad s_H = s'_{H'} = i = 0.$$

12.3 Linsensysteme

Linsensystem, Anordnung mehrerer Linsen mit gemeinsamer optischer Achse, meist zur Korrektur von Abbildungsfehlern gegenüber Einzellinsen eingesetzt.

▲ Eine optische Abbildung kann für ein Linsensystem konstruiert werden, wenn die Lage der Hauptebenen der einzelnen Linsen und der Gesamtbrennpunkt bekannt ist. Sind nur zwei Hauptebenen vorhanden, dann ist die Bildkonstruktion gleich der bei einer dicken Linse.

Bei einem System aus zwei Linsen mit den Brennweiten f_1 und f_2 (bzw. den Brechkräften D_1 und D_2) und dem Abstand d zwischen den zwei mittleren Hauptebenen H_{12} und H_{21} gilt für die Gesamtbrennweite f', die Brechkraft D und die Lage der Hauptebenen H_1 und H_2 des Gesamtsystems (**Abb. 12.33**):

Berechnung der Gesamtbrennweite			**L**$^{-1}$
	Symbol	Einheit	Benennung
$\dfrac{1}{f'} = \dfrac{1}{f'_1} + \dfrac{1}{f'_2} - \dfrac{d}{f'_1 f'_2}$			
$D = D_1 + D_2 - d D_1 D_2$	f'	m	Gesamtbrennweite
$\overline{H_{11} H_1} = \dfrac{f' d}{f'_2}$	f'_1	m	Brennweite Linse 1
	f'_2	m	Brennweite Linse 2
$\overline{H_{22} H_2} = -\dfrac{f' d}{f'_1}$	d	m	Abstand mittlere Hauptebenen

Für den Fall sehr dicht beieinander liegender Hauptebenen (d klein) kann der letzte Term vernachlässigt werden. Dann addieren sich die Brechkräfte zweier Linsen aus gleichem Material, $D = D_1 + D_2$.

➤ Systeme mit mehr als zwei Linsen lassen sich analog behandeln, indem man schrittweise je zwei Linsen auf eine reduziert.

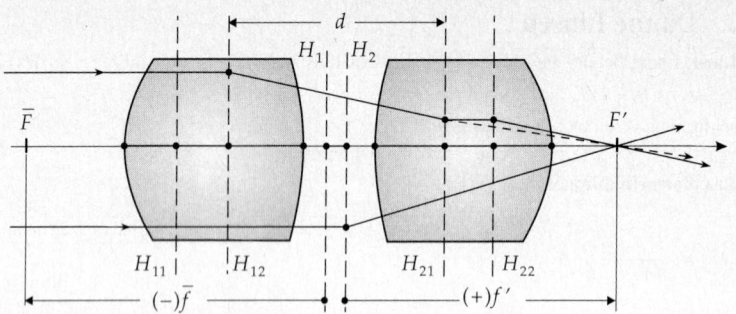

Abbildung 12.33: Konstruktion der Abbildung für ein System aus zwei dicken Linsen

12.3.1 Linsen mit Blenden

Blende, Begrenzung eines Lichtbündels.

Pupillen, allgemein die Bilder von Blenden.

Eintrittspupille, vom Objekt aus gesehenes Bild der Aperturblende eines optischen Systems.

Austrittspupille, vom Bild aus gesehenes Bild der Aperturblende eines optischen Systems.

➤ Die Augenpupille ist im Sinne der technischen Optik eine Aperturblende.

➤ Die Aperturblende eines optischen Systems muss so gewählt werden, dass die Austrittspupille die gleiche Größe wie die Augenpupille hat. Ihre Lage muss mit der Augenpupille zusammenfallen.

➤ Für Brillenträger gibt es spezielle Okulare (für Mikroskope, Teleskope etc.) mit nach hinten versetzter Austrittspupille.

Es gilt:

▲ Alle durch die Eintrittspupille gehenden Strahlen müssen auch durch die Austrittspupille gehen.

■ Im Experiment ist immer zumindest eine Blende vorhanden, nämlich die Fassung der Linse. Der Durchmesser der Linse bestimmt, welche vom Gegenstand ausgehenden Strahlen zur Abbildung beitragen können.

▲ Die Größe der Blende bestimmt die Helligkeit des Bildes.

Feldblende, bestimmt die Größe des Bildes.

■ Wird ein reelles Bild aufgefangen, so geschieht das üblicherweise mit einer Leinwand. Die Größe und die Rahmung der Leinwand bestimmen dann die Größe des Bildes. Die Rahmung ist in diesem Fall die Feldblende.

12.3.2 Abbildungsfehler

Abbildungsfehler oder **Aberrationen** sind Abweichungen der Strahlen vom idealen Strahlengang.

a) Öffnungsfehler oder **Sphärische Aberration**, tritt auf, wenn Strahlen parallel zur optischen Achse, aber nicht mehr achsennah auf ein Linsensystem fallen. Diese Strahlen werden dann nicht mehr im idealen Brennpunkt gesammelt (**Abb. 12.34 (a)**).

Folge: Bei gleichzeitiger Verwendung achsennaher und achsenferner Strahlen ist der Brennpunkt zu einem Intervall verbreitert.

Korrektur: Bei Sammellinse Korrektur durch Kombination mit Zerstreuungslinse, und umgekehrt. Die Korrektur ist aber jeweils nur für eine vorgegebene Gegenstandsweite möglich.

b) Astigmatismus tritt bei Abbildung nichtaxialer Gegenstandspunkte auf, da die Brechkraft einer Kugeloberfläche im Meridionalschnitt anders als im dazu senkrechten Sagittalschnitt ist (**Abb. 12.34 (b)**).

Folge: Der Bildpunkt ist oval verzerrt, das Bild ist unscharf.

Korrektur: Veränderung der Blendenlage und Kombination verschiedener Linsenformen aus verschiedenen Materialen.

Anastigmat, optisches System, bei dem kein Astigmatismus auftritt.

c) Koma oder **Asymmetriefehler**, tritt auf bei der Abbildung eines Punktes, der seitlich von der optischen Achse liegt, wobei das schief zur optischen Achse einfallende parallele Strahlenbündel durch eine Blende begrenzt wird. Der Bildpunkt ist oval mit einer kometenschweifförmigen Verformung. Der Fehler hängt stark von Position und Form der Blende ab.

Folge: unscharfe Abbildung.

Korrektur: Geeignetes Positionieren der Blende, Hinzunehmen weiterer Linsen.

d) Farbfehler oder **chromatische Aberration**, tritt auf, wenn sich das zur Abbildung verwendete Licht aus verschiedenen Frequenzen zusammensetzt und im Linsensystem Dispersion, also Abhängigkeit der Brechung von der Frequenz, auftritt (**Abb. 12.34 (c)**).

Folge: Jede Farbe wird in einem eigenen Brennpunkt gesammelt. Bild wird unscharf und hat farbige Ränder.

Korrektur: Sammellinse wird mit Zerstreuungslinse aus einem Material mit abweichendem Dispersionsverlauf (also etwa Kronglas und Flintglas) kombiniert.

Mit mehreren Glassorten und mehrlinsigen Systemen gelingt die Korrektur fast perfekt.

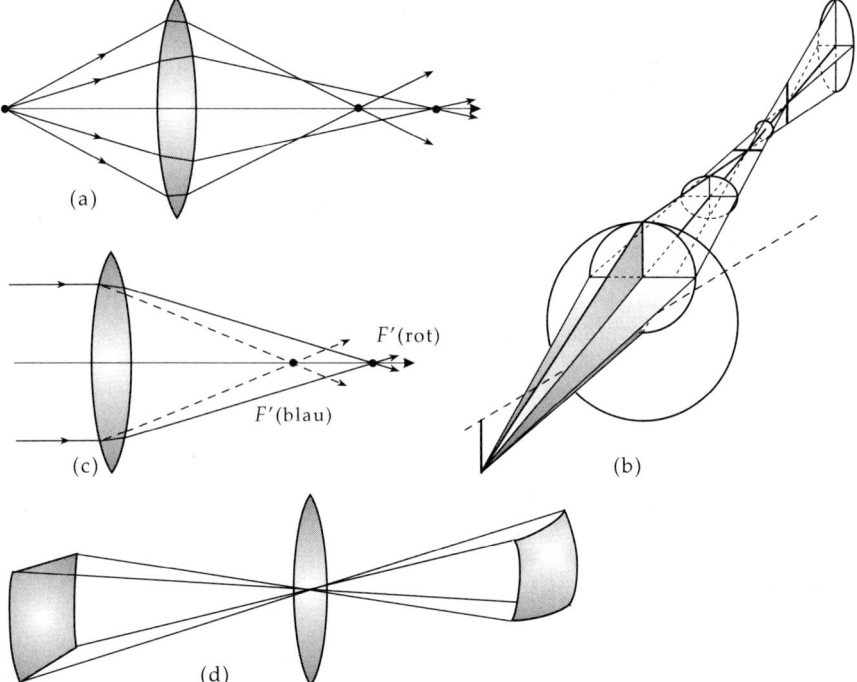

Abbildung 12.34: Abbildungsfehler. (a): Sphärische Aberration, (b): Astigmatismus beim Durchgang eines schiefen Bündels durch eine Linse, (c): chromatische Aberration, (d): Bildfeldwölbung

e)   Bildfeldwölbung, das Bild entsteht nicht auf einer zur optischen Achse senkrechten Ebene, sondern auf einer gekrümmten Fläche. Sie tritt bei der Abbildung ausgedehnter Objekte auf. Der Abstand der gekrümmten Fläche von der Ebene wächst in der Regel mit dem Abstand von der optischen Achse (**Abb. 12.34 (d)**).

Folge: Ein auf einem Schirm abgebildetes Bild wird mit wachsendem Abstand von der optischen Achse immer unschärfer.

Korrektur: Veränderung der Blendenlage und Kombination verschiedener Linsenformen aus verschiedenen Materialien oder Durchbiegung der Projektionsfläche (z.B. des Films).

f)   Verzeichnung, tritt auf, wenn die Position der Blende falsch gewählt wird.

Folge: Gegenstand und Bild sind einander nicht mehr geometrisch ähnlich.

Korrektur: Positionierung der Blende bzw. Pupille in der Linsenebene, Durchbiegung der Linsen.

g)   Streulicht, an Einschlüssen (Unreinheiten im Linsenmaterial) tritt Streuung auf.

Folge: Das Bild wird unscharf.

Korrektur: Verwendung möglichst reiner Glassorten.

12.3.2.1   Gradientenindex-Linsen

Gradientenindex-Linsen, Linsen, bei denen die Ablenkung der Lichtstrahlen kontinuierlich durch einen Brechungsindexverlauf bewirkt wird.

Brechungsindex-Gradienten können in Gasen (Druck- und Temperaturunterschiede) sowie in Flüssigkeiten (Temperaturunterschiede, Konzentrationsunterschiede) leicht erzeugt werden. Die Lichtstrahlen werden stets in Richtung des höheren Brechungsindex abgelenkt.

■   Schlieren bei aufsteigender warmer Luft.

■   Schlieren beim Erwärmen oder Mischen von Flüssigkeiten.

■   Beim Sonnenuntergang kann die Sonne noch beobachtet werden, obwohl sie geometrisch bereits unter die Horizontlinie gesunken ist. Die unterschiedliche Dichte der Atmosphäre krümmt die Lichstrahlen, ebenso erscheint die Sonnenscheibe als verformt.

■   Druck- und Temperaturunterschiede in der Atmosphäre begrenzen das Auflösungsvermögen von astronomischen Teleskopen.

1.   Stablinsen,
zylinderförmige Linsen, deren Brechungsindex in radialer Richtung parabolisch nach außen abnimmt (**Abb. 12.35**).

pitch, Kennzeichnung, gibt an, wie ein Objekt auf der vorderen Fläche auf der hinteren Fläche erscheint:

pitch	Bild auf der Endfläche
1	seitenrichtig (entsprechend zweimaliger Abbildung mit normalen Linsen)
0.5	seitenverkehrt (entsprechend einmaliger Abbildung)
0.25	Fourier-Transformation (Abbildung des Objektes nach ∞)

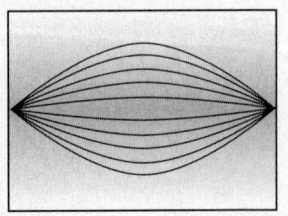
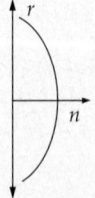

Abbildung 12.35: Stablinse mit pitch $= 0.5$

GRIN-ROD- oder **SELFOC-Linsen** (Herstellernamen), werden vor allem in Kopiergeräten, Scannern, Telefaxgeräten sowie in der optischen Nachrichtentechnik verwendet.

➤ Die für Stablinsen angegebene numerische Apertur bezieht sich auf den Mittelpunkt der Eintrittsfläche und nimmt nach außen hin ab.

2. Luneburg-Linse, Maxwellsches Fischauge,

Gradientenindexlinsen mit speziellen Indexverteilungen. Diese Linsen sind von theoretischem Interesse, da sie die idealen Lösungen für zwei Grundprobleme der Optik sind. Ihre Indexverteilungen sind (vor allem für den dreidimensionalen Fall) nur schwer zu realisieren.

Maxwellsches Fischauge, Abbildung eines Punktes auf einen Punkt:

$$n(r) = \frac{n_0}{1 + (r/r_0)^2}, \quad n_0, \ r_0 \text{ so, dass } n(r) \geq 1$$

Luneburg-Linse, Fokussierung eines parallelen Bündels auf einen Punkt:

$$n(r) = \sqrt{2 - (r/r_0)^2}, \quad r_0 \text{ so, dass } n(r) \geq 1.$$

12.4 Optische Instrumente

Optisches Glas, entsteht als nichtkristalline und weitgehend homogene, von Schlieren und Blasen freie Substanz aus der Schmelze eines anorganischen Gemisches. Optische Gläser werden durch Brechzahl und Dispersionsformel charakterisiert. Sie besitzen im sichtbaren Wellenlängenbereich einen hohen Reintransmissionsgrad.

Abbesche Zahl, v_e, definiert durch

$$v_e = \frac{n_e - 1}{n_{F'} - n_{C'}}.$$

Hauptbrechzahl, n_e, Brechzahl bei der e-Linie des Quecksilbers ($\lambda = 546.07$ nm, gelbgrün).

Hauptdispersion, $n_{F'} - n_{C'}$, Differenz der Brechzahlen bei den Cadmium-Linien F' ($\lambda = 480.0$ nm, blau) und C' ($\lambda = 643.8$ nm, rot).

Krongläser, Glasarten mit $v_e > 55$.

Flintgläser, Glasarten mit $v_e < 55$.

➤ Die Abbesche Zahl n_λ für die Wellenlänge λ ergibt sich, wenn man die Brechzahl n_e durch die Brechzahl $n(\lambda)$ für die Spektrallinie mit der Wellenlänge λ ersetzt.

➤ Im UV- und IR-Bereich weisen optische Gläser keine hinreichende Lichtdurchlässigkeit auf. In diesen Spektralbereichen verwendet man synthetische Einkristalle als optische Bauelemente.

➤ Für Gebrauchsoptik, bei der keine hohen Ansprüche an Präzision gestellt werden, eignen sich Kunststoffe wie Polystyrol (entspricht Flintglas) und Polymethylmethacrylat (entspricht Kronglas) zur Herstellung abbildender Bauteile. Optische Elemente aus organischen Gläsern sind billig, besitzen aber einen hohen Wärmeausdehnungskoeffizienten und geringe Härte.

12.4.1 Lochkamera

Lochkamera (Camera obscura), Urform des Fotoapparats (**Abb. 12.36**), bestehend aus

• Kasten mit Mattscheibe als Rückseite,
• kleine Öffnung (Lochblende) oder Sammellinse in der Vorderseite des Kastens.

Von einem Gegenstand durch das Loch oder die Linse einfallende Strahlen erzeugen auf der Mattscheibe ein umgekehrtes reelles Bild. Gelangen Strahlen von verschiedenen Gegenstandspunkten zum gleichen Bildpunkt, so wird das Bild unscharf.

Bei der Lochkamera sorgt die kleine Öffnung dafür, dass nur Strahlen aus einem kleinen Gegenstandsbereich zu einem Bildpunkt gelangen.

Nachteil: Je kleiner die Öffnung, desto geringer wird die Ausleuchtung des Bilds.

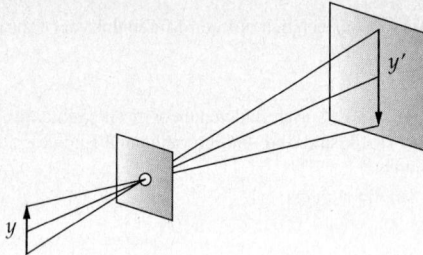

Abbildung 12.36: Prinzip der Lochkamera

12.4.2   Fotokamera

Fotokamera und **Videokamera**, optische Instrumente zur Aufnahme von Fotos nach dem Prinzip der Lochkamera.

Bei der Kamera wird eine Sammellinse zur Abbildung benutzt. Moderne Kameras und Videokameras enthalten weitere Linsen zur Korrektur von Abbildungsfehlern. Die Abbildung wird bei der Fotokamera auf einem lichtempfindlichen Film, bei der Videokamera auf einem elektronischen Lichtsensor registriert.

Die Anpassung der Kamera an verschiedene Gegenstandsweiten geschieht durch Veränderung des Abstands zwischen Linse und Film.

Anpassung des Abbildungsmaßstabs durch Änderung der Brennweite:

* unstetig: Weitwinkel, Normalobjektiv, Teleobjektiv,
* stetig: **Zoomobjektiv**.

Irisblende, Blende zur Regelung des insgesamt einfallenden Lichts.

Relative Öffnung, Maß für die einfallende Lichtmenge, gemäß DIN definiert als Verhältnis von Durchmesser der Eintrittspupille D_{EP} zu Brennweite f der Kamera.

Blendenzahl, k, in der Praxis häufig benutzte Kenngröße für die einfallende Lichtmenge, definiert als Kehrwert der relativen Öffnung:

Blendenzahl $= \dfrac{\textbf{Brennweite}}{\textbf{Durchmesser Eintrittspupille}}$			1

$k = \dfrac{f'}{D_{EP}}$	Symbol	Einheit	Benennung
	k	1	Blendenzahl
	f'	m	Brennweite
	D_{EP}	m	Durchmesser Eintrittspupille

12.4.3   Auge

Auge, Organ bei Menschen und Tieren zur Wahrnehmung von Licht.

1.   Linsenauge,

leistungsfähigstes in der Natur auftretendes Auge, findet sich bei Wirbeltieren (einschließlich Mensch) und Kopffüßern (z.B. Tintenfischen). Es besteht im wesentlichen aus:

* **Lederhaut**, das Auge einhüllende, stabile Haut.
* **Hornhaut**, durchsichtiger Teil der Lederhaut, vor der Augenlinse liegend und daher von außen sichtbar; elastisch, mit Brechzahl $n \approx 1.38$.
* **Augenlinse**, deformierbare bikonvexe Linse, aufgebaut aus mehreren Schichten unterschiedlicher Brechzahl.

- **Ziliarmuskel**, ringförmiger Muskel, an dem die Augenlinse befestigt ist. Kontraktion bewirkt Entspannung des Aufhängeapparats der Augenlinse, die dabei kugeliger wird, und die Brechkraft der Linse steigt.
- **Pupille**, kreisförmige Blende vor der Augenlinse. Die Öffnung kann zwischen 2 mm und 8 mm variiert werden.
- **Netzhaut** oder **Retina**, aus lichtempfindlichen Sinneszellen bestehende Haut, die Lichtsignale in Stromschwankungen umwandeln, die über die Nerven zum Gehirn weitergeleitet werden.

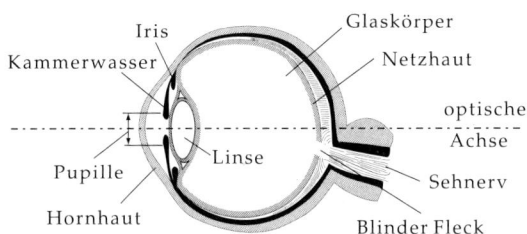

Abbildung 12.37: Aufbau des menschlichen Auges

2. Eigenschaften des normalsichtigen Auges

Ruhezustand des Auges: Ziliarmuskel völlig entspannt, Augenlinse maximal gedehnt, Radien der Kugelflächen maximal, Brechkraft der Linse minimal. Von unendlich weit entfernten Punkten ausgehende Strahlen werden auf der Netzhaut gebündelt.

Bezugssehweite, a_B, kleinster Abstand, auf den sich das Auge über längere Zeit einstellen kann, ohne zu ermüden. Dieser Abstand ist ein statistischer Wert für Normalsichtige und auf $a_B = 25$ cm festgelegt.

Akkommodation, Anpassung der Brechkraft der Augenlinse für die Abbildung endlich weit entfernter Gegenstände durch Kontraktion des Ziliarmuskels. Dies bewirkt Stauchung der Augenlinse senkrecht zur optischen Achse und somit Erhöhung der Brechkraft, also eine Verkürzung der Brennweite.

Adaption, Anpassung an äußere Lichtverhältnisse durch Änderung des Pupillendurchmessers.

➤ Den Hauptbeitrag zur Brechung leistet die Grenzfläche zwischen Luft und Hornhaut (Cornea). Aus diesem Grund kann man unter Wasser ohne Hilfsmittel nicht scharf sehen, da der Akkomodationsbereich der Augenlinse überschritten wird.

➤ Das Auge sieht nur reelle Bilder auf der Netzhaut. Bei Lupen oder Spiegeln wird aus dem virtuellen Zwischenbild ein reelles Bild auf der Netzhaut.

Sehwinkel, ε, Winkel mit Scheitel im Auge, die Schenkel schließen den Gegenstand ein.

Vergrößerung v eines optischen Geräts, Verhältnis des Tangens des Sehwinkels ε eines Gegenstands mit optischem Instrument, wobei der Gegenstand 25 cm (Bezugssehweite) vom Auge entfernt ist, zum Tangens des Sehwinkels ε_0 desselben Gegenstands mit bloßem Auge.

Vergrößerung eines optischen Instruments			1
	Symbol	Einheit	Benennung
$v = \dfrac{\tan\varepsilon}{\tan\varepsilon_0} \approx \dfrac{\varepsilon}{\varepsilon_0}$	v	1	Vergrößerung
	ε	rad	Sehwinkel mit opt. Instrument
	ε_0	rad	Sehwinkel ohne opt. Instrument

Die Ersetzung des Tangens durch den Winkel selbst ist nur für kleine Winkel ε bzw. ε_0 gültig.

3.   Fehlsichtigkeit und deren Korrektur beim menschlichen Auge

Die häufigsten Fehlsichtigkeiten des menschlichen Auge sind:

- **Kurzsichtigkeit**, Brechkraft des Auges ist zu groß. Unendlich weit entfernte Gegenstände können nicht scharf gesehen werden, da ihr Bild vor der Netzhaut liegt.
  Korrektur: Brille mit Zerstreuungslinse setzt die Gesamtbrechkraft des Systems herab.
- **Weitsichtigkeit**, Brechkraft des Auges ist zu klein, um nahe liegende Gegenstände scharf abzubilden. Der Brennpunkt liegt hinter der Netzhaut.
  Korrektur: Brille mit Sammellinse setzt Gesamtbrechkraft herauf.
- **Altersweitsichtigkeit**, wegen Erschlaffung des Ziliarmuskels kann die Augenlinse nicht mehr stark genug gekrümmt werden, um auf nahe Gegenstände zu akkomodieren.
- **Astigmatismus**, Brechkraft des Auges ist entlang Meridionalschnitt und Sagittalschnitt unterschiedlich.
  Korrektur: Brille mit einer Linse, die in verschiedenen Richtungen unterschiedlich gekrümmt ist.

Deutliche Sehweite, **Bezugssehweite**, a_B, Abstand von 25 cm vom Auge, bei dem normalsichtige Menschen Gegenstände ohne Mühe scharf sehen können (Leseabstand), $a_B = -25$ cm.

Nahpunkt, kleinster Abstand, bei dem das Auge einen Gegenstand noch scharf abbilden kann. Er liegt bei Kindern und Jugendlichen bei etwa 10 cm und nimmt im Alter zu.

12.4.4   Auge und optische Instrumente

Wie groß ein Gegenstand erscheint, hängt vom Sehwinkel und daher von seiner Entfernung vom Auge ab. Maximale scheinbare Größe bei gleichzeitiger scharfer Abbildung hat der Gegenstand im Nahpunkt. Weitere Vergrößerung ist dann nur noch mit Hilfe optischer Instrumente wie Lupe oder Mikroskop erreichbar. Kann man den Abstand zum weit entfernten Gegenstand nicht wesentlich verändern, wie etwa bei der Beobachtung von Planeten, so werden Fernrohre benutzt.

12.4.4.1   Lupe

Lupe, nach DIN eine Sammellinse mit mindestens dreifacher Vergrößerung.

Leseglas, nach DIN eine Sammellinse mit weniger als dreifacher Vergrößerung.

Lupe und Leseglas liefern virtuelle, aufrechte und vergrößerte Bilder (s. **Abb. 12.38**).

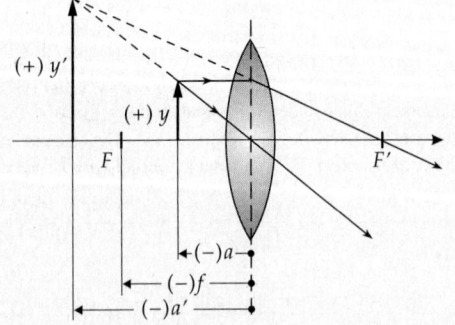

Abbildung 12.38: Bildkonstruktion bei der Lupe

Normalvergrößerung der Lupe, Γ'_L, definiert als Vergrößerung der Lupe für den Fall, dass der Gegenstand sich in der Brennebene der Lupe befindet und das Auge auf unendliche Entfernung akkomodiert (eingestellt) ist. Für sie gilt

Normalvergrößerung Lupe = $-\dfrac{\text{Bezugssehweite}}{\text{Brennweite}}$				1

$\Gamma'_L = -\dfrac{a_B}{f'}$	Symbol	Einheit	Benennung	
	Γ'_L	1	Normalvergrößerung Lupe	
	a_B	m	Bezugssehweite	
	f'	m	Brennweite Lupe	

Die Bezugssehweite ist $a_B = -25$ cm.

12.4.4.2 Mikroskop

1. Aufbau des Mikroskops

Mikroskop, geht über die maximale Vergrößerung, die mit einer Lupe technisch erreichbar ist, durch geeignete Kombination von Linsen hinaus. Liefert ein virtuelles, vergrößertes, umgekehrtes Bild des Objekts (s. **Abb. 12.39**).

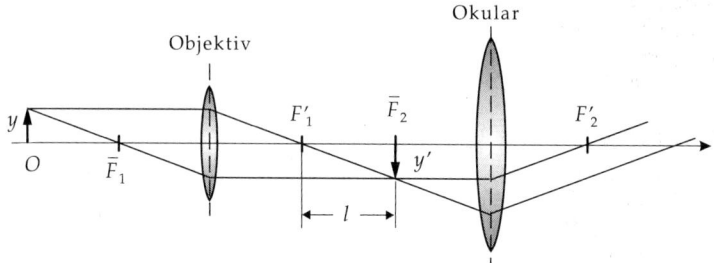

Abbildung 12.39: Strahlengang im Mikroskop

Es besteht aus:

- **Objektiv**, dem Objekt zugewandtes Linsensystem vom Typ einer Sammellinse mit sehr kurzer Brennweite. Es entwirft ein vergrößertes, umgekehrtes reelles Zwischenbild.
- **Okular**, dem Auge zugewandtes Linsensystem vom Typ einer Sammellinse. Es wirkt wie eine Lupe, mit der das vom Objektiv entworfene Zwischenbild betrachtet wird.
- **Beleuchtungseinrichtung** oder **Kondensor**, leuchtet das betrachtete Objekt aus.

Okular, besteht meist aus

- **Feldlinse**, Linse an der Position des reellen Zwischenbildes, die seitlich einfallende Strahlen in das Okularzentrum bricht. Die veränderte Richtung des Bündels bewirkt eine Erweiterung des Bildfeldes, ohne die Vergrößerung zu ändern.
- **Augenlinse**, Sammellinse, mit der das von Objektiv und Feldlinse entworfene Bild vergrößert wird.

Optische Tubuslänge, l, Entfernung $\overline{F'_1 F_2}$ zwischen den benachbarten Brennebenen von Objektiv und Okular.

2. Vergrößerung des Mikroskops

Die Gesamtvergrößerung, Γ'_M, des Mikroskops ist

Gesamtvergrößerung Mikroskop			1
	Symbol	Einheit	Benennung
$\Gamma'_M = \Gamma'_{Ob} \cdot \Gamma'_{Ok}$	Γ'_M	1	Gesamtvergrößerung Mikroskop
	Γ'_{Ob}	1	Vergrößerung Objektiv
	Γ'_{Ok}	1	Vergrößerung Okular
$= \dfrac{l}{f'_{Ob}} \dfrac{a_B}{f'_{Ok}}$	f'_{Ob}	m	Brennweite Objektiv
	f'_{Ok}	m	Brennweite Okular
	l	m	optische Tubuslänge
	a_B	m	deutliche Sehweite = 0.25 m

Nahfeld, Licht in einem Abstand vom emittierenden Objekt, der kleiner als eine Wellenlänge λ ist
Nahfeld-Mikroskop, Erzeugung von Bildern mit dem Nahfeld in einem optischen Scanning-Mikroskop.
Ein Schirm mit einer Öffnung, deren Abmessung kleiner als λ ist, wird über dem abzubildenden Objekt in einem Abstand kleiner als die Wellenlänge positioniert. Durch diese Öffnung fällt Licht. Wird die Öffnung über das Gesamtobjekt bewegt und das von dem Objekt reflektierte Licht in einem herkömmlichen Mikroskop gebündelt, dann können Eigenschaften mit einer Ausdehnung kleiner als eine Wellenlänge aufgelöst werden, da das Signal von Bereichen des Objekts kleiner als eine Wellenlänge abhängt. Mit dem optischen Nahfeld-Mikroskop wurden Auflösungen kleiner als 50 nm (etwa $\lambda/10$) erreicht. Form und Abstand einzelner Moleküle können beobachtet werden.

12.4.4.3   Fernrohr

Fernrohr, Teleskop, optisches Instrument zur Vergrößerung des Sehwinkels von Objekten, die weit entfernt liegen.
Es besteht im wesentlichen aus:

- **Objektiv**, dem Gegenstand zugewandte Linse,
- **Okular**, dem Auge zugewandte Linse.

Kenngrößen des Fernrohrs:

- **Sehfeld**, vom Fernrohr abgebildetes Gegenstandsfeld. Angabe in Radiant oder als Strecke in 1000 m Entfernung.
- **Wirksamer Objektivdurchmesser**, definiert die Eintrittspupille D_{EP}. Bestimmt, wieviel Licht in das Fernrohr eintreten kann, und begrenzt damit die Helligkeit des Bilds.
- **Öffnungsverhältnis**, Verhältnis von Durchmesser des Objektivs zur Brennweite des Objektivs.
- **Lichtstärke**, Verhältnis vom Durchmesser des Objektivs zur Vergrößerung des Fernrohrs.
- **Vergrößerung**, v_F. Wird das Bild mit entspanntem Auge durch das Okular betrachtet, so gilt:

Vergrößerung des Fernrohrs			1
	Symbol	Einheit	Benennung
$v_F = -\dfrac{f'_{Ob}}{f'_{Ok}}$	v_F	1	Vergrößerung Fernrohr
	f'_{Ob}	m	Brennweite Objektiv
	f'_{Ok}	m	Brennweite Okular
$= \dfrac{D_{EP}}{D_{AP}}$	D_{EP}	m	Durchmesser Eintrittspupille
	D_{AP}	m	Durchmesser Austrittspupille

Dies entspricht dem Verhältnis des Tangens der Öffnungswinkel mit und ohne Fernrohr.

- **Dämmerungszahl**, Z, Maß für die Dämmerungsleistung des Fernrohrs,
$Z = \sqrt{|v_F| D_{EP}}$.
- ■ Das Fernglas 7×50 hat eine Dämmerungszahl $Z = \sqrt{7 \cdot 50} = 18.7$.

1. Astronomisches Fernrohr

Astronomisches Fernrohr, Keplersches Fernrohr, liefert ein umgekehrtes seitenverkehrtes Bild (s. **Abb. 12.40**). Es besteht aus:

- **Objektiv**, dem Gegenstand zugewandte Sammellinse, die ein reelles Zwischenbild des entfernten Gegenstands in ihrer Brennebene F'_{ob} entwirft,
- **Okular**, dem Auge zugewandte Sammellinse mit der Brennebene $\bar{F}_{ok}$ an der Stelle der bildseitigen Brennebene des Objektivs, mit der das vom Objektiv erzeugte reelle Zwischenbild wie mit einer Lupe betrachtet wird.

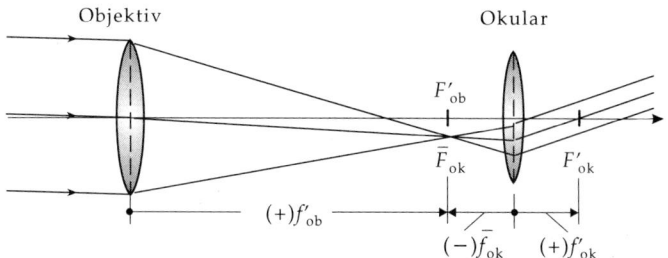

Abbildung 12.40: Strahlengang im astronomischen oder Keplerschen Fernrohr

Die Vergrößerung des Keplerschen Fernrohrs ist negativ. Seine Baulänge L entspricht der **Summe der Brennweiten** von Objektiv und Okular,

$$L = f'_{Ob} + |\bar{f}_{Ok}|.$$

Anwendung des Keplerschen Fernrohrs in der Astronomie.

2. Terrestrisches Fernrohr

Terrestrisches Fernrohr, astronomisches Fernrohr, in dem eine Sammellinse (Umkehrlinse) zwischen Objektiv und Okular das seitenverkehrte Zwischenbild umdreht. Das Endbild ist aufrecht und seitenrichtig (**Abb. 12.41**).

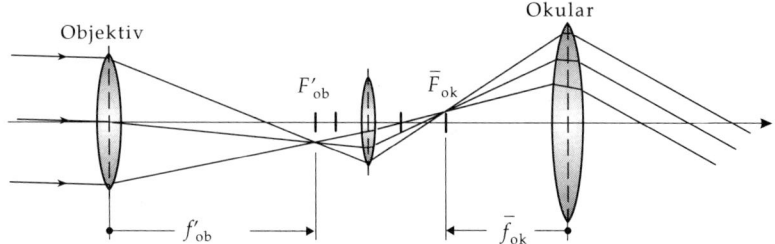

Abbildung 12.41: Strahlengang im terrestrischen Fernrohr

➤ Die Bildumkehr kann auch durch ein Umkehrprisma erreicht werden (**Porro-Prismensystem** im Prismenfeldstecher).

Spiegelteleskop, astronomisches Fernrohr, bei dem das Objektiv durch einen parabolischen Hohlspiegel ersetzt ist. Vorteile gegenüber Linsenkombinationen: größere Öffnungswinkel, keine chromatische Aberration. Bei der Bauform nach Cassegrain wird durch einen konvexen Fangspiegel die Brennweite des Hauptspiegels verlängert. Das hinter dem Hauptspiegel entstehende Bild wird durch eine Öffnung mit einem Linsenokular beobachtet (**Abb. 12.42**).

Schmidt-Spiegel, Spiegelteleskop mit sphärischem Hohlspiegel, dessen Brennweite halb so groß ist wie sein Krümmungsradius, und einer dünnen Glasplatte mit asphärischer Oberfläche zur Korrektur der Abbildungsfehler achsferner Strahlen. Die Korrektionsplatte ist im Krümmungsmittelpunkt des Hohlspiegels angebracht. Das Bild entsteht auf einer Kugelfläche in der Mitte zwischen Korrektionsplatte und Spiegel. Das Schmidt-Teleskop bildet auch große Sternfelder ohne Koma und Astigmatismus ab.

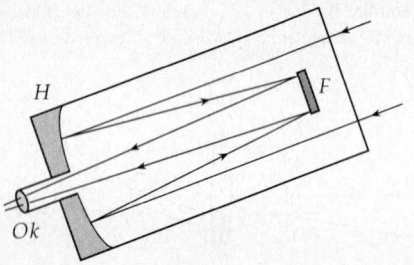

Abbildung 12.42: Spiegelteleskop nach Cassegrain. *Ok*: Linsenokular, *H*: parabolischer Hohlspiegel, *F*: konvexer Fangspiegel

3.   Holländisches Fernrohr

Holländisches Fernrohr, **Huygenssches Fernrohr**, **Galileisches Fernrohr**, liefert ein aufrechtes, seitenrichtiges Bild (s. **Abb. 12.43**).
Es besteht aus:

* **Objektiv**, dem Gegenstand zugewandte Sammellinse,
* **Okular**, dem Auge zugewandte Zerstreuungslinse, deren Fokalebene $\bar{F}_{ok}$ mit der bildseitigen Brennebene F'_{ob} des Objektivs zusammenfällt.

Es entsteht kein reelles Zwischenbild. Die Vergrößerung des Galileischen Fernrohrs ist positiv. Seine Baulänge L entspricht der **Differenz der Brennweiten** von Objektiv und Okular,

$$L = f'_{Ob} - \bar{f}_{Ok}.$$

Die geringe Baulänge ist ein Vorzug des Galileischen Fernrohrs. Anwendung vor allem als Opernglas.

Objektiv   Okular

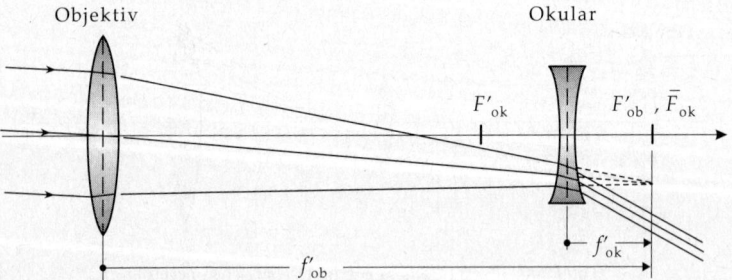

Abbildung 12.43: Strahlengang im holländischen oder Huygensschen/Galileischen Fernrohr

12.5 Wellenoptik

Wellenoptik, erklärt die mit Beugung, Interferenz und Polarisation verknüpften optischen Erscheinungen auf der Grundlage der Vorstellung, dass Licht eine transversale elektromagnetische Welle ist.

12.5.1 Streuung

Diffuse Streuung, tritt auf, wenn Licht auf eine rauhe Oberfläche trifft, die aus vielen Flächenelementen mit verschiedenen Orientierungen besteht. Es tritt dann Brechung und Reflexion in unterschiedliche Richtungen auf. Aus einem Bündel paralleler Strahlen werden durch Streuung diffuse Strahlen (**Streulicht**).

Streuzentrum, im Huygensschen Wellenbild einzelner Punkt, von dem Kugelwellen ausgehen, die das Streulicht ergeben.

Rayleigh-Streuung, Streuung von Licht an kugelförmigen Teilchen, deren Radius sehr klein gegen die Wellenlänge des Lichts ist. Die Intensität der Streustrahlung steigt proportional zur vierten Potenz der Frequenz, das heißt, dass der Anteil der Strahlung, der an den Teilchen gestreut wird, mit abnehmender Wellenlänge zunimmt.

- Der Himmel erscheint blau, da innerhalb des sichtbaren Bereichs blaues Licht die kürzeste Wellenlänge hat und daher an den Molekülen und Atomen in der Luft am stärksten gestreut wird.

Die menschliche Wahrnehmung von Objekten hängt davon ab, wie Licht an ihnen gestreut oder reflektiert wird. Um diese Wahrnehmung zu simulieren, gibt es in der Datenverarbeitung verschiedene Ansätze:

Radiosity-Ansatz, Methode der **graphischen Datenverarbeitung**, deren Ziel die möglichst schnelle rechnerische Darstellung eines möglichst realistischen Bilds eines Raumes ist. Dazu werden Oberflächen im Raum als diffus reflektierend, also streuend angenommen, da deren Aussehen dann unabhängig vom Standort ist. Daher muss nicht für jeden Standort des Beobachters ein völlig neues Bild errechnet werden.

Ray-Tracing, eine alternative Methode zur Darstellung von realistischen Bildern, bei der Oberflächen als reflektierend angenommen werden. Dieses Verfahren erfordert eine Neuberechung des Bildes bei jeder Änderung der Beobachterposition und ist damit wesentlich rechenintensiver als die Radiosity-Methode.

12.5.2 Beugung und Auflösungsbegrenzung

Beugung (s. S. 283), Richtungsänderung der Lichtausbreitung an einem Hindernis, so dass Licht auch in die geometrische Schattenzone des Hindernisses eindringt und auf einem Schirm durch Interferenz Beugungsmuster entstehen. Erklärung durch Huygenssche Elementarwellen, die von jedem von der Welle getroffenen Punkt des Hindernisses ausgehen und interferieren.

1. Arten der Beugung

Fraunhofer-Beugung, durch paralleles Licht hervorgerufene Beugungserscheinung (**Abb. 12.44**).
Fresnel-Beugung, durch divergentes Licht hervorgerufene Beugungserscheinung.

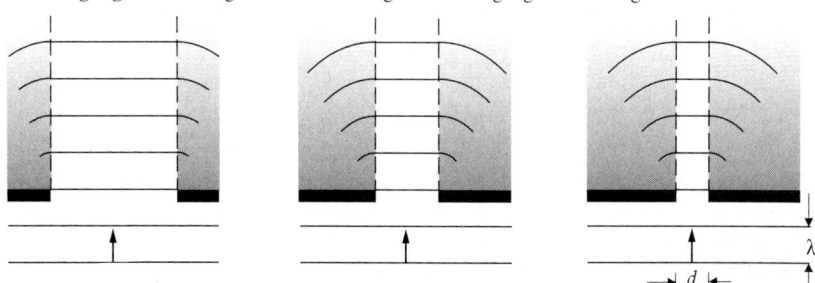

Abbildung 12.44: Fraunhofer-Beugung

Beugung am Spalt (Abb. 12.45, Abb. 12.46):

Intensität: $I_\alpha = I_0 \dfrac{\sin^2\left(\dfrac{\pi d \sin\alpha}{\lambda}\right)}{\left(\dfrac{\pi d \sin\alpha}{\lambda}\right)^2}$.

Intensitätsminima: $\sin\alpha_n = \pm n\dfrac{\lambda}{d}, \quad n = 1,2,3,\ldots$.

Intensitätsmaxima: $\sin\alpha_n = \pm\left(n+\dfrac{1}{2}\right)\dfrac{\lambda}{d}, \quad n = 1,2,3,\ldots$.

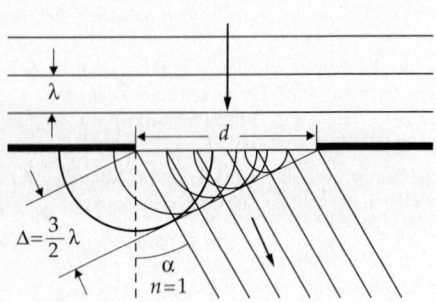

Abbildung 12.45: Beugung am Spalt. λ: Wellenlänge, d: Spaltbreite

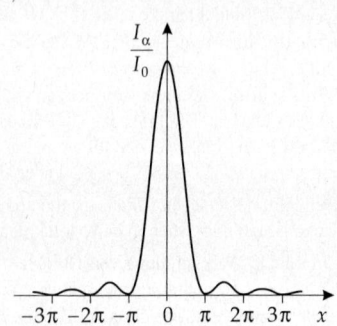

Abbildung 12.46: Intensitätsverlauf bei Beugung am Spalt als Funktion von $x = \pi d \sin(\alpha)/\lambda$

Beugung am Gitter (Abb. 12.47):

Intensität: $I_\alpha = I_0 \dfrac{\sin^2\left(\dfrac{\pi d \sin\alpha}{\lambda}\right)}{\left(\dfrac{\pi d \sin\alpha}{\lambda}\right)^2}\dfrac{\sin^2\left(\dfrac{q\pi g \sin\alpha}{\lambda}\right)}{\sin^2\left(\dfrac{\pi g \sin\alpha}{\lambda}\right)}$.

Intensitätsmaxima: $\sin\alpha_n = \pm n\dfrac{\lambda}{g}, \quad n = 1,2,3,\ldots$.

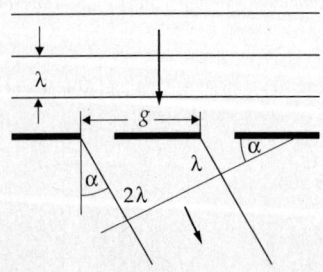

Abbildung 12.47: Beugung am Gitter

Bezeichnung:
λ: Wellenlänge, d: Spaltbreite,
α: Beugungswinkel, g: Gitterkonstante,
I_0: Intensität bei $\alpha = 0$, q: Anzahl der Gitterspalte,
I_α: Intensität bei α

2.   Beugung am Kristallgitter

Die Beugung von Röntgenstrahlen an Kristallen kann als selektive Reflexion an Netzebenenscharen aufgefasst werden, die von den Kristallbausteinen regulär besetzt sind.

Braggsche Reflexionsbedingung, Interferenzmaxima treten auf, wenn der Einfallswinkel (**Glanzwinkel**) ϑ die Bedingung

$$2d\sin\vartheta = k\cdot\lambda, \quad k = 1,2,3,\ldots$$

erfüllt. d ist der Netzebenenabstand, λ ist die Wellenlänge der Röntgenstrahlung (**Abb. 12.48**). Der Gangunterschied zwischen zwei an benachbarten Netzebenen reflektierten Strahlen beträgt $\Delta = 2d\sin\vartheta$.

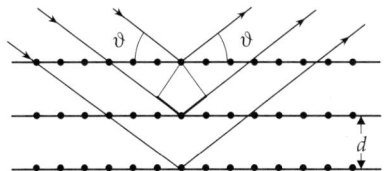

Abbildung 12.48: Zur Braggschen Reflexionsbedingung für die Beugung an einem Kristallgitter. d: Abstand der Netzebenen, Δ: Gangunterschied zwischen zwei benachbarten Strahlen

3. Einfluss der Beugung auf optische Abbildungen

Bei jeder optischen Abbildung stellt die Einfassung einer Linse oder eine Blende ein Hindernis für die elektromagnetischen Wellen dar. Wird also ein Punkt mit einem Fernrohr abgebildet, so ist das entstehende Bild nicht, wie in der Strahlenoptik angenommen, wieder ein Punkt, sondern es entsteht ein Beugungsbild. Dieses besteht aus einem Helligkeitsmaximum (helle Scheibe, deren Mittelpunkt dem Bildpunkt in der Strahlenoptik entspricht) und mehreren Nebenmaxima (**Abb. 12.46**). Werden zwei dicht beieinander liegende Punkte abgebildet, so überlappen die zwei zugehörigen Beugungsbilder. Liegen die Objektpunkte zu dicht beieinander, so werden die Maxima der Beugungsbilder nicht mehr getrennt wahrgenommen.

Beugungsscheibchen, die durch Beugung entstehende Verwaschung eines Bildpunktes bei einer optischen Abbildung.

4. Auflösungsvermögen,

kleinster Abstand zweier Objektpunkte, bei dem sie von einem optischen Gerät noch getrennt abgebildet werden können.

Es gibt kein objektives Kriterium dafür, wann zwei Beugungsscheibchen noch getrennt wahrgenommen werden. Oft wird das **Rayleighsche Kriterium** benutzt:

Rayleighsches Kriterium: zwei Objekte werden dann sicher aufgelöst, wenn das nullte Beugungsmaximum des ersten Objekts mit dem ersten Beugungsminimum des zweiten zusammenfällt. Für den Winkel δ, unter dem diese beiden Objekte erscheinen, gilt dann:

Rayleighsches Kriterium			1
$\sin\delta \;\geq\; 1.22\dfrac{\lambda}{b}$	Symbol	Einheit	Benennung
	δ	rad	Öffnungswinkel
	λ	m	Wellenlänge
	b	m	Blendendurchmesser

Für kleine Winkel δ lässt sich der Sinus durch den Winkel im Bogenmaß ersetzen.

Spektrales Auflösungsvermögen eines Prismas, das Produkt aus Basislänge b und Dispersion $|\mathrm{d}n(\lambda)/\mathrm{d}\lambda|$,

$$\frac{\lambda}{\Delta\lambda} = b \cdot \left|\frac{\mathrm{d}n(\lambda)}{\mathrm{d}\lambda}\right|.$$

■ Ein Prisma aus Flintglas ($|\mathrm{d}n/\mathrm{d}\lambda| = 1500\ \mathrm{mm}^{-1}$) mit einer Basislänge von $b = 1$ cm ist in der Lage, die Natrium-Linien $\lambda_{\mathrm{D1}} = 589.6$ nm und $\lambda_{\mathrm{D2}} = 589.0$ nm aufzulösen. Ein Prisma der gleichen Basislänge aus Kronglas ($|\mathrm{d}n/\mathrm{d}\lambda| \approx 55\ \mathrm{mm}^{-1}$) erreicht nicht das notwendige Auflösungsvermögen.

Spektrales Auflösungsvermögen eines Gitters, das Produkt aus Ordnung des Maximums k und der Anzahl N der Striche des Gitters,

$$\frac{\lambda}{\Delta\lambda} = k \cdot N.$$

■   Ein Gitterspektralapparat mit $N = 10^5$ Strichen ist in der Lage, in erster Beugungsordnung noch Wellenlängen zu unterscheiden, die um nur $\Delta\lambda = 10^{-5}\lambda$ getrennt sind.

Auflösungsvermögen des Mikroskops, definiert durch den Mindestabstand x_{min}, den zwei Objektpunkte haben müssen, um noch als zwei getrennte Bildpunkte wahrgenommen zu werden,

$$x_{min} = \frac{A}{\lambda}, \quad A = n \cdot \sin\alpha.$$

n ist die Brechzahl des Mediums, das sich vor der Frontlinse des Objektivs befindet, α ist der halbe Öffnungswinkel des Lichtkegels, der von einem Objektpunkt ausgeht und vom Objektiv noch erfasst wird. Die Größe A wird als **numerische Apertur** des Objektivs bezeichnet.

12.5.3   Brechung im Wellenbild

Brechung, Änderung der Ausbreitungsrichtung von Wellen an der Grenzfläche zweier Medien, in denen die Wellen unterschiedliche Ausbreitungsgeschwindigkeiten haben. Beim Übergang in ein anderes Medium bleibt die Frequenz der Welle konstant, lediglich die Wellenlänge ändert sich.

Dieses Phänomen lässt sich mit Huygensschen Elementarwellen darstellen und verstehen (**Abb. 12.49**). Trifft eine Wellenfront unter einem Winkel ungleich 90° auf eine Grenzfläche zu einem Medium mit anderer Brechzahl, so ist jeder Punkt der Grenzfläche Ausgangspunkt für eine Huygenssche Elementarwelle (Kugelwelle). Jede Elementarwelle dringt nun in beide Halbräume vor und hinter der Grenzfläche ein. (Der reflektierte Anteil wurde nicht eingezeichnet.) Da verschiedene Punkte der Grenzfläche von der Wellenfront zu verschiedenen Zeiten erreicht werden, entstehen auch die Elementarwellen zu verschiedenen Zeiten. Das Bild zeigt eine Momentaufnahme, in der sowohl die Maxima einzelner Elementarwellen gezeigt sind, wie auch die aus ihrer Überlagerung entstehenden ebenen Wellenfronten (s. S. 266).

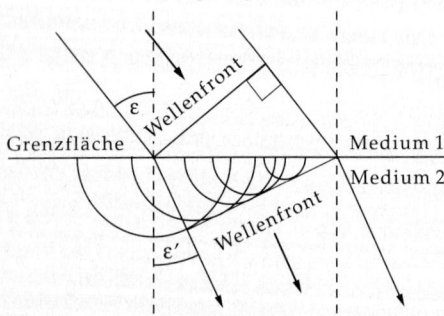

Abbildung 12.49: Brechung im Wellenbild

12.5.4   Interferenz

Damit es bei elektromagnetischen Wellen zur Interferenz kommt, müssen die überlagerten Wellen **kohärent** (s. S. 272) sein, d.h., sie müssen von demselben Bereich einer Lichtquelle kommen. Kohärente Lichtstrahlen lassen sich durch Aufspaltung eines Lichtstrahls mit Hilfe von Spiegeln oder teilweise durchlässigen Platten erreichen (Strahlenteiler).

Sind die überlagerten Wellen räumlich und zeitlich nicht kohärent, dann sind die Interferenzerscheinungen nicht sichtbar, da sich in einem festen Punkt Auslöschung und Verstärkung ständig ablösen.

➤   Ein **Laser** zeichnet sich dadurch aus, dass das von ihm erzeugte Licht kohärent ist.

Bei thermischen Lichtquellen emittieren die einzelnen Flächenelemente Wellenzüge ohne feste Phasenbeziehungen zueinander. Die Phasendifferenzen ändern sich zufällig. Interferenzmuster lassen sich daher bei solchen Lichtquellen nur dann sichtbar machen, wenn die zur Überlagerung gebrachten Wellenzüge nur von einem Flächenelement kommen, was durch eine Blende erreicht wird.

1. Kohärenzbedingung

Die Bedingung für den Öffnungswinkel α, unter dem ein Flächenelement einer Lichtquelle der Größe b erscheinen muss, damit Interferenz auftritt (**Abb. 12.50**), lautet:

$$n \sin \alpha \ll \frac{\lambda}{2b}.$$

λ ist die Wellenlänge der Strahlung, n ist die Brechzahl des Mediums.

Kohärenzlänge, l, mittlere Länge der einzelnen Wellenzüge.

Kohärenzzeit, τ, Zeit, die das Licht braucht, um die Kohärenzlänge zu durchlaufen,

$$l = c \cdot \tau.$$

Zeitliche Kohärenz ist gewahrt, wenn bei der Halbwertsbreite Δf einer Spektrallinie der Frequenz f gilt:

$$\tau \approx \frac{1}{\Delta f}, \quad l \approx \frac{c}{\Delta f}.$$

■ Spektrallampen haben eine Kohärenzlänge in der Größenordnung von $l = 1 \cdot 10^{-1}$ m bei einer Frequenzbandbreite von $\Delta f = 1$ GHz. HeNe-Laser erreichen Werte von $l = 150$ m und $\Delta f = 2$ MHz.

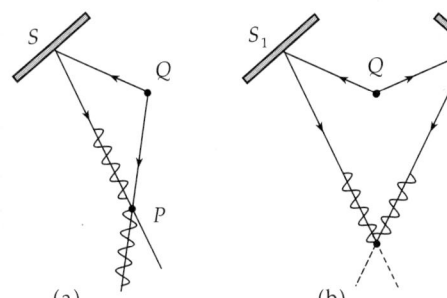

Abbildung 12.50: Zur Kohärenz des Lichts. Q: Lichtquelle, S, S_1, S_2: Spiegel. (a): Keine Kohärenz am Punkt P, (b): zeitliche Kohärenz am Punkt P

(a)   (b)

2. Interferenz an dünnen Schichten

Interferenz an dünnen Schichten tritt auf, wenn

• Licht auf eine Schicht mit einer Brechzahl fällt, die sich von der Brechzahl des ursprünglichen Mediums unterscheidet,

• ein Teil des einfallenden Lichts an der Grenzfläche zwischen Schicht und umgebendem Medium reflektiert wird, während ein anderer Teil in die Schicht eindringt.

Bei jedem Auftreffen eines Strahls auf eine der beiden Grenzflächen zwischen Schicht und umgebendem Medium wird der Strahl in zwei Teile gespalten, von denen einer reflektiert wird, während der andere in das Medium hinter der Grenzfläche eindringt (**Abb. 12.51**).

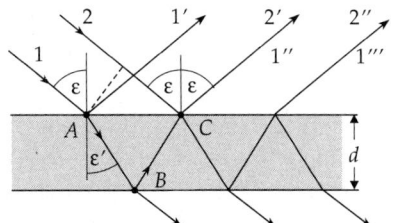

Abbildung 12.51: Interferenz an einer planparallelen Platte der Dicke d

- Ein bei A auf die Grenzfläche fallender Strahl 1 wird zum Teil reflektiert. Dies ergibt Strahl $1'$.
- Ein anderer Teil dringt bei A in die Schicht ein und wird bei B teilweise reflektiert. Dieser reflektierte Strahl tritt bei C wieder aus der Schicht aus und ergibt Strahl $1''$. Dieser Strahl ist kohärent zum Strahl $1'$.

Die restlichen Strahlen in der Abbildung entsprechen Mehrfachreflexionen innerhalb der Schicht und auf der Rückseite der Schicht austretendem Licht.

3.   Gangunterschied bei Interferenz an dünnen Schichten

Für Licht der Wellenlänge λ haben Strahl $1''$ und 2 aufgrund der unterschiedlichen Brechzahlen von Schicht und umgebendem Medium bei einer Schicht der Dicke d und Brechzahl n sowie Luft als umgebendem Medium (mit Brechzahl ≈ 1) am Punkt C einen **Gangunterschied** Δ von

Gangunterschied bei Interferenz an dünnen Schichten			**L**
$\Delta \;=\; 2d\sqrt{n^2 - \sin^2\varepsilon} - \dfrac{\lambda}{2}$	**Symbol**	**Einheit**	**Benennung**
	Δ	m	Gangunterschied
	d	m	Schichtdicke
	n	1	Brechzahl der Schicht
	ε	rad	Einfallswinkel
	λ	m	Wellenlänge

Der Term $-\lambda/2$ entspricht der Reflexion am dichteren Medium unter der dünnen Schicht. Interferieren Strahl 1 und 2, so kommt es in Abhängigkeit von Δ zu **konstruktiver Interferenz** (Helligkeit) oder **destruktiver Interferenz** (Dunkelheit).

4.   Bedingung für konstruktive Interferenz

Für Verstärkung (konstruktive Interferenz) muss gelten:

Bedingung für konstruktive Interferenz			
$2d\sqrt{n^2 - \sin^2\varepsilon} \;=\; \left(m + \dfrac{1}{2}\right)\lambda$ $m \;=\; 0,1,2,\dots$	**Symbol**	**Einheit**	**Benennung**
	d	m	Schichtdicke
	n	1	Brechzahl der Schicht
	ε	rad	Einfallswinkel
	λ	m	Wellenlänge

Bei senkrechtem Einfall ($\sin\varepsilon = 0$) tritt Verstärkung auf bei

$$\lambda = \frac{2dn}{m + \dfrac{1}{2}}.$$

5.   Bedingung für destruktive Interferenz

Für Auslöschung (destruktive Interferenz) muss gelten:

Bedingung für destruktive Interferenz			
$2d\sqrt{n^2 - \sin^2\varepsilon} \;=\; (m+1)\lambda$ $m \;=\; 0,1,2,\dots$	**Symbol**	**Einheit**	**Benennung**
	d	m	Schichtdicke
	n	1	Brechzahl der Schicht
	ε	rad	Einfallswinkel
	λ	m	Wellenlänge

Bei senkrechtem Einfall tritt Auslöschung auf für

$$\lambda = \frac{2nd}{m+1}\,.$$

Die an planparallelen Platten beobachteten Interferenzen entsprechen bestimmten festen Einfallswinkeln (**Interferenzen gleicher Neigung**).

■ Ölschichten auf Wasser erscheinen farbig. Durch Interferenz an der dünnen Ölschicht, wird aufgrund der variierenden Dicke der Schicht jeweils eine bestimmte Wellenlänge (Farbe) maximal verstärkt, während andere Wellenlängen destruktiv interferieren.

6. **Reflexvermindernde Schichten,**
auf Interferenz an dünnen Schichten beruhende Methode zur Verminderung der Reflexion an einer Oberfläche. Auf die Oberfläche eines Materials mit Brechzahl n_1 wird eine Schicht mit Brechzahl $n_2 < n_1$ aufgebracht. Die Brechzahl n_2 der Schicht und ihre Dicke d werden so gewählt, dass sich bei einer gewünschten Wellenlänge λ die reflektierten Wellen auslöschen.

Die Auslöschung ist nicht auf eine scharfe Wellenlänge beschränkt, sondern erstreckt sich über einen gewissen Bereich, so dass man z.B. im Bereich des sichtbaren Lichts die Grünumgebung abdecken kann. Dünne Schichten werden zur **optischen Vergütung** von Linsen benutzt, die schwach purpurne Reflexe zeigen, weil Rot und Violett nicht vollständig ausgelöscht werden.

Fizeau-Streifen, gleichabständige Interferenzstreifen bei zwei gegeneinander geneigten Planflächen mit einem dazwischenliegenden Luftkeil. Die beobachteten Streifen gehören zu Orten gleicher Dicke des Keils (**Interferenzen gleicher Dicke, Abb. 12.52**).

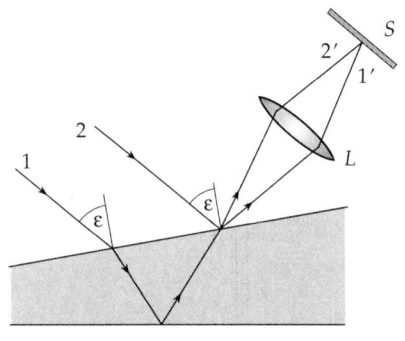

Abbildung 12.52: Interferenz an einer keilförmigen Schicht. *L*: Linse, *S*: Schirm

7. **Newtonsche Ringe,**
kreisförmige helle und dunkle Fizeau-Linien, die entstehen, wenn der Luftzwischenraum durch eine Planfläche und eine sphärische Fläche mit dem Krümmungsradius R begrenzt wird.
Abstand der dunklen Ringe vom Berührungspunkt:

$$r_{\min} = \sqrt{R\lambda k}\,, \quad k = 1,2,3,\ldots\,.$$

Abstand der hellen Ringe vom Berührungspunkt:

$$r_{\max} = \sqrt{R\lambda\left(k + \frac{1}{2}\right)}\,, \quad k = 0,1,2,3,\ldots\,.$$

8. **Interferometrie,**
Teilgebiet der Präzisionsmesstechnik, das die Interferenz von Wellen zur Bestimmung physikalischer Größen ausnutzt.

Michelson-Interferometer, optisches Gerät, das als Grundtyp eines Interferometers angesehen werden kann (s. **Abb. 12.53**). Licht aus der Quelle Q wird durch eine teildurchlässige Strahlteilerplatte P_1 in einen reflektierten Strahl 2 und einen durchgelassenen Strahl 1 aufgespalten, die an zwei Planspiegeln S_1 und S_2 reflektiert werden. Die reflektierten Strahlen werden nach einer weiteren Teilung durch die Platte P_1 in einem Beobachtungsfernrohr F überlagert. (Um den Strahlengang zu symmetrisieren, so dass die Strahlen eine Teilerplatte gleich oft durchlaufen, wird in den Strahlengang des Strahles 2 eine zusätzliche Platte P_2 eingebracht.) Bei der Zusammenführung der Teilstrahlen beobachtet man Interferenzen gleicher Neigung (konzentrische Ringe). Wird ein Spiegel gekippt, so ergeben sich Interferenzen gleicher Dicke (Fizeau-Streifen).

Legen die Lichtstrahlen den geometrischen Weg s_1 bzw. s_2 zurück, dann gehört zu benachbarten Interferenzmaxima ein Gangunterschied von

$$n(s_2 - s_1) = k \cdot \lambda,$$

falls die Brechzahl auf beiden Lichtwegen gleich n ist. Wird der Spiegel S_1 um die Strecke $d = \lambda/2$ nach S_1' verschoben, dann wandert genau ein Interferenzstreifen durch das Gesichtsfeld des Beobachters. Auf dieser Grundlage ist es mit dem Michelson-Interferometer möglich, Längenänderungen sehr genau zu messen.

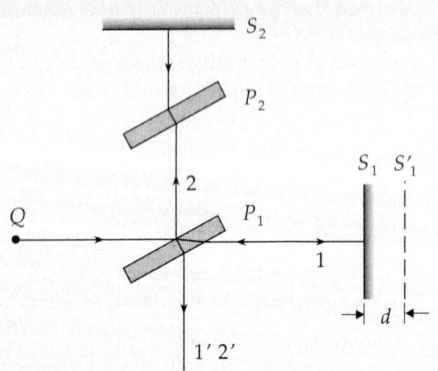

Abbildung 12.53: Prinzip des Michelson-Interferometers. Q: Lichtquelle, P_1, P_2: Platten, S_1, S_2: Spiegel, d: Verschiebung des Spiegels S_1

12.5.5   Diffraktive optische Elemente

Diffraktive optische Elemente (DOE), Funktionsweise beruht auf der **Beugung** von Lichtwellen an feinen Strukturen. Wellenoptische Beschreibung ist zwingend notwendig. Gegensatz zu
refraktiven optischen Elementen, die durch die Brechung von Lichtstrahlen beschrieben werden können.

■   Beugungsgitter, Hologramme, Fresnelzonenplatten sind diffraktive optische Elemente.

➤   Die „klassischen" optischen Elemente sind entweder refraktiv (Linsen, Prismen) oder reflektiv (Spiegel).

➤   Eine genauere Betrachtung der refraktiven Elemente zeigt, dass auch bei ihnen Beugungseffekte auftreten. So wirkt z.B. der Rand einer Linse als Lochblende, an der Beugung auftritt. Dieser Beugungseffekt begrenzt das Auflösungsvermögen optischer Instrumente.

Beugungseffekte werden dominant, wenn die typische Strukturgröße des Elementes in derselben Größenordnung liegt wie die verwendete Wellenlänge.
Strukturgrößen von DOE betragen daher nur wenige Mikrometer (10^{-6} m). Die Herstellung von DOE, die komplizierter als einfache Beugungsgitter sind, wird erst seit Mitte dieses Jahrhunderts beherrscht.

12.5.5.1 Beugungsgitter

Beugungsgitter, spalten Licht in seine spektralen Anteile (Gitterspektrograph) oder lenken monochromatische Strahlung in eine oder mehrere Richtungen ab (Formeln s. S. 266). Die entsprechenden Formeln finden sich im Kapitel über Wellen

■ Jede Compact Disc stellt ein reflektives Beugungsgitter dar.

12.5.5.2 Fresnel-Zonenplatte

Fresnel-Zonenplatte, Anordnung aus konzentrischen durchsichtigen und undurchsichtigen Ringen mit nach außen abnehmender Breite, die für kohärentes Licht fokussierend wirkt (**Abb. 12.54**).

Radius der durchsichtigen Ringe, wird so gewählt, dass sich der Weg des von benachbarten Zonen ausgehenden Lichtes bis zum Brennpunkt um genau eine Wellenlänge unterscheidet, also das Licht im Brennpunkt konstruktiv interferiert.

Mittelradius r_1 des ersten durchsichtigen Ringes:

$$r_1 = \sqrt{(f+\lambda)^2 - f^2} = \sqrt{f^2 + 2f\lambda + \lambda^2 - f^2} \approx \sqrt{2f\lambda} \quad \text{für } \lambda \ll f.$$

Radius r_n des n-ten durchsichtigen Ringes

$$r_n \approx \sqrt{2n\lambda f}.$$

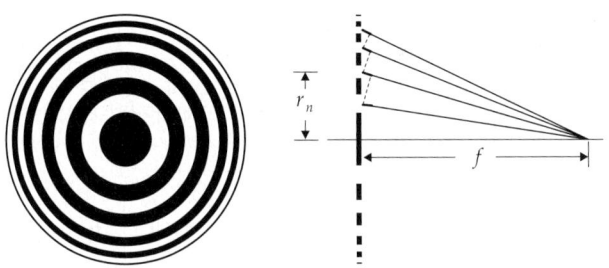

Abbildung 12.54: Fresnel-Zonenplatte

Ein solches Element wirkt zwar fokussierend, hat aber nur eine geringe Lichteffizienz (50% Verlust an dunklen Streifen sowie Verlust in höhere Beugungsordnungen). Dennoch spielt es eine wichtige Rolle für Wellenlängenbereiche, in denen keine brechenden Materialien für normale Linsen zur Verfügung stehen (Röntgenmikroskop).

12.5.5.3 Fresnel-Zonenlinse

Fresnel-Zonenlinse (FZL), fokussierend wirkendes Element. Die Oberflächenform entspricht der einer Linse, aus der alles überflüssige Glas entfernt wurde.

Eine FZL ist kein rein diffraktives Element, vielmehr deckt sie den Übergangsbereich zwischen refraktiven und diffraktiven Elementen ab (**Abb. 12.55, Abb. 12.56**).

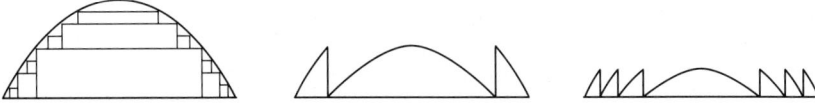

Abbildung 12.55: Übergang von normaler Linse zur Fresnel-Zonenlinse (FZL)

Kinoform, optisches Element, welches das Prinzip gleich langer Lichtwege aller Strahlen bei einer optischen Abbildung verletzt.

Für inkohärentes Licht ist die Abbildungsqualität deswegen schlecht. Dennoch werden FZLs dort eingesetzt, wo es wichtiger ist, ein leichtes und dünnes Element zu haben.

■ Kinoforme wurden zuerst als Kollimatoren für Leuchtfeuer u.ä. eingesetzt. Bei beweglichen Linsen mit bis zu einem Meter Durchmesser ist die Gewichtsersparnis besonders wichtig.

■ Häufigste Anwendung heute sind die Kollimatoren für Overhead-Projektoren sowie „Fischaugen" für Auto-Heckscheiben.

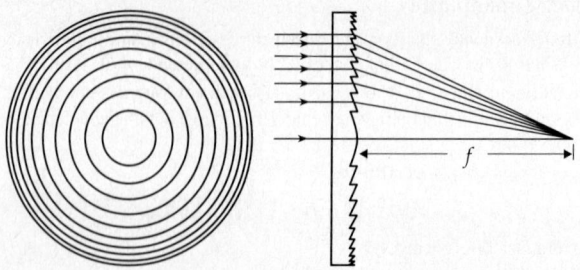

Abbildung 12.56: Fresnel-Zonenlinse, beruht auf Brechung von Lichtstrahlen, sie ist strenggenommen kein diffraktives optisches Element

Für kohärentes Licht wird die Abstufung so gewählt, dass sich die optischen Wege von Zone zu Zone gerade um eine Wellenlänge unterscheiden und die Teilwellen also konstruktiv interferieren. Durch diese zusätzliche wellenoptische Bedingung wird aus einer FZL ein diffraktives Element (**Abb. 12.57**); die Strukturhöhe h liegt dann im μm-Bereich. In diesem Fall ist die gleiche Abbildungsqualität wie mit einer normalen Linse zu erreichen.

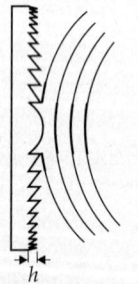

Abbildung 12.57: Fresnel-Zonenlinse, bei der die optischen Wege sich von Stufe zu Stufe um ein ganzes Vielfaches der Wellenlänge unterscheiden. h: Strukturhöhe

➤ Bei inkohärenter Beleuchtung ergibt sich das Auflösungsvermögen einer FZL aus dem Durchmesser der innersten Zone, bei kohärenter Beleuchtung aus dem gesamten Durchmesser.

12.5.5.4   Hologramme

Hologramm, optisches Element, in dem nicht nur eine Intensitätsverteilung (wie bei einer Fotografie), sondern auch die relative Phasenverteilung gespeichert ist.

▲ Fotografische Aufnahmeverfahren (Filme, Fernsehröhren, CCDs) registrieren nur die Intensität, d.h. den Betrag der komplexen Amplitude, die im Wellenfeld enthaltene Phaseninformation geht verloren. Bei Verwendung von kohärentem Licht kann die Phaseninformation über einen Umweg mit aufgenommen werden. Dazu muss das vom Objekt ausgehende Licht mit einer Referenzwelle interferieren. Das Interferogramm wird aufgenommen, hieraus kann das ursprüngliche Wellenfeld rekonstruiert werden (**Abb. 12.58**).

Mit $o(x,y) = |o(x,y)|e^{i\phi(x,y)}$ als komplexer Amplitude des vom Objekt ausgehenden Lichts und $r(x,y)$ als komplexer Amplitude der Referenzwelle in der Hologrammebene (x,y) gilt:
Ohne Referenzwelle wird

$$oo^* = |o|e^{i\phi}|o|e^{-i\phi} = |o|^2$$

aufgenommen. Mit Referenzwelle hingegen wird

$$(o+r)(o+r)^* = oo^* + rr^* + or^* + ro^* = |o|^2 + |r|^2 + or^* + ro^*$$

aufgenommen. Wird diese Aufnahme wieder mit der Referenzwelle r beleuchtet, so erhält man

$$|o+r|^2 \cdot r = |o|^2 r + |r|^2 r + o|r|^2 + o^* r^2.$$

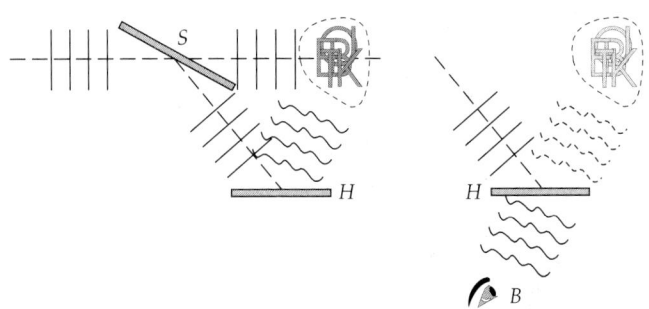

Abbildung 12.58: Aufnahme (links) und Betrachtung (rechts) eines Hologramms. (S): teildurchlässiger Spiegel, (H): Hologramm, (B): Beobachter

Bei Verwendung einer ebenen Welle als Referenzwelle r wird $|r|^2 = $ const., und man erhält die ursprünglich vom Objekt ausgehende Wellenfront o. Ein Betrachter sieht ein virtuelles Bild des Objektes, bei Veränderung seiner Position nimmt er es aus unterschiedlichen Blickwinkeln wahr.

- Aus der rekonstruierten Welle o kann ein normales Bild gewonnen werden.
- Zerteilt man ein Hologramm, so kann aus jedem Teilstück ein Bild des gesamten Objektes gewonnen werden, allerdings aus unterschiedlichen Blickwinkeln.
- Für die Aufnahme eines Hologramms ist ein besonders feinkörniger Film (Korngröße in der Größenordnung der Wellenlänge) erforderlich (z.B. Dichromatgelatine) sowie ein Laser ausreichender Leistung und Kohärenzlänge.
- ➤ Diese einfache Beschreibung gilt nur für Transmissionshologramme und kohärente Beleuchtung bei der Rekonstruktion. Es können aber auch Reflexionshologramme angefertigt und die Bedingungen an die Kohärenz der Lichtquelle bei der Rekonstruktion gelockert werden.
- ■ Das Regenbogenhologramm auf Kreditkarten ist ein Reflexionshologramm. Eine Änderung des Blickwinkels nimmt man nur wahr, wenn man den Kopf horizontal bewegt. Die andere Richtung (oben - unten) wurde geopfert, um das Licht in seine spektralen Anteile zu zerlegen. Man erkennt dies um so besser, je länger die Kohärenzlänge der verwendeten Lichtquelle ist (je kleiner und weiter entfernt diese ist). Gut geeignet sind z.B. Niedervolt-Halogenlampen. Diese Reflexionshologramme werden allerdings nicht fotografisch aufgenommen, es sind computergenerierte Hologramme.

12.5.5.5 Computergenerierte Hologramme

Computergenerierte Hologramme (CGH), Hologramme, deren Struktur berechnet wurde, um ein bestimmtes Bild zu erzeugen und die mittels Mikrostrukturierungstechnik (Lithografie) hergestellt werden. Lithografieverfahren ermöglichen heute, Strukturgrößen im Bereich der Lichtwellenlänge herzustellen.

■ Hologramme als Fälschungsschutz auf Kreditkarten, Geldscheinen und Siegeln.
Strahlformung für die Lasermaterialbearbeitung.

Berechnungsbasis von CGH, Berechnung der Ausbreitung von Lichtwellen mittels der **Fourier-Transformation**.

Fraunhofer-Beugung, näherungsweise Berechnung von Beugungsbildern im Fernfeld (Entfernung von Beugungsobjekt und Beugungsbild ≫ Lichtwellenlänge). **Huygenssches Prinzip** (s. S. 270): jeder Punkt einer Wellenfront kann als Ausgangspunkt einer Kugelwelle betrachtet werden. Die Ausbreitung des Wellenfeldes wird durch Überlagerung dieser Kugelwellen beschrieben. Die Geometrie des Beugungsproblems ist in **Abb. 12.59** dargestellt.

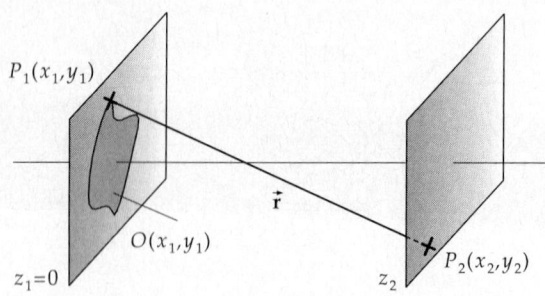

Abbildung 12.59: Zur Geometrie des Beugungsproblems

Das Beugungsobjekt liege in der Ebene $z_1 = 0$ und werde von links mit einer ebenen Welle $u(x_1, y_1)$, z.B. einem aufgeweiteten Laserstrahl, beleuchtet. Seine Lichtdurchlässigkeit wird beschrieben durch die Funktion $O(x_1, y_1)$; für einen Spalt ist $O(x_1, y_1) = 1$ in der Spaltöffnung und sonst überall $O(x_1, y_1) = 0$.

Komplexe Amplitude in der Ebene des Beugungsbildes:

$$u(x_2, y_2) = \int dx_1 \int dy_1 O(x_1, y_1) \frac{1}{r} \exp[i\vec{k} \cdot \vec{r}].$$

Paraxiale Näherung: $(x_2 - x_1)^2 + (y_2 - y_1)^2 \ll z_2^2$, führt auf Fraunhofer-Näherung. Man erhält:

$$u(x_2, y_2) \approx \int dx_1 \int dy_1 O(x_1, y_1) \exp\left[\frac{-2\pi i}{\lambda z_2}(x_2 x_1 + y_2 y_1)\right]$$

Dies ist eine zweidimensionale, komplexwertige Fourier-Transformation.
Das Beugungsbild ist das Betragsquadrat $|u|^2 = uu^*$, daher gilt:

▲ Im Gültigkeitsbereich der Fraunhofer-Näherung ist das Beugungsbild, abgesehen von konstanten Vorfaktoren, gleich dem Betragsquadrat der komplexen Fourier-Transformation des Beugungsobjektes.

Diese Aussage ist von großer Bedeutung, denn:

• Die Fourier-Transformation ist umkehrbar. Durch Rücktransformation lässt sich aus einem gewünschten Beugungsbild das nötige Beugungsobjekt berechnen.

• Die mathematische Beschreibung mittels Fourier-Transformation erlaubt die Verwendung der entsprechenden Theoreme, insbesondere des Faltungstheorems.

• Für die Implementierung der Fourier-Transformation auf Computern stehen sehr effiziente Algorithmen zur Verfügung (FFT - Fast-Fourier-Transformation).

➤ Der tatsächliche Aufwand ist allerdings höher, da aus technischen Gründen meist reine Amplitudenhologramme (Phasenanteil von $O(x_1, y_1)$ konstant) oder reine Phasenhologramme (Betrag $|O(x_1, y_1)|$ konstant) hergestellt werden sollen, deren Auflösung außerdem begrenzt ist. Hieraus ergeben sich zusätzliche Randbedingungen. Dafür ist die Phase in der Ebene des Beugungsbildes frei wählbar. Zur Berücksichtigung dieser Bedingung werden iterative Algorithmen eingesetzt (z.b. *Gerchberg-Saxton*-Algorithmus).

➤ Das Huygenssche Prinzip ist äquivalent zur Wahl von Kugelwellen als **Greensche Funktionen** zur Lösung der **Helmholtz-Gleichung**. Dieser Weg wird aus historischen Gründen noch in vielen Lehrbüchern dargestellt (*Fresnel-Kirchhoffsches Beugungsintegral und Rayleigh-Sommerfeldsches Beugungsintegral*). Die Entwicklung nach ebenen Wellen ermöglicht hingegen einen viel einfacheren Ansatz und vermeidet unnötige Näherungen. Daher gewinnt dieser Ansatz in der modernen Optik zunehmend an Gewicht (**Fourier-Optik**).

12.5.6 Dispersion

Dispersion (s. S. 282), Abhängigkeit der Phasengeschwindigkeit von der Wellenlänge (oder Frequenz).

Da die Brechzahl als Verhältnis der Ausbreitungsgeschwindigkeit einer Welle im Vakuum zur Ausbreitungsgeschwindigkeit im Medium definiert ist, ist die Wellenlängenabhängigkeit der Brechzahl reziprok zur Wellenlängenabhängigkeit der Ausbreitungsgeschwindigkeit (s. S. 266).

- **Normale Dispersion**:
  $$\frac{dn}{d\lambda} < 0.$$
  Die Brechzahl des Mediums wird mit wachsender Wellenlänge λ kleiner. Der Brechungswinkel wird mit abnehmender Wellenlänge größer (Prismenspektralapparat).
- **Anomale Dispersion**:
  $$\frac{dn}{d\lambda} > 0.$$
  Die Brechzahl des Mediums wird mit wachsender Wellenlänge λ größer. Der Brechungswinkel nimmt mit steigender Wellenlänge zu.
- **Keine Dispersion**:
  $$\frac{dn}{d\lambda} = 0,$$
  Beispiel: elektromagnetische Wellen im Vakuum.

➤ Bis auf wenige Ausnahmen zeigen alle in der Natur vorkommenden Medien normale oder keine Dispersion. **Abb. 12.60** zeigt Dispersionskurven einiger optischer Werkstoffe.

Sichtbares weißes Licht ist eine Überlagerung elektromagnetischer Wellen mit unterschiedlichen Wellenlängen, die der Beobachter einzeln als verschiedene Farben wahrnimmt.

Spektralfarben, die im weißen Licht enthaltenen Farben in der Reihenfolge abnehmender Wellenlänge: Rot, Orange, Gelb, Grün, Blau, Indigo, Violett.

Spektrum, Gesamtheit der Spektralfarben, nach Wellenlänge angeordnet.

Spektralzerlegung, Trennung der zu verschiedenen Wellenlängen gehörenden Komponenten einer Strahlung.

$\boxed{\text{M}}$ Prismen werden oft benutzt, um die Komponenten des weißen Lichts räumlich voneinander zu trennen. Die Brechung der zu verschiedenen Wellenlängen gehörigen Anteile an den Prismenflächen erfolgt wegen der von Null verschiedenen Dispersion $dn(\lambda)/d\lambda$ mit unterschiedlichen Brechungswinkeln. Für das spektrale Auflösungsvermögen eines Prismas der Basislänge b ergibt sich

$$\frac{\lambda}{\Delta\lambda} = b \left| \frac{dn(\lambda)}{d\lambda} \right|.$$

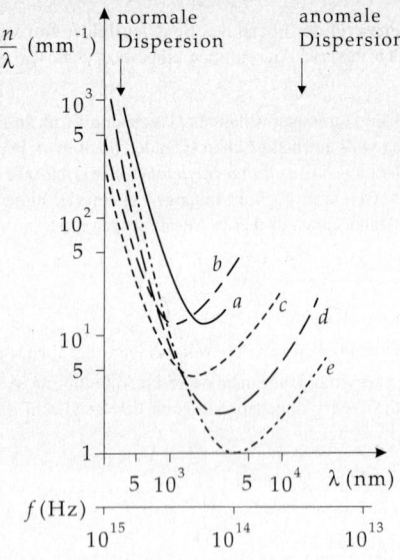

$\dfrac{\mathrm{d}n}{\mathrm{d}\lambda}$ (mm^{-1})

normale Dispersion

anomale Dispersion

Abbildung 12.60: Dispersion einiger optischer Werkstoffe. (a): Flintglas, (b): Quarz, (c): Flussspat, (d): NaCl, (e): KBr

Achromatisches Prisma, spezielles Prisma, bei dem nur Brechung, aber keine Dispersion auftritt. Einfallendes Licht wird abgelenkt, aber nicht nach Farben zerlegt. Es besteht aus zwei verkitteten Prismen aus Flint- und Kronglas.

Dispersion kann nie für alle Farben gleichzeitig aufgehoben werden, ohne dass das System an Brechkraft verliert.

Achromat, Linsensystem aus einer Sammel- und einer Zerstreuungslinse, bei dem chromatische Bildfehler für **zwei** Wellenlängen beseitigt sind.

Apochromat, Linsensystem aus drei Linsen mit spezieller Glaswahl, bei dem chromatische Bildfehler für **drei** Wellenlängen beseitigt sind.

12.5.7   Spektralapparate

Spektralanalyse, Analyse eines Emissions- oder Absorptionsspektrums zur Bestimmung der qualitativen und quantitativen Zusammensetzung von Substanzen.

Spektralapparate, optische Geräte zur spektralen Zerlegung einer polychromatischen elektromagnetischen Strahlung:

- **Spektroskop**, visuelle Beobachtung eines Spektrums,
- **Spektrometer**, Bestimmung der Wellenlänge von Spektrallinien durch Vergleich mit geeichter Wellenlängenskala,
- **Spektrograph**, vollständige Registrierung eines Spektrums auf einer Photoplatte und Vergleich mit Eichspektrum,
- **Monochromator**, Ausblendung eines schmalen Wellenlängenbereiches aus einem breiten Spektralgebiet zur Erzeugung annähernd monochromatischer Strahlung,
- **Spektralphotometer**, Kombination von Spektralapparat und Photometer (Bestimmung spektraler Materialparameter).

Als optische Bauelemente, die ein Bild des Eintrittsspalts liefern, werden Hohlspiegel und Linsen eingesetzt.

Anforderungen an Spektralapparate:

- hohe Lichtstärke: bestimmt die Helligkeit des Spektrums, wichtig bei Quellen geringer Intensität,
- hohes Auflösungsvermögen: bestimmt die kleinste Wellenlängendifferenz zwischen benachbarten Spektrallinien, die von dem Spektralapparat noch als getrennte Linien nachgewiesen werden können,
- breites Dispersionsgebiet: bestimmt die Breite des Wellenlängenbereiches, der in einer einzigen Beobachtung erfasst werden kann.

Prismenspektralapparat, spektrale Zerlegung einer polychromatischen Strahlung mit Hilfe eines Prismas infolge der Abhängigkeit seiner Brechzahl von der Wellenlänge.

Optisches Gitter, regelmäßige Anordnung beugender Elemente Gitterstriche), charakterisiert durch deren Abstand (Gitterkonstante) und deren Profil (Echelette-Gitter).

Transmissionsgitter, besteht aus parallelen undurchsichtigen Ritzen auf einer Glasplatte.

Reflexionsgitter, besteht aus parallelen Furchen, die in die Oberfläche einer Glasplatte eingeritzt sind. Durch geeignete Formgebung der Furchen kann das gebeugte Licht weitgehend in einer Beugungsordnung konzentriert werden.

Gitterspektralapparat, spektrale Zerlegung einer polychromatischen Strahlung mit Hilfe eines Gitters infolge der Abhängigkeit der Lage der Intensitätsmaxima von der Wellenlänge.

➤ Prismenspektralapparate haben i. Allg. ein breiteres Dispersionsgebiet und ein geringeres Auflösungsvermögen als Gitterspektralapparate. Gitterspektralapparate mit Reflexionsgitter erreichen eine höhere Lichtstärke als Gitterspektralapparate mit Transmissionsgitter.

12.5.8 Polarisation des Lichts

1. Arten der Polarisation

Da elektromagnetische Wellen Transversalwellen sind, können bei Licht die üblichen, aus der Wellentheorie bekannten Polarisationsformen (s. S. 272) auftreten:

- **Linear polarisiertes Licht**, elektrischer Feldvektor $\vec{E}$ und Ausbreitungsvektor der Welle spannen eine raumfeste Schwingungsebene auf.
- **Zirkular polarisiertes Licht**, der elektrische Feldvektor $\vec{E}$ läuft auf einer Schraubenlinie um den Ausbreitungsvektor. In der Projektionsebene senkrecht zum Ausbreitungsvektor beschreibt der elektrische Feldvektor $\vec{E}$ einen Kreis. Blickt man gegen die Ausbreitungsrichtung, dann heißt das Licht **rechts(links)-zirkular** polarisiert, wenn der Feldvektor im (entgegen dem) Uhrzeigersinn umläuft.
- **Elliptisch polarisiertes Licht**, der elektrische Feldvektor $\vec{E}$ läuft auf einer Schraubenlinie um den Ausbreitungsvektor. In der Projektionsebene senkrecht zum Ausbreitungsvektor beschreibt der elektrische Feldvektor $\vec{E}$ eine Ellipse. Blickt man gegen die Ausbreitungsrichtung, dann ist das Licht **rechts(links)-elliptisch** polarisiert, wenn der Feldvektor im (entgegen dem) Uhrzeigersinn umläuft.

2. Ursachen für die Polarisation

Bei natürlichem, von der Sonne abgestrahltem Licht schwingt der elektrische Feldvektor $\vec{E}$ in der zur Ausbreitungsrichtung der Welle senkrechten Ebene, ohne eine Schwingungsrichtung zu bevorzugen. Alle möglichen Schwingungsrichtungen treten im Lichtstrahl mit gleichem statistischem Gewicht auf. Natürliches Licht ist **unpolarisiert**. Licht ist **partiell polarisiert**, wenn eine Schwingungsrichtung bevorzugt auftritt. Kommt im Strahl lediglich eine raumfeste Schwingungsrichtung vor, dann ist das Licht vollständig **linear polarisiert**. Die ausgezeichnete Schwingungsrichtung wird als **Polarisationsrichtung** bezeichnet. Linear polarisiertes Licht kann in zwei Komponenten gleicher Frequenz und gleicher Ausbreitungsrichtung zerlegt werden, die mit gleicher Amplitude und in Phase senkrecht zueinander schwingen. Andere Amplituden- und Phasenverhältnisse führen auf **rechts**- bzw. **links-zirkular polarisiertes** Licht (gleiche Amplitude und Phasendifferenz $\pi/2$ der Komponenten) oder **rechts**- bzw. **links-elliptisch polarisiertes** Licht (Phasendifferenz $(2n+1)\cdot\pi/2$, $n = 1, \ldots$ und unterschiedliche Amplituden).

▲   Zwei senkrecht zueinander polarisierte Lichtwellen können nicht miteinander zur Intensität Null interferieren.

3.   Polarisator,

Gerät, das aus unpolarisiertem Licht nur die Komponenten herausfiltert, die parallel zu einer vorgegebenen Raumrichtung senkrecht zur Ausbreitungsrichtung schwingen.

Analysator, Polarisationsfilter, das so gestellt wird, dass seine Durchlassrichtung senkrecht zur Durchlassrichtung des Polarisators steht. Der Analysator lässt dann kein Licht durch, falls zwischen Polarisator und Analysator die Polarisationsebene des Lichts nicht gedreht wird. Schließen die Schwingungsrichtungen von Polarisator und Analysator einen Winkel ϕ ein, dann lässt der Analysator nur die Komponente durch, die seiner Schwingungsrichtung entspricht. Die Amplitude der durchgelassenen Welle ist um den Faktor $\cos\phi$ reduziert.

4.   Optische Aktivität,

die Fähigkeit einer Substanz, die Polarisationsrichtung linear polarisierten Lichts zu drehen, wobei der Drehwinkel von der Schichtdicke abhängt. Man unterscheidet rechtsdrehende und linksdrehende Substanzen. Optische Aktivität wird sowohl bei isotropen als auch bei anisotropen Stoffen beobachtet.

■   Quarz ist optisch aktiv. Der Effekt ist beobachtbar, wenn polarisiertes Licht den Kristall in Richtung der optischen Achse durchläuft, da dann keine Doppelbrechung auftritt.

➤   Die **Flüssigkristallanzeige** basiert auf der Drehung der Polarisationsebene durch einen nematischen Flüssigkristall.

Faraday-Effekt, Magnetorotation, optisch inaktive Substanzen drehen die Polarisationsrichtung, wenn sie parallel zum Ausbreitungsvektor $\vec{k}$ von einem Magnetfeld $\vec{H}$ durchsetzt werden. Für den Drehwinkel α gilt:

$$\alpha = V l H.$$

l bezeichnet die durchstrahlte Schichtdicke, V ist die **Verdetsche Konstante,** ein von der Wellenlänge abhängiger Materialparameter, H ist der Betrag der magnetischen Feldstärke. Der Drehwinkel wechselt das Vorzeichen, wenn das Magnetfeld umgepolt wird.

▲   Das durch ein Medium reflektierte oder gebrochene Licht ist partiell polarisiert.

12.5.8.1   Polarisation durch Reflexion

Brewsterscher Winkel, Polarisationswinkel α_p, Einfallswinkel, unter dem von einer Oberfläche reflektiertes Licht senkrecht zur Einfallsebene vollständig linear polarisiert wird (**Abb. 12.61**). α_p ist gegeben durch die Bedingung, dass gebrochener und reflektierter Strahl senkrecht aufeinander stehen:

$$\sin\alpha_p = n\sin(\pi/2 - \alpha_p) = n\cos\alpha_p.$$

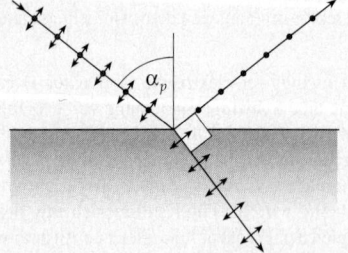

Abbildung 12.61: Polarisation durch Reflexion und Transmission bei Einfall unter dem Brewsterschen Winkel α_p

Beim Brewsterschen Winkel geht die gebrochene Welle verlustfrei durch das Medium, da der Transmissionsgrad τ gleich eins wird.

Reflexions-Polarisatoren, Polarisatoren, die dieses Gesetz zur Erzeugung polarisierten Lichts ausnutzen.

■ Polarisatoren werden auch in Fotoapparaten benutzt, um störende Reflexionen etwa an Glasscheiben nicht auf das Bild zu bekommen. Man macht sich dabei zunutze, dass das reflektierte Licht polarisiert ist und daher durch einen Polarisator herausgefiltert werden kann. Der Polarisator hat also eigentlich die Funktion eines Analysators.

12.5.8.2 Polarisation durch Brechung

1. Doppelbrechung

Beim Eintritt in bestimmte Kristalle erfolgt aufgrund der Richtungs- und Polarisationsabhängigkeit der Phasengeschwindigkeit elektromagnetischer Wellen eine Aufspaltung eines Strahls in zwei Teile (s. **Abb. 12.62**).
Ordentlicher Strahl, befolgt das Snelliussche Brechungsgesetz. Die Brechzahl n_o für den ordentlichen Strahl ist unabhängig von der Richtung im Kristall.
Außerordentlicher Strahl, die Brechzahl n_{ao} hängt von der Ausbreitungsrichtung im Medium ab.
In Kristallen tritt Doppelbrechung auf, wenn die Kristallstruktur **anisotrop** ist. Eine solche **Anisotropie** kann auch künstlich durch äußere Deformation, also durch mechanische Belastung, Anlegen elektrischer Spannungen oder elektromagnetische Felder erreicht werden. In Flüssigkeiten lässt sich Doppelbrechung durch Strömung erzeugen (**Strömungsdoppelbrechung**).
Optische Achse im Kristall, durch Kristallbau gegebene Vorzugsrichtung der Symmetrie, in der sich Wellen wie in einem isotropen Medium ausbreiten. In Richtung der optischen Achse gilt $n_o = n_{ao}$, senkrecht zur optischen Achse wird $|n_o - n_{ao}|$ maximal.

2. Optische Kristalle

Optisch einachsige Kristalle, Kristalle mit einer optischen Achse (monokline, trikline oder rhombische Kristalle).
Optisch zweiachsige Kristalle, Kristalle mit zwei optischen Achsen (tetragonale, hexagonale oder rhomboedrische Kristalle).
Hauptschnitt, Ebene im Kristall, die den Lichtstrahl und die optische Achse enthält.
Arten der Doppelbrechung:

- **Lineare Doppelbrechung**, die Phasengeschwindigkeiten zueinander senkrecht stehender Komponenten linear polarisierter Wellen unterscheiden sich.
- **Zirkulare Doppelbrechung**, die Phasengeschwindigkeiten gegenläufig zirkular polarisierter Wellen unterscheiden sich.

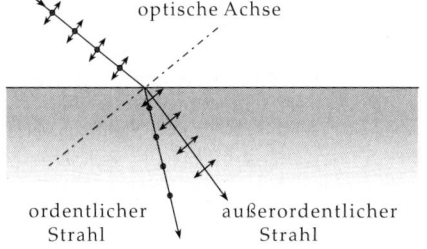

optische Achse

ordentlicher Strahl

außerordentlicher Strahl

Abbildung 12.62: Doppelbrechung in optisch einachsigen Kristallen

■ Doppelbrechende Kristalle: Kalkspat, Quarz, Turmalin.

■ Brechzahlen für ordentlichen und außerordentlichen Strahl bei Kalkspat: $n_o = 1.66$, $n_{ao} = 1.49$.

3. Ausbreitung polarisierter Strahlen im Kristall

Beim ordentlichen Strahl schwingt der Wellenvektor senkrecht zum Hauptschnitt; beim außerordentlichen Strahl schwingt der Wellenvektor parallel zum Hauptschnitt. Der ordentliche Strahl breitet sich in alle kristallografische Richtungen mit gleicher Geschwindigkeit aus; die Wellenflächen der Elementarwellen sind

Kugeloberflächen. Die Ausbreitungsgeschwindigkeit des außerordentlichen Strahls ist richtungsabhängig; die Wellenflächen der Elementarwellen sind Oberflächen von Rotationsellipsoiden. Längs der optischen Achse stimmen die Ausbreitungsgeschwindigkeiten von ordentlichem und außerordentlichem Strahl überein; Kugel und Rotationsellipsoid berühren sich in Richtung der optischen Achse (s. **Abb. 12.63**).

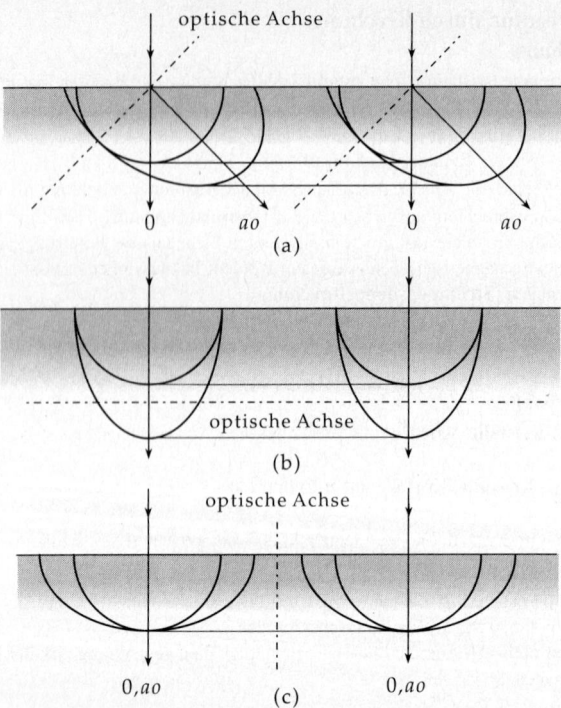

Abbildung 12.63: Strahlenverlauf polarisierter Strahlen bei senkrechtem Einfall nach dem Huygensschen Prinzip. (a): Optische Achse schräg zur Kristallfläche. Der außerordentliche Strahl steht nicht senkrecht auf der einfallenden Wellenfront. (b): Optische Achse in der Kristallfläche. Keine Strahlaufspaltung, aber unterschiedliche Ausbreitungsgeschwindigkeit von ordentlichem und außerordentlichem Strahl. (c): Optische Achse senkrecht zur Kristallfläche. Ordentlicher und außerordentlicher Strahl sind nicht zu unterscheiden

Positiv einachsige Kristalle: der ordentliche Strahl breitet sich schneller aus als der außerordentliche Strahl (**Abb. 12.64**). Die Kugel umschließt das Rotationsellipsoid, $c_o \geq c_{ao}, n_o \leq n_{ao}$.
Negativ einachsige Kristalle: der ordentliche Strahl breitet sich langsamer aus als der außerordentliche Strahl. Das Rotationsellipsoid umschließt die Kugel, $c_o \leq c_{ao}, n_o \geq n_{ao}$.

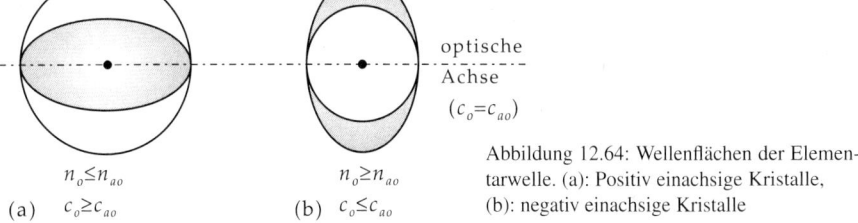

(a) $n_o \leq n_{ao}$ (b) $n_o \geq n_{ao}$
     $c_o \geq c_{ao}$ $c_o \leq c_{ao}$

optische
Achse
($c_o = c_{ao}$)

Abbildung 12.64: Wellenflächen der Elementarwelle. (a): Positiv einachsige Kristalle, (b): negativ einachsige Kristalle

Dichroismus, das Absorptionsmaximum des ordentlichen Strahls liegt bei einer anderen Wellenlänge als das Absorptionsmaximum des außerordentlichen Strahls. Wird der Kristall mit linear polarisiertem Licht beleuchtet, dann erscheint er in Abhängigkeit von der Polarisationsrichtung in verschiedener Farbe.

▲   Doppelbrechung führt zu linear polarisiertem Licht. Die Polarisationsrichtungen von ordentlichem und außerordentlichem Strahl stehen senkrecht aufeinander.

4.   Nicolsches Prisma,
Polarisator zur Erzeugung linear polarisierten Lichts aufgrund der Doppelbrechung in einem geeignet geschnittenen, mit Kanadabalsam ($n = 1.54$) wieder zusammengefügten Kalkspatkristall (**Abb. 12.65**). Der ordentliche Strahl wird durch Totalreflexion an der Trennfläche abgetrennt: Kanadabalsam ist für den ordentlichen Strahl ein optisch dünneres Medium. Der außerordentliche Strahl durchdringt die Trennfläche und verlässt das Prisma als vollständig linear polarisiertes Licht. Die Polarisationsrichtung liegt in der Strahlebene.
Wählt man eine geeignete Schnittfläche im Kalkspatrhomboeder, dann lässt sich erreichen, dass der einfallende Strahl senkrecht auf den Stirnflächen des Kristall steht (**Glan-Thompson-Prisma**).

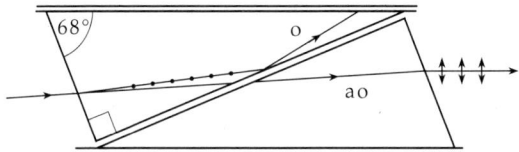

Abbildung 12.65: Erzeugung polarisierten Lichts durch ein Nicolsches Prisma

5.   Spannungsoptik,
Anwendung der Doppelbrechung zur Untersuchung der mechanischen Spannungen eines belasteten Körpers. Von einem Bauteil, zum Beispiel einem Haken, wird ein Modell aus Plexiglas gefertigt, das dann wie der echte Haken mechanisch belastet wird. In Abhängigkeit von der mechanischen Spannung wird Licht an verschiedenen Orten des Modells polarisiert. Mit einem Analysator lässt sich diese Polarisation nachweisen, und Orte der stärksten Belastung können lokalisiert werden.

Pockels-Effekt, im elektrischen Feld E werden piezoelektrische Kristalle ohne Symmetriezentrum (Kaliumdihydrogenphosphat KDP, Lithiumniobat) doppelbrechend. Die Differenz der Brechzahlen von ordentlichem Strahl (n_o) und außerordentlichem Strahl (n_{ao}) ist proportional zur angelegten elektrischen Feldstärke.
$$|n_{ao} - n_o| \sim E \,.$$

Kerr-Effekt, im transversalen elektrischen Feld $E \approx 10^6$ V/m wird eine optisch isotrope Substanz (Schwefelkohlenstoff, Benzen) doppelbrechend. Die Differenz der Brechzahlen von ordentlichem Strahl (n_o) und außerordentlichem Strahl (n_{ao}) ist proportional zum Quadrat der angelegten elektrischen Feldstärke,
$$|n_{ao} - n_o| \sim E^2 \,.$$

➤   **Kerr-Zellen** werden zur trägheitslosen Intensitätsmodulation von Licht eingesetzt.

12.6 Photometrie

Photometrie, **Lichtmessung**, Messung der für das Sehen und die Lichttechnik grundlegenden **photometrischen Größen**.

Unterscheidung:

- **Objektive Photometrie**, Messung der photometrischen Größen durch Instrumente, die die speziellen Eigenschaften der menschlichen Wahrnehmung elektromagnetischer Wellen, im speziellen Licht, nicht berücksichtigen.

  Kennzeichnung der Formelzeichen der gemessenen Größen: Der Index e steht für energetisch.

- **Subjektive Photometrie**, Messung der photometrischen Größen unter Berücksichtigung der subjektiven Wahrnehmung durch das menschliche Auge, etwa beim Helligkeitsvergleich.

  Kennzeichnung der Formelzeichen der gemessenen Größen mit dem Index v (für visuell).

12.6.1 Photometrische Größen

1. Strahlungsenergie und Energiedichte

Strahlungsenergie, Q_e, Energie, die von elektromagnetischen Wellen transportiert wird.

Energiedichte w der elektromagnetischen Strahlung, Strahlungsenergie pro Volumenelement, gegeben durch

Energiedichte elektromagnetischer Wellen			$MT^{-2}L^{-1}$
	Symbol	Einheit	Benennung
$w = \dfrac{1}{2}(\vec{E} \cdot \vec{D} + \vec{H} \cdot \vec{B})$	w	J/m³	Energiedichte
	$\vec{E}$	V/m	elektrische Feldstärke
	$\vec{D}$	C/m²	dielektrische Verschiebung
	$\vec{B}$	T	magnetische Induktion
	$\vec{H}$	A/m	magnetische Feldstärke

Die Energiemenge in einem Raumgebiet ergibt sich als Volumenintegral der Energiedichte.

2. Messung von Strahlungsenergie

Die Messung der Strahlungsenergie erfolgt durch Umwandlung in andere Energieformen, z.B.:

- **Thermoelement**, Aufbau einer Spannung bei Bestrahlung. Aus der gemessenen Spannung wird die Energie berechnet. Vor allem wird Infrarotstrahlung gemessen.
- **Bolometer**, Halbleiter oder elektrolytisch geschwärzte Platindrähte bzw. Platinfolien, deren Widerstandsänderung infolge Erwärmung bei Strahlungsabsorption gemessen wird. Bolometer sprechen vor allem auf Infrarotstrahlung, also Wärmestrahlung, an.
- **Halbleiter**, Änderung des Widerstands durch Bestrahlung aufgrund des inneren Photoeffekts.
- **Photodiode**, der während der Bestrahlung fließende Strom wird gemessen.
- **Photoemulsion**, eine mit einer lichtempfindlichen Chemikalie beschichtete Fläche. Auffallendes Licht verfärbt diese Platte, die Strahlungsenergie wird direkt in chemische Energie umgewandelt.

3. Strahlungsleistung und -fluss

Strahlungsleistung, **Strahlungsfluss**, Φ_e, Strahlungsenergie, die pro Zeiteinheit von der elektromagnetischen Welle in einem Raumbereich transportiert wird.

Strahlungsleistung			ML^2T^{-3}
	Symbol	Einheit	Benennung
$\Phi_e = \dfrac{dQ_e}{dt}$	Φ_e	W	Strahlungsleistung
	Q_e	J	Strahlungsenergie
	t	s	Zeit

Abhängigkeit der von einem Messgerät angezeigten Strahlungsleistung bei gegebener Strahlungsquelle von

- Fläche des Empfängers des Messgeräts,
- Abstand des Empfängers vom Sender, der Quelle der elektromagnetischen Strahlung,
- Orientierung der Empfängerfläche zum Sender,
- spektraler Empfindlichkeit des Empfängers.

Ausgedehnte, beliebig geformte Körper können dann als punktförmig betrachtet werden, wenn der Abstand zu ihnen groß genug ist. Ist dies nicht der Fall, so betrachtet man genügend kleine Flächenelemente auf der Körperoberfläche, für die die Näherung durch einen Punkt wieder gilt. Die Messgröße wird dann über diese Elemente summiert.

Meist ist die Fläche des Empfängers eben, liegt also nicht auf einer Kugelschale um den Sender. Ist der Abstand des Empfängers vom Sender groß genug, so kann man in guter Näherung die (meist ebene) Fläche des Empfängers für die Fläche des Kugelschalenausschnitts einsetzen. Voraussetzung ist allerdings, dass die Empfängerfläche in Richtung des Senders zeigt.

4. Photometrische Grenzentfernung,

Mindestentfernung, oberhalb derer gemäß DIN-Norm obige Näherung als gut erfüllt betrachtet werden kann: der Abstand von Sender zu Empfänger muss mindestens 10-mal so groß wie die größte Querdimension des Empfängers bzw. Senders sein. Wenn diese Bedingung eingehalten wird, dann bedingt die Ersetzung des Kugelschalenabschnitts durch eine ebene Fläche einen Fehler kleiner als 2%.

▲ Die von einem Empfänger aufgenommene Strahlungsleistung ist proportional zu dem seiner Fläche entsprechenden Raumwinkel, wenn die Strahlung homogen über die Fläche verteilt ist.

5. Strahlstärke,

I_e, Proportionalitätsfaktor zwischen Raumwinkel und Strahlungsleistung,

$\text{Strahlstärke} = \dfrac{\text{Strahlungsleistung}}{\text{Raumwinkel}}$				ML^2T^{-3}
	Symbol	Einheit	Benennung	
$d\Phi_e = I_e\,d\Omega \qquad I_e = \dfrac{d\Phi_e}{d\Omega}$	Φ_e	W	Strahlungsleistung	
	I_e	W/sr	Strahlstärke	
	Ω	sr	wirksamer Raumwinkel	

Der Strahlungsfluss in den Raumwinkel Ω ist gegeben durch

$$\Phi_e = \int_{\Omega} I_e\,d\Omega\,.$$

12.6.1.1 Strahler

Für nicht punktförmige Sender ist die gemessene Strahlstärke abhängig von

- der Fläche des Senders A_S,
- der relativen Orientierung der Senderfläche zur Empfängerfläche.

1. Richtcharakteristik

einer Lichtquelle, $g(\alpha)$, Funktion, die die Abhängigkeit der Strahlstärke vom Winkel α, unter dem der Sender gesehen wird, angibt.

Winkelabhängigkeit der Strahlstärke			$\mathbf{ML^2T^{-3}}$
	Symbol	Einheit	Benennung
	$I_e(\alpha)$	W/sr	Strahlstärke
	$g(\alpha)$	1	Richtcharakteristik
$I_e(\alpha) = L_e(\alpha)A_S g(\alpha)$	α	rad	Winkel zwischen Normalen
			der Sender- und Empfängerfläche
	L_e	W/(m² sr)	Strahldichte
	A_S	m²	Fläche der Senders

Strahldichte, L_e, Kenngröße für die Eigenschaften eines Senders. Sie hängt unter anderem von dessen Material, seiner Oberflächenbeschaffenheit und seiner Temperatur ab.

2.   Lambert-Strahler,

Lambertscher Strahler, Strahler mit Richtcharakteristik $g(\alpha) = \cos(\alpha)$. Erscheint unter allen Beobachtungswinkeln α gleich hell, da $A_S\cos(\alpha)$ gerade die Projektion der Fläche in Beobachtungsrichtung ist und damit das Verhältnis von Strahlstärke zur unter dem Winkel α sichtbaren, effektiven Fläche A_{eff} konstant ist,

$$\frac{I_e(\alpha)}{A_{\text{eff}}} = \frac{L_e A_S \cos(\alpha)}{A_S \cos(\alpha)} = L_e\,.$$

Die meisten thermischen Lichtquellen sind näherungsweise Lambertsche Strahler.

Voraussetzungen für einen Lambertschen Strahler:

- keine festen Phasenbeziehungen von Wellenfeldern, die von benachbarten Flächenelementen des Senders abgestrahlt werden
- das Material des Senders muss **optisch dicht** sein, d.h., das Material muss von der Senderoberfläche emittierte Strahlung selbst absorbieren können

Lambertsches Gesetz, obige Richtcharakteristik,

$$g(\alpha) = \cos(\alpha)\,.$$

3.   Gaußsche Charakteristik und Bestrahlungsstärke

Gaußsche Charakteristik, Richtcharakteristik der Form

$$g(\alpha) = e^{-\alpha^2/\gamma^2}\,.$$

Dabei ist γ eine Konstante, die die Strahlungsquelle charakterisiert. Mit abnehmenden Werten von γ wird die Verteilung g immer schlanker, die Abstrahlung also stärker auf eine Richtung konzentriert. Die Gaußsche Charakteristik ist beim **Laser** realisiert.

Spezifische Ausstrahlung, M_e, Kenngröße eines Senders, definiert als:

spezifische Ausstrahlung $= \dfrac{\textbf{Strahlungsleistung}}{\textbf{Senderfläche}}$			$\mathbf{MT^{-3}}$
	Symbol	Einheit	Benennung
$M_e = \dfrac{d\Phi_e}{dA_S}$	M_e	W/m²	spezifische Ausstrahlung
	Φ_e	W	Strahlungsleistung
	A_S	m²	Senderfläche

Bestrahlungsstärke, E_e, die auf die Fläche A_E des Empfängers einfallende Strahlungsleistung:

Bestrahlungsstärke = $\dfrac{\text{Strahlungsleistung}}{\text{Empfänger-Fläche}}$			MT^{-3}
$E_e = \dfrac{d\Phi_e}{dA_E}$	Symbol	Einheit	Benennung
	E_e	W/m^2	Bestrahlungsstärke
	Φ_e	W	Strahlungsleistung
	A_E	m^2	Empfängerfläche

Die wirksame Empfängerfläche ergibt sich durch Projektion der Empfängerfläche A_E auf die Verbindungsgerade von Sender und Empfänger,

$$A_E = A\cos\beta.$$

β ist der Winkel zwischen der Verbindungsgeraden von Sender und Empfänger und dem Lot auf A_E.

4. Photometrisches Entfernungsgesetz,
gibt die Abhängigkeit der Bestrahlungsstärke E_e vom Abstand r vom Sender an. Gilt nur in Kugelsymmetrie, ohne Reflexion und Absorption.

Photometrisches Entfernungsgesetz			MT^{-3}
$E_e = \dfrac{I_e(\alpha)}{r^2}\cos\beta\,\Omega_0$	Symbol	Einheit	Benennung
	E_e	W/m^2	Bestrahlungsstärke
	r	m	Abstand Sender-Empfänger

Bestrahlung, H_e, pro Flächeneinheit innerhalb eines vorgegebenen Zeitraums zwischen t_1 und t_2 einfallende Energie. Sie ergibt sich durch Integration der Bestrahlungsstärke über die Zeit:

Bestrahlung			MT^{-2}
$H_e = \displaystyle\int_{t_1}^{t_2} E_e(t)\,dt$	Symbol	Einheit	Benennung
	H_e	J/m^2	Bestrahlung
	E_e	W/m^2	Bestrahlungsstärke
	t	s	Zeit

12.6.1.2 Spektrale Größen

Spektralfilter, ändern die spektrale Energieverteilung einer durchgehenden Strahlung. Ihre auf Absorption, Interferenz, Totalreflexion usw. beruhende Wirkung wird durch den spektralen Transmissionsgrad als Funktion der Wellenlänge dargestellt (**Filterkurve**). Nach dem Verlauf der Filterkurve können Filter eingeteilt werden in Kantenfilter (Langpass- oder Kurzpassfilter), Bandfilter, Schmalband- oder Linienfilter.
Besteht Strahlung aus Wellen verschiedener Wellenlängen, so kann man die Beiträge der einzelnen Komponenten zu den photometrischen Größen untersuchen, indem man einzelne Wellenlängenbereiche herausfiltert und dann die jeweilige photometrische Größe für die Teilstrahlung misst.

➤ Während ein UV-Sperrfilter die UV-Strahlung herausfiltert (nicht durchlässt), ist ein Blaufilter nur für blaues Licht durchlässig und ein Rotfilter nur für rotes Licht. Dies ist lediglich eine Namenskonvention.

▲ Der Beitrag der Strahlung aus einem Wellenlängenbereich $d\lambda$ zu einer photometrischen Größe X_e ist gegeben durch

$$\frac{\partial X_e}{\partial \lambda}\,d\lambda.$$

Spektrale Größe, Bezeichung für die Ableitung einer photometrischen Größe nach der Wellenlänge. Spektrale Größen werden durch den Index λ kenntlich gemacht.

- Die Ableitung der Strahldichte nach der Wellenlänge,

$$L_{e,\lambda} = \frac{\partial I_e}{\partial \lambda},$$

heißt **spektrale Strahldichte**.

Umgekehrt erfolgt die Berechnung der Strahldichte aus der spektralen Strahldichte durch Integration über die Wellenlänge,

$$L_e = \int L_{e,\lambda} \, d\lambda.$$

12.6.1.3 Reflexion, Absorption, Transmission

Beim Durchgang elektromagnetischer Strahlung durch eine Schicht treten Reflexion, Absorption und Transmission auf. Nur ein Teil des einfallenden Strahlungsflusses Φ_e wird hinter der Schicht als durchgelassener Strahlungsfluss Φ_t nachgewiesen. Reflexion und Absorption hängen vom Schichtmaterial und von der Wellenlänge λ der Strahlung ab (**Abb. 12.66**).

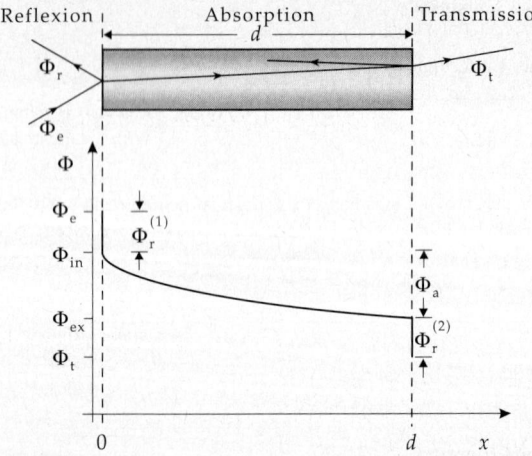

Abbildung 12.66: Reflexion, Absorption und Transmission bei Durchgang von elektromagnetischer Strahlung durch eine Platte der Dicke d

1. Spektraler Reflexions- und Absorptionsgrad

Spektraler Reflexionsgrad, $\rho(\lambda)$, Verhältnis des gesamten reflektierten Strahlungsflusses Φ_r zum einfallenden Strahlungsfluss Φ_e,

$$\rho(\lambda) = \frac{\Phi_r(\lambda)}{\Phi_e(\lambda)}.$$

Der gesamte reflektierte Strahlungsfluss kann, wie bei einer Platte, durch Reflexion an mehreren Flächen entstehen. Der Reflexionsgrad hängt stark von der Oberflächenbeschaffenheit des Materials ab.

- Der Reflexionsgrad von Schnee beträgt 0.93, von Aluminium 0.69 und von schwarzem Papier 0.05.

Spektraler Absorptionsgrad, spektrales Absorptionsvermögen, $\alpha(\lambda)$, Verhältnis des absorbierten Strahlungsflusses Φ_a zum einfallenden Strahlungsfluss Φ_e,

$$\alpha(\lambda) = \frac{\Phi_a(\lambda)}{\Phi_e(\lambda)}.$$

Der Absorptionsgrad hängt schwach von der Temperatur T des Materials ab, $\alpha(\lambda) = \alpha(\lambda, T)$.

Absorptionsgesetz, der Strahlungsfluss nimmt im Innern der Schicht exponentiell mit der Eindringtiefe x ab,

$$\Phi(x) = e^{-a(\lambda)x}.$$

Absorptionskoeffizient, $a(\lambda)$, angegeben in m^{-1}, charakterisiert das Absorbermaterial.

2. Mittlere Reichweite und Transmissionsgrad

Mittlere Reichweite der Strahlung, x_m, die Eindringtiefe, bei der der Strahlungsfluss auf $1/e$ des einfallenden Strahlungsflusses abgefallen ist,

$$x_m = \frac{1}{a}.$$

Spektraler Transmissionsgrad, $\tau(\lambda)$, Verhältnis des durchgelassenen Strahlungsflusses Φ_t zum einfallenden Strahlungsfluss Φ_e,

$$\tau(\lambda) = \frac{\Phi_t(\lambda)}{\Phi_e(\lambda)}.$$

Der Transmissionsgrad ist ein Maß für die Strahlungsdurchlässigkeit einer Schicht.
Nach dem Energiesatz gilt:

$$\rho(\lambda) + \alpha(\lambda) + \tau(\lambda) = 1.$$

Spektraler Reinabsorptionsgrad, $\alpha_i(\lambda)$, der in der Schicht absorbierte Strahlungsfluss $\Phi_{in} - \Phi_{ex}$ wird nicht auf den einfallenden, sondern auf den Strahlungsfluss $\Phi_{in} = \Phi_e - \Phi_r^{(1)}$ dicht hinter der Eintrittsfläche bezogen,

$$\alpha_i(\lambda) = \frac{\Phi_{in}(\lambda) - \Phi_{ex}(\lambda)}{\Phi_{in}(\lambda)}.$$

Wenn die Reflexion vernachlässigbar ist, dann gilt $\alpha_i(\lambda) = \alpha(\lambda)$.

Spektraler Reintransmissionsgrad, $\tau_i(\lambda)$, Verhältnis des Strahlungsflusses Φ_{ex} direkt vor der Austrittsfläche zum Strahlungsfluss Φ_{in} direkt nach der Eintrittsfläche,

$$\tau_i(\lambda) = \frac{\Phi_{ex}(\lambda)}{\Phi_{in}(\lambda)}.$$

Der Strahlungsfluss Φ_{ex} teilt sich auf in den an der Austrittsfläche reflektierten Strahlungsfluss $\Phi_r^{(2)}$ und den durchgelassenen Strahlungsfluss Φ_t.
Es gilt:

$$\alpha_i(\lambda) + \tau_i(\lambda) = 1.$$

3. Schwarzer Körper,

Körper, der für den gesamten Wellenlängenbereich der elektromagnetischen Strahlung den Absorptionsgrad 1 hat. Es gibt kein Material, das diese Eigenschaft besitzt, dennoch ist das Konzept des schwarzen Körpers in der Theorie der Wärmestrahlung von zentraler Bedeutung.

▲ **Kirchhoffscher Satz**: Die spektrale Strahldichte eines beliebigen Körpers mit der Temperatur T bei der Wellenlänge λ ist gleich dem Produkt aus dem Absorptionsgrad des Körpers bei dieser Temperatur und Wellenlänge und der spektralen Strahldichte $L_{e,\lambda}^{\text{schwarz}}$ des schwarzen Körpers bei derselben Temperatur und Wellenlänge.

Kirchhoffscher Satz			$ML^{-1}T^{-3}$

$L_{e,\lambda} = \alpha(\lambda, T) \cdot L_{e,\lambda}^{\text{schwarz}}$	Symbol	Einheit	Benennung
	$L_{e,\lambda}$	W/(m³ sr)	spektrale Strahldichte
	$\alpha(\lambda, T)$	1	Absorptionsvermögen
	$L_{e,\lambda}^{\text{schwarz}}$	W/(m² sr nm)	spektrale Strahldichte schwarzer Körper

Der Kirchhoffsche Satz führt die spektrale Strahldichte eines beliebigen Körpers auf die spektrale Strahldichte eines schwarzen Körpers $L_{e,\lambda}^{\text{schwarz}}$ (**Plancksche Strahlungsformel**) zurück:

$$L_{e,\lambda}^{\text{schwarz}} = \frac{2hc^2}{\lambda^5} \frac{1}{e^{hc/\lambda kT} - 1},$$

c - Vakuumlichtgeschwindigkeit, h - Plancksches Wirkungsquantum, k - Boltzmann-Konstante.

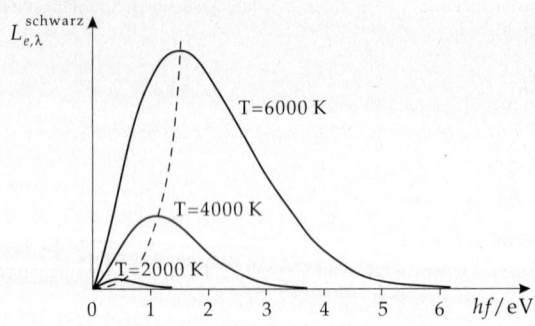

Abbildung 12.67: Spektrale Strahldichte eines schwarzen Körpers für verschiedene Temperaturen als Funktion der Strahlungsenergie

12.6.2   Lichttechnische Größen

Lichttechnische Größen, basieren auf der Strahlungsbewertung durch das Auge. Sie beschreiben Strahlung so, dass sie den Helligkeitseindruck wiedergeben und damit für die **Beleuchtungstechnik** maßgeblich sind.

▲   Eine **lichttechnische** Größe Y ergibt sich allgemein aus der Bewertung einer **energetischen** Größe X_e durch das Auge.

1.   Relative und absolute Empfindlichkeit

Um die Bewertung einer energetischen Größe durch einen beliebigen Empfänger (und damit auch durch das Auge) beschreiben zu können und die Abhängigkeit der Empfindlichkeit von der Wellenlänge λ des Lichts zu erfassen, führt man folgende Größen ein:

Relative und absolute Empfindlichkeit

$$s(\lambda) = \frac{dY}{dX_e} = \frac{Y_\lambda}{X_{e\lambda}}$$

$$s_{rel}(\lambda) = \frac{s(\lambda)}{s(\lambda_0)}$$

Symbol	Einheit	Benennung
λ	m	willkürlich gewählte Wellenlänge
λ_0	m	Wellenlänge
$s(\lambda)$		absolute spektrale Empfindlichkeit
$s_{rel}(\lambda)$	1	relative spektrale Empfindlichkeit
X_e		energetische Eingangsgröße
$X_{e\lambda}$		spektrale energetische Eingangsgröße
Y		Ausgangsgröße
Y_λ		spektrale Ausgangsgröße

■ Fällt ein Strahlungsfluss $d\Phi_e = \Phi_{e\lambda} \cdot d\lambda$ auf einen Empfänger und ruft in diesem den Strom dJ hervor, so entspricht Φ_e der energetischen Eingangsgröße X_e und J der Ausgangsgröße Y. $\Phi_{e\lambda}$ ist die entsprechende spektrale energetische Eingangsgröße $X_{e\lambda}$ und J_λ die spektrale Ausgangsgröße Y_λ.

Mit diesen Größen kann eine Strahlung auch dann bewertet werden, wenn sie aus einer Überlagerung von Licht mit verschiedenen Wellenlängen aus einem Intervall $[\lambda_1, \lambda_2]$ besteht. Die bewertete Ausgangsgröße Y erhält man in diesem Fall durch Faltung der spektralen energetischen Eingangsgröße mit der spektralen Empfindlichkeit. Das Verhältnis der so gewonnenen Ausgangsgröße zur Eingangsgröße ergibt dann die **absolute Empfindlichkeit**:

Absolute Empfindlichkeit

$$Y = \int_{\lambda_1}^{\lambda_2} d\lambda X_{e\lambda} \cdot s(\lambda)$$

$$= s(\lambda_0) \int_{\lambda_1}^{\lambda_2} d\lambda X_{e\lambda} \cdot s_{rel}(\lambda)$$

$$s = \frac{Y}{X}$$

Symbol	Einheit	Benennung
Y		Ausgangsgröße
λ	m	Wellenlänge
λ_0	m	Wellenlänge
λ_1	m	untere Grenze Wellenlänge
λ_2	m	obere Grenze Wellenlänge
$X_{e\lambda}$		spektrale energetische Eingangsgröße
$s(\lambda)$		absolute spektrale Empfindlichkeit
$s_{rel}(\lambda)$	1	relative spektrale Empfindlichkeit
s		absolute Empfindlichkeit

➤ Bei der Definition von s wird X statt X_e geschrieben, da die obige Formel auch für nichtenergetische Größen gilt.

Spektraler Helligkeitsgrad, relative spektrale Empfindlichkeit des Auges. Bei der Bewertung durch das Auge wählt man:

- für $X_{e\lambda}$ den spektralen Strahlungsfluss $\Phi_{e\lambda}$,
- für $s_{rel}(\lambda)$ den **spektralen Hellempfindlichkeitsgrad** $V(\lambda)$ für das Tagessehen (s. **Abb. 12.68**),
- für $s(\lambda_0)$ die absolute spektrale Empfindlichkeit des Auges bei $\lambda_0 = 555$ nm.

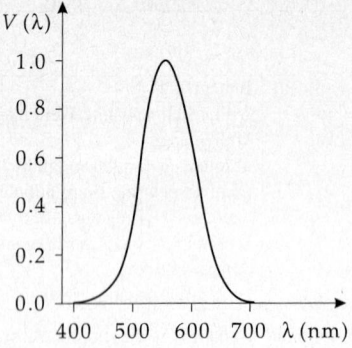

Abbildung 12.68: Spektraler Hellempfindlichkeitsgrad des Auges für Tagessehen
$V(\lambda)$

2. Lichtstrom,

Φ, wegen der Abhängigkeit der spektralen Hellempfindlichkeit von der Wellenlänge durch Integration bestimmt.

Definition des Lichtstroms			I_V
$\Phi = V(\lambda_0) \int\limits_{380\,\mathrm{nm}}^{780\,\mathrm{nm}} \mathrm{d}\lambda \Phi_{e\lambda} V(\lambda)$	Symbol	Einheit	Benennung
	Φ	lm	Lichtstrom
	V	1	spektr. Hellempfindlichkeitsgrad
	λ	m	Wellenlänge
	$\Phi_{e\lambda}$	cd/m	spektraler Strahlungsfluss

Lumen, lm, die SI-Einheit des Lichtstroms Φ.

■ Lichtstrom einiger Lichtquellen: Quecksilberdampflampe 125 000 lm, Leuchtstoffröhre 2300 lm, Glühlampe 730 lm, Leuchtdiode 0.01 lm.

Lichtstärke, I, der von einer Lichtquelle in ein Raumwinkelelement $\mathrm{d}\Omega$ emittierte Lichtstrom $\mathrm{d}\Phi$.

Candela, cd, die SI-Einheit der Lichtstärke. Die Candela ist eine Basisgröße im SI-System (wie kg, m, s, A), kann also nicht durch andere SI-Größen ausgedrückt werden.

▲ 1 Candela ist die Lichtstärke einer Strahlungsquelle, die eine monochromatische Strahlung der Frequenz $f = 540$ THz ($\lambda = 555$ nm) aussendet und deren Strahlungsstärke in dieser Richtung (1/683) W/sr beträgt.

Es gilt: $1\ \mathrm{lm} = 1\ \mathrm{cd} \cdot \mathrm{sr}$.

➤ Früher war 1 cd über die Leuchtdichte eines schwarzen Körpers bei der Erstarrungstemperatur des Platins definiert.

Leuchtdichte, L, Beitrag des Flächenelements $\mathrm{d}A$ einer Lichtquelle unter dem Winkel α zur Lichtstärke,

$$L = \frac{\mathrm{d}I}{\mathrm{d}A_S \cos\alpha}.$$

Beleuchtungsstärke, E, definiert als Verhältnis von Lichtstromelement zu beleuchtetem Flächenelement,

$$E = \frac{\mathrm{d}\Phi}{\mathrm{d}A}.$$

Lux, lx, die SI-Einheit der Beleuchtungsstärke, $1\ \mathrm{lx} = 1\ \mathrm{lm/m^2}$.

■ Beleuchtungsstärken: Sonne (Sommer) 70 000 lx, Sonne (Winter) 5500 lx, Tageslicht (bedeckter Himmel) 1000 - 2000 lx, Vollmond 0.25 lx, Grenze der Farbwahrnehmung 3 lx.

Gegenüberstellung von strahlungsphysikalischen und lichttechnischen Größen

strahlungsphysikalisch			lichttechnisch		
Strahlungsfluss	Φ_e	W	Lichtstrom	Φ	lm (cd·sr)
Strahlstärke	$I_e = \dfrac{d\Phi_e}{d\Omega}$	W/sr	Lichtstärke	$I = \dfrac{d\Phi}{d\Omega}$	cd
Strahldichte	$L_e = \dfrac{dI_e}{dA_S \cos\alpha}$	W/(m²sr)	Leuchtdichte	$L = \dfrac{dI}{dA_S \cos\alpha}$	cd/m²
Bestrahlungsstärke	$E_e = \dfrac{d\Phi_e}{dA_E}$	W/m²	Beleuchtungsstärke	$E = \dfrac{d\Phi}{dA_E}$	lx (lm/m²)

A_S: Senderfläche, A_E: Empfängerfläche, α: Beobachtungswinkel

Formelzeichen
Schwingungen und Wellen

Symbol	Einheit	Benennung
α	rad	Auslenkungswinkel
$\dot{\alpha}$	rad/s	Winkelgeschwindigkeit
$\ddot{\alpha}$	rad/s^2	Winkelbeschleunigung
δ	1/s	Abklingkoeffizient
$\Delta\phi$	rad	Phasenunterschied
λ	m	Wellenlänge
Λ	1	Logarith. Dekrement
μ	1	Reibungszahl
ϕ	rad	Phasenverschiebung
ω	rad/s	Kreisfrequenz
a	m/s^2	Beschleunigung
A		Amplitude
b	kg/s	Dämpfungskonstante
c	kg/s^2	Richtgröße
c	m/s	Phasengeschwindigkeit
c	m/s	Schallgeschwindigkeit
D	s	Dämpfungsgrad
d	1	Verlustfaktor
f	Hz	Frequenz
F	kg m/s^2	Rückstellkraft
F_N	N	Normalkraft
F_R	N	Reibungskraft
g	m/s^2	Fallbeschleunigung
k	1/m	Wellenzahl
$\vec{k}$	1/m	Wellenvektor
m	kg	Masse
Q	1	Güte
v	m/s	Phasengeschwindigkeit
v_{gr}	m/s	Gruppengeschwindigkeit
T	s	Periode
T_S	s	Schwebungsdauer

Symbol	Einheit	Benennung
α	1	Schallabsorptionsgrad
κ	1	Adiabatenkoeffizient
ω	rad/s	Winkelgeschwindigkeit
B_s	Pa/V	elektroakustischer Übertragungsfaktor
c	m/s	Schallgeschwindigkeit
c_{Fk}	m/s	Schallgeschwindigkeit in Festkörpern
c_{Fl}	m/s	Schallgeschwindigkeit in Flüssigkeiten
c_G	m/s	Schallgeschwindigkeit in Gasen
E	N/m^2	Elastizitätsmodul
E_k	Pa$\sqrt{\text{VA}}$	Kennempfindlichkeit
E_M	Pa$\sqrt{\text{VA}}$	Lautsprecherempfindlichkeit
G_s	dB	elektroakustisches Übertragungsmaß
J	W/m^2	Schallstärke
K	N/m^2	Kompressionsmodul
p	Pa	(Schall-)Druck
P	W	Schallleistung
p_0	Pa	statischer Druck
r	1	Reflexionsgrad
R	dB	Dämmmaß
R_i	J/(K kg)	spezifische Gaskonstante
T	K	Temperatur
T	s	Nachhallzeit
v	cm/s	Schallschnelle
w	J/m^3	Energiedichte
Z	kg/(m^{2}s)	Schallkennimpedanz
Z	Ω	Scheinwiderstand

Symbol	Einheit	Benennung
α_g	rad	Grenzwinkel der Totalreflexion
β	1	Abbildungsmaßstab
a	m	Gegenstandsweite
a'	m	Bildweite
a_B	m	Nahpunkt
$A(\lambda, T)$	1	Absorptionsvermögen
B	1/m	Brechkraft
E_e	W/m^2	Bestrahlungsstärke
$\bar{f}$	m	Dingbrennweite
f'	m	Bildbrennweite
H_e	J/m^2	Bestrahlung
I_e	W/sr	Strahlstärke
k	1	Blendenzahl
L_e	W/(m^2 sr)	Strahldichte
$L_{e,\lambda}$	W/(m^3 sr)	spektrale Strahldichte

Symbol	Einheit	Benennung
M_e	W/m^2	spezifische Ausstrahlung
Φ	cd	Lichtstrom
Φ_e	W	Strahlungsleistung
$\Phi_{e\lambda}$	cd/m	spektraler Strahlungsfluss
Q_e	J	Strahlungsenergie
s		absolute Empfindlichkeit
$s(\lambda)$		abs. spektrale Empfindlichkeit
$s_{rel}(\lambda)$	1	rel. spektrale Empfindlichkeit
v	1	Vergrößerung
V	1	spektr. Hellempfindlichkeitsgrad
y	m	Dinggröße
y'	m	Bildgröße

13 Tabellen zu Akustik und Optik

13.1 Tabellen zur Akustik

13.1/1: **Korrekturfaktoren für die Periode bei größeren Auslenkungen**

Winkel (°)	Winkel (rad)	Korrekturfaktor
1	0.008727	1.00002
5	0.043633	1.00048
10	0.087266	1.00191
30	0.261799	1.01741
45	0.392699	1.03997

13.1/2: **Schallgeschwindigkeit in Gasen**

Gas	$c/(\text{ms}^{-1})$ bei 0 °C	bei 20 °C	Gas	$c/(\text{ms}^{-1})$ bei 0 °C	bei 20 °C
Ammoniak	415	428	Argon	319	321
Kohlenstoffdioxid	259	258	Leuchtgas	453	450
Chlor	206	–	Sauerstoff	316	324
Stickstoff	334	348	Wasserstoff	1284	1300
Helium	965	1020	Ethylen	317	329
Methan	430	–	Neon	435	453

13.1/3: **Schallgeschwindigkeit in Luft**

Gas	$c/(\text{ms}^{-1})$ 0 °C	10 °C	20 °C	30 °C
Luft	332	338	344	350

13.1/4: **Schalldämpfungskoeffizient in Gasen**

Gas	$T/(°C)$	f/kHz	p/MPa	α/cm^{-1}
Stickstoff	19.9	598.9	0.097	0.0484
Wasserstoff	19.9	589.9	0.1	1.284
Helium	17.5	598.9	0.099	1.061
Stickstoffmonoxid	16.3	598.9	0.095	0.656
Kohlenstoffdioxid	18.7	304.4	0.085	2.073
Sauerstoff	19.6	598.9	0.099	0.602

13.1/5: **Schallfeldgrößen in Luft bei 20 °C**

Schalldruck/(Pa)	Schallschnelle/(cm·s^{-1})	Schallintensität/(μW/cm^2)
0.01	$2.42 \cdot 10^{-5}$	$2.42 \cdot 10^{-9}$
0.05	$1.21 \cdot 10^{-4}$	$6.05 \cdot 10^{-8}$
0.10	$2.42 \cdot 10^{-4}$	$1.42 \cdot 10^{-7}$
0.50	$1.21 \cdot 10^{-3}$	$6.05 \cdot 10^{-6}$
1.00	$2.42 \cdot 10^{-3}$	$2.42 \cdot 10^{-5}$

13.1/6:   Schallgeschwindigkeit in Öl und Erdölprodukten

Stoff	$T/°C$	$c/(ms^{-1})$	Stoff	$T/°C$	$c/(ms^{-1})$
Benzin	25	1295	Petroleum	34	1295
Leinöl	31.5	1772	Olivenöl	32.5	1381
Paraffinöl	33.5	1420	Kiefernöl	31	1468
Terpentinöl	27	1280	Transformatoröl	32.5	1425
Eukalyptusöl	29.5	1276	Senföl	31.5	1825

13.1/7:   Schallgeschwindigkeit in Flüssigkeiten bei 20 °C

Flüssigkeit	$c/(ms^{-1})$	Flüssigkeit	$c/(ms^{-1})$
Benzen	1330	Glycerol	1920
Wasser	1480	Meerwasser	1470
schweres Wasser	1399	Ethylalkohol	1165
Petroleum	1451	Quecksilber	1460
Anilin	1656	Aceton	1192
		Methylalkohol	1156

13.1/8:   Schalldämpfungskoeffizienten in Flüssigkeiten

Flüssigkeit	$T/°C$	f/MHz	α/cm^{-1}	Flüssigkeit	$T/°C$	f/kHz	α/cm^{-1}
Aceton	20	307	25.6	Benzen	20	307	711.5
	20	482	56		20	482	1150
	20	843	167.7	Benzin	–	1	0.0096
Wasser	20	307	23.28	Trichlormethan	20	307	344
	20	482	55.3		20	482	720.2
	20	843	172		20	843	1748
Toluen	20	307	71.9	Tetrachlor-	20	307	492
	20	482	182.4	methan	20	482	1115.2
	20	843	575.6		20	843	3269
Glycerol	32.8	30	12.69	Leinöl	20.5	3.1	0.141
Olivenöl	21	1	0.0125	Rizinusöl	21.4	15.7	5.18

13.1/9: **Schallgeschwindigkeit in Metallen**

Stoff	$c/(\mathrm{ms}^{-1})$
Aluminium	5200
Blei	1200
Eisen	5000
Iridium	4900
Kupfer	3500
Messing	3400
Nickel	4973
Stahl	5050
Zink	2680
Zinn	2490
Silber	3650
Titan	6070

13.1/10: **Schallgeschwindigkeit in Kunststoffen und Gläsern (dünne Stäbe)**

Stoff	$c/(\mathrm{ms}^{-1})$
Polystyrol	1800
PVC weich	80
PVC hart	1700
Polycarbonat	1400
Polyethylen	540
Nylon	1800
Plexiglas	1840
Flintglas	3720
Boratglas	4540
Kronglas	5300
Quarzglas	5400
Porzellan	4880

13.1/11: **Schallgeschwindigkeit in Baustoffen**

Stoff	$c/(\mathrm{ms}^{-1})$
Beton	3100
Marmor	3810
Granit	3950
Kiefernholz	3600
Tannenholz	3320
Ziegel	3600
Eichenholz	4100
Kork	500
Buchenholz	3300
Mauerwerk	3500…4000

13.1/12: **Dämmzahlen für Baustoffe (Durchschnittswerte) und Forderungen an die Bauausführung**

Baustoff	dB	Bauwerk	geforderte Dämmzahl
Einfaches Fenster	15	Ziegelmauerwerk	50
Doppelfenster (12 cm Luft)	< 30	Fenster	25
Einfache Holztür	20	Türen	30
Doppeltür (12 cm Luft)	< 40	Zwischenwände in Wohnungen	40
Strohmatte, 5 cm	38	Zwischenwände in Schulen	42
Matte aus Holzwolle, 8 cm	50	Wohnungstrennwand	48
Betonwand, 10 cm	42	Außenmauern	48
Betonwand, 20 cm	48	Krankenzimmerwände	50
Ziegelmauerwerk, verputzt 12 cm	45	Zimmerdecken	52

13.1/13: Schwächung des Schalls in Luft in dB/(100 m) für Normaldruck

$T/°C$	Relative Feuchte/%	Frequenz/Hz					
		125	250	500	1000	2000	4000
	10	0.09	0.19	0.35	0.82	2.6	8.8
	20	0.06	0.18	0.37	0.64	1.4	4.4
30	30	0.04	0.15	0.38	0.68	1.2	3.2
	50	0.03	0.10	0.33	0.75	1.3	2.5
	90	0.02	0.06	0.24	0.70	1.5	2.6
	10	0.08	0.15	0.38	1.21	4.0	2.5
	20	0.07	0.15	0.27	0.62	1.9	6.7
20	30	0.05	0.14	0.27	0.51	1.3	4.4
	50	0.04	0.12	0.28	0.50	1.0	2.8
	90	0.02	0.08	0.26	0.56	0.99	2.1
	10	0.07	0.19	0.61	1.9	4.5	7.0
	20	0.06	0.11	0.29	0.94	3.2	9.0
10	30	0.05	0.11	0.22	0.61	2.1	7.0
	50	0.04	0.11	0.20	0.41	1.2	4.2
	90	0.03	0.10	0.21	0.38	0.81	2.5
	10	0.10	0.30	0.89	1.8	2.3	2.6
	20	0.05	0.15	0.50	1.6	3.7	5.7
0	30	0.04	0.10	0.31	1.08	3.3	7.4
	50	0.04	0.08	0.19	0.60	2.1	6.7
	90	0.03	0.08	0.15	0.36	1.1	4.1

13.1/14: Lautstärken in dB

Untere Hörschwelle	0	Schreibmaschine	50...70
Taschenuhrticken	10	Lauter Straßenlärm	70
Blätterrauschen	20	Schreien	80
Flüstern	20	Laute Hupe	90
Gedämpfte Unterhaltung	40	Motorrad	70...100
Leise Rundfunkmusik	40	Beat- und Rockmusik	105
Zerreißen von Papier	40	Niethämmer	110
Sprache	40...50	Schmerzgrenze	130

13.1/15: Gesundheitsschädlicher Lärm

Reaktion	Schallpegel /(dB)
psychische (Verärgerung, Gereiztheit)	> 30
vegetative (Konzentrationsschwäche, sinkende Arbeitsleistung)	> 65
Hörschäden (Innenohrschaden, unheilbar)	> 80
mechanische Schäden (Taubheit)	> 120

13.1/16: Schallabsorptionsgrade

Schallabsorptionsgrad α verschiedener Baustoffe			
	α bei		
Material	125 Hz	500 Hz	2000 Hz
Putz auf Mauerwerk	0.02	0.02	0.03
Kalkputz	0.03	0.03	0.04
Leichtbeton	0.07	0.22	0.10
Rauhputz	0.03	0.03	0.07
Akustikleichtbauplatten, 2.5 cm dick			
mit 3 cm Abstand	0.25	0.23	0.74
direkt auf massiver Wand	0.15	0.23	0.73
Isolierplatten, 2 cm dick			
direkt auf massiver Wand	0.13	0.19	0.24
mit 3 cm Abstand	0.15	0.23	0.23
mit 3 cm Abstand und Glaswolle	0.33	0.44	0.37
Holztüren	0.14	0.06	0.10
Parkett	0.05	0.06	0.10
Sperrholz, 3 mm, Abstand 2 cm	0.07	0.22	0.10
Sperrholz, 3 mm, Wandabstand 0	0.07	0.05	0.10
Holzpaneele	0.25	0.25	0.08

13.2   Tabellen zur Optik

13.2/1: Die wichtigsten Fasertypen für die optische Signalübertragung

Material	Kunststoff	Glas	Glas	Glas
Typ[a]	MM, SI	MM, SI	MM, GI	SM, SI
Kerndurchmesser (μm)	200 – 600	50, 62.5, 200, ...	50, 62.5, 85, ...	4 – 10
Manteldurchmesser (μm)	500 – 1000	125, 900	125	125
Numerische Apertur	≈ 0.5	0.15 – 0.5	0.2 – 0.3	
Dämpfung (dB/km)	50 – 1000 (650 nm)	5 (850 nm) 0.5 (1300 nm)	5 (850 nm) 0.5 (1300 nm)	0.4 (1300 nm) 0.2 (1550 nm)
Übertragungskapazität	1 – 10 MHz·km [b]	10 MHz·km	1 GHz·km	10 – 100 GHz·km [c]

[a] MM – multi-mode, SM – single-mode, SI – Stufenindex, GI – Gradientenindex

[b] wegen der hohen Dämpfung ist die Übertragungstrecke auf einige Meter begrenzt

[c] prinzipiell nicht begrenzt durch Modendispersion. Die erreichbare Übertragungskapazität ergibt sich aus der Materialdispersion und der Linienbreite der verwendeten Lichtquelle. Tatsächliche Übertragungskapazitäten liegen im Bereich 10 – 50 GHz·km.

13.2/2:   Brechzahlen n_d bei $\lambda = 589.3$ nm (gelbe Natrium-Linie)

Material	n_d	Material	n_d
Gase bei 0 °C und 1013 hPa		Feste Stoffe bei 20 °C	
Luft	1.00029	Diamant	2.417
Stickstoff	1.00030	Saphir (Al_2O_3)	1.769
Sauerstoff	1.00027	Lithiumchlorid	1.662
Kohlendioxid	1.00045	Natriumchlorid	1.544
Ammoniak	1.00038	Kaliumchlorid	1.490
Wasserstoff	1.00014	Lithiumfluorid	1.392
Helium	1.000035	Lithiumbromid	1.784
Neon	1.000067	Lithiumiodid	1.955
Argon	1.000283	Flussspat (CaF_2)	1.434
Krypton	1.000429	Eis (bei 0 °C)	1.310
Xenon	1.00071	Quarzglas	1.459
Flüssigkeiten bei 20 °C		SCHOTT BK1	1.51009
Wasser	1.333	SCHOTT BK7	1.51680
Methanol	1.329	SCHOTT F2	1.62004
Ethanol	1.362	SCHOTT SF6	1.80518
Aceton	1.359	SCHOTT FK3	1.46450
Glycerol	1.455	Fensterglas	≈ 1.51
Benzen	1.501	Plexiglas (PMMA)	≈ 1.49
Schwefelkohlenstoff	1.628	Polystyrol (PS)	≈ 1.59
Monobromnaphthalin	1.658	Polycarbonat (PC)	≈ 1.59
Leinöl	1.486	Einige doppelbrechende Materialien	
Zedernöl	1.505	Quarz (SiO_2)	1.544/1.553
		Kalkspat ($CaCO_3$)	1.658/1.486
		Magnesiumfluorid	1.389/1.377
		Einige infrarot-durchlässige Materialien und Halbleiter bei verschiedenen Wellenlängen	
		Zinksulfid ($\lambda = 3\,\mu m / 10.6\,\mu m$)	2.27/2.19
		Germanium ($\lambda = 3\,\mu m / 10.6\,\mu m$)	4.05/4.00
		Silicium ($\lambda = 3\,\mu m / 10.6\,\mu m$)	3.43/3.42
		Galliumarsenid ($\lambda = 3\,\mu m / 10.6\,\mu m$)	3.32/3.28

13.2/3:   Die wichtigsten Lasertypen

Lasertyp	wichtigste Linien (nm)
Helium-Neon	**632.8**, 543, 594, 612 und weitere im IR-Bereich
Helium-Cadmium	442, 325
Argon-Ionen	488, 514
Kohlendioxid	10.6 μm
Excimer (XeF, KrF, ArF)	351, 248, 193
Farbstoff	einstellbar UV – IR
Nd:YAG	1064 (532 mit Frequenzverdopplung)
Halbleiter (z.B. InGaAs)	einstellbar ca. 660 – 1550

13.2/4:   Kohärenzlängen einiger Lichtquellen

Lichtquelle	Kohärenzlänge (Anhaltswerte)
Sonne (sichtbarer Spektralbereich)	1 μm
Leuchtdiode	20 μm
Quecksilberdampflampe	0.5 mm
Laserdioden	mm - cm
HeNe–Laser (einfach)	0.2 m
stabilisierte Laser	> 100 m

13.2/5:   Beleuchtungsstärken

Lichtquelle	Beleuchtungsstärke/(lx)
Sonne, Sommer	70000
Sonne, Winter	5500
Tageslicht, bedeckter Himmel	1000-2000
Vollmond	0.25
Sterne, klar/ohne Mond	0.001
Arbeitsplatzbeleuchtung	1000
Wohnzimmerbeleuchtung	120
Grenze der Farbwahrnehmung	3
Straßenbeleuchtung	1-16

13.2/6:   Lichtströme

Lichtquelle	Lichtstrom/(lm)
Leuchtdiode	0.01
Glühlampe 60 W	730
Glühlampe 100 W	1380
Leuchtstoffröhre	2300
Quecksilberdampflampe 60 W	5400
Quecksilberdampflampe 100 W	125000

13.2/7:   Hellempfindlichkeitsgrad

λ/nm	V/1	λ/nm	V/1	λ/nm	V/1	λ/nm	V/1
380	0	490	0.208	590	0.757	700	0.0041
390	0.0001	500	0.323	500	0.631	710	0.0021
400	0.0004	510	0.503	610	0.503	720	0.105
410	0.0012	520	0.710	620	0.381	730	0.000052
420	0.0040	530	0.862	630	0.265	740	0.000025
430	0.0116	540	0.954	640	0.175	750	0.000012
440	0.023	550	0.995	650	0.107	760	0.000006
450	0.038	555	1	660	0.061	770	0.000003
460	0.060	560	0.995	670	0.032	780	0.0000015
470	0.091	570	0.952	680	0.017		
480	0.139	580	0.870	690	0.0082		

■ **Kationen**, positive Ionen, d.h., Atome, die Elektronen abgegeben haben.
Löcher in Halbleitern, fehlende Elektronen im Festkörpergitter. Löcher sind nicht zu verwechseln mit Positronen.
Positiv geladene **Elementarteilchen**, wie **Protonen** (H^+-Ionen) und **Positronen** (Antiteilchen der Elektronen).

▲ Gleichnamige Ladungen stoßen sich ab, ungleichnamige Ladungen ziehen sich an.

2. Elementarladung und Ladungserhaltung

Die elektrische Ladung ist quantisiert. Ladung kommt nur als Vielfaches der Elementarladung vor.
Elementarladung, die kleinste in der Natur auftretende elektrische Ladungsmenge.

Elementarladung			**TI**
$e_0 \;=\; 1.602\,177\,33 \cdot 10^{-19}\,\mathrm{C}$	Symbol	Einheit	Benennung
	e_0	C	Elementarladung

▲ **Erhaltung der Ladung**, die Gesamtladung in einem abgeschlossenen System bleibt erhalten; die Summe der positiven und negativen elektrischen Ladungen bleibt konstant,

$$\sum_i Q_i = \text{const.}$$

■ Ein Proton trägt die Ladung e_0, ein Elektron hat die Ladung $-e_0$. Die Ladung eines Urankerns beträgt $92\,e_0$. Die Ladungseinheit 1 C entspricht etwa $6.24 \cdot 10^{18}$ Elementarladungen.

3. Leiter und Isolatoren

Elektrischer Leiter, Material, in dem frei verschiebbare Ladungsträger vorhanden sind. Leiter haben einen geringen elektrischen Widerstands (s. S. 399).
Elektrischer Nichtleiter, Isolator, Material, in dem keine frei verschiebbaren Ladungsträger vorhanden sind. Nichtleiter setzen dem elektrischen Strom einen sehr hohen elektrischen Widerstand (s. S. 399) entgegen.

➤ Auch in Nichtleitern kann durch ein elektrisches Feld eine Ladungsverschiebung im atomaren Bereich stattfinden.

4. Influenz und Polarisation

Influenz, Verschiebung der elektrischen Ladung in einem Leiter, wenn er in ein elektrisches Feld eingebracht wird.
Polarisation, Ausbildung von Dipolen innerhalb eines Nichtleiters durch Ladungsverschiebung in den Molekülen oder Atomen des Nichtleiters.
Ladungstrennung, entsteht durch Influenz in einem Leiter, so dass in einigen Bereichen ein Überschuss an positiver Ladung oder negativer Ladung herrscht. Der Leiter selbst bleibt insgesamt elektrisch neutral.

➤ Durch Polarisation können Ladungen auch auf Nichtleiter Kräfte ausüben.

5. Messung von Ladungen

M Ladung kann durch ihre Kraftwirkung, durch die Potentialdifferenz oder durch den Stromstoß, der beim Abfließen der Ladung entsteht, gemessen werden.
Messung der Spannung U zwischen Leitern bei bekannter Kapazität C der Leiteranordnung gemäß

$$Q = CU.$$

Messung des Ausschlags eines **ballistischen Galvanometers**, der durch den Stromstoß beim Abfließen der Ladung durch das Galvanometer hervorgerufen wird,

$$Q = \int_0^T I(t)\,\mathrm{d}t \qquad I(t) \text{ Stromstärke zur Zeit } t.$$

Die Zeitdauer des Stromstoßes sollte weniger als 1% der Schwingungsdauer des Galvanometers betragen.

M | **Millikanscher Öltröpfchenversuch**, Messung der Elementarladung. Geladene Öltröpfchen werden zwischen die waagerecht angeordneten Platten eines Kondensators gebracht. Die Kondensatorspannung wird geändert, bis die auf die Tröpfchen wirkende Gravitationskraft von der elektrischen Kraftwirkung des elektrischen Feldes im Kondensator kompensiert wird. Dann kann aus der Kondensatorspannung die Ladung der Öltröpfchen bestimmt werden. Man stellt fest, dass diese Ladung immer ein ganzzahliges Vielfaches einer bestimmten Ladung, der Elementarladung, ist.

Man hat mit ähnlichen, sehr aufwendigen Methoden versucht, Bruchteile der Elementarladung nachzuweisen. Allerdings haben diese Messungen bis jetzt ein negatives Ergebnis gezeigt.

14.1.1   Coulombsches Gesetz

1.   Kraft zwischen Punktladungen

Coulombsches Gesetz, beschreibt die Kraft, die zwei Punktladungen aufeinander ausüben:

▲ | Die Kraft $\vec{F}_{12}$ zwischen zwei Punktladungen Q_1 und Q_2 ist proportional dem Produkt der Ladungen und nimmt mit dem Quadrat des Abstandes r_{12} der Ladungen ab. Sie ist eine Zentralkraft: die Kraft wirkt in der Verbindungslinie der Ladungen (**Abb. 14.1**).

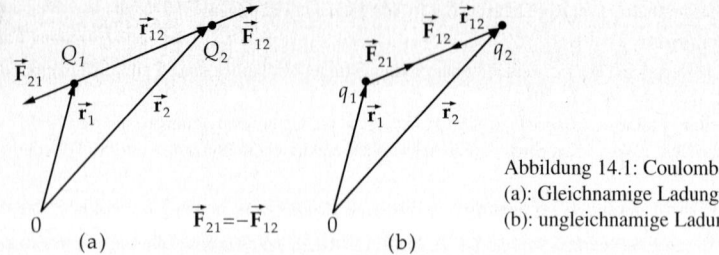

Abbildung 14.1: Coulombsches Gesetz.
(a): Gleichnamige Ladungen Q_1 und Q_2,
(b): ungleichnamige Ladungen q_1 und q_2

Die von der Ladung Q_1 auf die Ladung Q_2 ausgeübte Kraft ist gegeben durch:

Coulombsches Gesetz			$\mathbf{MLT^{-2}}$
	Symbol	Einheit	Benennung
$\vec{F}_{12} = \dfrac{1}{4\pi\varepsilon_0}\dfrac{Q_1 Q_2}{r_{12}^2}\cdot\dfrac{\vec{r}_{12}}{r_{12}}$	$\vec{F}$	N	Kraft zwischen den Ladungen
	Q_1, Q_2	C	Ladung 1, 2
$\vec{F}_{12} = -\vec{F}_{21}$	$\vec{r}_{12}$	m	Abstandsvektor der Ladungen
$\vec{r}_{12} = \vec{r}_2 - \vec{r}_1$	r_{12}	m	Abstand der Ladungen
	ε_0	C/(Vm)	elektrische Feldkonstante

In den Proportionalitätsfaktor geht die **elektrische Feldkonstante** ein:

Elektrische Feldkonstante			$\mathbf{L^{-3}T^4M^{-1}I^2}$
$\varepsilon_0 = 8.854\,187\,82\cdot 10^{-12}\ \dfrac{C}{Vm}$	Symbol	Einheit	Benennung
	ε_0	C/(Vm)	elektrische Feldkonstante

2. Beispiele zum Coulombschen Gesetz

■ Eine Ladung $Q = 10^{-5}$ C wird von einer anderen Ladung $Q = 5 \cdot 10^{-5}$ C, die $r = 1$ m von ihr entfernt ist, mit der Kraft

$$F = \frac{1}{4\pi\varepsilon_0} \frac{10^{-5} \text{ C} \cdot 5 \cdot 10^{-5} \text{ C}}{1 \text{ m}^2} = 4.49 \text{ N}$$

abgestoßen.

■ Im klassischen Bild des Wasserstoffatoms ist die Kraft, die das Proton auf das Elektron ausübt, gegeben durch

$$\vec{F} = -\frac{1}{4\pi\varepsilon_0} \frac{e_0^2}{r^2} \cdot \vec{e}, \quad F = 8.24 \cdot 10^{-8} \text{ N}.$$

Dabei ist e_0 die Elementarladung ($Q(\text{Proton}) = e_0$, $Q(\text{Elektron}) = -e_0$), und $r = 0.529 \cdot 10^{-10}$ m ist der Bohrsche Radius der klassischen Kreisbahn, die dem Grundzustand des Elektrons im Wasserstoffatom entspricht. Der Einheitsvektor $\vec{e}$ ist vom Proton zum Elektron gerichtet. Das negative Vorzeichen der Kraft deutet auf die anziehende Wirkung der Coulombkraft hin.

14.2 Elektrische Ladungsdichte

Elektrische Ladungsdichte, erlaubt die Beschreibung von Ladungsverteilungen.

Während die Größe Q nur eine Aussage darüber macht, dass sich eine bestimmte Ladungsmenge in einem abgegrenzten Gebiet des Raumes befindet, gestattet die Ladungsdichte die Angabe der Ladungsmenge in einem kleinen Volumen um jeden Raumpunkt. Die Ladungsverteilung liefert also mehr Information über ein System als die Gesamtladung. Die Ladungsdichte ist eine skalare Funktion des Ortes.

1. Elektrische Raumladungsdichte

Elektrische Raumladungsdichte, ρ, gibt das Verhältnis von elektrischer Ladung ΔQ, die im Raumbereich ΔV am Ort $\vec{r}$ vorhanden ist, zur Größe des Raumbereichs an (**Abb. 14.2 (a)**). Ist die Ladungsdichte ortsabhängig, so verkleinert man das Volumen ΔV, bis die Ladung darin als gleichmäßig verteilt angesehen werden kann. Diesem Vorgehen entspricht eine Grenzwertbildung:

Elektrische Ladungsdichte $= \dfrac{\textbf{Ladung}}{\textbf{Volumenelement}}$			$\mathbf{L^{-3}TI}$

$\rho(\vec{r}) = \lim\limits_{\Delta V \to 0} \dfrac{\Delta Q}{\Delta V} = \dfrac{dQ}{dV}$	Symbol	Einheit	Benennung
	ρ	C/m^3	Raumladungsdichte
	dQ	C	Ladung im Volumen dV
	$\vec{r}$	m	Ortsvektor
	dV	m^3	Volumenelement am Ort $\vec{r}$

Coulomb/Meter^3, SI-Einheit der elektrischen Raumladungsdichte ρ,

$[\rho] = \text{C/m}^3$.

Ladungsdichte für gleichmäßige Verteilung der Ladung Q über das Volumen V:

$$\rho = \frac{Q}{V}.$$

2. Elektrische Flächenladungsdichte

Elektrische Flächenladungsdichte, σ, beschreibt die Ladungsverteilung auf einer Fläche (**Abb. 14.2 (b)**). Verhältnis von elektrischer Ladung ΔQ auf der Fläche ΔA am Ort $\vec{r}$ zu der Größe der Fläche. Dabei wird die Fläche ΔA so weit verkleinert, bis die Ladung ΔQ darauf als gleichmäßig verteilt angesehen werden kann. Diesem Vorgehen entspricht eine Grenzwertbildung:

Elektrische Flächenladungsdichte = $\dfrac{\text{Ladung}}{\text{Flächenelement}}$			$L^{-2}TI$

	Symbol	Einheit	Benennung
$\sigma(\vec{r}) = \lim\limits_{\Delta A \to 0} \dfrac{\Delta Q}{\Delta A} = \dfrac{dQ}{dA}$	σ	C/m^2	Flächenladungsdichte
	dQ	C	Ladung auf der Fläche dA
	$\vec{r}$	m	Ortsvektor
	dA	m^2	Flächenelement am Ort $\vec{r}$

Coulomb/Meter^2, SI-Einheit der elektrischen Flächenladungsdichte, $[\sigma] = C/m^2$.

Flächenladungsdichte für homogene Ladungsverteilung auf der Fläche A:

$$\sigma = \frac{Q}{A}.$$

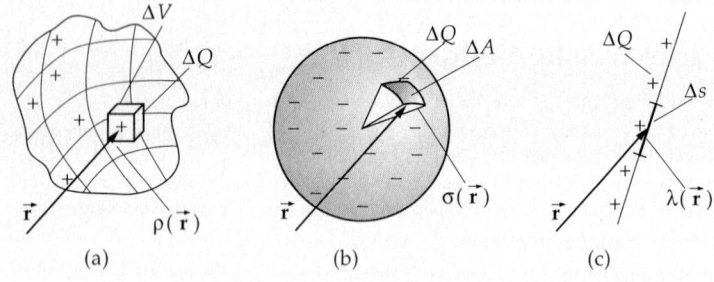

Abbildung 14.2: Elektrische Ladungsdichte. (a): Raumladungsdichte ρ, (b) Flächenladungsdichte σ, (c): Linienladungsdichte λ

3.   Elektrische Linienladungsdichte

Elektrische Linienladungsdichte , λ, beschreibt die Ladungsverteilung längs eines drahtförmigen Leiters (**Abb. 14.2 (c)**). Verhältnis von elektrischer Ladung ΔQ auf dem Drahtelement Δs am Ort $\vec{r}$ zu der Länge des Drahtelementes. Dabei wird das Längenelement Δs so weit verkleinert, bis die Ladung ΔQ darauf als gleichmäßig verteilt angesehen werden kann. Diesem Vorgehen entspricht eine Grenzwertbildung:

Elektrische Linienladungsdichte = $\dfrac{\text{Ladung}}{\text{Linienelement}}$			$L^{-1}TI$

	Symbol	Einheit	Benennung
$\lambda(\vec{r}) = \lim\limits_{\Delta s \to 0} \dfrac{\Delta Q}{\Delta s} = \dfrac{dQ}{ds}$	λ	C/m	Linienladungsdichte
	dQ	C	Ladung längs der Strecke ds
	$\vec{r}$	m	Ortsvektor
	ds	m	Linienelement am Ort $\vec{r}$

Coulomb/Meter, SI-Einheit der elektrischen Linienladungsdichte, $[\lambda] = C/m$.

Bei homogener Ladungsverteilung längs des Drahtes der Länge s gilt:

$$\lambda = \frac{Q}{s}.$$

4. Mittlere Ladungsdichte

Mittlere Ladungsdichte, definiert durch:

mittlere Raumladungsdichte $\quad \bar{\rho} = \dfrac{Q}{V} = \dfrac{1}{V} \int_V \rho(\vec{r})\, dV,$

mittlere Flächenladungsdichte $\quad \bar{\sigma} = \dfrac{Q}{A} = \dfrac{1}{A} \int_A \sigma(\vec{r})\, dA,$

Mittlere Linienladungsdichte $\quad \bar{\lambda} = \dfrac{Q}{s} = \dfrac{1}{s} \int_s \lambda(\vec{r})\, ds.$

14.3 Elektrischer Strom

1. Elektrischer Strom,

kennzeichnet die Bewegung von elektrisch geladenen Teilchen in leitenden Medien. Elektrischer Strom kann Erwärmung von Materie, elektrochemische Vorgänge sowie Magnetisierung bewirken.

■ Ein Widerstandsbauelement in einem Stromkreis wird durch den hindurchfließenden Strom erwärmt.

■ An den Elektroden in einer chemischen Lösung werden durch Austausch von Ladungen Substanzen abgeschieden.

■ Eine vom Strom durchflossene Spule ist von einem Magnetfeld umgeben. Ein Stück Eisen, das in die Spule gehalten wird, wird dadurch magnetisiert.

2. Stromstärke,

I, die durch eine Querschnittsfläche A pro Zeitintervall Δt fließende Ladungsmenge ΔQ (**Abb. 14.3**). Verändert sich der Strom während des Zeitintervalls Δt, so verkleinert man Δt so lange, bis der Strom als konstant angenommen werden kann.

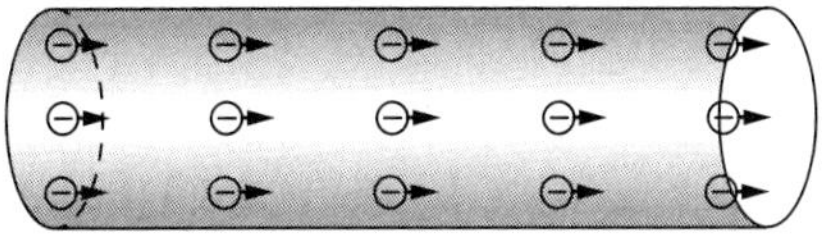

←Minuspol   Pluspol →

Abbildung 14.3: Strom als Bewegung von Ladungsträgern und technische Stromrichtung

Stromstärke eines zeitlich veränderlichen elektrischen Stroms in einem Leiter zur Zeit t: die Ladungsmenge dQ, die in einem infinitesimal kleinen Zeitintervall dt durch einen gedachten Leiterquerschnitt fließt:

Elektrische Stromstärke $= \dfrac{\textbf{Ladung}}{\textbf{Zeiteinheit}}$				**I**
	Symbol	Einheit	Benennung	
$I = \lim\limits_{\Delta t \to 0} \dfrac{\Delta Q}{\Delta t} = \dfrac{dQ}{dt}$	I	A	Stromstärke zur Zeit t	
	dQ	C = As	transportierte Ladung	
	dt	s	Zeitintervall	

Bei stationärem Ladungstransport gilt

$\quad Q = I \cdot t.$

3. SI-Einheit des elektrischen Stroms,

Ampere A, SI-Basisgröße, SI-Einheit des elektrischen Stroms I. 1 Ampere ist die Stromstärke in einem Leiter, wenn durch einen Querschnitt des Leiters im Zeitintervall $\Delta t = 1$ s die Ladungsmenge $\Delta Q = 1$ C bewegt wird.

$[I] = \text{A} = \text{C}/\text{s}.$

▲ **Definition der Stromeinheit Ampere**: Die Stromstärke I hat den Wert 1 A, wenn zwei im Abstand $r = 1$ m parallel angeordnete, geradlinige, unendlich lange Leiter mit vernachlässigbar kleinem Drahtquerschnitt, die vom gleichen zeitlich unveränderlichen Strom I durchflossen werden, je 1 m Leiterlänge die Kraft $F = 2 \cdot 10^{-7}$ N aufeinander ausüben (**Abb. 14.4**).

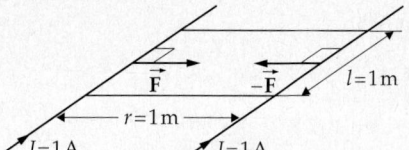

Abbildung 14.4: Zur Definition der Einheit der Stromstärke Ampere

▲ **Technische Stromrichtung**, entspricht der Bewegungsrichtung der positiven Ladungen. In einem metallischen Leiter ist die technische Stromrichtung der Bewegungsrichtung der negativen Ladungsträger, d. h. der Elektronen, entgegengesetzt (**Abb. 14.4**).

In einem Stromkreis erfolgt die Bewegung der Elektronen vom Minuspol der Spannungsquelle zum Pluspol. Damit zeigt die technische Stromrichtung vom Pluspol ($+$) der Spannungsquelle zu ihrem Minuspol ($-$).

4. Gleichstrom,

Stromrichtung und Stromstärke I sind zeitlich konstant. Die während eines Zeitintervalls Δt durch eine Querschnittsfläche fließende Ladungsmenge ΔQ ist proportional Δt:

$$I = \frac{\Delta Q}{\Delta t} = \text{const.}$$

5. Wechselstrom,

Stromrichtung und Stromstärke I ändern sich zeitlich periodisch.

Wirkungen des elektrischen Stroms sind für Gleichstrom und Wechselstrom in **Tab. 19.3/7** aufgeführt.

■ Fließt in einem elektrischen Draht durch eine gedachte Querschnittsfläche in der Zeit $\Delta t = 60$ s die Ladungsmenge $\Delta Q = 3$ C, so entspricht dies einem Strom

$$I = \frac{\Delta Q}{\Delta t} = \frac{3\,\text{C}}{60\,\text{s}} = 50\,\text{mA}.$$

6. Messung der Stromstärke

Die Strommessung geschieht über die Wirkungen des elektrischen Stroms:

Stromwaage (mechanische Kraftwirkung): Stromdurchflossene Leiter üben durch das magnetische Feld eine Kraft aufeinander aus. Diese Kraft kann durch eine Waage mit der Gewichtskraft verglichen werden.

Hitzdraht-Amperemeter (Wärmewirkung): Ein Draht wird durch den Strom, der durch ihn fließt, erwärmt und dehnt sich aus. Die Ausdehnung kann gemessen werden.

Elektrolyse (chemische Wirkung): Die durch Elektrolyse pro Zeiteinheit abgeschiedene Stoffmenge ist dem Strom proportional. Früher Verfahren zur Festlegung der Stromeinheit Ampere.

Drehspulmessgerät: Eine stromdurchflossene Spule im Magnetfeld wird ausgelenkt. Die Auslenkung ist um so größer, je höher die Stromstärke in der Spule ist.

14.3.1 Amperesches Gesetz

Amperesches Gesetz, stromdurchflossene Leiter sind von Magnetfeldern umgeben, über die sie aufeinander Kräfte ausüben:

▲ Die Kraft, die zwei stromdurchflossene Leiter aufeinander ausüben, ist proportional dem Produkt der Ströme I_1 und I_2 durch die Leiter sowie der Leiterlänge l und umgekehrt proportional dem Abstand r der Leiter (**Abb. 14.4**).

Amperesches Gesetz			$LT^{-2}M$
	Symbol	Einheit	Benennung
$F = \dfrac{\mu_0}{2\pi} \dfrac{I_1 \cdot I_2 \cdot l}{r}$	F	N	Kraft
	I_1, I_2	A	Strom 1, 2
	r	m	Abstand
$\mu_0 = 4\pi \cdot 10^{-7}$ Vs/(Am)	l	m	Leiterlänge
	μ_0	Vs/(Am)	magnetische Feldkonstante

➤ Das Amperesche Gesetz wird zur Festlegung der Einheit der Stromstärke verwendet.

14.4   Elektrische Stromdichte

1.   Definition der elektrischen Stromdichte

Elektrische Stromdichte, $\vec{J}$, ermöglicht die Beschreibung der Stromverteilung in ausgedehnten Leitern. Die elektrische Stromdichte ist eine vektorielle Größe, deren Richtung die Bewegungsrichtung positiver Ladungsträger angibt. Ihr Betrag errechnet sich aus der Stromstärke ΔI, die durch eine senkrecht zur Bewegungsrichtung der Ladungsträger gedachte Querschnittsfläche $\Delta A_\perp$ fließt, dividiert durch diese Fläche (**Abb. 14.5**). Variiert die Stromstärke mit dem Ort, so definiert man die Stromdichte J durch den Differentialquotienten:

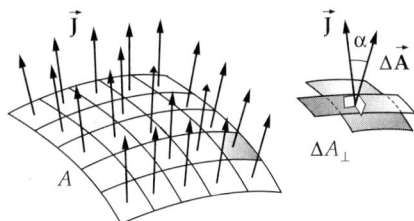

Abbildung 14.5: Zur Definition der Stromdichte $\vec{J}$

Stromdichte $= \dfrac{\text{Stromstärke}}{\text{Flächenelement}}$			$L^{-2}I$
	Symbol	Einheit	Benennung
$J = \lim\limits_{\Delta A_\perp \to 0} \dfrac{\Delta I}{\Delta A_\perp} = \dfrac{dI}{dA_\perp}$	J	A/m²	Stromdichte
	$\Delta A_\perp$	m²	Flächenelement
	ΔI	A	Strom durch $\Delta A_\perp$
	$dA_\perp$	m²	infinitesimales Flächenelement
	dI	A	Strom durch $dA_\perp$

Ampere/Meter², A/m², SI-Einheit der Stromdichte J. 1 A/m² beträgt die Stromdichte eines elektrischen Stroms der Stärke $I = 1$ A, der durch eine senkrecht zu ihm stehende Fläche $A_\perp = 1$ m² fließt. $[J] = \text{A/m}^2$.

2.   Eigenschaften der Stromdichte

Während die elektrische Stromstärke ein Maß für die durch eine gegebene Querschnittsfläche transportierte Ladungsmenge ist, gibt die elektrische Stromdichte die Richtung des Ladungstransports und die Größe der transportierten Ladung in jedem Raumpunkt an.

Ist der Strom I durch eine Fläche $A_\perp$ an jedem Punkt der Fläche gleich, so gilt für die Stromdichte:

$$J = \frac{I}{A_\perp}.$$

■ Ein Strom $I = 2$ A, der in einem Metalldraht mit einer Querschnittsfläche $A = 2.5$ mm^2 fließt, entspricht einer Stromdichte

$$J = \frac{I}{A} = \frac{2\,\text{A}}{2.5\,\text{mm}^2} = \frac{2\,\text{A}}{2.5 \cdot 10^{-6}\,\text{m}^2} = 8 \cdot 10^5\,\text{A/m}^2\,.$$

Die Stromdichte $\vec{J}$ zeigt längs des Drahtes entgegengesetzt zur Bewegungsrichtung der Elektronen, d. h. in die technische Stromrichtung.

3. Produktdarstellung der Stromdichte

Die Stromdichte ist das Produkt aus Raumladungsdichte ρ und der lokalen mittleren Geschwindigkeit $\vec{v}$ der Ladungsträger (**Abb. 14.6**).

$$\vec{J} = \rho \cdot \vec{v}\,.$$

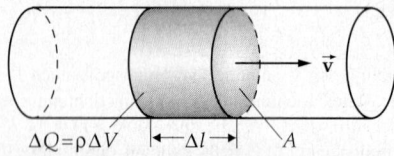

Abbildung 14.6: Stromdichte als Produkt aus Ladungsdichte ρ und Geschwindigkeit $\vec{v}$ der Ladungsträger. $\Delta V = \Delta l \cdot A$: Volumenelement

4. Stromstärke als Integral über Stromdichte und Fläche

Die Stromstärke ergibt sich als Produkt von Stromdichtekomponente $J\cos\alpha$ senkrecht zur Fläche ΔA mit der Fläche ΔA,

$$I = J\cos\alpha \cdot \Delta A\,.$$

Ist die Stromdichte über die Fläche ΔA nicht konstant, so verwendet man die differentielle Form

$$dI = J \cdot dA \cdot \cos\alpha = \vec{J} \cdot d\vec{A}\,.$$

Der Strom durch eine beliebige Fläche A ergibt sich durch Integration:

Strom = Integral der Stromdichte über die Fläche			I
$I = \displaystyle\int_A \vec{J} \cdot d\vec{A}$	Symbol	Einheit	Benennung
	I	A	Strom durch Gesamtfläche A
	$\vec{J}$	A/m^2	Stromdichte
	$d\vec{A}$	m^2	infinitesimales Flächenelement
	A	m^2	Gesamtfläche

Der Vektor $d\vec{A}$ hat die Richtung der Flächennormalen und den Betrag des Flächenelements dA.

5. Erstes Kirchhoffsches Gesetz

▲ Als Konsequenz der Ladungserhaltung verschwindet die Summe aller durch eine geschlossene Oberfläche hindurchtretenden Ströme:

$$\oint_A \vec{J} \cdot d\vec{A} = 0\,, \qquad \text{erstes Kirchhoffsches Gesetz}\,.$$

14.4.1 Elektrisches Strömungsfeld

1. Elektrisches Strömungsfeld und Stromlinien

Elektrisches Strömungsfeld, gibt die elektrische Stromdichte in jedem Raumpunkt an.

Ist das elektrische Strömungsfeld zeitlich unveränderlich, so wird es als stationäres elektrisches Strömungsfeld bezeichnet. Die Stromdichte ist dann zeitlich konstant, kann jedoch mit dem Ort variieren. Im stationären elektrischen Strömungsfeld ist die pro Zeiteinheit durch eine Fläche fließende Ladungsmenge konstant.

Stromlinien, dienen der Veranschaulichung der elektrischen Stromdichte.

Für Stromlinien gelten die folgenden Konventionen:

- Stromlinien entsprechen den Bewegungsbahnen der positiven Ladungsträger.
- Die Tangente an eine Stromlinie in einem Punkt stimmt mit der Richtung des Stromdichtevektors in diesem Punkt überein.

2. Eigenschaften der Stromlinien

- Die Stromliniendichte ist ein Maß für die Stromstärke.
- Stromlinien können sich nicht schneiden, da die Bewegungsrichtung der Ladungsträger in jedem Punkt eindeutig gegeben ist.
- ■ Die Stromlinien in einem langen, geraden Draht verlaufen parallel zur Drahtachse.
- ■ Die Stromlinien einer punktförmigen Stromquelle in einem ausgedehnten leitenden Medium verlaufen radial zur Quelle. Die Stromdichte nimmt quadratisch mit dem Abstand von der Quelle ab.
- ■ Die Stromlinien eines metallischen Zylinders in einem augedehnten leitenden Medium verlaufen senkrecht zur Zylinderachse radial nach außen.
- ■ Die Stromlinien eines kreisförmig gebogenen Leiters sind konzentrische Kreise in der Leiterebene parallel zur gebogenen Mittelachse der Leiterschleife.

14.5 Elektrischer Widerstand und elektrischer Leitwert

14.5.1 Elektrischer Widerstand

1. Definition des elektrischen Widerstands

Elektrischer Widerstand eines Leiters, bestimmt die Stärke des Stromflusses durch den Leiter bei gegebener Spannung an den Leiterenden. Der Widerstand R ist das Verhältnis von Spannung U zu Stromstärke I:

$\text{Widerstand} = \dfrac{\textbf{Spannung}}{\textbf{Strom}}$			$\mathbf{L^2T^{-3}MI^{-2}}$
	Symbol	Einheit	Benennung
$R = \dfrac{U}{I}$	R	$\Omega = V/A$	elektrischer Widerstand
	U	V	Spannung
	I	A	Strom

Ohm, Ω, SI-Einheit des elektrischen Widerstandes R. $1\,\Omega$ ist der Widerstand eines Leiters, wenn bei einer Spannung $U = 1$ V an den Leiterenden ein Strom $I = 1$ A durch den Leiter fließt.
$[R] = V/A$.

2. Ohmsches Gesetz

In einem ohmschen Leiter ist die Spannung U proportional der Stromstärke I. Der Proportionalitätsfaktor ist der **ohmsche Widerstand** R.

$\textbf{Spannung} = \textbf{Widerstand} \cdot \textbf{Strom}$ (Ohmsches Gesetz)			$\mathbf{L^2T^{-3}MI^{-1}}$
	Symbol	Einheit	Benennung
$U = R \cdot I$	U	V	Spannung
	R	$\Omega = V/A$	elektrischer Widerstand
	I	A	Strom

3. Strom-Spannungs-Kennlinie

graphische Darstellung des Zusammenhangs zwischen Strom und Spannung.

Linearer Widerstand, ohmscher Widerstand, Widerstand mit linearer Strom-Spannungs-Kennlinie (**Abb. 14.7 (a)**).

Nichtlinearer Widerstand, Zusammenhang zwischen Strom durch den Leiter und Spannungsabfall ist nichtlinear (**Abb. 14.7 (b)**).

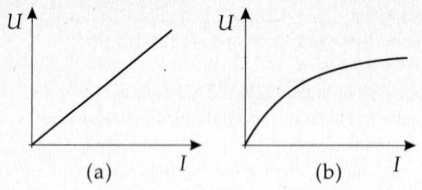

Abbildung 14.7: Strom-Spannungs-Kennlinie. (a): linearer Widerstand, (b): nichtlinearer Widerstand

Metallische Leiter weisen bei konstanter Temperatur eine lineare Strom-Spannungs-Kennlinie auf. Ein durch einen metallischen Leiter hindurchfließender Strom erwärmt den Leiter. Der Zusammenhang zwischen Strom und Spannung wird bei stärkeren Strömen nichtlinear.

■   Die Strom-Spannungs-Kennlinie einer Diode ist nichtlinear.

14.5.2 Elektrischer Leitwert

Elektrischer Leitwert, G, Kehrwert des elektrischen Widerstandes. Quotient aus Strom I und Spannung U.

Leitwert $= \dfrac{1}{\text{Widerstand}} = \dfrac{\text{Strom}}{\text{Spannung}}$			$\mathbf{L^{-2}T^{3}M^{-1}I^{2}}$
$G = \dfrac{1}{R} = \dfrac{I}{U}$	Symbol	Einheit	Benennung
	G	S=A/V	elektrischer Leitwert
	R	Ω	elektrischer Widerstand
	I	A	Strom
	U	V	Spannung

Siemens, S, SI-Einheit des elektrischen Leitwertes G. Beträgt der elektrische Widerstand eines Leiters $R = 1\,\Omega$, so ist die elektrische Leitfähigkeit $G = 1$ S.
$[G] = \text{S} = 1/\Omega = \text{A/V}$.

14.5.3 Spezifischer Widerstand und elektrische Leitfähigkeit

Spezifischer Widerstand, ρ, materialabhängige Größe, unabhängig von der Geometrie des Leiters.
Elektrische Leitfähigkeit, κ, Kehrwert des spezifischen Widerstandes.

1. Widerstand eines Drahtes,

R, proportional der Drahtlänge l und umgekehrt proportional dem Drahtquerschnitt A. Die Proportionalitätskonstante ist der spezifische Widerstand ρ (**Abb. 14.8**).

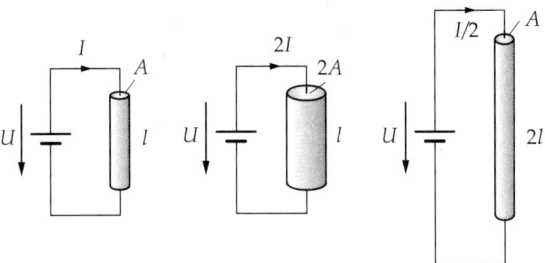

Abbildung 14.8: Widerstand eines Drahtes in Abhängigkeit von Querschnitt A und Länge l

Widerstand = spezifischer Widerstand · $\dfrac{\text{Länge}}{\text{Fläche}}$			$L^2T^{-3}MI^{-2}$
$R = \rho \cdot \dfrac{l}{A}$	Symbol	Einheit	Benennung
	R	Ω	Widerstand
	ρ	Ωm	spezifischer Widerstand
$= \dfrac{1}{\kappa} \cdot \dfrac{l}{A}$	κ	S/m	elektrische Leitfähigkeit
	l	m	Drahtlänge
	A	m^2	Drahtquerschnitt

2.   SI-Einheiten des spezifischen Widerstands und der elektrischen Leitfähigkeit

Ohm·Meter, Ωm, SI-Einheit des spezifischen Widerstandes ρ.

$[\rho] = \Omega$m.

➤   **Spezifischer Widerstand und Raumladungsdichte haben dasselbe Formelzeichen ρ.**

➤   **Der spezifische Widerstand ist keine massenbezogene, sondern eine materialspezifische Größe, im Unterschied zu der Terminologie, wie sie in der Wärmelehre üblich ist.**

Siemens/Meter, S/m, SI-Einheit der elektrischen Leitfähigkeit κ.

$[\kappa] = $S/m.

■   Spezifischer Widerstand von Gold $2.04 \cdot 10^{-2}\ \Omega \cdot \text{mm}^2/\text{m}$, von Platin-Rhodium(20%)-Legierung $20 \cdot 10^{-2}\ \Omega \cdot \text{mm}^2/\text{m}$, Graphit $800 \cdot 10^{-2}\ \Omega \cdot \text{mm}^2/\text{m}$.

Der spezifische Widerstand von Metallen ist in **Tab. 19.1/1**, von einigen Legierungen in **Tab. 19.1/4** und von einigen Widerstandslegierungen in **Tab. 19.3/1** angegeben. Der spezifische Widerstand von Isolierstoffen ist in den **Tab. 19.2/5 und 19.2/6** aufgeführt.

■   Ein Kupferdraht der Länge $l = 2$ m mit dem Querschnitt $A = 1$ mm^2 besitzt den spezifischen Widerstand $\rho = 0.0178\ \Omega \text{mm}^2/\text{m}$. Dann beträgt der Widerstand dieses Drahtes

$$R = \rho \cdot \frac{l}{A} = 0.0178\ \Omega \text{mm}^2/\text{m} \cdot \frac{2\ \text{m}}{1\ \text{mm}^2} = 0.0356\ \Omega.$$

14.5.4   Beweglichkeit von Ladungsträgern

1.   Beweglichkeit von Ladungsträgern,

b, gibt die mittlere Driftgeschwindigkeit $\bar{v}$ von Ladungsträgern im elektrischen Feld der Feldstärke E an.

Beweglichkeit = $\dfrac{\text{mittlere Geschwindigkeit}}{\text{Feldstärke}}$			$T^2M^{-1}I$
	Symbol	Einheit	Benennung
$b = \dfrac{\bar{v}}{E}$	b	m²/(Vs)	Beweglichkeit
	$\bar{v}$	m/s	mittlere Driftgeschwindigkeit
$= \dfrac{\bar{v} \cdot l}{U}$	E	V/m	elektrische Feldstärke
	l	m	Abstand
	U	V	Spannungsabfall

Meter²/Volt·Sekunde, m²/(Vs), SI-Einheit der Beweglichkeit b,
$[b] = \text{m}^2/(\text{Vs})$.

Bei einem linearen Widerstand ist die mittlere Driftgeschwindigkeit proportional zur elektrischen Feldstärke.

Die elektrische Leitfähigkeit κ ist das Produkt aus Ladungsträgerdichte ρ und Beweglichkeit der Ladungsträger b,

$$\kappa = \rho \cdot b.$$

■   Elektrische Leitfähigkeit von Feingold: 45.7 $\Omega^{-1}\text{m} \cdot \text{mm}^{-2}$.

Die elektrische Leitfähigkeit einiger Kontaktwerkstoffe ist in **Tab. 19.3/3** angegeben.

2.   Beispiel zur Beweglichkeit von Elektronen

An den Enden eines 1 m langen Metalldrahtes liege die Spannung $U = 5$ V. Die mittlere Driftgeschwindigkeit der Elektronen im Draht betrage $\bar{v} = 50\,\mu\text{m/s} = 5 \cdot 10^{-5}$ m/s. Dann beträgt die Beweglichkeit der Elektronen

$$b = \frac{\bar{v} \cdot l}{U} = \frac{5 \cdot 10^{-5}\,\text{m/s} \cdot 1\,\text{m}}{5\,\text{V}} = 10^{-5}\,\text{m}^2/\text{Vs}.$$

Die Ladungsdichte der Elektronen im Metall beträgt $\rho = 1.36 \cdot 10^{10}$ C/m³. Dann ist die elektrische Leitfähigkeit des Metalldrahtes gegeben durch

$$\kappa = \rho \cdot b = 1.36 \cdot 10^{10}\,\text{C/m}^3 \cdot 10^{-5}\,\text{m}^2/\text{Vs} = 1.36 \cdot 10^5\,\text{S/m}.$$

Der spezifische Widerstand des Drahtes ist

$$\rho = \frac{1}{\kappa} = 7.35 \cdot 10^{-6}\,\Omega\text{m}.$$

14.5.5   Temperaturabhängigkeit des Widerstandes

Der spezifische Widerstand ρ und damit der elektrische Widerstand R eines Leiters sind temperaturabhängig. In vielen Fällen kann man annehmen, dass sich der Widerstand linear mit der Temperatur ändert. Dann genügt die Angabe des Widerstands bei einer bestimmten Temperatur (meistens Raumtemperatur $\theta_0 = 293$ K) und eines Temperaturkoeffizienten.

1.   Temperaturkoeffizient,

auch **Temperaturbeiwert**, Proportionalitätskonstante, die die relative Änderung des Widerstands $\Delta R/R$ bei Änderung der Temperatur um $\Delta\theta = 1$ K angibt.

Widerstand als Funktion der Temperatur			$L^2T^{-3}MI^{-2}$
	Symbol	Einheit	Benennung
$R(\theta) = R_0(1 + \alpha\Delta\theta)$	R, R_0	Ω	Widerstand bei Temperatur θ, θ_0
	ρ, ρ_0	Ωm	spezifischer Widerstand bei Temperatur θ, θ_0
$\rho(\theta) = \rho_0(1 + \alpha\Delta\theta)$	$\Delta\theta$	K	Temperaturänderung
	α	1/K	Temperaturkoeffizient

1/Kelvin, SI-Einheit des Temperaturkoeffizienten.

$[\alpha] = 1/K$.

2.   Eigenschaften des Temperaturkoeffizienten

Für viele Leiter liegt der Temperaturkoeffizient im Bereich 10^{-3} 1/K, z.B. für Gold ist $\alpha = 4 \cdot 10^{-3}$ 1/K. Der Temperaturkoeffizient ist für verschiedene Leiter in **Tab. 19.1/1**, für Legierungen in **Tab. 19.1/4** und für Widerstandslegierungen in **Tab. 19.3/1** aufgeführt.

Ändert sich der Widerstand nichtlinear mit der Temperatur, so verwendet man einen Potenzreihenansatz

$$R = R_0 \cdot (1 + \sum_i \alpha_i (\Delta\theta)^i)$$

und führt eine entsprechende Anzahl von Koeffizienten α_i, $i = 1, \ldots, n$ ein, um die Widerstandsänderung zu beschreiben.

■   Festwiderstände für Schaltkreise sollten ihren Wert mit der Temperatur möglichst nicht ändern.

Kaltleiter, PTC (Positive Temperature Coefficient), Widerstand steigt mit zunehmender Temperatur stark an, der Temperaturkoeffizient ist positiv. PTC bestehen aus Metalldrähten. Verwendung als Thermostat, Temperaturfühler und Stromstabilisator.

Heißleiter, NTC (Negative Temperature Coefficient), Widerstand fällt mit steigender Temperatur, der Temperaturkoeffizient ist negativ. NTC bestehen aus einer halbleitenden Oxidkeramik. Verwendung als Temperaturfühler und Spannungsstabilisator (**Abb. 14.9**).

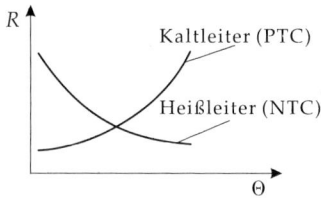

Abbildung 14.9: Kennlinie eines Heißleiters ($\alpha < 0$) und eines Kaltleiters ($\alpha > 0$).
θ: Temperatur

➤   Der elektrische Widerstand von Metallen kann auch vom Druck abhängen. Analog zum Temperaturkoeffizienten führt man dann einen Druckkoeffizienten $(1/\rho)d\rho/dp$ ein. Der Druckkoeffizient ist für einige Metalle in Tab. 19.1/2 angegeben.

14.5.6   Veränderliche Widerstände

Veränderliche Widerstandsbauelemente, ändern ihren Widerstand in Abhängigkeit von äußeren Einflüssen.

Neben temperaturabhängigen sowie druckabhängigen Widerständen existieren folgende Widerstandsbauelemente:

- **Einstellbarer Widerstand, Potentiometer**, ändert seinen Widerstand durch manuelle Einwirkung. Linear verstellbare Widerstände werden als Spannungsteiler eingesetzt, logarithmisch verstellbare Widerstände dienen als Lautstärkeregler.
- **Fotowiderstand, LDR** (Light Dependent Resistance), ändert seinen Widerstand nach der Stärke des Lichteinfalls, Einsatz als Belichtungsmesser
- **Spannungsabhängiger Widerstand, VDR** (Voltage Dependent Resistance), **Varistor**, ändert seinen Widerstand mit der anliegenden Spannung. Wird zur Spannungsstabilisierung verwendet.

14.5.7   Schaltung von Widerständen

1.   Reihenschaltung aus N Widerständen

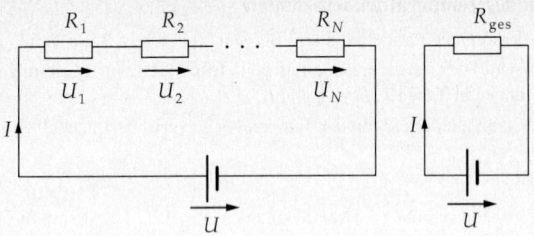

Abbildung 14.10: Reihenschaltung von Widerständen

Die Stromstärke I ist in allen Widerständen die Gleiche. Der gesamte Spannungsabfall U, der sich aus den Teilspannungen $U_i = R_i \cdot I$ an den Widerständen R_i zusammensetzt, lässt sich durch einen Gesamtwiderstand R_{ges} ausdrücken:

$$U = U_1 + U_2 + U_3 + \cdots + U_N,$$
$$U = R_{ges} \cdot I,$$
$$R_{ges} = R_1 + R_2 + R_3 + \cdots + R_N.$$

Für den Gesamtleitwert G_{ges} gilt:

$$\frac{1}{G_{ges}} = \frac{1}{G_1} + \frac{1}{G_2} + \frac{1}{G_3} + \cdots + \frac{1}{G_N}.$$

2.   Parallelschaltung aus N Widerständen

Die Spannung U ist in allen Zweigen gleich. In den Zweigen fließen die Teilstromstärken $I_i = U/R_i$, die sich zum Gesamtstrom I summieren,

$$I = I_1 + I_2 + I_3 + \cdots + I_N,$$
$$\frac{1}{R_{ges}} = \frac{1}{R_1} + \frac{1}{R_2} + \frac{1}{R_3} + \cdots + \frac{1}{R_N}.$$

Der Gesamtwiderstand R_{ges} ist kleiner als jeder Einzelwiderstand R_i. Der Gesamtleitwert G_{ges} ist die Summe der einzelnen Leitwerte G_i,

$$G_{ges} = G_1 + G_2 + G_3 + \cdots + G_N.$$

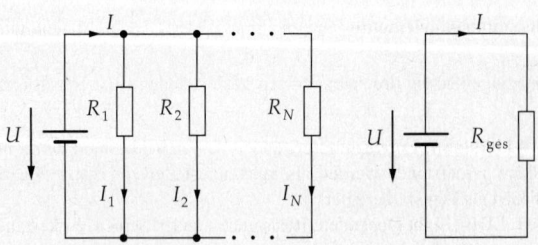

Abbildung 14.11: Parallelschaltung von Widerständen

3. Potentiometerschaltung,

zur Aufteilung der Gesamtspannung U in kleinere Teilspannungen, wobei der Spannungsteiler durch einen äußeren Widerstand R_a belastet ist. Für die abgegriffene Teilspannung U_a gilt:

$$U_a = U \frac{R_2 R_a}{R_1 R_2 + R_a(R_1 + R_2)} \, .$$

Im unbelasteten Fall ($R_a \gg R_1 R_2/(R_1 + R_2)$), der Strom durch den äußeren Widerstand R_a kann vernachlässigt werden) vereinfacht sich die Formel,

$$U_a = U \frac{R_2}{R_1 + R_2} \, .$$

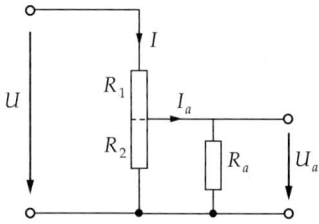

Abbildung 14.12: Potentiometerschaltung

15 Elektrisches und magnetisches Feld

Elektrische Felder werden von elektrischen Ladungen und/oder von zeitlich variierenden magnetischen Feldern hervorgerufen.

Magnetische Felder entstehen durch Permanentmagnete oder Ströme, also bewegte elektrische Ladungen.

Eine bewegte elektrische Ladung ist sowohl von einem elektrischen als auch von einem magnetischen Feld umgeben. In ihrem Ruhesystem erzeugt eine elektrische Ladung nur ein elektrisches, aber kein magnetisches Feld.

Elektrische und magnetische Felder sind Vektorfelder.

Vektorfeld, $\vec{V}(\vec{r})$, Funktion, die jedem Punkt des Raumes mit den Koordinaten $\vec{r} = (x, y, z)$ einen Vektor zuordnet:

$$\vec{V} = \vec{V}(\vec{r}).$$

Skalarfeld, $f(\vec{r})$, Funktion, die jedem Punkt des Raumes $\vec{r} = (x, y, z)$ eine Zahl zuordnet:

$$f = f(\vec{r}).$$

■ Das elektrische Feld ist ein Vektorfeld. In jedem Raumpunkt $\vec{r}$ existiert die elektrische Feldstärke $\vec{E}(\vec{r})$.

Das elektrische Potential ist ein Skalarfeld. Jedem Raumpunkt $\vec{r}$ wird eine Zahl, das Potential $\varphi(\vec{r})$, zugeordnet.

➤ Das Argument $\vec{r}$ wird meist weggelassen, obwohl eine Ortsabhängigkeit bestehen kann, wie im Falle des elektrischen Feldes einer Punktladung.

15.1 Elektrisches Feld

Elektrisches Feld, Eigenschaft des Raumes in der Umgebung elektrischer Ladungen. Das elektrische Feld ist ein Vektorfeld. Jedem Raumpunkt lässt sich eine elektrische Feldstärke zuordnen, die der lokalen Kraft auf elektrische Ladungen proportional ist.

1. Elektrische Feldstärke,

$\vec{E}$, Vektor, dessen Betrag E die Stärke des elektrischen Feldes angibt und dessen Orientierung der Richtung entspricht, in die eine positive Probeladung beschleunigt wird. Die elektrische Feldstärke wird bestimmt durch die Kraft $\vec{F}$, die eine Probeladung Q in einem elektrischen Feld erfährt, bezogen auf den Betrag der Probeladung:

elektrisches Feld $= \dfrac{\text{Kraft}}{\text{Probeladung}}$			$LT^{-3}MI^{-1}$
	Symbol	Einheit	Benennung
$\vec{F} = Q\vec{E}$ $\vec{E} = \dfrac{\vec{F}}{Q}$	$\vec{E}$	V/m	elektrische Feldstärke
	$\vec{F}$	N	Kraft auf Probeladung
	Q	C	Probeladung

Volt/Meter, V/m, SI-Einheit der elektrischen Feldstärke $\vec{E}$. In einem Raumpunkt $\vec{r}$ beträgt die Feldstärke $E = 1$ V/m, wenn auf eine Ladung $Q = 1$ C am Ort $\vec{r}$ die Kraft $F = 1$ N wirkt,

$$[\vec{E}] = V/m = N/C.$$

➤ Das Auftreten von positiven und negativen Ladungen führt dazu, dass elektrische Felder abgeschirmt werden können. Im Gegensatz dazu lässt sich das Gravitationsfeld nicht abschirmen.

2. Probeladung,

Ladung, die in das elektrische Feld eingebracht wird, um die elektrische Feldstärke nach Betrag und Richtung zu bestimmen. Die Ladung soll so klein sein, dass sie das zu messende ursprüngliche Feld nur geringfügig stört. In theoretischen Betrachtungen kann man die Probeladung infinitesimal klein werden lassen, auch wenn eine physikalische untere Grenze (die Elementarladung) besteht.

■ Wirkt auf eine Probeladung der Größe $Q = -10^{-9}$ C die Kraft $F = 10^{-5}$ N, so beträgt die elektrische Feldstärke am Ort der Probeladung $E = 10^4$ V/m. Die Richtung der elektrischen Feldstärke ist der Kraftrichtung entgegengesetzt.

3. Homogenes elektrisches Feld,

die Feldstärke ist in jedem Punkt des betrachteten Raumbereichs nach Betrag und Richtung konstant. Auf eine Probeladung Q wirkt in jedem Punkt dieses Raumbereichs die gleiche Kraft $\vec{F}$:

$$\vec{E} = \frac{\vec{F}}{Q}.$$

■ Abgesehen von den Plattenrändern ist das elektrische Feld in einem Plattenkondensator homogen, wenn der Plattenabstand klein gegen die Ausdehnung der Platten ist.

15.2 Influenz

1. Elektrischer Leiter,

Material, in dem frei bewegliche Ladungen vorhanden sind.

■ Metalle sind Leiter. Die beweglichen Ladungen sind die Leitungselektronen.
Salzlösungen sind Leiter. Die beweglichen Ladungen sind die positiven und negativen Ionen.
Ein Plasma ist ein Leiter. Die beweglichen Ladungen sind die Elektronen und die positiven Atomrümpfe.

Gleichnamige Ladungen stoßen sich ab. Unkompensierte gleichnamige Ladungen bewegen sich daher im Leiter so lange, bis sie den größtmöglichen Abstand voneinander eingenommen haben.

▲ Die elektrische Ladung eines geladenen Leiters befindet sich auf seiner Oberfläche. Das Innere eines metallischen Leiters ist feldfrei. Sonst würden dort Kräfte auf die freien Ladungsträger wirken, wodurch diese verschoben würden.

2. Influenz,

Verschiebung der beweglichen Ladungen in einem Leiter, wenn er in ein elektrisches Feld gebracht wird.

■ Wird ein Metall zwischen die Platten eines geladenen Kondensators gebracht, so bewegen sich die Leitungselektronen in Richtung der positiv geladenen Kondensatorplatte. Zwischen den zurückbleibenden (positiv geladenen) Atomrümpfen und den verschobenen (negativ geladenen) Elektronen baut sich ein elektrisches Feld auf, das dem ursprünglichen Feld im Kondensator entgegengerichtet ist. Die Bewegung der Elektronen hört dann auf, wenn sich diese elektrischen Felder gerade kompensieren.

➤ Bei Nichtleitern wird die Ladungstrennung in den Atomen oder Molekülen (Dipolbildung) als **Polarisation** bezeichnet.

15.2.1 Elektrische Feldlinien

1. Feldlinien,

dienen der Veranschaulichung der Kraftwirkung des elektrischen Feldes im Raum.

Man trifft folgende Vereinbarungen:

• Die Richtung der Feldlinien in einem Punkt entspricht der Richtung der elektrischen Feldstärke, d. h. der Kraftwirkung auf eine positive Ladung in diesem Punkt.

- Feldlinien zeigen von einer positiven Punktladung (Quelle) weg, zu einer negativen Punktladung (Senke) hin.

Daher folgt:

- Es gibt in der Elektrostatik keine in sich geschlossenen elektrischen Feldlinien. Das elektrostatische Feld ist **wirbelfrei**.
- Feldlinien können sich nicht schneiden; die Richtung der elektrischen Feldstärke ist in jedem Punkt eindeutig.
- Je höher die Feldliniendichte, um so höher ist die Feldstärke.
- ▲ Die Feldlinien treten bei einem geladenen metallischen Leiter senkrecht aus der Leiteroberfläche aus.

Wäre eine Komponente der elektrischen Feldstärke tangential zur Leiteroberfläche vorhanden, so würden sich die Ladungsträger so lange verschieben, bis ein Kräftegleichgewicht eingetreten ist. Dies ist dann erreicht, wenn die Tangentialkomponente der Feldstärke verschwindet.

2.   Faradayscher Käfig,

die metallische Umhüllung eines ladungsfreien Raumes, der sich in einem elektrischen Feld befindet, sorgt dafür, dass im Raum selbst kein elektrisches Feld mehr vorhanden ist (Abschirmung).

- ■ Während eines Gewitters schützt zum Beispiel das Auto als Faradayscher Käfig die Insassen vor Blitzschlägen (sofern die Insassen sich ganz im Innern des Wagens befinden und von der metallischen Außenhaut isoliert sind).

3.   Feldlinien verschiedener Ladungsverteilungen

a)   Punktladung, Ladung, deren räumliche Ausdehnung infinitesimal klein ist. Elektrische Feldlinien einer positiven Punktladung zeigen per Definition radial von ihr weg (**Abb. 15.1 (a)**), elektrische Feldlinien einer negativen Punktladung zeigen radial zu ihr hin (**Abb. 15.1 (b)**). Das elektrische Feld um eine Punktladung ist isotrop.

Abb. 15.1 (c) und (d) zeigen die Feldlinien eines Systems aus zwei Punktladungen.

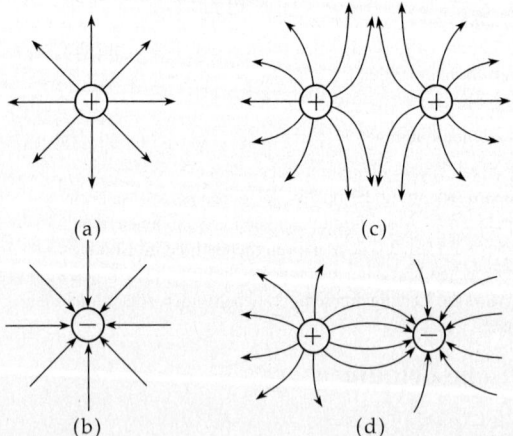

Abbildung 15.1: Elektrische Feldlinien. (a): positive Punktladung, (b): negative Punktladung, (c): zwei gleich große, gleichnamige Ladungen, (d): zwei gleich große, ungleichnamige Ladungen

b)   Punktladung vor leitender Platte: Abb. 15.2 demonstriert das Feldlinienbild einer Punktladung, die sich vor einer geladenen Platte befindet.

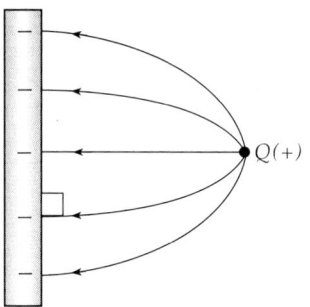

Abbildung 15.2: Elektrische Feldlinien. Punktladung vor leitender Platte

c)   Plattenkondensator, zwei entgegengesetzt geladene plattenförmige Leiter, die sich in einem Abstand voneinander befinden. Elektrische Feldlinien zwischen den Platten sind, abgesehen von den Randbezirken, parallel und stehen senkrecht zu den Plattenoberflächen (**Abb. 15.3 (a)**). Das elektrische Feld im Innern des Plattenkondensators ist homogen.
Abb. 15.3 (b) zeigt die Feldlinien eines Kugelkondensators.

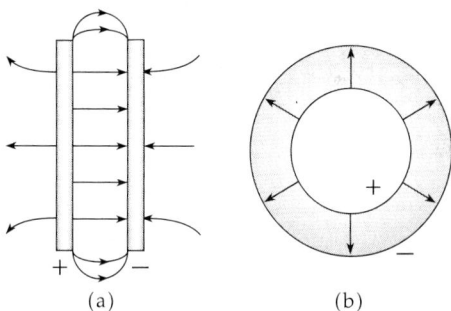

(a)   (b)

Abbildung 15.3: Elektrische Feldlinien. (a): Plattenkondensator, (b): Kugelkondensator

4.   Elektrischer Dipol,
zwei Punktladungen $+Q$ und $-Q$, die einen Abstand d voneinander besitzen. Die positive Ladung befindet sich am Ort $\vec{r}_+$ und die negative Ladung am Ort $\vec{r}_-$.

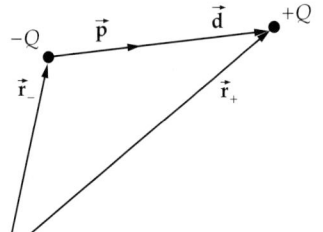

Abbildung 15.4: Elektrischer Dipol. $\vec{p}$: Dipolmoment

Elektrisches Dipolmoment, $\vec{p}$, Produkt aus Ladung Q und Abstandsvektor $\vec{d}$ der Ladungen:

$$\vec{p} = Q(\vec{r}_+ - \vec{r}_-) = Q\vec{d}.$$

Die beiden Punktladungen werden als Pole bezeichnet. Die Verbindungslinie der Pole ist die Dipolachse. Das Dipolmoment $\vec{p}$ ist ein Vektor in der Dipolachse, der per Definition von der negativen zur positiven Ladung zeigt.

5.   Dipol im elektrischen Feld

▲   Der Dipol ist nach außen hin elektrisch neutral.

Die potentielle Energie E_{pot} eines Dipols im elektrischen Feld $\vec{E}$ ist

$$E_{pot} = -\vec{p} \cdot \vec{E}.$$

Im homogenen elektrischen Feld $\vec{E}$ wirkt auf einen Dipol ein Drehmoment $\vec{M}$ (**Abb. 15.5 (a)**),

$$\vec{M} = \vec{p} \times \vec{E} = Q \cdot (\vec{d} \times \vec{E}).$$

Das Drehmoment dreht den Dipol in Richtung des elektrischen Feldes.

Im inhomogenen elektrischen Feld $\vec{E}$ erfährt der Dipol eine Kraft $\vec{F}$, die ihn in Gebiete höherer Feldstärke hineinzieht (**Abb. 15.5 (b)**),

$$\vec{F} = \left(\vec{p} \cdot \frac{\partial}{\partial \vec{r}} \right) \vec{E}.$$

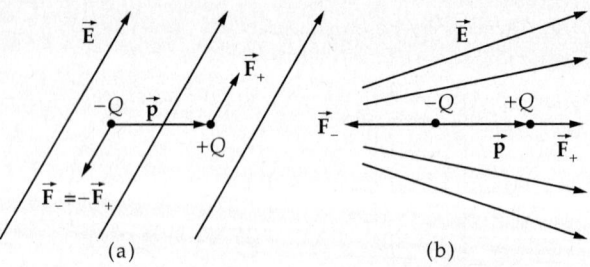

(a)   (b)

Abbildung 15.5: Dipol im elektrischen Feld $\vec{E}$. (a): Kräftepaar und Drehmoment im homogenen elektrischen Feld, (b): Kraft auf elektrischen Dipol im inhomogenen elektrischen Feld ($F_- > F_+$)

■   Das Wassermolekül H_2O besitzt ein permanentes elektrisches Dipolmoment von $6.17 \cdot 10^{-30}$ C · m.

6.   Elektrisches Feld in großem Abstand vom Dipol

Das elektrische Feld eines Dipols im großen Abstand von den Ladungen ist in **Abb. 15.6 (a)** dargestellt. Eine Ladungsverteilung, die kein Dipolmoment aufweist, kann ein nichtverschwindendes **Quadrupolmoment** besitzen. Das elektrische Feld in großem Abstand von den Ladungen zeigt **Abb. 15.6 (b)**.

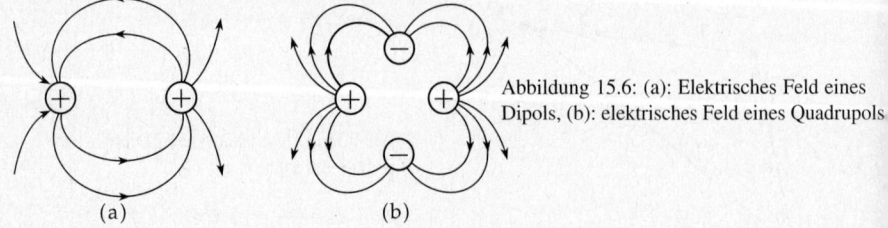

Abbildung 15.6: (a): Elektrisches Feld eines Dipols, (b): elektrisches Feld eines Quadrupols

(a)   (b)

15.2.2 Elektrische Feldstärke von Punktladungen

1. Elektrische Feldstärke einer Punktladung,

$\vec{E}$, gerichtete Größe. Der Betrag gibt die Stärke des elektrischen Feldes einer Punktladung Q im Abstand r von dieser Punktladung an; die Feldstärke zeigt radial von einer positiven Ladung weg und zu einer negativen Ladung hin. Sie fällt mit dem Quadrat des Abstandes ab.

Feldstärke $\sim \dfrac{\text{Ladung}}{\text{Abstandsquadrat}}$			$LT^{-3}MI^{-1}$
$\vec{E} = \dfrac{Q}{4\pi\varepsilon_0 r^2}\dfrac{\vec{r}}{r}$	Symbol	Einheit	Benennung
	$\vec{E}$	N/C = V/m	elektrische Feldstärke der Ladung Q
	Q	C	felderzeugende Ladung
	$\vec{r}$	m	Abstandsvektor
	ε_0	C/(Vm)	elektrische Feldkonstante

■ Eine Ladung $Q = 10^{-6}$ C erzeugt im Abstand $r = 1$ m die elektrische Feldstärke

$$E = \frac{Q}{4\pi\varepsilon_0 r^2} = \frac{10^{-6}\,\text{C}}{4\pi\varepsilon_0 \cdot (1\,\text{m})^2} = 8988\,\text{V/m}.$$

Die Richtung der elektrischen Feldstärke zeigt radial von der Punktladung weg.

2. Elektrische Feldstärke vieler Punktladungen

Elektrische Feldstärke $\vec{E}$ von N Punktladungen an den Raumpunkten $\vec{r}_i$, ergibt sich aus der Superposition der elektrischen Feldstärken $\vec{E}_i$ aller Punktladung:

$$\vec{E}(\vec{r}) = \sum_{i=1}^{N} \vec{E}_i(\vec{r}_i) = \frac{1}{4\pi\varepsilon_0} \sum_{i=1}^{N} \frac{Q_i}{|\vec{r} - \vec{r}_i|^2} \frac{\vec{r} - \vec{r}_i}{|\vec{r} - \vec{r}_i|}.$$

3. Elektrische Feldstärke von Ladungsverteilungen

Elektrische Feldstärke $\vec{E}$ einer räumlichen Ladungsverteilung $\rho(\vec{r}')$, ergibt sich als Integral

$$\vec{E}(\vec{r}) = \frac{1}{4\pi\varepsilon_0} \int_V \frac{\rho(\vec{r}')}{|\vec{r} - \vec{r}'|^2} \frac{\vec{r} - \vec{r}'}{|\vec{r} - \vec{r}'|} dV'.$$

15.3 Kraft

Die Kraft auf eine elektrische Probeladung Q im elektrischen Feld ist das Produkt aus der Ladung Q und der elektrischen Feldstärke $\vec{E}$. Die Kraft ist eine gerichtete Größe. Sie zeigt für eine positive Ladung Q in Richtung des elektrischen Feldes, für eine negative Ladung Q in die entgegengesetzte Richtung.

Kraft = Probeladung · elektrische Feldstärke			$LT^{-2}M$
$\vec{F} = Q \cdot \vec{E}$	Symbol	Einheit	Benennung
	$\vec{F}$	N	Kraft auf elektrische Ladung
	Q	C	elektrische Ladung
	$\vec{E}$	N/C = V/m	elektrische Feldstärke

■ Eine negative Ladung $Q = -10^{-6}$ C erfährt bei einer elektrischen Feldstärke $E = 200$ V/m eine Kraft

$$F = 10^{-6}\,\text{C} \cdot 200\,\text{V/m} = 2 \cdot 10^{-4}\,\text{N}.$$

Die Kraft $\vec{F}$ ist entgegengesetzt zur elektrischen Feldstärke $\vec{E}$ gerichtet.

15.4   Elektrische Spannung

1.   Definition der Spannung

Elektrische Spannung, U, zwischen zwei Punkten A und B, die Arbeit, die die Kraft $\vec{F} = Q\vec{E}$ bei der Verschiebung einer Probeladung Q längs eines Weges s von Punkt A nach Punkt B verrichtet, dividiert durch die Probeladung Q (**Abb. 15.7**).

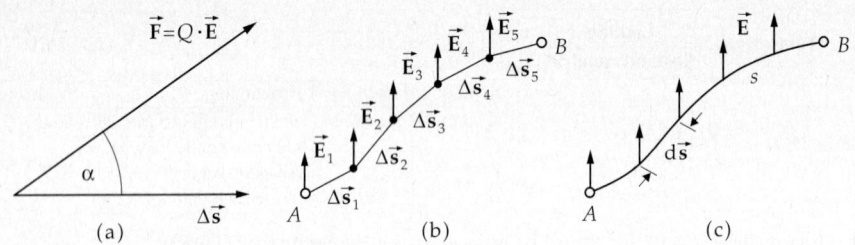

Abbildung 15.7: Verschiebung einer Ladung im elektrischen Feld. (a): Verschiebung längs eines Wegelementes Δs, (b): Verschiebung längs eines Polygonzuges von A nach B, (c): Verschiebung längs eines Weges s von A nach B

Ist die Kraft $\vec{F}$ längs eines Wegelementes $\Delta\vec{s}$ konstant, so ergibt sich die Spannung, also die Arbeit ΔW pro Probeladung Q, zu

$$U = \frac{\Delta W}{Q} = \frac{F\Delta s \cos\alpha}{Q} = \vec{E}\cdot\Delta\vec{s}.$$

α ist der Winkel zwischen Kraftrichtung und Richtung des Wegelementes (**Abb. 15.7**).

2.   Darstellung der Spannung als Integral

Für einen beliebigen Weg s vom Punkt A zum Punkt B wird eine Unterteilung in gerade Wegelemente $\Delta\vec{s}_i$ durchgeführt. Die elektrische Spannung U_{AB} zwischen den Punkten A und B ergibt sich dann als Summe über die Beiträge ΔU_i jedes einzelnen Wegelements:

$$U_{AB} = \sum_i \Delta U_i = \sum_i \vec{E}\cdot\Delta\vec{s}_i.$$

Macht man die Unterteilung immer feiner, so geht die Summe in ein Integral über:

Spannung $= \dfrac{\textbf{Arbeit}}{\textbf{Probeladung}}$			$\mathbf{L^2T^{-3}MI^{-1}}$
$U_{AB} = \dfrac{W_{AB}}{Q}$	Symbol	Einheit	Benennung
	U_{AB}	V = Nm/C	Spannung zwischen A und B
	W_{AB}	J = Nm	verrichtete Arbeit
$= \displaystyle\int_A^B \vec{E}\mathrm{d}\vec{s}$	Q	C	Probeladung
	$\vec{E}$	V/m	elektrische Feldstärke
	$\mathrm{d}\vec{s}$	m	Wegelement

Volt, V, SI-Einheit der elektrischen Spannung U. 1 V beträgt die Spannung, wenn für die Verschiebung einer Ladung $Q = 1$ C die Arbeit $W = 1$ J aufgewendet werden muss,

$$[U] = \mathrm{V} = \mathrm{J/C}.$$

▲   Das Integral der elektrischen Feldstärke $\vec{E}$ längs eines geschlossenen Wegs s ist null,

$$\oint_s \vec{E}\cdot\mathrm{d}\vec{s} = 0.$$

Diese Aussage entspricht der Energieerhaltung. Eine Folgerung daraus ist die Maschenregel oder der zweite Kirchhoffsche Satz.

3.   Elektrische Spannung zwischen Kondensatorplatten,

Produkt aus elektrischer Feldstärke E und Abstand d der Kondensatorplatten:

Spannung = Feldstärke · Plattenabstand			$\mathbf{L^2T^{-3}MI^{-1}}$
	Symbol	Einheit	Benennung
$U = Ed$	U	V = Nm/C	elektrische Spannung
	E	N/C = V/m	elektrische Feldstärke
	d	m	Plattenabstand

Die elektrische Kraft zwischen den Platten ist konstant. Das elektrische Feld $\vec{E}$ ist homogen. Die Stärke des elektrischen Feldes ist

$$|\vec{E}| = \frac{U}{d}.$$

15.5   Elektrisches Potential

1.   Definition und Eigenschaften des Potentials

Elektrisches Potential, φ_A eines Punktes A im elektrischen Feld, Spannung zwischen dem Punkt A und einem festen Bezugspunkt P. Das elektrische Potential φ_A gibt die Arbeit W'_A an, die die Kraft $\vec{F}' = -Q\vec{E}$ verrichten muss, um die Ladung Q vom Punkt P zum Punkt A zu verschieben.

Als Bezugspunkt P wird meist ein Punkt im Unendlichen gewählt, an dem das Potential gleich null gesetzt wird, $\varphi_P = \varphi_\infty = 0$.

▲   Das Potential hängt damit nur noch vom Punkt A ab. Das Potential ist also eine skalare Funktion des Ortes.

Die Arbeit W'_A definiert die potentielle Energie $E_{\text{pot}}(A)$ einer Ladung Q im Punkt A des elektrischen Feldes $\vec{E}$,

$$E_{\text{pot}}(A) = Q \cdot \varphi_A, \quad E_{\text{pot}}(\infty) = 0.$$

Potential $= \dfrac{\text{Arbeit}}{\text{Probeladung}}$			$\mathbf{L^2T^{-3}MI^{-1}}$
	Symbol	Einheit	Benennung
$\varphi_A = \dfrac{W'_A}{Q} = \dfrac{E_{\text{pot}}(A)}{Q}$	φ_A	V = Nm/C	Potential am Punkt A
	W'_A	J = Nm	Arbeit bei Verschiebung von Q
	Q	C	Probeladung
$= -\displaystyle\int_\infty^A \vec{E} \cdot d\vec{s}$	$\vec{E}$	N/C = V/m	elektrische Feldstärke
	$d\vec{s}$	m	infinitesimales Wegelement
	E_{pot}	J	potentielle Energie

2.   Potential und Feldstärke

Potentialdifferenz $\varphi_A - \varphi_B$, Spannung zwischen zwei Punkten A und B:

$$\varphi_A - \varphi_B = -\int_\infty^A \vec{E} \cdot d\vec{s} - \left(-\int_\infty^B \vec{E} \cdot d\vec{s}\right)$$

$$= \int_A^B \vec{E} \cdot d\vec{s} = U_{AB}$$

Die Komponente der elektrischen Feldstärke $\vec{E}$ in x-, y-, z-Richtung ergibt sich aus der Ableitung des Potentials nach dieser Richtung:

$$E_x = -\frac{d\varphi}{dx}, \quad E_y = -\frac{d\varphi}{dy}, \quad E_z = -\frac{d\varphi}{dz}.$$

In drei Dimensionen erhält man die Feldstärke $\vec{E}$ aus dem elektrischen Potential φ durch Bildung des Gradienten:

$$\vec{E} = -\operatorname{grad}\varphi = -\left(\frac{\partial\varphi}{\partial x}\vec{e}_x + \frac{\partial\varphi}{\partial y}\vec{e}_y + \frac{\partial\varphi}{\partial z}\vec{e}_z\right).$$

$\vec{e}_x, \vec{e}_y, \vec{e}_z$ sind Einheitsvektoren in x-, y-, z-Richtung.

➤   Die elektrische Feldstärke ist unabhängig von der Wahl des Bezugpunktes.

3.   Potentialgleichung

Das Potential einer Ladungsverteilung $\rho(\vec{r})$ ist gegeben durch

$$\varphi(\vec{r}) = \frac{1}{4\pi\varepsilon_0} \int \frac{\rho(\vec{r}')}{|\vec{r} - \vec{r}'|}\, dV'.$$

Poisson-Gleichung, Potentialgleichung, Differentialgleichung zur Berechnung des elektrischen Potentials φ aus der Ladungsdichte $\rho(\vec{r})$,

$$\Delta\varphi = \left(\frac{\partial^2}{\partial x^2} + \frac{\partial^2}{\partial y^2} + \frac{\partial^2}{\partial z^2}\right)\varphi = -\frac{\rho}{\varepsilon_0}.$$

15.5.1   Äquipotentialflächen

Äquipotentialflächen, Flächen gleichen elektrischen Potentials. Äquipotentialflächen können sich nicht schneiden oder berühren. Die elektrische Feldstärke steht immer senkrecht auf den Äquipotentialflächen (**Abb. 15.8**). Äquipotentialflächen entsprechen den Höhenlinien auf Landkarten; die Richtung des steilsten Anstiegs liegt senkrecht zu den Höhenlinien.

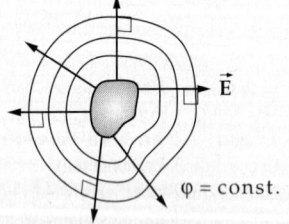

$\varphi = \text{const.}$

$\vec{E}$

Abbildung 15.8: Äquipotentialflächen
$\varphi = \text{const.}$ und elektrische Feldstärke $\vec{E}$ einer
Ladungsverteilung

Die Oberflächen von Leitern sind Äquipotentialflächen. Sonst würde eine Komponente der elektrischen Feldstärke entlang der Oberfläche existieren, die eine Ladungsverschiebung auf der Leiteroberfläche bewirkt.

15.5.2   Feldstärke und Potential einiger Ladungsverteilungen

1.   Punktladung

Das Potential φ einer Punktladung im 3-D-Raum ist umgekehrt proportional zum Abstand r von der Ladung. Die elektrische Feldstärke fällt wie r^{-2} ab.

Feldstärke und Potential einer Punktladung

	Symbol	Einheit	Benennung
$\vec{E} = \dfrac{Q}{4\pi\varepsilon_0}\dfrac{1}{r^2}\dfrac{\vec{r}}{|\vec{r}|}$	$\vec{E}$	V/m	Feldstärke am Ort $\vec{r}$
	φ	V	Potential am Ort $\vec{r}$
$\varphi = \dfrac{Q}{4\pi\varepsilon_0}\dfrac{1}{r}$	Q	C	Punktladung
	$\vec{r}$	m	Ortsvektor
	ε_0	C/(Vm)	elektrische Feldkonstante

2. Dipol

In großem Abstand vom Dipol ($|\vec{r}| \gg |\vec{d}|$) geht das Potential eines Dipols proportional zu r^{-2} gegen Null. Für kleinere Abstände existieren Beimischungen von Potentialfeldern höherer Multipolarität, die aber mit zunehmendem Abstand vom Dipol schneller abklingen, so dass in großem Abstand nur das Dipolfeld übrigbleibt.

Feldstärke und Potential eines Dipols

	Symbol	Einheit	Benennung
$\vec{E} = \dfrac{1}{4\pi\varepsilon_0}\left(\dfrac{3(\vec{p}\cdot\vec{r})\vec{r}}{r^5} - \dfrac{\vec{p}}{r^3}\right)$	$\vec{E}$	V/m	Feldstärke am Ort $\vec{r}$
	φ	V	Potential am Ort $\vec{r}$
$\varphi = \dfrac{1}{4\pi\varepsilon_0}\dfrac{\vec{p}\cdot\vec{r}}{r^3}$	Q	C	Ladung
	$\vec{p}$	Cm	Dipolmoment
$\vec{p} = Q\vec{d}$	$\vec{r}_+$	m	Ortsvektor positiver Pol
	$\vec{r}_-$	m	Ortsvektor negativer Pol
$\vec{d} = \vec{r}_+ - \vec{r}_-$	$\vec{d}$	m	Abstandsvektor
	ε_0	C/(Vm)	elektrische Feldkonstante

3. Geladene Hohlkugel

Das elektrische Feld innerhalb einer homogen geladenen Hohlkugel mit dem Radius R verschwindet. Das elektrische Potential ist in diesem Raumbereich konstant. Das Potential φ im Außenraum der Kugel ($r > R$) ist umgekehrt proportional zum Abstand r vom Kugelmittelpunkt. Die elektrische Feldstärke fällt mit dem Abstand r wie r^{-2} ab.

Feldstärke und Potential außerhalb einer Hohlkugel

	Symbol	Einheit	Benennung
$\vec{E} = \dfrac{Q}{4\pi\varepsilon_0}\dfrac{1}{r^2}\dfrac{\vec{r}}{|\vec{r}|}$	$\vec{E}$	V/m	Feldstärke im Abstand r
	φ	V	Potential im Abstand r
$\varphi = \dfrac{Q}{4\pi\varepsilon_0}\dfrac{1}{r}$	Q	C	Ladung der Hohlkugel
	r	m	Abstand zum Mittelpunkt
	ε_0	C/(Vm)	elektrische Feldkonstante

4. Homogen geladene Kugel

Das elektrische Feld E innerhalb der Kugel wächst linear mit dem Abstand r vom Kugelmittelpunkt an. Das Potential φ innerhalb der Kugel ist proportional zu r^2.

Feldstärke und Potential innerhalb einer Kugel

$$\vec{E} = \frac{Q}{4\pi\varepsilon_0} \frac{r}{R^3} \frac{\vec{r}}{|\vec{r}|}$$

$$\varphi = \frac{Q}{8\pi\varepsilon_0} \left(\frac{3}{R} - \frac{r^2}{R^3} \right)$$

Symbol	Einheit	Benennung
$\vec{E}$	V/m	Feldstärke im Abstand r
φ	V	Potential im Abstand r
Q	C	Ladung der Kugel
r	m	Abstand zum Mittelpunkt
R	m	Kugelradius
ε_0	C/(Vm)	elektrische Feldkonstante

Die elektrische Feldstärke E außerhalb der Kugel fällt mit zunehmenden Abstand r vom Kugelmittelpunkt wie r^{-2} ab. Das Potential φ fällt wie r^{-1} ab.

Feldstärke und Potential außerhalb einer Kugel

$$\vec{E} = \frac{Q}{4\pi\varepsilon_0} \frac{1}{r^2} \frac{\vec{r}}{|\vec{r}|}$$

$$\varphi = \frac{Q}{4\pi\varepsilon_0} \frac{1}{r}$$

Symbol	Einheit	Benennung
$\vec{E}$	V/m	Feldstärke im Abstand r
φ	V	Potential im Abstand r
Q	C	Ladung der Kugel
r	m	Abstand zum Mittelpunkt
ε_0	C/(Vm)	elektrische Feldkonstante

5. Geladener Hohlzylinder

Im Innern eines dünnwandigenden Hohlzylinders mit dem Radius R und der konstanten Oberflächenladung σ verschwindet die elektrische Feldstärke. Das Potential ist im Innenraum konstant. Die elektrische Feldstärke E außerhalb des Hohlzylinders fällt mit zunehmendem Abstand r zur Zylinderachse wie r^{-1} ab. Das Potential fällt mit dem Abstand logarithmisch ab.

Feldstärke und Potential außerhalb eines Hohlzylinders

$$\vec{E} = \frac{\sigma}{\varepsilon_0} \frac{R}{r} \vec{e}_\rho$$

$$\varphi = -\frac{\sigma}{\varepsilon_0} R \ln\left(\frac{r}{R} \right)$$

Symbol	Einheit	Benennung
$\vec{E}$	V/m	Feldstärke am Ort $\vec{r}$
φ	V	Potential am Ort $\vec{r}$
σ	C/m^2	Oberflächenladung des Hohlzylinders
R	m	Radius des Hohlzylinders
$\vec{r}$	m	Ortsvektor
ε_0	C/(Vm)	elektrische Feldkonstante

$\vec{e}_\rho$ ist ein Einheitsvektor in Richtung des Zylinderradius (siehe Zylinderkoordinaten).

6. Homogen geladener Zylinder

Die elektrische Feldstärke E innerhalb des Zylinders mit der konstanten Raumladungsdichte ρ wächst linear mit dem Abstand r von der Achse des Zylinders an. Das Potential φ ist proportional zu r^2.

Feldstärke und Potential innerhalb eines homogen geladenen Zylinders

$$\vec{E} = \frac{\rho}{2\pi\varepsilon_0} r\, \vec{e}_\rho$$

$$\varphi = -\frac{\rho}{4\pi\varepsilon_0} R^2 \left[1 + \left(\frac{r}{R}\right)^2\right]$$

Symbol	Einheit	Benennung
$\vec{E}$	V/m	Feldstärke am Ort $\vec{r}$
φ	V	Potential am Ort $\vec{r}$
ρ	C/m^3	Raumladungsdichte
R	m	Radius des Zylinders
$\vec{r}$	m	Ortsvektor
ε_0	C/(Vm)	elektrische Feldkonstante

Die elektrische Feldstärke E außerhalb des Zylinders fällt mit $1/r$ ab. Das Potential φ fällt logarithmisch ab.

Feldstärke und Potential außerhalb eines Zylinders

$$E = \frac{\rho}{2\pi\varepsilon_0} \frac{R^2}{r}\, \vec{e}_\rho$$

$$\varphi = -\frac{Q}{2\pi\varepsilon_0} \ln\frac{r}{R}$$

Symbol	Einheit	Benennung
$\vec{E}$	V/m	Feldstärke am Ort $\vec{r}$
φ	V	Potential am Ort $\vec{r}$
ρ	C/m^3	Raumladungsdichte
R	m	Zylinderradius
$\vec{r}$	m	Ortsvektor
ε_0	C/(Vm)	elektrische Feldkonstante

$\vec{e}_\rho$ ist ein Einheitsvektor in Richtung des Zylinderradius (siehe Zylinderkoordinaten).

7. Homogen geladene ausgedehnte Platte

In kleinem Abstand von einer Platte, die in der Ebene $x = 0$ liegt, ist das Feld homogen: Feldstärke und Potential sind proportional zur Flächenladungsdichte $\sigma = Q/A$. Das Potential φ ist proportional zum Abstand x senkrecht zur Platte. Die elektrische Feldstärke ist konstant.

Feldstärke und Potential einer Platte

$$\vec{E} = \pm\frac{\sigma}{2\varepsilon_0}\, \vec{e}_x$$

$$\varphi = \mp\frac{\sigma}{2\varepsilon_0}\cdot x$$

Symbol	Einheit	Benennung
$\vec{E}$	V/m	Feldstärke
φ	V	Potential im Abstand x
σ	C/m^2	Flächenladungsdichte
x	m	Abstand senkrecht zur Platte
ε_0	C/(Vm)	elektrische Feldkonstante

$\vec{e}_x$ ist ein Einheitsvektor in positiver x-Richtung senkrecht zur Platte. Das obere (untere) Vorzeichen gilt für $x > 0$ ($x < 0$).

15.5.3 Elektrischer Fluss

1. Definition des elektrischen Flusses

Eine quadratische Fläche ΔA wird in ein homogenes elektrisches Feld der Feldstärke $\vec{E}$ gebracht.
Elektrischer Fluss, Verschiebungsfluss, ψ, Maß für das gesamte elektrische Feld, das die Fläche ΔA durchsetzt. Der Verschiebungsfluss $\Delta\psi$ ist das Produkt aus der Feldstärke $\vec{E}$ des elektrischen Feldes und der Fläche ΔA sowie dem Cosinus des Winkels α zwischen Feldstärkerichtung und Flächennormale,

$$\Delta\psi = \vec{E}\cdot\Delta\vec{A} = E\cdot\Delta A\cdot\cos\alpha.$$

Für eine beliebige Fläche A in einem inhomogenen elektrischen Feld $\vec{E}$ wird die Fläche so in ebene Teilflächen zerlegt, dass die Feldstärke über jeder Teilfläche als konstant angesehen werden kann. Die sich daraus ergebenden Verschiebungsflüsse werden aufsummiert (**Abb. 15.9**). Dem entspricht die Bildung des Integrals über die Fläche.

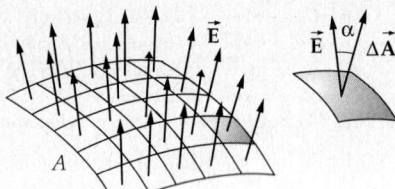

Abbildung 15.9: Elektrischer Fluss ψ durch Fläche A und durch gerichtetes Flächenelement $\Delta\vec{A}$

Fluss = Integral der Feldstärke über Fläche			$\mathbf{L^3T^{-3}MI^{-1}}$
	Symbol	Einheit	Benennung
	ψ	Vm	Verschiebungsfluss
$\psi = \int\limits_A \vec{E} \cdot d\vec{A}$	$\vec{E}$	V/m	elektrische Feldstärke
	$d\vec{A}$	m²	gerichtetes Flächenelement
	A	m²	Gesamtfläche

Volt·Meter, Vm, SI-Einheit des Verschiebungsflusses ψ. 1 Vm beträgt der elektrische Fluss eines homogenen elektrischen Feldes der Feldstärke $E = 1$ V/m, das eine senkrecht zum Feld gehaltene ebene Fläche $A = 1$ m² durchsetzt,

$$[\psi] = \text{Vm}.$$

2. Eigenschaften des Verschiebungsflusses

Der Verschiebungsfluss ist abhängig von der Orientierung der Fläche A. Vertauscht man Ober- und Unterseite der Fläche miteinander, so wechselt der Verschiebungsfluss sein Vorzeichen.

■ In ein homogenes elektrisches Feld der Feldstärke $E = 100$ V/m wird eine quadratische Fläche der Größe $A = 1$ dm² eingebracht, deren Normale um $\alpha = 30°$ zur Feldstärkerichtung gekippt ist. Der elektrische Fluss durch die Fläche beträgt dann

$$\psi = E \cdot A \cdot \cos\alpha = 100 \text{ V/m} \cdot 0.01 \text{ m}^2 \cdot \cos 30° = 0.866 \text{ Vm}.$$

Der Verschiebungsfluss durch eine Kugeloberfläche A um eine Punktladung der Größe Q ist gleich dem Verschiebungsfluss durch die Kugeloberfläche um eine beliebige Ladungsverteilung der gleichen Gesamtladung Q,

$$\psi = \oint\limits_A \vec{E} \cdot d\vec{A} = \frac{Q}{4\pi\varepsilon_0 r^2} \cdot 4\pi r^2 = \frac{Q}{\varepsilon_0}.$$

Für eine beliebige geschlossene Fläche im elektrischen Feld gilt:

▲ Der Verschiebungsfluss durch eine geschlossene Fläche ist proportional der umschlossenen Ladung. Der Proportionalitätsfaktor ist $1/\varepsilon_0$,

$$\psi = \oint\limits_A \vec{E} \cdot d\vec{A} = \frac{Q}{\varepsilon_0}.$$

▲ Umschliesst eine Fläche A einen ladungsfreien Raumbereich in einem elektrischen Feld, so kann der elektrische Fluss durch jede Teilfläche verschieden sein. Der Gesamtfluss ist jedoch null, da im Innern der Fläche A keine Ladungen vorhanden sind.

■ Der Fluss ψ durch eine Kugeloberfläche um eine Punktladung $Q = 10^{-6}$ C beträgt

$$\psi = \frac{Q}{\varepsilon_0} = \frac{10^{-6}\ \text{C}}{8.854 \cdot 10^{-12}\ \text{C/(Vm)}} = 1.13 \cdot 10^5\ \text{Vm}.$$

15.5.4 Verschiebungsdichte im Vakuum

1. Ladungstrennung durch Influenz

Zwei gleich große quadratische leitende Plättchen der Fläche ΔA werden deckungsgleich aufeindergelegt und in ein homogenes elektrisches Feld gebracht, so dass die elektrische Feldstärke senkrecht zu den Plättchen steht. Trennt man die Plättchen und nimmt sie aus dem elektrischen Feld, so stellt man eine Aufladung der Plättchen fest, gekennzeichnet durch die Flächenladungsdichte σ (**Abb 15.10**). Durch Influenz sind Ladungen zu einer Platte verschoben worden.

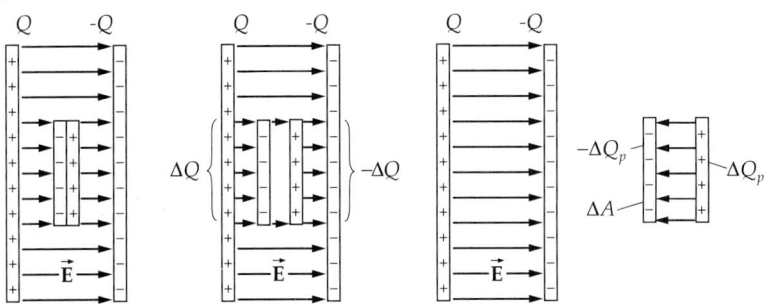

Abbildung 15.10: Ladungstrennung durch Influenz

2. Verschiebungsdichte,

auch **elektrische Flussdichte** , $\vec{D}$, vektorielle Größe. Maß für die durch Influenz verschobene Ladungsmenge ΔQ pro Flächenelement ΔA. Der Betrag der Verschiebungsdichte ist gleich der Flächenladungsdichte σ. Im Vakuum ist die Richtung der Verschiebungsdichte gleich der Feldstärkerichtung.

Ist die verschobene Ladung ΔQ über das Flächenelement ΔA nicht konstant, z.B. bei gekrümmten Flächen oder bei Isolatoren, so hat man zum Differentialquotienten überzugehen.

Verschiebungsdichte $= \dfrac{\textbf{Ladungsmenge}}{\textbf{Fläche}}$			$\mathbf{L^{-2}TI}$
	Symbol	Einheit	Benennung
$D = \lim\limits_{\Delta A \to 0} \dfrac{\Delta Q}{\Delta A} = \dfrac{dQ}{dA} = \sigma$	D	C/m^2	Betrag der Verschiebungsdichte
	dQ	C	Ladung im Flächenelement $dA_\perp$
	dA	m^2	infinitesimales Flächenelement
	σ	C/m^2	Flächenladungsdichte

Coulomb/Quadratmeter, C/m^2, SI-Einheit der elektrischen Verschiebungsdichte $\vec{D}$. 1 C/m^2 beträgt die Verschiebungsdichte, wenn sich durch eine senkrecht zu den elektrischen Feldlinien gehaltene Fläche $A = 1$ m^2 die Ladungsmenge $Q = 1$ C verschiebt,

$$[\vec{D}] = \text{C/m}^2.$$

3. Eigenschaften der Verschiebungsdichte

Die Verschiebungsdichte hängt von der Orientierung der Fläche im elektrischen Feld ab. Die verschobene Ladung ist proportional dem Cosinus des Winkels zwischen Flächennormale und elektrischem Feldvektor.

➤ Steht die Flächennormale senkrecht zur elektrischen Feldstärke, so verschwindet die Verschiebungsdichte.

▲ Das Integral der Verschiebungsdichte über eine geschlossene Fläche A ist gleich der von dieser Fläche umschlossenen Ladung Q,

$$\oint_A \vec{D} \cdot d\vec{A} = Q.$$

4. Proportionalität zwischen Verschiebungsdichte und Feldstärke

▲ Die Verschiebungsdichte ist proportional der elektrischen Feldstärke eines äußeren elektrischen Feldes.

Elektrische Feldkonstante, ε_0, im Vakuum der Proportionalitätsfaktor zwischen Verschiebungsdichte und Feldstärke. An jedem Ort, auch in inhomogenen Feldern, gilt:

Verschiebungsdichte $\sim$ **Feldstärke**			$\mathbf{L^{-2}TI}$
	Symbol	Einheit	Benennung
$\vec{D} = \varepsilon_0 \cdot \vec{E}$	$\vec{D}$	C/m^2	Verschiebungsdichte
	ε_0	C/(Vm)	elektrische Feldkonstante
	$\vec{E}$	V/m	elektrische Feldstärke

In Materie ist die Relation von Verschiebungsdichte zu elektrischem Feld komplizierter. Es tritt dann eine materialspezifische Größe auf, die sich mit Frequenz, Temperatur und anderen physikalischen Größen ändern kann. Insbesondere kann die Abhängigkeit dieser Materialkonstanten von der Feldstärke des äußeren elektrischen Feldes zu nichtlinearen Effekten führen. Außerdem können sich die Richtung von Verschiebungsdichte und Feldstärke unterscheiden (s. S. 420).

■ Ein homogenes elektrisches Feld $E = 400$ V/m bewirkt eine Verschiebungsdichte

$D = \varepsilon_0 \cdot E = 8.854 \cdot 10^{-12}$ C/(Vm) $\cdot 400$ V/m $= 3.54 \cdot 10^{-9}$ C/m^2 .

Zwei Metallplättchen der Fläche $A = 1$ cm^2 werden aufeinandergelegt und senkrecht zur Feldstärkerichtung $\alpha = 0°$ in dieses Feld gehalten. Der Betrag der Ladung der Plättchen ist dann

$Q = D \cdot A \cdot \cos\alpha = 3.54 \cdot 10^{-9}$ C/m$^2 \cdot 10^{-4}$ m$^2 \cos 0° = 3.54 \cdot 10^{-13}$ C .

15.6   Elektrische Polarisation

1.   Polarisation eines Dielektrikums

Bringt man einen Nichtleiter zwischen Kondensatorplatten, dann kann sich bei fester Spannung die Ladungsmenge auf den Kondensatorplatten und damit die Kapazität des Kondensators verändern. Dies geht mit einer Änderung des elektrischen Feldes einher. Das eingebrachte Material wird polarisiert. Durch die Polarisation baut sich ein dem ursprünglichen elektrischen Feld $\vec{E}$ entgegengerichtetes Feld $\vec{E}_{pol}$ auf. Die elektrische Feldstärke im Kondensator wird dadurch verringert.

Man unterscheidet folgende Arten von Polarisation:

Verschiebungspolarisation, Verschiebung der elektrischen Ladungen in neutralen Atomen bzw. Molekülen gegeneinander. Das elektrische Feld induziert elektrische Dipolmomente (**Abb. 15.11 (a)**).

Orientierungspolarisation, die im Material schon vorhandenen permanenten Dipolmomente werden längs des elektrischen Feldes ausgerichtet (**Abb. 15.11 (b)**).

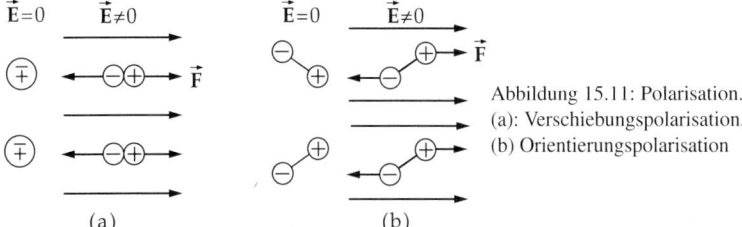

Abbildung 15.11: Polarisation.
(a): Verschiebungspolarisation,
(b) Orientierungspolarisation

Auf den Stirnflächen eines Teilvolumens $dV = d \cdot dA$ des Dielektrikums zwischen den Platten eines Plattenkondensators entstehen die Polarisationsladungen $\pm dQ_{\text{pol}}$, die ein elektrisches Dipolmoment

$$|\,d\vec{\mathbf{p}}\,| = d \cdot \sigma_p \, dA = \sigma_p \, dV$$

bewirken. σ_p ist die Flächenladungsdichte der Polarisationsladungen.

2. Polarisationsvektor

Polarisation, $\vec{\mathbf{P}}$, elektrische Dipoldichte pro Volumeneinheit im Dielektrikum, kennzeichnet die Dichte der Polarisationsladungen auf der Oberfläche des Dielektrikums. Die Polarisation $\vec{\mathbf{P}}$ ist ein Vektor in Richtung des Dipolmoments der Polarisationsladungen, das von den negativen zu den positiven Polarisationsladungen gerichtet ist. Der Betrag von $\vec{\mathbf{P}}$ ist die Flächendichte σ_p der Polarisationsladungen,

$$\vec{\mathbf{P}} = \frac{d\vec{\mathbf{p}}}{dV}, \quad |\vec{\mathbf{P}}| = \sigma_p.$$

Polarisation $\vec{\mathbf{P}}$ und elektrisches Feld $\vec{\mathbf{E}}$ zeigen in die gleiche Richtung. Die Feldlinien des von den Polarisationsladungen erzeugten elektrischen Feldes $\vec{\mathbf{E}}_{\text{pol}}$ verlaufen von den positiven zu den negativen Oberflächenladungen des Dielektrikums; sie sind den Feldlinien des $\vec{\mathbf{E}}$-Feldes entgegengerichtet (**Abb. 15.12**).

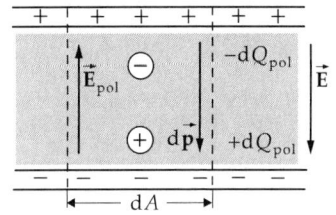

Abbildung 15.12: Polarisation eines Dielektrikums. $\pm dQ_{\text{pol}}$: Polarisationsladungen, $d\vec{\mathbf{p}}$: elektrisches Dipolmoment der Polarisationsladungen, $\vec{\mathbf{E}}_{\text{pol}}$: elektrisches Feld der Polarisationsladungen, $\vec{\mathbf{E}}$: ursprüngliches elektrisches Feld

Bei Verschiebungspolarisation gilt

$$\vec{\mathbf{P}} = n\alpha\vec{\mathbf{E}},$$

wobei n die Anzahl pro Volumeneinheit und α die **elektrische Polarisierbarkeit** der Atome oder Moleküle im Nichtleiter bezeichnet. Die Polarisierbarkeit ist ein molekularer Parameter.

15.6.1 Dielektrikum

Dielektrikum, Isolator, der in ein elektrisches Feld eingebracht wird.

1. Permittivitätszahl,

auch **Dielektrizitätszahl**, ε_r, dimensionslose, materialabhängige Größe. Sie kennzeichnet die Abnahme der elektrischen Feldstärke nach Einbringen eines Materials (Dielektrikum) in ein elektrisches Feld,

$$[\varepsilon_r] = 1.$$

Die Permittivitätszahl des Vakuums ist $\varepsilon_r = 1$. Die Permittivitätszahl für Luft kann näherungsweise gleich eins gesetzt werden.

ε_r liegt für die meisten Dielektrika im Bereich 1 bis 100. Es gibt Dielektrika mit ε_r bis zu 10000.

■ Die Permittivitätszahlen von Wasser, Zellulose und Polystyrol sind 81, 4.5 bzw. 2.5.

2. Permittivität,

ε, Produkt aus elektrischer Feldkonstante und Permittivitätszahl,

$$\varepsilon = \varepsilon_0 \cdot \varepsilon_r .$$

Coulomb/Volt·Meter, C/(Vm), SI-Einheit der Permittivität ε.

$[\varepsilon] = C/(Vm)$.

Elektrische Polarisation $\vec{P}$ im Dielektrikum, gegeben durch

$$\vec{P} = (\varepsilon_r - 1)\varepsilon_0 \vec{E} = \chi_e \varepsilon_0 \vec{E} .$$

Elektrische Suszeptibilität χ_e, definiert durch

$$\chi_e = \varepsilon_r - 1 .$$

3.   Verschiebungsdichte im Dielektrikum,

$\vec{D}$, gegeben durch die Materialgleichung

Verschiebungsdichte = Permittivität · Feldstärke		$L^{-2}TI$

	Symbol	Einheit	Benennung
$\vec{D} = \varepsilon_r\varepsilon_0\vec{E} = \varepsilon\vec{E}$	$\vec{D}$	C/m^2	Verschiebungsdichte
	$\vec{E}$	V/m	elektrische Feldstärke
$\vec{D} = \varepsilon_0\vec{E} + \vec{P}$	ε	C/(Vm)	Permittivität
	ε_r	1	Permittivitätszahl
$\vec{P} = (\varepsilon_r - 1)\varepsilon_0 \vec{E} = \chi_e\varepsilon_0\vec{E}$	ε_0	C/(Vm)	elektrische Feldkonstante
	$\vec{P}$	C/m^2	elektrische Polarisation
	χ_e	1	elektrische Suszeptibilität

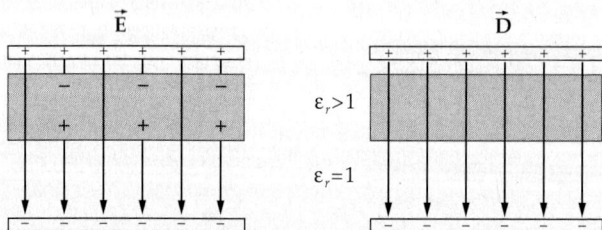

Abbildung 15.13: $\vec{D}$- und $\vec{E}$-Feld im teilweise mit Dielektrikum gefüllten Plattenkondensator

■ Die Permittivitätszahl von reinem Wasser beträgt $\varepsilon_r = 81$. Bringt man Wasser in ein homogenes elektrisches Feld, so reduziert sich die elektrische Feldstärke durch die Polarisationsladungen im Wasser auf $1/81$ ihres ursprünglichen Wertes.

■ Permittivitätszahl einiger Substanzen: Helium 1.0055, Schwefel 3.5, Kondensatorpapier 4 bis 6, Glycerol 43, Keramik (NDK) 10 bis 200.

Permittivitäts- oder Dielektrizitätszahlen ε_r verschiedener Stoffe sind in den **Tab. 19.2/1 und 19.2/6** angegeben. Für Keramiken ist ε_r in **Tab. 19.2/2** aufgeführt, für Gläser in **Tab. 19.2/3** und für Polymere in **Tab. 19.2/4**.

Elektrostriktion, Form- und Volumenänderung eines Dielektrikums im elektrischen Feld, tritt in allen Aggregatzuständen auf. Bei festen Isolatoren sind Längen- und Volumenänderungen (Kontraktionen) i. Allg. proportional zum Quadrat der elektrischen Feldstärke,

$$\left| \frac{\Delta V}{V} \right| \sim \varepsilon E^2 ,$$

$\Delta V / V$ relative Volumenänderung, ε Permittivität, E elektrische Feldstärke.

15.7   Kapazität

Kapazität, C, einer Anordnung von Leitern, skalare Größe, die angibt, wieviel elektrische Ladung diese Leiteranordnung bei gegebener Spannung U zwischen den Leitern speichern kann.

Kondensator, Anordnung zweier gegeneinander isolierter Leiter, die auf unterschiedliches Potential aufgeladen werden.

Kapazität $= \dfrac{\textbf{Ladung}}{\textbf{Spannung}}$			$\mathbf{L^{-2}T^4M^{-1}I^2}$
	Symbol	Einheit	Benennung
$C = \dfrac{Q}{U}$	C	F	Kapazität des Kondensators
	Q	C	Ladung des Kondensators
	U	V	angelegte Spannung

Farad, F, SI-Einheit der Kapazität C. Ein Kondensator besitzt die Kapazität $C = 1$ F, wenn bei einer Spannung $U = 1$ V an den Kondensatorplatten die Ladung $Q = 1$ C gespeichert werden kann. $[C] = \text{F} = \text{C}/\text{V}$.

➤ 1 F ist eine sehr große Einheit. Typische Kapazitäten liegen im Bereich 1 pF bis 1 mF. Für niedrige Spannungen werden auch Kondensatoren mit Kapazitäten im Bereich von 10 F gebaut.

15.7.1   Plattenkondensator

1.   Eigenschaften von Plattenkondensatoren

Die Ausdehnung der Kondensatorplatten soll groß gegen deren Abstand voneinander sein, so dass Randeffekte vernachlässigt werden können. Die Kapazität C ist proportional der Plattenfläche A und nimmt mit zunehmenden Abstand ab,

$$C = \frac{\varepsilon_0 A}{d} .$$

➤ Die Kapazität eines Kondensators wird durch Einbringen eines Dielektrikums zwischen die Kondensatorplatten gesteigert. Für ein Dielektrikum mit der Permittivität ε ist die Kapazität dann gegeben durch

$$C = \frac{\varepsilon A}{d} = \frac{\varepsilon_0 \varepsilon_r A}{d} .$$

■ Ein Kondensator, dessen Kondensatorplatten Folien der Fläche $A = 10 \ \text{cm}^2$ im Abstand $d = 0.1$ mm voneinander sind, hat die Kapazität

$$C = \frac{\varepsilon_0 A}{d} = \frac{8.854 \cdot 10^{-12} \ \text{F/m} \cdot 10^{-3} \ \text{m}^2}{10^{-4} \ \text{m}} = 8.854 \cdot 10^{-11} \ \text{F} \approx 90 \ \text{pF} .$$

Befindet sich zwischen den Folien Kondensatorpapier mit der Permittivitätszahl $\varepsilon_r = 4$, so beträgt die Kapazität das Vierfache:

$$C \approx 360 \ \text{pF} .$$

➤ Anlegen einer zu hohen Spannung an den Kondensator führt zu Durchschlägen und damit zur Zerstörung des Kondensators.

➤ Ein aufgeladener Kondensator entlädt sich mit der Zeit selbst, da das Dielektrikum zwischen den Kondensatorplatten einen endlichen Widerstand hat.

2. **Anwendungen und spezielle Formen von Kondensatoren**

Verwendung von Kondensatoren:

*   Trennung von Gleich- und Wechselstrom, Glättung von welligem Gleichstrom,
*   in Verzögerungsschaltungen als Bestandteil von RC-Gliedern,
*   Speichern von Ladungen,
*   Abstimmung von Schwingkreisen beim Senderempfang.

Besondere Bauformen von Kondensatoren:

*   **Elektrolytkondensator**, gepolter Kondensator. Beim Einsatz muss auf die richtige Polarität der Spannung geachtet werden. Hohe Kapazität. Anwendung beim Speichern von Ladungen, z. B. in Blitzgeräten, Lasern.
*   **Einstellbare Kondensatoren**, **Drehkondensatoren** oder **Trimmerkondensatoren**. Ein Satz von Platten ist fest (**Stator**), der zweite Plattensatz dagegen beweglich angeordnet (**Rotor**). Drehkondensatoren werden bei der Abstimmung von Schwingkreisen verwendet.

15.7.2   Parallelschaltung von Kondensatoren

Parallelschaltung von Kondensatoren, an allen Kondensatoren liegt die gleiche Spannung, die speichernden Kondensatoroberflächen addieren sich (**Abb. 15.14**). Die Gesamtkapazität einer Parallelschaltung von Kondensatoren ist gleich der Summe der Einzelkapazitäten,

$$C_{ges} = C_1 + C_2 + \cdots + C_n.$$

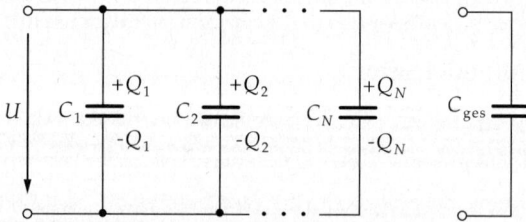

Abbildung 15.14: Parallelschaltung von Kondensatoren

15.7.3   Reihenschaltung von Kondensatoren

Reihenschaltung von Kondensatoren, die Ladungen auf jeder Kondensatorplatte sind gleich (**Abb. 15.15**). Damit ist der Kehrwert der Gesamtkapazität gleich der Summe der Kehrwerte der Einzelkapazitäten,

$$\frac{1}{C_{ges}} = \frac{1}{C_1} + \frac{1}{C_2} + \cdots + \frac{1}{C_n}.$$

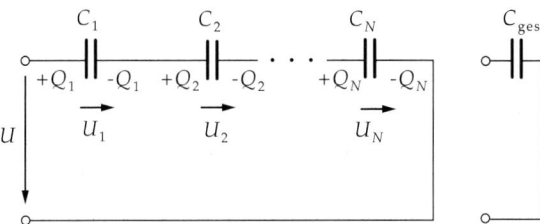

Abbildung 15.15: Reihenschaltung von Kondensatoren

15.7.4 Kapazitäten einfacher Leiteranordnungen

1. Zylinderkondensator

Die Kapazität ist proportional der Länge l des Zylinderkondensators und umgekehrt proportional dem Logarithmus des Verhältnisses der Radien von äußerem Zylinder R zu innerem Zylinder r:

$$C = 2\pi\varepsilon_0 \frac{l}{\ln(R/r)}.$$

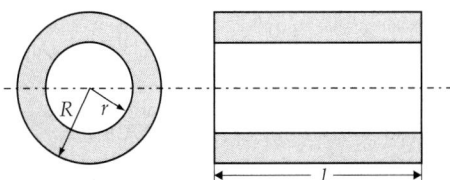

Abbildung 15.16: Zylinderkondensator

2. Doppelleitung

Die Kapazität ist proportional der Leiterlänge l und umgekehrt proportional dem Logarithmus des Verhältnisses von Leiterabstand d zum Leiterradius r (**Abb. 15.18**):

$$C = \pi\varepsilon_0 \frac{l}{\ln(d/r)} \qquad (d \gg r).$$

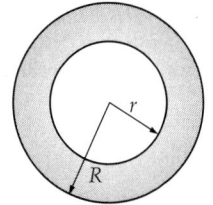

Abbildung 15.17: Kugelkondensator

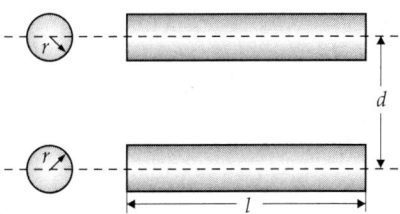

Abbildung 15.18: Doppelleitung

3.   Kugelkondensator, zwei konzentrische Hohlkugeln

Die Kapazität ist proportional zum Produkt des äußeren und inneren Radius R, r und umgekehrt proportional der Differenz des äußeren und inneren Radius (**Abb. 15.17**):

$$C = 4\pi\varepsilon_0 \frac{R \cdot r}{R - r}.$$

Für $R \to \infty$ ergibt sich die Kapazität einer einzelnen Kugel gegen eine unendlich ferne Elektrode zu $C = 4\pi\varepsilon_0 r$.

4.   Zwei Kugeln mit gleichem Radius

Die Kapazität zweier Kugeln mit gleichem Radius r, die sich im Abstand d voneinander befinden, ist gegeben durch

$$C = 2\pi\varepsilon_0 r \left[1 + \frac{r(d^2 - r^2)}{d(d^2 - rd - r^2)} \right].$$

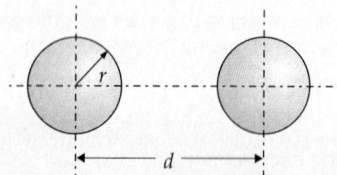

Abbildung 15.19: Kapazität zweier gleicher Kugeln

15.8   Energie und Energiedichte des elektrischen Feldes

1.   Energiedichte des elektrischen Feldes,

w_e, gibt die elektrische Energie ΔW_e pro Volumen ΔV an. Ist die Energieverteilung ortsabhängig, so ist die Energiedichte gegeben durch:

$$w_e = \lim_{\Delta V \to 0} \frac{\Delta W_e}{\Delta V} = \frac{dW_e}{dV}, \quad \Delta W_e = w_e \cdot \Delta V.$$

Die Energiedichte des elektrischen Feldes ist gegeben durch:

Energiedichte des elektrischen Feldes			$L^{-1}T^{-2}M$
	Symbol	Einheit	Benennung
$w_e = \frac{1}{2}\vec{E} \cdot \vec{D}$	w_e	J/m^3	Energiedichte
	$\vec{D}$	C/m^2	Verschiebungsdichte
	$\vec{E}$	V/m	Feldstärke

2.   Energie des elektrischen Feldes,

W_e, im Volumen V, ergibt sich durch Integration der Energiedichte über das Volumen V.

$$W_e = \int_V w_e dV = \frac{1}{2} \int_V \vec{E} \cdot \vec{D} dV.$$

Die Energie W_e eines geladenen Plattenkondensators ist proportional dem Quadrat der Spannung zwischen den Kondensatorplatten.

Energie eines Plattenkondensators			$L^2T^{-2}M$
$W_e = \dfrac{1}{2}CU^2$ $= \dfrac{1}{2}\dfrac{Q^2}{C}$	Symbol	Einheit	Benennung
	W_e	J	Energie
	Q	C	Ladung
	C	F	Kapazität
	U	V	Spannung

Die Energie W_e einer homogen geladenen Kugel ist proportional dem Quadrat der Ladung Q und umgekehrt proportional dem Radius R.

Energie einer homogen geladenen Kugel			$L^2T^{-2}M$
$W_e = \dfrac{1}{4\pi\varepsilon_0}\dfrac{3}{5}\dfrac{Q^2}{R}$	Symbol	Einheit	Benennung
	W_e	J	Energie
	Q	C	Ladung
	R	m	Kugelradius

15.9 Elektrisches Feld an Grenzflächen

Beim Übergang von einem Medium der Permittivität ε_1 zu einem Medium der Permittivität ε_2 treten an der Grenzfläche Änderungen der elektrischen Feldstärke und der elektrischen Verschiebungsdichte auf.

1. Änderung der elektrischen Feldstärke

Die Tangentialkomponente der elektrische Feldstärke ändert sich beim Übergang nicht (**Abb. 15.20**):

$$E_{t1} = E_{t2}, \quad \text{oder} \quad \frac{D_{t1}}{\varepsilon_1} = \frac{D_{t2}}{\varepsilon_2}.$$

Die Normalkomponente der elektrischen Feldstärke ändert sich unstetig.

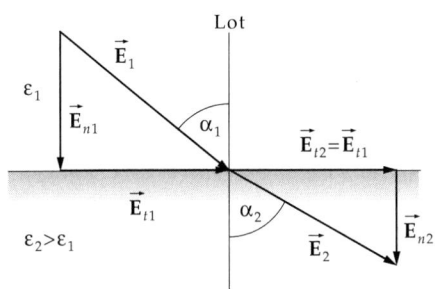

Abbildung 15.20: Elektrische Feldstärke $\vec{E}$ an der Grenzfläche zweier Medien

2. Änderung der elektrischen Verschiebungsdichte

Die Normalkomponente der elektrischen Verschiebungsdichte ändert sich beim Übergang nicht (**Abb. 15.21**):

$$D_{n1} = D_{n2}, \quad \text{oder} \quad E_{n1}\cdot\varepsilon_1 = E_{n2}\cdot\varepsilon_2.$$

Die Tangentialkomponente der elektrischen Verschiebungsdichte ändert sich unstetig.

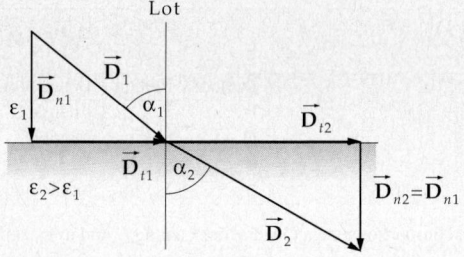

Abbildung 15.21: Elektrische Verschiebungsdichte $\vec{D}$ an der Grenzfläche zweier
Medien

3. Winkelbeziehungen im elektrischen Feld an der Grenzfläche

Wenn α_1 den Winkel zwischen dem Lot (Normale zur Grenzfläche) und der Richtung der elektrischen
Feldstärke im ersten Medium und α_2 den Winkel zwischen Lot und Feldstärke im zweiten Medium bezeichnen, so verhalten sich die Tangenswerte der Winkel zueinander wie die Permittivitäten:

Elektrisches Feld an Grenzfläche			
	Symbol	Einheit	Benennung
$\dfrac{\tan\alpha_1}{\tan\alpha_2} = \dfrac{\varepsilon_1}{\varepsilon_2} = \dfrac{\varepsilon_{r1}}{\varepsilon_{r2}}$	α_1,α_2	1	Winkel im Medium 1, 2
	$\varepsilon_1,\varepsilon_2$	C/(Vm)	Permittivität Medium 1, 2
	$\varepsilon_{r1},\varepsilon_{r2}$	1	relative Permittivität Medium 1, 2

■ Beim Übergang von einem Medium kleiner Permittivität zu einem Medium größerer Permittivität
   ändert die elektrische Feldstärke ihre Richtung vom Lot weg.

■ Beim Übergang von einem Medium großer Permittivität zu einem Medium kleinerer Permittivität
   ändert die elektrische Feldstärke ihre Richtung zum Lot hin.

15.10   Magnetisches Feld

Magnetostatik, behandelt zeitlich konstante Magnetfelder und magnetische Erscheinungen, die von Permanentmagneten oder stationären Strömen in ihrer Umgebung hervorgerufen werden.

Das magnetische Feld von Permanentmagneten wird auf magnetische Momente im atomaren Bereich zurückgeführt.

Stromdurchflossene Leiter sind von einem Magnetfeld umgeben, das Kräfte auf andere stromdurchflossene
Leiter ausübt. Dieses Magnetfeld hat einen bestimmten Energieinhalt.

Materialien können nach ihrem Verhalten im Magnetfeld unterschieden werden.

Zeitveränderliche magnetische Felder, treten auf, wenn Leiter von zeitabhängigen Strömen durchflossen werden. Die Magnetfelder um diese Leiter induzieren in diesem Leiter und in anderen Leitern eine
Spannung. Die Leiter sind durch ihre Induktivität gekennzeichnet. Zum Aufbau magnetischer Felder ist ein
bestimmter Energieaufwand notwendig, der in den Feldern als magnetische Feldenergie gespeichert ist.

Anwendungen finden sich z.B. in der Wechselstromtechnik, im Motoren- und Generatorenbau, in der Dreh-
stromtechnik und bei der Konstruktion von Transformatoren.

■ Ein einfaches magnetisches Bauelement, das in diesem Rahmen behandelt wird, ist die Spule.

15.11   Magnetismus

1. Magnete

Permanentmagnete, **Dauermagnete**, bestehen aus Magneteisenstein oder anderen magnetischen Materialien. Sie üben aufeinander und auf Eisen, Nickel, Kobalt sowie verschiedene Legierungen Kräfte aus.

■ Werkstoffe für Permanentmagnete: AlNiCo-Legierungen, Sinterkörper wie Sr- und Ba-Ferrite, CoPt- und FePt-Legierungen mit Ordnungsstruktur.

Elektromagnete, bestehen aus stromdurchflossenen Spulen mit einem Eisenkern.

Magnete besitzen wie die elektrischen Dipole zwei Pole, die als

• **magnetischer Nordpol** und
• **magnetischer Südpol**

bezeichnet werden.

▲ Jede Teilung eines Permanentmagneten führt zu zwei Magneten, die beide Nord- und Südpol haben.

2. Magnetische Dipole

Es gibt keine magnetischen Monopole. Jeder Magnet ist ein **magnetischer Dipol**. Die Dipolachse ist die Verbindungslinie von Nord- und Südpol. Das magnetische Dipolmoment $\vec{m}$ ist ein Vektor, der in der Dipolachse liegt und zum Nordpol zeigt. Das magnetische Moment eines Körpers wird bestimmt aus dem Drehmoment, das ein äußeres Magnetfeld auf diesen Körper ausübt.

Wie bei elektrischen Dipolen gilt:

▲ Gleichnamige Pole zweier Magnete stoßen sich ab, ungleichnamige Pole ziehen sich an.

Die magnetischen Kräfte wirken über große Entfernungen, auch wenn sich die Magnete im Vakuum befinden.

Magnetfeld, Bereich der Kraftwirkung eines Magneten oder eines stromdurchflossenen Leiters auf andere Magnete.

15.11.1 Magnetische Feldlinien

1. Magnetische Feldlinien,

dienen analog zum elektrischen Feld zur Veranschaulichung des Magnetfeldes. Es gelten die Konventionen:

• Außerhalb des Magneten wird als Feldlinienrichtung die Richtung vom Nordpol zum Südpol des Magneten festgelegt (**Abb. 15.22**).
• Die Tangente an eine Feldlinie gibt die Richtung an, in die ein Probemagnet zeigen würde.

Die Feldlinien haben folgende Eigenschaften:

• Die Feldlinien sind immer in sich geschlossen. Es existieren keine magnetischen Ladungen (magnetischen Monopole) .
• Die Dichte der Magnetfeldlinien ist ein Maß für die magnetische Flussdichte.
• Feldlinien verlaufen in konzentrischen Kreisen um einen stromführenden geraden Leiterdraht. Die Orientierung kann man sich mit der Rechte-Hand-Regel merken.
• Im homogenen Magnetfeld verlaufen die Feldlinien parallel.
➤ Mit Eisenfeilspänen lässt sich das Magnetfeld sichtbar machen. Die Eisenteilchen lagern sich zu Ketten aneinander und bilden damit das magnetische Feld mit seinen Feldlinien ab.

2. Erdmagnetfeld

Magnetfeld der Erde: Durch Prozesse in der Ionosphäre und auf der Sonne unterliegt das Erdmagnetfeld kurzzeitigen quasiperiodischen und z.T. aperiodischen Schwankungen im Bereich von Sekunden bis Tagen. Hinzu kommen Langzeitänderungen in Form der Polwanderungen. Da die Erdkruste unterschiedlich magnetisiert ist, variiert das Erdmagnetfeld örtlich um das Mehrfache des Normalbetrages.

Eine Kompassnadel gibt die Richtung des Erdmagnetfeldes tangential zur Erdoberfläche an. Ein im Erdmagnetfeld aufgehängter Magnet stellt sich so ein, dass sein Nordpol nach Norden und sein Südpol nach Süden zeigt. Da sich ungleichnamige Pole anziehen, befindet sich daher der magnetische Südpol der Erde in der Nähe des geographischen Nordpols und der magnetische Nordpol in der Nähe des geographischen Südpols (**Abb. 15.23**).

Deklination, Abweichung der Richtung des Erdmagnetfeldes von der Nord-Süd-Richtung. Für Deutschland beträgt die Deklination etwa 2° westlich.

Isogonen, Linien, die Orte gleicher Deklination auf der Erdoberfläche verbinden.

Inklination, Winkel zwischen der Horizontalen und der Richtung des Erdmagnetfeldes.

Isoklinen, Linien, die Orte gleicher Inklination auf der Erdoberfläche verbinden.

➤   Die Kompassnadel kann auch verwendet werden, um die Richtung des Magnetfeldes um eine Stromverteilung zu bestimmen.

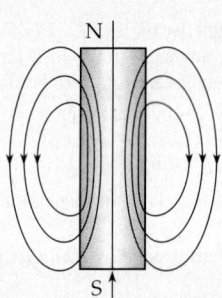

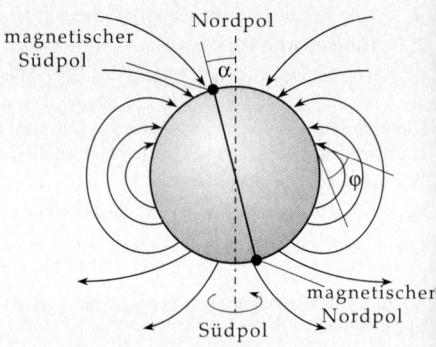

Abbildung 15.22: Magnetfeld eines Stabmagneten   Abbildung 15.23: Erdmagnetfeld

3.   Magnetfeld eines stromdurchflossenen Drahtes

Die Magnetfeldlinien sind konzentrisch um den Draht angeordnet. Die Richtung des Magnetfeldes ergibt sich aus der **Rechtsschrauben-** oder **Rechte-Hand-Regel**:

▲   Zeigt der Daumen in Richtung des Stromes, so weisen die restlichen Finger in Richtung der magnetischen Flussdichte, also in Feldlinienrichtung (**Abb. 15.24**).

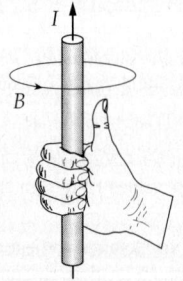

Abbildung 15.24: Rechte-Hand-Regel für die Magnetfeldrichtung bei einem stromdurchflossenen Draht. Die rechte Hand umfasst den Draht, der Daumen zeigt in Stromrichtung, die anderen Finger zeigen in die Richtung des Magnetfeldes

15.12   Magnetische Flussdichte

1.   Magnetische Flussdichte,

magnetische Induktion, $\vec{B}$, vektorielle Größe. Der Betrag B gibt die Stärke des Magnetfeldes an. Die Richtung der magnetischen Flussdichte ergibt sich aus der Ausrichtung eines Probemagneten und zeigt vom Südpol des Probemagneten zu seinem Nordpol. Eine bewegte Ladung erfährt eine Kraft proportional der magnetischen Flussdichte.

Tesla, T, SI-Einheit der magnetischen Flussdichte $\vec{B}$.

$[\vec{B}] = T = Vs/m^2$.

M Die Messung der magnetischen Flussdichte wird auf die Messung des magnetischen Flusses zurückgeführt, der mit einer Induktionsspule bestimmt werden kann (siehe Messung des magnetischen Flusses).

Hall-Effekt (s. S. 919), in einer stromdurchflossenen Leiterplatte, die in ein Magnetfeld gehalten wird, entsteht eine Spannung U_H, die **Hall-Spannung**, die proportional zur magnetischen Flussdichte B_z in z-Richtung ist (**Abb. 15.25**),

$$U_H = \frac{I_x \cdot B_z \cdot I}{n \cdot e_0 \cdot d} = \frac{b}{n \cdot e_0} J_x \cdot B_z.$$

Dabei ist $I_x = J_x \cdot b \cdot d$ der Strom in x-Richtung durch den Leiter, der die Dicke d und die Breite b besitzt. J_x ist die Stromdichte, n ist die Dichte der Ladungsträger, e_0 ist die Elementarladung. In **Hall-Sonden** verwendet man Halbleiter-Materialien, da die Ladungsträgerdichte n gering und damit die Hall-Spannung hoch ist.

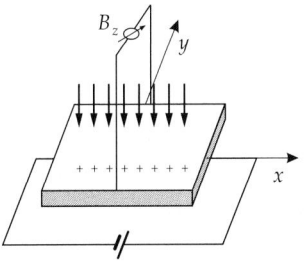

Abbildung 15.25: Hall-Effekt

2.   Lorentz-Kraft,

Kraft auf eine bewegte Ladung im Magnetfeld. Der Betrag der Kraft F ist gegeben durch die Geschwindigkeit v der Ladung, die Größe der Ladung Q, die magnetische Flussdichte B und den Winkel zwischen Geschwindigkeit $\vec{v}$ und magnetischer Flussdichte $\vec{B}$. Die Lorentz-Kraft $\vec{F}$ steht senkrecht auf $\vec{v}$ und $\vec{B}$.

Der Kraftvektor der Lorentz-Kraft ergibt sich als Vektorprodukt:

Lorentz-Kraft			$LT^{-2}M$
	Symbol	Einheit	Benennung
$\vec{F} = Q(\vec{v} \times \vec{B})$	$\vec{F}$	N	Lorentz-Kraft
	Q	C	elektrische Ladung
$F = Q \cdot v \cdot B \cdot \sin\alpha$	$\vec{v}$	m/s	Geschwindigkeit der Ladung
	$\vec{B}$	$T=Vs/m^2$	magnetische Flussdichte
	α	1	Winkel zwischen $\vec{v}$ und $\vec{B}$

▲   **Dreifingerregel**: Zeigt der Daumen der rechten Hand in Bewegungsrichtung der positiven Ladungsträger, der Zeigefinger in Richtung der magnetischen Flussdichte, so gibt der Mittelfinger die Richtung der Kraft an, die auf die Ladungsträger wirkt (**Abb. 15.26**).

➤   **Kraftwirkung auf negative Ladungen**: Man nehme die linke Hand!

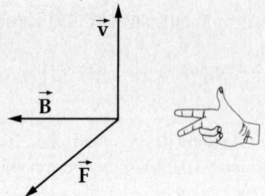

Abbildung 15.26: Dreifingerregel: der Daumen zeigt in Bewegungsrichtung einer positiven Ladung, der Zeigefinger in Richtung der magnetischen Flussdichte; die Kraftwirkung erfolgt in Richtung des Mittelfingers.

Die maximale Kraft F_{max} auf die Ladung Q ergibt sich bei einer Bewegung mit Geschwindigkeit v senkrecht zur magnetischen Flussdichte B,

$$F_{max} = Q \cdot v \cdot B.$$

Aus der maximalen Kraftwirkung erhält man die magnetische Flussdichte:

Flussdichte = $\dfrac{\textbf{maximale Kraft}}{\textbf{Ladung} \cdot \textbf{Geschwindigkeit}}$			$\mathbf{T^{-2}MI^{-1}}$
	Symbol	Einheit	Benennung
$B = \dfrac{F_{max}}{Q \cdot v}$	F_{max}	N	max. Lorentz-Kraft
	Q	C	elektrische Ladung
	v	m/s	Geschwindigkeit der Ladung
	B	T=Vs/m^2	magnetische Flussdichte

3. Eigenschaften der Lorentz-Kraft

Die Lorentz-Kraft ändert nur die Richtung der Geschwindigkeit $\vec{v}$, nicht aber deren Betrag. In einem homogenen Magnetfeld $\vec{B}$, das senkrecht zur Bahnebene steht, bewegt sich ein Teilchen der Masse m und der Ladung Q auf einer Kreisbahn mit dem Radius R,

$$R = \frac{mv}{QB}.$$

Der Bahnradius ist umgekehrt proportional zur magnetischen Flussdichte und proportional zum Teilchenimpuls.

Bewegt sich das Teilchen zusätzlich in dem elektrischen Feld $\vec{E}$, dann ist die gesamte Kraftwirkung auf die Ladung gegeben durch

$$\vec{F} = Q \cdot \vec{E} + Q(\vec{v} \times \vec{B}).$$

Sind elektrisches und magnetisches Feld parallel zueinander orientiert, dann wird die Bahn des Teilchens eine Schraubenlinie um die Feldrichtung.

Auf einen vom Strom I durchflossenen geraden Leiter der Länge l wirkt im Magnetfeld $\vec{B}$ die Kraft

$$\vec{F} = I(\vec{l} \times \vec{B}).$$

$\vec{l}$ ist ein Vektor mit dem Betrag l in Stromrichtung. Die Kraft $\vec{F}$ steht senkrecht auf der durch $\vec{l}$ und $\vec{B}$ aufgespannten Ebene. Der Betrag der Kraft ist gegeben durch

$$F = I \cdot l \cdot B \cdot \sin\alpha,$$

wobei α der von $\vec{l}$ und $\vec{B}$ eingeschlossene Winkel ist. Die Kraft erreicht ihren Maximalwert, wenn Stromrichtung und magnetische Flussdichte senkrecht aufeinander stehen.

15.13   Magnetischer Fluss

1.   Magnetischer Fluss,

Φ, skalare Größe, Maß für die magnetische Flussdichte (Induktion) durch eine in ein Magnetfeld gelegte Fläche. Für eine ebene Fläche in einem homogenen Magnetfeld ist der magnetische Fluss Φ gleich dem

Produkt aus magnetischer Flussdichte B und Flächengröße ΔA sowie dem Cosinus des Winkels zwischen $\vec{B}$ und $\Delta\vec{A}$ (**Abb. 15.27**). Liegt die Flächennormale senkrecht zur magnetischen Flussdichte, so verschwindet der magnetische Fluss. Zeigt die magnetische Flussdichte in Richtung der Flächennormalen, dann ist der magnetische Fluss das Produkt aus der magnetischen Flussdichte und der Flächengröße ΔA.

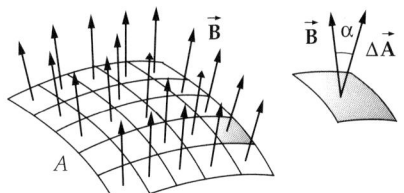

Abbildung 15.27: Magnetischer Fluss durch eine Fläche

$$\Phi = B \cdot \Delta A \cdot \cos\alpha = \vec{B} \cdot \Delta\vec{A}\,.$$

Für eine beliebig geformte Fläche A in einem inhomogenen Magnetfeld unterteilt man die Fläche in ebene Flächenelemente ΔA_i, so dass die magnetische Flussdichte durch diese Flächenelemente als konstant angesehen werden kann. Den Gesamtfluss Φ durch die Fläche A erhält man dann durch Summation der Einzelflüsse:

$$\Phi = \sum_i \Delta\Phi_i = \sum_i \vec{B}_i \cdot \Delta\vec{A}_i\,.$$

2. Fluss als Integral über Flussdichte

Bei immer feinerer Unterteilung der Gesamtfläche entspricht der magnetische Fluss dem Integral über die Flussdichte

Fluss = Integral der Flussdichte über die Fläche			$\mathbf{ML^2T^{-1}Q^{-1}}$
	Symbol	Einheit	Benennung
$\Phi \;=\; \displaystyle\int_A \vec{B}\cdot d\vec{A}$	Φ	$Wb = Vs$	magnetischer Fluss
	$\vec{B}$	$T = Vs/m^2$	magnetische Flussdichte durch A
	$d\vec{A}$	m^2	infinitesimales Flächenelement
	A	m^2	Gesamtfläche

Weber Wb, SI-Einheit des magnetischen Flusses Φ. 1 Wb ist die Stärke des magnetischen Flusses durch eine Fläche $A = 1\ m^2$, wenn die magnetische Flussdichte $B = 1\ Vs/m^2$ beträgt.
$[\Phi] = Wb = Vs$

3. Quellenfreiheit des magnetischen Flusses

Der magnetische Fluss durch eine geschlossene Fläche A ist null.

$$\Phi = \oint_A \vec{B}\cdot d\vec{A} = 0\,, \quad \operatorname{div}\vec{B} = 0\,.$$

Die magnetischen Feldlinien sind geschlossen; es existieren keine magnetischen Ladungen (magnetischen Monopole).
Diese Beziehung stellt eine der **Maxwellschen Gleichungen** (s. S. 459) dar.

4. Bestimmung der Flussdichte

Den Betrag der magnetische Flussdichte erhält man aus dem magnetischen Fluss $\Delta\Phi$, der eine senkrecht zum Fluss gehaltene Fläche $\Delta A_\perp$ durchsetzt. Ist der magnetische Fluss ortsabhängig, so verkleinert man

ΔA, bis der magnetische Fluss als gleichmäßig über die Fläche verteilt angesehen werden kann. Diesem Vorgehen entspricht der Grenzwert

$$B = \lim_{\Delta A_\perp \to 0} \frac{\Delta \Phi}{\Delta A_\perp} = \frac{\mathrm{d}\Phi}{\mathrm{d}A_\perp}.$$

■   Ein magnetischer Fluss $\Phi = 0.2$ Wb durch eine senkrecht zum Fluss gehaltene Fläche $A = 6$ cm^2 ergibt eine magnetische Flussdichte

$$B = \frac{\Phi}{A} = \frac{0.2\,Wb}{6 \cdot 10^{-4}\,\mathrm{m}^2} = 333.3\,\mathrm{T}.$$

[M]   Die Messung des magnetischen Flusses geschieht mit einer Induktionsspule bekannter Windungszahl n. Beim Einbringen in das Magnetfeld B wird in der Spule ein Spannungsstoß $\int U\,\mathrm{d}t$ induziert, der proportional zum umfassten Fluss ist:

$$\int_0^T U_{\mathrm{ind}}\,\mathrm{d}t = n\Phi = n \cdot B \cdot A.$$

Ist außerdem die Fläche A der Induktionsspule bekannt, so lässt sich damit auch die magnetische Flussdichte bestimmen. Zieht man die Induktionsspule aus dem Magnetfeld, so wird ein Spannungsstoß umgekehrter Polarität induziert.

15.14   Magnetische Feldstärke

1.   Magnetische Feldstärke,

$\vec{H}$, vektorielle Größe, synonym gebraucht mit Magnetfeld. In isotropen magnetischen Materialien ist $\vec{H}$ proportional zu $\vec{B}$.

magnetische Feldstärke = $\dfrac{\textbf{magnetische Flussdichte}}{\textbf{magnetische Feldkonstante}}$			$\mathbf{L^{-1}I}$
$\vec{H} = \dfrac{\vec{B}}{\mu_0}$	Symbol	Einheit	Benennung
	H	A/m	magnetische Feldstärke
	B	T=Vs/m^2	magnetische Flussdichte
	μ_0	Vs/(Am)	magnetische Feldkonstante

Ampere/Meter, A/m, SI-Einheit der magnetischen Feldstärke $\vec{H}$.
$[\vec{H}] = $ A/m.

➤   Merken der Einheiten:
    magnetische Feldstärke, Zusammenhang mit Strom: A/m.
    elektrische Feldstärke, Zusammenhang mit Spannung: V/m.

2.   Magnetische Feldkonstante

Magnetische Feldkonstante			$\mathbf{LT^{-2}MI^{-2}}$
$\mu_0 = 4\pi \cdot 10^{-7}\,\dfrac{\mathrm{Vs}}{\mathrm{Am}} = 1.257 \cdot 10^{-6}\,\dfrac{\mathrm{Vs}}{\mathrm{Am}}$	Symbol	Einheit	Benennung
	μ_0	Vs/(Am)	magnetische Feldkonstante

➤   Eigentlich sollte man annehmen, dass die magnetische Feldstärke $\vec{H}$ analog zur elektrischen Feldstärke $\vec{E}$ der grundlegende Feldbegriff ist, und sich die magnetische Flussdichte $\vec{B}$ ebenso wie die elektrische Verschiebungsdichte $\vec{D}$ aus der Feldstärke ergibt, also eine abgeleitete Größe ist. Allerdings ist zu beachten, dass elektrische und magnetische Felder durch ihre Kraftwirkung auf (bewegte) Ladungen nachgewiesen werden; in den Formeln zur Berechnung dieser Kraftwirkungen stehen aber die *elektrische Feldstärke* und die *magnetische Flussdichte* und nicht die magnetische Feldstärke.

3. **Vektorpotential,**

$\vec{A}$, vektorielle Größe zur Berechnung der magnetischen Flussdichte $\vec{B}$. Aus der Quellenfreiheit des Magnetfeldes folgt, dass die magnetische Flussdichte als Rotation einer Vektorgröße $\vec{A}$ geschrieben werden kann,

$$\operatorname{div}\vec{B} = 0, \quad \vec{B} = \operatorname{rot}\vec{A}.$$

Das Vektorpotential $\vec{A}$ lässt sich aus der Stromdichteverteilung $J(\vec{r})$ als Lösung der Differentialgleichung

$$\Delta\vec{A} = -\mu_0 \vec{J}(\vec{r})$$

berechnen:

$$\vec{A} = \frac{\mu_0}{4\pi} \int \frac{\vec{J}(\vec{r}')}{|\vec{r} - \vec{r}'|} \, dV'.$$

Für die magnetische Flussdichte ergibt sich:

$$\vec{B} = \frac{\mu_0}{4\pi} \int \frac{\vec{J}(\vec{r}') \times (\vec{r} - \vec{r}')}{|\vec{r} - \vec{r}'|^3} \, dV'.$$

Die Potentiale φ und $\vec{A}$ können aus zwei gekoppelten Differentialgleichungen bestimmt werden, wenn die Raumladungsdichte ρ und die Stromdichte $\vec{J} = \rho\vec{v}$ als Funktionen von Ort $\vec{r}$ und Zeit t vorgegeben sind:

$$\Delta\vec{A}(\vec{r},t) - \mu_0\varepsilon_0 \frac{\partial^2\vec{A}(\vec{r},t)}{\partial t^2} = -\mu_0\vec{J}(\vec{r},t), \quad \Delta\varphi(\vec{r},t) - \mu_0\varepsilon_0 \frac{\partial^2\varphi(\vec{r},t)}{\partial t^2} = -\frac{\rho(\vec{r},t)}{\varepsilon_0}.$$

➤ Für ein Teilchen mit der Masse m, der Ladung Q und dem Impuls $\vec{p} = m\vec{v}$ im elektromagnetischen Feld lauten Lagrange-Funktion L und Hamilton-Funktion H:

$$L = \frac{m}{2}v^2 + Q\vec{v}\vec{A} - Q\varphi, \quad H = \frac{(\vec{p} - Q\vec{A})^2}{2m} + Q\varphi.$$

15.15 Magnetische Spannung und magnetischer Kreis

1. **Magnetische Spannung,**

V_{AB}, zwischen zwei Punkten A und B, Integral der magnetischen Feldstärke $\vec{H}$ längs des Wegs s:

Magnetische Spannung = Integral der magnetischen Feldstärke über Weg			I
	Symbol	Einheit	Benennung
$V_{AB} = \int\limits_{A}^{B} \vec{H} \cdot d\vec{s}$	V_{AB}	A	magnetisches Potential
	$\vec{H}$	A/m	magnetische Feldstärke
	$d\vec{s}$	m	Wegelement

Ampere, A, SI-Einheit der magnetischen Spannung V.

$[V] = 1\,A$.

M **Rogowski-Spule** oder **magnetischer Gürtel**, eine biegsame, lange, dünne Spule zur Messung der magnetischen Spannung. Die Spule wird in ein Magnetfeld gehalten. Bei Ein- oder Ausschalten des Magnetfelds wird in der Spule ein Spannungsstoß erzeugt, der proportional der magnetischen Spannung zwischen den Endpunkten der Spule ist.

2.   Magnetischer Kreis und magnetischer Widerstand

Magnetischer Kreis, der magnetische Fluss durchsetzt hintereinander Materialien mit unterschiedlichem magnetischem Widerstand.

Magnetischer Widerstand, R_m, Verhältnis von magnetischer Spannung V zu magnetischem Fluss Φ in einem Medium:

Magnetischer Widerstand $=$ $\dfrac{\textbf{magnetische Spannung}}{\textbf{magnetischer Fluss}}$			$\mathbf{L^{-2}T^2M^{-1}I^2}$
$R_m = \dfrac{V}{\Phi}$	Symbol	Einheit	Benennung
	R_m	A/Wb	magnetischer Widerstand
	V	A	magnetische Spannung
	Φ	Wb	magnetischer Fluss

Ampere/Weber, A/Wb, SI-Einheit des magnetischen Widerstands R_m.
$[R_m] = $ A/Wb = A/(Vs).

3.   Maschen- und Knotenregel im magnetischen Kreis

Im magnetischen Kreis gelten analog zu den Kirchhoffschen Gesetzen für Stromkreise die folgenden Beziehungen:

Maschenregel im magnetischen Kreis, die Summe aller magnetischen Spannungen einer Masche im magnetischen Kreis ist gleich der Durchflutung Θ,

$$V_{\text{ges}} = V_1 + V_2 + \cdots V_n = \Theta.$$

Knotenregel im magnetischen Kreis, die Summe aller magnetischen Flüsse an einem Knoten im magnetischen Kreis ist gleich dem Gesamtfluss,

$$\Phi_{\text{ges}} = \Phi_1 + \Phi_2 + \cdots + \Phi_n.$$

Damit ergeben sich ähnliche Regeln für die Reihen- und Parallelschaltung für magnetische Widerstände wie für elektrische Widerstände:

4.   Reihenschaltung magnetischer Widerstände

Der magnetische Fluss durchsetzt nacheinander verschiedene Materialien mit den magnetischen Widerständen $R_{m1}, \dots, R_{mN}$ (**Abb. 15.28**). Daraus ergibt sich der Gesamtwiderstand

$$R_{ges} = R_{m1} + \cdots + R_{mN}.$$

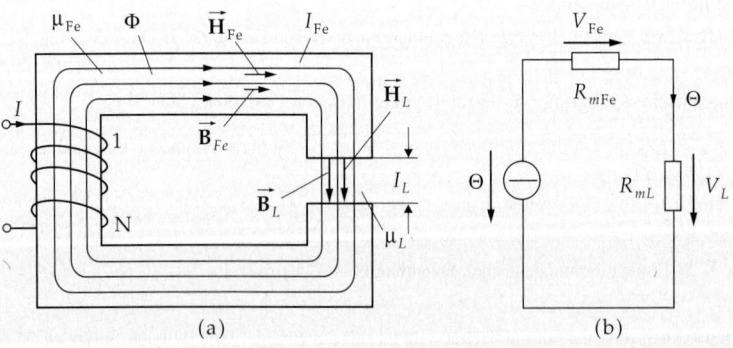

Abbildung 15.28: Magnetischer Gesamtwiderstand bei Reihenschaltung magnetischer Widerstände. (a): Eisenkern mit Luftspalt, (b): Ersatzschaltbild

5. Parallelschaltung magnetischer Widerstände

Der magnetische Fluss teilt sich auf verschiedene Zweige im magnetischen Kreis auf, die die magnetischen Widerstände $R_{m1}, \dots, R_{mN}$ haben. Die Kehrwerte der magnetischen Widerstände addieren sich zum Kehrwert des Gesamtwiderstandes:

$$\frac{1}{R_{ges}} = \frac{1}{R_{m1}} + \cdots + \frac{1}{R_{mN}}.$$

6. Berechnung magnetischer Kreise

Die in 3., 4. und 5. beschriebenen Regeln werden in der Technik bei der Berechnung magnetischer Kreise, bei denen der magnetische Fluss nacheinander durch verschiedene Materialien geführt wird, angewandt.

■ Bei einem magnetischen Kreis, bestehend aus einem Eisenkern mit Luftspalt (**Abb. 15.28**), ergibt sich der magnetische Gesamtwiderstand zu

$$R_m(\text{Eisen}) + R_m(\text{Luftspalt}) = R_m(\text{gesamt}).$$

15.15.1 Durchflutungssatz

1. Durchflutung,

Θ, gibt den Strom durch eine Fläche, die durch den Weg s umschlossen wird, als Integral der magnetischen Feldstärke $\vec{H}$ längs des geschlossenen Weges s an.

Zur Berechnung der Durchflutung unterteilt man den Weg s in geradlinige Wegelemente Δs und bildet das Produkt aus Magnetfeldkomponente in Richtung des Wegelementes und der Länge des Wegelementes,

$$H \cdot \Delta s \cdot \cos \alpha = \vec{H} \cdot \Delta \vec{s}.$$

Die Richtung des vektoriellen Wegelementes $\Delta \vec{s}$ entspricht der Richtung, in der der Weg s durchlaufen wird. Summation über alle Wegelemente ergibt die Durchflutung

$$\sum H_i \Delta s_i = \Theta,$$

wobei H_i die Komponente von $\vec{H}$ in Richtung von $\Delta \vec{s}_i$ ist.

Für einen beliebig geformten Weg in einem inhomogenen Magnetfeld unterteilt man den Weg, bis die Wegelemente als gerade Strecken und das Magnetfeld entlang den Wegelementen jeweils als homogen betrachtet werden können. Daraus ergibt sich der **Durchflutungssatz**:

▲ Das Integral der magnetischen Feldstärke längs eines geschlossenen Weges ist gleich der Durchflutung durch die vom Weg umschlossene Fläche.

Durchflutung = Integral der Feldstärke entlang Weg			I

	Symbol	Einheit	Benennung
$$\Theta = \oint_s \vec{H} \cdot d\vec{s}$$ $$= \int_A \vec{J} \cdot d\vec{A}$$	Θ	A	Durchflutung
	$\vec{H}$	A/m	magnetische Feldstärke
	$d\vec{s}$	m	infinitesimales Wegelement
	s	m	gesamter Weg
	$\vec{J}$	A/m^2	Stromdichte
	$d\vec{A}$	m^2	infinitesimales Flächenelement vom Weg s
	A	m^2	umschlossene Fläche

Ampere, A, SI-Einheit der Durchflutung Θ,
$[\Theta] = \text{A}$.

2.   Konsequenzen des Durchflutungssatzes

Solange der Weg den Strom vollständig umschließt, ist das Resultat unabhängig von der Form des Weges. Umgibt der Weg einen stromdurchflossenen Draht, so ist die Durchflutung Θ gleich dem durch den Leiter fließenden Strom I,

$\Theta = I$.

Umgibt der Weg eine Ansammlung N stromdurchflossener Drähte, so ist die Durchflutung Θ gleich der Summe der Ströme I_n in jedem Leiter,

$$\Theta = \sum_{n=1}^{N} I_n.$$

Umgibt der Weg eine Anzahl N von Spulenwindungen einer Spule, so ist die Durchflutung Θ gleich dem Spulenstrom I, multipliziert mit der Anzahl der umschlossenen Spulenwindungen,

$\Theta = N \cdot I$.

Umgibt der Weg eine Stromverteilung, gekennzeichnet durch die Stromdichte $\vec{J}$, so ist die Durchflutung gleich dem Fluss der Stromdichte durch die vom Weg umschlossene Fläche A,

$$\Theta = \int_A \vec{J} \cdot d\vec{A}.$$

Der letzte Sachverhalt kann auch in differentieller Form geschrieben werden:

$\text{rot}\,\vec{H} = \vec{J}$.

➤   Der Durchflutungssatz erlaubt die Berechnung von Magnetfeldern, die durch einfache Stromverteilungen hervorgerufen werden.

15.15.2   Biot-Savartsches Gesetz

1.   Biot-Savartsches Gesetz,

ermöglicht die Berechnung der magnetischen Feldstärke von drahtförmigen Leitern beliebiger Geometrie. Der Beitrag des stromdurchflossenen Leiterstückchens $d\vec{s}$ zur magnetischen Feldstärke ist proportional zum Strom I und umgekehrt proportional zum Quadrat des Abstands r. Die Richtung der magnetischen Feldstärke, die vom Leiterstück $d\vec{s}$ hervorgerufen wird, ergibt sich aus dem Vektorprodukt von Abstandsvektor $\vec{r}$ und Richtung des Leiterstücks $d\vec{s}$ (**Abb. 15.29**).

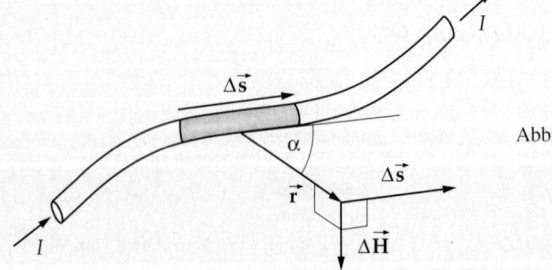

Abbildung 15.29: Biot-Savartsches Gesetz

Die Gesamtfeldstärke ergibt sich als Summe über alle Beiträge der einzelnen Leiterelemente (Integral über $d\vec{s}$):

Biot-Savartsches Gesetz			$L^{-1}I$
$$\vec{H} = \int_s \frac{I\,d\vec{s} \times \vec{r}}{4\pi r^3}$$	Symbol	Einheit	Benennung
	$\vec{H}$	A/m	magnetische Feldstärke
	I	A	Strom durch den Leiter
	$d\vec{s}$	m	Leiterelement
	$\vec{r}$	m	Abstandsvektor

2. Magnetisches Moment einer stationären Stromdichteverteilung, $\vec{J}(\vec{r})$, definiert durch

$$\vec{m} = \frac{1}{2} \int \vec{r} \times \vec{J}(\vec{r})\,dV$$

Das Magnetfeld ist in erster Ordnung gegeben durch

$$\vec{B} = \frac{\mu_0}{4\pi} \left[\frac{3(\vec{m} \cdot \vec{r})\vec{r}}{r^5} - \frac{\vec{m}}{r^3} \right].$$

▲ Das Magnetfeld einer stationären Stromdichteverteilung ist in erster Näherung dem elektrischen Feld eines elektrischen Dipols äquivalent.

3. Beispiele zum Biot-Savartschen Gesetz

a) Geschlossene Leiterschleife: In einer geschlossenen Leiterschleife, die in einer Ebene die Fläche A umschließt, fließt ein Strom I. Auf diese Stromschleife wird in einem Magnetfeld $\vec{B}$ das Drehmoment $\vec{M}$

$$\vec{M} = I(\vec{A} \times \vec{B})$$

ausgeübt. Da das magnetische Moment $\vec{m}$ über $\vec{M} = \vec{m} \times \vec{B}$ definiert ist, ergibt sich für das magnetische Moment der geschlossenen Leiterschleife

$$\vec{m} = I \cdot \vec{A}.$$

b) Ladung auf Kreisbahn: Ein Teilchen der Masse m und der Ladung Q, das mit dem Impuls $\vec{p}$ auf einer Kreisbahn umläuft, entspricht einem Kreisstrom mit dem magnetischen Moment

$$\vec{m} = \frac{Q}{2m}\vec{l}, \quad \vec{l} = \vec{r} \times \vec{p}.$$

Das magnetische Moment $\vec{m}$ ist dem Bahndrehimpuls $\vec{l}$ proportional.

4. Kraft und Energie des magnetischen Moments

Auf einen Körper mit dem magnetischen Moment $\vec{m}$ wirkt in einem homogenen Magnetfeld $\vec{B}$ das Drehmoment $\vec{M}$,

$$\vec{M} = \vec{m} \times \vec{B}.$$

Auf einen Körper mit dem magnetischen Moment $\vec{m}$ wirkt in einem imhomogenen Magnetfeld $\vec{B}$ die Kraft $\vec{F}$,

$$\vec{F} = \left(\vec{m} \cdot \frac{\partial}{\partial \vec{r}} \right) \vec{B}.$$

Die potentielle Energie E_{pot} eines Körpers mit dem magnetischen Moment $\vec{m}$ ist gegeben durch

$$E_{\text{pot}} = -\vec{m} \cdot \vec{B}.$$

5. Arten magnetischer Momente

Magnetisches Moment eines Stabmagneten, definiert als Produkt aus magnetischem Fluss Φ (Polstärke) und fiktivem Polabstand d,

$$\vec{m} = \Phi \cdot \vec{d}.$$

Der Vektor $\vec{d}$ zeigt vom Südpol zum Nordpol.

Coulombsches magnetisches Moment, definiert durch $\vec{m}_C = \Phi\vec{d}$.

Amperesches magnetisches Moment, definiert durch $\vec{m}_A = \vec{m}_C/\mu_0 = \Phi\vec{d}/\mu_0$. Wird hauptsächlich in der Atomphysik verwendet.

15.15.3   Magnetfeld eines geraden Leiters

1.   Magnetische Feldstärke des stromdurchflossenen Leiters

Das Magnetfeld eines geraden, stromdurchflossenen Leiters ist proportional zum Strom im Leiter und umgekehrt proportional zum Abstand vom Leiter. Die Richtung des Magnetfeldes folgt konzentrischen Kreisen um den Leiter (Rechte-Hand-Regel, s. Abb. 15.24).

magnetische Feldstärke $= \dfrac{\text{Strom}}{2\pi \cdot \text{Abstand}}$			$\mathbf{L^{-1}I}$
$H = \dfrac{I}{2\pi r}$	Symbol	Einheit	Benennung
	H	A/m	Feldstärke im Abstand r vom Leiter
	I	A	Strom durch Leiter
	r	m	Abstand vom Leiter

■   Durch einen geraden Draht fließt der elektrische Strom 4 A. Das Magnetfeld im Abstand $r = 1$ m beträgt

$$H = \frac{4A}{2\pi \cdot 1\ \text{m}} \approx 0.64\ \text{A/m}.$$

Verdoppelt man den Abstand r, so halbiert sich die magnetische Feldstärke $H \approx 0.32$ A/m.

2.   Kraftwirkung auf stromdurchflossene Leiter

Das Magnetfeld erzeugt eine Kraft auf stromdurchflossene Leiter. Dies verwendet man zur Definition der Einheit der Stromstärke Ampere (s. Abb. 14.4).

Kraft F zwischen zwei geraden, parallelen Leitern gleicher Länge l im Abstand a, in denen der Strom I_1 bzw. I_2 fließt:

$$F = \mu_0 \frac{l}{2\pi a} I_1 I_2 .$$

Bei gleicher Stromrichtung ziehen sich die beiden Leiterstücke an, bei entgegengesetzter Stromrichtung stoßen sie sich ab (**Abb. 15.30**).

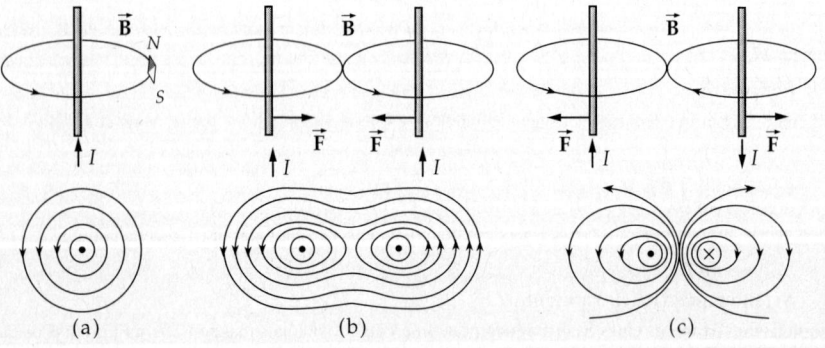

Abbildung 15.30: Magnetische Feldlinien und Kraftwirkung bei stromdurchflossenen geraden Leitern. (a): Einzelleiter, (b): paralleler Doppelleiter, parallele Ströme, (c): paralleler Doppelleiter, antiparallele Ströme

15.15.4 Magnetische Felder einiger Stromverteilungen

Das Biot-Savartsche Gesetz sowie der Durchflutungssatz ermöglichen die Berechnung des magnetischen Feldes einiger einfacher Stromverteilungen.

1. Magnetisches Feld eines Drahtes

Die magnetische Feldstärke H eines langen, geraden, stromdurchflossenen Leiters mit kreisförmigem Querschnitt (Radius R), der von einem Strom der Stärke I durchflossen wird:

Außenbereich des Leiters $(r \geq R)$

$H(r) = \dfrac{I}{2\pi r}$	Symbol	Einheit	Benennung
	H	A/m	magn. Feldstärke im Außenbereich
	I	A	Strom durch den Leiter
	r	m	Abstand

Innenbereich des Leiters $(r \leq R)$

$H(r) = \dfrac{I}{2\pi R^2}\, r$	Symbol	Einheit	Benennung
	H	A/m	magn. Feldstärke im Innenbereich
	I	A	Strom durch den Leiter
	r	m	Abstand
	R	m	Radius des Leiters

Die magnetische Feldstärke steigt im Leiterinnern linear in r bis zum Leiterradius R an und fällt außerhalb des Leiters wie $1/r$ auf Null ab.

2. Magnetische Feldstärke im Mittelpunkt einer kreisförmigen Leiterschleife

Die magnetische Feldstärke im Mittelpunkt eines Kreisstroms mit dem Radius R ist der Quotient aus Stromstärke I und Kreisdurchmesser $2R$.

$\textbf{Feldstärke} = \dfrac{\textbf{Strom}}{2 \cdot \textbf{Radius}}$			$\mathbf{L^{-1}I}$
$H = \dfrac{I}{2R}$	Symbol	Einheit	Benennung
	H	A/m	magnetische Feldstärke
	I	A	Kreisstrom
	R	m	Radius

Für großen Abstand r von der Kreisstromebene $(r \gg R)$ gilt für das Feld auf der Achse:

$$H = \frac{AI}{2\pi r^3}.$$

wobei A die vom Leiter eingeschlossene Fläche ist. Diese Formel gilt für eine beliebig geformte ebene Leiterschleife, da in großem Abstand die genaue Leiterform keine Rolle spielt.

3. Magnetisches Feld einer langen Zylinderspule

Die magnetische Feldstärke einer langen, stromdurchflossenen Zylinderspule (Solenoid) $(R \to 0, l \gg R)$ ist das Produkt aus Spulenstrom I und Windungszahl n, dividiert durch die Spulenlänge l. Das Magnetfeld ist homogen im Spuleninnern, stark inhomogen im Außenbereich, wo es dem Feld eines Stabmagneten gleicht.

Feldstärke = $\dfrac{\text{Windungszahl} \cdot \text{Strom}}{\text{Länge}}$			$L^{-1}I$
	Symbol	Einheit	Benennung
$H = \dfrac{nI}{l}$	H	A/m	Magnetfeld im Spuleninnern
	I	A	Spulenstrom
	l	m	Spulenlänge
	n	1	Windungszahl

4.   Magnetische Feldstärke auf der Achse einer kurzen Zylinderspule

Die magnetische Feldstärke im Mittelpunkt einer kurzen, stromdurchflossenen Zylinderspule (Länge $l \to 0$) ist gleich dem Produkt aus Spulenstrom I und Windungszahl n, dividiert durch den doppelten Spulenradius R, also das n-fache der Feldstärke einer einzelnen Kreisschleife:

Feldstärke = $\dfrac{\text{Windungszahl} \cdot \text{Strom}}{2 \cdot \text{Spulenradius}}$			$L^{-1}I$
	Symbol	Einheit	Benennung
$H = \dfrac{nI}{2R}$	H	A/m	magnetische Feldstärke
	n	1	Windungszahl
	I	A	Spulenstrom
	R	m	Spulenradius

Magnetische Feldstärke auf der Achse einer stromdurchflossenen Zylinderspule mit dem Radius R und der Länge l:

$$H = \frac{nI}{\sqrt{l^2 + 4R^2}} .$$

15.16   Materie im Magnetfeld

Bringt man Materie in ein Magnetfeld der Feldstärke $\vec{H}$ ein, so ändert sich die magnetische Flussdichte $\vec{B}$ infolge der Wechselwirkung des Magnetfeldes mit den Elektronen der Materie. Die Änderung der magnetischen Flussdichte ist spezifisch für die eingebrachte Substanz.

1.   Permeabilitätszahl,

auch **relative Permeabilität**, μ_r, Verhältnis von magnetischer Flussdichte B in Materie zur magnetischen Flussdichte B_0 im Vakuum bei gleicher magnetischer Feldstärke H,

$$\mu_r = \frac{B}{B_0} .$$

μ_r ist in **Tab. 19.4/3** für einige magnetische Legierungen angegeben.

Permeabilität μ, Produkt aus magnetischer Feldkonstante μ_0 und relativer Permeabilität μ_r,

$$\mu = \mu_0 \cdot \mu_r .$$

▲   Für isotrope magnetische Materialien ist die magnetische Flussdichte $\vec{B}$ in Materie proportional der magnetischen Feldstärke $\vec{H}$. Der Proportionalitätsfaktor ist die Permeabilität.

magnetische Flussdichte = Permeabilität · magnetische Feldstärke			$T^{-2}MI^{-1}$
	Symbol	Einheit	Benennung
	$\vec{B}$	Vs/m^2	magnetische Flussdichte
$\vec{B} = \mu\vec{H}$	μ	Vs/(Am)	Permeabilität
$= \mu_r \cdot \mu_0 \cdot \vec{H}$	μ_0	Vs/(Am)	magnetische Feldkonstante
	μ_r	1	Permeabilitätszahl
	$\vec{H}$	A/m	magnetische Feldstärke

2. Magnetische Suszeptibilität

eines Stoffes, χ_m, Differenz von relativer Permeabilität μ_r des Stoffes und der relativen Permeabilität des Vakuums $\mu_r = 1$,

$$\chi_m = \mu_r - 1.$$

χ_m ist dimensionslos: $[\chi] = 1.$

■ Magnetische Suszeptibiltät für
   Diamagnetika: Cu $-1 \cdot 10^{-5}$, Bi $-1.5 \cdot 10^{-4}$, H_2O $-7 \cdot 10^{-6}$.
   Paramagnetika: Al $2.4 \cdot 10^{-5}$, O_2 (gasförmig) $3.6 \cdot 10^{-3}$.
   Ferromagnetika: Fe 10^4, AlNiCo-Legierungen 3, Ferrite (hart) 0.3.

In **Tab. 19.4/1** ist die molare magnetische Suszeptibilität für die Elemente und in **Tab. 19.4/2** für einige anorganische Verbindungen angegeben.

3. Magnetische Polarisation,

$\vec{J}_m$, Differenz der magnetischen Flussdichte $\vec{B}_m$ mit Materie und der magnetischen Flussdichte des Vakuums $\vec{B}_0$, gegeben durch das Produkt aus magnetischer Suszeptibilität χ_m und magnetischer Flussdichte $\vec{B}_0$ des Vakuums,

$$\vec{J}_m = \vec{B}_m - \vec{B}_0 = (\mu_r - 1) \cdot \vec{B}_0 = \chi_m \cdot \vec{B}_0 = \chi_m \mu_0 \cdot \vec{H}.$$

Voltsekunde/Meter^2, Vs/m^2, SI-Einheit der magnetischen Polarisation:
$[\vec{J}] = Vs/m^2.$

4. Magnetisierung,

$\vec{M}$, das Produkt aus magnetischer Suszeptibilität χ_m und magnetischer Feldstärke $\vec{H}$

$$\vec{M} = \frac{\vec{B}_m}{\mu_0} - \vec{H} = (\mu_r - 1) \cdot \vec{H} = \chi_m \cdot \vec{H}.$$

Ampere/Meter, A/m, SI-Einheit der Magnetisierung M:
$[\vec{M}] = A/m.$

Bei vielen Substanzen ist die Magnetisierung $\vec{M}$ proportional zur magnetischen Feldstärke $\vec{H}$.

Magnetisierungskurven, graphische Darstellung der Abhängigkeit der magnetischen Flussdichte B von der magnetischen Feldstärke H.

15.16.1 Diamagnetismus

Diamagnetismus, Eigenschaft aller Stoffe. Diamagnetisches Verhalten kann nur beobachtet werden, wenn es nicht von den anderen Arten des Magnetismus verdeckt wird.

▲ Bringt man eine diamagnetische Substanz in ein inhomogenes Magnetfeld ein, so wird sie in Bereiche geringer magnetischer Feldstärke abgedrängt.

Diamagnetisches Verhalten tritt bei Elementen mit abgeschlossenen Elektronenschalen auf. Durch Einbringen der diamagnetischen Substanz in das Magnetfeld werden inneratomare Ringströme induziert, die nach der Lenzschen Regel dem äußeren Magnetfeld entgegengerichtet sind (s. S. 449). In der Substanz werden magnetische Dipole induziert, deren Nordpol dem Nordpol und deren Südpol dem Südpol des äußeren Magnetfeldes zugewendet ist. Das magnetische Feld wird dadurch geschwächt, die Substanz aus dem Magnetfeld herausgedrängt.

▲   Die Permeabilitätszahl diamagnetischer Substanzen ist kleiner als eins, die magnetische Suszeptibilität ist negativ,

$$\mu_r < 1, \quad \chi_m < 0 \left(-10^{-4} < \chi_m < -10^{-9}\right).$$

➤   Die Feldvektoren $\vec{H}$ und $\vec{M}$ sind einander entgegengerichtet. Die Dichte der Feldlinien von $\vec{B}$ ist im Material geringer als außerhalb.

▲   Der Diamagnetismus ist temperaturunabhängig.

■   Substanzen mit diamagnetischem Verhalten: Cu, Bi, Au, Ag, H_2.

15.16.2   Paramagnetismus

Paramagnetismus, liegt vor, wenn unkompensierte magnetischen Momente der Elektronen auftreten. Dies ist der Fall, wenn die Elektronenschalen der Atome nicht vollständig aufgefüllt sind. Im Magnetfeld werden die ursprünglich willkürlich orientierten magnetischen Momente ausgerichtet (**Abb. 15.31 (a)**).

▲   Die Permeabilitätszahl paramagnetischer Substanzen ist größer als eins, die magnetische Suszeptibilität ist positiv,

$$\mu_r > 1, \quad \chi_m > 0 \left(10^{-6} < \chi_m < 10^{-4}\right).$$

➤   Die Feldvektoren $\vec{H}$ und $\vec{M}$ sind gleichgerichtet. Die Dichte der Feldlinien von $\vec{B}$ ist im Material größer als außerhalb.

Curiesches Gesetz, beschreibt die Abhängigkeit der magnetischen Suszeptibilität χ_m von der absoluten Temperatur T für den Paramagnetismus,

$$\chi_m = \frac{C}{T}.$$

C ist eine materialabhängige Größe.

■   Substanzen mit paramagnetischem Verhalten: Al, O_2, W, Pt, Sn.

15.16.3   Ferromagnetismus

1.   Ferromagnetismus,

hervorgerufen durch Ausrichtung der Magnetisierungsrichtungen der Weißschen Bezirke in Feldrichtung. Die Magnetisierungskurve ferromagnetischer Substanzen ist nichtlinear (**Abb. 15.31 (b)**).

Weißsche Bezirke, Kristallbereiche gleicher Magnetisierung, Größe $10 \mu m$ bis $1 mm$, im unmagnetisierten Zustand statistisch verteilt.

Bloch-Wände, Übergangszone zwischen den Weißschen Bezirken, in denen sich die Magnetisierung ändert. Die Magnetisierung einer ferromagnetischen Substanz erfolgt durch reversible und irreversible Verschiebungen der Bloch-Wände.

▲   Die Permeabilitätszahl ferromagnetischer Substanzen ist abhängig von der magnetischen Feldstärke und sehr viel größer als eins, die magnetische Suszeptibilität ist positiv,

$$\mu_r \gg 1, \quad \chi_m > 0.$$

➤   Die Feldvektoren $\vec{H}$ und $\vec{M}$ sind gleichgerichtet. Die Dichte der Feldlinien von $\vec{B}$ ist im Material größer als außerhalb.

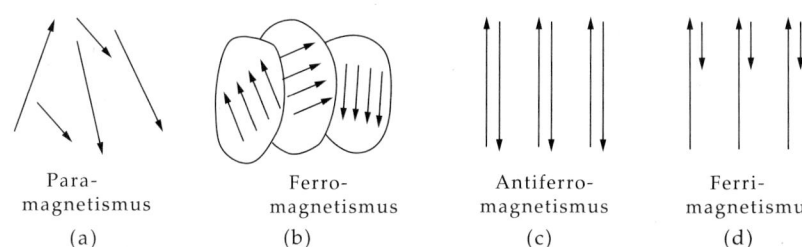

Para- magnetismus	Ferro- magnetismus	Antiferro- magnetismus	Ferri- magnetismus
(a)	(b)	(c)	(d)

Abbildung 15.31: Struktur magnetischer Substanzen. (a): Paramagnetismus, unregelmäßige Verteilung der magnetischen Momente, (b): Ferromagnetismus, Ausrichtung der magnetischen Momente innerhalb der Weißschen Bezirke, durch Blochwände getrennt, (c) Antiferromagnetismus, zwei Untergitter mit gleichen, antiparallel orientierten magnetischen Momenten, (d): zwei Untergitter mit verschiedenen, antiparallel orientierten magnetischen Momenten

2. Hysteresekurve,

Magnetisierungskurve ferromagnetischer Substanzen. Die von der Hysteresekurve umschlossene Fläche ist ein Maß für die Magnetisierungsenergie, die notwendig ist, um die Weißschen Bezirke auszurichten. Die Magnetisierungskurve hängt von dem magnetischen Ausgangszustand der ferromagnetischen Substanz ab. Die Hysteresekurve ist symmetrisch bei Punktspiegelung am Koordinatenursprung. Dem entspricht eine Symmetrie unter Umkehrung der Magnetfeldrichtung.

Magnetisch harte Substanz, ferromagnetische Substanz mit breiter Hysteresekurve. Zur Ummagnetisierung ist viel Arbeit notwendig (**Abb. 15.32 (b)**).

Magnetisch weiche Substanz, ferromagnetische Substanz mit schmaler Hysteresekurve. Zur Ummagnetisierung wird wenig Arbeit benötigt (**Abb. 15.32 (a)**).

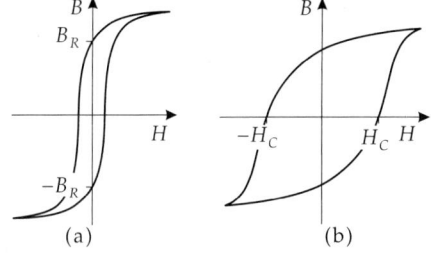

(a) (b)

Abbildung 15.32: Hysteresekurven. (a): Magnetisch weicher Werkstoff, (b): magnetisch harter Werkstoff

■ Magnetisch harte Substanzen eignen sich zur Herstellung von Magneten, da sie ein aufgeprägtes Magnetfeld lange Zeit auch bei Störung (zum Beispiel durch andere Magnetfelder) stabil erhalten (Speichermagnete).

Magnetisch weiche Substanzen werden als Transformatorkerne verwendet, da einerseits die Flussdichte in ihnen hoch ist und andererseits wenig Energie durch die Ummagnetisierung verloren geht (Tonköpfe).

3. Neukurve und Sättigungsinduktion

Neukurve, bei unmagnetisierter Substanz ist die magnetische Flussdichte B bei Abwesenheit eines magnetischen Feldes H null. Erhöht man die magnetische Feldstärke, so wird im B–H-Diagramm die Neukurve durchlaufen (**Abb. 15.33**).

➤ Ist die Substanz magnetisiert, so wird die Neukurve nicht durchlaufen.

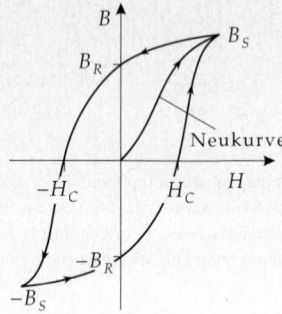

Abbildung 15.33: Hysteresekurve mit Neukurve

Sättigungsinduktion, B_S, Flussdichte, bei der alle magnetischen Momente in der ferromagnetischen Substanz in Feldstärkerichtung ausgerichtet sind. Steigert man die Feldstärke über diesen Punkt hinaus, so ändert sich die Flussdichte proportional zur Feldstärke.

4. Remanenz und Koerzitivfeldstärke

Remanenz, Remanenzflussdichte, B_R, nach Abschalten des äußeren Magnetfeldes noch vorhandene magnetische Flussdichte.

Koerzitivfeldstärke, H_C, Gegenfeld, das angelegt werden muss, um die ferromagnetische Substanz zu entmagnetisieren. Für magnetisch harte Werkstoffe liegt H_C zwischen 0.1 A/m und 10^3 A/m, für magnetisch harte Werkstoffe zwischen 10^3 A/m und 10^7 A/m.

■ Remanenz und Koerzitivfeldstärke für Chromstahl: $R_B = 1.1$ T, $H_C = 5200$ A/m.

Remanenz und Koerzitivfeldstärke sind für einige magnetische Legierungen in **Tab. 19.4/3** angegeben.

5. Temperaturabhängigkeit des Ferromagnetismus

Mit zunehmender Temperatur nimmt der Ferromagnetismus ab. Die ferromagnetische Substanz wird dann paramagnetisch.

Curie-Weißsches Gesetz, beschreibt die Temperaturabhängigkeit der Suszeptibilität χ_m ferromagnetischer Substanzen (**Abb. 15.34**),

$$\chi_m = \frac{C}{T - \theta_C}.$$

Dabei ist θ_C die **ferromagnetische Curie-Temperatur** und C eine Stoffkonstante.

■ Ferromagnetische Curie-Temperaturen: Fe 1042 K, Co 1400 K, Ni 631 K, Dy 87 K.
▲ Oberhalb der Curie-Temperatur ist die Substanz paramagnetisch.

In den **Tab. 19.5/1, 19.5/2 und 19.5/3** ist die Curie-Temperatur für einige ferromagnetische Elemente sowie binäre Eisen- und Nickellegierungen aufgeführt.

■ Substanzen mit ferromagnetischem Verhalten: Fe, Co, Ni, Gd.

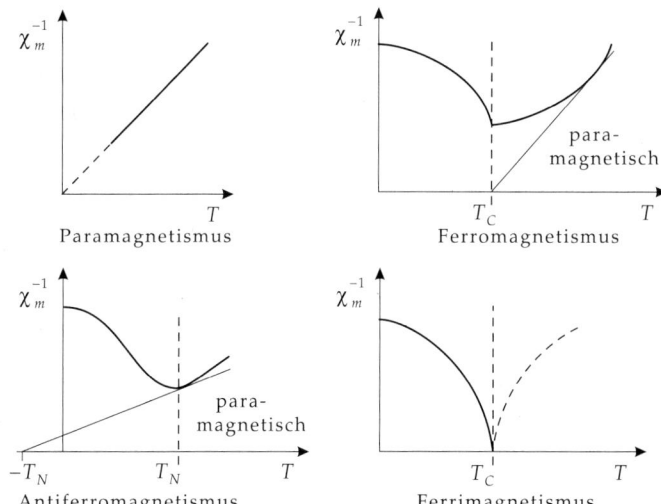

Abbildung 15.34: Temperaturabhängigkeit der magnetischen Suszeptibilität. T_C: Curie-Temperatur, T_N: Neél-Temperatur

6. Magnetostriktion,
elastische Formänderungen ferromagnetischer Substanzen in Magnetfeldern infolge Verschiebung und Drehung der Bloch-Wände, wobei sowohl positive als auch negative relative Längenänderungen auftreten können.
Volumenmagnetostriktion, Volumenänderung bei gleicher Gestalt.
Joule-Magnetostriktion, Gestaltsänderung bei gleichem Volumen. Die Joule-Magnetostriktion ist i. Allg. viel größer als die Volumenmagnetostriktion.
Inverse Magnetostriktion, Änderung der Magnetisierung durch mechanische Spannungen.

15.16.4   Antiferromagnetismus

Antiferromagnetismus, liegt vor, wenn in einem Kristall zwei Untergitter vorhanden sind, deren gleich große magnetische Momente sich antiparallel einstellen (s. **Abb. 15.31 (c)**).

▲   Die relative Permeabilität antiferromagnetischer Substanzen ist größer als eins,

$\chi_m > 1$.

Neélsches Gesetz, beschreibt die Temperaturabhängigkeit antiferromagnetischer Substanzen:

$$\chi_m = \frac{C}{T + T_N} \, .$$

T_N wird als **Neél-Temperatur** bezeichnet. C ist eine Stoffkonstante.

■   Neél-Temperatur für einige Antiferromagnete: FeO 198 K, NiF_2 73.2 K, $CoUO_4$ 12 K, CoO 328 K.

Tab. 19.7/1 zeigt die Neél-Temperatur sowie die molare magnetische Suszeptibilität einiger Antiferromagnete.

■   Substanzen mit antiferromagnetischem Verhalten: CoO, NiCo, FeO, CoF_3, FeF_3.

15.16.5   Ferrimagnetismus

Ferrimagnetismus, liegt vor, wenn in einem Kristall zwei Untergitter vorhanden sind, deren unterschiedlich große magnetische Momente zu einem resultierenden magnetischen Moment führen (**Abb. 15.31 (d)**). Daraus folgen sowohl ferromagnetische Eigenschaften, wie die Hysterese, als auch antiferromagnetische Eigenschaften.

Ferrite, ferrimagnetische Materialien, Ionenkristalle. Sie sind wegen ihres hohen spezifischen Widerstandes nahezu wirbelstromfrei. Ferrite sind keramische Materialien, die als Spulenkerne bei hohen Frequenzen eingesetzt werden, zum Beispiel als Ferritantennen.

Die magnetischen Eigenschaften einiger Ferrite sind in Tab. 19.6/1 aufgeführt.

■   Substanzen mit ferrimagnetischem Verhalten: $NiFe_2O_3$, $CoFe_2O_3$, hexagonale Ferrite $BaO \cdot 6Fe_2O_3$, $PbO \cdot Fe_2O_3$, Granate $3Ce_2O_3 \cdot 5Fe_2O_3$, $3Sm_2O_3 \cdot 5Fe_2O_3$.

15.17   Magnetische Felder an Grenzflächen

Beim Übergang von einem Medium der Permeabilität μ_1 zu einem Medium der Permeabilität μ_2, die durch eine Grenzfläche getrennt sind, auf der selbst keine Ströme fließen, ändern sich magnetische Feldstärke und Flussdichte an der Grenzfläche.

1.   Änderung der magnetischen Feldstärke

Die Tangentialkomponente der magnetischen Feldstärke H_t ändert sich beim Übergang nicht,

$$H_{t1} = H_{t2}.$$

Die Normalkomponente der magnetischen Feldstärke ändert sich unstetig (**Abb. 15.35**).

2.   Änderung der magnetischen Flussdichte

Die Normalkomponente der magnetischen Flussdichte B_n ändert sich beim Übergang nicht,

$$B_{n1} = B_{n2}.$$

Die Tangentialkomponente der magnetischen Flussdichte ändert sich unstetig (**Abb. 15.36**).

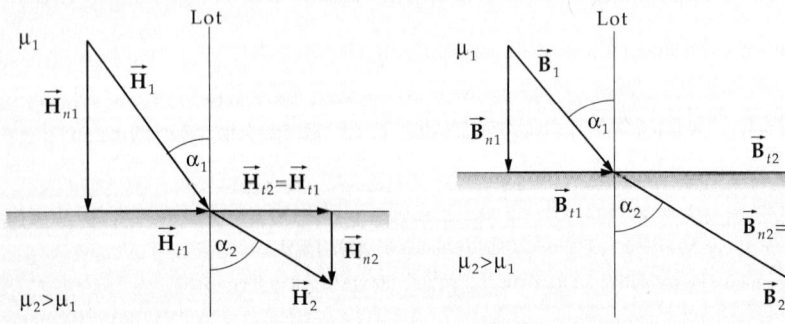

Abbildung 15.35: Magnetische Feldstärke $\vec{H}$ an der Grenzfläche zweier Medien

Abbildung 15.36: Magnetische Flussdichte $\vec{B}$ an der Grenzfläche zweier Medien

3.   Winkelbeziehungen der magnetischen Feldstärken an der Grenze

Bezeichnet α den Winkel zwischen Lot (Normale zur Grenzfläche) und Richtung der magnetischen Feldstärke, dann verhalten sich die Tangenswerte der Winkel α_1 im ersten Medium und α_2 im zweiten Medium zueinander wie die Permeabilitäten μ_1 und μ_2 bzw. die relativen Permeabilitäten μ_{r1} und μ_{r2},

$$\frac{\tan\alpha_1}{\tan\alpha_2} = \frac{\mu_1}{\mu_2} = \frac{\mu_{r1}}{\mu_{r2}}.$$

■ Beim Übergang von einem Medium der Permeabilität μ_1 zu einem Medium höherer Permeabilität μ_2 ist

$\alpha_1 < \alpha_2$.

Die magnetische Feldstärke ändert beim Übergang ihre Richtung vom Lot weg.

Beim Übergang von einem Medium der Permeabilität μ_1 zu einem Medium kleinerer Permeabilität μ_2 ist

$\alpha_1 > \alpha_2$.

Die magnetische Feldstärke ändert beim Übergang ihre Richtung zum Lot hin.

15.18   Induktion

Induktion, Erzeugung von Spannungen an den Enden eines Leiters oder einer Leiterschleife durch Änderung des magnetischen Flusses durch den Leiter oder durch die Leiterschleife.

▲ Die induzierte Spannung U_{ind} ist gleich dem Produkt aus zeitlicher Änderung des magnetischen Flusses Φ und der Anzahl der Leiter bzw. Windungen der Leiterschleife n.

induzierte Spannung = Windungszahl · $\dfrac{\text{Flussänderung}}{\text{Zeitintervall}}$			$\mathbf{L^2 T^{-3} M I^{-1}}$
	Symbol	Einheit	Benennung
$U_{ind} = -n\dfrac{d\Phi}{dt}$	U_{ind}	V	induzierte Spannung
	$d\Phi$	Vs	Änderung des magn. Flusses
	dt	s	infinitesimales Zeitintervall
	n	1	Anzahl der Leiterwindungen

Man unterscheidet

• Bewegungsinduktion und
• transformatorische Induktion.

15.18.1   Bewegungsinduktion

1.   Bewegungsinduktion,

Induktion von Spannungen in einem Leiter durch Bewegung des Leiters im konstanten Magnetfeld $\vec{B}$. Aus der vom Leiter überstrichenen Fläche ΔA bestimmt sich die Änderung des magnetischen Flusses,

$$\Delta\Phi = \vec{B} \cdot \Delta\vec{A},$$

und daraus die induzierte Spannung:

Spannung $\sim \dfrac{\text{Flächenänderung}}{\text{Zeitintervall}}$ · Flussdichte			$\mathbf{L^2 T^{-3} M I^{-1}}$
	Symbol	Einheit	Benennung
$U_{ind} = -n\dfrac{d\vec{A}}{dt} \cdot \vec{B}$	U_{ind}	V	induzierte Spannung
	$d\vec{A}$	m^2	Flächenänderung
	dt	s	infinitesimales Zeitintervall
	$\vec{B}$	Vs/m^2	magnetische Flussdichte
	n	1	Anzahl der Leiterwindungen

■ Der von einer Leiterschleife im homogenen Magnetfeld umfasste magnetische Fluss ist proportional dem Cosinus des Winkels α zwischen der Richtung des Magnetfelds $\vec{B}$ und der Normalen zur Fläche A (**Abb. 15.37**). Wird die Leiterschleife mit konstanter Winkelgeschwindigkeit ω gedreht, so entsteht an den Enden der Leiterschleife eine Wechselspannung der Frequenz $f = \omega/(2\pi)$. Für die induzierte Spannung gilt:

$U_{\text{ind}}(t) = A \cdot B \cdot \omega \sin \omega t = \hat{u}_{\text{ind}} \cdot \sin \omega t$.

$\hat{u}_{\text{ind}}$ ist die Amplitude der Wechselspannung.

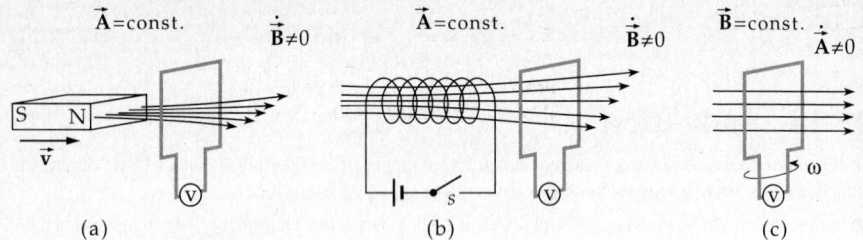

(a) (b) (c)

Abbildung 15.37: Bewegungsinduktion in einer Leiterschleife

➤ Die Funktionsweise von Generatoren beruht auf der Bewegungsinduktion.

2. Wirbelstrom,

Induktionsstrom in ausgedehnten Leiter im zeitlich veränderlichen Magnetfeld. Die Stromlinien bilden in sich geschlossene Wirbel.

■ **Wirbelstrombremse**: durch die Bewegung eines Leiters in einem Magnetfeld werden in dem Leiter Wirbelströme erzeugt. Auf diese Ströme wirkt im Magnetfeld eine Kraft, die der Bewegung des Leiters entgegengerichtet ist. Eine rotierende Metallscheibe wird nach Einschalten eines Magnetfeldes gebremst.

3. Skineffekt,

hochfrequente Wechselströme ($f > 10^7$ Hz) fliessen nicht mehr im gesamten Leiterquerschnitt, sondern nur in einer dünnen Oberflächenschicht des Leiters (Stromverdrängung). Das zeitlich veränderliche Magnetfeld induziert im Leiterinnern eine Spannung, die der angelegten Spannung entgegengerichtet ist und zum Rand hin abnimmt. Folglich nimmt die Stromdichte J zum Rand hin zu:

$J(r,t) = \hat{J}(r) \cos(2\pi f t + \phi(r)), \quad \hat{J} = \hat{J}(R) \, e^{h(r)}$,

mit

$$h(r) = -\frac{\delta^2 R^4}{4} \left[1 - \left(\frac{r}{R} \right)^4 \right],$$

$$\phi(r) = \phi(R) + \frac{\delta^2 R^4}{4} \left[1 - \left(\frac{r}{R} \right)^2 \right],$$

$$\delta = \mu_0 \kappa \omega,$$

wobei R den Leiterradius, r den Abstand von der Leiterachse und κ die Leitfähigkeit des Leiters bezeichnet.

15.18.2 Transformatorische Induktion

Transformatorische Induktion, Induktion von Spannungen in einem Leiter durch Änderung des umgebenden Magnetfeldes. Die Änderung des magnetischen Flusses $\Delta\Phi$ wird bestimmt durch die Änderung des Magnetfeldes ΔB,

$\Delta\Phi = \Delta B \cdot A \cos\alpha$,

wobei α der Winkel zwischen der Flussdichterichtung und der Flächennormalen der Leiterschleife ist.

Spannung $\sim \dfrac{\text{Flussdichteänderung}}{\text{Zeitintervall}} \cdot \text{Fläche}$			$L^2T^{-3}MI^{-1}$
$U_{ind} = -n\dfrac{d\vec{B}}{dt} \cdot \vec{A}$	Symbol	Einheit	Benennung
	U_{ind}	V	induzierte Spannung
	$d\vec{B}$	Vs/m^2	Änderung der magn. Flussdichte
	dt	s	infinitesimales Zeitintervall
	$\vec{A}$	m^2	Fläche
	n	1	Anzahl der Leiterwindungen

Die transformatorische Induktion wird beim Transformator angewendet.

■   Eine Probespule befindet sich in einer Spule, durch die ein Strom fließt. Dieser Strom und damit das Magnetfeld werden abgeschaltet. Dadurch wird in der Probespule ein Spannungsstoß induziert.

Wirbelstromverluste, entstehen im Transformator, wenn sich der Fluss durch den Eisenkern ändert. Die Wirbelstromverluste werden verringert, indem man den Eisenkern aus Metallstreifen zusammensetzt, die durch eine Lackschicht voneinander elektrisch isoliert sind.

Einschalten und Ausschalten des Spulenstroms führt zu hohen Spannungsspitzen.

▲   **Lenzsche Regel**, das magnetische Feld eines induzierten Stromes wirkt der Änderung des äußeren magnetischen Feldes entgegen.

15.19   Selbstinduktion

1.   Selbstinduktion,

die Änderung des Stromes I in einer Spule aus n Drahtwindungen führt zu einer Änderung des magnetischen Flusses durch diese Spule und induziert damit in der Spule eine Spannung. Die induzierte Spannung ist proportional der Stromänderung pro Zeiteinheit.

Selbstinduktivität, **Induktivität**, L, Eigenschaft der Spule, Proportionalitätsfaktor zwischen induzierter Spannung und Stromänderung.

▲   Die induzierte Spannung ist nach der Lenzschen Regel der angelegten Spannung entgegengerichtet.

induzierte Spannung = Windungszahl $\cdot \dfrac{\text{Flussänderung}}{\text{Zeitintervall}}$			$L^2T^{-3}MI^{-1}$
$u_{ind} = -L \cdot \dfrac{dI}{dt}$	Symbol	Einheit	Benennung
	u_{ind}	V	induzierte Spannung
	dI	A	Änderung der Stromstärke
	dt	s	infinitesimales Zeitintervall
	L	H = Vs/A	Induktivität

Henry, H, SI-Einheit der Induktivität L.

$[L]$ = H = Vs/A.

1 H ist eine sehr große Einheit. Gebräuchliche Induktivitäten liegen im Bereich zwischen $1\,\mu H = 10^{-6}$ H und 1 H.

▲   Die Induktivität einer Spule ist gleich dem Produkt aus dem Quadrat der Windungszahl n und dem magnetischen Leitwert Λ_m,

$L = n^2 \cdot \Lambda_m$.

2.   Induktionsfluss,

ψ, durch eine Spule, Produkt aus magnetischem Fluss Φ und Anzahl n der Spulenwindungen. Der Induktionsfluss ist proportional dem Spulenstrom I. Der Proportionalitätsfaktor ist die Induktivität L.

Induktionsfluss = Induktivität · Stromstärke			$L^2T^{-2}MI^{-1}$
	Symbol	Einheit	Benennung
$\psi = L \cdot I$	ψ	Wb = Vs	Induktionsfluss
$= n \cdot \Phi$	L	H = Vs/A	Induktivität der Spule
	I	A	Stromfluss durch Spule
	n	1	Anzahl der Spulenwindungen
	Φ	Wb = Vs	magnetischer Fluss durch Spule

Weber, Wb, SI-Einheit des Induktionsflusses ψ.

$[\psi] = $ Wb = Vs.

3. Reihenschaltung von Induktivitäten

Reihenschaltung von Induktivitäten, die Gesamtinduktivität L_{ges} einer Reihenschaltung von Induktivitäten ist gleich der Summe der Einzelinduktivitäten $L_1, \ldots, L_N$ (**Abb. 15.38**):

$$L_{ges} = L_1 + L_2 + \cdots + L_N.$$

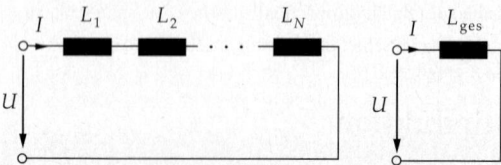

Abbildung 15.38: Reihenschaltung von Induktivitäten

4. Parallelschaltung von Induktivitäten

Parallelschaltung von Induktivitäten, der Kehrwert der Gesamtinduktivität L_{ges} einer Parallelschaltung von Induktivitäten ist gleich der Summe der Kehrwerte der Einzelinduktivitäten $L_1, \ldots, L_N$ (**Abb. 15.39**):

$$\frac{1}{L_{ges}} = \frac{1}{L_1} + \frac{1}{L_2} + \cdots + \frac{1}{L_N}.$$

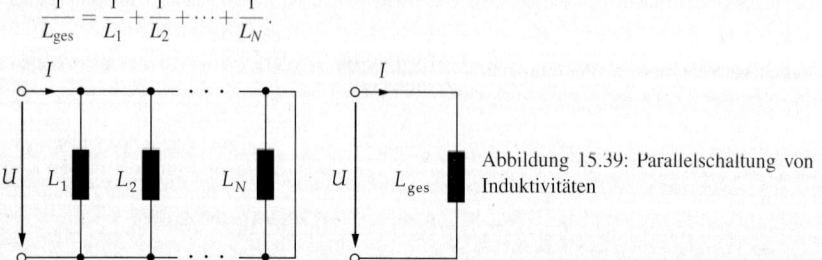

Abbildung 15.39: Parallelschaltung von Induktivitäten

15.19.1   Induktivitäten geometrischer Leiteranordnungen

a) Einfachleitung   (**Abb. 15.40 (a)**):

$$L = \frac{\mu l}{2\pi} \left[ln\left(\frac{2l}{r} \right) - \frac{3}{4} \right] \qquad r \text{ Leiterradius,} \quad l \text{ Leiterlänge,} \quad \mu \text{ Permeabilität.}$$

b) Doppelleitung, kreisförmiger Querschnitt   (**Abb. 15.40 (b)**):

$$L = \frac{\mu l}{\pi} \left[\ln\left(\frac{d}{r} \right) + \frac{1}{4} \right] \qquad r \text{ Leiterradius,} \quad d \text{ Leiterabstand,} \quad l \text{ Leiterlänge.}$$

c) Doppelleitung, rechteckiger Querschnitt (Abb. 15.40 (c)):

$$L = \frac{\mu l}{\pi} \frac{2a}{a+b}, \quad a \ll b, d \ll b$$

$$L = \frac{2\mu l}{\pi} \ln\left(1 + \frac{a}{a+b}\right), \quad d \ll a, d \ll b, \quad a, b \text{ Seitenlängen, } l \text{ Leiterlänge, } d \text{ Leiterabstand.}$$

d) Ringleiter:

$$L = \mu R \left[\ln\left(\frac{R}{r}\right) + \frac{1}{4} \right] \quad r \text{ Leiterradius, } R \text{ Ringradius.}$$

e) Koaxialleiter (Abb. 15.40 (e)):

$$L = \frac{\mu l}{2\pi} \ln\left(\frac{r_2}{r_1}\right) \quad r_1 \text{ Radius Innenleiter, } r_2 \text{ Radius Außenleiter, } l \text{ Leiterlänge.}$$

f) Lange Zylinderspule, Ringspule $l \gg r$ (**Abb. 15.40 (d)**):

$$L \approx \frac{\mu}{l} A N^2 \quad l \text{ Spulenlänge (Spulenumfang), } A \text{ Spulenfläche, } N \text{ Windungszahl.}$$

g) Kurze Spule, einlagige Wicklung

$$L = f \frac{\mu}{l} A N^2, \quad f \approx \frac{1}{1 + r/l} \quad l \text{ Spulenlänge, } r \text{ Spulenradius, } f \text{ Spulenformfaktor.}$$

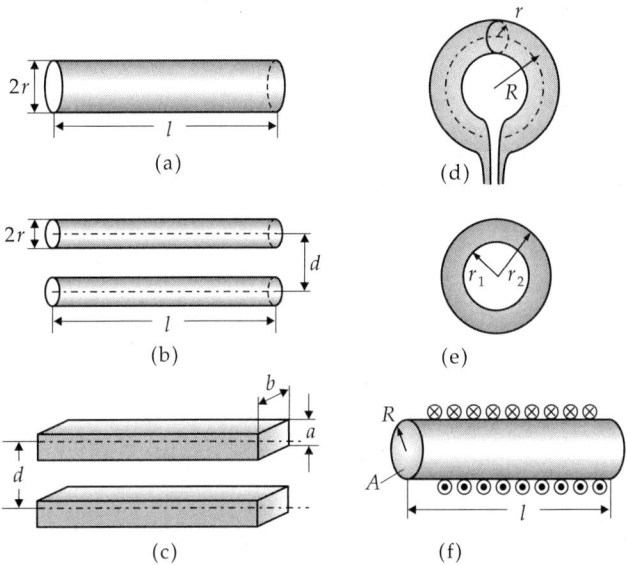

Abbildung 15.40: Induktivitäten verschiedener Leiteranordnungen. (a): Einfachleitung, (b): Doppelleitung, kreisförmiger Querschnitt, (c): Doppelleitung, rechteckiger Querschnitt, (d): Ringspule, (e): Koaxialkabel, (f): Zylinderspule. r: Leiter- bzw. Spulenradius, R: Ringradius, l: Leiter- bzw. Spulenlänge, d: Leiterabstand, A: Spulenquerschnitt, μ: Permeabilität

15.19.2 Magnetischer Leitwert

Magnetischer Leitwert, Λ_m, von Geometrie und Permeabilität des magnetischen Kreises abhängige Größe, die in einfachen Fällen berechnet werden kann. Für Spulenkerne wird der magnetische Leitwert vom Hersteller angegeben.

Henry, H, SI-Einheit des magnetischen Leitwerts Λ_m.

$[\Lambda_m] = $ H = Vs/A.

Der magnetische Leitwert einer **Ringspule ohne Eisenkern** berechnet sich aus der Querschnittsfläche A, die vom Magnetfeld durchsetzt wird, der mittleren Feldlinienlänge l und der magnetischen Feldkonstanten μ_0,

$$\Lambda_m = \mu_0 \cdot \frac{A}{l}.$$

Der magnetische Leitwert einer **Ringspule mit Eisenkern** ergibt sich aus der Querschnittsfläche A, die vom Magnetfeld durchsetzt wird, der mittleren Feldlinienlänge, der magnetischen Feldkonstanten μ_0 und der relativen Permeabilität μ_r von Eisen,

$$\Lambda_m = \mu_0 \cdot \mu_r \cdot \frac{A}{l}.$$

Magnetischer Widerstand R_m, Kehrwert des magnetischen Leitwerts,

$$R_m = \frac{1}{\Lambda_m}.$$

Der magnetische Widerstand wird bei der Berechnung magnetischer Kreise verwendet.

■ Eine Spule mit Eisenkern, der einen magnetischen Leitwert $\Lambda_m = 5\ \mu$H besitzt, trägt 40 Spulenwindungen. Die Induktivität dieser Spule beträgt

$L = n^2 \cdot \Lambda_m = 40^2 \cdot 5 \cdot 10^{-6}$ H $= 8 \cdot 10^{-3}$ H $= 8$ mH.

15.20 Gegeninduktion

1. Magnetische Kopplung

zweier Spulen liegt vor, wenn beide Spulen vom gleichen magnetischen Fluss Φ durchsetzt werden (**Abb. 15.41 und 15.42**).

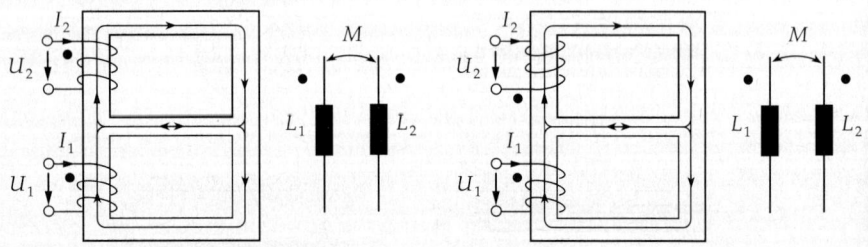

Abbildung 15.41: Magnetische Kopplung zweier gleichsinnig gewickelter Spulen

Abbildung 15.42: Magnetische Kopplung zweier gegensinnig gewickelter Spulen

Ändert sich der magnetische Fluss durch eine von zwei magnetisch gekoppelten Spulen, so wird in der anderen Spule eine Spannung induziert.

Ausgehend von der ersten Spule, deren Spulenstrom I_1 den magnetischen Fluss Φ_1 hervorruft, führt man die folgenden Bezeichnungen ein:

Nutzfluss Φ_N, der Teil des magnetischen Flusses, der die zweite Spule durchsetzt:

$$\Phi_N = k_1 \cdot \Phi_1.$$

Kopplungsfaktor, k_1, bezeichnet den Bruchteil des magnetischen Flusses, der die zweite Spule durchsetzt.

Streufluss, Φ_S, der Teil des magnetischen Flusses, der verloren geht:

$$\Phi_S = \Phi_1 - \Phi_N = (1 - k_1) \cdot \Phi_1 .$$

■   Beim realen Transformator geht ein Teil des magnetischen Flusses als Streufluss verloren.

2. **Gegeninduktivität,**

M, gibt den Induktionsfluss in der zweiten Spule an, der von einem elektrischen Strom I_1 durch die Wicklungen der ersten Spule hervorgerufen wird. Die Gegeninduktivität ist proportional dem Produkt aus den Windungszahlen n_1 und n_2 der beiden Spulen sowie dem magnetischen Leitwert der ersten Spule und dem Kopplungsfaktor k_1.

Gegeninduktivität			$\mathbf{L^2 T^{-2} M I^{-2}}$
	Symbol	Einheit	Benennung
	M	H	Gegeninduktivität
$M = k_1 \Lambda_1 n_1 n_2$	Λ_1	H	magnetischer Leitwert
	n_1, n_2	1	Windungszahlen
	k_1	1	Kopplungsfaktor

Henry, H, SI-Einheit der Gegeninduktivität M.

$[M] = $ H.

▲   Unter Voraussetzung konstanter Permeabilität sind die Gegeninduktivitäten zweier gekoppelter Spulen gleich.

15.20.1   Transformator

1. **Transformator,**

wandelt niedrige Spannungen in höhere Spannungen um und umgekehrt. Der Transformator besteht aus Primärspule und Sekundärspule, die beide vom gleichen magnetischen Fluss durchsetzt werden (**Abb. 15.43**).

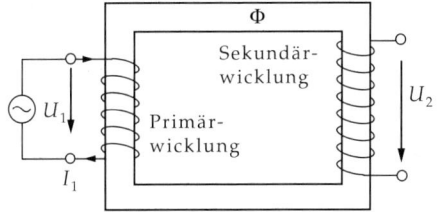

Abbildung 15.43: Transformator

Primärwicklung, bezeichnet die Spule, an der die zu transformierende (Primär-)Spannung anliegt.

Sekundärwicklung, bezeichnet die Spule, an der die Spannung abgenommen wird.

Idealer Transformator, ein Transformator ohne Leistungsverluste.

Wirkungsgrad von realen Transformatoren, bei guten Transformatoren besser als 95%.

▲   Wird an die Primärspule eine Wechselspannung angelegt, so ändert sich der magnetische Fluss durch diese Spule. Dadurch wird in der Sekundärspule eine Spannung induziert.

2.   Übersetzungsverhältnis,

$\ddot{u}$, gibt das Verhältnis der Spannung auf der Primärseite zur Spannung auf der Sekundärseite an. Ist $\ddot{u}$ größer als 1, so wird die Spannung hinuntertransformiert; ist $\ddot{u}$ kleiner als 1, so wird die Spannung hinauftransformiert. Die Phasenverschiebung der Spannungen beträgt 180° (Lenzsche Regel).

Beim idealen Transformator gilt für das Verhältnis der Spannungen

$$\frac{U_1}{U_2} = \ddot{u} = \frac{N_1}{N_2}$$

und für das Verhältnis der Ströme

$$\frac{I_1}{I_2} = \frac{N_2}{N_1}.$$

▲   Das Verhältnis der Spannungen an Primär- und Sekundärspule ist gleich dem Kehrwert des Verhältnisses der Ströme.

➤   Enthält die zu transformierende Spannung einen Gleichspannungsanteil, so wird dieser nicht mittransformiert; die auf der Sekundärseite induzierte Spannung ist eine reine Wechselspannung. Man benutzt daher den Transformator auch, um den Wechselspannungsanteil vom Gleichspannungsanteil abzutrennen. Dieses Prinzip wird zum Beispiel in Verstärkerschaltungen angewendet.

3.   Beispiel: Berechnung zum Transformator

Die Primärspule eines Transformators hat $N_1 = 100$ Windungen, die Sekundärspule hat $N_2 = 250$ Windungen. Die Spannung an der Primärspule beträgt $U_1 = 12$ V. Dann ergibt sich die Spannung auf der Sekundärseite zu

$$U_2 = \frac{N_2}{N_1} \cdot U_1 = \frac{250}{100} \cdot 12 \,\text{V} = 30 \,\text{V}.$$

Wenn an die Sekundärspule ein Verbraucherwiderstand $R = 300\,\Omega$ angeschlossen ist, so fließt dort ein Strom $I_2 = 0.1$ A. Der Stromfluss auf der Primärseite beträgt dann

$$I_1 = \frac{N_2}{N_1} \cdot I_2 = \frac{250}{100} \cdot 0.1 \,\text{A} = 0.25 \,\text{A}.$$

15.21   Energie und Energiedichte des Magnetfeldes

1.   Energiedichte des Magnetfeldes,

magnetische Energie ΔW_m pro Volumen ΔV. Ist die Energie in diesem Volumen nicht gleichmäßig verteilt, so verkleinert man ΔV, bis die Energie in ΔV räumlich konstant ist:

$$w_m = \lim_{\Delta V \to 0} \frac{\Delta W_m}{\Delta V} = \frac{dW_m}{dV}.$$

Allgemein ist die Energiedichte das Integral der Feldstärke $\vec{H}$ über die magnetische Flussdichte $\vec{B}$:

$$w_m = \int\limits_0^{B_{max}} \vec{H} \cdot d\vec{B}.$$

Ist die Magnetisierungskennlinie linear, das heißt, die magnetische Induktion B ändert sich linear mit der magnetischen Feldstärke H, so ist die Energiedichte w_m dem Produkt aus B und H proportional:

magnetische Energiedichte = $\dfrac{\text{Energie}}{\text{Volumenelement}}$			$ML^{-1}T^{-2}$
$w_m = \dfrac{1}{2}\vec{B}\cdot\vec{H}$	Symbol	Einheit	Benennung
	w_m	J/m³	magnetische Energiedichte
	$\vec{B}$	Vs/m²	magnetische Flussdichte
	$\vec{H}$	A/m	magnetische Feldstärke

Die Energiedichte ist dann proportional der schraffierten Fläche in **Abb. 15.44.**

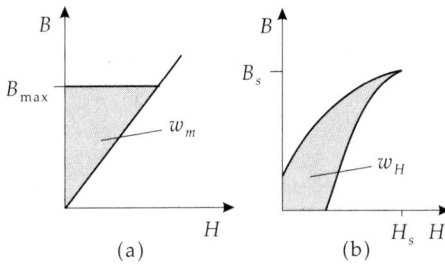

Abbildung 15.44: Energiedichte w_m eines Magnetfeldes. (a): lineare Magnetisierungskurve, (b): Magnetisierungsarbeit bei einer Hysteresekurve, B_S, H_S: Sättigungsinduktion bzw. Sättigungsfeldstärke

Hystereseverluste, die beim Magnetisieren aufgenommene Energie ist größer als die beim Entmagnetisieren abgegebene Energie. Die Energiedifferenz wird als Wärmeenergie abgegeben. Die von der Hysteresekurve eingeschlossene Fläche ist ein Maß für den Energieverlust pro Zyklus.

2.   Energie des Magnetfeldes,

W_m, ergibt sich durch Integration über das Volumen V, das das Feld einnimmt. Für das magnetische Feld in einem Material mit linearer Magnetisierungskurve ist die Energie des Magnetfeldes:

$$W_m = \int_V w_m \mathrm{d}V = \frac{1}{2} \int_V \vec{H} \cdot \vec{B} \mathrm{d}V \,.$$

Feldenergie einer Spule, W_m, proportional dem Quadrat des Spulenstroms I:

Energie ~ Induktivität · Strom^2			$L^2 T^{-2} M$
	Symbol	Einheit	Benennung
$W_m = \dfrac{1}{2} L I^2$	W_m	J	magnetische Energie
	L	H	Induktivität
	I	A	Spulenstrom

3.   Analogie elektrischer und magnetischer Größen

elektrisches Feld	Einheit	magnetisches Feld	Einheit
elektrische Feldkonstante $\varepsilon_0 = 1/(\mu_0 c^2)$	As/(Vm)	magnetische Feldkonstante $\mu_0 = 1/(\varepsilon_0 c^2)$	Vs/(Am)
elektrische Feldstärke $E = -\dfrac{dU}{ds}$	V/m	magnetische Feldstärke $H = \dfrac{dI}{dl}$	A/m
elektrische Spannung $U_{AB} = -\int_A^B \vec{E}\,d\vec{s}$	V	magnetische Spannung $V_{AB} = \int_A^B \vec{H}\,d\vec{s}$	A
elektrische Stromstärke $I = \dfrac{dQ}{dt}$	A	induzierte Spannung $U = -N\dfrac{d\Phi}{dt}$	V
elektrische Ladung $Q = \int I(t)\,dt$	As	magnetischer Fluss $\Phi = BA$	Vs
Permittivität $\varepsilon = \varepsilon_0 \varepsilon_r$	As/(Vm)	Permeabilität $\mu = \mu_0 \mu_r$	Vs/(Am)
Permittivitätszahl ε_r	1	Permeabilitätszahl μ_r	1
Verschiebungsdichte $\vec{D} = \varepsilon\vec{E}$	As/m^2	magnetische Flussdichte $\vec{B} = \mu\vec{H}$	Vs/m^2
elektrische Kraft $\vec{F} = Q\vec{E}$	N	magnetische Kraft $\vec{F} = Q(\vec{v} \times \vec{B})$	N
elektrisches Dipolmoment $p = Ql$	As m	magnetisches Dipolmoment $m = \Phi l$	Vs m
Kapazität $C = \dfrac{Q}{U}$	F	Induktivität $L = -\dfrac{U}{dI/dt}$	H
elektrische Energiedichte $w_e = \frac{1}{2}\vec{D}\vec{E} = \frac{1}{2}\varepsilon\vec{E}^2$	Ws/m^3	magnetische Energiedichte $w_m = \frac{1}{2}\vec{B}\vec{H} = \frac{1}{2}\mu\vec{H}^2$	Ws/m^3
elektrische Energie eines Kondensators $W_e = \frac{1}{2}CU^2$	J	magnetische Energie einer Spule $W_m = \frac{1}{2}LI^2$	J

15.22 Maxwellsche Gleichungen

Es gibt vier **Maxwellsche Gleichungen**.

1. Aus der Elektrostatik erhält man die Aussage, dass das elektrische Feld ein Quellenfeld ist. Der elektrische Fluss durch eine geschlossene Oberfläche A ist gleich der Ladung in dem eingeschlossenen Volumen:

$$Q = \int_V \rho \, dV = \varepsilon_0 \oint_A \vec{E} \cdot d\vec{A} = \oint_A \vec{D} \cdot d\vec{A}.$$

2. Die Tatsache, dass bis heute noch keine magnetischen Monopole gefunden worden sind, lässt vermuten, dass das magnetische Feld quellenfrei ist. Der gesamte magnetische Fluss durch eine geschlossene Fläche A ist null:

$$\oint_A \vec{B} \cdot d\vec{A} = 0.$$

➤ Diese Gleichung müsste geändert werden, wenn magnetische Ladungen nachgewiesen würden. Auf der rechten Seite stünde dann analog zur elektrischen Ladung das Integral über die magnetische Ladungsdichte.

3. Aus dem Induktionsgesetz folgt, dass die Änderung des magnetischen Flusses durch eine Leiterschleife eine Spannung an den Leiterenden bewirkt. Werden die Leiterenden kurzgeschlossen, so entsteht im Leiter ein Strom. Das Induktionsgesetz kann in allgemeiner Form geschrieben werden als:

$$\oint_s \vec{E} \cdot d\vec{s} = - \int_A \frac{d\vec{B}}{dt} \cdot d\vec{A}.$$

Die zeitliche Änderung der magnetischen Flussdichte $\vec{B}$, integriert über eine Fläche A, ist gleich dem Integral der elektrischen Feldstärke $\vec{E}$ längs des geschlossenen Weges s um diese Fläche.

▲ Jedes zeitlich veränderliche Magnetfeld erzeugt ein elektrisches Wirbelfeld (**Abb. 15.45 (b)**).

4. Die letzte Maxwellsche Gleichung erhält man durch Einführung des Verschiebungsstroms:

$$I + \int_A \frac{d\vec{D}}{dt} \cdot d\vec{A} = \int_A (\vec{J} + \frac{d\vec{D}}{dt}) \cdot d\vec{A} = \oint_s \vec{H} \cdot d\vec{s}.$$

▲ Jedes zeitlich veränderliche elektrische Feld erzeugt ein magnetisches Wirbelfeld (**Abb. 15.45 (a)**).

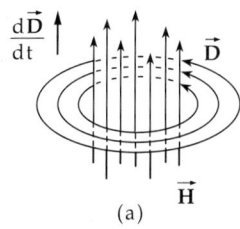
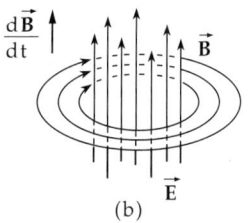

Abbildung 15.45: (a): zeitabhängige elektrische Felder rufen ein magnetisches Wirbelfeld hervor. (b): zeitabhängige magnetische Felder rufen ein elektrisches Wirbelfeld hervor.

15.22.1 Verschiebungsstrom

Aus der Magnetostatik ergibt sich, dass das magnetische Feld ein Wirbelfeld ist. Das längs eines Weges s (eines Wirbels) aufsummierte magnetische Feld $\vec{H}$ ist gleich dem vom Weg umschlossenen Strom I:

$$I = \int_A \vec{J} \cdot d\vec{A} = \oint_s \vec{H} \cdot d\vec{s}.$$

Der Strom I ist das Integral der Stromdichte $\vec{J}$ über die vom Weg umschlossene Fläche A.

1. Verschiebungsstrom,

entspricht der zeitlichen Änderung der elektrischen Verschiebungsdichte $\vec{D}$. In einem Stromkreis, in dem sich ein Kondensator befindet, fließt so lange ein Strom, bis sich der Kondensator aufgeladen hat. Der Strom ist von einem Magnetfeld umgeben. Zwischen den Kondensatorplatten ändert sich die elektrische Feldstärke, während der Kondensator aufgeladen wird. Befindet sich zwischen den Platten ein Dielektrikum, so verschieben sich die Ladungen im Dielektrikum (Polarisation). Diese Ladungsverschiebung erzeugt aber wiederum ein Magnetfeld.

Mit dem Verschiebungsstrom ergibt sich die letzte Maxwellsche Gleichung:

$$I + \int\limits_A \frac{d\vec{D}}{dt} \cdot d\vec{A} = \int\limits_A (\vec{J} + \frac{d\vec{D}}{dt}) \cdot d\vec{A} = \oint\limits_s \vec{H} \cdot d\vec{s}.$$

➤   Erst durch die Einführung des Verschiebungsstroms (Maxwellsche Ergänzung) ist das System der Maxwellschen Gleichungen komplett.

2. Maxwellsche Gleichungen in integraler und differentieller Form

Die Maxwellschen Gleichungen lassen sich neben ihrer integralen Form auch in differentieller Form fassen:

Maxwellsche Gleichungen in differentieller Form		
Bedeutung	Integrale Form	Differentielle Form
Quellenfreiheit des magnetischen Feldes	$\oint\limits_O \vec{B} \cdot d\vec{A} = 0$	$\operatorname{div} \vec{B} = 0$
Fluss durch Oberfläche ist gleich der eingeschlossenen Ladung	$\oint\limits_O \vec{D} \cdot d\vec{A} = Q$	$\operatorname{div} \vec{D} = \rho$
Faradaysches Induktionsgesetz: Zeitlich sich ändernde Magnetfelder erzeugen ein elektrisches Feld	$\oint\limits_S \vec{E} \cdot d\vec{s} = -\frac{\partial}{\partial t} \int \vec{B} \cdot d\vec{A}$	$\operatorname{rot} \vec{E} = -\frac{\partial \vec{B}}{\partial t}$
Amperesches Gesetz mit Maxwellscher Ergänzung: Zeitlich sich ändernde elektrische Felder erzeugen ein Magnetfeld	$\oint\limits_S \vec{H} \cdot d\vec{s} = \frac{\partial}{\partial t} \int \vec{D} \cdot d\vec{A} + I$	$\operatorname{rot} \vec{H} = \frac{\partial \vec{D}}{\partial t} + \vec{j}$

15.22.2   Elektromagnetische Wellen

Aus den Maxwellschen Gleichungen folgt, dass ein Leiter, in dem Ladungen eine Schwingung ausführen, sich abwechselnd mit elektrischen und magnetischen Feldern umgibt. Die zeitlich veränderlichen elektrischen Felder erzeugen magnetische Felder, die zeitlich veränderlichen magnetischen Felder induzieren elektrische Felder.

1. Elektromagnetische Wellen,

Ausbreitung von elektrischen und magnetischen Feldern im Raum. Elektromagnetische Wellen sind fortschreitende Lösungen der Maxwellschen Gleichungen. Elektromagnetische Wellen transportieren Energie.

Elektromagnetische Wellen reichen von langwelligen Rundfunkwellen bis hin zu Lichtwellen und der γ-Strahlung aus dem Zerfall von Atomkernen oder energiereicher kosmischer Strahlung (siehe Tabelle 16.2.13).

➤   Im Rundfunkbereich können elektromagnetische Wellen durch Schwingkreise erzeugt werden.

2. Wellengleichung und ihre Lösung

Wellengleichungen (s. S. 266) für die Felder $\vec{E}$ und $\vec{H}$ im Vakuum ($\rho = 0$, $\vec{J} = 0$):

$$\Delta \vec{E} - \mu_0 \varepsilon_0 \frac{\partial^2 \vec{E}}{\partial t^2} = 0, \quad \Delta \vec{H} - \mu_0 \varepsilon_0 \frac{\partial^2 \vec{H}}{\partial t^2} = 0.$$

Monochromatische Lösungen:

- in Richtung $\vec{k}$ laufende ebene Welle,

$$\vec{E} = \vec{E}_0\, e^{-j(\omega t\, -\, \vec{k}\vec{r})}, \quad \vec{H} = \vec{H}_0\, e^{-j(\omega t\, -\, \vec{k}\vec{r})},$$

- aus dem Punkt $\vec{r} = 0$ auslaufende (oberes Vorzeichen) bzw. in den Punkt $\vec{r} = 0$ einlaufende (unteres Vorzeichen) Kugelwellen,

$$\vec{E} = \vec{E}_0\, e^{-j(\omega t\, \mp\, kr)}, \quad \vec{H} = \vec{H}_0\, e^{-j(\omega t\, \mp\, kr)}.$$

Die Vektoren $\vec{E}_0$, $\vec{H}_0$ legen Intensität und Polarisationsrichtung der elektromagnetischen Welle fest.

3. Vakuumlichtgeschwindigkeit,

c_0, Ausbreitungsgeschwindigkeit elektromagnetischer Wellen im Vakuum, eine Naturkonstante. Die Lichtgeschwindigkeit im Vakuum verknüpft die elektrische Feldkonstante ε_0 und die magnetische Feldkonstante μ_0.

Vakuumlichtgeschwindigkeit			$\mathbf{LT^{-1}}$
$c_0 = 299\,792\,458\,\text{m/s}$	Symbol	Einheit	Benennung
	c_0	m/s	Vakuumlichtgeschwindigkeit
$c_0 = \dfrac{1}{\sqrt{\varepsilon_0 \cdot \mu_0}}$	ε_0	As/(Vm)	elektrische Feldkonstante
	μ_0	Vs/(Am)	magnetische Feldkonstante

4. Lichtgeschwindigkeit in Materie

c, Ausbreitungsgeschwindigkeit elektromagnetischer Wellen in Materie. Dabei sind die elektrische Feldkonstante durch die Permittivität $\varepsilon = \varepsilon_r \cdot \varepsilon_0$ und die magnetische Feldkonstante durch die Permeabilität $\mu = \mu_r \cdot \mu_0$ der Materie zu ersetzen:

Lichtgeschwindigkeit in Materie			$\mathbf{LT^{-1}}$
	Symbol	Einheit	Benennung
	c	m/s	Lichtgeschwindigkeit in Materie
	ε	As/(Vm)	Permittivität
$c = \dfrac{1}{\sqrt{\varepsilon \cdot \mu}} = \dfrac{1}{\sqrt{\varepsilon_r \cdot \mu_r}} \cdot c_0$	μ	Vs/(Am)	Permeabilität
	ε_r	1	Permittivitätszahl
	μ_r	1	relative Permeabilität
	c_0	m/s	Vakuumlichtgeschwindigkeit

5. Energiesatz der Elektrodynamik

Aus den Maxwellschen Gleichungen folgt der Energiesatz der Elektrodynamik:

$$\frac{\partial}{\partial t}\left(\frac{\vec{E}\vec{D} + \vec{H}\vec{B}}{2}\right) + \operatorname{div}(\vec{E} \times \vec{H}) = -\vec{J}\vec{E}.$$

Der erste Term auf der linken Seite beschreibt die zeitliche Änderung der Energiedichte w des elektromagnetischen Feldes,

$$w = w_e + w_m = \frac{\vec{E}\vec{D} + \vec{H}\vec{B}}{2}.$$

Der zweite Term auf der linken Seite ist die Divergenz der Energiestromdichte $\vec{S}$ (Poynting-Vektor) des elektromagnetischen Feldes,

$$\vec{S} = \vec{E} \times \vec{H}.$$

Der Ausdruck auf der rechten Seite der Gleichung erfasst die Umwandlung elektromagnetischer Energie in andere Energieformen pro Zeit- und Volumeneinheit.

15.22.3   Poynting-Vektor

Poynting-Vektor, $\vec{S}$, gibt Betrag und Richtung des Energietransportes in elektromagnetischen Feldern an. Der Poynting-Vektor an einem Raumpunkt ergibt sich aus dem Vektorprodukt von elektrischer Feldstärke $\vec{E}$ und magnetischer Feldstärke $\vec{H}$ in diesem Raumpunkt. Der Poynting-Vektor hat die Dimension einer Energieflussdichte.

Poynting-Vektor = elektrische × magnetische Feldstärke			$\mathbf{T^{-3}M}$
$\vec{S} = \vec{E} \times \vec{H}$	Symbol	Einheit	Benennung
	$\vec{S}$	W/m²	Poynting-Vektor
	$\vec{E}$	V/m	elektrische Feldstärke
	$\vec{H}$	A/m	magnetische Feldstärke

Watt/Quadratmeter, W/m², SI-Einheit des Poynting-Vektors $\vec{S}$. 1 Watt/Quadratmeter ist der Betrag des Poynting-Vektors in einem Raumpunkt, wenn in diesem Raumpunkt die elektrische Feldstärke $E = 1$ V/m und die magnetische Feldstärke $H = 1$ A/m beträgt und die Feldstärkevektoren senkrecht zueinander stehen. $[\vec{S}] = $ W/m².

Die pro Zeiteinheit dt durch eine Fläche A transportierte Energie W ergibt sich aus dem Integral des Poynting-Vektors über die Fläche A:

$$\frac{\mathrm{d}W}{\mathrm{d}t} = \int_A \vec{S} \cdot \mathrm{d}\vec{A}.$$

Für freie elektromagnetische Wellen gilt:

▲   Der Betrag des Poynting-Vektors ist die Hälfte des Produkts aus der Energiedichte der elektromagnetischen Welle und der Lichtgeschwindigkeit.

$$S = \frac{c}{2}(w_e + w_m), \quad w_e = \frac{1}{2}\vec{E}\vec{D}, \quad w_m = \frac{1}{2}\vec{B}\vec{H}.$$

16   Anwendungen in der Elektrotechnik

1.   Elektrischer Stromkreis,

besteht aus **Quelle** und **Verbraucher**, die miteinander verbunden sind, so dass ein elektrischer Strom fließen kann.

Im Stromkreis wird durch die Quelle ein elektrisches Feld aufgebaut, in welchem durch Leitungen und Verbraucher ein Stromtransport vom höheren zum tieferen Potential hin stattfindet (technische Konvention). Allgemein werden elektrische Stromkreise in der **Netzwerktheorie** behandelt.

In der Netzwerktheorie werden Quellen und Verbraucher zu **Netzwerkelementen** verallgemeinert, die nach der Anzahl der äußeren Anschlüsse als Zweipole, Vierpole usw. bezeichnet werden.

Zweipol, Netzwerkelement mit zwei äußeren Anschlüssen.

Aktiver Zweipol, Zweipol, welcher in der Lage ist, elektrische Energie abzugeben.

Passiver Zweipol, Zweipol, der keine Energie abgibt.

■   Ein ohmscher Widerstand ist ein passiver Zweipol (**Abb. 16.1 (a)**).
Stromquellen und Spannungsquellen sind aktive Zweipole.
Kapazitäten und Induktivitäten sind meistens passive Zweipole. Ein Kondensator verhält sich beim Entladen wie eine Spannungsquelle, eine Spule nach Abschalten des Stromes wie eine Stromquelle (**Abb. 16.1 (c), (b)**).

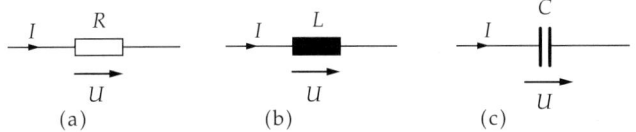

Abbildung 16.1: Schaltzeichen. (a): Widerstand, (b): Induktivität, (c): Kapazität

Vierpol, Netzwerkelement mit vier äußeren Anschlüssen: einem Eingangs- und einem Ausgangsklemmen-paar.

2.   Spannungs- und Stromquellen

Spannungs- und Stromquellen werden eingeteilt in ideale und reale Quellen.

Ideale Spannungsquelle, liefert eine Spannung, die unabhängig vom entnommenen Strom ist.

▲   Der Innenwiderstand einer idealen Spannungsquelle ist Null.

Ideale Stromquelle, liefert einen Strom, der unabhängig von der anliegenden Spannung ist.

▲   Der Innenwiderstand einer idealen Stromquelle ist unendlich.

Im allgemeinen ist die Annahme einer idealen Strom- oder Spannungsquelle nicht gerechtfertigt. Muss der endliche Innenwiderstand berücksichtigt werden, so sind in den Betrachtungen reale Strom- und Spannungsquellen zu verwenden.

Schaltbilder für ideale Spannungs- und Stromquellen zeigt **Abb. 16.2 (a)**.

Gleichspannungsquelle, liefert eine zeitlich konstante Spannung (**Gleichspannung**). Schaltbilder sind in **Abb. 16.2 (b)** dargestellt.

Wechselspannungsquelle, liefert eine zeitlich veränderliche Spannung (**Wechselspannung**). Das Schaltbild zeigt **Abb. 16.2 (c)**.

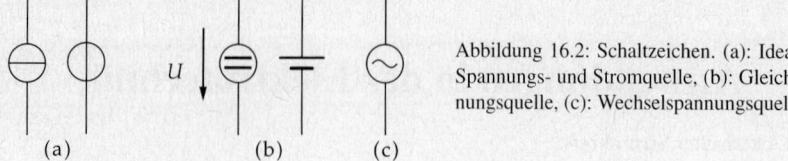

Abbildung 16.2: Schaltzeichen. (a): Ideale Spannungs- und Stromquelle, (b): Gleichspannungsquelle, (c): Wechselspannungsquelle

(a)   (b)   (c)

Nach Art der Quellen unterscheidet man **Gleichstromkreise** und **Wechselstromkreise**.

16.1   Gleichstromkreis

1.   Gleichspannung und Gleichstrom

Gleichspannung, nach Betrag und Polarität zeitlich konstante elektrische Spannung.

Zu unterscheiden von **gleichgerichteter Wechselspannung**, einer Spannung mit zeitlich konstanter Polarität, deren Betrag aber eine Welligkeit besitzt. Die Gleichrichtung erfolgt durch eine Gleichrichterschaltung.

Gleichstrom, nach Betrag und Richtung zeitlich konstanter elektrischer Strom.

Die Herstellung von reiner Gleichspannung geschieht durch elektrochemische Reaktionen, z. B. in Akkumulatoren und galvanischen Elementen.

▲   Die Spannung U wird durch einen Pfeil symbolisiert, welcher vom höheren zum tieferen Potentialwert weist.

▲   Der Strom im Leiter fließt vom positiven Pol (Pluspol) zum negativen Pol (Minuspol) der Spannungsquelle (technische Stromrichtung).

Verbraucherzählsystem, in der Elektrotechnik üblich. Im Verbraucher ist die Richtung von Strom und Spannung identisch.

Die Leistung des Verbrauchers ist daher positiv,

$$P_V = U \cdot I > 0 \, .$$

In der Spannungsquelle ist der Strom der Spannung entgegengerichtet.

Die Leistung der Spannungsquelle ist daher negativ,

$$P_Q = U \cdot I < 0 \, .$$

2.   Quellen- und Klemmenspannung

Quellenspannung, **elektromotorische Kraft**, U_Q, bezeichnet die Spannung einer idealen Spannungsquelle.

Klemmenspannung, U_{Kl}, gibt die Spannung an, die an der Spannungsquelle vom Verbraucher abgegriffen wird. Sie ist wegen des Innenwiderstandes der Quelle kleiner als die Quellenspannung U_Q,

$$U_{Kl} < U_Q \, .$$

Ideale Spannungsquelle, Spannungsquelle, die ihre Klemmenspannung nicht verändert, wenn Verbraucher angeschlossen werden. Ihr Innenwiderstand ist gleich null.

▲   Bei einer idealen Spannungsquelle ist die Klemmenspannung gleich der Quellenspannung.

3.   Netzwerk,

Zusammenschaltung elektrischer Bauelemente (**Abb. 16.3**), bestehend aus

● **Knoten**, Verbindung von mindestens drei Zuführungsleitungen,
● **Zweig**, Zusammenschaltung von Bauelementen zwischen zwei Knoten,
● **Masche**, geschlossene Kette von Zweigen.

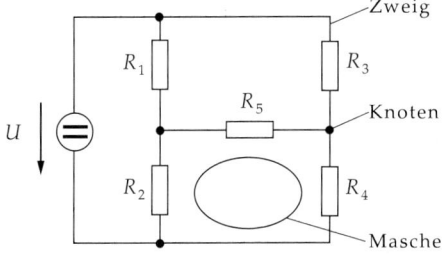

Abbildung 16.3: Netzwerk. Masche, Zweig und Knoten

16.1.1 Kirchhoffsche Gesetze im Gleichstromkreis

Die Kirchhoffschen Gesetze ermöglichen die Berechnung von Gleichstromkreisen.

1. **Erstes Kirchhoffsches Gesetz oder Knotenregel**
▲ Die Summe aller Ströme an einem Knoten ist null:
$$I_1 + I_2 + I_3 + \cdots + I_N = 0.$$
Dabei werden abfließende Ströme positiv und zufließende Ströme negativ gezählt.
➤ Die Knotenregel ergibt sich aus der Erhaltung der Ladung.

2. **Zweites Kirchhoffsches Gesetz oder Maschenregel**
▲ Die Summe aller Spannungen in einer Masche ist null:
$$U_1 + U_2 + U_3 + \cdots + U_N = 0.$$
Spannungen in Umlaufrichtung gehen mit positivem Vorzeichen, Spannungen gegen die Umlaufrichtung mit negativem Vorzeichen ein.
➤ Die Spannung gibt die Arbeit pro Probeladung an. Das Gesetz ist eine Folge der Energieerhaltung (s. S. 412).

16.1.2 Widerstände im Gleichstromkreis

Die Kirchhoffschen Gesetze lassen sich anwenden, um den Gesamtwiderstand einer Reihenschaltung bzw. Parallelschaltung von Widerständen zu berechnen.

1. **Reihenschaltung von Widerständen**
Die **Reihenschaltung** von N Widerständen zeigt **Abb. 16.4**. Durch jeden Widerstand fließt der gleiche Strom I; nach der Maschenregel addieren sich die an den Widerständen abfallenden Spannungen U_i zur Gesamtspannung U.

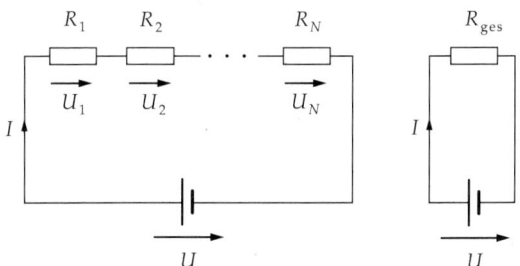

Abbildung 16.4: Reihenschaltung von Widerständen und Ersatzschaltbild

▲   Der Gesamtwiderstand einer Reihenschaltung von Widerständen ist gleich der Summe der Einzelwiderstände.

Reihenschaltung von Widerständen			$\mathbf{L^2 T^{-3} M I^{-2}}$
$R_{\text{ges}} \;=\; R_1 + R_2 + \cdots + R_N$	Symbol	Einheit	Benennung
	R_{ges}	Ω	Gesamtwiderstand
	R_i	Ω	Einzelwiderstände

Die N Widerstände R_i lassen sich durch einen Gesamtwiderstand R_{ges} ersetzen.

Spannungsteilerregeln

▲   Das Verhältnis der Teilspannung U_i an einem Einzelwiderstand zur Gesamtspannung U am Gesamtwiderstand ist gleich dem Verhältnis des Einzelwiderstands R_i zum Gesamtwiderstand R_{ges}:
$$\frac{U_i}{U} = \frac{R_i}{R_{\text{ges}}}.$$

▲   Zwei Teilspannungen U_i und U_j verhalten sich zueinander wie die Teilwiderstände R_i und R_j, an denen die Teilspannungen anliegen:
$$\frac{U_i}{U_j} = \frac{R_i}{R_j}.$$

Spannungsteiler, Reihenschaltung aus ohmschen Widerständen, an der die Gesamtspannung U anliegt. Die Widerstände werden so gewählt, dass die gewünschte Spannung U_i an den Widerständen abgegriffen werden kann.

2.   Parallelschaltung von Widerständen

Die **Parallelschaltung** von N Widerständen zeigt **Abb. 16.5**. An jedem der N Widerstände liegt die gleiche Spannung U. Nach der Knotenregel addieren sich die Ströme durch jeden der Einzelwiderstände zum Gesamtstrom I. Die N Widerstände R_i lassen sich durch einen Gesamtwiderstand R_{ges} ersetzen.

▲   Das Reziproke des Gesamtwiderstandes einer Parallelschaltung von Widerständen ist gleich der Summe der reziproken Widerstände.

Parallelschaltung von Widerständen			$\mathbf{L^{-2} T^3 M^{-1} I^2}$
$\dfrac{1}{R_{\text{ges}}} \;=\; \dfrac{1}{R_1} + \dfrac{1}{R_2} + \cdots + \dfrac{1}{R_N}$	Symbol	Einheit	Benennung
	R_{ges}	Ω	Gesamtwiderstand
	R_i	Ω	Einzelwiderstände
$G_{\text{ges}} \;=\; G_1 + G_2 + \cdots + G_N$	G_{ges}	S	Gesamtleitwert
	G_i	S	Einzelleitwerte

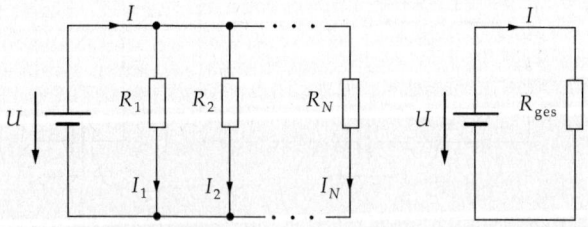

Abbildung 16.5: Parallelschaltung von Widerständen und Ersatzschaltbild

Ausgedrückt mit den Leitwerten (reziproke Werte der Widerstände):

▲ **Der Gesamtleitwert einer Parallelschaltung von Widerständen ist gleich der Summe der Einzelleitwerte.**

Bei der Parallelschaltung zweier Widerstände R_1 und R_2 gilt für den Gesamtwiderstand

$$R_{\text{ges}} = \frac{R_1 \cdot R_2}{R_1 + R_2}.$$

Stromteilerregeln

▲ Das Verhältnis des Teilstroms I_i durch einen Einzelwiderstand R_i zum Gesamtstrom I ist gleich dem Verhältnis des Leitwerts G_i des Einzelwiderstands zum Gesamtleitwert G_{ges}:

$$\frac{I_i}{I} = \frac{G_i}{G_{\text{ges}}} = \frac{R_{\text{ges}}}{R_i}.$$

▲ Zwei Teilströme I_i und I_j verhalten sich zueinander wie die Einzelleitwerte G_i und G_j:

$$\frac{I_i}{I_j} = \frac{G_i}{G_j} = \frac{R_j}{R_i}.$$

16.1.3   Reale Spannungsquelle

1. **Reale Spannungsquelle,**

besitzt einen endlichen Innenwiderstand $R_i \neq 0$ (**Abb. 16.6**).

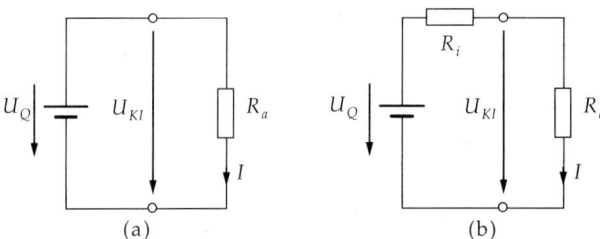

(a)   (b)

Abbildung 16.6: Verbraucher an Spannungsquelle. (a): Ideale Spannungsquelle, (b): reale Spannungsquelle

Die Stromstärke im Stromkreis wird durch den Verbraucherwiderstand R_a und durch den inneren Widerstand R_i der Stromquelle bestimmt:

$$I = \frac{U_Q}{R_a + R_i}.$$

▲ Reale Spannungsquellen ändern ihre Klemmenspannung bei Belastung. Die Klemmenspannung U_{Kl} ist gleich der Quellenspannung U_Q, multipliziert mit dem Verhältnis von Lastwiderstand R_a zur Summe aus Lastwiderstand und Innenwiderstand R_i:

$$U_{Kl} = \frac{R_a}{R_a + R_i} U_Q.$$

2. **Kurzschlussstrom und Leerlaufspannung**

Kurzschlussstrom, I_K, fließt, wenn der äußere Widerstand R_a gleich null ist (**Abb. 16.7 (a)**). Er ist gleich dem Verhältnis von Quellenspannung U_Q und Innenwiderstand R_i:

$$I_K = \frac{U_Q}{R_i}.$$

Der Kurzschlussstrom hängt bei gegebener Quellenspannung nur vom Innenwiderstand der Spannungsquelle ab.

Leerlaufspannung U_L, ergibt sich, wenn kein Verbraucher an die Spannungsquelle angeschlossen ist (**Abb. 16.7 (b)**). Der äußere Widerstand ist unendlich, der Strom gleich null:

$$U_L = U_Q.$$

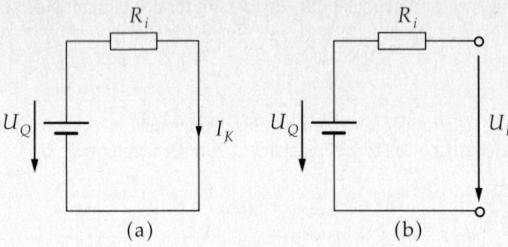

Abbildung 16.7: Reale Spannungsquelle. (a): kurzgeschlossen, (b): unbelastet

> **M**   Durch Messung von Kurzschlussstrom und Leerlaufspannung lässt sich der Innenwiderstand einer realen Spannungsquelle bestimmen, wenn R_i vom Strom unabhängig ist. Da Messgeräte einen endlichen Widerstand besitzen, lassen sich Kurzschlussstrom und Leerlaufspannung nur näherungsweise ermitteln.

16.1.4   Leistung und Energie im Gleichstromkreis

1.   Leistung im Gleichstromkreis

Ein Verbraucher im Gleichstromkreis, an dem eine Spannung U anliegt und durch den ein Strom I fließt, nimmt die Leistung P auf:

Leistung = Spannung · Stromstärke			$L^2T^{-3}M$
	Symbol	Einheit	Benennung
$P = U \cdot I$	P	W	Leistung
	U	V	Spannung
	I	A	Stromstärke

Ist R der ohmsche Widerstand des Verbrauchers, so ergeben sich mit dem Ohmschen Gesetz (s. S. 399) die Beziehungen:

$$P = R \cdot I^2 = \frac{1}{R} \cdot U^2.$$

2.   Energie im Gleichstromkreis

Die im Zeitintervall Δt erzeugte oder verbrauchte Energie W ist proportional der Leistung P sowie der Länge des Zeitintervalls Δt.

Energie = Leistung · Zeitintervall			$L^2T^{-2}M$
	Symbol	Einheit	Benennung
$W = P \cdot \Delta t = U \cdot I \cdot \Delta t$	W	J	Energie
	P	W	Leistung
	Δt	s	Zeitintervall
	U	V	Spannung
	I	A	Stromstärke

Die Energie lässt sich mit dem Ohmschen Gesetz (s. S. 399) ausdrücken:

$$W = R \cdot I^2 \cdot \Delta t = \frac{1}{R} \cdot U^2 \cdot \Delta t \,.$$

An einem ohmschen Widerstand wird die Leistung als Wärme abgegeben.

➤ Widerstandsbauelemente können durch zu starke Erwärmung zerstört werden. Die Belastbarkeit ist deshalb auf dem Widerstand meist durch einen Farbcode (siehe *Kories, Taschenbuch Elektrotechnik*) angegeben.

Wird ein Verbraucher an eine Spannungsquelle angeschlossen, so wird der Quelle Leistung entnommen. Ein Teil dieser Quellenleistung wird vom Verbraucher aufgenommen, ein anderer Teil geht als Verlustleistung in der Quelle selbst verloren (**Abb. 16.8**).

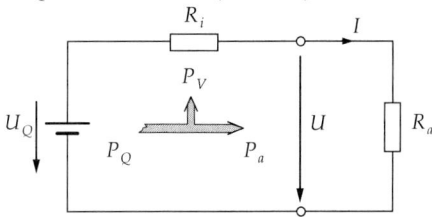

Abbildung 16.8: Die Leistung der Spannungsquelle wird zum Teil vom Verbraucher aufgenommen (P_a), zum Teil geht sie als Verlustleistung am Innenwiderstand verloren (P_V)

3. Nutz-, Verlust- und Kurzschlussleistung

Verbrauchsleistung, Nutzleistung, P_a, die vom Verbraucher aufgenommene Leistung:

$$P_a = \frac{R_a}{(R_a + R_i)^2} U_Q^2 \,.$$

Verlustleistung, P_V, wird im Innenwiderstand R_i der Spannungsquelle umgesetzt:

$$P_V = \frac{R_i}{(R_a + R_i)^2} U_Q^2 \,.$$

Leistungsbilanz, die Leistung der Spannungsquelle P_Q ist gleich der Summe aus Verlustleistung P_V und Nutzleistung P_a:

$$P_Q = P_a + P_V \,.$$

Kurzschlussleistung, P_K, tritt auf, wenn der äußere Widerstand R_a gleich null ist, d.h., die Klemmen der Spannungsquelle kurzgeschlossen sind.

▲ Die Kurzschlussleistung ist die größte Leistung, die die Spannungsquelle liefern kann. Die Kurzschlussleistung ist ausschließlich Verlustleistung. Die verbrauchte Energie wird als Wärme abgegeben.

4. Wirkungsgrad,

η, Verhältnis von Nutzleistung P_a zur Leistung der Spannungsquelle P_Q:

Wirkungsgrad $=$ $\dfrac{\textbf{Nutzleistung}}{\textbf{Leistung der Spannungsquelle}}$			**1**
$\eta = \dfrac{P_a}{P_Q}$	**Symbol**	**Einheit**	**Benennung**
	η	1	Wirkungsgrad
	P_a	W	Nutzleistung
$= \dfrac{P_a}{P_a + P_V}$	P_Q	W	Quellenleistung
	P_V	W	Verlustleistung
$= \dfrac{R_a}{R_a + R_i}$	R_a	Ω	Verbraucherwiderstand
	R_i	Ω	Innenwiderstand der Spannungsquelle

16.1.5   Leistungsanpassung

Leistungsanpassung, Quelle und Verbraucher im Gleichstromkreis sind so beschaffen, dass der Verbraucher der Spannungsquelle ein Maximum an Leistung entnimmt. Diese Situation tritt ein, wenn der Lastwiderstand R_a gleich dem Innenwiderstand R_i ist:

$R_a = R_i$.

Maximale Verbrauchsleistung, $P_{a,max}$, ergibt sich bei Leistungsanpassung zu einem Viertel der Kurzschlussleistung P_K:

$$P_{a,max} = \frac{1}{4}\frac{U_Q^2}{R_a} = \frac{1}{4}P_K.$$

Der Wirkungsgrad beträgt bei Leistungsanpassung

$$\eta = \frac{R_a}{2R_a} = 50\,\%.$$

16.1.6   Strom- und Spannungsmessung

16.1.6.1   Strommessung

| M | **Strommessgeräte** oder **Amperemeter** werden in den Stromkreis geschaltet (**Hauptschluss**). Damit das Messgerät den Stromfluss nicht stört, sollte sein Innenwiderstand R_i möglichst klein gegen die übrigen ohmschen Widerstände im Stromkreis sein.

Messbereichserweiterung: Soll ein Strom I gemessen werden, der außerhalb des Messbereichs des Strommessgeräts liegt, so kann man den Messbereich durch Parallelschaltung eines Widerstands R_n, des **Shuntwiderstands**, erweitern. Dieser Widerstand muss so dimensioniert sein, dass der durch das Amperemeter fließende Strom I_i noch im Messbereich des Amperemeters liegt. Den Strom I kann man dann aus Shuntwiderstand R_n und Innenwiderstand R_i berechnen (s. S. 467):

Messbereichserweiterung zur Strommessung			**I**
	Symbol	Einheit	Benennung
	I	A	Strom
$I = \left(1 + \dfrac{R_i}{R_n}\right) \cdot I_i$	I_i	A	Strom durch Amperemeter
	R_i	Ω	Innenwiderstand des Amperemeters
	R_n	Ω	Shuntwiderstand

16.1.6.2   Spannungsmessung

| M | **Spannungsmessgeräte** oder **Voltmeter** werden parallel zum Zweipol geschaltet (**Nebenschluss**), an dem die Spannung gemessen werden soll. Der Innenwiderstand des Messgeräts sollte daher möglichst hoch gegenüber dem ohmschen Widerstand des Zweipols sein.

Messbereichserweiterung: Soll eine Spannung U gemessen werden, die außerhalb des Messbereichs des Voltmeters liegt, so schaltet man dem Messgerät einen Widerstand R_n vor (Serienschaltung). Der Vorschaltwiderstand muss so gewählt werden, dass die am Voltmeter abfallende Spannung U_i noch im Messbereich des Voltmeters liegt. Die Spannung U kann man dann aus Vorwiderstand R_n und Innenwiderstand R_i berechnen (s. S. 466):

Messbereichserweiterung zur Spannungsmessung			$L^2T^{-3}MI^{-1}$
$U = \left(1 + \dfrac{R_n}{R_i}\right) \cdot U_i$	Symbol	Einheit	Benennung
	U	V	Spannung
	U_i	V	Spannung am Voltmeter
	R_i	Ω	Innenwiderstand des Voltmeters
	R_n	Ω	Vorwiderstand

16.1.6.3 Leistungsmessung

Bei der **Leistungsmessung** wie auch bei der **Widerstandsbestimmung** und der Aufnahme von **Strom-Spannungskennlinien** mit Amperemeter und Voltmeter gibt es folgende Möglichkeiten, die Messgeräte anzuschließen:

Spannungsrichtige Schaltung, das Amperemeter liegt in Reihe mit der Parallelschaltung aus Voltmeter und Widerstand. Da durch das Voltmeter ein Teil des Stromes ΔI fließt, misst das Amperemeter einen Strom I, der höher ist als der Strom durch den Widerstand. Daher verwendet man Voltmeter mit hohem Innenwiderstand. Die Spannung U wird korrekt gemessen (**Abb. 16.9**).

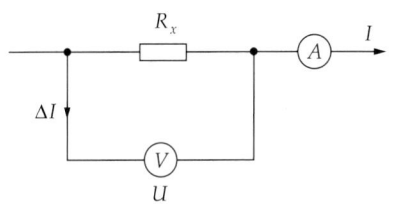
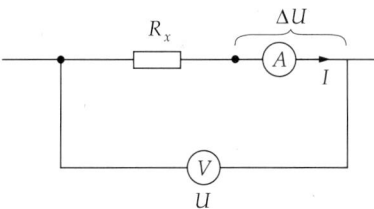

Abbildung 16.9: Spannungsrichtige Schaltung von Amperemeter und Voltmeter

Abbildung 16.10: Stromrichtige Schaltung von Amperemeter und Voltmeter

Stromrichtige Schaltung, das Voltmeter misst den Spannungsabfall über Widerstand und Amperemeter. Da das Amperemeter einen (geringen) Innenwiderstand hat, an dem die Spannung ΔU abfällt, misst das Voltmeter eine Spannung U, die größer ist als die eigentliche Spannung am Widerstand. Man sollte daher Amperemeter mit sehr kleinem Innenwiderstand verwenden. Der Strom I wird richtig gemessen (**Abb. 16.10**).

16.1.7   Widerstandsbestimmung mittels Kompensationsmethode

Neben der **Widerstandsbestimmung** mit Amperemeter und Voltmeter wird hauptsächlich die Kompensationsmethode verwendet.

Kompensationsmethode, der Widerstand R_x wird durch Vergleich mit einem bekannten Widerstand R_N mit Hilfe einer Brückenschaltung (**Abb. 16.11**) ermittelt.

M **Wheatstone-Brücke**: Der variable Widerstand R_N wird so gewählt, dass durch das Galvanometer kein Strom mehr fließt: man führt einen **Nullabgleich** durch. Die Brücke (G) ist dann stromlos. Der unbekannte Widerstand R_x ergibt sich aus den bekannten Widerständen R_1, R_2 und R_N:

Widerstandsbestimmung mit Wheatstone-Brücke			$L^2T^{-3}MI^{-2}$
$R_x = \dfrac{R_1}{R_2} \cdot R_N$	Symbol	Einheit	Benennung
	R_x	Ω	unbekannter Widerstand
	R_N	Ω	Vergleichswiderstand
	R_1, R_2	Ω	bekannte Widerstände

Die Vergleichswiderstände sind Präzisionswiderstände geringer Fehlertoleranz, die sich zu beliebigen Widerstandswerten zusammenstellen lassen.

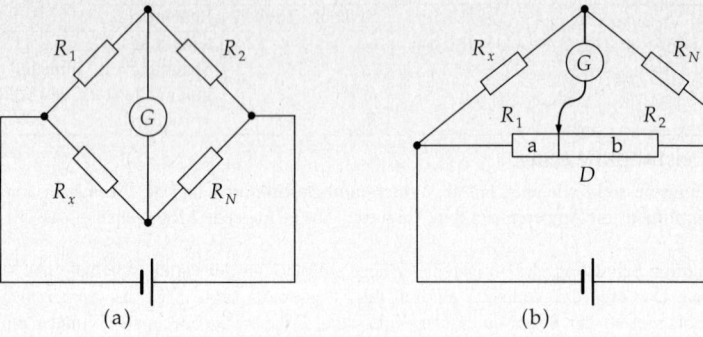

Abbildung 16.11: Wheatstonesche Brückenschaltung. (a): Schaltbild, (b): praktische Ausführung mit Widerstandsdraht

M   Man kann auch R_N fest wählen und das Verhältnis von R_1 zu R_2 ändern. In der Praxis wird ein Widerstandsdraht D verwendet, auf dem ein Schleifer so lange verschoben wird, bis die Messbrücke stromlos wird. Da sich bei einem überall gleich dicken, homogenen Draht die Widerstände R_1, R_2 der Teilstücke wie die zugehörigen Längen a, b verhalten, so ergibt sich R_x aus der Längenmessung von a und b:

$$R_x = \frac{R_1}{R_2} \cdot R_N = \frac{a}{b} \cdot R_N.$$

➤   Zur genauen Widerstandsbestimmung sollte der Wert von R_N nicht weit vom Widerstandswert R_x entfernt sein.

16.1.8   Auf- und Entladung von Kondensatoren

Spannung am Kondensator, proportional dem Zeitintegral des Lade- bzw. Entladestroms $I(t)$:

$$U_C(t) = \frac{Q}{C} = \frac{1}{C} \int_0^t I(t')dt'.$$

Zeitkonstante, τ, Zeitdauer, in der die Kondensatorspannung auf $1/e \approx 1/3$ des ursprünglichen Wertes gesunken ist. Die Zeitkonstante ist das Produkt aus Kapazität des Kondensators C und dem Widerstand R, über den der Kondensator auf- oder entladen wird:

$$\tau = R \cdot C.$$

■   Ein Kondensator der Kapazität $C = 1$ mF wird über einen Widerstand $R = 1$ kΩ entladen. Die Zeitkonstante beträgt

$$\tau = 1 \text{ kΩ} \cdot 1 \text{ mF} = 1 \text{ s}.$$

1.   Entladen eines Kondensators

Die Platten eines Kondensators der Kapazität C werden über einen Widerstand R verbunden. Nach der Maschenregel addieren sich die Spannungen am Kondensator $U_C(t)$ und am Widerstand $U_R(t)$ zu null auf:

$$0 = U_C(t) + U_R(t) = \frac{1}{C} \int_0^t I(t')dt' + I(t) \cdot R.$$

Dies führt auf die Differentialgleichung für den Entladestrom,

$$\frac{dI(t)}{dt} = -\frac{1}{\tau}I(t)\,, \qquad I(0) = -\frac{U_0}{R} = I_0\,.$$

Der **Entladestrom**, $I(t)$, und die **Kondensatorspannung**, $U_C(t)$, ergeben sich damit zu (**Abb. 16.12 (b)**):

$$I(t) = I_0 \cdot e^{-t/\tau}\quad, \qquad U_C(t) = U_0 \cdot e^{-t/\tau}\,, \qquad \tau = R \cdot C\,.$$

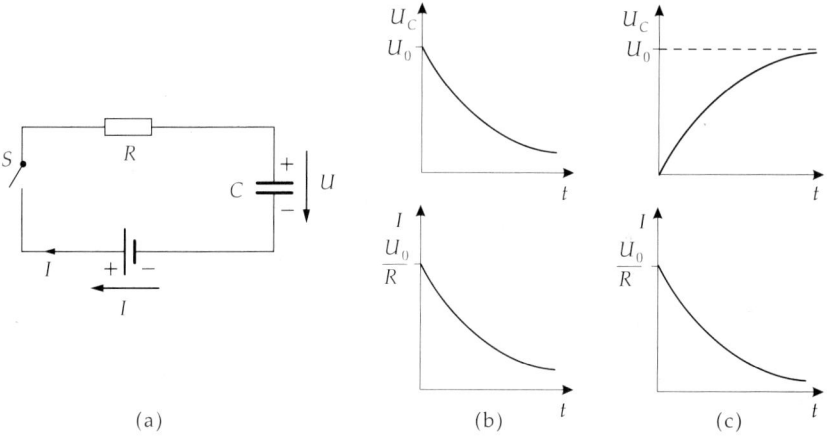

(a)   (b)   (c)

Abbildung 16.12: Auf- und Entladung eines Kondensators. (a): Schaltung, S: Schalter, (b): Spannungs- und Stromverlauf beim Entladen, (c): Spannungs- und Stromverlauf beim Aufladen. Die Zeitkonstante ist $\tau = R \cdot C$.

▲   Der Ladestrom fällt mit der Zeitkonstanten τ vom Anfangswert $I_0 = -U_0/R$ exponentiell auf null ab.

▲   Die Spannung am Kondensator sinkt mit der gleichen Zeitkonstanten τ vom Anfangswert U_0 exponentiell auf null ab.

2. Aufladen eines Kondensators

Ein Kondensator der Kapazität C wird über einen Widerstand R an die Spannungsquelle U_0 angeschlossen. Nach der Maschenregel addieren sich die Spannungen an Widerstand $U_R(t)$ und Kondensator $U_C(t)$ zur Spannung U_0 auf:

$$U_0 = U_C(t) + U_R(t) = \frac{1}{C}\int_0^t I(t')dt' + I(t) \cdot R\,.$$

Daraus ergibt sich die Differentialgleichung für den Ladestrom:

$$\frac{dI(t)}{dt} = -\frac{1}{\tau}I(t)\,, \qquad I(0) = \frac{U_0}{R} = I_0\,.$$

Der **Ladestrom**, $I(t)$, sowie die **Kondensatorspannung**, $U_C(t)$, ergeben sich zu (**Abb. 16.12 (c)**):

$$I(t) = I_0 \cdot e^{-t/\tau}\,, \qquad U_C(t) = U_0 \cdot \left(1 - e^{-t/\tau}\right)\,, \qquad \tau = R \cdot C\,.$$

▲   Der Ladestrom klingt mit der Zeitkonstanten τ vom Anfangswert $I_0 = U_0/R$ exponentiell ab.

▲   Die Spannung am Kondensator wächst mit der gleichen Zeitkonstanten τ bis zur Spannung U_0 an.

16.1.9   Ein- und Ausschalten des Stroms im *RL*-Kreis

Die **Spannung an der Spule** ist proportional der zeitlichen Änderung des Ein- bzw. Ausschaltstroms $I(t)$:

$$U_L(t) = -L \frac{dI(t)}{dt} .$$

Zeitkonstante, τ, Zeitdauer, in der der Spulenstrom auf $1/e \approx 1/3$ abgesunken ist. Die Zeitkonstante ist der Quotient aus Induktivität L der Spule und Widerstand R, über den der Ein- bzw. Ausschaltstrom fließt:

$$\tau = \frac{L}{R} .$$

■   Eine Spule der Induktivität $L = 100$ mH wird über einen Widerstand $R = 10\ \Omega$ kurzgeschlossen. Die Zeitkonstante beträgt damit:

$$\tau = \frac{L}{R} = \frac{100\ \text{mH}}{10\ \Omega} = 0.01\ \text{s} .$$

1.   Einschalten des Stroms

Eine Spule der Induktivität L wird in Reihe mit einem Widerstand R an eine Spannungsquelle U angeschlossen. Nach der Maschenregel addieren sich die negative Spulenspannung $-U_L(t)$ und die Spannung am Widerstand $U_R(t)$ zur Spannung U auf:

$$U = -U_L(t) + U_R(t) = L \frac{dI(t)}{dt} + R \cdot I(t) .$$

Daraus folgt die Differentialgleichung

$$\frac{dI(t)}{dt} = -\frac{1}{\tau} I(t) + \frac{U}{L} , \qquad I(0) = 0 .$$

Für den **Spulenstrom** $I(t)$ und die **Spulenspannung** $U_L(t)$ ergibt sich damit:

$$I(t) = I \cdot \left(1 - e^{-t/\tau} \right) , \qquad U_L(t) = U_0 \cdot e^{-t/\tau} , \qquad \tau = \frac{L}{R} .$$

▲   Der Spulenstrom $I(t)$ wächst mit der Zeitkonstanten τ asymptotisch bis zur Stromstärke $I = U/R$ an.

▲   Die Spulenspannung $U_L(t)$ fällt von ihrem Anfangswert $U_0 = -R \cdot I = -U$ mit der gleichen Zeitkonstanten τ exponentiell ab.

2.   Ausschalten des Stroms

Eine Spule der Induktivität L wird nach Abschalten der Spannungsquelle über einen Widerstand R geschlossen. Nach der Maschenregel ist die Spulenspannung $U_L(t)$ gleich der Spannung am Widerstand $U_R(t)$:

$$0 = -U_L(t) + U_R(t) = L \frac{dI(t)}{dt} + R \cdot I(t) .$$

Für den Spulenstrom $I(t)$ ergibt sich damit die Differentialgleichung

$$\frac{dI(t)}{dt} = -\frac{1}{\tau} I(t) , \qquad I(0) = I .$$

Für **Spulenstrom**, $I(t)$, sowie **Spulenspannung**, $U_L(t)$, ergibt sich dann:

$$I(t) = I \cdot e^{-t/\tau} , \qquad U_L(t) = U \cdot e^{-t/\tau} , \qquad \tau = \frac{L}{R} .$$

▲   Der Spulenstrom fällt mit der Zeitkonstanten τ von seinem anfänglichen Wert $I = U/R$ exponentiell auf null ab.

▲   Die Spulenspannung fällt mit der gleichen Zeitkonstante τ von ihrem anfänglichen Wert U auf null ab.

➤   Auftreten hoher Spannungen beim Abschalten des Spulenstroms kann zur Funkenbildung an den Schalterkontakten und zur Zerstörung von elektronischen Schaltelementen führen.

16.2   Wechselstromkreis

In der Wechselstromtechnik befasst man sich mit dem Verhalten von Widerständen, Kapazitäten und Induktivitäten, wenn sie von einem Wechselstrom durchflossen werden bzw. wenn eine Wechselspannung an ihnen anliegt. Wechselspannung und Wechselstrom sind Wechselgrößen.
Wechselgrößen lassen sich durch komplexe Zahlen darstellen, die die Berechnung physikalischer Größen im Wechselstromkreis erleichtern.
Sie besitzen eine anschauliche Darstellung in Form von Zeigern in der komplexen Ebene, dem Zeigerdiagramm.

16.2.1   Wechselgrößen

Wechselgröße, Größe, deren Zeitabhängigkeit durch eine periodische Funktion gegeben ist.
1.   Charakteristika von Wechselgrößen
Momentanwert, Zeitwert , Wert der Wechselgröße zu einem beliebigen Zeitpunkt t.
Periode, Periodendauer, T, Zeitintervall, in dem die Wechselgröße x alle Werte wieder in der gleichen zeitlichen Abfolge durchläuft. Die Periodendauer ist T, wenn für alle Zeiten t gilt:

$$x(t+T) = x(t).$$

Frequenz, f, Kehrwert der Periodendauer T,

$$f = \frac{1}{T}.$$

Die einfachsten periodischen Funktionen sind die **Sinusfunktion** und die **Cosinusfunktion**.
2.   Sinusförmige Wechselgrößen
Eine Wechselgröße mit sinusförmiger Zeitabhängigkeit wird vollständig beschrieben durch die Angabe von

- **Amplitude, Scheitelwert**, $\hat{x}$, maximaler Wert, den die Wechselgröße x annehmen kann.
- **Kreisfrequenz, Winkelgeschwindigkeit**, das 2π-fache der Frequenz: $\omega = 2\pi f$.
- **Nullphasenwinkel**, Phasenwinkel zum Zeitpunkt $t = 0$: φ_0.

3.   Wechselspannung und Wechselstrom
Wechselspannung $u(t)$, beschrieben durch

$$u(t) = \hat{u}\sin(\omega t + \varphi_u).$$

$\hat{u}$ bezeichnet die Amplitude, φ_u den Nullphasenwinkel der Wechselspannung (**Abb. 16.13**).
Wechselstrom $i(t)$, beschrieben durch

$$i(t) = \hat{i}\sin(\omega t + \varphi_i).$$

$\hat{i}$ bezeichnet die Amplitude, φ_i den Nullphasenwinkel des Wechselstroms.

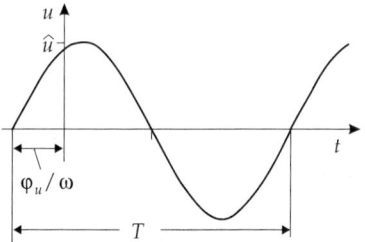

Abbildung 16.13: Periode und Nullphasenwinkel der Sinusfunktion

Kompliziertere periodische Funktionen lassen sich durch Überlagerung (Linearkombination) von Sinus- und Cosinusfunktionen konstruieren (Fourier-Reihe).

16.2.1.1   Zeitlicher Mittelwert periodischer Funktionen

1.   Mittelwerte von Wechselgrößen

Mittelwert, kennzeichnet eine Wechselgröße $x(t)$ durch einen Wert, ohne das genaue zeitliche Verhalten auszudrücken.

Einige Möglichkeiten der Mittelwertbildung:

Gleichwert oder **arithmetischer Mittelwert**	$\bar{x} = \dfrac{1}{T} \displaystyle\int_0^T x(t)\,\mathrm{d}t$
Gleichrichtwert oder **absoluter Mittelwert**	$\overline{\lvert x \rvert} = \dfrac{1}{T} \displaystyle\int_0^T \lvert x(t) \rvert\,\mathrm{d}t$
Effektivwert oder **quadratischer Mittelwert**	$X = \sqrt{\dfrac{1}{T} \displaystyle\int_0^T x(t)^2\,\mathrm{d}t}$

Scheitelfaktor, Verhältnis von Amplitude zu Effektivwert:

$$k_{\mathrm{s}} = \frac{\hat{x}}{X}.$$

Formfaktor, Verhältnis von Effektivwert zu Gleichrichtwert:

$$k_{\mathrm{f}} = \frac{X}{\overline{\lvert x \rvert}}.$$

2.   Mittelwerte sinusförmiger Wechselgrößen

Für eine sinusförmige Wechselgröße lauten Mittelwerte, sowie Scheitel- und Formfaktor:

Gleichwert	Gleichrichtwert	Effektivwert	Scheitelfaktor	Formfaktor
$\bar{x} = 0$	$\overline{\lvert x \rvert} = \dfrac{2}{\pi}\hat{x}$	$X = \dfrac{1}{\sqrt{2}}\hat{x}$	$k_{\mathrm{s}} = 1.414$	$k_{\mathrm{f}} = 1.111$
	$\approx 0.637\,\hat{x}$	$\approx 0.707\,\hat{x}$		

Mittelwerte und Scheitelfaktoren für andere Kurvenformen siehe KORIES, SCHMIDT-WALTER *Taschenbuch der Elektrotechnik* Verlag Harri Deutsch.

Klirrfaktor, gibt die Abweichung einer Wechselgröße von der Sinusform an.

3.   Wärmebelastung ohmscher Bauelemente

Um die **Wärmebelastung von ohmschen Bauelementen** an sinusförmiger Wechselspannung zu berechnen, muss der Effektivwert von Spannung oder Strom berücksichtigt werden. Am ohmschen Widerstand sind Strom und Spannung in Phase. Der Anteil mit der Frequenz Null in der Fourierentwicklung der aufgenommenen Leistung beträgt:

$$P = \frac{\hat{u} \cdot \hat{i}}{2} = \frac{\hat{u}^2}{2R} = \frac{U^2}{R} = I^2 \cdot R.$$

Die Leistungsaufnahme entspricht der eines Widerstands im Gleichstromkreis, wenn die äquivalente Gleichspannung dem Effektivwert der Wechselspannung und der äquivalente Gleichstrom dem Effektivwert des Wechselstroms entspricht.

4. Messung von Wechselspannung und -strom

[M] Wechselstrom und Wechselspannung können mit Drehspulmessinstrumenten gemessen werden, denen ein Gleichrichter vorgeschaltet ist. Das Messgerät ist meist so geeicht, dass es den Effektivwert einer Sinusgröße anzeigt. Bei nicht sinusförmigen Wechselgrößen muss der angezeigte Wert mittels Korrekturfaktoren auf den Effektivwert umgerechnet werden.

■ Die für Haushaltsgeräte übliche Spannung wird mit einem Drehspulvoltmeter gemessen und beträgt $U = 230$ V. Dann ist die Amplitude der Wechselspannung

$\hat{u} = \sqrt{2} \cdot U = \sqrt{2} \cdot 230$ V $= 325$ V.

16.2.2 Darstellung von Sinusgrößen im Zeigerdiagramm

▲ Wechselgrößen mit sinusförmiger Zeitabhängigkeit lassen sich in einem Zeigerdiagramm darstellen.

Durchläuft ein Punkt P im x-y-Koordinatensystem einen Kreis vom Radius r um den Koordinatenursprung in mathematisch positiver Richtung mit konstanter Winkelgeschwindigkeit, so hat die Projektion dieses Punktes auf die y-Achse einen sinusförmigen, auf die x-Achse einen cosinusförmigen zeitlichen Verlauf (**Abb. 16.14**).

Mathematisch positive Drehrichtung, Drehung gegen den Uhrzeigersinn.

1. Zeiger,

gerichtete Strecke vom Koordinatenursprung zum Punkt P in der komplexen Ebene, Ortsvektor von P.
Der Zeiger ist durch Angabe seiner Koordinaten a bezüglich der x-Achse und b bezüglich der y-Achse des Koordinatensystems vollständig bestimmt.

▲ Der Zeiger wird durch eine komplexe Zahl in der komplexen Zahlenebene dargestellt.

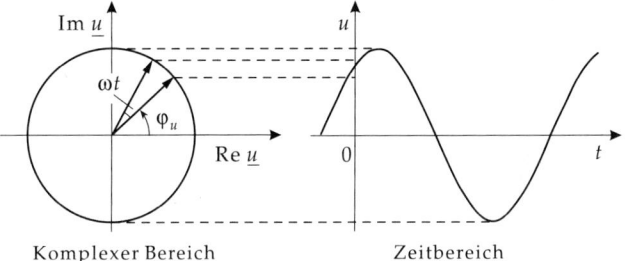

Abbildung 16.14: Zusammenhang zwischen rotierendem Zeiger in der komplexen Ebene und Sinusfunktion

2. Kartesische Darstellung einer komplexen Zahl,

ein Paar reeller Zahlen a und b, welches in der Form

$\underline{z} = a + \mathrm{j}b$

geschrieben wird (**Abb. 16.15 (a)**): j bezeichnet die **imaginäre Einheit**. Real- und Imaginärteil der komplexen Zahl können als kartesische Koordinaten eines Punktes P in der (x, y)-Ebene aufgefasst werden, $P = P(a, b)$. Eine reelle Zahl x ist eine komplexe Zahl $\underline{z}$ mit Imaginärteil Null,

$\underline{z} = x + \mathrm{j} \cdot 0$.

■ Die komplexe Zahl $3 + \mathrm{j} \cdot 4$ hat den Realteil $a = 3$ und den Imaginärteil $b = 4$.

Eine komplexe Zahl lässt sich als Zeiger in der zweidimensionalen Ebene auffassen. Das Produkt zweier komplexer Zahlen ist wieder eine komplexe Zahl. Mit komplexen Zahlen kann man die Operation Division ausführen.

3.   Exponentialdarstellung komplexer Zahlen

Komplexe Exponentialfunktion, dargestellt durch die **Eulersche Formel**

Eulersche Formel		
	Symbol	Benennung
$e^{j\varphi} = \cos\varphi + j\sin\varphi$	φ	Phase
	$j = \sqrt{-1}$	imaginäre Einheit

➤   Die komplexe Exponentialfunktion ist $2\pi j$-periodisch.

Exponentialdarstellung der komplexen Zahlen (**Abb. 16.15 (b)**):

$$\underline{z} = r \cdot e^{j\varphi}.$$

r gibt die Länge des Zeigers an, die Phase φ den Winkel zwischen positiver x-Achse und Zeiger, im positiven Drehsinn gemessen.

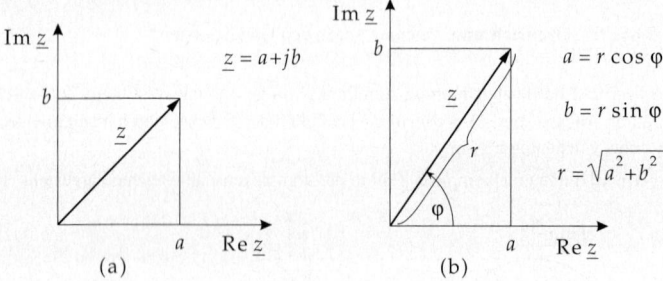

Abbildung 16.15: Darstellungen einer komplexen Zahl. (a): kartesische Darstellung in der komplexen Zahlenebene, (b): Exponentialdarstellung

4.   Umrechnung zwischen beiden Darstellungen einer komplexen Zahl

Zur Umrechnung zwischen den beiden Darstellungen einer komplexen Zahl verwendet man die Beziehungen:

$$a = r\cos\varphi, \qquad b = r\sin\varphi,$$

und

$$r = \sqrt{a^2 + b^2}, \qquad \varphi = \arctan\left(\frac{b}{a}\right).$$

5.   Zeigerdiagramm und Zeigercharakteristika

Zeigerdiagramm, Darstellung der Zeiger in der komplexen Ebene.

▲   Die Länge des Zeigers ist gleich der Amplitude der Wechselgröße.

Zeiger, bestimmt durch:

- die physikalische Größe, die der Zeiger darstellt. Das Formelzeichen wird neben den Zeiger geschrieben,
- den Betrag der physikalischen Größe, die Länge des Zeigers. Man wählt eine Darstellung in Scheitelwerten oder Effektivwerten,
- den Nullphasenwinkel φ_0, die Orientierung des Zeigers gegen die reelle Achse zur Zeit $t = 0$,
- die Winkelgeschwindigkeit ω des Zeigers, die Kreisfrequenz der dargestellten Größe.

➤ Zeigergrößen werden unterstrichen dargestellt.

■ Einem Wechselstrom $i(t)$ wird ein Stromzeiger $\underline{i}(t)$ zugeordnet, der einer Darstellung in der komplexen Zahlenebene entspricht.

6. Tranformation Wechselgröße $\longrightarrow$ Zeiger

Transformation zwischen einer Wechselgröße und ihrem Zeiger in der komplexen Ebene: die Sinusfunktion, die die Wechselgröße beschreibt, wird als Imaginärteil einer komplexen Zahl aufgefasst, deren Realteil eine Cosinusfunktion gleicher Phase und gleicher Amplitude ist:

$$x(t) = \hat{x}\sin(\omega t + \varphi_0) \longrightarrow \underline{z}(t) = \hat{x}\cos(\omega t + \varphi_0) + j\hat{x}\sin(\omega t + \varphi_0)$$
$$= \hat{x}\,e^{j(\omega t + \varphi_0)}.$$

■ Ein Wechselstrom

$$i(t) = \hat{i}\sin(\omega t + \varphi_i)$$

wird abgebildet auf die Zeigergröße,

$$\underline{i}(t) = \hat{i}\,e^{j(\omega t + \varphi_i)}.$$

■ Eine Wechselspannung

$$u(t) = \hat{u}\sin(\omega t + \varphi_u)$$

wird abgebildet auf die Zeigergröße,

$$\underline{u}(t) = \hat{u}\,e^{j(\omega t + \varphi_u)}.$$

Die Rechnung mit komplexen Zeigern ist oft einfacher und übersichtlicher als der Umgang mit den Winkelfunktionen (s. unten).

16.2.3 Rechenregeln für Zeigergrößen

1. Addition von Zeigergrößen

Zeigeraddition, entspricht der **Addition komplexer Zahlen**. Man addiert jeweils die Realteile und die Imaginärteile der Zeiger für sich:

Addition zweier komplexer Zahlen		Symbol	Benennung
$\underline{z}_1 + \underline{z}_2$	$= (a_1 + j \cdot b_1) + (a_2 + j \cdot b_2)$	$\underline{z}_1 = a_1 + j \cdot b_1$	erster Summand
	$= (a_1 + a_2) + j \cdot (b_1 + b_2)$	$\underline{z}_2 = a_2 + j \cdot b_2$	zweiter Summand
	$= \underline{z}$	$\underline{z}$	Summe

■ Die Summe zweier Zeiger, die durch die komplexen Zahlen $\underline{z}_1 = 3 + j \cdot 4$ und $\underline{z}_2 = 2 + j \cdot 5$ dargestellt werden, ist gegeben durch

$$\underline{z} = \underline{z}_1 + \underline{z}_2 = (3 + j \cdot 4) + (2 + j \cdot 5) = (3 + 2) + j \cdot (4 + 5) = 5 + j \cdot 9.$$

Der resultierende Zeiger besitzt in der komplexen Zahlenebene den Realteil $a = 5$ und den Imaginärteil $b = 9$.

2. Subtraktion von Zeigergrößen

Zeigersubtraktion, entspricht der **Subtraktion komplexer Zahlen**. Die Subtraktion erfolgt komponentenweise für Realteil und Imaginärteil:

Subtraktion zweier komplexer Zahlen

$$\underline{z}_1 - \underline{z}_2 = (a_1 + j \cdot b_1) - (a_2 + j \cdot b_2)$$
$$= (a_1 - a_2) + j \cdot (b_1 - b_2)$$
$$= \underline{z}$$

Symbol	Benennung
$\underline{z}_1 = a_1 + j \cdot b_1$	Minuend
$\underline{z}_2 = a_2 + j \cdot b_2$	Subtrahend
$\underline{z}$	Differenz

■ Von einem Zeiger, dargestellt durch die komplexe Zahl $\underline{z}_1 = 3 + j \cdot 4$, wird der Zeiger $\underline{z}_2 = 2 + j \cdot 5$ subtrahiert. Der resultierende Zeiger $\underline{z}$ wird dargestellt
$$\underline{z} = \underline{z}_1 - \underline{z}_2 = 3 + j \cdot 4 - (2 + j \cdot 5) = (3 - 2) + j \cdot (4 - 5) = 1 - j.$$
Der resultierende Zeiger besitzt den Realteil $a = 1$ und den Imaginärteil $b = -1$.

3. Multiplikation von Zeigergrößen

Zeigermultiplikation, entspricht der **Multiplikation komplexer Zahlen**.

Die Multiplikation zweier Zeigergrößen ist einfacher in der Exponentialdarstellung durchzuführen. Dabei addieren sich die Phasen komplexer Zahlen, während sich ihre Beträge multiplizieren.

Multiplikation zweier komplexer Zahlen

$$\underline{z}_1 \cdot \underline{z}_2 = r_1 e^{j\varphi_1} \cdot r_2 e^{j\varphi_2}$$
$$= r_1 \cdot r_2 e^{j(\varphi_1 + \varphi_2)}$$
$$= \underline{z}$$

Symbol	Benennung
$\underline{z}_1 = r_1 e^{j\varphi_1}$	erster Faktor
$\underline{z}_2 = r_2 e^{j\varphi_2}$	zweiter Faktor
$\underline{z}$	Produkt

4. Division von Zeigergrößen

Zeigerdivision, entspricht der **Division komplexer Zahlen**.

Ebenso wie die Multiplikation ist die Division zweier Zeigergrößen einfacher in der Exponentialdarstellung durchzuführen. Dabei sind die Phasen zu subtrahieren und die Beträge zu dividieren.

Division zweier komplexer Zahlen

$$\frac{\underline{z}_1}{\underline{z}_2} = \frac{r_1 e^{j\varphi_1}}{r_2 e^{j\varphi_2}}$$
$$= \frac{r_1}{r_2} e^{j(\varphi_1 - \varphi_2)}$$
$$= \underline{z}$$

Symbol	Benennung
$\underline{z}_1 = r_1 e^{j\varphi_1}$	Dividend
$\underline{z}_2 = r_2 e^{j\varphi_2}$	Divisor
$\underline{z}$	Quotient

5. Komplexe Konjugation einer Zeigergröße

Konjugiert komplexer Zeiger $\underline{z}^*$ zu einem Zeiger $\underline{z}$, hat den gleichen Betrag, aber umgekehrte Phase:

$$\underline{z}^* = |\underline{z}| \cdot e^{-j\varphi} \quad \text{für} \quad \underline{z} = |\underline{z}| \cdot e^{j\varphi}.$$

In der kartesischen Darstellung lautet der konjugiert komplexe Zeiger:

$$\underline{z}^* = a - jb \quad \text{für} \quad \underline{z} = a + jb.$$

▲ Der konjugiert komplexe Zeiger ensteht durch Spiegelung des ursprünglichen Zeigers an der reellen Achse.

Zweimalige komplexe Konjugation (Spiegelung des Spiegelbildes) ergibt wieder die ursprüngliche Zeigergröße:

$$(\underline{z}^*)^* = \underline{z}.$$

6. Inversion einer Zeigergröße

Inversion, Spezialfall der komplexen Division. Besitzt der ursprüngliche Zeiger $\underline{z}$ die Länge $|\underline{z}|$, so hat der invertierte Zeiger $1/\underline{z}$ die Länge $1/|\underline{z}|$. Wie bei der komplexen Konjugation ändert die Phase ihr Vorzeichen:

$$\frac{1}{\underline{z}} = \frac{\underline{z}^*}{|\underline{z}|^2} \, .$$

In Exponentialdarstellung gilt:

$$\frac{1}{\underline{z}} = \frac{1}{r} \, e^{-\mathrm{j}\varphi} \quad \text{für} \quad \underline{z} = r \, e^{\mathrm{j}\varphi} \, .$$

In kartesischer Darstellung gilt:

$$\frac{1}{\underline{z}} = \frac{a - \mathrm{j}b}{a^2 + b^2} \quad \text{für} \quad \underline{z} = a + \mathrm{j}b \, .$$

■ Ist der komplexe Widerstand $\underline{Z}$ gegeben, so erhält man den komplexen Leitwert $\underline{Y}$ durch Inversion,

$$\underline{Y} = \frac{1}{\underline{Z}} = \frac{\underline{Z}^*}{|\underline{Z}|^2} \, ,$$

und umgekehrt.

7. Differentiation von Zeigergrößen

Differentiation von Zeigern, entspricht der Differentiation komplexer Funktionen. Es wird nach der Zeitvariablen differenziert.
Eine Zeigergröße $\underline{z}$ sei durch Betrag z, Nullphasenwinkel φ und Kreisfrequenz ω gegeben:

$$\underline{z}(t) = z \, e^{\mathrm{j}(\omega t + \varphi)} \, .$$

Dann lautet die Zeitableitung:

$$\frac{\mathrm{d}\underline{z}}{\mathrm{d}t} = \mathrm{j}\omega z \, e^{\mathrm{j}(\omega t + \varphi)} = \mathrm{j}\omega \underline{z} = \omega z \, e^{\mathrm{j}(\omega t + \varphi + \frac{\pi}{2})} \, .$$

▲ Die Zeitableitung entspricht einer Drehstreckung. Die Drehung erfolgt in der komplexen Zeigerebene um den Winkel $\pi/2$ in mathematisch positiver Richtung.

8. Integration von Zeigergrößen

Integration von Zeigern, entspricht der Integration komplexer Funktionen. Es wird über die Zeit integriert.
Eine Zeigergröße $\underline{z}$ sei durch Betrag z, Nullphasenwinkel φ und Kreisfrequenz ω gegeben:

$$\underline{z}(t) = z \, e^{\mathrm{j}(\omega t + \varphi)} \, .$$

Dann lautet das Integral über die Zeit:

$$\int \underline{z}(t)\mathrm{d}t = \frac{1}{\mathrm{j}\omega} \cdot z \, e^{\mathrm{j}(\omega t + \varphi)} = \frac{1}{\mathrm{j}\omega}\underline{z} = \frac{1}{\omega} z \, e^{\mathrm{j}(\omega t + \varphi - \frac{\pi}{2})} \, .$$

▲ Die Integration entspricht einer Drehstreckung. Die Drehung erfolgt in der komplexen Zeigerebene um den Winkel $-\pi/2$.

16.2.4 Grundbegriffe der Wechselstromtechnik

16.2.4.1 Komplexer Widerstand

1. Definition des komplexen Widerstandes

Komplexer Widerstand $\underline{Z}$, bestimmt

• das Verhältnis von Spannungsamplitude zu Stromamplitude, bzw. das Verhältnis der Effektivwerte von Spannung und Strom, und

• die Phasenverschiebung der Spannung gegenüber dem Strom.

Komplexer Widerstand = $\dfrac{\text{komplexe Spannung}}{\text{komplexer Strom}}$			$\mathbf{L^2T^{-3}MI^{-2}}$
$\underline{Z} = \dfrac{\underline{u}(t)}{\underline{i}(t)}$	Symbol	Einheit	Benennung
	$\underline{Z}$	Ω	komplexer Widerstand
	$\underline{u}(t)$	V	komplexe Spannung
	$\underline{i}(t)$	A	komplexer Strom

Ohm, Ω, SI-Einheit des komplexen Widerstands $\underline{Z}$.
$[\underline{Z}] = \Omega$.

▲   Haben Spannung und Strom dieselbe Zeitabhängigkeit, so ist der komplexe Widerstand zeitunabhängig

2.   **Kartesische Form des komplexen Widerstands,**

$\underline{Z}$, ergibt sich aus:

• **Wirkwiderstand**, **Resistanz**, R, Realteil des komplexen Widerstands,
• **Blindwiderstand**, **Reaktanz**, X, Imaginärteil des komplexen Widerstands.

Komplexer Widerstand, kartesische Form			$\mathbf{L^2T^{-3}MI^{-2}}$
$\underline{Z} = R + jX$	Symbol	Einheit	Benennung
	$\underline{Z}$	Ω	komplexer Widerstand
	R	Ω	Wirkwiderstand
	X	Ω	Blindwiderstand

▲   Der Wirkwiderstand ist gleich dem ohmschen Widerstand des Schaltkreises oder Zweipols.

3.   **Exponentialform des komplexen Widerstands,**

$\underline{Z}$, ergibt sich aus:

• **Scheinwiderstand**, **Impedanz**, Z, Betrag des komplexen Widerstands:
$Z = |\underline{Z}| = \sqrt{R^2 + X^2}$.
• **Phasenwinkel**, φ_Z, Arcus-Tangens des Verhältnisses von Blindwiderstand X zu Wirkwiderstand R:
$\varphi_Z = \arctan \dfrac{X}{R}$.

Komplexer Widerstand, Exponentialform			$\mathbf{L^2T^{-3}MI^{-2}}$
$\underline{Z} = Z \cdot e^{j\varphi_Z}$	Symbol	Einheit	Benennung
	$\underline{Z}$	Ω	komplexer Widerstand
	Z	Ω	Scheinwiderstand
	φ_Z	1	Phasenwinkel

Der Scheinwiderstand Z gibt das Verhältnis von Spannungsamplitude $\hat{u}$ zu Stromamplitude $\hat{i}$ (bzw. das Verhältnis der Effektivwerte U zu I) an, ohne Berücksichtigung der Phasenverschiebung:

$$Z = \frac{\hat{u}}{\hat{i}} = \frac{U}{I}.$$

Der Phasenwinkel φ_Z ist die Differenz der Nullphasenwinkel von Spannung, φ_u, und Strom φ_i:

$$\varphi_Z = \varphi_u - \varphi_i.$$

4.   **Widerstandszeiger,**

Darstellung des komplexen Widerstands in der komplexen **Widerstandsebene** (**Abb. 16.16**).

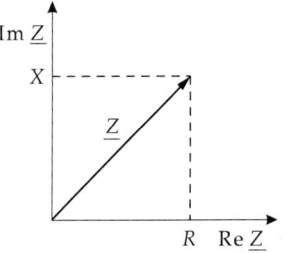

Abbildung 16.16: Darstellung des komplexen Widerstands. R: Wirkwiderstand, X: Blindwiderstand, Z: Scheinwiderstand

■ Der komplexe Widerstand habe den Wert $\underline{Z} = (50 + j \cdot 22)\ \Omega$. Dann beträgt der Scheinwiderstand

$$Z = \sqrt{R^2 + X^2} = \sqrt{50^2 + 22^2}\ \Omega = 54.6\ \Omega$$

und der Phasenwinkel

$$\varphi_Z = \arctan \frac{X}{R} = \arctan \frac{22\ \Omega}{50\ \Omega} = 23.7°.$$

16.2.4.2 Ohmsches Gesetz im Komplexen

▲ Am ohmschen Widerstand ist der komplexe Strom $\underline{i}$ proportional zur komplexen Spannung $\underline{u}$. Der Proportionalitätsfaktor ist der ohmsche Widerstand (Wirkwiderstand) R.

komplexe Spannung = ohmscher Widerstand · komplexer Strom		$\mathbf{L^2 T^{-3} M I^{-1}}$	
	Symbol	Einheit	Benennung
$\underline{u}(t) \;=\; R \cdot \underline{i}(t)$	$\underline{u}(t)$	V	komplexe Spannung
	R	Ω	ohmscher Widerstand
	$\underline{i}(t)$	A	komplexer Strom

▲ Strom und Spannung sind am ohmschen Widerstand in Phase:

$$\varphi_Z = \varphi_u - \varphi_i = 0$$

16.2.4.3 Komplexer Leitwert

1. Komplexer Leitwert,

$\underline{Y}$, bestimmt

• das Verhältnis von Stromamplitude zu Spannungsamplitude (bzw. das Verhältnis der Effektivwerte) und

• die Phasenverschiebung von Strom und Spannung.

Der komplexe Leitwert ist der Kehrwert des komplexen Widerstands,

$$\underline{Y} = \frac{1}{\underline{Z}} = \frac{\underline{Z}^*}{Z^2} = \frac{\underline{i}(t)}{\underline{u}(t)}.$$

$\underline{Z}^*$ ist das konjugiert Komplexe des komplexen Widerstands.

2. Kartesische Form des komplexen Leitwerts,

$\underline{Y}$, ergibt sich aus:

• **Wirkleitwert, Konduktanz**, G, Realteil des komplexen Leitwerts, und

• **Blindleitwert, Suszeptanz**, B, Imaginärteil des komplexen Leitwerts.

Komplexer Leitwert, kartesische Form			$L^{-2}T^3M^{-1}I^2$
	Symbol	Einheit	Benennung
$\underline{Y} = G + jB$	$\underline{Y}$	S	komplexer Leitwert
	G	S	Wirkleitwert
	B	S	Blindleitwert

Siemens, S, SI-Einheit des komplexen Leitwerts $\underline{Y}$.
$[\underline{Y}] = \text{S}$.

3. Exponentialform des komplexen Leitwerts,

ergibt sich aus:

- **Scheinleitwert, Admittanz**, Y, Betrag des komplexen Leitwerts:
  $$Y = |\underline{Y}| = \sqrt{G^2 + B^2},$$
- **Phasenwinkel**, φ_Y, Arcus-Tangens des Verhältnisses von Blindleitwert B zu Wirkleitwert G:
  $$\varphi_Y = \arctan \frac{B}{G}.$$

Komplexer Leitwert, Exponentialform			$L^{-2}T^3M^{-1}I^2$
	Symbol	Einheit	Benennung
$\underline{Y} = Y \cdot e^{j\varphi_Y}$	$\underline{Y}$	S	komplexer Leitwert
	Y	S	Scheinleitwert
	φ_Y	1	Phasenwinkel

Der Scheinleitwert Y gibt das Verhältnis von Stromamplitude $\hat{\imath}$ zu Spannungsamplitude $\hat{u}$ an (bzw. das Verhältnis der Effektivwerte von Strom I und Spannung U), ohne Berücksichtigung der Phasenverschiebung:

$$Y = \frac{\hat{\imath}}{\hat{u}} = \frac{I}{U}.$$

Phasenverschiebung, φ_Y, Differenz der Nullphasenwinkel von Strom φ_i und Spannung φ_u:

$$\varphi_Y = \varphi_i - \varphi_u.$$

4. Zeiger des Leitwerts,

Darstellung in der **komplexen Leitwertebene** (s. **Abb. 16.17**).

Der komplexe Leitwert ist die reziproke Größe des komplexen Widerstands. Daraus folgt:

▲   Ein positiver Blindleitwert B entspricht einem negativen Blindwiderstand X.

▲   Die Phase des komplexen Leitwerts ist gleich dem Negativen der Phase des komplexen Widerstands.

▲   Der Scheinleitwert Y ist der Kehrwert des Scheinwiderstandes Z.

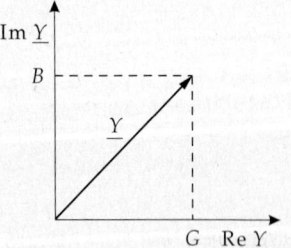

Abbildung 16.17: Darstellung des komplexen Leitwerts

■   Der komplexe Leitwert betrage $\underline{Y} = (12 + \mathrm{j} \cdot 27)$ S. Dann ergeben sich der Scheinleitwert zu

$$Y = \sqrt{G^2 + B^2} = \sqrt{12^2 + 27^2}\ \mathrm{S} = 29.5\ \mathrm{S}$$

und die Phasenverschiebung zu

$$\varphi_Y = \varphi_i - \varphi_u = \arctan \frac{B}{G} = \arctan \frac{27\,S}{12\,S} = 66°\,.$$

Der Strom eilt demnach der Spannung um 66° voraus.

16.2.4.4 Leistung im Wechselstromkreis

1. Leistung im Wechselstromkreis,

$p(t)$, Produkt aus Strom $i(t)$ und Spannung $u(t)$:

Leistung = Strom · Spannung			$\mathbf{L^2T^{-3}M}$
	Symbol	Einheit	Benennung
$p(t) \;=\; i(t) \cdot u(t)$	$p(t)$	W	Leistung
	$i(t)$	A	Strom
	$u(t)$	V	Spannung

▲   Die Leistung im Wechselstromkreis ist im allgemeinen zeitabhängig.

Für sinusförmigen Strom der Kreisfrequenz ω

$$i(t) = \hat{\imath}\sin \omega t$$

und dazu um φ phasenverschobene sinusförmige Spannung

$$u(t) = \hat{u}\sin(\omega t + \varphi)$$

besteht die Leistung aus einem zeitunabhängigen und einem mit der doppelten Kreisfrequenz pulsierenden, zeitabhängigen Anteil:

$$p(t) = U \cdot I \cdot \cos\varphi - U \cdot I \cdot \cos(2\omega t + \varphi)\,.$$

mit den Effektivwerten von Strom bzw. Spannung $U = \hat{u}/\sqrt{2}$; $I = \hat{\imath}/\sqrt{2}$.

2. Wirkleistung und Blindleistung

Wirkleistung, P, bezeichnet für sinusförmige Ströme und Spannungen den zeitunabhängigen Anteil der Leistung:

$$P = U \cdot I \cos\varphi\,.$$

Leistungsfaktor, $\cos\varphi$, Cosinus der Phasenverschiebung φ von Strom und Spannung.

■   Für einen ohmschen Widerstand ist $\cos\varphi = 1$, die Wirkleistung ist

$$P = U \cdot I\,.$$

Für eine reine Induktivität oder Kapazität ist $\cos\varphi = 0$. Die Wirkleistung verschwindet:

$$P = 0\,.$$

Blindleistung, Q, zeitabhängiger Anteil der Leistung. Für sinusförmige Ströme und Spannungen ergibt sich:

$$Q = U \cdot I \cdot \sin\varphi\,.$$

Blindfaktor, $\sin\varphi$, Sinus der Phasenverschiebung φ von Strom und Spannung.

Scheinleistung, S, Produkt aus den Effektivwerten von Strom I und Spannung U:

$$S = U \cdot I = \sqrt{P^2 + Q^2}\,.$$

16.2.4.5   Komplexe Leistung

1.   Komplexe Leistung,

$\underline{S}$, Produkt aus der komplexen Spannung $\underline{u}$ und dem konjugiert Komplexen $\underline{i}^*$ des komplexen Stroms $\underline{i}$:

$$\underline{S} = \underline{u} \cdot \underline{i}^* .$$

Die komplexe Leistung ergibt sich aus:

- **Wirkleistung**, P, Realteil der komplexen Leistung,
- **Blindleistung**, Q, Imaginärteil der komplexen Leistung.

2.   Kartesische Form der komplexen Leistung

Komplexe Leistung, kartesische Form			$L^2T^{-3}M$
	Symbol	Einheit	Benennung
$\underline{S} = P + jQ$	$\underline{S}$	W	komplexe Leistung
	P	W	Wirkleistung
	Q	W=var	Blindleistung

Watt, W, SI-Einheit der komplexen Leistung $\underline{S}$,
$[\underline{S}] = W$.

➤   Obwohl nach dem SI-System der Leistung die Einheit Watt zugeordnet ist, sind folgende Einheiten gebräuchlich:
Voltampere-Reaktanz, var, Einheit der Blindleistung Q,
$[Q] = var = V \cdot A$,
Voltampere, VA, Einheit der Scheinleistung S,
$[S] = VA = V \cdot A$.

3.   Exponentialform der komplexen Leistung

Komplexe Leistung, Exponentialform			$L^2T^{-3}M$
	Symbol	Einheit	Benennung
$\underline{S} = S e^{j\varphi_S}$	$\underline{S}$	W	komplexe Leistung
	S	W=VA	Scheinleistung
	φ_S	1	Phasenwinkel

Leistungsfaktor, $\cos\varphi_S$, bezeichnet das Verhältnis von Wirkleistung P zu Scheinleistung S:

$$\cos\varphi_S = \frac{P}{S} .$$

■   Der Phasenwinkel φ_S und damit der Leistungsfaktor $\cos\varphi_S$ ist bei Elektromotoren abhängig von der Belastung. Der Leistungsfaktor auf dem Typenschild gilt nur für Vollast.

16.2.4.6   Kirchhoffsche Regeln für Wechselstromkreise

1.   Knotenregel im Komplexen,

die Summe aller zu- und abfließenden komplexen Ströme $\underline{i}_1 \dots \underline{i}_n$ an einem Leitungsknoten ist Null:

$$\underline{i}_1 + \underline{i}_2 + \underline{i}_3 + \cdots + \underline{i}_n = 0 .$$

Setzt man im Zeigerdiagramm die Stromzeiger für die Ströme an einem Knoten wie zweidimensionale Vektoren aneinander, so erhält man einen geschlossenen Polygonzug (**Abb. 16.18 (b)**).

2. Maschenregel im Komplexen,

die Summe aller Spannungen entlang einer Leitungsmasche ist Null:

$$\underline{u}_1 + \underline{u}_2 + \underline{u}_3 + \cdots + \underline{u}_n = 0.$$

Setzt man im Zeigerdiagramm die Spannungszeiger für die Spannungen entlang einer Masche wie Vektoren aneinander, so erhält man einen geschlossenen Polygonzug (**Abb. 16.18 (a)**).

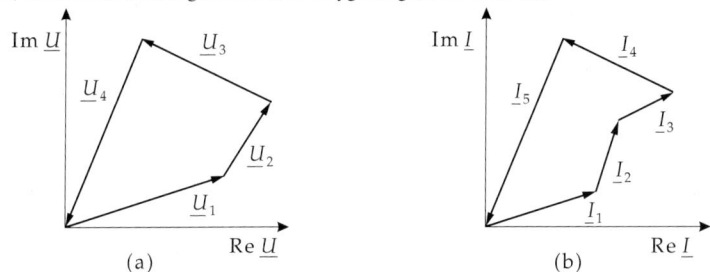

Abbildung 16.18: Addition von Zeigern. (a): Spannungspolygonzug für Masche, (b): Strompolygonzug für Knoten

16.2.4.7 Reihenschaltung komplexer Widerstände

Alle Schaltungselemente werden vom gleichen Strom durchflossen.

▲ Der komplexe Gesamtwiderstand ist gleich der Summe der komplexen Einzelwiderstände:

$$\underline{Z} = \underline{Z}_1 + \underline{Z}_2 + \underline{Z}_3 + \cdots + \underline{Z}_n.$$

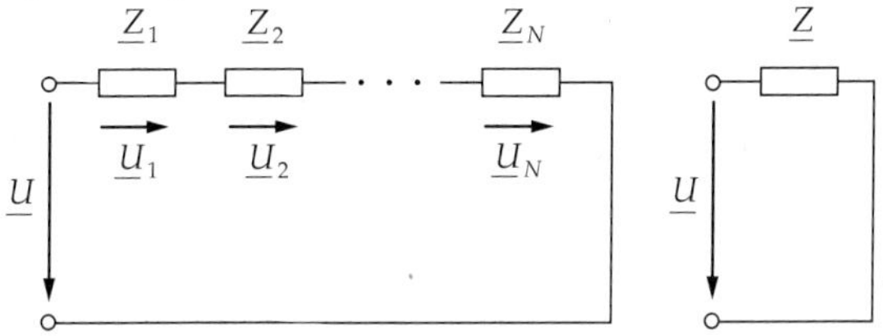

Abbildung 16.19: Reihenschaltung von komplexen Widerständen

16.2.4.8 Parallelschaltung komplexer Widerstände

An allen Schaltungselementen liegt die gleiche Spannung.

▲ Der komplexe Gesamtleitwert ist gleich der Summe der komplexen Einzelleitwerte:

$$\underline{Y} = \underline{Y}_1 + \underline{Y}_2 + \underline{Y}_3 + \cdots + \underline{Y}_n.$$

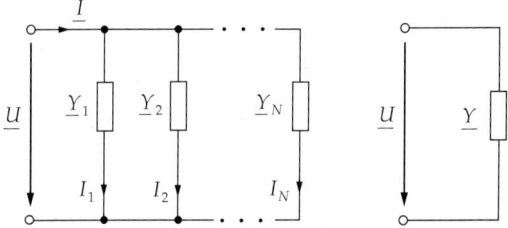

Abbildung 16.20: Parallelschaltung von komplexen Widerständen

16.2.5   Grundbauelemente im Wechselstromkreis

Die **Zweipole** (s. S. 463)

Widerstand, Kapazität und Induktivität

zeigen im Wechselstromkreis ein charakteristisches unterschiedliches Verhalten ihres komplexen Widerstands als Funktion der Frequenz. Der komplexe Widerstand von Kapazität und Induktivität ist abhängig von der Frequenz der Wechselspannung.

Ortskurve, stellt die Abhängigkeit einer komplexen Größe von der Frequenz in der komplexen Ebene dar. Der komplexe Widerstand lässt sich in dieser Darstellung leicht berechnen. Anhand eines Zeigerdiagrammes kann man sofort die Phasenverschiebung von Strom und Spannung als Winkel zwischen Strom- und Spannungszeiger ablesen.

16.2.5.1   Ohmscher Widerstand

Der komplexe Widerstand $\underline{Z}$ eines ohmschen Widerstands ist rein reell und unabhängig von der Frequenz des Wechselstroms.

Die Ortskurve des komplexen Widerstands beschränkt sich auf einen Punkt in der komplexen Widerstandsebene, der dem ohmschen Widerstandswert R entspricht (**Abb. 16.21 (b)**).

▲   Der Blindwiderstand X verschwindet.

kompl. Widerstand	Scheinwiderstand	Wirkwiderstand	Blindwiderstand
$\underline{Z} = R$	$Z = R$	R	$X = 0$

Der komplexe Leitwert $\underline{Y}$ eines ohmschen Widerstands ist ebenfalls rein reell und frequenzunabhängig.

▲   Der Blindleitwert B verschwindet.

kompl. Leitwert	Scheinleitwert	Wirkleitwert	Blindleitwert
$\underline{Y} = \dfrac{1}{R}$	$Y = \dfrac{1}{R}$	$G = \dfrac{1}{R}$	$B = 0$

▲   Strom und Spannung sind beim Widerstand in Phase. Die Phase des komplexen Widerstands ist null:

$\varphi_Z = \varphi_u - \varphi_i = 0$.

Im Zeigerdiagramm (**Abb.16.21 (c)**) zeigen Stromzeiger und Spannungszeiger in die gleiche Richtung.

▲   Die komplexe Leistung eines ohmschen Widerstands ist rein reell.

kompl. Leistung	Scheinleistung	Wirkleistung	Blindleistung
$\underline{S} = U \cdot I$	$S = U \cdot I$	$P = U \cdot I$	$Q = 0$

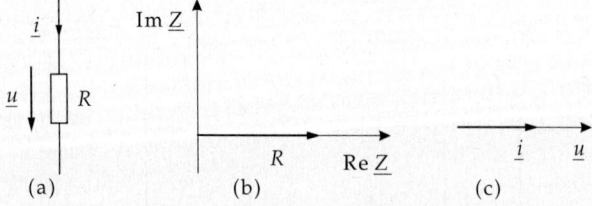

Abbildung 16.21: Widerstand im Wechselstromkreis. (a): Symbol, (b): Ortskurve des komplexen Widerstands, (c): Zeigerdiagramm für Strom und Spannung

16.2.5.2   Kapazität

Kapazität im Wechselstromkreis, die Spannung $u(t)$ ist das Zeitintegral des in die Kapazität fließenden Stroms $i(t)$, dividiert durch den Wert der Kapazität C:

$$\underline{u}(t) = \frac{1}{C} \int_0^t \underline{i}(t')\mathrm{d}t'\,.$$

1.   Komplexer Widerstand einer Kapazität

Der komplexe Widerstand $\underline{Z}_C$ einer Kapazität C (**Abb. 16.22 (b)**) ist rein imaginär und umgekehrt proportional zur Frequenz $f = \omega/(2\pi)$.

▲   Der Blindwiderstand ist negativ.

▲   Der Wirkwiderstand R verschwindet.

Der Scheinwiderstand ist umgekehrt proportional zur Frequenz f und zur Kapazität C und geht für kleine Frequenzen gegen unendlich.

kompl. Widerstand	Scheinwiderstand	Wirkwiderstand	Blindwiderstand
$\underline{Z} = -\dfrac{\mathrm{j}}{\omega C}$	$Z = \dfrac{1}{\omega C}$	$R = 0$	$X = -\dfrac{1}{\omega C}$

■   Ein Kondensator, der an einer Gleichspannung, d. h. einer Wechselspannung der Frequenz $f = 0\,Hz$, liegt, besitzt einen unendlich hohen Widerstand.

➤   Ein Kondensator an einer hochfrequenten Wechselspannung verhält sich wie ein Kurzschluss.

Im Zeigerdiagramm (**Abb. 16.22 (c)**) stehen Stromzeiger und Spannungszeiger senkrecht aufeinander.

▲   Der Strom eilt der Spannung um $90°$ voraus:

$$\varphi_Z = \varphi_u - \varphi_i = -90°\,.$$

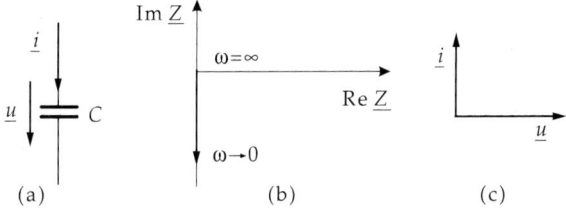

(a)   (b)   (c)

Abbildung 16.22: Kapazität im Wechselstromkreis. (a): Symbol, (b): Ortskurve des komplexen Widerstandes, (c): Zeigerdiagramm für Strom und Spannung

2.   Komplexer Leitwert einer Kapazität

Der komplexe Leitwert $\underline{Y}_C$ ist rein imaginär und proportional zur Frequenz $f = \omega/(2\pi)$ und zur Kapazität C.

▲   Der Wirkleitwert verschwindet.

▲   Der Blindleitwert ist positiv.

Der Scheinleitwert ist proportional zur Frequenz f und zur Kapazität C.

kompl. Leitwert	Scheinleitwert	Wirkleitwert	Blindleitwert
$\underline{Y} = j\omega C$	$Y = \omega C$	$G = 0$	$B = \omega C$

▲   Die komplexe Leistung am Kondensator ist rein imaginär.

▲   Die Blindleistung ist negativ.

kompl. Leistung	Scheinleistung	Wirkleistung	Blindleistung
$\underline{S} = -jU \cdot I$	$S = U \cdot I$	$P = 0$	$Q = -U \cdot I$

16.2.5.3 Induktivität

Induktivität im Wechselstromkreis, die Spannung $u(t)$ ist gleich dem Produkt aus Induktivität L und Zeitableitung des Stromes $i(t)$:

$$\underline{u}(t) = L\frac{d\underline{i}(t)}{dt}.$$

1.   Komplexer Widerstand einer Induktivität

Der komplexe Widerstand $\underline{Z}_L$ (**Abb. 16.23 (b)**) einer Induktivität L ist rein imaginär und frequenzabhängig.

▲   Der Wirkwiderstand R verschwindet.

▲   Der Blindwiderstand X ist positiv.

Der Scheinwiderstand Z_L ist proportional zur Frequenz f und verschwindet für $f = 0$ Hz.

kompl. Widerstand	Scheinwiderstand	Wirkwiderstand	Blindwiderstand
$\underline{Z} = j\omega L$	$Z = \omega L$	$R = 0$	$X = \omega L$

■   Eine ideale Spule ($R = 0$) an einer Gleichspannung bildet einen Kurzschluss.

➤   Eine Spule an einer hochfrequenten Wechselspannung hat einen unendlich großen Scheinwiderstand.

Im Zeigerdiagramm (**Abb. 16.23 (c)**) stehen Stromzeiger und Spannungszeiger senkrecht aufeinander.

▲   Die Spannung eilt dem Strom um 90° voraus:

$$\varphi_Z = \varphi_u - \varphi_i = 90°.$$

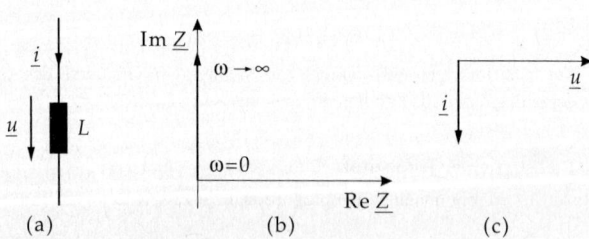

| (a) | (b) | (c) |

Abbildung 16.23: Induktivität im Wechselstromkreis. (a): Symbol, (b): Ortskurve des komplexen Widerstands, (c): Zeigerdiagramm für Strom und Spannung

2. Komplexer Leitwert einer Induktivität

Der Leitwert $\underline{Y}_L$ ist rein imaginär und umgekehrt proportional zur Frequenz $f = \omega/(2\pi)$ und zur Induktivität L:

▲ Der Wirkleitwert verschwindet.
▲ Der Blindleitwert ist negativ:

Der Scheinleitwert ist umgekehrt proportional zur Frequenz $f = \omega/(2\pi)$ und zur Induktivität L:

kompl. Leitwert	Scheinleitwert	Wirkleitwert	Blindleitwert
$\underline{Y} = -\dfrac{j}{\omega L}$	$Y = \dfrac{1}{\omega L}$	$G = 0$	$B = -\dfrac{1}{\omega L}$

▲ Die komplexe Leistung an der Induktivität ist rein imaginär.
▲ Die Blindleistung ist positiv.

kompl. Leistung	Scheinleistung	Wirkleistung	Blindleistung
$\underline{S} = jU \cdot I$	$S = U \cdot I$	$P = 0$	$Q = U \cdot I$

16.2.5.4 Komplexe Widerstände der einfachsten Zweipole

Größe	Widerstand R	Kapazität C	Induktivität L
$\underline{Z} = R + jX$	R	$-j\dfrac{1}{\omega C}$	$j\omega L$
R	R	0	0
X	0	$-\dfrac{1}{\omega C}$	ωL
$Z = \sqrt{R^2 + X^2}$	R	$\dfrac{1}{\omega C}$	ωL
$\phi_Z = \arctan(X/R)$	0	$-\pi/2$	$\pi/2$
$\underline{Y} = G + jB$	$\dfrac{1}{R}$	$j\omega C$	$-j\dfrac{1}{\omega L}$
G	$\dfrac{1}{R}$	0	0
B	0	ωC	$-\dfrac{1}{\omega L}$
$Y = \sqrt{G^2 + B^2}$	$\dfrac{1}{R}$	ωC	$\dfrac{1}{\omega L}$
$\phi_Y = \arctan(B/G)$	0	$\pi/2$	$-\pi/2$

16.2.6 Reihenschaltung von Widerstand und Kapazität

Reihenschaltung von Widerstand und Kapazität (Abb. 16.24).

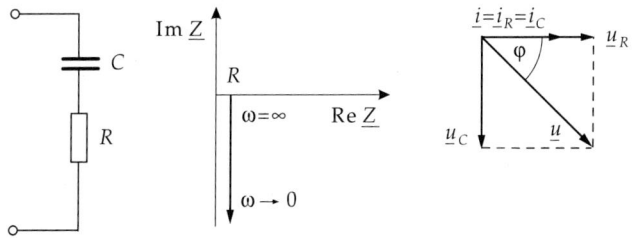

Abbildung 16.24: Reihenschaltung von Widerstand und Kapazität im Wechselstromkreis. (a): Symbol, (b): Ortskurve des komplexen Widerstands, (c): Strom-Spannungs-Zeigerdiagramm.

Die Berechnung des komplexen Widerstands erfolgt mit der Maschenregel: Die komplexe Gesamtspannung ist gleich der Summe der komplexen Einzelspannungen von Widerstand und Kapazität.
Der komplexe Gesamtwiderstand $\underline{Z}$ beträgt (s. **Abb. 16.24 (b)**):

Widerstand für Reihenschaltung von R und C			$\mathbf{L^2T^{-3}MI^{-2}}$
	Symbol	Einheit	Benennung
	$\underline{Z}$	Ω	komplexer Widerstand
$\underline{Z} = R - \dfrac{j}{\omega C}$	R	Ω	ohmscher Widerstand
	ω	s^{-1}	Kreisfrequenz
	C	F	Kapazität
	j	1	imaginäre Einheit

Der Wirkwiderstand ist gleich dem ohmschen Widerstandswert R.
Der Blindwiderstand ist gleich dem Blindwiderstand der Kapazität C:

$$X = -\frac{1}{\omega C}$$

Der Scheinwiderstand der Reihenschaltung beträgt:

$$Z = \sqrt{R^2 + \left(\frac{1}{\omega C}\right)^2}$$

▲   Die Phasenverschiebung (s. **Abb. 16.24 (c)**) liegt zwischen $0°$ und $-90°$. Sie geht für hohe Frequenzen gegen $0°$ und für niedrige Frequenzen gegen $-90°$,

$$\varphi_Z = \varphi_u - \varphi_i = -\arctan\frac{1}{\omega RC}.$$

16.2.7   Parallelschaltung von Widerstand und Kapazität

Parallelschaltung von Widerstand und Kapazität (Abb. **16.25**).
Die Berechnung des komplexen Widerstands erfolgt mit der Knotenregel: Der komplexe Gesamtstrom ist gleich der Summe der komplexen Einzelströme durch Widerstand und Kapazität.
Der komplexe Gesamtleitwert $\underline{Y}$ beträgt (s. **Abb. 16.25 (b)**):

Leitwert für Parallelschaltung von R und C			$\mathbf{L^{-2}T^3M^{-1}I^2}$
	Symbol	Einheit	Benennung
	$\underline{Y}$	S	komplexer Leitwert
$\underline{Y} = \dfrac{1}{R} + j\omega C$	R	Ω	ohmscher Widerstand
	ω	s^{-1}	Kreisfrequenz
	C	F	Kapazität
	j	1	imaginäre Einheit

Der Wirkleitwert ist gleich dem Kehrwert des ohmschen Widerstands R:

$$G = \frac{1}{R}.$$

Der Blindleitwert ist gleich dem Blindleitwert der Kapazität C:

$$B = \omega C.$$

Der Scheinleitwert der Parallelschaltung beträgt:

$$Y = \sqrt{\frac{1}{R^2} + (\omega C)^2}.$$

▲ Die Phasenverschiebung (s. **Abb. 16.25 (c)**) liegt zwischen $0°$ und $-90°$. Sie geht für hohe Frequenzen gegen $-90°$ und für niedrige Frequenzen gegen $0°$,

$$\varphi = \varphi_u - \varphi_i = -\arctan \omega R C.$$

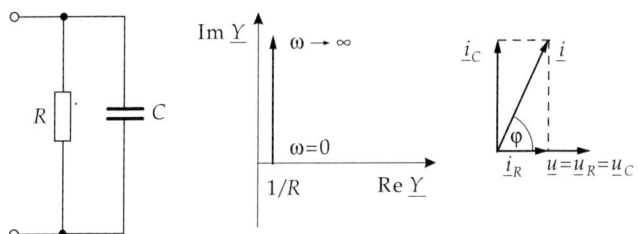

Abbildung 16.25: Parallelschaltung von Widerstand und Kondensator. (a): Symbol, (b): Ortskurve des komplexen Leitwerts, (c); Strom-Spannungs-Zeigerdiagramm

16.2.8 Parallelschaltung von Widerstand und Induktivität

Parallelschaltung von Widerstand und Induktivität (Abb. 16.26).
Die Berechnung des komplexen Widerstands erfolgt mit der Knotenregel: Der komplexe Gesamtstrom ist gleich der Summe der komplexen Einzelströme durch Widerstand und Induktivität.
Der komplexe Gesamtleitwert $\underline{Y}$ (s. **Abb. 16.26 (b)**) beträgt:

Leitwert für Parallelschaltung von R und L		$L^{-2}T^{3}M^{-1}I^{2}$
	Symbol	Einheit	Benennung

		Symbol	Einheit	Benennung
		$\underline{Y}$	S	komplexer Leitwert
$\underline{Y} = \dfrac{1}{R} - \dfrac{j}{\omega L}$		R	Ω	ohmscher Widerstand
		ω	s^{-1}	Kreisfrequenz
		L	H	Induktivität
		j	1	imaginäre Einheit

Der Wirkleitwert ist gleich dem Kehrwert des ohmschen Widerstands R:

$$G = \frac{1}{R}.$$

Der Blindleitwert ist gleich dem Blindleitwert der Induktivität L:

$$B = -\frac{1}{\omega L}.$$

Der Scheinleitwert beträgt:

$$Y = \sqrt{\frac{1}{R^2} + \left(\frac{1}{\omega L}\right)^2}.$$

▲ Die Phasenverschiebung (s. **Abb. 16.26 (c)**) liegt zwischen $0°$ und $90°$. Sie geht für hohe Frequenzen gegen $0°$ und für niedrige Frequenzen gegen $90°$:

$$\varphi = \varphi_u - \varphi_i = \arctan \frac{R}{\omega L}.$$

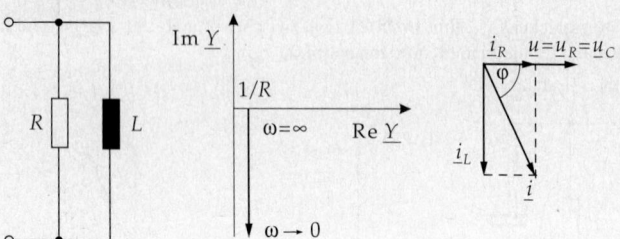

Abbildung 16.26: Parallelschaltung von Widerstand und Induktivität. (a): Symbol, (b): Ortskurve des komplexen Leitwerts, (c): Strom-Spannungs-Zeigerdiagramm.

16.2.9   Reihenschaltung von Widerstand und Induktivität

Reihenschaltung von Widerstand und Induktivität (Abb. 16.27).
Die Berechnung des komplexen Widerstands erfolgt mit der Maschenregel: Die komplexe Gesamtspannung ist gleich der Summe der komplexen Einzelspannungen von Widerstand und Induktivität.
Der komplexe Gesamtwiderstand $\underline{Z}$ (s. **Abb. 16.27 (b)**) beträgt:

Widerstand für Reihenschaltung von R und L			$L^2 T^{-3} M I^{-2}$
	Symbol	Einheit	Benennung
	$\underline{Z}$	Ω	komplexer Widerstand
$\underline{Z} = R + j\omega L$	R	Ω	ohmscher Widerstand
	ω	s^{-1}	Kreisfrequenz
	L	H	Induktivität
	j	1	imaginäre Einheit

Der Wirkwiderstand ist gleich dem ohmschen Widerstandswert R.
Der Blindwiderstand ist gleich dem Blindwiderstand der Induktivität L:

$X = \omega L$.

Der Scheinwiderstand beträgt:

$$Z = \sqrt{R^2 + (\omega L)^2}\,.$$

▲   Die Phasenverschiebung (s. **Abb. 16.27 (c)**) liegt zwischen $0°$ und $90°$. Sie geht für niedrige Kreisfrequenzen gegen $0°$ und für hohe Kreisfrequenzen gegen $90°$:

$$\varphi = \varphi_u - \varphi_i = \arctan\frac{\omega L}{R}\,.$$

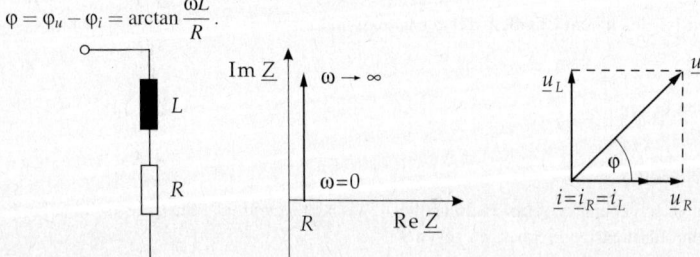

Abbildung 16.27: Reihenschaltung von Widerstand und Induktivität. (a): Symbol, (b): Ortskurve des komplexen Widerstands, (c): Strom-Spannungs-Zeigerdiagramm

16.2.10   Reihenschwingkreis

1.   Reihenschwingkreis,

Reihenschaltung von Widerstand, Induktivität und Kapazität (**Abb. 16.28**). Die Berechnung des komplexen Widerstands erfolgt nach der Maschenregel.

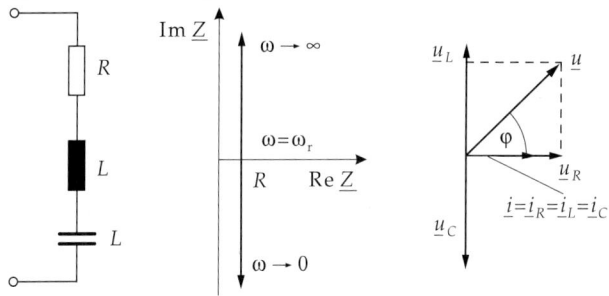

Abbildung 16.28: Reihenschwingkreis. (a): Symbol, (b): Ortskurve des komplexen Widerstands, (c): Strom-Spannungs-Zeigerdiagramm.

Der komplexe Widerstand (s. **Abb. 16.28 (b)**) beträgt:

Reihenschwingkreis			$L^2T^{-3}MI^{-2}$
	Symbol	Einheit	Benennung
	$\underline{Z}$	Ω	komplexer Gesamtwiderstand
	R	Ω	ohmscher Widerstand
$\underline{Z} = R + j\left(\omega L - \dfrac{1}{\omega C}\right)$	ω	s^{-1}	Kreisfrequenz
	L	H	Induktivität
	C	F	Kapazität
	j	1	imaginäre Einheit

Der Wirkwiderstand ist gleich dem ohmschen Widerstand R.

Der Blindwiderstand ist gleich der Summe der Blindwiderstände von Kapazität und Induktivität:

$$X = \omega L - \frac{1}{\omega C}.$$

Der Blindwiderstand ist abhängig von der Frequenz $f = \omega/(2\pi)$, er verschwindet bei der Resonanzfrequenz (s. unten).

Der Scheinwiderstand beträgt:

$$Z = \sqrt{R^2 + \left(\omega L - \frac{1}{\omega C}\right)^2}.$$

Der Phasenwinkel beträgt:

$$\varphi_Z = \arctan\left(\frac{\omega L - 1/(\omega C)}{R}\right).$$

2.   Resonanz,

tritt auf, wenn sich der kapazitive und induktive Blindwiderstand aufheben. Der Gesamtwiderstand ist dann reell und gleich dem ohmschen Widerstand. Der Strom ist bei gegebener Gesamtspannung maximal.

Reihenresonanz, bezeichnet die Resonanz im Reihenschwingkreis.

Resonanzfrequenz, ergibt sich bei gegebener Induktivität L und Kapazität C zu

$$f_r = \frac{1}{2\pi} \frac{1}{\sqrt{LC}}.$$

Bei der Resonanzfrequenz wird im Reihenschwingkreis die Stromstärke maximal, der Phasenwinkel ändert sich um $180°$ (**Abb. 16.29**).

▲   In der Resonanz ist der Gesamtwiderstand minimal und rein reell.

▲   Unterhalb der Resonanzfrequenz eilt der Gesamtstrom der Gesamtspannung voraus, oberhalb der Resonanzfrequenz eilt die Gesamtspannung dem Gesamtstrom voraus.

▲   Bei der Resonanzfrequenz sind Gesamtstrom und Gesamtspannung in Phase.

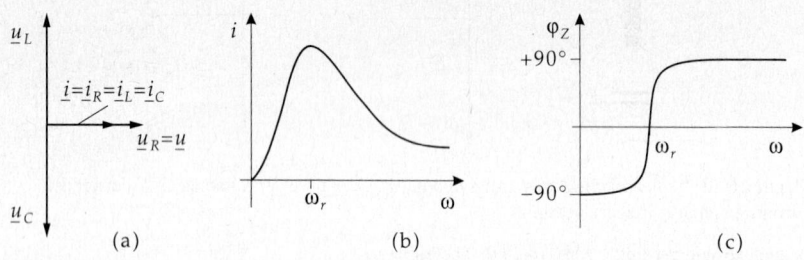

Abbildung 16.29: Reihenschwingkreis. (a): Strom-Spannungs-Zeigerdiagramm für Resonanz, (b): Stromamplitude und (c): Phasenwinkel für endliche Güte

Güte des Reihenschwingkreises, Q_R, Verhältnis von induktivem oder kapazitivem Blindwiderstand an der Resonanz $X_0 = X_C = X_L$ zum Wirkwiderstand R der Reihenschaltung:

$$Q_R = \frac{X_0}{R}.$$

▲   Je kleiner die Güte ist, um so schneller klingt die Schwingung im Schwingkreis ab; die Schwingung ist desto stärker gedämpft, die Resonanzkurve $i(\omega)$ zeigt ein um so breiteres Maximum.

Dämpfungsfaktor des Reihenschwingkreises, d_R, Kehrwert der Güte Q_R,

$$d_R = \frac{1}{Q_R}.$$

16.2.11   Parallelschwingkreis

1.   Parallelschwingkreis,
Parallelschaltung von Widerstand, Induktivität und Kapazität (**Abb. 16.30**). Die Berechnung des komplexen Leitwerts erfolgt nach der Knotenregel.

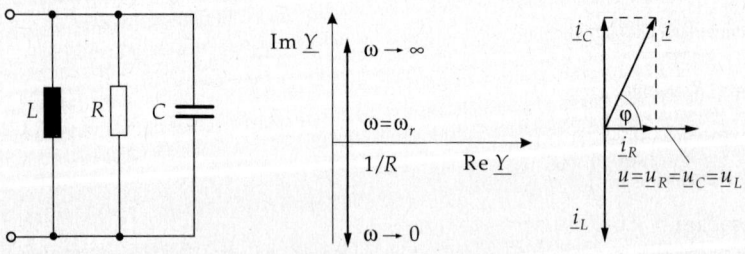

Abbildung 16.30: Parallelschwingkreis. (a): Symbol, (b): Ortskurve des komplexen Leitwerts, (c): Strom-Spannungs-Zeigerdiagramm

Der komplexe Leitwert beträgt:

Parallelschwingkreis			$\mathbf{L^{-2}T^3M^{-1}I^2}$
	Symbol	Einheit	Benennung
	$\underline{Y}$	S	komplexer Gesamtleitwert
	R	Ω	ohmscher Widerstand
$\underline{Y} = \dfrac{1}{R} + j\left(\omega C - \dfrac{1}{\omega L}\right)$	ω	s^{-1}	Kreisfrequenz
	L	H	Induktivität
	C	F	Kapazität
	j	1	imaginäre Einheit

Der Wirkleitwert ist gleich dem Leitwert des ohmschen Widerstands:

$$G = \frac{1}{R}.$$

Der Blindleitwert ist gleich der Summe der Blindleitwerte von Kapazität und Induktivität:

$$B = \left(\omega C - \frac{1}{\omega L}\right).$$

Der Blindleitwert ist abhängig von der Frequenz $f = \omega/(2\pi)$, er verschwindet bei der Resonanzfrequenz (s. unten).

Der Scheinleitwert beträgt:

$$Y = \sqrt{\frac{1}{R^2} + \left(\omega C - \frac{1}{\omega L}\right)^2}.$$

Der Phasenwinkel des komplexen Leitwerts lautet:

$$\varphi_Y = \arctan\left(\omega RC - \frac{R}{\omega L}\right).$$

2. Resonanz,

tritt ein, wenn sich die Blindleitwerte von Induktivität und Kapazität kompensieren.

▲ In der Resonanz ist der Gesamtleitwert reell und gleich dem Kehrwert des ohmschen Widerstands.

Parallelresonanz, bezeichnet die Resonanz im Parallelschwingkreis.

Resonanzfrequenz, f_r, Frequenz, bei der die Resonanz eintritt,

$$f_r = \frac{1}{2\pi}\frac{1}{\sqrt{LC}}.$$

Bei der Resonanzfrequenz im Parallelschwingkreis wird der Strom minimal, der Phasenwinkel ändert sich um $180°$ (**Abb. 16.31**).

▲ In der Resonanz ist der Gesamtwiderstand maximal und reell.
➤ Der Parallelschwingkreis wirkt als **Sperrkreis**.
▲ Unterhalb der Resonanzfrequenz eilt die Spannung dem Strom voraus. Oberhalb der Resonanzfrequenz eilt der Strom der Spannung voraus.
▲ Bei der Resonanzfrequenz sind Strom und Spannung in Phase.

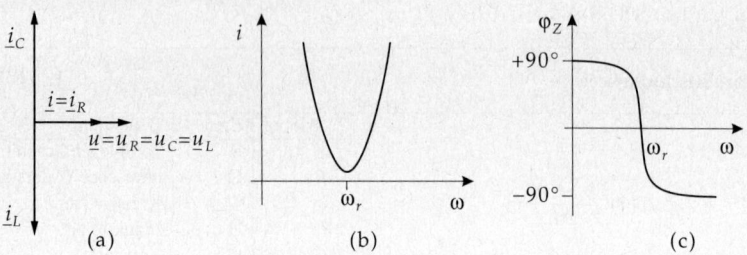

Abbildung 16.31: Parallelschwingkreis. (a): Strom-Spannungs-Zeigerdiagramm bei Resonanz, (b): Stromamplitude und (c): Phasenwinkel für endliche Güte

Güte des Parallelschwingkreises, Q_P, Verhältnis von induktivem oder kapazitivem Blindleitwert an der Resonanz $Y_0 = Y_C = Y_L$ zum Wirkleitwert G der Parallelschaltung:

$$Q_P = \frac{Y_0}{G}.$$

Je kleiner die Güte ist, um so schneller klingt die Schwingung im Schwingkreis ab; die Schwingung ist desto stärker gedämpft, die Resonanzkurve $i(\omega)$ zeigt ein um so breiteres Minimum.

Dämpfungsfaktor des Parallelschwingkreises, d_P, Kehrwert der Güte Q_P,

$$d_P = \frac{1}{Q_P}.$$

16.2.12   Äquivalenz von Reihenschaltung und Parallelschaltung

1.   Äquivalente Umwandlungen

Eine aus ohmschem Widerstand und Blindwiderstand (Induktivität bzw. Kapazität) bestehende Reihenschaltung lässt sich - für eine bestimmte Kreisfrequenz ω - als Parallelschaltung darstellen (**Abb. 16.32**).

▲   Parallelschaltung und Reihenschaltung eines ohmschen Widerstands und eines Blindwiderstands verhalten sich gleich, wenn der komplexe Widerstand beider Schaltungen gleich ist.

▲   Die Äquivalenz gilt nur bei einer bestimmten Frequenz ω. Bei einer anderen Frequenz ergeben sich unterschiedliche komplexe Widerstände für Reihen- und Parallelschaltung.

▲   Die Äquivalenz gilt nur für sinusförmige Spannungen und Ströme.

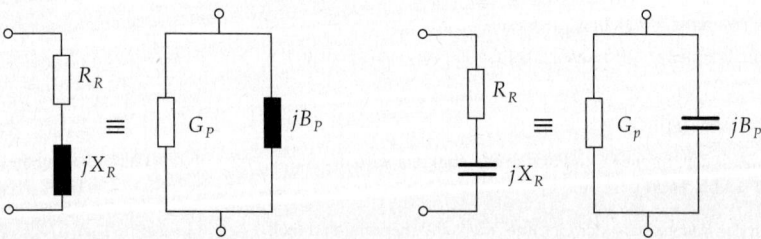

Abbildung 16.32: Äquivalente Umwandlungen von Reihen- und Parallelschaltungen für eine feste Frequenz ω

2.   Transformation Parallelschaltung in äquivalente Reihenschaltung

Parallelschaltung $\Longrightarrow$ Reihenschaltung			$L^2T^{-3}MI^{-2}$

$$R_R = \frac{G_P}{G_P^2 + B_P^2}$$

$$X_R = \frac{B_P}{G_P^2 + B_P^2}$$

Symbol	Einheit	Benennung
R_R	Ω	Wirkwiderstand der Reihenschaltung
X_R	Ω	Blindwiderstand der Reihenschaltung
G_P	S	Wirkleitwert der Parallelschaltung
B_P	S	Blindleitwert der Parallelschaltung

3.   Transformation Reihenschaltung in äquivalente Parallelschaltung

Reihenschaltung $\Longrightarrow$ Parallelschaltung			$L^{-2}T^3M^{-1}I^2$

$$G_P = \frac{R_R}{R_R^2 + X_R^2}$$

$$B_P = \frac{X_R}{R_R^2 + X_R^2}$$

Symbol	Einheit	Benennung
G_P	S	Wirkleitwert der Parallelschaltung
B_P	S	Blindleitwert der Parallelschaltung
R_R	Ω	Wirkwiderstand der Reihenschaltung
X_R	Ω	Blindwiderstand der Reihenschaltung

16.2.13   Radiowellen

1.   Erzeugung und Empfang elektromagnetischer Wellen

Schwingkreise werden zur Erzeugung und zum Empfang **elektromagnetischer Wellen** verwendet. Die Abstrahlung wie auch der Empfang erfolgt durch Antennen.

Funktionsweise:

Linearer Oszillator, auch **Hertzscher Oszillator** oder **Hertzscher Dipol,** schwingende Ladungsverteilung, die von elektromagnetischen Feldern umgeben ist. Die Ablösung (s. **Abb. 16.33**) dieser elektromagnetischen Felder wird durch die Maxwell-Gleichungen (s. S. 459) beschrieben. Schon im Abstand weniger Wellenlängen vom schwingenden Dipol ist dieses Feld eine **Transversalwelle.**

➤   Der Hertzsche Dipol kann durch Aufbiegen eines Schwingkreises mit der Induktivität einer *Spule* mit einer Windung und der Kapazität eines *Kondensators* aus zwei Drahtenden dargestellt werden.

Elektromagnetische Schwingungen bei hohen Frequenzen sind gedämpft, insbesondere durch **elektromagnetische Strahlungsverluste.** Diese können durch Zufuhr von elektrischer Energie im Rhythmus der Schwingungen ausgeglichen werden.

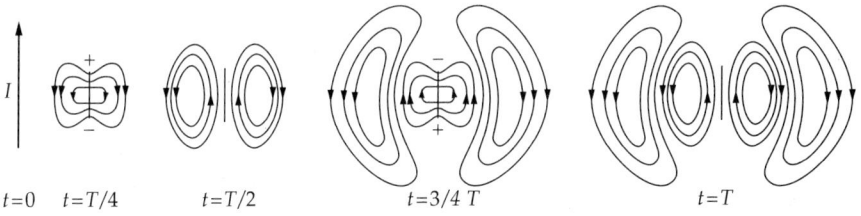

Abbildung 16.33: Ablösen des elektromagnetischen Feldes bei Schwingungen eines Hertzschen Dipols

Resonanzfrequenz des linearen Oszillators, umgekehrt proportional der Leiterlänge *l* des Oszillators:

Resonanzfrequenz $\sim \dfrac{1}{\text{Leiterlänge}}$			T^{-1}
$f = \dfrac{c}{2l}$	Symbol	Einheit	Benennung
	f	Hz=1/s	Resonanzfrequenz
	c	m/s	Lichtgeschwindigkeit
	l	m	Länge des Leiters

2. Elektromagnetische Wellen: Ausbreitung und Anwendung

Die Ausbreitungseigenschaften und damit die Anwendungen elektromagnetischer Wellen hängen stark von der Wellenlänge ab.

Wellenlänge	Frequenz	Bezeichnung, Verwendung
Hochfrequenz		
30 km $\cdots$ 2 km	10 kHz $\cdots$ 150 kHz	Längstwellen, VLF (Very Low Frequency) Unterwasserfunk
2000 m $\cdots$ 600 m	150 kHz $\cdots$ 500 kHz	Langwellen, LW Rundfunk
600 m $\cdots$ 200 m	500 kHz $\cdots$ 1.5 MHz	Mittelwellen, MW Rundfunk
100 m $\cdots$ 10 m	3 MHz $\cdots$ 30 MHz	Kurzwellen, KW Rundfunk, Amateurfunk
10 m $\cdots$ 1 m	30 MHz $\cdots$ 300 MHz	Ultrakurzwellen, UKW, VHF (Very High Frequency) Rundfunk, Fernsehfunk Polizeifunk, Flugnavigation
1 m $\cdots$ 10 cm	300 MHz $\cdots$ 3 GHz	Dezimeterwellen, UHF (Ultra High Frequency) Fernsehfunk, Richtfunk
10 cm $\cdots$ 1 cm	3 GHz $\cdots$ 30 GHz	Zentimeterwellen Richtfunk, Radar
10 mm $\cdots$ 1 mm	30 GHz $\cdots$ 300 GHz	Millimeterwellen
Lichtwellen		
1 mm $\cdots$ 1 μm	$3 \cdot 10^{11}$ Hz $\cdots 3 \cdot 10^{14}$ Hz	Infrarot, Wärmestrahlung
760 nm	$3.95 \cdot 10^{14}$ Hz	rot
589 nm	$5.09 \cdot 10^{14}$ Hz	gelb
527 nm	$5.70 \cdot 10^{14}$ Hz	grün
486 nm	$7.65 \cdot 10^{14}$ Hz	violett
100 nm $\cdots$ 10 nm	$3 \cdot 10^{15}$ Hz $\cdots 3 \cdot 10^{16}$ Hz	Ultraviolett
Röntgenstrahlung		
1 nm $\cdots$ 100 pm	$3 \cdot 10^{17}$ Hz $\cdots 3 \cdot 10^{19}$ Hz	
Gammastrahlung		
100 pm $\cdots$ 0.1 pm	$3 \cdot 10^{19}$ Hz $\cdots 3 \cdot 10^{22}$ Hz	

➤　Die Wellenlängenbereiche von Röntgenstrahlung und Gammastrahlung überlappen. Röntgenstrahlung und Gammastrahlung unterscheiden sich durch die Art ihrer Entstehung (Übergänge zwischen Energieniveaus in der Elektronenhülle von Atomen bzw. in Atomkernen).

16.3   Elektrische Maschinen

Elektrische Maschinen dienen der Umwandlung einer Energieform in eine andere. Man macht sich das Induktionsgesetz sowie die Lorentz-Kraft zunutze, um Generatoren oder Motoren zu betreiben.

Ein **Motor** nimmt elektrische Energie auf und wandelt diese in Rotationsenergie um.

Ein **Generator** nimmt Rotationsenergie auf und wandelt diese in elektrische Energie um.

▲   Jede elektrische Maschine kann im Prinzip entsprechend der Energieflussrichtung im Motorbetrieb oder im Generatorbetrieb arbeiten.

➤   Die Energieumwandlung mittels elektrischer Maschinen hat den Vorzug, dass die Verluste besonders klein sind. Es können Wirkungsgrade über 99% erreicht werden.

16.3.1   Prinzipielle Funktionsweise

1.   Bewegte Leiterschleife im Magnetfeld

Die Bewegung einer Leiterschleife in einem Magnetfeld induziert in der Leiterschleife eine Spannung U_{ind}. Kann infolge dieser Spannung im Leiter ein Strom fließen, so wirkt auf den Leiter eine Kraft F (Lorentzkraft) entgegengesetzt zur Bewegungsrichtung des Leiters.

Laststrom, I, fließt in der Leiterschleife, wenn die Drahtenden über einen Widerstand verbunden werden.

■   Technische Nutzung: Leiterschleifen und Magnete werden zweckmäßig in Kreisform gegeneinander rotierend angeordnet. Die Magnete können innerhalb einer feststehenden Leiteranordnung umlaufen oder die Leiterschleifen zwischen feststehenden Magneten rotieren.

Stator oder **Ständer**, feststehender Teil der Maschine.

Rotor oder **Läufer**, beweglicher, rotierender Teil der Maschine.

Anker, der je nach Bauart der Maschine die Wicklung für den Laststrom tragende Teil.

➤   Generatoren werden wegen der leichteren Stromabnahme meist als **Innenpolmaschinen** gebaut, so dass Anker und Stator identisch sind.

Der magnetische Fluss, Φ_{E}, wird bei möglichst schmalen Luftspalten zwischen Stator und Rotor in Eisen geführt und durch eine von dem **Erregerstrom** I_{E} durchflossene Spule erzeugt.

2.   Induzierte Spannung und Drehmoment

Induzierte Spannung, U_{ind}, ist direkt proportional dem Erregerfluss Φ_{E} und der Drehzahl n.

Induzierte Spannung $\sim$ **Erregerfluss · Drehzahl**			$\mathbf{L^2T^{-3}MI^{-1}}$
	Symbol	Einheit	Benennung
	U_{ind}	V	induzierte Spannung
$U_{\text{ind}} \;=\; k_1 \cdot \Phi_{\text{E}} \cdot n$	k_1	1	Maschinenkonstante
	Φ_{E}	Wb=Vs	Erregerfluss
	n	min^{-1}	Drehzahl

Die Maschinenkonstante k_1 beinhaltet alle konstruktiven Merkmale der Maschine.

Die Lorentzkraft wirkt auf die Spulenwindungen des Rotors und erzeugt so ein Drehmoment.

Das **Drehmoment** ist direkt proportional dem Laststrom I_1 sowie dem Erregerfluss Φ_{E}. Der Proportionalitätsfaktor k_2 ist eine weitere Maschinenkonstante.

Drehmoment $\sim$ Laststrom $\cdot$ Erregerfluss			$L^2T^{-2}M$
	Symbol	Einheit	Benennung
	M	Nm	Drehmoment
$M = k_2 \cdot I \cdot \Phi_E$	k_2	1	Maschinenkonstante
	I	A	Laststrom
	Φ_E	Wb=Vs	Erregerfluss

➤   Diese beiden Maschinengleichungen lassen sich sinngemäß auf verschiedene Maschinenarten übertragen.

16.3.2   Gleichstrommaschine

Abb. 16.34 zeigt im Schnittbild eine vierpolige **Gleichstrommaschine** in Motorbetrieb.

Der außenliegende Stator trägt die Hauptpole mit der Erregerwicklung und zusätzlich vier kleinere Wendepole. Unter den Polen bewegt sich die in Nuten auf dem Rotor angeordnete Ankerwicklung. Verlässt eine Spule der Ankerwicklung den Wirkungsbereich eines Hauptpols, um in den Bereich des entgegengesetzten Pols zu laufen, muss die Stromrichtung im Anker durch den Kommutator umgekehrt werden.

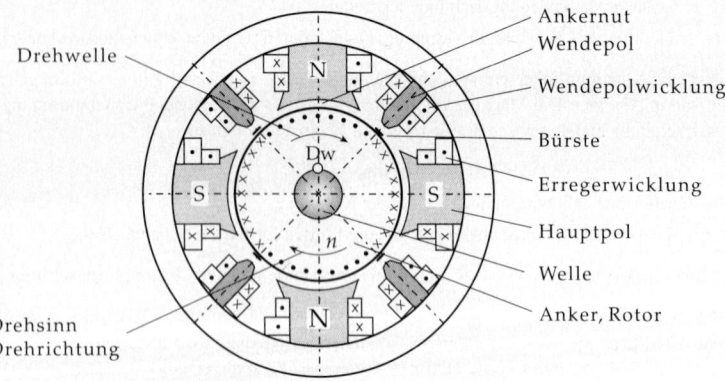

Abbildung 16.34: Aufbau einer Gleichstrommaschine im Motorbetrieb

Kommutator, **Kollektor** oder **Stromwender**, jeder Spule sind gegeneinander isolierte Kontaktlamellen zugeordnet, die auf der Rotorwelle mit umlaufen. Im Bereich der neutralen Zone zwischen den Polen wird der Strom einer Richtung über - auf dem Kommutator aufliegende - räumlich feststehende Kohlebürsten zu- oder abgeführt.

Wendepole werden im Gegensatz zu den Hauptpolen vom Ankerstrom erregt.

Sie erleichtern die Umkehr der Stromrichtung unter der Bürste.

Drehzahlsteuerung beim Gleichstrommotor, durch Vergrößern der Klemmenspannung U_{Kl} oder Verkleinern des Erregerflusses Φ_E kann die Drehzahl n erhöht werden:

Drehzahl des Gleichstrommotors			T^{-1}
	Symbol	Einheit	Benennung
	n	min^{-1}	Drehzahl
	U_{Kl}	V	Klemmenspannung
$n = \dfrac{U_{Kl} - I_A \cdot R_A}{k_1 \cdot \Phi_E}$	I_A	A	Ankerstrom
	R_A	Ω	Ankerinnenwiderstand
	k_1	1	Maschinenkonstante
	Φ_E	Wb=Vs	Erregerfluss

➤ Es besteht Zerstörungsgefahr durch Erreichen zu hoher Drehzahlen bei Verschwinden des Erregerflusses! Man bezeichnet dies als **Durchgehen eines Motors**.

1. Anlassen eines Gleichstrommotors

Zum **Anlassen des Gleichstrommotors** muss der Erregerstrom I_E auf den maximal zulässigen Wert eingestellt werden, um ein hinreichend hohes Anlaufmoment zu erzeugen. Da der Ankerstromkreis nur einen
sehr geringen Innenwiderstand hat, würde beim Einschalten der Klemmenspannung praktisch ein Kurzschlussstrom fließen. Um den Einschaltstromstoß zu begrenzen, ist dem Ankerstromkreis ein Anlasswider-
stand vorzuschalten, der nach dem Hochlauf kurzzuschließen ist.

2. Schaltung von Gleichstrommotoren

Je nach ihrer Schaltung zeigen Gleichstrommotoren ein unterschiedliches Betriebsverhalten:

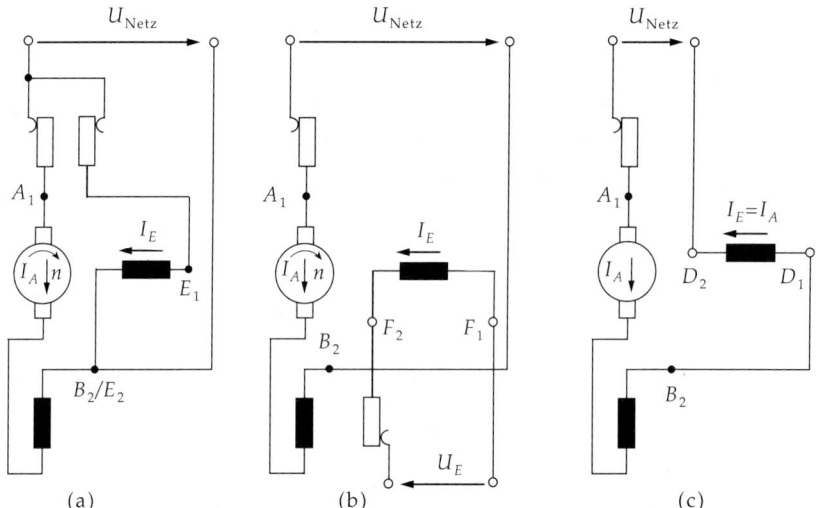

(a)   (b)   (c)

Abbildung 16.35: Schaltung von Gleichstrommotoren. (a): Nebenschlussmotor, (b): fremderregter Motor,
(c): Hauptschlussmotor

a)   Nebenschlussmotor, Erregerkreis (E_1, E_2) und Ankerkreis (A_1, B_2) sind parallel zueinander an die
Netzspannung (U_{Netz}) angeschlossen (**Abb. 16.35 (a)**).

b)   Fremderregter Motor, die Erregerspule (F_1, F_2) wird von einer separaten Spannungsquelle (U_E) ge-
speist (**Abb. 16.35 (b)**).

Nebenschluss- und fremderregter Motor weisen ein vergleichbares Betriebsverhalten auf. Ihre Drehzahl kann durch einen **Feldsteller** für das Erregerfeld variiert werden. Für den eingestellten Wert fällt die Drehzahl unter Last nur geringfügig ab.

c)   Haupt- oder Reihenschlussmotor, die Erregerspule (D_1, D_2) wird in Reihe mit dem Ankerkreis (A_1, B_2) geschaltet (**Abb. 16.35 (c)**). Dadurch verstärkt sich mit steigender Last das Erregerfeld und damit auch das Drehmoment, die Drehzahl nimmt jedoch ab. Bei Entlastung nimmt die Drehzahl stark (bis zum Durchgehen) zu.

➤   Ein Reihenschlussmotor darf deshalb nur eingesetzt werden, wenn die Betriebsbedingungen einen Leerlauf ausschließen!

■   Anwendung als Kfz-Anlasser, Antriebe in Bahnen und als Kranmotor.

d)   Doppelschlussmotor oder Verbundmotor, Kombination aus Nebenschlussmotor und Hauptschlussmotor, getrennte Erregerwicklungen im Nebenschluss und Reihenschluss.

Damit haben Laständerungen geringere Drehzahländerung als beim Reihenschlussmotor zur Folge, ein Durchgehen im Leerlauf ist durch die feste Leerlaufdrehzahl des Reihenschlusses ausgeschlossen.

3.   Drehrichtungsumschaltung

Die Drehrichtung einer Gleichstrommaschine kann umgekehrt werden, indem die Feld- bzw. Stromrichtung der Erregerwicklung umgepolt wird. Da bei der Reihenschlussmaschine Anker- und Erregerwicklung in Reihe liegen, wirkt eine Umpolung hier gleichzeitig auf beide Feldrichtungen und eine Drehrichtungsumkehr findet nicht statt.

➤   Damit liegt es nahe, die Reihenschlussmaschine an Einphasenwechselstrom zu betreiben, was zum Prinzip des **Einphasenwechselstrom-** oder **Universalmotors** führt.

16.3.3   Drehstrommaschine

Drehstrommaschinen, werden unterteilt in **Synchronmaschinen** und **Asynchronmaschinen** (**Drehstrominduktionsmaschinen**), je nachdem, ob der Anker synchron oder asynchron mit der Netzfrequenz läuft.

16.3.3.1   Synchronmaschine

1.   Funktionsweise der Synchronmaschine

Die Ankerwicklung ist feststehend im Statoreisen eingebettet, der Rotor ist als Polrad ausgebildet. Diese Anordnung hat gegen die Gleichstrommaschine den Vorteil, dass die vergleichsweise hohen Lastströme des Ankers über feststehende Klemmen, der geringere Erregerstrom bei gleichbleibender Stromrichtung in der Erregerwicklung über nur zwei Schleifringe auf der Rotorwelle geführt werden können (**Abb. 16.36**).

Die Ankerwicklung ist für den Anschluss an Drehstrom in drei Wicklungsstränge aufgeteilt, die gegeneinander elektrisch um 120° versetzt angeordnet sind. Die durch die einzelnen Wicklungsstränge erzeugten Wechselfelder überlagern sich zu einem **Drehfeld**, welches mit Netzfrequenz umläuft und den Rotor mit seinen ausgeprägten Polen in Deckung mit dem umlaufenden Feld und damit in Synchronlauf mit der Netzfrequenz zwingt.

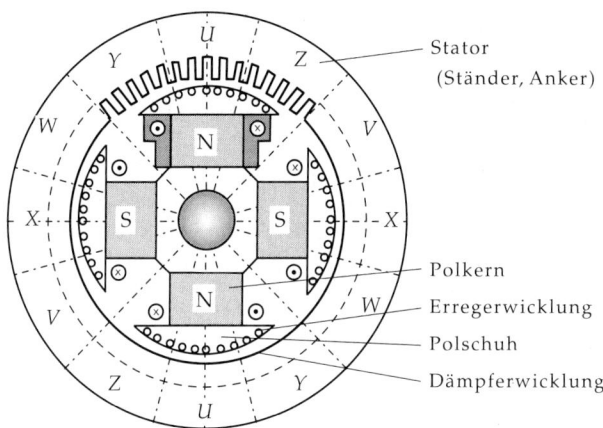

Stator
(Ständer, Anker)

Polkern
Erregerwicklung
Polschuh
Dämpferwicklung

Abbildung 16.36: Aufbau einer Synchronmaschine

2. Drehzahlgleichung

Eine Synchronmaschine hat nur eine feste Drehzahl n_{sync}, welche durch die Netzfrequenz f, geteilt durch die Polpaarzahl p der Maschine, festgelegt ist:

$\text{Drehzahl} = \dfrac{\textbf{Frequenz}}{\textbf{Polpaarzahl}}$			T^{-1}
	Symbol	Einheit	Benennung
$n_{\text{sync}} = \dfrac{f \cdot 60}{p}$	n_{sync}	min^{-1}	Drehzahl
	f	Hz	Netzfrequenz
	p	1	Polpaarzahl

■ Die Synchronmaschine (**Abb. 16.36**) hat zwei Polpaare und läuft demnach bei Netzfrequenz $f = 50\,\text{Hz}$ mit einer Drehzahl $n_{\text{sync}} = 1500\,\text{min}^{-1}$.

➤ Zu beachten ist, dass die Grundanordnung der Wicklungsstränge des Stators jeweils der Polpaarzahl des Rotors entsprechend auftreten muss. Die Drehzahlgleichung zeigt auch, dass im Gegensatz zur Gleichstrommaschine eine Veränderung des Erregerstromes hier keinen Einfluss auf die Drehzahl haben kann.

Übererregung, Erregung der Synchronmaschine über ihren Magnetisierungsbedarf hinaus, Übererregung bewirkt ein Voreilen des Ankerstromes gegen die Klemmenspannung, also eine kapazitive Wirkung für das Netz.

Untererregung, bewirkt einen nacheilenden Ankerstrom bzw. eine induktive Wirkung. Bei starker Untererregung und gleichzeitiger Belastung kann sich das Polrad nicht synchron mit der Netzfrequenz halten, die Maschine fällt außer Tritt.

3. Betrieb der Synchronmaschine

▲ Als **Generator** darf eine Synchronmaschine nur dann an das Netz oder parallel zu anderen Generatoren geschaltet werden, wenn die drei **Synchronisationsbedingungen** erfüllt sind:

● gleiche Spannung,

● gleiche Frequenz,

● gleiche Phasenlage.

▲   Als **Motor** darf die Synchronmaschine nur bei kurzgeschlossener Erregerwicklung angelassen werden, um mechanische Schäden durch plötzliche Beschleunigung oder durch hohe in der Erregerwicklung induzierte Spannungen zu vermeiden.

➤   Der **asynchrone Hochlauf** selbst wird durch einen Kurzschlusskäfig in den Polschuhen ermöglicht.

16.3.3.2   Asynchronmaschine
1.   Funktionsweise der Asynchronmaschine

Der Stator der Asynchronmaschine (s. **Abb. 16.**37 für eine vierpolige Maschine) ist wie der Stator der Synchronmaschine mit drei Wicklungssträngen, die am Drehstromnetz liegen, aufgebaut.

Durch die Drehstromwicklung wird ein Drehfeld erzeugt, welches mit Netzfrequenz umläuft und den Rotor durchsetzt. Der Rotor ist trommelförmig aus Eisenblechen geschichtet und trägt als Wicklung einen **Kurzschlusskäfig**. Das Drehfeld induziert in den Wickelstäben des Rotors Spannungen, die einen Strom zur Folge haben und ein dem Rotor eingeprägtes Feld erzeugen. Dieses Rotorfeld eilt dem Drehfeld um 90° nach und beschleunigt den Rotor in seinem Bestreben, dem Drehfeld zu folgen.

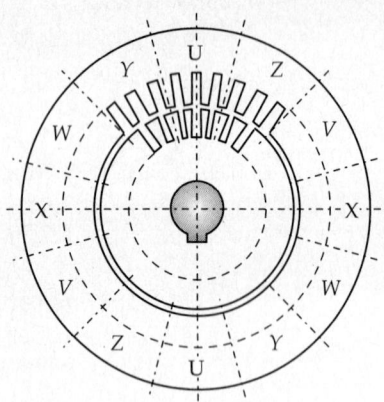

Abbildung 16.37: Aufbau einer Asynchronmaschine

Nähert sich der Rotor auf diese Weise der Drehzahl, die der Netzfrequenz entspricht, dann entfällt die Induktion durch das Drehfeld und damit die Beschleunigung des Rotors.

➤   Der Rotor läuft deshalb geringfügig langsamer als das Drehfeld, also asynchron mit der tatsächlichen Drehzahl n.

2.   Synchrondrehzahl,

oder **Drehfelddrehzahl**, n_{sync}, ergibt sich aus der Polpaarzahl p der Statorwicklung wie bei der Synchronmaschine zu

Synchrondrehzahl der Asynchronmaschine			T^{-1}
	Symbol	Einheit	Benennung
$n_{\text{sync}} = \dfrac{f \cdot 60}{p}$	n_{sync}	min^{-1}	Synchrondrehzahl
	f	Hz	Netzfrequenz
	p	1	Polpaare

3.   Schlupf,

s, Maß für die lastabhängige Verzögerung des Rotors gegen das Drehfeld.

■   Unter Nennlast beträgt der Schlupf zwischen 0.5% und 10%.

▲ Der Schlupf s ergibt sich aus der Differenz der tatsächlichen Drehzahl n zur Drehzahl des Drehfeldes n_{sync}, bezogen auf n_{sync}:

Schlupf des Asynchronmotors			1
$s = \dfrac{n_{sync} - n}{n_{sync}}$ $= 1 - \dfrac{n}{n_{sync}}$	Symbol	Einheit	Benennung
	s	1	Schlupf
	n	min^{-1}	tatsächliche Drehzahl
	n_{sync}	min^{-1}	Synchrondrehzahl

➤ Da der Rotor der Asynchronmaschine trommelförmig ohne ausgeprägte Pole aufgebaut ist, wird die Nenndrehzahl nur über die Auslegung der Statorwicklung festgelegt. Eine Polumschaltung der Statorwicklung nach **Dahlander** ermöglicht eine Drehzahlumschaltung zwischen zwei festen Drehzahlen.

Um den hohen Anlaufstrom der Asynchronmaschine zu begrenzen, wird die Statorwicklung häufig über einen Stern-Dreieckschalter eingeschaltet.

▲ Das Anlaufmoment der Asynchronmaschine liegt niedriger als ihr Nenndrehmoment. Bei größeren Maschinen wird deshalb der Anlauf über Stromverdrängungsläufer oder mit über Schleifringe zusätzlich in den Rotorkreis geschalteten Anlasswiderständen sichergestellt.

▲ Vorteile des Asynchronmotors: Er ist wenig störanfällig und fast wartungsfrei.

■ Häufig verwendeter Antriebsmotor.

17 Stromleitung in Flüssigkeiten, in Gasen und im Vakuum

Im Gegensatz zu Festkörpern wird der elektrische Strom in Flüssigkeiten und Gasen nicht allein durch Elektronen, sondern auch durch positive und negative Ionen transportiert. Daneben führt der elektrische Strom in Flüssigkeiten zu deren Zersetzung.

17.1 Elektrolyse

17.1.1 Stoffmenge

Stoffmenge, n, Maßzahl für die Teilchenzahl in einer Menge gleicher Teilchen (Atome, Moleküle oder Ionen), unabhängig von deren Masse.

Stoffmenge = Teilchenzahl/Avogadro-Konstante			N

	Symbol	Einheit	Benennung
$n = \dfrac{N}{N_A}$ $N_A = 6.0221367 \times 10^{23}\,\text{mol}^{-1}$	n	mol	Stoffmenge
	N	1	Teilchenzahl
	N_A	1/mol	Avogadro-Konstante, Loschmidt-Zahl

Mol, mol, die SI-Einheit der Stoffmenge. 1 mol ist die Stoffmenge, die genauso viele Teilchen enthält wie 0.012 kg ^{12}C.

Avogadro-Konstante, **Avogadro-Zahl**, auch Loschmidt-Zahl, N_A, Anzahl der Teilchen in 1 mol Stoffmenge.

17.1.2 Ionen

1. Ionisation und Ionen

Ionisation, Abtrennung eines oder mehrerer Elektronen aus einem neutralen Atom oder Anlagerung eines oder mehrerer Elektronen an ein neutrales Atom, so dass das resultierende Gebilde elektrisch geladen ist.

Ionen, Atome oder Moleküle, die als Ganzes nicht elektrisch neutral sind.

- Ionen können sowohl positiv als auch negativ geladen sein.
- Ionen können eine oder mehrere elektrische Elementarladungen tragen.
- Ionen entstehen durch den Transfer von Elektronen, z. B. bei der Spaltung von polaren Molekülen ($H_2O \rightarrow OH^- + H^+$: **Dissoziation**).
- Positiv geladene Ionen sind oft ionisierte Metallatome.
- Negativ geladene Ionen sind häufig nichtmetallische Molekülgruppen.

- ■ **Kationen**, positive Ionen: Na^+, Ca^{++} (Metalle); H^+ (Nichtmetall).
  Anionen, negative Ionen: SO_4^{--}, Cl^-, NO_3^-.

2. Eigenschaften von Ionen

Anionen bewegen sich bei Anlegen einer Spannung zur Anode hin, Kationen bewegen sich zur Katode.

➤ Salze sind häufig aus Ionenkristallen aufgebaut. Falls sie sich in Wasser lösen, werden sie dort in einzelne Ionen aufgespalten ($NaCl \rightarrow Na^+ + Cl^-$).

Ionenladungszahl, z, Überschuss von positiver gegenüber negativer Ladung in einem Ion.

■   Li$^+$ $z = 1$
     Li^{2+} $z = 2$
     Cl$^-$ $z = -1$
     U^{92+} $z = 92$

➤   Die Ionenladung z darf nicht mit der **Kernladungszahl** Z verwechselt werden, die die Anzahl der Protonen im Kern angibt, unabhängig von der aktuellen Elektronenzahl in der Hülle.

17.1.3   Elektroden

Elektrode, Teil eines festen Leiters zum Zwecke der Zuführung elektrischen Stromes in ein Vakuum, eine Flüssigkeit, ein Gas oder auf einen Festkörper.

Elektrochemische Elektrode, Zweiphasensystem, das aus einer Kombination eines Elements (z.B. eines Kupferstabes) mit Lösungen seiner Ionen (z.B. Kupfersulfatlösung) besteht.

Standardwasserstoffelektrode, Platinelektrode im Elektrolyten, die von Wasserstoff umspült wird.

Anode, positive Elektrode;

Katode, negative Elektrode.

▲   Anoden nehmen Elektronen auf, Katoden geben Elektronen ab.

▲   Anionen entladen sich an der Anode, Kationen an der Katode.

17.1.4   Elektrolyte

Elektrolyt, Flüssigkeit, die den Strom leitet. Sie besteht zu einem Großteil aus beweglichen Ionen.

➤   Reines Wasser ist ein schlechter Leiter, da es nur zu einem sehr geringen Teil dissoziiert. Durch geringe Zugabe von Salzen kann die Leitfähigkeit stark erhöht werden.

Hydratisierung, lockerer Einschluss von gelösten Ionen in eine Wolke aus polaren Lösungsmittelteilchen wie etwa Wasser durch elektrostatische Ion-Dipol-Wechselwirkung.

Elektronegativität, Bestreben eines Atoms, Elektronen an sich zu binden.

Fluor und Sauerstoff besitzen die größten, Rubidium und Caesium die kleinsten Elektronegativitäten im Periodensystem.

➤   Durch die spezielle Form des Moleküls und die unterschiedlichen Elektronegativitäten von Wasserstoff und Sauerstoff besitzt Wasser ein statisches Dipolmoment, ist also ein **polares Molekül**.

17.1.4.1   Elektrische Leitfähigkeit eines Elektrolyten

1.   Ionenbewegung in Elektrolyten

Legt man an einen Elektrolyten ein äußeres elektrisches Feld $\vec{E}$ an, so **driften** die Ionen mit konstanter Geschwindigkeit durch den Elektrolyten (**Abb. 17.1**).

Driftgeschwindigkeit von Ionen v_{dr} in Elektrolyten, mittlere Geschwindigkeit von Ionen in einem Elektrolyten in einem äußeren elektrischen Feld Feld $\vec{E}$.

Katode   Anode

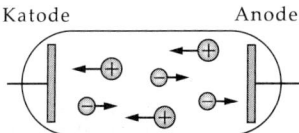

Abbildung 17.1: Bewegung von Ionen eines Elektrolyten in einem äußeren elektrischen Feld

Driftgeschwindigkeit von Ionen in einem Elektrolyten			LT^{-1}
	Symbol	Einheit	Benennung
$v_{dr} = \mu E$	v_{dr}	m/s	Driftgeschwindigkeit
	μ	m²/V s	Ionenbeweglichkeit
	E	V/m	elektrische Feldstärke

▲   Je nach dem Vorzeichen der Ionenladung bewegen sich die Ionen parallel oder antiparallel zur Richtung des lokalen elektrischen Feldes.

Die Ionenbeweglichkeit hängt sowohl von der Ionenart als auch vom Medium, in dem sie sich bewegen, ab.

Die Ionenbeweglichkeit in Elektrolyten ist um etwa 4 Größenordnungen kleiner als die Ionenbeweglichkeit in Gasen.

Energieverluste durch Stöße zwischen den bewegten Ionen und den umgebenden Molekülen des Elektrolyten kompensieren den Energiegewinn durch das äußere elektrische Feld. Dabei stellt sich eine mittlere Driftgeschwindigkeit ein.

2.   **Elektrische Leitfähigkeit eines Elektrolyten,**

γ, Leitfähigkeit pro Längeneinheit in einem Elektrolyten (**Abb. 17.2**):

Elektrische Leitfähigkeit eines Elektrolyten			$L^{-3}T^3M^{-1}I^2$
	Symbol	Einheit	Benennung
	γ	S/m	elektrische Leitfähigkeit
$\gamma = ze(\mu_+ n_- + \mu_- n_-)$	z	1	Ionenladungszahl
	e	C	Elementarladung
	$\mu_\pm$	m²/(Vs)	Ionenbeweglichkeit
	$n_\pm$	1/m³	Ionenzahldichte

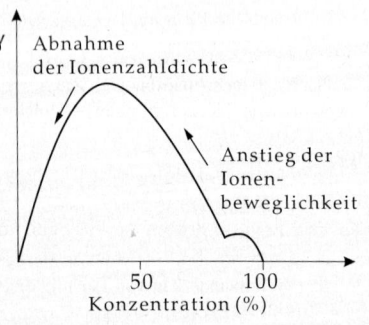

Abbildung 17.2: Elektrische Leitfähigkeit von H_2SO_4 in Wasser (schematisch)

Zum elektrischen Strom durch den Elektrolyten tragen sowohl positive als auch negative Ionen bei; ihre Beweglichkeiten sind in Abhängigkeit von Ionenladung und Ionenradius unterschiedlich.

Äquivalentleitfähigkeit, Λ, definiert durch

$$\Lambda = \frac{\gamma}{c},$$

wobei c die Stoffmengenkonzentration, d.h. die Anzahl der Mole der Stoffmenge pro Volumen ist.

➤ Ein elektrischer Strom in einem Elektrolyten führt zu chemischen Reaktionen im Medium und an den Elektroden, die zur Zersetzung des Elektrolyten führen können.

Elektrolyse, Zerlegung eines Stoffes bei Anlegen einer elektrischen Spannung.

■ Durch Anlegen einer Spannung an zwei Elektroden wird Wasser in gasförmigen Wasserstoff und gasförmigen Sauerstoff zerlegt.

17.1.4.2 Faradaysche Gesetze

Der quantitative Zusammenhang zwischen dem elektrischen Strom durch den Elektrolyten und den an den Elektroden abgeschiedenen Stoffmengen ist in den **Faradayschen Gesetzen** formuliert.

1. **Erstes Faradaysches Gesetz,**

die abgeschiedene Masse ist nur der transportierten Ladungsmenge proportional.

Abgeschiedene Masse $=$ Ladung/Faraday-Konstante			**M**
	Symbol	Einheit	Benennung
	m	kg	abgeschiedene Masse
$m = \dfrac{MQ}{zF}$	M	kg/mol	Molmasse
	Q	C	transportierte Ladung
	z	1	Ladungszahl pro Molekül
	F	C/mol	Faraday-Konstante

2. **Faraday-Konstante,**

Proportionalitätskonstante zwischen transportierter Stoffmenge und transportierter Ladung, das Produkt der zwei Naturkonstanten e und N_A, der Elektronenladung und der Avogadro-Zahl:

Faraday-Konstante			**ITN^{-1}**
	Symbol	Einheit	Benennung
	F	C/mol	Faraday-Konstante
$F = eN_A = 9.648\,5309 \times 10^4\,\text{C/mol}$	e	C	Elementarladung
	N_A	1/mol	Avogadro-Konstante

■ Faraday-Konstante einiger Stoffe (in C/mol): Wasserstoff 96 364, Sauerstoff 96 486, Nickel 96 515, Zinn 96 482.

3. **Massentransport und -abscheidung**

Die transportierte Masse wird an den Elektroden als Gas oder Metall abgeschieden.

▲ Die transportierte Masse ist unabhängig von der Geometrie der Katode oder der Konzentration des Elektrolyten.

➤ Die Unabhängigkeit der abgeschiedenen Masse von den äußeren Gegebenheiten diente bis 1948 als Definition der Maßeinheit Coulomb (1 C = 1 As).

■ Ein Strom $I = 1\,\text{A}$, der für 1 s fließt, scheidet in einer Silbernitratlösung ($AgNO_3$) $n = 1/96485\,\text{mol} = 1.036 \times 10^{-5}\,\text{mol}$ Silber ab. Dies entspricht einer Silbermenge von 1.118 mg.

■ Zur reinen Darstellung von Metallen werden häufig Elektrolysebäder benutzt, so etwa für **Elektrolyt-Kupfer**.

■ **Mikromechanik** (s. S. 117), mikroskopische mechanische Elemente, die mechanische Einrichtungen kleinsten Ausmaßes steuern können:
Mikromotoren, Mikroaktoren, Mikrosensoren. Mikromechanische Elemente können durch galvanische Verfahren hergestellt werden (**LIGA-Verfahren**).

4. Elektrochemisches Äquivalent,

Ä, Masse des Elektrolyten, die bei gegebener Ladung abgeschieden wird.

Elektrochemisches Äquivalent			$MT^{-1}I^{-1}$
	Symbol	Einheit	Benennung
$\ddot{A} = \dfrac{m}{Q}$	$\ddot{A}$	kg/C	elektrochemisches Äquivalent
	m	kg	abgeschiedene Masse
	Q	C	transportierte Ladung

Eine äquivalente Definition mit Hilfe der Molmasse lautet:

$$\ddot{A} = \frac{M}{zF}$$

■ Elektrochemische Äquivalente (in 10^{-3} g/C): Wasserstoff 0.010 46, Sauerstoff 0.082 91, Nickel 0.304
Platin 0.505 88, Silber 1.118 17.

5. Zweites Faradaysches Gesetz,

die durch gleiche Elektrizitätsmengen aus Elektrolyten abgeschiedenen Massen verhalten sich wie die elektrochemischen Äquivalente:

Abgeschiedenes Massenverhältnis bei gleichen Ladungsmengen			1
	Symbol	Einheit	Benennung
$\dfrac{m_1}{m_2} = \dfrac{\ddot{A}_1}{\ddot{A}_2}$	m_i	kg	abgeschiedene Massen
	$\ddot{A}_i$	C/kg	elektrochemische Äquivalente

17.1.4.3 Elektrische Doppelschicht

Elektrische Doppelschicht, entsteht an Kontaktflächen zwischen Materialien mit unterschiedlichen Ladungsträgerkonzentrationen (**Abb. 17.3 (a)**). Elektrische Doppelschichten gleichen lokal die Potentialdifferenzen, die durch den Konzentrationsunterschied bedingt sind, aus.

■ Elektrische Doppelschichten entstehen beim Kontakt von Festkörpern (Reibungselektrizität), zwischen Metallen und Elektrolyten, aber auch zwischen Elektrolyten mit unterschiedlichen Ionenkonzentrationen.

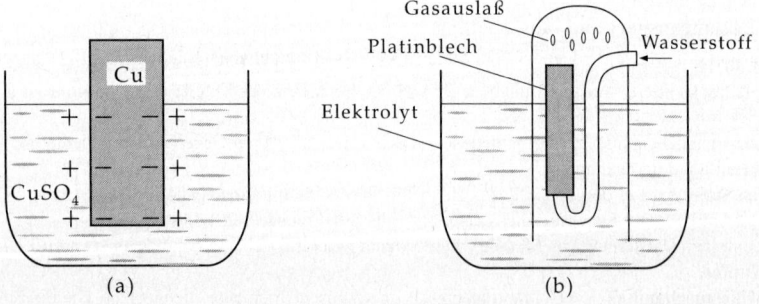

Abbildung 17.3: (a): Elektrische Doppelschicht an der Grenzfläche Elektrode-Elektrolyt, (b): Standardwasserstoffelektrode

17.1.4.4 Nernst-Gleichung

Der Potentialsprung an einer Grenzfläche zwischen Elektrolyten, die eine Ionenart in unterschiedlichen Konzentrationen enthalten, ist proportional zum Logarithmus des Konzentrationsverhältnisses.

Nernst-Gleichung : Potentialsprung			$L^2T^{-3}MI^{-1}$
	Symbol	Einheit	Benennung
	ΔU	V	Potentialdifferenz
$\Delta U = -\dfrac{kT}{e_0} \ln \dfrac{c_1}{c_2}$	k	J/K	Boltzmann-Konstante
	T	K	Temperatur
	e_0	C	Elementarladung
	c_i	mol/kg	Ionenkonzentrationen

1. **Urspannung,**

Gleichgewichtsspannung zwischen Metall und Elektrolyt, der eine 1-normale Konzentration des Metallions enthält.

- **M** Die Messung der Urspannung erfordert eine zweite Elektrode; durch die Messung kann nur die Differenz der Urspannungen der beiden Elektroden erfasst werden.

2. **Standardwasserstoffelektrode,**

Bezugselektrode für Spannungsmessung. Sie besteht aus einem Platinblech in einer 1-normalen H_3O^+-Ionenlösung, die von gasförmigem Wasserstoff umspült wird (**Abb. 17.3 (b)**).
Der Standardwasserstoffelektrode wird per Definition das Potential 0 zugeordnet.

➤   Urspannungen werden auch für Nichtmetalle oder Moleküle analog angegeben.

3. **Elektrochemische Spannungsreihe,**

Aufstellung der Urspannungen der Metalle in einer sauren Lösung. Negative Spannungen bedeuten Abgabe von Elektronen, positive Spannungen Aufnahme von Elektronen.

- ■ Elemente der elektrochemischen Spannungsreihe (Spannung in V): Li/Li^+ −3.02, Mg/Mg^{2+} −2.38, Zn/Zn^{2+} −0.76, Pb/Pb^{2+} −0.126, Cu/Cu^+ +0.35, Pt/Pt^{2+} +1.2.

➤   Ein Atom kann gegenüber verschiedenen Ionen unterschiedliche Urspannungen besitzen.

- ■ Au besitzt gegenüber Au^+ eine Urspannung von +1.42 V, gegenüber Au^{3+} jedoch eine Urspannung von +1.5 V

17.1.5 Galvanische Elemente

Werden zwei verschiedene Metalle mit demselben Elektrolyten in Kontakt gebracht, so bildet sich zwischen ihnen eine Potentialdifferenz aus, die der Differenz der Urspannungen entspricht (**Abb. 17.4**).

- ■ In eine saure Lösung tauchen eine Kupfer- und eine Zinkelektrode ein. Zwischen ihnen bildet sich eine Spannung U aus:

$$U = (0.35 - (-0.76))\,V = 1.11\,V.$$

Verbindet man beide Elektroden durch einen elektrischen Leiter, so fließt ein Strom.

Edleres Metall, steht in der elektrochemischen Spannungsreihe tiefer und nimmt in einem galvanischen Element Elektronen von einem höher stehenden (unedleren) Metall an. Das edle Metall bildet die Anode, das höherstehende Metall die Katode.
Der Stromkreis wird im Elektrolyten durch einen Ionenfluss geschlossen.
Bei zwei Metallen löst sich die Katode mit der Zeit auf, während sich an der Anode das edlere Metall abscheidet, sofern es als Ion in der Lösung noch vorliegt. Diese Abscheidung erlaubt die galvanische Darstellung von Metallen in reinster Form.

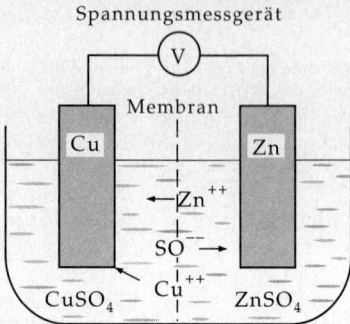

Spannungsmessgerät

Abbildung 17.4: Galvanisches Element

Primärelemente, galvanische Elemente, die eine nicht umkehrbare Umwandlung von chemischer in elektrische Energie durchführen.

Durch chemische Veränderungen in den Elektroden nimmt die Spannung mit der Zeit ab.

Kapazität, K, eines galvanischen Elements, gemessen in Amperestunden (Ah), Maß für die Zeit (in h), während der ein galvanisches Element in der Lage ist, einen Strom (in A) zu liefern.

17.1.5.1   Elektrolytische Polarisation

Elektrolytische Polarisation, Abnahme der Spannung in einem galvanischen Element durch Aufbau von sekundären galvanischen Elementen an den Elektroden.

■   An zwei Platin-Elektroden in einer wässrigen Salzlösung, an denen eine äußere Spannung anliegt, bilden sich durch die Elektrolyse des Wassers Pt-O_2 und Pt-H_2–Doppelschichten, die ihrerseits galvanische Elemente sind und die Spannung zwischen den Elektroden vermindern.

Elektrokinetisches Potential, U, Potentialdifferenz zwischen den beiden Teilen der Doppelschicht. Die elektrolytischen Reaktionsprodukte an den Elektroden können chemisch wieder aufgelöst werden.

Konstante galvanische Elemente, galvanische Elemente, deren Spannung durch chemische Reaktionen zur Vermeidung elektrolytischer Polarisation annähernd konstant gehalten wird.

Trockenbatterie, konstantes galvanisches Element mit einem nichtflüssigen Elektrolyten.

■   **Zink-Kohle-Batterie**, Trockenbatterie, bestehend aus einem Kohlestab und einem zylinderförmigen Zinkmantel, der mit Elektrolytpaste gefüllt ist (**Abb. 17.5**). Um den Kohlestab ist eine Schicht aus Braunstein (MnO_2) aufgetragen, die den am Kohlenstoff entstehenden Wasserstoff oxidiert und damit entfernt. Die Spannung sinkt erst, wenn das Zink verbraucht ist.

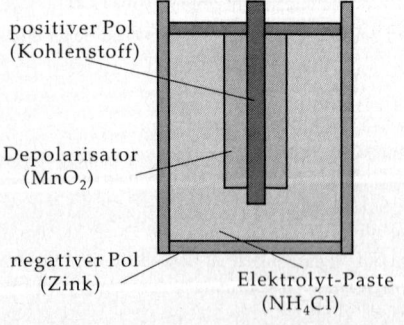

positiver Pol
(Kohlenstoff)

Depolarisator
(MnO_2)

negativer Pol
(Zink)

Elektrolyt-Paste
(NH_4Cl)

Abbildung 17.5: Zink-Kohle-Batterie

Auslaufen einer Batterie, Zerstörung einer Zink-Kohle-Batterie durch elektrolytische Zersetzung des Zinks. Durch den austretenden Elektrolyten können elektrische Geräte korrodieren.

17.1.5.2 Brennstoffelemente

Brennstoffelemente, Brennstoffzelle, galvanische Elemente, in denen die Reaktionsenergie aus der Oxidation des Brennstoffs (Wasserstoff, Kohlenstoff) mit Hilfe von Sauerstoff oder Luft kontinuierlich direkt in elektrische Energie umgewandelt wird (**Abb. 17.6**). Als Verbrennungsprodukt entsteht Wasser. Die Brennstoffzelle besteht aus einer porösen Anode, an der der zugeführte Brennstoff (H_2) reduziert wird ($H_2 \longrightarrow 2H^+ + 2e^-$) und einer porösen Katode, an das zugeführte Oxidationsmittel (O_2) oxidiert wird ($2H^+ + 2e^- + \frac{1}{2}O_2 \longrightarrow H_2O$). Beide Elektroden sind getrennt durch einen Elektrolyten, der den Ionentransport (H^+) von der Anode zur Katode erlaubt, den Elektronenstrom aber unterbricht. Die Elektronen werden über einen äußeren Stromkreis als Nutzstrom zur Katode geleitet. Ohne Stromentnahme wird eine Zellenspannung von etwa 1 V erreicht. Brennstoffzellen zeichnen sich durch eine günstige Strom-Spannungs-Charakteristik, hohe Leistung je Masseneinheit und einen guten Energiewirkungsgrad aus.

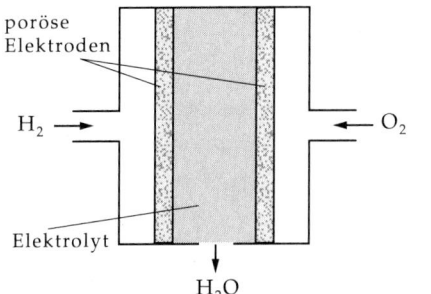

poröse Elektroden

$H_2 \longrightarrow$ $\longleftarrow O_2$

Elektrolyt

H_2O

Abbildung 17.6: Brennstoffelement

M   Zwei Platinelektroden, die von Wasserstoff und Sauerstoff umspült werden und elektrisch verbunden sind, tauchen in verdünnte Schwefelsäure. An der Wasserstoffelektrode wird Wasserstoff katalytisch zu Wasserstoffionen ionisiert. Die Elektronen wandern durch den Leiter zur anderen Elektrode, wo sie zusammen mit den durch den Elektrolyten transportierten Wasserstoffionen und dem vorhandenen Sauerstoff kalt verbrennen:

$O_2 + 4H^+ + 4e^- \to 2H_2O$.

Die freiwerdende Energie von 286.2 kJ/mol kann als elektrische Energie verwendet werden

➤   Der Wirkungsgrad dieser direkten Umwandlung von chemischer in elektrische Energie liegt zur Zeit bei 60 %. Das einzige Abfallprodukt dieser umweltfreundlichen Technologie ist reines Wasser.

17.1.5.3 Akkumulatoren

Sekundärelemente, wiederaufladbare galvanische Elemente, bei denen die elektrolytische Polarisation genutzt wird, um elektrische Energie zu speichern.

■   **Bleiakkumulator**, Sekundärelement aus Bleielektroden in Schwefelsäure. Die Bleielektroden überziehen sich in der Schwefelsäure mit einer Bleisulfatschicht ($PbSO_4$). Beim **Aufladen** bildet sich an der Anode PbO_2, an der Katode metallisches Blei.

Anode:

$PbSO_4 + 2OH^- \to PbO_2 + H_2SO_4 + 2e^-$

Katode:

$PbSO_4 + 2H^+ + 2e^- \to Pb + H_2SO_4$

Das so gewonnene galvanische Element liefert eine Spannung von 2.02 V. Bei Stromentnahme laufen beide Reaktionen umgekehrt ab, bis der Ursprungszustand beinahe wiederhergestellt ist.

➤ Etwa 75 % der gespeicherten chemischen Energie kann in elektrische Energie umgewandelt werden.

17.1.5.4 Schaltung galvanischer Elemente

Parallelschaltung, die Katoden der einzelnen Elemente werden miteinander verbunden. Dasselbe geschieht mit den Anoden.

▲ Die Spannung der Parallelschaltung ist gleich der Spannung des einzelnen Elements, die Kapazität K aber ist die Summe der Kapazitäten K_e der Einzelelemente.

Spannung und Kapazität einer Parallelschaltung

$$U = U_e$$
$$K = nK_e$$

	Symbol	Einheit	Benennung
	U	V	Spannung der Parallelschaltung
	K	Ah	Kapazität der Parallelschaltung
	n	1	Anzahl der Elemente
	U_e	V	Spannung einer Einzelzelle
	K_e	Ah	Kapazität einer Einzelzelle

■ Dies findet in der **Starterhilfe** Anwendung.

Serienschaltung, die Anode eines Elements wird mit der Katode des nächstfolgenden Elements verbunden.

▲ Die Gesamtspannung ergibt sich als Summe der Einzelelement-Spannungen:

Spannung und Kapazität einer Serienschaltung

$$U = nU_e$$
$$K = K_e$$

	Symbol	Einheit	Benennung
	U	V	Spannung der Serienschaltung
	K	Ah	Kapazität der Serienschaltung
	n	1	Anzahl der Elemente
	U_e	V	Spannung einer Einzelzelle
	K_e	Ah	Kapazität einer Einzelzelle

17.1.6   Elektrokinetische Effekte

Geladene Teilchen in einer Flüssigkeit werden von einem äußeren elektrischen Feld in Bewegung gesetzt. Dabei können die elektrischen Ladungen der Teilchen bereits vorhanden sein, aber auch durch eine elektrische Doppelschicht induziert werden.

17.1.6.1 Elektrophorese

Elektrophorese, gerichtete Bewegung von suspendierten geladenen Teilchen in einer nichtleitenden Flüssigkeit unter Einwirkung eines äußeren elektrischen Feldes.

Die Ladung der suspendierten Teilchen influenziert eine Wolke von entgegengesetzt geladenen Ionen, die die Teilchen umgeben. Daher hängt die Kraft auf das Teilchen nicht allein von dessen Ladung, sondern auch von der Ionenkonzentration des Suspensionsmittels ab.

■ Dies wird in der Technik zur **Trocknung von Gebäudewänden** benutzt.

[M] **Papierelektrophorese**, Elektrophorese einer Molekülsuspension auf einem Papierträger, an dem eine Gleichspannung von mehreren kV anliegt; durch die unterschiedliche Wanderungsgeschwindigkeit werden die einzelnen Komponenten der Suspension getrennt.

17.1.6.2 Elektroosmose

Elektroosmose, Bewegung einer Flüssigkeit in einem porösen Festkörper unter Einfluss eines äußeren elektrischen Feldes. An den Flüssigkeits-Festkörper-Grenzschichten bilden sich elektrische Doppelschichten, deren flüssiger Teil sich ablöst und im elektrischen Feld in Bewegung gerät. Infolge der inneren Reibung beginnt sich die gesamte Flüssigkeit zu bewegen.

➤ Bei der Elektroosmose bewegen sich nur Ladungen eines Vorzeichens, während sich bei der Elektrophorese Ladungen beider Vorzeichen bewegen.

17.1.6.3 Strömungselektrizität

Strömungselektrizität, umgekehrter Effekt der Elektroosmose. Drückt man eine Flüssigkeit durch einen porösen Festkörper, so beobachtet man durch das Ablösen eines Teils der elektrischen Doppelschicht einen Strom längs der Strömungsrichtung.

17.2 Stromleitung in Gasen

Ein verdünntes neutrales Gas leitet den Strom genauso wenig wie ein ein ideales Vakuum. Erst durch Einbringen von Ladungsträgern kann das verdünnte Gas leitfähig gemacht werden. Dabei können Elektronen wie Ionen als Ladungsträger dienen. Auch dichtere Gase sind wie Flüssigkeiten normalerweise Isolatoren; durch kosmische Höhenstrahlung und natürliche Radioaktivität wird jedoch immer eine gewisse Menge von Ionen erzeugt.

Gasentladung, Stromleitung in Gasen meist niedrigen Druckes.

17.2.1 Unselbständige Gasentladung

Unselbständige Gasentladung, Gasentladung, bei der die Ladungsträger von außen erzeugt werden. Quellen für Erzeugung von Ladungsträgern sind:

- heiße Flammengase,
- erhitzte Metalloberflächen,
- kosmische Höhenstrahlung,
- Ionenquellen,
- Elektronenkanonen,
- kurzwellige elektromagnetische Strahlung (etwa UV- oder Röntgenstrahlung),
- Strahlung radioaktiver Nuklide.

Dunkelentladung, Gasentladung bei sehr geringen Stromdichten und kleinen Entladungsspannungen, die nicht zum Zünden einer selbständigen Entladung ausreichen. Sie kann meist nur bei Fremdionisation durch eine äußere Strahlungsquelle aufrechterhalten werden.

Dunkelentladungen erzeugen nur einen sehr schwachen Lichtschimmer im Gas. Sie entstehen bei Stromdichten $J < 10^{-9}\,\mathrm{A/m^2}$.

In einem äußeren elektrischen Feld bewegen sich die Ionen in einem Gas gleichförmig, da der Energiegewinn durch das äußere Feld durch die Stöße zwischen den Molekülen kompensiert wird.

17.2.1.1   Driftgeschwindigkeit von Ionen in Gasen

Driftgeschwindigkeit, v_{dr}, gerichtete Geschwindigkeit der Ionen in einem Gas bei Anwesenheit eines äußeren elektrischen Feldes $\vec{E}$.

Driftgeschwindigkeit von Ionen in einem Gas				LT^{-1}
	Symbol	Einheit	Benennung	
$v_{dr} = \mu E$	v_{dr}	m/s	Driftgeschwindigkeit	
	μ	m²/(Vs)	Ionenbeweglichkeit	
	E	V/m	elektrische Feldstärke	

▲   Je nach dem Vorzeichen der Ionenladung bewegen sich die Ionen in Richtung oder entgegengesetzt der Richtung des elektrischen Feldes.

Die Ionenbeweglichkeit hängt sowohl von der Ionenart als auch vom Medium, in dem sie sich bewegen, ab. Die Ionenbeweglichkeit in Gasen ist um etwa 4 Größenordnungen größer als die Ionenbeweglichkeit in Elektrolyten. Die Driftgeschwindigkeit ist dabei meist sehr klein gegen die thermische Geschwindigkeit der Ionen.

■   Ionenbeweglichkeit μ in Luft unter Normbedingungen: Wasserstoff $5.7 \cdot 10^{-2}$ m²/(Vs) für positive Ionen und $8.6 \cdot 10^{-2}$ m²/(Vs) für negative Ionen, Stickstoff $1.29 \cdot 10^{-2}$ m²/(Vs) für positive Ionen und $1.82 \cdot 10^{-2}$ m²/(Vs) für negative Ionen.

■   In einem elektrischen Feld $E = 1\,kV/m$ driftet ein H_2^+-Ion in Luft unter Normbedingungen mit einer Geschwindigkeit von $v_{dr} = 5.7 \cdot 10^{-2}$ m²/Vs $\cdot 1000$ V/m $= 57$ m/s auf die Katode zu.

17.2.1.2   Elektrische Leitfähigkeit von Gasen

Elektrische Leitfähigkeit eines Gases, γ, Leitfähigkeit pro Längeneinheit einer Gassäule.

Elektrische Leitfähigkeit eines Gases				$L^{-3}T^3M^{-1}I^2$
	Symbol	Einheit	Benennung	
	γ	S/m	elektrische Leitfähigkeit	
$\gamma = ze(\mu_+ n_- + \mu_- n_-)$	z	1	Ionenladungszahl	
	e	C	Elementarladung	
	$\mu_\pm$	m²/(Vs)	Ionenbeweglichkeit	
	$n_\pm$	1/m³	Ionenzahldichte	

Zum elektrischen Strom im Gas tragen sowohl positive als auch negative Ionen bei; ihre Beweglichkeit ist jedoch unterschiedlich.

■   Luft hat in Bodennähe eine elektrische Leitfähigkeit $\gamma \approx 1 \times 10^{-14}$ S/m.

17.2.1.3   Rekombination

Rekombination, Umkehrprozess der Ionisation, d. h. Zusammenlagerung von Ionen und Elektronen unter Bildung von neutralen Atomen und Molekülen.

Rekombination in Gasen erfolgt hauptsächlich durch thermische Stöße.

Ionen-Lebensdauer, τ, mittlere Lebensdauer eines Ions in der Umgebung anderer Ionen.

Rekombinationskoeffizient, α_i, Proportionalitätsfaktor zwischen dem Reziproken der mittleren Lebensdauer der Ionen und deren Anzahldichte. Der Rekombinationskoeffizient hängt hauptsächlich von Temperatur, Druck und Ionensorte ab.

Ionen-Lebensdauer			T

	Symbol	Einheit	Benennung
$\tau = \dfrac{1}{\alpha_i n_0}$	τ	s	Ionen-Lebensdauer
	α_i	m^3/s	Rekombinationskoeffizient
	n_0	$1/m^3$	Ionendichte bei $t = 0$

Die Gleichung ist nur gültig, falls während des Zerfalls keine neuen Ionen nachgebildet werden.

17.2.1.4   Strom-Spannungskennlinie eines Gases

Bei Gasen gilt das Ohmsche Gesetz nur für mäßige angelegte Spannungen. In Abhängigkeit von der Spannung unterscheidet man drei Bereiche (angeordnet nach zunehmender angelegter Spannung): **Abb. 17.7**.

1.   Charakterisierung der Spannungsbereiche

Rekombinationsbereich, Spannungsbereich, in dem der Strom annähernd proportional zur angelegten Spannung wächst. Es gilt das Ohmsche Gesetz in der Form:

Strom im Rekombinationsbereich			I

	Symbol	Einheit	Benennung
$I = \gamma\dfrac{A}{d}U$	I	A	Strom
	γ	S/m	elektrische Leitfähigkeit
	A	m^2	Elektrodenquerschnitt
	d	m	Elektrodenabstand
	U	V	Spannung

Sättigungsbereich, Spannungsbereich, in dem fast alle Ionen die Elektrode erreichen. Der Strom I ist nahezu unabhängig von der Spannung U.
Rekombinationsverluste sind im Sättigungsbereich vernachlässigbar gering.

Proportionalbereich, Spannungsbereich, in dem die Ionen- und Elektronenenergie ausreicht, um neutrale Atome und Moleküle zu ionisieren. Der Ionisationsstrom I steigt proportional zur Primärionisation an.

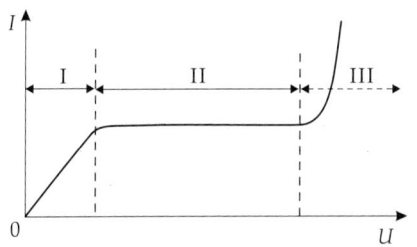

Abbildung 17.7: Strom-Spannungskennlinie einer unselbständigen Gasentladung.
I: Rekombinationsbereich, II: Sättigungsbereich, III: Proportionalbereich, IV: Übergang zur selbständigen Gasentladung

2.   Nutzung zur Messung ionisierender Strahlung

M **Ionisationskammer**, Anordnung zur Messung der Intensität ionisierender Strahlung. In einem gasgefüllten Gefäß befinden sich zwei isolierte Elektroden. Die Spannung ist so gewählt, dass im Gerätevolumen erzeugte Ionen direkt zum messbaren Strom beitragen. Die Ionisationskammer arbeitet im Sättigungsbereich.

Totzeit, Zeit, die nach einem Nachweisereignis vergehen muss, bis ein Ionisationsdetektor wieder bereit ist, weitere Ereignisse zu registrieren. Dieses Zeitintervall, in dem der Zähler gegen ionisierende Strahlung unempfindlich ist, wird durch die Wanderungsgeschwindigkeit der Ionen bestimmt. Die Totzeit legt das zeitliche Auflösungsvermögen des Detektors fest.

M **Geiger-Müller-Zählrohr, Auslösezählrohr,** Messgerät zur Erfassung einzelner ionisierender Teilchen. Einzelne ionisierende Teilchen erzeugen in einem gasgefüllten Gefäß durch Stoßionisation Ionenlawinen (Gasverstärkung), die als Entladungsstöße messbar sind (**Abb. 17.8, Bereich II**). Die Totzeit beträgt bei einem Auslösezählrohr einige hundert Millisekunden.

Proportionalzählrohr, die Spannung wird so gewählt, dass das Zählrohr im Proportionalbereich arbeitet. Die Anzahl der sekundären Ladungsträger ist proportional der Anzahl der primären Ladungsträger (**Abb. 17.8, Bereich I**). Der Entladungsstoß ist auch proportional zum Energieverlust ΔE des Teilchens. Das Proportionalzählrohr hat eine hohe zeitliche Auflösung, so dass es zur Messung hoher Impulsdichten geeignet ist.

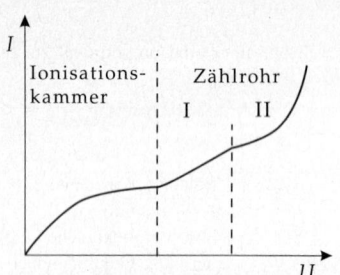

Abbildung 17.8: Arbeitsbereiche von Ionisationsdetektoren. U: Detektorspannung, I: Ionisationsstrom, I: Proportionalbereich, II: Auslösebereich

17.2.2   Selbständige Gasentladung

Selbständige Gasentladung, Gasentladung, bei der die Ladungsträger durch die angelegte Spannung selbst freigesetzt werden.

17.2.2.1   Entladungstypen selbständiger Gasentladungen

1.   Glimmentladung,

leuchtende Entladung bei mittleren Stromdichten (10^{-9} A/m^2 < J < 10^{-4} A/m^2). Die auf die Katode auftreffenden Ionen lösen Elektronen aus, die zur Anode strömen.

Durch die unterschiedliche Beweglichkeit der positiven und negativen Ladungsträger bilden sich im Raum zwischen den Elektroden Zonen unterschiedlicher Raumladung aus. Daher leuchtet das Gas zwischen Katode und Anode nicht einheitlich.

■   **Leuchtstofflampen,** Lampen, die durch Gasentladungen in Füllgasen niedrigen Druckes eine hohe Lichtausbeute erzielen. Die entstehende UV-Strahlung wird durch geeignete Beläge in sichtbares Licht umgewandelt. Durch besondere lumineszierende Schichten auf der Innenseite der Röhre kann eine tageslichtähnliche Strahlung erzielt werden.

2.   Bogenentladung,

hell leuchtende Entladung bei Stromdichten $J > 10^{-4}$ A/m^2. Durch den auftreffenden Strom wird die Katode erhitzt und emittiert durch Glüh- und Feldemission weitere Elektronen.

■   **Kohlebogenlampe,** Lampe, bei der ein Lichtbogen zwischen zwei Kohleelektroden brennt. Der **Lichtpunkt** liegt an der Katode.

■   **Quecksilberdampflampe,** Lampe für hohe Lichtströme. Zwischen zwei Metall-Elektroden brennt eine Bogenentladung in Quecksilbergas unter hohem Druck.

3. Funkenentladung,

selbständig abbrechende Bogenentladung.

Die **Zündspannung** der Funkenentladung hängt von Elektrodenform und -abstand sowie dem Gasdruck zwischen den Elektroden ab.

➤ Das Leuchten der verschiedenen Gasentladungen entsteht durch Stoßanregung der Gasatome in Stößen mit Elektronen.

Corona-Entladung, leuchtende Entladung bei hohem Druck und hohen elektrischen Feldern. Sie umgibt Hochspannungskabel oder tritt als **Elmsfeuer** in Erscheinung.

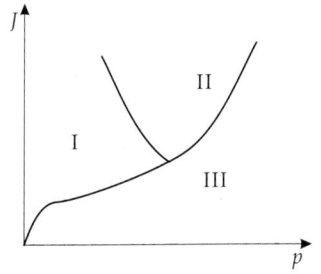

Abbildung 17.9: Gasentladungstypen.
I: Glimmentladung, II: Bogenentladung, III: Dunkelentladung

17.2.2.2 Strom-Spannungs-Charakteristik einer Gasentladung

Zündspannung, Spannung, bei der eine **Dunkelentladung** zur **Glimmentladung** übergeht.
Selbständige Gasentladungen haben fallende **Widerstandskennlinien** oder sogar negativen differentiellen Widerstand dU/dI. Daher ist ein Vorwiderstand (**Strombegrenzer**) bei einer Gasentladung unabdingbar – bei Wechselstrom etwa in Form einer Drosselspule.

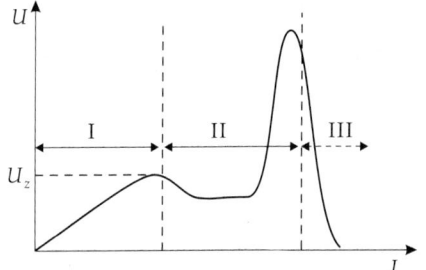

Abbildung 17.10: Strom-Spannungs-Charakteristik einer Gasentladung.
U_z: Zündspannung. I: Dunkelentladung, II: Glimmentladung, III: Bogenentladung

17.3 Elektronenemission

Die Emission von Elektronen aus Metallen ist Grundlage für verschiedene technische Geräte wie Elektronenröhren oder Photomultiplier. Durch Zuführung von Energie in äußeren Einwirkungen werden Elektronen aus Metallen oder anderen Festkörpern in den Außenraum gebracht.

Austrittsarbeit, W_A, Energie, die einem Leitungselektron in einem Metall zugeführt werden muss, um es aus dem Metall ins Vakuum zu überführen.
Die Austrittsarbeit liegt zwischen 1 eV und 5 eV. Sie hängt vom Metalltyp ab und ist besonders gering für Alkalimetalle.

Bei Raumtemperatur ist die thermische Energie der Leitungselektronen von der Grössenordnung 1% der Austrittsarbeit W_A. Einige Elektronen übertreffen jedoch diese Schwelle

17.3.1   Glühemission

Glühemission, Emission von Elektronen aus einem bis zum Glühen erhitzten Metall. Der Anteil des Elektronengases im Metall am oberen Ende der Geschwindigkeitsverteilung, deren Energie die Austrittsarbeit W_A übertrifft, steigt mit der Temperatur T proportional zu $T^2 \mathrm{e}^{-W_A/(k_0 T)}$.

▲   Die Stromdichte J der emittierten Elektronen in Abhängigkeit von der Temperatur T und der Austrittsarbeit W_A wird durch die **Richardson-Gleichung** beschrieben:

Richardson-Gleichung			$\mathbf{IL^{-2}}$
	Symbol	Einheit	Benennung
	J	A/m^2	Stromdichte der Elektronen
$J = AT^2 \mathrm{e}^{-\frac{W_A}{k_B T}}$	A	A/(m^{2}K^2)	Richardson-Konstante
	W_A	J	Austrittsarbeit
	k_B	J/K	Boltzmann-Konstante
	T	K	Temperatur

Richardson-Konstante, Proportionalitätsfaktor in der Richardson-Gleichung:

$A \approx 6 \times 10^{-3} \ \mathrm{Am^{-2}K^{-2}}$.

▲   Die Richardson-Konstante ist für alle reinen Metalle mit gleichmäßig emittierender Oberfläche gleich.

[M]   **Glühkatode**, zur Verringerung der **Austrittsarbeit** W_A mit BaO und Alkalimetallbeimengungen überzogene Elektrode aus einem indirekt oder direkt beheizten Trägermetall. Sie wird als Katode in Elektronenröhren verwendet.

17.3.2   Photoemission

Photoemission, Freisetzung von Elektronen durch Lichtquanten (s. S. 744) hinreichender Energie.

Einstein-Gleichung, gibt die kinetische Energie der emittierten Elektronen in Abhängigkeit von der Frequenz der einfallenden Strahlung an (**Abb. 17.11**):

Einstein-Gleichung			$\mathbf{ML^2T^{-2}}$
	Symbol	Einheit	Benennung
	E_{kin}	J	kinetische Energie der emittierten Elektronen
$E_{kin} = hf - W_A$	h	Js	Plancksches Wirkungsquantum
	f	1/s	Photonenfrequenz
	W_A	J	Austrittsarbeit

Die Energie der Photoelektronen ist unabhängig von der Intensität der einfallenden Strahlung. Von der Intensität hängt nur die Anzahl der pro Zeiteinheit freigesetzten Elektronen, der Photostrom, ab.

Äußerer Photoeffekt, Emission von Elektronen aus der bestrahlten Oberfläche in den Außenraum.

[M]   **Photozelle**, Messgerät zur Messung der Beleuchtungsstärke. In der Photozelle befinden sich zwei Elektroden, von denen eine beleuchtet wird. Die aus dieser Elektrode austretenden Elektronen können als Strom zwischen den beiden Elektroden erfasst werden.

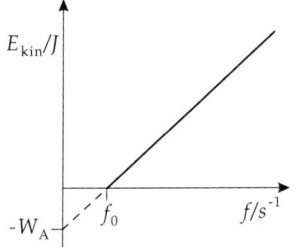

Abbildung 17.11: Abhängigkeit der kinetischen Energie der Photoelektronen von der
Frequenz der einfallenden Strahlung

Innerer Photoeffekt, Freisetzung von Elektronen innerhalb des Materials. Bei einem Halbleiter führt dies zu einer Änderung der elektrischen Leitfähigkeit.

■ **Photoelement**, beleuchtungsabhängiger Widerstand.

17.3.3   Feldemission

Feldemission, Emission von Elektronen aus Materialien unter der Wirkung starker äußerer elektrischer Felder.

Feldemission erfordert Feldstärken der Größenordnung 10^9 V/m. Diese hohen Werte lassen sich an feinen geladenen Spitzen erreichen.

[M] **Feldelektronenmikroskop**, Elektronenmikroskop zur Vergrösserung von atomaren Strukturen in feinen Spitzen.

In einer Vakuumröhre dient eine feine Spitze als Gegenelektrode zu einem Metallring. Durch eine Spannung von mehreren kV wird an einer stark gekrümmten Spitze eine hohe Feldstärke erzeugt, welche die Elektronen aus der Spitze – am Anodenring vorbei – auf einen Leuchtschirm wirft. Neben den atomaren Strukturen der Spitze können durch Füllgase auch Atome dieser Gase sichtbar gemacht werden. Die maximale Vergrößerung beträgt 10^6.

[M] **Rastertunnelelektronenmikroskop**, Mikroskop zur Vergrößerung atomarer Strukturen auf Oberflächen.

Zwischen der Oberfläche und einer feinen Nadelelektrode fließt ein Tunnelstrom, dessen Wert stark vom Abstand zwischen beiden abhängt. Durch Konstanthalten des Abstandes wird die Oberfläche von der Nadelelektrode mit einer Trennschärfe von 10^{-11} m abgetastet.

Mit einem Rastertunnelelektronenmikroskop können einzelne Atome erkannt werden.

17.3.4   Sekundärelektronenemission

Sekundärelektronenemission, Emission von Elektronen aus einem Material durch Aufprall schneller geladener Teilchen. Durch die Stöße werden Materialmoleküle ionisiert und Elektronen freigesetzt, die durch elektrische oder magnetische Felder von den Materialmolekülen getrennt werden können.

Durch fortgesetzte Stöße können die freigesetzten Elektronen nach Beschleunigung auf genügende Energie weitere Moleküle ionisieren und so Elektronenlawinen auslösen.

[M] **Sekundärelektronenvervielfacher**, Gerät zur Verstärkung von schwachen Elektronenströmen. Auf der ersten Elektrode auftreffende Elektronen lösen durch Stoßionisation mehrere Elektronen aus, die durch ein elektrisches Feld auf weitere Elektroden, die **Dynoden**, hin beschleunigt werden. Dort löst jedes Elektron eine Anzahl sekundärer Elektronen aus, so dass eine Folge von Dynoden den Strom um einige Größenordnungen verstärken kann.

Photomultiplier, Gerät zur Messung geringster Lichtintensitäten. Einem Sekundärelektronenvervielfacher ist eine Photoelektrode vorgeschaltet, die beim Auftreffen von Photonen einen primären Strom abgibt, der nachfolgend verstärkt werden kann.

17.4   Elektronenröhren

Elektronenröhren, evakuierte Glaskolben mit darin eingebrachten Elektroden, über deren elektrische Potentiale der Elektronenfluss gesteuert werden kann.

1.   **Katode und Anode in Elektronenröhren**

Katode, negative Elektrode in der Röhre, emittiert Elektronen durch Glühemission. Sie wird entweder direkt oder indirekt beheizt.

Katoden sind meist mit Erdalkalioxiden überzogen, um die Austrittsarbeit zu senken und die Elektronenausbeute zu erhöhen.

Anode, positive Elektrode gegenüber der Katode.

➤   Elektronenröhren sind evakuiert, um Stöße der Elektronen mit Gasmolekülen weitestmöglich zu reduzieren und die Oxidation der heißen Katode zu vermeiden. Mit zunehmendem Alter wird jedoch das Vakuum durch abdampfendes Katodenmaterial zunehmend schlechter.

Anodenspannung, U_a, Spannung zwischen Anode und Katode.
Anodenstrom, I_a, Strom zwischen Anode und Katode.

➤   Komplexe Röhren enthalten neben Anode und Katode weitere Elektroden.

2.   **Röhrenwiderstand und Kennlinien**

Röhrenwiderstand, R_i, innerer elektrischer Widerstand einer Elektronenröhre.
Analog zum ohmschen Widerstand definiert man den

Röhrenwiderstand			$L^2 T^{-3} M I^{-2}$
	Symbol	Einheit	Benennung
$R_i = \dfrac{U_a}{I_a}$	R_i	Ω	Röhrenwiderstand
	U_a	V	Anodenspannung
	I_a	A	Anodenstrom

➤   Der Röhrenwiderstand hängt im allgemeinen von den Betriebsbedingungen der Röhre ab.

Kennlinien, Diagramme der elektrischen Eigenschaften von Röhren.

Röhren werden zunehmend durch Halbleiterbauelemente ersetzt. Heutige Anwendungsbereiche von Röhren: Spezialröhren (Fernsehbildröhren, Röntgenröhren), Röhren für große elektrische und mechanische Belastungen, Röhren für hohe Leistungen wie Senderöhren.

➤   Röhren sind im Gegensatz zu Halbleitern recht unempfindlich gegenüber Überspannungen und Teilchenstrahlung.

17.4.1   Röhrendiode

Röhrendiode, einfachster Röhrentyp, bestehend aus Katode und Anode. Da Elektronen nur von Katode zu Anode strömen können, dient sie als Gleichrichter.

Anlaufstrom, Strom, der in einer Röhrendiode ohne äußere angelegte Spannung fließt.

➤   Die durch die Heizung der Katode freigesetzten Elektronen erzeugen auch ohne äußere Spannung einen Strom zwischen Katode und Anode; erst durch Anlegen einer hinreichend großen Gegenspannung kommt der Strom zum Erliegen.

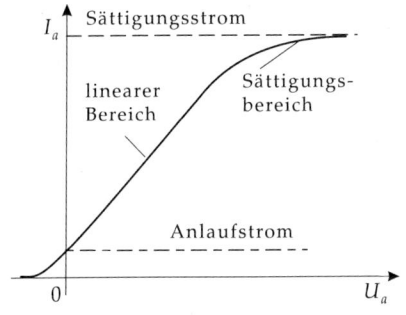

Abbildung 17.12: Kennlinie einer Röhrendiode

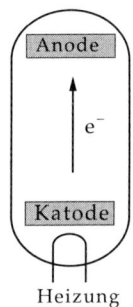

Abbildung 17.13: Röhrendiode

17.4.2 Röhrentriode

Röhrentriode, komplexere Röhre zur Spannungsverstärkung. Die Röhrentriode enthält zwischen Anode und Katode ein Gitter. Durch eine negative Potentialdifferenz zwischen Gitter und Katode kann das Gitter zur Steuerung der Stärke des Anodenstroms benutzt werden. Das Gitter bleibt nahezu stromlos, so dass die Steuerung leistungslos erfolgt.

Das am Gitter anliegende Spannungssignal wird durch die Triode verstärkt

➤ Röhren mit zusätzlichen Gittern (Tetrode, Pentode, ...) zeigen ein qualitativ ähnliches Verhalten wie die Triode.

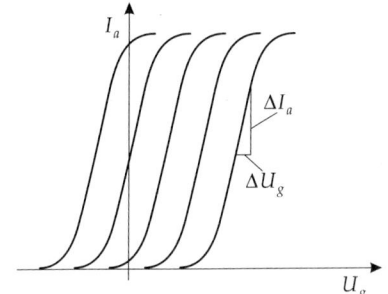

Abbildung 17.14: Kennlinien einer Röhrentriode; die Kennlinien unterscheiden sich durch unterschiedliche Werte der Anodengleichspannung.

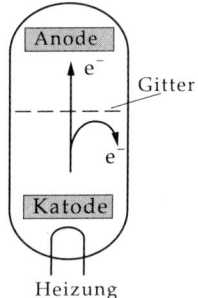

Abbildung 17.15: Röhrentriode; bei negativer Gitterspannung werden Elektronen abgebremst

17.4.2.1 Röhrenkenngrößen

1. Gitterspannung und Kennliniensteilheit

Gitterspannung, U_g, Spannung, die zur Steuerung des Anodenstroms an das Gitter angelegt wird.

Steilheit der Kennlinie, S, Steigung der Kennlinie für konstante Anodenspannung

Steilheit der Kennlinie			$L^{-2}T^3M^{-1}I^2$
	Symbol	Einheit	Benennung
$S = \dfrac{\Delta I_a}{\Delta U_g}$	S	A/V	Steilheit der Kennlinie
	I_a	A	Anodenstrom
	U_g	V	Gitterspannung

Die Steilheit der Kennlinie wird für konstante Anodenspannung U_a angegeben. Diese Formel gilt nur im linearen Bereich. Allgemein gilt:

$$S = \frac{\partial I_a}{\partial U_g} \quad , \quad U_a = \text{const.}$$

➤ Für möglichst große Signalverstärkung der muss die Steilheit S der Röhre möglichst groß sein.

2. Innerer Widerstand und Durchgriff

Innerer Widerstand der Triode, R_i, Verallgemeinerung des Röhrenwiderstandes:

$$R_i = \frac{\partial U_a}{\partial I_a} \quad , \quad U_g = \text{const.}$$

Durchgriff der Röhre, D, Rückwirkung der Anodenspannung U_a auf die Gitterspannung U_g.

Durchgriff der Triode			1
$D = -\dfrac{\partial U_g}{\partial U_a}$, bei $I_a = \text{const.}$	**Symbol**	**Einheit**	**Benennung**
	D	1	Durchgriff
	U_g	V	Gitterspannung
	U_a	V	Anodenspannung
	I_a	A	Anodenstrom

3. Steuerspannung

Steuerspannung des Gitters, U_s, effektiv wirksame Spannung am Gitter:

Steuerspannung des Gitters			$L^2T^{-3}MI^{-1}$
$U_s = U_g + D U_a$	**Symbol**	**Einheit**	**Benennung**
	U_s	V	Steuerspannung des Gitters
	U_g	V	Gitterspannung
	D	1	Durchgriff
	U_a	V	Anodenspannung

➤ Steuerspannung U_s und Anodenstrom I_a sind über die Beziehung

$$I_a = S U_s$$

miteinander verknüpft.

4. Barkhausen-Gleichung,

Zusammenhang von Steilheit S, Durchgriff D und innerem Widerstand R_i.

Barkhausen-Gleichung			1
$SDR_i = 1$	**Symbol**	**Einheit**	**Benennung**
	S	A/V	Steilheit
	D	1	Durchgriff
	R_i	Ω	innerer Widerstand

5. Verstärkungsgrad einer Röhre,

V, Verhältnis von Anodenwechselspannung U_a zu Gitterwechselspannung U_g.

Verstärkungsgrad einer Röhre			1
$V = \left| \dfrac{U_a}{U_g} \right|$	Symbol	Einheit	Benennung
	V	1	Verstärkungsgrad einer Röhre
	U_a	V	Anodenwechselspannung
	U_g	V	Gitterwechselspannung

Der Verstärkungsgrad V einer Röhre hängt von dem im Anodenkreis liegenden Lastwiderstand R_a ab:

Verstärkungsgrad einer Röhre			1
$V = -S \dfrac{R_a R_i}{R_a + R_i}$	Symbol	Einheit	Benennung
	V	1	Verstärkungsgrad einer Röhre
	S	A/V	Steilheit
	R_a	Ω	Widerstand im Anodenkreis
	R_i	Ω	Innenwiderstand der Röhre

Für einen hohen Verstärkungsgrad muss die Kennlinie möglichst steil sein.

17.4.3 Tetrode

Tetrode, komplexe Röhre mit zwei Gittern zwischen Anode und Katode. Man unterscheidet zwei Typen:

- **Schirmgitterröhre**, Tetrode mit einem zusätzlichen Gitter zwischen Anode und Steuergitter; dieses Gitter verringert den Durchgriff D und erhöht die Verstärkung.
- **Raumgitterröhre**, Tetrode mit einem zusätzlichen Gitter zwischen Katode und Steuergitter; dieses Gitter erhöht die Steilheit S der Kennlinien.

17.4.4 Katodenstrahlen

Katodenstrahlen, Elektronenstrahlen in evakuierten Röhren, die nach Durchlaufen der Spannung zwischen Katode und Anode durch ein Loch in der Anode austreten. Katodenstrahlen breiten sich im feldfreien Raum geradlinig aus, sie lassen sich durch elektrische und magnetische Felder ablenken.
Katodenstrahlen regen Glas, Mineralien und spezielle Leuchtfarben zur Fluoreszenz an.

- ■ **Braunsche Röhre**, Einrichtung, mit der ein Katodenstrahl mit Hilfe von elektrischen oder magnetischen Feldern über einen Leuchtschirm gelenkt wird. Verwendung als Bildschirm in Fernsehgeräten und Oszillographen.

Die Geschwindigkeit der Elektronen im Katodenstrahl wird durch das Beschleunigungsfeld zwischen Katode und Anode bestimmt.

Geschwindigkeit der Katodenstrahlen			$\mathbf{LT^{-1}}$
$v = \sqrt{\dfrac{2e_0 U}{m_e}}$	Symbol	Einheit	Benennung
	v	m/s	Geschwindigkeit der Katodenstrahlen
	e_0	C	Elementarladung
	U	V	Spannung zwischen Anode und Katode
	m_e	kg	Elektronenmasse

- ➤ Die Gleichung ist nur für $v \ll c$ gültig.
- ■ Für eine Spannung zwischen Anode und Katode von $U = 50$ V ist $v = 4.19 \cdot 10^6$ m/s. Dies entspricht 1.4 % der Lichtgeschwindigkeit.

17.4.5   Kanalstrahlen

Kanalstrahlen, positiv geladene Strahlen aus Gas-Ionen, die vom elektrischen Feld zur Katode hin beschleunigt werden und diese - aufgrund ihrer Trägheit - durch Kanäle passieren (**Abb. 17.16**).

Geschwindigkeit der Kanalstrahlen			**LT^{-1}**
$$v = \sqrt{2ze_0 U/m_\mathrm{I}}$$	Symbol	Einheit	Benennung
	v	m/s	Geschwindigkeit der Kanalstrahlen
	z	1	Ionenladungszahl
	e_0	C	Elementarladung
	U	V	Spannung zwischen Anode und Katode
	m_I	kg	Ionenmasse

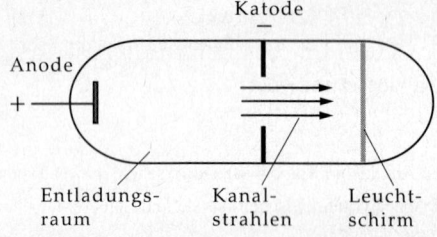

Abbildung 17.16: Erzeugung von Kanalstrahlen in einer Gasentladung

■ Für eine Spannung zwischen Anode und Katode von $U = 50$ V ist $v = 9.78 \cdot 10^4$ m/s für Protonen und $v = 1.85 \cdot 10^4$ m/s für N_2^+-Ionen. Diese Geschwindigkeit ist wegen der großen Ionenmasse sehr klein gegenüber der Geschwindigkeit der Elektronen (bei gleicher Beschleunigungsenergie).

18 Plasmaphysik

Plasma, gasförmiges Gemisch von freien Elektronen, Ionen und elektrisch neutralen Teilchen – Atomen, Molekülen und freien Radikalen. Alle Bestandteile des Gemisches besitzen eine große kinetische Energie, sind miteinander jedoch nicht unbedingt in thermischem Gleichgewicht. Die elektromagnetische Wechselwirkung zwischen den einzelnen Bestandteilen trägt wesentlich zum Verhalten des Systems bei.

■ Ein Großteil der im Universum sichtbaren Materie befindet sich im Plasmazustand, so etwa die Sonne.

18.1 Eigenschaften eines Plasmas

Neben den üblichen thermodynamischen Eigenschaften eines Gases wie Temperatur und Druck besitzt ein Plasma auch Besonderheiten, die durch seinen Charakter als Mischung zum Teil geladener Teilchen in verschiedenen Anregungszuständen begründet sind.

Quasineutralität, Grundeigenschaft eines Plasmas: Plasmen sind in makroskopischen Bereichen im räumlichen und zeitlichen Mittel elektrisch neutral. Jedes Volumenelement enthält nahezu gleichviel positive und negative Ladungsträger.

➤ Die kinetische Energie der Plasmateilchen ist groß gegenüber der potentiellen Energie, die durch eine lokale Ladung hervorgerufen wird.

18.1.1 Plasmakenngrößen

Durch die Vielzahl wechselwirkender Teilchensorten in einem Plasma sind zur Beschreibung eine Vielzahl von Größen erforderlich, die in der Physik klassischer Aggregatzustände getrennt voneinander wichtig sind.

18.1.1.1 Ionisationsgrad

Ionisationsgrad, x_r, Anteil der Ionen der Kernladung Z in einem Plasma aus Atomen und positiv geladenen Ionen, die mindestens r-fach ionisiert sind:

Ionisationsgrad			1
	Symbol	Einheit	Benennung
$x_r = \dfrac{\sum_{i=r}^{Z} n_i}{\sum_{i=0}^{Z} n_i} \leq 1$	x_r	1	Ionisationsgrad der r-ten Ionisationsstufe
	n_i	mol/m³	Konzentration i-fach geladener Ionen
	Z	1	Kernladungszahl

➤ Man bezeichnet oft den Ionisationsgrad x_1 der ersten Ionisationsstufe, $r = 1$, auch einfach als Ionisationsgrad x.

Für die Elektronenkonzentration gilt wegen der Neutralitätsbedingung

$$n_e = \sum_{i=1}^{Z} i\, n_i.$$

Falls auch negativ geladene Ionen vorhanden sind, muss die Gleichung durch entsprechende Terme ergänzt werden.

Man klassifiziert Plasmen nach ihrem Ionisationsgrad x_1:

- **Schwach ionisierte Plasmen**: Ionisationsgrad $x_1 \ll 1$.
- **Stark** oder **voll ionisierte Plasmen**: Ionisationsgrad $x_1 \approx 1$.

➤ Plasmen können auch nach dem Verhältnis zwischen Ladungsträgerdichte und Abschirmlänge oder dem Verhältnis zwischen kinetischer und potentieller Teilchenenergie klassifiziert werden. Plasmen mit Temperaturen $T < 10^5$ K ($T > 10^6$ K) bezeichnet man als kalte (heiße) Plasmen. Kernfusionsprozesse sind nur in Plasmen mit Temperaturen $T > 10^8$ K möglich.

18.1.1.2   Verteilungsfunktionen des Plasmas

Der Energieinhalt eines Plasmas kann auf verschiedene Weise verteilt sein. Neben den üblichen Anregungen eines Gasmoleküls (Rotations- und Schwingungsanregungen) treten in großem Maße auch elektronische Anregungen auf.

1.   Vollständiges thermodynamisches Gleichgewicht,
VTG, idealer Zustand eines Plasmas:

▲ Im VTG werden alle Verteilungsfunktionen durch eine einzige Zustandsgröße, die Temperatur T, bestimmt.

▲ **Prinzip des detaillierten Gleichgewichtes**: Jeder Prozess tritt gleich häufig auf wie seine Umkehrung.

Insbesondere gilt:

- es werden gleichviele atomare Elektronen angeregt wie abgeregt,
- gleichviele Atome werden ionisiert wie Ionen mit Elektronen zu neutralen Atomen rekombinieren,
- alle möglichen chemischen Reaktionen befinden sich (gemäß dem **Massenwirkungsgesetz**) im Gleichgewicht,
- Hin- und Rückreaktionen (etwa thermische Dissoziationen) finden gleich häufig statt.

2.   Verteilungsfunktionen des Plasmas im VTG

a) Elektromagnetische Strahlung des Plasmas, entspricht der **Hohlraumstrahlung** (s. S. 741) eines schwarzen Strahlers.

Plancksches Strahlungsgesetz, die Verteilung der Photonen der Energie hf bei der Strahlungstemperatur T:

Spektrale Strahlungsenergieverteilung eines Plasmas			MT^{-3}
	Symbol	Einheit	Benennung
	$L_{e,f}(T)$	W/m²	emittierte spektrale Strahlungsintensität
	h	Js	Plancksches Wirkungsquantum
$L_{e,f}(T) = \dfrac{2hf^3}{c^2} \dfrac{1}{e^{(hf)/(k_B T)} - 1}$	f	1/s	Frequenz der Strahlung
	k_B	J/K	Boltzmann-Konstante
	T	K	Plasmatemperatur
	c	m/s	Vakuumlichtgeschwindigkeit

b) Maxwellsche Geschwindigkeitsverteilung der Teilchen (Ionen und Elektronen mit derselben Temperatur T):

Geschwindigkeitsverteilung eines Plasmas im VTG			1
	Symbol	Einheit	Benennung
	f	1	Teilchenzahl im Geschwindigkeitsbereich v, $v+dv$
$f(v) = \dfrac{4}{\sqrt{\pi}} v^2 \left(\dfrac{m}{2k_B T}\right)^{3/2} e^{-mv^2/(2k_B T)}$	v	m/s	Teilchengeschwindigkeit
	m	kg	Teilchenmasse
	k_B	J/K	Boltzmann-Konstante
	T	K	Plasmatemperatur

➤ Verschiedene Teilchensorten besitzen wegen ihrer unterschiedlichen Massen auch bei gleicher Temperatur verschiedene Geschwindigkeitsverteilungen.

➤ Die quantenmechanische Entartung der Elektronen ist oft nicht vernachlässigbar, so dass im Elektronenplasma in Metallen oder in kalten Sternen (weißen Zwergen) die **Fermi-Dirac-Verteilung** benutzt werden muss.

c) **Boltzmann-Verteilung,** gibt die Besetzung der angeregten elektronischen Zustände an:

Verteilung der elektronischen Anregungen eines Plasmas			**1**
	Symbol	Einheit	Benennung
	n_j	1	Teilchenzahl im j-ten angeregten Zustand
	n	1	Gesamtteilchenzahl
$\dfrac{n_j}{n} = \dfrac{g_j}{g_0}\mathrm{e}^{-E_j/(k_\mathrm{B}T)}$	g_j	1	statistisches Gewicht des angeregten Zustandes j
	g_0	1	statistisches Gewicht des Grundzustandes
	E_j	J	Anregungsenergie des j-ten angeregten Zustandes
	k_B	J/K	Boltzmann-Konstante
	T	K	Plasmatemperatur

Die im Nenner vorkommende Zustandssumme ist durch ihr erstes Glied g_0 angenähert worden. Für jeden der einzelnen Ionisationsgrade gilt eine eigene Verteilung.

3. Saha-Gleichung,

beschreibt das Ionisations-Rekombinations–Gleichgewicht:

Saha-Gleichung			**1**
	Symbol	Einheit	Benennung
	x	1	Ionisationsgrad
	m_e	kg	Elektronenmasse
	h	Js	Plancksches Wirkungsquantum
$\dfrac{x^2}{1-x} = 2\dfrac{(2\pi m_\mathrm{e})^{3/2}}{h^3}\dfrac{g_1}{g_0 p}(k_\mathrm{B}T)^{5/2}\mathrm{e}^{-E_\mathrm{I}/(k_\mathrm{B}T)}$	g_i	1	statistisches Gewicht im i-ten ionisierten Zustand
	p	N/m^2	Plasmagasdruck
	E_I	J	Ionisationsenergie
	k_B	J/K	Boltzmann-Konstante
	T	K	Temperatur

Die Saha-Gleichung gilt in dieser einfachen Form nur für das Gleichgewicht zwischen Grundzustand und erstem ionisierten Zustand. Bei Berücksichtigung weiterer ionisierter Zustände ergibt sich ein System aus Saha-Gleichungen, die simultan gelöst werden müssen. Die auftretenden Zustandssummen sind durch ihr erstes Glied ersetzt worden. Die durch das Plasma erzeugte Verringerung der Ionisationsenergie wurde vernachlässigt.

4. Reale Plasmen

Reale Plasmen weichen meist vom vollständigen thermischen Gleichgewicht ab. Je nachdem, welche partiellen Gleichgewichte nicht mehr gültig sind, können jedoch einige der Aussagen des VTG aufrechterhalten werden.

➤ In chemisch reaktiven Plasmen muss daneben noch das Gleichgewicht der chemischen Reaktionen berücksichtigt werden. Im vollständigen thermischen Gleichgewicht erfüllen die chemischen Reaktionen einzeln Massenwirkungsgesetze.

Lokales thermisches Gleichgewicht, partielles Gleichgewicht, in dem das Strahlungsgleichgewicht nicht mehr gilt. Bei einer genügend hohen Elektronenkonzentration ($n_e > 10^{23}\,\mathrm{m}^{-3}$) überwiegen die Stoßprozesse die Absorptions- und Emissionsprozesse, so dass die Teilchenbilanzen unbeeinflusst bleiben.

Im lokalen thermischen Gleichgewicht wird das Plasma durch zwei Zustandsgrößen, eine Materietemperatur T_m und eine Strahlungstemperatur T_s, beschrieben.

Abweichungen vom Gleichgewicht, erfordern die Einführung von verschiedenen Temperaturen für die unterschiedlichen Elementarprozesse sowie für die verschiedenen Teilchensorten.

18.1.1.3 Energieinhalt des Plasmas

Im Plasma werden durch die vielfältigen Wechselwirkungen der Teilchen untereinander verschiedene Energieformen dauernd ineinander übergeführt:

- Energie des elektrischen und magnetischen Feldes,
- Ionisationsenergie,
- Translationsenergie der Neutralteilchen und Ladungsträger,
- Dissoziationsenergie und chemische Bindungsenergie,
- Energie der elektronischen Anregungen,
- Energie der Rotations- und Vibrationsanregungen,
- Strahlungsenergie,
- Energie kollektiver Bewegungen (Plasmaschwingungen und -wellen).

Die Einstellung eines thermischen Gleichgewichtes zwischen den einzelnen Energiearten wird durch die Kopplung zwischen ihnen bestimmt.

➤   Durch Stöße zwischen Teilchen ähnlicher Masse gleichen sich die mittleren kinetischen Energien der Atome und Ionen schnell aus. Zwischen Ionen und Elektronen hingegen erfolgt der Ausgleich wesentlich langsamer, da im Stoß nur wenig kinetische Energie übertragen wird.

18.1.1.4 Elektrische Leitfähigkeit von Plasmen

1.   Ladungsträgerdrift der Plasmateilchen im äußeren Feld

In einem äußeren elektrischen Feld driften die Ladungsträger des Plasmas mit konstanter Geschwindigkeit parallel zu den Feldlinien. Die Driftgeschwindigkeit ist für Ionen geringer als für Elektronen, so dass die elektrische Leitfähigkeit durch den elektronischen Transport dominiert wird (**Abb. 18.1 (a)**).

Coulomb-Logarithmus, charakteristische Plasmagröße zur Beschreibung des Verhältnisses Plasmatemperatur zu Elektronendichte.

Coulomb-Logarithmus			1
	Symbol	Einheit	Benennung
$\ln\Lambda \;=\; \ln\left(\dfrac{aT^{3/2}}{\sqrt{n_e}}\right)$	$\ln\Lambda$	1	Coulomb-Logarithmus
	a	$(Km)^{-3/2}$	Proportionalitätskonstante
	T	K	Temperatur
	n_e	$1/m^3$	Elektronenzahldichte

Der Proportionalitätsfaktor a hat den Wert $a \approx 10^7\,(Km)^{-3/2}$. Für die meisten Plasmen gilt $\ln\Lambda \approx 15\ldots 20$.

Elektrische Leitfähigkeit eines Plasmas			$I^2 L^{-3} T^3 M^{-1}$
	Symbol	Einheit	Benennung
	σ	S/m	elektrische Leitfähigkeit eines Plasmas
$\sigma = \dfrac{e_0^2 n_e \tau_e}{m_e}$	e_0	C	Elementarladung
	n_e	$1/m^3$	Elektronenzahldichte
	τ_e	s	mittlere Flugzeit zwischen zwei Stößen
	m_e	kg	Elektronenmasse

2. Eigenschaften der elektrischen Leitfähigkeit des Plasmas

Je nach Ionisationsgrad wird die elektrische Leitfähigkeit von unterschiedlichen Prozessen bestimmt:

Schwach ionisierte Plasmen, die mittlere Flugzeit wird durch Stöße zwischen Elektronen und neutralen Teilchen begrenzt; τ ist unabhängig von der Elektronendichte, und es ist $\sigma \sim n_e$.

Voll ionisierte Plasmen, Stöße zwischen geladenen Teilchen sind entscheidend. Es gilt dann $\tau \sim 1/n_e$, und σ ist unabhängig von n_e.

Spitzer-Formel, gibt die elektrische Leitfähigkeit in voll ionisierten thermischen Plasmen unter Berücksichtigung der Elektron-Ion–Stöße an. Bei Hinzunahme der Elektron-Elektron-Stöße sinkt der Wert von σ auf die Hälfte.

Spitzer-Formel			$I^2 L^{-3} M^{-1} T^3$
	Symbol	Einheit	Benennung
	σ	S/m	elektrische Leitfähigkeit
	ε_0	$C^2 J^{-1} m^{-1}$	elektrische Feldkonstante
$\sigma = \dfrac{64\sqrt{2\pi}\varepsilon_0^2}{e_0^2 \sqrt{m_e}} \dfrac{(k_B T)^{3/2}}{\ln \Lambda}$	e_0	C	Elementarladung
	m_e	kg	Elektronenmasse
	k_B	J/K	Boltzmann-Konstante
	T	K	Plasmatemperatur
	$\ln \Lambda$	1	Coulomb-Logarithmus

■ Ein Stickstoff-Plasma besitzt bei $T = 10^4$ K eine experimentell gemessene elektrische Leitfähigkeit von $\sigma = 3000$ S/m.

18.1.1.5 Wärmeleitfähigkeit eines Plasmas

Der Transport von Wärmeenergie kann in einem Plasma auf zwei Arten geschehen:

• Transport durch Weitergabe von Translationsenergie der vorhandenen Teilchen,

• **Reaktionswärmeleitung**, Energietransport durch Weitergabe von Anregungs-, Dissoziations- und Ionisationsenergie

Der Mechanismus der Reaktionswärmeleitung besteht darin, dass in Gebieten hoher Temperatur Wärmeenergie zur Anregung oder Dissoziation verwendet wird. Die Reaktionsprodukte diffundieren in kühlere Bereiche und geben dort durch Umkehrprozesse wieder Wärmeenergie ab (**Abb. 18.1 (b)**).

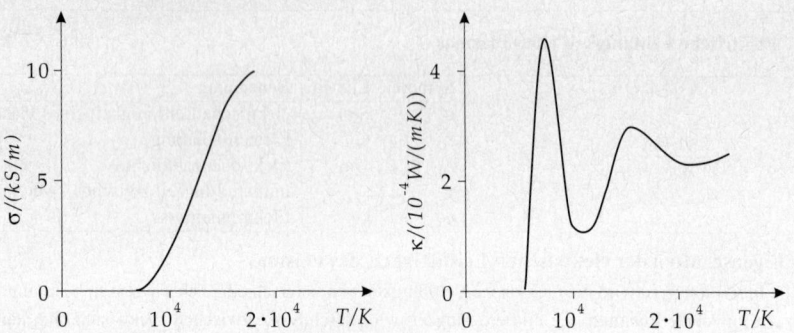

Abbildung 18.1: (a): Elektrische Leitfähigkeit σ und (b): Wärmeleitfähigkeit κ eines Stickstoff-Plasmas

18.1.1.6   Abschirmung und Debye-Länge

1.   Potentialverlauf um geladenes Teilchen im Plasma

Im Plasma ist der Potentialverlauf um ein geladenes Teilchen wesentlich anders als im Vakuum. Um ein positives Teilchen bildet sich eine Wolke negativer Teilchen, die die Reichweite des Potentials erheblich herabsetzen. Daher ist dem üblichen Coulomb-Potential ein abschirmendes Potential überlagert:

Abgeschirmtes elektrisches Potential			$\mathbf{I^{-1}ML^2T^{-3}}$
	Symbol	Einheit	Benennung
$$\varphi(r) = \frac{1}{4\pi\varepsilon_0}\frac{e_0}{r}e^{-r/\lambda_D}$$	φ	V	elektrisches Potential
	r	m	Abstand vom Ladungsträger
	ε_0	$C^2\,J^{-1}\,m^{-1}$	elektrische Feldkonstante
	e_0	C	Elementarladung
	λ_D	m	Debye-Länge

Das angegebene Potential gilt für ein Plasma mit $Z = 1$, in dem überall $e_0 V \ll kT$ ist.

2.   Debye-Länge,

λ_D, charakteristische Länge, die die Abschirmung eines Potentials beschreibt. In einer Debye-Länge fällt das Potential auf das $1/e$-fache ab.

Debye-Länge			**L**
	Symbol	Einheit	Benennung
$$\lambda_D = \sqrt{\frac{\varepsilon_0 kT}{2e_0^2 n_e}}$$	λ_D	m	Debye-Länge
	ε_0	$C^2\,J^{-1}\,m^{-1}$	elektrische Feldkonstante
	k	J/K	Boltzmann-Konstante
	T	K	Temperatur
	e_0	C	Elementarladung
	n_e	$1/m^3$	Elektronenzahldichte

■   Für ein Wasserstoffplasma bei $T = 10^4$ K und $n_e = 10^{23}$ cm^{-3} ist $\lambda_D \approx 2 \times 10^{-5}$ m.

3. Plasmaklassifikation anhand der Debye-Länge

Die Debye-Länge kann zur Plasmaklassifikation benutzt werden:

- **Ideale Plasmen**, Plasmen, in denen sich in einer Kugel mit einem Radius von einer Debye-Länge viele Ladungsträger befinden. Die potentielle elektrische Energie ist wesentlich geringer als die thermische Energie.

- **Nichtideale Plasmen**, Plasmen, in denen sich nur wenige Ladungsträger innerhalb einer Debye-Länge um einen anderen Ladungsträger befinden. Nichtideale Plasmen zeigen charakteristische Anomalien (Phasenübergänge, anomale elektrische Leitfähigkeiten).

- ■ Dichte Plasmen sind meist nichtideale Plasmen.

18.1.1.7 Plasmaschwingungsfrequenz

Plasmaschwingungen, durch Raumladungsschwankungen bedingte kollektive Bewegung des Plasmas. Die rücktreibende Kraft wird dabei vom entstehenden Raumladungsfeld bei Verschiebung von Ladungsträgern gebildet.

Langmuir-Frequenz, ω_{Pe}, Eigenfrequenz von Plasmaschwingungen:

Langmuir-Frequenz von Elektronenschwingungen			$\mathbf{T^{-1}}$
	Symbol	Einheit	Benennung
	ω_{Pe}	rad s^{-1}	Langmuir-Frequenz
$\omega_{Pe} = \sqrt{\dfrac{e_0^2 n_e}{\varepsilon_0 m_e}}$	e_0	C	Elementarladung
	n_e	1/m^3	Elektronenzahldichte
	ε_0	C^2 J^{-1} m^{-1}	elektrische Feldkonstante
	m_e	kg	Elektronenmasse

➤ Für ebenfalls auftretende Ionenschwingungen muss die Elektronenmasse m_e durch die Ionenmasse m_i ersetzt werden.

18.1.2 Plasmastrahlung

1. Strahlung aus dem Plasma

Durch die hohe kinetische Teilchenenergie und die große Zahl angeregter Atome und Ionen senden Plasmen elektromagnetische Strahlung im Bereich von Mikrowellen bis zu harter Röntgenstrahlung (bei hochionisierten Metallatomen) aus.

Strahlung aus Plasmen kann von verschiedenen Übergangsarten herrühren:

- Linienübergänge zwischen gebundenen Zuständen,
- frei-frei-Übergänge im Kontinuum (Bremsstrahlung), also Übergänge zwischen ungebundenen Zuständen,
- frei-gebunden-Übergänge bei Elektron-Ion–Rekombination,
- gebunden-frei-Übergänge mit Dissoziation im unteren Zustand.

➤ Die letzten drei Übergangsarten führen zu kontinuierlichen Emissionsspektren.

2. Charakteristische Größen der Plasmastrahlung

Die aus dem Plasma austretende Strahlung ist eine Folge von spontaner und induzierter Emission sowie Absorption im Plasmainneren.

Spektrale Strahlungsdichte, L_f, Größe, die die Strahlungsenergie pro Frequenzintervall df, die aus einem Volumenelement austritt, beschreibt.

Emissionskoeffizient, ε_f, Koeffizient, der die Strahlungsenergie angibt, die pro Volumeneinheit und Zeiteinheit innerhalb eines Frequenzintervalles emittiert wird.

➤   Der Emissionskoeffizient umfasst die spontane, nicht aber die induzierte Emission. Er ist unabhängig von der spektralen Strahlungsdichte an diesem Ort, aber selbst frequenzabhängig.

Effektiver Absorptionskoeffizient, κ', Koeffizient, der Absorption, Streuung und induzierte Emission in einem Medium beschreibt.

Optische Tiefe, τ, Größe, die die Durchsichtigkeit einer Materiesäule für Strahlung angibt. Sie ist das Integral über den effektiven Absorptionskoeffizienten längs der Säule:

Optische Tiefe			1
	Symbol	Einheit	Benennung
	τ	1	optische Tiefe
$\tau \; = \; \int_0^l \kappa'(x)\mathrm{d}x$	l	m	Länge der Materiesäule
	κ'	m^{-1}	effektiver Absorptionskoeffizient
	x	m	Position längs der Säule

Beim Durchgang durch eine Materialschicht der optischen Tiefe $\tau = 1$ fällt die Strahlungsdichte auf das 1/e-fache ab.

18.1.3   Plasmen in Magnetfeldern

18.1.3.1   Bewegung geladener Teilchen in äußeren Feldern

1.   Kraftwirkung eines äußeren Feldes auf Plasmateilchen

Um das Verhalten von Plasmen in äußeren Feldern zu analysieren, kann die Bewegung einzelner Teilchen untersucht werden.

Ein Teilchen mit der Ladung q und der Geschwindigkeit $\vec{v}$ erfährt in einem elektrischen Feld $\vec{E}$ und magnetischen Feld $\vec{B}$ die Lorentz-Kraft

$$\vec{F}_L = q\left(\vec{v} \times \vec{B}\right) + \vec{F}.$$

$\vec{F}$ umfasst dabei alle äußeren Kräfte, so auch die durch das elektrische Feld ausgeübte Kraft $q\vec{E}$. Die Bewegung lässt sich in zwei Einzelbewegungen aufspalten:

*   **Gyration**, gleichförmige Rotation auf einem Kreis um die (lokale) Magnetfeldachse,
*   Verschiebung des Kreismittelpunktes mit der **Führungsgeschwindigkeit** $\vec{v}_F$.

Gyrationsradius, r_G, und Gyrationsfrequenz, $\vec{\omega}_G$ sind gegeben durch:

Gyrationsradius und Gyrationsfrequenz			
	Symbol	Einheit	Benennung
	r_G	m	Gyrationsradius
	$\vec{\omega}_G$	1/s	Gyrationsfrequenz
$r_G \; = \; \dfrac{mv_\perp}{qB}$	m	kg	Teilchenmasse
$\vec{\omega}_G \; = \; -\dfrac{q}{m}\vec{B}$	$v_\perp$	m/s	Teilchengeschwindigkeit senkrecht zur Magnetfeldachse
	q	C	Teilchenladung
	$\vec{B}$	T	magnetische Flussdichte

Das magnetische Moment der Rotation bleibt konstant; es ist gegeben durch

$$\vec{\mu} = -m\frac{v_\perp}{2}\frac{\vec{B}}{B^2}.$$

➤   Die Teilchenbewegung lässt sich in dieser Form exakt nur in einem homogenen zeitunabhängigen Magnetfeld und für $\vec{F} = 0$ aufspalten.

2. Spezialfälle des äußeren Feldes

Folgende Spezialfälle ergeben sich:

- $\vec{B}$ zeitlich und räumlich konstant, $\vec{F} = 0$.
  Ein Teilchen rotiert auf Schraubenlinien um die magnetischen Feldlinien, die Führungsgeschwindigkeit entspricht der Teilchengeschwindigkeit längs des Magnetfeldes.
  Für zunehmendes Magnetfeld $\vec{B}$ wird der Gyrationsradius r_G zunehmend kleiner, so dass die Teilchen immer enger an die Feldlinien gebunden werden.
- $\vec{B}$ zeitlich und räumlich konstant, $\vec{F} \neq 0$.
  Neben der Bewegung auf Schraubenlinien kommt eine zusätzliche **Querdrift** senkrecht zu $\vec{B}$ und der zu $\vec{B}$ senkrechten Kraftkomponente $\vec{F}_\perp$ hinzu. Für die Führungsgeschwindigkeit ergibt sich

$$\vec{v}_F = \frac{\vec{F}_\perp \times \vec{B}}{qB^2}.$$

- $\vec{B}$ zeitlich, aber nicht räumlich konstant, $\vec{F} = 0$.
  Gradient-B-Drift, Driftbewegung in einem inhomogenen Magnetfeld, dessen Gradient senkrecht zum Magnetfeld steht. Für die Führungsgeschwindigkeit gilt

$$\vec{v}_F = \frac{v_\perp r_G}{2B} \operatorname{grad}_\perp B.$$

  In einem inhomogenen Feld, dessen Gradient parallel zur Magnetfeldachse steht, findet eine Umwandlung longitudinaler Bewegungsenergie in Rotationsenergie statt.
  Spiegeleffekt, Änderung des Vorzeichens der Führungsgeschwindigkeit in einem inhomogenen Magnetfeld, dessen Gradient parallel zur Magnetfeldachse zeigt.
  Durch den Spiegeleffekt können Ionen in einem zylindrischen, inhomogenen Magnetfeld eingeschlossen werden.
- $\vec{B}$ weder zeitlich noch räumlich konstant.
  In einem zeitlich ansteigenden Feld verringert sich der Gyrationsradius r_G, in einem abfallenden Feld erhöht er sich.
  Der vom Teilchen bei der Gyrationsbewegung umfahrene magnetische Fluss ist beinahe konstant.

18.1.3.2 Ladungsträgerbewegung im Magnetfeld mit Stößen

Durch Stöße werden geladenene Teilchen von den Magnetfeldlinien, um die sie kreisen, entfernt und auf eine andere Feldlinie versetzt, so dass sich eine Driftbewegung quer zum Magnetfeld ergibt.

Die statistisch wirkenden Stöße können durch Hinzufügung einer effektiven stochastischen Kraft, die als Reibungskraft wirkt, behandelt werden.

Langevin-Gleichung, Gleichung, die die stoßbehaftete Bewegung in einem Magnetfeld - bei Anwesenheit zusätzlicher äußerer Kräfte - beschreibt.

Langevin-Gleichung			$\mathbf{MLT^{-2}}$
	Symbol	Einheit	Benennung
	m	kg	Teilchenmasse
	$\vec{v}$	m/s	Teilchengeschwindigkeit
$m\dfrac{d\vec{v}}{dt} = q\left(\vec{v} \times \vec{B}\right) + \vec{F} - mf\vec{v}_m$	t	s	Zeit
	q	C	Teilchenladung
	$\vec{B}$	T	magnetische Flussdichte
	$\vec{F}$	N	äußere Kräfte
	f	1/s	Stoßfrequenz
	$\vec{v}_m$	m/s	mittlere Geschwindigkeit

18.1.3.3 Driftbewegung im äußeren elektrischen Feld

In einem äußeren elektrischen Feld können bei zeitunabhängigen Feldern die Driftbewegungen infolge gekoppelter Felder durch die gemittelte Langevin-Gleichung bestimmt werden. Für ein in z-Richtung zeigendes Magnetfeld ergibt sich für die einzelnen Raumrichtungen (die x-Achse sei so orientiert, dass $E_y = 0$):

- In Magnetfeldrichtung erzeugt E_z eine Driftbewegung, die unbeeinflusst vom Magnetfeld verläuft.
- Die zu $\vec{B}$ senkrechte Komponente E_x erzeugt eine Driftbewegung in x-Richtung, allerdings mit der reduzierten Beweglichkeit

$$\mu_x = \frac{1}{1 + (\omega_{Ge}^2 / f_e^2)} \mu_z, \quad \omega_{Ge} \text{ Gyrationsfrequenz der Elektronen,}$$

  f_e Stoßfrequenz der Elektronen.
- In y-Richtung wird durch E_x eine Drift angeregt, obwohl $E_y = 0$.

18.1.3.4 Kontinuumstheorien

Mit ansteigender Wechselwirkung zwischen den Teilchen muss das Modell einzelner Teilchen durch das Modell eines kontinuierlichen Mediums ersetzt werden. Dafür bestehen zwei Möglichkeiten:

- **Magnetohydrodynamik**, Verbindung von Hydrodynamik und Elektrodynamik,
- **Plasmadynamik**, Hydrodynamik unter Verwendung verschiedener Flüssigkeiten für Elektronen, Ionen und neutrale Teilchen.

Es ergeben sich analoge Größen für die hydrodynamischen Variablen.

Magnetischer Druck, zusätzlicher Plasmadruck, der durch die Wechselwirkung zwischen Plasma und Magnetfeld wirkt. Magnetischer Druck für ein zeitlich unverändertes Feld:

$$p_m = \frac{B^2}{2\mu_0}, \quad \mu_0 \text{ magnetische Feldkonstante.}$$

18.1.4 Plasmawellen

Durch die verschiedenen Wechselwirkungen bestehen in einem Plasma, besonders dann, wenn es weit entfernt vom Gleichgewicht ist, eine Fülle von möglichen Wellenanregungen. Folgende Größen können wellenförmige Schwankungen ausführen:

- elektrische Feldstärke E,
- elektrische Raumladungsdichte ρ,
- magnetische Flussdichte B,
- Teilchenkonzentrationen von Ladungsträgern und Neutralteilchen,
- Temperaturen der Ionen und Elektronen,
- Driftgeschwindigkeiten der Teilchen.

➤ Die Behandlung von Plasmawellen erfordert die simultane Behandlung der Maxwell-Gleichungen und der Transportgleichungen für die Ladungsträger.

18.1.4.1 Plasmaakustische Wellen in Plasmen

1. Elektronen-Plasmawellen

Elektronen-Plasmawellen, **Langmuir-Wellen**, longitudinale Wellenbewegung, verknüpft mit Langmuir-Schwingungen der Elektronendichte.

Elektronen-Plasmawellen treten in kalten Plasmen ($T_e = 0$) nicht auf. Sie werden von Magnetfeldern längs der Ausbreitungsrichtung der Welle nicht beeinflusst.

Dispersionsrelation von Langmuir-Wellen			T^{-2}
	Symbol	Einheit	Benennung
	$<v_e>$	m/s	mittlere Elektronengeschwindigkeit
$<v_e>^2\, k^2 - \omega^2 + \omega_{Pe}^2 \;=\; 0$	k	1/m	Wellenzahl
	ω	1/s	Kreisfrequenz der Welle
	ω_{Pe}	1/s	Langmuir-Kreisfrequenz der Elektronen

2. Ionen-Plasmawellen,

zusätzliche Longitudinalwellen, die bei kleinen Frequenzen ($\omega \ll \omega_e$) entstehen, da dort neben den Elektronendichteschwankungen auch Ionendichteschwankungen zur Wellenbewegung beitragen. Ionen-Plasmawellen sind dispersionsfrei.

Ionenschallgeschwindigkeit, Ausbreitungsgeschwindigkeit von Ionen-Plasmawellen.

Ionenschallgeschwindigkeit			LT^{-1}
	Symbol	Einheit	Benennung
	c_S	m/s	Ionenschallgeschwindigkeit
$c_S \;=\; <v_i> \sqrt{1 + \dfrac{T_e}{T_i}}$	$<v_i>$	m/s	gemittelte Ionengeschwindigkeit
	T_e	K	Elektronentemperatur
	T_i	K	Ionentemperatur

Die Ionenschallgeschwindigkeit wird sowohl durch die Elektronen- als auch durch die Ionentemperatur beeinflusst.

18.1.4.2 Magnetohydrodynamische Wellen

Magnetohydrodynamische Wellen, gemischte hydrodynamisch-elektromagnetische Wellen, die wesentlich von der Bewegung des Ladungsträgerhintergrunds beeinflusst werden.

Alfven-Wellen, magnetohydrodynamische Wellen in einem magnetischen Feld parallel zur Ausbreitungsrichtung. Sie sind dispersionsfrei, ihre Phasengeschwindigkeit c_{Ph} beträgt

Phasengeschwindigkeit von Alfven-Wellen			LT^{-1}
	Symbol	Einheit	Benennung
	c_{Ph}	m/s	Phasengeschwindigkeit
$c_{Ph} \;=\; \dfrac{c_0}{\sqrt{1 + \dfrac{\mu_0 c_0^2 \rho_m}{B_a^2}}}$	c_0	m/s	Vakuumlichtgeschwindigkeit
	μ_0	Vs/Am	magnetische Feldkonstante
	ρ_m	kg/m^3	Massendichte des Plasmas
	B_a	T	äußeres Magnetfeld

Alfven-Wellen können als elektromagnetische Wellen aufgefasst werden, die sich in einem Medium erhöhter relativer Dielektrizitätskonstante bewegen:

$$\varepsilon_r = \sqrt{1 + \frac{\mu_0 c_0^2 \rho_m}{B_a^2}}\,.$$

18.1.4.3   Elektromagnetische Wellen in Plasmen

Die Ausbreitung elektromagnetischer Wellen im Plasma wird gegenüber der Ausbreitung im Vakuum durch die Anwesenheit freier Ladungsträger gegenüber dem Vakuumfall modifiziert. Für $\omega \to \infty$ verhalten sich die Wellen wie Vakuumwellen, da keine Ladungsträger mitbewegt werden können, während für $\omega \approx \omega_{Pe}$ und $\omega \approx \omega_{Ge}$ (ω_{Ge} Gyrationsfrequenz der Elektronen) starke Abweichungen auftreten. Für zirkular polarisierte Wellen, die sich in einem Magnetfeld parallel zur Magnetfeldachse ausbreiten, lassen sich einfache Dispersionsrelationen angeben:

Ordentliche Welle, zirkular polarisierte elektromagnetische Welle, deren $\vec{E}$-Vektor entgegengesetzt zur Gyration der Elektronen rotiert.

Außerordentliche Welle, zirkular polarisierte elektromagnetische Welle, deren $\vec{E}$-Vektor in gleichem Drehsinn wie die Elektronengyration rotiert.

Dispersionsrelation elektromagnetischer Plasmawellen			$\mathbf{T^{-2}}$
	Symbol	Einheit	Benennung
	c_0	m/s	Vakuumlichtgeschwindigkeit
	k	m^{-1}	Wellenzahl
$c_0^2 k^2 - \omega^2 + \dfrac{\omega_{Pe}^2}{1 \pm \dfrac{\omega_{Ge}}{\omega}} = 0$	ω	s^{-1}	Kreisfrequenz der Welle
	ω_{Pe}	s^{-1}	Langmuir-Kreisfrequenz der Elektronen
	ω_{Ge}	s^{-1}	Gyrationskreisfrequenz der Elektronen

Das positive Vorzeichen gilt für ordentliche, das negative für außerordentliche Wellen.

In einem Plasma, in dem kein äußeres Magnetfeld wirkt, gilt für die Brechungszahl n die **Ecclessche Beziehung**:

Ecclessche Beziehung für den Brechungsindex			1
	Symbol	Einheit	Benennung
	n	1	Brechungsindex des Plasmas
$n = \sqrt{1 - \dfrac{\omega_{Pe}}{\omega}}$	ω_{Pe}	s^{-1}	Langmuir-Frequenz der Elektronen
	ω	s^{-1}	Wellenfrequenz

➤   Wellen mit $\omega = \omega_{Pe}$ werden beim Eintritt in das Plasma reflektiert.

18.1.4.4   Landau-Dämpfung

Neben der üblichen Dämpfung durch Stöße zwischen den Plasmateilchen wird Energie aus der Plasmabewegung auch in elektromagnetische Wellen transferiert.

Landau-Dämpfung, Dämpfung von Plasmawellen durch Energieübertragung im mitbewegten Wellenfeld. Teilchen mit höheren Geschwindigkeiten als die Phasengeschwindigkeit der Welle werden verzögert, Teilchen mit niedrigeren Geschwindigkeiten werden beschleunigt. Sind die Geschwindigkeitsverteilungen der Plasmateilchen Maxwell-Verteilungen, so überwiegt der dämpfende Anteil (auf der abfallenden Seite), so dass der Welle insgesamt Energie entzogen wird.

➤   Bei einer geeigneten Geschwindigkeitsverteilung ist auch eine Verstärkung der Welle möglich.

18.2   Erzeugung von Plasmen

Zur Erzeugung von Plasmen muss von außen genügend Energie bereitgestellt werden, um den Atomen und Molekülen die minimale Energie zuzuführen, die zur Ionisation notwendig ist. Dazu stehen zwei Mechanismen zur Verfügung:

• Erhöhung des Energieinhaltes durch Wärmezufuhr. Die zugeführte Energie verteilt sich auf die verfügbaren Freiheitsgrade; die Ionisation geschieht durch Stoß- und Photoionisation. Die entstehenden Plasmen befinden sich meist in der Nähe des thermischen Gleichgewichtes.

● Energieerhöhung durch gezielte Energiezufuhr (Strahlung oder elektrischer Strom) ohne wesentliche Temperaturerhöhung. Die Ionisation erfolgt direkt durch Übertragung der von außen zugeführten Energie auf Atome und Moleküle. Die entstehenden Plasmen sind weit entfernt vom thermischen Gleichgewicht (es gilt $T_e \gg T_i$).

18.2.1 Thermische Plasmaerzeugung

Plasmaofen, Gerät zur Aufheizung von Gas durch Kontakt mit beheizten Wänden. In Plasmaöfen werden Gleichgewichtsplasmen erzeugt, die der Saha-Gleichung genügen. Durch die maximal erreichbare Temperatur ($T \leq 3500$ K) ist der Ionisationsgrad jedoch begrenzt.

Q-Maschine, erzeugt thermische Plasmen erhöhten Ionisationsgrades durch Kontaktionisation von Gasatomen an aus Elektroden austretenden Elektronen; dazu muss die Ionisationsenergie des Gases geringer sein als die Austrittsarbeit aus den Elektroden. Der entstehende Plasmazylinder wird durch ein longitudinales Magnetfeld eingeschlossen; der erreichbare Ionisationsgrad beträgt 50 %.

➤ Neben der maschinellen Beheizung kann auch die Energie aus chemischen oder nuklearen Reaktionen zur Beheizung genutzt werden. Während die Erhitzung in Flammen und Explosionen jedoch zu Plasmen geringer Temperaturen führt ($T < 10^4$ K), können mit Kernreaktionen Fusionsplasmen ($T \approx 10^9$ K) gezündet werden.

■ Die Zündung des Plasmas in einer Wasserstoffbombe erfolgt durch die Explosion einer Kernspaltungsbombe im Zentrum der Wasserstoffmenge.

18.2.2 Plasmaerzeugung durch Kompression

Bei der adiabatischen Kompression von Gasen kann die Temperatur so stark erhöht werden, dass Ionisation einsetzt und ein Plasma erzeugt wird. Die Kompression kann dabei durch äußere Einflüsse – Kolben oder Stoßwellen –, aber auch durch **magnetische Eigenkompression** eines leitfähigen Gases oder Plasmas geschehen.

Stoßwellenrohr, zylinderförmiges Rohr, in dem durch Zerstörung einer Membran zwischen einem Bereich hohen und einem Bereich niedrigen Druckes eine Stoßwelle freigesetzt wird. Durch die starke Erhitzung des Gases beim Durchgang der Stoßwelle kommt es zur Ionisation (**Abb. 18.2**).

Stoßwellen können auch durch rasche Aufheizung einer Gasmenge durch Impulsentladungen oder zeitlich ansteigende Magnetfelder erzeugt werden (induktiv-hydrodynamisches Stoßwellenrohr **Abb. 18.3**). Während bei der elektrischen Impulsentladung ausschliesslich durch die plötzliche Erhitzung eine Stoßwelle freigesetzt wird, werden bei der Verwendung von Magnetfeldern magneto-hydrodynamische Eigenschaften des während des Vorgangs entstehenden Plasmas zur Erhöhung der Temperatur und des Ionisationsgrades genutzt.

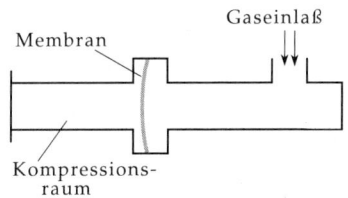

Abbildung 18.2: Mechanisches Stoßwellenrohr

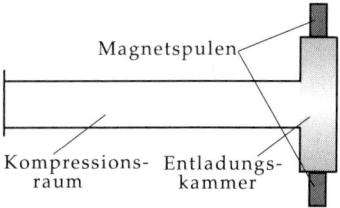

Abbildung 18.3: Induktiv-hydrodynamisches Stoßwellenrohr

18.2.2.1   Pinch-Effekt

Pinch-Effekt, Kompression von geladenen Flüssigkeiten und Gasen im Magnetfeld, die beim Durchgang eines hohen Stromes oder eines Magnetfeldes - abhängig von der Geometrie - durch die Flüssigkeit oder das Gas entsteht. Durch die Kompression wird die Temperatur des Plasmas erhöht.

1.   z-Pinch,

Pinch, bei dem der Strom axial durch die Plasmasäule fließt. Durch eine Entladung zwischen zwei Elektroden fließt ein Strom längs der Pinchachse und erzeugt ein azimutales Magnetfeld $\vec{B}_\theta$, in dem auf die Ladungsträger eine radial nach innen gerichtete Kraftdichte

$$\vec{f} = \vec{J}_z \times \vec{B}_\theta$$

wirkt (**Abb. 18.4**). $\vec{J}_z$ ist die Stromdichte in z-Richtung. Die zur Pinchachse zeigende Kraft ist gerade die **Lorentz-Kraft** der Elektrodynamik.

Bei einer genügend großen Stromdichte übertrifft die Kraftdichte den Plasmadruck und komprimiert die Plasmasäule, die sich dabei einschnürt (Kompressionseffekt) und von den Gefäßwänden löst.

Bennett-Gleichung, Gleichung, die den zur Kompression einer Plasmasäule im z-Pinch nötigen Strom angibt:

Bennett-Gleichung			I^2
	Symbol	Einheit	Benennung
	I	A	Entladungsstrom
	μ_0	Vs/Am	magnetische Feldkonstante
$I^2 = \dfrac{8\pi}{\mu_0} N k_B T$	N	1/m	Ladungsträgerdichte pro Längeneinheit
	k_B	J/K	Boltzmann-Konstante
	T	K	Plasmatemperatur

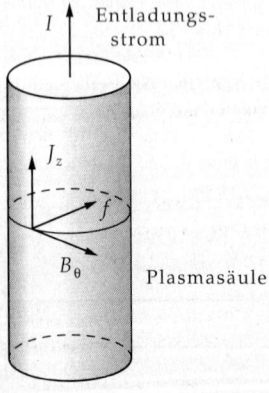

Abbildung 18.4: z-Pinch

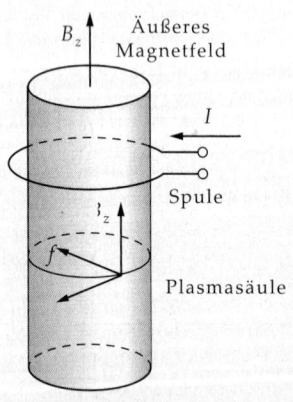

Abbildung 18.5: Θ-Pinch

■   Um ein Fusionsplasma ($T \approx 10^9$ K) des Durchmessers $r = 15$ cm und einer Anzahldichte $n = 10^{22}$ m^{-3} zu komprimieren, ist ein Strom $I = 2.1 \cdot 10^7$ A erforderlich.

2. Theta-Pinch,

θ-**Pinch**, Pinch, bei dem durch eine äußere Spule ein zeitlich ansteigendes axiales Magnetfeld erzeugt wird, das in der Plasmasäule einen azimutalen Strom induziert, der analog zu einer nach innen gerichteten radialen Kraftdichte führt (**Abb. 18.5**).

Durch Plasma-Instabilitäten ist die Lebensdauer von Pinch-Plasmen beschränkt ($\tau \approx 10\,\mu s$). Längere Einschlusszeiten erfordern andere Geometrien wie etwa toroidale Plasmasäulen.

18.3 Energieerzeugung mit Plasmen

Plasmen können als elektrisch leitfähige Gase von Magnetfeldern eingeschlossen und so vom Kontakt mit festen Oberflächen in der Umgebung ferngehalten werden. Dies lässt sich auf verschiedene Weisen ausnutzen:

- Wärmekraftmaschinen können mit höheren Maximaltemperaturen betrieben werden, als technisch durch das Brennkammermaterial allein möglich wäre (MHD-Generator).
- Fusionsplasmen können berührungsfrei zusammengehalten werden, so dass Fusionsreaktionen in einer Reaktorkammer zur kontrollierten Energieerzeugung genutzt werden können.

18.3.1 MHD-Generator

MHD-Generator, kontinuierliche Wärmekraftmaschine, die die Funktionen von Turbine und Generator mit einem einzigen Arbeitsmittel kombiniert (**Abb. 18.6**).

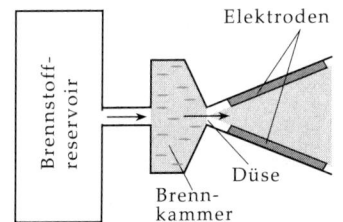

Abbildung 18.6: MHD-Generator

Aus einer Brennkammer strömt ein Plasma durch eine Düse in einen Raum, in dem senkrecht zur Ausströmachse ein Magnetfeld von außen angelegt wird. Die daraus resultierende Lorentz-Kraft führt zu einer Ladungstrennung zwischen Elektronen und Ionen, die an zwei Elektroden - senkrecht zur Magnetfeld- und Ausströmachse - abgenommen werden können.

➤ Um bei den typischen Verbrennungstemperaturen $T = 2000\ldots3000\,K$ einen genügenden Ionisationsgrad zu erreichen, ist die Zugabe von Alkaliatomen zum Verbrennungsgas nötig. Diese Dotierung des Gases senkt auch den Innenwiderstand des Generators, der die maximal erreichbare Leistung begrenzt.

Der MHD-Generator verknüpft die Wirkungsweise der Turbine und des Generators einer üblichen Wärmekraftmaschine in einem Arbeitsgang miteinander. Der maximal erreichbare Wirkungsgrad wird durch den Carnotschen Wirkungsgrad begrenzt:

$$\eta = \frac{T_h - T_k}{T_h} \quad.$$

Durch die hohen erreichbaren Werte für T_h, die wegen des magnetischen Einschlusses nicht durch das Wandmaterial begrenzt werden, sind theoretisch wesentlich höhere Wirkungsgrade als bei herkömmlichen Wärmekraftmaschinen erreichbar; die technischen Probleme sind bisher jedoch noch ungelöst.

18.3.2   Kernfusionsreaktoren

Bei der Fusion von leichten Kernen wird ein Energiebetrag in der Größenordnung 10 MeV pro Fusionsreaktion freigesetzt. Um jedoch Fusionsreaktionen in Gang zu bringen, muss den Reaktionspartnern genügend thermische Energie zugeführt werden, um die Coulomb-Abstoßung zu überwinden. In einem Fusionskraftwerk muss die freiwerdende Fusionsenergie dazu verwendet werden, weitere Reaktionen in Gang zu setzen.

1.   Kernreaktionen für die Kernfusion

Für einen Fusionsreaktor kommen folgende Kernreaktionen in Frage:

$$_1^2 D + _1^3 T \rightarrow _2^4 He + _0^1 n + 17.60 \, MeV$$

$$_1^2 D + _1^2 D \rightarrow _2^3 He + _0^1 n + 3.27 \, MeV$$

$$_1^2 D + _1^2 D \rightarrow _1^3 T + _1^1 H + 4.04 \, MeV$$

$$_3^6 Li + _1^2 D \rightarrow 2 _2^4 He + 22.4 \, MeV$$

$$_5^{11} B + _1^1 H \rightarrow 3 _2^4 He + 8.47 \, MeV$$

Die entstehende Energie verteilt sich gleichmäßig auf die entstehenden Reaktionsprodukte.

➤   Die Reaktionen sind nach sinkendem Wirkungsquerschnitt bei gegebener Temperatur angeordnet. Die D-T-Reaktion erfordert den geringsten technischen Aufwand, ist aber wegen der harten Neutronenstrahlung und der involvierten Tritiummenge bedenklich.

2.   Leistungsdichte

Die durch Fusionsreaktionen erreichbare Leistungsdichte wird gegeben durch:

Leistungsdichte aus Fusionsreaktionen			$L^{-1}MT^{-3}$
	Symbol	Einheit	Benennung
	p	W/m^3	Leistungsdichte
$p = n_1 n_2 <v\sigma> \varepsilon$	n_i	1/m^3	Anzahldichten der Reaktionspartner
	$<v\sigma>$	m^3/s	geschwindigkeitsgemittelte Reaktionsraten
	ε	J	Reaktionsenergie

3.   Einschlusszeit,

τ, Zeit, während der ein Brennstoffgemisch zusammengehalten wird, etwa durch äußere Magnetfelder.

➤   Durch die hohe kinetische Teilchenenergie und den dazukommenden Strahlungsdruck üben Fusionsplasmen enorme Drücke aus, die je nach Dichte nur für wenige ns ausgeglichen werden können.

4.   Lawson-Kriterium,

Kriterium, das die benötigte Brennstoffdichte im Plasma mit der Einschlusszeit verknüpft.

Damit sich in einem Reaktor eine sich selbst erhaltende Reaktionskette aufbaut, muss die freiwerdende Fusionsenergie mindestens so groß sein wie die benötigte thermische Plasmaenergie. Für ein aus gleichen Teilen zusammengesetztes Plasma gilt dann:

$$\frac{1}{4}n^2 <v\sigma> \varepsilon\tau > 3nk_B T \, .$$

So ergibt sich ein minimaler Wert für das Produkt $n\tau$.

Lawson-Kriterium			$L^{-3}T$
	Symbol	Einheit	Benennung
	n	$1/m^3$	Brennstoffdichte
	τ	s	Einschlusszeit
$n\tau \; > \; \dfrac{12k_B T}{<v\sigma>\varepsilon}$	k_B	J/K	Boltzmann-Konstante
	T	K	Plasmatemperatur
	$<v\sigma>$	m^3/s	geschwindigkeitsgemittelte Reaktionsraten
	ε	J	Reaktionsenergie

■   Für D-T-Reaktionen ergibt sich $n\tau > 5 \cdot 10^{19}$ sm^{-3}, für D-D–Reaktionen analog $n\tau > 10^{21}$ sm^{-3}.

5.   Energieverluste in Fusionsplasmen,
Energieabflüsse, die durch die freiwerdende Fusionsenergie ausgeglichen werden müssen:

- Bremsstrahlung,
- Linienabstrahlung durch Fremdatomverunreinigungen – besonders kritisch bei Verunreinigungen hoher Ordnungszahl,
- Synchrotronstrahlung (bei toroidalem Einschluss),
- Wärmeleitung,
- Teilchenverlust.

6.   Einschlussverfahren
Um das Lawson-Kriterium erfüllen zu können, stehen zwei Einschlussverfahren für das Plasma offen:

- **Magnetische Halterung**: In einem Magnetfeld wird ein Plasma niedriger Dichte für relativ lange Zeit zusammengehalten. Es wird von außen induktiv beheizt, um die nötige thermische Energie zu erhalten.
- **Trägheitseinschluss**: Durch Energiezufuhr wird der Brennstoff komprimiert, so dass er durch seine eigene Trägheit für eine kurze Zeit zusammengehalten wird. Dabei wird eine hohe Dichte erreicht.

18.3.3   Fusion unter magnetischer Halterung

1.   Varianten des Magneteinschlusses
Um ein Plasma niedriger Dichte in ein Magnetfeld vollständig einzuschliessen, bestehen zwei prinzipielle Möglichkeiten:

- **Spiegelmaschine**, linearer θ-Pinch, an dessen Enden das Magnetfeld so erhöht wird, dass dorthin auslaufende Teilchen reflektiert werden. Durch Ion-Ion-Stöße im Plasma wird jedoch die benötigte Temperatur soweit heraufgesetzt, dass gegenwärtig die Anwendung in Reaktoren fraglich ist.

    ■   Mit der Spiegelmaschine 2XIIB am Lawrence Livermore National Laboratory (USA) wurden Ionentemperaturen von $T_i = 9$ keV bei einer Dichte von 10^{20} m^{-3} und einer Einschlusszeit $t = 1$ ms erreicht.

- **Toroidaler Plasmaeinschluss**, θ-Pinch, der zu einem Torus gebogen wird.

Ein einfacher, zu einem Torus gebogener θ-Pinch führt zu keinem stabilen Plasmaeinschluss, da eine resultierende, nach außen gerichtete Kraftkomponente auf die Ladungsträger im Plasma wirkt. Durch ein zusätzliches Magnetfeld werden jedoch die Ladungsträger auf spiralförmige Bahnen um die Torusachse gezwungen.

2.   Varianten zur Erzeugung des Magnetfeldes
Das meridionale Magnetfeld lässt sich auf verschiedene Arten erzeugen:

- **Tokamak**: Durch einen Transformator wird ein Strom im Plasma induziert, der selbst das meridionale Magnetfeld erzeugt. Da dieser Strom nur pulsweise induziert werden kann, bestehen Schwierigkeiten bei stationärem Betrieb.

■   Tokamak **JET**, fortgeschrittenste Testanlage für Magnetfusion in Großbritannien.

●   **Stellarator**: Durch asymmetrische Spulenform wird ein kombiniertes azimutal-meridionales Magnetfeld erzeugt. Diffusionsverluste werden durch die Spulenanordnung begrenzt, so dass ein stationärer Betrieb prinzipiell möglich ist.

■   Stellarator **Wendelstein**, Testanlage für Magnetfusion im Max-Planck-Institut für Plasmaphysik in München.

Die Heizung des Plasmas auf Temperaturen über 10^8 K erfolgt durch Induktion oder durch Einschuss hochenergetischer Teilchen. Neben den Energieverlusten durch Strahlung sind auch Verluste durch Plasmadiffusion, also Bewegung senkrecht zur Magnetfeldachse, zu berücksichtigen. Dabei sind Stöße zwischen geladenen Teilchen keine reinen Zweiteilchenstöße, sondern können auch – über die lange Reichweite der Coulomb-Wechselwirkung – mehrere Teilchen beeinflussen. Durch solche Stöße wird die Lebensdauer eines Plasmas selbst im mechanischen Gleichgewicht stark herabgesetzt.

18.3.4   Fusion unter Trägheitseinschluss

Bei der Fusion unter Trägheitseinschluss werden geringe, in einem kugelförmigen Pellet eingeschlossene Brennstoffmengen durch Implosion nach äußerer Bestrahlung auf ein Vielfaches der Festkörperdichte komprimiert. Durch die Kompression des Brennstoffs wird auch seine Temperatur stark erhöht, so dass in der Mitte eine Fusionsreaktion zündet und sich eine thermonukleare Brennfront nach außen fortpflanzt. Es ist kein Plasmaeinschluss durch technische Mittel nötig, da das innere Plasma durch die äußeren Pelletschichten für die Zeit der Brenndauer (einige hundert ps) zusammengehalten wird.

1.   Aufbau des Brennstoffpellets

Brennstoffpellet, innen hohles Kügelchen, das aus mehreren Schichten aufgebaut ist. Die innerste Schicht wird vom Brennstoff, einer gefrorenen Deuterium-Tritium-Mischung, gebildet. Im umgebenden Absorber wird die eingebrachte Energie so deponiert, dass der äußere Teil (Tamper) nach außen abdampft, während der innere Teil (Pusher) durch den Rückstoß radial nach innen getrieben wird. Dabei wird der Brennstoff im inneren Hohlraum komprimiert (**Abb. 18.7**).

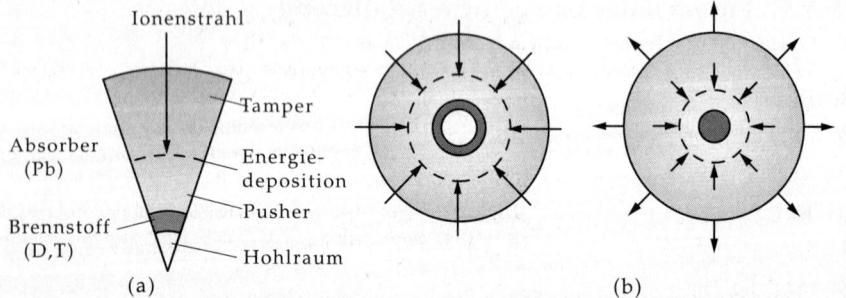

Abbildung 18.7: Fusion unter Trägheitseinschluss. (a): Struktur des Brennstoffpellets, (b): Pelletimplosion

2.   Varianten der Kompression

Um ein Brennstoffpellet zu zünden, wird von außen möglichst symmetrisch Energie deponiert; dazu bestehen verschiedene Möglichkeiten:

●   Beschuss mit **Laserstrahlen**. Laserstrahlen bieten eine gute Fokussierbarkeit bei gleichzeitig hoher Energiedichte. Durch die augenblickliche Bildung einer Plasmaschicht außerhalb der festen Pelletoberfläche, die die Laserstrahlung absorbiert, ist die Kopplung jedoch nicht sehr effizient. Weiterhin ist der Laserwirkungsgrad gering.

➤ Durch Laserbestrahlung entstehen extrem heiße Elektronen, die das gesamte Pellet durchdringen können. Durch diese Vorheizung des Brennstoffes wird die benötigte Kompressionsarbeit stark erhöht.

• Beschuss mit **Ionenstrahlen**. Ionenstrahlen bieten eine räumlich stark lokalisierte (Bragg-Peak im Energiedepositionsprofil) und effiziente Ankopplung von Strahl und Pellet. Die Fokussierung ist, insbesondere bei Schwerionenstrahlen, technisch schwierig, und die Systemgröße ist nach unten hin begrenzt.

Der direkte Beschuss von Pellets mit Ionenstrahlen erscheint heute nicht ausreichend zur effektiven Zündung des Brennstoffs, da Unsymmetrien bei der Energiedeposition und hydrodynamische Instabilitäten (Rayleigh-Taylor-Instabilitäten an der Grenzfläche zweier gegeneinander beschleunigter Substanzen unterschiedlicher Dichte) die maximal erreichbare Kompression beschränken.

Indirekt getriebenes Pellet, Methode, um Unsymmetrien in der Bestrahlung auszugleichen. Der Ionen- oder Laserstrahl wird nicht direkt auf das Pellet gelenkt, sondern trifft Strahlungskonverter aus Gold, die einen hohen Prozentsatz der ankommenden Strahlung in weiche Röntgenstrahlung umwandeln, die in einem Hohlraum absorbiert und wieder auf das Pellet hin reemittiert wird. Man erhofft sich davon eine weitaus bessere Symmetrisierung; die zur Brennstoffzündung benötigte Energie wird jedoch um zwei Größenordnungen erhöht.

Formelzeichen Elektrizitätslehre

Symbol	Einheit	Benennung
α	1/K	Temperaturkoeffizient
α_i	m^3/s	Rekombinationskoeffizient
γ, σ	S/m	Leitfähigkeit
ε	C/(Vm)	Permittivität
ε	J	Reaktionsenergie
ε_0	C/(Vm)	elektrische Feldkonstante
ε_r	1	Permittivitätszahl
κ	S/m	Leitfähigkeit
λ	C/m	Linienladungsdichte
λ_D	m	Debye-Länge
Λ_m	Vs/A	magnetischer Leitwert
μ	Vs/(Am)	Permeabilität
μ	$m^2/(Vs)$	Ionenbeweglichkeit
μ_0	Vs/(Am)	magnetische Feldkonstante
μ_r	1	relative Permeabilität
ρ	Ωm	spezifischer Widerstand
ρ	C/m^3	Raumladungsdichte
σ	C/m^2	Flächenladungsdichte
τ	1	optische Tiefe
Θ	A	Durchflutung
Φ	Wb	magnetischer Fluss
φ	V	elektrisches Potential
χ_m	1	magnetische Suszeptibilität
ψ	Vm	elektrischer Fluss
ψ	Wb	Induktionsfluss
$\vec{\omega}_G$	1/s	Gyrationsfrequenz
ω_{Ge}	1/s	Gyrationsfrequenz der Elektronen
ω_{Pe}	1/s	Langmuir-Frequenz der Elektronen
ω_{Pe}	rad/s	Langmuir-Frequenz
$\ddot{A}$	kg/C	elektrochemisches Äquivalent
A	$A/(m^2 K^2)$	Richardson-Konstante
b	$m^2/(Vs)$	Beweglichkeit
B	S	Blindleitwert
B	J/m^2	emittierte Strahlungsenergie
$\vec{B}$	T	magnetische Flussdichte
C	F	Kapazität
c	m/s	Lichtgeschwindigkeit in Materie
c_0	m/s	Lichtgeschwindigkeit im Vakuum
c_i	mol/kg	Ionenkonzentrationen
c_S	m/s	Ionenschallgeschwindigkeit
D	1	Durchgriff
d_p	1	Dämpfungsfaktor
$\vec{D}$	C/m^2	Verschiebungsdichte
e_0	C	Elementarladung
$\vec{E}$	V/m	elektrische Feldstärke

Symbol	Einheit	Benennung
f	1/s	Frequenz der Strahlung
f	1/s	Photonenfrequenz
F	C/mol	Faraday-Konstante
G	S	Leitwert
h	Js	Plancksches Wirkungsquantum
$\vec{H}$	A/m	magnetische Spannung
I	A	Strom
I_a	A	Anodenstrom
$\vec{J}$	A/m^2	Stromdichte
k_B	J/K	Boltzmann-Konstante
$\ln \Lambda$	1	Coulomb-Logarithmus
L	H	Induktivität
M	H	Gegeninduktivität
M	kg/mol	Molmasse
m_e	kg	Elektronenmasse
$\vec{M}$	A/m	Magnetisierung
N	1	Teilchenzahl
n	mol	Stoffmenge
N_A	1/mol	Avogadro-Konstante
Q	C	Ladung
Q	W	Blindleistung
Q_p	1	Güte
R	Ω	elektrischer Widerstand
R_a	Ω	Widerstand im Anodenkreis
R_i	Ω	Röhrenwiderstand
R_m	A/Wb	magnetischer Widerstand
r_G	m	Gyrationsradius
s	1	Schlupf
S	W	Scheinleistung
S	A/V	Steilheit der Kennlinie
T	K	Temperatur
$\ddot{u}$	1	Übertragung
U	V	elektrische Spannung
U	V	Spannung
U_a	V	Anodenspannung
U_g	V	Gitterspannung
U_s	V	Steuerspannung des Gitters
$<v\sigma>$	m^3/s	geschwindigkeitsgemittelte Reaktionsraten
$<v_e>$	m/s	mittlere Elektronengeschwindigkeit
V	1	Verstärkungsgrad einer Röhre
v_{dr}	m/s	Driftgeschwindigkeit
W	J	Bindungsenergie des Elektrons
W_A	J	Austrittsarbeit
X	Ω	Blindwiderstand
x	1	Ionisationsgrad
Y	S	Scheinleitwert
Z	Ω	Scheinwiderstand
z	1	Ionenladungszahl

19 Tabellen zur Elektrizitätslehre

19.1 Metalle und Legierungen

19.1.1 Spezifischer elektrischer Widerstand

19.1/1: **Metalle bei Raumtemperatur**

Element	T/K	$\rho/10^{-8}\Omega m$	$\frac{1}{\rho}\frac{d\rho}{dT}/10^{-3}K^{-1}$	Element	T/K	$\rho/10^{-8}\Omega m$	$\frac{1}{\rho}\frac{d\rho}{dT}/10^{-3}K^{-1}$
Antimon	273	39.0		Praseodym	290-300	70.0	
Bismut	273	107	4.45	Promethium	290-300	75.0	
Cadmium	273	6.8	4.26	Protactinium	273	17.7	
Cer	290-300	82.8		Rhenium	273	17.2	3.1
Cobalt	273	5.6	6.58	Rhodium	273	4.3	4.57
Dysprosium	290-300	92.6		Ruthenium	273	7.1	3.59
Erbium	290-300	86.0		Samarium	290-300	94.0	
Europium	290-300	90.0		Scandium	290-300	56.2	
Gadolinium	290-300	131.0		Terbium	290-300	115	
Gallium	273	13.6		Thallium	273	15	5.2
Holmium	290-300	81.4		Thorium	273	14.7	3.3
Indium	273	8.0	5.1	Thulium	290-300	67.6	
Iridium	273	4.7	4.9	Zinn	273	11.5	4.63
Lanthan	290-300	61.5		Titan	273	39	5.5
Lutetium	290-300	58.2		Uran	273	28	3.4
Quecksilber	273	94.1	0.89	Ytterbium	290-300	25.0	
Neodym	290-300	64.3		Yttrium	290-300	59.6	
Niob	273	15.2	2.28	Gold	273	2.06	4.5
Osmium	273	8.1	4.2	Platin	273	9.81	3.93
Polonium	273	40					

19.1/2: **Druckabhängigkeit**

Die elektrische Leitfähigkeit der Metalle erhöht sich in der Regel bei Anlegen eines äußeren hydrostatischen Druckes. Ein Maß für die Größe dieser Änderung ist der Druckkoeffizient $(1/\rho)(d\rho/dp)$ des spezifischen elektrischen Widerstandes.

Metall	T/K	Druck $/10^2$ MPa			Metall	T/K	Druck $/10^2$ MPa		
		0	10	30			0	10	30
		$\frac{1}{\rho}\frac{d\rho}{dp}/10^{-5}MPa^{-1}$					$\frac{1}{\rho}\frac{d\rho}{dp}/10^{-5}MPa^{-1}$		
Lithium	303	−7.00	−7.52	−9.0	Rhodium	299	1.65	1.62	1.56
Beryllium	298	1.77	1.63	1.46	Palladium	299	2.10	2.04	1.93
Natrium	303	58.8	23.6	4.04	Silber	303	3.48	3.28	2.60
Magnesium	298	5.40	4.67	3.81	Indium	296	1.25	1.09	0.85
Aluminium	301	4.29	4.06	3.6	Zinn ∥c	303	10.0	9.0	6.1
Kalium	303	134.4	30	0.88	Zinn ⊥c	303	9.24	8.26	5.61
Calcium	303	−9.48	−12.2	−20.7	Antimon	303	−9.84	−14.8	−2.80

Fortsetzung der Tabelle auf der nächsten Seite

Fortsetzung der Tabelle 19.1/2

Metall	T/K	Druck $/10^2$ MPa			Metall	T/K	Druck $/10^2$ MPa		
		0	10	30			0	10	30
		$\frac{1}{\rho}\frac{d\rho}{dp}$ $/10^{-5}$MPa^{-1}					$\frac{1}{\rho}\frac{d\rho}{dp}$ $/10^{-5}$MPa^{-1}		
Titan	296	1.19	1.12	1.02	Barium	303	7.2	1.2	-13.6
Chrom	298	22.2	17.3	8.96	Cer	297	-4.1	–	1.6
Eisen	303	2.42	2.26	1.90	Praseodym	297	1.36	1.20	1.02
Cobalt	297	0.96	0.90	0.80	Neodym	297	1.57	1.32	1.03
Nickel	298	1.77	1.82	1.73	Tantal	302	1.62	1.62	1.55
Kupfer	303	1.92	1.80	2.42	Wolfram	302	1.33	1.31	1.25
Zink ‖c	303	9.68	8.76	6.72	Iridium	296	1.39	1.37	1.33
Zink ⊥c	303	5.28	4.40	2.84	Platin	296	1.92	1.88	1.78
Rubidium	303	157.0	14.4	-28.8	Gold	303	3.02	2.84	2.44
Strontium	303	-45.3	-59.0	-118.8	Quecksilber (fl.)	303	23.1	17.0	–
Cirkonium	299	0.32	0.33	,22	Blei	303	13.7	11.6	6.96
Niob	297	1.40	1.37	1.30	Bismut	303	-14.8	-18.5	–
Molybdän	300	1.31	1.29	1.24	Uran	293	4.88	4.56	4.10

19.1/3: Relative Änderung am Schmelzpunkt

Metall	T_{schm}/K	ρ_{fl}/ρ_{fest}	Metall	T_{schm}/K	ρ_{fl}/ρ_{fest}
Lithium	453	1.68	Cadmium	594	1.89
Natrium	370	1.46	Indium	388	2.12
Magnesium	924	1.63	Zinn	505	2.11
Aluminium	934	1.82	Antimon	904	0.71
Kalium	337	1.55	Tellur	722	2.00
Eisen	1808	1.09	Caesium	303	1.66
Kupfer	1357	2.07	Gold	1336	2.28
Zink	693	2.11	Quecksilber	234	3.36
Gallium	303	0.47	Blei	601	1.98
Rubidium	312	1.61	Bismut	544	0.47
Silber	1234	1.9			

19.1/4: Legierungen

Legierung	$\rho/10^{-6}\,\Omega$m	$\frac{1}{\rho}\frac{d\rho}{dT}10^{-3}$K	Legierung	$\rho/10^{-6}\,\Omega$m	$\frac{1}{\rho}\frac{d\rho}{dT}10^{-3}$K
Goldchrom	0.33	0.001	Nickelin	0.43	0.2
Graphit	8.00	-0.2	Novokonstant	0.45	0.04
Isabellin	0.50	0.02	Platin-Iridium (20%)	0.32	2.0
Bürstenkohle	40	–	Platin-Rhodium (10%)	0.20	1.7
Konstantan	0.50	0.03	Resistin	0.51	0.008
Manganin	0.43	0.02	Rotguss	0.127	1.5
Chromnickel (80 Ni, 20 Cr)	1012	0.2	Neusilber	0.30	0.4

19.1.2   Spannungsreihen

19.1/5:   Elektrochemische Spannungsreihe

Die angegebenen Werte der Urspannung U_0 beziehen sich auf Wasserstoff als Vergleichselektrode und gelten für eine 1-n-Lösung:

Werkstoff	Wertigkeit	U_0/V	Werkstoff	Wertigkeit	U_0/V
Fluor	1	+2.87	Cadmium	2	−0.40
Gold	1	+1.69	Eisen	2	−0.45
Chlor	1	+1.35	Schwefel	2	−0.48
Gold	3	+1.40	Gallium	3	−0.55
Brom	1	+1.07	Chrom	2	−0.91
Platin	2	+1.18	Zink	2	−0.76
Quecksilber	2	+0.80	Tellur	2	−1.14
Silber	1	+0.80	Mangan	2	−1.19
Graphit	2	+0.75	Aluminium	3	−1.66
Iod	1	+0.54	Uran	3	−1.80
Kupfer	1	+0.52	Magnesium	2	−2.37
Polonium	4	+0.76	Beryllium	2	−1.85
Sauerstoff	2	+0.39	Natrium	1	−2.71
Kupfer	2	+0.34	Calcium	2	−2.87
Arsen	3	+0.23	Strontium	2	−2.90
Bismut	3	+0.31	Barium	2	−2.91
Antimon	3	−0.51	Kalium	1	−2.93
Zinn	4	+0.02	Rubidium	1	−2.98
Wasserstoff	1	±0.00	Lithium	1	−3.04
Eisen	3	−0.04	Stahl (verzinkt)		−0.53 … −0.72
Blei	2	−0.13	Flussstahl		−0.21 … −0.48
Zinn	2	−0.14	Gusseisen		−0.18 … −0.42
Nickel	2	−0.26	Messing		+0.26 … +0.05
Cobalt	2	−0.28	Bronze		+0.36 … +0.03
Indium	3	−0.34	Chromnickel		+0.75 … −0.05

19.1/6:   Thermoelektrische Spannungsreihe

Die angegebenen Werte der Thermokraft U_0 gelten für Platin bzw. Kupfer als zweites Metall und einer Temperaturdifferenz von 100 K.

Werkstoff	$U_0/(mV/100\,K)$		Werkstoff	$U_0/(mV/100\,K)$	
	Platin	Kupfer		Platin	Kupfer
Tellur	+50	+49	Cäsium	+0.5	−
Silicium	+44.8	+44	Blei	+0.44	−0.31
Antimon	+4.75	+4.0	Zinn	+0.42	−0.33
Chromnickel	+2.2	+1.45	Magnesium	+0.42	−0.33
Eisen	+1.88	+1.08	Tantal	+0.41	−0.34
Molybdän	+1.2	−0.45	Aluminium	+0.39	−0.36
Messing	+1.1	+0.35	Kohle	+0.30	−0.45
Cadmium	+0.9	+0.15	Graphit	+0.22	−0.53

Fortsetzung der Tabelle auf der nächsten Seite

Fortsetzung der Tabelle 19.1/6

Werkstoff	$U_0/(\mathrm{mV}/100\,\mathrm{K})$		Werkstoff	$U_0/(\mathrm{mV}/100\,\mathrm{K})$	
	Platin	Kupfer		Platin	Kupfer
Wolfram	+0.8	+0.05	Quecksilber	±0	−0.75
V2A-Stahl	+0.8	+0.05	Platin	±0	−0.75
Kupfer	+0.75	±0	Thorium	−0.1	−0.85
Silber	+0.73	−0.02	Natrium	−0.2	−0.95
Gold	+0.7	−0.05	Palladium	−0.5	−1.25
Zink	+0.7	−0.05	Nickel	−1.5	−2.25
Mangan	+0.7	−0.05	Cobalt	−1.7	−2.45
Iridium	+0.66	−0.09	Konstantan	−3.3	−4.05
Rhodium	+0.65	−0.10	Bismut	−6.5	−7.25

19.1/7: **Thermospannung gebräuchlicher Thermoelemente**
Bezugstemperatur 0 °C

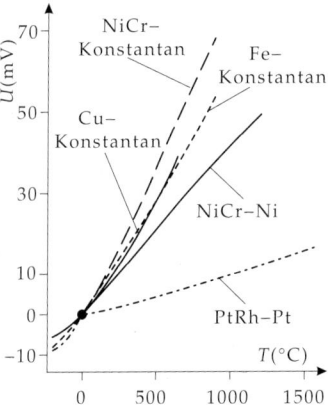

19.1/8: **Gebräuchliche Thermopaare**

Temperaturbereich	Thermopaar
−200 °C – 600 °C	Cu-Konstantan
−200 °C – 800 °C	Fe-Konstantan
0 °C – 1200 °C	NiCr-Ni
0 °C – 1600 °C	PtRh-Pt

19.1/9:   **Peltier-Koeffizient P für verschiedene Metalle**
Der Pfeil zeigt die Richtung des elektrischen Stromes an.

Metallpaar	$T/°C$	$P/(\mu J/K)$	Metallpaar	$T/°C$	$P/(\mu J/K)$	Metallpaar	$T/°C$	$P/(\mu J/K)$
As → Pb	20	3.81	Cu → Pd	0	0.588	Pb → Konstantan	0	7.95
$Bi_\parallel$ → $Bi_\perp$	20	15.03	Cu → Pt	0	0.238		100	11.43
$Cd_\parallel$ → $Cd_\perp$	20	0.85	Cu → Konstantan	15.5	2.436		200	15.07
Cd → Ni	15	6.40	Fe → Cu	0	0.664		300	18.42
Cu → Ag	0	0.0703	Fe → Hg	18.4	1.1644	Sb → Bi	20	44.79
Cu → Al	14	1.70		99.64	1.388	Sb → Pb	20	0.78
Cu → Au	0	0.3403		182.3	1.511	Zn → Ni	15	6.42
Cu → Bi	18	16.12	Fe → Ni	15	2.288	$Zn_\parallel$ → $Zn_\perp$	20	0.53
Cu → Ni	0	7.95	Fe → Konstantan	0	3.10	Graphit → Cu	20	2.94
	14.4	5.80	Pb → Bi	20	5.16			

19.2   Dielektrika

In den folgenden Tabellen bezeichnen ε_r die Dielektrizitätszahl, δ den Verlustwinkel und U_d die Durchschlagsspannung.

19.2/1:   **Dielektrizitätszahl ε_r**
Die angegebenen Werte gelten für Raumtemperatur.

Stoff	Summenformel	Frequenz/MHz	ε_r
Aluminiumoxid	Al_2O_3	1	10
Ammoniumbromid	NH_4Br	100	7.1
Ammoniumchlorid	NH_4Cl	100	7.0
Apatit ($\perp$ opt.Achse)		300	9.5
Apatit ($\parallel$ opt. Achse)		300	7.41
Asphalt		< 1	2.68
Bariumchlorid	$BaCl_2$	60	11.4
Bariumchlorid(2 H_2O)		60	9.4
Bariumnitrat	$Ba(NH_3)_2$	60	5.9
Bariumsulfat	$BaSO_4$	100	11.4
Beryll ($\perp$ opt. Achse)	$Be_3Al_2Si_6O_{18}$	0.01	7.02
Beryll ($\parallel$ opt. Achse)	$Be_3Al_2Si_6O_{18}$	0.01	6.08
Calcit ($\perp$ opt. Achse)	$CaCO_3$	0.01	8.5
Calcit ($\parallel$ opt. Achse)	$CaCO_3$	0.01	6.08
Acetamid	C_2H_5NO	400	4.0
Essigsäure (2 °C)	$C_2H_4O_2$	400	4.1
Calciumcarbonat	$CaCO_3$	1	6.14
Calciumfluorid	CaF_2	0.01	7.36
Calciumsulfat(2 H_2O)	$CaSO_4$	0.01	5.66
Kasserit ($\perp$ opt. Achse)	SnO_2	10^6	23.4
Kasserit ($\parallel$ opt. Achse)	SnO_2	10^6	24
Kupferoxid	Cu_2O	100	18.1
Kupferoleat	$Cu(C_{18}H_{33}O_2)_2$	400	2.8
Kupfersulfat	$CuSO_4$	60	10.3
Kupfersulfat (2 H_2O)		60	7.8

Fortsetzung der Tabelle nächste Seite

Stoff	Summenformel	Frequenz/MHz	ε_r
Diamant	C	100	5.5
Dolomit ($\perp$ opt.Achse)	$CaMg(CO_3)_2$	100	8.0
Dolomit ($\parallel$ opt. Achse)	$CaMg(CO_3)_2$	100	6.8
Eisenoxid	Fe_3O_4	100	14.2
Bleiacetat	$Pb(C_2H_3O_2)_2$	1	2.6
Bleicarbonat	$PbCO_3$	100	18.6
Bleichlorid	$PbCl_2$	1	4.2
Bleimonoxid	PbO	100	25.9
Bleinitrat	$Pb(NO_3)_2$	60	37.7
Bleioleat	$Pb(C_{18}H_{32}O_2)_2$	400	3.27
Bleisulfat	$PbSO_4$	1	14.3
Bleisulfid	PbS	1	17.9
Malachit	$Cu_2(OH)_2(CO_3)$	10^6	7.2
Quecksilberchlorid	Hg_2Cl_2	1	3.2
	$HgCl_2$	1	9.4
Naphthalen	$C_{10}H_8$	400	2.52
Phenol (10 °C)	C_6H_6O	400	4.3
roter Phosphor	P_4	100	3.6
Kalinit	$KAl(SO_4)_2 \cdot 12H_2O$	1	3.8
Kaliumcarbonat	$KHCO_3$	100	5.6
Kaliumchlorat	$KClO_3$	60	5.1
Kaliumchlorid	KCl	0.01	5.03
Kaliumchromat	K_2CrO_4	60	7.3
Kaliumiodid	KI	60	5.6
Kaliumnitrat	KNO_3	60	5.0
Kaliumsulfat	K_2SO_4	60	5.9
Quarz ($\perp$ opt. Achse)	SiO_2	30	4.34
Quarz ($\parallel$ opt. Achse)		30	4.27
Rutil ($\perp$ opt. Achse)	TiO_2	100	86
Rutil ($\parallel$ opt. Achse)		100	170
Selen	Se	100	6.6
Silberbromid	AgBr	1	12.2
Silberchlorid	AgCl	1	11.2
Silbercyanid	AgCN	1	5.6
Zinkcarbonat ($\perp$ opt. Achse)	$ZnCO_3$	10^6	9.3
Zinkcarbonat ($\parallel$ opt. Achse)		10^4	9.4
Natriumcarbonat	Na_2CO_3	60	8.4
Natriumcarbonat(10 H_2O)		60	5.3
Natriumchlorid	NaCl	0.01	6.12
Natriumoleat	$NaC_{18}H_{38}O_2$	400	2.75
Natriumperchlorat	$NaClO_4$	60	5.4
Zucker		300	3.32
Schwefel	S	–	4.0
Thalliumchlorid	TlCl	1	46.9
Turmalin ($\perp$ opt. Achse)		0.01	7.10
Turmalin ($\parallel$ opt. Achse)		0.01	6.3
Zirconium	Zr	100	12

19.2/2:   Keramiken

Stoff	ε_r	$\tan\delta$	$U_d/(\mathrm{kV/mm})$
Porzellan	$6\ldots7$	0.035	$20\ldots28$
Steatit	$6\ldots6.5$	0.002	$20\ldots25$
Kondensatorkeramik			
$\mathrm{ZrTiO_4}$	$28\ldots30$	$2.5\ldots5.5\cdot10^{-4}$	32
$\mathrm{TiO_2}$	$78\ldots88$	$4\ldots5.5\cdot10^{-4}$	27
$\mathrm{CaTiO_3}$	$150\ldots165$	$2\ldots4\cdot10^{-4}$	22
$\mathrm{(SrBi)TiO_3}$	$900\ldots1000$	$5\ldots10\cdot10^{-4}$	28
$\mathrm{(BaTiO_3)_{0.9}\cdot(BaZrO_3)_{0.075}}$	$2700\ldots3000$	$1\ldots2\cdot10^{-2}$	13

19.2/3:   Gläser

Glastyp	ε_r	$10^{-4}\tan\delta$
Pyrexglas	$4.1\ldots4.6$	$45\ldots130$
Quarzglas	3.75	$1\ldots2$
Corningglas	4.0	6

19.2/4:   Elektrische Eigenschaften von Polymeren

Eigenschaft	Polyethylen	Teflon	Polyvinylchlorid	Polystyrol	Polymethylmethacrylat	Epoxidharz
Temperaturfestigkeit/°C	100	260	$60-70$	$65-96$	$68-88$	140
ρ /Ωm	$10^{15}-10^{17}$	$10^{15}-10^{16}$	$10^{14}-10^{16}$	$10^{17}-10^{18}$	$10^{14}-10^{16}$	$10^{13}-10^{14}$
ε_r(1 MHz)	2.3	2	$3-5$	$2.45-2.65$	$3.5-4.5$	3.7
$\tan\delta$(1 MHz)	$2\cdot10^{-4}$	$2\cdot10^{-4}$	$0.03-0.08$	$(1-4)\cdot10^{-4}$	$0.04-0.06$	0.019
U_d /(kV/mm)	$18-20$	$20-30$	$14-20$	$20-35$	$18-35$	18

19.2/5: Spezifischer elektrischer Widerstand von Isolierstoffen

Isolierstoff	$\rho/\Omega m$	Isolierstoff	$\rho/\Omega m$
Bakelit	10^{14}	Plexiglas	10^{13}
Benzen	10^{15}	Polyethylen	$10^{10}\ldots10^{13}$
Bernstein	$>10^{16}$	Polystyrol	$10^{15}\ldots10^{16}$
Celluloid	$10^{8}\ldots10^{10}$	Polyvinylchlorid	bis 10^{13}
Elfenbein	$2\cdot10^{6}$	Porzellan	$5\cdot10^{12}$
Erde, feucht	$>10^{6}$	Quarzglas	$5\cdot10^{16}$
Flintglas	$3\cdot10^{8}$	Schellack	10^{14}
Galalith	$\approx10^{14}$	Schiefer	10^{6}
Glas	$>10^{11}$	Siegellack	$8\cdot10^{13}$
Glimmer	$10^{13}\ldots10^{15}$	Silicium	$8\cdot10^{7}$
Guttapercha	$\approx4\cdot10^{7}$	Siliconöl	10^{13}
Hartgummi	$10^{13}\ldots10^{16}$	Transformatoröl	$10^{10}\ldots10^{13}$
Holz, trocken	$10^{9}\ldots10^{13}$	Vaselin	$10^{10}\ldots10^{13}$
Marmor	$10^{7}\ldots10^{8}$	Vulkanfiber	$10^{10}\ldots10^{13}$
Kautschuk	$6\cdot10^{14}$	Wasser, destilliert	$(1\ldots4)\cdot10^{4}$
Kolophonium	$5\cdot10^{14}$	Flusswasser	$10\ldots100$
Papier	$10^{15}\ldots10^{16}$	Seewasser	0.3
Paraffin	$10^{14}\ldots10^{16}$	Weichgummi	$(2\ldots14)\cdot10^{11}$
Paraffinöl	10^{14}	Transformatoröl	$(1\ldots1.5)\cdot10^{12}$
Petroleum	$10^{10}\ldots10^{12}$	Polyesterharz	$(8\ldots14)\cdot10^{11}$

19.2/6: Elektrische Eigenschaften von Isolierstoffen

Werkstoffe		$\rho/\Omega m$	ε (50 Hz)	ε (800 Hz)	$10^{-3}\tan\delta$ (50 Hz)	$10^{-3}\tan\delta$ (800 Hz)	$U_d/(\mathrm{kV/mm})$
Phenoplaste							
	reines Giessharz	$10^{9}\ldots10^{14}$	–	8	–	75	10
	reines Pressharz	10^{13}	–	4.3	–	47	8
	Gesteinsmehl	$10^{9}\ldots10^{11}$	–	10	–	100	$5\ldots10$
Phenol-	Asbestfaser	$10^{9}\ldots10^{11}$	12	$6\ldots20$	–	$30\ldots300$	$5\ldots15$
form-	Holzmehl	$10^{10}\ldots10^{12}$	–	9	–	70	$15\ldots20$
aldehyd	Papierschnitzel	$10^{9}\ldots10^{12}$	–	$6\ldots10$	–	$40\ldots100$	$8\ldots15$
	Papierbahnen	10^{19}	–	6	–	100	$1.5\ldots5.2$
	Gewebebahnen	10^{9}	$5\ldots7$	–	$50\ldots600$	100	–
Phenol-	Mineralien	$10^{9}\ldots10^{11}$	–	4.8	–	$40\ldots150$	$1.6\ldots2.4$
furfurol	Holzmehl	$10^{10}\ldots10^{12}$	–	$4.5\ldots80$	–	$100\ldots150$	$1\ldots2$
	Gewebe	$10^{9}\ldots10^{11}$	–	$405\ldots6$	–	$80\ldots200$	$1\ldots2$
Aminoplaste							
Harnstoff	Holzmehl	$10^{13}\ldots10^{14}$	6.6	–	$20\ldots34$	$20\ldots30$	$2.8\ldots2.9$
Melanin	Cellulose	$10^{12}\ldots10^{14}$	$6.2\ldots7.6$	$6.2\ldots7.5$	$32\ldots60$	$13\ldots100$	10
Melanin	Asbest	10^{11}	$6.4\ldots10.2$	9	$70\ldots117$	70	–
Anilin	Pressharz	10^{12}	$3\ldots4$	–	$10\ldots20$	–	1

Fortsetzung der Tabelle nächste Seite

Werkstoffe	$\rho/\Omega m$	ε (50 Hz)	(800 Hz)	$10^{-3}\tan\delta$ (50 Hz)	(800 Hz)	$U_d/(\text{kV/mm})$
Cellulosederivate						
Cellulose weich	10^{15}	–	5.5	–	21	17
Celluloseacetat mittel	10^{15}	–	5.4	–	23	17
Celluloseacetat hart	10^{15}	–	5.3	–	22	18
Celluloseacetat höher	10^{16}	–	4.3	–	20	19
Celluloseacetobutyrat	10^{16}	–	3.5	–	10	21
Cellulosenitrat	$10^{12}\ldots10^{13}$	–	4...9	–	10	30
Ethylcellulose	$10^{13}\ldots10^{14}$	–	2.5...3.5	–	5...25	60...100
Benzylcellulose	10^{14}	–	3.5	–	50	40
Ethylenderivate						
Hochdruck-Polyethylen	10^{16}	2.3	2.3	0.4	0.4	60
Niederdruck-Polyethylen	10^{16}	–	2.3	–	0.5...1	60
Polypropylen	10^{13}	–	2.3	–	0.5	70
Polystyrol	$10^{16}\ldots10^{17}$	–	2.5	–	0.2...0.7	50...55
Polystyrol(Styrol)	10^{14}	–	2.8	–	4	40
Polystyrol(Acrylnitril)	10^{14}	3	–	10	40	
Polymethacrylsäureester	10^{15}	3.5...4.5	3.5...3.5	40...60	30...50	15
Polyacrylsäureester	10^{15}	–	3.5	–	40	15
Polyvinylchlorid	4	3.4	20...40	20...40	50	
Polycarbonat	10^{15}	3.5	3.2	0.5	1.65	100
Proteine						
Polyurethan Typ U_g	10^{14}	4	3.3	10	10	–
Poly Typ U_{30}	10^{14}	–	4.1	–	37	–
Polyamid 6	10^{12}	–	6	300	20	1.14
Polyamid 6 + GV	10^{12}	–	6.8	–	220	25
Polyamid 66	10^{12}	–	5.5	–	200	28
Polyamid 66 + GV	10^{12}	–	5.6	–	160	28
Polyamid 11	10^{14}	3.7	3.7	50	50	20
Polyamid 11 + GV	10^{15}	3.8	3.8	30	30	20
Polyamid 12	10^{13}	4.2	4.2	90	90	31
Polyamid 12 + GV	10^{12}	4.2	4.2	120	120	31
Kunsthorn	10^{5}	–	6	–	140	1...5
Fluorcarbone						
Polyfluormonochlorethylen	10^{16}	2.3	2.8	15	24	20...30
Polytetrafluorethylen	10^{15}	2	2	0.2...0.5	0.2...0.5	20...60
Silicone						
Siliconharz	10^{15}	3	3	0.5...1	–	20...70
Siliconkautschuk	10^{14}	2.5	2.5	20	–	20...30
Elastomere						
Neopren	10^{5}	–	7.5	–	19	14
Buna S	10^{3}	–	4...5	–	5	25
Perbunan	10^{3}	–	18	–	17	–
Modifizierte Naturstoffe						
Vulkanfiber	10^{8}	4	4	80	80	6
Hartgummi	10^{12}	2.5...5	2.8...5	50	50	3

19.2/7:   Elektrische Eigenschaften von Transformatoröl

Eigenschaft	Trafoöl	Rizinusöl
ρ /Ωm	$10^{14}\ldots10^{15}$	$5\cdot10^{10}\ldots5\cdot10^{12}$
ε_r(1MHz)	$2.1\ldots2.3$	$4.0\ldots4.4$
$\tan\delta$(1MHz)	$0.002\ldots0.005$	$0.01\ldots0.03$
U_d /(kV/mm)	20	$14\ldots16$

19.2/8:   Einige Eigenschaften von Elektreten

Zusammensetzung	$NaKC_4H_4O_6\cdot4H_2O$		KH_2PO_4	$NH_4H_2PO_4$
Curiepunkt	$T_{C1}=258K; T_{C2}=295.5K$		123 K	147.9 K
Schmelzpunkt /°C	58		252.6	190
Dichte /(g/cm^3)	1.775		2.34	2.311
Spontane Polarisation /(μC/cm^2)	0.25		4.7	4.8

Zusammensetzung	KH_2AsO_4	$NH_4H_2AsO_4$
Curiepunkt /K	95.6 T_C	216.1
Schmelzpunkt /°C	288	300
Dichte /(g/cm^3)	2.85	1.803

Zusammensetzung	$(CN_2H_6)AL(SO_4)_2\cdot12H_2O$	$(CH_2NH_2COOH)_3H_2SO_4$
Curiepunkt	473	$320\ldots323$
Spontane Polarisation /(μC/cm^2)	0.35	–

19.2/9:   Ferroelektrika mit Sauerstoff-Oktaederstruktur

Verbindung	Formel	Struktur	T_C/°C	ε_r
Bariumtitanat	$BaTiO_3$	Perovskit	120	$1700\ldots2000$ (bei T_C $8\ldots10\cdot10^3$)
Lithiumtantalat	$LiTaO_3$	Ilmenit	>450	
Natriumniobat	$NaNbO_3$	Perovskit	640; 518; 480; 360	Antiferroelektrikum; 350
Bleihafniat	$PbHfO_3$	Perovskit	215; 163	Antiferroelektrikum; 100; bei 215 °C 1000
Bleiniobat	$PbNb_2O_3$	kubisch	570	280;
Bleitantalat	$PbTaO_6$	kubisch	260	$300\cdots400$; bei 260 °C 1100
Bleititanat	$PbTiO_3$	Perovskit	500	200; bei 500 °C 3500
Bleicirkonat	$PbZrO_3$	Perovskit	235	Antiferroelektrikum; 250; bei 235 °C 3750
Strontiumtitanat	$SrTiO_3$	Perovskit	-250	

19.3   Praktische Tabellen der Elektrotechnik

19.3/1:   Widerstandslegierungen

Legierung	$\rho/\Omega\,mm^2m^{-1}$	α/K^{-1}	max. Betriebstemperatur $/°C$
Nickelin (67% Cu, 30% Ni, 3% Mn)	0.4	0.0003	300
Manganin (86%Cu, 12% Mn, 2% Ni)	0.43	0.00001	300
Konstantan (54% Cu, 45% Ni, 1% Mn)	0.5	±0.00003	400
Chromnickel	$1.0\ldots1.2$	0.00003	1000
Megapyr (65% Fe, 30% Cr, 5% Al)	1.4	-0.00006	1300
Kanthal	1.45	0.00006	1300

19.3/2:   Spannung Weston-Normalelemente

Temperatur/$°C$	Spannung /V	Temperatur/$°C$	Spannung /V	Temperatur/$°C$	Spannung /V
11	1.01874	17	1.01843	23	1.01817
12	10.1868	18	1.01839	24	1.01812
13	1.01863	19	1.01834	25	1.01807
14	1.01858	20	1.01830	26	1.01802
15	1.01853	21	1.01826	27	1.01797
16	1.01848	22	1.01822	28	1.01792

19.3/3:   Kontaktwerkstoffe

Werkstoff	Leitfähigkeit $/m\,\Omega^{-1}\cdot mm^{-2}$	Schmelztemperatur $/°C$	Eigenschaften
E-Kupfer	56	1085	Lichtbogen erzeugt eine schlecht leitende Oxidschicht; billig
Feinsilber	60	960	leitende Oxidschicht; geringe Härte; unbeständig gegen Schwefel; kleiner Übergangswiderstand
Feingold	45.7	1063	chemisch beständig; weich; Kontakte verkleben leicht
Wolfram	18.2	3370	geringer Abbrand; sehr hart
Quecksilber	1.04	-38.9	wartungsfrei; hohe Lebensdauer; chemisch beständig; giftig!
Kohle	$0.03\ldots12$	–	keine Oxidschicht, verschweißt nicht, selbstschmierend, verwendbar bis 400 °C
Silberbronze	$30\ldots50$	$700\ldots1100$	gute Federeigenschaften
Hartsilber	$52\ldots56$	920	lichtbogenfest, hart
Silber-Cadmium	16	880	Cd wirkt lichtbogenlöschend

19.3/4:   Spannungsbereiche in der Elektrotechnik

Bezeichnung	Spannungsbereich /V	Anwendung
Kleinspannung	$0 < U \leq 42$	elektromechanisches Spielzeug
Niederspannung	$0 < U \leq 1000$	Betriebsnetze aller Art
Mittelspannung	$1000 < U \leq 30000$	Hochspannungsfreileitungen
Hochspannung	$1000 < U \leq 110000$	Hochspannungsfreileitungen
Höchstspannung	$110000 < U \leq 5\cdot10^6$	Höchstspannungsfreileitungen

19.3/5: **Richtwerte einiger Spannungen**

	U /V		U /V
Antennenspannung	$(5\ldots40)\cdot10^{-6}$	Straßenbahn, S-Bahn	$500\ldots800$
Nervenspannung	$(0.5\ldots5)\cdot10^{-2}$	Zündkerze	$(5\ldots15)\cdot10^3$
Bleiakku	2	Fahrdrahtspannung der DB	$15\cdot10^3$
Fahraddynamo	6	Röntgenröhren	bis $2\cdot10^5$
Hausspannung	220 oder 380	Bandgeneratoren	bis $5\cdot10^6$

19.3/6: **Gasdurchlässigkeit κ einiger Quarzgläser**

Der Gasdurchlässigkeitskoeffizient gibt die Menge des Gases in cm^3 an, die bei Normaldruck und einer Druckdifferenz von $1.33\cdot10^2$ Pa durch $1\ cm^2$ in einer Sekunde bei einer Glasdicke von 1 mm hindurchtritt.

Helium		Wasserstoff		Neon		Stickstoff		Argon	
$T/{}^\circ C$	κ	$T/{}^\circ C$	κ	$T/{}^\circ C$	κ	$T/{}^\circ C$	κ	$T/{}^\circ C$	κ
-78	$2\cdot10^{-13}$	200	$2\cdot10^{-12}$	500	$1.4\cdot10^{-11}$	600	$6.5\cdot10^{-12}$	800	$1.6\cdot10^{-12}$
0	$6\cdot10^{-12}$	300	10^{-11}	600	$2.8\cdot10^{-11}$	700	$1.32\cdot10^{-11}$	900	$5.8\cdot10^{-11}$
100	$6\cdot10^{-11}$	400	$3.7\cdot10^{11}$	700	$4.2\cdot10^{-11}$	800	$4.3\cdot10^{-11}$		
200	$2\cdot10^{-10}$	500	$1.25\cdot10^{-10}$	900	$1.18\cdot10^{-10}$	900	$1.19\cdot10^{-10}$		
400	10^{-9}	700	$2.52\cdot10^{-10}$						
800	$5\cdot10^{-9}$	900	$6.4\cdot10^{-10}$						

19.3/7: **Wirkung des elektrischen Stromes auf den menschlichen Körper**

Bereich	Reaktion		Wechselstrom $15\ldots200$Hz Effektivwert	Gleichstrom
I	Blutdrucksteigerung	geringe Muskelkontraktion in den Fingern	$0.4\ldots4$mA	$1\ldots20$mA
	kein Einfluss auf die Herzfrequenz	Nervenerschütterungen bis zum Unterarm	$0.8\ldots4.5$mA	$25\ldots40$mA
	kein Einfluss auf das Reizleitungssystem	Loslassen der Elektrode noch möglich	$6\ldots22$mA	$40\ldots60$mA
		Loslassen der Elektrode nicht mehr möglich	$8.5\ldots30$mA	$60\ldots90$mA
II	noch keine Bewusstlosigkeit, Blutdrucksteigerung, Herzunregelmäßigkeiten;	reversibler Herzstillstand bei höheren Stromstärken, teilweise schon Bewusstlosigkeit	$25\ldots80$mA	$80\ldots300$mA
III	Herzkammerflimmern, Bewusstlosigkeit		80mA$\ldots8$A	250mA$\ldots8$A
IV	Wie im Bereich II, Arrythmien, Herzstillstand, Blutdrucksteigerung;	Lungenblähung, Verbrennungen, Bewusstlosigkeit	>3A	>3A

19.4　Magnetische Eigenschaften

19.4/1: **Magnetische Suszeptibiltät der Elemente**
Die Tabelle enthält die molare magnetische Suszeptibilität $\chi_m = \chi \cdot M$ in SI-Einheiten.
M ist das Molekulargewicht der Substanz. Diese Werte gelten unter Normalbedingungen.

Element	χ_m	Element	$\chi_m 10^{-9}$	Element	$\chi_m 10^{-9}$	Element	$\chi_m 10^{-9}$
Ag	−19.5	Dy	+98 000	Mo	+89.0	Sm	+1860.0
Al	+16.5	Er	+48 000	Na	+16.0	Sn(weiss)	+3.1
Am	+1000	Eu	+30 900	Nd	+5930	Sn(grau)	−37.0
Ar	−19.6	Gd	+185 000	Ne	−6.74	Sr	+92.0
As(α)	−5.5	Ga	−21.6	Nb	+195	S(α)	−14.9
As(β)	−23.7	Ge	−76.84	N_2	−12.0	S(β)	−15.4
As(γ)	−230	Hf	+75.0	Os	+9.9	Ta	+154.0
Au	−28.0	He	−1.88	O_2	+3449.0	Tc	+270.0
Ba	+20.6	Hg	−33.44	O_3	+6.7	Te	−39.5
Be	−9.0	Ho	+72 900	Pd	+567.4	Tb	+170 000
Bi	−280.1	H_2	−3.98	P(rot)	−20.8	Tl	−50.9
B	−6.7	In	−107.0	P(schwarz)	−26.6	Th	+132
Br_2	−56.4	I_2	−88.7	Pr	+5530	Tm	+24 700
Cd	−19.8	Ir	25.6	Pt	+201.9	Ti	+153.0
Ca	+40.0	K	+20.8	Pu	+610.0	W	+59.0
C(Diam.)	−5.9	Kr	−28.8	Re	+67.6	U	+409.0
C(Graph.)	−6.0	La	95.9	Rb	+17.0	V	+255.0
Ce(β)	+2500	Pb	−23.0	Rh	+111.0	Xe	−43.9
Ce(γ)	+2270	Li	+14.2	Ru	+43.2	Yb	+67
Cs	+29.0	Lu	> 0.0	Sb	−99.0	Y	+187.7
Cl_2	−40.5	Mg	13.1	Se	−25.0	Zn	−11.4
Cr	+180	Mn(α)	+529.0	Sc	+315	Zr	−122.0
Cu	−5.46	Mn(β)	+483.0	Si	−3.9		

19.4/2: **Magnetische Suszeptibilität anorganischer Verbindungen**

Verbindung	$\chi_m 10^{-9}$	Verbindung	$\chi_m 10^{-9}$	Verbindung	$\chi_m 10^{-9}$	Verbindung	$\chi_m 10^{-9}$
Al_2O_3	−37.0	$CdBr_2$	−87.3	CsBr	−67.2	CuCl	−40.0
$Al_2(SO_4)_3$	−93.0	$CdCO_3$	−46.7	$CsBrO_2$	−75.1	$CuCl_2$	+1080
NH_3	−18.0	$CdCl_2$	−68.7	Cs_2CO_3	−103.6	Cu_2O	−20.0
$NH_4C_2H_3O_2$	−41.1	$CdCrO_4$	−16.8	CsO_2	+1534.0	CuO	+238.9
$(NH_4)_2SO_4$	−67.0	CdF_2	−40.6	Cs_2S	−104.0	Cu_3P	−33.0
$BaCO_3$	−58.9	CdO	−30.0	$Cr(C_2H_3O_2)_3$	+5104	CuP_2	−35.0
$Ba(BrO_3)_2$	−105.8	CdS	−50.0	$CrCl_2$	+7230	$CuSO_4$	+1330
BaO	−29.1	$CaCO_3$	−38.2	$CrCl_3$	+6890	Dy_2O_3	+89 600
BaO_2	−40.6	$CaCl_2$	−54.7	Cr_2O_3	+1960	$Dy_2(SO_4)_3$	+91 400
$BeCl_2$	−26.5	CaF_2	−28.0	CrO_3	+40.0	Dy_2S_3	+95 200
$Be(OH)_2$	−23.1	$Ca(OH)_2$	−22.0	$Cr_2(SO_4)_3$	+11 800	Er_2O_3	+73 920
BeO	−11.9	CaO	−15.0	$Co(C_2H_3O_2)_2$	+11 000	Er_2S_3	+77 200
Bi_2O_3	−83.0	CaO_2	−23.8	$CoBr_2$	+13 000	Eu_2O_3	+10 100

Fortsetzung der Tabelle nächse Seite

Verbindung	$\chi_m 10^{-9}$	Verbindung	$\chi_m 10^{-9}$	Verbindung	$\chi_m 10^{-9}$	Verbindung	$\chi_m 10^{-9}$
$BiCl_3$	-26.5	CO_2	-21.0	$CoCl_2$	$+12\,660$	$EuSO_4$	$+25\,730$
$Bi_2(CrO_4)_2$	$+154.0$	CO	-9.8	Co_2O_3	$+4560$	EuS	$+23\,800$
$Bi_2(SO_4)_3$	-199.0	$CeCl_3$	$+2490$	Co_3O_4	$+7380$	Gd_2O_3	$+53\,200$
$BiPO_4$	-77.0	CeO_2	$+26.0$	$Co_3(PO_4)_2$	$28\,110$	Gd_2S_3	$+55\,500$
$GaCl_3$	-63.0	$MgCl_2$	-47.4	$RbBr$	-56.4	Tl_3PO_4	-145.2
Ga_2O	-34.0	MgO	-10.2	Rb_2CO_3	-75.0	Tl_2SO_4	-112.6
Ga_2S	-36.0	$MgSO_4$	-50.0	$RbCl$	-76.0	$Th(NO_3)_4$	-108.0
GaS	-23.0	$MnBr_2$	$+13\,900$	RbO_2	$+1527.0$	ThO_2	-16.0
Ga_2S_3	-80.0	$MnCO_3$	$+11\,400$	Rb_2SO_4	-88.4	Tm_2O_3	$+51\,444$
$GeCl_4$	-72.0	MnO	$+4850$	$RuCl_3$	$+1998.0$	$SnCl_4$	-115.0
GeO	-28.8	Mn_2O_3	$+14\,100$	RuO_2	$+162.0$	SnO	-19.0
GeO_2	-34.3	Mn_3O_4	$+12\,400$	Sm_2O_3	$+1988.0$	SnO_2	-41.0
GeS	-40.9	$MnSO_4$	$+13\,660$	Se_2Br_2	-113.0	TiC	$+8.0$
GeS_2	-53.3	Hg_2O	-76.3	Se_2Cl_2	-94.0	$TiCl_2$	$+570.0$
$AuCl_3$	-112.0	Hg_2SO_4	-123.0	SeO_2	-29.6	$TiCl_3$	$+1110.0$
AuF_3	$+74.0$	$MoBr_3$	$+525.3$	SiC	-12.8	$TiCl_4$	-54.0
AuP_3	-107.0	$MoBr_4$	$+520.0$	SiO_2	-29.6	Ti_2O_3	$+125.6$
HfO_2	-23.0	Mo_3Br_6	-46.0	$AgBr$	-59.7	TiS	$+432.0$
Ho_2O_3	$+88\,100$	Mo_2O_3	-42.0	Ag_2CO_3	-80.9	WC	$+10.0$
$Ho_2(SO_4)_3$	$91\,700$	Mo_3O_8	$+42.0$	$AgCl$	-49.0	WO_2	$+57.0$
HCl	-22.6	Nd_2O_3	$+10\,200$	Ag_2O	-134.0	WO_3	-15.8
$InBr_3$	-107.0	$Nd_2(SO_4)_3$	$+9990$	$AgMnO_4$	-63.0	UF_4	$+3530.0$
In_2O	-47.0	$NiCl_2$	$+6145.0$	Ag_3PO_4	-120.0	UF_6	$+43.0$
In_2O_3	-56.0	NiO	$+660.0$	$NaBr$	-41.0	UO	$+1600.0$
In_2S	-50.0	$NiSO_4$	$+4005.0$	Na_2CO_3	-41.0	UO_2	$+2360.0$
InS	-28.0	NiS	$+190.0$	$NaCl$	-30.3	UO_3	$+128.0$
In_2S_3	-98.0	N_2O	-18.9	$NAOH$	-16.0	VCl_2	$+2410.0$
$IrCl_3$	-14.4	NO	$+1460$	Na_2O	-14.5	VCl_3	$+3030.0$
IrO_2	$+224.0$	$OsCl_2$	$+41.3$	Na_2O_2	-28.1	VO_2	$+270.0$
$FeBr_2$	$+13\,600$	$PdCl_2$	-38.0	Na_2HPO_4	-56.6	V_2O_3	$+1976.0$
$FeCO_3$	$+11\,300$	PdH	$+1077$	Na_2SO_4	-52.0	V_2O_5	$+128.0$
$FeCl_2$	$+14\,750$	Pd_4H	$+2353$	$SrBr$	-86.6	VS	$+600.0$
FeO	$+7200$	Pt_2O_3	-37.70	$SrCO_3$	-47.0	H_2O	-12.97
$FePO_4$	$+11\,500$	PuF_4	$+1760.0$	$SrCl_2$	-63.0	$H_2O(Eis)$	-12.65
$FeSO_4$	$+10\,200$	PuF_6	$+173.0$	SrO	-35.0	D_2O	-12.76
La_2O_3	-78.0	PuO_2	$+730.0$	SrO_2	32.3	$D_2O(Eis)$	-12.54
$Pb(C_2H_3O_2)_2$	-89.1	K_2CO_3	-59.0	$SrSO_4$	-15.5	Yb_2S_3	$+18\,300$
$PbCO_3$	-61.2	KCl	-39.0	SO_2	-39.8	Y_2O_3	$+44.4$
$PbCl_2$	-73.8	$K_3Fe(CN)_6$	$+2290.0$	H_2SO_4	-39.8	$ZnCO_3$	-34.0
PbO	-42.0	$K_4Fe(CN)_6$	-130.0	Ta_2O_5	-32.0	$ZnCl_2$	-65.0
PbS	-84.0	KO_2	$+3230.0$	Tb_2O_3	$+78\,340$	ZnO	-46.0
$LiC_2H_3O_2$	-34.0	KO_3	$+1185$	$TlBr$	-63.9	$ZnSO_4$	-45.0
Li_2CO_3	-61.2	K_4MnO_4	$+20.0$	Tl_2CO_3	-101.6	ZnS	-25.0
LiH	-10.1	PrO_2	$+1930.0$	$TlCl$	-57.8	ZrC	-26.0
$MgBr_2$	-72.0	ReO_2	$+44.0$	$TlCN$	-49.0	$Zr(NO_3)_4 \cdot 5H_2O$	-77.0
$MgCO_3$	-32.4	ReO_3	$+16.0$	Tl_2O_3	$+76.0$	ZrO_2	-13.8

19.4/3:   Technisch relevante magnetische Legierungen

Werkstoff	Zusammensetzung ohne Eisenanteil	Remanenz B_r/T	Koerzitivkraft $H_c/(A/m)$	Permeabilität μ_r
Hartmagnetische Metalle				
Kohlenstoffstahl	1% C	1...2	4000	–
Chromstahl	5.8% Cr; 1.1% C	0.992	5200	–
Wolframstahl	6% W	1.1	4800	–
Cobaltstahl	36% Co; 4.8% Cr	0.93	18160	–
Vicalloy	3.5% Mn; 1.1% C; 30-40% Co; 14% V	0.97	24000	–
KS-Magnetstahl	9% W; 1.5–3% Cr; 0.4-0.8% C	1	19200	–
Tromalit	25% Ni; 13% Al	0.4	60000	–
Weichmagnetische Metalle				
E-Eisen (1× geglüht)	–	1.08	30.4	14600
E-Eisen (2× geglüht)	–	0.085	12	4900
E-Eisen	3.5% Si; Vakuum geschm.	0.3	7.68	19400
Permalloy	78.5% Ni; 3% Mo	–	< 8	-100000
Nicalloy	40% Ni	1.4	24	10000
Hyperm 50	50% Ni	1.5	6.8	28000
Mumetall	76% Ni; 5% Cu; 2% Co	0.8	5	100000

19.5   Ferromagnetische Eigenschaften

In den folgenden Tabellen bedeuten

θ_C Curie Temperatur

σ_S Spezifische, auf die Masseneinheit bezogene Sättigungsmagnetisierung bei Raumteperatur (20 °C)

σ_0 Spezifische Sättigungsmagnetisierung, auf $T = 0$ K extrapoliert

n_B Effektive Magnetonen-Zahl, definiert als $n_B = \dfrac{\sigma_0 M_0}{N_A \mu_B}$

(M_0 ist das Molekulargewicht, N_A die Avogadro–Zahl und μ_B das Bohrsche Magneton.)

19.5/1:   Ferromagnetische Elemente

Z		$\theta_C/°C$	$\sigma_S 10^{-7}/(T\cdot m^3/kg)$	$\sigma_0 10^{-7}/(T\cdot m^3/kg)$	n_B
26	Fe	770	218.0	221.9	2.219
27	Co	1120	161	162.5	1.715
28	Ni	358	54.39	57.5	0.604
64	Gd	20	0	253.5	7.55
65	Tb	−50	0	173.5	9.24
66	Dy	−186	0	235	10.20
67	Ho	−253	0	290	10.34
68	Er	−253	–	–	8.0
69	Tm	−235	–	–	7.0

19.5/2: Binäre Eisenlegierungen

Element	Konz. At-%	θ_C /°C	σ_S /$10^{-7}\frac{T \cdot m^3}{kg}$	n_B (/Atom)	Element	Konz. At%	θ_C /°C	σ_S /$10^{-7}\frac{T \cdot m^3}{kg}$	n_B (/Atom)
Al	7.1	756	207	2.05	Os	8.1	–	158	1.97
	19.7	664	164	1.74		12.5	–	50	0.69
	24.9	441	134	1.29	Pd	5.5	754	203	2.19
	26.0	494	149	1.40		40.0	–	129	1.89
Au	6.2	767	174	2.08		74.8	≈ 250	45	0.97
	10.5	768	154	2.02	Pt	8.1	–	191	2.36
Co	20	950	236	2.42		12.4	–	177	2.43
	33	970	238	2.52		24.8	164	104	2.23
	50	980	233	2.42		50.0	–	32	0.75
	75	870	203	2.14	Rh	10.0	–	209	2.32
	80	910	184	1.94		25.0	714	192	2.39
Cr	17.7	678	196	1.70		40	624	161	2.26
	47.5	483	90	0.98	Ru	7.0	660	200	2.18
	68.8	268	35	0.53		12.5	–	105	1.17
Ir	4.0	750	200	2.25	Sn	2.3	768	208	2.18
	15.0	–	120	1.67		6.0	768	197	2.16
Ni	10	750	217	2.26	Si	8.3	720	204	2.00
	20	720	209	2.22		15.9	653	174	1.67
	40	330	152	1.82		23.5	587	141	1.32
	60	560	136	1.45	V	5.9	815	204	2.09
	80	560	98	1.04		10.6	805	184	1.91

19.5/3: Binäre Nickellegierungen

Element	Konz. At-%	θ_f /°C	σ_S /$10^{-7}\frac{T \cdot m^3}{kg}$	n_B (/Atom)	Element	Konz. At-%	θ_f /°C	σ_S /$10^{-7}\frac{T \cdot m^3}{kg}$	n_B (/Atom)
Al	2.0	293	47.1	0.54	Si	3.7	234	40.3	0.48
Au	3.4	321	46.0	0.58		6.8	117	23.7	0.36
Cr	1.7	298	49.8(−123 °C)	0.53		8.8	19	–	0.28
	6.7	72	25.4(−123 °C)	0.30	Sn	2.7	234	40.1	0.49
Mo	1.9	266	42.3	0.51		9.0	225	9.9	0.30
	4.2	120	23.1	0.37	Ta	3.6	–	–	0.41
Mn	25[(1)]	470	90	1.02		6.3	–	–	0.28
Pd	12.1	330	–	0.60	Ti	4.8	207	34.5	0.43
	45.2	217	–	0.57		10.3	30	–	0.22
	91.3	-116	–	–	W	2.1	270	39.2	0.49
Pt	9.1	245	37.7	0.55		3.9	150	19.9	0.34
	25.0	86	16.4	0.44	Y	5.5	67	15.3	0.29
	45.0	-71	–	0.25	Zn	4.1	300	45.3	0.52
Sb	7.5	23	12.6	0.24		10.8	157	25.4	0.37

[(1)] (amorph)

19.5.1   Magnetische Anisotropie

Die magnetische Anisotropie wird durch die Magnetisierungsarbeit bestimmt. Sie ist in den verschiedenen Kristallrichtungen unterschiedlich. Die Achse der leichtesten Magnetisierung ist durch ein Minimum der Magnetisierungsarbeit bestimmt. Die Magnetisierungsarbeit hat in den wichtigsten Kristallsystemen folgende Form:

a)   **Kubische Kristalle**

$$E_a = K_1(\alpha_1^2\alpha_2^2 + \alpha_2^2\alpha_3^2 + \alpha_3^2\alpha_1^2) + K_2\alpha_1^2\alpha_2^2\alpha_3^2 + K_3(\alpha_1^2\alpha_2^2 + \alpha_2^2\alpha_3^2 + \alpha_3^2\alpha_1^2)^2 + \ldots;$$

$\alpha_1, \alpha_2, \alpha_3$ sind die Richtungscosinus, bezogen auf die Achsen der Elementarzelle.

b)   **Hexagonale Kristalle**

$$E_a = K_1 \sin^2\phi + K_2 \sin^4\phi + K_3 \sin^6\phi + K_4 \sin^6\phi \sin^6\psi + \ldots;$$

ϕ ist der Winkel zwischen der Magnetisierungsrichtung und der Achse [001].
ψ ist der Winkel zwischen der Magnetisierungsachse und der c-Achse.

c)   **Tetragonale Kristalle** :

$$E_a = K_1 \sin^2\vartheta + K_2 \sin^4\vartheta + K_3 \cos^2\alpha\cos^2\beta + \ldots;$$

ϑ ist der Winkel zwischen der Magnetisierungsachse und der tetragonalen Achse [001].
α und β sind die Winkel zwischen der Magnetisierungsachse und den tetragonalen Achsen [100] beziehungsweise [010].
Die Anisotropie-Koeffizienten sind temperaturabhängig.

19.5/4:   Anisotropie-Koeffizienten K_1 und K_2 von Fe-Co, Fe-Ni und Fe-Co-Ni Legierungen.

Zusammensetzung			20 °C		200 °C		300 °C		380 °C	
At-%			K_1	K_2	K_1	K_2	K_1	K_2	K_1	K_2
Fe	Co	Ni	$10^2 \dfrac{\text{J}}{\text{m}^3}$							
100			420	150	300	22				
70	30		102	160						
60	40		45	−110						
50	50		−68	−390						
30	70		−433	50						
50		50	33	−180	25	−82	18	−7		
35		65	15	−70	12	−40	10	−32		
30		70	7	−17	2	−4	0	0		
10		90	−7	−23	−2	−10	0	−8		
		100	−34	53	5	20				
	65	35	−258	150						
	40	60	−108	−40						
	20	80	−4	8						
	10	90	16	−40						
	3	97	−10	9						

Fortsetzung der Tabelle nächste Seite

Zusammensetzung			20 °C		200 °C		300 °C		380 °C	
At-%			K_1	K_2	K_1	K_2	K_1	K_2	K_1	K_2
Fe	Co	Ni	$10^2 \dfrac{J}{m^3}$							
50	10	40	61	−160	19	4			7	−60
25	25	50	4	16	4	2			−3	22
20	15	65	9	−110	−1	−18			−3	−2
15	25	60	−26	34	−10	−45			−3	−15
10	40	50	−72	−4	−54	41			−9	−102
10	30	60	−38	−80	−17	−50			−12	−37
10	20	70	−29	17	−25	70			−14	29
10	10	80	−2	−39	−2	−20			−2	6

19.5/5: **Richtung der leichten, mittleren und schweren Magnetisierung in kubischen Kristallen**

K_1	+	+	+	−	−	−
K_2	$-\frac{9}{4}K_1$	$-9K_1$	$-\infty$	$-\infty$	$\frac{9}{4}\lvert K_1\rvert$	$9\lvert K_1\rvert$
	$\vdots$	$\vdots$	$\vdots$	$\vdots$	$\vdots$	$\vdots$
	$+\infty$	$-\frac{9}{4}K_1$	$-9K_1$	$\frac{9}{4}\lvert K_1\rvert$	$9\lvert K_1\rvert$	$+\infty$
leichte	[100]	[100]	[111]	[111]	[110]	[110]
mittlere	[110]	[111]	[100]	[110]	[111]	[100]
schwere	[111]	[110]	[110]	[100]	[100]	[111]

19.6 Ferrite

19.6/1: **Magnetische Eigenschaften einiger Ferrite mit Spinellstruktur**

Parameter	Fe_3O_4	$MgFe_2O_4$	$MnFe_2O_4$	$CuFe_2O_4$
Röntgendichte $/(g/cm^3)$	5.24	4.52	5.0	5.25
Curie-Temperatur $/°C$	585	440	300	455
magnetisches Moment/Molekül (μ_B)	4.1	1.1	4.6	2.3 (kub.)
				1.3 (tetrag.)
spez. Sättigungsmagnetisierung $/(10^{-7}\,Tm^3/kg)$	92	27	80	25
Anisotropie Konstante K_1 $/(10^2\,J/m^3)$	− 10.7	− 2.5	− 2.8	− 6.3
Anisotropie Konstante K_2 $/(10^2\,J/m^3)$	− 2.8	–	-0.2	–

	$CoFe_2O_4$	$NiFe_2O_4$	$Li_{0.5}Fe_{2.5}O_4$	
Röntgendichte $/(g/cm^3)$	5.29	5.37	4.75	
Curie-Temperatur $/°C$	520	585	670	
magnetisches Moment/Molekül (μ_B)	3.94	2.3	2.6	
spez. Sättigungsmagnetisierung $(10^{-7}\,Tm^3/kg)$	80	50	65	
Anisotropie Konstante K_1 $/(10^2\,J/m^3)$	290	− 6.2	− 8.4	
Anisotropie Konstante K_2 $/(10^2\,J/m^3)$	–	− 3	− 0.2	

19.7 Antiferromagnete

19.7/1: Eigenschaften einiger Antiferromagnete

In der folgenden Tabelle sind die Néel-Temperatur des Phasenüberganges, die Temperatur $-\Theta$ des Curie-Weissschen Gesetzes und die molare magnetische Suszeptibilität für einige antiferromagnetische Verbindungen angegeben.

Stoff	T_N /K	$-\Theta$ /K	$\chi_M \, 10^{-3}$ /(cm^3/mol)	Stoff	T_N /K	$-\Theta$ /K	$\chi_M \, 10^{-3}$ /(cm^3/mol)
Ti$_2$O$_3$	248	2000	0.24	αVS	1040	3000	0.066
VO$_2$	343	13.60	0.66	LaCrO$_3$	295	600	1.9
MnO	120	610	6	β – MnS	165;110	528	6
MnS$_2$	48;20	592	7.1	MnSe$_2$	75	483	6.6
MnF$_2$	72	113	25	MnF$_3$	47	– 8	75
MnCO$_3$	32	64.5	43	LaMnO$_3$	131;100	– 40	48.4
RbMnF$_3$	54	190	17.7	MnUO$_4$	12	8	200
FeO	198;186	190	8	FeS	$\approx$ 597	917	2.2
FeCl$_2$	23	– 48	320	FeBr$_2$	11	– 6	160
FeP$_2$	250	17	1.18	FeSn$_2$	380	230	1.95
FeTiO$_3$	68;56	– 17	61	YFeO$_3$	643	–	2.2
FeSO$_4$	$\approx$ 22	30.5	78.5	Fe$_2$SiO$_4$	65	150	20.4
CoF$_2$	37.7	52.7	50	CoCl$_2$	24.9	– 20	60
βCoSO$_4$	12	52	62	CoUO$_4$	12	52	62
NiF$_2$	73.2	100	20	NiCl$_2$	52	– 67	110
NiSO$_4$	37	82	15	CuSO$_4$	34.5	77.5	12
GdP	15	2	480	GdAg	145	82	40
α – VSe	163	2570	0.62	FeCO$_3$	35;20	14	17
ZnCr$_2$Se$_4$	22	115	340	LaFeO$_3$	738	480	12
MnSe	247	740	19	CoO	328;291	280	5.3
MnTe$_2$	$\approx$ 80	528	6.8	KCoF$_3$	114;109	125	8.5
MnAu$_3$	145	– 200	77.5	Nb$_2$Co$_4$O$_9$	30;27	10	133
KMnF$_3$	88.3	238	17.7	NaTiO$_3$	23	55	23.4
Mn$_2$SiO$_4$	50	163	18.8	EuTe	11;9.7	7	440
FeF$_2$	78	15.9	117	GdIn	28	66	73.5
FeI$_2$	10	23	85				

19.8 Ionenbeweglichkeit

19.8/1: Ionenbeweglichkeit μ in Luft bei 18 °C und Normaldruck

Gas	μ in 10^{-2} m^2/Vs	
	positive Ionen	negative Ionen
Wasserstoff	5.7	8.6
Helium	5.1	6.3
Argon	1.37	1.7
Sauerstoff	1.33	1.8
Stickstoff	1.29	1.82
Ethin	0.71	0.86
Benzen	0.18	0.21

Teil IV   Wärmelehre

20   Gleichgewicht und Zustandsgrößen

Aufgabe der Thermodynamik ist es, makroskopische Eigenschaften der Materie durch geeignete physikalische Größen zu beschreiben und allgemeingültige Beziehungen zwischen diesen Größen aufzustellen.

20.1   Systeme, Phasen und Gleichgewicht

20.1.1   Systeme

Thermodynamisches System, eine beliebige Ansammlung von Materie, deren Eigenschaften durch die Angabe bestimmter **Zustandsvariablen** (Volumen, Energie, Teilchenzahl, ...) eindeutig und vollständig beschrieben werden können.

➤ Diese Materie ist im allgemeinen durch Wände gegen die Umgebung abgegrenzt. Andere Einschließungsformen wie zum Beispiel der Einschluss heißen Plasmas in starken Magnetfeldern sind auch möglich.

20.1.1.1   Isolierte oder abgeschlossene Systeme

Abgeschlossenes System, ein System, das keine Wechselwirkung mit der Umgebung besitzt. Der Behälter (Wände) muss für jede Form von Energie und Materie undurchlässig sein (**Abb. 20.1 (a)**).

➤ Dies ist nicht vollständig realisierbar, zum Beispiel ist jede Wand wärmeleitend. Auch der magnetische Plasmaeinschluss im Vakuum lässt Wärmetransport durch Strahlung zu.

▲ In einem abgeschlossenen System ist die Gesamtenergie E (mechanisch, elektrisch, ...) konstant.

➤ Energie und Teilchenzahl sind Erhaltungsgrößen: **mikrokanonische Gesamtheit**.

Die Teilchenzahl N und das Volumen V sind neben der Energie kennzeichnende Größen des abgeschlossenen Systems.

Dewar-Gefäße, doppelwandige, verspiegelte Gefäße mit Vakuumzwischenschicht, die den Ansprüchen an Behälter für abgeschlossene Systeme sehr nahe kommen.

■ Thermoskannen sind nach diesem Prinzip aufgebaut.

➤ Für Tieftemperaturexperimente können auch mehrere, ineinander eingebettete Gefäße zum Aufbewahren von Kühlflüssigkeit verwendet werden.

20.1.1.2   Geschlossene Systeme

Geschlossenes System, ein System, in dem nur ein Energieaustausch mit der Umgebung zugelassen ist, jedoch kein Materieaustausch (**Abb. 20.1 (b)**).

➤ Die Energie ist keine Erhaltungsgröße, die Teilchenzahl bleibt jedoch erhalten: **kanonische Gesamtheit**.

Die aktuelle Energie des Systems schwankt durch den Energieaustausch mit der Umgebung. Im Gleichgewicht des geschlossenen Systems mit seiner Umgebung stellt sich jedoch ein bestimmter Mittelwert der Energie ein, den man mit einer Temperatur des Systems oder der Umgebung in Zusammenhang bringen kann.

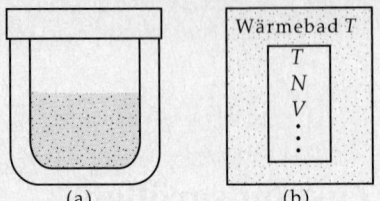

Abbildung 20.1: Thermodynamische Systeme. (a): abgeschlossenes System, (b): geschlossenes System im Wärmebad

Zur Kennzeichnung des Makrozustandes kann neben Teilchenzahl N und Volumen V die **Temperatur** verwendet werden.

20.1.1.3   Offene Systeme

Offenes System, kann sowohl Energie als auch Materie mit seiner Umgebung austauschen (**Abb. 20.2**). Weder Energie noch Teilchenzahl sind Erhaltungsgrößen.

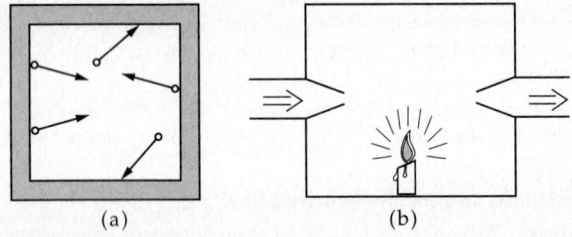

Abbildung 20.2: Offene thermodynamische Systeme (a): Prinzip eines Teilchenreservoirs, (b): Prinzip eines durchströmten Systems

> ➤ Befindet sich das offene System im Gleichgewicht mit der Umgebung, so stellen sich bestimmte Mittelwerte der Energie und der Teilchenzahl ein: **makrokanonische** (oder **großkanonische**) Gesamtheit.

Analog zur Beziehung zwischen mittlerer Energie und Temperatur kann man die mittlere Teilchenzahl mit einer Größe in Verbindung bringen, die als **chemisches Potential** μ bezeichnet wird.

Temperatur, T, und **chemisches Potential**, μ, können zur Kennzeichnung des offenen Systems verwendet werden.

20.1.2   Phasen

1.   Homogene und heterogene Systeme

Homogenes System, ein System, dessen Eigenschaften in allen Teilbereichen gleich sind.

■   Ein Behälter mit (trockener) Luft unter Normalbedingungen ist ein homogenes System.

Heterogenes System, ein System, in dem sich Eigenschaften an bestimmten Grenzflächen sprunghaft ändern.

■   Ein Behälter mit Wasser, Wasserdampf und Luft ist ein heterogenes System.

2.   Phasen und Phasengrenzflächen

Phase, ein homogener Teil eines heterogenen Systems.

Phasengrenzfläche, die trennende Grenzfläche zwischen zwei Phasen.

■ Ein geschlossener Topf mit Wasser, Wasserdampf und Luft hat die Wasseroberfläche als Phasengrenzfläche. Es existieren Gasphase (Dampf und Luft) und flüssige Phase (Wasser).

➤ In manchen Fällen hängen die makroskopischen Eigenschaften des Systems von der Größe (und der Form) der Phasengrenzflächen ab.

■ Topf mit Wasser, Wasserdampf und Luft.

Das System hat unterschiedliche makroskopische Eigenschaften, wenn das Wasser als Flüssigkeit am Boden versammelt oder in Form kleiner Tropfen (Nebel) verteilt ist.

3. Grenzflächenspannung,

an der Grenzfläche zweier Phasen auftretende Spannung, die die Grenzfläche zu verkleinern sucht. Sie ist bedingt durch unterschiedliche intermolekulare Wechselwirkungen an der Grenzfläche und im Innern einer Phase. Die Grenzflächenspannung von Flüssigkeiten gegenüber der Gasphase wird als Oberflächenspannung bezeichnet.

4. Zufallsflächen,

Grenzflächen von Zweiphasensystemen mit sehr geringer oder verschwindender Grenzflächenspannung, die in ihrer Form stark fluktuieren. Das Verhalten von Zufallsflächen ist durch die elastische Biegeenergie und die Schersteifigkeit des Materials bestimmt.

➤ Die Statistik von Zufallsflächen ist von Bedeutung für die thermodynamische Beschreibung von Mikroemulsionen und die thermische Bewegung von Zellmembranen.

20.1.3 Gleichgewicht

1. Gleichgewichtszustand,

derjenige makroskopische Zustand eines abgeschlossenen Systems, der sich nach hinreichend langer Wartezeit von selbst einstellt (**Abb. 20.3 (a)**).

▲ Im Gleichgewicht ändern sich die makroskopischen Zustandsgrößen nicht mehr mit der Zeit.

➤ Nur im Gleichgewicht lassen sich thermodynamische Zustandsgrößen definieren und messen.

➤ Oft ist es sinnvoll, auch dann von einem thermodynamischen Gleichgewicht zu sprechen, wenn die Zustandsgrößen sich noch sehr langsam verändern.

■ Die Sonne verliert dauernd Energie durch Strahlung und ist daher nicht im Gleichgewicht. Dennoch ergibt die Anwendung thermodynamischer Zustandsgrößen einen Sinn, da die Veränderungen sehr langsam vor sich gehen.

Globales Gleichgewicht, erfordert, dass sich die Zustandsgrößen in allen Phasen des Systems zeitlich nicht ändern.

Lokales thermisches Gleichgewicht, ein System, das sich nicht in einem globalen Gleichgewicht befindet, aber sich in Teilvolumina wie ein Gleichgewichtssystem verhält. In diesem Fall sind die intensiven Variablen nur lokal definiert.

■ Sterne, deren verschiedene Zonen unterschiedlich temperiert sind;
Erdatmosphäre mit verschiedenen Wetterzonen.

2. Stationärer Zustand,

ein Zustand, in dem sich die makroskopischen Zustandsgrößen zwar zeitlich nicht ändern, aber ein Energiefluss auftritt (**Abb. 20.3 (b)**). Kennzeichnend für ein stationäres System ist, dass es nicht abgeschlossen ist, sondern Energie sowohl zu- als auch abgeführt wird. Dies ist bei Gleichgewichtszuständen nicht der Fall.

■ Ein Topf auf einer elektrischen Warmhalteplatte. Es stellt sich nach einiger Zeit ein stationärer Zustand ein, bei dem sich die Temperatur der Speisen nicht mehr ändert. Es ist aber nötig, dauernd elektrische Energie zuzuführen, um ein Abkühlen des Topfes zu verhindern, welcher permanent Energie (Wärme) an die Umgebung abgibt.

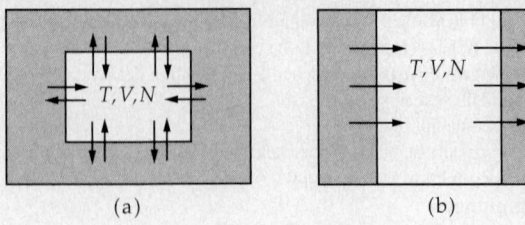

(a)   (b)

Abbildung 20.3: Thermodynamische Systeme. (a): System im Gleichgewicht, (b): stationärer Zustand

3.   Thermisches Gleichgewicht,

stellt sich ein, wenn man in einem abgeschlossenen System zwei Teilsysteme, die jedes für sich im Gleichgewicht sind, so lange in energetischen Kontakt (ohne Materieaustausch) bringt, bis keine Energie mehr ausgetauscht wird. Es erfolgt eine Veränderung der Zustandsgrößen, bis sich nach genügend langer Wartezeit wieder ein neuer Gleichgewichtszustand eingestellt hat,

$$T_1 = T_2 \, .$$

4.   Nullter Hauptsatz der Thermodynamik,

ein Erfahrungssatz über das thermische Gleichgewicht: Alle Systeme, die sich mit einem gegebenen System in thermischem Gleichgewicht befinden, stehen auch untereinander in thermischem Gleichgewicht.

➤   Dieser Hauptsatz ist die Grundlage zur Definition der Temperatur.

5.   Mechanisches Gleichgewicht,

stellt sich bei Systemen mit festen Grenzflächen ein, wenn die auf die Grenzflächen wirkenden Kräfte beider Systeme gleich groß sind. Daraus folgt, dass auch die Drücke beider Systeme gleich groß sind,

$$p_1 = p_2 \, .$$

Sind die Systeme nicht im mechanischen Gleichgewicht, so erfolgt so lange eine Volumenänderung beider Systeme, bis Druckausgleich erreicht ist.

6.   Chemisches Gleichgewicht,

bei Systemen mit variabler Teilchenzahl dadurch charakterisiert, dass die Zahl der neu in das System eintretenden Teilchen genau so groß ist, wie die Zahl der das System verlassenden Teilchen.

Wie beim thermischen Gleichgewicht ist das chemische Gleichgewicht begrifflich vom stationären Zustand, beispielsweise in einem System mit Teilchendurchfluss, zu unterscheiden.

Im chemischen Gleichgewicht sind die chemischen Potentiale der Systeme gleich groß,

$$\mu_1 = \mu_2 \, .$$

Oft sind die Bedingungen für chemisches und mechanisches Gleichgewicht aufgrund des Partialdrucks miteinander verknüpft.

■   Wird ein System aus Kohlenstoffdioxid und Wasser unter Druck gesetzt, so löst sich so lange Kohlenstoffdioxid im Wasser, bis der Dampfdruck des gelösten Kohlendioxids so groß ist wie der Druck des gasfömigen Kohlenstoffdioxids. Mit dem Teilchenzahlausgleich findet gleichzeitig ein Druckausgleich statt.

20.1.3.1   Bedingungen für Gleichgewicht

Das Gleichgewicht wird durch spezielle Bedingungen gekennzeichnet. Je nach Art der äußeren Bedingungen gilt für den Gleichgewichtszustand:

abgeschlossene isochore Gleichgewichtszustände	$\Leftrightarrow$	**Maximum der Entropie** S,
isotherm-isobare Gleichgewichtszustände	$\Leftrightarrow$	**Minimum der freien Enthalpie** G,
isotherm-isochore Gleichgewichtszustände	$\Leftrightarrow$	**Minimum der freien Energie** F,
adiabatisch-isobare Gleichgewichtszustände	$\Leftrightarrow$	**Minimum der Enthalpie** H.

Thermodynamische Potentiale			$\mathbf{ML^2T^{-2}}$

$$U(S,V,N) = TS - pV + \mu N$$

$$F(T,V,N) = U - TS$$

$$H(S,p,N) = U + pV$$

$$G(T,p,N) = U + pV - TS$$

Symbol	Einheit	Benennung
U	J	innere Energie
F	J	freie Energie
H	J	Enthalpie
G	J	freie Enthalpie
p	Pa	Druck
V	m^3	Volumen
T	K	Temperatur
S	J/K	Entropie
μ	J	chemisches Potential
N	1	Teilchenzahl

20.2 Zustandsgrößen

20.2.1 Zustandsgröße: Begriffsbestimmung

1. Zustandsgröße,

eine physikalische Größe, die eine makroskopische Eigenschaft möglichst eindeutig kennzeichnet.

■ Temperatur, Druck, chemisches Potential, Ladung, Dipolmoment, Brechungsindex, Viskosität, chemische Zusammensetzung, Größe der Phasengrenzflächen etc.

Nicht zu den Zustandsgrößen zählen mikroskopische Eigenschaften wie zum Beispiel die Positionen oder Impulse der Teilchen.

▲ Thermodynamische Zustandsgrößen lassen sich nur im Gleichgewicht definieren und messen.

2. Zustandsgleichung,

eine funktionale Gesetzmäßigkeit, die verschiedene Zustandsgrößen miteinander verbindet.

Zustandsgleichungen eines Systems müssen in der Thermodynamik empirisch bestimmt werden. Oftmals verwendet man dazu Polynome in den Zustandsvariablen, deren Virialkoeffizienten dann experimentell bestimmt werden. Solche empirisch bestimmten Zustandsgleichungen geben meist nur in einem sehr eingeschränkten Wertebereich der Zustandsvariablen vernünftige Übereinstimmung mit den Experimenten.

■ Die Zustandsgleichung des idealen Gases (s. S. 596) kann für reale Gase nur bei sehr niedrigen Dichten verlässliche Aussagen machen. Für höhere Dichten verwendet man modifizierte Relationen wie die van-der-Waals-Gleichung oder die Virialentwicklung.

3. Zustandsvariable,

eine Zustandsgröße, die sich in einem System verändern lässt.

▲ Zur eindeutigen Festlegung eines thermodynamischen Zustandes benötigt man nur die Zustandsvariablen. Die übrigen Zustandsgrößen nehmen dann bestimmte Werte an, die von den gewählten Zustandsvariablen abhängen.

➤ Die Zahl der benötigten Zustandsvariablen hängt mit der Zahl der Phasen (s. S. 676) eines Systems zusammen.

Man unterscheidet generell zwei Kategorien von Zustandsgrößen: extensive und intensive Größen.

20.2.1.1   Extensive Zustandsgrößen

Extensive Zustandsgröße, Größe, die proportional zur Stoffmenge in einem System ist.

■   Volumen, Gesamtenergie, Gesamtmasse sind extensive Zustandsgrößen.

▲   Wird die Stoffmenge vervielfacht, so vervielfachen sich alle extensiven Größen.

Eine Zustandsgröße ist auch dann extensiv, wenn sie proportional zu allen anderen als extensiv bekannten Zustandsgrößen ist. Die Proportionalität gilt nur, solange alle nicht extensiven Zustandsgrößen konstant bleiben.
Das Produkt einer extensiven und einer intensiven Größe ist eine extensive Größe.

■   Die Gesamtladung ist das Produkt der Ladungsdichte (intensiv) und des Volumens (extensiv).

Heterogene Gesamtsysteme: Die extensiven Zustandsgrößen des Gesamtsystems setzen sich additiv aus den entsprechenden extensiven Eigenschaften der einzelnen Phasen zusammen.

■   Das Volumen eines Topfes mit Wasser, Dampf und Luft ergibt sich aus den Volumina von flüssiger Phase und Gasphase.

Die für die Thermodynamik und statistische Mechanik charakteristischste extensive Zustandsgröße ist die Entropie.

20.2.1.2   Intensive Zustandsgrößen

Intensive Zustandsgröße, Größe, die unabhängig von der Stoffmenge und für die einzelnen Phasen eines Systems nicht additiv ist. Intensive Zustandsgrößen können in den einzelnen Phasen unterschiedliche Werte annehmen, müssen es aber nicht.

■   Dichte, Druck, Temperatur, Brechungsindex sind intensive Zustandsgrößen.

Produkte zweier intensiver Größen sind wieder intensive Größen. Quotienten zweier extensiver Größen sind intensive Größen.

■   Die Dichte ist der Quotient aus Gesamtmasse und Volumen.

Intensive Größen können lokal definiert werden, d.h., sie können räumlich veränderlich sein.

■   Die Dichte der Erdatmosphäre nimmt von der Erdoberfläche aus kontinuierlich mit der Höhe ab. Der Wasserdruck im Ozean nimmt mit zunehmender Tiefe zu.

Die Bestimmung der räumlichen Abhängigkeiten intensiver Zustandsvariablen erfordert entweder zusätzliche Bestimmungsgleichungen (zum Beispiel aus der Hydrodynamik) oder muss in Form weiterer Zustandsgleichungen (ohne genaueres Verständnis für deren Zustandekommen) hinzugenommen werden.

20.2.1.3   Spezifische und molare Größen

1.   Spezifische Größe,

eine intensive Zustandsgröße, g, die durch den Quotienten einer extensiven Größen G und der Masse m definiert ist,

$$g = G/m.$$

■   Die spezifische Wärme q ist die Wärmemenge pro Kilogramm.

➤   In vielen Chemie- und Physikbüchern wird unter dem Begriff spezifische Größe der Quotient aus Zustandsgröße und Molmenge verstanden. Diese Definition entspricht der weiter unten aufgeführten Definition einer molaren Größe.

▲   Spezifische Größen werden in der Technik durch Kleinbuchstaben gekennzeichnet.

Die meisten extensiven Größen sind durch Großbuchstaben gekennzeichnet, so dass die zugehörige spezifische Größe durch den entsprechenden Kleinbuchstaben gekennzeichnet wird.

Extensive Größe		spezifische Größe	
Wärmemenge	Q	spezifische Wärme	q
Wärmekapazität	C	spezifische Wärmekapazität	c
Entropie	S	spezifische Entropie	s
Volumen	V	spezifisches Volumen	v
Enthalpie	H	spezifische Enthalpie	h

2. Molare Größe,

eine Zustandsgröße, G_{mol}, die durch den Quotienten aus einer extensiven Größe G und der Molmenge n definiert ist,

$G_{mol} = G/n$.

■ Die molare Wärmekapazität c_{mol} ist die Wärmekapazität pro Mol.

Molare Größen werden in diesem Buch durch den Index „mol" gekennzeichnet.

Verknüpfung von molaren und spezifischen Größen:

$G_{mol} = g \cdot \dfrac{m}{n} = g \cdot M$, $M = \dfrac{m}{n}$:   Molmasse.

➤ In technischen Lehrbüchern wird oft der Index m oder M verwendet.

In vielen Chemie- und Physikbüchern, in denen für molare Größen der Begriff spezifische Größe verwendet wird, wird diese Größe dann auch ohne Index geschrieben.

20.2.2 Temperatur

Temperatur, T, SI-Einheit K (Kelvin) , eine gemeinsame intensive Eigenschaft von Systemen, die sich miteinander im thermischen Gleichgewicht befinden. Systeme, die nicht miteinander im thermischen Gleichgewicht stehen, können verschiedene Temperaturen haben.

Die Temperatur steht in Zusammenhang mit der mittleren Bewegungsenergie, die den einzelnen Teilchen zur Verfügung steht.

■ In Gasen steht die mittlere Geschwindigkeit der Gasteilchen in direktem Zusammenhang mit der Temperatur.

In Festkörpern hängt die Stärke der Schwingungen der Teilchen um ihre Gitterplätze von der Temperatur ab.

➤ Schwingungen von Elektronen verursachen beispielsweise das **thermische Rauschen** und begrenzen die Leistungsfähigkeit hochempfindlicher Messgeräte.

➤ Man kann den Begriff Temperatur auch auf Systeme erweitern, die sich nicht als Ganzes im thermischen Gleichgewicht befinden. Dies ist möglich, sofern man das Gesamtsystem in Teilsysteme zerlegen kann, denen eine **lokale** (ortsabhängige) **Temperatur** zugeordnet werden kann.

20.2.2.1 Temperatureinheiten

Symbolzeichen der Temperatur ist im physikalischen Gebrauch T.

➤ Im technischen Bereich werden nach DIN 1304 für die in Kelvin gemessene Temperatur das Symbol T und für die Celsius-Temperatur die Symbole t oder ϑ verwendet.

a) Kelvin, die physikalische Einheit der Temperatur. Symbol: 1 Kelvin = 1 K.

▲ Ein Kelvin ist der 273.16te Teil der Temperaturdifferenz zwischen dem Tripelpunkt von Wasser und dem absoluten Nullpunkt $T_0 \overset{\text{def}}{=} 0$ K.

b) Grad Celsius, Symbol °C, die im Normalgebrauch gebräuchlichere Temperatureinheit.

Sie wurde an den Schmelzpunkt (0 °C) und Siedepunkt von Wasser (100 °C) unter Normaldruck (1013.25 hPa) angepasst.

Die Celsiusskala ist gegenüber der Kelvinskala um 273.15 Grad verschoben.

➤   Der Tripelpunkt von Wasser liegt bei 0.01 °C.

Umrechnung Kelvin - Grad Celsius			Θ
$\vartheta/°C = T/K - 273.15$ $T/K = \vartheta/°C + 273.15$	Symbol	Einheit	Benennung
	ϑ	°C	Temperatur in Grad Celsius
	T	K	Temperatur in Kelvin

▲   **Temperaturdifferenzen** sind in der Celsius- und in der Kelvin-Skala identisch:

$$(\vartheta_1 - \vartheta_2)/°C = (T_1 - T_2)/K.$$

c) Grad Réaumur, Symbol °R, teilt die Temperaturdifferenz zwischen Schmelz- und Siedepunkt des Wassers (unter Normaldruck) in 80 Einheiten ein (T(Schmelzpkt.) = 0 °R, T(Siedepkt.) = 80 °R):

$$\vartheta/°C = T/K - 273.15 = 1.25\, T/°R, \qquad T/°R = 0.8\, \vartheta/°C.$$

d) Grad Fahrenheit, Symbol °F, ist in einigen englischsprachigen Ländern, insbesondere USA, noch in Gebrauch. Es benutzt als Grenzpunkte die Temperatur einer Kältemischung (0 °F ≈ −17.8 °C) und die Temperatur des menschlichen Blutes (100 °F ≈ 37.8 °C):

$$T/°F = \frac{9}{5}\,\vartheta/°C + 32, \qquad \vartheta/°C = \frac{5}{9}\,T/°F - 17,\bar{7},$$

$$T/°F = \frac{9}{5}\,T/K - 459.67, \quad T/K = \frac{5}{9}\,T/°F + 255.37\bar{2}.$$

e) Rankine, Symbol R, eine Fahrenheitskala, deren Nullpunkt in Analogie zum Kelvin auf den absoluten Nullpunkt gelegt wurde:

$$T/R = \frac{9}{5}\,T/K = \frac{9}{5}\,\vartheta/°C + 491.67, \qquad T/K = \frac{5}{9}\,T/R.$$

➤   In Atom- und Kernphysik wird häufig die Boltzmann-Konstante $k = 1$ gesetzt und die Temperatur in **Elektronenvolt** eV angegeben. Es gilt dann:

$$1\,\text{eV} = 11604\,\text{K} \cdot k, \qquad 1\,\text{K} = 8.617 \cdot 10^{-5}\,\text{eV}/k.$$

20.2.2.2   Eichpunkte

Eichpunkte der Temperatur, Festlegungspunkte für die Temperaturskalen. Sie werden durch temperaturabhängige Eigenschaften von Materialien (Tripelpunkt, Siede- oder Erstarrungspunkt bei bestimmtem Druck) bestimmt.

IPTS-Fixpunkte, die von der Generalkonferenz für Maß und Gewicht verabschiedeten Fixpunkte der **Internationalen praktischen Temperaturskala** (IPTS-90). Sie sind in Tabelle 20.1 zusammengestellt.

Fixpunkt	Stoff	T/K	$\vartheta/^\circ C$
Tripelpunkt	Wasserstoff	13.81	−259.34
Siedepunkt[*]	Wasserstoff	17.042	−256.11
Siedepunkt	Wasserstoff	20.28	−252.87
Siedepunkt	Neon	27.10	−246.05
Tripelpunkt	Sauerstoff	54.36	−218.79
Siedepunkt	Sauerstoff	90.19	−182.96
Tripelpunkt	Wasser	273.16	0.01
Siedepunkt	Wasser	373.15	100.00
Erstarrungspunkt	Zink	692.73	419.58
Erstarrungspunkt	Silber	1235.08	961.93
Erstarrungspunkt	Gold	1337.58	1064.43

[*] bei 333.306 hPa Druck

Tabelle 20.1: IPTS-90-Fixpunkte

Die Siede- und Erstarrungspunkte beziehen sich (bis auf den mit [*] gekennzeichneten Siedepunkt des Wasserstoffs) auf Normaldruck 1013.25 hPa.

Weitere als Eichpunkte verwendbare charakteristische Temperaturen sind in Tabelle 23.1/1 zu finden.

Normtemperatur, Festlegung der Temperatur auf

$$T_n = 273.15 \text{ K} = 0 \,^\circ C .$$

Normalbedingungen, Festlegung der Temperatur auf die Normtemperatur und des Druckes auf den Normaldruck 1013.25 hPa,

$$T_n = 273.15 \text{ K} = 0 \,^\circ C , \quad p_n = 1013.25 \text{ hPa} = 1.01325 \text{ bar} .$$

20.2.2.3 Temperaturmessung

1. Messverfahren für die Temperatur,

beruhen darauf, ein System, dessen thermischer Gleichgewichtszustand eindeutig mit einer leicht zu beobachtenden Zustandsgröße zusammenhängt, mit dem zu messenden System in thermisches Gleichgewicht zu bringen.

Thermometer, Systeme, bei denen sich eine mit der Temperatur verbundene Eigenschaft messen lässt.

➤ Das Messverfahren der Temperatur ist mit einer Zustandsgleichung verknüpft, nämlich der Abhängigkeit der beobachteten Zustandsgröße von der Temperatur.

Mögliche beobachtete Zustandsgrößen:

- das Volumen einer Flüssigkeit (**Flüssigkeitsthermometer Abb. 20.4 (a)**),
- das Volumen eines Gases (**Gasthermometer**),
- unterschiedliche Ausdehnung zweier Metallstreifen (**Bimetall Abb. 20.4 (c)**),
- Ausdehnung von keramischen Stäben, zum Beispiel Regelstäbe in Muffelöfen,
- Verformung von Keramikkegeln in der Metallurgie (**Segerkegel**),
- im Millikelvin-Bereich die Ausrichtung der Kernspins von ^{60}Co im Einkristall und damit die Anisotropie von Gammastrahlung,
- die Spannung, die an der Verbindung eines Paares ungleicher Metalldrähte auftritt (**Thermoelement Abb. 20.4 (d)**),

- die Farbe des Lichts, das von einem festem Körper oder einem Gas emittiert wird (**Pyrometer**),
- der Widerstand bestimmter Leiter (**Widerstandsthermometer Abb. 20.4 (b)**) mit positivem Temperaturkoeffizienten (PTC) oder negativem Temperaturkoeffizienten (NTC) siehe Elektrizitätslehre, Temperaturabhängigkeit des Widerstandes.

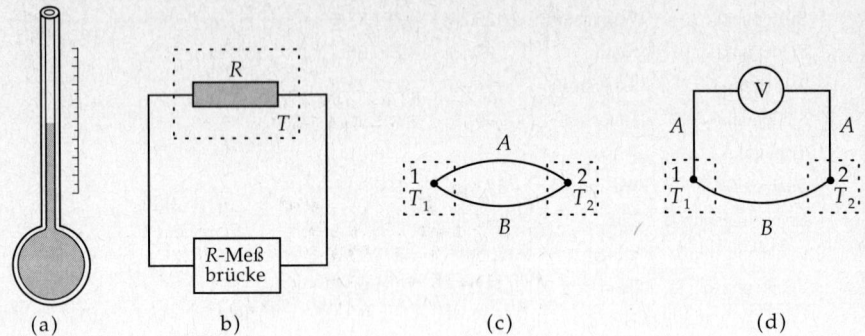

(a)   b)   (c)   (d)

Abbildung 20.4: Schematische Darstellung verschiedener Thermometertypen. (a): Flüssigkeitsthermometer (Volumenänderung der Flüssigkeit), (b): Widerstandsthermometer (wärmeabhängiges Leitverhalten), (c): Bimetalle (unterschiedliche Längenausdehnung von Metallen), (d): Thermoelemente (unterschiedliche Spannungen an den Kontaktstellen)

2.   Einsatzbereiche von Thermometern

Die folgende schematischen Darstellung zeigt die Einsatzbereiche (Temperatur entlang der Abszisse) verschiedener Thermometer, angeordnet entlang der Ordinate nach dem Messprinzip:

a) mechanische Berührungsthermometer,

b) Sonderformen mechanischer Berührungsthermometer,

c) elektrische Berührungsthermometer,

d) Sonderformen elektrischer Berührungsthermometer,

c) Strahlungsthermometer.

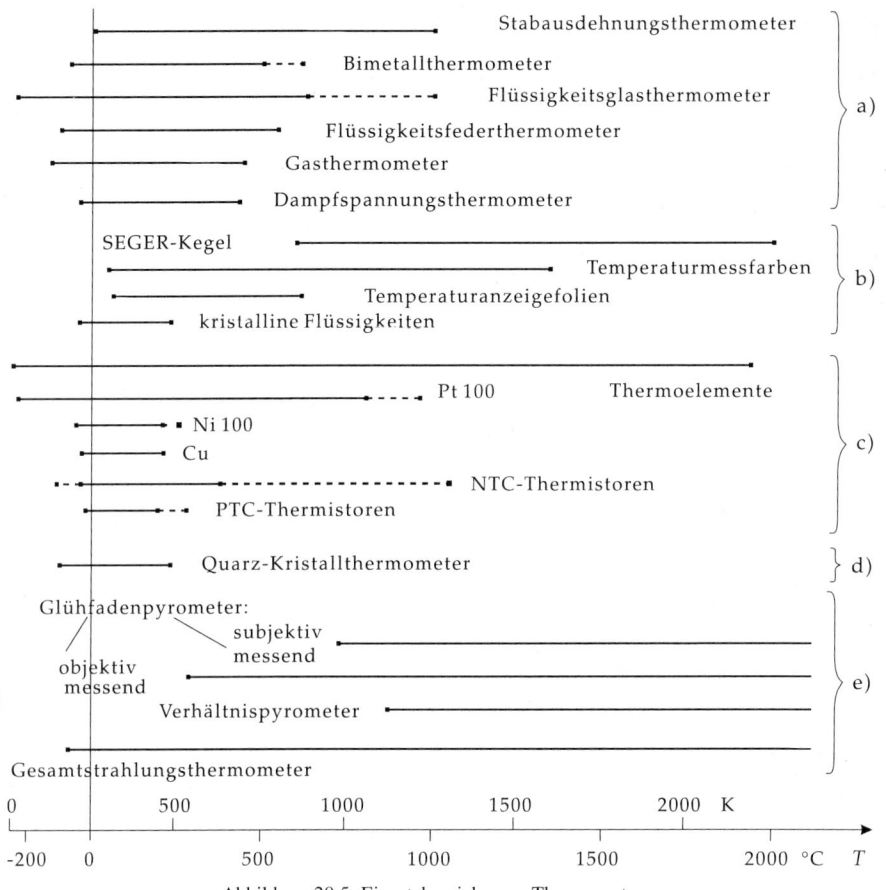

Abbildung 20.5: Einsatzbereiche von Thermometern

3. Eichung von Thermometern

Für die Eichung von Thermometern zwischen den Fixpunkten sind folgende Geräte vorgesehen:

Platin-Widerstandsthermometer mit speziellen Spezifikationen für den Temperaturbereich von 13.81 bis 903.89 K.

Der Bereich wird in fünf Unterbereiche unterteilt, in denen spezielle Interpolationspolynome für die Errechnung der Temperatur aus den Widerstandswerten verwendet werden.

Rhodium/Platin-Thermoelement mit Platin und einer Rhodium(10%)-Platin-Verbindung als Thermopaar im Temperaturbereich 903.89 bis 1337.58 K.

Die Beziehung zwischen der Temperatur und der Thermospannung wird mit einer quadratischen Gleichung interpoliert.

Spektralpyrometer oberhalb von 1337.58 K. Hier wird das Plancksche Strahlungsgesetz verwendet.

20.2.2.4   Kelvin-Skala und absoluter Nullpunkt

Verdünnte Gase zeigen einen sehr ähnlichen Zusammenhang von Temperatur und Volumenausdehnung. Man kann das Volumen einer bestimmten Menge eines solchen Gases bei bestimmtem Druck als Maß für die Temperatur benutzen und entsprechend andere Thermometer damit eichen.

1.   Thermodynamische Temperatur,

T, wird mit Hilfe des Volumens eines verdünnten Gases (s. S. 606) bestimmt (**Abb. 20.6**),

$$T = T_0 \frac{V}{V_0} \, .$$

Druck und Teilchenzahl müssen konstant bleiben.

2.   Kelvin-Skala,

die Temperaturskala, bei der als Fixpunkt der Tripelpunkt des Wassers verwendet wird. Der Druck am Tripelpunkt ist 619.6 Pa, die Temperatur wird zu 273.16 K definiert. Die Gradeinteilung lehnt sich an die historisch frühere **Celsius-Skala** an.

Die Kelvin- und die Celsius-Skala sind leicht umrechenbar:

$$T/\mathrm{K} = \vartheta/^\circ\mathrm{C} + 273.15 \, .$$

3.   Absoluter Nullpunkt,

Extrapolation der Temperatur-Volumen-Beziehung auf das Volumen $V = 0$ (**Abb. 20.7**). Die Annahme eines Gases mit beliebig verkleinerbarem Volumen ist für die Diskussion des idealen Gases wichtig. In der Praxis kann man bei sehr niedrigen Temperaturen das Volumen eines Gases nicht mehr experimentell messen, da Verflüssigung einsetzt.

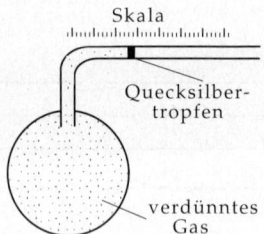

Abbildung 20.6: Gasthermometer (schematisch)

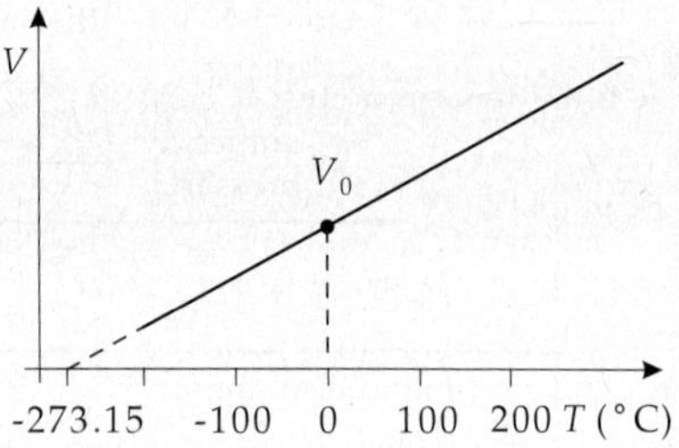

Abbildung 20.7: V-T-Diagramm eines verdünnten Gases. Luft verflüssigt sich bei 80 K, H_2 bei 20 K und He bei 4.2 K

Am absoluten Nullpunkt ist alle Bewegung der Atome und Moleküle eingefroren. Der Temperaturwert ist $T = 0\,\mathrm{K} = -273.15\,^\circ\mathrm{C}$.

▲   Der absolute Nullpunkt ist nicht erreichbar. Es lässt sich kein System mit exakt $T = 0$ K herstellen.

➤   Dies ist eine Formulierung des dritten Hauptsatzes der Thermodynamik (s. S. 643).

20.2.3   Druck

Druck, p, SI-Einheit Pa (Pascal), der Betrag einer senkrecht auf eine Messfläche A einwirkenden Kraft, dividiert durch die Fläche (s. S. 162).

Druck = $\dfrac{\textbf{senkrecht einwirkende Kraft}}{\textbf{Fläche}}$			$\mathbf{ML^{-1}T^{-2}}$
	Symbol	Einheit	Benennung
$p = \dfrac{F_\perp}{A}$	p	Pa	Druck
	$F_\perp$	N	senkrechte Kraftkomponente
	A	m^2	Fläche

Genau genommen ist der Druck die zur Fläche senkrecht stehende Komponente des Kraftvektors $\vec{F}$, also das Skalarprodukt zwischen dem Kraftvektor $\vec{F}$ und dem Normalenvektor $\vec{n}_A$ zur Fläche A, geteilt durch die Fläche,

$$p = \frac{\vec{F} \cdot \vec{n}_A}{A}.$$

Mikroskopisch kommt der Druck dadurch zustande, dass Teilchen auf die Oberfläche aufprallen, wobei sie reflektiert werden und einen bestimmten Impuls übertragen. Der Druck ist dann der mittlere auf die Wand übertragene Impuls pro Zeit- und pro Flächeneinheit.

Mikroskopisch hängt der Druck linear mit der Dichte und daher mit dem eingenommenen Volumen (s. S. 596) zusammen.

M   **Mc Leod-Manometer**, ein Quecksilbermanometer zur Messung kleiner Gasdrücke (**Abb. 20.8**), arbeitet nach diesem Volumenmessprinzip. Eine kleine Gasmenge des zu vermessenden Systems wird eingeschlossen, ihr Volumen verkleinert und die Druckdifferenz zwischen dem verkleinerten Volumen und dem Ursprungssystem gemessen.

zum
Vakuumsystem

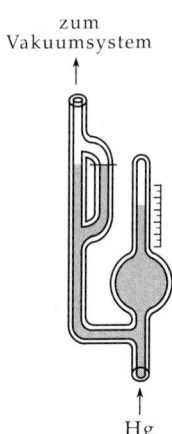

Abbildung 20.8: Mc Leod-Manometer

Hg

20.2.3.1   Druckeinheiten

1.   SI-Einheiten des Drucks

Pascal, Abkürzung Pa, SI-Einheit für den Druck (s. S. 162). Es gilt:

$$1\,\mathrm{Pa} = 1\,\frac{\mathrm{N}}{\mathrm{m}^2} = 1\,\frac{\mathrm{kg}}{\mathrm{m\,s}^2}.$$

In der Praxis liegen oft Drücke um 10^5 Pa (ungefähr normaler Luftdruck) vor, daher führt man die bequemere Einheit bar ein.

Bar, das 10^5fache des Pascals.

➤   In der Meteorologie wurde früher häufig das Millibar benutzt, heute wird die damit identische SI-Einheit Hektopascal verwendet.

$$1\,\mathrm{Pa} = 10^{-5}\,\mathrm{bar}, \qquad 1\,\mathrm{bar} = 10^5\,\mathrm{Pa} = 10\,\frac{\mathrm{N}}{\mathrm{cm}^2}.$$

2.   Druck und Energiedichte

Der Druck hat die gleiche Dimension wie eine Energiedichte.

▲   Oft hängt der Druck in einfacher Weise mit der Energiedichte zusammen.

■   Im idealen Gas gilt mit der mittleren kinetischen Energiedichte $e = \rho_N W_{kin}$, die mit der Teilchendichte ρ_N und der mittleren kinetischen Energie W_{kin} zusamenhängt:

$$p = \frac{2}{3}e.$$

3.   Weitere gebräuchliche Einheiten des Drucks

Die folgenden Einheiten sind heute ungesetzlich, werden aber noch in vielen älteren technischen Anleitungen und im täglichen Leben verwendet.

Technische Atmosphäre, at, entspricht dem Druck, den eine Masse von 1 kg bei Normalbeschleunigung, $g = 9.80665\,\mathrm{m/s^2}$, (s. S. 47) auf einen Quadratzentimeter ausübt.

➤   Die nicht mehr gesetzliche Krafteinheit Kilopond, kp, beschreibt die Gewichtskraft einer Masse von 1 kg bei Normfallbeschleunigung.

$$1\,\mathrm{at} = 1\,\frac{\mathrm{kp}}{\mathrm{cm^2}} = 1\,\frac{\mathrm{kg}}{\mathrm{cm^2}}g = 98066.5\,\mathrm{Pa} = 0.980665\,\mathrm{bar}, \qquad 1\,\mathrm{bar} = 1.02\,\mathrm{at}.$$

➤   1 at entspricht dem Druck einer 10 m hohen Wassersäule.

Atmosphärer Überdruck, atü, Drucküberschuss in Atmosphären. Im allgemeinen gilt:

$$p/\mathrm{at\ddot{u}} = p/\mathrm{at} - 1.$$

Millimeter Wassersäule, mm WS, beschreibt die Höhe einer Wassersäule, deren Schweredruck dem gegebenen Druck äquivalent ist:

$$1\mathrm{mm\,WS} = 10^{-4}\,\mathrm{at} = 9.80665\,\mathrm{Pa}.$$

Physikalische Atmosphäre, atm, an den mittleren Luftdruck am Erdboden angepasst.

Torr, entspricht der Steighöhe von Quecksilber in mm in einem luftleer abgeschlossenen Glasrohr von 1 m Länge.

$$
\begin{array}{lllll}
1\,\mathrm{atm} & = & 760\,\mathrm{Torr} & = & 101325\,\mathrm{Pa} \\
1\,\mathrm{Torr} & = & 133.32\,\mathrm{Pa} & \hat{=} & 1\,\mathrm{mm\,Hg} \\
1\,\mathrm{bar} & = & 0.987\,\mathrm{atm} & = & 750.06\,\mathrm{Torr}
\end{array}
$$

4.   Normaldruck und Normalbedingungen

Normaldruck, **Normdruck**, Referenzwert des Druckes für die Angabe von Materialeigenschaften.

▲   Der Normaldruck beträgt eine physikalische Atmosphäre:

$$p_n = 101325\,\mathrm{Pa} = 1\,\mathrm{atm} = 760\,\mathrm{Torr}.$$

■   Schmelz- und Siedepunkte werden im allgemeinen bei Normaldruck angegeben.

Normalbedingungen, Festlegung der Temperatur auf die Normtemperatur ($T = 273.15\,\mathrm{K} = 0\,^{\circ}\mathrm{C}$) und des Druckes auf den Normaldruck $p_n = 1013.25\,\mathrm{hPa}$.

20.2.3.2   Druckmessung

1.   Druckmessgeräte

Druckmessung erfolgt im allgemeinen durch Messung der auf eine bekannte Fläche wirkenden Kraft.

Druckwaage und **Kolbenmanometer** messen die Kraft, die auf einen Kolben in einem Hohlzylinder ausgeübt wird. Die Gegenkraft wird durch Gewichte oder Federn gebildet.

Flüssigkeitsmanometer werden bevorzugt im Bereich kleiner Drücke verwendet. Sperrflüssigkeiten sind beispielsweise Alkohol, Wasser, Quecksilber oder Spezialflüssigkeiten mit möglichst niedrigem Dampfdruck, möglichst temperaturunabhängiger Dichte und möglichst guten Kapillareigenschaften.

Thermovac-Röhren und **Penning-Röhren** nutzen die **thermische** bzw. **elektrische Leitfähigkeit** von Gasen zur Druckmessung im Vakuumbereich.

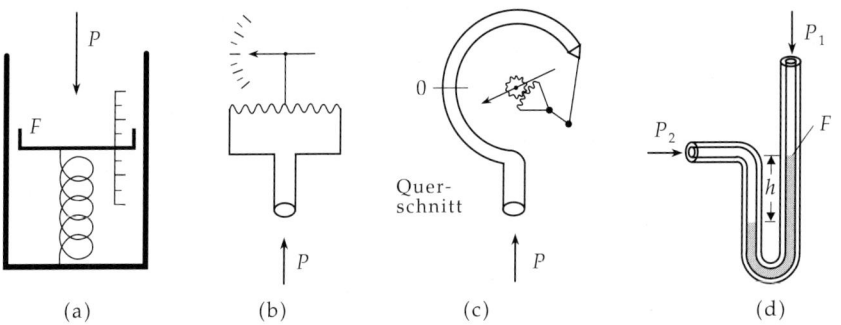

Abbildung 20.9: Schematische Darstellung des Prinzips von Druckmessgeräten: der auf eine feste Stempelfläche ausgeübte Druck wird durch eine Gegenkraft kompensiert. Die Stärke der Gegenkraft kann durch die Auslenkung einer Druckfeder (a), den von einer Spiralfeder ausgeglichenen Ausschlag eines Zeigers (b), die Dehnung eines eingerollten Druckschlauches (c) oder (bei bekanntem Gegendruck) durch die Steighöhe einer Flüssigkeitssäule (d) festgestellt werden

2. Darstellung verschiedener Messbereiche

Eine schematische Darstellung verschiedener Messbereiche findet sich in **Abb. 20.10**. Die Einsatzbereiche verschiedener Messgeräte sind parallel zur Abszisse eingetragen. Die Messbereiche werden grob wie folgt unterteilt:

a) extremes Hochvakuum,
b) technisches Hochvakuum,
c) Vakuum,
d) mäßiger Druck,
e) Mitteldruck,
f) technischer Hochdruck,
g) extremer Hochdruck.

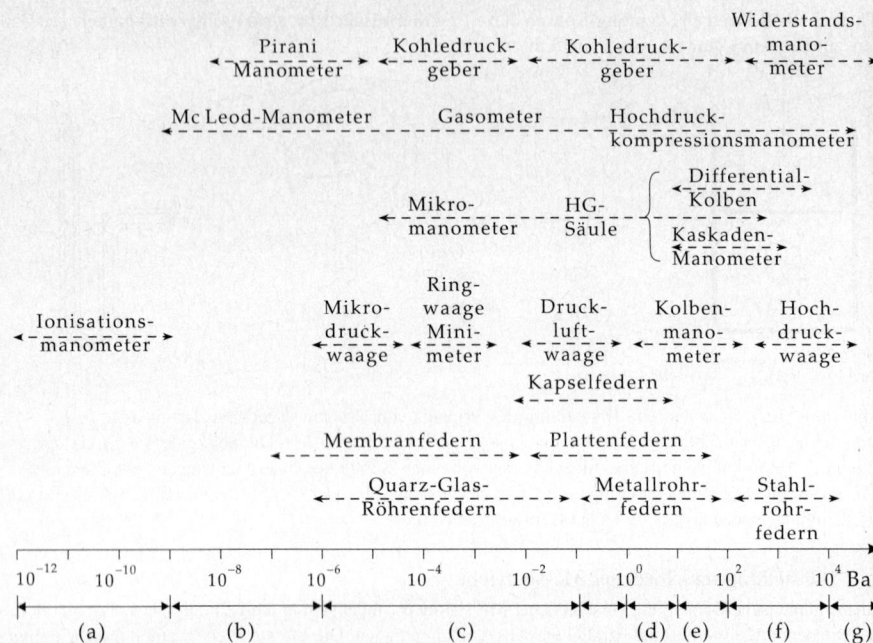

Abbildung 20.10: Einsatzbereiche von Druckmessgeräten

3. Lokaler Druck

Druck kann auch lokal, d.h. in einem kleinen Teilsystem, definiert werden.

M Zur Messung des lokalen Druckes bringt man eine kleine Testfläche (Einheitsfläche) in das System und misst die Kraft, welche das System auf eine Seite der Fläche ausübt. Die andere Seite der Testfläche muss dabei gegen das System mechanisch isoliert sein. Auf dieser Seite möge ein bekannter Referenzdruck, p_0, herrschen. Die Druckdifferenz, $p - p_0$, zwischen System und Innendruck des Barometers bewirkt dann eine effektive Kraft auf die Messfläche.

20.2.4   Teilchenzahl, Stoffmenge und Avogadrozahl

1. Teilchenzahl,

N, dimensionslose Größe, beschreibt die Anzahl der im System vorhandenen Teilchen.

➤ Nach DIN kann auch das Symbol X verwendet werden, insbesondere wenn Mischungen verschiedener Teilchensorten betrachtet werden.

➤ Da N für makroskopische Systeme sehr große Zahlen annimmt, verwendet man Vielfache der Avogadro-Zahl.

2. Avogadro-Zahl,

Avogadro-Konstante, N_A, Maß für makroskopische Stoffmengen.

▲ Die Avogadro-Zahl ist genau die Zahl von Teilchen der Masse a u (siehe unten), die zusammen eine Masse von a g haben,

$$N_A = \frac{a \mathrm{g}}{a \mathrm{u}} = 6.022\,1367 \cdot 10^{23}\ \mathrm{mol}^{-1}.$$

3. Atomare Masseneinheit,

u (engl. früher atomic mass unit, amu), besonders geeignet, die Massen einzelner Teilchen (Atome, Moleküle) anzugeben (s. S. 828); sie ist definiert als ein Zwölftel der Masse eines Atoms des Kohlenstoffisotops ^{12}C:

$$1\,u = \frac{1}{12} m_{^{12}C} = 1.661 \cdot 10^{-27}\,kg\,.$$

Diese Einheit ist besonders zweckmäßig, da Atommassen heute in Massenspektrometern sehr präzise gemessen werden und diese mit Kohlenstoffverbindungen leicht zu eichen sind.

Für normale Anwendungen, zum Beispiel bei stöchiometrischen Rechnungen in der Chemie, reicht es aus, die Masse eines Atoms durch ihre Massenzahl (Anzahl der Protonen und Neutronen; sie wird im Periodensystem mit angegeben) in u einheitlich anzugeben.

■ Ein Sauerstoffmolekül hat die Masse $m(O_2) = m(2\,^{16}O) = 2 \cdot 16\,u = 32\,u$.

4. Stoffmenge und Molvolumen

Stoffmenge, n, SI-Einheit mol, Beschreibung der Anzahl von Teilchen in Vielfachen der Avogadro-Zahl.

Mol, SI-Einheit für N_A Teilchen (Atome, Moleküle) eines bestimmten Elementes (oder einer Verbindung).

▲ Das Mol (mol) ist die Basiseinheit der Stoffmenge: 1 mol ist die Stoffmenge eines Systems, das genauso viele Moleküle enthält, wie Atome in 0.012 kg des Kohlenstoffisotops ^{12}C enthalten sind.

Molvolumen, das Volumen, das ein Mol eines Stoffes bei **Normalbedingungen** (0 °C Temperatur und 1.01325 bar Druck) einnimmt.

■ Das ideale Gas hat unter Normalbedingungen ein Molvolumen von ca. 22.4 Litern.

5. Loschmidt-Konstante,

Anzahl von Teilchen eines idealen Gases unter Normalbedingungen pro Molvolumen.

Loschmidt-Konstante $= \dfrac{\textbf{Avogadro-Zahl}}{\textbf{Molvolumen}}$			L^{-3}
$\begin{aligned} N_L &= \dfrac{N_A}{V_m} \\ &= 2.68675 \cdot 10^{25}\,m^{-3} \end{aligned}$	Symbol	Einheit	Benennung
	N_L	m^{-3}	Loschmidt-Konstante
	N_A	mol^{-1}	Avogadro-Zahl
	V_m	m^3/mol	Molvolumen

6. Molmasse,

die Masse eines Mols eines Stoffes.

Molmasse = Avogadro-Zahl · Teilchenmasse			MN^{-1}
$\begin{aligned} M &= N_A \cdot m_N \\ &= \dfrac{m}{n} \end{aligned}$	Symbol	Einheit	Benennung
	M	kg/mol	Molmasse
	N_A	mol^{-1}	Avogadro-Zahl
	m_N	kg	Teilchenmasse
	m	kg	Gesamtmasse
	n	mol	Stoffmenge

a) Molmasse eines Gemisches, Masse eines Moles eines Gemisches,

$$M_{Gemisch} = \frac{m_{Gemisch}}{n_{Gemisch}} = \frac{m_1 + m_2 + m_3 + \dots}{n_1 + n_2 + n_3 + \dots}\,.$$

Sie kann aus den Molmassen M_i der Komponenten i berechnet werden:

$$M_{Gemisch} = \frac{n_1 M_1 + n_2 M_2 + n_3 M_3 + \dots}{n_1 + n_2 + n_3 + \dots} = x_1 M_1 + x_2 M_2 + x_3 M_3 + \dots\,.$$

(Der Molenbruch x_i wird weiter unten erklärt.)

■ Die Molmasse der Luft ist $M_{\text{Luft}} = 28.96\,\text{g/mol}$. Ihre Hauptbestandteile sind Stickstoff $M_{\text{N}_2} = 28\,\text{g/mol}$ und Sauerstoff $M_{\text{O}_2} = 32\,\text{g/mol}$.

b) **Molmasse eines Elements,** kann dem Periodensystem entnommen werden.

■ Molmassen einiger Elemente (in g/mol): Wasserstoff 1.00797, Sauerstoff 15.9994, Nickel 58.71, Silber 107.87, Platin 195.09.

➤ Faustregel: Anzahl der Kernbausteine = Molmasse in Gramm.

c) **Molmasse einer Verbindung,** kann additiv aus den Komponenten (Atomen) erhalten werden,

$$M(A_aB_bC_c) = aM(A) + bM(B) + cM(C).$$

■ Die Molmasse von Schwefelsäure (H_2SO_4) ist

$$M = 2 \cdot 1\,\text{g/mol} + 32\,\text{g/mol} + 4 \cdot 16\,\text{g/mol} = 98\,\text{g/mol}.$$

Molmassen einiger Gase s. Tab. 23.2/2.

7. Stoffmenge,

die Anzahl von Molen eines Stoffes.

Stoffmenge $=\dfrac{\textbf{Teilchenzahl}}{\textbf{Avogadro-Zahl}}$			N

	Symbol	Einheit	Benennung
$n = \dfrac{N}{N_A}$	n	mol	Stoffmenge
	N	1	Teilchenzahl
$n = \dfrac{m}{M}$	M	kg/mol	Molmasse
$N_A = 6.022\,1367 \cdot 10^{23}\,\text{mol}^{-1}$	N_A	mol^{-1}	Avogadro-Zahl
	m	kg	Gesamtmasse

8. Universelle Gaskonstante,

Produkt aus Avogadro-Zahl und Boltzmann-Konstante.

Gaskonstante = Boltzmann-Konstante · Avogadro-Zahl			$\textbf{ML}^2\textbf{T}^{-2}\Theta^{-1}\textbf{N}^{-1}$

	Symbol	Einheit	Benennung
$R = k \cdot N_A$	R	J/(K mol)	Gaskonstante
$k = 1.380\,66 \cdot 10^{-23}\,\text{J/K}$	N_A	mol^{-1}	Avogadro-Zahl
	k	J/K	Boltzmann-Konstante

Der Wert von R ist

$$R = 8.314\,\text{J/(mol K)}.$$

9. Molenbruch,

x_i, dimensionslose Größe, Anteil einer Teilchensorte i an der Gesamtzahl der Teilchen:

$$x_i = \frac{N_i}{N_1 + N_2 + \ldots + N_n}, \qquad \sum_i x_i = 1.$$

▲ Die Summe aller Molenbrüche ergibt immer eins.

➤ Nach DIN wird für den Molenbruch ein kleines x_i verwendet, während X_i die Gesamtzahl der Teilchen einer Sorte beschreibt.

Der Molenbruch ist eine intensive Variable und kann in verschiedenen Phasen verschiedene Werte annehmen.

10. Massenanteil,

ξ_i, dimensionslose Größe, Verhältnis der Gesamtmasse einer Teilchensorte an der Gesamtmasse aller Teilchen. Sie ist gleich dem Produkt aus Molenbruch und dem Verhältnis von Molmasse der Teilchensorte i und Molmasse des Gesamtsystems:

$$\xi_i = \frac{m_i}{m_{\text{ges}}} = x_i \frac{M_i}{M_{\text{ges}}}.$$

20.2.5 Entropie

1. Entropie als extensive Zustandsfunktion

Entropie, S, SI-Einheit Joule pro Kelvin, eine extensive Zustandsfunktion, die die „Unordnung" in einem System beschreibt (s. S. 589).

Die Entropieänderung kann (bei kleinen Temperaturänderungen) über die reduzierte Wärme (s. S. 643) definiert werden.

$\text{Entropieänderung} = \dfrac{\text{Wärmeänderung}}{\text{Temperatur}}$			$\mathbf{ML^2T^{-2}\Theta^{-1}}$
$\begin{aligned} \Delta S &= \frac{\Delta Q}{T} \\ &= \frac{C \Delta T}{T} \end{aligned}$	Symbol	Einheit	Benennung
	S	J/K	Entropie
	Q	J	Wärmemenge
	T	K	Temperatur
	C	J/K	Wärmekapazität

Dadurch sind nur Entropiedifferenzen, aber kein absoluter Wert der Entropie definiert.
Die absolute Normierung erfolgt durch den dritten Hauptsatz der Thermodynamik (s. S. 643):

▲ Die Entropie am absoluten Nullpunkt ist Null,

$$S_{T=0} = 0.$$

2. Mikroskopische Betrachtung

Makrozustand, der durch die Gesamteigenschaften des Systems charakterisierte Zustand.
Mikrozustand, der durch die Eigenschaften der einzelnen Teilchen bestimmte Zustand.

■ Soll eine bestimmte Anzahl von Kugeln auf zwei Behälter verteilt werden, so wird der Makrozustand durch die Anzahl der Kugeln in jedem Behälter bestimmt, der Mikrozustand jedoch dadurch, welche Kugel sich in welchem Behälter befindet.

Zu jedem makroskopischen, thermodynamischen Zustand gibt es eine große Zahl mikroskopischer Realisierungsmöglichkeiten (Mikrozustände).

■ In einem System aus drei Teilchen mit drei festen, unterschiedlichen Geschwindigkeiten sind der Zustand, bei dem Teilchen 1 die größte Geschwindigkeit und Teilchen 3 die kleinste Geschwindigkeit hat, und der Zustand, bei dem Teilchen 1 die kleinste Geschwindigkeit und Teilchen 2 die größte Geschwindigkeit hat, mikroskopisch unterschiedlich. Makroskopisch sind beide Zustände gleich.
▲ Der Zustand mit den meisten Realisierungsmöglichkeiten ist der wahrscheinlichste Zustand.
■ Gegeben ist ein mit Gas gefüllter Behälter. Betrachtet man die Entscheidung, ob sich ein Gasteilchen in der linken oder der rechten Behälterhälfte befindet, so ist der Zustand, dass sich alle Gasteilchen links befinden, energetisch erlaubt, aber nur mit einer Realisierungsmöglichkeit versehen. Eine gleichmäßige Aufteilung aller Teilchen nach links und rechts besitzt eine sehr große Anzahl von Realisierungsmöglichkeiten und ist daher am wahrscheinlichsten.
▲ Der **Gleichgewichtszustand** ist der Zustand mit den meisten Realisierungsmöglichkeiten.
➤ Da die Entropie mit der Anzahl der Realisierungsmöglichkeiten anwächst, ist die Entropie des Gleichgewichts maximal.

3.   Zusammenhang zwischen Entropie und Anzahl der Mikrozustände

Entropie = Boltzmann-Konstante · ln(Realisierungsmöglichkeiten)	$ML^2T^{-2}\Theta^{-1}$

$$S = k \ln \Omega$$
$$k = 1.38066 \cdot 10^{-23} \text{ J/K}$$

Symbol	Einheit	Benennung
S	J/K	Entropie
k	J/K	Boltzmann-Konstante
Ω	1	Anzahl Mikrozustände

20.3   Thermodynamische Potentiale

20.3.1   Prinzip der maximalen Entropie - Prinzip der minimalen Energie

Abgeschlossene Systeme streben einem Gleichgewichtszustand zu, der durch ein **Maximum an Entropie** gekennzeichnet ist. Dieser Zustand hat die meisten mikroskopischen Realisierungsmöglichkeiten.

➤   Diese Aussage ist eine Folgerung des zweiten Hauptsatzes der Thermodynamik (s. S. 642).

▲   Alle in einem abgeschlossenen System von selbst ablaufenden (irreversiblen) Prozesse vergrößern die Entropie, bis im Gleichgewicht ihr Maximum erreicht ist.

In der Mechanik und Elektrodynamik sind nichtabgeschlossene Systeme bestrebt, ihre Energie zu verringern.

■   Mechanische Systeme streben nach einem lokalen Minimum an potentieller Energie.

▲   Ein nichtabgeschlossenes System mit konstanter Entropie strebt nach minimaler Energie.

Beide Prinzipien hängen über die Hauptsätze der Thermodynamik miteinander zusammen.

20.3.2   Innere Energie als Potential

Innere Energie, U, SI-Einheit Joule (J), extensive Variable, beschreibt die gesamte Energie, die im System vorhanden ist. Sie ist in einem abgeschlossenen System eine zentrale Variable.

Die innere Energie wird als Funktion der natürlichen **extensiven Variablen** (s. S. 574) Entropie S, Volumen V und Teilchenzahl N geschrieben. Bei Kenntnis der Abhängigkeit der inneren Energie $U(S,V,N,\ldots)$ von den anderen Variablen ist die vollständige Kenntnis aller thermodynamischen Größen garantiert.

Differentielle Darstellung der inneren Energie:

$$dU = T\,dS - p\,dV + \mu\,dN + \ldots.$$

Die intensiven Variablen Temperatur T, Druck p und chemisches Potential μ können als Funktionen der natürlichen extensiven Variablen beschrieben werden.

Die intensiven Variablen werden durch partielle Ableitung nach einer extensiven Variablen beschrieben, wobei die anderen Variablen als konstant angenommen werden.

Temperatur, Druck und chemisches Potential als Ableitung von U

	Symbol	Einheit	Benennung
$T = \left.\dfrac{\partial U}{\partial S}\right|_{V,N,\ldots}$	U	J	innere Energie
	T	K	Temperatur
$-p = \left.\dfrac{\partial U}{\partial V}\right|_{S,N,\ldots}$	S	J/K	Entropie
	p	Pa	Druck
	V	m^3	Volumen
$\mu = \left.\dfrac{\partial U}{\partial N}\right|_{S,V,\ldots}$	μ	J	chemisches Potential
	N	1	Teilchenzahl

▲ Die innere Energie U hat für isochore adiabatische Systeme ein Minimum, $dU \leq 0$ für $V = $ const., $\Delta Q = 0$.

20.3.2.1 Innere Energie im idealen Gas

Im idealen Gas ohne Rotationsfreiheitsgrade gilt:

$$U = \frac{3}{2}NkT .$$

Bei isochoren Zustandsänderungen gilt:

Innere Energie $\sim$ Temperatur			$\mathbf{ML^2T^{-2}}$
	Symbol	Einheit	Benennung
	U	J	innere Energie
$U = c_V mT$	c_V	J/(K kg)	spez. Wärmekapazität bei konst. Volumen
	m	kg	Masse
	T	K	Temperatur

20.3.3 Entropie als thermodynamisches Potential

Entropie, S, SI-Einheit Joule pro Kelvin, ist wie die innere Energie in einem abgeschlossenen System eine zentrale Variable. Sie beschreibt die Anzahl möglicher Mikrozustände im System. Differentielle Darstellung der Entropie:

$$dS = \frac{1}{T} dU + \frac{p}{T} dV - \frac{\mu}{T} dN - \dots$$

Bei Kenntnis der Abhängigkeit der Entropie $S(U, V, N, \dots)$ von den Variablen $U, V, N, \dots$ ist die vollständige Kenntnis aller thermodynamischen Größen garantiert.

Innere Energie, Druck und chemisches Potential als Ableitung von S			
	Symbol	Einheit	Benennung
$\frac{1}{T} = \left. \frac{\partial S}{\partial U} \right|_{V,N,\dots}$	U	J	innere Energie
	T	K	Temperatur
$\frac{p}{T} = \left. \frac{\partial S}{\partial V} \right|_{U,N,\dots}$	S	J/K	Entropie
	p	Pa	Druck
$-\frac{\mu}{T} = \left. \frac{\partial S}{\partial N} \right|_{U,V,\dots}$	V	m^3	Volumen
	μ	J	chemisches Potential
	N	1	Teilchenzahl

▲ Die Entropie S hat für isochore Systeme mit konstanter innerer Energie ein Maximum, $dS = 0$ für $V = $ const., $U = $ const.

20.3.3.1 Entropie im idealen Gas

Entropie eines idealen Gases ohne Rotationsfreiheitsgrade:

$$S(T,p) = Nk \left\{ s_0(T_0,p_0) + \ln\left[\left(\frac{T}{T_0}\right)^{5/2} \left(\frac{p_0}{p}\right) \right] \right\} .$$

Umgeschrieben auf N, V, U :

$$S(N,V,U) = Nk \left\{ s_0(N_0,V_0,U_0) + \ln\left[\left(\frac{N_0}{N}\right)^{5/2} \left(\frac{U}{U_0}\right)^{3/2} \left(\frac{V}{V_0}\right) \right] \right\} .$$

Aus der Kenntnis dieser Gleichung können alle Zustandsgleichungen des idealen Gases durch partielle Differentiation erhalten werden.

■ Ableitung nach der inneren Energie ergibt:

$$\frac{\partial S}{\partial U}\bigg|_{N,V} = \frac{1}{T} = \frac{3}{2}Nk\frac{1}{U} \Rightarrow U = \frac{3}{2}NkT ,$$

Ableitung nach dem Volumen ergibt die Zustandsgleichung,

$$\frac{\partial S}{\partial V}\bigg|_{N,U} = \frac{p}{T} = Nk\frac{1}{V} \Rightarrow pV = NkT.$$

20.3.4   Freie Energie

1.   Freie Energie,

auch **Helmholtz–Potential**, F, SI-Einheit Joule (J), hat ihre Bedeutung vor allem bei der Beschreibung von Prozessen, die bei konstanter Temperatur (isotherm) ablaufen.

Die freie Energie ist die Differenz aus innerer Energie und dem Produkt aus Temperatur und Entropie,

$$F = U - TS = -pV + \mu N .$$

Dies entspricht einer Legendre-Transformation von einer Funktion der Entropie (innere Energie) auf eine Funktion der Temperatur (freie Energie).

Das totale Differential von F ist

$$dF = -S\,dT - p\,dV + \mu\,dN + \dots .$$

Änderung der freien Energie:

$$F = W + \int_{T_1}^{T_2} S\,dT .$$

2.   Freie Energie als Funktion der Zustandsvariablen

Die freie Energie wird als Funktion von Temperatur, Volumen und Teilchenzahl geschrieben. Bei Kenntnis der Abhängigkeit der freien Energie $F(T,V,N,\dots)$ von den anderen Variablen ist die vollständige Kenntnis aller thermodynamischen Größen garantiert.

Die übrigen Variablen können über partielle Ableitung erhalten werden.

Entropie, Druck und chemisches Potential als Ableitung von F				
$-S = \dfrac{\partial F}{\partial T}\bigg|_{V,N,\dots}$	**Symbol**	**Einheit**	**Benennung**	
	F	J	freie Energie	
	T	K	Temperatur	
$-p = \dfrac{\partial F}{\partial V}\bigg|_{T,N,\dots}$	S	J/K	Entropie	
	p	Pa	Druck	
	V	m^3	Volumen	
$\mu = \dfrac{\partial F}{\partial N}\bigg|_{T,V,\dots}$	μ	J	chem. Potential	
	N	1	Teilchenzahl	

3.   Freie Energie und isotherme Prozesse

Die Änderung der freien Energie dF_{Sys} eines Systems bei konstanter Temperatur (isotherme Prozesse) stellt die dem System bei reversibler Prozessführung entnommene (oder zugeführte) Arbeit dar.

Isotherme Prozessführungen, bei denen die Systeme mit ihrer Umgebung nur Wärme, aber keine Arbeit austauschen können, streben nach einem Minimum an freier Energie, das heißt gleichzeitig nach minimaler innerer Energie und maximaler Entropie.

▲   Isotherme und isochore Prozesse verlaufen spontan in die Richtung, nach der hin die freie Energie abnimmt.

Isotherme Prozesse, die eigentlich die innere Energie vergrößern, also nur unter Energieaufwand ablaufen, können dennoch spontan stattfinden, wenn bei gegebener Temperatur der Energiegewinn $T\,dS$ größer ist als der Energieaufwand dU. Die Energie wird dabei dem Wärmebad entzogen. Ohne diesen Energieaufwand verlaufen diese Prozesse spontan nur in die Gegenrichtung.

20.3.5 Enthalpie

1. Enthalpie,

H, SI-Einheit Joule (J), von Bedeutung bei der Beschreibung von Prozessen, die bei konstantem Druck (isobar) stattfinden.

■   Chemische Prozesse laufen in der Praxis oft bei konstantem Druck ab.

Verdrängungsarbeit, das Produkt aus Druck und Volumen.
Enthalpie ist die Summe aus innerer Energie und Verdrängungsarbeit,

$$H = U + pV = TS + \mu N.$$

Die Enthalpie wird als Funktion von Entropie, Druck und Teilchenzahl geschrieben. Bei Kenntnis der Abhängigkeit der Enthalpie $H(S, p, N, \dots)$ von den anderen Variablen ist die vollständige Kenntnis aller thermodynamischen Größen garantiert.
Das totale Differential der Enthalpie lautet:

$$\begin{aligned} dH &= dU + p\,dV + V\,dp, \\ &= T\,dS + V\,dp + \mu\,dN. \end{aligned}$$

▲   Die Enthalpie H strebt für adiabatische, isobare Systeme ($\Delta Q = 0$, $p = $ const.) nach einem Minimum, $dH = 0$.

2. Bestimmung der Zustandsgrößen aus der Enthalpie

Kennt man die Enthalpie $H(S, p, N, \dots)$, so können alle übrigen Zustandsgrößen durch partielle Differentiation gewonnen werden.

Temperatur, Volumen und chemisches Potential als Ableitung von H

		Symbol	Einheit	Benennung
$T = \left.\dfrac{\partial H}{\partial S}\right\|_{p,N\dots}$		H	J	Enthalpie
		T	K	Temperatur
$V = \left.\dfrac{\partial H}{\partial p}\right\|_{S,N\dots}$		S	J/K	Entropie
		p	Pa	Druck
$\mu = \left.\dfrac{\partial H}{\partial N}\right\|_{S,p\dots}$		V	m^3	Volumen
		μ	J	chemisches Potential
		N	1	Teilchenzahl

3. Isobare und adiabatische Prozesse

Die **Enthalpie** kann prinzipiell für jedes System angegeben werden. Sie ist jedoch für isobare ($p = $ const., $dp = 0$) und adiabatische Systeme ($\Delta Q = 0$) besonders zweckmäßig. Solche Systeme tauschen keine Wärme mit der Umgebung aus ($\Delta Q = 0$), können aber bei einer Expansion gegen den konstanten äußeren Druck Volumenarbeit leisten (**Abb. 20.11**). Für isobare Zustandsänderungen ist die Änderung der Enthalpie gerade die mit der Umgebung ausgetauschte Wärmemenge plus die ausgetauschte sonstige Arbeit, die die Volumenarbeit gegen den konstanten Druck nicht enthält:

$$H = Q + \int_{V_1}^{V_2} p\,dV = Q + W_t.$$

Technische Arbeit, W_t, SI-Einheit Joule J, die gesamte Arbeit, die eine Maschine (theoretisch) leistet,

$$W_t = \int_{V_1}^{V_2} p \, dV.$$

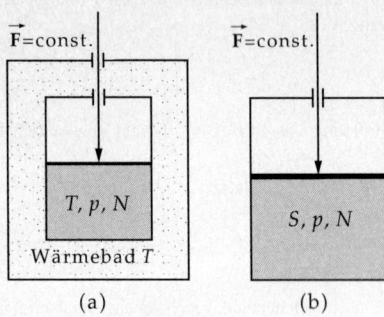

Abbildung 20.11: Thermodynamische
Systeme. (a): Isotherm-isobares System,
(b): adiabatisch-isobares System

▲   In einem sich selbst überlassenen isobaren adiabatischen System laufen so lange irreversible Prozesse ab, die die Enthalpie verkleinern, bis im Gleichgewicht das Minimum der Enthalpie erreicht ist.

20.3.5.1 Enthalpie des idealen Gases

Die Enthalpie ist die Summe aus innerer Energie und Verdrängungsarbeit.

Enthalpie $\sim$ Temperatur			$\mathbf{ML^2T^{-2}}$
	Symbol	Einheit	Benennung
	H	J	Enthalpie
$H = c_p m T$	c_p	J/(K kg)	spez. Wärmekapazität bei konstantem Druck
	m	kg	Masse
	T	K	Temperatur

Enthalpie des idealen Gases, mikroskopisch (ohne Rotationsenergie):

$$H(T,p,N) = \frac{5}{2} NkT.$$

20.3.5.2 Enthalpie und Phasenübergänge

Bei Phasenübergängen, die unter konstantem Druck (isobar) und bei konstanter Temperatur (isotherm) ablaufen, ist die Enthalpieänderung der Substanz gleich der latenten Wärme, die (beim Schmelzen, Sublimieren und Sieden) aufgenommen oder (beim Erstarren, Desublimieren und Kondensieren) abgegeben wird:

$$H_{fl} = H_{fest} + \Delta H_S.$$

Schmelzenthalpie, ΔH_S, die beim Schmelzen aufgewendete Enthalpie.

Erstarrungsenthalpie, $-\Delta H_S$, die beim Erstarren frei werdende Enthalpie. Analog sind die **Verdampfungsenthalpie**, ΔH_V, mit der **Kondensationsenthalpie**, $-\Delta H_V$, und die **Sublimationsenthalpie**, $\Delta H_{Sub} = \Delta H_S + \Delta H_V$, mit der **Desublimationsenthalpie**, $-\Delta H_{Sub}$, verknüpft.

Mollier-Diagramm, Grafik, in der die Entropie pro Masseneinheit gegen die Enthalpie pro Masseneinheit aufgetragen wird (**h-s-Diagramm**).

Analog können auch Grafiken anderer Größen wie zum Beispiel Konzentration gegen Enthalpie (**h-x-Diagramm**) benutzt werden.

20.3.5.3   Reaktionsenthalpie und Satz von Hess

Reaktionsenthalpie, die in einer chemischen Reaktion freiwerdende oder aufgewendete Enthalpie.

➤ Viele chemische Reaktionen laufen in offenen Gefäßen bei konstantem Druck ab.

▲ Die Entscheidung, ob eine chemische Reaktion spontan ohne äußere Energiezufuhr verläuft, kann mit Hilfe der Enthalpiebilanz vollzogen werden,

$$\Delta H = H_{\text{Produkte}} - H_{\text{Ausgangsstoffe}} \,.$$

Ist die Bilanz negativ, $\Delta H \leq 0$, so läuft die Reaktion spontan exotherm ab.

▲ **Satz von Hess**: Die totale Enthalpiedifferenz zwischen Produkten und Edukten (Ausgangsstoffen) ist unabhängig vom Reaktionsweg.

Die Enthalpiebilanz hängt meist stark von Umgebungsdruck und Umgebungstemperatur ab. Häufig muss zum Starten der Reaktion erst Aktivierungsenergie aufgebracht werden.

■ Wasserstoff und Sauerstoff können bei Raumtemperatur gemischt werden. Trotz negativer Bildungs-energie von Wasser verläuft die Reaktion nicht spontan. Bei Zufügung eines Katalysators oder von offenem Feuer verläuft die Reaktion jedoch explosionsartig (**Knallgasreaktion**).

Katalysator, ein Stoff, der die Reaktion anderer Stoffe ermöglicht oder zumindest beschleunigt, ohne dabei selbst aufgebraucht zu werden.

■ Metallisches Platin ist ein guter Katalysator für viele Reaktionen.

Exotherme Reaktion, Reaktion, bei der Enthalpie frei wird.

Endotherme Reaktion, Reaktion, bei der Enthalpie aufgewendet werden muss.

$\boxed{\text{M}}$ Die Messung von Reaktionsenthalpien erfolgt in der Chemie durch Messen der bei der Reaktion erzeugten Wärmemenge in einem **Kalorimeter** gemäß

$$\mathrm{d}H = \Delta Q|_p \,.$$

20.3.6   Freie Enthalpie

1.   Freie Enthalpie,

auch **Gibbssches Potential**, G, SI-Einheit Joule (J), eine von J. W. Gibbs (1875) eingeführte Größe, die sich besonders für Systeme bei vorgegebener Temperatur und vorgegebenem Druck eignet:

$$G = U - TS + pV = \mu N \,.$$

▲ Die freie Enthalpie pro Teilchen stimmt mit dem chemischen Potential überein.

Diese Aussage gilt aber nur für Systeme mit einer Teilchensorte, die keine anderen Energieformen (zum Beispiel elektrische Energie) mit der Umgebung austauschen können.

Das totale Differential der freien Enthalpie lautet:

$$\mathrm{d}G = -S\,\mathrm{d}T + V\,\mathrm{d}p + \mu\,\mathrm{d}N \,.$$

▲ Für ein isobar-isothermes System ($p = $ const., $T = $ const.) hat die freie Enthalpie ein Minimum, $\mathrm{d}G \leq 0$.

2.   Freie Enthalpie als Funktion von Zustandsgrößen

Die freie Enthalpie wird als Funktion von Temperatur, Druck und Teilchenzahl geschrieben. Bei Kennt-nis der Abhängigkeit der freien Enthalpie $G(T, p, N, \dots)$ von den anderen Variablen ist die vollständige Kenntnis aller thermodynamischen Größen garantiert.

Ist die Funktion $G(T, p, N)$ bekannt, so können alle weiteren Größen durch partielle Differentiation erhalten werden.

Entropie, Volumen und chemisches Potential als Ableitung von G

$$-S = \left.\frac{\partial G}{\partial T}\right|_{p,N,\ldots}$$

$$V = \left.\frac{\partial G}{\partial p}\right|_{T,N,\ldots}$$

$$\mu = \left.\frac{\partial G}{\partial N}\right|_{T,p,\ldots}$$

Symbol	Einheit	Benennung
G	J	freie Enthalpie
T	K	Temperatur
S	J/K	Entropie
p	Pa	Druck
V	m^3	Volumen
μ	J	chemisches Potential
N	1	Teilchenzahl

Die Änderung der freien Enthalpie ist gerade die vom System bei isothermer und isobarer **reversibler** Prozessführung umgesetzte Arbeit, ohne die Volumenarbeit gegen den konstanten äußeren Druck.

▲　In einem sich selbst überlassenen isothermen isobaren System laufen so lange irreversible Prozesse ab, bis ein Minimum an freier Enthalpie erreicht ist.

20.3.6.1　Chemische Reaktionen

Die freie Enthalpie hat ihre Bedeutung bei langsam verlaufenden Reaktionen.

Exergonische Reaktionen, Reaktionen, bei denen freie Enthalpie frei wird.

Endergonische Reaktionen, Reaktionen, bei denen freie Enthalpie aufgewendet werden muss.

Massenwirkungsgesetz, bestimmt das Umwandlungsverhältnis zwischen den Produkten und den Edukten einer chemischen Reaktion:

$$a_1 A_1 + a_2 A_2 + \ldots \rightleftharpoons b_1 B_1 + b_2 B_2 + \ldots ,$$

$$\frac{\left(x_{B_1}\right)^{b_1} \left(x_{B_2}\right)^{b_2} \ldots}{\left(x_{A_1}\right)^{a_1} \left(x_{A_2}\right)^{a_2} \ldots} = e^{\left(-\frac{\Delta G^0(p,T)}{kT}\right)} = K(p,T) .$$

Die Größe ΔG^0 ist eine für die Reaktion charakteristische Konstante. Die Gleichgewichtskonstante $K(p,T)$ wird durch die Differenz der freien Enthalpien ΔG^0 bestimmt.

▲　Für $K > 1$ liegt das Gleichgewicht auf der Seite der Produkte, für $K < 1$ überwiegt die Konzentration der Edukte.

Für die wichtigsten Reaktionen, Säure-Basen-Reaktionen, Dissoziationen, sind die Gleichgewichtskonstanten in chemischen Tabellen aufgeführt.

20.3.6.2　Prinzip von Le Chatelier

Prinzip von Le Chatelier, Aussage über die Veränderung eines Gleichgewichtszustandes unter äußeren Bedingungen.

▲　Ein Gleichgewichtszustand verschiebt sich bei Ausübung eines Zwanges (Temperaturänderung, Druckänderung oder Konzentrationsänderung) so, dass dem Zwang nachgegeben wird.

■　Ein Wasser-Wasserdampf-System wird unter äußerem Druck teilweise kondensieren und dabei weniger Volumen einnehmen.

20.3.7　Maxwell-Relationen

Maxwell-Relationen, Relationen, die die partiellen Ableitungen unterschiedlicher thermodynamischer Potentiale miteinander verknüpfen:

$$\left.\frac{\partial T}{\partial V}\right|_S = -\left.\frac{\partial p}{\partial S}\right|_V , \qquad \left.\frac{\partial S}{\partial V}\right|_T = \left.\frac{\partial p}{\partial T}\right|_V ,$$

$$\left.\frac{\partial T}{\partial p}\right|_S = -\left.\frac{\partial V}{\partial S}\right|_p , \qquad -\left.\frac{\partial S}{\partial p}\right|_T = \left.\frac{\partial V}{\partial T}\right|_p .$$

➤ Meist werden nur Systeme konstanter Teilchenzahl ($dN = 0$) betrachtet, wodurch sich die Zahl der Relationen erheblich reduziert. Hat man dagegen noch weitere Zustandsvariable, wie zum Beispiel ein Magnetfeld und ein **magnetisches Dipolmoment** (s. S. 429), so kommen weitere Relationen hinzu.

Thermodynamisches Viereck, einfache Merkhilfe, welche einen schnellen Überblick über die Potentiale und deren Variablen gibt und ein rasches Ablesen der Maxwell-Relationen gestattet (**Abb. 20.12**).

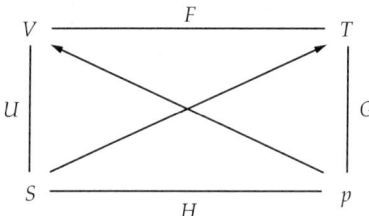

Abbildung 20.12: Thermodynamisches Viereck für $N = $ const.

Es ist speziell für Systeme bei konstanter Teilchenzahl und ohne weitere Zustandsvariablen ausgelegt. Die Variablen V, T, p, S bilden die Ecken des in **Abb. 20.12** dargestellten Vierecks. An den Kanten sind jeweils die Potentiale eingetragen, die von der Variablen an den zugehörigen Ecken abhängen, zum Beispiel $F(V, T)$.

▲ Die Ableitung eines Potentials nach einer Variablen (Ecke) ist gerade durch die diagonal gegenüberliegende Variable gegeben. Die beiden Pfeile in den Diagonalen bestimmen dabei das Vorzeichen.

Merksatz:
Viereck **f**ür **t**hermodynamisch **g**enutzte **P**otentiale **h**ilft (bei) **s**chnellen **U**mrechnungen.

■ Ableitung von F nach V ergibt minus (siehe Pfeilrichtung) p: $\quad \partial F / \partial V = -p$.

Die Maxwell-Relationen lassen sich folgendermassen ablesen: Die Ableitungen der Variablen, die entlang einer Kante des Vierecks liegen (zum Beispiel $\partial V / \partial S$), bei konstant gehaltener Variable in der diagonal gegenüberliegenden Ecke (hier p) sind gerade gleich der korrespondierenden Ableitung auf der gegenüberliegenden Kante (hier $-\left(\dfrac{\partial T}{\partial p}\right)_S$). Die Vorzeichen richten sich dabei wieder nach dem Sinn, in dem die Diagonalen durchlaufen werden.

20.3.8 Thermodynamische Stabilität

1. Verschiedene Arten von Gleichgewichtszuständen

Gleichgewichtszustände, ausgezeichnet durch das Maximum der Entropie, bzw. durch ein Minimum in den verschiedenen thermodynamischen Potentialen.

Abgeschlossene isochore Zustände, im Gleichgewicht gekennzeichnet durch ein Maximum der Entropie S.

Isotherm-isobare Zustände, im Gleichgewicht gekennzeichnet durch ein Minimum der freien Enthalpie $G = U + pV - TS$.

Isotherm-isochore Zustände, im Gleichgewicht gekennzeichnet durch ein Minimum der freien Energie $F = U - TS$.

Adiabatisch-isobare Zustände, im Gleichgewicht gekennzeichnet durch ein Minimum der Enthalpie $H = U + pV$.

Adiabatisch-isochore Zustände, im Gleichgewicht gekennzeichnet durch ein Minimum der inneren Energie U.

Differentielle Darstellung thermodynamischer Potentiale

	Symbol	Einheit	Benennung
$dU = -p\,dV + T\,dS$	U	J	innere Energie
	F	J	freie Energie
$dF = -p\,dV - S\,dT$	H	J	Enthalpie
	G	J	freie Enthalpie
$dH = V\,dp + T\,dS$	p	Pa	Druck
	V	m^3	Volumen
$dG = V\,dp - S\,dT$	T	K	Temperatur
	S	J/K	Entropie

2.   Übersicht über die Gleichgewichtsbedingungen

System ist ...	isotherm	isobar	isochor	adiabatisch	abgeschlossen
Entropie S maximal			$dV = 0$		$dU = 0$
innere Energie U minimal			$dV = 0$	$\Delta Q = 0$	
freie Energie F minimal	$dT = 0$		$dV = 0$		
Enthalpie H minimal		$dp = 0$		$\Delta Q = 0$	
freie Enthalpie G minimal	$dT = 0$	$dp = 0$			

▲   Wenn ein System im stabilen Gleichgewicht ist, dann müssen alle spontanen Änderungen der Parameter Prozesse hervorbringen, die das System zum Gleichgewicht zurückbringen, also diesen spontanen Änderungen entgegenwirken.

➤   Diese Aussage folgt aus dem Prinzip von Le Chatelier.

20.4   Ideales Gas

Ideales Gas, dadurch gekennzeichnet, dass die Gasteilchen wie Punktteilchen der klassischen Mechanik ohne jede Wechselwirkung behandelt werden. Das ideale Gas ist ein einfaches Modell eines realen Gases, unter der Annahme, dass die Teilchen eine vernachlässigbare Ausdehnung und nur geringe Wechselwirkungen untereinander haben. Die Näherung ist umso besser, je stärker verdünnt ein Gas ist.

■   Unter Normalbedingungen sind Luft, Wasserstoff und Edelgase recht gut als ideale Gase beschreibbar.

▲   Für die Beschreibung realer Gase müssen folgende Fakten beachtet werden:

•   Eigenvolumen der Teilchen,
•   Wechselwirkung, Kräfte zwischen den Gasteilchen.

20.4.1   Boyle-Mariottesches Gesetz

Boyle-Mariottesches Gesetz, 1664 von R. **Boyle** und wenig später (1676) unabhängig davon von E. **Mariotte** gefundener allgemeiner Zusammenhang zwischen Druck und Volumen eines Gases bei konstanter Temperatur.

▲   Bei konstanter Temperatur ist das Produkt aus Druck und Volumen konstant.

Druck · Volumen = konstant

		Symbol	Einheit	Benennung
$pV = p_0V_0,$	$T = $ const.	p	Pa	Druck
		V	m^3	Volumen
$\dfrac{p}{p_0} = \dfrac{V_0}{V} = \dfrac{\rho}{\rho_0},$	$T, N = $ const.	T	K	Temperatur
		ρ	kg/m^3	Dichte
		N	1	Teilchenzahl

■ Halbiert man bei gleichbleibender Temperatur das Volumen eines Zylinders, so verdoppelt sich der Druck des enthaltenen Gases (**Abb. 20.13**).

p-V-Diagramm, Diagramm, das den Druck als Funktion des Volumens darstellt. Wichtig für die Beschreibung von Zustandsänderungen und thermodynamischen Maschinen.

Trägt man Druck und Volumen bei fester Temperatur gegeneinander auf (**Abb. 20.14**), so erhält man für das ideale Gas Hyperbeln,

$$p \sim \frac{1}{V}.$$

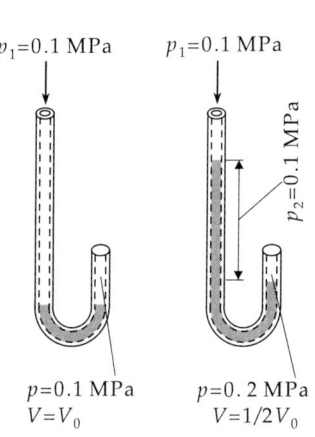

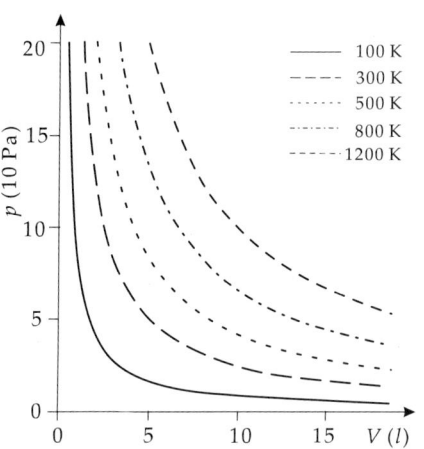

Abbildung 20.13: Zusammenhang zwischen Druck und Volumen. Die Zufuhr weiterer Flüssigkeit (rechts) verdoppelt den Druck, das Volumen halbiert sich

Abbildung 20.14: p-V-Diagramm für 1 Mol ideales Gas. Die Isothermen haben Hyperbelform

■ Das **Mc Leod-Manometer** ist eine Anwendung des Boyle-Mariotteschen Gesetzes (s. S. 596).

20.4.2   Gesetz von Gay-Lussac

1.   Gesetz von Gay-Lussac,

1802 von **Gay-Lussac** untersuchte Abhängigkeit des Volumens eines Gases von der Temperatur:

$$V(\vartheta) = V_0(1 + \gamma\vartheta), \qquad V_0 : \text{ Volumen bei } \vartheta_0 = 0\,°C.$$

▲ Bei Änderung der absoluten Temperatur des Gases in einem Zylinder verändert sich das Volumen bei konstantem Druck proportional zur Temperatur.

relative Volumenänderung $\sim$ Temperaturänderung			L^3

$\dfrac{\Delta V}{V_0} = \gamma \Delta T$ $p = \text{const.}$	Symbol	Einheit	Benennung
	V	m^3	Volumen
	γ	1/K	Volumenausdehnungskoeffizient
	T	K	Temperatur
	p	Pa	Druck

In der Schreibweise mit Temperaturdifferenzen kann die Temperaturdifferenz statt in Kelvin auch in Grad Celsius angegeben werden.

Volumenausdehnungskoeffizient, γ, SI-Einheit 1/Kelvin, beschreibt die relative Veränderung des Volumens bei Temperaturänderung.

Der Volumenausdehnungskoeffizient ist für alle verdünnten Gase ungefähr gleich. Für das ideale Gas gilt:
$\gamma = 0.003661 \text{ K}^{-1} = \dfrac{1}{273.15} \text{ K}^{-1}$, bezogen auf das Volumen bei 0 °C.

Die zugehörige Gleichung ist mit der Definition der absoluten Temperatur identisch.

2.   Umformungen des Gesetzes von Gay-Lussac

Bei konstantem Druck ändert sich das Volumen des idealen Gases proportional zur Temperatur:

Volumenverhältnis = Temperaturverhältnis			
$\dfrac{V}{V_0} = \dfrac{T}{T_0}$, $p = \text{const.}$	Symbol	Einheit	Benennung
	V	m^3	Volumen
	T	K	Temperatur
	p	Pa	Druck

Bei konstantem Volumen ändert sich der Druck des idealen Gases proportional zur Temperatur.

Druckverhältnis = Temperaturverhältnis			
$\dfrac{p}{p_0} = \dfrac{T}{T_0}$, $V = \text{const.}$	Symbol	Einheit	Benennung
	p	Pa	Druck
	T	K	Temperatur
	V	m^3	Volumen

20.4.3   Zustandsgleichung

Zustandsgleichung des idealen Gases, beschreibt den Zusammenhang zwischen den Größen p_0, V_0, T_0 (Druck, Volumen und Temperatur) eines beliebigen Ausgangszustandes und den gleichen Größen p, T, V eines Endzustandes (s. S. 573).

Zustandsgleichung ideales Gas			
$\dfrac{pV}{T} = \dfrac{p_0 V_0}{T_0} = Nk$ $pV = NkT$ $k = 1.38066 \cdot 10^{-23} \text{ J/K}$	Symbol	Einheit	Benennung
	p	Pa	Druck
	V	m^3	Volumen
	T	K	Temperatur
	N	1	Teilchenzahl
	k	J/K	Boltzmann-Konstante

Man erhält diese Gleichung, indem man zwei Prozesse nacheinander ausführt und die Gasgesetze von Boyle-Mariotte und Gay-Lussac anwendet.

Alternative Schreibweisen finden sich im Abschnitt Zustandsgleichungen, Unterabschnitt ideales Gas (s. S. 606).

20.5 Kinetische Theorie des idealen Gases

Jedes Teilchen im Gas hat einen bestimmten Geschwindigkeitsvektor $\vec{v}$.

Geschwindigkeitsverteilung, die Verteilungsfunktion der Teilchengeschwindigkeiten in einem System.

▲ Im Gleichgewicht ändert sich die Geschwindigkeitsverteilung eines Systems nicht. Die Geschwindigkeit einzelner Teilchen kann sich natürlich ändern.

20.5.1 Druck und Temperatur

1. Mikroskopische Druckinterpretation,

beschreibt den Druck als den Impuls, der durch die Stöße der Gasteilchen pro Zeit- und Oberflächeneinheit auf die Behälterwände übertragen wird (**Abb. 20.15**).

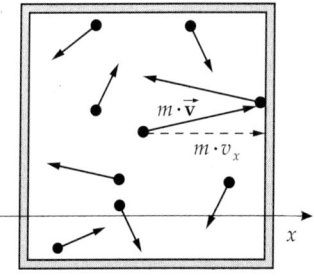

Abbildung 20.15: Schema zur Berechnung des Drucks. Es wird nur die Impulskomponente senkrecht zur Wand berücksichtigt

Hauptgleichung der Gastheorie, beschreibt den Zusammenhang zwischen Druck und gesamter kinetischer Energie.

Druck · Volumen $= \dfrac{2}{3}$ **kinetische Gesamtenergie**			$\mathbf{ML^2T^{-2}}$
$pV = \dfrac{2}{3} W_{\text{kin}}$	Symbol	Einheit	Benennung
	p	Pa	Druck
	V	m^3	Volumen
	W_{kin}	J	kinetische Gesamtenergie

2. Mittlere kinetische Energie

Mittlere kinetische Energie pro Teilchen, ε_{kin}, SI-Einheit Joule, die kinetische Gesamtenergie (s. S. 60) geteilt durch die Teilchenzahl,

$$\varepsilon_{\text{kin}} = \frac{W_{\text{kin}}}{N} = \frac{1}{N} \sum_{i=1}^{N} \frac{m_i v_i^2}{2}.$$

Unter der Verwendung des idealen Gasgesetzes gilt für die Temperaturabhängigkeit der Gesamtenergie und der mittleren kinetischen Energie:

Kinetische Energie $\sim$ Teilchenzahl · Temperatur			ML^2T^{-2}
$W_{kin} = \dfrac{3}{2}NkT$ $\varepsilon_{kin} = \dfrac{3}{2}kT$ $k = 1.38066 \cdot 10^{-23} \, J/K$	Symbol	Einheit	Benennung
	W_{kin}	J	kinetische Gesamtenergie
	N	1	Teilchenzahl
	k	J/K	Boltzmann-Konstante
	T	K	Temperatur
	ε_{kin}	J	mittlere kinetische Energie je Teilchen

▲   Die mittlere kinetische Energie der Teilchen ist proportional zur Temperatur. Mikroskopische Deutung der Temperatur als Maß für die mittlere Energie in einem System.

20.5.1.1 Mittlere quadratische Geschwindigkeit

1.   Mittlere quadratische Geschwindigkeit,

$\sqrt{\overline{v^2}}$, die Wurzel aus dem Mittelwert der Geschwindigkeitsquadrate.

➤   Das Symbol v_{rms} (rms = englisch: root mean square, Wurzel des mittleren Quadrates) ist ebenfalls gebräuchlich.

Unter Annahme gleicher Teilchenmassen ist der Mittelwert der Geschwindigkeitsquadrate gerade die doppelte mittlere kinetische Energie, geteilt durch die Teilchenmasse m_N,

$$\sqrt{\overline{v^2}} = \sqrt{\frac{2\varepsilon_{kin}}{m_N}}.$$

Im **idealen Gas** gilt:

Mittlere quadratische Geschwindigkeit im idealen Gas			LT^{-1}
$\sqrt{\overline{v^2}} = \sqrt{\dfrac{3kT}{m_N}}$ $= \sqrt{3R_sT}$ $k = 1.38066 \cdot 10^{-23} \, J/K$	Symbol	Einheit	Benennung
	$\sqrt{\overline{v^2}}$	m/s	mittlere quadratische Geschwindigkeit
	k	J/K	Boltzmann-Konstante
	T	K	Temperatur
	m_N	kg	Teilchenmasse
	R_s	J/(K kg)	spezifische Gaskonstante

2.   Durchschnittliche Geschwindigkeit,

auch **mittlere Geschwindigkeit**, $\bar{v}$, das arithmetische Mittel der Geschwindigkeitsbeträge (ohne Berücksichtigung der Richtungen).

➤   Die mittlere Geschwindigkeit hängt von der angenommenen Geschwindigkeitsverteilung (s. S. 601) ab.

3.   Mittlerer Geschwindigkeitsvektor,

$\langle \vec{v} \rangle$, ein Vektor, dessen Komponenten die Mittelwerte der Geschwindigkeitskomponenten sind,

$$\langle \vec{v} \rangle = \begin{pmatrix} \overline{v_x} \\ \overline{v_y} \\ \overline{v_z} \end{pmatrix}.$$

Wenn keine Strömung vorliegt, ist der Betrag des mittleren Geschwindigkeitsvektors null, da alle Richtungen gleich häufig auftreten.

▲   Die Wurzel des mittleren Geschwindigkeitsquadrats, die mittlere Geschwindigkeit und der Betrag des mittleren Geschwindigkeitsvektors sind drei völlig unterschiedliche Größen.

20.5.2 Maxwell-Boltzmann-Verteilung

1. Geschwindigkeitsverteilung,

eine Verteilungsfunktion, die angibt, mit welcher relativen Häufigkeit eine bestimmte Geschwindigkeit im System zu finden ist.

Die relative Häufigkeit von Geschwindigkeiten im Bereich von v_1 bis v_2 ist gegeben durch das Integral

$$h(v_1 \leq v \leq v_2) = \frac{N(v_1 \leq v \leq v_2)}{N(\text{total})} = \int\limits_{v_1}^{v_2} f(\vec{v}) \mathrm{d}^3 v .$$

Das Integral über alle Geschwindigkeiten ergibt eins,

$$\int\limits_{v_1=0}^{v_2=\infty} f(\vec{v}) \mathrm{d}^3 v = 1 .$$

2. Maxwell-Boltzmann Verteilung

Geschwindigkeitsverteilung des idealen Gases (**Abb. 20.16**):

$$f(\vec{v}) = \frac{1}{N} \frac{\mathrm{d}N}{\mathrm{d}v} = 4\pi v^2 \left(\frac{m_N}{2\pi kT} \right)^{3/2} \mathrm{e}^{\left(-\frac{\frac{1}{2} m_N v^2}{kT} \right)} .$$

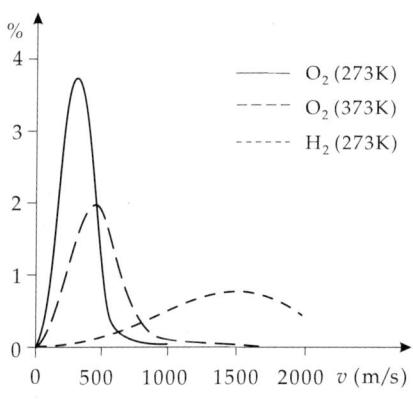

——— O_2 (273K)

– – – O_2 (373K)

······ H_2 (273K)

Abbildung 20.16: Maxwell-Boltzmann-Geschwindigkeitsverteilungen für verschiedene Gase und verschiedene Temperaturen. Auf der Ordinate: % der Moleküle mit v im Bereich von 10 m/s um die angegebene Geschwindigkeit

Der Term $4\pi v^2$ kommt von der Annahme einer Richtungsunabhängigkeit der Verteilung, $f(\vec{v}) \to f(v)$. In diesem Fall gilt:

$$\int f(v) \, \mathrm{d}v_x \mathrm{d}v_y \mathrm{d}v_z = \int f(v) \cdot v^2 \sin \vartheta \mathrm{d}\vartheta \mathrm{d}\phi \mathrm{d}v = \int 4\pi v^2 f(v) \mathrm{d}v .$$

Der Term $(m_N/2\pi kT)^{3/2}$ kommt von der Normierung der Funktion auf eins,

$$\int f(\vec{v}) \mathrm{d}^3 v = 1 .$$

3. Boltzmann-Faktor,

Bezeichnung für den Exponentialterm. Der Term im Zähler der Exponentialfunktion ist die kinetische Energie,

$$\mathrm{e}^{-\frac{E}{kT}} = \mathrm{e}^{-\frac{mv^2}{2kT}} .$$

Allgemein ist der Boltzmann-Faktor durch den Exponentialfaktor mit negativem Exponenten, mit der Energie im Zähler und der Temperatur (multipliziert mit der Boltzmann-Konstante) im Nenner, gegeben.

▲   Die Geschwindigkeitsverteilung hängt von **Temperatur** und **Teilchenmasse** ab.

■   Sauerstoffmoleküle haben bei gleicher Temperatur geringere mittlere Geschwindigkeiten als der leichtere Wasserstoff (s. **Abb. 20.16**).

4. Wahrscheinlichste und durchschnittliche Geschwindigkeit

Wahrscheinlichste Geschwindigkeit, v_{max} oder v_w, die am häufigsten auftretende Geschwindigkeit der Verteilung. v_w ist die Geschwindigkeit am **Maximum** der Verteilungsfuntion.

$$\text{Wahrscheinlichste Geschwindigkeit} \sim \sqrt{\text{Temperatur}}$$

	Symbol	Einheit	Benennung
$v_w = \sqrt{\dfrac{2kT}{m_N}}$	v_w	m/s	wahrscheinlichste Geschwindigkeit
	k	J/K	Boltzmann-Konstante
$k = 1.38066 \cdot 10^{-23}$ J/K	T	K	Temperatur
	m_N	kg	Teilchenmasse

Die **durchschnittliche Geschwindigkeit**, $\bar{v}$, für eine Maxwell-Boltzmann-Verteilung ist

$$\bar{v} = \sqrt{\frac{8kT}{\pi m_N}} = \sqrt{\frac{8}{3\pi}} \sqrt{\overline{v^2}} = \sqrt{\frac{8}{3\pi}} v_{rms} \, .$$

Ihr Wert liegt zwischen v_w und $\sqrt{\overline{v^2}}$. Es gilt:

$$v_w = \sqrt{\frac{2}{3}} \sqrt{\overline{v^2}} = \sqrt{\frac{2}{3}} v_{rms} \, ,$$

$$\bar{v} = \sqrt{\frac{8}{3\pi}} \sqrt{\overline{v^2}} = \sqrt{\frac{8}{3\pi}} v_{rms} \, .$$

20.5.3   Freiheitsgrade

Freiheitsgrad eines Teilchens, Beschreibung der Möglichkeiten, Energie aufzunehmen und in eine Form von Bewegung umzusetzen. Hierbei kann es sich um Translations-, Rotations- oder Schwingungsbewegung handeln.

Anzahl der Freiheitsgrade, f, dimensionslose Größe, Beschreibung der Anzahl unabhängiger Bewegungsformen.

■   Es gibt drei Freiheitsgrade für Translationsbewegung, entsprechend einer Bewegung entlang der x-Achse, der y-Achse oder der z-Achse.

a) Einatomige Teilchen besitzen nur die drei Freiheitsgrade der Translationsbewegung.

■   Alle Edelgase (He, Ne, Ar, Kr, Xe, Rn) sind einatomig.

b) Zweiatomige Teilchen haben fünf Freiheitsgrade, drei der Translation und zwei der Rotation um zwei verschiedene Achsen senkrecht zur Verbindungsachse (**Abb. 20.17**).

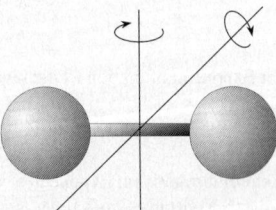

Abbildung 20.17: Rotationsfreiheitsgrade eines zweiatomigen Moleküls. Die Drehachsen der Rotation stehen senkrecht zur Verbindungsachse

Die Rotation um die Molekülachse selbst zählt hier nicht als Freiheitsgrad, da das zugehörige **Trägheits-moment** J sehr klein ist (beim idealen Gas sogar exakt Null) und deshalb zur Anregung dieser Rotationen sehr hohe Energien notwendig wären ($E = L^2/(2J)$, L: Drehimpuls).

■ Die meisten Moleküle in der Luft, wie N_2 und O_2, sind zweiatomig.

c) **Mehratomige Moleküle** haben meist drei Rotationsachsen und somit sechs Freiheitsgrade.

■ Schwefeldioxid (SO_2), Ammoniak (NH_3) und viele Kohlenwasserstoffgase (Methan CH_4, ...) gehören dazu.

Schwingungsfreiheitsgrade werden in Gasen meist erst bei sehr hohen Temperaturen angeregt. Die Zahl der Freiheitsgrade hängt somit über weite Temperaturbereiche stark von der Temperatur ab.

Im Festkörper ergeben die Translationsfreiheitsgrade ($f = 3$) und die Schwingungsfreiheitsgrade um die Gitterplätze ($f = 3$) insgesamt sechs Freiheitsgrade.

20.5.4 Gleichverteilungssatz

Gleichverteilungssatz, **Äquipartitionstheorem**, schreibt den Freiheitsgraden eines Systems gleiche Bedeutung bei der Energieaufnahme zu.

▲ Die Wärmeenergie wird statistisch gleichwertig auf die Freiheitsgrade verteilt. Jeder Freiheitsgrad besitzt im Mittel die gleiche Energie.

Die mittlere Energie pro Gasteilchen (Molekül) ist:

Mittlere Energie $\sim$ Freiheitsgrade · Temperatur			$\mathbf{ML^2T^{-2}}$
	Symbol	Einheit	Benennung
$\overline{W} = \dfrac{f}{2}kT$	$\overline{W}$	J	mittlere Teilchenenergie
	f	1	Anzahl Freiheitsgrade
$k = 1.38066 \cdot 10^{-23}$ J/K	k	J/K	Boltzmann-Konstante
	T	K	Temperatur

Einatomige Gase haben somit eine mittlere Energie pro Teilchen von

$$\overline{W} = \frac{3}{2}kT .$$

Zweiatomige Gase haben dementsprechend eine mittlere Energie pro Teilchen von

$$\overline{W} = \frac{5}{2}kT .$$

Drei- und mehratomige Moleküle haben im allgemeinen eine mittlere Energie pro Teilchen von

$$\overline{W} = 3kT .$$

20.5.5 Transportvorgänge

In realen Gasen wechselwirken die Teilchen über die Molekülpotentiale miteinander. Die Gasteilchen stoßen zusammen, tauschen Impuls und Energie aus und fliegen mit veränderten Geschwindigkeiten weiter. Diese Stoßprozesse sind für den Transport von Energie und Materie von großer Bedeutung.

1. Charakteristika von Stoßprozessen in Gasen

Mittlere freie Weglänge, l, oft auch mit λ bezeichnet, SI-Einheit Meter, gibt an, wie lang die Wegstrecke eines Teilchens (Atom, Molekül oder - in Metallen - Elektron) zwischen zwei Stößen mit anderen Teilchen ist.

Mittlere Stoßzeit, τ, SI-Einheit Sekunde, die mittlere Zeitdauer zwischen zwei Stößen.

Stoßfrequenz, f, SI-Einheit 1/Sekunde, die mittlere Häufigkeit von Stößen pro Zeitintervall.

■ Bei einer Temperatur von 293 K und einem Druck von $1.0 \cdot 10^5$ Pa haben die Moleküle der Luft eine mittlere freie Weglänge von $l = 6.4 \cdot 10^{-8}$ m. Die mittlere freie Weglänge wächst mit fallendem Druck. Für einen Druck von 100 Pa ergibt sich ein Wert von $l = 6.4 \cdot 10^{-5}$ m.

Stoßzeit und Stoßfrequenz sind mit der aus der Geschwindigkeitsverteilung bekannten mittleren Geschwindigkeit $\bar{v}$ der Teilchen und ihrer mittleren freien Weglänge wie folgt verknüpft:

Stoßzeit $= \dfrac{1}{\text{Stoßfrequenz}} = \dfrac{\text{mittlere freie Weglänge}}{\text{mittlere Geschwindigkeit}}$			**T**
$\tau = \dfrac{1}{f} = \dfrac{l}{\bar{v}}$	Symbol	Einheit	Benennung
	τ	s	Stoßzeit
	f	Hz	Stoßfrequenz
	l	m	mittlere freie Weglänge
	$\bar{v}$	m/s	mittlere Geschwindigkeit

2. Wirkungsquerschnitt

σ, kann anschaulich als die Aufprallfläche der Teilchen im Stoß verstanden werden, (**Abb. 20.18**).

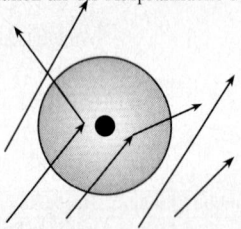

Abbildung 20.18: Wirkungsquerschnitt in geometrischer Deutung. Teilchen, die die graue Fläche passieren, führen einen Stoß durch.

Die mittlere freie Weglänge ist wie folgt mit dem Wirkungsquerschnitt verbunden:

Wirkungsquerschnitt $= \dfrac{1}{\text{mittlere freie Weglänge}} \cdot$ **Dichte**			**L^2**
$\sigma = \dfrac{1}{l\rho_N}$	Symbol	Einheit	Benennung
	σ	m^2	Wirkungsquerschnitt
	l	m	mittlere freie Weglänge
	ρ_N	1/m^3	Teilchendichte

Barn (engl. Scheunentor, Verschlüsselungseinheit während des Zweiten Weltkrieges), eine in der Atom- und Kernphysik verwendete Einheit für den Wirkungsquerschnitt:

$1\, b = 10^{-28}$ m^2

3. Thermische Leitfähigkeit,

λ, SI-Einheit Watt pro Kelvin und Meter, ist die Transportfähigkeit des Systems für Energie. Sie ist bei der Wärmeleitung von Bedeutung.

Wärmeleitfähigkeit (mikroskopisch)			**MLT$^{-3}\Theta^{-1}$**
$\lambda = \dfrac{1}{3}\bar{v}l\rho c_V$	Symbol	Einheit	Benennung
	λ	W/(K m)	Wärmeleitfähigkeit
	$\bar{v}$	m/s	mittlere Geschwindigkeit
	l	m	mittlere freie Weglänge
	ρ	kg/m^3	Dichte
	c_V	J/(K kg)	spez. Wärmekapazität bei konst. Volumen

➤ Man kann statt Dichte mal spezifischer Wärmekapazität auch das Produkt aus molarer Dichte und molarer Wärmekapazität oder das Produkt aus Teilchendichte und spezifischer Wärme pro Teilchen verwenden.

4. Wärmeleitfähigkeit einatomiger Gase

Für einatomige Gase gilt:

Wärmeleitung (einatomiges Gas)			$MLT^{-3}\Theta^{-1}$
	Symbol	Einheit	Benennung
	λ	$W/(Km)$	Wärmeleitfähigkeit
$\lambda = \frac{1}{2}k\bar{v}l\rho_N$	k	J/K	Boltzmann-Konstante
	$\bar{v}$	m/s	mittlere Geschwindigkeit
	l	m	mittlere freie Weglänge
	ρ_N	$1/m^3$	Teilchendichte

5. Thermische Leitfähigkeit verschiedener Materialien

Thermische Leitfähigkeiten zahlreicher Materialien sind in den Tab. 23.3 zu finden.

■ Thermische Leitfähigkeit λ einiger Metalle (in $W \cdot cm^{-1} \cdot K^{-1}$): Kupfer 4.01, Gold 3.17, Blei 0.353, Titan 0.219.

Thermische Leitfähigkeit λ einiger Flüssigkeiten und Gase (in $W \cdot m^{-1} \cdot K^{-1}$): Wasser 0.60, Benzin 0.13, Luft 0.025, Wasserstoff 0.171, Wasserdampf 0.016, Chlor 0.0081.

Thermische Leitfähigkeit λ einiger Werkstoffe (in $W \cdot m^{-1} \cdot K^{-1}$): Gusseisen 58, Messing 113, Sandstein 2.3, Fichte 0.14, Fensterglas 0.81, Glaswolle 0.04, PVC 0.16.

6. Diffusionskonstante,

D, SI-Einheit Quadratmeter pro Sekunde, beschreibt den Transport von Materie (siehe Nichtgleichgewichtsprozesse - Diffusion).

Diffusionskonstante (mikroskopisch)			L^2T^{-1}
	Symbol	Einheit	Benennung
	D	m^2/s	Diffusionskonstante
$D = \frac{1}{3}\bar{v}l$	$\bar{v}$	m/s	mittlere Geschwindigkeit
	l	m	mittlere freie Weglänge

■ Diffusionskonstante D einiger Gas-Gas-Systeme (in cm^2/s): H-He 2.35, H-H_2 0.184, He-O_2 0.45, Ar-O_2 0.167, Kr-Xe 0.081.

7. Dynamische Viskosität,

η, SI-Einheit 1/(Sekunde Meter), beschreibt die innere Reibung.

Viskosität (mikroskopisch)			$L^{-1}T^{-1}$
	Symbol	Einheit	Benennung
	η	$1/(ms)$	Viskosität
$\eta = \frac{1}{3}\bar{v}l\rho_N$	$\bar{v}$	m/s	mittlere Geschwindigkeit
	l	m	mittlere freie Weglänge
	ρ_N	$1/m^3$	Teilchendichte

Dynamische Viskositäten verschiedener Stoffe sind in den **Tab. 23.3.1** zu finden.

Experimentell ist der Quotient

$$\frac{\lambda}{\eta} = \frac{C_{mV}}{M} = \frac{3}{2}k = \text{const.}$$

in guter Näherung bestätigt.

20.6   Zustandsgleichungen

20.6.1   Zustandsgleichung des idealen Gases

Zustandsgleichung des idealen Gases, beschreibt den Zusammenhang zwischen den Größen p_0, V_0, T_0 (Druck, Volumen und Temperatur) eines beliebigen Ausgangszustandes und den gleichen Größen p, V, T eines Endzustandes:

$$\frac{pV}{T} = \frac{p_0 V_0}{T_0} = \text{const.} = Nk.$$

Druck und Temperatur sind intensive Größen, das Volumen ist jedoch eine extensive Größe. Das Produkt einer extensiven und einer intensiven Größe ist eine extensive Größe (s. S. 574) und daher proportional zur Teilchenzahl N.

Definition über die Teilchendichte des Gases:

▲   Der Druck ist das Produkt der Teilchendichte $\rho_N = N/V$, der Temperatur und des Dimensionsfaktors k, Boltzmann-Konstanten.

Druck $\sim$ Dichte $\cdot$ Temperatur		$\mathbf{ML^{-1}T^{-2}}$
$\begin{aligned} p &= \rho_N kT \\ k &= 1.38066 \cdot 10^{-23} \text{ J/K} \end{aligned}$	Symbol p ρ_N T k	Einheit Benennung Pa Druck m^{-3} Teilchendichte K Temperatur J/K Boltzmann-Konstante

Diese Definition enthält keine extensive Variable mehr.

20.6.1.1   Gaskonstanten

1.   Boltzmann-Konstante und universelle Gaskonstante

Boltzmann-Konstante, k, die Proportionalitätskonstante des idealen Gasgesetzes,

$$k = 1.38066 \pm 0.00010 \cdot 10^{-23} \text{ J/K}.$$

Universelle Gaskonstante, allgemeine Gaskonstante R, das Produkt aus Avogadro-Zahl und Boltzmann-Konstante.

Gaskonstante = Boltzmann-Konstante $\cdot$ Avogadro-Zahl			
$\begin{aligned} R &= k \cdot N_A \\ N_A &= 6.0221367 \cdot 10^{23} \text{ mol}^{-1} \end{aligned}$	Symbol R N_A k	Einheit J/(K mol) mol^{-1} J/K	Benennung universelle Gaskonstante Avogadro-Zahl Boltzmann-Konstante

Der Wert der universellen Gaskonstante R beträgt

$$R = 8.314 \text{ J/(mol K)}.$$

2.   Zustandsgleichung des idealen Gases

Das Gasgesetz lautet:

Zustandsgleichung ideales Gas   (universelle Gaskonstante)

	Symbol	Einheit	Benennung
$\dfrac{pV}{T} = nR = Nk$	p	Pa	Druck
	V	m^3	Volumen
	T	K	Temperatur
$pV = nRT = NkT$	n	mol	Stoffmenge
$k = 1.38066 \cdot 10^{-23}$ J/K	R	J/(K mol)	universelle Gaskonstante
	N	1	Teilchenzahl
	k	J/K	Boltzmann-Konstante

Nachteilig bei der Anwendung dieser Zustandsgleichung ist, dass die Molmenge i. Allg. nicht direkt bestimmt werden kann.
In der technischen Wärmelehre wird oft folgende Zustandsgleichung verwendet:

Zustandsgleichung ideales Gas   (spezifische Gaskonstante)

	Symbol	Einheit	Benennung
$\dfrac{pV}{T} = mR_s$	p	Pa	Druck
	V	m^3	Volumen
	T	K	Temperatur
$pV = mR_s T$	m	kg	Gasmasse
	R_s	J/(K kg)	spezifische Gaskonstante

---

3.   Spezifische Gaskonstante,

R_s, auch **individuelle Gaskonstante**, R_i, materialabhängige Proportionalitätskonstante der in der technischen Wärmelehre häufig verwendeten Zustandsgleichung.

➤   In der technischen Wärmelehre wird die spezifische Gaskonstante meist nur mit R bezeichnet. Der Index s wurde hier nur angeführt, um Verwechslungen mit der universellen Gaskonstante zu vermeiden. Bei verschiedenen Stoffen wird der spezifischen Gaskonstante oft ein Materialindex $R_1, R_2 \ldots$ angehängt.

Die spezifische Gaskonstante ist materialabhängig.

---

spezifische Gaskonstante $=$ $\dfrac{\textbf{universelle Gaskonstante}}{\textbf{Molmasse}}$			$\mathbf{L^2 T^{-2} \Theta^{-1}}$
	Symbol	Einheit	Benennung
$R_s = \dfrac{R}{M} = \dfrac{nR}{m}$	R_s	J/(K kg)	spezifische Gaskonstante
	R	J/(K mol)	universelle Gaskonstante
	M	kg/mol	Molmasse
$R = 8.314$ J/(K mol)	n	mol	Stoffmenge
	m	kg	Masse

Spezifische Gaskonstanten einiger Gase s. **Tab. 23.2/2.**

4.   Darstellung des Drucks durch spezifische Gaskonstante

Darstellung über die Dichte des Gases:

▲   Der Druck ist das Produkt von Dichte $\rho = m/V$, der Temperatur und der spezifischen Gaskonstante.

Druck = Dichte · spezifische Gaskonstante · Temperatur			$\mathbf{ML^{-1}T^{-2}}$
	Symbol	Einheit	Benennung
	p	Pa	Druck
$p \;=\; \rho R_s T$	ρ	kg/m^3	Dichte
	T	K	Temperatur
	R_s	J/(K kg)	spezifische Gaskonstante

20.6.1.2   Gasgemische

Gasgemisch, System aus mehreren Teilchensorten, mit $N_1, N_2, \ldots, N_n$ Teilchen für jede Sorte $i = 1, \ldots, n$.
Molenbruch, x_i, der Anteil einer Teilchensorte an der Gesamtmenge,

$$x_i = \frac{N_i}{N_1 + N_2 + \ldots + N_n}, \quad \sum_i x_i = 1.$$

Der Molenbruch gibt die prozentuale Zusammensetzung des Systems an. Er ist eine intensive Variable und kann in verschiedenen Phasen verschiedene Werte annehmen.
Die **spezifische Gaskonstante eines Gasgemisches**, R_G, kann geschrieben werden in der Form:

$$R_G = \frac{R_1 m_1 + R_2 m_2 + \ldots}{m_1 + m_2 + \ldots} = \frac{\sum_i R_i m_i}{\sum_i m_i}.$$

20.6.1.3   Berechnung von Größen aus dem Gasgesetz

Den nachfolgenden Umrechnungsformeln liegen neben dem idealen Gasgesetz folgende Definitionen zugrunde:

Umrechnungsdefinitionen		Symbol	Einheit	Benennung
R	$=\ N_A k$	R	J/(K mol)	universelle Gaskonst.
R	$=\ M R_s$	R_s	J/(K kg)	spezifische Gaskonst.
m	$=\ \rho V$	k	J/K	Boltzmann-Konstante
m	$=\ n M$	M	kg/mol	Molmasse
N	$=\ n N_A$	m	kg	Gasmasse
N	$=\ \rho_N V$	n	mol	Stoffmenge
n	$=\ \rho_m V$	N_A	mol^{-1}	Avogadro-Zahl
ρ	$=\ \rho_m M$	N	1	Teilchenzahl
k	$=\ 1.38066 \cdot 10^{-23}$ J/K	ρ	kg/m^3	Dichte
R	$=\ 8.314$ J/(K mol)	ρ_N	m^{-3}	Teilchendichte
N_A	$=\ 6.0221367 \cdot 10^{23}$ mol^{-1}	ρ_m	mol/m^3	molare Dichte

Druck im idealen Gas:

$$p = \frac{nRT}{V} = \frac{NkT}{V} = \frac{mR_sT}{V},$$

$$= \rho_m RT = \rho_N kT = \rho R_s T.$$

Volumen im idealen Gas:

$$V = \frac{nRT}{p} = \frac{NkT}{p} = \frac{mR_sT}{p},$$

$$= \frac{n}{\rho_m} = \frac{N}{\rho_N} = \frac{m}{\rho}.$$

Temperatur im idealen Gas:

$$T = \frac{pV}{nR} = \frac{pV}{Nk} = \frac{p}{mR_s},$$

$$= \frac{p}{\rho_m R} = \frac{p}{\rho_N R} = \frac{p}{\rho R_s}.$$

Dichte im idealen Gas:

$$\rho = \frac{p}{R_s T} = \frac{pM}{RT} = \frac{pM}{N_A kT},$$

$$= \rho_N \frac{M}{N_A} = \rho_m M = \rho_N \frac{M}{N_A}.$$

20.6.1.4 Barometrische Höhenformel

Barometrische Höhenformel, beschreibt, wie sich der Luftdruck als Funktion der Höhe über der Erdoberfläche verändert, wobei die Fallbeschleunigung als konstant angenommen wird.

Der barometrischen Höhenformel liegt die Überlegung zugrunde, dass die Gewichtskraft eines Gasvolumens durch die Druckdifferenz an der Ober- und Unterseite des Volumens kompensiert wird. Daraus folgt die Differentialgleichung

$$\frac{\mathrm{d}p}{\mathrm{d}z} = -\frac{mg}{kT} p.$$

Die Lösung einer solchen Differentialgleichung ist eine Exponentialfunktion:

Barometrische Höhenformel

	Symbol	Einheit	Benennung
	p	Pa	Druck
$p(z) = p_0\, e^{-\frac{mgz}{kT}}$	p_0	Pa	Druck bei $z = 0$
	z	m	Höhe
$k = 1.38066 \cdot 10^{-23}\,\mathrm{J/K}$	m	kg	Gasteilchenmasse
	g	$\mathrm{m/s^2}$	Fallbeschleunigung
	k	J/K	Boltzmann-Konstante
	T	K	Temperatur

▲ Der Druck in der Erdatmosphäre nimmt exponentiell mit der Höhe ab. Hierbei ist angenommen, dass die Temperatur konstant bleibt (isotherme Atmosphäre).

Unter Verwendung der Zustandsgleichung $p = \rho_N kT$ erhält man mit der spezifischen Dichte $\rho = m \cdot \rho_N$ durch Einsetzen der Werte p_0 und ρ_0:

$$p = p_0 \cdot e^{-\frac{\rho_0 g z}{p_0}} = p_0 \cdot e^{-\frac{z}{z_0}}, \qquad z_0 = \frac{p_0}{\rho_0 g}.$$

Druckkorrekturfaktoren sind in den **Tab. 23.5.1** zu finden.

20.6.2   Zustandsgleichung realer Gase

Die **Zustandsgleichung idealer Gase** ist nur im Grenzfall sehr geringer Dichten gültig.
Für reale Gase sind folgende Eigenschaften zusätzlich zu berücksichtigen:

- Die Teilchen haben ein endliches Volumen.
- Die Teilchen wechselwirken untereinander.

20.6.2.1   Virialentwicklung des realen Gases

Virialentwicklung, die Erweiterung der Zustandsgleichung durch Hinzunahme weiterer Terme. Allgemein
verwendet man hierzu eine Polynomentwicklung im Druck (oder in der Dichte) mit temperaturabhängigen
Koeffizienten. Übliche Darstellung der Virialentwicklung:

Virialentwicklung der Zustandsgleichung realer Gase			
	Symbol	Einheit	Benennung
	p	Pa	Druck
$pV_{mol} = RT \left(1 + \dfrac{B(T)}{V_{mol}} + \dfrac{C(T)}{V_{mol}^2} + \ldots \right)$	V_{mol}	m^3/mol	molares Volumen
	V	m^3	Volumen
$V_{mol} = \dfrac{V}{n}$	n	mol	Stoffmenge
	R	$J/(K\,mol)$	universelle Gaskonstante
$R = 8.314\,J/(K\,mol)$	T	K	Temperatur
	$B(T)$	mol/m^3	zweiter Virialkoeffizient
	$C(T)$	mol^2/m^6	dritter Virialkoeffizient

Virialkoeffizient, der in der Virialentwicklung verwendete temperaturabhängige Koeffizient vor der Potenz
einer intensiven Größe (**Abb. 20.19**).

Die Virialkoeffizienten sind stoffabhängig und können Tabellenwerken entnommen werden. Sie lassen
Rückschlüsse auf die Wechselwirkung zwischen den Teilchen zu. Oft reicht eine Entwicklung bis zum
zweiten Term ($B(T)$) aus.

20.6.2.2   Van-der-Waals-Gleichung

1.   Annahmen zur Ableitung der Van-der-Waals-Gleichung

Van-der-Waals-Gleichung,   eine von van der Waals (1873) aufgestellte Zustandsgleichung für reale Gase
mit folgenden Zusätzen:

- Es wird nur das frei zur Verfügung stehende Volumen berücksichtigt. Von dem gesamten Gasvolumen
  wird das von den Teilchen eingenommene Eigenvolumen abgezogen.
- Die überwiegend attraktive Wechselwirkung der Teilchen zieht das Gas in sich zusammen. Dadurch
  wird der Druck auf die umschließende Wand verringert.

2.   Eigenvolumen und Binnendruck

Eigenvolumen, das von den N Teilchen eingenommene Volumen. Es wird vom Gefäßvolumen abgezogen.
Die Volumenkorrektur ist proportional zur Teilchenzahl,

$$V \mapsto V - Nb'$$

Binnendruck, eine pro Oberflächeneinheit nach innen wirkende Kraft. Sie rührt daher, dass die Teilchen
untereinander eine attraktive Kraft verspüren, die sich in der Mitte des Gasvolumens aufhebt, am Rand
jedoch wirksam ist (**Abb. 20.20**).

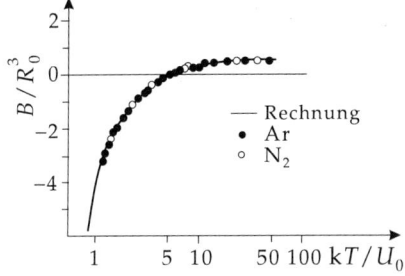

Abbildung 20.19: Virialkoeffizienten verschiedener Gase (Punkte) im Vergleich zu Rechnungen (Linie)

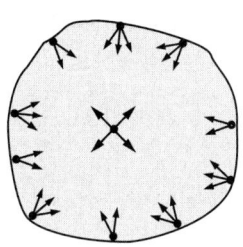

Abbildung 20.20: Zur anschaulichen Erklärung des Binnendrucks. Die Teilchen an den Rändern verspüren die intermolekularen Kräfte nur von einer Seite

3. Ableitung der Van-der-Waals-Gleichung

Die attraktive Kraft wird im allgemeinen als eine Dipolwechselwirkung angenommen. Das Potential ist dann proportional zur negativen sechsten Potenz des Abstandes. Die Druckverringerung hängt von der Zahl der Teilchen an der Oberfläche (proportional zur Teilchendichte) und dem mittleren Abstand der Teilchen (ebenfalls ungefähr proportional zur Teilchendichte) ab.

Diese Druckverringerung muss zum realen (messbaren) Druck addiert werden, um den Druck eines idealen Gases zu erhalten,

$$p \mapsto p + a' \left(\frac{N}{V} \right)^2 .$$

Meist zieht man die Avogadro-Zahl in die Konstante hinein und verwendet die molare Dichte:

$$p \mapsto p + a \rho_{mol}^2 .$$

Nach dem Einsetzen von Eigenvolumen und Binnendruck lautet die Van-der-Waals-Gleichung:

Van-der-Waals - Gleichung			
	Symbol	Einheit	Benennung
	p	Pa	Druck
$\left(p + \left(\frac{n}{V} \right)^2 a \right) (V - nb) = nRT$.	n	mol	Stoffmenge
	V	m^3	Volumen
$R = 8.314\,\text{J}/(\text{K mol})$	a	Nm^4/mol^2	Binnendruckkonstante
	b	m^3/mol	Eigenvolumenkonstante
	R	J/(K mol)	universelle Gaskonstante
	T	K	Temperatur

Die Konstanten a und b für Binnendruck und Eigenvolumen sind Materialkonstanten, s. Tab. 23.2/3.

4. Van-der-Waals-Gleichung für die technische Wärmelehre

In der technischen Wärmelehre wird oft mit den Gasmassen gerechnet, und die Konstanten a und b werden entsprechend umdefiniert.

Umrechnung von molaren in spezifische Konstanten

	Symbol	Einheit	Benennung
$a_s = \dfrac{a}{M^2}$	a_s	Nm^4/kg^2	spezifische Binnendruckkonstante
	a	Nm^4/mol^2	molare Binnendruckkonstante
	M	kg/mol	Molmasse
$b_s = \dfrac{b}{M}$	b_s	m^3/kg	spezifisches Eigenvolumen
	b	m^3/mol	molares Eigenvolumen

Die Konstanten werden meist auch a und b genannt, die Bezeichnung a_s und b_s (s für spezifisch) dient hier nur der Unterscheidung.

5.   Druck bei Van-der-Waals-Wechselwirkung,

$$p = \frac{n \cdot R \cdot T}{V - nb} - a\frac{n^2}{V^2} \, .$$

Der Druck als Funktion des Volumens ist (bei konstanter Temperatur) gegeben durch die Differenz einer Hyperbel und einer quadratischen Hyperbel (**Abb. 20.21**).

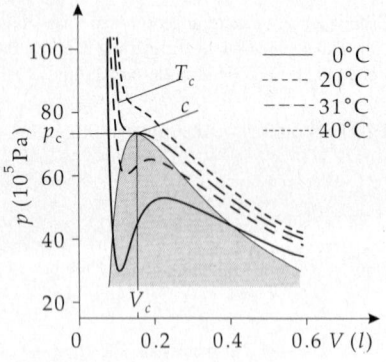

Abbildung 20.21: Van-der-Waals-Isothermen zu verschiedenen Temperaturen im pV-Diagramm. Grau unterlegt: Phasenkoexistenzgebiet, c: kritischer Punkt (Sattelpunkt), T_c: kritische Isotherme, p_c, V_c: Druck und Volumen am kritischen Punkt

➤   Die Berechnung des Volumens aus dem Druck ist i. Allg. nicht mehr eindeutig.

▲   Für hohe Temperaturen und kleine Dichten geht die Van-der-Waals-Gleichung in die Gleichung des idealen Gases über.

Isotherme, eine Kurve zu konstanter Temperatur.

20.6.2.3   Phasenkoexistenzgebiet

Für niedrige Temperaturen und bestimmte Volumina wird der Druck nach der Van-der-Waals-Gleichung negativ. Außerdem gibt es auch bei positiven Drücken Bereiche, für die der Druck mit kleiner werdendem Volumen abnimmt. In diesen Bereichen kann das System nicht stabil sein, sondern es wird sich von selbst auf ein kleineres Volumen verdichten (kontrahieren). Diese instabilen Bereiche beschreiben den Phasenübergang Gas-Flüssigkeit. Gasförmige und flüssige Phase liegen gleichzeitig vor.

Phasenkoexistenzgebiet, ein Bereich, in dem zwei Phasen nebeneinander existieren können (s. S. 664).

Maxwell-Konstruktion, eine Vorschrift, den Nichtgleichgewichtsbereich im Phasenkoexistenzgebiet durch eine waagerechte Strecke (**Abb. 20.22**) zu ersetzen.

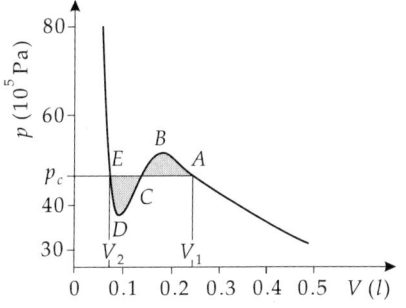

Abbildung 20.22: Maxwell-Konstruktion zur Van-der-Waals-Isotherme. Die Flächen zwischen Kurve und Ersatzgerade müssen gleich groß sein

20.6.2.4 Kritischer Punkt

Kritische Isotherme, Kurve zu der Temperatur T_c, bei der der Druck als Funktion des Volumens einen Sattelpunkt besitzt.
Kritische Temperatur, T_c, die zur kritischen Isotherme gehörige Temperatur.

Kritische Temperatur (Van-der-Waals-Gleichung)			Θ
	Symbol	Einheit	Benennung
$T_c = \dfrac{8a}{27Rb}$	T_c	K	kritische Temperatur
	a	Nm^4/mol^2	molarer Binnendruckkoeffizient
$R = 8.314 \, J/(K\,mol)$	b	m^3/mol	molares Eigenvolumen
	R	$J/(K\,mol)$	universelle Gaskonstante

Kritischer Punkt, der Sattelpunkt der kritischen Isotherme. Unterhalb der kritischen Temperatur lassen sich waagerechte Geraden konstruieren, oberhalb ist die Ableitung dp/dV immer negativ.
Kritischer Druck, p_c, Druck am kritischen Punkt.

Kritischer Druck (Van-der-Waals-Gleichung)			$\mathbf{ML^{-1}T^{-2}}$
	Symbol	Einheit	Benennung
$p_c = \dfrac{a}{27b^2}$	p_c	Pa	kritischer Druck
	a	Nm^4/mol^2	molarer Binnendruckkoeffizient
	b	m^3/mol	molares Eigenvolumen

Kritisches Molvolumen, v_c, das Volumen eines Mols am kritischen Punkt.

Kritisches Molvolumen = 3 · molares Eigenvolumen			$\mathbf{L^3N^{-1}}$
	Symbol	Einheit	Benennung
$v_c = 3b$	v_c	m^3/mol	kritisches Molvolumen
	b	m^3/mol	molares Eigenvolumen

20.6.2.5 Satz der übereinstimmenden Zustände

Reduzierte Variable, Darstellung einer Zustandsvariablen in Einheiten des Wertes am kritischen Punkt,

$$\overline{p} = \frac{p}{p_c}, \qquad \overline{v} = \frac{v}{v_c}, \qquad \overline{T} = \frac{T}{T_c}.$$

Satz der übereinstimmenden Zustände, von Van der Waals eingeführte Aussage, dass alle einfachen Gase die gleiche Van-der-Waals-Gleichung in den reduzierten Variablen erfüllen.

Einfaches Gas, Gas mit Teilchen, die ein kleines elektrisches Dipolmoment besitzen und deren Atome oder Moleküle auch in der flüssigen Phase nicht stark korreliert sind.

■   Edelgase, N_2, O_2, H_2 oder auch CO, CH_4 sind einfache Gase.

Van-der-Waals-Gleichung in reduzierten Variablen:

$$\left(\overline{p} + \frac{3}{\overline{v}^2} \right)(3\overline{v} - 1) = 8\overline{T}.$$

20.6.2.6   Van-der-Waals-Gleichung als Virialentwicklung

1.   Näherung für die Van-der-Waals-Gleichung

Eine Näherung für die Van-der-Waals-Gleichung erhält man durch Ersetzen der molaren Dichte n/V im Binnendruckterm durch den Wert des idealen Gases, $n/V \approx p/RT$:

$$\left(p + \frac{p^2}{(RT)^2}\, a \right)(V - nb) = nRT,$$

$$R = 8.314\,\text{J/K}\,\text{mol}.$$

Entwicklungsdarstellung:

$$pV = \frac{nRT}{1 + \dfrac{pa}{(RT)^2}} + pnb.$$

Bei Verwendung von auf die Teilchenzahl normierten Konstanten

$$a' = \frac{a}{N_A^2}, \qquad b' = \frac{b}{N_A}, \qquad N_A = 6.022\,1367 \cdot 10^{23}\,\text{mol}^{-1}$$

lautet die Darstellung:

$$\left(p + \frac{p^2}{(kT)^2}\, a' \right)(V - Nb') = NkT,$$

$$k = 1.380\,66 \cdot 10^{-23}\,\text{J/K}.$$

Entwicklungsdarstellung:

$$pV = \frac{NkT}{1 + \dfrac{pa}{(kT)^2}} + pNb.$$

2.   Darstellung der Näherung mit spezifischen Konstanten

Werden spezifische Konstanten für die technische Wärmelehre verwendet, so gilt:

Umrechnung molarer in spezifische Konstanten		Symbol	Einheit	Benennung
a_s	$= \dfrac{a}{M^2}$	a_s	Nm^4/kg^2	spezifische Binnendruckkonstante
		a	Nm^4/mol^2	molare Binnendruckkonstante
b_s	$= \dfrac{b}{M}$	M	kg/mol	Molmasse
		b_s	m^3/kg	spezifisches Eigenvolumen
R_s	$= \dfrac{R}{M}$	b	m^3/mol	molares Eigenvolumen
		R	J/(K mol)	universelle Gaskonstante
R	$= 8.314\,\text{J/(K mol)}$	R_s	J/(K kg)	spezifische Gaskonstante

Darstellung mit spezifischen Größen:

$$\left(p + \frac{p^2}{(R_s T)^2} a_s \right)(V - mb_s) = mR_s T.$$

Entwicklung für kleine Drücke und hohe Temperaturen:

$$pV = nRT + n \left(b - \frac{a}{RT} \right) p + \dots .$$

20.6.3 Zustandsgleichungen für Flüssigkeiten und Festkörper

Flüssigkeiten und Festkörper dehnen sich - wie Gase - beim Erwärmen in alle Richtungen aus. Man beachte jedoch die **Anomalie des Wassers** zwischen 0 °C und 4 °C. Mikroskopisch betrachtet stammen die Änderungen der makroskopischen Dimensionen eines Körpers mit der Temperatur von Änderungen der potentiellen und der kinetischen Energie und damit von den Änderungen der Abstände zwischen den Atomen oder Molekülen.

1. **Zustandsgleichung für Festkörper und Flüssigkeiten,**
beschreibt die Temperatur- und Druckabhängigkeit des Volumens.

▲   Die Volumenänderung eines Festkörpers oder einer Flüssigkeit hängt in erster Näherung linear mit der Temperatur- und Druckänderung zusammen.

Dieser Ansatz liefert über weite Bereiche eine gute Beschreibung.

Zustandsgleichung Festkörper oder Flüssigkeit

$V(T,p) = V_0 \{1 + \gamma(T - T_0) - \kappa(p - p_0)\}$	Symbol	Einheit	Benennung
	V	m^3	Volumen
	T	K	Temperatur
	p	Pa	Druck
	γ	K^{-1}	Volumenausdehnungskoeff.
	κ	Pa^{-1}	Kompressibilität

$V_0 = V(T_0, p_0)$ ist ein beliebiger Ausgangszustand. Temperaturdifferenzen $T - T_0$ können statt in Kelvin auch in °C angegeben werden.

2. **Spezielle Koeffizienten der Zustandsgleichung**
Volumenausdehnungskoeffizient, γ, SI-Einheit 1/Kelvin, beschreibt die temperaturabhängige Volumenausdehnung bei konstantem Druck.
Darstellung als partielle Ableitung:

$$\gamma = \lim_{\Delta T \to 0} \frac{\Delta V}{V_0 \Delta T} = \frac{1}{V_0} \left. \frac{\partial V}{\partial T} \right|_{p=p_0} .$$

Kompressibilität, κ, beschreibt die druckabhängige Volumenänderung bei konstanter Temperatur.
Darstellung als partielle Ableitung:

$$\kappa = -\frac{1}{V_0} \left. \frac{\partial V}{\partial p} \right|_{T=T_0} .$$

Kompressionsmodul, K, der reziproke Wert der Kompressibilität,

$$K = \frac{1}{\kappa} .$$

➤   In der Ultraschalltechnik wird der Kompressionsmodul K auch mit C_B symbolisiert.

M   Die Kompressibilität lässt sich statisch (direkt) durch die Messung der Volumenänderung bei bekannter Kraft und Oberfläche wie auch dynamisch in Ultraschallexperimenten messen. In letzterem Fall wird genau genommen der Kompressionsmodul bestimmt.

Ausdehnungskoeffizienten zahlreicher Materialien findet man in den **Tab. 23.3**.
Der Ausdehnungskoeffizient vieler Materialien liegt

- für Festkörper im Bereich $\gamma \approx 10^{-5}$ K^{-1},
- für Flüssigkeiten um 1–2 Größenordnungen darüber ($10^{-3} - 10^{-4}$ K^{-1}).

Kompressibilitätswerte sind in **Tab. 23.3** zu finden. Sie liegen bei Festkörpern und Flüssigkeiten in der Größenordnung $\kappa \approx 10^{-6}$ bar^{-1}.

➤ Die Kompressibilität von Flüssigkeiten und Festkörpern ist wesentlich geringer als die von Gasen.

Kleine Temperaturänderungen rufen ähnlich starke Volumenänderungen hervor wie große Druckänderungen. Dies hat zur Folge, dass auch kleine Temperaturänderungen bei vorgegebenem konstantem Volumen sehr große Drücke bewirken können.

■ Wäre das Wasser nicht kompressibel, so würde der Wasserspiegel der Weltmeere um 30 m steigen - und große Küstenstriche lägen unter Wasser.

3. Längenausdehnungskoeffizient,

α, beschreibt die Veränderung der Länge mit der Temperatur,

$$L_2 = L_1 + \Delta L = L_1 + \alpha L_1 \Delta T$$
$$= L_1 (1 + \alpha \Delta T).$$

Beschreibung mit partieller Ableitung:

$$\alpha = \frac{1}{L} \frac{\partial L}{\partial T} \bigg|_{p=p_0}.$$

➤ Die Längenausdehnung von Körpern muss bei Konstruktionen beachtet werden, die Temperaturschwankungen unterliegen.

■ Eisenbahnschienen werden mit einem kleinem Abstand zur Folgeschiene auf den Schwellen verlegt. Brücken besitzen auf einer Seite ein festes Lager und auf der anderen Seite ein Rollenlager.

[M] **Dilatometer** messen die Längenausdehnung einer Probe über die Kapazität einer Messzelle, in die die Probe eingespannt ist.

Die Längenausdehnung bei Temperaturänderung kann zur Temperaturmessung verwendet werden.

■ **Quecksilberthermometer**.
Bimetall, unterschiedliche Ausdehnung zweier Metallstreifen.
Regelstäbe in Muffelöfen.

4. Flächenausdehnungskoeffizient,

β, beschreibt die Veränderung der Fläche mit der Temperatur,

$$A_2 = A_1 + \Delta A = A_1 + \beta A_1 \Delta T$$
$$= A_1 (1 + \beta \Delta T).$$

Solange die Längenänderung klein gegenüber der Gesamtlänge ist, gilt für Koeffizienten der Längen-, Flächen- und Volumenausdehnung α, β und γ:

$$\beta = 2\alpha, \qquad \gamma = 3\alpha.$$

20.6.3.1 Anomalie des Wassers

Fast alle Stoffe haben im gesamten Temperaturbereich einen positiven Ausdehnungskoeffizienten, d.h., ihr Volumen vergrößert sich monoton mit steigender Temperatur.
Wasseranomalie, die besondere Eigenschaft des Wassers, nicht überall einen positiven Ausdehnungskoeffizienten zu besitzen.

▲ Der Ausdehnungskoeffizient von Wasser ist zwischen 0 °C und 4 °C **negativ**. Bei 4 °C ist $\gamma = 0$.

▲   Wasser ist bei 4 °C am dichtesten.

■   Ein Liter Wasser bei 4 °C ist schwerer als ein Liter Wasser am Gefrierpunkt. Außerdem erfolgt eine sprunghafte Zunahme des Volumens beim Erstarren. Daher schwimmt Eis auf dem Wasser.

Abb. 20.23 zeigt die Volumenausdehnung von 1 kg Wasser zwischen −10 °C und 50 °C. Man erkennt zwei wichtige Eigenschaften:

- Bei niedrigen Temperaturen ist der Ausdehnungskoeffizient negativ .
- Auch bei hohen Temperaturen ist der Anstieg nicht linear. Der Ausdehnungskoeffizient ist nicht konstant, sondern temperaturabhängig.

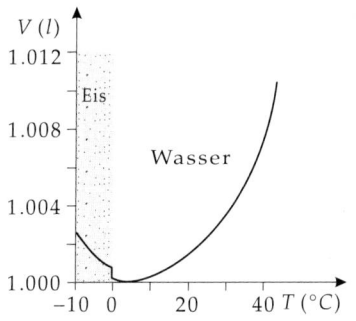

Abbildung 20.23: Thermische Ausdehnung von Wasser. Das Minimum der Kurve liegt bei 4 °C

Analog zum Temperaturverhalten ist das Verhalten von Wasser unter Druck.

▲   Unter Druck schmilzt Eis zu Wasser.

Gleichbedeutend ist die Aussage, dass Wasser unter ausreichendem Druck nicht zu Eis gefrieren kann.

■   Ozeane frieren nicht vom Grunde aus zu.

Die Anomalie des Wassers ist für viele biologische Vorgänge von Bedeutung.

21 Wärme, Energieumwandlung und Zustandsänderungen

21.1 Energieformen

Die Gesamtenergie E eines Systems ist eine makroskopische Größe, die eine wichtige Rolle in der Thermodynamik spielt. Die Gesamtenergie ist das Produkt aus der mittleren Energie der Teilchen und der Teilchenzahl. Die Energie eines speziellen Teilchens und die genaue Aufteilung der Gesamtenergie E auf die einzelnen Teilchen sind von geringer Bedeutung.

▲ **Erster Hauptsatz der Thermodynamik**: die gesamte innere Energie eines Systems ist eine Erhaltungsgröße. Energie kann nicht erzeugt oder vernichtet werden, sondern nur von einem System zu einem anderen System transportiert werden.

Energie kann in verschiedenen Formen vorliegen, und Energietransport kann auf verschiedene Weisen stattfinden. Die Energieformen können teilweise ineinander umgewandelt werden.

■ Beim Abbremsen eines bewegten Körpers durch Reibung entsteht Wärme.
In Generatoren wird mechanische Arbeit in elektrische Energie umgewandelt.

Wirkungsgrad einer Umwandlung, das Verhältnis der umgewandelten Energie zur aufgewendeten Energie (s. S. 64). Der verbleibende Energierest geht nicht verloren, sondern liegt in einer anderen Energieform vor.

■ In einem Verbrennungsmotor wird chemische Energie zu einem Teil in mechanische Arbeit und zu einem Teil in Wärme umgewandelt.

21.1.1 Energieeinheiten

Folgende Energieeinheiten werden bevorzugt verwendet:

● **Newtonmeter**, Nm, bevorzugt verwendet für mechanische Arbeit.
● **Joule**, J, bevorzugt verwendet für Wärme.
● **Wattsekunde**, Ws, bevorzugt verwendet für elektrische Arbeit.
▲ Die Energieeinheiten sind einander äquivalent:

$$1\,\text{Nm} = 1\,\text{J} = 1\,\text{Ws} = 1\,\text{VAs} = 1\,\frac{\text{kg}\,\text{m}^2}{\text{s}^2}.$$

■ Um einen Strom von 1 Ampere unter der Spannung 6 Volt 1 Sekunde lang fließen zu lassen, wird genau soviel Energie benötigt, wie um ein Gewicht mit der Gewichtskraft von 6 Newton 1 Meter hoch zu heben.

21.1.1.1 Einheiten außerhalb der SI-Norm

Erg, das 10^{-7}-fache eines Joule.

$$1\,\text{J} = 10^7\,\text{erg}$$

Kalorie, cal, eine alte, nicht mehr gesetzliche Einheit, definiert als die Wärmemenge, die nötig ist, um 1 g Wasser bei 14.5 °C um ein Grad zu erwärmen:

$$1\,\text{cal} = 4.187\,\text{J} \qquad 1\,\text{J} = 0.239\,\text{cal}.$$

British thermal unit oder **Btu**, eine weitere nicht gesetzliche Einheit, die in angelsächsischen Ländern verwendet wird:

$$1\,\text{Btu} = 1055.06\,\text{J}.$$

Elektronenvolt, eine in der Atom- und Kernphysik verwendete Größe, welche die Arbeit beschreibt, die geleistet wird, wenn eine Elementarladung eine Potentialdifferenz von 1 V durchläuft.

➤ Mit $\hbar = c = 1$ statt $\hbar c \approx 197.32\,\text{MeV}\,\text{fm}$ kann man die Energie in der Quantenmechanik auch als inverse Länge in fm ($= 10^{-15}$ m) darstellen.

$$1\,\text{eV} = 1.602 \cdot 10^{-19}\,\text{J} = 5.063 \cdot 10^{-9}\,\text{fm}^{-1}\hbar c, \qquad 1\,\text{J} = 6.242 \cdot 10^{18}\,\text{eV}.$$

21.1.2 Arbeit

1. Arbeit in thermodynamischen Systemen

Arbeit, entspricht in der Thermodynamik der mechanischen Definition der Arbeit: Die **am System geleistete Arbeit** wird **positiv** und die **dem System entzogene Arbeit** wird **negativ** gewertet.

Arbeit, W, SI-Einheit Newtonmeter (Nm), das Produkt aus der längs eines Weges wirkenden Kraft und der Wegstrecke

Arbeit = Kraft · Weg	ML^2T^{-2}

		Symbol	Einheit	Benennung
$\Delta W = -\vec{\mathbf{F}} \cdot \Delta \vec{\mathbf{s}}$,		W	Nm	Arbeit
$W_{1.2} = -\displaystyle\int_{1}^{2} \vec{\mathbf{F}} \cdot \mathrm{d}\vec{\mathbf{s}}$		F	N	Kraft
		s	m	Wegstrecke

Die Arbeit ist das Skalarprodukt zweier Vektoren.

▲ Senkrecht zur Wegstrecke wirkende Kräfte verrichten keine Arbeit.

2. Kompressionsarbeit,

wird geleistet, wenn ein Gas gegen den inneren Druck verdichtet wird (**Abb. 21.1**).

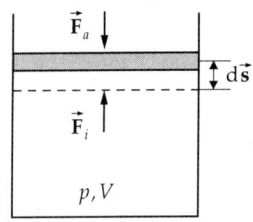

Abbildung 21.1: Zur Kompressionsarbeit. Die zu leistende Arbeit entspricht dem Produkt aus innerer Kraft und Weg, bzw. Druck und Volumendifferenz

■ Das Volumen eines mit Gas gefüllten Zylinders wird verringert.

Arbeit ist das Produkt aus Druck und Volumenänderung. Die Volumenänderung kann (zum Beispiel in einem Gaskolben) durch Verschiebung der Begrenzungsfläche eines Volumens erfolgen.

Arbeit = Druck · Oberfläche · Verschiebungsstrecke	ML^2T^{-2}

	Symbol	Einheit	Benennung
	W	Nm	Arbeit
$\Delta W = pA\Delta s$	p	Pa	Druck
	A	m^2	Oberfläche
	Δs	m	Versch-Strecke

▲ Die Verschiebungsstrecke wird hier positiv gezählt, wenn dadurch das Volumen verkleinert wird.

Wegen dieser Definition der Verschiebungsstrecke haben Δs und ΔV verschiedene Vorzeichen,

$$\Delta V = -A\Delta s.$$

Die Arbeit ist daher als negativer Wert des Produkts aus Druck und Volumenänderung anzusehen. Die Volumenänderung ist bei Vergrößerung positiv und bei Verkleinerung negativ.

Arbeit $= -$Druck $\cdot$ Volumenänderung			$\mathbf{ML^2T^{-2}}$
$\Delta W \;=\; -p\Delta V$	Symbol	Einheit	Benennung
	ΔW	Nm	Arbeit
	p	Pa	Druck
	ΔV	m^3	Volumenänderung

▲ Die verrichtete mechanische Arbeit ΔW hängt nicht nur von den Integrationsgrenzen ab, also vom Anfangs- und Endzustand eines Systems, sondern auch vom Weg, wie man vom Anfangs- zum Endzustand gelangt. Mathematisch gesehen bedeutet das, dass es kein totales Differential $dW = F ds$ gibt.

21.1.3   Chemisches Potential

Chemisches Potential, μ, SI-Einheit Joule, Arbeitsmenge, die aufgebracht werden muss, um die Veränderung der Teilchenzahl zu ermöglichen, so, dass das System im Gleichgewicht bleibt.

chem. Potential $= \dfrac{\text{zugeführte Arbeit}}{\text{Änderung der Teilchenzahl}}$			$\mathbf{ML^2T^{-2}}$
$\mu \;=\; \dfrac{\Delta W}{\Delta N}$	Symbol	Einheit	Benennung
	μ	J	chemisches Potential
	W	J	Arbeit
	N	1	Teilchenzahl

Die durch Zuführen von ΔN weiteren Teilchen erhaltene oder benötigte Arbeit ist also

$$W = \mu \cdot \Delta N.$$

Es wird Energie benötigt, da die zugeführten Teilchen nicht „kalt" in das System eingebracht werden können. Um mit dem System im thermischen Gleichgewicht zu sein, muss ihnen die mittlere Energie der vorhandenen Teilchen mitgegeben werden.

21.1.4   Wärme

Wärme ist eine spezielle Energieform, die mit der Temperaturzunahme eines Stoffes zusammenhängt. Eine Wärmeaufnahme verursacht eine Temperaturerhöhung. Der Zusammenhang zwischen Wärmeaufnahme und Temperaturerhöhung wird durch eine Stoffeigenschaft, die **Wärmekapazität** C, bestimmt.

➤ Bei einem Phasenübergang kann auch Wärme (etwa Schmelz- oder Verdampfungswärme) aufgenommen oder abgegeben werden, ohne dass eine Temperaturänderung stattfindet. In diesem Fall geht jedoch die Wärmekapazität gegen unendlich, und die hier angegebene Definition ist nicht mehr anwendbar.

1.   Wärmemenge

Wärme, ΔQ, SI-Einheit Joule, die durch eine Temperaturzunahme ΔT aufgenommene Energie

Wärmemenge = Wärmekapazität · Temperaturdifferenz			ML^2T^{-2}

$\Delta Q = C\Delta T$	Symbol	Einheit	Benennung
$Q_{1.2} = \int_{T_1}^{T_2} C dT$	Q	J	Wärmemenge
	C	J/K	Wärmekapazität
$dQ = C dT$	T	K	Temperatur

Die differentielle Darstellung gilt mathematisch streng nur, wenn keine weitere mechanische oder chemische Arbeit aufgewendet wird. Ansonsten ist dQ kein totales Differential.

2. Wärmemessung

Die Messung der Wärme in Kalorimetern erfolgt durch die Feststellung der Temperaturänderung bei bekannter Wärmekapazität C_K des Kalorimeteraufbaus. Allerdings sind hierbei etwaige Wärmeverluste zu berücksichtigen:

$$\Delta Q = C_K \cdot \Delta T + \text{Wärmeverluste}.$$

Kalorimeter werden zur Wärmemessung benutzt. Die gebräuchlichsten Arten sind:
Flüssigkeitskalorimeter, gebräuchlichste Bauart: Das Reaktionsgefäß wird in einen nach außen isolierten Behälter mit einer Flüssigkeit gegeben.
Metallkalorimeter, besonders geeignet für große Temperaturbereiche: Ein Metallblock (Silber, Kupfer, Aluminium) bildet die Umschließung der Reaktionszone.
Verbrennungskalorimeter, werden bei schnellen Verbrennungsreaktionen verwendet. Beispiele sind:
Bombenkalorimeter nach Berthelot (für Feststoffe und Flüssigkeiten),
Austauschkalorimeter (auch nasses Kalorimeter genannt, für Gase),
Mischungskalorimeter (trockenes Kalorimeter, ebenfalls für Gase).

➤ Wärmeumsätze bei chemischen Reaktionen lassen sich auf Pikograde genau bestimmen. Messprinzip: ein 0.4 mm langer und 1.5 μm dicker Siliziumstreifen wird einseitig mit einer 0.4 μm dicken Aluminium-Schicht bedampft. Bei Erwärmung wirkt das System wie ein Bimetallstreifen. Die Größe der Biegung wird aus dem Reflexionswinkel eines Laserstrahls bestimmt.

■ Ein Kupferklotz (Masse 200 g) mit einer Wärmekapazität von 76.6 J/K erwärmt sich von 17 auf 23 °C. Die aufgenommene Wärmemenge ist (keine Wärmeverluste angenommen)
$$\Delta Q = C \cdot \Delta T = 76.6 \text{ J/K} \cdot (23 - 17)\,°C = 459.6 \text{ J}.$$

21.1.4.1 Spezifische Wärme

Spezifische Wärme, q, SI-Einheit Joule pro Kilogramm, Wärmemenge pro Masseneinheit eines Stoffes.

spezifische Wärme = $\dfrac{\text{Wärmemenge}}{\text{Masse}}$			L^2T^{-2}

	Symbol	Einheit	Benennung
$q = \dfrac{Q}{m}$	q	J/kg	spezifische Wärme
	Q	J	Wärmemenge
	m	kg	Stoffmasse

Die spezifische Wärme hat auch Bedeutung bei Phasenübergängen (spezifische Schmelzwärme, ...), Lösungen (spez. Lösungswärme) und chemischen Reaktionen (frei werdende spez. Wärme).

➤ In manchen Thermodynamikbüchern wird der Begriff spezifische Wärme für die spezifische Wärmekapazität, zuweilen auch für die molare Wärmekapazität verwendet. Dies kann zu Verwechslungen führen.

21.2   Energieumwandlung

Energieformen können ineinander umgewandelt werden.

■   Mit elektrischer Energie kann ein Gewicht gehoben werden.
In einem Generator kann aus mechanischer Arbeit elektrische Energie gewonnen werden.
Prinzipiell spricht nichts dagegen, dass diese Umwandlungen vollständig ablaufen.

▲   Reale Energiewandler weisen immer Verluste auf.

Diese Verluste bedeuten aber nicht, dass diese Energie verloren geht, sondern dass nur ein Teil der Energie in die gewünschte Form übergeführt wurde.

■   Bei Umwandlung mechanischer Energie kann durch Reibung Abwärme entstehen.

▲   Die Gesamtenergie ist eine Erhaltungsgröße. Energie kann nicht verloren gehen.

Es zeigt sich jedoch, dass nicht alle Energieformen vollständig ineinander übergeführt werden können.

▲   Wärme kann nicht vollständig in mechanische oder elektrische Energie umgewandelt werden.

➤   Dies ist der **zweite Hauptsatz der Thermodynamik**.

Eine vollständige Umwandlung von mechanischer und elektrischer Energie in Wärme ist jedoch möglich.

21.2.1   Umwandlung von äquivalenten Energien in Wärme

Die Erzeugung von Wärmeenergie kann auf verschiedene Arten erfolgen. Mögliche Formen sind zum Beispiel die Umwandlung von mechanischer Energie (zum Beispiel durch Reibung) oder elektrischer Energie.

21.2.1.1   Elektrische Energie

Elektrische Energie kann im ohmschen Widerstand eines elektrischen Leiters verlustfrei in Wärmeenergie umgewandelt werden. Wärmeenergie kann hingegen nicht vollständig in elektrische Energie verwandelt werden.

Wärme = Spannung · Stromstärke · Zeit			$\mathbf{ML^2T^{-2}}$
	Symbol	Einheit	Benennung
$Q = U \cdot I \cdot t$	Q	J	Wärmemenge
	U	V	elektrische Spannung
$Q = P \cdot t$	I	A	elektrische Stromstärke
	t	s	Zeit
	P	W	Leistung

■   Ein Tauchsieder (220 V Nennspannung, 4.5 A Stromaufnahme) heizt 1 Minute lang Wasser auf. Die elektrische Energie wird vollständig in Wärme umgewandelt. Die erhaltene Wärmemenge ist

$Q = W_{el} = P_{el} \cdot t = U \cdot I \cdot t = 220\,V \cdot 4.5\,A \cdot 60\,s = 59400\,Ws = 59.4\,kJ$.

Die Wärmemenge würde ausreichen, um ein Glas (200 ml) Wasser um 75 °C aufzuheizen.

Mit dem Ohmschen Gesetz erhält man für die an einem Widerstand abfallende Leistung:

Wärme = $\dfrac{\textbf{(Spannung)}^2}{\textbf{Widerstand}}$ · Zeit			$\mathbf{ML^2T^{-2}}$
	Symbol	Einheit	Benennung
$Q = \dfrac{U^2 t}{R}$	Q	J	erzeugte Wärme
	U	V	Spannung
	t	s	Zeitdauer
$Q = I^2 R t$	R	Ω	elektrischer Widerstand
	I	A	Stromstärke

■ An einem Widerstand ($R = 4.7\,\mathrm{k\Omega}$) fällt eine Spannung von 5 Volt ab. Die Abwärme des Widerstands beträgt in einer Stunde

$$Q = \frac{U^2}{R}t = \frac{(5\,\mathrm{V})^2}{4.7\,\mathrm{k\Omega}} \cdot 3600\,\mathrm{s} = 19.15\,\mathrm{J}\,.$$

21.2.1.2 Mechanische Energie

Mechanische Energie kann, ebenso wie elektrische Energie, vollständig in Wärme umgewandelt werden. Eine vollständige Umwandlung von Wärmeenergie in mechanische Energie ist jedoch nicht möglich. Mechanische Energie kann hierbei in der Form von kinetischer Energie wie auch potentieller Energie (etwa Federspannung) vorliegen.

Wärme = kinetische Energie + potentielle Energie			$\mathbf{ML^2T^{-2}}$
	Symbol	Einheit	Benennung
$Q = \Delta W_{\mathrm{kin}} + \Delta W_{\mathrm{pot}}$	Q	J	erzielte Wärme
	ΔW_{kin}	Nm	aufgewandte kinetische Energie
	ΔW_{pot}	Nm	aufgewandte potentielle Energie

■ Eine 5 g schwere Kugel mit einer Geschwindigkeit von 150 m/s wird in einem Sandsack abgestoppt. Die kinetische Energie wird vollständig in Wärme umgewandelt. Die frei werdende Wärme ist

$$Q = W_{\mathrm{kin}} = \frac{1}{2}mv^2 = \frac{1}{2} \cdot 0.005\,\mathrm{kg} \cdot \left(150\,\frac{\mathrm{m}}{\mathrm{s}}\right)^2 = 56.25\,\mathrm{Nm} = 56.25\,\mathrm{J}\,.$$

21.2.1.3 Verbrennungsenergie

Verbrennungsenergie, wichtigste Form der Umwandlung von chemischer Energie in Wärme. Hierbei werden vorwiegend kohlenstoff- und wasserstoffhaltige Materialien oxidiert.

■ Erdöl und Erdgas bestehen im wesentlichen aus Kohlenwasserstoffketten (vorwiegend Alkanen) unterschiedlicher Länge. Bei ihrer Verbrennung wird überwiegend Kohlendioxid (CO_2) und Wasser (H_2O) frei, aber aufgrund von Verunreinigungen auch andere Stoffe, wie zum Beispiel Schwefeldioxid (SO_2) oder Stickstoffoxide (NO_X).

1. Spezifischer Heizwert,

H, eines flüssigen oder festen Materials, SI-Einheit Joule pro Kilogramm, die pro Masseneinheit bei Verbrennung frei gewordene Wärmeenergie, wenn der bei der Reaktion erzeugte Wasserdampf nicht kondensiert wird.

spezifischer Heizwert $= \dfrac{\text{Wärmemenge}}{\text{Stoffmasse}}$			$\mathbf{L^2T^{-2}}$
	Symbol	Einheit	Benennung
$H = \dfrac{Q}{m}$	H	J/kg	spezifischer Heizwert
	Q	J	erzielte Wärme
	m	kg	Masse verbrannten Stoffes

Analog ließe sich der spezifische Heizwert auch bei gasförmigen Stoffen definieren. Hierbei bietet sich allerdings an, statt der schlecht messbaren Masse das Gasvolumen zu verwenden.

➤ Da das Volumen von Temperatur und Druck abhängt, wird das Normvolumen bei Standardbedingungen ($p = 101.325\,\mathrm{kPa}$, $T = 273.15\,\mathrm{K} = 0\,^\circ\mathrm{C}$) verwendet.

2. Spezifischer Gasheizwert,

H_g (SI-Einheit Joule pro Kubikmeter), bei gasförmigen Stoffen, die pro Volumeneinheit bei Standardbedingungen erzielte Wärme.

Gasheizwert = $\dfrac{\text{Wärmemenge}}{\text{Volumen}}$			$ML^{-1}T^{-2}$
$H_g = \dfrac{Q}{V_n}$	Symbol	Einheit	Benennung
	H_g	J/m^3	spezifischer Heizwert für Gase
	Q	J	Wärmemenge
	V_n	m^3	Volumen bei Standardbedingungen

Die spezifischen Heizwerte ausgewählter Stoffe sind in den Tabellen 23.9 aufgelistet.

■   Die meisten festen (trockenen) Brennstoffe haben einen Heizwert von ca. 20–50 MJ/kg, Erdöl ca. 40–50 MJ/kg, Gase ca. 10 - 130 MJ/m^3.

3.   Brennwert,

H_o eines Stoffes, die bei der Verbrennung direkt erzeugte Energie pro Masseneinheit. Ein Teil dieser Energie wird jedoch für die Verdampfung des durch Wasserstoffverbrennung erzeugten Wassers benötigt. Diese Energie kann bei Kondensation des Wasserdampfes wieder genutzt werden.

➤   Heizwert und Brennwert unterscheiden sich um die Verdampfungswärme des erzeugten Wassers.

4.   Oberer und unterer Heizwert

Oberer Heizwert, H_o, früher verwendete Bezeichnung für den Brennwert bzw. die Verbrennungswärme.

Unterer Heizwert, H_u, früher verwendete Bezeichnung, die heute nur noch mit Heizwert bezeichnet wird.

Brennwertheizkessel: In älteren technischen Anlagen ist für die nutzbare Wärmeenergie der (untere) Heizwert von Bedeutung. Modernere Anlagen werden so betrieben, dass die Temperatur der Abgase unter dem Taupunkt liegt und somit die Kondensationsenergie des verdampften Wassers zurückgewonnen wird. Dadurch kann der volle Brennwert ausgenutzt werden, was zum Beispiel bei Gasheizung ungefähr 10% zusätzliche Ausnutzung bedeutet.

Für die bei der Verbrennung erzeugte Wärmemenge gilt:

Wärmemenge = Masse · Heizwert			ML^2T^{-2}
	Symbol	Einheit	Benennung
	Q	J	nutzbare Wärmemenge
$Q = m \cdot H$	m	kg	Masse (feste/flüssige Stoffe)
$Q = V_n \cdot H_g$	H	J/kg	spezifischer Heizwert (fest/flüssig)
	V_n	m^3	Gasvolumen Standardbed.
	H_g	J/m^3	spezifischer Heizwert (Gas)

■   300 g Grillkohle werden verbrannt. Die frei werdende Wärmemenge ist

$$Q = m \cdot H = 0.3\,\text{kg} \cdot 31\,\frac{\text{MJ}}{\text{kg}} = 9.3\,\text{MJ}\,.$$

21.2.1.4 Sonnenenergie

Die Einstrahlung der Sonne auf die Erde stellt einen Wärmetransport durch Strahlung dar. Die Strahlung kann unter anderem in Wärme umgewandelt werden. Hierbei ist der Absorptionsgrad des aufnehmenden Stoffes sowie der Winkel zwischen der Richtung der Sonneneinstrahlung und der Normalen zur bestrahlten Fläche zu beachten.

Wärme ~ Fläche · Absorptionsgrad · cos(Winkel)			$\mathbf{ML^2T^{-2}}$
	Symbol	Einheit	Benennung
	Q	J	Wärmemenge
	q_S	W/m^2	Solarkonstante
$Q = q_S \cdot A \cdot \alpha \cdot t \cdot \cos\varphi$	A	m^2	bestrahlte Fläche
	α	1	Absorptionsgrad
	t	s	Zeit
	φ	1	Einstrahlungswinkel

Solarkonstante, Jahresmittelwert der Leistung der Sonneneinstrahlung auf der Erde pro Flächeneinheit,

$$q_S = 1.37 \, \frac{kW}{m^2} \, .$$

Die Solarkonstante ist nur ein Normwert unter Vernachlässigung der Einflüsse von Wolken, Dunst, etc. Ungefähr die Hälfte der auf die Erde eingestrahlten Energie wird in der Atmosphäre absorbiert.

■ Eine 50 cm × 50 cm großen Platte liegt eine Stunde unter dem Winkel (zur Normalen) von 30° in der Sonne. Unter Annahme einer Absorptionsrate von 35% (inklusive Luftabsorption) ist die Wärmeaufnahme

$$Q = q_S \cdot A \cdot \alpha \cdot t \cdot \cos\varphi$$
$$= 1.37 \, \frac{kW}{m^2} \cdot 0.25 \, m^2 \cdot 0.35 \cdot 3600 \, s \cdot \cos 30° \approx 374 \, kJ \, .$$

21.2.2 Umwandlung von Wärme in andere Energieformen

Die Umwandlung von Wärmeenergie in andere Energieformen erfolgt im allgemeinen mit einer Wärmemaschine, die nach dem Prinzip des Carnot-Prozesses (s. S. 643) arbeitet.

Das Grundprinzip besteht darin, verschiedene Arten von Zustandsänderungen in solcher Folge durchzuführen, dass ein Stoffsystem abwechselnd mit einem kalten und einem heißen Temperaturbad in Berührung kommt, Wärme vom heißen Bad ins kalte Bad transportiert und dabei mechanische Arbeit verrichtet, die in andere Energieformen umgewandelt werden kann.

Wirkungsgrad, η der Energieumwandlung, dimensionslose Größe, Anteil der gewonnenen mechanischen Arbeit am gesamten Energieumsatz.

Der Wirkungsgrad ist immer kleiner als eins,

$$\eta < 1 \, .$$

▲ Man kann Wärmeenergie nicht vollständig in andere Energieformen umwandeln.

Der Wirkungsgrad der Wärmemaschine hängt sehr stark von den Temperaturen des heißen und des kalten Bades ab, zwischen denen der Wärmeaustausch stattfindet.

idealer Wirkungsgrad $= 1 - \dfrac{\textbf{Temperatur Kältereservoir}}{\textbf{Temperatur Wärmereservoir}}$			**1**
	Symbol	Einheit	Benennung
$\eta_C = 1 - \dfrac{T_k}{T_h}$	η_C	1	idealer Wirkungsgrad
	T_k	K	Temperatur kaltes Reservoir
	T_h	K	Temperatur heißes Reservoir

21.2.3 Exergie und Anergie

Es gibt Energieformen, die sich vollständig in andere Energieformen umwandeln lassen und solche, bei denen dies nicht der Fall ist.

■ Mechanische Energie lässt sich (fast) vollständig in elektrische Energie umwandeln und umgekehrt. Wärmeenergie lässt sich vollständig aus mechanischer oder elektrischer Energie erhalten. Umgekehrt kann aber Wärmeenergie nicht vollständig in elektrische oder mechanische Energie umgewandelt werden.

1. Ordnung von Energieformen

Energieformen können folgendermaßen geordnet werden:

• **Exergie**, E_x, SI-Einheit Joule, Energieanteil, der sich **uneingeschränkt** in andere Energieformen umwandeln lässt.

• Energieformen, die nur beschränkt in Exergie umgewandelt werden.

• **Anergie**, B, SI-Einheit Joule, Energieanteil, der sich **überhaupt nicht** umwandeln lässt.

■ Unbeschränkt umwandelbar (Exergie) sind mechanische und elektrische Energie. Beschränkt umwandelbar sind Wärme, innere Energie und Enthalpie. Sie enthalten Anteile von Anergie.

2. Zerlegung der Gesamtenergie

Die Gesamtenergie lässt sich in zwei Anteile zerlegen, in mechanisch nutzbare und nicht nutzbare Energie.

▲ Die Gesamtenergie besteht aus Exergie und Anergie,

$W_{\text{ges}} = E_x + B$.

➤ Natürlich kann auch einer der beiden Anteile Null sein.

3. Energiewandlungs-Prinzipien

Für die Umwandlung von Energie gilt:

• Exergie kann in Anergie umgewandelt werden.

• Anergie kann nicht in Exergie umgewandelt werden.

Dies steht in direktem Zusammenhang mit dem zweiten Hauptsatz der Thermodynamik.

▲ Prozesse, in denen Exergie in Anergie umgewandelt wird, sind irreversible Prozesse.

▲ In reversiblen Prozessen findet keine Umwandlung von Exergie in Anergie statt.

21.3   Wärmekapazität

21.3.1   Totale Wärmekapazität

1. Wärmekapazität,

C, SI-Einheit Joule pro Kelvin, manchmal auch totale Wärmekapazität genannt, Materialeigenschaft eines Körpers, seine Temperatur bei einer bestimmten Wärmezufuhr zu ändern. Sie ist abhängig von der Stoffmenge.

Wärmekapazität = $\dfrac{\textbf{Wärmemenge}}{\textbf{Temperaturdifferenz}}$			$\mathbf{ML^2T^{-2}\Theta^{-1}}$
$\begin{aligned} C &= \dfrac{\Delta Q}{\Delta T} \\ C &= \dfrac{\mathrm{d}Q}{\mathrm{d}T} \end{aligned}$	Symbol	Einheit	Benennung
	Q	J	Wärmemenge
	C	J/K	Wärmekapazität
	T	K	Temperatur

Temperaturdifferenzen können statt in Kelvin auch in Grad Celsius gemessen werden, ohne die Formeln umrechnen zu müssen.

Die Wärmekapazität eines Stoffes kann bei einem Phasenübergang formal unendlich werden, da hier Wärme aufgenommen werden kann, ohne zu einer Temperaturänderung zu führen.

2. Messung der Wärmekapazität

Die Wärmekapazität eines unbekannten Stoffes kann durch Feststellung der Temperaturänderung bei bekannter Wärmezufuhr gemessen werden. Die Wärmezufuhr kann durch Umwandlung von elektrischer Energie bei Messung von Stromstärke, Spannung und Heizzeit sehr genau festgestellt werden. Hierzu sind allerdings der Wirkungsgrad der Heizung und die Wärmekapazität des Heizmaterials bzw. Wärmebehälters (Wasserwert) zu berücksichtigen,

$$C = \frac{\eta \Delta Q}{\Delta T} - C_K , \qquad \eta : \text{ Wirkungsgrad}, \qquad C_K : \text{ Wasserwert}.$$

■ Eine Flüssigkeit wird mit einem Tauchsieder (1000 W) 15 s lang aufgeheizt und zeigt eine Temperaturerhöhung von 7.18 K. Die Wärmekapazität ist

$$C = \frac{\Delta Q}{\Delta T} = \frac{15 \text{ kJ}}{7.18 \text{ K}} = 2.09 \text{ kJ/K}.$$

3. Darstellung der Wärmekapazität als Produkt

Die Wärmekapazität kann als Produkt der spezifischen (molaren) Wärmekapazität und der Gesamtmasse (Gesamtmolzahl) beschrieben werden. Dadurch kann diese Eigenschaft des verwendeten Stoffes in eine (allgemeine) Materialgröße und eine leicht messbare Stoffgröße zerlegt werden.

Wärmekapazität = spezifische Wärmekapazität · Gesamtmasse			$\mathbf{ML^2T^{-2}\Theta^{-1}}$
	Symbol	Einheit	Benennung
	C	J/K	Wärmekapazität
$C = n c_{\text{mol}}$	n	mol	Stoffmenge
$C = mc$	m	kg	Gesamtmasse
	c_{mol}	J/(K mol)	molare Wärmekapazität
	c	J/(K kg)	spezifische Wärmekapazität

■ Ein halber Liter (500 g) Wasser hat bei einer spezifischen Wärmekapazität von $c = 4.182 \text{ kJ/(kg K)}$ die Wärmekapazität

$$C = m \cdot c = 0.5 \text{ kg} \cdot 4.182 \text{ kJ/kg K} = 2.091 \text{ kJ/K}.$$

21.3.1.1 Wärmekapazität von Gemischen von Stoffen

▲ Die totale Wärmekapazität von Gemischen verschiedener Stoffe ist gleich der Summe der einzelnen Wärmekapazitäten:

$$C = C_1 + C_2 + C_3 + \dots .$$

21.3.1.2 Wasserwert

Bei der Temperaturänderung von Flüssigkeiten (aber auch bei Festkörpern und Gasen) muss die Wärmekapazität der umgebenden Behälter wie auch der Messapparatur (zum Beispiel Thermofühler) berücksichtigt werden. Diese Wärmekapazität wird auch **Wasserwert** genannt und mit C_K oder W bezeichnet.

$$W = C_K = m_k \cdot c_k.$$

Für die Gesamtwärmekapazität des Systems gilt:

Gesamte Wärmekapazität = Wärmekapazität + Wasserwert			$\mathbf{ML^2T^{-2}\Theta^{-1}}$
	Symbol	Einheit	Benennung
	C_{tot}	J/K	Gesamtwärmekapazität
$C_{\text{tot}} = C + W$	C	J/K	Wärmekapazität Stoff
	W	J/K	Wasserwert

| M | Zur Bestimmung des Wasserwertes wird das Kalorimeter mit einer bestimmten Menge Wasser gefüllt, eine bestimmte Wärmemenge zugeführt und die Erwärmung gemessen. |

21.3.2   Molare Wärmekapazität

Molare Wärmekapazität, c_{mol}, SI-Einheit Joule pro Kelvin und pro Mol, die Wärmekapazität eines Mols eines bestimmten Stoffes.
Sie lässt sich analog zur spezifischen Wärmekapazität definieren.

1.   Darstellung der molaren Wärmekapazität

Molare Wärmekapazität, die einem Mol eines Stoffes pro Grad Temperaturerhöhung zugeführte Wärmemenge.

$$\text{molare Wärmekapazität} = \frac{\text{Wärmemenge}}{\text{Stoffmenge} \cdot \text{Temperatur}} \qquad ML^2T^{-2}\Theta^{-1}N^{-1}$$

		Symbol	Einheit	Benennung
c_{mol}	$= \dfrac{\Delta Q}{n \Delta T}$	c_{mol}	J/(K mol)	molare Wärmekapazität
		ΔQ	J	Wärmemenge
ΔQ	$= c_{mol} n \Delta T$	ΔT	K	Temperaturänderung
		n	mol	Stoffmenge

Temperaturdifferenzen können statt in Kelvin auch in Grad Celsius gemessen werden, ohne die Formeln umrechnen zu müssen.

2.   Molare Wärmekapazität als Stoffeigenschaft

Die molare Wärmekapazität ist eine Materialeigenschaft, die sich aus dem Quotienten der Wärmekapazität und der Molmenge ermitteln lässt.
Molare Wärmekapazität ist die Wärmekapazität pro Mol eines Stoffes.

➤ In manchen Thermodynamikbüchern wird die hier definierte molare Wärmekapazität auch als spezifische Wärmekapazität oder auch nur als spezifische Wärme bezeichnet. Dies kann zu Verwechslungen führen.

$$\text{molare Wärmekapazität} = \frac{\text{Wärmekapazität}}{\text{Stoffmenge}} \qquad ML^2T^{-2}\Theta^{-1}N^{-1}$$

		Symbol	Einheit	Benennung
c_{mol}	$= \dfrac{C}{n}$	c_{mol}	J/(K mol)	molare Wärmekapazität
		C	J/K	Wärmekapazität
c_{mol}	$= \dfrac{C \cdot N_A}{N}$	n	mol	Stoffmenge
		N	1	Teilchenzahl
N_A	$= 6.022\,136\,7 \cdot 10^{23}\,\text{mol}^{-1}$	N_A	mol^{-1}	Avogadro-Zahl

Für Festkörper beträgt für Temperaturen ab 200 K die molare Wärmekapazität $3R = 24.9\,\text{J}/(\text{K mol})$. Dies folgt aus der Dulong-Petit-Regel (s. S. 632).

3.   Darstellung durch spezifische Wärmekapazität

Die Definition der molaren Wärmekapazität hat den Nachteil, dass man zum betrachteten Stoff erst die Molmenge bestimmen muss. Sie hängt mit der leichter verwendbaren spezifischen Wärmekapazität über die Molmasse zusammen.

molare Wärmekapazität = spezifische Wärmekap. · Molmasse			$ML^2T^{-2}\Theta^{-1}N^{-1}$
$c_{mol} = c \cdot M$	Symbol	Einheit	Benennung
	c_{mol}	$J/(K\,mol)$	molare Wärmekapazität
	c	$J/(K\,kg)$	spezifische Wärmekapazität
	M	kg/mol	Molmasse

■ Wasser hat die Molmasse von 18 g und eine spezifische Wärmekapazität von 4.182 kJ/(kg K). Die molare Wärmekapazität ist

$c_{mol} = c \cdot M = 4.182\ kJ/(kg\,K) \cdot 0.018\ kg/mol = 75.28\ J/(K\,mol)$.

21.3.3   Spezifische Wärmekapazität

1.   Spezifische Wärmekapazität,

c, SI-Einheit Joule pro Kelvin und pro Kilogramm, die Wärmemenge, die einem Kilogramm eines Stoffes pro Grad Temperaturerhöhung zugeführt werden muss.

spezifische Wärmekapazität = $\dfrac{\text{Wärmemenge}}{\text{Temperaturdifferenz}}$ · Masse			$L^2T^{-2}\Theta^{-1}$
$c = \dfrac{\Delta Q}{m\Delta T}$	Symbol	Einheit	Benennung
	c	$J/(K\,kg)$	spezifische Wärmekapazität
	ΔQ	J	Wärmemenge
$\Delta Q = cm\Delta T$	ΔT	K	Temperaturänderung
	m	kg	Gesamtmasse

Temperaturdifferenzen können statt in Kelvin auch in Grad Celsius gemessen werden, ohne die Formeln umrechnen zu müssen.

2.   Darstellung als Quotient

Die spezifische Wärmekapazität entspricht dem Quotienten aus Wärmekapazität und Masse bzw. aus molarer Wärmekapazität und Molmasse.

➤ In manchen Thermodynamikbüchern wird unter dem Begriff spezifischer Wärmekapazität die molare Wärmekapazität verwendet. Ferner wird die spezifische Wärmekapazität zuweilen auch vereinfacht als spezifische Wärme bezeichnet. Dies kann zu Verwechslungen führen.

spezifische Wärmekapazität = $\dfrac{\text{(molare) Wärmekapazität}}{\text{(Mol-)Masse}}$			$L^2T^{-2}\Theta^{-1}$
$c = \dfrac{C}{m}$	Symbol	Einheit	Benennung
	c	$J/(K\,kg)$	spezifische Wärmekapazität
$c = \dfrac{C}{n \cdot M}$	c_{mol}	$J/(K\,mol)$	molare Wärmekapazität
	C	J/K	Wärmekapazität
	n	mol	Stoffmenge
$c = \dfrac{c_{mol}}{M}$	M	kg/mol	Molmasse
	m	kg	Gesamtmasse

M   Die Messung der spezifischen Wärmekapazität erfolgt über die Messung der Wärmekapazität und der Masse des betrachteten Stoffes.

▲   Die spezifische Wärmekapazität hängt vom Material ab.

Spezifische Wärmekapazitäten wichtiger Stoffe s. Tab. 23.3.

■ c-Werte liegen im Bereich 0.1 - 3 kJ/(kg K), bei Wasser ca. 4.2 kJ/(kg K).

■ Ein 250 g schwerer Klotz eines Metalls hat die Wärmekapazität von 224 J/K. Um welches Metall könnte es sich handeln?

$$c = \frac{C}{m} = \frac{224\,\mathrm{J/K}}{0.25\,\mathrm{kg}} = 896\,\mathrm{J/(kg\,K)}.$$

Das ist die spezifische Wärmekapazität von Aluminium.

21.3.3.1 Weitere Eigenschaften der spezifischen Wärmekapazität

- Die spezifische Wärmekapazität hängt im allgemeinen von der Temperatur ab.
- Die spezifische Wärmekapazität geht bei einem Phasenübergang erster Ordnung oder einem λ-Übergang gegen unendlich. Dort gibt man deshalb die Schmelz- oder Verdampfungswärme an.
- Die spezifische Wärmekapazität hat bei einem Phasenübergang zweiter Ordnung eine Anomalie am kritischen Punkt.
- Die spezifische Wärmekapazität aller Substanzen geht am absoluten Nullpunkt $T = 0$ K gegen 0: $c_{T \to 0} = 0$.

21.3.3.2 Spezifische Wärmekapazität von Gemischen von Stoffen

Die spezifische Wärmekapazität eines Gemisches von Stoffen ist gleich der Summe der einzelnen Wärmekapazitäten, geteilt durch die Gesamtmasse:

$$c = \frac{C}{m} = \frac{m_1 c_1 + m_2 c_2 + m_3 c_3 + \dots}{m_1 + m_2 + m_3 + \dots}.$$

■ Ein Gemenge von 30 g NaCl ($c = 867$ J/(K kg)) und 5 g KCl ($c = 682$ J/(K kg)) hat eine spezifische Wärmekapazität von

$$
\begin{aligned}
c &= \frac{m_1 c_1 + m_2 c_2}{m_1 + m_2}, \\
&= \frac{0.03\,\mathrm{kg} \cdot 867\,\mathrm{J/(kg\,K)} + 0.005\,\mathrm{kg} \cdot 682\,\mathrm{J/(kg\,K)}}{0.03\,\mathrm{kg} + 0.005\,\mathrm{kg}} \approx 841\,\mathrm{J/(kg\,K)}.
\end{aligned}
$$

21.3.3.3 Spezifische Wärmekapazität von Gasen

Spezifische Wärmekapazität kann sowohl bei konstantem Druck (Volumen ändert sich mit Temperaturänderung) als auch bei konstantem Volumen (Druck ändert sich mit Temperaturänderung) gemessen werden.

Bezeichnung:

c_V Volumen bleibt konstant, Druck ändert sich.
c_p Druck bleibt konstant, Volumen ändert sich.

Analog können auch totale (C_V, C_p) und molare Wärmekapazitäten ($c_{V\,\mathrm{mol}}$, $c_{p\,\mathrm{mol}}$) für konstantes Volumen und konstanten Druck definiert werden.

Die spezifische Wärmekapazität bei konstantem Druck ist größer als die spezifische Wärmekapazität bei konstantem Volumen,

$$c_p > c_V.$$

Die bei konstantem Druck zugefügte Wärmemenge ΔQ wird das System nicht nur erwärmen, sondern u.a. auch ausdehnen und damit gegen den äußeren Druck (Atmosphärendruck) eine Volumenarbeit leisten.

▲ Die zugeführte Wärmemenge wird nicht nur zur Erwärmung, sondern auch zur Arbeitsleistung gegen den äußeren Druck verbraucht.

Wärmeänderung bei konstantem Druck			ML^2T^{-2}
	Symbol	Einheit	Benennung
	c_p	J/(Kkg)	spez. Wärmekapazität bei konst. Druck
	c_V	J/(Kkg)	spez. Wärmekapazität bei konst. Volumen
$c_p m\Delta T \ = \ c_V m\Delta T + p\Delta V$	m	kg	Gesamtmasse
	ΔT	K	Temperaturänderung
	p	Pa	Druck
	ΔV	m^3	Volumenänderung

21.3.3.4 Spezifische Wärmekapazität im idealen Gas

1. Darstellung der spezifischen Wärmekapazitäten

Für ein Gas mit f Freiheitsgraden gilt für die molare bzw. spezifische Wärmekapazität bei konstantem Volumen:

Molare und spezifische Wärmekapazität des idealen Gases			
	Symbol	Einheit	Benennung
$c_{V\,mol} \ = \ R \cdot \dfrac{f}{2}$	$c_{V\,mol}$	J/(Kmol)	molare Wärmekapazität bei konst. Vol.
$c_V \ = \ R_s \cdot \dfrac{f}{2}$	c_V	J/(Kkg)	spez. Wärmekapazität bei konst. Vol.
	f	1	Anzahl Freiheitsgrade
$R \ = \ 8.314\,J/(Kmol)$	R	J/(Kmol)	universelle Gaskonstante
	R_s	J/(Kkg)	spezifische Gaskonstante

Für das ideale Gas gilt $pV = nRT \implies p\Delta V = nR\Delta T$ bei konstantem Druck. Einsetzen für $p\Delta V$ ergibt
$c_p m\Delta T = c_V m\Delta T + nR\Delta T$.

2. Differenz der spezifischen Wärmekapazitäten

▲ Die Differenz der spezifischen Wärmekapazitäten ist eine materialabhängige Konstante, die spezifische Gaskonstante R_s.

Differenz der spezifischen Wärmekapazitäten			$L^2T^{-2}\Theta^{-1}$
	Symbol	Einheit	Benennung
	c_p	J/(Kkg)	spez. Wärmekapazität bei konst. Druck
$c_p - c_V \ = \ \dfrac{n}{m}R$	c_V	J/(Kkg)	spez. Wärmekapazität bei konst. Vol.
	n	mol	Stoffmenge
$= \ \dfrac{R}{M} = R_s$	m	kg	Gesamtmasse
	M	kg/mol	Molmasse
$R \ = \ 8.314\,J/(Kmol)$	R	J/(Kmol)	universelle Gaskonstante
	R_s	J/(Kkg)	spezielle Gaskonstante

▲ Für die molare Wärmekapazität des idealen Gases gilt:
$c_{p\,mol} - c_{V\,mol} = R$.

Spezifische Gaskonstante, **individuelle Gaskonstante**, R_s, der in der technischen Wärmelehre benutzte materialabhängige Proportionalitätsfaktor in der Zustandsgleichung des idealen Gases.

Universelle Gaskonstante, R, der in der Zustandsgleichung des idealen Gases (s. S. 596) vorkommende materialunabhängige Proportionalitätsfaktor,

$R = 8.3145 \ \dfrac{J}{Kmol}$.

Die Ausdehnungsarbeit kann über Kompressibilität und Ausdehnungskoeffizienten beschrieben werden.

3.   Beziehung zwischen spezifischen Wärmekapazitäten

Beziehung zwischen spezifischen Wärmekapazitäten			$L^2T^{-2}\Theta^{-1}$
$$c_p = c_v + T\frac{\alpha^2}{\kappa\rho}$$	Symbol	Einheit	Benennung
	c_p	J/(Kkg)	spez. Wärmekapazität bei konst. Druck
	c_V	J/(Kkg)	spez. Wärmekapazität bei konst. Volumen
	T	K	Temperatur
	ρ	kg/m³	Dichte
	α	K^{-1}	Ausdehnungskoeffizient
	κ	Pa^{-1}	Kompressibilität

21.3.3.5   Adiabatenkoeffizient

Adiabatenkoeffizient, κ, dimensionslose Größe, Quotient der spezifischen Wärmekapazitäten des idealen Gases,

$$\frac{c_p}{c_V} = \kappa.$$

➤   Es besteht die Gefahr der Verwechslung mit der Kompressibilität κ. Diese ist jedoch, im Gegensatz zum Adiabatenkoeffizienten, nicht dimensionslos.

Isentropenkoeffizient, alternative Bezeichnung für den Adiabatenkoeffizienten.

Für das ideale Gas gilt:

Adiabatenkoeffizient $= 1 + \dfrac{2}{\text{Freiheitsgrade}}$			1
$$\kappa = 1 + \frac{2}{f}$$	Symbol	Einheit	Benennung
	κ	1	Adiabatenkoeffizient
	f	1	Anzahl Freiheitsgrade

21.3.3.6   Spezifische Wärmekapazität von Flüssigkeiten und Festkörpern

Man gibt fast ausschließlich den leichter messbaren Wert von c_p an.

➤   Flüssigkeiten zeigen recht verschiedene Abhängigkeiten von Druck und Temperatur.

Regel von Dulong und Petit, eine einfache Regel für die spezifische Wärmekapazität von Metallen:

▲   Alle Metalle haben über einen weiten Temperaturbereich die **konstante molare Wärmekapazität** von $c_p \approx 25$ JK^{-1}mol^{-1}.

Für die spezifische Wärmekapazität gilt:

spezifische Wärmekapazität (konst. Druck) $\approx \dfrac{25\,\text{J}/(\text{Kmol})}{\text{Molmasse}}$			$L^2T^{-2}\Theta^{-1}$
$$c_p \approx \frac{1}{M}\cdot 25\,\frac{\text{J}}{\text{Kmol}}$$	Symbol	Einheit	Benennung
	c_p	J/(Kkg)	spez. Wärmekapazität bei konst. Druck
	M	kg/mol	Molmasse

➤   Dies gilt aber nicht mehr bei Temperaturen, die sehr viel kleiner als 200 K sind. Für $T \to 0$ gilt wegen des dritten Hauptsatzes der Thermodynamik $c \to 0$.

21.4   Zustandsänderungen

21.4.1   Reversible und irreversible Prozesse

1.   Gleichgewichtszustand,
der Zustand, den ein System nach langer Zeit von selbst einnimmt.

▲   Nach allgemeiner Erfahrung laufen in einem abgeschlossenen System so lange Prozesse von selbst ab, bis sich ein Gleichgewicht eingestellt hat.

2.   Irreversibler Prozess,
Prozess, der nicht von selbst in umgekehrter Reihenfolge stattfinden kann (**Abb. 21.2 (b)**).

➤   Alle Übergänge von einem Nichtgleichgewichtszustand in ein Gleichgewicht sind irreversibel.

■   Zwei unterschiedlich heiße Metallplatten werden zusammmengebracht und gleichen ihre Temperaturen aus.

Irreversible Prozesse führen über **Nichtgleichgewichtszustände**.

▲   Irreversible Prozesse erhöhen die mikroskopische Unordnung (Entropie) im System.

3.   Reversibler Prozess,
Prozess, der nur über Gleichgewichtszustände führt (**Abb. 21.2 (a)**).

Reversible Prozesse sind eine Idealisierung, die es streng genommen nicht gibt, denn wenn sich ein System im Gleichgewicht befindet, so haben die Zustandsvariablen zeitunabhängige Werte, und es passiert makroskopisch nichts.

Reversible Zustandsänderungen lassen sich aber näherungsweise durch kleine (infinitesimale) Änderungen der Zustandsvariablen simulieren, bei denen das Gleichgewicht nur wenig gestört wird. Wenn diese Änderungen genügend langsam erfolgen, hat das System genügend Zeit, immer wieder ins Gleichgewicht zu kommen.

Quasireversibler Prozess, Prozess, bei dem nur sehr kleine Zustandsänderungen vorgenommen werden (**Abb. 21.2 (c)**).

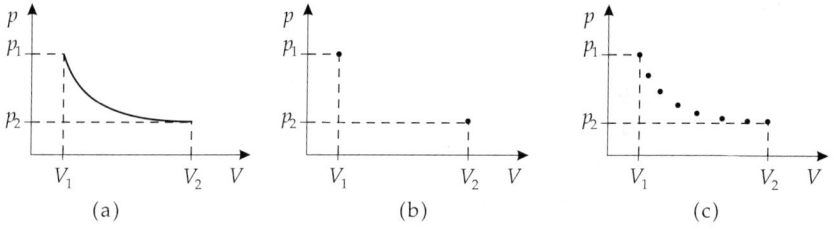

Abbildung 21.2: Zustandsänderungen. (a): Reversibler Prozess, (b): irreversibler Prozess, (c): quasireversibler Prozess

4.   Besondere Bedeutung reversibler Prozesse
Die Bedeutung von reversiblen Zustandsänderungen liegt darin, dass man in jedem Teilschritt des Prozesses einen Gleichgewichtszustand mit definierten Werten der Zustandsgrößen hat, so dass sich die totalen Änderungen von Zustandsgrößen durch Integration über die infinitesimalen reversiblen Schritte erhalten lassen.

➤   Bei irreversiblen Prozessen ist dies nicht möglich.

■   Isotherme Expansion, zum Beispiel Expansion eines Gases im Wärmebad.
Reversible Prozessführung erfolgt durch langsames Zurückziehen des Kolbens, irreversible Prozessführung erfolgt durch ruckhaftes Bewegen des Kolbens.

21.4.2   Isothermer Prozess

1.   Charakteristika isothermer Prozesse

Isothermer Prozess, Prozess, bei dem die **Temperatur konstant** bleibt.

Isothermen sind für das ideale Gas **Hyperbeläste** in der p-V-Ebene,

$$p \cdot V = \text{const.}, \qquad T = \text{const.}$$

Der Druck nimmt also bei isothermer Expansion ab und bei isothermer Kompression zu (wie $1/V$). Das ist gerade das **Gesetz von Boyle-Mariotte (Abb. 21.3)**.

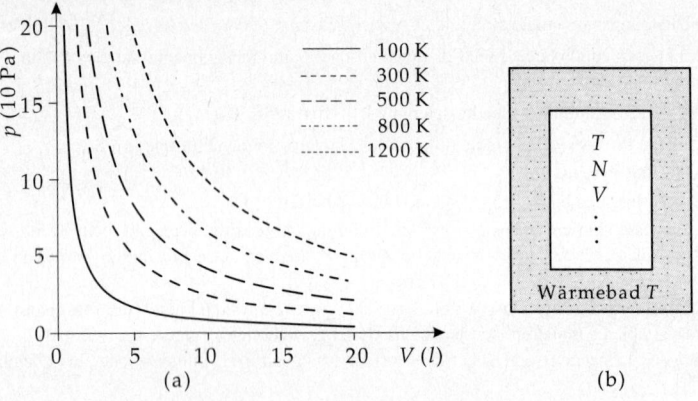

Abbildung 21.3: Isothermen. (a): ideales Gas, (b): System im Wärmebad

Die Änderung der inneren Energie ist bei $T = \text{const.}$ gleich Null.

Innere Energie = konstant			$\mathbf{ML^2T^{-2}}$
	Symbol	Einheit	Benennung
$\Delta U = C_V \Delta T = 0$	U	J	innere Energie
	C_V	J/K	Wärmekapazität
$\Delta U = \Delta Q + \Delta W$	T	K	Temperatur
$\Delta Q = -\Delta W$	ΔQ	J	Wärme
	ΔW	J	Arbeit

▲   Die Wärmezufuhr ist bei isothermen Prozessen gleich der Volumenänderungsarbeit des Gases.

➤   Dies folgt aus dem ersten Hauptsatz. Das Minuszeichen deutet an, dass bei aufgenommener Wärme Arbeit vom System verrichtet wird.

2.   Isothermer Prozess: Geleistete Arbeit und Änderung der Entropie

Die bei einer Zustandsänderung vom Gas geleistete Arbeit ist bei $T = \text{const.}$

$$
\begin{aligned}
W_{12} &= p_1 V_1 \ln\left(\frac{V_2}{V_1}\right) = p_2 V_2 \ln\left(\frac{V_2}{V_1}\right), \\
&= nRT \ln\left(\frac{V_2}{V_1}\right) = m R_S T \ln\left(\frac{V_2}{V_1}\right).
\end{aligned}
$$

Unter Verwendung des Drucks:

$$W_{12} = p_1 V_1 \ln \left(\frac{p_1}{p_2} \right) = p_2 V_2 \ln \left(\frac{p_1}{p_2} \right),$$

$$= nRT \ln \left(\frac{p_1}{p_2} \right) = m R_S T \ln \left(\frac{p_1}{p_2} \right).$$

Die Entropieänderung ist

$$\Delta S = C_p \ln \left(\frac{V_2}{V_1} \right) + C_V \ln \left(\frac{p_2}{p_1} \right).$$

21.4.3 Isobarer Prozess

1. Charakteristika isobarer Prozesse

Isobarer Prozess, Prozess, bei dem der **Druck konstant** bleibt.

Isobaren sind **horizontale Geraden** (p = const.) in der p-V- Ebene (**Abb. 21.4 (a)**):

Das Volumen nimmt zu, wenn die Temperatur erhöht wird - das System geht von einer niedrigeren Isotherme auf eine höhere Isotherme über.

➤ Der lineare Zusammenhang zwischen Volumen und Temperatur entspricht gerade dem **Gesetz von Gay-Lussac**.

Die **Volumenänderungsarbeit** im isobaren Prozess ist

$$W_{12} = p(V_1 - V_2).$$

2. Isobarer Prozess: Wärme- und Entropieänderung

Für p = const. ist die aufgenommene Wärme Q_{12} gegeben durch:

Wärmeänderung $\sim$ Temperaturdifferenz			$\mathrm{ML^2 T^{-2}}$
	Symbol	Einheit	Benennung
	Q	J	Wärme
$Q_{12} = m c_p (T_2 - T_1)$	m	kg	Gasmasse
$= C_p (T_2 - T_1)$	n	mol	Molmenge
$= n c_{p\,\mathrm{mol}} (T_2 - T_1)$	c_p	J/(K kg)	spez. Wärmekapazität bei konst. Druck
	C_p	J/K	Wärmekapazität
	$c_{p\,\mathrm{mol}}$	J/(K mol)	molare Wärmekapazität
	T	K	Temperatur

Für p = const. ist die Entropieänderung gegeben durch

$$\Delta S = C_p \ln \left(\frac{T_2}{T_1} \right) = C_p \ln \left(\frac{V_2}{V_1} \right).$$

21.4.4   Isochorer Prozess

1.   Charakteristika isochorer Prozesse

Isochorer Prozess, Prozess, bei dem das **Volumen konstant** bleibt (**Abb. 21.4 (b)**).

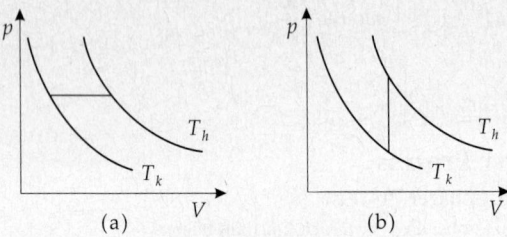

(a)   (b)

Abbildung 21.4: Zustandsänderungen. (a): Isobarer Prozess, (b): isochorer Prozess. Für isobare Expansion oder isochore Druckerhöhung gilt $T_1 = T_k$ (kalt) und $T_2 = T_h$ (heiß)

Isochoren sind **vertikale Geraden** (V = const.) in der p-V-Ebene.
Der Druck steigt mit steigender Temperatur an, das System geht von einer niedrigen Isotherme auf eine höhere Isotherme über.

➤   Der lineare Zusammenhang zwischen Druck und Temperatur entspricht gerade dem Gesetz von Gay-Lussac.

Wegen V = const. ist die Volumenänderungsarbeit gleich null,

$$\Delta W = p\Delta V = 0.$$

2.   Isochorer Prozess: Wärme- und Entropieänderung

Bei V = const. entspricht die Wärmeänderung der Änderung der inneren Energie.

Wärmeänderung $\sim$ Temperaturdifferenz			$\mathbf{ML^2T^{-2}}$
	Symbol	Einheit	Benennung
	Q	J	Wärme
$Q_{12} = mc_V(T_2 - T_1)$	m	kg	Gasmasse
$= C_V(T_2 - T_1)$	n	mol	Molmenge
$= nc_{V\,mol}(T_2 - T_1)$	c_V	J/(K kg)	spez. Wärmekapazität bei konst. Vol.
$= \Delta U$	C_V	J/K	Wärmekapazität
	$c_{V\,mol}$	J/(K mol)	molare Wärmekapazität
	T	K	Temperatur
	U	J	innere Energie

Bei V = const. ist die Entropieänderung gegeben durch

$$\Delta S = C_V \ln\left(\frac{T_2}{T_1}\right) = C_V \ln\left(\frac{p_2}{p_1}\right).$$

21.4.5   Adiabatischer (isentroper) Prozess

1.   Charakteristika adiabatischer und isentropischer Prozesse

Isentroper Prozess, Prozess, bei dem die **Entropie konstant** bleibt.
Adiabatischer Prozess, Prozess, bei dem **keine Wärme** mit der Umgebung ausgetauscht wird.

■   Reaktionen in abgeschlossenen Systemen (etwa Dewar-Gefäßen) sind adiabatisch.

▲ Im allgemeinen sind die Begriffe adiabatisch und isentrop als gleichbedeutend verwendbar.
➤ In Tieftemperaturbereichen können jedoch bei der Entmagnetisierung von Kristallen adiabatische und isentrope Prozesse unterschiedlich verlaufen.

Isentropen und **Adiabaten** verlaufen im p-V- Diagramm **steiler als Isothermen** (**Abb. 21.5**), nämlich wie

$$pV^{\kappa} = \text{const.}, \ \kappa > 1.$$

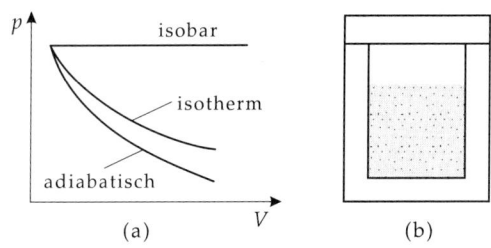

Abbildung 21.5: Zustandsänderungen. (a) Isobarer, isothermer und adiabatischer Prozess, (b): abgeschlossenes System

2. Adiabatenkoeffizient,

κ, dimensionslose Größe, der Exponent des Volumens in der Adiabatengleichung. Er ist gleich dem Verhältnis der (spezifischen) Wärmekapazitäten bei konstantem Druck und konstantem Volumen,

$$\kappa = \frac{C_p}{C_V} = \frac{c_p}{c_V} = \frac{c_{p\,\text{mol}}}{c_{V\,\text{mol}}}.$$

▲ Beim idealen einatomigen Gas ist $\kappa = 5/3$.
▲ Die spezifischen Wärmekapazitäten c_p und c_V unterscheiden sich um die spezifische Gaskonstante R_s,

$$c_p - c_V = R_s.$$

▲ Analog unterscheiden sich die molaren Wärmekapazitäten um die universelle Gaskonstante R,

$$c_{p\,\text{mol}} - c_{V\,\text{mol}} = R.$$

Die Änderung von Entropie und Wärme ist im adiabatischen Prozess gleich null,

$$\Delta Q = 0, \qquad \Delta S = 0.$$

3. Adiabatischer Prozess: Änderung der inneren Energie

Die Volumenänderungsarbeit ist gleich der Änderung der inneren Energie.

Arbeit ~ Temperaturdifferenz			ML^2T^{-2}
	Symbol	Einheit	Benennung
$W_{12} = mc_V(T_2 - T_1)$	W_{12}	J	Arbeit
$\phantom{W_{12}} = C_V(T_2 - T_1)$	m	kg	Gasmasse
$\phantom{W_{12}} = \Delta U$	c_V	J/(K kg)	spez. Wärmekapazität bei konst. Vol.
	C_V	J/K	Wärmekapazität
	T	K	Temperatur
	U	J	innere Energie

21.4.5.1   Polytroper Prozess

1.   Charakteristika polytroper Prozesse

Polytroper Prozess, ein Prozess, bei dessen Durchführung das Produkt pV^n konstant bleibt.

Polytropengleichung			
	Symbol	Einheit	Benennung
$p \cdot V^n = \text{const.}$	p	Pa	Druck
	V	m^3	Volumen
$T \cdot V^{n-1} = \text{const.}$	n	1	Polytropenkoeffizient
	T	K	Temperatur

Polytropenkoeffizient, n, dimensionslose Größe, Exponent zum Volumen in der Polytropengleichung.

Die Polytrope kann als Verallgemeinerung der bisher angesprochenen Fälle gelten:

Spezialfälle des polytropen Prozesses		
$n = 0$	$p = \text{const.}$	isobarer Prozess
$n = 1$	$pV = nRT = \text{const.}$	isothermer Prozess
$n = \kappa$	$pV^\kappa = \text{const.}$	adiabatischer Prozess
$n \to \infty$	$p^{1/\infty}V = \text{const.}$	isochorer Prozess

Meist beschränkt man sich auf die Fälle $1 < n < \kappa$, die Systeme beschreiben, bei denen zwar Wärme mit der Umgebung ausgetauscht wird, aber kein vollständiger Wärmeausgleich stattfindet.

■   Prozesse, die in nichtisolierten Systemen sehr schnell verlaufen, gehören hierzu.

Die zu $1 < n < \kappa$ gehörenden Polytropen verlaufen im p-V-Diagramm steiler als Isothermen, aber flacher als Isentropen, nämlich wie $pV^n = \text{const.}$

2.   Polytroper Prozess: Änderung der Zustandsgrößen

Volumenänderungsarbeit:

$$W_{12} = \frac{p_2V_2 - p_1V_1}{n - 1}.$$

Die aufgenommene Wärme ist gegeben durch:

aufgenommene Wärme ~ Temperaturdifferenz			$\mathbf{ML^2T^{-2}}$
	Symbol	Einheit	Benennung
	Q	J	Wärme
$Q_{12} = mc_V(T_2 - T_1)\dfrac{n - \kappa}{n - 1}$	m	kg	Gasmasse
	c_V	J/(K kg)	spez. Wärmekapazität bei konst. Vol.
$\quad = C_V(T_2 - T_1)\dfrac{n - \kappa}{n - 1}$	C_V	J/K	Wärmekapazität
	T	K	Temperatur
	n	1	Polytropenkoeffizient
	κ	1	Adiabatenkoeffizient

Entropieänderung:

$$\Delta S = C_V \frac{n - \kappa}{n - 1} \ln\left(\frac{T_2}{T_1}\right).$$

21.4.6   Gleichgewichtszustände

Gleichgewicht, Zustand, der sich in einem System nach ausreichender Zeit von selbst einstellt.

Je nach äußeren Bedingungen ist der **Gleichgewichtszustand** durch folgende Eigenschaften charakterisiert:

Abgeschlossene isochore Zustände: Maximum der Entropie S.
Isotherm-isobare Zustände: Minimum der freien Enthalpie $G = U + pV - TS$.
Isotherm-isochore Zustände: Minimum der freien Energie $F = U - TS$.
Adiabatisch-isobare Zustände: Minimum der Enthalpie $H = U + pV$.
Adiabatisch-isochore Zustände: Minimum der inneren Energie U.

Differentiale thermodynamischer Potentiale		**ML²T⁻²**

	Symbol	Einheit	Benennung
$dU = -pdV + TdS$	U	J	innere Energie
	F	J	freie Energie
$dF = -pdV - SdT$	H	J	Enthalpie
	G	J	freie Enthalpie
$dH = Vdp + TdS$	p	Pa	Druck
	V	m³	Volumen
$dG = Vdp - SdT$	T	K	Temperatur
	S	J/K	Entropie

Übersicht über die Gleichgewichtsbedingungen

System ist ...	isotherm	isobar	isochor	adiabatisch	abgeschlossen
Entropie S maximal			$dV = 0$		$dU = 0$
innere Energie U minimal			$dV = 0$	$\Delta Q = 0$	
freie Energie F minimal	$dT = 0$		$dV = 0$		
Enthalpie H minimal		$dp = 0$		$\Delta Q = 0$	
freie Enthalpie G minimal	$dT = 0$	$dp = 0$			

21.5   Thermodynamische Hauptsätze

Hauptsatz, eine fundamentale Beziehung zwischen Zustandsgrößen, die erfahrungsgemäß für alle bekannten Systeme gilt.

■   Der erste Hauptsatz der Thermodynamik besagt im wesentlichen, dass keine Energie in irgendeiner Form verloren gehen oder erschaffen werden kann.

21.5.1   Nullter Hauptsatz

Gleichgewichtszustand, derjenige makroskopische Zustand eines abgeschlossenen Systems, der sich nach hinreichend langer Wartezeit von selbst einstellt.

▲   Im Gleichgewicht ändern sich die makroskopischen Zustandsgrößen nicht mehr mit der Zeit.

Fügt man zwei Systeme zusammen, so werden so lange Austauschprozesse erfolgen, bis sich die **intensiven** Größen (Druck, Temperatur, chemisches Potential) der Systeme angeglichen haben.

Bei der Annäherung an das thermische Gleichgewicht findet so lange ein **Wärmeaustausch** statt, bis die Temperaturen beider Systeme gleich sind.

Nullter Hauptsatz, beschreibt die Äquivalenz thermischer Systeme:

▲   Alle Systeme, die mit einem System im thermischen Gleichgewicht stehen, sind auch untereinander im thermischen Gleichgewicht.

➤   Auf diesem Satz beruht die Wirkungsweise des Thermometers.

21.5.2   Erster Hauptsatz

Erhaltungsgröße, Zustandsgröße, die sich in einem System nicht verändert. Eine Erhaltungsgröße kann zur Kennzeichnung des makroskopischen Zustandes verwendet werden.

■   Die Gesamtenergie E im abgeschlossenen System (s. S. 569) ist eine Erhaltungsgröße.

In der Physik ist das Prinzip der Energieerhaltung von fundamentaler Bedeutung.

▲   Alle Erfahrung bestätigt die Annahme, dass dieses Prinzip sowohl in makroskopischen als auch in mikroskopischen Dimensionen richtig ist.

➤   Man muss neben der Arbeit, die ein System leistet oder aufnimmt, auch die mit der Umgebung ausgetauschte Wärme berücksichtigen.

Innere Energie U, die gesamte in den inneren Freiheitsgraden eines Gases vorhandene Energie. Im abgeschlossenen System ist die innere Energie identisch mit der Gesamtenergie des Systems.

1.   Formulierung des ersten Hauptsatzes

Erster Hauptsatz: die totale Energieänderung eines Systems erfolgt durch den Austausch von Arbeit und Wärme.

▲   Die Änderung der inneren Energie bei einer beliebigen (reversiblen oder irreversiblen) Zustandsänderung ist dann gegeben durch die Summe der mit der Umgebung ausgetauschten Arbeit ΔW und Wärme ΔQ.

innere Energie = Arbeit + Wärme			$\mathbf{ML^2T^{-2}}$
$\Delta U \;=\; \Delta W + \Delta Q$	Symbol	Einheit	Benennung
	U	J	innere Energie
	W	J	Arbeit
	Q	J	Wärmemenge

• $\Delta W < 0$ ist Arbeit, die <u>vom</u> System geleistet wird,
• $\Delta W > 0$ ist Arbeit, die <u>am</u> System verrichtet wird.

➤   Häufig findet man in der Literatur auch die umgekehrte Definition.

Die mit der Umgebung ausgetauschte Arbeit und Wärme hängt von der Art der Prozessführung ab. Dies ist beispielsweise bei chemischen Reaktionsprozessen für die Konzeption der Reaktionsanlage wichtig.

➤   Arbeit und Wärme sind keine vollständigen Differentiale, deshalb wird hier zur Unterscheidung ein Δ für die Änderung geschrieben.

2. Arbeit bei reversibler Prozessführung

Arbeit = −Druck · Volumenänderung	$\mathbf{ML^2T^{-2}}$

$$\Delta W_{rev} = -p\,\Delta V$$

$$W_{rev} = -\int\limits_{V_1}^{V_2} p\,dV$$

Symbol	Einheit	Benennung
W	J	Arbeit
p	Pa	Druck
V	m^3	Volumen

➤ Bei irreversiblen Prozessen kann zum Beispiel $\Delta W_{irr} = 0$ sein.

3. Wärme bei reversibler Prozessführung

Wärme = Temperatur · Entropieänderung	$\mathbf{ML^2T^{-2}}$

$$\Delta Q_{rev} = T\,\Delta S$$

$$Q_{rev} = \int\limits_{S_1}^{S_2} T\,dS$$

Symbol	Einheit	Benennung
Q	J	Wärme
T	K	Temperatur
S	J/K	Entropie

➤ Dies gilt aber nur für den **reversiblen** Fall.

Darstellung mit Wärmekapazität C_V bei konstantem Volumen, gilt nur für den reversiblen Fall:

Wärme = Wärmekapazität · Temperaturänderung	$\mathbf{ML^2T^{-2}}$

$$\Delta Q_{rev} = C_V\,\Delta T$$

$$Q_{rev} = \int\limits_{T_1}^{T_2} C_V\,dT$$

Symbol	Einheit	Benennung
Q	J	Wärme
C_V	J/K	Wärmekapazität konst. Volumen
T	K	Temperatur

▲ Während die Formeln für die eben dargestellten Teilbeiträge nur bei reversiblen Prozessen gelten, gilt der erste Hauptsatz immer.

21.5.2.1 Äquivalente Formulierungen des ersten Hauptsatzes

Auswahl verschiedener Formulierungen des ersten Hauptsatzes, die alle gleichwertig sind:

▲ **Bei der Energiebilanz eines Systems ergeben die ausgetauschte Arbeit und Wärme zusammen die totale Energieänderung des Systems.**
Diese Erkenntnis ist Robert Mayer (1814–1878) und J. P. Joule (1818–1889) zu verdanken, die mit ihren präzisen Experimenten nachweisen konnten, dass Wärme eine spezielle Form der Energie ist.

▲ **Die innere Energie U eines Systems ist eine Zustandsfunktion.** Das bedeutet, dass der totale Energieinhalt eines Systems nach wiederholtem Einnehmen desselben Makrozustandes immer derselbe ist.

▲ **Es gibt kein Perpetuum mobile erster Art.**
Als Perpetuum mobile erster Art bezeichnet man eine Maschine, die dauernd Energie erzeugt, ohne ihre Umgebung zu verändern.

▲ **Die Änderung der inneren Energie bei einer beliebigen infinitesimalen Zustandsänderung ist ein totales Differential.**
Die Änderung der inneren Energie hängt nur vom Anfangs- und Endzustand eines Systems, nicht aber vom Weg ab.

21.5.2.2 Mikroskopische Aspekte des ersten Hauptsatzes

Wenn dem System weder Wärme noch Arbeit zugeführt werden, dann ändert sich die mittlere kinetische Energie der Moleküle $\frac{1}{2}m\bar{v}^2$ nicht.

Wenn das System über die Wände des Zylinders aufgeheizt wird, ohne dass Arbeit geleistet wird, so erhöht sich die kinetische Energie der Moleküle durch Stöße mit der Wand (**Abb. 21.6 (a)**). Bei den Stößen wird dann Energie von der Wand auf die Teilchen übertragen. Das System wird erwärmt, die Wände kühlen ab. Leistet das System Expansionsarbeit, d.h., wird der Kolben nach außen verschoben, so verlieren die Moleküle kinetische Energie bei Stößen am sich wegbewegenden Kolben. Die Teilchen werden langsamer, und das System kühlt ab (**Abb. 21.6 (c)**).

■   Eine Camping-Gaskartusche kühlt sich beim Ausströmen des Gases ab.

Bewegt sich der Kolben nach innen, das heißt, wird am System Kompressionsarbeit geleistet, so erhalten die Teilchen, wenn sie an den Kolben stoßen, von der Bewegung des Kolbens einen zusätzlichen Impuls, der auch die kinetische Energie erhöht (**Abb. 21.6 (b)**).

➤   Bei realen Gasen tritt bei irreversibler Expansion der Joule-Thomson-Effekt (s. Gasverflüssigung - Joule-Thomson-Effekt) auf, der je nach Inversionstemperatur zu Aufwärmung oder Abkühlung führt.

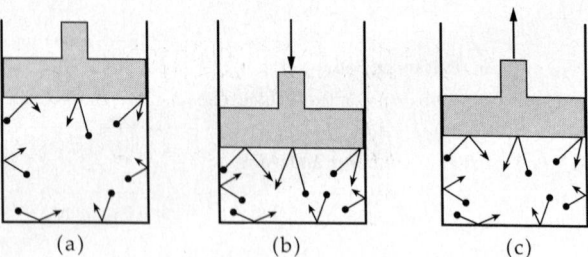

(a)   (b)   (c)

Abbildung 21.6: Änderung der mittleren Molekülgeschwindigkeit bei Kompression (b) und Expansion (c) des Systems

21.5.3 Zweiter Hauptsatz

▲   Alle Erfahrungen bestätigen, dass die Entropie im Gleichgewicht ein Maximum annimmt,

$S = S_{max}$ im Gleichgewicht.

1.   Formulierung des zweiten Hauptsatzes

Es gibt keine natürlichen Prozesse, in denen die Gesamtentropie abnimmt.

Alle irreversiblen Prozesse in einem abgeschlossenen System sind mit einer Entropievergrößerung verbunden. Nach der Zustandsänderung muss das System wieder ins Gleichgewicht laufen, wobei die Entropie ansteigt,

$\Delta S \geq 0$.

In Teilsystemen kann $\Delta S < 0$ gelten. Dies ist aber nur durch Aufwendung von Arbeit möglich. Das System das diese Arbeit aufwendet, vergrößert dementsprechend seine Entropie.

Reversible Prozesse: die Entropie bleibt konstant,

$dS = 0$.

Irreversible Prozesse: die Entropie nimmt zu,

$dS > 0$.

2. Äquivalente Formulierungen des zweiten Hauptsatzes

▲ **Es gibt kein Perpetuum mobile zweiter Art.**

Ein Perpetuum mobile zweiter Art ist eine Maschine, die nichts anderes tut, als unter Abkühlung eines Wärmereservoirs Arbeit zu leisten, die also Wärme hundertprozentig in Arbeit verwandeln könnte. Man braucht immer ein zweites Reservoir, das man aufheizt.

▲ **Es gibt keinen Prozess, der Anergie in Exergie verwandelt.**

Wärme kann nicht vollständig in mechanische Arbeit umgewandelt werden, nur der exergetische Anteil der Wärme ist in Arbeit umwandelbar.

▲ **Jedes abgeschlossene makroskopische System strebt nach dem wahrscheinlichsten Zustand.**

Das ist der Zustand, der durch die meisten mikroskopischen Realisierungsmöglichkeiten, also durch die größte Entropie (Unordnung) gekennzeichnet ist.

21.5.4 Dritter Hauptsatz

Jeder Festkörper besitzt bei endlichen Temperaturen eine der Wärme entsprechende innere Anregungsenergie.

■ Schwingungen im Kristallgitter sind temperaturabhängige.

Am absoluten Nullpunkt besitzt ein Körper keine Anregungsenergie mehr.

■ Alle Gitterschwingungen sind eingefroren. Trotzdem ist die kinetische Energie bei $T = 0$ nicht gleich Null, da die Atome quantenmechanische **Nullpunktsschwingungen** ausführen.

1. Dritter Hauptsatz,

definiert den absoluten Entropiewert am absoluten Nullpunkt.

▲ **Jeder Körper besitzt am absoluten Nullpunkt die Entropie Null,**

$S = 0$ für $T = 0 \, \text{K}$.

➤ Eine Ausnahme bilden hier Spingläser.

2. Äquivalente Formulierungen des dritten Hauptsatzes

▲ Die spezifische Wärmekapazität aller Stoffe verschwindet am Nullpunkt:

$c_{T=0} = 0$.

▲ Der absolute Nullpunkt ist nie experimentell erreichbar.

➤ Jede noch so kleine Wärmemenge (Energie) bewirkt eine endliche Temperaturerhöhung.

21.6 Carnotscher Kreisprozess

1. Kreisprozess,

ein periodisch ablaufender Prozess, der nach einer Reihe von Zustandsänderungen wieder den Ausgangszustand erreicht (**Abb. 21.7 (a)**).

Carnot-Prozess, ein 1824 von Carnot eingeführter Kreisprozess mit idealem Gas als Arbeitsmedium (**Abb. 21.7 (b)**).

Der Carnot-Prozess ermöglicht die Erzeugung von Arbeit durch Wärmeaustausch zwischen einem kalten und einem heißen Medium.

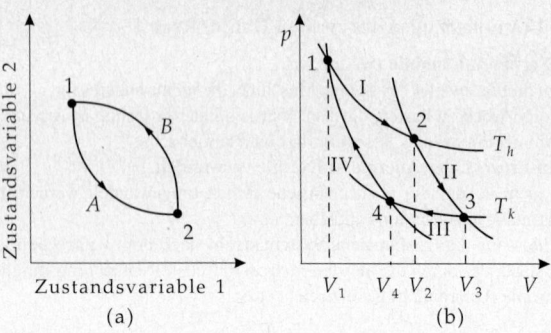

Abbildung 21.7: Kreisprozesse (schematische Darstellung). (a): allgemeiner Kreisprozess, (b): Carnot-Prozess

2.   Wärmekraftmaschine und Kältemaschine

Wärmekraftmaschine, Maschine, die unter Ausnutzung des Wärmeaustausches nach außen Arbeit leistet.

■   Verbrennungsmotoren, Dampfmaschinen, Turbinen.

➤   Der umgekehrte Prozess, die Aufwärmung eines heißen Mediums durch ein kaltes Medium unter Aufwendung von Arbeit, ist ebenso möglich.

Kältemaschine oder **Wärmepumpe**, eine Maschine, die unter Aufwendung von Arbeit ein heißes System aufwärmt und ein kaltes System abkühlt.

■   Kühlschrank, Klimaanlage, Wärmepumpe.

Die Wahl der Bezeichnung Kältemaschine bzw. Wärmepumpe hängt davon ab, ob man an der Aufwärmung des heißen oder an der Abkühlung des kalten Systems interessiert ist.

■   Maschinen, die auf der Grundlage eines Carnot-Prozesses arbeiten, können zur kontinuierlichen Erzeugung von tiefen Temperaturen wie auch zur Luftverflüssigung in kleinen Mengen (siehe Gasverflüssigung) verwendet werden.

▲   Der Carnotsche Kreisprozess ist technisch nicht realisierbar.

21.6.1.1   Teilschritte des Carnot-Prozesses

Der Carnot-Prozess wird in vier aufeinanderfolgenden **reversiblen** Teilschritten ausgeführt (**Abb. 21.8**):

●   isotherme Expansion bei hoher Temperatur T_h (I),
●   adiabatische Expansion unter Abkühlung auf T_k (II),
●   isotherme Kompression bei niedriger Temperatur T_k (III),
●   adiabatische Kompression mit Erwärmung auf T_h (IV).

Die Medien haben die Temperaturen T_h (heiß) und T_k (kalt).

1.   Erster Schritt: Isotherme Expansion

vom Volumen V_1 auf das Volumen V_2 bei konstanter Temperatur T_h. Für die Isotherme gilt:

$$\frac{V_2}{V_1} = \frac{p_1}{p_2}.$$

Die Energie eines idealen Gases kann sich bei konstanter Temperatur nicht ändern,

$$\Delta U_I = \Delta W_I + \Delta Q_I = 0.$$

Ausgetauschte Wärmemenge:

$$\Delta Q_I = -\Delta W_I = NkT_h \ln \frac{V_2}{V_1}.$$

2. Zweiter Schritt: Adiabatische Expansion

des isolierten Arbeitsmediums von V_2 auf V_3 mit Abkühlung auf die Temperatur des kalten Mediums,

$$\frac{V_3}{V_2} = \left(\frac{T_h}{T_k}\right)^{3/2}.$$

Vom Gas aufgewendete Arbeit:

$$\Delta W_{II} = \Delta U_{II} = C_V\,(T_k - T_h).$$

Wegen $\Delta Q_{II} = 0$ (adiabatischer Prozess) wird die bei der Expansion geleistete Arbeit der inneren Energie entnommen.

3. Dritter Schritt: Isotherme Kompression

des Systems bei der Temperatur T_k von V_3 auf V_4.

Analog zu Schritt 1 gilt für die ausgetauschte Wärmemenge:

$$\Delta Q_{III} = -\Delta W_{III} = NkT_k \ln \frac{V_4}{V_3}.$$

Das Gas verliert diese Wärmemenge.

4. Vierter Schritt: Adiabatische Kompression

von V_4 auf V_1 unter Erwärmung auf die Temperatur T_h.

Das System geht wieder in den Ausgangszustand zurück.

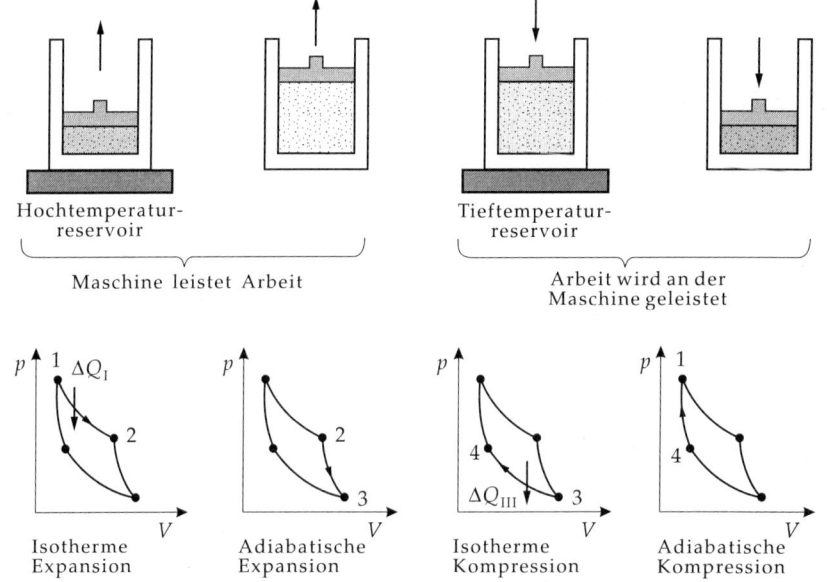

Abbildung 21.8: Teilschritte im Carnot-Prozess

Am Gas geleistete Arbeit:

$$\Delta W_{IV} = \Delta U_{IV} = C_V\,(T_h - T_k).$$

In der T-S-Ebene wird der Carnot-Prozess durch ein Rechteck beschrieben, das durch die Geraden $T =$ const. (Isothermen) in Schritt I und III und die Geraden $S =$ const. (Adiabaten) in Schritt II und IV begrenzt wird (**Abb. 21.9**).

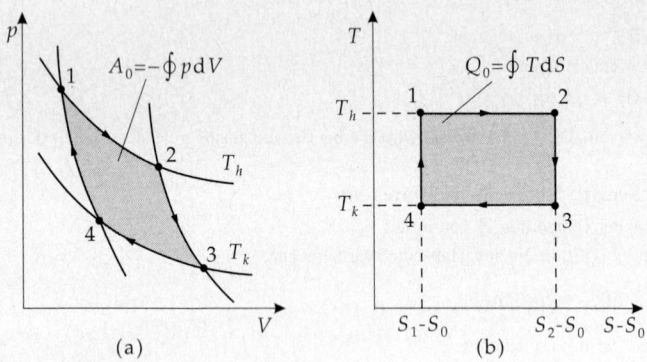

(a)   (b)

Abbildung 21.9: Carnot-Prozess im p-V- und im T-S-Diagramm

21.6.1.2   Energiebilanz und Wirkungsgrad des Carnot-Prozesses

Gesamte Änderung der inneren Energie:

$$\Delta U_{\text{total}} = \underbrace{\Delta Q_I + \Delta W_I}_{I} + \underbrace{\Delta W_{II}}_{II} + \underbrace{\Delta Q_{III} + \Delta W_{III}}_{III} + \underbrace{\Delta W_{IV}}_{IV} = 0.$$

▲   Die innere Energie verändert sich nicht (erster Hauptsatz).

Im Prozess erzeugte Arbeit:

$$\Delta W = -Nk\left(T_h - T_k\right)\ln\frac{V_2}{V_1} = -\Delta Q.$$

Die umgesetzte Wärme ist entsprechend entgegengesetzt gleich groß.

Wirkungsgrad, Verhältnis zwischen der erzeugten Arbeit und dem Wärmeverlust des heißen Mediums.

Wirkungsgrad $= 1 - \dfrac{\text{niedrige Temperatur}}{\text{hohe Temperatur}}$			**1**
$\eta \;=\; 1 - \dfrac{T_k}{T_h} = \dfrac{T_h - T_k}{T_h}$	Symbol	Einheit	Benennung
	η	1	Wirkungsgrad
	T_k	K	niedrige Temperatur
	T_h	K	hohe Temperatur

Der restliche Anteil ist nicht umsetzbare Wärme (s. S. 626).

21.6.2   Reduzierte Wärme

Reduzierte Wärme, Quotient von Wärme und Temperatur.

➤   Diese Definition führt direkt auf den Entropiebegriff.

Die Summe der reduzierten Wärmen im Carnot-Prozess ist gleich Null,

$$\frac{\Delta Q_I}{T_h} + \frac{\Delta Q_{III}}{T_k} = 0.$$

Die reduzierten Wärmen der Prozesse II und IV sind Null (Adiabaten).

▲   Für beliebig kleine Kreisprozesse gilt, dass in einem geschlossenen reversiblen Prozess die reduzierte Wärme erhalten bleibt.

▲   Jeder geschlossene Prozess kann in Carnotsche Kreisprozesse zerlegt werden (**Abb. 21.10**).

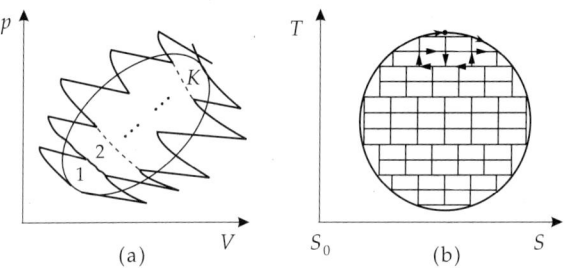

Abbildung 21.10: Zerlegung eines Kreisprozesses. (a): p-V-Diagramm, (b): T-S-Diagramm

Aus der Erhaltung der reduzierten Wärme im Kreisprozess folgt, dass die reduzierte Wärme eines Prozesses wegunabhängig ist,

$$\oint \frac{\Delta Q_{\text{rev}}}{T} = 0.$$

Dies ist der zweite Hauptsatz der Thermodynamik.

➤   Die reduzierte Wärme $\Delta Q_{\text{rev}}/T$ bildet ein vollständiges Differential.

Die reduzierte Wärme impliziert direkt die Entropie:

$$\Delta S = \frac{\Delta Q_{\text{rev}}}{T}, \quad S_1 - S_0 = \int_0^1 \frac{\Delta Q_{\text{rev}}}{T}.$$

21.7   Thermodynamische Maschinen

21.7.1   Rechts- und linkslaufende Prozesse

1.   Rechtslaufende Prozesse,

Kreisprozesse, die im p-V-Diagramm rechts herum, also im Uhrzeigersinn laufen (s. **Abb. 21.9**).

■   Die Beschreibung des Carnot-Prozesses im vorigen Abschnitt erfolgte an einem rechtslaufenden Prozess.

▲   In rechtslaufenden Prozessen wird dem heißen System Wärme entnommen, um Arbeit zu leisten.

Die Summe aus den dem System während der Prozessschritte zugeführten und abgeführten Wärmemengen ist negativ, die verrichtete Gesamtarbeit ist positiv:

$$\Delta Q < 0, \quad \Delta W > 0.$$

■   Wärmekraftmaschinen beruhen auf rechtslaufenden Kreisprozessen.

2.   Linkslaufende Prozesse,

Kreisprozesse, die im p-V-Diagramm links herum, also gegen den Uhrzeigersinn, laufen (**Abb. 21.11 (a)**).

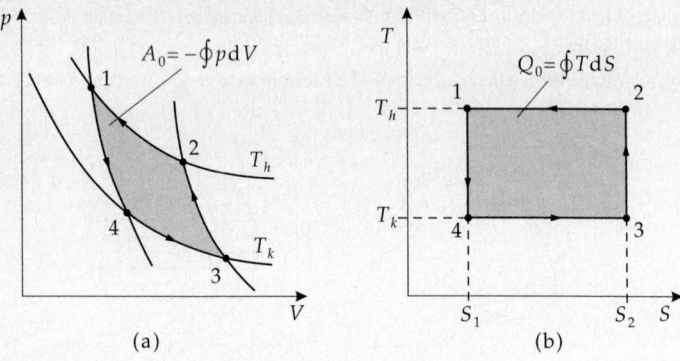

Abbildung 21.11: Linkslaufender Prozess. (a): p-V-Diagramm, (b): T-S-Diagramm

▲   In linkslaufenden Prozessen wird Arbeit aufgewandt, um dem heißen System Wärme zuzuführen.

Die Summe aus der während der Prozessschritte zugeführten und abgeführten Wärmemenge ist positiv, die verrichtete Gesamtarbeit ist negativ:

$$\Delta Q > 0, \quad \Delta W < 0.$$

■   Wärmepumpen und Kältemaschinen beruhen auf linkslaufenden Kreisprozessen.

21.7.2   Wärmepumpe und Kältemaschine

1.   Wärmepumpe,

eine nach dem Prinzip eines linkslaufenden Kreisprozesses arbeitende thermodynamische Maschine, die unter Arbeitsaufwand Wärme vom kälteren System in das wärmere System pumpt. Sie kann sowohl dazu benutzt werden, um als Kältemaschine tiefe Temperaturen zu erzeugen (siehe Herstellung tiefer Temperaturen) als auch als Heizung zum Erwärmen eines Raumes bei tieferer Umgebungstemperatur Verwendung finden.

■   In Häusern eingebaute Wärmepumpen können im Winter als Heizung und im Sommer (als Kältemaschinen) zur Raumkühlung benutzt werden. Beide Verwendungen verbrauchen Exergie.

2.   Leistungszahl einer Wärmepumpe,

ε_W, dimensionslose Größe, das Verhältnis der an das heiße System abgegebenen Wärme zu aufgewandter Arbeit.

Leistungszahl einer Wärmepumpe			1
	Symbol	Einheit	Benennung
$\varepsilon_W = \dfrac{|Q|}{W}$	ε_W	1	Leistungszahl Wärmepumpe
	Q	J	abgegebene Wärme
	W	J	aufgewandte Arbeit
$\varepsilon_{W,C} = \dfrac{T_h}{T_h - T_k}$	$\varepsilon_{W,C}$	1	Leistungszahl Carnot-Prozess
	T_h	K	hohe Temperatur
$= \dfrac{1}{\eta_C}$	T_k	K	niedrige Temperatur
	η_C	1	Wirkungsgrad Carnot-Prozess

▲   Die Leistungszahl ε_W im Carnot-Prozess ist immer größer als eins.

▲   Die Leistungszahl ε_W wird um so größer, je kleiner die Temperaturdifferenz ist.

3. Kältemaschine und ihre Leistungszahl

Kältemaschine, eine nach dem gleichen Prinzip wie die Wärmepumpe arbeitende Maschine, die dem kälteren System Wärme entnimmt und in das wärmere System pumpt.

➤ Wärmepumpen und Kältemaschinen unterscheiden sich nur in der technischen Anwendung. Bei der Wärmepumpe liegt das Interesse am zu erwärmenden heißen System, bei der Kältemaschine am abzukühlenden kalten System.

Leistungszahl einer Kältemaschine ε_K, dimensionslose Größe, das Verhältnis der dem kalten System entzogenen Wärme zu aufgewandter Arbeit.

Leistungszahl einer Kältemaschine			1
	Symbol	Einheit	Benennung
$\varepsilon_K = \dfrac{|Q|}{W}$	ε_K	1	Leistungszahl Kältemaschine
	Q	J	entzogene Wärme
	W	J	aufgewandte Arbeit
$\varepsilon_{K,C} = \dfrac{T_k}{T_h - T_k}$	$\varepsilon_{K,C}$	1	Leistungszahl Carnot-Prozess
	T_h	K	hohe Temperatur
	T_k	K	niedrige Temperatur

▲ Die Leistungszahl ε_K im Carnot-Prozess ist immer größer als eins.
▲ Die Leistungszahl ε_K wird um so größer, je kleiner die Temperaturdifferenz ist.

21.7.3 Stirling-Prozess

1. Stirling-Prozess,

in **Abb. 21.12** dargestellter Kreisprozess, bestehend aus zwei isothermen und zwei isochoren Teilprozessen.

▲ Der Wirkungsgrad des Stirling-Prozesses ist gleich dem Wirkungsgrad des Carnot-Prozesses.

Wirkungsgrad des Stirling-Prozesses ist gegeben durch:

Wirkungsgrad Stirling-Prozess			1
	Symbol	Einheit	Benennung
$\eta = 1 - \dfrac{T_k}{T_h}$	η	1	Wirkungsgrad
	T_k	K	niedrige Temperatur
	T_h	K	hohe Temperatur

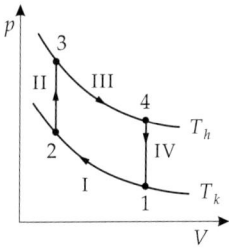

Abbildung 21.12: Stirling-Prozess. Arbeitsgänge des Stirling-Prozesses: (I) isotherme Kompression, (II) isochore Erwärmung, (III) isotherme Expansion, (IV) isochore Abkühlung

2. Stirling-Motor,

auch **Heißluftmotor**, Anwendung des Kreisprozesses, bei dem eine feste Gasmenge zwischen zwei Wärmereservoiren bewegt wird (**Abb. 21.13**).

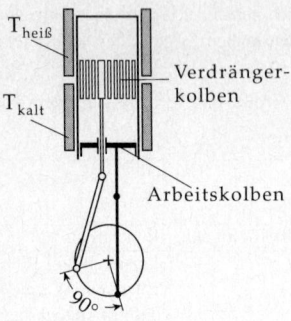

Abbildung 21.13: Stirling-Motor

Isotherme Kompression und Expansion:

- Arbeitskolben verschiebt sich,
- Verdrängerkolben verschiebt sich nicht.

Isochore Erwärmung und Abkühlung:

- Arbeitskolben verschiebt sich nicht,
- Verdrängerkolben verschiebt sich.

Der Stirling-Motor besitzt zwei Kolben, den Verdrängerkolben und den Arbeitskolben, die mit 90° Phasenverschiebung zueinander laufen.

Arbeitsgänge im Stirling-Motor:

Isotherme Kompression: Der Verdrängerkolben bleibt am oberen Totpunkt und verhindert den Kontakt zum heißen Wärmebad, während der Arbeitskolben das Gas komprimiert.

Isochore Erwärmung: Der Verdrängerkolben bewegt sich nach unten, während der Arbeitskolben am oberen Totpunkt steht. Das Gas wird nach oben verdrängt und kommt in Kontakt mit dem heißen Wärmebad.

Isotherme Expansion: Während der Verdrängerkolben am unteren Totpunkt verharrt, bewegt sich der Arbeitskolben nach unten. Das Gas dehnt sich aus.

Isochore Abkühlung: Der Arbeitskolben bleibt am unteren Totpunkt, der Verdrängerkolben geht nach oben. Das Gas wird vom heißen zum kalten Temperaturreservoir verdrängt.

Die praktische Verwendung des Stirling-Motors zeigt Probleme aufgrund der unvollständigen Wärmeübertragung während der Verdrängung.

> **M** Eine Verbesserung wird durch im Verdränger eingesetzte **Regeneratoren** aus Metallspänen erreicht, die die Abkühlung und Erwärmung der durchströmenden Luft unterstützen.

21.7.4 Dampfmaschine

Clausius-Rankine-Prozess, Kreisprozess im Phasenkoexistenzgebiet zwischen flüssiger und gasförmiger Phase (**Abb. 21.14**), bestehend aus zwei isentropen und zwei isobaren Teilprozessen:

- isentroper (adiabatischer) Verdichtung (I),
- isobarer Wärmezufuhr (II),
- isentroper Expansion (III),
- isobarer Wärmeentnahme (IV).

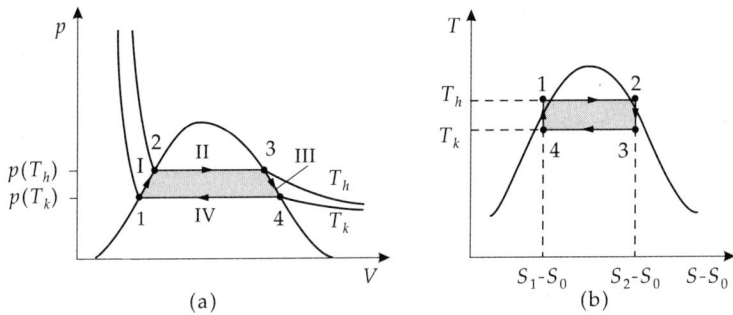

Abbildung 21.14: Clausius-Rankine-Prozess. (a): p-V-Diagramm, (b): T-S-Diagramm

➤ Die isobare Wärmezufuhr bzw. Wärmeentnahme führt nicht zu einer Temperaturänderung, sondern als Kondensationswärme zu einer Veränderung der Anteile von flüssiger und gasförmiger Phase.

▲ Der Wirkungsgrad η hängt stark von den Enthalpien des Dampfes vor (H_2) und nach (H_3) der Expansion ab.

Die Indizes beziehen sich dabei auf die in **Abb. 21.14** dargestellten Punkte.

Wirkungsgrad einer Dampfmaschine				1
$\eta = \dfrac{H_2 - H_3}{H_2 - H_4} \approx 1 - \dfrac{H_3}{H_2}$	Symbol	Einheit	Benennung	
	η	1	Wirkungsgrad	
	H	J	Enthalpie	

Dampfmaschine, eine nach dem Clausius-Rankine-Prozess arbeitende Maschine.

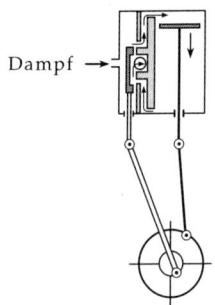

Dampf →

Abbildung 21.15: Dampfmaschine, schematisch

Das Hochdruckgas kommt durch den Einlass (links), das Niederdruckgas wird durch den Auspuff (kleiner Kreis, Mitte-links) wieder ausgestoßen. Kolben und Ventil arbeiten phasenverschoben.

21.7.5 Offene Systeme

1. Geschlossenes System,

System, bei dem eine feste Materiemenge am Arbeitsprozess teilnimmt.

■ Der Stirling-Motor ist ein geschlossenes System.

➤   Verbrennungsmotoren im geschlossenen System können das Brenngas nicht als Arbeitsmedium nehmen. Das Brenngas wird jedoch in offenen Systemen als Arbeitsmedium verwendet.

2.   Offenes System

System, bei dem pro Zeiteinheit eine bestimmte Menge an Teilchen das System verlässt und eine bestimmte Menge neu in das System tritt (s. S. 570). Die Gesamtteilchenzahl im System kann trotzdem erhalten sein.

■   Im Ottomotor wird das Benzin-Luft-Gemisch eingefüllt, und die verbrannten Gase entweichen durch den Auspuff.

Ersatzweise betrachtet man meist ein System, das die während der Prozesszeit die Systemgrenze überschreitenden Teilchen enthält. Dieses System enthält am Anfang alle Teilchen, die während des Prozesses in das Arbeitssystem eintreten werden und am Ende alle Teilchen, die während des Prozesses ausgetreten sind. Dieses Ersatzsystem kann vor und nach dem Prozess unterschiedliche Drücke, Volumina und Temperaturen besitzen.

Für die Enthalpiebilanz gilt:

Enthalpiebilanz offenes System			$\mathbf{ML^2T^{-2}}$
	Symbol	Einheit	Benennung
$\Delta H \;=\; \Delta W_{\text{ext}} + \Delta Q$	H	J	Enthalpie
	W_{ext}	J	äußere Arbeit
	Q	J	zugeführte Wärmemenge

Unterscheiden sich die Strömungsgeschwindigkeiten und potentiellen Energien der ein- und austretenden Teilchen, so müssen die entsprechenden Energiedifferenzen hinzuaddiert werden:

$$\Delta H + \Delta W_{\text{kin}}^{\text{Strömung}} + \Delta W_{\text{pot}} = \Delta W_{\text{ext}} + Q \,.$$

3.   Technische Arbeit,

auch **Betriebsarbeit**, die gesamte Arbeit, die eine Maschine (theoretisch) während eines Prozessschritts leistet. Sie beinhaltet:

•   Einfüllen von Teilchen,
•   Volumenänderung,
•   Teilchenausstoß.

Sie kann als Integral definiert werden,

$$W_t = \int\limits_{p_1}^{p_2} V \, \mathrm{d}p \,.$$

21.7.6   Otto- und Diesel-Motor

21.7.6.1   Otto-Prozess

1.   Otto-Prozess,

ein Kreisprozess in einem offenen System, bestehend aus zwei isentropen und zwei isochoren Teilprozessen (**Abb. 21.16**):

•   isentroper (adiabatischer) Verdichtung,
•   isochorer Erwärmung,
•   isentroper Expansion,
•   isochorer Abkühlung.

Wirkungsgrad, η, in Abhängigkeit von den Volumina im komprimierten und expandierten Zustand:

Wirkungsgrad Otto-Motor			1

	Symbol	Einheit	Benennung
$\eta = 1 - \dfrac{1}{\varepsilon^{\kappa-1}}$	η	1	Wirkungsgrad
	ε	1	Verdichtungsverhältnis
$\varepsilon = \dfrac{V_1}{V_2}$	κ	1	Adiabatenkoeffizient
	V	m^3	Volumen

2. Otto-Motor,

ein im Otto-Prozess arbeitender Verbrennungsmotor. Ein homogenes Luft-Kraftstoff-Gemisch wird zyklisch durch Fremdzündung (Zündkerze) zu einer schnellen Verbrennungsreaktion gebracht.

Arbeitsgänge des Otto-Motors (**Abb. 21.16**):

- ab: Ansaugen des Brennstoff-Luft-Gemisches,
- bc: Kompressionstakt,
- cd: Zündung des Brennstoffgemisches, Aufheizen der Verbrennungsgase,
- de: Krafttakt,
- e : Öffnung des Ausgangsventils,
- ba: Auspufftakt.

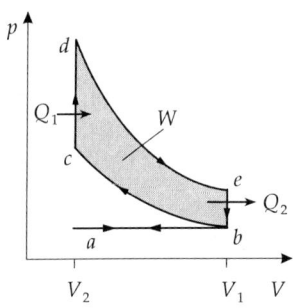

Abbildung 21.16: Otto-Prozess

➤ Klopfmittel im Benzin helfen, eine Selbstzündung zu unterbinden.

21.7.6.2 Diesel-Prozess

1. Diesel-Prozess und Dieselmotor

Diesel-Prozess, ein Kreisprozess in einem offenen System, bestehend aus zwei isentropen Teilprozessen, einem isochoren und einem isobaren Teilprozess:

- isentroper (adiabatischer) Verdichtung,
- isobarer Erwärmung,
- isentroper Expansion,
- isochorer Abkühlung.

Arbeitsgänge des Diesel-Motors (s. **Abb. 21.17**):

- ab: Ansaugen von Luft,
- bc: Kompressionstakt,
- cd: Brennstoffeinspritzung und -verbrennung,
- de: Krafttakt,
- e : Öffnung des Ausgangsventils,

• ba: Auspufftakt.

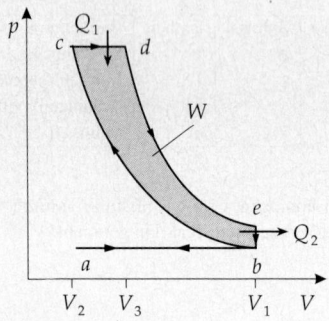

Abbildung 21.17: Diesel-Prozess

2.   Wirkungsgrad des Dieselmotors

Wirkungsgrad, η, in Abhängigkeit von den Volumina im komprimierten ($V_3 > V_2$) und expandierten (V_1) Zustand:

Wirkungsgrad Dieselmotor				1

$$\eta = 1 - \frac{\left(\dfrac{V_3}{V_2}\right)^{\kappa} - 1}{\kappa\left(\dfrac{V_3}{V_2} - 1\right)\left(\dfrac{V_1}{V_2}\right)^{\kappa-1}}$$

Symbol	Einheit	Benennung
η	1	Wirkungsgrad
κ	1	Adiabatenkoeffizient
V	m³	Volumen

Diesel-Motor, ein im Diesel-Prozess arbeitender Verbrennungsmotor. Der Kraftstoff wird in die komprimierte Luft eingespritzt. Die Verbrennung erfolgt zyklisch durch Selbstzündung.

➤   Der Dieselmotor hat zwar bei gleichem Verdichtungsverhältnis einen geringeren Wirkungsgrad als der Ottomotor, kann aber wesentlich höhere Verdichtungsverhältnisse erreichen, so dass insgesamt der Wirkungsgrad des Dieselmotors besser ist.

21.7.7   Gasturbinen

1.   Joule-Prozess,

ein offener Prozess, der zum Beispiel bei Strahltriebwerken in Flugzeugen angewandt wird. Er besteht aus zwei isentropen und zwei isobaren Teilprozessen (**Abb. 21.18 (a)**):

• isentroper (adiabatischer) Verdichtung (I),
• isobarer Erwärmung (II),
• isentroper Expansion (III),
• isobarer Abkühlung (IV).

Wirkungsgrad, η, in Abhängigkeit von den Temperaturen vor (T_1) und nach (T_2) der Verdichtung, bzw. von den Drücken:

$$\eta = 1 - \frac{T_1}{T_2} = 1 - \left(\frac{p_1}{p_2}\right)^{\frac{\kappa-1}{\kappa}}.$$

2. Ericsson-Prozess,

ein geschlossener Kreisprozess, der aus zwei isothermen und zwei isobaren Teilprozessen besteht
(**Abb. 21.18 (b)**):

- isothermer Verdichtung (I),
- isobarer Erwärmung (II),
- isothermer Expansion (III),
- isobarer Abkühlung (IV).

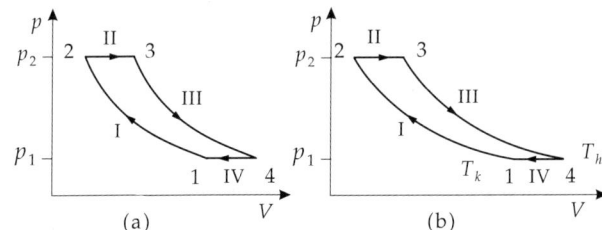

Abbildung 21.18: Kreisprozesse. (a): Joule-Prozess, (b): Ericsson-Prozess

Wirkungsgrad, η, in Abhängigkeit von den Temperaturen:

$$\eta = 1 - \frac{T_k}{T_h} = \eta_C.$$

▲ Der Wirkungsgrad kann unter Idealbedingungen demjenigen des Carnot-Prozesses gleichkommen.

21.8 Gasverflüssigung

Gasverflüssigung kann bei Temperaturen unterhalb des kritischen Punktes direkt durch Kompression erfolgen.

■ Ammoniak (NH_3), Schwefeldioxid (SO_2) und Chlor (Cl_2) sind Gase, deren kritische Temperatur oberhalb der Raumtemperatur liegt.

Ansonsten muss das Gas erst unter die kritische Temperatur abgekühlt werden.

21.8.1 Herstellung tiefer Temperaturen

Tiefe Temperaturen können erzeugt werden durch:

- Wärmeaustausch mit Kältemischungen,
- Wärmeentzug durch Lösung von Stoffen,
- Abkühlung mit einer Wärmepumpe,
- Nutzung des Joule-Thomson-Effektes.

21.8.1.1 Kältemischungen

Kältemischungen, im allgemeinen fest-flüssige Mischsysteme, die als Reservoir zur Herstellung konstanter tiefer Temperaturen verwendet werden. Diese Mischungen müssen erst durch andere Verfahren auf diese Temperatur gebracht werden.

Man verwendet Systeme am Schmelzpunkt, da hier Wärmeschwankungen nicht zu Temperaturänderungen führen, sondern als latente Wärme zu Schwankungen des relativen Verhältnisses von fester und flüssiger Phase führen.

Tieftemperaturmischungen s. **Tab. 23.6**.

21.8.1.2 Lösungswärme

Lösungswärme, Wärme, die aufgebraucht wird, um eine Menge eines festen Stoffes in einem flüssigen Stoff zu lösen.

Wird ein Stoff in einer Flüssigkeit aufgelöst, so wird die Wärme der Flüssigkeit entzogen.

▲   Die Temperatur kann dabei unter den Schmelzpunkt des reinen Lösungsmittels sinken (Gefrierpunkts-erniedrigung s. S. 678), ohne dass das System erstarrt.

■   Die Salzstreuung auf Strassen zur Verhinderung von Glatteis beruht auf diesem Prinzip.

➤   Kältemischungen aus Lösungen bestehen demnach aus dem Lösungsmittel in fester Phase (etwa Eis = gefrorenes Wasser) und der flüssigen Phase mit dem gelösten Stoff (etwa der Salzlösung).

21.8.1.3 Wärmepumpe

Die Abkühlung eines Systems kann durch einen linkslaufenden Kreisprozess erfolgen. Hierbei wird dem kalten System unter Aufwendung von Arbeit Wärme entzogen (s. S. 648).

▲   Bei diesem Prozess muss aufgrund des zweiten Hauptsatzes der Thermodynamik immer ein zweites System aufgeheizt werden.

■   Erzeugung kleinerer Mengen an flüssiger Luft oder flüssigem Helium.

➤   Ein System kann auch durch einen rechtslaufenden Kreisprozess abgekühlt werden, aber nur solange das andere System kälter ist als das abzukühlende System.

21.8.2 Joule-Thomson-Effekt

Gase, welche sich in einem Behälter unter erhöhtem Druck befinden, kühlen sich beim Ausströmen des Gases ab, wenn die Temperatur des Gases unterhalb der **Inversionstemperatur** liegt. Da bei der Expansion keine äußere Arbeit geleistet wird ($\Delta W = 0$) und die Expansion sehr schnell abläuft, so dass mit der Umgebung keine Wärme ausgetauscht wird ($\Delta Q = 0$), handelt es sich um die irreversible adiabatische Expansion realer Gase.

Die Temperaturänderung findet nur bei realen (van-der-Waals-)Gasen statt, nicht aber beim idealen Gas. Zur Kontrolle der adiabatischen Expansion wird das ausströmende Gas durch eine **Drossel (Abb. 21.19)** verlangsamt.

Joule-Thomson-Koeffizient, δ, bestimmt die Inversionskurve:

Joule-Thomson-Koeffizient			$\mathrm{M^{-1}LT^2\Theta}$
	Symbol	Einheit	Benennung
$\delta = \dfrac{V}{C_p}(T\alpha - 1)$ $= \dfrac{T\alpha - 1}{c_p \rho}$	δ	K/Pa	Joule-Thomson-Koeffizient
	V	m^3	Volumen
	C_p	J/K	Wärmekapazität bei konst. Druck
	T	K	Temperatur
	α	1/K	isobarer Ausdehnungskoeffizient
	c_p	J/(K kg)	spez. Wärmekapazität bei konst. Druck
	ρ	kg/m^3	Dichte

Inversionskurve, Temperatur–Druck–Kurve, für die δ gerade verschwindet (**Abb. 21.20**).

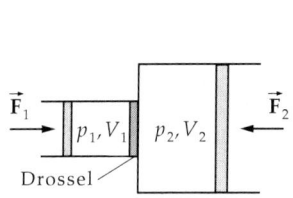

Abbildung 21.19: Joule-Thomson-Effekt

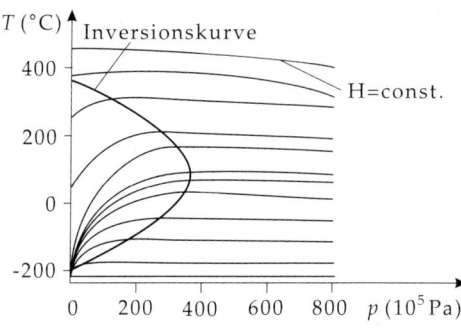

Abbildung 21.20: Inversionskurve

Inversionstemperatur, Temperatur, unterhalb der eine irreversible Expansion zu einer Abkühlung des Gases führt.

➤ Oberhalb der Inversionstemperatur führt die irreversible Expansion zu einer Erwärmung.

Inversionstemperatur des Van-der-Waals-Gases:

Inversionstemperatur $= 6.75 \times$ kritische Temperatur			Θ

	Symbol	Einheit	Benennung
$T_i = \dfrac{2a}{Rb}$	T_i	K	Inversionstemperatur
	T_c	K	kritische Temperatur
$T_i = 6.75\, T_c$	a	Nm^4/mol^2	Binnendruckkonstante
	b	m^3/mol	Eigenvolumen
	R	$J/(K\,mol)$	universelle Gaskonstante

Dieser Wert ist der Maximalwert. Die Inversionstemperatur T_i hängt vom Druck ab.

➤ Statt der molaren Konstanten a, b und R können hier auch die spezifischen Konstanten verwendet werden.

21.8.2.1 Linde-Verfahren

Linde-Verfahren, Verfahren zur Verflüssigung von Luft nach dem Joule-Thomson-Prinzip (**Abb. 21.21**).
Zur Temperaturerniedrigung des Hochdruckgases werden zur Luftverflüssigung **Wärmetauscher** im **Gegenstromprinzip** verwendet. In diesen wird das expandierte abgekühlte Gas in einem Rohrsystem in thermischen Kontakt mit dem Hochdruckgas gebracht, wobei Hochdruckgas und abgekühltes Gas in entgegengesetzter Richtung fließen.

▲ Dieses Verfahren funktioniert nur für Gase, deren Inversionstemperatur bei gegebenem Kompressordruck oberhalb der Zimmertemperatur liegt.

■ Luft, CO_2, N_2,... können auf diese Weise verflüssigt werden.

➤ Für Wasserstoff und Helium ist eine Vorkühlung nötig, da die Inversionstemperaturen (Wasserstoff $T_i \approx -80°C$) unterhalb der Zimmertemperatur liegen.
Flüssiger Wasserstoff kann zur Vorkühlung von Helium verwendet werden. Dies ist aber wegen der Explosionsgefahr und des Aufwandes nicht mehr üblich.

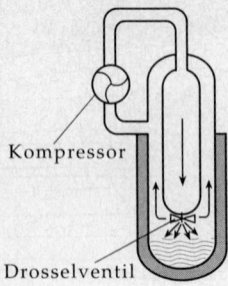

Abbildung 21.21: Linde-Verfahren (schematisch)

Bei der **reversiblen** Expansion realer Gase tritt immer eine Temperaturerniedrigung ein, da das Gas auch noch äußere Arbeit leisten muss. Dieses Verfahren der adiabatischen Expansion (s. S. 648) besitzt den Vorteil eines höheren Wirkungsgrades und wird daher zur Verflüssigung von Helium verwendet.

21.8.2.2 Claude-Verfahren

Claude-Verfahren, Luftverflüssigungsverfahren, bei dem die Drosselung teilweise durch eine adiabatische Expansion ersetzt wird. Durch die Expansion wird die Ausbeute an flüssiger Luft vergrößert. Weiterhin wird ein Teil der aufgewandten Arbeit zurückgewonnen.

22 Phasenumwandlungen, Reaktionen und Wärmeausgleich

22.1 Phase und Aggregatzustand

22.1.1 Phase

Homogenes System, System, in dem die Eigenschaften in allen Teilen gleich sind.

■ Ein Behälter mit trockener Luft unter Normalbedingungen.

Heterogenes System, System, in dem sich Eigenschaften an Grenzflächen sprunghaft ändern.

■ Ein Behälter mit Wasser, Wasserdampf und Luft.

Phase, homogener Teil eines heterogenen Systems.

Phasengrenzfläche, trennende Grenzfläche zwischen zwei Phasen.

■ Ein geschlossener Topf mit Wasser und Wasserdampf.
   Die Wasseroberfläche ist die Phasengrenzfläche. Es existieren Gasphase (Wasserdampf) und flüssige Phase (Wasser).

Phasenübergang, Veränderung einer Substanz in ihrer inneren Struktur, die die Ordnung des Systems beeinflusst. Diese Veränderung der Systemordnung bewirkt eine Veränderung der Temperaturabhängigkeit.

■ Erhitzt man Wasser, so fängt es bei Erreichen der Siedetemperatur an zu sieden. Weitere Wärmezufuhr führt zunächst nicht zu einer Temperaturerhöhung, sondern zum weiteren Verdampfen von Wasser (**Abb. 22.1**).

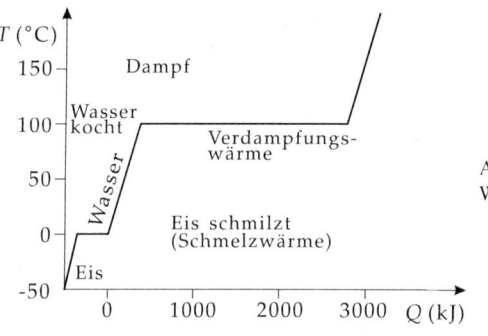

Abbildung 22.1: Temperaturerhöhung durch Wärmezufuhr

22.1.2 Aggregatzustände

Aggregatzustand eines Stoffes, eine von bestimmten Eigenschaften und der inneren Struktur bestimmte Phase eines Stoffes.

Es existieren vier Aggregatzustände:

fest: Der Körper besitzt eine feste innere Ordnung, zum Beispiel ein Kristallgitter, mit sehr starken inneren Wechselwirkungen. Er besitzt eine feste Gestalt mit definierter Oberfläche. Er nimmt ein festes Volumen ein, das sich nur unter starkem Druck verändert.

flüssig: Eine Flüssigkeit besitzt keine festgefügte innere Ordnung, jedoch innere Wechselwirkungen. Eine Flüssigkeit nimmt keine bestimmte Gestalt mehr an, besitzt aber eine definierte Oberfläche. Sie nimmt ein festes Volumen ein, das sich nur unter starkem Druck verändert.

gasförmig: Ein Gas besitzt keine innere Ordnung und hat nur schwache innere Wechselwirkungen. Ein Gas nimmt keine feste Gestalt an und besitzt keine Oberfläche, sondern passt sich jedem beliebigem Volumen an und füllt es vollständig aus. Sein Volumen kann durch Druck verändert werden.

Plasma: Der Zustand tritt bei sehr hohen Energien auf. Die Atome werden ionisiert und in geladene Bestandteile zerlegt. Ein Plasma hat keine feste innere Struktur, besitzt aber elektromagnetische Wechselwirkungen (s. S. 529).

▲   Durch Energiezufuhr kann ein Körper vom festen in den flüssigen oder gasförmigen und eine Flüssigkeit in den gasförmigen Zustand übergehen.

22.1.3   Aggregatumwandlungen

1.   Sieden und Kondensieren

Sieden eines Stoffes, Umwandlung einer Flüssigkeit in Gas. Sieden eines Stoffes findet statt, wenn der Dampfdruck des Stoffes größer wird als der Umgebungsdruck.

Verdampfungswärme, Wärme, die zugeführt werden muss, um eine Flüssigkeit zu verdampfen.

Spezifische Verdampfungswärme, gibt an, wieviel Energie notwendig ist, um 1 kg eines Materials zu verdampfen. Sie hängt von Druck und Temperatur ab.

spezifische Verdampfungswärme = $\dfrac{\text{Verdampfungswärme}}{\text{Masse}}$			L^2T^{-2}
$q = \dfrac{\Delta Q}{m}$	Symbol	Einheit	Benennung
	q	J/kg	spezifische Verdampfungswärme
	ΔQ	J	Verdampfungswärme
	m	kg	Masse verdampfter Stoff

M   Zur Bestimmung von Verdampfungswärmen (Kondensationswärmen) wird Dampf in besonders konstruierten Kalorimetern kondensiert und die Wärmeabgabe an das Kalorimeter gemessen.

Siedepunkt, Temperatur, bei der ein Stoff siedet. Der Siedepunkt hängt vom äußeren Druck ab.

Siedepunkte vieler Stoffe sind in **Tab. 23.1.2** zu finden.

■   Siedepunkt einiger Elemente (in °C): Aluminium 2467, Blei 1740, Quecksilber 356.58, Sauerstoff (O_2) −182.96, Wasserstoff (H_2) −252.8, Stickstoff(N_2) −195.8.

Kondensation, Umwandlung eines Gases in eine Flüssigkeit.

Die Kondensation findet bei der gleichen Temperatur statt wie das Sieden. Unter besonderen Bedingungen kann ein Material bei etwas höheren Temperaturen als der Siedepunkt sieden (s. S. 668) und bei etwas niedrigeren Temperaturen kondensieren (s. S. 668).

Kondensationswärme, die beim Kondensieren eines Gases frei werdende Wärme. Ihr numerischer Wert ist gleich dem der Verdampfungswärme.

2.   Schmelzen und Erstarren

Schmelzen, die Umwandlung eines Festkörpers in eine Flüssigkeit. Schmelzen findet statt, wenn der Sublimationsdruck des Festkörpers niedriger wird als der Dampfdruck der Flüssigkeit.

Schmelzpunkt, die Temperatur, bei der ein Stoff schmilzt. Der Schmelzpunkt hängt vom äußeren Druck ab.

Schmelzpunkte vieler Stoffe s. **Tab. 23.1.2**.

■   Schmelzpunkt einiger Elemente (in °C): Aluminium 660.4, Blei 327.5, Eisen 1535, Gold 1064.4 Quecksilber −38.87, Sauerstoff (O_2) −218.4, Wasserstoff (H_2) −259.34, Stickstoff(N_2) −209.86.

Schmelzwärme, die Wärme, die zugeführt werden muss, um einen Festkörper zu schmelzen.

Spezifische Schmelzwärme, gibt an, wieviel Energie notwendig ist, um 1 kg eines Materials zu schmelzen.

$$\text{spezifische Schmelzwärme} = \frac{\text{Schmelzwärme}}{\text{Masse}} \qquad \boxed{L^2 T^{-2}}$$

	Symbol	Einheit	Benennung
$q = \dfrac{\Delta Q}{m}$	q	J/kg	spezifische Schmelzwärme
	ΔQ	J	Schmelzwärme
	m	kg	Masse geschmolzener Stoff

Erstarren, Umwandlung einer Flüssigkeit in einen Festkörper. Das Erstarren findet bei der gleichen Temperatur statt wie das Schmelzen.

Erstarrungswärme, die beim Erstarren einer Flüssigkeit frei werdende Wärme. Ihr numerischer Wert ist gleich dem der Schmelzwärme.

Sublimation, Umwandlung eines Festkörpers in ein Gas.

Desublimation, der umgekehrte Vorgang.

Sublimationswärme, Wärme, die zugeführt werden muss, um einen Festkörper zu sublimieren.

➤   Die Sublimationswärme ist gleich der Summe aus Schmelzwärme und Verdampfungswärme.

22.1.4 Dampf

Nassdampf, gesättigter Dampf, tritt bei der Koexistenz von flüssigem und gasförmigem Zustand im Gleichgewicht auf.

Sättigungsdampfdruck, p_D, SI-Einheit Pascal, Dampfdruck des gesättigten Gases. Der Wert hängt exponentiell von der Temperatur ab.

Dampfdruckkurve, Kurve $p_D(T)$, die den Sättigungsdampfdruck eines Zweiphasensystems als Funktion der Temperatur darstellt (**Abb. 22.2**).

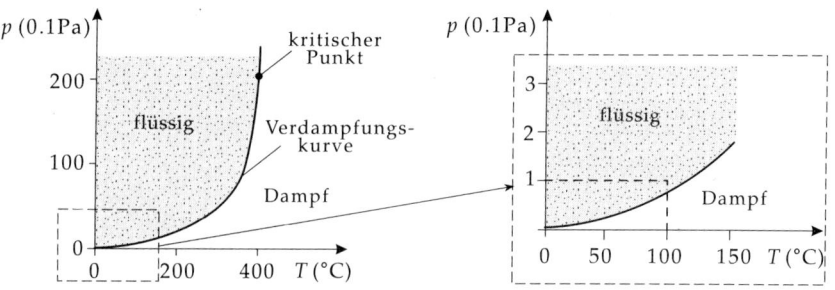

Abbildung 22.2: Dampfdruckkurve

Nichtgesättigter Dampf, Dampf, der nicht im Gleichgewicht mit der Flüssigkeit ist.

➤   Mit der Zeit verdunstet die Flüssigkeit, bis sich entweder Gleichgewicht einstellt oder bis alle Flüssigkeit verdampft ist.

Tripelpunkt, Punkt, an dem feste, flüssige und gasförmige Phase miteinander im Gleichgewicht sind (**Abb. 22.3**). Am Tripelpunkt sind Druck p_{Tr} und Temperatur T_{Tr} festgelegt (s. S. 676).

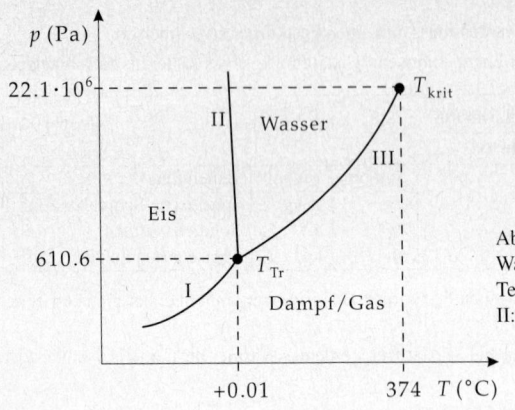

Abbildung 22.3: Phasendiagramm von Wasser mit Tripelpunkt T_{Tr} und kritischer Temperatur T_{krit}. I: Sublimationsdruckkurve, II: Schmelzdruckkurve, III: Dampfdruckkurve

■ Für Wasser ist die Tripelpunktstemperatur 273.16 K und der Tripelpunktsdruck 610.6 Pa.

➤ Tripelpunkte eignen sich besonders gut als Fixpunkte zur Temperaturfestlegung.

22.2 Ordnung von Phasenübergängen

Entropieänderung, durch die beim Phasenübergang aufgewandte oder abgeführte Wärme wird die Entropie (Unordnung) des Systems, die in einer Phase größer als in der anderen Phase ist, verändert.

Entropieänderung = $\dfrac{\text{Wärmeaufnahme(-abgabe)}}{\text{Temperatur}}$			$\mathbf{ML^2T^{-2}\Theta^{-1}}$
	Symbol	Einheit	Benennung
$\Delta S = \dfrac{\Delta Q}{T}$	S	J/K	Entropie
	Q	J	Wärmemenge
	T	K	Temperatur

22.2.1 Phasenübergang erster Ordnung

Phasenübergang erster Ordnung, durch eine zusätzliche Wärmeaufnahme(-abgabe) während des Phasenübergangs gekennzeichnet. Folge:

▲ Der **Entropiesprung** im S-T-Diagramm (**Abb. 22.4 (a)**) ist auf die zusätzliche Wärmeaufnahme am Phasenübergang zurückzuführen.

■ Die Übergänge zwischen den verschiedenen Aggregatzuständen sind, außer dem Übergang am kritischen Punkt, Übergänge erster Ordnung.

Zusammenhang zwischen zu(ab-)geführter Wärme ΔQ und Temperaturänderung ΔT:

$$\Delta Q = C \Delta T, \quad C: \text{ Wärmekapazität}.$$

▲ Da die Temperatur am Phasenübergang konstant bleibt, geht die Wärmekapazität beim Phasenübergang erster Ordnung gegen unendlich:

$$C \longrightarrow \infty.$$

Auch das Volumen hat im p-V-Diagramm einen stufenähnlichen Verlauf.

▲ Die Kompressibilität des Stoffes am Phasenübergang erster Ordnung geht gegen unendlich:

$$\kappa = \frac{1}{V}\frac{\partial V}{\partial p}\bigg|_{T=\text{const.}} \longrightarrow \infty.$$

Charakterisierung der Phasenübergänge erster Ordnung:

- Sprung in der Entropie,
- Wärmekapazität wird unendlich,
- Kompressibilität wird unendlich.

22.2.2 Phasenübergang zweiter Ordnung

Phasenübergang zweiter Ordnung, durch einen Knick der Temperatur- (bzw. Entropie-) Kurve (**Abb. 22.4 (b)**) im T-S-Diagramm gekennzeichnet.

➤ Die Entropiekurve $T(S)$ hat keinen Sprung, $\Delta S = 0$, die Ableitung der Entropie nach der Temperatur ändert sich unstetig am Übergangspunkt.

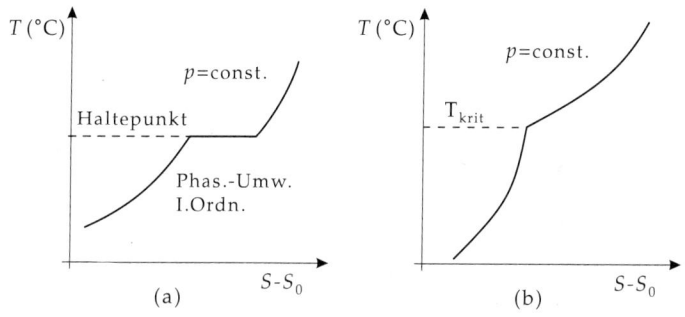

Abbildung 22.4: Phasenübergänge. (a): Phasenübergang erster Ordnung, (b): Phasenübergang zweiter Ordnung

■ Phasenübergänge am kritischen Punkt sind Phasenübergänge zweiter Ordnung.

Charakterisierung der Phasenübergänge zweiter Ordnung:

- Knickpunkt der Entropie,
- endlicher Sprung der Wärmekapazität,
- Kompressibilität wird unendlich.

22.2.3 Lambda-Übergänge

Lambda-Übergang, **λ-Übergang**, charakterisiert durch:

- Die Entropie als Funktion der Temperatur T zeigt keinen Knick, hat aber bei einer Temperatur T_λ eine senkrechte Tangente.
- Die Ableitung der Entropie nach der Temperatur wird unendlich, $\dfrac{dS}{dT} \to \infty$.
- Die Wärmekapazität wird unendlich, $C \to \infty$.

Die Wärmekapazitätskurve zeigt eine charakteristische λ-Form (**Abb. 22.5**).

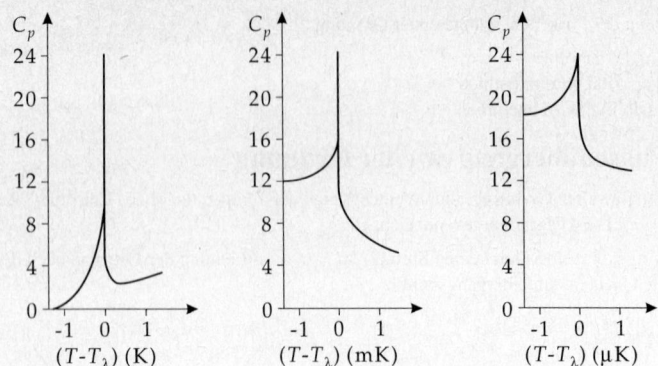

Abbildung 22.5: λ-Übergang. Von links nach rechts werden immer kleinere Bereiche um die Umwandlungstemperatur gelegt

■   Der Übergang zur Suprafluidität in ^{3}He und ^{4}He ist ein λ-Übergang, ebenso einige Umwandlungen von Kristallstrukturen in binären Legierungen.

22.2.4   Phasenkoexistenzgebiet

Koexistenzbereich, zwei Phasen können nebeneinander existieren.
Im Koexistenzbereich ist für Isobaren die Temperatur konstant,
Der Koexistenzbereich ist durch den Entropiesprung im T-S-Diagramm und den Volumensprung im p-V-Diagramm gekennzeichnet. Der Koexistenzbereich zweier Phasen wird mit steigendem Druck und steigender Temperatur kleiner (**Abb. 22.6**), bis er am kritischen Punkt verschwindet.
Kritischer Punkt, die Stelle im Phasendiagramm, an der der Koexistenzbereich auf einen Punkt zusammenschrumpft.

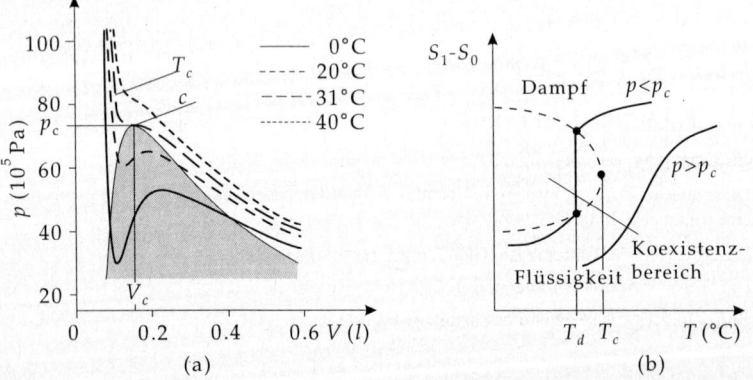

Abbildung 22.6: Koexistenzbereich zweier Phasen (schematisch). (a): p-V-Diagramm, (b): S-T-Diagramm

▲   Oberhalb des kritischen Punktes liegt kein Phasenübergang mehr vor.
➤   Oberhalb des kritischen Punktes ist es nicht mehr sinnvoll, von verschiedenen Phasen zu sprechen.

22.2.5   Kritische Indizes

Am kritischen Punkt gibt es keine Phasengrenzen mehr.

➤   Starke Dichteschwankungen können auftreten, beispielsweise in Form von kritischer Opaleszenz, bei der extrem starke Lichtstreuung auftritt.

■   Ein durchsichtiger Stoff wird sprunghaft lichtundurchlässig. Es bildet sich feiner Nebel.

▲   Am kritischen Punkt werden einige thermodynamische Größen unendlich.

Zur Beschreibung des Verhaltens divergierender Größen in der Nähe des kritischen Punktes benutzt man Potenzentwicklungen.

Kritische Indizes, die Exponenten dieser Entwicklungen.

Für den Phasenübergang flüssig - gasförmig benötigt man sechs kritische Indizes, für die sich die Standardbezeichnungen $\alpha, \alpha', \beta, \gamma, \gamma', \delta$ eingebürgert haben.

Dichtedifferenz, die Differenz zwischen den Dichten von Flüssigkeiten und Gas, $z = \rho_{fl} - \rho_g$. Sie verschwindet für $T \to T_c$ wie

$$z = \rho_{fl} - \rho_g \sim \left(1 - \frac{T}{T_c}\right)^{\beta}.$$

Die **spezifische Wärmekapazität** beim kritischen Volumen $C_{V=V_c}$ kann für $T \to T_c$ unterschiedlich divergieren, je nachdem von welcher Seite man sich der kritischen Temperatur nähert:

$$C_{V=V_c} \sim \begin{cases} \left(\dfrac{T}{T_c} - 1\right)^{-\alpha} & \text{falls} \quad T|_{\rho \approx \rho_c} \geq T_c\,, \\[2ex] \left(1 - \dfrac{T}{T_c}\right)^{-\alpha'} & \text{falls} \quad T|_{\rho \approx \rho_c} \leq T_c\,. \end{cases}$$

Kompressibilität, zeigt ein analoges Verhalten:

$$\kappa \sim \begin{cases} \left(\dfrac{T}{T_c} - 1\right)^{-\gamma} & \text{falls} \quad T \geq T_c\,, \\[2ex] \left(1 - \dfrac{T}{T_c}\right)^{-\gamma} & \text{falls} \quad T \leq T_c\,. \end{cases}$$

Kritische Isotherme:

$$p - p_c \sim |\rho - \rho_c|^{\delta} \quad \text{für} \quad T = T_c\,.$$

Einfache Gase zeigen ähnliches Verhalten bezüglich der kritischen Indizes.

22.3   Phasenübergang und Van-der-Waals-Gas

22.3.1   Phasengleichgewicht

Dampfdruckkurve, Kurve, die den Sättigungsdampfdruck eines Zweiphasensystems als Funktion der Temperatur darstellt (**Abb. 22.7**).

▲   Der Dampfdruck $p_g(T)$ ist eine reine Temperaturfunktion und hängt nicht vom Dampfvolumen V ab. Eine Volumenänderung des Dampfes verändert nur die Menge des Dampfes.

➤   Überschüssiger Dampf kondensiert wieder zu Flüssigkeit. Bei zu geringer Dampfmenge wird weitere Flüssigkeit so lange verdampft, bis Sättigung erreicht ist.

Im Gleichgewicht zwischen Dampf und Flüssigkeit stellt sich ein bestimmter Dampfdruck p_g ein, der über die Clausius-Clapeyron-Gleichung berechnet werden kann.

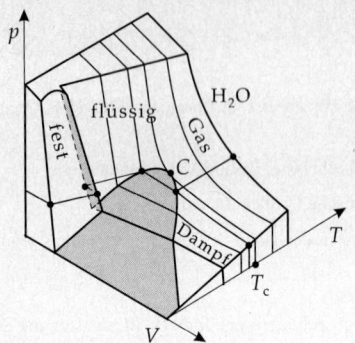

Abbildung 22.7: Dreidimensionales $p(V, T)$-Phasendiagramm. Die Dampfdruckkurve $p(T)$ und das p-V-Diagramm sind jeweils Projektionen in die p-T- bzw. p-V-Ebene

Gleichgewichtsbedingungen sind:

$p_{\text{fl}} = p_g$	mechanische Stabilität,
$T_{\text{fl}} = T_g$	thermische Stabilität,
$\mu_{\text{fl}}(p, T) = \mu_g(p, T)$	chemische Stabilität.

22.3.2   Maxwell-Konstruktion

1.   Zustandsgleichung von Van-der-Waals

Die Van-der-Waals-Zustandsgleichung für reale Gase berücksichtigt das Eigenvolumen der Moleküle und die (attraktiven) Kräfte zwischen den Molekülen. Sie erlaubt eine einfache Näherung für reale Gase, ist aber für Flüssigkeiten sehr ungenau.

Van-der-Waals-Gleichung			$\mathbf{ML^2T^{-2}}$
	Symbol	Einheit	Benennung
	p	Pa	Druck
	n	mol	Molzahl
$\left(p + \left(\dfrac{n}{V}\right)^2 a\right)(V - nb) = nRT$	V	m^3	Volumen
	a	Nm^4/mol^2	Binnendruckkonstante
$R = 8.314 \, \text{J}/(\text{K mol})$	b	m^3/mol	Eigenvolumenkonstante
	R	J/(K mol)	universelle Gaskonstante
	T	K	Temperatur

Diese Zustandsgleichung erlaubt **metastabile** und **instabile** Bereiche.

- Metastabile Bereiche besitzen eine negative Ableitung des Drucks nach dem Volumen und somit positive Kompressibilität. Sie können während Zustandsänderungen erreicht werden (s. S. 668).
- Instabile Bereiche besitzen eine positive Ableitung des Drucks nach dem Volumen und eine negative Kompressibilität. Sie werden durch reversible Zustandsänderungen nicht erreicht.

2.   Maxwell-Konstruktion,

Konstruktion, die einen Teil der Kurve $p(V)$ durch eine Waagerechte ersetzt.

Für die Konstruktion gilt im Bereich zwischen den äußeren Schnittpunkten der Waagerechten mit der Kurve (**Abb. 22.8**):

▲   Im p-V-Diagramm muss die Fläche unter der Waagerechten gleich der Fläche unter der Kurve sein.

Die Schnittpunkte zwischen der Kurve und der Waagerechten müssen also so gewählt werden, dass die Fläche, die von der Waagerechten, der x-Achse und den Senkrechten durch die (äußeren) Schnittpunkte eingeschlossen wird, genau so groß ist, als wenn man statt der Waagerechten die Kurve als obere Grenze nehmen würde.

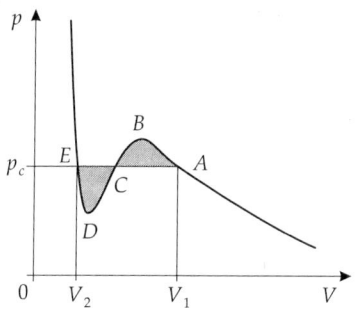

Abbildung 22.8: Maxwell-Konstruktion

Anders ausgedrückt:

▲   Die von der Waagerechten und der Kurve eingeschlossene Fläche oberhalb der Waagerechten ist gleich der von der Waagerechten und der Kurve eingeschlossenen Fläche unterhalb der Waagerechten.

▲   Die äußeren Schnittpunkte der Waagerechten mit der Kurve definieren das Phasenkoexistenzgebiet.

Die Van-der-Waals-Kurve beschreibt in diesem Bereich die metastabilen und instabilen Gebiete, die im Gleichgewicht allerdings nicht angenommen werden. Bei Änderungen des Systems können jedoch die metastabilen Bereiche angenommen werden (s. S. 668).
Die Länge der waagerechten Strecke wird mit zunehmender Temperatur immer kleiner. Damit verringert sich mit steigender Temperatur auch der Phasenkoexistenzbereich. Die Länge der Horizontalen geht am kritischen Punkt gegen null.

3.   Kritischer Punkt und kritische Temperatur bei der Maxwell-Konstruktion

Kritischer Punkt, Stelle, an der der Phasenkoexistenzbereich auf einen Punkt zusammengeschrumpft ist.
Kritische Isotherme, Isotherme, die durch den kritischen Punkt führt.
Temperatur, Druck und Molvolumen am kritischen Punkt lassen sich berechnen:

▲   Der kritische Punkt muss ein Sattelpunkt auf einer van-der-Waals-Isotherme sein.

➤   Die kritische Isotherme ist die einzige Van-der-Waals-Isotherme, die einen Sattelpunkt besitzt.

Kritische Temperatur, T_c, die zur kritischen Isotherme zugehörige Temperatur.

Kritische Temperatur (Van-der-Waals-Gleichung)			Θ
	Symbol	Einheit	Benennung
$T_c = \dfrac{8a}{27Rb}$	T_c	K	kritische Temperatur
	a	Nm^4/mol^2	Binnendruckkoeffizient
$R = 8.314\,J/(K\,mol)$	b	m^3/mol	Eigenvolumen
	R	$J/(K\,mol)$	universelle Gaskonstante

4.   Kritischer Druck bei der Maxwell-Konstruktion,
p_c, Druck am kritischen Punkt.

Kritischer Druck (Van-der-Waals-Gleichung)			$\mathbf{ML^{-1}T^{-2}}$
	Symbol	Einheit	Benennung
$p_c = \dfrac{a}{27\,b^2}$	p_c	Pa	kritischer Druck
	a	Nm^4/mol^2	Binnendruckkoeffizient
	b	m^3/mol	Eigenvolumen

Oberhalb der kritischen Temperatur ist keine Maxwell-Konstruktion möglich. Flüssigkeit und Gas sind dann nicht mehr unterscheidbar.

▲   Bei Prozessen, die im Phasendiagramm keinen Koexistenzbereich schneiden, können zwei Phasen ineinander umgewandelt werden, ohne dass ein Phasenübergang auftritt. Zu einem solchen Prozess muss man über den kritischen Punkt hinausgehen.

■   Die isotherme Kompression eines Gases unterhalb der kritischen Temperatur führt zu einem Phasenübergang. Das Erhitzen einer Flüssigkeit über die kritische Temperatur hinaus mit anschliessender isothermer Expansion und darauf folgender isochorer Abkühlung (**Abb. 22.9**) wandelt die Flüssigkeit ohne Phasenübergang in Gas um.

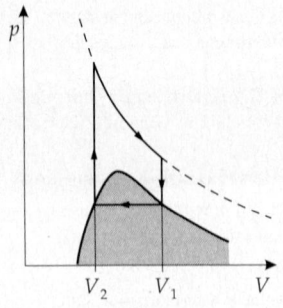

Abbildung 22.9: Schema eines geschlossenen Kreisprozesses mit nur einem erkennbaren Phasenübergang

22.3.3   Siedeverzug und Kondensationsverzug

Die metastabilen Bereiche (mit negativer Ableitung des Druckes nach dem Volumen) der van-der-Waals-Isotherme können im Nichtgleichgewicht experimentell realisiert werden.

■   Wird ein Gas sehr vorsichtig (unter Vermeidung von Erschütterungen und Kondensationskeimen) isotherm komprimiert, so kann man die Isotherme über den Schnittpunkt mit der Waagerechten hinaus fast bis zum Maximum der Kurve verfolgen.

Kondensationsverzug, Dampf kondensiert nicht, obwohl die Kondensationstemperatur unterschritten wurde.

Siedeverzug, Flüssigkeit siedet nicht, obwohl die Siedetemperatur überschritten wurde.

Überhitzte Flüssigkeit, Flüssigkeit, die durch isochore Erwärmung in den metastabilen Bereich gebracht wurde.

Unterkühlter Dampf, Gas, das durch isochore Abkühlung in den metastabilen Bereich gebracht wurde.

▲   Das metastabile System geht schon bei geringen Störungen stoßartig in den stabilen Phasenkoexistenzzustand über.

➤ In der Praxis vermeidet man diese instabilen Bereiche, indem man Siedesteine (Kondensationskeime) zufügt oder die siedende Flüssigkeit rührt.

Analoge Phänomene gibt es auch beim Phasenübergang fest - flüssig.

22.3.4 Gesetz der übereinstimmenden Zustände

Reduzierte Variable, Darstellung einer Zustandsvariablen in Einheiten des Wertes am kritischen Punkt:

$$\overline{p} = \frac{p}{p_c}, \qquad \overline{v} = \frac{v}{v_c}, \qquad \overline{T} = \frac{T}{T_c}.$$

▲ Die reduzierten Variablen $\overline{p}, \overline{v}, \overline{T}$ sind dimensionslos.

Einfaches Gas, Gas mit Teilchen, die kein großes elektrisches Dipolmoment besitzen und deren Atome oder Moleküle auch in der flüssigen Phase nicht stark korreliert sind.

■ Edelgase, N_2, O_2, H_2 oder auch CO, CH_4 sind einfache Gase.

Satz der übereinstimmenden Zustände, von Van-der-Waals eingeführte Aussage:

▲ Alle einfachen Gase erfüllen die gleiche Van-der-Waals-Gleichung in den reduzierten Variablen.

Van-der-Waals-Gleichung in reduzierten Variablen:

$$\left(\overline{p} + \frac{3}{\overline{v}}\right)(3\overline{v} - 1) = 8\overline{T} .$$

22.4 Beispiele für Phasenübergänge

22.4.1 Magnetische Phasenumwandlungen

Paramagnete benötigen wesentlich höhere Feldstärken, um **Sättigungsmagnetisierung** zu erreichen, als **Ferromagnete**.

1. Curie-Temperatur

Nach Abschalten des äußeren Feldes bleibt in Ferromagnetika ein permanentes magnetisches Dipolmoment erhalten, dessen Betrag stark von der mechanischen und thermischen Vorbehandlung des Materials abhängt.

➤ Ferromagnetismus findet sich meist in Festkörpern mit wohldefinierter Kristallstruktur. Ausnahmen stellen die amorphen Ferromagneten dar.

Curie-Temperatur, Umwandlungstemperatur für den Übergang vom Ferromagnetismus zum Paramagnetismus. Ferromagnetismus ist nur unterhalb der Curie-Temperatur festzustellen.

■ Die Elemente Eisen, Kobalt und Nickel weisen unterhalb der Curie-Temperatur ferromagnetische Eigenschaften auf.

Curie-Temperaturen verschiedener Metalle s. **Tab. 23.1.3**.

2. Weißsche Bezirke und Bloch-Wände

In einem unmagnetischen Ferromagnetikum sind die atomaren magnetischen Dipole nicht statistisch orientiert, sondern in größeren Bereichen von einigen zehntel Millimetern parallel ausgerichtet. Diese Bereiche haben ein makroskopisches Dipolmoment.

Weißsche Bezirke, die Bezeichnung von Bereichen mit paralleler Ausrichtung der magnetischen Dipole. In einem unmagnetisierten Ferromagneten sind die Dipolmomente der einzelnen Weißschen Bereiche statistisch orientiert (**Abb. 22.10**). Deshalb erscheint das Material als Ganzes unmagnetisch.

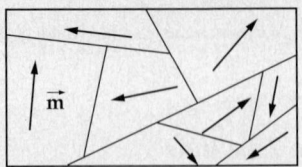

Abbildung 22.10: Weißsche Bezirke (schematisch)

Spontane Magnetisierung, ändert sich zwischen den einzelnen Weiß-Bereichen kontinuierlich über einen Bereich von etwa 300 Atomen.

Bloch-Wände, Trennflächen zwischen Weißschen Bezirken.

▲ Durch ein äußeres Magnetfeld werden Weißsche Bezirke mit ähnlicher Ausrichtung vergrößert, bis alle Bereiche gleich ausgerichtet sind: **Sättigungsmagnetisierung**.

22.4.2 Ordnungs-Unordnungs-Phasenübergänge

Bei Phasenübergängen dieser Art besitzt die Tieftemperaturphase eine gewisse Ordnung der Atome oder Moleküle, die oberhalb der Übergangstemperatur verlorengeht.

➤ Im Prinzip zählen zu diesen Phasenübergängen auch die Übergänge fest - flüssig und fest - gasförmig. Es ist aber Konvention, in diese Kategorie nur Phasenübergänge fest - fest aufzunehmen.

Lageordnung, die Anordnung der Atome oder Moleküle in einem Kristallgitter.

➤ Es kann sich bei Ordnungs-Unordnungs-Phasenübergängen auch um Umwandlungen in der Anordnung der Atome auf den Gitterplätzen handeln.

■ Phasenübergang in β–Messing (CuZn) bei $T = 465\,°C$: In der Tieftemperaturphase besitzt das Messing eine Struktur, bei der Kupfer- und Zinkatome wohlgeordnet in verschiedenen Untergittern sitzen. Bei höheren Temperaturen sind sie statistisch verteilt.

Orientierungsordnung, beschreibt die Orientierung bestimmter Moleküle relativ zueinander.

■ Ammoniumhalogenide NH_4Cl, NH_4Br und NH_4J. Hier können die NH_4^+–Tetraeder im Kristallgitter zwei verschiedene Lagen annehmen (**Abb. 22.11**). Oberhalb der kritischen Temperatur kommen beide Lagen statistisch verteilt vor, unterhalb von $T_c = 256\,K$ haben in NH_4Cl alle Tetraeder die gleiche Orientierung, während in NH_4Br unterhalb T_c die Tetraeder eine alternierende Orientierung einnehmen.

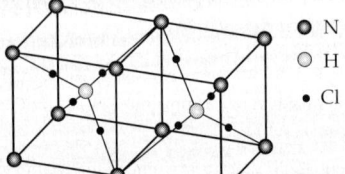

○ N
○ H
● Cl

Abbildung 22.11: Mögliche Orientierungen des NH_4^+-Tetraeders in NH_4Cl

22.4.3 Umwandlungen der Kristallstruktur

1. Phasenübergänge des Typs fest-fest

Die festen Phasen vieler Substanzen können je nach Druck und Temperatur (bei Legierungen auch je nach Zusammensetzung) verschiedene Kristallstrukturen annehmen.

■ Für Eis sind bei Drücken bis zu 8000 bar fünf verschiedene Modifikationen (Eis I, II, III, IV, V) bekannt, von denen das gewöhnliche Eis bei $p \approx 1$ bar nur eine ist.

➤ Einige Nichtmetalle können bei extrem hohen Drücken sogar in eine **metallische Phase** übergehen.

■ Kohlenstoff und Wasserstoff haben diese Eigenschaft.

Ist kein geeigneter Katalysator vorhanden, so können die Phasenübergänge fest - fest mitunter erheblich verzögert sein.

■ Diamant ist bei Atmosphärendruck eigentlich nicht stabil (s. **Abb. 22.12**). Der Phasenübergang ist jedoch erheblich verzögert: Diamant ist praktisch stabil.

2. Kohlenstoffstrukturen

Bislang sind drei wichtige stabile Formen festen Kohlenstoffs bekannt:

a) Graphit, stabilste Phase, planare (ebene) bienenwabenförmige Strukturen, metallisch leitend. Drei Valenzelektronen werden zur Bindung mit den Nachbarn in der Ebene eingesetzt. Das vierte Elektron ist entlang dieser Ebene frei verschiebbar (**sp^2-Hybrid**), worauf die Leitfähigkeit von Graphit beruht. Die einzelnen Ebenen sind nicht durch chemische Wechselwirkungen miteinander verknüpft und können daher gegeneinander verschoben werden (Eignung von Graphit als Schmiermittel).

b) Diamant sehr harte, bei normalem Atmosphärendruck metastabile (praktisch aber stabile) Phase mit tetraederförmigen Strukturen, Isolator. Chemisch resistentes Material mit geringem Reibungskoeffizienten und hoher Wärmeleitfähigkeit. Alle vier Valenzelektronen werden zur jeweils einfachen Bindung mit vier Nachbarn eingesetzt. Einsatz als Werkstoff für Werkzeugbeschichtung, Antikorrosionsschichten, verschleißfeste Oberflächenbeschichtung und als passiver Werkstoff in der Mikroelektronik. Diamantschichten können polykristallin und mit hoher Reinheit durch Abscheidung aus der Gasphase synthetisch hergestellt werden.

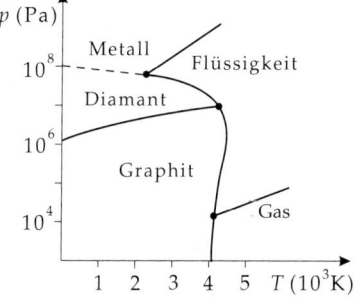

Abbildung 22.12: Phasendiagramm von ^{12}C (ohne Fullerene)

c) Fullerene, kugelförmige geschlossene Kohlenstoffstrukturen. Drei Valenzelektronen werden zur Bindung mit den Nachbarn eingesetzt, das vierte zeigt zur Außenseite der Kugelschale. Halbleitendes Material, in einigen organischen Lösungsmitteln löslich, ähnliche Weichheit wie Graphit. Herstellung durch Verdampfung von Graphit im Lichtbogen in einer Niederdruck- Edelgasatmosphäre (**Huffmann-Krätschmer-Verfahren**). Mögliche Verwendung für Batterien (Elektronenaufnahme), Supraleitung (Fulleren-Alkali-Mischungen), Photochemie (Photosensibilisatoren), Mikroleiter, optische Schaltbausteine.

d) Wichtigste Fullerenarten

● **Buckminster-Fulleren** C_{60}, bekannteste und stabilste Modifikation in Form eines Fußballes, bestehend aus 12 Fünfecken und 20 Sechsecken. Hauptprodukt des Huffmann-Krätschmer-Verfahrens.

● C_{70}, zweithäufigste Modifikation in Form eines „american football".

● **Buckybabies,** instabile Strukturen C_{32}, C_{44}, C_{50} und C_{58}, kugelähnliche Form.

● **Buckyriesen,** instabile große Strukturen $C_{240}, C_{540}, C_{960}$.

e) Fulleren-ähnliche Strukturen

● **Buckytubes,** röhrenförmige, graphitähnliche mikrometerlange Makromoleküle mit mikroskopischem Durchmesser (einige Nanometer). Verwendung in der Elektrotechnik (molekulare Drähte).

● **Buckyonions,** zwiebelartige Ineinanderlagerung von kugelförmigen Fullerenen. Verwendung noch unbekannt, hohe Druckfestigkeit vermutet.

22.4.4   Flüssige Kristalle

In manchen organischen Substanzen mit hohem Molekulargewicht und lang gestreckter Form der Moleküle geht beim Schmelzen die Fernordnung nicht verloren. Derartige Moleküle besitzen auch in der flüssigen Phase eine gewisse Ausrichtung und sind daher nicht isotrop.

Flüssigkristalle können in verschiedenen Strukturen vorkommen, beispielsweise in smektischer oder nematischer Phase (s. S. 672)).

➤   Manche Substanzen können mit steigender Temperatur mehrere Formen flüssiger Kristalle bilden. Sie besitzen dann mehrere Umwandlungstemperaturen.

Flüssige Kristalle werden meist von komplizierten organischen Substanzen gebildet, von denen viele Umwandlungstemperaturen und Schmelzpunkte im Bereich 100 °C haben.

➤   Erst nachdem es gelungen ist, Substanzen mit Umwandlungstemperaturen bei einigen Grad Celsius zu finden, werden flüssige Kristalle technisch interessant.

Optische Anisotropie nematischer flüssiger Kristalle führt zu einer starken Lichtstreuung.

➤   Beim Phasenübergang zur isotropen Flüssigkeit verschwindet die Streuung.

In flüssigen Kristallen mit genügend großem elektrischem Dipolmoment lässt sich die Lichtdurchlässigkeit und Reflexion auf einfache Weise durch Anlegen eines elektrischen Feldes fast leistungslos steuern.

■   LCD-Anzeigen (**liquid-crystal-displays**) basieren auf diesem Prinzip.

22.4.5   Supraleitung

Supraleiter, elektrische Leiter, bei denen der Gleichstromwiderstand bei Unterschreiten einer Sprungtemperatur T_c auf einen extrem kleinen Wert absinkt. Leitungsträger sind nicht einzelne Elektronen sondern **Cooper-Paare**. Die **Sprungtemperatur** liegt bei den meisten metallischen Supraleitern bei etwa 1 bis 10 Kelvin.

Hochtemperatursupraleiter, **HTCSL**, keramische Supraleiter auf Kupferoxidbasis mit hoher **Sprungtemperatur**.

➤   Für Hochtemperatursupraleiter reicht schon flüssige Luft als Kühlmittel aus, während für die Kühlung gewöhnlicher Supraleiter das wesentlich teurere flüssige Helium nötig ist. Allerdings haben Hochtemperatursupraleiter wegen der thermischen Bewegung der magnetischen Flusslinien einen relativ hohen elektrischen Widerstand, der sich mit fallender Temperatur nur stetig verringert. Dies stellt - neben der Materialinstabilität - eine erhebliche Einschränkung für technische Anwendungen dar.

Meißner-Ochsenfeld-Effekt, Abschirmung äußerer Magnetfelder durch den Supraleiter bis zu einem kritischen Magnetfeld, an dem die Supraleitung zusammenbricht (siehe Festkörperphysik, Supraleiter). Bis zum Erreichen der magnetischen Grenzfeldstärke H_c kann kein Magnetfeld in den Supraleiter eindringen.

■   Supraleiter werden im wesentlichen zur verlustfreien Stromleitung und zur Herstellung von Magnetspulen für hohe Magnetflussdichten angewendet.

22.4.6   Suprafluidität

Suprafluidität, Fähigkeit einer Flüssigkeit, an Gefäßwänden hochzukriechen und Potentialbarrieren zu überwinden.

■   Taucht man ein Bechergefäß so in die suprafluide Flüssigkeit, dass der Boden zwar unterhalb der Flüssigkeitsoberfläche liegt, die Ränder aber über die Oberfläche hinausragen, so kriecht die suprafluide Flüssigkeit an der Wand des Bechers hoch und läuft so lange in den Becher hinein, bis der Flüssigkeitsstand im Becher gleich dem äußeren ist.

In suprafluiden Flüssigkeiten ist

- die Viskosität null, $\eta \to 0$,
- die Wärmeleitfähigkeit unendlich, $\lambda \to \infty$.

Es treten keine Temperaturgradienten auf, da sämtliche Wärmeschwankungen sofort ausgeglichen werden.
Helium II, eine superfluide Phase, die sich im bestgeordneten Zustand befindet. Unterhalb eines Druckes von 25 bar existiert bei beliebig niedriger Temperatur keine Umwandlung von Helium II in festes Helium. Die Umwandlung von flüssigem Helium in Helium II erfolgt bei normalem Atmosphärendruck bei 2.2 K.

- Helium II besitzt eine extrem hohe Wärmeleitfähigkeit.
- Helium II siedet nicht - wie andere Flüssigkeiten - unter Dampfblasenbildung. Es bilden sich keine Gasbläschen im Flüssigkeitsvolumen, sondern Helium II verdunstet von der Oberfläche.

Die Viskosität von Helium II kann extrem kleine Werte annehmen.

■ Helium II kann noch durch kleinste Kapillaren fließen, durch die selbst gasförmiges Helium nicht mehr strömen kann.

22.5   Mehrkomponentige Gase

Mehrkomponentiges Gas, ein Gas mit verschiedenen unterscheidbaren Teilchensorten (**Komponenten**).
Molenbruch, x_i, dimensionslose Größe, der Anteil einer Teilchensorte an der Gesamtmenge:

Molenbruch $= \dfrac{\text{Teilchenzahl einer Sorte}}{\text{Gesamtteilchenzahl}}$			1
	Symbol	Einheit	Benennung
$x_i \;=\; \dfrac{N_i}{N}$	x_i	1	Molenbruch Sorte i
	N_i	1	Teilchenzahl Sorte i
	N	1	Gesamtteilchenzahl

Die Summe aller Molenbrüche ist eins:
$$\sum_{i=1}^{K} x_i = \sum_{i=1}^{K} \frac{N_i}{N} = \frac{N}{N} = 1.$$

Konzentration, c_i, Menge eines Stoffes i pro Volumen- oder Masseneinheit.
Zur Beschreibung der Konzentration gibt es unterschiedliche Definitionen (s. S. 683). Der hier für Lösungen benutzte Konzentrationsbegriff verwendet die Molarität, das Verhältnis aus Stoffmenge eines gelösten Stoffes und Volumen des Lösungsmittels,
$$c_i = \frac{n_i}{V}.$$

Massenanteil, ξ_i, Verhältnis der Gesamtmasse einer Teilchensorte zur Gesamtmasse aller Teilchen. Der Massenanteil ist gleich dem Produkt aus Molenbruch und dem Verhältnis von Molmasse der Teilchensorte i und Molmasse des Gesamtsystems.

Massenanteil $= \dfrac{\text{Gesamtmasse Sorte } i}{\text{Gesamtmasse aller Teilchen}}$			1
	Symbol	Einheit	Benennung
$\xi_i \;=\; \dfrac{m_i}{m_{\text{ges}}}$	ξ_i	1	Massenanteil
	m_i	kg	Gesamtmasse Sorte i
$\quad=\; x_i \dfrac{M_i}{M_{\text{ges}}}$	m_{ges}	kg	Gesamtmasse aller Teilchen
	x_i	1	Molenbruch
	M_i	kg/mol	Molmasse Sorte i
	M_{ges}	kg/mol	Molmasse Gesamtgemisch

➤   In manchen Büchern wird der Massenanteil mit dem Buchstaben x_i und der Molenbruch mit dem Zeichen κ_i gekennzeichnet.

22.5.1   Partialdruck und Daltonsches Gesetz

Gesamtdruck p eines Gemisches verdünnter Gase, SI-Einheit Pascal, die Summe aller durch Impulsübertrag auf eine Fläche A ausgeübten Kräfte F:

$$p = \frac{F}{A}.$$

Partialdruck p_i einer Teilchensorte, die Summe aller durch Impulsübertrag dieser bestimmten Teilchensorte auf eine Fläche A ausgeübten Kräfte F.

Partialdruck $= \dfrac{\textbf{Kraftanteil}}{\textbf{Fläche}}$			$\mathbf{ML^{-1}T^{-2}}$
	Symbol	Einheit	Benennung
$p_i \;=\; \dfrac{F_i}{A}$	p_i	Pa	Partialdruck Teilchensorte i
	F_i	N	Kraftanteil senkrecht zur Fläche, Sorte i
	A	m^2	Fläche

Daltonsches Gesetz:
Die Summe aller Partialdrücke eines Gases mit verschiedenen Komponenten ergibt den Gesamtdruck:

$$\sum_{i=1}^{K} p_i = \sum_{i=1}^{K} \frac{F_i}{A} = \frac{F}{A} = p.$$

Die Gaskomponenten verteilen sich unabhängig voneinander auf das Gesamtvolumen. Jede Komponente verhält sich so, als seien keine anderen Komponenten vorhanden.

▲   Jede Komponente nimmt das Volumen gleichmäßig ein.

▲   Im Gleichgewicht muss der Partialdruck einer Komponente überall gleich sein.

Der Quotient aus Partialdruck p_i und Gesamtdruck p ist gleich dem Molenbruch x_i des Gases,

$$\frac{p_i}{p} = \frac{N_i}{N} = x_i.$$

22.5.2   Euler-Gleichung und Gibbs-Duhem-Relation

Euler-Gleichung, Darstellung der inneren Energie $U(T, S, p, V, \mu_i, N_i)$ als Funktion der anderen Variablen.

Euler-Gleichung			$\mathbf{ML^2T^{-2}}$
	Symbol	Einheit	Benennung
	U	J	innere Energie
	T	K	Temperatur
$U \;=\; TS - pV + \sum_i \mu_i N_i$	S	J/K	Entropie
	p	Pa	Druck
	V	m^3	Volumen
	μ_i	J	chemisches Potential Sorte i
	N_i	1	Teilchenzahl Sorte i

Gibbs-Duhem-Relation, differentielle Relation: Die zu den extensiven Variablen $S, V, N_1, \ldots, N_K$ konjugierten intensiven Variablen $T, p, \mu_1, \ldots, \mu_K$ können nicht alle voneinander unabhängig sein,

$$0 = S\,dT - V\,dp + \sum_i N_i\,d\mu_i.$$

Differentielle Darstellung der inneren Energie:

$$dU = T\,dS - p\,dV + \sum_{i=1}^{K} \mu_i dN_i \,.$$

➤ Diese Darstellung hängt mit der Gibbs-Duhem-Relation zusammen, wenn das totale Differential der Euler-Gleichung gebildet wird:

$$dU = T\,dS - p\,dV + \sum_i \mu_i\,dN_i + S\,dT - V\,dp + \sum_i N_i\,d\mu_i \,.$$

Temperatur, Druck und chemisches Potential (intensive Variablen) sind die Ableitungen der inneren Energie nach den extensiven Variablen Entropie, Volumen und Teilchenzahl:

$$\frac{\partial U}{\partial S} = T, \qquad \frac{\partial U}{\partial V} = -p, \qquad \frac{\partial U}{\partial N_l} = \mu_l, \quad l = 1 \ldots K.$$

22.6 Mehrphasensysteme

Heterogenes System, die Eigenschaften des Systems ändern sich sprunghaft an bestimmten Grenzflächen.

■ Ein Behälter mit Wasser, Wasserdampf und Luft.

Phase, ein homogener Teil eines heterogenen Systems.

Phasengrenzfläche, die trennende Grenzfläche zwischen zwei Phasen.

■ Ein Topf mit Wasser und Wasserdampf hat die Wasseroberfläche als Phasengrenzfläche. Es existieren Gasphase (Wasserdampf) und flüssige Phase (Wasser).

22.6.1 Phasengleichgewicht

In einem System mit P Phasen $(i) = 1, 2, \ldots, P$ und K Komponenten $l = 1, 2, \ldots, K$ gilt für jede Phase:

$$dU^{(i)} = T^{(i)}dS^{(i)} - p^{(i)}dV^{(i)} + \sum_{l=1}^{K} \mu_l^{(i)}dN_l^{(i)} \,, \quad i = 1, 2, \ldots, P.$$

➤ Zur vollständigen Beschreibung des Systems genügen $K + 2$ extensive Zustandsgrößen.

Befindet sich das Gesamtsystem im thermodynamischen Gleichgewicht, so gilt für die intensiven Zustandsgrößen der P Phasen und K Komponenten:

$$
\begin{aligned}
T^{(1)} &= T^{(2)} = \ldots = T^{(P)} & &\text{thermisches Gleichgewicht,} \\
p^{(1)} &= p^{(2)} = \ldots = p^{(P)} & &\text{mechanisches Gleichgewicht,} \\
\mu_l^{(1)} &= \mu_l^{(2)} = \ldots = \mu_l^{(P)}, \quad l = 1, \ldots, K & &\text{chemisches Gleichgewicht.}
\end{aligned}
$$

■ Für das Flüssigkeit-Gas-System gilt im Gleichgewicht:

$$T_{fl} = T_g, \qquad p_{fl} = p_g, \qquad \mu_{fl} = \mu_g.$$

Liegt kein thermisches Gleichgewicht vor, so erfolgt so lange ein Energieaustausch, bis die Temperaturen T gleich sind. Analog erfolgt bei fehlendem chemischem Gleichgewicht so lange ein Teilchenaustausch, bis die chemischen Potentiale μ_l jeder Teilchensorte l gleich sind. Bei nicht vorhandenem mechanischen Gleichgewicht erfolgt eine Volumenumverteilung, bis Druckausgleich erreicht ist.

■ In einem geschlossenen Topf verdunstet das Wasser so lange, bis der Sättigungsdampfdruck erreicht ist. In einem offenen Topf muss die Umgebung des Topfes mit zum System gezählt werden. Das Wasser verdunstet bei ungesättigter Luft vollständig, bevor Gleichgewicht erreicht werden kann.

22.6.2   Gibbssche Phasenregel

Gibbssche Phasenregel, beschreibt die dimensionslose Anzahl F der intensiven Variablen (Freiheitsgrade), die zur vollständigen Beschreibung des Systems benötigt werden.

Freiheitsgrade = Komponenten + 2 − Phasen			
	Symbol	Einheit	Benennung
$F = K + 2 - P$	F	1	Anzahl Freiheitsgrade
	K	1	Anzahl Komponenten
	P	1	Anzahl Phasen

➤   Der hier verwendete Begriff des Freiheitsgrades darf nicht verwechselt werden mit der mikroskopischen Anzahl f von Freiheitsgraden, die Moleküle besitzen, um Bewegungsenergie aufzunehmen.

■   Für einen geschlossenen Topf mit Wasserdampf werden mit $K = 1$ drei extensive Variablen zur vollständigen Beschreibung des Systems benötigt, zum Beispiel S, V, N. Eine davon (zum Beispiel V) legt aber nur die Systemgröße fest. Die intensiven Eigenschaften werden schon vollständig durch $F = 1 + 2 - 1 = 2$ intensive Variablen beschrieben, zum Beispiel Druck und Temperatur.

Dampfdruckkurve, Kurve $p_D(T)$, Dampfdruck eines Zweiphasensystems als Funktion der Temperatur. Gemäss $F = K + 2 - P = 1 + 2 - 2 = 1$ gibt es im (1-komponentigen) Zweiphasensystem nur einen Freiheitsgrad. Druck und Temperatur des Systems hängen voneinander ab.

Tripelpunkt eines Einkomponentensystems, der Punkt, an dem drei Phasen miteinander im Gleichgewicht sind. Hier ist $F = 1 + 2 - 3 = 0$.

▲   Im Tripelpunkt sind alle intensiven Variablen festgelegt.

■   Für Wasser ist $T_{Tr} = 273.16$ K und $p_{Tr} = 610.6$ Pa.

➤   Tripelpunkte eignen sich besonders gut als Fixpunkte zur Temperaturfestlegung.

Am Tripelpunkt ist nur das relative Mengenverhältnis der verschiedenen Phasen zueinander variabel. Tripelpunktswerte zahlreicher Stoffe sind in Tab. 23.1/1 dargestellt.

22.6.3   Clausius-Clapeyron-Gleichung

Clausius-Clapeyron-Gleichung, eine Differentialgleichung für den Dampfdruck $p(T)$, wenn Entropie und Volumen pro Teilchen in Abhängigkeit von T und p bekannt sind.

Clausius-Clapeyron-Gleichung			$\mathbf{ML^{-1}T^{-2}\Theta^{-1}}$
	Symbol	Einheit	Benennung
$\dfrac{dp}{dT} = \dfrac{s_g - s_{fl}}{v_g - v_{fl}}$	p	Pa	Druck
	T	K	Temperatur
$= \dfrac{S_g - S_{fl}}{V_g - V_{fl}}$	S_{fl}, S_g	J/K	Entropie Flüssigkeit, Gasphase
	V_{fl}, V_g	m^3	Volumen Flüssigkeit, Gasphase
$= \dfrac{Q}{(V_g - V_{fl})T}$	s_{fl}, s_g	J/(K kg)	spezifische Entropie Flüssigkeit, Gas
	v_{fl}, v_g	m^3/kg	spezifisches Volumen Flüssigkeit, Gas
	Q	J	Verdampfungswärme

➤   Mit V_g und V_{fl} ist nicht das Volumen der gesamten Flüssigkeits- und Gasphase gemeint, sondern das Volumen, das die gleiche Stoffmenge als Flüssigkeit und als Gas einnimmt.

➤   Anstelle der spezifischen Größen können auch molare Größen oder Entropie bzw. Volumen pro Teilchen verwendet werden.

In den meisten Fällen ist $V_g \gg V_{fl}$, dann gilt folgende Näherung:

$$\frac{\mathrm{d}p}{\mathrm{d}T} \approx \frac{Q}{V_g T}.$$

➤ In der Nähe des kritischen Punktes gilt diese Näherung natürlich nicht mehr.

Darstellung mit spezifischen Größen:

$$\text{Druckdifferenz} = \frac{\text{spezifische Verdampfungswärme} \cdot \text{Dichte}}{\text{Temperatur}} \qquad \mathrm{ML}^{-1}\mathrm{T}^{-2}\Theta^{-1}$$

	Symbol	Einheit	Benennung
	p	Pa	Druck
$\dfrac{\mathrm{d}p}{\mathrm{d}T} \approx \dfrac{q\rho_g}{T}$	T	K	Temperatur
	q	J/kg	spezifische Verdampfungswärme
	ρ_g	kg/m³	Gasdichte

22.7 Dampfdruck von Lösungen

Dampfdruckkurve, Kurve $p_D(T)$, die den Dampfdruck eines Zweiphasensystems als Funktion der Temperatur darstellt.

➤ Hierbei ist der Sättigungsdampfdruck im Gleichgewicht gemeint.

Sieden eines Stoffes, der Dampfdruck ist gleich dem Umgebungsdruck.

Erstarren eines Stoffes, der Sublimationsdruck ist niedriger als der Dampfdruck.

22.7.1 Raoultsches Gesetz

Raoultsches Gesetz, beschreibt die Dampfdruckerniedrigung eines Lösungsmittels bei Lösung eines schwerflüchtigen Stoffes.

▲ Die relative Dampfdruckerniedrigung ist proportional zum **Molenbruch** des gelösten Stoffes.

$\dfrac{\text{Dampfdruckerniedrigung}}{\text{Ursprungsdampfdruck}} = \text{Molenbruch (gelöster Stoff)}$			1
	Symbol	Einheit	Benennung
$\dfrac{\Delta p}{p(T)} = x_{\mathrm{st}}$	Δp	Pa	Dampfdruckerniedrigung
	$p(T)$	Pa	Ursprungsdampfdruck
	x_{st}	1	Molenbruch gelöster Stoff

➤ Dieses Gesetz gilt nur für sehr geringe Konzentrationen (**Abb. 22.13**). Bei Verwendung der Aktivität hat das Raoultsche Gesetz einen weitaus größeren Gültigkeitsbereich.

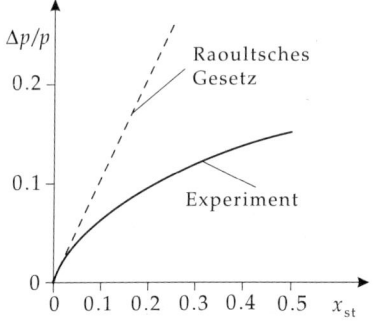

Abbildung 22.13: Vergleich des Raoultschen Gesetzes mit dem Experiment

22.7.2   Siedepunktserhöhung und Gefrierpunktserniedrigung

Durch Lösen eines Stoffes wird der Dampfdruck des Lösungsmittels verringert. Dadurch erreicht das System erst bei höheren Temperaturen einen dem Umgebungsdruck entsprechenden Dampfdruck.

1.   Siedepunktserhöhung

▲   Durch Lösen eines Stoffes erhöht sich die Siedetemperatur proportional zur Menge des gelösten Stoffes.

Ebullioskopische Konstante, E, SI-Einheit Kelvin, Proportionalitätsfaktor zwischen Siedepunktserhöhung und Molenbruch des gelösten Stoffes.

Siedepunktserhöhung $\sim$ Molenbruch			Θ
	Symbol	Einheit	Benennung
$\Delta T = E \cdot x_{\text{gel. Stoff}}$	ΔT	K	Siedepunktserhöhung
	E	K	ebullioskopische Konstante
	$x_{\text{gel. Stoff}}$	1	Molenbruch

Ebullioskopische Konstanten s. **Tab. 23.8/2**.

2.   Gefrierpunktserniedrigung,

Verringerung der Erstarrungstemperatur, weil die Dampfdruckkurve die Sublimationskurve erst bei geringeren Temperaturen schneidet (**Abb. 22.14**).

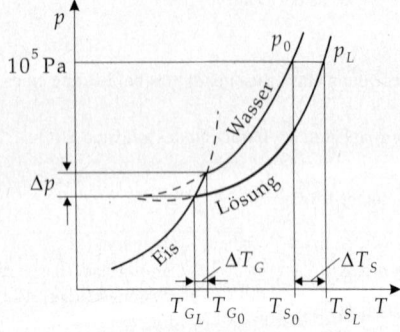

Abbildung 22.14: Siedepunktserhöhung ΔT_S und Gefrierpunktserniedrigung ΔT_G

■   Das Streuen von Salz im Winter dient dazu, die Gefriertemperatur des Wassers zu senken, um Eisbildung zu verhindern.

▲   Durch Lösen eines Stoffes erniedrigt sich die Schmelztemperatur proportional zur Menge des gelösten Stoffes.

Kryoskopische Konstante, K, SI-Einheit Kelvin, Proportionalitätsfaktor zwischen Gefrierpunktserniedrigung und dem Molenbruch des gelösten Stoffes.

Gefrierpunkterniedrigung $\sim$ Molenbruch			Θ
	Symbol	Einheit	Benennung
$\Delta T = K \cdot x_{\text{gel. Stoff}}$	ΔT	K	Gefrierpunkterniedrigung
	K	K	kryoskopische Konstante
	$x_{\text{gel. Stoff}}$	1	Molenbruch

Kryoskopische Konstanten s. **Tab. 23.8/2**.

➤ Bei elektrolytischen Lösungsmitteln muss noch die Dissoziation mit berücksichtigt werden. Sie verändert den Molenbruch.

22.7.3 Henry-Dalton-Gesetz

Henry-Dalton-Gesetz:
Der Druck eines Gases über einem Lösungsmittel ist proportional zur Konzentration x des gelösten Gases bei bekannten Referenzpunkten p_0, x_0:

$$\frac{x}{x_0} = \frac{p}{p_0}.$$

Das Gesetz gilt in guter Näherung auch für die Partialdrücke mehrerer Gase.

■ In einer geschlossenen Flasche Mineralwasser stellt sich ein Gleichgewicht zwischen gelöstem CO_2 (das Kohlensäure bildet) und dem Gas ein.

• Das Henry-Daltonsche Gesetz beschreibt den Dampfdruck eines Gases, das in einer Flüssigkeit gelöst ist.

• Das Raoultsche Gesetz bezieht sich auf die Lösung eines schwerflüchtigen Stoffes, und das Lösungsmittel erzeugt den Dampfdruck.

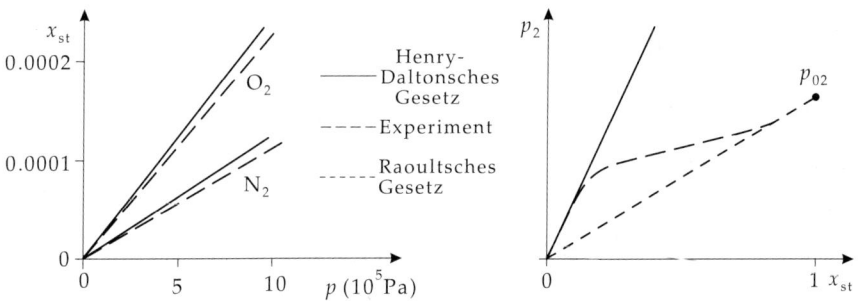

Abbildung 22.15: Vergleich des Raoultschen und des Henry-Daltonschen Gesetzes mit dem Experiment

22.7.4 Dampf-Luft-Gemische (feuchte Luft)

Dampf-Gas-Gemische sind zum Beispiel für Energieerzeugung und Klimatechnik von größter Bedeutung.

■ Benzindampf-Luft-Gemische im Verbrennungsmotor oder Wasserdampf-Luft-Gemische in der Klimaanlage.

Trocknen eines Gases, durch Wasserentzug mittels Chemikalien, Molekularsieben, Ausfrieren, Erhitzen, oder Mischen mit trockener Luft. Allgemein werden Trocknungsmittel verwendet.

■ Trocknungsmittel sind Kieselgel, Phosphor(V)-oxid und Schwefelsäure.

Befeuchten eines Gases, Sprühen mit Wasser, Abkühlen, oder Mischen mit feuchter Luft.

1. Luftfeuchtigkeit

Absolute Feuchte, f, Quotient aus vorhandener **Wassermasse**, m_W (gasförmig und flüssig), und dem Volumen der Luft, V_L:

$$f = \frac{m_W}{V_L}, \quad [f] = \text{kgm}^{-3}.$$

Wassergehalt, Feuchtegrad, x, das Verhältnis von Wassermasse, m_W, zu Luftmasse, m_L:

$$x = \frac{m_W}{m_L}, \quad [x] = 1 .$$

Relative Luftfeuchtigkeit, relative Feuchte, φ, dimensionslose Größe, beschreibt das Verhältnis von Partialdampfdruck, p_D, des Wassers zum Sättigungsdampfdruck, p_S, bei der jeweiligen Temperatur.

relative Feuchte $= \dfrac{\textbf{absolute Feuchte}}{\textbf{maximale Feuchte}}$			1
	Symbol	Einheit	Benennung
$\varphi = \dfrac{p_D}{p_S}$	φ	1	relative Feuchte
	p_D	Pa	Partialdruck
	p_S	Pa	Sättigungsdampfdruck

Die relative Feuchte wird meist in Prozent angegeben:

- **ungesättigter Dampf** $\varphi < 100\,\%$,
- **gesättigter Dampf** $\varphi = 100\,\%$.

➤ Beim **Raumklima** wirkt eine relative Feuchte um 50 % angenehm.

M   **Hygrometer** sind Geräte zur Messung der relativen Luftfeuchtigkeit.
Haarhygrometer beruhen auf Längenänderung,
Taupunkthygrometer beruhen auf der Bestimmung des Taupunktes,
Aspirationshygrometer messen die durch die Wasserverdunstung entstandene Temperaturerniedrigung,
Psychrometrie misst die Feuchte durch vergleichende Temperaturmessung mit einem bei $\varphi = 100\,\%$ und einem bei Raumfeuchte aufbewahrten Thermometer, s. **Tab. 23.8/3**,
elektronische Hygrometer messen z.B. die veränderte Kapazität eines Kondensators.

▲   Die relative Luftfeuchtigkeit steigt bei Abkühlen des Dampf-Luftgemisches an. Dies liegt am Absinken des Dampfdrucks von Wasser mit der Temperatur (**Abb. 22.16**).

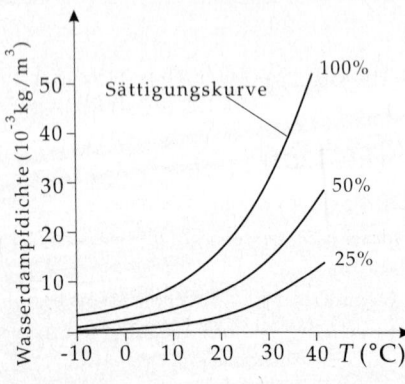

Abbildung 22.16: Wasserdampfdichte als Funktion der Temperatur

Sinkt die Temperatur bis zum **Taupunkt**, so tritt **Kondenswasserbildung** auf:

$$p_D = p_S.$$

2.   Gesättigter Dampf

Sattdampf, trocken gesättigter Dampf mit exakt $\varphi = 100\,\%$. Sattdampf ist außerordentlich instabil, ein kleiner Wärmeentzug kann zu Nebelbildung führen.

Übersättigter Dampf, tritt bei Temperaturen unterhalb des Taupunktes auf. Es bilden sich kleine Wassertropfen, die sich als Nebel niederschlagen.

Kondensationskeime, kleine feste Teilchen, an denen sich kleine **Wassertröpfchen** bilden, wodurch die Kondensation beschleunigt wird.

Nebel, entsteht durch Wassertröpfchenbildung an Kondensationskeimen.

Wolken, entstehen durch das Aufsteigen feuchter Luftmassen und Abkühlen in großer Höhe.

Desublimierung, führt bei sehr geringen Temperaturen zur Bildung von festem Wasser (Eiskristalle, Schnee) an Kristallisationskeimen in der Atmosphäre.

Hagel, entsteht, wenn flüssiges Wasser (Regentropfen) in kalter Luft auf Temperaturen unter $0\,°C$ abgekühlt wird.

Nassdampf, Zweiphasengemisch aus gesättigtem Dampf und Flüssigkeit bei Siedetemperatur. Aufsteigende Dampfblasen aus der siedenden Flüssigkeit können kleine Wassermengen mitreißen.

Die Masse des Nassdampfes setzt sich aus der Masse des Sattdampfes und der Masse des Wassers zusammen,

$$m_{\text{Nassdampf}} = m_{\text{Sattdampf}} + m_{\text{Wasser}}.$$

Dampfgehalt, x_{Dampf}, Verhältnis von Sattdampfmasse zu Nassdampfmasse.

Wassergehalt, x_{Wasser}, Verhältnis von Wassermasse zu Nassdampfmasse,

$$x_{\text{Dampf}} = \frac{m_{\text{Sattdampf}}}{m_{\text{Nassdampf}}}, \qquad x_{\text{Wasser}} = \frac{m_{\text{Wasser}}}{m_{\text{Nassdampf}}}.$$

Heißdampf, überhitzter Dampf, Dampf, dessen Temperatur höher ist, als es dem Sättigungszustand entspricht.

▲ Überhitzter Dampf ist ungesättigt.

3. Dichte feuchter Luft

Dichte feuchter Luft, Summe der spezifischen Dichte trockener Luft und der spezifischen Dichte des Dampfanteils.

Dichte feuchter Luft				ML^{-3}
		Symbol	Einheit	Benennung
$\rho_{\text{feucht}} = \dfrac{1}{T}\left(\dfrac{p_{\text{trocken}}}{R_{\text{trocken}}} + \dfrac{p_{\text{Dampf}}}{R_{\text{Dampf}}}\right)$		ρ	kg/m^3	Dichte
		T	K	Temperatur
$p_{\text{trocken}} = p_{\text{feucht}} - p_{\text{Dampf}}$		p_{feucht}	Pa	Druck feuchte Luft
$R_{\text{trocken}} = 287\,\text{J/kg K}$		p_{trocken}	Pa	Druck trockene Luft
$R_{\text{Dampf}} = 462\,\text{J/kg K}$		p_{Dampf}	Pa	Dampfdruck
		R_{trocken}	J/(kg K)	spez. Gaskonstante trockener Luft
		R_{Dampf}	J/(kg K)	spez. Gaskonstante Dampf

Die Bestimmungsgleichung für trockene Luft (zweite Zeile) folgt aus dem Daltonschen Gesetz (s. S. 674).

▲ Feuchte Luft ist leichter als trockene Luft.

4. Spezifische Enthalpie feuchter Luft

▲ Die Enthalpie feuchter Luft ist die Summe der Enthalpie der trockenen Luft und der Enthalpie des Dampfes.

Die spezifische Enthalpie feuchter Luft ist die Summe der spezifischen Enthalpie der trockenen Luft und der mit dem Feuchtigkeitsgrad multiplizierten spezifischen Enthalpie des Dampfes:

spezifische Enthalpie feuchter Luft			$\mathbf{L^2 T^{-2}}$
	Symbol	Einheit	Benennung
	h_{feucht}	J/kg	spez. Enthalpie feuchter Luft
$h_{\text{feucht}} = h_{\text{trocken}} + x h_{\text{Dampf}}$	h_{trocken}	J/kg	spez. Enthalpie trockener Luft
	h_{Dampf}	J/kg	spez. Enthalpie Wasserdampf
	x	1	Feuchtegrad

Die Änderung der spezifischen Enthalpie wird durch die Temperaturänderung und die spezifische Wärmekapazität bei konstantem Druck bestimmt. Beim Dampf kommt die spezifische Verdampfungsenthalpie
$\Delta h_{\text{Verd.}}$ noch hinzu (s. Tab. 23.8/6).

spezifische Enthalpieänderung			$\mathbf{L^2 T^{-2}}$
	Symbol	Einheit	Benennung
	h_{trocken}	J/kg	spez. Enthalpie trockener Luft
$\Delta h_{\text{trocken}} = c_{p\,\text{trocken}} \Delta T$	h_{Dampf}	J/kg	spez. Enthalpie Dampf
$\Delta h_{\text{Dampf}} = c_{p\,\text{Dampf}} \Delta T + \Delta h_{\text{Verd.}}$	$h_{\text{Verdampfung}}$	J/kg	spez. Verdampfungsenthalpie
	T	K	Temperatur
	$c_{p\,\text{trocken}}$	J/(kg K)	spez. Wärmekap. trockener Luft
	$c_{p\,\text{Dampf}}$	J/(kg K)	spez. Wärmekapazität Dampf

5. Mollier-Diagramm

Mollier-Diagramm, graphische Darstellung der Zusammenhänge zwischen Feuchtegrad, relativer Luftfeuchtigkeit, Temperatur und spezifischer Enthalpie.

h,x-Diagramm, genaue Bezeichnung dieses speziellen Diagrammtyps, in dem man die Abhängigkeit der
spezifischen Enthalpie h vom Feuchtegrad x ablesen kann (**Abb. 22.17**).

➤   Meist wird auf der Abszisse der Feuchtegrad x und auf der Ordinate die Temperatur T aufgetragen.
    Punkte zu gleicher spezifischer Enthalpie verlaufen als fallende Geraden, Punkte zu gleicher relativer
    Luftfeuchte als steigende rechtsgekrümmte Kurven.

Sättigungslinie, Linie zur relativen Feuchte $\varphi = 100\,\%$, untere Abgrenzung des Diagramms.

▲   Ein h,x-Diagramm ist nur für einen **festen Gesamtdruck**(-bereich) gültig.

Der Partialdruck des Dampfes ist variabel und proportional zum Feuchtegrad. Deshalb gibt es auch Al-
ternativdarstellungen, in denen die spezifische Enthalpie vom Dampfdruck abhängt oder eine Zuordnung
Dampfdruck-Feuchtigkeit in das Bild implementiert wird.

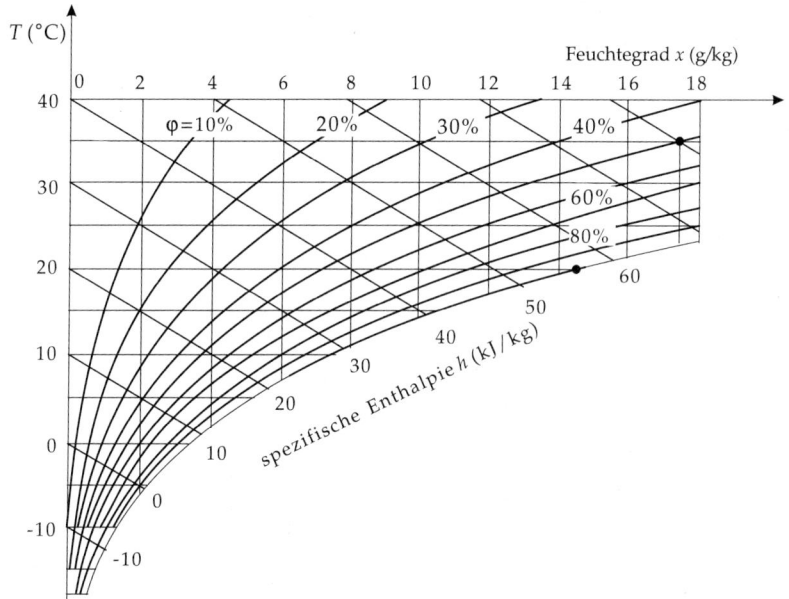

Abbildung 22.17: Darstellung eines h,x-Diagramms nach Mollier. Die Waagerechten beschreiben gleiche Temperatur, die Senkrechten gleichen Feuchtegrad, die Schrägen gleiche Enthalpie und die rechts gekrümmten Kurven gleiche relative Feuchte.

22.8   Chemische Reaktionen

Chemische Reaktion, ein Prozess, bei dem Teilchen einer Sorte mit Teilchen einer anderen Sorte zu neuen Teilchen reagieren. Diese Umsetzungen werden in der Form von Reaktionsgleichungen geschrieben.

■   Zwei Wasserstoffmoleküle und ein Sauerstoffmolekül reagieren zu zwei Wassermolekülen,

$$2\,H_2 + O_2 \rightleftharpoons 2\,H_2O.$$

Reaktionsgleichung, beschreibt die Ausgangsstoffe und Endprodukte einer Reaktion und deren mengenmäßige Beteiligung.

Edukte, Ausgangsstoffe einer Reaktion.

Produkte, erzeugte Stoffe einer Reaktion.

Schreibweise einer Reaktionsgleichung, bei der die Stoffe $A_1, A_2, \ldots$ in die Stoffe $B_1, B_2, \ldots$ umgewandelt werden:

Reaktionsgleichung			
$a_1 A_1 + a_2 A_2 + \ldots$	Symbol	Einheit	Benennung
$\rightleftharpoons\ b_1 B_1 + b_2 B_2 + \ldots$	a_1, a_2	1	stöchiometrischer Koeffizient Edukt 1, 2
	b_1, b_2	1	stöchiometrischer Koeffizient Produkt 1, 2

Stöchiometrische Koeffizienten, a_i, b_i, beschreiben, wieviel Teilchen einer Sorte an einem Reaktionsprozess teilnehmen.

■   In obiger Formel reagieren a_1 Teilchen der Sorte A_1 mit a_2 Teilchen der Sorte A_2 und bilden b_1 Teilchen der Sorte B_1 usw.

➤   Wie schon in der Schreibweise $\rightleftharpoons$ angedeutet, ist auch die Rückreaktion bestimmt. Das Verhältnis beider Reaktionen zueinander wird durch das Massenwirkungsgesetz (s. S. 685) bestimmt.

22.8.1   Stöchiometrie

Stöchiometrie, quantitative Berechnung chemischer Reaktionen.

1. Beziehungen zwischen den Massenverhältnissen

Damit die Reaktion

$$a_1A_1 + a_2A_2 + \ldots \rightleftharpoons b_1B_1 + b_2B_2 + \ldots$$

möglichst vollständig abläuft, muss für die Massenverhältnisse gelten:

Massenverhältnis $\sim$ Molmassenverhältnis		Symbol	Einheit	Benennung
$\dfrac{m_1}{m_2} = \dfrac{a_1M_1}{a_2M_2}$		m_1, m_2	kg	Gesamtmasse Stoff 1, 2
		a_1, a_2	1	stöchiometrischer Koeffizient Stoff 1, 2
		M_1, M_2	kg/mol	Molmasse Stoff 1, 2

2. Lösungen

Konzentration, c_i, Menge eines Stoffes i pro Volumen- oder Masseneinheit. Zur Beschreibung der Konzentration bestehen folgende alternative Definitionen:

● **Massenanteil**, Anteil der Masse des betrachteten Stoffes an der Gesamtmasse,

$$\xi_i = \frac{m_i}{m_{ges}} = x_i \frac{M_i}{M_{ges}} \, .$$

Masseprozent, Angabe des Massenanteils in Prozent,

$$\text{Masse-}\% = \xi_i \cdot 100\% = \frac{m_i}{m_{ges}} \cdot 100\% \, .$$

● Verhältnis von Masse des Stoffes i zur Restmasse m_{Rest},

$$\frac{m_i}{m_{Rest}} = \frac{m_i}{m_{ges} - m_i} = \frac{\xi_i}{1 - \xi_i} \, .$$

Diese Angabe eignet sich besonders für das Ansetzen von Lösungen.

● **Molarität**, c, Anzahl der Mole eines Stoffes pro Liter Lösungsmittel.

● Masse eines Stoffes pro Volumeneinheit eines Lösungsmittels. Diese Angabe ist für die Anleitung zum Erstellen von Lösungen sehr praktisch.

● **Volumenprozent**, Verhältnis des Volumens eines Stoffes zum Gesamtvolumen,

$$\text{Vol.-}\% = \frac{V_i}{V_{ges}} \cdot 100\% \, .$$

Diese Definition ist nur für die Mischung von Flüssigkeiten sinnvoll.

Der hier für Lösungen benutzte Konzentrationsbegriff verwendet die Molarität,

$$c_i = \frac{n_i}{V} = \frac{\text{Molmenge}}{\text{Volumen Lösungsmittel}} \, .$$

■   Eine 0.5-molare NaCl-Lösung besitzt 0.5 mol NaCl auf einen Liter Wasser.

Zur Herstellung einer Lösung mit gewünschter Molarität c gilt:

Masse des zu lösenden Stoffes			M
	Symbol	Einheit	Benennung
$m = cVM$	m	g	Masse des zu lösenden Stoffes
	c	mol$/\ell$	Molarität
	V	ℓ	Volumen des Lösungsmittel
	M	g/mol	Molmasse des zu lösenden Stoffes

■ Zur Herstellung von 250 mℓ 0.1 molarer NaF-Lösung benötigt man

$m = 0.1\,mol/\ell \cdot 0.25\,\ell \cdot 42\,g/\ell = 1.05$ g.

Normalität, Anzahl der reaktiven einwertigen Reaktionsgruppen pro Liter Lösungsmittel.

➤ Wichtig ist die gleiche Ladung der einwertigen Reaktionsgruppen. So zählen bei NaOH nicht beide Gruppen Na$^+$ und OH$^-$, sondern nur eine Gruppe.

■ Eine 1-molare HCl-Lösung bildet H_3O^+ Cl$^-$ und ist auch 1-normal.
Eine 1-molare H_2SO_4 Lösung bildet $2H_3O^+$ SO$_4^{2-}$ und ist 2-normal.

22.8.2 Phasenregel bei chemischen Reaktionen

Erweiterte Gibbssche Phasenregel, beschreibt die Anzahl der Freiheitsgrade bei Hinzunahme von chemischen Reaktionen:

Freiheitsgrade = Komponenten + 2-Phasen-Reaktionen			
	Symbol	Einheit	Benennung
$F = K + 2 - P - R$	F	1	Anzahl Freiheitsgrade
	K	1	Anzahl Komponenten
	P	1	Anzahl Phasen
	R	1	Anzahl Reaktionsgleichungen

Die Gesamtzahl extensiver Variablen ist $(K - R + 2)$.

22.8.3 Massenwirkungsgesetz

Schreibweise einer Reaktionsgleichung:

$a_1A_1 + a_2A_2 + \ldots \rightleftharpoons b_1B_1 + b_2B_2 + \ldots$.

1.   Massenwirkungsgesetz,

abgekürzt MWG, beschreibt die Gleichgewichtskonzentrationen der Ausgangs- und Endstoffe einer chemischen Reaktion:

Massenwirkungsgesetz (MWG)			
	Symbol	Einheit	Benennung
$\dfrac{x_{B_1}^{b_1} x_{B_2}^{b_2} \cdots}{x_{A_1}^{a_1} x_{A_2}^{a_2} \cdots} = K(p,T)$	a_1, a_2	1	stöchiometrischer Koeffizient Edukt 1, 2
	b_1, b_2	1	stöchiometrischer Koeffizient Produkt 1, 2
	x_{A_1}, x_{A_2}	1	Molenbruch Edukt 1, 2
	x_{B_1}, x_{B_2}	1	Molenbruch Produkt 1, 2
	K	1	Gleichgewichtskonstante

➤ Statt des Molenbruches kann auch die absolute Konzentration des Stoffes verwendet werden. Allerdings muss dann die Gleichgewichtskonstante entsprechend angepasst sein,

$$\frac{c_{B_1}^{b_1} c_{B_2}^{b_2} \cdots}{c_{A_1}^{a_1} c_{A_2}^{a_2} \cdots} = K'.$$

▲ Im Massenwirkungsgesetz stehen die Ausgangsstoffe (Edukte), potenziert mit ihrer Multiplizität, im Nenner und die erzeugten Stoffe (Produkte), potenziert mit ihrer Multiplizität, im Zähler.

2. Aussagen des Massenwirkungsgesetzes

Die Gleichgewichtskonstante $K(p, T)$ beschreibt die Lage des Gleichgewichts und damit die Dominanz von Hin- oder Rückreaktion.

$K > 1$: Das Gleichgewicht liegt auf der Seite der Produkte.
Die Konzentration der Produkte überwiegt im Gleichgewicht. Bei gleicher Konzentration von Produkten und Edukten dominiert die Hin-Reaktion.

$K < 1$: Das Gleichgewicht liegt auf der Seite der Edukte.
Die Konzentration der Edukte überwiegt im Gleichgewicht. Bei gleicher Konzentration von Produkten und Edukten dominiert die Rück-Reaktion.

▲ Für den Verlauf der Reaktion sind die **Produkte der Konzentrationen** in Zähler und Nenner wichtig, nicht die einzelnen Konzentrationen.

■ Verändert man die Konzentrationen so, dass das Produkt der Konzentrationen konstant bleibt, so ändert sich die Endkonzentration nicht, z.B.

$$\frac{x_C}{x_A \cdot x_B} = \frac{x_C}{0.5 x_A \cdot 2 x_B} = K.$$

Dies ist vor allem von Bedeutung, wenn die Gleichgewichtskonstante K klein ist.

■ Eine Substanz P soll aus einem teuren Rohstoff T und einem billigen Rohstoff B hergestellt werden. Das Reaktionsschema lautet:

$$T + B \rightleftharpoons P, \qquad \frac{x_P}{x_T \cdot x_B} = K.$$

Bei nur unvollständigen Reaktionen (K sehr klein) kann man eine optimale Ausnutzung des Anteils des teuren Stoffes erzielen, wenn man den billigen Stoff im Überschuss zugibt. Bei doppelter Konzentration des billigen Stoffes braucht man dann nur die Hälfte des teuren Stoffes, um die gleiche Menge des Produktes herzustellen.

3. Gleichgewichtskonstante,

hängt mit den chemischen Potentialen μ_j der Reaktionspartner wie folgt zusammen,

$$K(p, T) = e^{\left[-\frac{1}{kT} \left(\sum_j b_j \mu_j(p, T) - \sum_i a_i \mu_i(p, T) \right) \right]}.$$

Sie ist von Druck und Temperatur abhängig.

Beschreibung mit der Bilanz der freien Enthalpie:

Gleichgewichtskonstante			
$K(p, T) = e^{\left(-\frac{\Delta G(p,T)}{kT} \right)}$	Symbol	Einheit	Benennung
	K	1	Gleichgewichtskonstante
	G	J	freie Enthalpie
	k	J/K	Boltzmann-Konstante
	T	K	Temperatur

Für die wichtigsten Reaktionen, Säure-Basen-Reaktionen, Dissoziationen sind die Gleichgewichtskonstanten in chemischen Tabellen aufgeführt.

➤ Oft werden konstant bleibende Konzentrationen, wie zum Beispiel Lösungsmittel (zum Beispiel H_2O), in die Konstante mit aufgenommen.

22.8.4   pH-Wert und Löslichkeitsprodukt

Für die Dissoziation (Zerlegung) des Wassers

$$2\,H_2O \rightleftharpoons H_3O^+ + OH^-$$

gilt nach dem Massenwirkungsgesetz:

$$\frac{x_{H_3O^+} \cdot x_{OH^-}}{x_{H_2O}^2} = K, \qquad \frac{c_{H_3O^+} \cdot c_{OH^-}}{c_{H_2O}^2} = K'.$$

Die konstant bleibende Konzentration des Wassers wird in die Konstante mitaufgenommen.

■ Für Wasser gilt:
$c_{H_3O^+} \cdot c_{OH^-} = 10^{-14}\,mol^2/\ell^2$ (bei $T = 22\,°C$) .

Aus der H_3O^+-Konzentration in Wasser lässt sich auf die OH^--Konzentration schließen.

1.   pH-Wert und pOH-Wert

pH-Wert, negativer dekadischer Logarithmus der H_3O^+-Konzentration,

$$pH = -\lg\left(\frac{c_{H_3O^+}}{1\,mol/\ell}\right).$$

pOH-Wert, negativer dekadischer Logarithmus der OH^--Konzentration,

$$pOH = -\lg\left(\frac{c_{OH^-}}{1\,mol/\ell}\right).$$

➤ Die Summe beider Werte ist 14,
$pH + pOH = 14$.

• Saure Lösungen haben hohe H_3O^+-Konzentrationen und kleine pH-Werte.
• Basische Lösungen haben niedrige H_3O^+-Konzentrationen und hohe pH-Werte.
• Neutrale Lösungen haben gleiche Konzentrationen von H_3O^+ und OH^-,
$pH = pOH = 7$.

➤ Eine exakte thermodynamische Beziehung zwischen Wasserstoffionenaktivität und pH-Wert besteht nicht. Die konventionellen pH-Skalen werden durch eine Reihe von Pufferlösungen realisiert.

Die H_3O^+- bzw. OH^--Konzentration kann durch Zugabe von Säuren bzw. Basen verändert werden.

■ Salzsäure dissoziiert praktisch vollständig in Wasser,
$$HCl + H_2O \rightarrow H_3O^+ + Cl^- .$$

Der dadurch entstehende H_3O^+-Überschuss führt zu einem kleineren pH-Wert, der bestimmt wird durch

$$pH = -\lg\left(\frac{c_{H_3O^+}}{1\,mol/\ell}\right) = -\lg\left(\frac{c_{Säure} + c_{Diss.}}{1\,mol/\ell}\right),$$

wobei für die Konzentrationen gilt:
$(c_{Säure} + c_{Diss.}) \cdot c_{Diss.} = 10^{-14}mol^2/\ell^2$.

2.   Säuren- und Basenkonstante

Säurekonstante, K_S, beschreibt die Dissoziation von Säuren.
Basenkonstante, K_B, beschreibt die Dissoziation von Basen.

➤   Der Dissoziationsgrad von Säuren und Basen ist für verdünnte Säuren und Basen höher als in konzentrierten Säuren und Basen.

pK_S bzw. pK_B geben den negativen Logarithmus der Säure- bzw. Basenkonstanten an:

$$pK_S = -\lg K_S, \qquad pK_B = -\lg K_B.$$

3.   Löslichkeitsprodukt,

L, Massenwirkungsgesetz für gelöste Salze. Es beschreibt die Ionenkonzentration für eine gesättigte Lösung.

➤   Das nicht gelöste Salz setzt sich am Boden ab und braucht nicht mitberechnet zu werden. Es bleiben also nur noch die Terme im Zähler.

■   Löslichkeitsprodukt von AgCl. Die Dissoziation von Silberchlorid

$$AgCl \,(\text{Bodensatz}) \rightleftharpoons Ag^+ + Cl^- \,(\text{gesättigte Lösung})$$

wird bei Lösung in Wasser durch das Löslichkeitsprodukt bestimmt,

$$c_{Ag^+} \cdot c_{Cl^-} = L = 1.6 \cdot 10^{-10} \, \frac{\text{mol}^2}{\ell^2}.$$

4.   Effektive Konzentrationen,

auch **Aktivitätskonzentrationen**, a, berücksichtigen die Wechselwirkung zwischen den Ionen. Sie werden im Massenwirkungsgesetz anstelle der analytisch festlegbaren Stoffmengenkonzentration eingesetzt.

M   Nur der mittlere Aktivitätskoeffizient f, das geometrische Mittel der Aktivitätskoeffizienten von Anionen und Kationen, ist messbar.

Aktivität, a, effektive Konzentration des Lösungsmittels,

$$a = f \cdot c$$

22.9   Temperaturausgleich

Wärme kann von selbst nur vom wärmeren zum kälteren System fließen. Das wärmere System kühlt sich dabei ab und heizt das kältere System auf.
Die Gesamtentropie steigt bei diesem Prozess an.
Wärmeaustausch, findet durch direkten Kontakt zweier Stoffe unterschiedlicher Temperatur statt.
Endtemperatur T_f, Temperatur des Gesamtsystems nach vollzogenem Wärmeaustausch.

22.9.1   Mischungstemperatur zweier Systeme

1.   Richmannsche Mischungsregel,

die Endtemperatur bei Mischung zweier Systeme wird durch die totalen Wärmekapazitäten der Stoffe bestimmt.

Richmannsche Mischungsregel			
	Symbol	Einheit	Benennung
$C_A(T_f - T_A) \;=\; C_B(T_B - T_f)$	C_A, C_B	J/K	Wärmekapazität Stoff A, B
	T_A, T_B	K	Anfangstemperatur Stoff A, B
	T_f	K	Endtemperatur des Systems

Hierbei wird davon ausgegangen, dass kein Austausch von Wärme oder mechanischer Arbeit mit der Umgebung erfolgt. Die Prozessführung ist daher irreversibel: $\Delta S > 0$.
Die innere Energie U des Gesamtsystems bleibt konstant. Die Gesamtbilanz der Wärmemenge bleibt auch konstant, da die von einem System abgegebene Wärmemenge von dem anderen System aufgenommen wird. Die Entropie steigt jedoch an.

Mischungstemperatur = $\dfrac{\text{Summe (Wärmekapazitäten} \cdot \text{Temperatur)}}{\text{Summe Wärmekapazitäten}}$			Θ

	Symbol	Einheit	Benennung
$T_f = \dfrac{C_A T_A + C_B T_B}{C_A + C_B}$	T_f	K	Endtemperatur des Systems
	C_A, C_B	J/K	Wärmekapazität Stoff A, B
	T_A, T_B	K	Anfangstemperatur Stoff A, B
$= \dfrac{c_A m_A T_A + c_B m_B T_B}{c_A m_A + c_B m_B}$	c_A, c_B	J/(K kg)	spezifische Wärmekapazität Stoff A, b
	m_A, m_B	kg	Masse Stoff A, B

2. Systeme mit gleicher spezifischer Wärmekapazität

▲ Bei gleicher spezifischer Wärmekapazität $c_A = c_B = c$ hängt die Mischungstemperatur T_f nur noch von den Massen der Systeme m_A und m_B ab,

$$T_f = \frac{m_A T_A + m_B T_B}{m_A + m_B} \quad \text{für} \quad c_A = c_B.$$

Gleich große Systeme, $m_A = m_B$, erhalten als Mischungstemperatur den Mittelwert der Temperaturen

$$T_f = \frac{T_A + T_B}{2} \quad \text{für} \quad C_A = C_B.$$

Ist ein System **viel größer** als das andere ($m_B \gg m_A$ für $c_A = c_B$ bzw. $C_B \gg C_A$), so ist die Mischungstemperatur ungefähr gleich der Temperatur des größeren Systems,

$$T_f \approx \frac{C_A}{C_B} T_A + T_B \approx T_B \quad \text{für} \quad C_B \gg C_A.$$

Ein **Wärmebad** mit fester Temperatur muss eine viel größere Wärmekapazität haben als das im Bad erwärmte System. Wegen seiner hohen spezifischen Wärmekapazität eignet sich Wasser besonders gut als Träger des Wärmebades.

3. Mehrere Systeme mit verschiedenen spezifischen Wärmekapazitäten

Werden mehrere Systeme zusammengebracht, so gilt für die Endtemperatur:

$$T_f = \frac{C_1 T_1 + C_2 T_2 + C_3 T_3 + \dots}{C_1 + C_2 + C_3 + \dots} = \frac{c_1 m_1 T_1 + c_2 m_2 T_2 + c_3 m_3 T_3 + \dots}{c_1 m_1 + c_2 m_2 + c_3 m_3 + \dots}.$$

22.9.2 Reversible und irreversible Prozessführung

Im irreversiblen Fall (direkter Kontakt) gilt für die Endtemperatur

$$T_f = \frac{C_A T_A + C_B T_B}{C_A + C_B}.$$

Bei irreversibler Prozessführung (direkter Kontakt) gilt für das Gesamtsystem $\Delta U = \Delta Q = 0$.
Wird zwischen A und B eine Wärmekraftmaschine geschaltet, so ist die Prozessführung reversibel, und es gilt:

$$\Delta S = \Delta S_A + \Delta S_B = 0.$$

Für die Endtemperatur gilt:

$$T_f = {}^{C_A + C_B}\sqrt{T_A^{C_A} T_B^{C_B}}.$$

- **Reversible** Prozessführung ergibt das mit C_A, C_B gewichtete **geometrische Mittel** von T_A und T_B.
- **Irreversible** Prozessführung ergibt das mit C_A und C_B gewichtete **arithmetische Mittel**.

Reversibler Fall mit dimensionslosen Größen in Basis und Exponent:

$$T_f = T_A \cdot \left(1 + \frac{T_B - T_A}{T_A} \right)^{\frac{C_B}{C_A + C_B}}.$$

Für sehr kleine Temperaturunterschiede lässt sich der Potenzausdruck für den reversiblen Fall entwickeln. Man erhält in erster Ordnung die Formel des irreversiblen Falles.

▲   Die Endtemperatur im reversiblen Fall ist kleiner als die Endtemperatur im irreversiblen Fall, $T_f^{\text{rev}} < T_f^{\text{irr}}$.

Im reversiblen Fall ist die von der Wärmekraftmaschine geleistete Arbeit gegeben durch

$$\Delta W = \Delta U = C_A(T_f - T_A) + C_B(T_f - T_B).$$

22.10   Wärmeübertragung

Wärmeübertragung, **Wärmetransport**, kann durch drei verschiedene Mechanismen erfolgen.

a) Konvektion. Die Wärmeenergie wird durch das **Strömen** eines **Fluids** (flüssiges oder gasförmiges Material) transportiert.

■   Die Zufuhr von warmem Meerwasser aus den Tropen in die nördliche Erdhalbkugel durch den Golfstrom, Kühlung von Motoren durch Gebläse und Ventilatoren.

b) Wärmestrahlung, Ausstrahlung oder Aufnahme elektromagnetischer Strahlung. Jeder Körper mit endlicher Temperatur strahlt Wärme ab.

■   Einstrahlung der Sonne auf die Erde, Infrarotleuchten.

c) Wärmeleitung. Diese Form der Energieübertragung erfordert den direkten Kontakt zwischen zwei Körpern - die Teilchen des einen Körpers übertragen durch Stöße Energie auf die Teilchen des anderen Körpers.

■   Wärmeübertragung durch Fenster und Wände, Topf auf einer elektrischen Kochplatte.
    Wärmetransport ist für viele physikalische und chemische Vorgänge von Bedeutung.

■   Bei exothermen chemischen Reaktionen muss Wärme abgeführt werden, um die Sicherheit der Reaktionsanlage zu gewährleisten (Vermeidung des „Durchgehens" chemischer Reaktionen). Bei endothermen chemischen Reaktionen muss Wärme zugeführt werden, um die Reaktion aufrechtzuerhalten.

22.10.1   Wärmestrom

Wärmestrom, **Wärmefluss** Φ, SI-Einheit Watt (= Joule pro Sekunde), die pro Zeiteinheit übertragene Wärmemenge. Die differentielle Schreibweise wird durch den Grenzübergang des Zeitintervalls gegen null erhalten.

$\text{Wärmestrom} = \dfrac{\text{Wärmemenge}}{\text{Zeitintervall}}$			$\mathbf{ML^2T^{-3}}$
$\Phi = \dfrac{Q}{t}$ $\Phi = \lim\limits_{\Delta t \to 0} \dfrac{\Delta Q}{\Delta t} = \dfrac{\mathrm{d}Q}{\mathrm{d}t}$	Symbol	Einheit	Benennung
	Φ	$\mathrm{J/s} = \mathrm{W}$	Wärmestrom
	ΔQ	J	Wärmemenge
	Δt	s	Zeitintervall

■   Bei einem sich langsam (und gleichmäßig) abkühlenden Körper wird innerhalb von 15 Sekunden eine Wärmemenge von 90 Joule an die Umgebung abgegeben. Der Wärmestrom ist

$$\Phi = \frac{\Delta Q}{\Delta t} = \frac{90\,\mathrm{J}}{15\,\mathrm{s}} = 6\,\mathrm{W}.$$

M   Der Wärmestrom kann über das Wärmedurchgangsgesetz (s. S. 698) bestimmt werden, indem man an eine Wärmekontaktstelle eine kleine mit Thermofühlern versehene Matte mit bekannter Wärmeleitzahl (s. S. 692) anbringt und den Temperaturunterschied auf beiden Seiten der Matte misst. Der Vorteil dieser Messung ist, dass man keine genauen Informationen über das Material an der Kontaktstelle benötigt. Nachteilig ist, dass die Messung den Wärmestrom beeinflusst und daher nur mit begrenzter Genauigkeit durchgeführt werden kann.

22.10.2 Wärmeübergang

1. Wärmeübergang,

Wärmetransport zwischen zwei Stoffen verschiedener Temperatur durch die Trennfläche hindurch. Wärmeleitung, Konvektion und Wärmestrahlung treten gemeinsam auf (**Abb. 22.18**).

▲ Die ausgetauschte Wärme ist proportional dem Produkt der Oberfläche, der Temperaturdifferenz und der Zeitdauer.

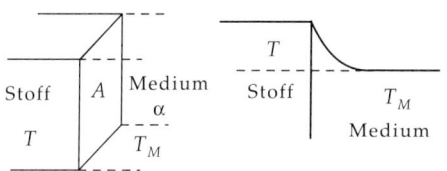

Abbildung 22.18: Wärmeübergang

2. Wärmeübergangskoeffizient,

auch **Wärmeübergangszahl**, α, SI-Einheit Watt pro Kelvin und pro Quadratmeter. Proportionalitätsfaktor, der die Stärke des Wärmeübergangs bestimmt.

Die Wärmeübergangszahl beschreibt die Fähigkeit eines Mediums (Gas oder Flüssigkeit), Wärme von einem Stoff abzuführen.

Die Wärmeübergangszahl hängt von Eigenschaften des wärmeableitenden Mediums (spezifische Wärme, Dichte, Wärmeleitzahl) sowie von der Oberfläche des erwärmten oder abgekühlten Stoffes ab.

Wärme ~ Fläche · Temperaturdifferenz · Zeit			$\mathbf{ML^2T^{-2}}$
	Symbol	Einheit	Benennung
	ΔQ	J	abgegebene Wärme
	α	$W/(K\,m^2)$	Wärmeübergangskoeffizient
$\Delta Q = \alpha \cdot A \cdot (T - T_M) \cdot \Delta t$	A	m^2	Kontaktfläche
	T	K	Temperatur Stoff
	T_M	K	Temperatur Medium
	Δt	s	Zeitintervall

Das Zeitintervall Δt darf nicht zu groß sein, da durch den Wärmeaustausch auch eine Temperaturänderung entsteht.

Da nur Temperaturdifferenzen auftreten, können diese auch in Grad Celsius angegeben werden.

■ Ein 70 °C heißer Eisenwürfel von 30 cm Kantenlänge kühlt sich an der Luft (20 °C) ab. Die Abkühlung an der Bodenfläche sei vernachlässigbar, so dass nur fünf Seitenflächen zum Wärmeaustausch beitragen.

$A = 5 \cdot (30\,\text{cm})^2 = 0.45\,\text{m}^2$

Der Wärmeverlust während einer halben Minute ist

$Q = \alpha A t (T_A - T_B) = 5.8\,\dfrac{\text{W}}{\text{m}^2\,\text{K}} \cdot 0.45\,\text{m}^2 \cdot 30\,\text{s} \cdot 50\,°\text{C} = 3.915\,\text{kJ}.$

▲ Die Strömungsgeschwindigkeit des ableitenden Mediums ist für Abkühlungsprozesse sehr wichtig. Wärmeübergangskoeffizienten s. **Tab. 23.4/3**.

Ihre Größenordnung umfasst einen weiten Bereich, je nachdem ob man ruhende Gase (um 10 W/(m² K)), stark bewegte Gase (um 100 W/(m² K)), Wasser (einige 100 bis einige tausend W/(m² K)) oder gar kondensierenden Wasserdampf (über 10000 W/(m² K)) betrachtet.

3. Wärmestrom

Wärmestrom beim Wärmeübergang:

Wärmestrom $\sim$ Fläche · Temperaturdifferenz			$\mathbf{ML^2T^{-3}}$
	Symbol	Einheit	Benennung
	Φ	J/s	Wärmestrom
$\Phi \;=\; \dfrac{dQ}{dt} = \alpha \cdot A \cdot (T - T_M)$	α	$W/(K\,m^2)$	Wärmeübergangskoeffizient
	A	m^2	Kontaktfläche
	T	K	Temperatur Stoff
	T_M	K	Temperatur Medium

4. Zeitverlauf der Abkühlung durch Wärmeübergang

Die Temperaturkurve folgt im stationären Fall einer Exponentialfunktion. Die Abkühlungsgeschwindigkeit wird von der Kontaktoberfläche und der Wärmekapazität des abgekühlten/aufgewärmten Stoffes beeinflusst.

Da der Wärmestrom, die Änderung der abgegebenen Wärmemenge mit der Zeit, proportional der Temperatur ist, andererseits jede Wärmeabgabe die Temperatur verändert, wird die Änderung der Temperaturdifferenz $T_d = T_{\text{Stoff}} - T_{\text{Medium}}$ durch eine Differentialgleichung beschrieben, deren Lösung eine Exponentialfunktion ist:

Temperaturverlauf bei Abkühlung			Θ
	Symbol	Einheit	Benennung
	T	K	Temperatur Stoff
$\dfrac{dT_d}{dt} \;=\; \dfrac{-\alpha \cdot A}{C} \cdot T_d$	T_0	K	Anfangstemperatur
	T_M	K	Temperatur Medium
$T(t) \;=\; (T_0 - T_M)\,e^{-\frac{\alpha A}{C}t} + T_M$	α	$W/(K\,m^2)$	Wärmeübergangskoeffizient
	A	m^2	Kontaktfläche
	C	J/K	Wärmekapazität Stoff
	t	s	verstrichene Zeit

▲   Die Wärmekapazität des wärmeableitenden Mediums soll dabei viel größer sein als die Wärmekapazität des abgekühlten/erwärmten Stoffes.

22.10.3   Wärmeleitung

1. Wärmeleitung,

Wärmeübertragung in einem Medium als Energietransport infolge von Stoßprozessen zwischen benachbarten Molekülen. Wärmeleitung in einem ruhenden Medium beinhaltet keine Konvektion. In einem bewegten Medium tritt neben der Wärmeleitung noch Wärmeübertragung durch Konvektion auf.

Wärme $\sim \dfrac{\text{Fläche}}{\text{Dicke}} \cdot$ Temperaturdifferenz · Zeit			$\mathbf{ML^2T^{-2}}$
	Symbol	Einheit	Benennung
	ΔQ	J	übertragene Wärme
$\Delta Q \;=\; \lambda \cdot \dfrac{A}{s} \cdot (T_A - T_B) \cdot \Delta t$	λ	$W/(K\,m)$	Wärmeleitzahl
	A	m^2	Kontaktfläche
	s	m	Wanddicke
	Δt	s	Zeitintervall

Definition mit dem Wärmestrom:

Wärmestrom $\sim \dfrac{\textbf{Fläche}}{\textbf{Dicke}} \cdot$ **Temperaturdifferenz**			$\textbf{ML}^2\textbf{T}^{-3}$
	Symbol	Einheit	Benennung
$\Phi = \dfrac{dQ}{dt} = \lambda \cdot \dfrac{A}{s} \cdot (T_A - T_B)$	Φ	J/s	Wärmestrom
	λ	W/(K m)	Wärmeleitzahl
	A	m^2	Kontaktfläche
	s	m	Wanddicke

■ Der Wärmeverlust pro Sekunde durch eine 5 mm dicke Glaswand (1 m^2) beträgt bei einer Temperaturdifferenz von 20 K

$$\Phi = \lambda \frac{A}{s}(T_A - T_B) = 1 \ \frac{W}{m \ K} \cdot \frac{1 \ m^2}{0.005 \ m} \cdot 20 \ K = 4 \ kW.$$

2. Wärmeleitfähigkeit,

thermische Leitfähigkeit, **Wärmeleitzahl**, λ, SI-Einheit Watt pro Kelvin und pro Meter, beschreibt die Materialeigenschaft, Wärme zu leiten.

Die Wärmeleitfähigkeit wird von inneren Eigenschaften des Materials bestimmt. Wichtig sind dabei die Dichte des Stoffes, die spezifische Wärme und die mittlere freie Weglänge.

Wärmeleitzahlen s. Tab. 23.3.

■ Die Wärmeleitzahl liegt bei Metallen bei einigen hundert W/(m K), bei Flüssigkeiten um 0.1 - 1W/(m K) und bei Gasen um 0.02 W/(m K).

3. Mikroskopische Beschreibung der Wärmeleitung

In Gasen stoßen die Gasteilchen zusammen, tauschen Impuls und Energie aus und fliegen mit veränderten Geschwindigkeiten weiter. Diese Stoßprozesse sind für den Transport von Energie und Materie von großer Bedeutung.

Mittlere freie Weglänge, l, gibt an, wie lang die Wegstrecke eines Teilchens (Atom, Molekül, oder - in Metallen - Elektron) zwischen zwei Stößen mit anderen Teilchen ist.

Durchschnittliche Geschwindigkeit, **mittlere Geschwindigkeit**, $\bar{v}$, das arithmetische Mittel der Geschwindigkeiten (ohne Berücksichtigung der Richtungen).

Für eine Maxwell-Boltzmann-Verteilung (s. S. 601) gilt:

$$\bar{v} = \sqrt{\frac{8kT}{\pi m_N}} = \sqrt{\frac{8}{3\pi}} \sqrt{\bar{v^2}}.$$

Wärmeleitfähigkeit , λ, Fähigkeit des Systems, Wärme zu transportieren.

Wärmeleitfähigkeit (mikroskopisch)			$\textbf{MLT}^{-3}\Theta^{-1}$
	Symbol	Einheit	Benennung
$\lambda = \dfrac{1}{3}\bar{v}l\rho c_V$	λ	W/(K m)	Wärmeleitfähigkeit
	$\bar{v}$	m/s	mittlere Geschwindigkeit
	l	m	mittlerer freier Weg
	ρ	kg/m^3	Dichte
	c_V	J/(K kg)	spez. Wärme bei konstantem Volumen

➤ Man kann statt des Produkts aus Dichte und spezifischer Wärmekapazität auch das Produkt aus molarer Dichte und molarer Wärmekapazität oder das Produkt aus Teilchendichte und spezifischer Wärme pro Teilchen verwenden.

Für einatomige Gase ($f = 3$ Freiheitsgrade) gilt:

Wärmeleitung (einatomiges Gas)			$MLT^{-3}\Theta^{-1}$
	Symbol	Einheit	Benennung
$\lambda = \frac{1}{2}k\bar{v}l\rho_N$	λ	W/(K m)	Wärmeleitfähigkeit
	k	J/K	Boltzmann-Konstante
$k = 1.38066 \cdot 10^{-23}$ J/K	$\bar{v}$	m/s	mittlere Geschwindigkeit
	l	m	mittlerer freier Weg
	ρ_N	$1/m^3$	Teilchendichte

4. Wärmeleitfähigkeit in Gasgemischen

Bei Gasgemischen lässt sich die Wärmeleitfähigkeit des Gemisches näherungsweise additiv aus den Wärmeleitfähigkeiten, gewichtet mit der relativen Konzentration des Gases, berechnen:

Gesamtwärmeleitfähigkeit des Gemisches			$MLT^{-3}\Theta^{-1}$
	Symbol	Einheit	Benennung
$\lambda = x_1\lambda_1 + x_2\lambda_2 + \ldots$	λ	W/(m K)	Gesamtwärmeleitfähigkeit
$x_1 = \dfrac{n_1}{n_1 + n_2 + \ldots}$	x_1	1	Molenbruch Gas 1
	λ_1	W/(m K)	Wärmeleitfähigkeit Gas 1
	n_1	mol	Teilchenmenge Gas 1

➤   Die Messung der Leitfähigkeit von Gasen ist eine wichtige Methode zur Analyse von Gasen, insbesondere zur Untersuchung von Gasen auf Fremdbeimengungen (Gaschromatographie).

M   Die Messung der Wärmeleitfähigkeit von Gasen zum Zwecke der Analyse von Fremdbeimengungen erfolgt durch Vergleichsmessung mit einem Kontrollgas ohne Beimengungen (**Abb. 22.19**). Die zu messenden Gase (M) und Vergleichsgase (V) sind in Kammern und werden dort von Heizdrähten aufgeheizt. Die Heizdrähte sind in einer Art Wheatstone-Schaltung (siehe Wheatstone-Brücke) aufgebaut, die auf Null abgestimmt wird. Bei Konzentrationsänderung im Messgas ändert sich die Wärmeleitfähigkeit des Messgases und damit auch die Wärmeabgabe am Heizdraht. Dadurch verändert sich die Temperatur des Heizdrahts und damit sein elektrischer Widerstand. Das Messgerät zeigt ein elektrisches Spannungsgefälle, das proportional zur Störung der Wärmeleitfähigkeit und damit proportional zur Konzentration des Fremdgases ist.

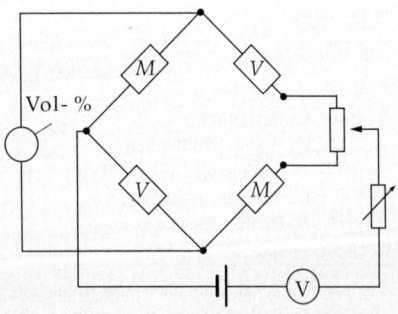

Abbildung 22.19: Wärmeleitungsmessung: Wheatstone-Schaltung mit zu messendem Gas (M) und Vergleichsgas (V)

5. Wärmeleitung durch mehrere Wände mit gleicher Oberfläche

Wärmeleitung durch mehrere Wände der Dicken $s_1, s_2, \ldots$ bei gleicher Oberfläche und Wärmeleitzahl:

$$\Phi = \frac{\lambda \cdot A}{s_1 + s_2 + \ldots}(T_A - T_B).$$

Wärmeleitung bei unterschiedlichen Wärmeleitzahlen und gleicher Dicke:

$$\Phi = \frac{1}{\dfrac{1}{\lambda_1} + \dfrac{1}{\lambda_2} + \dfrac{1}{\lambda_3} + \ldots + \dfrac{1}{\lambda_n}} \frac{A}{s}(T_A - T_B).$$

Wärmeleitung bei unterschiedlichen Wärmeleitzahlen und unterschiedlichen Dicken:

$$\Phi = \frac{1}{\dfrac{s_1}{\lambda_1} + \dfrac{s_2}{\lambda_2} + \dfrac{s_3}{\lambda_3} + \ldots} A(T_A - T_B).$$

■ Hinter einer 5 mm dicken Glaswand von 1 m² Fläche wird eine 2 cm dicke Holzwand gleicher Fläche angebracht ($\lambda = 0.2\,\mathrm{W/(m\,K)}$). Der Wärmeverlust pro Sekunde beträgt bei 20 °C Temperaturunterschied

$$\Phi = \frac{A(T_A - T_B)}{s_1/\lambda_1 + s_2/\lambda_2},$$

$$= \frac{1\,\mathrm{m}^2 \cdot 20\,°\mathrm{C}}{(0.005\,\mathrm{m}/(1\,\mathrm{W/(m\,K)})) + (0.02\,\mathrm{m}/(0.2\,\mathrm{W/(m\,K)}))} = 190.5\,\mathrm{W}.$$

6. Wärmestrom durch einschichtige Rohrwand

Wärmestrom $\sim \dfrac{2\pi\,\text{Rohrlänge}}{\ln(\text{Durchmesserverhältnis})}$		$\mathbf{ML^2T^{-3}}$		
$\Phi = \dfrac{2\pi l}{\ln\left(\dfrac{d_A}{d_I}\right)}\lambda(T_A - T_B)$	Symbol	Einheit	Benennung	
	Φ	W	Wärmestrom	
	d_I	m	Innendurchmesser Rohr	
	d_A	m	Außendurchmesser Rohr	
$= \dfrac{2\pi l}{\ln\left(\dfrac{d_I + 2s}{d_I}\right)}\lambda(T_A - T_B)$	s	m	Wanddicke Rohr	
	l	m	Länge des Rohres	
	λ	W/(K m)	Wärmeleitzahl	
	T	K	Temperatur	

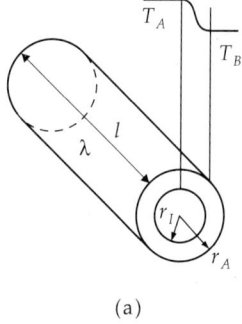

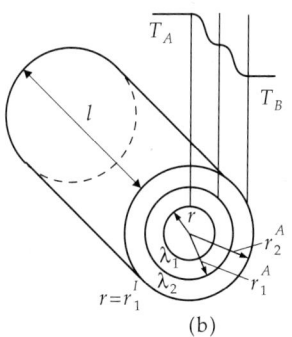

(a)   (b)

Abbildung 22.20: Wärmeleitung in einem Rohr. (a): Rohr ohne Mantel, (b): Rohr mit Mantel

■   Der Wärmestrom durch eine 3 m lange und 4 cm dicke Stahlbetonröhre (Innendurchmesser 40 cm) ist bei 25 °C Temperaturunterschied

$$\Phi = \frac{2\pi l}{\ln\left(\dfrac{d_I + 2s}{d_I}\right)} \lambda (T_A - T_B) = \frac{2\pi \cdot 3\,\text{m}}{\ln\left(\dfrac{0.4 + 0.08\,\text{m}}{0.4\,\text{m}}\right)} \cdot 1\,\frac{\text{W}}{\text{m K}} \cdot 25\,^\circ\text{C} = 2.6\,\text{kW}.$$

Wärmestrom durch mehrschichtige Rohrwand:

$$\Phi = \left[\frac{1}{2\pi l \lambda_1}\ln\left(\frac{d_1^A}{d_1^I}\right) + \frac{1}{2\pi l \lambda_2}\ln\left(\frac{d_2^A}{d_2^I}\right) + \ldots\right]^{-1} (T_A - T_B),$$

$$= \left[\frac{1}{2\pi l \lambda_1}\ln\left(\frac{d_1^I + 2s_1}{d_1^I}\right) + \frac{1}{2\pi l \lambda_2}\ln\left(\frac{d_1^I + 2s_1 + 2s_2}{d_1^I + 2s_1}\right) + \ldots\right]^{-1} (T_A - T_B).$$

Die Röhren müssen direkt ineinanderpassen, d.h., der Innenradius von Röhre 2 muss gleich dem Außenradius von Röhre 1 sein, $d_1^A = d_2^I$.

▲   Luftspalte müssen wie eigene Röhren mit der Wärmeleitzahl von Luft behandelt werden.

22.10.4   Wärmewiderstand

1.   Definition des Wärmewiderstands

Wärmewiderstand, R_{th}, SI-Einheit Kelvin pro Watt, Proportionalitätsfaktor zwischen Wärmestrom und Temperaturdifferenz.

Wärmewiderstand $= \dfrac{\textbf{Temperaturdifferenz}}{\textbf{Wärmestrom}}$			$\mathbf{M^{-1}L^{-2}T^3\Theta}$
$R_{th} = \dfrac{T_A - T_B}{\Phi}$	**Symbol**	**Einheit**	**Benennung**
	R_{th}	K/W	Wärmewiderstand
	T	K	Temperatur
	Φ	W	Wärmestrom

▲   Der Wärmewiderstand hängt von der Wärmeleitzahl, der Wanddicke und der Querschnittsfläche ab.

Wärmewiderstand $= \dfrac{\textbf{Wanddicke}}{\textbf{Wärmeleitzahl} \cdot \textbf{Oberfläche}}$			$\mathbf{M^{-1}L^{-2}T^3\Theta}$
$R_{th} = \dfrac{s}{\lambda A}$	**Symbol**	**Einheit**	**Benennung**
	R_{th}	K/W	Wärmewiderstand
	s	m	Wanddicke
	λ	W/(K m)	Wärmeleitzahl
	A	m^2	Oberfläche

2.   Analogien zur Elektrizitätslehre

Der (elektrische) Widerstand beeinflusst die (elektrische) Stromstärke bei gegebener Temperatur- (Spannungs-)differenz.

Analogien zwischen Größen der Thermodynamik und der Elektrizitätslehre:

Temperaturdifferenz	ΔT	entspricht	Potentialdifferenz (=Spannung)	U
Wärmestrom	Φ	entspricht	Stromstärke	I
Wärmewiderstand	R_{th}	entspricht	elektrischem Widerstand	R
Wärmeleitwert	λ	entspricht	elektrischer Leitfähigkeit	κ
Wände hintereinander		entsprechen	elektrischen Widerständen in Reihe	

▲   Analog zum elektrischen Widerstand hängt der thermische Widerstand von Oberfläche und Länge des Widerstands (Dicke der Wand) und der (spezifischen) Leitfähigkeit ab.

3. Ohmsches Gesetz der Thermodynamik

Der Zusammenhang zwischen Temperatur, Wärmestrom und Wärmewiderstand kann formal wie das Ohmsche Gesetz geschrieben werden.

$\text{Wärmestrom} = \dfrac{\text{Temperaturdifferenz}}{\text{Wärmewiderstand}}$			$\mathbf{ML^2T^{-3}}$
$\Phi = \dfrac{T_A - T_B}{R_{th}}$	Symbol	Einheit	Benennung
	Φ	W	Wärmestrom
	T	K	Temperatur
	R_{th}	K/W	Wärmewiderstand

4. Reihenschaltung mehrerer Wärmewiderstände

Sind mehrere Wände (Wärmewiderstände) hintereinander gesetzt, so wird dies analog zur Reihenschaltung elektrischer Widerstände behandelt (**Abb. 22.21**).

$\text{Gesamtwiderstand} = \text{Summe Einzelwiderstände}$			$\mathbf{M^{-1}L^{-2}T^3\Theta}$
	Symbol	Einheit	Benennung
$R_{ges} = R_1 + R_2 + R_3 + \ldots$	R_{ges}	K/W	Gesamtwiderstand
	$R_1, R_2, \ldots$	K/W	Widerstand Wand 1, 2, …
$R_1 = \dfrac{s_1}{\lambda_1 A_1},$	$s_1, s_2, \ldots$	m	Dicke Wand 1, 2, …
	$\lambda_1, \lambda_2, \ldots$	W/(K m)	Wärmeleitzahl Wand 1, 2, …
$R_2 = \dfrac{s_2}{\lambda_2 A_2}$	$A_1, A_2, \ldots$	m^2	Oberfläche Wand 1, 2, …

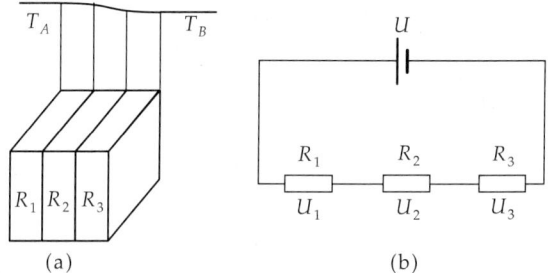

(a) (b)

Abbildung 22.21: Wärmewiderstand. (a): Reihenschaltung von Wärmewiderständen, (b): elektrisches Analogon

$\text{Gesamtwärmestrom} = \dfrac{\text{Temperaturdifferenz}}{\text{Summe Einzelwiderstände}}$			$\mathbf{ML^2T^{-3}}$
$\Phi = \dfrac{T_A - T_B}{R_1 + R_2 + \ldots}$	Symbol	Einheit	Benennung
	Φ	W	Wärmestrom
	T_A, T_B	K	Temperaturen
	R_1, R_2	K/W	Widerstand Wand 1, 2

22.10.5   Wärmedurchgang

1.   Wärmedurchgang,

Wärmeübertragung zwischen zwei flüssigen oder gasförmigen Stoffen A und B durch eine Wand (oder mehrere Wände; **Abb. 22.22**).

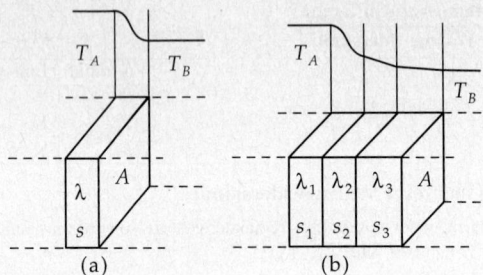

Abbildung 22.22: Wärmeleitung. (a): durch eine Wand, (b): durch mehrere Wände

Die Wärmeübertragung vollzieht sich in folgenden Schritten (**Abb. 22.23**):

- Wärmeübergang vom Stoff A zur ersten Wand: Wärmeübergangskoeffizient α_1.
- Wärmeleitung durch Wand 1 mit der Dicke s_1: Wärmeleitzahl λ_1.
- Wärmeleitung durch weitere Wände.
- Wärmeübergang von letzter Wand zum Stoff B: Wärmeübergangskoeffizient α_2.

■ Thermofenster sind Fenster mit möglichst geringem Wärmeverlust. Der Wärmedurchgang erfolgt durch den Übergang zur Innenglasscheibe, die Wärmeleitung durch eine Glaswand, ein Gasgemisch, eine weitere Glaswand und den Übergang zur Außenluft.

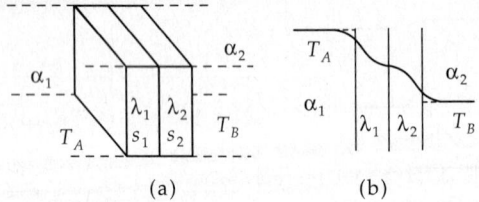

Abbildung 22.23: Wärmedurchgang durch mehrere Schichten. (a): Schichtanordnung, (b): Temperaturverlauf

2.   Wärmestrom und Wärmewiderstand

Beschreibung des Wärmestromes über den Wärmewiderstand:

Wärmestrom $= \dfrac{\textbf{Temperaturdifferenz}}{\textbf{Summe Einzelwiderstände}}$		$\mathbf{ML^2T^{-3}}$
$\Phi = \dfrac{T_A - T_B}{R_A + R_B + R_1 + R_2 + \dots}$	**Symbol** | **Einheit** | **Benennung**	

Symbol	Einheit	Benennung
Φ	W	Wärmestrom
T	K	Temperatur
R_A, R_B	K/W	Wärmewiderstand Medium A, B
R_1, R_2	K/W	Wärmewiderstand Wand 1, 2

Für die Wärmewiderstände der Medien vor und nach den Wänden gilt:

$\text{Wärmewiderstand} = \dfrac{1}{\text{Wärmeübergangszahl} \cdot \text{Fläche}}$			$M^{-1}L^{-2}T^3\Theta$
$\begin{aligned} R_A &= \dfrac{1}{\alpha_1 A} \\[4pt] R_B &= \dfrac{1}{\alpha_2 A} \end{aligned}$	Symbol	Einheit	Benennung
	R_A, R_B	K/W	Wärmewiderstand Medium A, B
	α_1, α_2	$W/(K\,m^2)$	Wärmeübergangszahl Medium A, B
	A	m^2	Kontaktoberfläche

Für die Wärmewiderstände der Wände gilt:

$\text{Wärmewiderstand} = \dfrac{\textbf{Wanddicke}}{\textbf{Wärmeleitzahl} \cdot \textbf{Oberfläche}}$			$M^{-1}L^{-2}T^3\Theta$
$\begin{aligned} R_1 &= \dfrac{s_1}{\lambda_1 A} \\[4pt] R_2 &= \dfrac{s_2}{\lambda_2 A} \cdots \end{aligned}$	Symbol	Einheit	Benennung
	R_1, R_2	K/W	Widerstand Wand 1, 2
	s_1, s_2	m	Dicke Wand 1, 2
	λ_1, λ_2	$W/(K\,m)$	Wärmeleitzahl Wand 1, 2
	A_1, A_2	m^2	Oberfläche Wand 1, 2

Beschreibung des Wärmestromes nach direktem Einsetzen:

$$\Phi = \frac{1}{\dfrac{1}{\alpha_1} + \dfrac{1}{\alpha_2} + \dfrac{s_1}{\lambda_1} + \dfrac{s_2}{\lambda_2} + \cdots} \cdot A(T_A - T_B).$$

■ Eine Zimmerwand besteht aus zwei 9 cm dicken Ziegelreihen mit einem 5 cm dicken Luftspalt dazwischen. Die Verlustwärme pro Sekunde und Quadratmeter beträgt bei 15 °C Temperaturunterschied

$$\begin{aligned}
Q &= \frac{A t (T_A - T_B)}{1/\alpha_1 + 1/\alpha_2 + s_1/\lambda_1 + s_2/\lambda_2 + s_3/\lambda_3} \\[6pt]
&= \frac{1\,m^2 \cdot 1\,s \cdot 15\,°C}{2 \cdot (1/(8.1\,W/(m^2\,K))) + 0.05\,m/(0.026\,W/(m\,K)) + 2 \cdot 0.09\,m/(0.6\,W/(m\,K))} \\[6pt]
&= 6.07\,J.
\end{aligned}$$

3. Wärmedurchgangskoeffizient

Wärmedurchgangskoeffizient, **Wärmedurchgangszahl**, **k-Wert**, k, SI-Einheit Watt pro Kelvin und pro Quadratmeter, beschreibt den gesamten Wärmedurchgang zwischen zwei durch Wände getrennten Medien. Er wird für viele Systeme (zum Beispiel Gebäudewände mit festen Mauerdicken) tabelliert (s. **Tab. 23.4/1** und **Tab. 23.4/2**).

$\textbf{Wärmestrom} \sim \textbf{Fläche} \cdot \textbf{Temperaturdifferenz}$			ML^2T^{-3}
$\Phi = k \cdot A \cdot (T_A - T_B)$	Symbol	Einheit	Benennung
	Φ	W	Wärmestrom
	k	$W/(K\,m^2)$	Wärmedurchgangszahl
	A	m^2	Querschnittsfläche
	T	K	Temperatur

Berechnung der Wärmedurchgangszahl:

$$\frac{1}{\textbf{Wärmedurchgangszahl}} = \frac{1}{\textbf{Wärmeübergangszahl}} + \frac{1}{\textbf{Wärmeleitzahl}} \qquad \boxed{\textbf{M}^{-1}\textbf{T}^3\Theta}$$

		Symbol	Einheit	Benennung
$\dfrac{1}{k}$	$= \dfrac{1}{\alpha_1} + \dfrac{1}{\alpha_2}$	k	$W/(K\,m^2)$	Wärmedurchgangszahl
		α_1, α_2	$W/(K\,m^2)$	Wärmeübergangszahl Medium A, B
	$+ \dfrac{s_1}{\lambda_1} + \dfrac{s_2}{\lambda_2} + \dots$	s_1, s_2	m	Dicke Wand 1, 2
		λ_1, λ_2	$W/(K\,m)$	Wärmeleitzahl Wand 1, 2

Zusammenhang mit dem Gesamtwiderstand:

$$\textbf{Wärmewiderstand} = \frac{1}{\textbf{Wärmedurchgangszahl} \cdot \textbf{Fläche}} \qquad \boxed{\textbf{M}^{-1}\textbf{L}^{-2}\textbf{T}^3\Theta}$$

		Symbol	Einheit	Benennung
R_{ges}	$= \dfrac{1}{kA}$	R	K/W	Wärmewiderstand
		k	$W/(K\,m^2)$	Wärmedurchgangszahl
	$= R_A + R_B + R_1 + R_2 + \dots$	A	m^2	Querschnittsfläche

4. Wärmedurchgang durch ein ummanteltes Rohr

Beschreibung des Wärmestromes über den Wärmewiderstand:

$$\textbf{Wärmestrom} = \frac{\textbf{Temperaturdifferenz}}{\textbf{Summe Einzelwiderstände}} \qquad \boxed{\textbf{ML}^2\textbf{T}^{-3}}$$

		Symbol	Einheit	Benennung
Φ	$= \dfrac{T_A - T_B}{R_A + R_B + R_1 + R_2 + \dots}$	Φ	W	Wärmestrom
		T	K	Temperatur
		R_A, R_B	K/W	Wärmewiderstand Medium A, B
		R_1, R_2	K/W	Wärmewiderstand Rohr 1, 2 …

Für die Wärmewiderstände der Medien gilt:

$$\textbf{Wärmewiderstand} = \frac{1}{\textbf{Wärmeübergangszahl} \cdot \textbf{Fläche}} \qquad \boxed{\textbf{M}^{-1}\textbf{L}^{-2}\textbf{T}^3\Theta}$$

		Symbol	Einheit	Benennung
R_A	$= \dfrac{1}{l \cdot \pi d_1^l \cdot \alpha_1}$	R_A, R_B	K/W	Wärmewiderstand Medium A, B
		α_1, α_2	$W/(K\,m^2)$	Wärmeübergangszahl Medium A, B
		d_1^l	m	Innendurchmesser Rohr 1
R_B	$= \dfrac{1}{l \cdot \pi d^A \alpha_2}$	l	m	Rohrlänge
		d^A	m	Außendurchm. äußerstes Rohr

Für die Wärmewiderstände der Rohrwände gilt (**Abb. 22.24**)

$$\textbf{Wärmewiderstand} = \frac{\ln(\textbf{Durchmesserverhältnis})}{\textbf{Wärmeleitzahl} \cdot \textbf{Rohrlänge}} \qquad \boxed{\textbf{M}^{-1}\textbf{L}^{-2}\textbf{T}^3\Theta}$$

		Symbol	Einheit	Benennung
R_1	$= \dfrac{1}{2\pi l \lambda_1} \ln\left(\dfrac{d_1^A}{d_1^l}\right)$	R_1, R_2	K/W	Widerstand Rohr 1, 2
		d_1^l	m	Innendurchmesser Rohr 1
		d_1^A	m	Außendurchmesser Rohr 1
R_2	$= \dfrac{1}{2\pi l \lambda_2} \ln\left(\dfrac{d_2^A}{d_2^l}\right)$	λ_1	$W/(K\,m)$	Wärmeleitzahl Rohr 1
		l	m	Rohrlänge

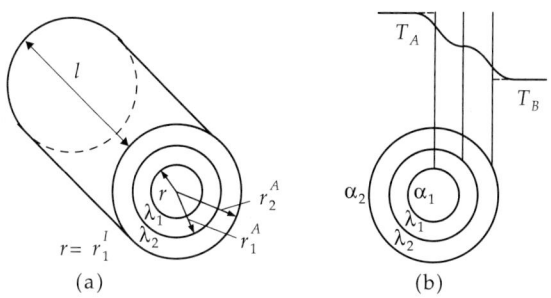

Abbildung 22.24: Wärmedurchgang durch mehrere Rohrschichten. (a): Rohraufbau, (b): Temperaturverlauf

Der Außendurchmesser eines inneren Rohres ist immer gleich dem Innendurchmesser des nächstäußeren Rohres:

$$d_1^A = d_2^I, \quad d_2^A = d_3^I, \quad \dots$$

➤ Befindet sich zwischen zwei Rohren ein Luftspalt, so muss dieser wie ein Rohr mit der Wärmeleitfähigkeit von Luft betrachtet werden.

Wärmeübergangswiderstände bei Formulierung mit Rohrdicken:

$$\textbf{Wärmewiderstand} = \frac{1}{\textbf{Wärmeübergangszahl} \cdot \textbf{Fläche}} \qquad \mathbf{M^{-1}L^{-2}T^3\Theta}$$

$$R_A = \frac{1}{l \cdot \pi d \cdot \alpha_1}$$

$$R_B = \frac{1}{l \cdot \pi \cdot (d + 2s_1 + 2s_2) \cdot \alpha_2}$$

Symbol	Einheit	Benennung
R_A, R_B	K/W	Widerstand Medium A, B
α_1, α_2	W/(K m²)	Wärmeübergangszahl A, B
s_1, s_2	m	Wanddicke Rohr 1, 2
d	m	Innendurchmesser Rohr 1
l	m	Rohrlänge

Wärmewiderstände der Rohrwände:

$$\textbf{Wärmewiderstand} = \frac{\ln(\textbf{Durchmesserverhältnis})}{\textbf{Wärmeleitzahl} \cdot \textbf{Rohrlänge}} \qquad \mathbf{M^{-1}L^{-2}T^3\Theta}$$

$$R_1 = \frac{1}{2\pi l \lambda_1} \ln\left(\frac{d + 2s_1}{d}\right)$$

$$R_2 = \frac{1}{2\pi l \lambda_2} \ln\left(\frac{d + 2s_1 + 2s_2}{d + 2s_1}\right)$$

Symbol	Einheit	Benennung
R_1, R_2	K/W	Widerstand Rohr 1, 2
λ_1	W/(K m)	Wärmeleitzahl Rohr 1
s_1	m	Wanddicke Rohr 1
d	m	Innendurchmesser Rohr 1
l	m	Rohrlänge

Gesamtwiderstand:

$$\begin{aligned}
R_{\text{ges}} = \;& \frac{1}{l\pi d\alpha_1} + \frac{1}{l\pi(d + 2s_1 + 2s_2)\alpha_2} + \frac{1}{2\pi l \lambda_1} \ln\left(\frac{d + 2s_1}{d}\right) \\
& + \frac{1}{2\pi l \lambda_2} \ln\left(\frac{d + 2s_1 + 2s_2}{d + 2s_1}\right) + \dots
\end{aligned}$$

➤ Bei Rohren kann auch formell eine Wärmedurchgangszahl angegeben werden. Hier ist es jedoch sinnvoller, statt einer Größe, die mit der Fläche skaliert, eine mit der Rohrlänge skalierende Größe anzugeben. Entsprechende Angaben finden sich in der speziellen Fachliteratur.

22.10.6 Wärmestrahlung

Wärmestrahlung, von jedem Körper mit endlicher Temperatur $T \neq 0$ K ausgesendete elektromagnetische Strahlung.

Stefan-Boltzmann-Gesetz, Zusammenhang zwischen der von einer Fläche A mit der Temperatur T abgestrahlten Wärmeenergie pro Zeiteinheit und der Temperatur.

▲   Die abgestrahlte Leistung wächst mit der vierten Potenz der Temperatur an.

Stefan-Boltzmann-Konstante, **Strahlungskonstante des Schwarzen Körpers** σ,

$$\sigma = 5.67 \cdot 10^{-8} \text{ W/m}^2 \cdot \text{K}^4.$$

Emissionsgrad $\varepsilon \leq 1$, eine dimensionslose Größe, die stark vom Material und von der Oberflächenbeschaffenheit des strahlenden Körpers sowie von seiner Temperatur abhängt.

Die **Frequenzabhängigkeit** der Wärmestrahlung wird durch das **Plancksche Strahlungsgesetz** (s. S. 742) beschrieben.

Durch Wärmestrahlung wird der Erde von der Sonne Wärmeenergie zugeführt. Der Betrag der pro Zeit- und Flächeneinheit aufgenommenen Wärmeenergie wird **Solarkonstante** genannt. Ihr Betrag ist nach DIN-Norm:

$$q_S = 1.37 \text{ kW/m}^2.$$

Nach CIE-Norm ist $q_s = 1.35$ kW/m^2.

22.10.7 Strahlungsaufnahme

Bei einem Wärmetransport kann keine Strahlungsenergie verloren gehen. Trifft Strahlung auf einen Stoff auf, dann sind folgende Prozesse möglich (**Abb. 22.25**):

*   **Absorption**: Die Strahlung wird aufgenommen und in eine andere Energieform umgewandelt.
*   **Transmission**: Die Strahlung passiert den Stoff ungehindert.
*   **Reflexion**: Die Strahlung wird zurückgeworfen.

Abbildung 22.25: Strahlungsaufnahme.
(a): Absorption, (b): Transmission,
(c): Reflexion

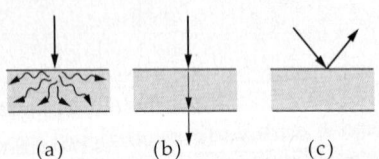

(a)   (b)   (c)

Die drei Effekte treten nicht alternativ zueinander, sondern im allgemeinen alle gleichzeitig auf.
Ein Teil der Strahlung wird aufgenommen, ein Teil durchgelassen und ein Teil zurückgeworfen. Die Anteile zur Gesamtstrahlung werden durch die zugehörigen Koeffizienten beschrieben.

1. Absorptionsgrad,

α, dimensionslos, Anteil der aufgenommenen Strahlungsleistung an der Gesamteinstrahlung.

Absorptionsgrad $=$ $\dfrac{\textbf{aufgenommene Strahlungsleistung}}{\textbf{gesamte Strahlungsleistung}}$			**1**

$\alpha \;=\; \dfrac{\Phi_a}{\Phi_0}$	Symbol	Einheit	Benennung
	α	1	Absorptionsgrad
	Φ_a	W	aufgenommene Strahlungsleistung
	Φ_0	W	gesamte Strahlungsleistung

Der Absorptionsgrad kann von der Wellenlänge der Strahlung wie auch von der Temperatur abhängen.

■ Rotes Glas absorbiert Strahlung von Wellenlängen anderer Farbe als rot.

   Blätter erscheinen grün, weil sie von weißem Licht vor allem aus dem roten Bereich absorbieren.

➤ Die Aufnahme von Absorptionsspektren eines Stoffes in einem Ultraviolett(UV)-Spektrometer kann zur Materialanalyse verwendet werden.

2. Schwarzer Strahler,

Stoff mit dem Absorptionsgrad $\alpha = 1$.

Diese Eigenschaft ist technisch nicht vollständig realisierbar.

■ Sonnenkollektoren sind schwarz, um möglichst alles Licht zu absorbieren.

3. Kirchhoffsches Gesetz,

der Absorptionsgrad ist gleich dem Emissionsgrad (s. S. 741).

4. Transmissionsgrad,

τ, dimensionslos, Anteil der durch den Stoff durchtretenden Strahlungsleistung an der Gesamtstrahlungsleistung.

$\text{Transmissionsgrad} = \dfrac{\textbf{durchgelassene Strahlungsleistung}}{\textbf{Gesamtstrahlungsleistung}}$			1
$\tau = \dfrac{\Phi_t}{\Phi_0}$	Symbol	Einheit	Benennung
	τ	1	Transmissionsgrad
	Φ_t	W	durchgelassene Strahlungsleistung
	Φ_0	W	Gesamtstrahlungsleistung

Ähnlich wie der Absorptionsgrad kann auch der Transmissionsgrad von Wellenlänge und Temperatur abhängen.

5. Reflexionsgrad,

ρ, dimensionslos, Anteil der von einem Stoff zurückgeworfenen Strahlungsleistung an der Gesamtstrahlungsleistung.

$\text{Reflexionsgrad} = \dfrac{\textbf{zurückgeworfene Strahlungsleistung}}{\textbf{Gesamtstrahlungsleistung}}$			1
$\rho = \dfrac{\Phi_r}{\Phi_0}$	Symbol	Einheit	Benennung
	ρ	1	Reflexionsgrad
	Φ_r	W	zurückgeworfene Strahlungsleistung
	Φ_0	W	Gesamtstrahlungsleistung

Der Reflexionsgrad kann von Wellenlänge und Temperatur abhängen.

▲ Es kann keine Strahlungsleistung verlorengehen (Energieerhaltung). Die Anteile von absorbierter, transmittierter und reflektierter Strahlung müssen zusammen die Gesamtstrahlungsleistung ergeben.

Absorption + Transmission + Reflexion = 1			
$\alpha + \tau + \rho = 1$	Symbol	Einheit	Benennung
	α	1	Absorptionsgrad
	τ	1	Transmissionsgrad
	ρ	1	Reflexionsgrad

22.11   Wärme- und Massentransport

Wärmestromdichte, q_{th}, SI-Einheit Watt pro Quadratmeter, Grenzwert der pro Zeiteinheit Δt durch ein Flächenelement ΔA fliessenden Wärmemenge:

$$q_{th} = \lim_{\Delta t \to 0} \lim_{\Delta A \to 0} \frac{\Delta Q}{\Delta t \Delta A} = \frac{d^2 Q}{dt\, dA}.$$

Der Vektor der Wärmestromdichte $\vec{q}_{th}$ hat als Betrag die Wärmestromdichte q_{th} und zeigt in die Richtung des Wärmetransportes. Damit zeigt der Vektor längs des stärksten Temperaturabfalls.

22.11.1   Fouriersches Gesetz

Fouriersches Gesetz, besagt, dass der Wärmestrom längs des stärksten Temperaturabfalls verläuft,

$$\vec{q}_{th} = -\lambda \cdot \operatorname{grad} T .$$

Wärmeleitfähigkeit, λ, materialabhängige Proportionalitätskonstante des Fourierschen Gesetzes.

➤   Sie ist identisch mit der Konstanten des Wärmeleitungsgesetzes (s. S. 692, Tab. 23.3).

Der gesamte Wärmestrom ergibt sich als Integral des zur Oberfläche senkrecht stehenden Wärmestromdichtevektors über die Oberfläche,

$$\Phi = \frac{dQ}{dt} = - \int\limits_{\text{Oberfläche}} \vec{q}_{th} \cdot \vec{n}\, dA = - \int (q_x n_x + q_y n_y + q_z n_z)\, dA .$$

$\vec{n}$ ist der Einheitsvektor der Oberflächennormale. Das Minuszeichen zeigt an, dass der Wärmestrom vom wärmeren zum kühleren Bereich fliesst.

22.11.2   Kontinuitätsgleichung

1.   Wärmestromdichtevektor,

Beschreibung des Wärmestromes mit Hilfe des Wärmestromdichtevektors als Integral über die Durchflussfläche,

$$\Phi = - \int \vec{q}_{th} \cdot \vec{n}\, dA = - \int \left(\frac{\partial q_x}{\partial x} + \frac{\partial q_y}{\partial y} + \frac{\partial q_z}{\partial z} \right) dV .$$

Umgeschriebene Form mit Vektordifferentialoperatoren:

$$\Phi = \frac{\partial Q}{\partial t} = - \int \operatorname{div} \vec{q}_{th}\, dV .$$

Die Umformung wird mit Hilfe des Gaussschen Integralsatzes vollzogen.

Spezifische Wärmemenge pro Volumen, e, thermisches Analogon zur Ladungsdichte,

$$e = \frac{dQ}{dV} \qquad Q = \int e\, dV.$$

Dieser Ausdruck kann in die Beschreibung des Wärmestromes einbezogen werden,

$$\Phi = \frac{d}{dt} \int e\, dV = - \int \operatorname{div} \vec{q}_{th}\, dV .$$

2.   Kontinuitätsgleichung der Thermodynamik,

Erhaltungsgleichung für die „Wärmedichte".

▲   Eine Änderung der spezifischen Wärmemenge kann nur durch einen Ab- oder Zufluss der Wärme über einen Wärmestrom erfolgen,

$$\frac{\partial e}{\partial t} + \operatorname{div} \vec{q}_{th} = 0 .$$

Diese Gleichung erhält man aus der Definition des Wärmestromes, indem man ein beliebiges Volumen im Integral annimmt.

▲   Die Kontinuitätsgleichung wie ihre bisherige Ableitung gilt nur für den Fall, dass Wärme über Temperaturausgleich weitergeleitet wird und **keine** Arbeit vom oder am System verrichtet wird.

Wird die Arbeit W verrichtet, so gilt nach dem ersten Hauptsatz der Thermodynamik:

$$\frac{\partial e}{\partial t} + \operatorname{div} \vec{q}_{th} = -\frac{d^2 W}{dV\, dt} = \frac{dp}{dt}.$$

Hierbei wurde angenommen, dass die Arbeit W mit dem Integral des Drucks p während einer Volumenänderung dV gegeben ist,

$$\Delta W = -\int p\, dV.$$

Betrachtet man die Druckänderung als vorgegeben, so kann sie als Quellterm für Wärme(verlust) angesehen werden. Aber auch andere Energieänderungen können zu einer Änderung von Q beitragen.

22.11.3   Wärmeleitungsgleichung

1.   Gesetze der Wärmeleitung

Wärmemenge = Wärmekapazität · Temperaturdifferenz			$\mathrm{ML}^2\mathrm{T}^{-2}$

	Symbol	Einheit	Benennung
$\Delta Q = C_V \Delta T = c \cdot m \cdot \Delta T$	ΔQ	J	Wärmemenge
	C_V	J/K	Wärmekapazität bei konst. Volumen
	ΔT	K	Temperaturdifferenz
	c	J/(K kg)	spezifische Wärmekapazität
	m	kg	Masse

Wärmeleitungsgleichung, beschreibt die pro Zeit- und Raumeinheit weitergegebene Wärmemenge,

$$c\rho_m \frac{\partial T}{\partial t} - \lambda \operatorname{div} \operatorname{grad} T = \frac{dp}{dt}, \qquad \frac{\partial T}{\partial t} - \frac{\lambda}{c\rho_m}\left(\frac{\partial^2 T}{\partial x^2} + \frac{\partial^2 T}{\partial y^2} + \frac{\partial^2 T}{\partial z^2}\right) = \frac{1}{c\rho_m}\frac{dp}{dt}.$$

Man erhält diese Gleichung durch Anwendung des Fourierschen Gesetzes, der Kontinuitätsgleichung und der Definition der Wärmemenge über die Wärmekapazität.

2.   Temperatur-Leitwert,

κ, SI-Einheit Quadratmeter pro Sekunde, Proportionalitätskonstante, die bestimmt, wie schnell sich eine räumliche Temperaturdifferenz ausgleicht.

Temperatur-Leitwert = $\dfrac{\text{Wärmeleitfähigkeit}}{\text{spezifische Wärmekapazität} \cdot \text{Dichte}}$			$\mathrm{L}^2\mathrm{T}^{-1}$

	Symbol	Einheit	Benennung
$\kappa = \dfrac{\lambda}{c\rho}$	κ	m^2/s	Temperaturleitwert
	λ	W/(m K)	Wärmeleitfähigkeit
	c	J/(K kg)	spezifische Wärmekapazität
	ρ	$\mathrm{kg/m}^3$	Dichte

➤   Man kann statt Dichte mal spezifischer Wärmekapazität auch das Produkt aus molarer Dichte und molarer Wärmekapazität oder das Produkt aus Teilchendichte und spezifischer Wärme pro Teilchen verwenden.

Wärmeleitungsgleichung ohne Quellterm in Kurzschreibweise:

$$\frac{\partial T}{\partial t} - \kappa \Delta T = 0.$$

Δ ist der Laplace-Operator.

22.11.4   Ficksches Gesetz und Diffusionsgleichung

1.   Grundgleichungen für den Massentransport

Konzentrationsdifferenzen lassen sich ähnlich wie Wärmedifferenzen beschreiben.

Teilchenstromdichtevektor, $\vec{j}$, Vektor, der längs des stärksten Abfalls der Teilchendichte und damit der Konzentration ρ_N orientiert ist und dessen Betrag die Änderung der Teilchenzahl pro Zeit ist.

▲   **Ficksches Gesetz**, beschreibt den Zusammenhang zwischen Teilchenstromdichtevektor und Teilchendichte:

$$\vec{j} = -D \operatorname{grad} \rho_N .$$

Diffusionskonstante, D, charakterisiert, wie stark das System dem Konzentrationsgefälle folgt.

▲   **Kontinuitätsgleichung**, Beziehung zwischen Teilchenstrom und Teilchendichte:

$$\frac{\partial \rho_N}{\partial t} + \operatorname{div} \vec{j} = w .$$

Der auf der rechten Seite stehende Ausdruck w umfasst die Änderung der Gesamtteilchenzahl, wie sie zum Beispiel bei einer Änderung des chemischen Potentials hervorgerufen werden kann.

Ist $w = 0$, so gilt, dass sich die Teilchendichte nur dort verändern kann, wo die Bilanz zwischen ein- und auslaufendem Strom nicht ausgeglichen ist.

▲   **Diffusionsgleichung**, Gleichung für die Änderung der Teilchendichte mit der Zeit:

$$\frac{\partial \rho_N}{\partial t} - D \Delta \rho_N = w .$$

Δ ist der Laplace-Operator.

Die Diffusionsgleichung wird aus dem Fickschen Gesetz und der Kontinuitätsgleichung erhalten.

➤   Die Diffusionsgleichung kann statt für die Teilchendichten auch für die molaren Dichten und die Dichten aufgestellt werden.

2.   Mikroskopische Beschreibung

Mittlere freie Weglänge, l, gibt an, wie lang die Wegstrecke eines Teilchens zwischen zwei Stößen mit anderen Teilchen im Mittel ist.

Durchschnittliche Geschwindigkeit, **mittlere Geschwindigkeit**, $\bar{v}$, arithmetisches Mittel der Geschwindigkeiten (ohne Berücksichtigung der Richtungen).

Für eine Maxwell-Boltzmann-Verteilung (s. S. 601) gilt:

$$\bar{v} = \sqrt{\frac{8kT}{\pi m_N}} = \sqrt{\frac{8}{3\pi}} \sqrt{\bar{v^2}} .$$

Diffusionskonstante, D, beschreibt den Transport von Materie.

Diffusionskonstante (mikroskopisch)			$L^2 T^{-1}$
$D = \dfrac{1}{3}\bar{v}l$	Symbol	Einheit	Benennung
	D	m^2/s	Diffusionskonstante
	$\bar{v}$	m/s	mittlere Geschwindigkeit
	l	m	mittlere freie Weglänge

22.11.5   Lösung von Wärmeleitungs- und Diffusionsgleichung

Die Diffusionsgleichung hat in drei Dimensionen die Lösung

$$\rho(x,y,z,t) = \sqrt{\left(\frac{1}{4\pi Dt}\right)^3} \, e^{-\frac{x^2+y^2+z^2}{4Dt}}.$$

Die Funktion beschreibt in den Ortskoordinaten x,y,z die Dichte- bzw. Konzentrationsverteilung ρ als eine Gaußfunktion mit dem Zentrum im Ursprung des Koordinatensystems. Die Breite der Kurve wird durch den Nenner $4Dt$ in der Exponentialfunktion bestimmt. Die Breite der Funktion wächst mit der Zeit. Gleichzeitig nimmt wegen der negativen Potenz $t^{-3/2}$ im Vorfaktor der Wert der Funktion im Zentrum mit der Zeit ab.

▲   Die Beschreibung der Diffusionsprozesse gilt allerdings nur, wenn keine zusätzlichen Ströme (oder Wirbel) existieren. Zusätzliche makroskopische Ströme (zum Beispiel das Verrühren des gelösten Stoffes im Lösungsmittel) können ansonsten den gesamten Prozess dominieren.

Betrachtet man einen Punkt, an dem die Dichte das c-fache ($0 < c < 1$) der Dichte im Zentrum ist,

$$\rho_1 = c \cdot \rho_0 \qquad \rho_1 = \rho(x_1.0,0,t) \qquad \rho_0 = \rho(0.0,0,t),$$

so gilt für die Zeitentwicklung des Abstandes dieses Punktes:

$$x = \sqrt{-(\ln c) \cdot 4Dt}.$$

Die Geschwindigkeit der Ausdehnung nimmt mit der Zeit ab,

$$v = \frac{dx}{dt} = \sqrt{-\frac{(\ln c)D}{t}}.$$

Das Weg-Zeit-Gesetz mit der Wurzel der Zeit $x \sim \sqrt{Dt}$ ist typisch für Diffusionsprozesse. Die Flanken der Verteilung (c sehr klein) wandern schneller nach außen als Bereiche mit großem c.

Anschauliche Deutung:
Die anfangs starke Konzentration (zum Beispiel eines Farbtropfens in einer Flüssigkeit) verringert sich mit seiner Ausdehnung zunehmend. (Der Farbtropfen verblasst.) Die Gesamtzahl der Teilchen bleibt jedoch konstant.

➤   Das Raumintegral über ρ hängt nicht von der Zeit ab,

$$\int \rho dV = \int \sqrt{\left(\frac{1}{4\pi Dt}\right)^3} \, e^{-\frac{x^2+y^2+z^2}{4Dt}} \, dx dy dz = 1.$$

Formelzeichen Wärmelehre

Symbol	Einheit	Bedeutung
α	1	Absorptionsgrad
α	$W/(K\,m^2)$	Wärmeübergangskoeffizient
α	$1/K$	Längenausdehnungskoeffizient
β	$1/K$	Flächenausdehnungskoeffizient
γ	$1/K$	Volumenausdehnungskoeffizient
ε_{kin}	J	mittlere kinetische Energie
ε	1	Verdichtungsverhältnis
η	$1/(m\,s)$	Viskosität
η	1	Wirkungsgrad
η_C	1	Wirkungsgrad Carnot-Prozess
ϑ	$^\circ C$	Celsius-Temperatur
κ	m^2/s	Temperaturleitwert
κ^-	1	Adiabatenkoeffzient
κ	Pa^{-1}	Kompressibilität
λ	$W/(K\,m)$	Wärmeleitzahl
μ	J	chemisches Potential
ξ_i	1	Massenanteil
ρ	1	Reflexionsgrad
ρ	kg/m^3	Dichte
ρ_m	mol/m^3	molare Dichte
ρ_N	$1/m^3$	Teilchendichte
σ	m^2	Wirkungsquerschnitt
σ	$W/(m^2 K^4)$	Stefan-Boltzmann-Konstante
τ	s	Stoßzeit
τ	1	Transmissionsgrad
φ	1	relative Feuchte
Φ	$J/s = W$	Wärmestrom
a	Nm^4/mol^2	molare Binnendruckkonstante
a_s	Nm^4/kg^2	spezifische Binnendruckkonstante
A	m^2	Fläche
b	m^3/mol	molares Eigenvolumen
b_s	m^3/kg	spezifisches Eigenvolumen
B	J	Anergie
$B(T)$	mol/m^3	zweiter Virialkoeffizient
c	mol/ℓ	Molarität
c	$J/(K\,kg)$	spezifische Wärmekapazität
c_{mol}	$J/(K\,mol)$	molare Wärmekapazität
c_p	$J/(K\,kg)$	spezifische Wärmekapazität bei konstantem Druck
c_V	$J/(K\,kg)$	spezifische Wärmekazität bei konstantem Volumen
C	J/K	Wärmekapazität
$C(T)$	mol^2/m^6	dritter Virialkoeffizient
d	m	Durchmesser
D	m^2/s	Diffusionskonstante

Symbol	Einheit	Bedeutung
E	K	ebullioskopische Konstante
E	J	Gesamtenergie
E_x	J	Exergie
f	1	Anzahl Freiheitsgrade
f	kg/m^3	absolute Feuchte
f_{max}	kg/m^3	maximale Feuchte
f	Hz	Stoßfrequenz
F	J	freie Energie
F	N	Kraft
G	J	freie Enthalpie
h	m	Höhe über NN
h	J/kg	spez. Enthalpie
H	J	Enthalpie
H	J/kg	spezifischer Heizwert
H_g	J/m^3	spezifischer Heizwert für Gase
H_o	J/kg	spezifischer Brennwert
j	$1/(m^2\,s)$	Teilchenstromdichte
k	J/K	Boltzmann-Konstante
k	$W/(K\,m^2)$	Wärmedurchgangszahl
K	K	kryoskopische Konstante
K	1	Gleichgewichtskonstante (Massenwirkungsgesetz)
l	m	Rohrlänge
l	m	mittlere freie Weglänge
m	kg	Gesamtmasse
m_N	kg	Teilchenmasse
M	kg/mol	Molmasse
n	1	Polytropenkoeffizient
n	mol	Stoffmenge
N	1	Teilchenzahl
N_A	mol^{-1}	Avogadro-Zahl
N_L	m^{-3}	Loschmidt-Konstante
p	Pa	Druck
p_c	Pa	kritischer Druck
p_D	Pa	Partialdruck
p_n	Pa	Normdruck
p_S	Pa	Sättigungsdampfdruck
P	W	Leistung
q	J/kg	spezifische Wärme
q_{th}	W/m^2	Wärmestromdichte
q_S	W/m^2	Solarkonstante
Q	J	Wärmemenge
R	$J/(K\,mol)$	universelle Gaskonstante
R_s	$J/(K\,kg)$	spezifische Gaskonstante
R_{th}	K/W	Wärmewiderstand
s	m	Wanddicke
s	$J/(K\,kg)$	spezifische Entropie
S	J/K	Entropie

Symbol	Einheit	Bedeutung
t	s	Zeit
T	K	Temperatur
T_c	K	kritische Temperatur
T_i	K	Inversionstemperatur Joule-Thomson
T_n	K	Normtemperatur
T_h	K	Temperatur Wärmebad
T_k	K	Temperatur Kältebad
U	J	innere Energie
$\bar{v}$	m/s	mittlere Geschwindigkeit
v_{rms}	m/s	Wurzel des mittleren Geschwindigkeitquadrates
v_w	m/s	wahrscheinlichste Geschwindigkeit
v_c	m^3/mol	kritisches Molvolumen
v	m^3/kg	spezifisches Volumen
V	m^3	Volumen
V_n	m^3	Volumen bei Standardbedingungen
V_m	m^3/mol	Molvolumen
W_{kin}	J	kinetische Gesamtenergie
$\overline{W}$	J	mittlere Energie
x	1	Feuchtegrad
x_i	1	Molenbruch Sorte i
z	m	Höhe

Natur-Konstanten und ihre Werte		
k	$1.38066 \cdot 10^{-23}$ J/K	Boltzmann-Konstante
N_A	$6.0221367 \cdot 10^{23}$ mol^{-1}	Avogadro-Zahl
N_L	$2.68675 \cdot 10^{25}$ m^{-3}	Loschmidt-Konstante
p_n	101325 Pa	Normdruck
q_S	1.37 kW/m^2	Solarkonstante
R	8.314 J/(K mol)	universelle Gaskonstante
T_n	273.15 K	Normtemperatur
σ	$5.67 \cdot 10^{-8}$ $W/(m^2 K^4)$	Stefan-Boltzmann-Konstante

23 Tabellen zur Thermodynamik

23.1 Charakteristische Temperaturen

23.1.1 Einheiten und Eichpunkte

23.1/1: Eichpunkte der Temperaturskalen

Stoff			Temperatur	
Formel	Name	Punkt	T/K	$\vartheta/°\mathrm{C}$
^{4}He	Helium-4	λ-Punkt	2.18	−270.97
^{4}He	Helium-4	Siedepunkt	4.21	−268.94
$p - \mathrm{H}_2$	Parawasserstoff	Tripelpunkt	13.81	−259.34
$n - \mathrm{H}_2$	Wasserstoff (normal)	Tripelpunkt	13.97	−259.18
$p - \mathrm{H}_2$	Parawasserstoff	Siedepunkt	20.27	−252.88
$n - \mathrm{H}_2$	Wasserstoff (normal)	Siedepunkt	20.39	−252.76
Ne	Neon	Tripelpunkt	24.56	−248.59
Ne	Neon	Siedepunkt	27.07	−246.08
N_2	Stickstoff	Phasenübergang	35.5	−237.65
O_2	Sauerstoff	Phasenübergang	43.7	−229.79
O_2	Sauerstoff	Tripelpunkt	54.36	−218.79
N_2	Stickstoff	Tripelpunkt	63.14	−210.01
N_2	Stickstoff	Siedepunkt	77.35	−195.80
O_2	Sauerstoff	Siedepunkt	90.18	−182.97
$\mathrm{C}_5\mathrm{H}_{12}$	Isopentan	Schmelzpunkt	113.5	−159.65
$\mathrm{C}_7\mathrm{H}_{14}$	Methylcyclohexan	Schmelzpunkt	146.85	−126.30
$\mathrm{C}_4\mathrm{H}_{10}\mathrm{O}$	Diethylether	Schmelzpunkt	156.85	−116.30
CS_2	Schwefelkohlenstoff	Schmelzpunkt	161.55	−111.60
$\mathrm{C}_7\mathrm{H}_8$	Toluen	Schmelzpunkt	178.05	−95.10
CO_2	Kohlenstoffdioxid	Schmelzpunkt	194.65	−78.50
CHCl_3	Trichlormethan	Schmelzpunkt	209.65	−63.50
Hg	Quecksilber	Schmelzpunkt	234.28	−38.87
$\mathrm{H}_2\mathrm{O}$	Wasser	Schmelzpunkt	273.15	0.00
$\mathrm{H}_2\mathrm{O}$	Wasser	Tripelpunkt	273.16	0.0100
$\mathrm{C}_{12}\mathrm{H}_{10}\mathrm{O}$	Diphenylether	Tripelpunkt	300.03	26.88
$\mathrm{Na}_2\mathrm{SO}_4 \cdot 10\,\mathrm{H}_2\mathrm{O}$	Natriumsulfat	Phasenübergang	305.43	32.38
$\mathrm{H}_2\mathrm{O}$	Wasser	Siedepunkt	373.15	100.00
$\mathrm{C}_7\mathrm{H}_6\mathrm{O}_2$	Benzoesäure	Tripelpunkt	395.51	122.36
In	Indium	Schmelzpunkt	429.76	156.61
$\mathrm{C}_{10}\mathrm{H}_8$	Naphthalen	Siedepunkt	491.15	218.0
Sn	Zinn	Schmelzpunkt	505.05	231.9
$\mathrm{C}_{14}\mathrm{H}_{10}\mathrm{O}$	Benzophenon	Siedepunkt	579.05	305.9
Cd	Cadmium	Schmelzpunkt	594.05	320.9

Fortsetzung der Tabelle auf der nächsten Seite

Fortsetzung der Tabelle 23.1/1

Stoff			Temperatur	
Formel	Name	Punkt	T/K	$\vartheta/^\circ C$
Pb	Blei	Schmelzpunkt	600.65	327.50
Hg	Quecksilber	Siedepunkt	629.73	356.58
Zn	Zink	Schmelzpunkt	692.73	419.58
S	Schwefel	Siedepunkt	717.82	444.67
Sb	Antimon	Schmelzpunkt	903.65	630.5
Au	Gold	Schmelzpunkt	1338	1064.43
Cu	Kupfer	Schmelzpunkt	1356	1083
Ni	Nickel	Schmelzpunkt	1728	1455
Al	Aluminium	Schmelzpunkt	934	660.37
Ag	Silber	Schmelzpunkt	1235	961.93
Co	Cobalt	Schmelzpunkt	1768	1495
Pd	Palladium	Schmelzpunkt	1827	1554
Pt	Platin	Schmelzpunkt	2045	1772
Rh	Rhodium	Schmelzpunkt	2239	1966
Ir	Iridium	Schmelzpunkt	2683	2410
W	Wolfram	Schmelzpunkt	3683	3410

23.1.2   Schmelz- und Siedepunkte

23.1/2:   Schmelz- und Siedepunkte der Elemente

Element	Schmelzpunkt $\vartheta/^\circ C$	Siedepunkt $\vartheta/^\circ C$	Element	Schmelzpunkt $\vartheta/^\circ C$	Siedepunkt $\vartheta/^\circ C$
Actinium	1050	3200 ± 300	Osmium	2700	>5300
Aluminium	660.37	2467	Palladium	1554	2970
Americium	994 ± 4	2607	Phosphor(rot)	590 bei 4.3 MPa	
Antimon	630.5	1750	Phosphor(gelb)	44.1	280
Arsen	817	613	Platin	1772	3827 ± 100
	bei 2.8 MPa	Sublimation	Plutonium	641	3232
Barium	725	1640	Polonium	254	962
Beryllium	1275 ± 5	2970	Praseodym	931	3520
Blei	327.502	1740	Promethium	1042	(3000)
Bor	2300	2550	Protactinium	< 1600	
Brom (Br_2)	−7.2	58.78	Radium	700	< 1140
Cer	798	3443	Radon	−71	−61.8
Caesium	28.40 ± 0.01	669.3	Rhenium	3180	5627
Chlor(Cl_2)	−100.98	−34.6	Rhodium	1966 ± 3	3727 ± 100
Chrom	1857 ± 20	2672	Rubidium	38.89	686
Dysprosium	1412	2467	Ruthenium	2310	3900
Eisen	1535	2750	Quecksilber	−38.87	356.58
Europium	822	1527	Samarium	1074	1794
Fluor	−219.62	−188.14	Sauerstoff (O_2)	−218.4	−182.962
Gadolinium	1313	3273	Scandium	1541	2836

Fortsetzung der Tabelle auf der nächsten Seite

Fortsetzung der Tabelle 23.1/2

Element	Schmelzpunkt $\vartheta/°C$	Siedepunkt $\vartheta/°C$	Element	Schmelzpunkt $\vartheta/°C$	Siedepunkt $\vartheta/°C$
Gallium	29.78	2403	Selen	217	684 ± 1.0
Germanium	93704	2830	Silber	961.93	2212
Gold	1064.43	2808 ± 2	Silizium	1410	2355
Hafnium	2227 ± 20	4602	Stickstoff (N_2)	-209.86	-195.8
Holmiun	1474	2700	Strontium	769	1384
Indium	156.61	2080	Schwefel (rh.)	112.8	444.674
Iridium	2410	4130	Schwefel (mcl.)	119.0	
Iod (J_2)	113.5	184.35	Tantal	2996	5425 ± 100
Cadmium	320.9	765	Tellur (rh.)	452	1390
Kalium	63.25	760	Tellur (a.)	449.5 ± 0.3	989.8 ± 3.8
Calcium	839 ± 2	1484	Terbium	1356	3230
Cobalt	1495	2870	Thalium	303.5	1457 ± 10
Kohlenstoff	Sublimation bei 3652		Thorium		
			Thulium	1545	1950
Krypton	-156.6	-152.30 ± 0.10	Titan	1660 ± 10	3287
Kupfer	1083.4 ± 0.2	2567	Wasserstoff(H_2)	-259.34	-252.8
Lanthan	918	3464	Bismut	271.3	1560 ± 5
Lithium	180.54	1342	Wolfram	3410 ± 20	5660
Magnesium	648.8	1107	Uran	1132.3 ± 0.8	3818
Mangan	1244 ± 3	1962	Vanadium	1890 ± 10	3380
Molybdän	2610	5560	Xenon	-111.9	-107.1 ± 3
Natrium	91.81 ± 0.03	882.9	Ytterbium	819	1196
Neodym	1021	3074	Zink	419.58	907
Neptunium	630 ± 1		Zinn (cub.)	231.9681	2270
Nickel	1455	2730	Zirconium	1852 ± 2	4377
Niob	2468 ± 10	5127			

23.1/3: Umwandlungstemperaturen anorganischer Verbindungen

Substanz	Schmelzpunkt $\vartheta/°C$	Siedepunkt $\vartheta/°C$	Substanz	Schmelzpunkt $\vartheta/°C$	Siedepunkt $\vartheta/°C$
Aluminiumcarbonat	stabil bis 1400	Diss. 2200	Cobaltfluorid	ca. 1200	1400
Aluminiumoxid	2072	2980	Kupferchlorid	620	993
Aluminiumsulfit	1100	Subl. 1500	Kupferiodid	605	1290
Aluminiumphosphat	> 1500		Indiumantimonid	535	
Ammoniak	-77.7	-33.35	Indiumarsenid	943	
Ammoniumchlorid	subl. 340	520	Indiumphosphid	1070	
Ammoniumnitrat	169.6	210	Indiumtellurid	667	
Ammoniumthiocyanat	149.6	Diss. 170	Magnesiumchlorid	714	1412
Antimonbromid	96.6	280	Magnesiumfluorid	1261	2239
Antimonchlorid	2.8	79	Magnesiumoxid	2852	3600
Antimontrihydrid	-88	17.1	Natriumamid	210	400

Fortsetzung der Tabelle auf der nächsten Seite

Fortsetzung der Tabelle 23.1/3

Substanz	Schmelzpunkt $\vartheta/°C$	Siedepunkt $\vartheta/°C$	Substanz	Schmelzpunkt $\vartheta/°C$	Siedepunkt $\vartheta/°C$
Antimonoxid	656	1550	Natriummetaborat	966	1434
Bariumpermanganat	3.77	Diss. 200	Natriumbromid	747	1390
Bariumoxid	1918	ca. 2000	Natriumchlorid	801	1413
Berylliumbromid	490 ± 10	520	Natriumcyanid	563.7	1496
Berylliumchlorid	405	520	Natriumfluorid	993	1695
Berylliumiodid	510 ± 10	590	Natriumhydroxid	318.4	1390
Berylliumoxid	2530 ± 30	ca. 3900	Natriumiodid	661	1304
Bleibromid	373	916	Calciumfluorid	1423	ca. 2500
Bleifluorid	855	1290	Calciumiodid	784	ca. 1100
Bleiiodid	402	954	Calciumoxid	2614	2850
Borsäure	236 ± 1		Calciumcarbid	stab. 25 - 447	2300
Borcarbid	2350	> 3500	Lithiumoxid	> 1700	
Boroxid	45 ± 2	ca. 1860	Quecksilberbromid	236	322
Caesiumbromid	636	1300	Quecksilberchlorid	276	302
Caesiumchlorid	645	1290	Quecksilberiodid	259	354
Caesiumfluorid	682	1251	Ozon	-192.7 ± 2	-111.9
Caesiumiodid	626	1280	Orthophosphorsäure	73.6	Diss. 200
Chromcarbid	1980	3800	Radiumbromid	728	Subl. 900
Chromoxid	2266 ± 25	4000	Rubidiumbromid	693	1340
Dysprosiumbromid	881	1480	Rubidiumchlorid	718	1390
Dysprosiumchlorid	718	1500	Rubidiumfluorid	795	1410
Dysprosiumfluorid	1360	> 2200	Schwefelwasserstoff	-85.5	-60.7
Dysprosiumiodid	955	1320	Schwefelsäure (100%)	10.36	330 ± 0.5
Eisenoxid	1594 ± 5		Tetrachlorsilan	-70	57.57
Erbiumfluorid	1350	2200	Tetrafluorsilan	-90.2	-86
Erbiumiodid	1020	1280	Siliciumtetrahydrid (Silan)	-185	-111.8
Europiumbromid	677	1880	Siliciumdioxid (Quarz)	1610	2230
Europiumchlorid	727	> 2000	Strontiumchlorid	875	1250
Europiumfluorid(EuF_2)	1380	> 2400	Strontiumfluorid	1473	2489
(EuF_3)	1390	2280	Strontiumoxid	2430	≈ 3000
Europiumiodid(EuI_2)	527	1580	Tellurbromid	210	339
Fluordioxid	-223.8	-144.8	Terbiumbromid	827	1490
Fluorwasserstoff	-83.1	19.54	Terbiumfluorid	1172	2280(?)
Galliumarsenid	1238		Terbiumiodid	946	> 1300
Galliumdichlorid	164	535	Thalliumbromid	480	815
Galliumtrichlorid	77.9 ± 0.2	201.3	Thalliumchlorid	430	720
Holmiumbromid	914	1470	Thoriumcarbid	2655 ± 25	ca. 5000(?)
Holmiumchlorid	718	1500	Thoriumtetraiodid	566	839
Holmiumiodid	989	1300	Thoriumoxid	3220 ± 50	4400
Holmiumfluorid	1143	> 2200	Thuliumbromid	952	1440
Cadmiumbromid	567	863	Thuliumfluorid	1158	> 2200
Cadmiumchlorid	568	960	Thuliumiodid	1015	1260
Cadmiumfluorid	1100	1758	Titancarbid	3140 ± 90	4820

Fortsetzung der Tabelle auf der nächsten Seite

Fortsetzung der Tabelle 23.1/3

Substanz	Schmelzpunkt $\vartheta/°C$	Siedepunkt $\vartheta/°C$	Substanz	Schmelzpunkt $\vartheta/°C$	Siedepunkt $\vartheta/°C$
Cadmiumiodid	387	796	Titanfluorid	1200	1400
Cadmiumoxid	> 1500	Subl. 1559	Titandiiodid	600	1000
Cadmiumtellurid	1121	1091	Titannitrid	2930	
Kaliumbromid	734	1435	Titandioxid	1830 - 1850	2500 - 3000
Kaliumchlorat	356	Diss. 400	Titanmonoxid	1750	> 3000
Kaliumperchlorat	610 ± 10	Diss. 400	Vanadiumcarbid	2810	3900
Kaliumhydroxid	360.4 ± 0.7	1320 - 1324	Vanadiumdioxid	1967	
Calciumbromid	742	1815	Vanadium(V)-oxid	690	Diss. 1750
Calciumcarbonat	1339	Diss. 898.6	Vanadium(III)-oxid	1970	
Calciumchlorid	782	> 1600	Wasserstoffperoxid	-0.41	150.2
Wasserstoffdisulfid	-89.6	70.7	Wolframcarbid	2870 ± 50	6000
Schweres Wasser	3.82	101.42	Wolframdicarbid	2860	6000
Bismutbromid	218	453	Ytterbiumbromid	677	1800
Bismutselenid	710	Diss.	Ytterbiumchlorid	702	1900
Bismutsulfid	Diss. 685		Ytterbiumfluorid	1052	2380

23.1/4: Schmelz- und Siedepunkte organischer Verbindungen

Verbindung	Summenformel	Schmelzpunkt $\vartheta/°C$	Siedepunkt $\vartheta/°C$
Alkane			
Methan	CH_4	-182.48	-161.49
Ethan	CH_3CH_3	-183.27	-88.62
Propan	$CH_3CH_2CH_3$	-187.69	-42.07
Butan	$CH_3(CH_2)_2CH_3$	-138.35	-0.5
Pentan	$CH_3(CH_2)_3CH_3$	-129.72	36.07
Hexan	$CH_3(CH_2)_4CH_3$	-95.35	68.74
Heptan	$CH_3(CH_2)_5CH_3$	-90.61	98.42
Octan	$CH_3(CH_2)_6CH_3$	-56.8	125.66
Nonan	$CH_3(CH_2)_7CH_3$	-53.52	150.79
Decan	$CH_3(CH_2)_8CH_3$	-29.66	174.12
Isobutan	$(CH_3)_2CHCH_3$	-159.6	-11.73
Isopentan	$(CH_3)_2CHCH_2CH_3$	-159.9	27.85
Alkene (Olefine)			
Ethen	$CH_2 = CH_2$	-169.15	-103.71
Propen	$CH_2 = CHCH_3$	-185.25	-47.7
Cyclohexen	$CH_2(CH_2)_3CH = CH$	-103.7	83.2
Alkine			
Ethin	$CH \equiv CH$	-80	-83.4
Propin	$CH_3C \equiv CH$	-102.7	-23.22

Fortsetzung der Tabelle auf der nächsten Seite

Fortsetzung der Tabelle 23.1/4

Verbindung	Summenformel	Schmelzpunkt $\vartheta/°C$	Siedepunkt $\vartheta/°C$
Aromatische Kohlenwasserstoffe			
Benzen	C_6H_6	5.53	80.1
Naphthalin	$C_{10}H_8$	80.29	217.95
Toluen	$C_6H_5CH_3$	−94.99	110.63
Ethylbenzen	$C_6H_5CH_2CH_3$	−94.98	136.19
Propylbenzen	$C_6H_5(CH_2)_2CH_3$	−99.5	159.22
o-Xylen	$C_6H_4(CH_3)_2$	−25.18	144.41
Styren	$C_6H_5CH = CH_2$	−30.63	145.2
Amine			
Methylamin	CH_3NH_2	−93.49	−6.33
Dimethylamin	$(CH_3)_2NH$	−92.19	6.88
Trimethylamin	$(CH_3)_3N$	−117.3	2.87
Ethylamin	$CH_3CH_2NH_2$	−81	16.58
Propylamin	$CH_3CH_2CH_2NH_2$	−83	48.5
Anilin	$C_6H_5NH_2$	−63	184.13
Organische Halogenverbindungen			
Methylchlorid	CH_3Cl	−97.72	−24.22
Methylbromid	CH_3Br	−93.6	3.56
Methyliodid	CH_3I	−66.45	42.43
Dichlormethan	CH_2Cl_2	−95.14	139.75
Trichlormethan	$CHCl_3$	−63.49	61.73
Tetrachlormethan	CCl_4	−23.02	76.54
Tetrabrommethan	CBr_4	92	190
Tetraiodmethan	CI_4	171	135
Ethylchlorid	CH_3CH_2Cl	−136.4	12.27
Ethylbromid	CH_3CH_2Br	−117.6	38.35
Chlorbenzen	C_6H_5Cl	−45.58	131.7
Brombenzen	C_6H_5Br	−30.82	156.06
Iodbenzen	C_6H_5I	−30.63	145.2
Alkohole			
Methanol	CH_3OH	−97.68	64.51
Ethanol	CH_3CH_2OH	−114.1	78.32
Propan-1-ol	$CH_3CH_2CH_2OH$	−126.2	97.2
Butan-1-ol	$CH_3(CH_2)_2CH_2OH$	−89.3	117.73
Propan-2-ol	$CH_3CHOHCH_3$	−88.5	82.5
Pentan-1-ol	$CH_3(CH_2)_3CH_2OH$	−78.2	138.35
Ethenglycol	CH_2OHCH_2OH	−13.56	197.3
Glycerol	$CH_2OHCHOHCH_2CH_3$	18.6	290
Cyclohexanol	$CH_2(CH_2)_4CHOH$	25.15	161.5
Ether			
Dimethylether	CH_3OCH_3	−141.49	−24.84
Diethylether	$CH_3CH_2OCH_2CH_3$	−116.3	34.55
Methylphenylether	$C_6H_5OCH_3$	−37.3	154

Fortsetzung der Tabelle auf der nächsten Seite

Fortsetzung der Tabelle 23.1/4

Verbindung	Summenformel	Schmelzpunkt $\vartheta/^\circ$C	Siedepunkt $\vartheta/^\circ$C
Aldehyde			
Formaldehyd	HCHO	-92	-19.1
Acetaldehyd	CH_3CHO	-123	20.4
Propionaldehyd	$CH_3CH_2CH_2CHO$	-80	48
Butanal	$CH_3CH_2CH_2CHO$	-96.4	74.8
Isobutyraldehyd	$(CH_3)_2CHCHO$	-65	64.1
Benzaldehyd	C_6H_5CHO	-26	178
Ketone			
Aceton	CH_3COCH	-94.7	56.29
Ethylmethylketon	$CH_3CH_2COCH_3$	-86.69	79.64
Acetophenon	$C_6H_5COCH_3$	19.65	202
Carbonsäuren			
Ameisensäure	HCOOH	8.4	100.56
Essigsäure	CH_3COOH	16.63	117.9
Propionsäure	CH_3CH_2COOH	-20.8	140.99
Buttersäure	$CH_3CH_2CH_2COOH$	-4.26	163.53
Chloressigsäure	$ClCH_2COOH$	63	189.5
Dichloressigsäure	$Cl_2CHCOOH$	10.8	192.5
Trichloressigsäure	Cl_3CCOOH	56.3	197.55
Glycin	NH_2CH_2COOH	234	286
Milchsäure	$CH_3CHOHCOOH$	18	56
Oxalsäure	CO_2HCOOH	157	189.5
Adipinsäure	$CO_2H(CH_2)_4COOH$	152	267
Benzoesäure	$C_6H_5CO_2H$	121.7	249
Carbonsäurederivate			
Acetylchlorid	CH_3COCl	-112	51
Acetylbromid	CH_3COBr	-96	76.7
Acetyliodid	CH_3COJ	0	108
Acetamid	CH_3CONH_2	82.15	221.1
Ameisensäuremethylester	HCO_2CH_3	-99	32
Essigsäuremethylester	$CH_3CO_2CH_3$	-98.05	56.9
Essigsäureethylester	$CH_3CO_2CH_2CH_3$	-39.5	77.1
Essigsäureanhydrid	$(CH_3CO)_2O$	-73.05	140
Andere			
Harnstoff	NH_2CONH_2	132.75	zerf.

23.1/5: **Schmelzpunkt T_f und Siedepunkt T_s von Ölen**

Stoff	$T_f/^\circ$C	$T_s/^\circ$C	Stoff	$T_f/^\circ$C	$T_s/^\circ$C
Dieselöl	-5	$60\ldots300$	Gasöl	-30	$200\ldots300$
Heizöl	-5	$200\ldots350$	Leinöl	-15	316
Maschinenöl	-5	$380\ldots400$	Petroleum	-70	$150\ldots300$
Teer	-15	300	Terpentinöl	-10	160
Transformatorenöl	-5	175	Benzin	$-30\ldots-50$	$67\ldots100$

23.1/6: Schmelztemperatur von Hochtemperaturkeramiken

Stoff	$T_{\text{schm}}\ \vartheta/°C$	Stoff	$T_{\text{schm}}\ \vartheta/°C$	Stoff	$T_{\text{schm}}\ \vartheta/°C$	Stoff	$T_{\text{schm}}\ \vartheta/°C$
HfC	3890 ± 150	NbB_4	2900	$WB(\alpha)$	2400 ± 100	Be_3N_5	2205
TaC	3880 ± 150	VC	2810	UB_2	2385	BaS	2205
ZrC	3530	HfO_2	2790	VN	2360	Be_3N_2	2200
NbC	3480	W_2B	2770 ± 80	MoB	2350	Ti_2B	2200
HfB_2	3250 ± 100	W_2C	2730 ± 15	UC	2315	CrB_2	2200 ± 50
TiN	3205	UO_2	2730	La_2O_3	2310	$TaSi_2$	2200
TiC	3147	WC	2720	YC_2	2300 ± 50	Nd_2S_3	2200
TaB_2	3100	MoC	2700	W_2B_5	2300 ± 50	GeB_6	2190
TaN	3087 ± 50	ZrO_2	2700	BeB_6	2300	WSi_2	2165
NbB_2	3000	ZrB_{12}	2680	YB_6	2300	ThB_6	2150
HfN	2982	YN	2670	CaC_2	2300	ZrSi	2150
ZrN	2982	ThC_2	2656 ± 75	Th_2S	2300	Mo_2B	2140
TiB_2	2980	ScN	2650	Th_4S_7	2300	NdS	2140
ThO_2	2950	UN	2650 ± 100	NbB	2280	Ti_5Si_3	2120
ThN	2630 ± 50	BeO	2440	ScB_2	22500	GdB_6	2100
CoO	2603	Cr_2O_2	2400	Mo_3B_4	2250	Th_3N_4	2100
NbB_6	2540	Nb_5Si_3	2440	VB	2250	MoB_2	2100
SmB_6	2540	TaB	2430	Zr_5Si_3	2250	La_2S_3	2100
LaB_6	2530	ThS	2425	UC_2	2250	V_3B_2	2070
Ta_4Si	2510	TaS	2425	SrB_6	2235	Al_2O_3	2050
MgO	2500	Nb_2N	2420	UB_{12}	2235	CrB	2050
Ta_5Si_3	2500	Y_2O_3	2410	CaB_6	2230	Ce_3S_4	2050 ± 75
UB_4	2495	AlN	2400	BaB_6	2230	$MoSi_2$	2030
SrO	2460	U_2C	2400	Ba_3N_2	2220	TiO	2020
CeS	2450	VB_2	2400 ± 50	ThB_4	2210	$Al_2O_3 \cdot BaO$	2000

23.1/7: Schmelztemperaturen leicht schmelzender Legierungen am eutektischen Punkt

Stoff	$T_{\text{schm}}\ \vartheta/°C$	Stoff	$T_{\text{schm}}\ \vartheta/°C$
(92.2% Hg; 2.8% Na)	-48.2	(90% K; 10% Na)	17.5
(94.5% Cs; 5.5% Na)	-30	(56% Na; 44% K)	19
(93% Cs; 7% N)	-28	(85.2% Na; 14.8% Hg)	21.4
(78% K; 22% Na)	-11.4	(60% Na; 40% K)	26
(80% K; 20% Na)	-10	(70% Na; 30% K)	41
(91.8% Rb; 8.2% Na)	-4.5	(50% Na; 50% Hg)	45
(70% K; 30% Na)	-3.5	(70% Hg; 30% Na)	55
(60% K; 40% Na)	5	(80% Na; 20% K)	58
(50% K; 50% Na)	11	(60% Na; 40% Hg)	60

23.1.3   Curie- und Néel-Temperaturen

23.1/8:   **Ferromagnetische Phasenübergänge – Curie-Temperatur**

Stoff	T_C/K	Stoff	T_C/K
Co	1400.15	CrO_2	380.15
Dy	105.15	UH_3	180.15
Er	29.15	Silicium-Eisen (4 Si)	963.15
Fe	1033.15	Alperm (16 Al)	673.15
Gd	289.15	Permalloy (78.5 Ni)	873.15
Ho	29.15	Superpermaloy (78.5 Ni)	673.15
MnSb	587.15	Hipernik (50 Ni)	773.15
Ni	627.15	Permendur (50 Co)	1253.15
Tb	221	Perminvar (25 Co, 45 Ni)	988.15
Tm	22(?)	Perminvar (7 Co, 70 Ni)	923.15
FeRh	675		

23.1/9:   **Antiferromagnetische Phasenübergänge – Néel-Temperatur**

Stoff	T_N/K	Stoff	T_N/K
Ce	125	Ho	131.55
$CoCl_2$	521.45	Mn	103.15
CoO	274.93	MnF_2	66.45
Cr	473.15	MnO	122.15
Cr_2O_3	305.95	Nd	7.5
Dy	178.5	$NiCl_2$	49.55
Er	85	NiO	523.15
Eu	87	Pr	< 1.5
$FeCO_3$	57.15	Sm	15
$FeCl_2$	23.45	Tb	229
FeF_2	78.35	$TiCl_2$	103.15
FeO	198.15	Tm	51 – 60
FeRh	350		

23.1/10:   **Ferro- und Antiferro-elektrische Übergänge – Curie-Temperatur**

Stoff	Überg. Typ	T_C/K
$BaTiO_3$	F	193.15
	F	278.15
	F	393.15
CsH_2PO_4	F	160.15
KD_2PO_4	F	216.15
KH_2PO_4	F	123.15
$KNbO_3$	F	708.15
$KTaO_3$	F	13.15
$(NH_4)H_2PO_4$	AF	148.15
$NaNbO_3$	AF	793.15
$NaTaO_3$	AF	748.15
$PbTiO_3$	F	763.15
$PbZrO_3$	AF	506.15
RbH_2PO_4	F	147.15
WO_3	AF	1010.15

23.2   Kenngrößen realer Gase

23.2/1:   Werte von Temperatur, Druck und Dichte am kritischen Punkt

Gas	T_c/K	p_c/MPa	$\rho_c 10^2 kg/m^3$	Gas	T_c/K	p_c/MPa	$\rho_c 10^2 kg/m^3$
Sauerstoff	155	5.06	4.1	Ethan	305	4.88	2.03
Stickstoff	126	3.39	3.11	Propan	370	4.24	2.20
Wasserstoff	33	1.29	0.31	Butan	425	3.78	2.28
Helium	5	0.23	0.69	Isobutan	408	3.64	2.21
Neon	44	2.72	4.84	Ammoniak	405	11.2	2.35
Argon	151	4.85	5.31	Schwefelwasserstoff	374	8.98	3.49
Chlor	417	7.69	5.73	Ethen	283	5.10	2.27
Kohlenstoffmonoxid	133	3.48	3.01	Ethin	309	6.22	2.31
Kohlenstoffdioxid	304	7.36	4.68	Distickstoffoxid	310	7.24	4.59
Schwefeldioxid	431	7.86	5.24	Stickstoffmonoxid	180	6.56	5.20
Methan	191	4.62	1.62	Dichlordifluormethan	385	4.10	5.55
Luft	132	3.77		Trifluormethan	471	4.36	5.54

23.2/2:   Molmasse, spezifische Gaskonstante und Dichte von Gasen

Die Dichte bezieht sich auf Normbedingung $T = 273.15$ K, $p = 101325$ Pa

Gas	$M/g\,mol^{-1}$	$R_s/J\,K^{-1}kg^{-1}$	$\rho/kg\,m^{-3}$	Gas	$M/g\,mol^{-1}$	$R_s/J\,K^{-1}kg^{-1}$	$\rho/kg\,m^{-3}$
Luft	28.96	286.91	1.293	Ammoniak	17.03	487.9	0.771
Chlor	70.91	117.19	3.214	Kohlenstoffmonoxid	28.01	296.67	1.250
Methan	16.04	517.97	0.717	Kohlenstoffdioxid	44.01	188.81	1.977
Ethan	30.07	276.35	1.357	Sauerstoff	32.00	259.69	1.429
Ethen	28.05	296.21	1.260	Stickstoff	28.02	296.61	1.250
Ethin	26.04	319.14	1.175	Stickstoffmonoxid	30.01	276.93	1.340
Propan	44.10	188.45	2.010	Wasserstoff	2.02	4122.0	0.0899
Propen	42.08	197.48	1.915	Wasserdampf	18.02	461.25	0.804

23.2/3:   Van-der-Waals Konstanten

Gas	$a/N\,m^4\,mol^{-2}$	$b/10^{-6}m^3\,mol^{-1}$	Gas	$a/N\,m^4\,mol^{-2}$	$b/10^{-6}m^3\,mol^{-1}$
Aceton	1.58	98.5	Neon	0.21	17.1
Ammoniak	0.422	37.2	Propan	0.92	84.5
Argon	0.136	32.3	Propan-1-ol	1.5	101
Ethanol	1.22	84	Sauerstoff	0.138	31.8
Helium	0.0035	23.8	Stickstoff	0.141	39.2
Krypton	0.234	39.9	Wasser	0.555	30.5
Methan	0.228	27.1	Wasserstoff	0.0245	26.6
Methanol	0.95	67	Xenon	0.415	51

23.2/4:   **Druck und Temperatur am Tripelpunkt**

Stoff	T_t/K	p_t/hPa	Stoff	T_t/K	p_t/hPa
Ammoniak	195.5	60.6	Neon	24.56	431
Kohlenstoffdioxid	216.56	5180	Parawas-		
Sauerstoff	543.6	1.5	serstoff	13.81	70.4
Stickstoff	63.14	12.53	Wasser	273.16	6.1

23.3   Thermische Eigenschaften der Stoffe

23.3.1   Viskosität

Die Viskosität wird bei der Temperatur 0 °C bzw. 20 °C und Normdruck angegeben.

23.3/1:   **Dynamische Viskosität von Gasen**

Gas	$\eta(0\,°\text{C})/10^{-6}\text{Pa s}$	$\eta(20\,°\text{C})/10^{-6}\text{Pa s}$
Ammoniak	9.3	10.2
Chlor	12.3	13.5
Ethen	9.4	10.3
Ethin	9.5	10.4
Kohlenstoffmonoxid	16.6	18.0
Kohlenstoffdioxid	13.7	15.0
Luft	17.2	18.4
Methan	10.2	11.0
Schwefeldioxid	11.6	12.8
Sauerstoff	19.2	20.7
Stickstoff	16.5	17.8
Wasserstoff	8.4	9.0

23.3/2:   **Dynamische Viskosität von Flüssigkeiten**

Stoff	$\eta(0\,°\text{C})/10^{-6}\text{Pa s}$	$\eta(20\,°\text{C})10^{-6}\text{Pa s}$	Stoff	$\eta(0\,°\text{C})/10^{-6}\text{Pa s}$	$\eta(20\,°\text{C})10^{-6}\text{Pa s}$
Aceton	395	322	Methanol	820	587
Benzen	910	648	Pentan	282	232
Trichlormethan	700	570	Quecksilber	1685	1554
Ethanol	1780	1200	Toluen	768	585
Heptan	517	409	Wasser	1792	1002

23.3.2   Ausdehnung, Wärmekapazität und thermische Leitfähigkeit

In den folgenden Tabellen sind folgende thermische Größen angegeben:

- Linearer Ausdehnungskoeffizient α bei 25 °C,
- Spezifische Wärmekapazität c_p bei konstantem Druck bei 25 °C,
- Thermische Leitfähigkeit λ bei 27 °C

23.3/3:   Thermische Eigenschaften reiner Metalle

Metall	$\alpha/(10^{-6}/\mathrm{K}^{-1})$	$c_p/(\mathrm{J}\cdot\mathrm{g}^{-1}\cdot\mathrm{K}^{-1})$	$\lambda/(\mathrm{W}\cdot\mathrm{cm}^{-1}\cdot\mathrm{K}^{-1})$
Aluminium	23.1	0.897	2.37
Antimon	11.0	0.207	0.243
Barium	20.6	0.204	0.184
Beryllium	11.3	1.825	2.00
Blei	28.9	0.129	0.353
Cadmium	30.8	0.232	0.968
Calcium	22.3	0.647	2.00
Cer	5.2	0.192	0.113
Caesium		0.242	0.359
Chrom	4.9	0.449	0.937
Dysprosium	9.9	0.173	0.107
Eisen	11.8	0.449	0.802
Erbium	12.2	0.168	0.145
Europium	35	0.182	0.140
Gadolinium	9	0.236	0.105
Gallium		0.371	0.406
Gold	14.2	0.129	3.17
Hafnium	5.9	0.144	0.230
Holmium	11.2	0.165	0.162
Indium	32.1	0.233	0.816
Iridium	6.4	0.131	1.47
Kalium		0.757	1.024
Lanthan	12.1	0.195	0.134
Lithium	46	3.582	0.847
Lutetium	9.9	0.154	0.164
Cobalt	13.0	0.421	1.00
Kupfer	16.5	0.385	4.01
Magnesium	24.8	1.023	1.56
Mangan	21.7	0.479	0.0782
Quecksilber		0.140	0.0834
Molybdän	4.8	0.251	1.38
Natrium	71	1.228	1.41
Neodym	9.6	0.190	0.165
Neptunium			0.063
Nickel	13.4	0.444	0.907
Niob	7.3	0.265	0.537
Osmium	5.1	0.130	0.876
Palladium	11.8	0.244	0.718
Platin	8.8	0.133	0.716
Plutonium	46.7		0.0674
Polonium			0.200
Praseodym	6.7	0.193	0.125
Promethium	11		0.15
Rhenium	6.2	0.137	0.479

Fortsetzung der Tabelle auf der nächsten Seite

Fortsetzung der Tabelle 23.3/3

Metall	$\alpha/(10^{-6}/\text{K}^{-1})$	$c_p/(\text{J}\cdot\text{g}^{-1}\cdot\text{K}^{-1})$	$\lambda/(\text{W}\cdot\text{cm}^{-1}\cdot\text{K}^{-1})$
Rhodium	8.2	0.243	1.500
Rubidium		0.363	0.582
Ruthenium	6.4	0.238	1.17
Samarium	12.7	0.197	0.133
Scandium	10.2	0.568	0.158
Silber	18.9	0.235	4.29
Strontium	22.5	0.301	0.353
Tantal	6.3	0.140	0.575
Technetium			0.506
Terbium	10.3	0.182	0.111
Thallium	29.9	0.129	0.461
Thorium	11.0	0.113	0.540
Thulium	13.3	0.160	0.169
Titan	8.6	0.523	0.219
Bismut	13.4	0.122	0.0787
Wolfram	4.5	0.132	1.74
Uran	13.9	0.116	0.276
Vanadium	8.4	0.489	0.307
Ytterbium	26.3	0.155	0.385
Yttrium	10.6	0.298	0.172
Zink	30.2	0.388	1.16
Zinn	22.0	0.228	0.666
Zirconium	5.7	0.278	0.227

23.3/4: Thermische Eigenschaften von Konstruktions- und Baumaterialien

Material	$\alpha/(10^{-6}/\text{K}^{-1})$	$c_p/(\text{J}\cdot\text{g}^{-1}\cdot\text{K}^{-1})$	$\lambda/(\text{W}\cdot\text{cm}^{-1}\cdot\text{K}^{-1})$
Metalle			
Stahl, V2A	16.0	0.51	14
Stahl, unlegiert	11...13	0.49	47...58
Gusseisen	10.5	0.532	58
Aluminium-Bronze	24	0.435	128
Bronze	17.5	0.37	64
Konstantan	15	0.410	23.3
Messing	18	0.385	113
Monel	14	0.43	19.7
Neusilber	18.36	0.398	48
Phosphorbronze	18.9	0.36	110
Beton			
Normalbeton(1:2:4)	12	0.88	1.4...1.5
Stahlbeton	10...15	0.88	0.39...1.6

Fortsetzung der Tabelle auf der nächsten Seite

Fortsetzung der Tabelle 23.3/4

Material	$\alpha/(10^{-6}/\mathrm{K}^{-1})$	$c_p/(\mathrm{J}\cdot\mathrm{g}^{-1}\cdot\mathrm{K}^{-1})$	$\lambda/(\mathrm{W}\cdot\mathrm{cm}^{-1}\cdot\mathrm{K}^{-1})$
Holz			
Eiche	≈ 3	2.4	0.17
Ahorn	≈ 3	1.6	0.16
Birke	≈ 3	1.9	0.142
Buche	≈ 3	2.1	0.17
Erle	≈ 3	1.4	0.17
Esche	≈ 3	1.6	0.16
Kiefer	≈ 3	1.4	0.14
Fichte	≈ 3	2.1	0.14
Bausteine			
Ziegel	6	0.92	1
Sandstein	7...12	0.71	2.3
Schamotte	5	0.8	≈ 1.2
Schiefer		0.76	≈ 0.5
Marmor	≈ 11	0.84	2.8
Glas			
Fensterglas	7.9	0.84	0.81
Quarzglas	0.6	0.73	0.81
Glaswolle		0.84	≈ 0.04

23.3/5: Thermische Eigenschaften von Gasen

Stoff	$c_p/$ $(\mathrm{J}\cdot\mathrm{g}^{-1}\cdot\mathrm{K}^{-1})$	$c_v/$	$\lambda/$ $(\mathrm{W}\cdot\mathrm{m}^{-1}\cdot\mathrm{K}^{-1})$	Stoff	$c_p/$ $(\mathrm{J}\cdot\mathrm{g}^{-1}\cdot\mathrm{K}^{-1})$	$c_v/$	$\lambda/$ $(\mathrm{W}\cdot\mathrm{m}^{-1}\cdot\mathrm{K}^{-1})$
Ethen	1.47	1.173	0.017	Luft, trocken	1.005	0.718	0.02454
Ammoniak	2.056	1.568	0.022	Methan	2.19	1.672	0.030
Argon	0.52	0.312	0.016	Neon	1.03	0.618	0.046
Acetylen	1.616	1.300	0.018	Propan	1.549	1.360	0.015
Chlor	0.473	0.36	0.0081	Sauerstoff	0.909	0.649	0.024
Chlorwasserstoff	0.795	0.567	0.013	Schwefelkohlenstoff	0.582	0.473	0.0069
Gichtgas	1.05	0.75	0.02	Schwefeldioxid	0.586	0.456	0.0086
Helium	5.20	3.121	0.143	Schwefelwasserstoff	0.992	0.748	0.013
Kohlenstoffdioxid	0.816	0.627	0.015	Stickstoff	1.038	0.741	0.024
Kohlenstoffmonoxid	1.038	0.741	0.023	Wasserstoff	14.05	9.934	0.171
Krypton	0.25	0.151	0.0088	Wasserdampf (100 °C)	1.842	1.381	0.016
Leuchtgas	2.14	1.59		Xenon	0.16	0.097	0.0051

23.3/6:   Thermische Eigenschaften flüssiger Stoffe

Stoff	c_p $/(\mathrm{J \cdot g^{-1} \cdot K^{-1}})$	λ $/(\mathrm{W \cdot m^{-1} \cdot K^{-1}})$	Stoff	c_p $/(\mathrm{J \cdot g^{-1} \cdot K^{-1}})$	λ $/(\mathrm{W \cdot m^{-1} \cdot K^{-1}})$
Diethylether	2.298	0.13	Quecksilber	0.138	10
Ethylalkohol	2.38		Rüböl	1.97	0.17
Aceton	2.22	0.16	Salpetersäure, konz.	1.72	0.26
Benzin	2.02	0.13	Schmieröl	2.09	0.13
Benzen	1.70	0.15	Schwefelsäure, konz.	1.42	0.47
Dieselkraftstoff	2.05	0.15	Trafoöl	1.88	0.13
Glycerol	2.37	0.29	Trichlorethylen	0.93	0.12
Heizöl	2.07	0.14	Toluen	1.67	0.14
Leinöl	1.88	0.17	Wasser	4.187	0.60
Petrolether	1.76	0.14			

23.3/7:   Thermische Eigenschaften von Kunststoffen

Material	α $/(10^{-6}\mathrm{K^{-1}})$	c_p $/(\mathrm{J \cdot g^{-1} \cdot K^{-1}})$	λ $/(\mathrm{W \cdot m^{-1} \cdot K^{-1}})$
Acryl	90	1.5	
Polyvinylchlorid (PVC); biegsam	240	1...2	0.16
Polyvinylchlorid (PVC); steif	50	0.9	0.16
Polyethylen		2.3	
Polystyrol	70	1.3	
Polyester	80	2.1	23
Polyester, 70% Glasfaser	12		0.17
Bakelit (mit Holzmehl)	50	1.5	34
Bakelit (mit Asbest)	30	1.3	60
Gummi (leicht vulkanisiert)	220	2.1	15
Gummi (mit Ruß)	160	1.6	17

23.3/8:   Wärmeleitfähigkeit und spezifische Wärmekapazität fester Stoffe

Material	$c_p/$ $(\text{J} \cdot \text{g}^{-1} \cdot \text{K}^{-1})$	$\lambda/$ $(\text{W} \cdot \text{m}^{-1} \cdot \text{K}^{-1})$	Material	$c_p/$ $(\text{J} \cdot \text{g}^{-1} \cdot \text{K}^{-1})$	$\lambda/$ $(\text{W} \cdot \text{m}^{-1} \cdot \text{K}^{-1})$
Asbest	0.816		Pech		0.13
Basalt	0.86	1.67	Porzellan	≈ 1	≈ 1
Eis	2.09	2.33	Quarz	0.80	9.9
Gips	1.1	0.81	Ruß	0.84	0.07
Glimmer	0.87	0.35	Sand, trocken	0.80	0.58
Graphit	0.71	168	Schmirgel	0.96	11.6
Hartgummi	1.42	0.17	Schnee	4.187	
Holzkohle	0.84	0.084	Siliciumcarbid	0.67	15.2
Kalkstein	0.909	2.2	Steinkohle	1.02	0.24
Kesselstein	0.80	$1.2\ldots3$	Rindertalg	0.88	
Kolophonium	1.30	0.317	Tombak	0.381	159
Kork	≈ 2.0	≈ 0.05	Ton, trocken	0.88	≈ 1
Kreide	0.84	0.92	Torfmull, trocken	1.9	0.08
Leder, trocken	≈ 1.5	0.15	Vulkanfiber	1.26	0.21
Papier	1.336	0.14	Wachs	3.34	0.084
Paraffin	3.26	0.26			

23.3/9:   Wärmeleitung von Wärmedämmstoffen

Material	$\lambda/(\text{W} \cdot \text{m}^{-1} \cdot \text{K}^{-1})$	Material	$\lambda/(\text{W} \cdot \text{m}^{-1} \cdot \text{K}^{-1})$
flexibles Material in Lagen		Loses Gut	
Haarfilz	0.038	Steinwolle	$0.037\ldots0.042$
Balsamwolle	0.039	Glaswolle	0.042
Filz, 75% Haar, 25% Flachs	0.039	Kork-Granulat	$0.043\ldots0.045$
Filz, 50% Haar, 50% Flachs	0.038	Gipspulver	$0.075\ldots0.086$
Flachsfaser zwischen Papier	0.04	Sägespäne	$0.059\ldots0.061$
Thermofilz (Flachs u. Asbest)	0.053	Holzkohle	$0.052\ldots0.056$

23.3/10:   Wärmeleitung bei verschiedenen Temperaturen

Stoff	$\lambda(0\,^\circ\text{C})/\text{W}\,\text{m}^{-1}\,\text{K}^{-1}$	$\lambda(50\,^\circ\text{C})/\text{W}\,\text{m}^{-1}\,\text{K}^{-1}$	$\lambda(100\,^\circ\text{C})/\text{W}\,\text{m}^{-1}\,\text{K}^{-1}$
Asbest	0.15	0.18	0.195
Aceton	0.17	0.16	0.15
Anilin	0.19	0.177	0.167
Ethanol	0.188	0.177	–
Rizinusöl	0.184	0.177	0.172
Schaumbeton	0.11	0.11	0.13
Wasser	0.551	0.648	0.683

Die Werte der Volumenänderung von Flüssigkeiten sind für eine Temperatur von 18 °C angegeben.

23.3/11: Ausdehnung von Wasser bei verschiedenen Temperaturen

$\vartheta/°C$	$\gamma/10^{-4}K^{-1}$	$\vartheta/°C$	$\gamma/10^{-4}K^{-1}$
5 -10	0.53	20-40	3.02
10-20	1.50	40-60	4.58
20	2.07	60-80	5.87

23.3/12: Volumenausdehnung von Flüssigkeiten

Stoff	$\gamma/10^{-4}K^{-1}$	Stoff	$\gamma/10^{-4}K^{-1}$
Aceton	14.3	Kerosin	10.0
Anilin	8.5	Methanol	11.9
Trichlormethan	12.8	Propan-1-ol	9.8
Diethylether	16.3	Quecksilber	1.8
Ethanol	11.0	Salpetersäure	12.4
Erdöl	9.2	Terpentinöl	9.4
Glycerol	5.0	Toluen	10.8

23.4   Wärmeübertragung

23.4/1: Wärmedurchgangskoeffizient k in $\dfrac{W}{m^2 \cdot K}$ (Richtwerte)

Material	Wanddicke/cm								
	0.3	1	2	5	10	12	15	20	25
Glas	5.8	5.6							
Holzwand			3.8	2.4		1.7			
Kiesbeton			4.1	3.5		3.1	2.8		
Schlackenstein					2.7				1.7
Stahlbeton			4.2	3.7		3.3	2.9		

23.4/2:   **Wärmedurchgangskoeffizient k in $\dfrac{W}{m^2 \cdot K}$ für Bausteine**

Material	Wanddicke/cm						
	Innenwand			Außenwand			
	9	19	24	24	30	39	49
Vollziegel	2.56	1.94	1.73	2.00	1.78	1.45	1.22
Langlochziegel	2.00	1.63	1.36	1.50	1.28	1.10	0.87
Hochlochziegel	2.36	1.69	1.49	1.69	1.48	1.19	1.00
Klinker	2.73		1.99	2.35			
Kalksandstein							
Lochsteine	2.24	1.88	1.62	1.85	1.57	1.37	1.10
Vollsteine	2.52	2.19	1.94	2.28	1.97	1.74	1.43
Hartsteine	2.56	2.23	2.02	2.35	2.04	1.80	1.49
Hüttensteine	2.24	1.88	1.60	1.81	1.57	1.37	1.10
Gasbeton							
$600 \text{ kg} \cdot m^{-3}$	1.64	1.28	1.04	1.12	0.94	0.80	0.62
$800 \text{ kg} \cdot m^{-3}$	1.77	1.41	1.15	1.26	1.06	0.91	0.71
$1000 \text{ kg} \cdot m^{-3}$	1.90	1.52	1.26	1.38	1.17	1.01	0.79
Leichtbetonvollsteine							
$1200 \text{ kg} \cdot m^{-3}$	2.00	1.63	1.36	1.50	1.30	1.10	0.87
$1400 \text{ kg} \cdot m^{-3}$	2.17	1.81	1.52	1.72	1.48	1.29	1.02
$1600 \text{ kg} \cdot m^{-3}$	2.36	1.99	1.71	1.97	1.71	1.50	1.21
Leichtbeton-Hohlblocksteine							
$1400 \text{ kg} \cdot m^{-3}$			1.30	1.45	1.27		
$1600 \text{ kg} \cdot m^{-3}$			1.42	1.59	1.38		

23.4/3: Wärmeübergangskoeffizienten α (Richtwerte)

Bedingungen	$\alpha/(\mathrm{W \cdot m^{-2} \cdot K^{-1}})$
Luft längs ebener polierter Oberfläche	
Luftgeschwindigkeit $v \leq 5\mathrm{m \cdot s^{-1}}$	$5.6 + \dfrac{4v}{\mathrm{m \cdot s^{-1}}}$
Luftgeschwindigkeit $v > 5\mathrm{m \cdot s^{-1}}$	$7.12 \cdot \left(\dfrac{v}{\mathrm{m \cdot s^{-1}}}\right)^{0.78}$
Luft längs ebener Eisenwand	
Luftgeschwindigkeit $v \leq 5\mathrm{m \cdot s^{-1}}$	$5.8 + \dfrac{4v}{\mathrm{m \cdot s^{-1}}}$
Luftgeschwindigkeit $v > 5\mathrm{m \cdot s^{-1}}$	$7.14 \cdot \left(\dfrac{v}{\mathrm{m \cdot s^{-1}}}\right)^{0.78}$
Luft längs ebenem Mauerwerk	
Luftgeschwindigkeit $v \leq 5\mathrm{m \cdot s^{-1}}$	$6.2 + \dfrac{4.2v}{\mathrm{m \cdot s^{-1}}}$
Luftgeschwindigkeit $v > 5\mathrm{m \cdot s^{-1}}$	$7.52 \cdot \left(\dfrac{v}{\mathrm{m \cdot s^{-1}}}\right)^{0.78}$
Luft senkrecht zu einer Metallwand	
ruhend	$3.5 \ldots 35$
mässig bewegt	$23 \ldots 70$
kräftig bewegt	$58 \ldots 290$
Wasser um Rohre	
ruhend	$350 \ldots 580$
strömend	$350 + 2100 \sqrt{\dfrac{v}{\mathrm{m \cdot s^{-1}}}}$
Wasser in Kesseln	$580 \ldots 2300$
Wasser in Kesseln, gerührt	$2300 \ldots 4700$
Siedendes Wasser in Rohre	$4700 \ldots 7000$
Siedendes Wasser an Metallflächen	$3500 \ldots 5800$
Kondensierender Wasserdampf	$11\,600$

23.5   Praktische Korrekturdaten

23.5.1   Druckmessung

p_0 und ρ_0 sind Druck und Dichte der Luft auf Meereshöhe bei $\vartheta = 15\,°\mathrm{C}$.

23.5/1: Normatmosphäre in relativen Einheiten

Höhe/m	p/p_0	ρ/ρ_0	$\vartheta/°\mathrm{C}$	Höhe/m	p/p_0	ρ/ρ_0	$\vartheta/°\mathrm{C}$
0	1	1	15	5000	0.533	0.601	-17.5
1000	0.887	0.907	8.5	6000	0.465	0.538	-24
2000	0.784	0.822	2	7000	0.405	0.481	-30.5
3000	0.692	0.742	-4.5	8000	0.351	0.428	-37
4000	0.608	0.669	-11	10000	0.261	0.337	-50

23.5/2:   Luftdruck p als Funktion der Höhe h

h/m	p/hPa	h/m	p/hPa	h/m	p/hPa	h/m	p/hPa
0	1013.25	700	931.9	2000	795.0	6000	471.8
100	1001.3	800	920.8	2400	756.3	8000	356.0
200	989.5	900	909.7	2800	719.1	10000	264.4
300	977.7	1000	898.8	3200	683.4	12000	193.3
400	966.1	1200	877.2	3600	649.2	15000	120.4
500	954.6	1400	856.0	4000	616.4	17500	81.2
600	943.2	1600	835.3	5000	540.2	20000	54.75

23.5.1.1   Umrechnung auf Meeresniveau

Die Druckangaben werden in der Regel auf Meeresniveau bezogen. Dazu ist eine Korrektur der abgelesenen Daten notwendig. Die Höhe der Messstelle über dem Meeresspiegel und die Temperaturdifferenz zwischen Messstelle und Meeresniveau müssen berücksichtigt werden. Der Einfluss der geographischen Breite wird in der Regel durch Ungenaugkeiten in der Temperatur der Luftsäule überdeckt. Die Korrektur wird wie folgt durchgeführt: Aus der ersten Tabelle wird der Faktor entnommen, der die Höhe und die Lufttemperatur berücksichtigt. Damit geht man in die zweite Tabelle und entnimmt für diesen Faktor die Korrekturgröße, die zu der Messgröße addiert werden muss. Die verwendete Einheit ist die SI-fremde Einheit: Torr = 1 mm Hg-Säule.

23.5/3:   Temperatur- und Höhenfaktor

Höhe (m)	Temperatur der Luftsäule in °C				Höhe (m)	Temperatur der Luftsäule in °C			
	−16	0	16	28		−16	0	16	28
2000	1.2	1.1	1.0	1.0	3500	172.6	162.3	152.5	145.9
2100	11.5	10.8	10.2	9.7	3600	184.1	173.1	162.7	155.6
2200	23.0	21.6	20.3	19.5	3700	195.6	183.9	172.9	165.3
2300	34.5	32.5	30.5	29.2	3800	207.1	194.7	183.1	175.0
2400	46.0	43.3	40.7	38.9	3900	218.6	205.5	193.2	184.8
2500	57.5	54.1	50.9	48.6	4000	230.1	216.3	203.4	194.5
2600	69.0	64.9	61.0	58.3	4100	241.6	227.1	213.5	204.2
2700	80.6	75.7	71.2	68.1	4200	253.1	237.9	223.7	213.9
2800	92.1	86.5	81.4	77.8	4300	264.6	248.8	233.9	223.6
2900	103.6	97.4	91.5	87.5	4400	276.1	259.6	244.0	233.4
3000	115.1	108.2	101.7	97.3	4500	287.6	270.4	254.2	243.1
3100	126.6	119.0	111.9	107.0	4600	299.1	281.2	264.4	252.8
3200	138.1	129.8	122.0	116.7	4700	310.6	292.0	274.5	262.5
3300	149.6	140.6	132.2	126.4	4800	322.1	302.8	284.7	272.2
3400	161.1	151.4	142.4	136.2	4900	333.6	313.6	294.9	282.0

23.5/4:   **Additiver Korrekturfaktor zur Druckmessung**

Temp. Höhen Faktor	Barometermesswert in mm Hg-Säule					Temp. Höhen	Barometermesswert in mm Hg-Säule					
	780	760	740	720	700		760	740	720	700	680	660
1	0.9	0.9	0.9	0.8	0.8	40	35.8	34.9	33.9	33.0	32.0	31.1
5	4.5	4.4	4.3	4.2	4.0	45	40.4	39.3	38.3	37.2	36.2	35.1
10	9.0	8.8	8.6	8.3	8.1	50	45.0	43.8	42.7	41.5	40.3	39.1
15	13.6	13.2	12.9	12.5	12.2	55	49.7	48.4	47.1	45.8	44.5	43.1
20	18.2	17.7	17.2	16.8	16.3	60	–	52.9	51.5	50.1	48.6	47.2
25	22.8	22.2	21.6	21.0	20.4	65	–	57.5	55.9	54.4	52.8	51.3
30	27.4	26.7	26.0	25.3	24.6	70	–	62.1	60.4	58.7	57.1	55.4
35	–	31.2	30.4	29.6	28.8	75	–	66.7	64.9	63.1	61.3	59.5

	720	700	680	660	640		680	660	640	620	600	
80	69.5	67.5	65.6	63.7	61.7	125	105.3	102.2	99.1	96.0	92.9	–
85	74.0	72.0	69.9	67.9	65.8	130	109.8	106.6	103.3	100.1	96.9	–
90	78.6	76.4	74.2	72.1	69.9	135	114.3	111.0	107.6	104.3	100.9	–
95	83.2	80.9	78.6	76.3	74.0	140	118.9	115.4	111.9	108.4	104.9	–
100	87.9	85.4	83.0	80.5	78.1	145	123.5	119.9	116.3	112.6	109.0	–
105	–	89.9	87.4	84.8	82.2	150	128.2	124.4	120.6	116.9	113.1	–
110	–	94.5	91.8	89.1	86.4	155	–	128.9	125.0	121.1	117.2	–
115	–	99.1	96.3	93.4	90.6	160	–	133.5	129.4	125.4	121.4	–
120	–	103.7	100.7	97.8	94.8	165	–	138.1	133.9	129.7	125.5	–
125	–	108.3	105.3	102.2	99.1	170	–	142.7	138.4	134.0	129.7	–

	640	620	600	580	560		620	600	580	560	540	
170	138.4	134.0	129.7	125.4	121.1	215	174.1	168.5	162.9	157.3	151.7	–
175	142.9	138.4	133.9	129.5	125.0	220	178.7	172.9	167.2	161.4	155.7	–
180	147.4	142.8	138.2	133.6	129.0	225	183.3	177.4	171.5	165.6	159.7	–
185	151.9	147.2	142.4	137.7	132.9	230	188.0	181.9	175.8	169.8	163.7	–
190	153.5	151.6	146.7	141.8	136.9	235	192.6	186.4	180.2	174.0	167.8	–
195	161.1	156.1	151.0	146.0	141.0	240	–	191.0	184.6	178.2	171.9	–
200	165.7	160.5	155.4	150.2	145.0	245	–	195.5	189.0	182.5	176.0	–
205	170.4	165.0	159.7	154.4	149.1	250	–	200.1	193.4	186.8	180.1	–
210	–	169.6	164.1	158.6	153.2	255	–	204.7	197.9	191.1	184.3	
215	–	174.1	168.5	162.9	157.3	260	–	209.4	202.4	195.4	188.4	–

	580	560	540	520			560	540	520	500	480	
260	202.4	195.4	188.4	181.5	–	305	235.6	227.2	218.8	210.3	201.9	–
265	206.9	199.8	188.4	181.5	–	310	240.2	231.6	223.0	214.4	205.9	–
270	211.5	204.2	196.9	189.6	–	315	244.8	236.0	227.3	218.6	209.8	–
275	216.0	208.6	201.1	193.7	–	320	249.4	240.5	231.6	222.7	213.8	–
280	220.6	213.0	205.4	197.8	–	325	254.1	245.0	236.0	226.9	217.8	–
285	225.2	217.5	209.7	201.9	–	330	–	249.6	240.3	231.1	221.8	–
290	229.9	222.0	214.0	206.1	–	335	–	254.1	244.7	235.3	225.9	–
295	–	226.5	218.4	210.3	–	340	–	258.7	249.1	239.6	230.0	–
300	–	231.0	222.8	214.5	–	345	–	263.3	253.6	243.8	234.1	–

23.5.1.2   Quecksilberbarometer-Messungen (Temperaturkorrektur)

Diese Korrektur hat ihre Ursache in der thermischen Ausdehnung von Quecksilber sowie der Messskala.

23.5/5:   Barometermessungen mit einer Messingskala

Die Größen in der Tabelle müssen von der Messgröße subtrahiert werden. Zwischenwerte können durch lineare Interpolation abgeschätzt werden.

Temperatur	Messgröße in Millimeter								
$\vartheta/°C$	620	630	640	650	660	670	680	690	700
0	0	0	0	0	0	0	0	0	0
5	0.51	0.51	0.52	0.53	0.54	0.55	0.56	0.56	0.57
10	1.01	1.03	1.04	1.06	1.08	1.09	1.11	1.13	1.14
15	1.52	1.54	1.56	1.59	1.61	1.64	1.66	1.69	1.71
20	2.02	2.05	2.08	2.12	2.15	2.18	2.21	2.25	2.28
25	2.52	2.56	2.60	2.64	2.68	2.72	2.77	2.81	2.85
30	3.02	3.07	3.12	3.17	3.22	3.27	3.32	3.36	3.41
35	3.52	3.58	3.64	3.69	3.75	3.81	3.86	3.92	3.98

Temperatur	Messgröße in Millimeter								
$\vartheta/°C$	710	720	730	740	750	760	770	780	790
0	0	0	0	0	0	0	0	0	0
5	0.58	0.59	0.60	0.60	0.61	0.62	0.63	0.64	0.64
10	1.16	1.17	1.19	1.21	1.22	1.24	1.26	1.27	1.29
15	1.74	1.76	1.78	1.81	1.83	1.86	1.88	1.91	1.93
20	2.31	2.34	2.38	2.41	2.44	2.47	2.51	2.54	2.57
25	2.89	2.93	2.97	3.01	3.05	3.09	3.13	3.17	3.21
30	3.46	3.51	3.56	3.61	3.66	3.71	3.75	3.80	3.85
35	4.03	4.09	4.15	4.21	4.26	4.32	4.38	4.43	4.49

23.5/6:   Barometermessungen mit einer Glas-Skala

Die Größen in der Tabelle müssen von der Messgröße subtrahiert werden. Zwischenwerte können durch lineare Interpolation abgeschätzt werden.

Temperatur	Messgröße in Millimeter								
$\vartheta/°C$	700	710	720	730	740	750	760	770	780
0	0	0	0	0	0	0	0	0	0
5	0.060	0.061	0.062	0.063	0.064	0.064	0.065	0.066	0.067
10	0.121	0.122	0.124	0.126	0.127	0.129	0.130	0.132	0.134
15	0.181	0.184	0.186	0.189	0.191	0.193	0.196	0.198	0.201
20	0.242	0.245	0.248	0.252	0.255	0.258	0.261	0.264	0.268
25	0.303	0.307	0.311	0.315	0.319	0.323	0.327	0.331	0.335
30	0.363	0.368	0.373	0.378	0.383	0.387	0.392	0.397	0.402

23.5.2 Volumenmessungen – Umrechnung auf Standardtemperatur

23.5/7: Temperaturkorrektur für wässrige Lösungen

Häufig werden die Angaben von wässrigen Lösungen auf die Standardtemperatur von 20 °C bezogen. Die Volumenmessung erfolgt aber bei einer anderen Temperatur. Die folgende Tabelle gibt eine additive Korrektur für das zu messende Volumen bezogen auf das Normvolumen bei 20 °C. Als kubischer Ausdehnungskoeffizient des Glases wird 0.000025 pro Grad angenommen.

Temperatur	Volumen bei 20 °C						
$\vartheta/°C$	2000	1000	500	400	300	250	150
15	−1.54	−0.77	−0.38	−0.31	−0.23	−0.19	−0.12
16	−1.28	−0.64	−0.32	−0.26	−0.19	−0.16	−0.10
17	−0.99	−0.50	−0.25	−0.20	−0.15	−0.12	−0.07
18	−0.68	−0.34	−0.17	−0.14	−0.10	−0.08	−0.05
19	−0.35	−0.18	−0.09	−0.07	−0.05	−0.04	−0.03
21	0.37	0.18	0.09	0.07	0.06	0.05	0.03
22	0.77	0.38	0.19	0.15	0.12	0.10	0.06
23	1.18	0.59	0.30	0.24	0.18	0.15	0.09
24	1.61	0.81	0.40	0.32	0.24	0.20	0.12
25	2.07	1.03	0.52	0.41	0.31	0.26	0.15
26	2.54	1.27	0.64	0.51	0.38	0.32	0.19
27	3.03	4.52	0.76	0.61	0.46	0.38	0.23
28	3.55	1.77	0.89	0.71	0.53	0.44	0.27
29	4.08	2.04	1.02	0.82	0.61	0.51	0.31
30	4.62	2.31	1.16	0.92	0.69	0.58	0.35

23.5.2.1 Glas-Volumenometermessungen

23.5/8: Temperaturkorrektur eines Glas-Volumenometers

Die folgende Tabelle gibt die additive Korrekturgröße auf Grund der thermischen Ausdehnung bezogen auf 20 °C von Glas an.

Temperatur	gemessenes Volumen in Milliliter					
$\vartheta/°C$	2000	1000	500	400	300	250
15	−0.25	−1.12	−0.06	−0.05	−0.04	−0.031
16	−0.20	−0.10	−0.05	−0.04	−0.03	−0.025
17	−0.10	−0.08	−0.04	−0.03	−0.02	−0.019
18	−0.10	−0.05	−0.02	−0.02	−0.02	−0.12
19	−0.05	−0.02	−0.01	−0.01	−0.01	−0.006
21	0.05	0.02	0.01	0.01	0.01	0.006
22	0.10	0.05	0.02	0.02	0.02	0.012
23	0.15	0.08	0.04	0.03	0.02	0.019
24	0.20	0.10	0.05	0.04	0.03	0.025
25	0.25	0.12	0.06	0.05	0.04	0.031
26	0.30	0.15	0.08	0.06	0.04	0.038
27	0.35	0.18	0.09	0.07	0.05	0.044
28	0.40	0.20	0.10	0.08	0.06	0.050
29	0.45	0.22	0.11	0.09	0.07	0.056
30	0.50	0.25	0.12	0.10	0.08	0.062

23.6   Erzeugung flüssiger Tieftemperaturbäder

Zur Erzeugung konstanter tiefer Temperaturen können Mischungen fest-flüssig am Schmelzpunkt dienen. Dieses Bad muss gerührt werden. Die Kühlung erfolgt je nach geforderter Temperatur mit Trockeneis (-78 °C) oder flüssiger Luft (-190 °C). Für die Temperaturbäder sind die Stoffe in folgender Tabelle möglich.

23.6/1:   **Flüssigbäder bei tiefen Temperaturen**

Stoff	$T_K\ \vartheta/°\mathrm{C}$	$T_S\ \vartheta/°\mathrm{C}$	Stoff	$T_K\ \vartheta/°\mathrm{C}$	$T_S\ \vartheta/°\mathrm{C}$
Isopentan	-159.9	27.85	Ethylacetat	-84	77
Methylcyclopentan	-142.4	71.8	Trockeneis + Aceton	-78	–
Allylchlorid	-134.5	45	p-Cymen	-67.9	177.1
Pentan	-129.7	36.1	Trichlormethan	-63.5	61.7
Allylalkohol	-129	97	N-Methylanilin	-57	196
Ethylalkohol	-117.3	78.5	Chlorbenzen	-45.6	132
Kohlenstoffdisulfid	-110.8	46.3	Anisol	-37.5	155
Isobutylalkohol	-108	108.1	Brombenzen	-30.8	156
Aceton	-95.4	56.2	Tetrachlormethan	-23	76.5
Toluen	-95	110.6	Benzonitril	-13	205

23.7   Trockenmittel

Die Trocknung von Gasen kann sowohl über die Absorption (chemische Wirkung) als auch die Adsorption (physikalische Wirkung) erfolgen.

23.7/1:   **Effektivität der chemischen Trocknung**

Substanz	Restwasser in mg/l trockener Luft	Substanz	Restwasser in mg/l trockener Luft
P_2O_5	< 1 mg in 400001	NaOH geschm.	0.16
$Mg(ClO_4)_2$ anhyd.	–	$CaBr_2$	0.18
BaO	0.00065	$CaCl_2$ geschm.	0.34
KOH geschm.	0.002	$Ba(ClO_4)_2$	0.82
CaO	0.003	$ZnCl_2$	0.85
H_2SO_4	0.003	$ZnBr_2$	1.16
$CaSO_4$ anhyd.	0.005	$CaCl_2$ granular	1.5
Al_2O_3	0.005	$CuSO_4$ anhyd.	2.8

23.7/2:   **Effektivität der physikalischen Trocknung**

Die Trockenmittel sind nach steigender Effektivität geordnet.

Tonerde (bei niedrigen Temperaturen gebrannt)
Asbest
Holzkohle
Ton
Porzellan (bei niedrigen Temperaturen gebrannt)
Glaswolle
Kieselgur
Silicagel
Ausfrieren

23.8 Dampfdruck

23.8.1 Lösungen

23.8/1: Sättigungsdampfdruck bei 20 °C

Stoff	p_D/hPa	Stoff	p_D/hPa
Aceton	240	Methanol	129
Benzen	100	Pentan	565
Trichlormethan	213	Tetrachlormethan	121
Diethylether	584	Toluen	29.3
Ethanol	587	Wasser	23.4

23.8/2: Kryoskopische und ebullioskopische Konstante

Stoff	K/K	E/K	Stoff	K/K	E/K
Ammoniak	1320	340	Essigsäure	3900	3070
Benzen	5070	2640	Ethanol	–	1070
Diethylether	1790	1830	Tetrachlorkohlenstoff	29800	4880
Tetrachlormethan	4900	3800	Wasser	1860	520

23.8.2 Relative Feuchte

23.8/3: Psychrometrie

Bestimmung der relativen Feuchte über die Temperaturdifferenz $\Delta\vartheta$ zweier Thermometer, von denen eines bei 100 % Luftfeuchtigkeit ϑ_f und eines bei Raumfeuchte misst (ϑ_R). Bei $\Delta\vartheta = 0$ gilt $\varphi = 100\,\%$.

ϑ_R/°C	φ in % bei $\Delta\vartheta$/°C										
	0	1	2	3	4	5	6	7	8	9	10
0	100	81	63	45	28	11	–	–	–	–	–
2	100	84	68	51	35	20	–	–	–	–	–
4	100	85	70	56	42	28	14	–	–	–	–
6	100	86	73	60	47	35	23	10	–	–	–
8	100	87	75	63	51	40	28	18	7	–	–
10	100	88	76	65	54	44	34	24	14	4	–
12	100	89	78	68	57	48	38	29	20	11	–
14	100	90	79	70	60	51	42	33	25	17	9
16	100	90	81	71	62	54	45	37	30	22	15
18	100	91	82	73	64	56	48	41	34	26	20
20	100	91	83	74	66	59	51	44	37	30	24
22	100	92	83	76	68	61	54	47	40	34	28
24	100	92	84	77	69	62	56	49	43	37	31
26	100	92	85	78	71	64	58	50	45	40	34
28	100	93	85	78	72	65	59	53	48	42	37
30	100	93	86	79	73	67	61	55	50	44	39

23.8.3   Dampfdruck von Wasser

23.8/4:   **Dampfdruck von Wasser bei niedrigen Temperaturen**

$\vartheta/°C$	$p_D/$hPa	$\vartheta/°C$	$p_D/$hPa	$\vartheta/°C$	$p_D/$hPa	$\vartheta/°C$	$p_D/$hPa
0	6.0	10	12.1	20	23.8	30	43.2
2	7.0	12	13.8	22	27.0	32	48.6
4	8.0	14	15.8	24	30.5	34	54.3
6	9.2	16	18.6	26	34.3	36	60.6
8	10.5	18	21.1	28	38.6	38	67.6

23.8/5:   **Dampfdruck und spezifische Enthalpie von Wasser**

Temperatur $\vartheta/°C$	Dichte $\rho/$kg m^{-3}	spez. Vol. $v/10^{-3}$m^3 kg^{-1}	Dampfdruck $p_D/$bar	spez. Enth. $h/$kJ kg^{-1}
5	1000	1.0	0.0087	21, 0
10	1000	1.0	0.0123	42.0
15	999	1.001	0.0170	62.9
20	998	1.002	0.0234	83.9
25	997	1.003	0.0317	104.8
30	996	1.004	0.0424	125.7
40	992	1.008	0.0738	167.4
50	988	1.012	0.1234	209
60	983	1.017	0.1992	251
70	978	1.023	0.3116	293
80	972	1.029	0.4736	335
90	965	1.036	0.7011	377
100	958	1.044	1.013	419
120	943	1.061	1.985	504
140	926	1.080	3.614	589
160	907	1.102	6.181	675
180	887	1.128	10.03	763
200	864	1.157	15.55	852
250	799	1.251	39.78	1085
300	712	1.404	85.93	1345
350	574	1.741	165.35	1672

Die folgende Tabelle ist für die Beschreibung von Sattdampf und Nassdampf von Bedeutung. Die Indizes „D" bzw. „W" stehen für Dampf bzw. (siedendes) Wasser. p ist der Dampfdruck, ϑ die Temperatur, v das spezifische Volumen und h die spezifische Enthalpie.

23.8/6:   **Spez. Volumen und spez. Enthalpie von Wasserdampf**

p/bar	$\vartheta/°C$	$v_W/10^{-3}\mathrm{m^3\,kg^{-1}}$	$v_D/\mathrm{m^3\,kg^{-1}}$	$h_W/\mathrm{kJ\,kg^{-1}}$	$h_D/\mathrm{kJ\,kg^{-1}}$
0.01	6.98	1.0001	129.2	29.34	2514
0.02	17.53	1.0012	67.01	73.46	2533.6
0.04	28.98	1.0040	34.80	121.41	2554.5
0.06	36.18	1.0064	23.74	151.50	2567.5
0.08	41.53	1.0084	18.10	173.86	2577.1
0.1	45.83	1.0102	14.67	191.83	2584.4
0.2	60.09	1.0172	7.650	251.45	2609.9
0.4	75.88	1.0265	3.993	317.65	2636.9
0.6	85.95	1.0333	2.732	359.93	2653.6
0.8	93.51	1.0387	2.087	391.72	2665.8
1.0	99.63	1.0434	1.694	417.51	2675.4
1.4	109.3	1.0513	1.236	458.42	2690.3
2.0	120.23	1.0608	0.8854	504.70	2706.3
3.0	133.54	1.0735	0.6056	561.43	2724.7
4.0	143.62	1.0839	0.4622	604.67	2737.6
5.0	151.84	1.0928	0.3747	640.12	2747.5
6.0	158.84	1.1009	0.3155	670.42	2755.5
8.0	170.41	1.1150	0.2403	720.94	2767.5
10.0	179.88	1.1274	0.1943	762.61	2776.2
12.0	187.96	1.1386	0.1632	798.43	2782.7
15.0	198.29	1.1539	0.1317	844.67	2789.9
20.0	212.37	1.1766	0.09954	908.59	2797.2
30.0	233.84	1.2163	0.06663	1008.4	2802.3
40.0	250.33	1.2521	0.04975	1087.4	2800.3
50.0	263.91	1.2858	0.03943	1154.5	2794.2

23.9   Spezifische Enthalpien

23.9/1:   **Spezifischer Heizwert H_u (Mittelwerte)**

feste Stoffe	$H_u/$ $(\mathrm{MJ\cdot kg^{-1}})$	flüssige Stoffe	$H_u/$ $(\mathrm{MJ\cdot kg^{-1}})$	gasförmige Stoffe	$H_u/$ $(\mathrm{MJ\cdot m^{-3}})$
Anthrazit	33.4	Ethylalkohol	26.9	Ethin	85.99
Braunkohle	9.6	Benzen	40.2	Butan	124
Braunkohle, hart	17	Diethylether	34	Erdgas, nass	29
Braunkohlenbrikett	20	Erdöl	41	Ethan	64.5
Fettkohle	31.0	Dieselkraftstoff	42.1	Erdgas,trocken	43.9
Koks	29.2	Heizöl	41.8	Gichtgas	5
Holz, trocken	13.3	Benzin	42.5	Methan	35.9
Magerkohle	31.0	Methylalkohol	19.5	Propan	93.4
Torf, trocken	14.6	Petroleum	40.8	Stadtgas	20
Zechenkoks	30.1	Spiritus (95%)	25.0	Wasserstoff	10.8
Holzkohle	31	Steinkohlenteer	34	Propen	88.0

23.9/2:   **Spez. Schmelz- und Verdampfungsenthalpie reiner Metalle**

Metall	Spez. Schmelz-enthalpie Δh_s $/(\mathrm{kJ\cdot kg^{-1}})$	Spez. Verdampf.-enthalpie Δh_v $/(\mathrm{kJ\cdot kg^{-1}})$	Metall	Spez. Schmelz-enthalpie Δh_s $/(\mathrm{kJ\cdot kg^{-1}})$	Spez. Verdampf.-enthalpie Δh_v $/(\mathrm{kJ\cdot kg^{-1}})$
Aluminium	397	10 900	Neodym	49.5	–
Antimon	167	1050	Nickel	303	6480
Barium	56	1100	Niob	334	7492
Beryllium	1390	32 600	Osmium	289	–
Blei	23.0	8600	Palladium	157	–
Cadmium	56	890	Platin	111	2290
Calcium	216	3750	Praseodym	48.9	–
Cer	39	2242	Quecksilber	11.8	285
Caesium	16.4	496	Rhenium	178	3797
Chrom	280	6700	Rhodium	218	–
Dysprosium	68.1	–	Rubidium	25.7	880
Eisen	277	6340	Ruthenium	193	–
Erbium	119	–	Samarium	57.3	–
Europium	60.6	–	Scandium	314	6785
Gadolinium	63.6	–	Silber	105	2350
Gallium	80.8	3640	Strontium	94	1585
Gold	65.7	1650	Tantal	199	4162
Hafnium	146	3703	Terbium	67.9	–
Holmium	103	–	Thallium	20.6	794.6
Indium	28.5	1970	Thorium	59.5	2344
Iridium	117	3900	Thulium	99	–

Fortsetzung der Tabelle auf der nächsten Seite

Fortsetzung der Tabelle 23.9/2

Metall	Spez. Schmelz-enthalpie Δh_s $/(\text{kJ} \cdot \text{kg}^{-1})$	Spez. Verdampf.-enthalpie Δh_v $/(\text{kJ} \cdot \text{kg}^{-1})$	Metall	Spez. Schmelz-enthalpie Δh_s $/(\text{kJ} \cdot \text{kg}^{-1})$	Spez. Verdampf.-enthalpie Δh_v $/(\text{kJ} \cdot \text{kg}^{-1})$
Lanthan	81.3	2880	Titan	324	8990
Lithium	603	20 500	Uran	36.6	1731
Lutetium	126	–	Vanadium	452	8998
Kalium	59.6	1980	Bismut	52.2	725
Cobalt	275	6503	Wolfram	192	4350
Kupfer	205	4790	Ytterbium	44.3	–
Magnesium	368	5420	Yttrium	128	4421
Mangan	266	4190	Zink	111	1755
Molybdän	290	5610	Zinn	59.6	2450
Natrium	113	390	Zirconium	219	6382

23.9/3: **Relative Volumenänderung beim Schmelzen**

Stoff	$\Delta V/V$	Stoff	$\Delta V/V$
Aluminum	0.066	Lithium	0.015
Antimon	-0.0094	Magnesium	0.042
Blei	0.036	Natrium	0.025
Cadmium	0.047	Quecksilber	0.036
Gallium	-0.03	Silber	0.05
Gold	0.0519	Wassser (Eis)	-0.083
Indium	0.025	Zink	0.069
Kalium	0.024	Zinn	0.026

23.9/4: **Temperaturabhängigkeit der Verdampfungswärme**

Stoff	0 °C	20 °C	60 °C	100 °C	140 °C	180 °C	220 °C
Methanol	1220	1190	1130	1030	906	743	472
Ethanol	927	925	894	827	717	584	370
Propan-1-ol	–	–	–	688	598	488	358
Diethylether	388	367	329	287	234	134	–
Essigsäure	–	352	376	387	385	368	344

23.9/5:   Spezifische Schmelzenthalpien ΔH_s und Verdampfungsenthalpien ΔH_v

Stoff	$\Delta h_s/$ $kJ \cdot kg^{-1}$	$\Delta h_v/$ $kJ \cdot kg^{-1}$	Stoff	$\Delta h_s/$ $kJ \cdot kg^{-1}$	$\Delta h_v/$ $kJ \cdot kg^{-1}$
Aceton	98	525	Kohlenstoffmonoxid	29.86	216
Aluminiumoxid	1069	4730	Krypton	19.52	108
Ameisensäure	276	432	Methan	58.62	510
Ammoniak	–	1370	Methanol	92	1100
Pentan-1-ol	–	502	Methylacetat	–	406
Argon	29.44	163	Naphthalin	148	314
Benzen	128	394	Natriumchlorid	500	2900
Bor	2055	50000	Neon	16.58	91.2
Brom	67.8	183	Nitrobenzen	94.2	397
Butan	80.34	385	Octan	181	299
Butylalkohol	121.35	616	Ozon	–	316
Chlor	90.48	290	Pentan	116	360
Trichlormethan	75	279	Phenol	122	510
Chlorwasserstoff	–	443	Phosphor,weiss	21.0	400
Deuterium	98.5	304	Phosphortrihydrid	33.33	430
Diethylether	–	384	Propan	57.36	426
Essigsäure	192	406	Propan-1-ol	86.5	750
Ethan	95.23	489	Propen	71.48	438
Ethanol	108	840	Pyridin	105	450
Ethylchlorid	–	382	Rohrzucker	56	–
Ethen	119.68	483	Sauerstoff	13.87	213
Fluor	81.9	172	Schwefel	42	290
Fluorwasserstoff	–	375	Schwefelkohlenstoff	57.8	352
Frigen 11 (CCl_3F)	50.24	182	Schwefelsäure	109	–
Frigen 12 (CCl_2F_2)	34.27	162	Schwefeldioxid	115.64	390
Frigen 21 ($CHCl_2F$)	–	242	Selen	68.6	1200
Frigen 22 ($CHClF_2$)	47.68	234	Silicium	164	14 050
Glycerol	201	–	Stickstoff	25.74	198
Heptan	141	318	Toluen	–	364
Hexan	152	332	Wasser	334	2265
Iod	124	172	Wasser, schweres	318	2072
Kaliumchlorid	342	2160	Xenon	–	99.2
Kaliumnitrat	107	–	Xylen	109	343
Kohlenstoffdioxid	180.7	136.8			

Teil V Quantenphysik

24 Photonen - Elektromagnetische Strahlung und Lichtquanten

Der Teilchencharakter des Lichts wird deutlich in drei Effekten: Wärmestrahlung, Photoeffekt und Compton-Streuung.

24.1 Plancksches Strahlungsgesetz

Einen wesentlichen Hinweis auf das Versagen der klassischen Physik lieferte die Wärmestrahlung (Planck, 1900). Nach Einstein (1905) ist elektromagnetische Strahlung in **Photonen** quantisiert.

1. Photonen und Plancksches Wirkungsquantum

Photonen, Symbol γ, die Energiequanten des elektromagnetischen Feldes.

Photonenenergie, E_{Ph}, proportional zur Frequenz f oder der Kreisfrequenz $\omega = 2\pi f$. Sie wird meist in Elektronenvolt (eV) angegeben,

$$E_{\mathrm{Ph}} = hf = \hbar\omega.$$

Photonenimpuls, $\vec{\mathbf{p}}_{\mathrm{Ph}}$, proportional zum Wellenzahlvektor $\vec{\mathbf{k}}$ (mit $|\vec{\mathbf{k}}| = \dfrac{2\pi}{\lambda}$, λ ist die Wellenlänge der elektromagnetischen Strahlung):

$$\vec{\mathbf{p}}_{\mathrm{Ph}} = \hbar\vec{\mathbf{k}}, \quad |\vec{\mathbf{p}}_{\mathrm{Ph}}| = \hbar k = h/\lambda.$$

Der Vektor $\vec{\mathbf{k}}$ zeigt in die Ausbreitungsrichtung der elektromagnetischen Strahlung.

Plancksches Wirkungsquantum, universelle Naturkonstante,

$$h = 6.626\,075\,5(40) \cdot 10^{-34}\ \mathrm{Js},$$

$$\hbar = \frac{h}{2\pi} = 1.054\,572\,66(63) \cdot 10^{-34}\ \mathrm{Js} = 6.582\,122(20) \cdot 10^{-22}\ \mathrm{MeVs}.$$

2. Temperaturstrahlung und schwarzer Strahler

Wärmestrahlung, **Temperaturstrahlung**, die elektromagnetische Strahlung eines Körpers bei endlicher Temperatur. Gleichzeitig absorbiert jeder Körper einen Teil der von seiner Umgebung ausgehenden Wärmestrahlung. Es erfolgt ein ständiger Energieaustausch zwischen Körper und Umgebung, der schließlich zu einem Temperaturgleichgewicht führt.

Schwarzer Strahler, ein Körper mit dem Reflexionsvermögen null. Ein schwarzer Strahler absorbiert alle auftreffende Strahlung (**Abb. 24.1**).

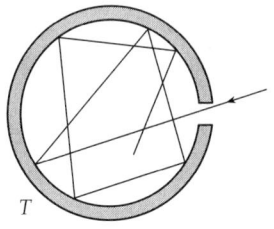

Abbildung 24.1: Modell des schwarzen Strahlers

Hohlraumstrahler, Modell eines schwarzen Strahlers in Form eines Hohlraums mit einer kleinen Öffnung in der Wandung. Die Wand ist für die Strahlung innen undurchlässig (ideal reflektierend) und besitzt eine bestimmte Temperatur. Die Wahrscheinlichkeit, dass ein Photon durch die Öffnung in den Hohlraum gelangt und diesen nach Vielfachreflexion an den Innenwänden durch die Öffnung wieder verlässt, ist vernachlässigbar klein (Absorptionsgrad $\alpha = 1$). Die Öffnung erscheint als absolut schwarz.

Hohlraumstrahlung, die aus der Öffnung eines Hohlraumstrahlers austretende Wärmestrahlung. Der Verlauf der spektralen Strahlungsenergiedichte der Hohlraumstrahlung hängt von der Temperatur des Hohlraumstrahlers ab.

➤   Gemäß dem Kirchhoffschen Satz (s. S. 703) lässt sich die spektrale Strahlleistungsdichte $L_{e,f}$ eines beliebigen thermischen Strahlers auf die des schwarzen Körpers zurückführen.

Für das Strahlungsfeld im Hohlraum definiert man:

Strahlungsenergiedichte			$\mathbf{ML^{-1}T^{-2}}$
$u = \dfrac{Q}{V}$	Symbol	Einheit	Benennung
	u	J/m^3	Strahlungsenergiedichte
	Q	J	Strahlungsenergie
	V	m^3	Volumen

3. Plancksches Strahlungsgesetz,

beschreibt die Frequenz- und Temperaturabhängigkeit der spektralen Strahlungsenergiedichte der Hohlraumstrahlung:

spektrale Strahlungsenergiedichte			$\mathbf{ML^{-1}T^{-1}}$
$u_f(f,T) = \dfrac{8\pi f^2}{c^3}\dfrac{hf}{e^{hf/(kT)} - 1}$	Symbol	Einheit	Benennung
	$u_f(f,T)$	Jsm^{-3}	spektrale Strahlungsenergiedichte
	c	ms^{-1}	Lichtgeschwindigkeit
	f	s^{-1}	Frequenz
	h	Js	Wirkungsquantum
	k	JK^{-1}	Boltzmann-Konstante
	T	K	Temperatur

Dieses Gesetz stellt eine Verbindung zwischen dem klassischen Bild einer kontinuierlichen Emission und Absorption elektromagnetischer Wellen und dem Photonenbild für die gequantelte elektromagnetische Strahlung dar.

➤   Umrechnung der Strahlungsdichte (Strahlleistungsdichte) $L_{e,f}$ in die Energiedichte u_f der unpolarisierten, homogenen und isotropen Hohlraumstrahlung:

$$u_f = 2 \int d\Omega \frac{L_{e,f}}{c} = 8\pi \frac{L_{e,f}}{c} .$$

4. Zusammenhang zwischen Strahlungsenergiedichte und Frequenz

Die Abhängigkeit der spektralen Strahlungsenergiedichte der Hohlraumstrahlung von Kreisfrequenz ω bzw. Wellenlänge λ lautet:

$$u_{\omega}(\omega, T) \;=\; u_f(f, T) \cdot \frac{\mathrm{d}f}{\mathrm{d}\omega} = \frac{1}{2\pi} \cdot u_f(f, T)\,,$$

$$u_{\omega}(\omega, T) \;=\; \frac{\hbar \omega^3}{\pi^2 c^3} \, \frac{1}{e^{\hbar\omega/(kT)} - 1}\,,$$

$$u_{\lambda}(\lambda, T) \;=\; u_f(f, T) \cdot \left|\frac{\mathrm{d}f}{\mathrm{d}\lambda}\right| = \frac{f^2}{c} \cdot u_f(f, T)\,,$$

$$u_{\lambda}(\lambda, T) \;=\; \frac{8\pi hc}{\lambda^5} \, \frac{1}{e^{hc/(k\lambda T)} - 1}\,.$$

M   Das Plancksche Strahlungsgesetz ist die Grundlage der optischen Pyrometrie zur Messung hoher Temperaturen.

5. Wiensches Verschiebungsgesetz und Grenzfälle der Planckschen Formel

▲   **Wiensches Gesetz**, für $hf \gg kT$:

$$u_f(f, T) = \frac{8\pi f^3 h}{c^3} e^{-\frac{hf}{kT}}\,.$$

▲   **Rayleigh-Jeans-Gesetz**, für $hf \ll kT$:

$$u_f(f, T) = \frac{8\pi f^2}{c^3} kT\,.$$

▲   **Wiensches Verschiebungsgesetz**: Das Maximum der spektralen Strahlungsenergiedichte $u_f(f, T)$ wird mit wachsender Temperatur zu höherer Photonenenergie, also zu höheren Frequenzen (kürzeren Wellenlängen) verschoben (**Abb. 24.2**):

Wiensches Verschiebungsgesetz			L
	Symbol	Einheit	Benennung
$\lambda_{\max} = \dfrac{b}{T}$	$\lambda_{\max}$	m	Wellenlänge bei max. $u_f(f, T)$
$b = 2.8978 \cdot 10^{-3}\ \mathrm{m \cdot K}$	b	$\mathrm{m \cdot K}$	Wiensche Konstante
	T	K	Temperatur

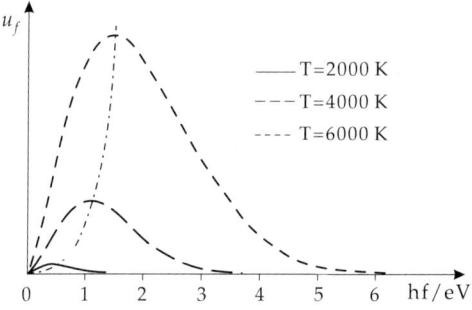

Abbildung 24.2: Spektrale Strahlungsenergiedichte $u_f(f, T)$ für verschiedene Temperaturen nach dem Planckschen Strahlungsgesetz. Gestrichelte Linie: Rayleigh-Jeans-Gesetz

6. Stefan-Boltzmann-Gesetz

Die Integration der spektralen Strahlungsenergiedichte über alle Frequenzen ergibt den Gesamtstrahlungsfluss Φ_{ges} der von einer Fläche A emittierten Strahlung. Der Gesamtstrahlungsfluss Φ_{ges} ist proportional zur vierten Potenz der Temperatur T (s. S. 744).

Gesamtstrahlungsfluss $\sim$ Temperatur^4			$\mathbf{ML^2T^{-3}}$
	Symbol	Einheit	Benennung
$\Phi_{ges} = \sigma \cdot A \cdot T^4$	Φ_{ges}	W	Gesamtstrahlungsfluss
	A	m^2	Fläche
$\sigma = 5.67051(19) \cdot 10^{-8} \, W/(m^2 K^4)$	σ	$W/(m^2 K^4)$	Stefan-Boltzmann-Konstante
	T	K	Temperatur

24.2   Photoelektrischer Effekt

Photoeffekt, Photonen lösen aus einem Material Elektronen aus.

1. Eigenschaften der Photoelektronen

Photoelektronen, Elektronen, die beim Photoeffekt aus dem Material herausgeschlagen werden.

Photoelektrischer Strom, **Photostrom**, entsteht, wenn zwischen dem bestrahlten Körper und einer Anode ein geeigneter Potentialunterschied besteht. Die herausgeschlagenen Elektronen bewegen sich zur Anode hin.

Photoelektrische Einstein-Gleichung, gibt die kinetische Energie E_{kin} der aus dem Körper durch die Bestrahlung herausgeschlagenen Elektronen:

Kinetische Energie der Photoelektronen			$\mathbf{ML^2T^{-2}}$
	Symbol	Einheit	Benennung
	E_{kin}	J	kinetische Energie
$E_{kin} = hf - W_A$	h	$J \cdot s$	Wirkungsquantum
	f	s^{-1}	Frequenz
	W_A	J	Austrittsarbeit

Die kinetische Energie der Photoelektronen ist von der Frequenz der einfallenden Strahlung, nicht aber von deren Intensität abhängig. Die Strahlungsintensität bestimmt lediglich die Stärke des Photostroms.

2. Austrittsarbeit,

W_A, die zum Herausschlagen eines Elektrons aus einem Material mindestens notwendige Energie. Die Austrittsarbeit beträgt typischerweise einige Elektronenvolt (s. **Tab. 30.3**).

■   Austrittsarbeit W_A einiger Elemente (in eV): K 2.30, Na 2.75, Hg 4.49, Ge 5.0.

Für jeden Stoff existiert eine Schwelle für den Photoeffekt (**Rotgrenze**). Unterhalb dieser Grenzfrequenz f_0 tritt kein Photoeffekt mehr auf (**Abb. 24.3**):

$$f_0 = \frac{W_A}{h}.$$

Chemischer Aufbau und Oberflächenbeschaffenheit bestimmen die Austrittsarbeit W_A und damit die Grenzfrequenz f_0. Der Photoeffekt kann nur im Photonenmodell der elektromagnetischen Strahlung erklärt werden.

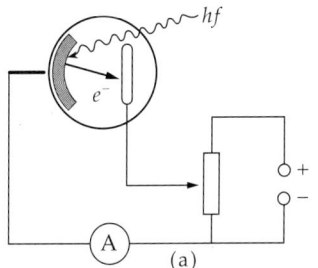 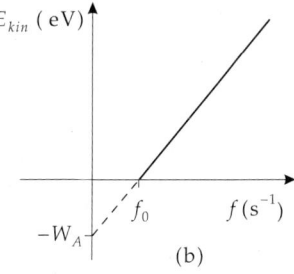

Abbildung 24.3: links: Versuchsaufbau zur Messung des Photoeffekts, rechts: Abhängigkeit der kinetischen Energie der Photoelektronen von der Frequenz f der einfallenden Strahlung

3. Nutzung des Photoeffekts für Messverfahren

M Bei Anlegen einer Gegenspannung verschwindet der Photostrom bei einer Grenzspannung U_G, die mit der maximalen Geschwindigkeit v_{max} der Photoelektronen zusammenhängt, $eU_G = mv_{max}^2/2$. Durch Messung der eingestrahlten Frequenz f und der Grenzspannung U_G kann das Wirkungsquantum h gemessen werden. Die Messung ergibt eine lineare Abhängigkeit der Gegenspannung, bei der der Photostrom null wird, von der Frequenz (**Abb. 24.3**). Die Steigung der Geraden ergibt das Plancksche Wirkungsquantum, $h = e\,dU_G/df$.

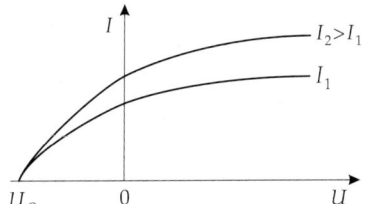

Abbildung 24.4: Photostrom I als Funktion der angelegten Spannung U für verschiedene Intensitäten I der einfallenden Strahlung

M **Innerer Photoeffekt**, führt bei Halbleitern zu einer Änderung der elektrischen Leitfähigkeit. Wird zur Messung von Licht durch Halbleiterdioden benutzt.

24.3 Compton-Effekt

1. Streuung von Photonen an Elektronen

Compton-Effekt, bei der elastischen Streuung von Photonen an freien Elektronen auftretende Änderung der Wellenlänge (und damit der Frequenz) des Lichts, die mit dem Streuwinkel wächst, von der Wellenlänge der einfallenden Strahlung aber unabhängig ist:

Wellenlängenänderung im Compton-Effekt			**L**
	Symbol	Einheit	Benennung
	$\Delta\lambda$	m	Wellenlängenänderung
	h	J · s	Wirkungsquantum
$\Delta\lambda = \dfrac{h}{m_e c}(1 - \cos\varphi)$	m_e	kg	Elektronenmasse
	c	m · s^{-1}	Lichtgeschwindigkeit
	φ	1	Streuwinkel des Photons

2. Erhaltungssätze für die Streuung

Impuls- und Energieerhaltung für den Streuprozess (relativistisch):

$$m_{\mathrm{e}}c^2 + hf = \frac{m_{\mathrm{e}}c^2}{\sqrt{1-\beta^2}} + hf',$$

$$\hbar\vec{k} = \frac{m_{\mathrm{e}}\vec{v}_e'}{\sqrt{1-\beta^2}} + \hbar\vec{k}',$$

mit $|\vec{k}| = \dfrac{2\pi}{\lambda}$ und $\beta = \dfrac{v}{c}$.

- Das Elektron ruht vor der Reaktion.
- $\vec{k}$ ist der Wellenzahlvektor und zeigt in die Ausbreitungsrichtung des Photons.
- Die gestrichenen Größen beziehen sich auf die Situation nach dem Stoß.

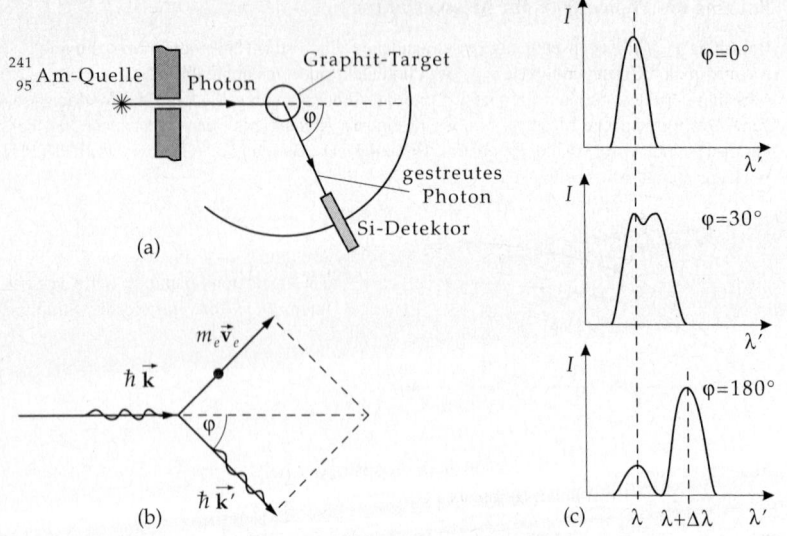

Abbildung 24.5: Compton-Effekt. (a): Versuchsanordnung, (b): Kinematik der Photon-Elektron-Streuung, (c): Intensität I der Streustrahlung in Abhängigkeit von der Wellenlänge λ' der Streustrahlung für verschiedene Streuwinkel. φ. λ: Wellenlänge der einfallenden Strahlung

➤ Die unverschobene Linie im Spektrum der gestreuten Strahlung folgt aus der Streuung des Photons an stark gebundenen Elektronen. Die Impulsübertragung, die in diesem Fall am Atom als Ganzes erfolgt, ist sehr gering, so dass die Wellenlänge in der Streuung kaum geändert wird (Thomson-Streuung).

3. Comptonwellenlänge

des Elektrons, λ_{C}, der Proportionalitätsfaktor in der Streuformel für die Compton-Streuung:

$$\lambda_{\mathrm{C}} = \frac{h}{m_{\mathrm{e}}c} = 2.426\,310\,58(22)\cdot 10^{-12}\ \mathrm{m}.$$

Oft wird auch

$$\lambda\!\!\!\lambda_{\mathrm{C}} = \frac{\hbar}{m_{\mathrm{e}}c} = 3.861\,593\,23(35)\cdot 10^{-13}\ \mathrm{m}$$

als Comptonwellenlänge bezeichnet.

➤ Der Compton-Effekt kann bei Streuung an allen elektrisch geladenen Teilchen auftreten. Dann ist jeweils die Masse dieser Teilchen in die Formel einzusetzen, um deren Comptonwellenlänge zu erhalten.

■ $\lambda_C^{\text{Proton}} = 1.321\,41 \cdot 10^{-15}$ m ≈ 1 fm

4. Strahlungsdruck,

auch **Lichtdruck**, Impulsübertragung in der Reflexion von elektromagnetischer Strahlung an einem Körper (Änderung des Photonenimpulses in der Reflexion). Der Strahlungsdruck des Sonnenlichts auf einen Spiegel hat die Größenordnung 10^{-11} bar, er ist ohne praktische Bedeutung. Da der Strahlungsdruck für kleine Teilchen die Größe der Massenanziehung erreichen kann, beeinflusst er astrophysikalische Prozesse. Zum Beispiel ist die Erscheinung, dass der Schweif von Kometen immer von der Sonne abgewandt ist, eine Folge des Strahlungsdrucks.

➤ Der kugelförmige Satellit Vanguard 1 (Durchmesser 16 cm) wurde durch den Strahlungsdruck in 28 Monaten um 1600 m aus seiner Bahn verschoben.

➤ Intensives Laserlicht erreicht Intensitäten von 10^{18} W/cm^2. Mit dieser Strahlung lässt sich auf der Außenfläche eines Plasma ein Druck von etwa 100 Mbar erzeugen, der zur Kompression des Plasmas führen kann. Auf diese Weise ist es möglich, in der Plasmaphysik neue Druck- und Temperaturbereiche zu erschließen.

25 Materiewellen - Wellenmechanik der Teilchen

Quantenmechanik, die Lehre von den Bewegungsgesetzen der Teilchen im atomaren Bereich (Raumausdehnung $< 10^{-8}$ m).

➤ Bei Teilchengeschwindigkeiten $v \approx c$, wobei c die Lichtgeschwindigkeit im Vakuum ist, muss man der Beschreibung der Phänomene die relativistische Quantenmechanik zugrundelegen.

25.1 Wellennatur der Teilchen

25.1.1.1 Grundannahmen der Quantenmechanik

Grundlage der Quantenmechanik sind zwei Hypothesen:

1. Plancksche Quantenhypothese

Bei Emission und Absorption von elektromagnetischer Strahlung durch Atome kann Energie nur in definierten Portionen (**Quanten**) ausgetauscht werden.

Energie des Photons			$\mathbf{ML^2T^{-2}}$
	Symbol	Einheit	Benennung
$E = \hbar \cdot \omega \quad \omega = 2\pi f \quad \hbar = \dfrac{h}{2\pi}$	E	J	Energie
	ω	$\mathrm{rad\,s^{-1}}$	Kreisfrequenz
	f	$\mathrm{s^{-1}}$	Frequenz
	h	$\mathrm{J \cdot s}$	Wirkungsquantum

In der Atomphysik wird als Energieeinheit häufig die Größe **Elektronenvolt** benutzt.
Ein Elektronenvolt entspricht einer Energie von $1.602\,177\,33(49) \cdot 10^{-19}$ J.

Wellenzahlvektor, $\vec{k}$, Vektor in Ausbreitungsrichtung der elektromagnetischen Welle mit dem Betrag $|\vec{k}| = \frac{2\pi}{\lambda}$. λ ist die Wellenlänge der elektromagnetischen Strahlung.

Photonenimpuls, proportional zum Wellenzahlvektor $\vec{k}$:

Impuls des Photons			$\mathbf{MLT^{-1}}$
	Symbol	Einheit	Benennung
$\vec{p} = \hbar \cdot \vec{k} \quad k = \dfrac{2\pi}{\lambda} \quad \hbar = \dfrac{h}{2\pi}$	$\vec{k}$	$\mathrm{m^{-1}}$	Wellenzahlvektor
	h	$\mathrm{J \cdot s}$	Wirkungsquantum
	$\vec{p}$	$\mathrm{kg \cdot m/s}$	Impulsvektor

2. Materiewellen

Jedem freien Teilchen kann eine **de-Broglie-Wellenlänge** zugeordnet werden, die seinem Impuls umgekehrt proportional ist.

de-Broglie-Wellenlänge			**L**
	Symbol	Einheit	Benennung
$\lambda = \dfrac{h}{p}$	λ	m	Wellenlänge
	h	J·s	Wirkungsquantum
	p	kg·m/s	Impuls

■ Ein Elektron mit

$$m = 9.109\,389\,7(54) \cdot 10^{-31}\,\text{kg} \quad \text{(Elektronenmasse)}$$
$$e = -1.602\,177\,33(49) \cdot 10^{-19}\,\text{C} \quad \text{(Elektronenladung)}$$

hat nach Durchlaufen einer Beschleunigungsspannung U die Wellenlänge

$$\lambda = \frac{h}{\sqrt{2m|e|U}} = \sqrt{\frac{150.5}{U}} \cdot 10^{-10}\,\text{m} \quad (U \text{ in Volt}).$$

■ De-Broglie-Wellenlänge (in m): Elektron (1 eV) $1.23 \cdot 10^{-9}$, Elektron (10^2 eV) $0.12 \cdot 10^{-9}$, α-Teilchen (10^2 eV) $1.4 \cdot 10^{-12}$, thermische Neutronen (0.025 eV) $0.18 \cdot 10^{-9}$, Golfball ($v = 25$ m/s) $5.8 \cdot 10^{-34}$.

25.1.1.2 Welle-Teilchen-Dualismus

Welle-Teilchen-Dualismus, die Eigenschaft atomarer Teilchen (Photonen, Elektronen, Nukleonen, Atome, Moleküle), sich entweder (in Emissions- und Absorptionsprozessen oder Stößen) wie Teilchen mit bestimmten Werten von Energie und Impuls oder (bei der Ausbreitung, Beugung und Interferenz) wie eine Welle zu verhalten.

$\boxed{\text{M}}$ **Elektronenbeugung**, Beugung von Elektronenstrahlen an periodischen Strukturen, so dass sich hinter der Probe ein Interferenzmuster ausbildet. Dies ist ein Nachweis für die Welleneigenschaften der Elektronen.
Die Elektronenbeugung wird zur Strukturuntersuchung von Oberflächen oder dünnen Schichten benutzt (Messprinzip **Abb. 25.1**).
Elektronenmikroskop (E. Ruska, Nobelpreis 1986), nutzt die geringe Wellenlänge beschleunigter Elektronen. Die Auflösung ist um einen Faktor 1000 besser als beim Lichtmikroskop.

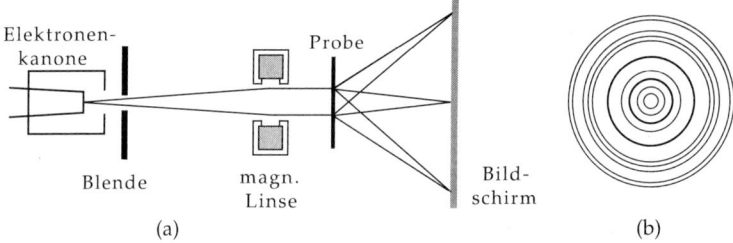

Abbildung 25.1: Elektronenbeugung. (a): Prinzipieller Versuchsaufbau, (b): Interferenzmuster

25.2 Heisenbergsche Unschärferelation

Der Begriff der Teilchentrajektorie, das heißt der Angabe der Teilchenkoordinaten als Funktion der Zeit, verliert in der Quantenmechanik seinen Sinn. Einem Teilchen kann nicht mehr gleichzeitig ein definierter Ort und ein exakter Impuls zugeordnet werden. Eine ebene Welle mit definierter Wellenzahl $\vec{k}$, die einem freien Teilchen mit konstantem Impuls $\vec{p}$ entspricht, ist unendlich ausgedehnt: das Teilchen ist im Raum nicht lokalisiert.

Heisenbergsche Unschärferelation, stellt einen Zusammenhang zwischen der Unschärfe Δp_x bei der Bestimmung der Projektion p_x des Impulses und der Unschärfe Δx bei der gleichzeitigen Bestimmung der Ortskoordinate x her.

Ortsunschärfe · Impulsunschärfe $\geq$ Planck-Konstante			ML^2T^{-1}
	Symbol	Einheit	Benennung
$\Delta x \cdot \Delta p_x \geq \dfrac{\hbar}{2}$	Δx	m	Ortsunschärfe
	Δp_x	kg m/s	Impulsunschärfe
	$\hbar (= h/(2\pi))$	Js	Wirkungsquantum

Bei atomaren Objekten ist der **Messprozess** unvermeidlich mit einer Beeinflussung der zu messenden Größe verbunden. Jede Verringerung der Schwankung der Messwerte in der Ortsbestimmung eines Teilchens erhöht die Schwankung der Messwerte bei der Impulsbestimmung. Dies ist nicht Folge der Ungenauigkeit der verwendeten Messmethoden, sondern prinzipieller Natur.

➤   Die Impulskomponente p_y und die Ortskoordinate x können gleichzeitig ohne Schwankung gemessen werden.

Die Unschärferelation gilt auch für andere kanonisch konjugierte Größen, deren Produkt die Dimension einer Wirkung hat. Für Winkel ϕ und Drehimpuls l gilt $\Delta\phi \cdot \Delta l \geq \hbar/2$. Auch für Energie E und Zeit t gilt eine Unschärferelation $\Delta E \cdot \Delta t \geq \hbar/2$.

25.3   Wellenfunktion und Observable

1.   Wellenfunktion und Aufenthaltswahrscheinlichkeit

Wellenfunktion, $\psi(x,y,z,t)$, komplexe Funktion, mit der der Zustand eines Teilchens quantenmechanisch vollständig beschrieben werden kann. Sie ist ein mathematisches Hilfsmittel und kann nicht experimentell bestimmt werden.

▲   Die Wellenfunktion enthält alle Informationen über den Ausgang von Messungen physikalischer Größen an einem quantenmechanischen System.

Dichte der Aufenthaltswahrscheinlichkeit: die Wahrscheinlichkeit $dw(x,y,z,t)$, ein Teilchen zur Zeit t am Ort $\vec{r} = (x,y,z)$ im Volumen dV zu finden, ist gegeben durch das Betragsquadrat der Wellenfunktion:

Dichte der Aufenthaltswahrscheinlichkeit = |Wellenfunktion|^2			1
	Symbol	Einheit	Benennung
$dw(x,y,z,t) = \|\psi(x,y,z,t)\|^2\, dV$	w	1	Dichte der Aufenthaltswahrscheinl.
	ψ	m$^{-3/2}$	Wellenfunktion
	dV	m^3	Volumenelement

▲   Die Wellenfunktion hat die Bedeutung einer Wahrscheinlichkeitsamplitude.

Normierung der Wellenfunktion, die Integration der Dichte der Aufenthaltswahrscheinlichkeit über den gesamten Raum muss den Wert Eins ergeben, da die Wahrscheinlichkeit, das Teilchen irgendwo zu finden, gleich Eins (Gewissheit) sein muss,

$$\int |\psi(x,y,z,t)|^2\, dV = 1 .$$

▲   Die Wellenfunktion muss normierbar sein.

2.   Wellenfunktion des freien Teilchens.

Freie Teilchen, beschrieben durch ebene harmonische Wellen:

Wellenfunktion freier Teilchen			$L^{-3/2}$

	Symbol	Einheit	Benennung
$\psi(\vec{r},t) = a \cdot e^{j[(\vec{k}\cdot\vec{r})-\omega t]}$	a	$m^{-3/2}$	Amplitude
	j	1	imaginäre Einheit
$= a \cdot e^{\frac{j}{\hbar}[(\vec{p}\cdot\vec{r})-E(p)t]}$	ω	$rad\,s^{-1}$	Kreisfrequenz
	t	s	Zeit
	$\vec{k}$	m^{-1}	Wellenzahlvektor
	$\vec{r}$	m	Ortsvektor

3.   Wellenpaket,

die Überlagerung vieler ebener Wellen benachbarter Frequenzen. Bei einer eindimensionalen Bewegung in x-Richtung hat ein Wellenpaket die Form (**Abb. 25.2**)

$$\psi(x,t) = \frac{1}{2\pi} \int_{-\infty}^{+\infty} f(k)\, e^{j[k\cdot x - \omega(k)t]}\, dk.$$

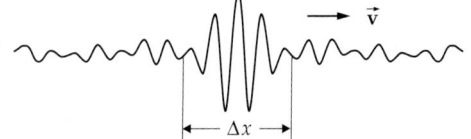

Abbildung 25.2: Schematisches Bild eines Wellenpaketes

Die Amplitudenfunktion (Spektralfunktion) $f(k)$ bestimmt die Gewichtsverteilung der ebenen Wellen verschiedener Frequenz. Im Ergebnis ist die Aufenthaltswahrscheinlichkeit des Teilchens nur in einem begrenzten Raumgebiet von null verschieden: das Teilchen ist lokalisiert. Das Auftreten vieler verschiedener Frequenzen in der Wellenfunktion bedeutet aber auch eine große Impulsbreite: durch eine Einschränkung der Schwankung der Messwerte bei einer Ortsmessung wird die Unschärfe des Impulses erhöht. Die Amplitudenfunktion $f(k)$ bestimmt auch die Orts- und Impulsunschärfe zum Anfangszeitpunkt. Im Zeitablauf bewegt sich der Schwerpunkt des Wellenpakets mit der durch $f(k)$ gegebenen mittleren Geschwindigkeit. Die Impulsunschärfe Δp bleibt erhalten, während die Ortsunschärfe Δx wächst: das Wellenpaket zerfließt (**Abb. 25.3**).

4.   Observable,

O, beobachtbare, d.h. durch eine Messvorschrift definierbare physikalische Größe.

■   Energie, Ort, Impuls, Bahndrehimpuls, Spin.

In der Quantenmechanik wird jeder Observablen O ein Operator $\hat{O}$ zugeordnet, der auf die Wellenfunktion ψ wirkt.

▲   Die Zeit ist in der Quantenmechanik kein Operator, sondern ein Parameter der Wellenfunktion.

Beim Übergang zur Quantenmechanik wird bei der Konstruktion der Operatoren die Struktur der klassischen Größen übernommen.

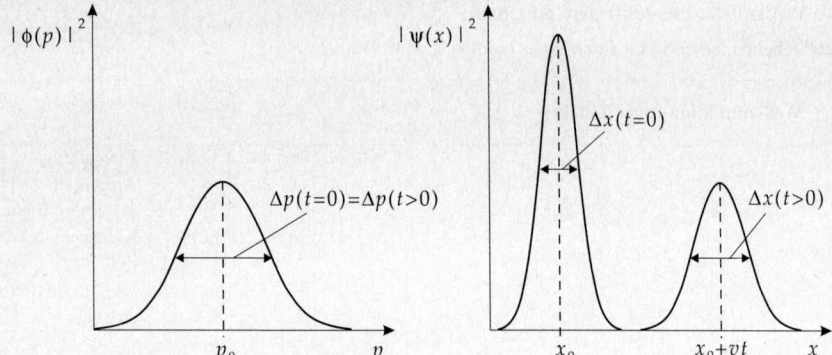

Abbildung 25.3: Zerfließen eines Wellenpaketes. $|\phi(p,t)|^2, |\psi(x,t)|^2$: Wahrscheinlichkeitsdichte für Impuls p und Ort x; p_0, x_0: Mittelwerte von Impuls und Ort zum Zeitpunkt $t = 0$; v: mittlere Geschwindigkeit (Gruppengeschwindigkeit); $\Delta p(t), \Delta x(t)$: Impuls- und Ortsunschärfe zum Zeitpunkt t

■   Die kartesischen Komponenten des klassischen Bahndrehimpulses $\vec{l} = \vec{r} \times \vec{p}$

$$l_x = yp_z - zp_y, \quad l_y = zp_x - xp_z, \quad l_z = xp_y - yp_x$$

werden beim Übergang zur Quantenmechanik ersetzt durch Operatoren $\hat{l}_x, \hat{l}_y, \hat{l}_z$, die in gleicher Weise aus den Komponenten des Ortsoperators $\hat{\vec{r}}$ und Impulsoperators $\hat{\vec{p}}$ aufgebaut sind:

$$\hat{l}_x = \hat{y}\hat{p}_z - \hat{z}\hat{p}_y, \quad \hat{l}_y = \hat{z}\hat{p}_x - \hat{x}\hat{p}_z, \quad \hat{l}_z = \hat{x}\hat{p}_y - \hat{y}\hat{p}_x.$$

Setzt man für die Komponenten des Orts- und Impulsoperators ihre Darstellung in kartesischen Koordinaten ein, dann ergibt sich:

$$\hat{l}_x = y\left(-j\hbar\frac{\partial}{\partial z}\right) - z\left(-j\hbar\frac{\partial}{\partial y}\right), \quad \hat{l}_y = z\left(-j\hbar\frac{\partial}{\partial x}\right) - x\left(-j\hbar\frac{\partial}{\partial z}\right),$$

$$\hat{l}_z = x\left(-j\hbar\frac{\partial}{\partial y}\right) - y\left(-j\hbar\frac{\partial}{\partial x}\right).$$

Der Operator des Bahndrehimpulses ist ein Vektoroperator mit $\hat{\vec{l}} = (\hat{l}_x, \hat{l}_y, \hat{l}_z)$, $\hat{\vec{l}}^2 = \hat{l}_x^2 + \hat{l}_y^2 + \hat{l}_z^2$.

5.   Wichtige Observable im Überblick

physikalische Größe	Symbol	Operator
Ortskomponente i	$\hat{x}_i$	$x_i, \quad i = 1, 2, 3$
Impulskomponente i	$\hat{p}_{x_i}$	$-j \cdot \hbar \frac{\partial}{\partial x_i}, \quad i = 1, 2, 3$
Bahndrehimpulskomponenten:		
x-Richtung	$\hat{l}_x$	$j \cdot \hbar \left(\sin\varphi \cdot \frac{\partial}{\partial\vartheta} + \cot\vartheta \cdot \cos\varphi \cdot \frac{\partial}{\partial\varphi} \right)$
y-Richtung	$\hat{l}_y$	$-j \cdot \hbar \left(\cos\varphi \cdot \frac{\partial}{\partial\vartheta} - \cot\vartheta \cdot \sin\varphi \cdot \frac{\partial}{\partial\varphi} \right)$
z-Richtung	$\hat{l}_z$	$-j \cdot \hbar \frac{\partial}{\partial\varphi}$
Quadrat des Bahndrehimpulses	$\hat{l}^2$	$-\hbar^2 \Delta_{\vartheta,\varphi}$
Energie	$\hat{H}$	$-\frac{\hbar^2}{2m}\Delta + V$

Die Koordinaten in einem kartesischen Koordinatensystem sind hier durch die Indizes $i = 1, 2, 3$ bezeichnet. Die Komponenten des Bahndrehimpulsoperators sind in Kugelkoordinaten angegeben.

Winkelanteil des Laplace-Operators Δ in Kugelkoordinaten:

$$\Delta_{\vartheta,\varphi} = \frac{1}{r^2 \sin\vartheta}\frac{\partial}{\partial\vartheta}\left(\sin\vartheta\frac{\partial}{\partial\vartheta}\right) + \frac{1}{r^2 \sin^2\vartheta}\frac{\partial^2}{\partial\varphi^2}.$$

■ Die Anwendung des Ortsoperators $\hat{x}$ auf die Wellenfunktion ψ bedeutet Multiplikation der Wellenfunktion mit der Ortskoordinate x. Die Anwendung des Impulsoperators $\hat{p}_x$ auf die Wellenfunktion ψ bedeutet partielle Ableitung der Wellenfunktion nach x und Multiplikation mit der Zahl $-j\hbar$.

6. Eigenfunktion,

ψ_n zum Operator $\hat{O}$, die Anwendung des Operators $\hat{O}$ auf die Funktion ψ_n reproduziert die Funktion bis auf die Multiplikation mit dem **Eigenwert** a_n, wobei der Index n die verschiedenen Eigenfunktionen und zugehörigen Eigenwerte unterscheidet,

$$\hat{O}\psi_n = a_n\psi_n, \quad n = 1, 2, 3, \ldots.$$

■ Die eindimensionale Bewegung eines freien Teilchens mit dem Impuls p in x-Richtung wird beschrieben durch eine ebene Welle. Der Ortsanteil der Wellenfunktion ist gegeben durch

$$\varphi(x) = e^{jkx} = e^{\frac{j}{\hbar}px}.$$

Die Anwendung des Impulsoperators $\hat{p}_x$ auf die Wellenfunktion φ ergibt

$$\hat{p}_x\,\varphi(x) = \frac{\hbar}{j}\frac{\partial}{\partial x}\varphi(x) = p\,\varphi(x).$$

Die ebene Welle ist eine Eigenfunktion des Impulsoperators mit dem Eigenwert p.

➤ Die ebene Welle ist auch Eigenfunktion des Energieoperators (Hamilton-Operators) $\hat{H} = \hat{p}^2/(2m)$ mit dem Eigenwert $E = p^2/(2m)$.

Entartung, zu einem Eigenwert a_n gibt es mehrere Eigenfunktionen $\psi_{n1}, \psi_{n2}, \ldots$

$$\hat{O}\psi_{n1} = a_n\psi_{n1}, \quad \ldots, \quad \hat{O}\psi_{nN} = a_n\psi_{nN}, \quad N - \text{fache Entartung}.$$

Parität, π, einer Wellenfunktion, charakterisiert Verhalten der Wellenfunktion $\psi(\vec{r})$ bei Spiegelung am Koordinatenursprung, $\vec{r} \longrightarrow -\vec{r}$ (**Abb. 25.4**),

$$\psi(-\vec{r}) = +\psi(\vec{r}), \quad \pi = +1, \quad \text{gerade Parität},$$
$$\psi(-\vec{r}) = -\psi(\vec{r}), \quad \pi = -1, \quad \text{ungerade Parität}.$$

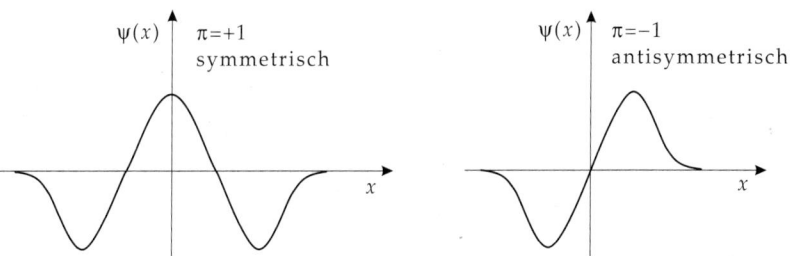

Abbildung 25.4: Parität einer Wellenfunktion $\psi(x)$. $\pi = +1$: gerade Parität, symmetrische Funktion, $\pi = -1$: ungerade Parität, antisymmetrische Funktion

7.   Simultane Eigenfunktion,

eine Funktion ψ ist gleichzeitige Eigenfunktion zu einem Satz von Operatoren $\hat{O}_1, \cdots, \hat{O}_k$,

$$\hat{O}_1 \psi = a_1 \psi, \quad \dots \quad , \hat{O}_k \psi = a_k \psi.$$

■ Die simultanen Eigenfunktionen der Operatoren $\hat{\mathbf{l}}^2, \hat{l}_z$ sind die Kugelfunktionen (Kugelflächenfunktionen) $Y_l^m(\vartheta, \varphi)$:

$$\hat{\mathbf{l}}^2 Y_l^m(\vartheta, \varphi) = \hbar^2 l(l+1) Y_l^m(\vartheta, \varphi),$$
$$\hat{l}_z Y_l^m(\vartheta, \varphi) = \hbar m Y_l^m(\vartheta, \varphi).$$

Die möglichen Quantenzahlen des Bahndrehimpulses sind $l = 0, 1, 2, \dots$. In einem anschaulichen Vektormodell legen sie den Betrag des Bahndrehimpulsvektors fest, $|\vec{\mathbf{l}}| = \hbar\sqrt{l(l+1)}$. Für jeden Wert l gibt es $2l + 1$ Werte der **magnetischen Quantenzahl** m, welche die möglichen Orientierungen (Projektionen) des Bahndrehimpulsvektors bezüglich der z-Achse als Quantisierungsachse festlegen (**Richtungsquantelung**), $m = -l, -l+1, \dots, 0, \dots l-1, l$ (**Abb. 25.5**). Für den Winkel α zwischen Quantisierungsachse und Drehimpulsvektor gilt: $\cos\alpha = m/\sqrt{l(l+1)}$.

➤ Es existiert keine Funktion, die darüber hinaus noch simultane Eigenfunktion zum Operator einer weiteren Bahndrehimpulskomponente, l_x oder l_y, wäre. In einem durch die Quantenzahlen l, m charakterisierten Drehimpulszustand besitzen diese Bahndrehimpulskomponenten keine festen Werte; ihr Erwartungswert verschwindet.

■ Drehimpulsquantenzahlen: $l = 2, m = -2, -1, 0, 1, 2$.

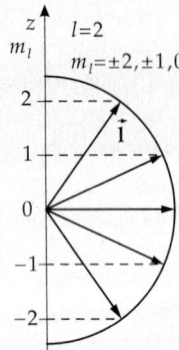

Abbildung 25.5: Vektormodell des Bahndrehimpulses $\vec{\mathbf{l}}$. Richtungsquantelung für $l = 2$

8.   Eigenwerte von Operatoren und ihre Bedeutung

▲ Die Eigenwerte eines Operators, der in der Quantenmechanik eine Observable repräsentiert, sind reell,

$$a_n^* = a_n.$$

▲ Die Eigenwerte eines Operators $\hat{O}$ sind die möglichen Messwerte der Observablen O. Nach einer Messung der Observablen O, die das Messergebnis a_n geliefert hat, befinde sich das System im Eigenzustand ψ_n:

Zustand $\psi \xrightarrow{\text{Messung } O}$ Messwert a_n, Zustand ψ_n.

▲ Eine beliebige Wellenfunktion ψ kann nach dem vollständigen Satz der normierten Eigenfunktionen ψ_n des Operators $\hat{O}$ entwickelt werden,

$$\psi = \sum_n c_n \psi_n.$$

Die Wellenfunktion ψ ist normiert, wenn gilt:

$$\sum_n |c_n|^2 = 1.$$

Der Entwicklungskoeffizient c_n liefert die Wahrscheinlichkeit $|c_n|^2$, bei einer Messung der Observablen O an einem System im Zustand ψ den Messwert a_n zu finden.

Wiederholte Messungen der Observablen O an einem System im Eigenzustand ψ_n liefern immer den gleichen Messwert a_n, ohne Schwankung der Messergebnisse aus den individuellen Messungen. Bei wiederholten Messungen der Observablen O an einem System in einem beliebigen Zustand ψ, der nicht Eigenfunktion von $\hat{O}$ ist, schwanken die Messergebnisse um der Erwartungswert.

9. Erwartungwerte von Observablen

Erwartungswert, $\overline{O}$, der Observable O im Zustand ψ, Mittelwert der Messwerte der Observablen O an einem System im Zustand ψ,

$$\overline{O} = \int \psi^* \hat{O} \psi \, dV = \sum_n |c_n|^2 a_n.$$

Der Erwartungswert ist i. Allg. zeitabhängig.

■ Bei einer Bewegung des Teilchens in x-Richtung liegen bei einer Ortsmessung die möglichen Messwerte im Intervall $[-\infty, +\infty]$, d.h., der Ortsoperator $\hat{x}$ besitzt ein kontinuierliches Eigenwertspektrum. Befindet sich das Teilchen im Zustand ψ, dann ist die Gewichtsfunktion, mit der die möglichen Messwerte bei der Erwartungswertbildung zu mitteln sind, gegeben durch die Dichte der Aufenthaltswahrscheinlichkeit im Element dx am Ort x,

$$dw(x,t) = |\psi(x,t)|^2 dx.$$

Man erhält für der Erwartungswert des Ortes

$$\overline{x} = \int_{-\infty}^{+\infty} x \, dw(x,t) = \int_{-\infty}^{+\infty} x |\psi(x,t)|^2 \, dx = \int_{-\infty}^{+\infty} \psi(x,t)^* \, x \, \psi(x,t) \, dx.$$

■ Erwartungswert der Impulskomponente p_x im Zustand ψ:

$$\overline{p}_x = \int_{-\infty}^{+\infty} \psi^* \cdot \frac{\hbar}{j} \frac{d}{dx} \psi.$$

10. Matrixdarstellung von Operatoren

Matrixdarstellung des Operators $\hat{O}$ in der durch die Funktionen φ_i, $i = 1, \ldots, N$ gegebenen Basis:

$$O_{ik} = \int \varphi_i^* \hat{O} \varphi_k \, dV, \quad i, k = 1, \ldots, N.$$

▲ Observable werden in der Quantenmechanik durch **hermitesche Matrizen** dargestellt:

$$O_{ik}^* = O_{ki}.$$

Die quadratische Matrix wird diagonal, wenn als Basis die orthonormierten Eigenfunktionen ψ_n verwendet werden:

$$O_{nm} = \int \psi_n^* \hat{O} \psi_m \, dV = a_m \int \psi_n^* \psi_m \, dV = a_m \delta_{nm}.$$

Als Diagonalelemente treten die Eigenwerte a_m, d.h. die möglichen Messwerte, auf.

Werden zwei Observable O_1, O_2, deren Operatoren die Eigenfunktionen $\psi_n^{(1)}, \psi_m^{(2)}$ besitzen, nacheinander gemessen, dann wird der in der ersten Messung erzeugte Zustand i. Allg. durch die zweite Messung gestört:

$$\text{Zustand } \psi \xrightarrow{\text{Messung } O_1} a_n, \psi_n^{(1)} \xrightarrow{\text{Messung } O_2} b_m, \psi_m^{(2)}.$$

11. Kommutatoren von Operatoren

Kommutator, $\hat{C}$, der Operatoren $\hat{O}_1$ und $\hat{O}_2$, Operator, definiert durch

$$\hat{C} = [\hat{O}_1, \hat{O}_2] = \hat{O}_1 \hat{O}_2 - \hat{O}_2 \hat{O}_1.$$

Zwei Operatoren heißen vertauschbar, wenn der Kommutator verschwindet,

$$\hat{C} = [\hat{O}_1, \hat{O}_2] = 0.$$

Dann gilt:

$$\hat{O}_1(\hat{O}_2\,\psi) = \hat{O}_2(\hat{O}_1\,\psi).$$

Kommutierende Operatoren $\hat{O}_1, \hat{O}_2$ besitzen ein simultanes Eigenfunktionssystem ψ_{nm} mit den Eigenwerten a_n, b_m,

$$\hat{O}_1\,\psi_{nm} = a_n\,\psi_{nm}, \quad \hat{O}_2\,\psi_{nm} = b_m\,\psi_{nm}.$$

▲   Kommutierende Operatoren repräsentieren kompatible Messungen:

Zustand $\psi \xrightarrow{\text{Messung } O_1} \{a_n, \psi_{nm}\} \xrightarrow{\text{Messung } O_2} \{b_n, \psi_{nm}\}$.

Der durch die Messung von O_1 erzeugte Zustand n wird durch die Messung von O_2 nicht gestört; diese spezifiziert nur den Zustand m.

a) Vertauschungsrelationen für Orts- und Impulsoperatoren: Beziehungen zwischen den Produkten von Orts- und Impulsoperatoren $(i = 1, 2, 3)$:

$$[\hat{x}_i, \hat{p}_k] = \hat{x}_i \cdot \hat{p}_k - \hat{p}_k \cdot \hat{x}_i = j \cdot \hbar \cdot \delta_{ik} \quad \text{mit} \quad \delta_{ik} = \begin{cases} 1: & k = i \\ 0: & k \neq i \end{cases}$$

Diese Vertauschungsrelationen stellen die Gültigkeit der Heisenbergschen Unschärferelation für Ort und Impuls sicher (s. S. 750).

b) Vertauschungsrelationen für Bahndrehimpulsoperatoren:

$$
\begin{aligned}
{[\hat{l}_x, \hat{l}_y]} &= \hat{l}_x \cdot \hat{l}_y - \hat{l}_y \cdot \hat{l}_x = j\hbar \hat{l}_z, \\
{[\hat{l}_y, \hat{l}_z]} &= \hat{l}_y \cdot \hat{l}_z - \hat{l}_z \cdot \hat{l}_y = j\hbar \hat{l}_x, \\
{[\hat{l}_z, \hat{l}_x]} &= \hat{l}_z \cdot \hat{l}_x - \hat{l}_x \cdot \hat{l}_z = j\hbar \hat{l}_y.
\end{aligned}
$$

Der Operator des Quadrates des Bahndrehimpulses ist mit den Operatoren aller Komponenten vertauschbar,

$$[\hat{\mathbf{l}}^2, \hat{l}_x] = [\hat{\mathbf{l}}^2, \hat{l}_y] = [\hat{\mathbf{l}}^2, \hat{l}_z] = 0.$$

➤   Jeder Satz von Operatoren, dessen Komponenten derartige Vertauschungsrelationen erfüllen, repräsentiert einen Drehimpuls.

12.   Hamilton-Operator und Zeitentwicklung

Hamilton-Operator, $\hat{H}$, Operator der Gesamtenergie eines quantenmechanischen Systems. Er bestimmt die Zeitentwicklung der Zustandsfunktion ψ.

■   Freies Teilchen der Masse m: $\hat{H} = \dfrac{\hat{p}^2}{2m}$.

Teilchen der Masse m im Potential V: $\hat{H} = \dfrac{\hat{p}^2}{2m} + V(\hat{\mathbf{r}})$.

Teilchen der Masse m im eindimensionalen Oszillatorpotential: $\hat{H} = \dfrac{\hat{p}_x^2}{2m} + \dfrac{m}{2}\omega^2\,\hat{x}^2$.

Elektron im Wasserstoffatom: $\hat{H} = \dfrac{\hat{p}^2}{2m} - \dfrac{e^2}{r}$.

Zeitentwicklungsoperator, $\hat{U}(t, t_0)$, beschreibt die zeitliche Entwicklung eines Zustandes ψ vom Zeitpunkt t_0 zum Zeitpunkt t,

$$\psi(t) = \hat{U}(t, t_0)\,\psi(t_0), \quad \hat{U}(t_0, t_0) = 1, \quad \hat{U}(t, t_0) = e^{-\frac{j}{\hbar}H(t - t_0)}.$$

13.   Schrödinger- und Heisenberg-Bild

Schrödinger-Bild, Formulierung der Quantenmechanik mit zeitunabhängigen Operatoren $\hat{O}^S$ und zeitabhängigen Zuständen ψ^S,

$$\frac{\partial \hat{O}^S}{\partial t} = 0, \quad \frac{\partial \psi^S(t)}{\partial t} = -\frac{j}{\hbar} H \psi^S(t) \quad \textbf{Schrödingergleichung}.$$

Heisenberg-Bild, Formulierung der Quantenmechanik mit zeitabhängigen Operatoren $\hat{O}^H$ und zeitunabhängigen Zuständen ψ^H,

$$\frac{\partial \psi^H}{\partial t} = 0, \quad \frac{d\hat{O}^H(t)}{dt} = +\frac{j}{\hbar}\,[H, \hat{O}^H(t)] \quad \textbf{Heisenberggleichung}.$$

Zusammenhang zwischen beiden Bildern: Übereinstimmung der Größen zum Zeitpunkt $t = t_0$,

$$\psi^S(t) = \hat{U}(t,t_0)\,\psi^H, \quad \hat{O}^H(t) = \hat{U}^\dagger(t,t_0)\,\hat{O}^S\,\hat{U}(t,t_0).$$

▲ Schrödinger-Bild und Heisenberg-Bild sind äquivalente Formulierungen der Quantenmechanik. Sie liefern gleiche physikalische Aussagen (Erwartungswerte von Observablen).

25.4 Schrödingergleichung

▲ Elektromagnetische Wellen im Vakuum (Lichtgeschwindigkeit c) und Materiewellen für freie Teilchen befolgen unterschiedliche **Dispersionsbeziehungen** $\omega = \omega(k)$.

Elektromagnetische Wellen: $\omega(k) = c \cdot k$, Materiewellen: $\omega(k) = \dfrac{m_0 c^2}{\hbar} + \dfrac{\hbar k^2}{2m_0}$.

Den unterschiedlichen Dispersionsbeziehungen entsprechen unterschiedliche Differentialgleichungen für die Wellenausbreitung.

1. Differentialgleichung für die Wellenfunktion (Schrödingergleichung)

Schrödingergleichung, Differentialgleichung für Wellenfunktionen, nach der sich atomare Teilchen im nichtrelativistischen Grenzfall verhalten, ähnlich wie die Newtonsche Bewegungsgleichung die Bewegung eines klassischen Massenpunktes bestimmt. Die Schrödingergleichung ist eine partielle Differentialgleichung, linear und homogen, erster Ordnung in der Zeit und zweiter Ordnung im Ort. Die Lösungen der Schrödingergleichung sind komplexe Funktionen.

Die zeitabhängige Schrödingergleichung für ein Teilchen der Masse m im Potential $V(\vec{r})$ lautet:

zeitabhängige Schrödingergleichung		$\mathbf{ML^{1/2}T^{-2}}$
	Symbol	Einheit	Benennung

$-\dfrac{\hbar}{j}\dfrac{\partial \psi(\vec{r},t)}{\partial t} = \hat{H}\,\psi(\vec{r},t)$	ψ	$m^{-3/2}$	Wellenfunktion
$\hat{H} = \dfrac{\hat{p}^2}{2m} + V(\hat{\vec{r}})$	j	1	imaginäre Einheit
	m	kg	Teilchenmasse
$-\dfrac{\hbar}{j}\dfrac{\partial \psi(\vec{r},t)}{\partial t} = -\dfrac{\hbar^2}{2m}\Delta\psi(\vec{r},t) + V(\vec{r})\psi(\vec{r},t)$	Δ	m^{-2}	Laplace-Operator
	$V(\vec{r})$	J	Potential
$\Delta = \dfrac{\partial^2}{\partial x^2} + \dfrac{\partial^2}{\partial y^2} + \dfrac{\partial^2}{\partial z^2}$	$\hbar$	$J \cdot s$	Wirkungsquantum

▲ Der Hamilton-Operator eines quantenmechanischen Systems bestimmt dessen zeitliche Entwicklung.

➤ Die Zeitentwicklung eines Zustandes nach der zeitabhängigen Schrödingergleichung ist zu unterscheiden von den Zustandsänderungen, die durch den Eingriff einer Messapparatur erfolgen. Nach einer Messung der Observablen $\hat{O}$, die zu dem Messwert a_n führt, befindet sich das System im Eigenzustand ψ_n.

■ Ein freies Teilchen wird durch eine ebene Welle beschrieben. Wird diese Wellenfunktion in die Schrödingergleichung eingesetzt, so liefert die Differentiation nach der Zeit den Faktor hf und die Anwendung des Laplace-Operators ergibt $\dfrac{h^2 k^2}{8\pi^2 m}$. Der gemeinsame Faktor $ae^{j[2\pi f t - (\vec{k}\cdot\vec{r})]}$ in der Schrödingergleichung kürzt sich heraus:

$$hf = \frac{h^2 k^2}{8\pi^2 m} + V(r),$$

$$= \frac{p^2}{2m} + V(r).$$

Das ist der Energiesatz, wenn hf die Energie eines Quants mit der Frequenz f ist.

2. Normierung der Wellenfunktion,

entspricht der Forderung, dass die Wahrscheinlichkeit, das Teilchen *irgendwo* zu finden, für alle Zeitpunkte t genau eins sein muss:

$\int \vert\textbf{Wellenfunktion}\vert^2 \cdot \textbf{Volumenelement} \equiv 1$			**1**

$\int_V \mathrm{d}w(x,y,z,t) = \int_V \vert\psi(x,y,z,t)\vert^2 \mathrm{d}V \equiv 1$	Symbol	Einheit	Benennung
	ψ	$m^{-3/2}$	Wellenfunktion
	$\mathrm{d}V$	m^3	Volumenelement

▲ Eine Lösung der Schrödingergleichung kann nur dann als Wahrscheinlichkeitsamplitude gedeutet werden, wenn sie normierbar ist.

➤ Die ebene Welle ist nicht normierbar. Die normierte Wellenfunktion für ein freies Teilchen ist ein Wellenpaket.

3. Stationäre Zustände

Stationärer Zustand, Zustand, in dem die Dichte der Aufenthaltswahrscheinlichkeit zeitunabhängig ist. Die Wellenfunktion eines stationären Zustandes ist gegeben durch

$$\psi(\vec{r},t) = e^{\frac{i}{\hbar}Et} \cdot \varphi(\vec{r}), \quad \hat{H}\varphi(\vec{r}) = E\varphi(\vec{r}), \quad \vert\psi(\vec{r},t)\vert^2 = \vert\varphi(\vec{r})\vert^2.$$

Stationäre Schrödingergleichung, die Bewegungsgleichung für ein Teilchen, dessen Aufenthaltswahrscheinlichkeit an einem Ort nicht von der Zeit abhängt:

$$\hat{H}\varphi = E\varphi, \quad \frac{h^2}{8\pi^2 m}\Delta\varphi + (E - V(\vec{r}))\varphi = 0.$$

Die Normierungsbedingung für $\psi(\vec{r},t)$ verlangt:

$$\int_0^\infty \vert\varphi(\vec{r})\vert^2 \mathrm{d}V = 1.$$

Energieeigenfunktionen, die Lösungen der stationären (zeitunabhängigen) Schrödingergleichung. Diese Lösungen existieren nur für gewisse **Eigenwerte** der Energie E.

Energieeigenwerte, die Energien, für die Lösungen der stationären Schrödingergleichung existieren.

Energiespektrum des Teilchens (oder -systems), die Gesamtheit aller Eigenwerte E.

Ist das Potential $V(r)$ eine monoton wachsende Funktion und gilt $\lim\limits_{r\to\infty} V(r) = 0$, so bilden die Energiewerte im Bereich $E < 0$ ein **diskretes** Spektrum. Für $E \geq 0$ bilden die Energiewerte ein **Kontinuum**.

25.4.1   Stückweise konstante Potentiale

Stückweise konstantes Potential, eindimensionales Potential mit konstantem Verlauf, unterbrochen durch **endliche** Potentialsprünge.

Allgemeiner Ansatz der Lösungen der zeitunabhängigen Schrödingergleichung für ein Teilchen der Masse m und der Energie E in einem konstanten Potential V:

$V = 0$ $\varphi(x) = A \cdot e^{\pm jk_1 x}, \quad k_1 = \sqrt{\dfrac{2m}{\hbar^2} E} = \dfrac{p_1}{m}.$

Nach rechts oder links laufende ebene Welle,
Wellenzahl k_1, Teilchenimpuls p_1.

$V = V_0 > 0$ $E > V_0$:

$$\varphi(x) = A \cdot e^{+jk_2 x} + B \cdot e^{-jk_2 x}, \quad k_2 = \sqrt{\dfrac{2m}{\hbar^2}(E - V_0)} = \dfrac{p_2}{m}.$$

Mit der Amplitude A nach rechts und der Amplitude B nach links laufende ebene Welle,
Wellenzahl k_2, Teilchenimpuls p_2.

$E < V_0$:

$$\varphi(x) = A \cdot e^{+k_3 x} + B \cdot e^{-k_3 x}, \quad k_3 = \sqrt{\dfrac{2m}{\hbar^2}(V_0 - E)}.$$

Ansteigende oder abfallende Exponentialfunktion, klassisch keine Bewegung möglich.

➤   Aus Normierungsgründen sind Wellenfunktionen, die im Asymptotischen $(x \to \pm\infty)$ exponentiell ansteigen, auszuschließen.

An einem Potentialsprung wird das Teilchen i. Allg. mit gewisser Wahrscheinlichkeit reflektiert, mit gewisser Wahrscheinlichkeit durchgelassen, selbst wenn die Gesamtenergie größer ist als der Sprung im Potential.

Transmissionskoeffizient, T, Verhältnis des durchgehenden Teilchenstroms zum einfallenden Teilchenstrom.

Reflexionskoeffizient, R, Verhältnis des reflektierten Teilchenstroms zum einfallenden Teilchenstrom.

Da die Teilchenzahl erhalten bleibt, gilt: $R = 1 - T$.

1.   Potentialstufe

Potentialansatz:

$$V(x) = \begin{cases} 0 & \text{für } x < 0, \\ V_0 > 0 & \text{für } x \geq 0. \end{cases}$$

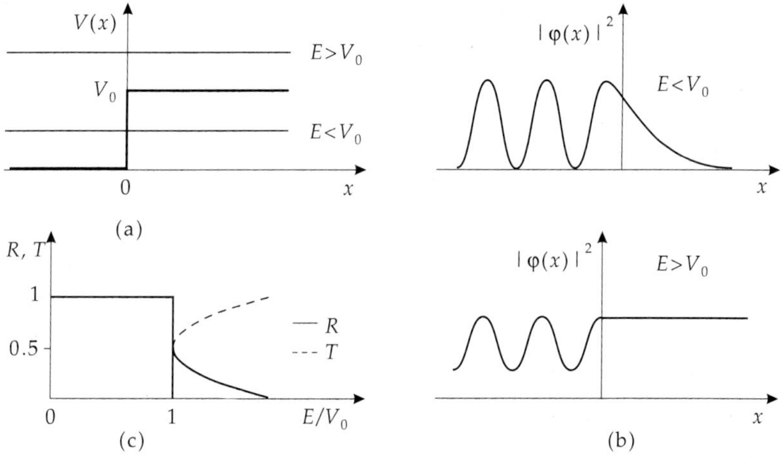

Abbildung 25.6: Potentialstufe. (a): Potentialverlauf, (b): Dichte der Aufenthaltswahrscheinlichkeit $|\varphi(x)|^2$ für $E < V_0$ und $E > V_0$, (c): Reflexionskoeffizient R und Transmissionskoeffizient T in Abhängigkeit vom Verhältnis E/V_0

Gesamtenergie $E < V_0$: $R = 1,\, T = 0$.

Gesamtenergie $E > V_0$: $R = \left(\dfrac{k_1 - k_2}{k_1 + k_2}\right)^2$, $T = \dfrac{4k_1 k_2}{(k_1 + k_2)^2}$.

➤   Nach der klassischen Mechanik gibt es im Fall $E < V_0$ für $x > 0$ keine Teilchenbewegung, da die kinetische Energie negativ sein müsste. In der Quantenmechanik ist die Aufenthaltswahrscheinlichkeit des Teilchens in diesem Bereich aber von Null verschieden, da seine Lokalisierung am klassischen Umkehrpunkt $x = 0$ eine Impulsunschärfe bedingt, die zu Energien führt, die über der Potentialstufe liegen. Nach der Unschärferelation für Energie und Zeit kann diese Energieunschärfe ΔE aber nur für ein endliches Zeitintervall Δt aufrechterhalten werden, so dass ein von links einfallendes Teilchen nicht bei $x \to +\infty$ beobachtet werden kann. Die Dichte der Aufenthaltswahrscheinlichkeit klingt im klassisch verbotenen Bereich exponentiell ab; das Teilchen wird mit Sicherheit reflektiert.

2.   Potentialbarriere

Potentialansatz:

$$V(x) = \begin{cases} 0 & \text{für } |x| > a, \\ V_0 > 0 & \text{für } |x| \le a. \end{cases}$$

$$E < V_0 : \quad T = \left(1 + \frac{V_0{}^2}{V_0{}^2 - (2E - V_0)^2} \sinh^2(2ak_3)\right)^{-1}.$$

$$E > V_0 : \quad T = \left(1 + \frac{V_0{}^2}{V_0{}^2 - (2E - V_0)^2} \sin^2(2ak_2)\right)^{-1}.$$

Reflexionskoeffizient: $R = 1 - T$.

Näherung für $E < V_0$ und $2a \cdot k_3 \gg 1$:

$$T \approx \left(\frac{2k_1 k_3}{k_1^2 + k_3^2}\right)^2 e^{-4ak_3} \approx e^{-4ak_3}, \quad a \cdot k_3 \gg 1 .$$

➤   Eine Potentialstufe kann als Potentialbarriere mit unendlicher Breite aufgefasst werden. In diesem Fall kann kein Tunneleffekt (s. unten) auftreten ($T = 0,\, R = 1$).

▲   Im Fall $E < V_0$ nimmt der Transmissionskoeffizient mit wachsender Einfallsenergie E monoton zu, der Reflexionskoeffizient nimmt entsprechend ab. Bei gleicher Energie $E < V_0$ wächst der Transmissionskoeffizient, wenn die Breite $2a$ des Potentialwalls kleiner wird.

▲   Im Fall $E > V_0$ tritt am Potentialwall keine Reflexion auf ($R = 0,\, T = 1$), wenn die Energie E mit einer **Resonanzenergie** zusammenfällt, für die gilt:

$$2ak_2 = n\pi, \quad n = 1, 2, \ldots .$$

■   Beim α-Zerfall schwerer Atomkerne werden α-Teilchen mit kinetischen Energien emittiert, die weit unter dem Maximum der Potentialbarriere liegen, die als Summe aus abstoßendem Coulombpotential und anziehendem Kernpotential entsteht. Für ^{212}Po: Höhe der Potentialbarriere etwa 30 MeV, Zerfallsenergie der α-Teilchen 8.9 MeV. Diese energetischen Verhältnisse und ihr Zusammenhang mit der Lebensdauer des zerfallenden Kerns werden nur durch den Tunneleffekt verständlich.

Tunneleffekt, das Überwinden einer Potentialbarriere der Höhe V_0 und der Breite $2a$ durch ein Teilchen mit der Energie $E < V_0$. Ein solcher Prozess ist in der klassischen Mechanik verboten. Bei einer Lokalisierung des Teilchens am klassischen Umkehrpunkt enthält die Wellenfunktion Impulskomponenten, die Energien oberhalb der Potentialbarriere entsprechen. Die Unschärferelation für Energie und Zeit gestattet dem Teilchen, diese Energieunschärfe ΔE für einen Zeitraum Δt aufrechtzuerhalten, der ausreicht, um hinter der Potentialbarriere endlicher Breite beobachtet werden zu können (**Abb. 25.7**).

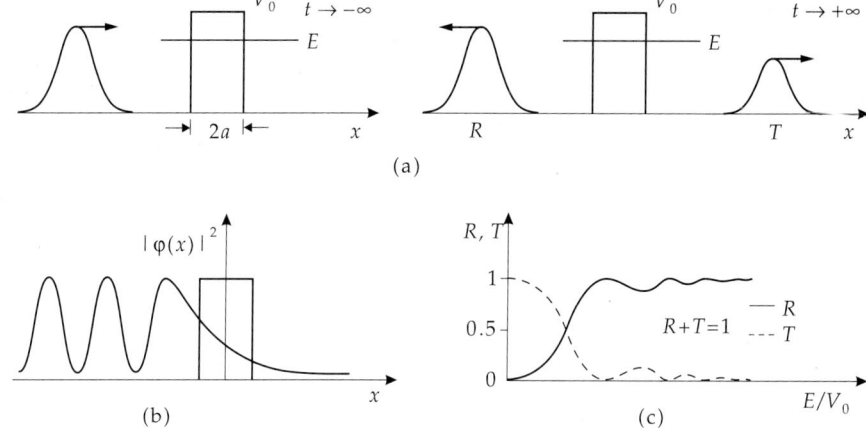

Abbildung 25.7: Tunneleffekt. (a): Separation des einfallenden Wellenpakets in einen reflektierten und einen durchgelassenen Anteil (Lösung der zeitabhängigen Schrödingergleichung), (b): Dichte der Aufenthaltswahrscheinlichkeit $|\varphi(x)|^2$ (stationäre Lösung der Schrödingergleichung), (c): Abhängigkeit von Transmissionskoeffizient T und Reflexionskoeffizient R vom Verhältnis E/V_0

Tunnelmikroskop: Eine Metallspitze wird in einer Entfernung von einigen nm so über eine zu untersuchende Probenoberfläche geführt, dass durch Änderung des Abstandes Spitze - Probe mit Hilfe eines Piezokristalls der Tunnelstrom konstant gehalten wird. Die notwendige Steuerspannung liefert eine Abbildung der Oberflächenstruktur.

3. Potentialkasten

Potentialansatz:

$$V(x) = \begin{cases} 0 & \text{für } |x| \leq a, \\ V_0 > 0 & \text{für } |x| \leq a. \end{cases}$$

$E < V_0$: diskretes Spektrum, gebundene Zustände.

$E > V_0$: kontinuierliches Spektrum, Streuzustände, Reflexion und Transmission.

Bedingungsgleichung für gebundene Zustände:

$$K^2 - k^2 + 2kK \cot 2ka = 0, \quad k^2 = \frac{2m}{\hbar^2} E, \quad K^2 = \frac{2m}{\hbar^2}(V_0 - E).$$

➤ Die Gleichung zur Bestimmung der Energieeigenwerte kann grafisch gelöst werden.

▲ Zahl und Lage der gebundenen Energieniveaus hängen von $V_0 a^2$ ab. Für $V_0 a^2 < \pi^2\hbar^2/(8m)$ gibt es nur einen gebundenen Zustand.

▲ Der Abstand benachbarter Energieeigenwerte wächst mit der Anregungsenergie.

▲ Das gebundene Teilchen wird mit gewisser Wahrscheinlichkeit auch außerhalb der Umkehrpunkte der klassischen Bewegung gefunden.

▲ Die Wellenfunktion des Grundzustandes hat positive Parität.

▲ Im Spektrum aufeinanderfolgende Energieeigenfunktionen besitzen unterschiedliche Parität.

4. Unendlich hoher Potentialkasten

Potentialansatz:

$$V(x) = \begin{cases} 0 & \text{für } |x| \leq a/2, \\ \infty & \text{für } |x| > a/2. \end{cases}$$

▲   Die Wellenfunktion verschwindet für $|x| \geq a/2$. Sie erfüllt die Randbedingung
$\varphi(-a/2) = \varphi(a/2) = 0$.

An diesen Punkten hat die Wellenfunktion einen Knick (unstetige Ableitung).

▲   Im unendlich hohen Potentialkasten gibt es nur gebundene Zustände.

▲   Der Abstand benachbarter Energieeigenwerte wächst mit der Anregungsenergie.

▲   Die Wellenfunktion des Grundzustandes hat positive Parität.

▲   Im Spektrum aufeinanderfolgende Energieeigenfunktionen besitzen unterschiedliche Parität.

Energieeigenwerte:

$$E_n = \frac{\pi^2 \hbar^2}{2ma^2} n^2, \quad n = 1, 2, 3, 4, \ldots .$$

Grundzustandsenergie (Nullpunktsenergie):

$$E_1 = \frac{\pi^2 \hbar^2}{2ma^2}.$$

Eigenfunktionen positiver Parität:

$$\varphi_n(x) = \sqrt{\frac{2}{a}} \cos \frac{n\pi x}{a}, \quad n = 1, 3, 5, \ldots \quad \pi = +1.$$

Eigenfunktionen negativer Parität:

$$\varphi_n(x) = \sqrt{\frac{1}{a}} \sin \frac{n\pi x}{a}, \quad n = 2, 4, 6, \ldots \quad \pi = -1.$$

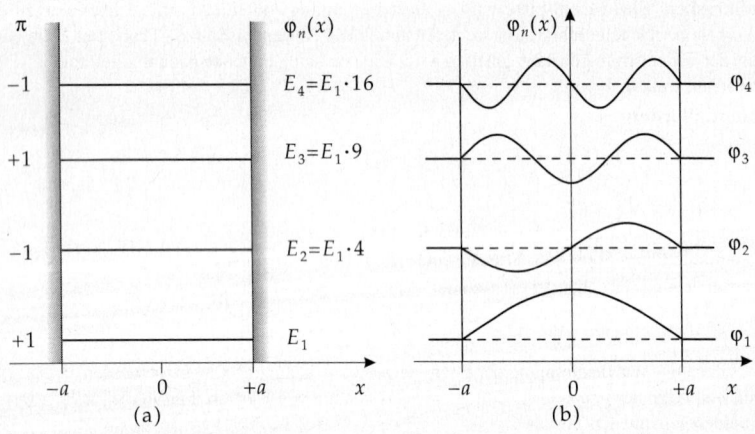

Abbildung 25.8: Unendlich hoher Potentialkasten. (a): schematisches Spektrum der Energieeigenwerte $E_n = \frac{\pi^2 \hbar^2}{2ma^2} \cdot n^2$, π: Parität der Eigenfunktionen, (b): Eigenfunktionen $\varphi_n(x)$

25.4.2   Harmonischer Oszillator

Harmonischer Oszillator, ein Teilchen mit der Masse m, das unter dem Einfluss einer zur Auslenkung proportionalen rücktreibenden Kraft längs einer oder mehrerer Richtungen Schwingungen mit bestimmter Eigenkreisfrequenz ausführt.

1. **Zeitunabhängige Schrödingergleichung**

des eindimensionalen harmonischen Oszillators mit der Kreisfrequenz ω:

$$\frac{d^2}{dx^2}\varphi(x) + \frac{8\pi^2 m}{h^2}\left(E - \frac{m\omega^2}{2}x^2\right)\varphi(x) = 0.$$

▲ Die Energiezustände des harmonischen Oszillators sind gequantelt,

$$E_n = \hbar\omega\left(n + \frac{1}{2}\right), \quad n = 0, 1, 2, 3 \ldots,$$

$E_0 = \hbar\omega/2$ ist die Nullpunktsenergie. Es treten keine Zustände mit der Asymptotik von Streuzuständen auf.

▲ Die Energiezustände des harmonischen Oszillators sind äquidistant,

$$\Delta E = E_{n+1} - E_n = \hbar\omega.$$

▲ Das Teilchen wird mit gewisser Wahrscheinlichkeit auch außerhalb der Umkehrpunkte der klassischen Bewegung gefunden.

▲ Die Wellenfunktion des Grundzustandes hat positive Parität.

▲ Im Spektrum aufeinanderfolgende Energieeigenfunktionen besitzen unterschiedliche Parität.

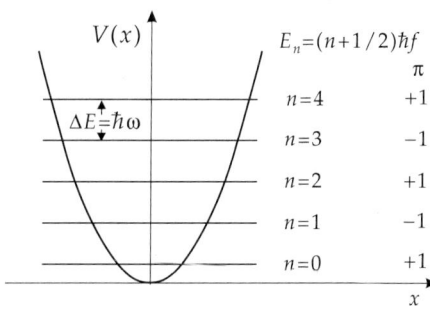

Abbildung 25.9: Harmonischer Oszillator. Spektrum der Energieeigenwerte, $\Delta E = \hbar\omega$

2. **Eigenfunktionen des harmonischen Oszillators**

Die Eigenfunktionen des harmonischen Oszillators lauten:

$$\varphi_n(x) = (r_0)^{1/4}\sqrt{\frac{1}{2^n n!\sqrt{\pi}}}\, e^{-r_0 x^2/2} H_n\left(\sqrt{r_0}x\right).$$

Dabei ist $r_0 = \sqrt{m\omega/\hbar}$ der **Oszillatorparameter**, H_n sind die **Hermiteschen Polynome (Abb. 25.10)**:

$$H_0(z) = 1, \quad H_1(z) = z, \quad H_2(z) = 4z^2 - 2, \quad H_3(z) = 8z^3 - 12z, \quad \ldots$$

▲ Wegen der Heisenbergschen Unschärferelation ist der Impuls (und damit die Energie) eines um das Potentialminimum lokalisierten Teilchens ungleich null. Es gibt einen Grundzustand des harmonischen Oszillators, der nicht mit dem Potentialminimum übereinstimmt.

Nullpunktsenergie, Grundzustand, kleinste Energie des harmonischen Oszillators:

$$E_0 = \frac{1}{2}\hbar\omega.$$

➤ Der harmonische Oszillator dient als Modell für viele Anregungen:

• Vibrationen in Molekülen und Atomkernen,

• Gitterschwingungen in einem kristallinen Festkörper.

Phonon, häufige Bezeichnung für das Energiequant des harmonischen Oszillators mit $E = hf = \hbar\omega$. Wird dem harmonischen Oszillator dieser Energiebetrag zugeführt, dann geht er in den nächsthöheren Energiezustand über.

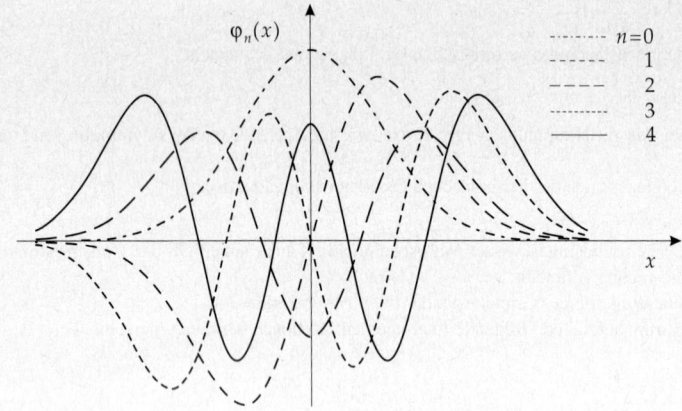

Abbildung 25.10: Harmonischer Oszillator: Energieeigenfunktionen $\varphi_n(x), n = 0, 1, 2, 3, 4$

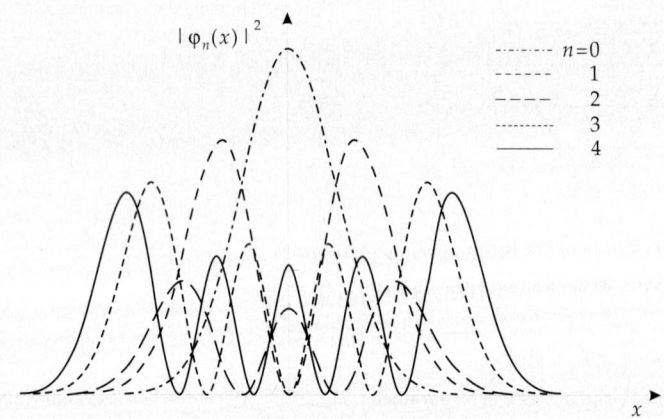

Abbildung 25.11: Harmonischer Oszillator: Dichte der Aufenthaltswahrscheinlichkeit $|\varphi_n(x)|^2$

3.   Bohrsches Korrespondenzprinzip

Korrespondenzprinzip von Bohr: Die klassische Beschreibung eines mechanischen Systems muss aus der quantenmechanischen Beschreibung als Grenzfall großer Quantenzahlen folgen.

■   Für große Quantenzahlen n entspricht der Verlauf der Dichte der Aufenthaltswahrscheinlichkeit eines quantenmechanischen Teilchens im eindimensionalen Oszillatorpotential der Aufenthaltswahrscheinlichkeit eines klassischen Teilchens: Maximum in der Umgebung der klassischen Umkehrpunkte (die Teilchengeschwindigkeit wird minimal) und Minimum im Bereich des Durchgangs durch die Gleichgewichtslage (die Teilchengeschwindigkeit wird maximal).

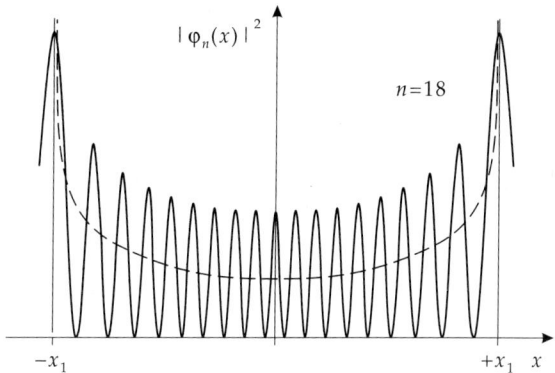

Abbildung 25.12: Dichte der Aufenthaltswahrscheinlichkeit eines Teilchens in einem Eigenzustand des harmonischen Oszillators mit hoher Quantenzahl. $\pm x_1$: Umkehrpunkte der klassischen Bewegung. Gestrichelte Linie: klassische Aufenthaltswahrscheinlichkeit des Teilchens

25.4.3 Pauli-Prinzip

Fermionen, Teilchen mit halbzahligem Spin.

■ Elektronen und Nukleonen (Neutronen, Protonen) sind Fermionen mit dem Spin $s = 1/2$.

▲ Für Fermionen gilt das **Pauli-Prinzip**. Die Wellenfunktion für ein System aus ununterscheidbaren Fermionen muss antisymmetrisch bezüglich der Vertauschung zweier beliebiger Teilchen sein.

Antisymmetrische Wellenfunktion für zwei Teilchen:

$$\Psi_{\mathrm{a}}(1,2) = \frac{1}{\sqrt{2}}(\psi_{\mathrm{n}}(1)\cdot\psi_{\mathrm{m}}(2) - \psi_{\mathrm{n}}(2)\cdot\psi_{\mathrm{m}}(1)).$$

n und m bedeuten beliebige vollständige Sätze von Quantenzahlen. Die Funktion $\Psi_{\mathrm{a}}(1,2)$ ist normiert. Sie verändert ihr Vorzeichen, wenn die Teilchen 1 und 2 ausgetauscht werden,

$$\Psi_{\mathrm{a}}(2,1) = -\Psi_{\mathrm{a}}(1,2).$$

Pauli-Prinzip: Wenn beide Fermionen ununterscheidbar sind und die Quantenzahlen n und m übereinstimmen, wird $\Psi_{\mathrm{A}} \equiv 0$, d.h., die Aufenthaltswahrscheinlichkeit von zwei Teilchen in ein und demselben Zustand ist identisch Null. Zwei ununterscheidbare Fermionen dürfen nicht den gleichen Zustand besetzen (**Ausschließungsprinzip**).

➤ Mit dem Pauli-Prinzip wird es möglich, den Schalenaufbau der Elektronenhülle der Atome und der Atomkerne zu verstehen.

25.5 Spin und magnetische Momente

25.5.1 Spin

Spin, innerer Drehimpuls (Eigendrehimpuls) von Elementarteilchen. Der Spin hat für jedes Elementarteilchen einen bestimmten, festen Wert. Im Gegensatz zum Bahndrehimpuls kann die Spinquantenzahl auch halbzahlige Werte annehmen.

1. Experimenteller Nachweis des Spins

Stern-Gerlach-Versuch (1921): Ein Strahl von Silberatomen wird durch ein inhomogenes Magnetfeld geleitet. Das einzelne Elektron, das nach dem Schalenaufbau des Ag-Atoms den gesamten Drehimpuls des Atoms bestimmt, besitzt keinen Bahndrehimpuls. Ein magnetisches Moment des Atoms kann daher nur vom Spin dieses Elektrons herrühren. Klassisch wäre eine breite Verteilung des auslaufenden Strahls zu erwarten, da jede Orientierung des mit dem Spin verknüpften magnetischen Moments relativ zum Magnetfeld möglich sein sollte. Man beobachtet jedoch eine Aufspaltung des Strahls in zwei Komponenten, wodurch für das Elektron ein Spin $s = 1/2$ mit zwei Einstellmöglichkeiten $m_s = \pm 1/2$ bezüglich der Magnetfeldrichtung nachgewiesen ist (s. **Abb. 25.13**).

Rabi-Versuch (1938), ermöglicht durch hintereinander angeordnete Magnetfelder unterschiedlicher Orientierung die Bestimmung der sehr viel kleineren Kernspins.

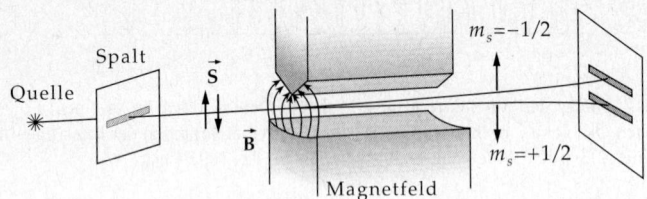

Abbildung 25.13: Stern-Gerlach-Experiment zum Nachweis des Elektronenspins

2. Spinoperatoren und ihre Eigenschaften

Spinoperator für Teilchen mit dem Spin (Eigendrehimpuls) 1/2, Vektoroperator mit den kartesischen Komponenten $\hat{s}_x, \hat{s}_y, \hat{s}_z$ (**Abb. 25.14**),

$$\hat{\vec{s}} = (s_x, s_y, s_z), \quad \hat{\vec{s}}^2 = s_x^2 + s_y^2 + s_z^2.$$

Vertauschungsrelationen für den Spinoperator, entsprechen den Vertauschungsrelationen für einen Drehimpulsoperator,

$$
\begin{aligned}
[\hat{s}_x, \hat{s}_y] &= \hat{s}_x \cdot \hat{s}_y - \hat{s}_y \cdot \hat{s}_x = j\hbar \hat{s}_z, \\
[\hat{s}_y, \hat{s}_z] &= \hat{s}_y \cdot \hat{s}_z - \hat{s}_z \cdot \hat{s}_y = j\hbar \hat{s}_x, \\
[\hat{s}_z, \hat{s}_x] &= \hat{s}_z \cdot \hat{s}_x - \hat{s}_x \cdot \hat{s}_z = j\hbar \hat{s}_y.
\end{aligned}
$$

sowie

$$[\hat{\vec{s}}^2, \hat{s}_x] = [\hat{\vec{s}}^2, \hat{s}_y] = [\hat{\vec{s}}^2, \hat{s}_z] = 0.$$

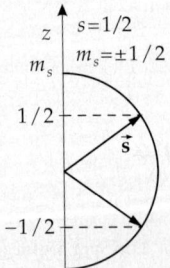

Abbildung 25.14: Vektormodell des Elektronenspins $\vec{s}$ ($s = 1/2$)

3. Paulische Spinmatrizen,

$\hat{\sigma}_x, \hat{\sigma}_y, \hat{\sigma}_z$, Darstellung der Operatoren der Spinkomponenten durch 2×2-Matrizen,

$$\hat{\vec{s}} = \frac{\hbar}{2} \hat{\vec{\sigma}}, \quad \hat{\sigma}_x = \begin{pmatrix} 0 & 1 \\ 1 & 0 \end{pmatrix}, \quad \hat{\sigma}_y - \begin{pmatrix} 0 & -j \\ j & 0 \end{pmatrix}, \quad \hat{\sigma}_z = \begin{pmatrix} 1 & 0 \\ 0 & -1 \end{pmatrix}.$$

Spineigenfunktion, χ_{sm_s}, simultane Eigenfunktion zum Operator der z-Komponente des Spins mit dem Eigenwert $\pm \hbar m_s$ und zum Operator des Quadrats des Spins mit dem Eigenwert $s(s+1)\hbar^2 = \frac{3}{4}\hbar^2$,

$$\hat{s}_z \chi_{sm_s} = \hbar m_s \chi_{sm_s}, \quad m_s = \pm \frac{1}{2},$$

$$\hat{\vec{s}}^2 \chi_{sm_s} = \hbar^2 s(s+1)\chi_{sm_s}, \quad s = \frac{1}{2}.$$

Eigenzustand mit $m_s = +1/2$: Spin in positive z-Richtung orientiert.
Eigenzustand mit $m_s = -1/2$: Spin in negative z-Richtung orientiert.
Darstellung der Spineigenfunktionen durch Spaltenmatrizen:

$$\chi_{sm_s = \frac{1}{2}} = \begin{pmatrix} 1 \\ 0 \end{pmatrix}, \quad \chi_{sm_s = -\frac{1}{2}} = \begin{pmatrix} 0 \\ 1 \end{pmatrix}.$$

Beliebiger normierter Spinzustand:

$$\chi = a\chi_{sm_s = \frac{1}{2}} + b\chi_{sm_s = -\frac{1}{2}} = \begin{pmatrix} a \\ b \end{pmatrix}, \quad |a|^2 + |b|^2 = 1.$$

$|a|^2$ $(|b|^2)$ ist die Wahrscheinlichkeit, in z-Richtung die Spinkomponente $m_s = +1/2$ $(-1/2)$ zu messen.
Spinorientierung in Richtung ϑ, φ:

$$a = \cos(\vartheta/2)\,e^{-j\frac{\varphi}{2}}, \quad b = \sin(\vartheta/2)e^{j\frac{\varphi}{2}}.$$

Die allgemeine Wellenfunktion eines Teilchens mit dem Spin 1/2 ist zweikomponentig,

$$\psi(\vec{r}, s, t) = \begin{pmatrix} \psi_+(\vec{r}, t) \\ \psi_-(\vec{r}, t) \end{pmatrix}.$$

$|\psi_+(\vec{r}, t)|^2 \, dV$ $(|\psi_-(\vec{r}, t)|^2 \, dV)$ ist die Wahrscheinlichkeit, das Teilchen zum Zeitpunkt t im Volumenelement dV um den Ort $\vec{r}$ mit einer Spinorientierung in positive (negative) z-Richtung zu finden.

4. Gesamtdrehimpuls,

$\hat{\vec{j}}$, eines Elektrons, ergibt sich durch Vektoraddition von Bahndrehimpuls $\hat{\vec{l}}$ und Spin $\hat{\vec{s}}$,

$$\hat{\vec{j}} = \hat{\vec{l}} + \hat{\vec{s}}, \quad \hat{j}_z = \hat{l}_z + \hat{s}_z.$$

Die möglichen Quantenzahlen für $\hat{\vec{j}}^2$ und $\hat{j}_z$ sind

$$j = l + 1/2, j = l - 1/2, \quad m_j = -j, \dots, +j.$$

Im Vektormodell hat ein Drehimpulszustand j nur $2j + 1$ Einstellmöglichkeiten zur Quantisierungsachse.

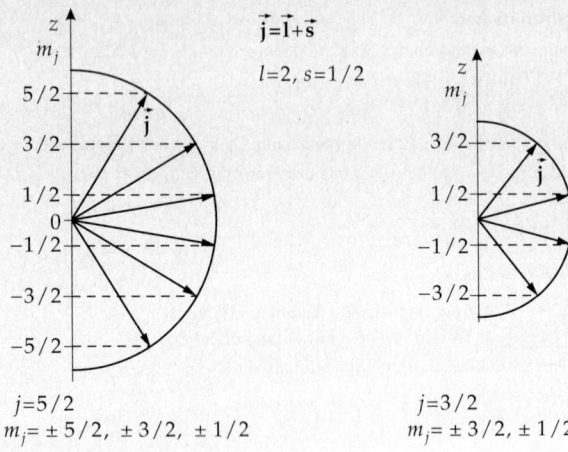

Abbildung 25.15: Zustände des Gesamtdrehimpulses $\vec{j} = \vec{l} + \vec{s}$ für $l = 2$. m_j: magnetische Quantenzahl für den Gesamtdrehimpuls $\vec{j}$

25.5.2 Magnetische Momente

1. **Magnetisches Moment der Bahnbewegung,**

$\hat{\vec{\mu}}_l$, wird durch den Operator des Bahndrehimpulses, $\hat{\vec{l}}$, ausgedrückt:

Operator des magnetischen Bahnmoments

	Symbol	Einheit	Benennung
$\hat{\vec{\mu}}_l = -g_l \dfrac{e_0}{2m_e} \cdot \hat{\vec{l}}$	$\hat{\vec{\mu}}_l$	$J \cdot T^{-1}$	Operator des magnetischen Bahnmomentes
	g_l	1	g-Faktor des Bahndrehimpulses
$= -g_l \mu_B \cdot \dfrac{\hat{\vec{l}}}{\hbar}$	e_0	C	Elementarladung
	m_e	kg	Elektronenmasse
$g_l = 1$	$\hat{\vec{l}}$	J	Bahndrehimpulsoperator

Bohrsches Magneton, μ_B, universelle Naturkonstante:

$$\mu_B = -\frac{e_0 \cdot \hbar}{2 \cdot m_e} = 5.788\,382\,63(52) \cdot 10^{-11}\ \text{MeV/T} = 9.274\,015\,4 \cdot 10^{-24}\ \text{J/T}.$$

2. **Magnetisches Moment des Spins,**

$\hat{\vec{\mu}}_s$, wird durch den Spinoperator $\hat{\vec{s}}$ ausgedrückt:

Operator des magnetischen Spinmoments

	Symbol	Einheit	Benennung
$\hat{\vec{\mu}}_s = -g_s \dfrac{e_0}{2m_e} \cdot \hat{\vec{s}}$	$\hat{\vec{\mu}}_s$	$J \cdot T^{-1}$	Operator des magnetischen Spinmomentes
	g_s	1	g-Faktor des Spins
$= -g_s \mu_B \cdot \dfrac{\hat{\vec{s}}}{\hbar}$	e_0	C	Elementarladung
	m_e	kg	Elektronenmasse
$g_s = 2.0023$	$\hat{\vec{s}}$	J	Bahndrehimpulsoperator

Gyromagnetischer Faktor, g, bestimmt die Proportionalität zwischen Drehimpuls und magnetischem Moment des Elektrons:

$$g_l = 1 \,, \quad g_s \approx 2 \,.$$

➤ Aus der relativistischen Quantentheorie folgt, dass der gyromagnetische Faktor des Spins nicht genau den Wert 2 hat,

$$\frac{g_s - 2}{2} = (1159.652\,193 \pm 0.000\,010) \cdot 10^{-6} \,.$$

➤ Das mit dem Spin verknüpfte magnetische Moment des Elektrons entspricht etwa dem magnetischen Moment einer Bahnbewegung mit dem Drehimpuls $l = 1$.

▲ In einem Vektormodell haben magnetisches Moment und Drehimpuls sowohl für Bahn- als auch für Spinmagnetismus entgegengesetzte Richtung.

3. Magnetisches Gesamtmoment,

$\hat{\vec{\mu}}$ des Elektrons im Atom, Summe der magnetischen Momente von Spin und Bahn,

$$\hat{\vec{\mu}} = \hat{\vec{\mu}}_s + \hat{\vec{\mu}}_l = -\frac{e_0}{2m_e}(\vec{l} + 2 \cdot \vec{s}) \,.$$

▲ Das gesamte magnetische Moment $\hat{\vec{\mu}}$ des Elektrons ist im Vektormodell nicht antiparallel zum Gesamtdrehimpuls $\vec{j} = \vec{l} + \vec{s}$ gerichtet.

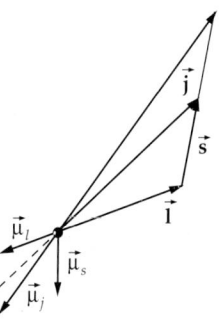

Abbildung 25.16: Kopplung von Bahndrehimpuls $\vec{l}$ und Spin $\vec{s}$ zum Gesamtdrehimpuls $\vec{j}$ und magnetische Momente $\vec{\mu}_l$, $\vec{\mu}_s$, $\vec{\mu} = \vec{\mu}_l + \vec{\mu}_s$

4. Potentielle Energie im Magnetfeld

Die potentielle Energie E_{pot} eines ungebundenen Elektrons in einem homogenen Magnetfeld $\vec{B} = (0.0, B_z)$ in z-Richtung ist gegeben durch

$$E_{\text{pot}} = -\vec{\mu}_s \cdot \vec{B} = g_s \frac{e_0}{2m_e} s_z \cdot B_z \,.$$

In einem Eigenzustand der z-Komponente des Spinoperators mit der Projektionsquantenzahl $m_s = \pm 1/2$ folgt daraus

$$E_{\text{pot}} = g_s \frac{e_0 \hbar}{2m_e} m_s \cdot B_z = g_s \mu_B \cdot B_z \,.$$

Analog folgt für ein Elektron auf einer Bahn mit dem Drehimpuls (l, m) aus dem Bahnmagnetismus:

$$E_{\text{pot}} = g_l \frac{e_0 \hbar}{2m_e} m \cdot B_z = g_l \mu_B \cdot m \cdot B_z \,.$$

Die potentielle Energie eines Atoms in einem Zustand mit den Quantenzahlen J, M_J für den Gesamtdrehimpuls und seine Projektion auf die z-Achse, L für den Gesamtbahndrehimpuls und S für den Gesamtspin in einem homogenen Magnetfeld $\vec{B} = (0, 0, B_z)$ in z-Richtung ist gegeben durch:

Potentielle Energie im Magnetfeld			$\mathbf{ML^2T^{-2}}$
	Symbol	Einheit	Benennung
	E_{pot}	J	potentielle Energie
$E_{\text{pot}} = -\vec{\mu} \cdot \vec{B}$	M_J	1	Quantenzahl Projektion
			des Gesamtdrehimpulses
$= g(L,S,J) \cdot \mu_{\text{B}} \cdot M_J \cdot B$	$g(L,S,J)$	1	Landé-Faktor
	μ_{B}	J/T	Bohrsches Magneton
	B	T	magnetische Flussdichte

Landé-Faktor $g(L,S,J)$, beschreibt die Abhängigkeit des gyromagnetischen Verhältnisses von den Quantenzahlen des Terms:

$$g(L,S,J) = 1 + \frac{J(J+1) - L(L+1) + S(S+1)}{2J(J+1)}\,.$$

Larmor-Präzession, Präzession des Vektors des magnetischen Moments eines atomaren Systems in einem äußeren Magnetfeld $\vec{B}$ mit konstanter Winkelgeschwindigkeit um die Feldrichtung.

Larmor-Frequenz, Frequenz der Larmor-Präzession, im Falle des Bahnmagnetismus gegeben durch

$$\omega_L = g_l \mu_{\text{B}} \cdot \frac{B}{\hbar}\,.$$

Kernspinmagnetismus, wird erzeugt durch das magnetische Moment des Atomkerns als Folge des Kernspins.

> **M**   Der Kernspinmagnetismus wird benutzt, um Körper bis auf Temperaturen von μK abzukühlen. Ein äußeres Magnetfeld orientiert die magnetischen Momente des Atomkerns eines vorgekühlten Materials. Nach dem Abschalten des Magnetfeldes streben die Atomkerne wieder den statistisch ungeordneten Zustand an. Dieser Prozess wird adiabatisch ($\Delta Q = 0$) geführt. Eine Erniedrigung des Ordnungsgrades, der einer Erhöhung der Entropie entsprechen würde, ist deshalb mit einer Verringerung der Temperatur verbunden. Die tiefste bisher erreichte Temperatur eines Probenkörpers liegt bei $5 \cdot 10^{-6}$ K (KfZ-Jülich); die tiefste Temperatur gemessen an einem Cu-Kernsystem liegt derzeit bei $50 \cdot 10^{-9}$ K.

26 Atom- und Molekülphysik

Atome, die kleinsten Teilchen eines chemischen Elementes, die dessen chemische Eigenschaften besitzen. Das elektrisch neutrale Atom besteht aus einem Z-fach positiv geladenen **Kern** und Z negativ geladenen **Elektronen** (Hülle), die sich im Coulomb-Feld des Kerns bewegen.

Kernladungszahl, **Ordnungszahl**, Z, Anzahl der Protonen, aus denen der Atomkern aufgebaut ist.

▲   Atome sind elektrisch neutral. Die Summe der Elektronen eines Atoms ist gleich der Anzahl der Protonen des Atomkerns.

Atomradius, R_A, von der Größenordnung 10^{-10} m (früher üblich: 1 Ångström $= 1\text{Å} = 10^{-10}$ m). Der Atomkern hat dagegen nur einen Radius von der Größenordnung $1\text{fm} = 10^{-15}$ m.

Atom- und Ionenradien der Elemente sind in **Tab. 30.2** zusammengestellt Die Werte hängen von der Messmethode ab und sind nur als Orientierungspunkte zu betrachten. Der Trend der Atomradien mit der Ordnungszahl ist in **Abb. 26.1** dargestellt.

■   Atomradien einiger Elemente (in nm): He 0.122, Li 0.155, O 0.056, Fe 0.126, Rb 0.248, U 0.153.

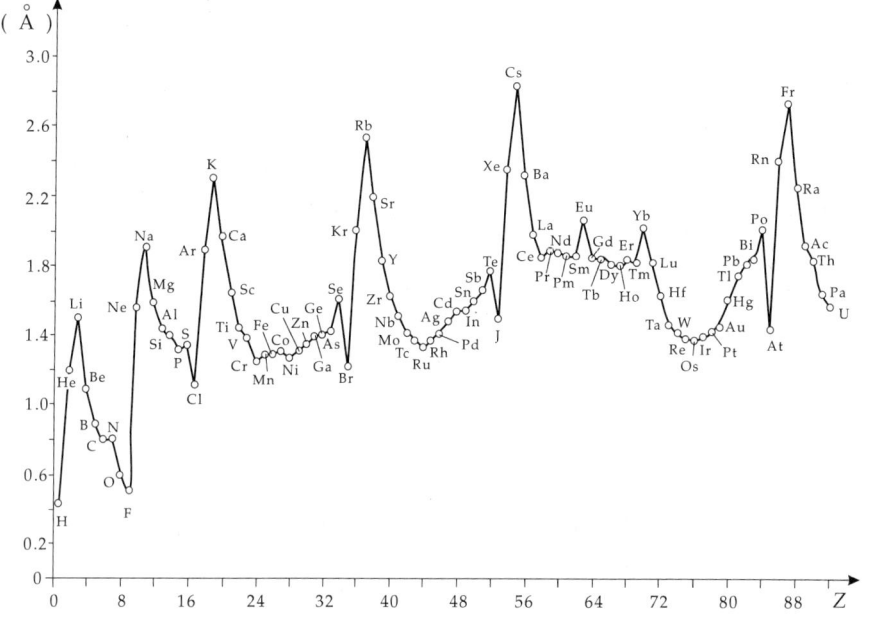

Abbildung 26.1: Atomradius R_A in Abhängigkeit von der Ordnungszahl Z (Orientierungswerte)

Ionen, elektrisch geladene Teilchen, die sich bilden, wenn ein Atom Elektronen abgibt oder aufnimmt (s. S. 508).

Die Ladung des Ions wird rechts oberhalb des Atomsymbols angegeben: H^+ (einfach positiv geladenes Wasserstoff-Ion), Cl^- (einfach negativ geladenes Chlor-Ion).

Ionisierungsenergie, **Ionisationsenergie**, E_i, oder **Ionisierungsarbeit**, W_i, Energie, die aufgewendet werden muss, um ein Elektron aus einem stationären, gebundenen Zustand eines Atoms zu entfernen.

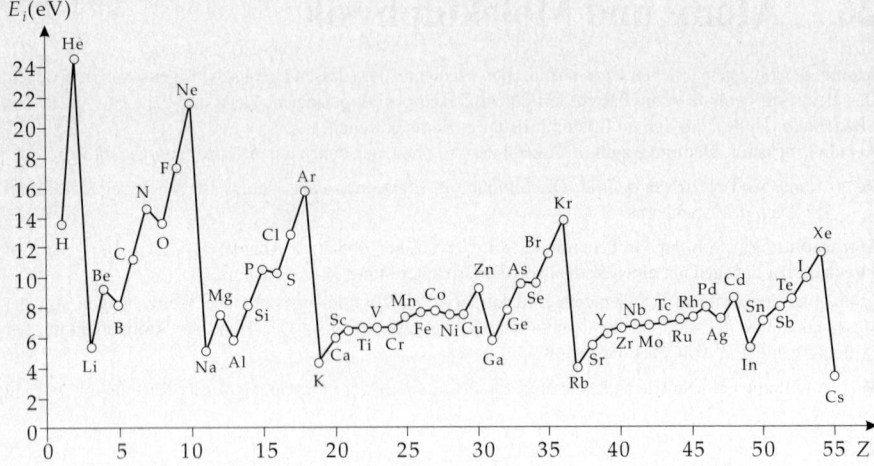

Abbildung 26.2: Ionisationsenergie E_i in Abhängigkeit von der Ordnungszahl Z

26.1   Grundbegriffe der Spektroskopie

Energieniveaus, stationäre Zustände des Atoms mit bestimmter Energie. Spezifizierung durch weitere Quantenzahlen wie Gesamtbahndrehimpuls L, Gesamtspin S und Gesamtdrehimpuls J.

Grundzustand, der stationäre Zustand mit der niedrigsten Energie.

Angeregter Zustand, Zustand mit einer Energie größer als der Grundzustand.

Niveauschema, graphische Darstellung der Energien der stationären Zustände eines Atoms.

Spektroskopie, Messung und Analyse der von Atomen (oder Molekülen, Atomkernen usw.) emittierten oder absorbierten Strahlung.

Spektrum, die Abhängigkeit der Intensität einer von Atomen, Molekülen, Kernen u.ä. emittierten oder absorbierten Strahlung von der Frequenz bzw. Wellenlänge der Strahlung.

1.   Emissionsspektrum,

die Frequenzverteilung der von einem Stoff emittierten Strahlung. Emissionsspektren werden bei Übergängen aus einem angeregten Zustand des Atoms in den Grundzustand oder einen anderen, energetisch niedrigeren Zustand gemessen.

> **M** Die Anregung der Probe zur Strahlungsemission erfolgt über Elektronenstöße in Gasentladungen, im Hochfrequenzplasma oder auch durch Funkenentladung, im Lichtbogen und thermisch durch Erhitzen. Die Messung von Emissionsspektren erfolgt, indem das von angeregten Atomen emittierte Licht mit Hilfe eines Spektrographen in seine Komponenten mit verschiedenen Wellenlängen zerlegt wird.

> ▲ Das Emissionsspektrum des Wasserstoffatoms ist ein **Linienspektrum**.

2.   Linienform der Spektrallinien

Linienform, Intensitätsverlauf $I(\omega)$ in einem schmalen Frequenzbereich um eine Spektrallinie ω_0, die einem spontanen Übergang vom stationären Zustand i in den stationären Zustand f entspricht,

$$I(\omega) \sim \frac{(\Delta\omega)/2}{(\omega - \omega_0)^2 + (\Delta\omega)^2/4}.$$

Natürliche Linienbreite, $\Delta\omega$, Differenz der Frequenzwerte, bei denen die Intensitätskurve die Hälfte des Maximalwertes I_{max} absinkt (s. **Abb. 26.3**).

▲ Die Linienbreite $\Delta\omega$ entspricht einer Energieunschärfe des Anfangszustandes, $\Delta E = \hbar\Delta\omega$, die nach der Heisenbergschen Unschärferelation mit der **mittleren Lebensdauer** τ des Anfangszustandes i wie folgt zusammenhängt:

$$\Delta E \sim \hbar/\tau.$$

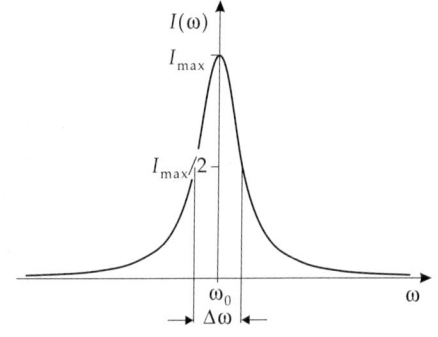

Abbildung 26.3: Linienbreite $\Delta\omega$ einer Spektrallinie

Linienverbreiterung, Vergrößerung der experimentell beobachteten Breite einer Spektrallinie gegenüber der natürlichen Linienbreite. Sie ist bedingt durch Dopplereffekt, vom Druck abhängige Atomstöße und durch Wechselwirkung mit Strahlungsfeldern.

■ Die mittlere Lebensdauer von angeregten Atomzuständen liegt i. Allg. zwischen 10^{-7} s und 10^{-8} s. Damit ergeben sich Frequenzunschärfen bis zu $\Delta\omega \approx 10^8$ Hz.

➤ Übergänge aus metastabilen Zuständen mit hoher Lebensdauer ($\tau \approx 10^{-3}$ s) besitzen eine geringe Linienbreite ($\Delta\omega \approx 10^3$ Hz).

▲ Das Emissions- oder Absorptionsspektrum von Molekülen besteht aus Linienfolgen, die bei geringer Auflösung des Spektralapparats als strukturlose Bänder erscheinen (**Bandenspektrum**).

▲ Die von Körpern ausgehende Wärmestrahlung ist elektromagnetische Strahlung mit einem **kontinuierlichen Spektrum**.

3. **Absorptionsspektrum,**

die Frequenzverteilung der eingestrahlten und in der Probe geschwächten Strahlungsintensität. Absorptionsspektren entsprechen dem Übergang eines Atoms aus dem Grundzustand in einen angeregten Zustand.

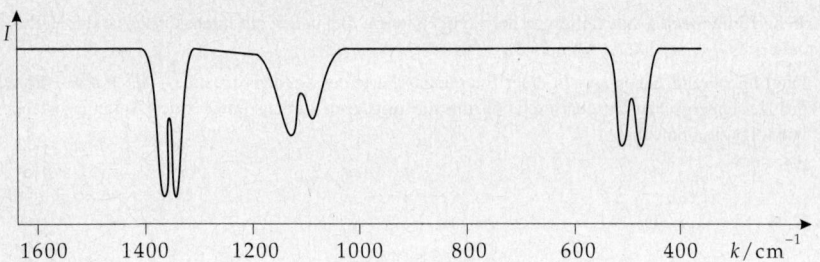

Abbildung 26.4: Absorptionsspektrum von SiO_2 im Infraroten. k: Wellenzahl, I: Intensität der Strahlung

M   Absorptionsspektren werden beobachtet, wenn weißes Licht durch „kalten" Dampf oder „kalte" Gase geht. Die dabei absorbierten Wellenlängen erscheinen als schwarze Linien.

Resonanzspektroskopie, Bestimmung der Absorption einer mit einer festen Wellenlänge auf eine Probe einfallenden Strahlung in Abhängigkeit von einer äußeren Kenngröße (Temperatur, Druck, Magnetfeld).

26.2   Wasserstoffatom

Ein Wasserstoffatom ist ein elektrisch neutrales Gebilde, bestehend aus einem Elektron und einem Proton, das durch elektrostatische Wechselwirkung gebunden wird. Die Bindungsenergie im Grundzustand beträgt etwa 13.6 MeV, der Atomradius beträgt etwa 0.5 Å.

Elektronen, Elementarteilchen mit einer negativen Ladung $-e$ (e: Elementarladung) und einer Ruhemasse m_e,

$$e = 1.602\,177\,33(49) \cdot 10^{-19}\,\text{C},$$
$$m_e = 9.109\,389\,7(54) \cdot 10^{-31}\,\text{kg}.$$

Protonen, Elementarteilchen mit einer positiven Ladung e und einer Ruhemasse $m_p \approx 1836\,m_e$,

$$m_p = 1.672\,623\,1(10) \cdot 10^{-27}\,\text{kg}.$$

Die Zahlen in den Klammern geben die Unsicherheit der jeweils letzten Stellen an.

Deuteron, ein aus einem Proton und einem Neutron bestehender Atomkern. Das **Neutron** ist elektrisch neutral und um ca. 2.5 Elektronenmassen schwerer als das Proton.

Deuterium, schwerer Wasserstoff. Der Kern des Deuteriumatoms besteht aus einem Deuteron.

Wasserstoffähnliche Systeme, Systeme, bei denen ein einziges Elektron das energetische Verhalten beschreibt. Dazu gehören die Ionen $He^+, Li^{2+}, Be^{3+}, \ldots U^{91+}$.

■   Am Schwerionen-Speicherring ESR der GSI (Darmstadt) wurde 1993 die Hyperfeinstruktur-Aufspaltung von $^{209}Bi^{82+}$ erstmals gemessen.

Alkaliatome Li, Na, K, Rb, Cs, Fr, zeigen Ähnlichkeit mit dem Wasserstoffatom: Der Kern stellt gemeinsam mit den inneren Elektronen das positiv geladene Zentrum dar, um das sich das schwach gebundene **Valenzelektron** bewegt.

Rydberg-Atome, hoch angeregte Wasserstoff- bzw. wasserstoffähnliche Atome (Hauptquantenzahl $n > 100$). Sie haben Radien bis zu $\approx 5 \cdot 10^{-7}$ m; dies entspricht der Größe eines Virus.

26.2.1 Bohrsche Postulate

1. Formulierung der Bohrschen Postulate

1. Bohrsches Postulat (Postulat der stationären Zustände):
Atome können sich in bestimmten stationären Zuständen befinden, in denen sie keine Energie abstrahlen. Diesen stationären Zuständen entsprechen nach klassischen Vorstellungen stationäre „Umlaufbahnen", auf denen sich Elektronen „planetenähnlich" bewegen. Ungeachtet ihrer Radialbeschleunigung emittieren sie auf diesen Umlaufbahnen **keine** elektromagnetische Strahlung.

2. Bohrsches Postulat (Postulat der Quantelung der Umlaufbahnen):
Der Bahndrehimpuls eines Elektrons auf einer stationären Bahn beträgt ein ganzzahliges Vielfaches von $\hbar$:

$$l_n = r_n \cdot m_e v_n = n \cdot \hbar, \quad \hbar = \frac{h}{2\pi}, \quad n = 1, 2, 3, \ldots$$

r_n ist der Radius der n-ten Umlaufbahn; n ist eine natürliche Zahl, $n > 0$.
In dem stationären Zustand n hat das Wasserstoffatom die Energie

$$E_n = -\frac{Z^2 e^4 m_e}{8h^2 \varepsilon_0^2} \cdot \frac{1}{n^2} \qquad \varepsilon_0: \quad \text{elektrische Feldkonstante.}$$

3. Bohrsches Postulat (Bohrsche Frequenzbedingung):
Ein Atom emittiert dann ein Quant elektromagnetischer Strahlung (**Photon**), wenn ein Elektron von einer Umlaufbahn mit der Zahl m auf eine Umlaufbahn mit einer kleineren Zahl n übergeht.
Energie des Photons, Differenz der Energie des Elektrons auf den Umlaufbahnen vor und nach dem Übergang:

$$E = \hbar\omega = hf = E_m - E_n.$$

Die Bohrschen Postulate lassen sich nicht aus der klassischen Physik ableiten. Ihre Erklärung wird nur durch die Quantenmechanik gegeben. Der im Bohrsche Atommodell eingeführte Begriff der Elektronenbahn im Atom erweist sich infolge der Wellennatur des Elektrons und der Heisenbergschen Unschärferelation **nur als bedingt** gültig.

➤ Mit Bohrschen Postulaten lässt sich das Linienspektrum des Wasserstoffatoms erklären.

2. Bohrsche Radien

Bohrscher Bahnradius, r_n, ergibt sich aus der Gleichgewichtsbedingung für Zentrifugalkraft und Coulombkraft auf einer klassischen Kreisbahn und aus dem 2. Bohrschen Postulat:

Bohrscher Bahnradius			L

	Symbol	Einheit	Benennung
$\dfrac{Ze^2}{4\pi\varepsilon_0 r_n^2} = m_e \cdot \dfrac{v_n^2}{r_n}$	Z	1	Ordnungszahl
$r_n \cdot m_e v_n = n \cdot \hbar$	e	C	Elementarladung
	ε_0	$CV^{-1}m^{-1}$	elektrische Feldkonstante
$r_n = 4\pi\varepsilon_0 \dfrac{n^2 \hbar^2}{m_e Ze^2}$	r_n	m	Bohrscher Bahnradius
	m_e	kg	Elektronenmasse
	v_n	m/s	Bahngeschwindigkeit

Bohrscher Radius, r_1, oft auch mit a_0 oder a_∞ bezeichnet, Radius der Bahn $n = 1$,
$$r_1 = 0.529\,177\,249(24) \cdot 10^{-10}\,\text{m} \approx 0.5\,\text{Å}.$$

M Der **Franck-Hertz-Versuch** von 1913 bestätigte die Bohrschen Postulate durch den Nachweis der diskreten Energieabgabe von beschleunigten Elektronen an Quecksilberatome in einem triodenartigen Vakuumrohr.

3.   Frequenzen im Wasserstoffspektrum

Wasserstoffspektrum, ein Linienspektrum, das aus mehreren Serien besteht:

Frequenzen im Wasserstoff-Spektrum			T^{-1}
$$f_{mn} = cR_H\left(\frac{1}{n^2} - \frac{1}{m^2}\right) \quad n < m$$ $$R_H = 1.096\,775\,810 \cdot 10^7\,\text{m}^{-1}$$	Symbol	Einheit	Benennung
	f_{mn}	s^{-1}	Frequenz
	c	$\text{m}\cdot\text{s}^{-1}$	Lichtgeschwindigkeit
	R_H	m^{-1}	Rydberg-Konstante für H-Atom
	n,m	1	natürliche Zahlen

Wellenlängen im Wasserstoff-Spektrum			**L**
$$\lambda_{mn} = \frac{1}{R_H}\left(\frac{n^2 \cdot m^2}{m^2 - n^2}\right) \quad n < m$$ $$R_H = 1.096\,775\,810 \cdot 10^7\,\text{m}^{-1}$$	Symbol	Einheit	Benennung
	λ_{mn}	m	Wellenlänge
	R_H	m^{-1}	Rydberg-Konstante für H-Atom
	n,m	1	natürliche Zahlen

Hauptquantenzahlen, n, diskrete Werte der Folge $n = 1, 2, \ldots$, beschreiben das Energiespektrum des Wasserstoffatoms.

4.   Serien und Serienformeln des Wasserstoffspektrums,

ein Schema zu den Serien s. **Abb. 26.5**.

▲   In den Serienformeln gilt für die Hauptquantenzahlen: $m > n$

Lyman-Serie ($n = 1$) im ultravioletten, **Balmer-Serie** ($n = 2$) im sichtbaren, **Paschen-Serie** ($n = 3$) im nahen infraroten, **Brackett-Serie** ($n = 4$) und **Pfund-Serie** ($n = 5$) im fernen infraroten Frequenzgebiet.

Term, T_n, gegeben durch

$$T_n = \frac{cR_H}{n^2}.$$

▲   Die Linien des Wasserstoffspektrums können als Differenz von Termen dargestellt werden.

Die spektroskopisch bestimmte **Rydberg-Konstante** R_H für das Wasserstoffatom weicht von der errechneten Rydberg-Konstanten R_∞ geringfügig ab:

Rydberg-Konstante R_∞ (Annahme eines unendlich schweren Kraftzentrums):

$$R_\infty = \frac{m_e e^4}{8\varepsilon_0^2 h^3 \cdot c} = 1.097\,373\,156\,83(4) \cdot 10^7\,\text{m}^{-1}.$$

Bei der Berechnung von R_H ist zu berücksichtigen, dass das Proton nur eine endliche Masse m_p im Vergleich zur Elektronenmasse m_e hat (reduzierte Masse $\mu = m_p m_e / (m_p + m_e)$):

$$R_H = \frac{R_\infty}{1 + m_e/m_p}.$$

Seriengrenze, der höchstmögliche Wert der Frequenz einer Linie in einer Serie. Für $m \to \infty$ folgt die **Energie der Grenzfrequenz** $f_{Gr} = f_{\infty n}$ im Wasserstoffatom:

$$E_n = h f_{Gr} = \frac{h R_H c}{n^2}.$$

▲   Der Grundzustand des Wasserstoffatoms liegt bei $E_1 = -13.595$ eV.

▲   Durch Übergänge zwischen Kontinuumzuständen und diskreten Atomzuständen sind weitere Frequenzen, auch oberhalb der Grenzfrequenz, möglich.

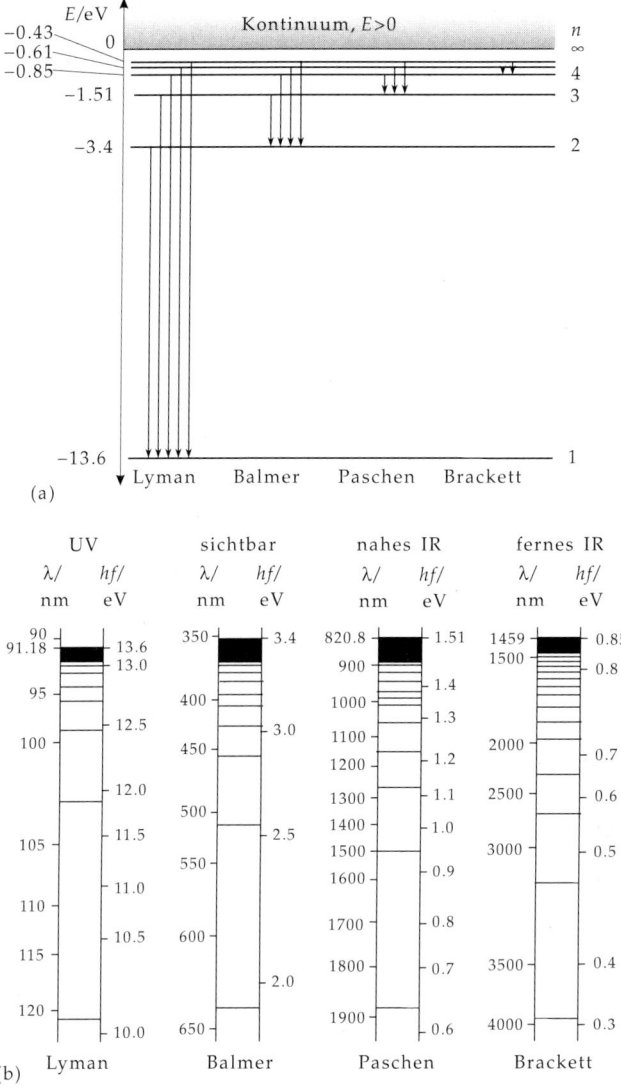

Abbildung 26.5: Serien im Linienspektrum des Wasserstoffatoms.
(a): Termschema und Übergänge, n: Hauptquantenzahl, (b): Wellenlängen λ und Energien hf

5. Entartung im Wasserstoffspektrum

Der Gesamtdrehimpuls $\vec{j}$ des Elektrons im Wasserstoffatom folgt aus der Vektoraddition von Bahndrehimpuls $\vec{l}$ und Spin $\vec{s}$, $\vec{j} = \vec{l} + \vec{s}$. Für $l > 0$ sind die möglichen Werte für die Quantenzahl j, die den Betrag des

Gesamtdrehimpulses bestimmt, gegeben durch $j = l \pm 1/2$.

Zufällige Entartung im Wasserstoffatom, eine für das Coulombpotential ($\sim 1/r$) spezifische Entartung der Energieniveaus.

▲ Die Energie der stationären Zustände eines Wasserstoffatoms hängt nur von der Hauptquantenzahl n ab. Zum Energiezustand E_n gehören Wellenfunktionen mit der Bahndrehimpulsquantenzahl $l = 0, 1, 2, \ldots, n-1$.

Entartung im Energiespektrum des Wasserstoffatoms:

E_1 $n = 1$ $l = 0$ Grundzustand
E_2 $n = 2$ $l = 0, 1$ erster angeregter Zustand
E_3 $n = 3$ $l = 0, 1, 2$ zweiter angeregter Zustand
E_4 $n = 4$ $l = 0, 1, 2, 3$ dritter angeregter Zustand
$\ldots$ $\ldots\ldots$ $\ldots\ldots\ldots$ $\ldots\ldots\ldots\ldots$

➤ Im Grundzustand, $n = 1$, ist der Drehimpuls gleich null: $l_{n=1} \equiv 0$. Dies steht im Widerspruch zum Bohrschen Atommodell.

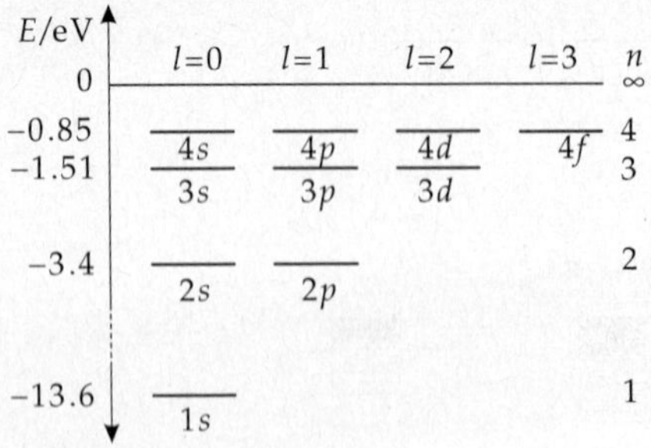

Abbildung 26.6: Zufällige Entartung der Zustände des Wasserstoffatoms nach der Quantenzahl l des Bahndrehimpulses

➤ Die alleinige Abhängigkeit der Energieeigenwerte von der Hauptquantenzahl gilt für alle wasserstoffähnlichen Systeme, wenn man die magnetische Wechselwirkung zwischen Bahnbewegung und Elektronenspin vernachlässigt.

6.   Feinstruktur des Wasserstoffspektrums

Bei Berücksichtigung der **Spin-Bahn-Kopplung** tritt eine Feinstruktur-Aufspaltung der Niveaus in Wasserstoff und wasserstoffähnlichen Systemen auf. Die Energie der stationären Zustände im Wasserstoffatom hängt dann nur von der Quantenzahl j des Gesamtdrehimpulses ab. Die Zustände bleiben teilweise entartet bezüglich der Bahndrehimpulsquantenzahl l: die Niveaus mit $l = j - 1/2$ und $l = j + 1/2$ besitzen die gleiche Energie.

Feinstruktur-Aufspaltung der Niveaus in Wasserstoff und wasserstoffähnlichen Systemen, durch relativistische Effekte wie den Elektronenspin hervorgerufen (**Abb. 26.7**).

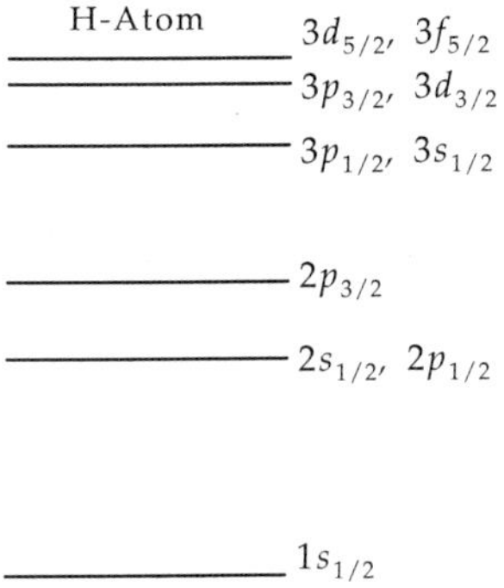

H-Atom

$3d_{5/2}, 3f_{5/2}$

$3p_{3/2}, 3d_{3/2}$

$3p_{1/2}, 3s_{1/2}$

$2p_{3/2}$

$2s_{1/2}, 2p_{1/2}$

Abbildung 26.7: Feinstruktur des Wasserstoffspektrums. Klassifizierung der Zustände durch nl_j, n: Hauptquantenzahl, l: Bahndrehimpulsquantenzahl, j: Quantenzahl des Gesamtdrehimpulses

$1s_{1/2}$

Feinstrukturformel von Sommerfeld			$\mathbf{ML^2T^{-2}}$
	Symbol	Einheit	Benennung
	E_{nj}	J	Energieeigenwert
	j	Js	Gesamtdrehimpuls
	α	1	Feinstrukturkonstante
	R_∞	m^{-1}	Rydberg-Konstante
	Z	1	Kernladungszahl
	h	Js	Wirkungsquantum
	n	1	Hauptquantenzahl

$$E_{nj} = -\frac{R_\infty \cdot h \cdot Z^2}{n^2} \times$$

$$\left[1 + \frac{Z^2 \cdot \alpha^2}{n^2} \cdot \left(\frac{n}{j + \frac{1}{2}} - \frac{3}{4} \right) \right]$$

$$\alpha = 1/137.035\,989\,5(61)$$

Feinstrukturkonstante, α, das Verhältnis von „Umlaufgeschwindigkeit" auf der ersten Bohrschen Bahn (Bahnradius $r_1 = \dfrac{\varepsilon_0 \cdot h^2}{2\pi \cdot m_e \cdot e^2}$) zur Lichtgeschwindigkeit c.

$$\alpha = \frac{2\pi e^2}{h \cdot c} = 1/137.035\,989\,5(61).$$

➤ Die Aufspaltung der Niveaus $l = j \pm 1/2$, die bei den Termen $2s_{1/2}$ und $2p_{1/2}$ nur $4.375 \cdot 10^{-6}$ eV ausmacht (**Lamb-Shift**), kann durch die Quantenelektrodynamik erklärt werden.

26.3 Stationäre Zustände und Quantenzahlen im Zentralfeld

Potentielle Energie eines Elektrons im Feld des Atomkerns, das für wasserstoffähnliche Systeme die Abschirmung des Kernfeldes durch die inneren Elektronen über die Einführung einer effektiven Ordnungszahl $Z^* < Z$ berücksichtigt,

$$V_C(r) = -\frac{1}{4\pi\varepsilon_0} \frac{Z^* e^2}{r}.$$

r ist der Abstand des Elektrons vom Kernmittelpunkt.

Die Anwendungen des Operators $\hat{\mathbf{l}}^2$ auf eine Wellenfunktion ψ_{nl}, die durch die Bahndrehimpulsquantenzahl l ($l = 0, 1, 2, \dots$) charakterisiert wird, ergibt:

$$\hat{\mathbf{l}}^2 \psi_{nl} = \hbar^2 l(l+1)\,\psi_{nl}.$$

Zentrifugalpotential, zusätzliches Potential für Elektronen, die sich in einem Zustand mit $l \neq 0$ befinden:

$$V_Z^{(l)}(r) = \frac{\hbar^2}{2m} \cdot \frac{l(l+1)}{r^2}.$$

Das Zentrifugalpotential bewirkt, analog zur Planetenbewegung, dass das Elektron in Zuständen mit größerem Drehimpuls weiter nach außen gedrängt wird.

1. Effektives Zentralpotential im Vielelektronenatom

Effektives Potential, $V_{\text{eff}}^{(l)}(r)$, Zentralpotential, das sich additiv aus dem abgeschirmten Coulombpotential des Atomkerns und dem Zentrifugalpotential zusammensetzt:

$$V_{\text{eff}}^{(l)}(r) = V_{\text{C}}(r) + V_{\text{Z}}^{(l)}(r).$$

Effektives Zentralpotential		$\mathbf{ML^2T^{-2}}$
$V_{\text{eff}}^{(l)}(r) = -\dfrac{1}{4\pi\varepsilon_0}\dfrac{Z^*e^2}{r} + \dfrac{\hbar^2}{2m_e}\cdot\dfrac{l(l+1)}{r^2}$	**Symbol** $\quad$ **Einheit** $\quad$ **Benennung** V_{eff} $\qquad$ J $\qquad$ potentielle Energie Z^* $\qquad$ 1 $\qquad$ effektive Ordnungszahl ε_0 $\qquad$ CV^{-1}m^{-1} $\qquad$ elektrische Feldkonstante r $\qquad$ m $\qquad$ Abstand Elektron - Atommp. l $\qquad$ Js $\qquad$ Quantenzahl Bahndrehimpuls m_e $\qquad$ kg $\qquad$ Elektronenmasse $\hbar$ $\qquad$ Js $\qquad$ Wirkungsquantum	

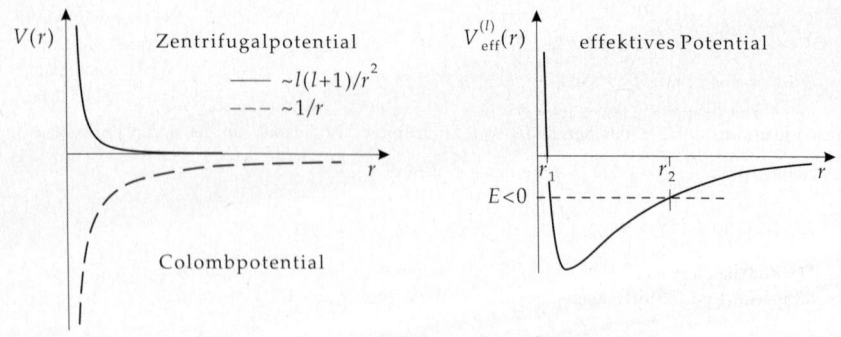

Abbildung 26.8: Effektives Potential $V_{\text{eff}}^{(l)}(r)$ (schematisch). (a): Coulombpotential und Zentrifugalpotential, (b): Gesamtpotential. r_1, r_2: Umkehrpunkte der klassischen Bewegung eines Teilchens mit der Energie $E < 0$

2. Wellenfunktion eines Teilchens und radiale Quantenzahl

Wellenfunktion eines Teilchens im Zentralpotential, in Kugelkoordinaten (r, ϑ, φ) in einen Radial- und einen Winkelanteil separierbar:

$$\psi_{n_r l m} = \frac{u_{n_r l}(r)}{r} Y_l^m(\vartheta, \varphi), \qquad \int_0^\infty |u_{n_r l}(r)|^2 \, dr = 1.$$

Den Winkelanteil bilden die Kugelfunktionen (Kugelflächenfunktionen) Y_l^m.

➤ Dieser Ansatz für die Wellenfunktion gilt nicht nur für das Coulombpotential, sondern für jedes Zentralpotential $V(r)$, unabhängig vom konkreten Radialverlauf.

Radiale Quantenzahl, n_r, Zahl der Nullstellen der radialen Wellenfunktion $u_{n_r l}(r)$, ohne Zählung der trivialen Nullstellen bei $r = 0$ und $r = \infty$. Mögliche Werte für n_r: $n_r = 0, 1, 2, \ldots$.

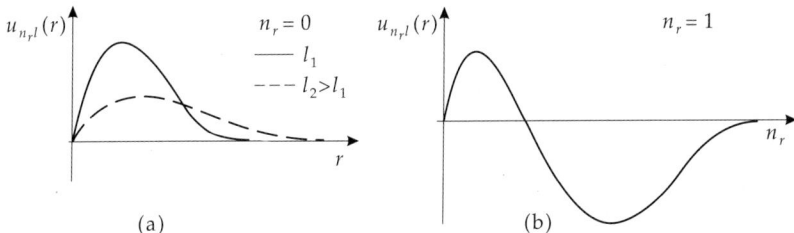

(a)   (b)

Abbildung 26.9: Verlauf der Radialwellenfunktion $u_{n_r l}(r)$ (schematisch). (a): Wellenfunktion ohne Knoten, verschiedene Drehimpulsquantenzahlen l, (b): Wellenfunktion mit einem Knoten. Die trivialen Nullstellen von $u(r)$ bei $r = 0$ und $r \to \infty$ werden nicht gezählt

3. Bahndrehimpuls- und magnetische Quantenzahlen

Bahndrehimpulsquantenzahl, l, ganzzahlige Quantenzahl, die den Drehimpulszustand eines Teilchens charakterisiert. Mögliche Werte für l: $l = 0, 1, 2, \ldots$.

In der spektroskopischen Klassifizierung werden verschiedene Werte der Bahndrehimpulsquantenzahl l wie folgt durch Buchstaben bezeichnet:

l	0	1	2	3	4	...
Name	s	p	d	f	g	...

Magnetische Quantenzahl, m, ganzzahlige Quantenzahl, charakterisiert die Komponente des Bahndrehimpulses auf die Quantisierungsachse (z-Achse). Mögliche Werte für m bei gegebenem Wert von l: $m = -l, -l+1, \ldots, 0, \ldots, l-1, l$.

▲   Ein Drehimpuls l hat $2l + 1$ Einstellmöglichkeiten bezüglich der Quantisierungsachse.

Parität, π, der Wellenfunktion $\psi_{n,lm}$, durch das Verhalten der Kugelfunktion bei Spiegelung am Koordinatenursprung $\vartheta \longrightarrow \pi - \vartheta, \varphi \longrightarrow \varphi + \pi$ bestimmt,

$$Y_l^m(\vartheta, \varphi) \longrightarrow Y_l^m(\pi - \vartheta, \varphi + \pi) = (-1)^l \cdot Y_l^m(\vartheta, \varphi), \quad \pi = (-1)^l.$$

Bahndrehimpulse $l = 0, 2, 4, \ldots$: Zustände mit positiver Parität, $\pi = +1$.
Bahndrehimpulse $l = 1, 3, 5, \ldots$: Zustände mit negativer Parität, $\pi = -1$.

▲   Die Eigenwerte der Energie eines Teilchens im Zentralpotential hängen nur von der radialen Quantenzahl n_r und der Drehimpulsquantenzahl l ab, $E = E_{n_r l}$.

4. Niveauentartung im Zentralpotential

Entartung eines Niveaus, die Eigenschaft, dass zu einem gegebenen Energiewert mehrere quantenmechanische Zustände mit unterschiedlichen Quantenzahlen gehören.

▲   Der stationäre Zustand eines Teilchens im Zentralpotential zum Energieeigenwert $E_{n_r l}$ weist hinsichtlich der magnetischen Quantenzahl m eine natürliche $(2l + 1)$-fache Entartung auf.

Zufällige Entartung im Wasserstoffatom, für das Coulombpotential ($\sim 1/r$) spezifische Entartung der Energieniveaus. Die Energie der Zustände des Wasserstoffatoms hängt nur von der **Hauptquantenzahl** n ab,

$$n = n_r + l + 1.$$

▲   Zum Energiezustand E_n gehören Wellenfunktionen ψ_{nl} mit der Bahndrehimpulsquantenzahl $l = 0, 1, 2, \ldots, n - 1$.

➤   Die alleinige Abhängigkeit der Energieeigenwerte von der Hauptquantenzahl gilt für alle wasserstoffähnlichen Systeme, wenn man die Spin-Bahn-Wechselwirkung vernachlässigt.

5.   Zustände mit positiver Energie: Streuzustände

Streuzustände, Lösungen der Schrödingergleichung für positive Energiewerte $E = p^2/2m$. Kontinuierliches Eigenwertspektrum. Für große Abstände von einem kugelsymmetrischen Streupotential, das für große Abstände stärker als $1/r$ abfällt, setzt sich die Wellenfunktion aus einer einfallenden ebenen Welle mit dem Wellenvektor $\vec{k}$ und einer auslaufenden Kugelwelle mit der Streuamplitude $f_{\vec{k}}(\vartheta)$ zusammen:

$$\psi(\vec{r}) \longrightarrow e^{j\vec{k}\vec{r}} + f_{\vec{k}}(\vartheta) \cdot \frac{e^{jkr}}{r} \quad \text{für} \quad r \to \infty .$$

Das Absolutquadrat der Streuamplitude $|f_{\vec{k}}(\vartheta)|^2$ bestimmt die Wahrscheinlichkeit für die Streuung des Teilchens unter einem Winkel ϑ zur Einfallsrichtung, die durch die Richtung von $\vec{k}$ gegeben ist.

6.   Wahrscheinlichkeitsdichte für Elektronen

Elektronendichte $w(\vec{r})$ in einem Atom, wird bestimmt durch die Größe

$$w(\vec{r}) = |\psi(\vec{r})|^2 .$$

Radiale Wahrscheinlichkeitsdichte $W(r)\,dr = 4\pi|\psi|^2 r^2 dr$, Wahrscheinlichkeit, das Elektron in einer Kugelschale mit den Radien r und $r + dr$ um den Kern zu finden (**Abb. 26.10**). Die Lage des Maximums der Funktion $W(r)$ bestimmt den wahrscheinlichsten Abstand des Elektrons vom Kern.

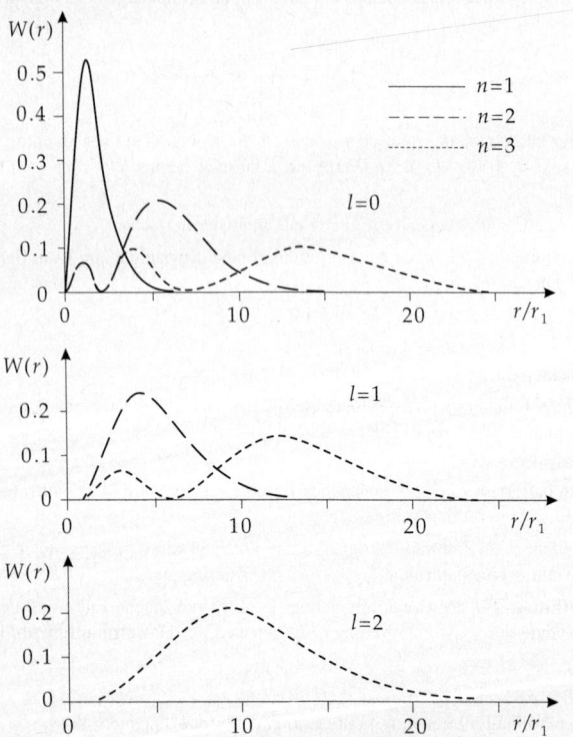

Abbildung 26.10:   Radiale Wahrscheinlichkeitsdichte der Elektronen für s-, p- und d-Zustände im Wasserstoffatom. r_1 ist der Bohrsche Radius

Nur die **s-Elektronen** ($l = 0$) haben am Ort des Atomkerns ($r \to 0$) eine von Null abweichende Aufenthaltswahrscheinlichkeit $w(\vec{r})$.

Richtungsverteilung der Elektronendichte, wird durch die Bahndrehimpulsquantenzahl und die Quantenzahl für die Projektion des Bahndrehimpulses auf eine vorgegebene z-Achse bestimmt.

Auswahlregeln, Bedingungen, damit in einem Atom ein Elektron durch Emission oder Absorption eines Photons von einem Energieniveau in ein anderes Energieniveau übergehen kann. Änderung der Bahndrehimpulsquantenzahlen bei elektrischen Dipolübergängen:

$$\Delta l = \pm 1 \quad \text{und} \quad \Delta m = 0, \pm 1.$$

Die Hauptquantenzahlen der am Übergang beteiligten Niveaus beeinflussen die Intensität der Strahlung.

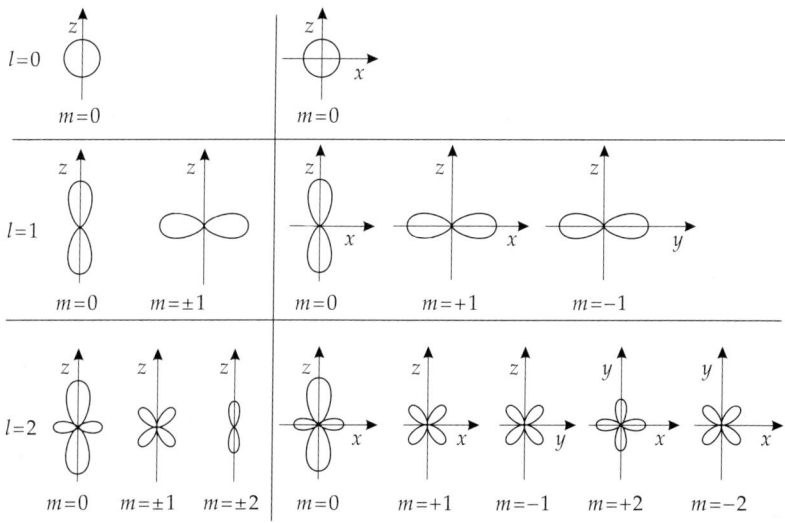

Abbildung 26.11: Richtungsabhängigkeit der Elektronendichten für s-, p- und d-Zustände. Quantisierungsachse ist die z-Achse

7.   Schalenstruktur der Elektronenhülle

Elektronenschalen, die Gesamtheit der Elektronen eines Atoms, die Zustände mit gleicher Hauptquantenzahl n besetzen, bilden eine Schale.

Spektroskopische Klassifizierung nach den Hauptquantenzahlen:

n	1	2	3	4	...
Schale	K	L	M	N	...

26.4   Vielelektronenatome

1.   Vektormodell des Atoms

▲   **Pauli-Prinzip**: In jedem atomaren Einteilchenzustand, der durch die Quantenzahlen n, l, m beschrieben wird, können sich gemäß den zwei möglichen Spinorientierungen $m_s = \pm 1/2$ nur zwei Elektronen befinden (s. S. 765).

Vektormodell des Atoms, der Bahndrehimpuls jedes Elektrons wird durch den Vektor $\vec{l}$, der Spin durch den Vektor $\vec{s}$ dargestellt. Diese Vektoren können nur bestimmte Orientierungen relativ zur z-Achse einnehmen (Richtungsquantelung).

Das Vektormodell wird zur Systematisierung komplizierter Spektren von Mehrelektronenatomen und zur Untersuchung der Feinstruktur der Spektren verwendet.

Richtungsquantelung, die Eigenschaft der Drehimpulse eines Elektrons, dass die Projektionen der Vektoren $\vec{l}$ und $\vec{s}$ auf eine ausgezeichnete Richtung im Raum (zum Beispiel ein äußeres Magnetfeld in z-Richtung) nur diskrete Werte annehmen können. Die ausgezeichnete Richtung wird als **Quantisierungsachse** bezeichnet. Die Komponente des Vektors $\vec{l}$ in Richtung der Quantisierungsachse kann (in Einheiten von $\hbar$) nur die $(2l+1)$ ganzzahligen Werte $l, l-1, \ldots, 0, \ldots, -l+1, -l$ annehmen. Der Vektor $\vec{s}$ dagegen besitzt (in Einheiten von $\hbar$) nur die Komponenten $+1/2$ und $-1/2$ längs der Quantisierungsachse.

2. Gesamtdrehimpuls im Vektormodell

Gesamtdrehimpulsvektor			$\mathbf{ML^2T^{-1}}$
	Symbol	Einheit	Benennung
$\vec{j} = \vec{l} + \vec{s}$	$\vec{j}$	J s	Gesamtdrehimpuls
$j_z = l_z + s_z$	$\vec{l}$	J s	Bahndrehimpuls
	$\vec{s}$	J s	Spin
	j_z	J s	z-Komponente Gesamtdrehimpuls
	l_z	J s	z-Komponente Bahndrehimpuls
	s_z	J s	z-Komponente Spin

Der Gesamtdrehimpuls eines Elektrons mit Bahndrehimpuls l kann nach der quantenmechanischen Vektoraddition nur die Werte $j = 1/2$ (für $l = 0$), $j = l + 1/2, l - 1/2$ (für $l > 0$) annehmen. Der Vektor $\vec{j}$ hat also $2j + 1$ Einstellmöglichkeiten relativ zur z-Achse. Die Projektionen von Spin und Bahnvektoren addieren sich, $m_j = m_l + m_s$.

3. Spin-Bahn-Kopplung

Spin-Bahn-Kopplung, Wechselwirkung zwischen magnetischem Spin- und Bahnmoment, gegeben durch:

Spin-Bahn-Kopplung			
	Symbol	Einheit	Benennung
	Z	1	Ordnungszahl
	e	C	Elektronenladung
$V_{ls} = -\dfrac{Ze^2}{2m_e^2 c^2} \dfrac{1}{r^3} \hat{\vec{l}} \cdot \hat{\vec{s}}$	m_e	kg	Elektronenmasse
	c	m/s	Lichtgeschwindigkeit
	$\hat{\vec{l}}$	J s	Bahndrehimpulsoperator
	$\hat{\vec{s}}$	J s	Spinoperator

Wegen der magnetischen Wechselwirkung zwischen Spinmoment und Bahnmoment hängt die Energie eines Elektrons im Atom von der relativen Orientierung von Spin und Bahndrehimpuls ab. Zustände, in denen Bahndrehimpuls $\vec{l}$ und Spin $\vec{s}$ parallel oder antiparallel zueinander orientiert sind, unterscheiden sich energetisch. Ein Niveau mit der Quantenzahl l spaltet auf in zwei Niveaus mit den Quantenzahlen $j = l + 1/2$ und $j = l - 1/2$, so dass sich eine **Feinstruktur** der Spektrallinien ergibt.

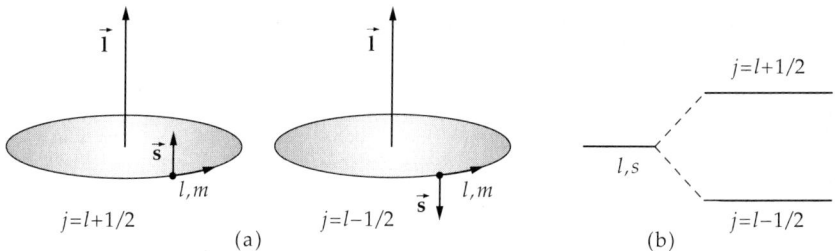

Abbildung 26.12: Spin-Bahn-Kopplung. (a): Veranschaulichung der magnetischen Wechselwirkung zwischen Spin und Bahnbewegung, (b): Spin-Bahn-Aufspaltung eines Niveaus mit dem Bahndrehimpuls l

4. LS-Kopplung,

Kopplungsschema für schwache Spin-Bahn-wechselwirkung, bei dem zunächst die Bahndrehimpulse der berücksichtigten Elektronen eines Atoms zu einem Gesamtbahndrehimpuls, $\vec{L}$,

$$\vec{L} = \sum_{i=1}^{N} \vec{l}_i \quad \text{mit} \quad |\vec{L}| = \hbar\sqrt{L(L+1)}$$

koppeln; ebenso koppeln die Spins der Elektronen im Atom zu einem Gesamtspin, $\vec{S}$:

$$\vec{S} = \sum_{i=1}^{N} \vec{s}_i \quad \text{mit} \quad |\vec{S}| = \hbar\sqrt{S(S+1)}.$$

Der Gesamtdrehimpuls $\vec{J}$ des Atoms ist dann die **Vektorsumme** von Gesamtbahndrehimpuls $\vec{L}$ und Gesamtspin $\vec{S}$:

$$\vec{J} = \vec{L} + \vec{S} \quad \text{mit} \quad |\vec{J}| = \hbar\sqrt{J(J+1)}.$$

Die Quantenzahl J kann folgende Werte annehmen:

$$J = L+S, \, L+S-1, \ldots, \, |L-S|+1, \, |L-S|.$$

J besitzt $2S+1$ Werte, wenn $L \geq S$ ist; dagegen $2L+1$ Werte, wenn $L \leq S$ ist.

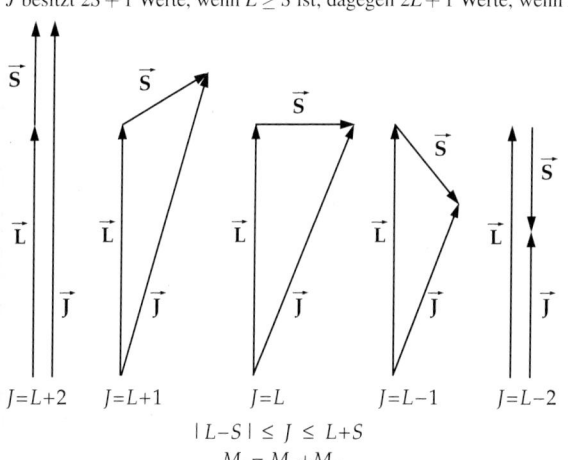

Abbildung 26.13: LS-Kopplung für $L > S$ und $S = 2$ (schematisch)

▲   Die *LS*-Kopplung ist ein für Näherungslösungen geeigneter Ausgangspunkt, wenn die Spin-Bahn-Wechselwirkung nur eine schwache Störung der Elektronenbewegung bewirkt. Sie wird vorwiegend zur Spektralanalyse leichter Atome verwendet.

5.   *jj*-Kopplung,

Kopplungsschema für starke Spin-Bahn-Wechselwirkung, bei dem Bahndrehimpuls $\vec{l}_i$ und Spin $\vec{s}_i$ eines Elektrons im Atom zu einem Gesamtdrehimpuls dieses Elektrons koppeln:

$$\vec{j}_i = \vec{l}_i + \vec{s}_i \, .$$

Der Gesamtdrehimpuls $\vec{J}$ des Atoms ergibt sich als Addition der Gesamtdrehimpulse der einzelnen Elektronen:

$$\vec{J} = \sum_{i=1}^{N} \vec{j}_i \quad \text{mit} \quad |\vec{J}| = \hbar \sqrt{J(J+1)} \, .$$

▲   Die *jj*-Kopplung ist ein für Näherungslösungen geeigneter Ausgangspunkt, wenn die Spin-Bahn-Wechselwirkung stark ist. Sie wird vorwiegend zur Spektralanalyse bei schweren Atomen verwendet.

➤   Bei der analytischen Behandlung mit der Schrödingergleichung werden die Drehimpulsvektoren durch die entsprechenden Operatoren ersetzt.

6.   Multipletts in der Termstruktur

Multiplett, Gruppe von Energieniveaus (Termen), die zu unterschiedlichen Werten der Quantenzahl *J* für den Gesamtdrehimpuls des Atoms gehören.

Multiplizität, Anzahl der zu einem Multiplett (L, S, J) von Energieniveaus gehörenden Terme:

$$S \leq L : \quad \text{Multiplizität } 2S+1 \, , \qquad S > L : \quad \text{Multiplizität } 2L+1 \, .$$

■ $S = 0$:   Multiplizität 1, Singulettsystem
    $S = \frac{1}{2}$:   Multiplizität 2, Dublettsystem
    $S = 1$:   Multiplizität 3, Triplettsystem

▲   Zur Charakterisierung der Terme eines Mehrelektronensystems ist folgende spektroskopische Bezeichnung üblich:

$^{\text{Multiplizität}}\text{Gesamtbahndrehimpuls}_{\text{Gesamtdrehimpuls}}$			
	Symbol	Einheit	Benennung
$^{2S+1}L_J$	S	1	Quantenzahl Gesamtspin
	L	1	Quantenzahl Gesamtbahndrehimpuls
	J	1	Quantenzahl Gesamtdrehimpuls

7.   Hundsche Regeln

Elektronen besetzen unter Beachtung des **Pauli-Prinzips** die Quantenzustände so, dass sich

1.   maximaler Gesamtspin *S*,
2.   maximaler Gesamtbahndrehimpuls *L*,
3.   Gesamtdrehimpuls $J = L - S$ für weniger als halbgefüllte Schalen,
        Gesamtdrehimpuls $J = L + S$ für mehr als halbgefüllte Schalen,

ergeben.

Auswahlregeln, Beziehungen zwischen den Quantenzahlen zweier stationärer Atomzustände, die erfüllt sein müssen, damit ein Dipol-Strahlungsübergang möglich ist:

$$\Delta S = 0 \, , \quad \Delta L = \pm 1 \, , \quad \Delta J = 0, \pm 1 \text{ (aber nicht } 0 \longrightarrow 0) \, , \quad \Delta M_J = 0, \pm 1 \, .$$

8. Beispiel: Heliumatom

Im Heliumatom (Kernladungszahl $Z = 2$) koppeln die Spins der beiden Elektronen zu $S = 0$ (Singulett) oder $S = 1$ (Triplett). Es treten zwei Termsysteme auf: **Parahelium** ($S = 0$) und **Orthohelium** ($S = 1$). Dabei verhält sich die Spinfunktion im Singulett bei Teilchenvertauschung **antisymmetrisch**, die Spinfunktion im Triplett ist **symmetrisch** gegenüber Teilchenvertauschung. Die niedrigliegenden Energiezustände ergeben sich, wenn die Elektronen die niedrigsten Einteilchenzustände im Coulombpotential besetzen:

Elektron 1	Elektron 2	Konfiguration	Bahndrehimpuls
$1s$	$1s$	$(1s)^2$	$L = 0$ (S)
$1s$	$2s$	$(1s, 2s)$	$L = 0$ (S)
$1s$	$3s$	$(1s, 3s)$	$L = 0$ (S)
$1s$	$2p$	$(1s, 2p)$	$L = 1$ (P)
$1s$	$3p$	$(1s, 3p)$	$L = 1$ (P)
$1s$	$3d$	$(1s, 3d)$	$L = 2$ (D)

Terme im Parahelium: $^1S_{J=0}$, $^1P_{J=1}$, $^1D_{J=2}$.
Terme im Orthohelium: $^3S_{J=1}$, $^3P_{J=0,1,2}$, $^3D_{J=1,2,3}$.
Die Feinstrukturaufspaltung der Terme ^{2S+1}L nach den möglichen J-Werten ist beim Heliumatom äußerst gering.

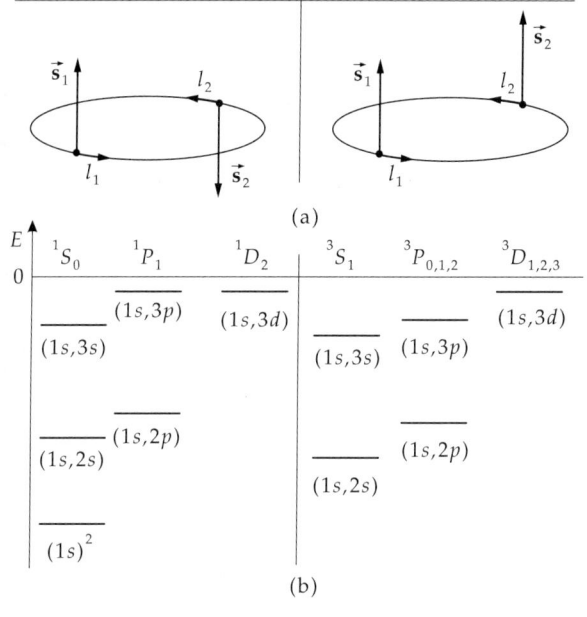

Abbildung 26.14: Heliumatom. (a): Parahelium (Spin-Singulett, $S = 0$) und Orthohelium (Spin-Triplett, $S = 1$), (b): Termstruktur (schematisch). $(nl, n'l')$: Elektronenkonfiguration (n Hauptquantenzahl, l Bahndrehimpuls), $^{2S+1}L_J$: spektroskopische Klassifizierung der Terme nach Gesamtspin (S), Gesamtbahndrehimpuls (L) und Gesamtdrehimpuls (J)

➤ Nach dem Pauli-Prinzip entfällt im Orthohelium die Elektronenkonfiguration $(1s)^2$, da sowohl die Orts- als auch die Spinfunktion symmetrisch gegenüber Teilchenvertauschung wäre. Die Gesamtfunktion muss nach dem Pauli-Prinzip aber antisymmetrisch bei Vertauschung aller Variablen (Ort, Spin) sein

Die vergleichbaren Zustände sind im Orthohelium stärker gebunden als im Parahelium (positive Austauschenergie in symmetrischen Ortszuständen).

9.   Isotopieverschiebung,
bei Isotopengemischen auftretende Hyperfeinstruktur von Spektrallinien. Sie ist bedingt durch

- unterschiedliche Rydberg-Konstanten der Isotope bei Berücksichtigung der Mitbewegung des Kerns (unterschiedliche Kernmassen der Isotope),
- unterschiedliche Abweichungen des Coulombfeldes der Atomkerne von dem einer Punktladung (unterschiedliche Kernquadrupolmente für verschiedene Isotope).

26.5   Röntgenstrahlen

1.   Charakteristische Röntgenstrahlen,
entstehen bei Elektronenübergängen aus äußeren Schalen in Zustände der inneren Schalen des Atoms mit kleiner Hauptquantenzahl n. Bei der Anregung der charakteristischen Röntgenstrahlung durch Beschuss einer Metallelektrode mit beschleunigten Elektronen werden in Elektronenstößen Löcher in inneren Elektronenschalen erzeugt, in die Elektronen aus äußeren Elektronenschalen mit einer höheren Hauptquantenzahl m springen. Dabei wird ein **Röntgenquant** (Photon) abgestrahlt mit der Energie:

$$hf_{mn} = E_m - E_n.$$

▲   Röntgenquanten (engl. X-rays) liegen im Energiebereich keV. Die charakteristische Röntgenstrahlung besteht aus einzelnen scharfen Linien.

Hauptlinien charakteristischer Röntgenspektren einiger Elemente findet man in **Tab. 30.4/1.**

Primärstrahlung, charakteristische Röntgenstrahlung, die durch Ionisierung mittels Elektronenstößen entsteht.

Fluoreszenzstrahlung, Röntgenstrahlung, die durch Photoionisation, also bei der Absorption von Röntgenphotonen durch Atome, zustande kommt.

Wird ein Elektron aus der K-Schale ($n = 1$) entfernt, so sind Übergänge auf die frei gewordenen Plätze aus der L ($n = 2$)-, M ($n = 3$)-Schale usw. in die K-Schale möglich. Ihnen folgen Übergänge auf die frei gewordenen Plätze in diesen Schalen. Erst wenn durch **Elektroneneinfang** alle Zustände des Atoms wieder von Elektronen besetzt sind, ist der Prozess abgeschlossen, das Atom ist wieder elektrisch neutral.

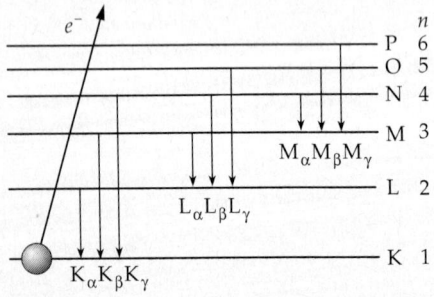
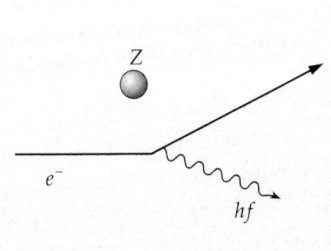

Abbildung 26.15: Charakteristische Röntgenstrahlung und Bremsstrahlung schneller Elektronen ($v/c \le 1$) bei Ablenkung durch einen Atomkern

K-Serie, Spektrallinien beim Übergang von Elektronen von äußeren Schalen in die K-Schale. Analog gibt es L-, M- usw. Serien.

Die Linien einer Serie werden durch einen griechischen Buchstaben als Index unterschieden ($K_\alpha, K_\beta, K_\gamma, \dots$).

■ K_{α_1} ist eine Röntgenstrahlung von dem 2s-Zustand der L-Schale in den 1s-Zustand der K-Schale. K_β entspricht einem Übergang von der M- in die K-Schale. K_γ entspricht einem Übergang von der N- in die K-Schale, usw.

2. Moseleysches Gesetz für charakteristische Frequenzen

Moseleysches Gesetz			1

	Symbol	Einheit	Benennung
	a	1	Konstante
	f_{mn}	s^{-1}	Frequenz
$\sqrt{\dfrac{f_{mn}}{cR}} = a(Z - \sigma)$	R	m^{-1}	Rydbergkonstante
	c	ms^{-1}	Lichtgeschwindigkeit
	Z	1	Ordnungszahl
	σ	1	Abschirmkonstante

Die Konstante a hängt von den Quantenzahlen der Schalen ab, zwischen denen sich der Übergang vollzieht. **Abschirmkonstante** σ, die Größe, die berücksichtigt, dass Valenzelektronen nicht die volle Kernladung spüren, sondern eine durch die inneren Elektronen abgeschirmte kleinere effektive Ladung. Für die α-Linien eines Elements mit der Ordungszahl Z gilt gemäß dem Moseleyschen Gesetz:

$$f_{K_\alpha} = \frac{3}{4}cR(Z - 1)^2,$$

$$f_{L_\alpha} \approx \frac{5}{36}cR(Z - 7.4)^2.$$

3. Bremsstrahlung,

ein kontinuierliches Röntgenspektrum, das durch Ablenkung von Elektronen im Coulombfeld des Kerns entsteht. Das Bremsspektrum wird durch eine bestimmte kleinste Wellenlänge λ_{min} begrenzt.

▲ Die Energie der Röntgenquanten kann nicht größer sein als die kinetische Energie W_k der Elektronen, die sie auslösen:

$$W_k = eU_0 = hf_{max} = hc/\lambda_{min}.$$

Grenzwellenlänge der Bremsstrahlung			L

	Symbol	Einheit	Benennung
$\lambda_{min} = \dfrac{ch}{eU_0}$	λ_{min}	m	Grenzwellenlänge
	c	m/s	Lichtgeschwindigkeit
	h	$J \cdot s$	Wirkungsquantum
$\approx 1.24\,\text{Å}$ für $U_0 = 10^4$ V	e	C	Elementarladung
	U_0	V	Beschleunigungsspannung

$\boxed{M}$ Die Bestimmung der kurzwelligen Grenze des Bremsstrahlungsspektrums liefert einen sehr genauen Wert von h.

26.5.1 Anwendung von Röntgenstrahlen

$\boxed{M}$ Röntgenstrahlen haben auf Grund ihrer hohen Energie eine merkliche Eindringtiefe in Stoffe, dies wird zur **Dickenmessung, Füllstandmessung, Materialprüfung** und **Qualitätssicherung** technisch ausgenutzt.

1.   Absorption von Röntgenstrahlen

Absorptionskoeffizient, linearer Schwächungskoeffizient μ, reziproker Wert der Eindringtiefe, bei der die Strahlintensität auf den e-ten Teil (e $\approx$ 2.718) gesunken ist. Der Absorptionskoeffizient von Röntgenstrahlen durch Materie nimmt mit wachsender Beschleunigungsspannung U_0 (Frequenz der Röntgenquanten) ab. Massenschwächungskoeffizient, μ/ρ, für Röntgenstrahlung s. **Tab. 30.6/1.**

Absorptionskanten, unterbrechen die monotone Abhängigkeit des Absorptionskoeffizienten bei den Frequenzen, für die die Energie der Röntgenquanten ausreicht, um Elektronen aus der K-, L-, M-,... Schale des Atoms freizusetzen. Bei diesen Energien steigt der Absorptionskoeffizient sprunghaft an (**Abb. 26.17**).

2.   Auger-Effekt,

ein Zweistufenprozess. Zunächst wird das Atom durch Absorption eines Röntgenquants angeregt; dabei wird ein Elektron aus einer tiefer liegenden Schale (zumeist K-Schale) freigesetzt. Das Loch wird durch ein Elektron aus einer höher liegenden Schale (L-, M-, ...) besetzt. Die frei werdende Energie ΔE bewirkt die Abtrennung eines weiteren Elektrons (Auger-Elektron) aus einer äußeren Schale des Atoms. Es handelt sich hierbei um einen **strahlungslosen Übergang**.

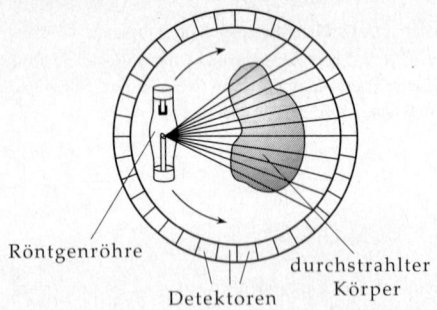

Abbildung 26.16: Prinzipskizze eines Computer-tomographen

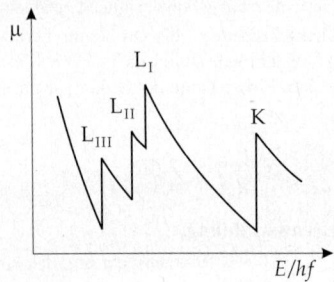

Abbildung 26.17: Absorptionskanten im Schwächungskoeffizienten der Röntgenstrahlung

M   Die Röntgenquanten werden gemessen, indem ihre Fähigkeit zur **Ionisation** oder **Dissoziation** ausgenutzt wird. Röntgenquanten können in einem Gasvolumen Atome oder Moleküle ionisieren, die, in einem elektrischen Feld beschleunigt, einen Stromstoß liefern (**Zählrohr**). Sie können auch photographisch durch Schwärzung eines Röntgenfilms nachgewiesen werden.

M   **Röntgen-Computer-Tomographie,** Verfahren zur Erzeugung von Schnittbildern eines Körpers. Das Prinzip besteht in der Abhängigkeit des Absorptionskoeffizienten von der Durchstrahlungsrichtung. Das Tomogramm spiegelt die Inhomogenität des durchstrahlten Körpers wider (**Abb. 26.16**). Durch eine mathematische Entfaltung werden aus den unter verschiedenen Richtungen gemessenen Intensitätsschwächungen die Inhomogenitätsverteilungen (meistens sind es Dichte-Inhomogenitäten) dreidimensional ausgerechnet.

M   **Positronen-Emissions-Tomographen** (PET), innere γ-Quellen (Positronenemitter) können dynamische Prozesse im Körper sichtbar machen. Das Messprinzip ist ähnlich wie das des Röntgen-Computer-Tomographen.

26.6 Molekülspektren

Molekülspektren, bestehen aus Linienfolgen, Banden und Bandensystemen. Sie entstehen durch:

- elektronische Übergänge, Strahlung im infraroten, sichtbaren und ultravioletten Spektralbereich,
- Vibrationsübergänge, Strahlung im infraroten Spektralbereich,
- Rotationsübergänge, Strahlung im fernen infraroten Spektralbereich.

1. Vibrationsspektren

Vibrationsanregungen, entstehen durch Schwingungen der Atome eines Moleküls gegeneinander in Richtung der Verbindungsachse, der Schwerpunkt des Moleküls bleibt in Ruhe, der Elektronenzustand ändert sich nicht.

Lennard-Jones-Potential, Modell-Potential zweiatomiger Moleküle (**Abb. 26.18**):

$$V(r) = \left(-\frac{a}{r^6} + \frac{b}{r^{12}} \right).$$

Die Konstanten a und b sind materialspezifisch und weitgehend temperaturunabhängig. Die abstoßende Kraft wird entsprechend der hohen Potenz des zweiten Gliedes erst bei starker Annäherung der Teilchen wirksam.

Dissoziationsenergie zweiatomiger Moleküle s. **Tab. 30.1/6**.

Für kleine Schwingungsamplituden gilt eine harmonische Näherung:

$$V(r) = \text{const} \cdot (r - r_0)^2.$$

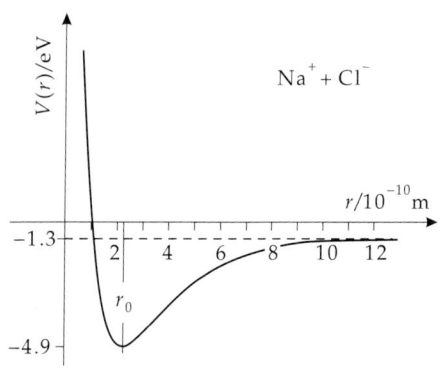

Abbildung 26.18: Ionenbindung im NaCl-Molekül. Potentielle Energie V als Funktion des Ionenabstandes r, Gleichgewichtsabstand: $r_0 \approx 2.5 \cdot 10^{-10}$ m

Vibrationsspektrum zweiatomiger Moleküle, entsteht bei Übergängen zwischen den Schwingungszuständen des Moleküls. In der Näherung kleiner Schwingungsamplituden bilden die um den Gleichgewichtsabstand r_0 gegeneinander schwingenden Atome des Moleküls einen harmonischen Oszillator mit einem äquidistanten Energiespektrum:

Quantenmechanischer Vibrator			ML^2T^{-2}
	Symbol	Einheit	Benennung
$E_{\text{Vib}} = hf(v + \frac{1}{2})$	E_{Vib}	J	Energie
	h	Js	Wirkungsquantum
$f = \frac{1}{2}\pi \left(\frac{k}{\mu}\right)^{1/2}$	f	s^{-1}	Frequenz
	v	1	Schwingungsquantenzahl
$v = 0, 1, 2, \ldots$	k	kg/s^2	Kraftkonstante
	μ	kg	reduzierte Masse

▲   Vibrationsspektren erkennt man an der **Äquidistanz** der Energieniveaus.

➤   Im NaCl-Molekül sind etwa 20 Vibrationsniveaus bekannt. Der Niveauabstand beträgt 0.04 eV.

2. Rotationsspektren

Rotationsspektren zweiatomiger Moleküle entstehen durch elektromagnetische Übergänge zwischen den Rotationszuständen des Moleküls. Die Rotation des Moleküls erfolgt als Ganzes um eine Achse senkrecht zur Molekülachse ohne Änderung des Atomabstandes oder als Rotation einzelner Teile des Moleküls relativ zueinander (innere Rotation).

Starrer Rotator, die Abstände zwischen den Atomen eines zweiatomigen Moleküls ändern sich während der Rotation nicht (Hantelmodell). Die Energie des starren Rotators ist allein durch sein Trägheitsmoment I und seinen Drehimpuls J bestimmt:

Quantenmechanischer Rotator			$\mathbf{ML^2T^{-2}}$
$E_{\text{Rot}}(J) \; = \; \dfrac{\hbar^2}{2I} J(J+1)$	Symbol	Einheit	Benennung
	E_{Rot}	J	Energie
	h	Js	Wirkungsquantum
	J	1	Rotationsquantenzahl
	I	kg m^2	Trägheitsmoment bei r_0

▲   Rotationsspektren sind dadurch gekennzeichnet, dass die Abstände benachbarter Energieniveaus mit wachsender Rotationsquantenzahl **linear zunehmen**,

$$\Delta E = E_{\text{Rot}}(J) - E_{\text{Rot}}(J-1) = \frac{\hbar^2}{I} J.$$

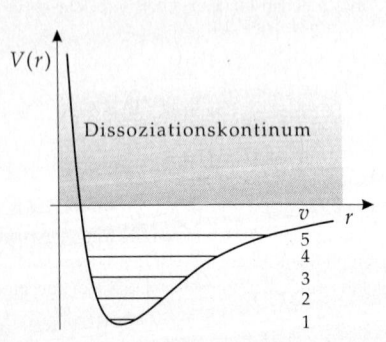

Abbildung 26.19: Vibrationsspektrum eines zweiatomigen Moleküls. v: Schwingungsquantenzahl

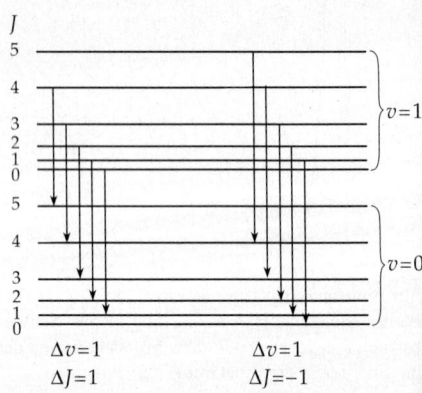

Abbildung 26.20: Rotationsschwingungszustände eines zweiatomigen Moleküls und erlaubte Übergänge. v: Schwingungsquantenzahl, J: Rotationsquantenzahl

➤   Die Größe $\hbar^2/I$ hat für typische Moleküle einen Wert von 10^{-4} eV bis 10^{-2} eV. Der Abstand benachbarter Rotationsniveaus ist geringer als der Abstand der Vibrationsniveaus. Im NaCl-Molekül gibt es etwa 40 Rotationszustände.

➤   Zu einem bestimmten Vibrationszustand gibt es eine Folge von Rotationszuständen.

Auswahlregel für Übergänge zwischen Vibrationszuständen:

$$\Delta v = \pm 1 .$$

Auswahlregel für Übergänge zwischen Rotationszuständen:

$$\Delta J = \pm 1 .$$

Rotationsschwingungsbande, Gruppe von Spektrallinien. Repräsentieren Übergänge zwischen Rotationszuständen, die auf verschiedenen Vibrationszuständen aufbauen.

Dissoziationskontinuum, Grenzkontinuum, das sich an eine Bande zum kurzwelligen Spektralbereich hin anschließt. Es entspricht der Dissoziation des Moleküls in freie Zustände seiner Bestandteile.

➤ Die Vibrations- und Rotationsspektren zweiatomiger Moleküle werden allein durch die Bewegung der Kerne hervorgerufen. Außerdem treten aber auch Übergänge zwischen verschiedenen Elektronenkonfigurationen des Moleküls auf, die etwa zwischen 1 eV und 10 eV liegen. Mit dem Elektronenzustand ändert sich das Bindungspotential zwischen den Ionen oder Atomen des Moleküls, so dass Gleichgewichtsabstand, Trägheitsmoment und Schwingungsfrequenz und damit auch die Anregungsenergien der Schwingungs- und Rotationszustände modifiziert werden.

Elektronenbandenspektrum, komplexes Spektrum mit Bandenstruktur, das durch eine Vielzahl von Übergängen entsteht, bei denen sich der Elektronen-, Vibrations- und Rotationszustand eines Moleküls gleichzeitig ändert.

3. Raman-Spektren,

entstehen durch unelastische Streuung von Photonen an Molekülen. Bei der Raman-Streuung entstehen neben den Spektrallinien der primären Lichtquelle auch gegen diese Linien symmetrisch verschobene Linien, schwache mit kleineren und größeren Frequenzen (s. **Abb. 26.21**):

$$hf_0 + E_1 \quad \rightarrow \quad hf_\mathrm{r} + E_1 \quad (a)$$
$$hf_0 + E_1 \quad \rightarrow \quad hf_\mathrm{s} + E_2 \quad (b)$$
$$hf_0 + E_2 \quad \rightarrow \quad hf_\mathrm{a} + E_1 \quad (c)$$

E_1 und E_2 sind die Energien der Vibrations- oder Rotationszustände des Moleküls, an dem die Streuung stattfindet.

Rayleigh-Linien, Linien, bei denen die gestreute Frequenz f_r gleich der eingestrahlten f_0 ist (Prozess a):

$$f_\mathrm{r} = f_0 .$$

Stokessche Linien, Linien, bei denen die gestreute Frequenz f_s kleiner als die eingestrahlte Frequenz f_0 ist (Prozess b):

$$f_\mathrm{s} = f_0 - \frac{E_2 - E_1}{h} .$$

Das Photon gibt Energie an das Molekül ab.

Antistokessche Linien, Linien, bei denen die gestreute Frequenz f_a größer als die eingestrahlte Frequenz f_0 ist (Prozess c):

$$f_\mathrm{a} = f_0 + \frac{E_2 - E_1}{h} .$$

Das Photon nimmt Vibrations- oder Rotationsenergie von einem angeregten Molekül auf.

M Aus Raman-Spektren lassen sich Aussagen über die Frequenzen der Eigenschwingungen, die Trägheitsmomente und die Form der Moleküle ermitteln.

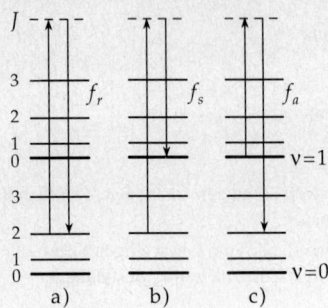

Abbildung 26.21: Raman-Spektren. Anregung eines virtuellen Zwischenniveaus (gestrichelte Linie). (a): Rayleigh-Linien, (b): Stokessche Linien, (c): Antistokessche Linien

26.7   Atome in äußeren Feldern

1.   Elektron im Magnetfeld

Hamilton-Operator eines Elektrons in einem Magnetfeld $B_z \perp x, y$-Ebene:

$$\hat{H} = \frac{1}{2m}(p_x^2 + (p_y + m\omega_c x)^2), \quad \text{mit} \quad \omega_c = \frac{eB_z}{m}.$$

Übergang von klassischen Impulsen zu **Impulsoperatoren**:

$$p_x \to -j \cdot \hbar \frac{\partial}{\partial x} \qquad p_y \to -j \cdot \hbar \frac{\partial}{\partial y}.$$

Substitution: $q = (x - x_0) = x + \dfrac{\hbar k_y}{m\omega_c}$

Schrödingergleichung in x-Richtung:

$$\left(-\frac{\hbar^2}{2m} \cdot \frac{\partial^2}{\partial x^2} + \frac{1}{2}m\omega_c^2 q^2\right)\psi(x, y) = E\psi(x, y).$$

➤   Dies ist eine ähnliche Differentialgleichung wie die eines harmonischen Oszillators (s. S. 82).

Die Energieniveaus bilden ein äquidistantes Spektrum:

$$E_n = \hbar\omega_c \left(n + \frac{1}{2}\right).$$

Zyklotronfrequenz, die Kreisfrequenz ω_c:

$$\omega_c = \frac{eB_z}{m}.$$

➤   Diese Gleichungen gelten auch für freie Elektronen im Festkörper und für Nukleonen im Kern. Auf Grund der Veränderung der freien Bewegung durch das Potential im Medium muss die Teilchenmasse durch die sogenannte „effektive Masse" m^* ersetzt werden.

2.   Zeeman-Effekt,

Aufspaltung von Spektrallinien im magnetischen Feld, bedingt durch Verschiebung der Energieniveaus des Atoms infolge der Wechselwirkung seines magnetischen Moments mit dem äußeren Magnetfeld. Die Aufspaltung ist der magnetischen Flussdichte B proportional.

Transversaler Zeeman-Effekt, Beobachtung der Lichtemission senkrecht zur Richtung der Magnetfeldlinien.

Longitudinaler Zeeman-Effekt, Beobachtung der Lichtemission in Richtung der Magnetfeldlinien.

Normaler Zeeman-Effekt, bei transversaler Beobachtung Aufspaltung einer Linie der Frequenz f in ein Triplett, das aus der unverschobenen Linie und zwei symmetrisch zu größeren und kleineren Frequenzen verschobenen Linien $f \pm \Delta f$ besteht (s. **Abb. 26.22**). Tritt nur bei **Singulett-Systemen** ($S = 0, J = L$) auf. Das magnetische Moment des Atoms ist durch das Bahnmoment bestimmt. Der Term L spaltet auf in $2L + 1$ Terme, die um $\Delta E = \mu_B \cdot B$ voneinander separiert sind, μ_B ist das Bohrsche Magneton. Unabhängig von L führen die Auswahlregeln $\Delta M = 0, \pm 1$ zu einer Aufspaltung in drei Linien.

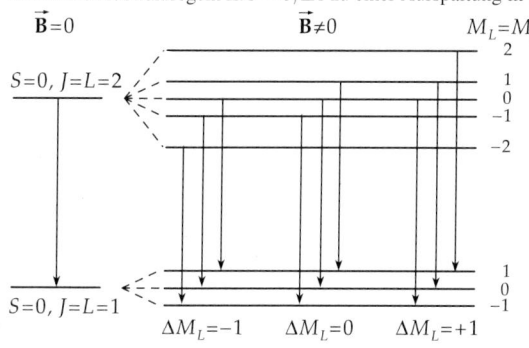

Abbildung 26.22:   Normaler Zeeman-Effekt

Anomaler Zeeman-Effekt, komplizierte Aufspaltung der Spektrallinien im Magnetfeld. Tritt auf, wenn die an den Übergängen beteiligten Terme keine Spin-Singuletts sind (**Abb. 26.23**).

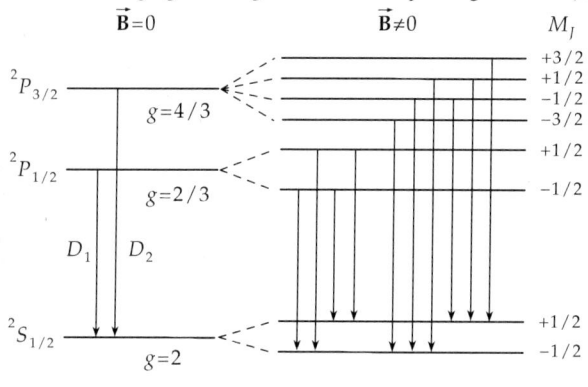

Abbildung 26.23: Anomaler Zeeman-Effekt. Aufspaltung des Grundzustandes ($^2S_{1/2}$) und der beiden ersten angeregten Zustände ($^2P_{1/2}, ^2P_{3/2}$) des Na-Atoms im Magnetfeld $\vec{B}$. g: Landé-Faktor. Die Pfeile geben die erlaubten Übergänge an (Auswahlregel $\Delta M_J = 0, \pm 1$)

3.   Energieaufspaltung im Magnetfeld

Energieaufspaltung im Magnetfeld			ML^2T^{-2}
	Symbol	Einheit	Benennung
$\Delta E = g(L, S, J) \cdot m_J \cdot \mu_B \cdot B$	ΔE	J	Energieaufspaltung
	m_j	1	Quantenzahl Projektion Gesamtdrehimpuls
	$g(L, S, J)$	1	Landé-Faktor
	μ_B	J/T	Bohrsches Magneton
	B	T	magnetische Flussdichte

Landé-Faktor, $g(L, S, J)$, beschreibt die Abhängigkeit des gyromagnetischen Verhältnisses von den Quantenzahlen des Terms:

$$g(L, S, J) = 1 + \frac{J(J+1) - L(L+1) + S(S+1)}{2J(J+1)}.$$

■   Anomaler Zeeman-Effekt im Natrium-Spektrum: die D_1-Linie (Übergang $^2P_{1/2} \longrightarrow {}^2S_{1/2}$) und die D_2-Linie (Übergang $^2P_{3/2} \longrightarrow {}^2S_{1/2}$) spalten in 4 bzw. 6 Linien auf.

Paramagnetische Elektronenresonanz, die selektive Absorption elektromagnetischer Strahlung durch Atome eines Stoffes, die mit den Übergängen zwischen den Zeeman-Niveaus in einem äußeren Magnetfeld zusammenhängen.

M   **Elektronen-Spin-Resonanz**: Der zu untersuchende Stoff wird in ein Magnetfeld gebracht. Die Spin-Entartung wird aufgehoben. Ein schwaches HF-Feld wird eingestrahlt und die Dämpfung des Oszillators als Funktion der Frequenz gemessen. Bei Übereinstimmung der Frequenz der Radiostrahlung mit der Frequenz eines Überganges zwischen den Zeeman-Niveaus besitzt die Dämpfung ein Maximum.

4.   Stark-Effekt,

die Aufspaltung der Spektrallinien unter dem Einfluss eines elektrischen Feldes. Diese Aufspaltung ist selbst in starken Feldern von 10^3 bis 10^6 V/cm sehr schwach. Zu ihrer Beobachtung bedarf es Geräte mit hohem Auflösungsvermögen.

Quadratischer Stark-Effekt, die Aufspaltung hängt quadratisch von der elektrischen Feldstärke ab. Der quadratische Stark-Effekt tritt bei Atomen auf, die im Grundzustand kein permanentes elektrisches Dipolmoment besitzen. Im äußeren elektrischen Feld $\vec{E}$ werden die Atome polarisiert. Das zu $\vec{E}$ proportionale induzierte Dipolmoment $\vec{d}$ hat dann im Feld $\vec{E}$ eine potentielle Energie $-\vec{d} \cdot \vec{E} \sim \vec{E}^2$. Der quadratische Stark-Effekt ist also mit der **elektrischen Polarisierbarkeit** der Atome verknüpft.

Linearer Stark-Effekt, tritt bei Wasserstoff und wasserstoffähnlichen Atomen auf, bei denen eine Entartung von Zuständen gleicher Hauptquantenzahl n nach dem Bahndrehimpuls vorliegt, so dass Zustände verschiedener Parität (z.B. $l = 0$ und $l = 1$) gemischt werden.

▲   Wasserstoff im Grundzustand ($n = 1, l = 0$) zeigt **keinen** linearen Stark-Effekt.

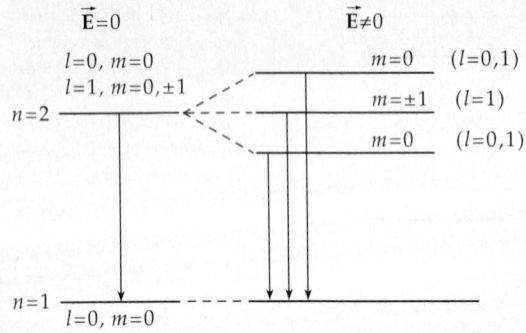

Abbildung 26.24: Linearer Stark-Effekt im Wasserstoffatom

26.8   Periodensystem der Elemente

1.   Grundannahmen zur Erklärung des Periodensystems

a) Modell unabhängiger Teilchen, jedes Elektron eines Atoms bewegt sich unabhängig von den anderen in einem effektiven Potential. Die Abstoßung der Elektronen untereinander liefert nur eine schwache Restwechselwirkung. Dieses Modell erklärt zusammen mit dem Pauli-Prinzip das Periodensystem der Elemente.

▲   **Pauli-Prinzip**: In einem System ununterscheidbarer Teilchen mit halbzahligem Spin (s. S. 806) kann sich nicht mehr als ein Teilchen in ein und demselben Einteilchenzustand ($n\,l\,m_l\,m_s$) befinden.

Auf das Atom angewandt bedeutet dies: In einem Atom besitzt jedes Elektron seinen eigenen Satz von Quantenzahlen n, l, m_l und m_s, der sich von dem Zahlensatz jedes beliebigen anderen Elektrons unterscheidet.

b) Elektronenschalen, die Gesamtheit der Elektronen, die Zustände mit gleicher Hauptquantenzahl n besetzen.

Unterschale, die im Wasserstoffatom vorliegende Entartung nach der Bahndrehimpulsquantenzahl l ist im allgemeinen Fall eines Zentralpotentials, das vom Coulombpotential abweicht, aufgehoben. Die durch die Quantenzahl l charakterisierten Energieniveaus einer Schale bilden jeweils eine Unterschale. Die Schalenbildung im Atom bedeutet eine energetische Gruppierung der Energieniveaus: Der energetische Abstand der Unterschalen bleibt geringer als der energetische Abstand der Schalen.

▲ Pauli-Prinzip: In einem Mehrelektronensystem können sich auf einer Schale mit der Hauptquantenzahl n maximal $2n^2$ Elektronen befinden.

Die Elektronen der ersten zehn Elemente besetzen folgende Zustände (der Pfeil zeigt schematisch die Spinorientierung):

Ordungs-zahl	Element	Schale Zustand	K 1s	2s	M 2p	Ionisations-energie /eV
1	H		↑			13.6
2	He		↑↓			24.6
3	Li		↑↓	↑		5.4
4	Be		↑↓	↑↓		9.32
5	B		↑↓	↑↓	↑	8.296
6	C		↑↓	↑↓	↑↑	11.256
7	N		↑↓	↑↓	↑↑↑	14.545
8	O		↑↓	↑↓	↑↑↑↓	13.614
9	F		↑↓	↑↓	↑↑↑↓↓	17.418
10	Ne		↑↓	↑↓	↑↑↑↓↓↓	21.559

2. Auffüllung der Elektronenzustände

Reihenfolge der Auffüllung der Elektronenzustände in den Schalen sowie in den Unterschalen, die durch die Bahndrehimpulsquantenzahl l unterschieden werden, entspricht der Reihenfolge der Energieniveaus mit gegebenen n und l:

Innerhalb einer Schale wird zuerst der Zustand mit $l = 0$ besetzt und danach die Zustände mit größerem l bis $l = n - 1$.

Innerhalb einer Unterschale erfolgt die Auffüllung so, dass sich ein maximaler Gesamtdrehimpuls ergibt.

Orbital, ein durch n und l definierter Zustand.

Valenzelektronen, bestimmen die chemischen und optischen Eigenschaften der Atome. Sie gehören zum Bestand der s- und p-Untergruppen der Schalen mit dem höchsten Wert von n eines gegebenen Atoms.

a) Edelgasatome, Atome mit vollständig gefüllten Schalen. Aus diesem Grund verhalten sie sich chemisch träge. Ihre Ionisationsenergie ist sehr groß.

b) Übergangselemente, Elemente, bei denen die Folge der Besetzung geändert ist. Es ist energetisch günstiger, zuerst Elektronenzustände mit der nächsthöheren Hauptquantenzahl $n + 1$, aber kleinerer Bahndrehimpulsquantenzahl l zu besetzen. Dies bezieht sich auf die Zustände $(n + 1)$s und $(n + 1)$p im Vergleich zu den Zuständen nd und nf.

c) Transuranelemente, Elemente mit Ordnungszahlen oberhalb $Z = 92$. Die Atomkerne dieser Elemente sind nicht stabil. Sie kommen in der Natur nicht vor.

Die Benennung der Transurane mit Ordnungszahlen 104 - 109 war lange umstritten. Derzeitige Vorschläge: Rutherfordium (104), Dubnium (105), Seaborgium (106), Nielsbohrium (107), Hassium (108), Meitnerium (109).

Bisher schwerste (am Geschwindigkeitsfilter Ship bei der Gesellschaft für Schwerionenforschung (GSI) in Darmstadt nachgewiesene) in schwerioneninduzierten Kernreaktionen **künstlich erzeugte Elemente**: **Nielsbohrium**, $_{107}$Ns (benannt nach Niels Bohr): Erzeugungsreaktion ^{209}Bi+^{54}Cr. Es gehört zu den 6d-Übergangsmetallelementen. Die 5f-, 6s-, 6d- und 7s-Schalen sind aufgefüllt. Die 6d-Schale ist mit 5 Elektronen halbgefüllt. Es sollte chemische Eigenschaften wie Mangan und Rhenium haben. Von diesem Element sind bis Anfang 1993 insgesamt 38 Atome synthetisiert worden.

Hassium, $_{108}$Hs (benannt nach dem Land Hessen, dem Sitz der GSI): Erzeugungsreaktion ^{208}Pb+^{58}Fe. Dieses Element gehört zu den 6d-Übergangsmetallelementen mit ähnlichen chemischen Eigenschaften wie Eisen, Osmium und Ruthenium. Die 5f-, 6s-, 6p- und 7s-Schalen sind aufgefüllt. Die 6d-Schale ist mit 6 Elektronen besetzt. Von diesem Element sind bis 1993 vier Atome nachgewiesen worden.

Meitnerium, $_{109}$Mt (benannt nach Lise Meitner): Erzeugungsreaktion ^{209}Bi+^{58}Fe. Auch dieses Element ist ein 6d-Übergangselement mit ähnlichen Eigenschaften wie Cobalt, Rhodium und Iridium. 5f-, 6s-, 6p- und 7s-Schalen sind aufgefüllt. Auf der 6d-Schale sitzen 7 Elektronen. Bisher sind von diesem Element zwei Atome nachgewiesen worden.

d) Superschwere Elemente, Elemente mit $Z \geq 110$, erstmalig 1996 $Z = 112$ beobachtet. Sie bleiben zunächst namenlos.

3. Magnetisches Moment des Atoms,

wird durch den Beitrag des Spinmomentes und den Beitrag nicht vollständig gefüllter Unterschalen bestimmt.

▲   In einem aufgefüllten s-Zustand sind die magnetischen Spinmomente der Elektronen kompensiert.

▲   In aufgefüllten p-, d-, f-Untergruppen sind zusätzlich zu den magnetischen Spinmomenten auch die magnetischen Bahnmomente kompensiert. Das magnetische Moment dieser Atome ist null.

Diamagnetismus zeigen alle Elemente mit aufgefüllten Unterschalen.

Paramagnetismus zeigen die Elemente mit nicht aufgefüllten Unterschalen. Diese Atome besitzen ein magnetisches Moment.

4. Ionisationspotentiale und Atomradien

Ionisationspotentiale: **Tab. 30.1/1**, Atom- und Ionenradien: **Tab. 30.2**.

26.9   Wechselwirkung von Photonen mit Atomen und Molekülen

26.9.1   Spontane und induzierte Emission

Absorption, ein Photon wird von einem Atom absorbiert. Das Atom geht dabei in einen höheren Energiezustand über (**Abb. 26.25**).

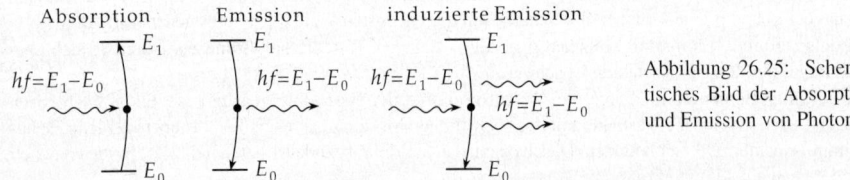

Abbildung 26.25: Schematisches Bild der Absorption und Emission von Photonen

1. Spontane und induzierte Emission

Spontane Emission, die Ausstrahlung von Photonen durch angeregte Atome (Moleküle), ohne eine feste Phasenbeziehung zwischen den Photonen, die aus verschiedenen gleich angeregten Atomen (Molekülen) emittiert wurden.

Induzierte Emission, die Ausstrahlung von Photonen der Energie hf von angeregten Atom- oder Molekülzuständen unter dem Einfluss eines elektromagnetischen Feldes der gleichen Frequenz. In diesem Fall haben das einfallende und das emittierte Photon die gleiche Phase. Nach dem Prozess hat sich die Photonenzahl mit der Frequenz f im Strahlungsfeld um 1 vergrößert.

➤ Die Eigenschaft der Kohärenz der Photonen bei der induzierten Emission wird in den **Quantengeneratoren**, den **Lasern** und **Masern** (**l**ight/**m**icrowave **a**mplification by **s**timulated **e**mission of **r**adiation), genutzt.

Besetzungszahl, N_1, Anzahl der Atome in einem bestimmten Energiezustand E_1. Sie ist temperaturabhängig. Die Besetzungszahlen ändern sich durch Emission und Absorption.

Besetzungszahlverhältnis, bestimmt durch die **Boltzmann-Verteilung** bei bestimmter Temperatur im thermischen Gleichgewicht (s. S. 531):

Boltzmann-Verteilung			1
	Symbol	Einheit	Benennung
$\dfrac{N_1}{N_2} = e^{-\frac{E_2-E_1}{kT}}$	N_1, N_2	1	Besetzungszahlen
	E_1, E_2	J	Energie der Zustände
	k	J/K	Boltzmann-Konstante
	T	K	Temperatur

Im thermischen Gleichgewicht überwiegt die Besetzung des tiefer gelegenen Niveaus.

2. Besetzungsumkehr

Inversion, **Besetzungsumkehr**, Prozess, bei dem durch Energiezufuhr das obere Energieniveau stärker besetzt wird als das untere.

■ **Drei-Niveau-Laser**: Es existiert ein metastabiler Zustand mit relativ langer Lebensdauer ($\tau \approx 10^{-3}$ s) (**Abb. 26.26**). Normalerweise liegt die Lebensdauer eines angeregten Atoms bei $\tau \approx 10^{-8}$ s. Über dem metastabilen Niveau liegt ein weiteres Niveau, das zum Beispiel durch intensive Einstrahlung von kurzwelligem Licht angeregt wird ($E_1 \rightarrow E_3$). Das Lasermedium wird so gewählt, dass spontane Übergänge $E_3 \rightarrow E_2$ gegenüber $E_3 \rightarrow E_1$ bevorzugt werden. Die unterschiedlichen Verweilzeiten und die verschiedenen Übergangswahrscheinlichkeiten bewirken, dass die Besetzungszahl des Niveaus 2 die des Niveaus 1 übertrifft ($N_2 > N_1$).

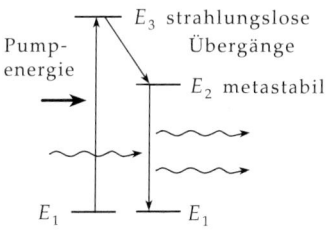

Abbildung 26.26: 3-Niveau-Laser

Optische Resonatoren, zwingen die induziert emittierten Lichtquanten durch ein Spiegelsystem, in einem begrenzten Raum zu bleiben. Dadurch erhöht sich die Anzahl kohärenter Lichtquanten lawinenartig.

M **Helium-Neon-Laser** gehört zur Gruppe der Gaslaser (**Abb. 26.27**).

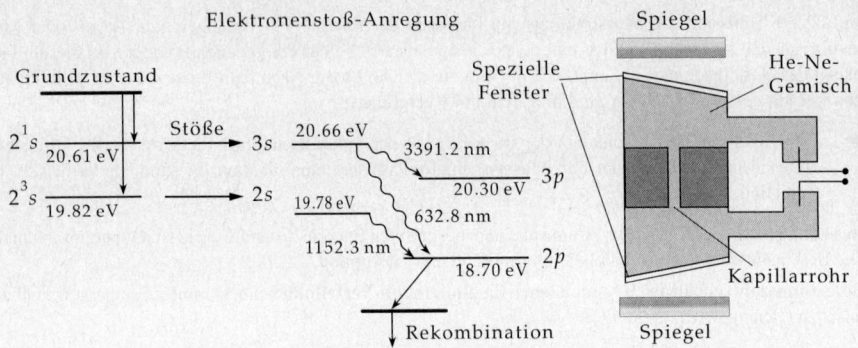

Abbildung 26.27: Helium-Neon-Laser. (a): Wirkungsweise, (b): konstruktiver Aufbau (schematisch)

Die Anregung erfolgt durch Elektronenstöße in einem Gasentladungsrohr. Der laseraktive Teil wird durch eine Kapillare gebildet. In dem Gasgemisch (He-Ne; $p_{He} : p_{Ne} = (5 \ldots 10) : 1$) werden die He-Atome durch Elektronenstöße über ein Zwischenniveau bei 25 eV in die metastabilen Niveaus 2^3s und 2^1s angehoben. Die angeregten He-Atome übertragen ihre Energie durch Stöße vollständig auf die ebenfalls metastabilen 2s- und 3s-Niveaus des Neons. Dadurch wird eine Besetzungsinversion erzeugt. Durch stimulierte Übergänge in die 2p- und 3p-Niveaus sind verschiedene Laserstrahlungen möglich. Durch geeignete Wahl der Resonatorspiegel werden in der Regel die im IR-Gebiet liegenden Spektrallinien zugunsten der Linie mit $\lambda = 632.8$ nm unterdrückt.

➤ Laserleistungen von 10 GW sind möglich, allerdings nur in kurzen Impulsen von 10^{-9} s Dauer.

27 Elementarteilchenphysik - das Standard-Modell

27.1 Vereinheitlichung der Wechselwirkungen

27.1.1 Standard-Modell

Standard-Modell, Modell der fundamentalen Teilchen und ihrer Wechselwirkungen, die auf der **elektroschwachen Theorie** und der **Quantenchromodynamik** (Theorie der Farbkraft) beruht.

1. Fundamentale Teilchen,

12 Fermionen (Spin 1/2 Teilchen):

- sechs **Quarks** und
- sechs **Leptonen**,

die jeweils in drei **Generationen** nach aufsteigender Masse eingeteilt werden. Aus ihnen und ihren Antiteilchen ist alle Materie aufgebaut:

	Quarks	Q/e	Leptonen	Q/e
1. Generation	d (down)	$-1/3$	Elektron-Neutrino ν_e	0
	u (up)	$+2/3$	Elektron e^-	-1
2. Generation	s (strange)	$-1/3$	Myon-Neutrino ν_μ	0
	c (charme)	$+2/3$	Myon	-1
3. Generation	b (bottom)	$-1/3$	Tau-Neutrino ν_τ	0
	t (top)	$+2/3$	Tau τ	-1

2. Fundamentale Wechselwirkungen

Universalität, die Beobachtung, dass die Teilchenfamilien sich nur in der Masse, aber nicht in ihrer Wechselwirkung unterscheiden.

Vier fundamentale Wechselwirkungen beschreiben die heute bekannte Welt vollständig (**Abb. 27.1**):

- Gravitation,
- Elektromagnetismus,
- starke Kernkraft,
- schwache Kernkraft.

Wechselwirkung	Stärke (relativ)	Reichweite (m)	Wechselwirkung zwischen	Feldquanten (Eichbosonen)
starke	1	$\approx 10^{-15}$	Farbladungen und Quarks	Gluonen g
elektromagnetische	10^{-2}	∞	elektrischen Ladungen	Photonen γ
schwache	10^{-14}	$\approx 2 \cdot 10^{-18}$	Leptonen und Hadronen	$W^\pm$-, Z^0-Bosonen
Gravitation	10^{-38}	∞	allen Teilchen	Gravitonen

Die Wechselwirkungen werden durch vier Austauschteilchen, die Vektorbosonen, vermittelt:

- Graviton,
- Photon γ,
- Gluon g,
- Weakon $W^{\pm}, Z^0$.

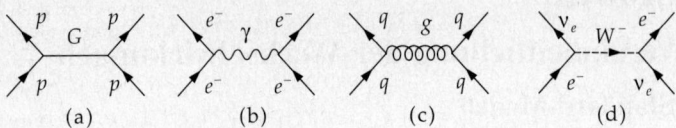

(a)   (b)   (c)   (d)

Abbildung 27.1: Elementare Graphen der Wechselwirkungen. (a): Gravitation, (b): elektromagnetische Wechselwirkung, (c): starke Wechselwirkung, (d): schwache Wechselwirkung

27.1.1.1 Gravitations-Wechselwirkung

Gravitations-Wechselwirkung, die attraktive (anziehende) Wechselwirkung zwischen Massen. Sie erfolgt durch den Austausch von hypothetischen, masselosen **Gravitonen** mit Spin 2 als Feldquanten (s. S. 804).

Gravitationskraft = Konstante · $\dfrac{\text{Masse}_1 \cdot \text{Masse}_2}{\text{Abstand}^2}$			MLT^{-2}
$\vec{F}_G = -G \cdot \dfrac{M_1 \cdot M_2}{r^2} \cdot \dfrac{\vec{r}}{r}$ $G = 6.67259(85) \cdot 10^{-11}\,\mathrm{N\,m^2\,kg^{-2}}$	Symbol	Einheit	Benennung
	$\vec{F}_G$	N	Gravitationskraft
	G	$\mathrm{N\,m^2\,kg^{-2}}$	Gravitationskonstante
	M_1, M_2	kg	Massen
	$\vec{r}$	m	Abstandsvektor der Massen

Die Gravitationswechselwirkung hat eine unendliche Reichweite und lässt sich nicht abschirmen.

➤ Die Hypothese einer fünften Kraft, die als Yukawa-Term mit dem Stärkeparameter α und dem Reichweiteparameter λ als Zusatzglied zum Gravitationspotential Φ beschrieben werden kann,

$$\Phi(r) = -G\frac{M}{r}\left(1 + \alpha e^{-r/\lambda}\right),$$

führt auf eine Gravitationskonstante, die vom Abstand r des Probekörpers von der anziehenden Masse M abhängig wäre. Diese Hypothese konnte bisher nicht experimentell bestätigt werden.

27.1.1.2 Elektromagnetische Wechselwirkung

Elektromagnetische Wechselwirkung, die Wechselwirkung zwischen elektrischen Ladungen. Sie erfolgt durch den Austausch von masselosen **Photonen** mit Spin 1 als Feldquanten.

Coulombkraft = Konstante · $\dfrac{\text{Ladung}_1 \cdot \text{Ladung}_2}{\text{Abstand}^2}$			MLT^{-2}
$\vec{F}_{el} = \dfrac{1}{4\pi\varepsilon_0} \cdot \dfrac{Q_1 \cdot Q_2}{r^2}\dfrac{\vec{r}}{r}$ $\varepsilon_0 = 8.854187817 \cdot 10^{-12}\,\mathrm{CV^{-1}m^{-1}}$	Symbol	Einheit	Benennung
	$\vec{F}_{el}$	N	Coulombkraft
	Q_1, Q_2	C	Ladungen
	ε_0	$\mathrm{CV^{-1}m^{-1}}$	elektrische Feldkonstante
	r	m	Abstand der Ladungen

➤ Das Verhältnis von Gravitationskraft und Coulombkraft zwischen zwei Protonen beträgt:

$$\frac{F_G}{F_{el}} = \gamma \cdot 4\pi\varepsilon_0 \cdot \frac{m_p^2}{e^2} \approx 0.83 \cdot 10^{-36}.$$

Die elektromagnetische Wechselwirkung zwischen Protonen ist etwa 10^{36} mal stärker als die Gravitationswechselwirkung bei gleichem Abstand zwischen ihnen.

27.1.1.3   Schwache Wechselwirkung

1.   Schwache Wechselwirkung,

Wechselwirkung, die zum **Zerfall** der schweren Leptonen und Quarks in die leichtesten führt. Dieser Zerfall wird durch den Austausch von **Weakonen** $W^{\pm}$, Z^0, Vektorbosonen mit Spin 1 bewirkt. Weakonen haben eine hohe Masse, so dass die schwache Wechselwirkung eine kurze Reichweite besitzt.

■   **Freie Neutronen** zerfallen nach der **schwachen Wechselwirkung** mit einer mittleren Lebensdauer von

$$\tau = (889.1 \pm 2.1)\ \text{s}$$

in drei Teilchen: $n \rightarrow p + e^- + \bar{\nu}_e$: ein Proton, ein Elektron und ein neutrales Elektron-Antineutrino. Die Neutronenlebensdauer ist um einen Faktor von 10^{27} größer als die für die starke Wechselwirkung charakteristische Zeit von 10^{-23} s.

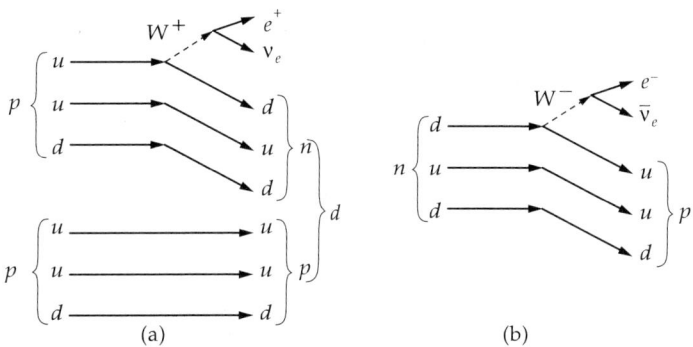

Abbildung 27.2: Quarklinendiagramme. (a): Fusion von Wasserstoff, (b): Neutronenzerfall

2.   Eigenschaften der schwachen Wechselwirkung

• Die Wechselwirkungsstärke ist **wesentlich geringer** als die der starken Wechselwirkung und bei niedrigen Energien auch geringer als die der elektromagnetischen Wechselwirkung. Sie ist aber größer als die der Gravitationswechselwirkung.

• Die schwache Wechselwirkung hat eine extrem kurze Reichweite, kleiner als 10^{-17} m.

• Es treten **keine gebundenen Zustände** auf.

Die **kurze Reichweite der schwachen Wechselwirkung** hat ihre Ursache in der großen Ruhemasse der $W^{\pm}$- und Z^0-Bosonen. Gemäß der Unschärferelation muss der Austausch von virtuellen Weakonen der Bedingung $\Delta E \cdot \Delta t \geq \hbar$ genügen. Dabei ist $\Delta E = m_W c^2$ die Ruheenergie eines Weakons. Dieses Weakon kann nur eine Strecke

$$R_0 \approx \frac{\hbar}{m_W c} \approx \frac{200\ \text{MeV} \cdot \text{fm}}{100 \cdot 10^3\ \text{MeV}} = 2 \cdot 10^{-18}\ \text{m}$$

zurücklegen, selbst wenn es sich mit Vakuumlichtgeschwindigkeit fortbewegen würde. Das entspricht etwa einem Promille der Reichweite der Kernkräfte.

➤   Für Photonen gilt $m_{\text{Ph}} = 0$ und damit $R_0 = \infty$: Das elektromagnetische Feld besitzt eine unendliche Reichweite.

Virtuelles Teilchen, Teilchen, dessen Energie und Impuls nicht die relativistische Energie-Impuls-Beziehung für freie Teilchen erfüllt:

$$\frac{E^2}{c^2} - p^2 \neq m_0^2 c^2.$$

▲   Virtuelle Teilchen existieren nur kurzzeitig (zum Übertragen von Wechselwirkungen).

27.1.1.4   Starke Wechselwirkung

Starke Wechselwirkung, die Wechselwirkung, die zur Bindung der Kernbausteine und damit zu stabilen Kernen führt. Die starke Wechselwirkung zwischen **Quarks** als Bausteinen der Hadronen und Mesonen erfolgt durch den Austausch von masselosen **Gluonen** als Feldquanten mit Spin 1.

▲   Eigenschaften der starken Wechselwirkung sind:
- Die starke Wechselwirkung ist **anziehend** für Abstände von $r \approx 2 \cdot 10^{-15}$ m und **abstoßend** für $r < 10^{-15}$ m.
- Sie besitzt eine **kurze Reichweite** ($\approx 10^{-15}$ m).
- Innerhalb der Reichweite ist sie 100 bis 1000 mal **stärker** als die **elektromagnetische Wechselwirkung**.
- Mit wachsender Anzahl von Nukleonen tritt eine **Sättigung** der starken Wechselwirkung ein.
- Die starke Wechselwirkung ist **zustandsabhängig.** Die Wechselwirkung zwischen zwei Nukleonen hängt von der relativen Orientierung des Nukleonenspins, vom Isospin T des Zweinukleonensystems und vom Bahndrehimpuls der Relativbewegung ab.
- Die starke Wechselwirkung ist **ladungsunabhängig.** Im Nukleon-Nukleon-System mit Isospin $T = 1$ wirkt unabhängig vom Ladungszustand des Nukleonenpaars die gleiche Kraft: $V(n-n) = V(p-p) = V(p-n)$. Die Wechselwirkung im Isospinzustand $T = 0$ unterscheidet sich von der im $T = 1$-Zustand.

Mechanismus der starken Wechselwirkung basiert auf der **Farbkraft,** also dem Austausch von masselosen, farbigen Gluonen mit Spin 1 als Feldquanten.

Die starke Wechselwirkung kann für hinreichend große Abstände effektiv auch durch den Austausch von Mesonen zwischen den Nukleonen beschrieben werden.

Yukawa-Potential, eine Näherung des anziehenden Teils des Potentials zwischen zwei Nukleonen:

Yukawa-Potential			MLT^{-2}
	Symbol	Einheit	Benennung
$V_K = V_0 \cdot \dfrac{1}{r} e^{-\frac{r}{r_0}}$	V_K	J/m	Yukawa-Potential
	V_0	J	Wechselwirkungsstärke
	r_0	m	Reichweite
	r	m	Nukleonenabstand

27.1.2   Feldquanten oder Eichbosonen

1.   Eichbosonen,
oder **Feldquanten,** Überträger der Wechselwirkungen (Bosonen, ganzzahlige Spinwerte).

Graviton, Spin 2, Eichboson (Überträger) der Gravitationswechselwirkung. Es wird erwartet, dass das Graviton masselos und ungeladen ist. Das Graviton ist bisher noch nicht experimentell nachgewiesen worden.

Photon, Spin 1, Eichboson der elektromagnetischen Wechselwirkung in der Quantenelektrodynamik (QED). Diese Theorie trägt dem Quantencharakter des elektromagnetischen Feldes Rechnung und beschreibt experimentelle Abweichungen von der Beschreibung mit Potentialen (Coulombkraft, Maxwellsche Gleichungen) exakt.

▲   Das Photon hat Ruhemasse $m_\gamma = 0$ und Ladung $q_\gamma = 0$.

Freie Photonen bilden die Energiequanten des Lichts, **virtuelle Photonen** vermitteln die elektromagnetische Wechselwirkung.

Weakonen, Spin 1, die Feldquanten der schwachen Wechselwirkung:

- $W^{\pm}$ mit Masse $m = 80.22 \pm 0.26$ GeV,
- Z^0 mit Masse $m = 91.173 \pm 0.020$ GeV.

Z-Bosonen bewirken, dass Neutrinos von Elektronen und Quarks abgestoßen werden.

2. Elektroschwache Wechselwirkung,

(*Salam* und *Weinberg*), vereinheitlichte Theorie der elektromagnetischen und der schwachen Wechselwirkung. Im Rahmen dieser Theorie wurde die Existenz des Z^0-Teilchens vorausgesagt.

➤ Eine weitere Vorhersage, das Higgs-Teilchen mit $m_H \approx 300$ GeV, konnte bislang nicht nachgewiesen werden.

3. Feldquanten der starken Wechselwirkung

Gluonen (griechischer Wortstamm für Leim, englisch: glue), Spin 1, Feldquanten der starken oder auch Farbwechselwirkung (**Quantenchromodynamik**). Sie binden die Quarks aneinander. Es sollten acht verschiedene Gluonen existieren, die sich in ihrer Farbe unterscheiden. Sie sind wie die Photonen Quanten ohne Ruhemasse. Im Gegensatz zu den Photonen, die sich über unbegrenzte Entfernungen ausbreiten können, bewegen sich Gluonen in einem Raumbereich von 10^{-15} m Durchmesser, da sie selbst Farbladung tragen und deshalb untereinander stark wechselwirken. Freie Quarks oder Gluonen werden vermutlich nie beobachtet werden, da die Kraft zwischen zwei Quarks mit ihrem Abstand r zunimmt (Annahme eines linearen Quark-Quark-Potentials $V(r) = Br, B > 0$).

Gluebälle, Teilchen, die nur aus Gluonen aufgebaut sind. Es gibt bereits experimentelle Hinweise auf solche gebundenen Systeme aus Feldquanten.

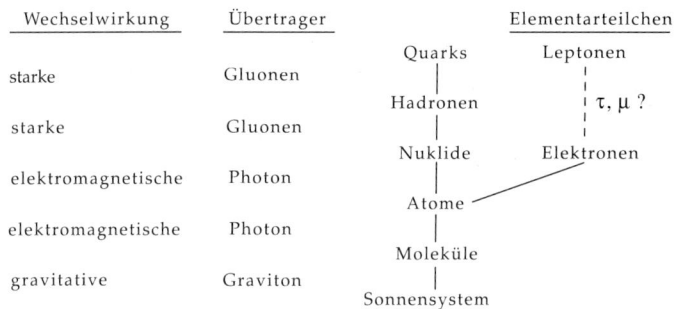

Abbildung 27.3: Stufen der Materie und jeweils wirksame Kräfte

---

M Gluonen entstehen z. B. bei der Vernichtung eines hochenergetischen Positron-Elektron-Paares. Dabei entstehen ein Quark und ein Antiquark. Ist die Energie der Elektronen und Positronen groß genug, so können bei der Trennung des Quark-Antiquark-Paares ein oder mehrere Gluonen entstehen. Quark, Antiquark und Gluon kommen als einzelne Teilchen nicht weiter als 10^{-15} m, da sie gleich weitere Teilchen produzieren. So werden charakteristische **Hadronen-Jets** gebildet.

4. Theoretische Ansätze der Elementarteilchenphysik

Eichtheorie, mathematische Formulierung der Wechselwirkungen, hergeleitet aus einem Symmetrieprinzip: Die Grundgleichung ist dabei invariant unter bestimmten Transformationen der Wellenfunktion.

■   Die elektroschwache Theorie und die Quantenchromodynamik sind Eichtheorien. Man hofft, die Vereinheitlichung der Wechselwirkungen, womöglich auch unter Einschluss der Gravitation, auf der Grundlage einer Eichtheorie formulieren zu können.

Kopplungskonstanten g_1, g_2, g_3, Parameter der elektromagnetischen, schwachen und starken Wechselwirkung. Sie bestimmen die relative Stärke der Kräfte zwischen den Teilchen. Die Kopplungskonstanten sind vom Impuls- und Energieübertrag des Wechselwirkungsprozesses abhängig (**Abb. 27.4**).

Asymptotische Freiheit: Die Kopplungskonstante g_3 der starken Wechselwirkung wird klein für hohe Impulsüberträge oder kleine Abstände. Die Quarks verhalten sich dann wie quasi freie Teilchen. Die Störungstheorie ist anwendbar.

Quarkeinschluss, erwartete, aber noch nicht streng bewiesene Konsequenz der Quantenchromodynamik, dass Quarks nicht als freie Teilchen beobachtbar sind. Folge der Eigenschaft der Quark-Quark-Wechselwirkung über den Austausch selbstwechselwirkender Gluonen: für größere Abstände von Quark und Antiquark als Konstituenten eines Mesons wächst die Energie des Quark-Antiquark-Paares proportional zum Abstand, so dass sich neue Quark-Antiquark-Paare bilden, die zu farblosen Mesonen kombinieren.

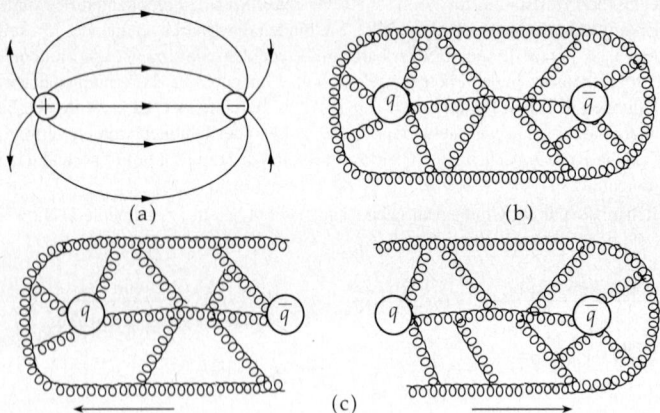

Abbildung 27.4: Zum Quarkeinschluss. (a): Feldlinien eines elektrischen Dipols, (b): Feldkonfiguration der Gluonen zwischen dem Quark q und dem Antiquark $\bar{q}$, (c): Bildung von Quark-Antiquark-Paaren (Mesonen) beim Aufbrechen der Flussröhre

27.1.3   Fermionen und Bosonen

Die Elementarteilchen werden entsprechend ihrem Spin in zwei große Klassen eingeteilt: Fermionen und Bosonen.

1.   Fermionen

Zu ihnen gehören Elementarteilchen mit halbzahligem Spin (1/2, 3/2, 5/2, ...). Sie gehorchen der Fermistatistik und unterliegen dem Pauli-Prinzip (s. S. 765).

Fermi-Dirac-Statistik, Quantenstatistik für ein aus Fermionen bestehendes und im Gleichgewicht befindliches System.

Fermi-Verteilung, gibt die mittlere Zahl n_i der miteinander nichtwechselwirkenden Fermionen im Zustand i mit der Energie E_i an:

Fermi-Verteilung			**1**
	Symbol	Einheit	Benennung
$n_i = \dfrac{g}{e^{\frac{E_i-\mu}{kT}}+1}$ $g = 2s+1$	n_i	1	Teilchenzahl
	g	1	Gewichtsfaktor
	E_i	J	Energie des i-ten Zustandes
	μ	J	chemisches Potential
	k	J/K	Boltzmann-Konstante
	T	K	Temperatur
	s		Teilchenspin

Chemisches Potential, μ bestimmt durch die Bedingung

$$\sum_i n_i = N \quad \text{(Gesamtzahl der Fermionen)}.$$

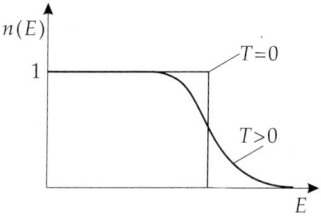

Abbildung 27.5: Fermi-Verteilung

2. Bosonen

Zu ihnen gehören Elementarteilchen mit ganzzahligem Spin. Sie gehorchen der Bose-Einstein-Statistik und unterliegen **nicht** dem **Pauli-Prinzip**.

Bose-Einstein-Statistik, beschreibt die statistische Verteilung nach der Quantenmechanik nichtunterscheidbarer Teilchen mit ganzzahligem Spin (0, 1, 2, ...).

➤ Ein Zustand i darf von beliebig vielen Bosonen besetzt werden.

Bose-Einstein-Verteilung, beschreibt die mittlere Teilchenzahl n_i nicht miteinander in Wechselwirkung stehender Teilchen mit ganzzahligem Spin im Zustand i mit der Energie E_i:

Bose-Einstein-Verteilung			**1**
	Symbol	Einheit	Benennung
$n_i = \dfrac{g}{e^{\frac{E_i-\mu}{kT}}-1}$ $g = 2s+1$	n_i	1	Teilchenzahl
	g	1	Gewichtsfaktor
	E_i	J	Energie des i-ten Zustands
	μ	J	chemisches Potential
	k	J/K	Boltzmann-Faktor
	T	K	Temperatur
	s		Teilchenspin

Der Gewichtsfaktor g ist für Bosonen mit Spin 0 gleich 1, für Bosonen mit Spin $s = 1$ ist $g = 3$. Für Fermionen mit Spin $s = 1/2$ gilt $g = 2$. Allgemein: $g = 2s + 1$.

▲ Alle fundamentalen Teilchen haben Spin ungleich null.

▲   Eichbosonen, die Feldquanten der fundamentalen Wechselwirkungen besitzen folgende Spinwerte: Spin 1 für Photonen, Weakonen und Gluonen, Spin 2 für das hypothetische Graviton.

➤   Der Bosonencharakter der Photonen ist für das Laser-Prinzip von Bedeutung: an einem Ort können sich beliebig viele Photonen in ein und demselben Energiezustand mit identischer Phase befinden.

3.   Bose-Einstein-Kondensation,

Übergang eines wechselwirkungsfreien Teilchensystems, das der Bose-Einstein-Statistik genügt, in einen Zustand, in dem alle Teilchen den niedrigsten Energiezustand besetzen. Die Bose-Einstein-Kondensation wird erwartet bei hohen Teilchenzahldichten n und/oder niedriger Temperatur T, wenn der Abstand der Teilchen (Masse m) mit der de-Broglie-Wellenlänge λ der Teilchen in der thermischen Bewegung vergleichbar wird,

$$n\lambda^3 \gtrsim 2.612, \quad \lambda = \sqrt{\hbar^2/(2\pi mkT)},$$

(k Boltzmann-Konstante). Die Bose-Einstein-Kondensation wird durch interatomare Wechselwirkungen gestört: bei starken Kräften zwischen den Molekülen bildet sich kein Bose-Einstein-Kondensat, sondern eine normale Flüssigkeit.

Die Bose-Einstein-Kondensation eines schwach wechselwirkenden Systems von Bosonen wurde im Jahre 1995 für ein Gas aus Rubidiumatomen nachgewiesen, indem die Methoden der Laserkühlung und der Verdampfungskühlung eines in einer magnetischen Falle eingeschlossenen Gases kombiniert wurden. Durch Laser-Vorkühlung in einer magneto-optischen Falle wurde eine kalte, dichte Wolke von Rubidiumatomen erzeugt, die anschließend in eine magnetische Falle gebracht wurde, in der sie durch Verdampfungskühlung bis zu einer Temperatur von 170 nK bei einer Dichte von $3 \cdot 10^{12}$ cm^3 abgekühlt wurde. Im Zentrum der Falle erfolgte die Bose-Einstein-Kondensation von etwa 2000 Atomen, die sich in einer drastischen Änderung der Orts- und Impulsverteilung der Teilchen äußerte, während in der Umgebung dieses Kondensats eine zweite, nicht-kondensierte Komponente vorlag.

Verdampfungskühlung, selektiver Entzug energiereicher Teilchen aus dem System. Nach der Thermalisierung besitzt das verbleibende System eine geringere mittlere Energie.

➤   Die Bose-Einstein-Kondensation wurde auch für Lithiumatome nachgewiesen, die sich durch schwache van-der-Waals-Kräfte anziehen.

27.2   Leptonen, Quarks und Vektorbosonen

27.2.1   Leptonen

Leptonen, Klasse von Teilchen, die der elektroschwachen Wechselwirkung, aber nicht der starken Wechselwirkung unterliegen.

▲   Leptonen besitzen Spin $1/2$, sind also Fermionen.

▲   Es existieren 6 Leptonen und ihre jeweiligen Antiteilchen.

▲   Alle Leptonen sind strukturlos, es sind punktförmige Teilchen.

Eigenschaften der Leptonen:

Name	Masse m/MeV	Ladung Q/e
Elektron e	$0.51099906 \pm 0.00000015$	-1
Elektron-Neutrino ν_e	$< 7.3 \cdot 10^{-6}$	0
Muon μ	105.658389 ± 0.000034	-1
Muon-Neutrino ν_μ	< 0.27	0
Tau-Lepton τ	1776.3 ± 2.4	-1
Tau-Neutrino ν_τ	< 31	0

Name	magn. Dipolmoment μ/μ_B	elektr. $d/(\mathrm{e}\cdot\mathrm{cm})$	Lebensdauer
Elektron e	1.001 159 652 193 $\pm 0.000\,000\,000\,010$	$(-0.3 \pm 0.8)\cdot 10^{-26}$	$\tau > 3.8\cdot 10^{23}$ a
Elektron-Neutrino ν_e	$< 1.08\cdot 10^{-9}$		$\tau/m_{\nu_e} > 300$ s/eV
Muon μ	$(1.001\,165\,923 \pm 0.000\,000\,008)\dfrac{m_e}{m_\mu}$	$(+3.7 \pm 3.4)\cdot 10^{-19}$	$\tau = (2.197\,03 \pm 0.000\,05)\cdot 10^{-6}$ s
Muon-Neutrino ν_μ	$< 7.4\cdot 10^{-6}$		$\tau/m_{\nu_\mu} > 15.4$ s/eV
Tau-Lepton τ			$\tau = (0.305 \pm 0.006)\cdot 10^{-12}$ s
Tau-Neutrino ν_τ	$< 4\cdot 10^{-6}$		

Leptonenladung, Leptonenzahl, L, wie die Baryonenzahl B eine ladungsartige Quantenzahl.

▲ Bei einem System von Elementarteilchen addieren sich die Baryonenladungen und die Leptonenladungen getrennt.

▲ Die **Leptonenladung** bleibt bei allen Kernreaktionen erhalten.

▲ Alle Leptonen haben Leptonenzahl $L = \pm 1$.

▲ Alle Leptonen haben Baryonenzahl $B = 0$.

■ Das Elektron hat die Leptonenladung $+1$, das Positron die Leptonenladung -1.

■ Das **Photon** γ hat sowohl Baryonenladung $B = 0$ als auch Leptonenladung $L = 0$.

Positron, das Antiteilchen des Elektrons.

27.2.2 Quarks

Hadronen, alle Teilchen, die der starken Wechselwirkung unterliegen. Sie besitzen eine innere Struktur. Baryonen und Mesonen sind Hadronen. Jedes Baryon ist aus drei Quarks aufgebaut. Jedes Meson besteht aus einem Quark-Antiquark-Paar.

▲ Alle Hadronen haben Leptonenzahl $L = 0$.

Quarks, zunächst hypothetisch eingeführte Teilchen, um die Ähnlichkeit der Baryonen- und Mesonenmultipletts zu erklären.

▲ Quarks sind strukturlos und punktförmig. Es existieren 6 Quarks und 6 Antiquarks, so wie es auch 6 Leptonen und 6 Antileptonen gibt. Quarks (q) und Antiquarks ($\bar{q}$) besitzen die Baryonenzahl $\frac{1}{3}$ beziehungsweise $-\frac{1}{3}$.

Eigenschaften der Quarks:

Name		$m/\mathrm{MeV}/c^2$	Q/e	I	I_z	s	π	S	charm	bottom	top
down	d	$5\ldots 15$	$-\frac{1}{3}$	$\frac{1}{2}$	$-\frac{1}{2}$	$\frac{1}{2}$	$+$	$-$	$-$	$-$	$-$
up	u	$2\ldots 8$	$+\frac{2}{3}$	$\frac{1}{2}$	$\frac{1}{2}$	$\frac{1}{2}$	$+$	$-$	$-$	$-$	$-$
strange	s	$100\ldots 300$	$-\frac{1}{3}$	0	0	$\frac{1}{2}$	$+$	-1	$-$	$-$	$-$
charm	c	$1300\ldots 1700$	$+\frac{2}{3}$	0	0	$\frac{1}{2}$	$+$	$-$	$+1$	$-$	$-$
bottom	b	$4700\ldots 5300$	$-\frac{1}{3}$	0	0	$\frac{1}{2}$	$+$	$-$	$-$	-1	$-$
top	t	174000 ± 17000	$+\frac{2}{3}$	0	0	$\frac{1}{2}$	$+$	$-$	$-$	$-$	$+1$

Q: Ladung, I: Drehimpuls, I_z: Drehimpulsprojektion, s: Spin, π: Parität, S: Strangeness.

▲   Wegen der relativ hohen Lebensdauer der aus den $c/\bar{c}$-Quarks, $b/\bar{b}$-Quarks und $t/\bar{t}$-Quarks aufgebauten Mesonen und Hadronen werden ihnen neue Quantenzahlen zugeschrieben: dem c-Quark: **Charm**; dem b-Quark: **Bottom**; dem t-Quark: **Top**.

Top-Quark. Das top-Quark t wurde im Jahre 1994 in Proton-Antiproton-Stößen mit einer Schwerpunktsenergie von 1.8 TeV nachgewiesen. In diesen Stößen kollidiert ein leichtes Quark im Proton mit einem leichten Antiquark im Antiproton, wobei sich ein $t\bar{t}$-Paar bildet. Das top-Quark t zerfällt fast ausschließlich in ein b-Quark und ein W^+-Meson, das seinerseits entweder (zu 67 %) hadronisch in ein zwei Quarks (u (oder c) und $\bar{d}$ (oder $\bar{s}$)) oder (zu 33 %) leptonisch in $e^+ + \nu_e$ oder $\mu^+ + \nu_\mu$ zerfällt. Analog zerfällt $\bar{t}$ in $\bar{b}$ und W^-, mit einem anschließenden hadronischen oder leptonischen Zerfall des W^--Mesons. Die Neutrinos manifestieren sich als Fehlbetrag in der Energiebilanz für das rekonstruierte Ereignis. Die Quarks und Antiquarks hadronisieren unter Bildung von Hadronenschauern (Jets), wobei die bei der Hadronisierung der b-Quarks entstehenden Teilchenspuren dadurch gekennzeichnet sind, dass sie nicht vom Wechselwirkungspunkt, sondern von einem versetzten Vertex ausgehen. Das $t\bar{t}$-Paar kann also durch Ereignisse nachgewiesen werden, für die das Auftreten von zwei geladene Leptonen und mindestens zwei Jets charakteristisch ist. Die Masse des top-Quarks beträgt $(174 \pm 17)\,\text{GeV}/c^2$. Sie ist damit 35-mal größer als die Masse des b-Quarks. Das t-Quark ist das schwerste bisher bekannte Elementarteilchen.

Baryonenladung, **Baryonenzahl**, B, eine ladungsartige Quantenzahl, die den Elementarteilchen zugeschrieben wird. Ladungsartig heißt, sie ist wie die elektrische Ladung eine additive skalare Größe.

▲   Alle Quarks haben Baryonenzahl $B = \pm\frac{1}{3}$ und Leptonenzahl $L = 0$.

▲   Alle Baryonen haben Leptonenzahl $L = 0$

▲   Die **Baryonenzahl** bleibt bei allen Teilchenumwandlungsprozessen erhalten.

➤   Dieser Erhaltungssatz sorgt dafür, dass sich bei Umwandlungsprozessen die Zahl der zu einer Familie gehörenden Teilchen und Antiteilchen nicht ändert. Protonen und Neutronen haben die Baryonenladung $+1$. Elektronen und Positronen haben die Baryonenzahl 0.

1.   Flavors: Strangeness, Charm, Bottom und Top

▲   Hadronen sind aus Quarks aufgebaut. Die sechs Quarksorten nennt man **flavors**.

▲   Mesonen bestehen aus je einem Quark und einem Antiquark. Damit ergibt sich die Baryonenzahl 0.

▲   Baryonen bestehen aus drei Quarks, ihre Baryonenzahl ist 1.

▲   Die starke Wechselwirkung ist flavor-blind, d.h., sie unterscheidet nicht zwischen den Quarksorten.

▲   Flavor-Änderungen werden von der schwachen Wechselwirkung vermittelt.

Aus den down-, up- und strange-Quarks können alle Baryonen im Baryonendekuplett und Baryonenoktett konstruiert werden.

Die drei Eckpunkte in dem Baryonendekuplett verletzen das Pauli-Prinzip, wenn nicht noch ein neuer Freiheitsgrad existiert, der die Quarks charakterisiert.

2.   Color

▲   **Color** (Farbe), ein neuer Freiheitsgrad, der den Quarks und Gluonen zugeschrieben wird. Die neue Eigenschaft hat den Charakter einer (Farb-)Ladung, sie ist für die Farb-Wechselwirkung verantwortlich.

▲   Jedes Quark kommt in drei Farben vor, Konvention: **rot** r, **blau** b, **grün** g.

▲   Antiquarks tragen die komplementären Farben (anti-rot $\bar{r}$, anti-blau $\bar{b}$, anti-grün $\bar{g}$).

▲   Alle Hadronen sind farbneutral (weiss).
     Baryonen: Die drei Quarks haben verschiedene Farben, die sich zu Null (weiß) addieren.
     Mesonen werden durch $q\bar{q}$-Paare mit entgegengesetzten Farben $r\bar{r}$, $b\bar{b}$, $g\bar{g}$ gebildet.

▲   Gluonen, die Überträger der starken Farbwechselwirkung, sind selbst farbig:
     Im Gegensatz zum Photon, das elektrisch nicht geladen ist, haben Gluonen eine „Farbladung". Es gibt acht verschiedene Farbkombinationen der Gluonen: $r\bar{b}$, $r\bar{g}$, $b\bar{g}$, $g\bar{b}$, $b\bar{r}$, $g\bar{r}$, $(r\bar{r} + g\bar{g} - 2b\bar{b})/\sqrt{6}$, $(r\bar{r} - g\bar{g})/\sqrt{2}$.

27.2.3   Hadronen

Hadronen, Elementarteilchen, die der starken Wechselwirkung unterliegen und räumlich ausgedehnt sind (s. S. 809). Entsprechend dem Spinwert unterscheidet man **Mesonen** und **Baryonen**.

Mesonen, Elementarteilchen, aufgebaut aus einem Quark-Antiquark-Paar, die der starken Wechselwirkung unterliegen und ganzzahligen Spin besitzen.

▲   Mesonen haben Baryonenzahl $B = 0$.

Baryonen, aus drei Quarks aufgebaute Elementarteilchen, die der starken Wechselwirkung unterliegen und halbzahligen Spin besitzen. Sie gehören zu den Fermionen.

▲   Baryonen haben Baryonenzahl $B = \pm 1$.

1.   Strangeness und schwere Baryonen

Strangeness, Seltsamkeit, S, die Eigenschaft bestimmter Elementarteilchen, durch die starke Wechselwirkung erzeugt zu werden und nach der schwachen Wechselwirkung zu zerfallen. Diesen Elementarteilchen wird eine neue Quantenzahl - die **Strangeness** S - zugeordnet, die diese Eigenschaft beschreibt und von einem Quark - dem strange-Quark - getragen wird.

▲   In der starken und der elektromagnetischen Wechselwirkung bleibt die Strangeness-Quantenzahl erhalten. Bei der schwachen Wechselwirkung wird diese Quantenzahl verletzt.

▲   Wird beim Zerfall eines Elementarteilchens ein Erhaltungssatz verletzt, so ist der Prozess unterdrückt, was einer Verlängerung der Lebensdauer des Teilchens entspricht.

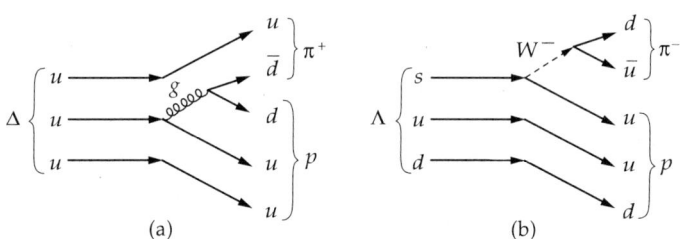

Abbildung 27.6: Quarkliniendiagramme. (a): Delta-Zerfall, (b): Lambda-Zerfall

2.   Hyperonen und Kaonen

Hyperonen, Teilchen mit halbzahligem Spin s und Massen oberhalb der Nukleonenmasse. Sie gehören zur Familie der Baryonen und tragen Strangeness ($S \neq 0$).

K-Meson, Kaon, ein instabiles Elementarteilchen aus der Familie der Mesonen. Es hat Strangeness $S = \pm 1$ und zerfällt nach einer mittleren Lebensdauer τ von etwa 10^{-10} s. Das ist sehr groß gegenüber der charakteristischen Zeit für die starke Wechselwirkung. 10^{-10} s ist typisch für Prozesse, die nach der schwachen Wechselwirkung ablaufen. Es existieren 4 K-Mesonen: $K^+, K^0, \overline{K}^0, K^-$.

▲   Hyperonen und K-Mesonen werden oft zusammen als Paar erzeugt.

| M | **Abb. 27.7** zeigt schematisch die Reaktion:

$$\pi^+ + p \quad \rightarrow \quad \Lambda^0 + K^0 + \pi^+ + \pi^+$$
$$\Lambda^0 \quad \rightarrow \quad \pi^- + p$$
$$K^0 \quad \rightarrow \quad \pi^+ + \pi^-$$

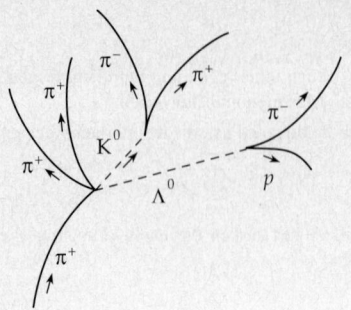

Abbildung 27.7: Schema einer Blasenkammer-
aufnahme: Ein π^+ trifft auf ein ruhendes, nicht
sichtbares Proton

Λ^0-**Hyperon**, ein neutrales Elementarteilchen, das wie jedes neutrale Teilchen in einer Blasenkammerauf-
nahme nicht sichtbar ist. Es zerfällt in ein Proton und ein π^--Meson mit einer Lebensdauer von $2.6 \cdot 10^{-10}$ s.
K^0-**Meson**, ein neutrales K-Meson, das ebenfalls in Blasenkammeraufnahmen nicht sichtbar ist. Das K^0-
Meson zerfällt mit einer Lebensdauer von 10^{-10} s in ein π^+-Meson und ein π^--Meson.

3.   Tabelle von Mesonen mit Spin 1 (Vektormesonen)

Name	Symbol	m/MeV	Q/e	S	Γ/MeV	Quarkinhalt
Rho-Meson	ρ^+	768.1 ± 0.5	1	0	151.5 ± 1.2	$u\bar{d}$
	ρ^0	768.1 ± 0.5	0	0	151.5 ± 1.2	$(u\bar{u} - d\bar{d})/\sqrt{2}$
	ρ^-	768.1 ± 0.5	-1	0	151.5 ± 1.2	$d\bar{u}$
Omega-Meson	ω	781.95 ± 0.14	0	0	8.43 ± 0.10	$(u\bar{u} + d\bar{d})/\sqrt{2}$
Phi-Meson	ϕ	1019.413 ± 0.008	0	0	4.43 ± 0.06	$s\bar{s}$
Kaon	K^{*+}	891.59 ± 0.24	1	1	49.8 ± 0.8	$u\bar{s}$
	K^{*0}	896.10 ± 0.28	0	1	50.5 ± 0.6	$d\bar{s}$
	K^{*-}	891.59 ± 0.24	-1	-1	49.8 ± 0.8	$\bar{u}s$
	$\bar{K}^{*0}$	896.10 ± 0.28	0	-1	50.5 ± 0.6	$\bar{d}s$

4.   Tabelle von Mesonen mit Spin 0 (Pseudoskalare Mesonen)

Name	Symbol	m/MeV	Q/e	S	τ/s	Quarkinhalt
geladenes Pion	$\pi^{\pm}$	139.5679 $\pm$0.0007	± 1	0	(2.6030 $\pm$0.0024) $\cdot 10^{-8}$	$u\bar{d}$ $d\bar{u}$
neutrales Pion	π^0	134.9743 $\pm$0.0008	0	0	(8.4 $\pm$0.6) $\cdot 10^{-17}$	$(u\bar{u}-d\bar{d})$ $/\sqrt{2}$
Eta-Meson	η	547.45 ± 0.19	0	0	$\approx 0.55 \cdot 10^{-18}$	$(u\bar{u}+d\bar{d}$ $-2s\bar{s})/\sqrt{6}$
	η'	957.75 ± 0.14	0	0	$\approx 0.33 \cdot 10^{-20}$	$(u\bar{u}+d\bar{d}$ $+s\bar{s})/\sqrt{3}$
Kaon	$K^{\pm}$	493.646 $\pm$0.009	± 1	± 1	(1.2371 $\pm$0.0029) $\cdot 10^{-8}$	$u\bar{s}$ $\bar{u}s$
neutrales Kaon	K^0	497.671 $\pm$0.031	0	1	50%K_S^0, 50%K_L^0	$d\bar{s}$
	$\overline{K}^0$	497.671 $\pm$0.031	0	-1	50%K_S^0, 50%K_L^0	$\bar{d}s$
K short	K_S^0	497.671 $\pm$0.031	0	$-$	(0.8922 $\pm$0.0020) $\cdot 10^{-10}$	$-$
K long	K_L^0	497.671 $\pm$0.031	0	$-$	(5.17 $\pm$0.04) $\cdot 10^{-8}$	$-$

In der Tabelle bedeuten: m – Masse; Q – elektrische Ladung; S – Strangeness; τ – mittlere Lebensdauer.

▲   Die Angabe einer Zerfallsbreite ist wegen $\Gamma = \hbar\tau$ äquivalent zur Angabe der mittleren Lebensdauer τ.

5.   Ordnungschema der Mesonenfamilie

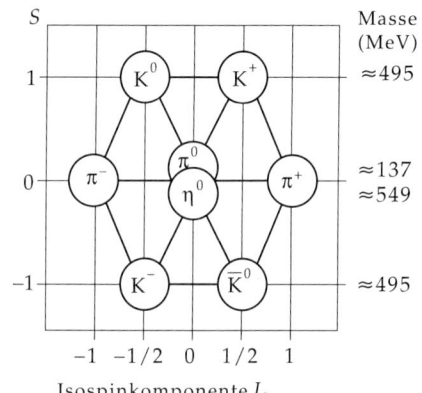

Abbildung 27.8: Ordnungsschema der Mesonenfamilie mit Spin 0 (pseudoskalare Mesonen)

Weitere Mesonen, die auch aus c-($\bar{c}$-) und b-($\bar{b}$-)Quarks aufgebaut sind:

- D- und D^*-Mesonen mit Charm $C = \pm 1$,
- D_S- und D_S^*-Mesonen mit Charm und Strangeness $C = S = \pm 1$,

- B- und B^*-Mesonen mit Bottom $B = \pm 1$.

6. Quarkonium

Quarkonium, ein Quark-Antiquark-Zustand (=Meson) aus den schweren Quarks.

- Charmonium $(c\bar{c})$: z. B. das J/ψ mit $m = 3096.93 \pm 0.09$ MeV,
- Bottonium $(b\bar{b})$: z. B. das Υ mit $m = 9460.32 \pm 0.22$ MeV.
- ➤ Namensgebung analog zu Positronium, dem gebundenen $e^+ - e^-$-Zustand.

Die Anregungszustände haben große Ähnlichkeit mit den Termschemata in der Atomphysik.

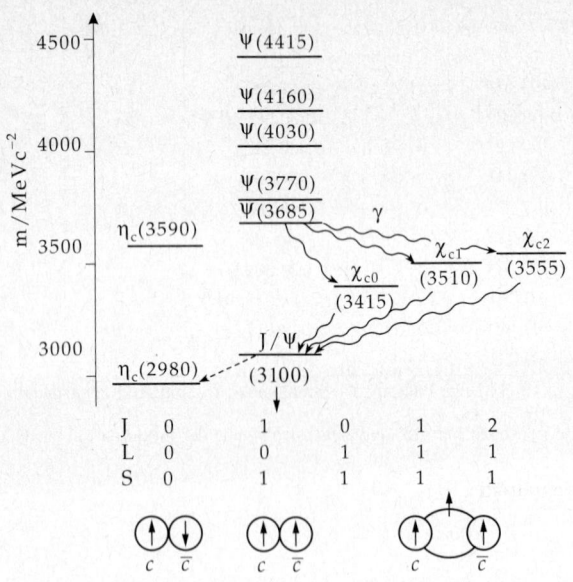

Abbildung 27.9: Massenspektrum der Charmoniumzustände mit Spin S, Bahndrehimpuls L und Gesamtdrehimpuls J

7. Baryonen mit Spin 1/2

Spin-1/2-Oktett, Ordnungsschema der Baryonen mit Spin $\frac{1}{2}$ (s. **Abb. 27.11**). Übersicht über Masse m, Ladung Q, mittlere Lebensdauer τ, magnetisches Dipolmoment μ, elektrisches Dipolmoment d und Strangeness S:

Name	Symbol	m/MeV	Q/e	τ/s
Proton	p	938.27231 ± 0.00028	1	$> 10^{31}$ a
Neutron	n	939.56563 ± 0.00028	0	889.1 ± 2.1
Lambda	Λ	1115.63 ± 0.05	0	$(2.632 \pm 0.020) \cdot 10^{-10}$
Sigma	Σ^+	1189.37 ± 0.07	1	$(0.799 \pm 0.004) \cdot 10^{-10}$
	Σ^0	1192.55 ± 1.10	0	$(7.4 \pm 0.7) \cdot 10^{-20}$
	Σ^-	1197.43 ± 0.06	-1	$(1.479 \pm 0.011) \cdot 10^{-10}$
Xi	Ξ^0	1314.90 ± 0.6	0	$(2.90 \pm 0.09) \cdot 10^{-10}$
	Ξ^-	1321.32 ± 0.13	-1	$(1.639 \pm 0.015) \cdot 10^{-10}$

Name	Symbol	μ/μ_N	$d/e \cdot cm$	S	Quarkinhalt
Proton	p	$2.792\,847\,39 \pm 6 \cdot 10^{-8}$	$(-4 \pm 6) \cdot 10^{-23}$	0	uud
Neutron	n	$-1.913\,0427 \pm 5 \cdot 10^{-7}$	$< 12 \cdot 10^{-26}$	0	udd
Lambda	Λ	-0.613 ± 0.004	$< 1.5 \cdot 10^{-16}$	-1	sdu
Sigma	Σ^+	2.42 ± 0.05		-1	suu
	Σ^0			-1	sdu
	Σ^-	-1.160 ± 0.025		-1	sdd
Xi	Ξ^0	-1.250 ± 0.014		-2	ssu
	Ξ^-	-0.6507 ± 0.015		-2	ssd

8. Baryonen mit Spin 3/2

Spin-3/2-Dekuplett, Ordnungsschema für Baryonen mit Spin $\frac{3}{2}$.
Aufbau des Baryonenmultipletts aus drei Quarks (s. **Abb. 27.11**):

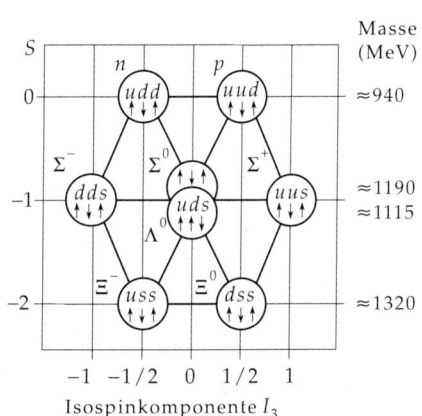

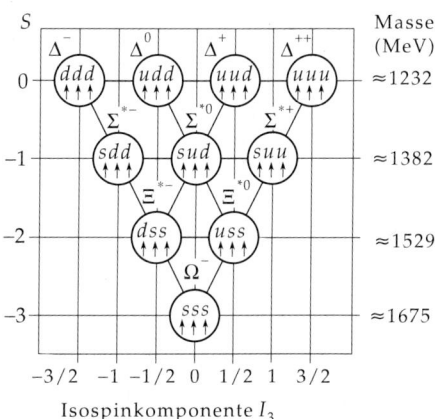

Abbildung 27.10: Ordnungsschema der Baryonen mit dem Spin 1/2

Abbildung 27.11: Aufbau des Spin-3/2-Baryonendekupletts aus drei Quarks

Ähnliche Multipletts gehören zu den Antibaryonen.

➤ Für die Isospinkomponente $I_3 = 0$ und die Strangeness -1 existieren zwei Zustände, die sich durch die Isospinquantenzahl I unterscheiden: $I = 0$: Λ^0 $I = 1$: Σ^0.

Baryonenfamilie mit Spin 3/2

Name	Symbol	m/MeV	Q/e	τ/s	S	Quarkinh.
Omega	Ω^-	1672.43 ± 0.32	-1	$(0.822 \pm 0.012) \cdot 10^{-10}$	-3	sss
Xi	Ξ^{*0}	1531.80 ± 0.32	0	$\Gamma = 9.1 \pm 0.5$ MeV	-2	ssu
	Ξ^{*-}	1535.0 ± 0.6	-1	$\Gamma = 9.9 \pm 1.8$ MeV	-2	ssd
Sigma	Σ^{*+}	1382.8 ± 0.4	1	$\Gamma = 35.8 \pm 0.8$ MeV	-1	suu
	Σ^{*-}	1387.2 ± 0.5	-1	$\Gamma = 39.4 \pm 2.1$ MeV	-1	sdd
	Σ^{*0}	1383.7 ± 1.0	0	$\Gamma = 36 \pm 5$ MeV	-1	sdu
Delta	Δ^{++}	1232	2	$\Gamma = 115 - 125$ MeV	0	uuu
	Δ^{+}	1232	1	$\Gamma = 115 - 125$ MeV	0	uud
	Δ^{0}	1232	0	$\Gamma = 115 - 125$ MeV	0	udd
	Δ^{-}	1232	-1	$\Gamma = 115 - 125$ MeV	0	ddd

27.2.4   Beschleuniger und Detektoren

Subatomare Strukturen können mit hochenergetischen Projektilen (Geschossteilchen) aufgelöst werden. Die Wellenlänge λ des Materiestrahls wird gemäß (s. S. 748)

$$\lambda = \frac{h}{p}$$

mit zunehmendem Impuls geringer, d.h., immer feinere Einzelheiten können sondiert werden.
Um neue Teilchen-Paare der Masse m produzieren zu können, ist jeweils eine spezifische Schwellenenergie erforderlich:

$$E = 2mc^2.$$

Jede Energieerhöhung durch die Entwicklung verbesserter Beschleuniger kann so neue Erkenntnisse liefern.

1.   Beschleuniger

Linearbeschleuniger, Teilchenbeschleuniger, bei dem die Hochfrequenzbeschleunigungsstrecken hintereinander angeordnet sind, so dass der Projektilstrahl sie nur einmal durchläuft, bevor er das Target trifft.

Zyklotron, Kreisbeschleuniger, bei dem die Teilchen in einem Magnetfeld spiralförmigen Bahnen folgen. Die beschleunigende, hochfrequente Spannung fester Frequenz wird oft durchlaufen.

Synchrotron, Kreisbeschleuniger mit zeitlich variablem Magnetfeld. Die Teilchenbahn ist ein Kreisring, der oft durchlaufen wird.

Speicherring, Beschleuniger nach dem Synchrotron-Prinzip, der zwei entgegengesetzt laufende Teilchenstrahlen unter kleinem Winkel miteinander kollidieren lässt. Bei gleicher Strahlenergie erreicht man im Schwerpunktsystem der kollidierenden Teilchen eine viel höhere Energie als in konventionellen Beschleunigern.

■   Beispiele für Speicherringe sind der Elektron-Proton-Speicherring HERA am DESY in Hamburg mit einem Umfang von 6.3 km (30-GeV-Elektronen auf 820-GeV-Protonen) und der Elektron-Positron-Collider LEP am CERN in Genf mit 26.7 km Umfang und $60 + 60$ GeV Strahlenergie. Am Proton-Antiproton-Collider des CERN wurden 1983 die Z- und W-Bosonen, Träger der schwachen Wechselwirkung, erstmals eindeutig nachgewiesen (Nobelpreis 1984 für C. Rubbia und S. van der Meer). Geplant und im Bau sind zur Zeit die Proton-Proton-Collider LHC am CERN mit 8 TeV und SSC in Texas mit 20 TeV.

Luminosität, $L^* = N_S/\sigma$, Einheit $\mathrm{s}^{-1}\mathrm{cm}^{-2}$, wichtige Kenngröße für Speicherringe, gibt die Zahl der Reaktionen eines bestimmten Typs N_S pro Sekunde, geteilt durch den Reaktionswirkungsquerschnitt σ an.

Linear-Collider, Anlagen aus zwei gegeneinander gerichteten Linearbeschleunigern. Die Teilchen durchlaufen die Beschleunigungsstrecken nur einmal, bevor sie kollidieren. Da die Teilchen jedoch nicht abgelenkt werden müssen, vermeidet man die großen Strahlungsverluste der Speicherringe. Geplant werden zur Zeit verschiedene 0.5 TeV e^+e^--Kollisionsmaschinen: TESLA (20 km Länge, 1.3 GHz Frequenz) und S-Band (25 km, 3 GHz), beide am DESY, CLIC (6.25 km, 30 GHz) am CERN und einige andere.

2. Detektoren

- **Kernspurplatten**, photographische **Emulsionen**, die durch die detektierten Teilchen entlang der Teilchenspur geschwärzt werden.
- **Blasenkammern**, früher häufig zur Messung von Elementarteilchen benutzt. In einer großen Kammer befindet sich eine Flüssigkeit unter Druck in der Nähe ihres Siedepunktes. Durch kurzzeitige Erniedrigung des Druckes wird die Flüssigkeit in einen überhitzten Zustand übergeführt. Hochenergetische geladene Teilchen rufen in diesem Zustand eine Ionisationsspur hervor, an der es zum Sieden der umgebenden Flüssigkeit kommt. Damit ändert sich der Brechungsindex, und die Spur kann im durchscheinenden Licht oder in der Reflexion des Lichtes photographiert werden. Die Blasenkammer ist nach der Druckerniedrigung etwa 10 ms lang empfindlich. Durch Magnetfelder werden die geladenen Teilchen abgelenkt (Lorentz-Kraft). Aus der Krümmung können Ladung und Geschwindigkeit des Teilchens entnommen werden. Aus der Ionisationsdichte kann die Energie der Teilchen bestimmt werden. Als Flüssigkeiten wurden flüssiger Wasserstoff oder auch Propan verwendet.
- **Streamerkammer**, Detektor, bei dem der Durchgang von Teilchen durch impulsartiges Anlegen einer sehr hohen Spannung zu leuchtenden Entladungen längs der Bahn führt. Diese werden photographiert.
- **Ionisationskammer**, Detektor, in dem die durch das Teilchen erzeugte primäre Ionisation gemessen wird. Sie arbeitet mit einem Zählgas in einem elektrischen Feld.
- **Čerenkov-Zähler**, Detektor, bei dem Teilchen, die sich durch das optisch stark brechende Material schneller als die Phasengeschwindigkeit des Lichts bewegen, eine kegelförmige elektromagnetische Welle erzeugen. Aus dem Winkel des emittierten Lichts kann man auf die Geschwindigkeit des Teilchens schließen. Neuere Anwendung in **R**ing **I**maging **Ch**erenkov-Counter (RICH).
- **Halbleiterzähler**, bestimmen die Ionisation $\Delta E / \Delta x$ und eventuell auch die deponierte Energie E.
- **Silicium-Streifendetektor**, Streifen aus Bor auf einem Silicium-Einkristall. Die p-n-Grenzschicht wird in Sperr-Richtung betrieben; bei Durchgang eines geladenen Teilchens werden die erzeugten Elektronen auf den Anoden der Streifen gesammelt.
- **Szintillationszähler**, Teilchennachweis durch Fluoreszenz-Lichtquanten bei Durchgang eines geladenen Teilchens durch einen Szintillator. Verstärkung des Lichtsignals durch Sekundärelektronenvervielfacher. Hohes zeitliches Auflösungsvermögen ermöglicht hohe Zählraten. Geringes räumliches Auflösungsvermögen.
- **Proportionalkammer**, besteht aus Ebenen von parallelen Anodendrähten (Dicke etwa 50 μm, Abstand etwa 1 mm) zwischen metallischen Katodenflächen. Argon-Alkohol-Mischung als Füllgas. Hohe Genauigkeit bei räumlicher Lokalisierung der Flugbahn.
- **T.P.C.** (time projection chamber), Spurdetektor, der unter Berücksichtigung der Driftzeiten der durch die Ionisationsprozesse erzeugten Elektronen die Teilchentrajektorie rekonstruieren lässt. In Hunderten von Anodendrähten werden Orts- und Zeitkoordinaten der Teilchen bestimmt.

27.3 Symmetrien und Erhaltungssätze

Homogenität der Zeit, Eigenschaft der Naturgesetze, sich mit der Zeit nicht zu ändern. Physikalische Größen eines zeitlich homogenen Systems hängen nicht von der Zeit t, sondern nur von Zeitdifferenzen Δt ab. Dies ist die tiefere Ursache der Energieerhaltung.

Homogenität des Raumes, Eigenschaft der Naturgesetze, nicht vom Ort abzuhängen. Physikalische Größen eines räumlich homogenen Systems ändern sich nicht bei Verschiebungen (Translationen) $\vec{r} \rightarrow \vec{r} + \Delta \vec{r}$. Dies ist die tiefere Ursache der Impulserhaltung.

Isotropie des Raumes, die Gleichwertigkeit aller Raumrichtungen. Die Eigenschaften eines Systems ändern sich nicht bei Drehungen. Eine Folge der Isotropie des Raumes ist die Drehimpulserhaltung.

Noethersches Theorem:
Die Entsprechung von fundamentalen Symmetrien und Erhaltungsgrößen. Die Invarianz des feldtheoretischen Wirkungsintegrals gegenüber einer n-parametrigen stetigen Transformationsgruppe hat die Existenz von n Erhaltungssätzen zur Folge.

27.3.1 Paritätserhaltung und schwache Wechselwirkung

Spiegelsymmetrie der Welt bedeutet, dass das Spiegelbild eines beliebigen Objekts ebenfalls als reales Objekt existieren kann.

Paritätserhaltung, die Bezeichnung für die Spiegelsymmetrie der Welt in der Quantenmechanik. Sie gilt immer dort, wo die starke oder die elektromagnetische Wechselwirkung für die Reaktion verantwortlich ist.

■ Angeregte Atome im feldfreien Raum strahlen elektromagnetische Wellen isotrop aus. Bringt man das Atom in das Magnetfeld eines Ringstromes, so spalten die Atomniveaus unterschiedlicher Drehimpulsprojektion relativ zur Feldrichtung auf (Zeeman-Effekt). Die Ausstrahlungscharakteristik ist spiegelsymmetrisch zur Ebene des Ringstromes. Sie ändert sich nicht, wenn die Richtung des Ringstromes umgekehrt wird (**Abb. 27.13**).

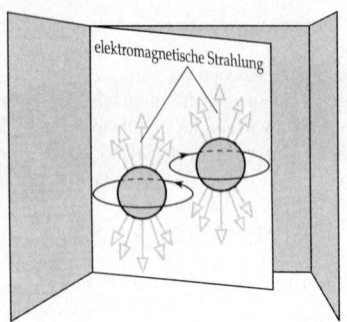 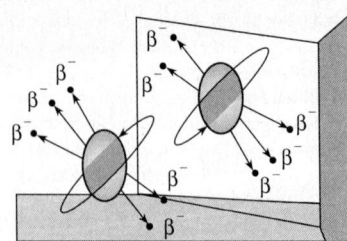

Abbildung 27.12: Elektromagnetische Ausstrahlung beim Zeeman-Effekt, Paritätserhaltung

Abbildung 27.13: Schematisches Bild der Paritätsverletzung

Paritätsoperator, $\hat{P}$, spiegelt die Wellenfunktion räumlich: $\hat{P}\psi(\vec{r}) = \psi(-\vec{r})$

Paritätsverletzung, die Nichterhaltung der Parität während einer Kernreaktion. Eine Reaktion, die zu einer Paritätsverletzung führt, ist der β-Zerfall. **Abb. 27.13** zeigt schematisch die Paritätsverletzung beim β-Zerfall.

■ Ein β-Strahler (zum Beispiel eine ^{60}Co-Quelle) befindet sich in einem homogenen Magnetfeld bei tiefen Temperaturen. Die magnetischen Momente der ^{60}Co-Kerne sind vollständig polarisiert. Die Zählrate eines β-empfindlichen Detektors (zum Beispiel ein Anthracen-Kristall) wird als Funktion der Aufheizzeit der Probe gemessen. Gleichzeitig wird die von der Quelle emittierte γ-Strahlung registriert. Bei höheren Temperaturen wird die Polarisation durch die thermische Bewegung ausgeglichen. Die Asymmetrie verschwindet. In einer zweiten Messung wird das Magnetfeld umgepolt und die Messung wiederholt. **Abb. 27.14** zeigt das Ergebnis.

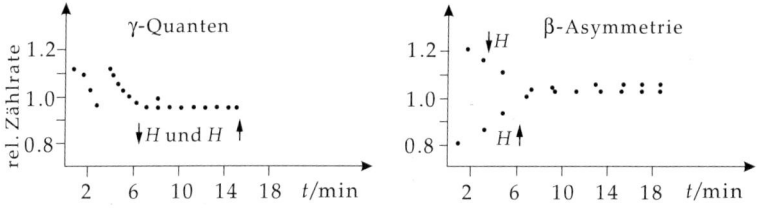

Abbildung 27.14: Messergebnisse zum β-Zerfall beim ^{60}Co. H: Magnetfeld

Die Asymmetrie der β-Teilchenemission ist von der Richtung des Magnetfeldes H abhängig und damit nicht spiegelsymmetrisch. Die Asymmetrie der γ-Quanten ist dagegen von der Magnetfeldrichtung unabhängig.

▲ Bei der **schwachen Wechselwirkung** bleibt die Parität **nicht** erhalten.

Als Folge der Paritätsverletzung ergibt sich:

▲ Der Spin von **Elektron** und **Neutrino** ist immer der **Ausbreitungsrichtung entgegengesetzt** orientiert (negative Helizität). Der Spin von **Positron** und **Antineutrino** dagegen ist immer **in Ausbreitungsrichtung** orientiert (positive Helizität).

▲ Protonen und Neutronen wird die innere Parität $\pi_n = \pi_p = +1$ zugeordnet. Dem Elektron wird ebenfalls die Parität $\pi_e = +1$ zugeordnet. Ein System aus zwei Teilchen A und B hat die Parität

$$\pi = (-1)^l \pi_A \cdot \pi_B,$$

wobei l die Quantenzahl für den Bahndrehimpuls der Relativbewegung bedeutet. Die Parität ist eine multiplikative Quantenzahl.

27.3.2 Ladungserhaltung und Paarbildung

▲ Elementarteilchen- und Kernreaktionen verlaufen immer so, dass sich die Gesamtladung nicht ändert: Elektrische Ladung, Baryonenladung und Leptonenladungen addieren sich getrennt und bleiben bei allen Reaktionen erhalten.

■ Ein Beispiel für die Erhaltung der elektrischen Ladung ist die Alphazerfallsreaktion:

$$\underbrace{^{14}_{7}\text{N} + ^{4}_{2}\text{He}}_{9} \rightarrow \underbrace{^{1}_{1}\text{H} + ^{17}_{8}\text{O}}_{9}$$

Paarbildung, eine Reaktion, bei der elektromagnetische Strahlung (γ-Quant) sich in ein Teilchen und ein Antiteilchen umwandelt. Ein Beispiel ist die Bildung eines Elektron-Positron-Paares:

$$\gamma \rightarrow e^+ + e^-.$$

Wegen der Energie- und Impulserhaltung kann die e^+e^--Paarbildung nur im äußeren Feld eines dritten Teilchens (z.B. eines Atomkerns) geschehen. Die Paarbildung ist eine Schwellwertreaktion. Wegen der endlichen Ruhemasse des Elektrons und des Positrons ($m_e \cdot c^2 \approx 511$ keV) tritt diese Reaktion nur bei γ-Energien größer 1.022 MeV auf.

Paarvernichtung, Prozess, bei dem ein Teilchen mit seinem Antiteilchen (mit einem verschwindenden Gesamtimpuls) zu elektromagnetischer Strahlung annihiliert. Wegen der Impulserhaltung müssen mindestens zwei Photonen entstehen:

$$e^+ + e^- \rightarrow 2\gamma.$$

Antiteilchen, Elementarteilchen, deren ladungsartige Quantenzahlen - bei Fermionen auch die Parität - gegenüber den zugeordneten Teilchen entgegengesetztes Vorzeichen bei gleichem Betrag haben.

➤ Der Erhaltungssatz der elektrischen Ladung würde die Umwandlung eines γ-Quantes in ein Elektron und Proton gestatten. Diese Reaktion wird **nicht beobachtet**; sowohl die Baryonenzahl als auch die Leptonenzahl wären dabei nicht erhalten.

Antiproton, das Antiteilchen zum Proton. Es hat die elektrische Ladung $q_{\bar{p}} = -1e$, die Baryonenzahl $B_{\bar{p}} = -1$ und die Parität $\pi_{\bar{p}} = -1$.

Die Umwandlung eines γ-Quantes in ein Proton und ein Antiproton ist nach den o.g. Erhaltungssätzen möglich. Die Schwellenenergie für diese Reaktion liegt bei

$$Q_{Schw} \geq 2 \cdot m_p \cdot c^2 = 2 \cdot 938.2796 \text{ MeV}.$$

Die folgende Tabelle stellt die ladungsartigen Quantenzahlen einiger Elementarteilchen zusammen.

Elementar-teilchen	Elektrische Ladung	Baryonen-ladung	Leptonen-ladung
Proton	+1	+1	0
Neutron	0	+1	0
Elektron	-1	0	+1
Positron	+1	0	-1
π^+, π^0, π^--Mesonen	+1, 0, -1	0	0
Photon	0	0	0
Neutrino	0	0	+1
Antiproton	-1	-1	0
Antineutron	0	-1	0
Antineutrino	0	0	-1

27.3.3   Ladungskonjugation und Antiteilchen

Ladungskonjugation, C, Symmetrieoperation, die Teilchen und Antiteilchen verbindet. Die Ladungskonjugation ist mit einer diskontinuierlichen Transformation verbunden. Bei dieser Transformation wird ein Teilchen durch ein Antiteilchen ersetzt.

▲   Zu jedem Teilchen existiert ein Antiteilchen. Es besitzt die gleiche Masse und Lebensdauer wie das Teilchen, aber entgegengesetzte ladungsartige Quantenzahlen.

➤   Die Welt sollte bei Symmetrie bezüglich dieser Ladungskonjugation nicht nur schlechthin elektrisch neutral sein, sondern es sollten gleichviele Teilchen und Antiteilchen existieren. Alle bisherigen Beobachtungen deuten auf eine Asymmetrie der Welt hin.

$\hat{C}$-**Operator**, Operator, der die Teilchen→Antiteilchen-Transformation durchführt. Wird dieser Operator zweimal hintereinander ausgeführt, so ist man wieder beim ursprünglichen Teilchen angelangt.

27.3.4   Zeitumkehr-Invarianz und Umkehrreaktionen

Zeitumkehr-Invarianz, die Symmetrie physikalischer Erscheinungen gegenüber Zeitumkehr.

$\hat{T}$-**Operator**, Operator, der die Zeitumkehr bewirkt, also t durch $-t$ ersetzt.

■   Bei einem unelastischen Stoß zwischen zwei Teilchen A und B liegen im Endzustand die Teilchen C und D vor. Die Wahrscheinlichkeit für den Übergang des Systems von dem Anfangszustand i in den Endzustand f wird durch w_{fi} bezeichnet. Die Wahrscheinlichkeit für den umgekehrten Prozess (Anfangszustand f^* geht in den Endzustand i^*) ist $w_{i^* f^*}$. Die Zeitumkehr-Invarianz verlangt:

$$w_{fi} = w_{i^* f^*}.$$

Die folgende Tabelle zeigt das Verhalten einiger physikalischer Größen gegenüber einer Zeitumkehr $\hat{T}$, einer Ladungskonjugation $\hat{C}$ und einer Raumspiegelung $\hat{P}$.

Größe	Symmetrieoperation		
	$\hat{T}$	$\hat{C}$	$\hat{P}$
Impuls $\vec{p}$	$-\vec{p}$	$\vec{p}$	$-\vec{p}$
Spin $\vec{J}$	$-\vec{J}$	$\vec{J}$	$\vec{J}$
elektrisches Feld $\vec{E}$	$\vec{E}$	$\vec{E}$	$-\vec{E}$
magnetisches Feld $\vec{H}$	$-\vec{H}$	$\vec{H}$	$\vec{H}$
Dipolmoment (elektrisch) $\vec{J} \cdot \vec{E}$	$-\vec{J} \cdot \vec{E}$	$\vec{J} \cdot \vec{E}$	$-\vec{J} \cdot \vec{E}$

▲   Die **Zeitumkehr-Invarianz** wird bei Reaktionen, die der starken oder elektromagnetischen Wechselwirkung unterliegen, bestätigt.

▲   Die Symmetrie der Wechselwirkung unter einer $\hat{C}$-, $\hat{P}$- oder $\hat{T}$-Transformation einzeln ist kein universelles Naturgesetz.

▲   Die elektromagnetische, schwache und starke Wechselwirkung sind gegenüber der Anwendung aller drei Operationen in beliebiger Reihenfolge invariant.

➤   Eine experimentell prüfbare Konsequenz der $\hat{C}\hat{P}\hat{T}$-Invarianz ist die Gleichheit der mittleren Lebensdauern, der Massen und der Beträge der magnetischen Momente von Teilchen und Antiteilchen. Bisher sind keine Experimente bekannt, die die $\hat{C}\hat{P}\hat{T}$-Invarianz verletzen.

27.3.5   Erhaltungssätze

Erhaltungssätze und Symmetrie der Wechselwirkung sind eng verknüpft:

▲   Wird eine Symmetrie gebrochen, wird ein Erhaltungssatz verletzt.

Universelle Erhaltungssätze und ihre Gültigkeit für die verschiedenen Wechselwirkungstypen:

Erhaltungssatz/ Quantenzahl	Wechselwirkung			
	starke	elektromagnetische	schwache	Gravitation
Energie E	+	+	+	+
Impuls $\vec{p}$	+	+	+	+
Drehimpuls $\vec{J}$	+	+	+	+
ladungsartige:				
elektr. Ladung Q	+	+	+	+
Baryonenladung B	+	+	+	+
Leptonenladung L	+	+	+	+
spinartige:				
Spin $\hat{s}$	+	+	+	+
Isospin $\hat{I}$	+	−	−	−
Isospinkomponente I_z	+	+	−	−
Strangeness S	+	+	−	−

Erhaltungssatz	physikalische Ursache	Typ des Erhaltungssatzes
Energie	Homogenität der Zeit	geometrisch
Impuls	Homogenität des Raumes	geometrisch
Drehimpuls	Isotropie des Raumes	geometrisch
$\hat{C}\hat{P}$-Invarianz	Rechts-links Symmetrie des Raumes	geometrisch
$\hat{T}$-Invarianz	Symmetrie der Zeit $(t, -t)$	geometrisch
elektrische Ladung	unbekannt	Ladung
Baryonenladung	unbekannt	Ladung
Leptonenladung	unbekannt	Ladung
Strangeness	unbekannt	

27.3.6   Jenseits des Standard-Modells

M **Lebensdauer des Protons**, sollte nach Vorhersage der eleganten vereinheitlichenden **GUT-Theorie** (Grand Unified Theory) von Georgi und Glashow $\tau = 4.5 \cdot 10^{29 \pm 1.7}$ Jahre betragen (d.h., um viele Größenordnungen höher als das Alter des Universums). Verschiedene Experimente ergaben Untergrenzen von 10^{31} bis $5 \cdot 10^{32}$ Jahren. Die Experimente werden in Salzbergwerken, Goldminen und Bergtunneln durchgeführt, um die kosmische Strahlung abzuschirmen.

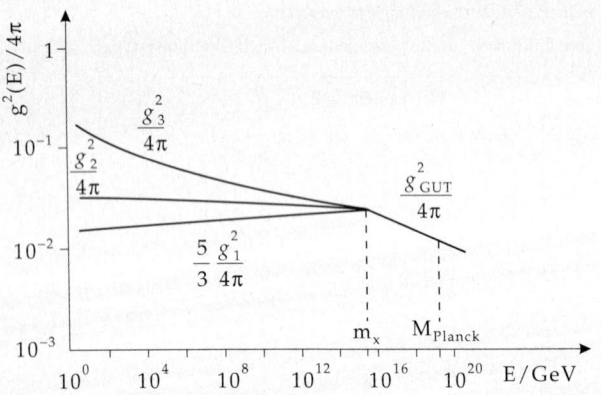

Abbildung 27.15: Energieabhängige Kopplungsparameter g_1 (elektromagnetische Wechselwirkung), g_2 (schwache Wechselwirkung), g_3 (starke Wechselwirkung) und g_{GUT} (Große Vereinheitlichung (GUT))

Supersymmetrie-Modell (SUSY), Modell der Vereinheitlichung, das eine Reihe von neuen Elementarteilchen postuliert, die den bekannten zugeordnet werden:

■   Neutralino, Chargino, Sneutrino, Selectron, Smuon, Squark und Gluino.

Für das leichteste supersymmetrische Teilchen wurde eine Masse $m > 15$ GeV vorausgesagt. Nachgewiesen wurde bisher noch keines dieser Teilchen. Das Massenspektrum könnte an zukünftigen Protonspeicherringen wie LHC und SSC oder an zukünftigen Elektron-Positron-Linearbeschleunigern gemessen werden.

Magnetischer Monopol, isoliertes Auftreten magnetischer Elementarladungen, wie es von vereinheitlichenden Theorien gefordert wird. Ihre Existenz würde die Zeitumkehrinvarianz verletzen, was kein prinzipieller Fehler ist, da bei neutralen Kaonen die Brechung dieser Symmetrie bereits beobachtet wurde.

$\boxed{\text{M}}$ Magnetische Monopole sind trotz intensiver Suche bisher nicht beobachtet worden: In Ballonflügen wurden Detektoren der kosmischen Strahlung ausgesetzt, und Mondgestein wurde untersucht. 1975 wurde die Entdeckung eines magnetischen Monopols gemeldet, vermutlich lag jedoch eine Verwechslung mit einem extrem schweren Atomkern vor. Magnetische Monopole könnten 10^{16}-mal schwerer als ein Proton sein.

Majorana-Neutrinos, massive Neutrinos, Neutrinos mit $m_\nu \neq 0$. Gemäß der gewöhnlichen **Elektroschwachen Theorie** ist $m_\nu = 0$. Endliche Neutrino-Ruhemassen hätten weitreichende Folgen für die Theorie: Zum Beispiel wäre die **Leptonenzahl nicht erhalten**.

$\boxed{\text{M}}$ Die experimentelle Obergrenze für die Elektron-Neutrino-Masse liegt bei 7 eV. Gemessen wird in den Experimenten tatsächlich der Wert von m_ν^2, dieser ist zum Teil negativ.

Eine Obergrenze für die Neutrinomasse lieferte auch die Explosion eines Sterns vor 165000 Jahren: Der Zeitunterschied in der Ankunftszeit der Neutrinos und des Lichts der Supernova (SN1987A), die 1987 beobachtet wurde, lassen Rückschlüsse auf die Ruhemasse $m < 7$ eV zu.

Planck-Masse, $M = \sqrt{\hbar c / G} \approx 1.2 \cdot 10^{19}$ GeV/c^2 (G ist die Gravitationskonstante), Masse oder Energie, ab der die Gravitation gemäß der **allgemeinen Relativitätstheorie** die Physik der Elementarteilchen wesentlich mitbestimmt.

28 Kernphysik

28.1 Bausteine des Atomkerns

Atomkern, gebundenes System aus A **Nukleonen.**

Nukleon, Sammelbegriff für Proton und Neutron.

Proton, positiv geladenes Elementarteilchen mit dem Spin 1/2. Der Betrag der elektrischen Ladung des Protons entspricht der Elementarladung.

Neutron, neutrales Elementarteilchen mit dem Spin 1/2.

1. Grundcharakteristika des Atomkerns

Ordnungszahl, **Kernladungszahl**, Z, Anzahl der Protonen im Atomkern und damit Zahl der Elektronen in der Hülle des neutralen Atoms.

Neutronenzahl, N, Anzahl der Neutronen im Atomkern.

Massenzahl, A, des Atomkerns, die Gesamtzahl der Nukleonen im Kern,

$$A = Z + N.$$

Bezeichnung: Die Ordnungszahl Z wird dem Kern X links unten vorangestellt, die Massenzahl A links oben, die Neutronenzahl N rechts unten angegeben:

$$^A_Z X_N.$$

(g,g)-Kerne, Kernladungszahl Z gerade, Neutronenzahl N gerade,
(g,u)-Kerne, Kernladungszahl Z gerade, Neutronenzahl N ungerade,
(u,g)-Kerne, Kernladungszahl Z ungerade, Neutronenzahl N gerade,
(u,u)-Kerne, Kernladungszahl Z ungerade, Neutronenzahl N ungerade.

2. Isotope, Isobare und Isotone

Isotope, Atomkerne mit gleicher Ordnungszahl Z, aber verschiedener Neutronenzahl N.

■ $^A_Z X_N$ und $^{A+1}_Z X_{N+1}$ sind Isotope. Beispiel: die Kohlenstoffisotope ^{12}C, ^{13}C und ^{14}C.

➤ Isotope sind chemisch im wesentlichen äquivalent. Nur Prozesse, die von der Masse abhängen, zeigen für Isotope ein leicht unterschiedliches Verhalten (Unterschiede in den physikalisch-chemischen Gleichgewichten, Unterschiede in der Diffusionsgeschwindigkeit, Isotopieverschiebungen in den Atomspektren, Resonanzfrequenzen in Molekülen, kritische Temperatur von Supraleitern). Diese Erscheinungen werden als **Isotopieeffekte** bezeichnet.

Isobare, Atomkerne mit gleicher Massenzahl A, aber verschiedener Protonenzahl Z. Isobare gehören zu verschiedenen chemischen Elementen.

■ $^A_Z X_N$ und $^A_{Z+1} Y_{N-1}$ sind Isobare. Beispiel: ^{14}C und ^{14}N.

Isotone, Atomkerne mit gleicher Neutronenzahl N, aber unterschiedlichen Ordnungszahlen Z. Isotone gehören zu unterschiedlichen chemischen Elementen.

■ $^A_Z X_N$ und $^{A+1}_{Z+1} Y_N$ sind Isotone.

3. Isospin und verallgemeinertes Pauliprinzip

Isospin, $\hat{t}$, Operator des Isospins, besitzt alle mathematischen Eigenschaften des Spinoperators $\hat{s} = \hat{\sigma}/2$ (in Einheiten von $\hbar$),

$$\hat{t} = (\hat{t}_x, \hat{t}_y, \hat{t}_z), \quad \hat{t} = \hat{\tau}/2, \quad t = 1/2, \quad m_t = \pm 1/2.$$

Proton und Neutron können als zwei Zustände des Nukleons mit unterschiedlicher Isospinorientierung m_t (dritte Komponente des Isospins) angesehen werden:

$$m_t = +1/2 : \quad \text{Proton}, \qquad m_t = -1/2 : \quad \text{Neutron}.$$

Ladungsoperator $\hat{q}$ des Nukleons, besitzt die Eigenwerte 0 (Neutron) und e (Proton),

$$\hat{q} = \frac{e}{2}(1 + \hat{t}_z), \qquad e : \text{Elementarladung}.$$

In einem Vektormodell koppeln die Isospins $\vec{t}_1, \vec{t}_2$ zweier Nukleonen zum Gesamtisospin $\vec{T}$ mit den Quantenzahlen $T, M_T = m_{t_1} + m_{t_2}$:

Isospin-Singulett:	$T = 0, \quad M_T = 0$	Neutron-Proton-System,
Isospin-Triplett:	$T = 1, \quad M_T = 1$	Proton-Proton-System,
	$M_T = 0$	Neutron-Proton-System,
	$M_T = -1$	Neutron-Neutron-System.

Symmetrie der Isospinfunktion des Zweinukleonensystems bei Vertauschung der Isospinkoordinaten der beiden Nukleonen:

$T = 0$: antisymmetrische Isospinfunktion,
$T = 1$: symmetrische Isospinfunktion.

Ladungsunabhängigkeit der Kernkraft, die Zweiteilchenkraft zwischen (pp)-, (pn)- und (nn)-Paaren im Isospin-Triplettzustand ist gleich, sofern man die elektromagnetische Wechselwirkung außer Betracht lässt. Die Zweiteilchenkraft im Isospin-Singlettzustand unterscheidet sich von der im Isospin-Triplettzustand.

Verallgemeinertes Pauliprinzip, die Wellenfunktion eines Nukleonensystems muss bei gleichzeitiger Vertauschung der Spin-, Isospin- und Ortskoordinaten zweier beliebiger Nukleonen antisymmetrisch sein.

■ Der Grundzustand des Deuterons ist ein Isospin-Singulett-Zustand ($T = 0, M_T = 0$, antisymmetrische Isospinfunktion) und ein Spin-Triplett-Zustand ($S = 1$, symmetrische Spinfunktion) des Neutron-Proton-Systems. Nach dem verallgemeinerten Pauli-Prinzip muss die Ortsfunktion bei Vertauschung der Teilchenkoordinaten symmetrisch sein, so dass für die Quantenzahl L des Bahndrehimpulses der Relativbewegung nur geradzahlige Werte erlaubt sind: $L = 0.2, 4, \ldots$.

4. Tabelle fundamentaler Eigenschaften der Nukleonen

Eigenschaften	Proton	Neutron
Masse	$1.672\,623\,1(10) \cdot 10^{-27}$ kg	$1.674\,928\,6(10) \cdot 10^{-27}$ kg
Ladung	$+1.602\,177\,33 \pm 0.000\,004\,65 \cdot 10^{-19}$ C	0
Lebensdauer	$\geq 10^{31}$ a	(898 ± 16) s
Spin ($\hbar$)	$1/2$	$1/2$
magnetisches Moment	$(+2.792\,847\,39 \pm 0.000\,000\,06) \cdot \mu_K$	$(-1.913\,042\,7 \pm 0.000\,000\,5) \cdot \mu_K$
gyromagnetisches Verhältnis	$5.585\,692$	$-3.826\,3$
Isospinprojektion	$+1/2$	$-1/2$

5. Kernspinresonanz

Kernmagneton, Maßeinheit für das magnetische Moment von Atomkernen,

$$\mu_K = e\hbar/(2m_{\text{Proton}}) = 3.152\,451\,66(28) \cdot 10^{-14} \text{ MeV T}^{-1}.$$

[M] Der Protonenspin wird mittels der **paramagnetischen Kernspinresonanz** (**NMR**, engl. **N**uclear **M**agnetic **R**esonance) gemessen: Das magnetische Moment $\vec{\mu}_p$ eines Protons kann in einem Magnetfeld $\vec{B}$ nur bestimmte Orientierungen annehmen (Richtungsquantelung). Diesen Richtungen entsprechen unterschiedliche Energien. Befindet sich eine Probe (etwa Wasser) in einem Magnetfeld, so ergibt sich eine Spinpolarisation der Protonen des Wasserstoffs. Ein Hochfrequenzfeld wird über eine Spule eingestrahlt und die Frequenz kontinuierlich geändert. Erreicht die Frequenz f einen Wert, der einem Energieübergang von einem Spinzustand in den anderen entspricht, so wird der Schwingkreis, in dem sich die Spule befindet, gedämpft (**Abb. 28.1**).

➤ NMR wird zur Analyse der Struktur organischer Moleküle und in der Medizin (Kernspin-Tomographie) eingesetzt.

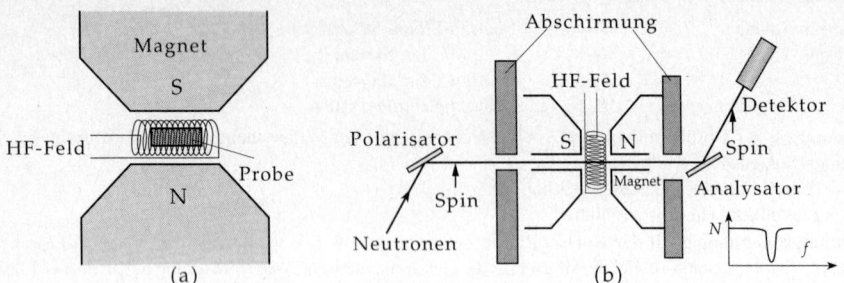

Abbildung 28.1: (a): Prinzipschema der Kernresonanzmessung (NMR). (b): NMR-Messung des Neutronenspins mit Zählrate N als Funktion der Frequenz f des HF-Feldes

6. Magnetisches Moment der Nukleonen

Neutron und Proton besitzen ein magnetisches Moment.

Magnetisches Moment des Neutrons:

$$\mu_n = -(1.913\,042\,7 \pm 0.000\,000\,5) \cdot \mu_K.$$

M Die Messung des magnetischen Momentes des Neutrons erfolgt am genauesten mit der **Kernspinresonanztechnik**: Ein Neutronenstrahl ($E_n \approx 25$ meV) wird mittels eines Polarisators polarisiert und läuft durch ein homogenes Magnetfeld, dem ein HF-Feld überlagert ist. Nach dem Passieren des Magnetfeldes wird mit einem Analysator die Polarisation des Neutrons bestimmt. Dabei wird die magnetische Streuung auf Grund des magnetischen Momentes des Neutrons an magnetisch gesättigten Oberflächen eines Ferromagnetikums ausgenutzt. Stimmt die Polarisation mit der Magnetisierungsrichtung des Analysators überein, so ist die Streuung am stärksten. Mit Hilfe eines solchen Analysators wird die Frequenz des HF-Feldes bestimmt, bei der das magnetische Moment des Neutrons umklappt.

Magnetisches Moment des Protons:

$$\mu_p = +(2.792\,847\,39 \pm 0.000\,000\,06) \cdot \mu_K.$$

Das Neutron sollte, da es elektrisch neutral ist, kein magnetisches Moment besitzen. Das magnetische Moment des Protons weicht erheblich vom Kernmagneton ab. Die gemessenen Werte für die magnetischen Momente von Neutron und Proton weisen deshalb darauf hin, dass Nukleonen keine punktförmigen Teilchen sind.

▲ Nukleonen sind räumlich ausgedehnte Objekte mit einer inneren Struktur. Protonen und Neutronen sind aus drei Konstituentenquarks, Gluonen und virtuellen Quark-Antiquark-Paaren aufgebaut.

➤ Der Versuch, ein elektrisches Dipolmoment des Neutrons zu messen, hat bisher zu keinem Erfolg geführt. Neueste Versuche mittels magnetischer Resonanztechnik ergeben, dass das elektrische Dipolmoment des Neutrons, falls es existiert, kleiner als $4 \cdot 10^{-25}\ e \cdot$ cm sein muss.

28.2   Grundgrößen des Atomkerns

Form der Atomkerne, meist axialsymmetrisch deformiert, in der Nähe abgeschlossener Nukleonenschalen kugelförmig.

Atomkernradius, R, kann nach der Formel

$$R = r_0 \cdot A^{1/3}, \qquad r_0 \approx 1.2 \text{ fm} = 1.2 \cdot 10^{-15} \text{ m}$$

abgeschätzt werden.

1.   Nukleonenzahl- und Massendichteverteilung

Nukleonenzahldichte, ρ_0, die Anzahl der Nukleonen pro Volumeneinheit im Kerninnengebiet ist für alle Kerne nahezu konstant:

$$\rho_0 = 0.17 \cdot 10^{45} \text{ Nukleonen/m}^3 = 0.17 \text{ Nukleonen/fm}^3 .$$

Dieser Wert entspricht einer Massendichte des Atomkerns von etwa $2.7 \cdot 10^{17}$ kg/m³. Die größte Dichte eines makroskopischen Festkörpers beträgt $\rho = 22\,570$ kg/m³ für das Metall Osmium. Die Kerndichte übersteigt also die Dichte von Festkörpern unter Normalbedingungen um **13 Größenordnungen**.

Massendichteverteilung, $\rho(r)$, Dichte des Atomkerns als Funktion des Abstandes r vom Kernmittelpunkt (**Abb. 28.2**), empirisch bestimmt zu

$$\rho(r) = \frac{\rho_0}{1 + e^{(r-R)/a}} .$$

Der Parameter a misst die Dicke b der Oberflächenschicht, in der die Kerndichte von 90% auf 10% der zentralen Dichte abfällt: $b = 4.4\,a$, $a \approx 0.6$ fm.

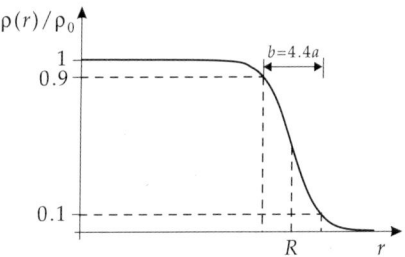

Abbildung 28.2: Massendichteverteilung im Atomkern. R: Kernradius, a: Oberflächenparameter, b: Dicke der Oberflächenschicht, ρ_0: zentrale Dichte

M   Die Ladungsverteilung im Kern wird durch die Streuung geladener Teilchen (e^-, p, α-Teilchen) gemessen (**Rutherfordstreuung, Abb. 28.3 (a)**). Bei schweren Kernen kann die Massendichteverteilung infolge des Neutronenüberschusses geringfügig von der Ladungsverteilung abweichen. Unter Vorgabe eines geeigneten Formfaktors für die Ladungsverteilung können Kernradius R und Radiusparameter r_0 aus den Streudaten abgeleitet werden.

2.   Bindungsenergie und Massendefekt

Bindungsenergie, B, die bei der Bindung freier Nukleonen zu einem Kern freiwerdende Energie. SI-Einheit ist das Joule J, üblich ist allerdings die Angabe in MeV:

$$1 \text{ MeV} = 1.6022 \cdot 10^{-13} \text{ J}.$$

▲   Die Masse eines stabilen Atomkerns ist kleiner als die Summe der Massen der konstituierenden Nukleonen.

Massendefekt, $\Delta W(A,Z)$, Differenz zwischen der Summe der Masse aller Nukleonen und der Kernmasse $m_K(A,Z)$,

$$\Delta W(A,Z) = Z \cdot m_p + (A - Z) \cdot m_n - m_K(A,Z).$$

Der Massendefekt ΔW ist nach der Masse-Energie-Äquivalenz mit der Bindungsenergie B verknüpft,

$$B = \Delta W(A,Z) \cdot c^2, \qquad 1\,\text{MeV}/c^2 = 1.7827 \cdot 10^{-30}\,\text{kg}.$$

$\boxed{\text{M}}$ Atommassen können in Massenspektrometern aus der Ablenkung von Ionen in elektrischen und magnetischen Feldern bestimmt werden. Die Bindungsenergiedifferenz von Atomkernen ergibt sich auch aus der Zerfallsenergie im β-Zerfall oder dem Q-Wert von Kernreaktionen.

3. Atomare Masseneinheit,

u, gleich $1/12$ der Masse eines Atoms des Kohlenstoffisotops ^{12}C:

$$u = \frac{1}{12}m_{^{12}\text{C}} = \frac{1\,\text{g}}{N_A} = 1.6605402(10) \cdot 10^{-27}\,\text{kg} \quad (N_A \text{ ist die Avogadro-Konstante}).$$

Diese Einheit ist für die Kernphysik zweckmäßig, da die Massen aller Atomkerne bequem in nahezu ganzzahligen Vielfachen von u angegeben werden können.

Größe	Symbol	Wert	Fehler /ppm
atomare Masseneinheit	u	931.494 32 MeV	0.30
Elektronenmasse	m_e	0.510 999 06 MeV	0.30
Myonenmasse	m_μ	105.658 389 MeV	0.32
Protonenmasse	m_p	938.272 31 MeV	0.30
Neutronenmasse	m_n	939.565 63 MeV	0.30
Plancksche Konstante	$\hbar$	$6.582\,1220 \cdot 10^{-22}$ MeV·s	0.30

4. Bindungsenergie pro Nukleon

Bindungsenergie pro Nukleon, B/A, Maß für die Stabilität eines Atomkerns. Mittlerer experimenteller Wert: $B/A \approx 8$ MeV.

▲   Kerne sind mit ca. 1% ihrer Masse gebunden.

Bei leichten Kernen wächst die Bindungsenergie pro Nukleon mit der Massenzahl. Der stabilste Atomkern ist Eisen (^{56}Fe) mit einer Bindungsenergie pro Nukleon von ≈ 8.8 MeV. Für $A > 56$ fällt die Bindungsenergie pro Nukleon mit wachsender Nukleonenzahl (**Abb. 28.3 (b)**). Zur Energiegewinnung kann deshalb entweder die Fusion leichter Kerne oder die Spaltung schwerer Kerne dienen.

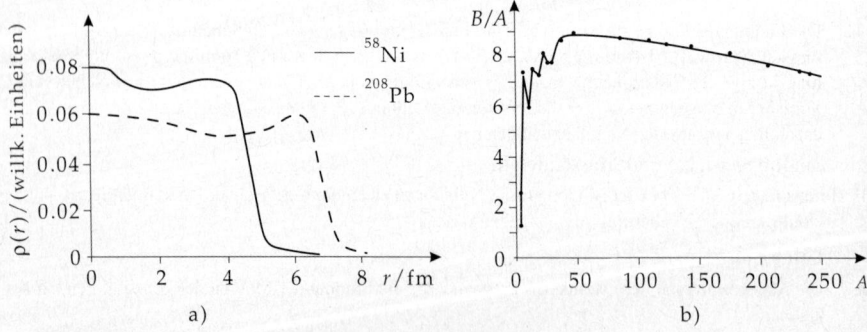

Abbildung 28.3: (a): Gemessene Ladungsverteilung im ^{58}Ni- und ^{208}Pb-Kern. r Abstand vom Kernmittelpunkt. (b): Bindungsenergie pro Nukleon B/A als Funktion der Massenzahl A

➤ Die lokalen Maxima der Bindungsenergie im Bereich leichter Kerne (z.B. bei $^4_2$He) haben ihre Ursache in aufgefüllten Neutronen- und Protonenschalen (s. S. 833), in Analogie zur starken Bindung der Elektronenhülle in Edelgasatomen.

Sättigung der Kernkräfte, näherungsweise Konstanz der Bindungsenergie pro Nukleon bei etwa 8 MeV.

▲ Die Größe der Bindungsenergie eines Kerns bestimmt seine Stabilität gegen einen Zerfall.

28.3 Nukleon-Nukleon-Wechselwirkung

28.3.1 Phänomenologische Nukleon-Nukleon-Potentiale

Das Potential V_{12} der Wechselwirkung zwischen zwei Nukleonen kann bis zu Energien von etwa 300 MeV aus der elastischen Nukleon-Nukleon-Streuung durch eine **Streuphasenanalyse** bestimmt werden. Gemessen werden der differentielle Wirkungsquerschnitt in **Einfachstreuexperimenten** und spinabhängige Größen (Polarisation, Depolarisation) in **Mehrfachstreuexperimenten** oder in Experimenten mit **polarisierten Teilchenstrahlen** oder/und **polarisierten Targets**.
Allgemeiner Ansatz:

$$V_{12} = V_W(r) + V_B(r)(\vec{\sigma}_1 \cdot \vec{\sigma}_2) + V_H(r)(\vec{\tau}_1 \cdot \vec{\tau}_2) + V_M(r)(\vec{\sigma}_1 \cdot \vec{\sigma}_2)(\vec{\tau}_1 \cdot \vec{\tau}_2) +$$
$$V_T S_{12} + V_{LS}(\vec{L} \cdot \vec{S}).$$

Wigner-Kraft V_W, nur vom Nukleonenabstand r abhängige Zentralkraft.

1. Austauschkräfte

Austauschkraft, Zentralkraft, die zustandsabhängig ist, indem Stärke und Vorzeichen (Anziehung oder Abstoßung) von der Symmetrie der Spinfunktion (Gesamtspin $S = 0$ oder $S = 1$), der Isospinfunktion (Gesamtisospin $T = 0$ oder $T = 1$) oder der Ortsfunktion (Bahndrehimpuls $L = 0, 2, 4, \ldots$ oder $L = 1, 3, 5, \ldots$) abhängen.

Bartlett-Kraft, $\sim \vec{\sigma}_1 \cdot \vec{\sigma}_2$, Austauschkraft, die zwischen den Spinzuständen $S = 0$ und $S = 1$ unterscheidet.

Heisenberg-Kraft, $\sim \vec{\tau}_1 \cdot \vec{\tau}_2$, Austauschkraft, die zwischen den Isospinzuständen $T = 0$ und $T = 1$ unterscheidet.

Majorana-Kraft, $\sim (\vec{\sigma}_1 \cdot \vec{\sigma}_2)(\vec{\tau}_1 \cdot \vec{\tau}_2)$, Austauschkraft, die zwischen Zuständen mit geradem und ungeradem Bahndrehimpuls unterscheidet.

■ Im Falle einer aus Wigner- und Bartlett-Kraft bestehenden Wechselwirkung ergibt sich für das Gesamtpotential:

$$V_{12} = V_W - 3 \cdot V_B \quad \text{für } S = 0,$$
$$V_{12} = V_W + 1 \cdot V_B \quad \text{für } S = 1.$$

2. Tensorkräfte und Spin-Bahn-Kopplung

Tensorkraft, S_{12}, statische Nichtzentralkraft, die von der Orientierung der Nukleonenspins $\vec{s}_1, \vec{s}_2$ relativ zum Verbindungsvektor $\vec{r}$ der beiden Nukleonen abhängt (**Abb. 28.4**, $\vec{s} = \hbar\vec{\sigma}/2$),

$$S_{12} = 3\frac{(\vec{\sigma}_1 \cdot \vec{r})(\vec{\sigma}_2 \cdot \vec{r})}{r^2} - \vec{\sigma}_1 \cdot \vec{\sigma}_2.$$

Die Tensorkraft bewirkt das elektrische Quadrupolmoment des Deuterons.

Spin-Bahn-Kopplung, $\sim \vec{L} \cdot \vec{S}$, geschwindigkeitsabhängige Nichtzentralkraft, die von der relativen Orientierung von Gesamtspin $\vec{S}$ und dem Bahndrehimpuls $\vec{L}$ der Relativbewegung abhängt.

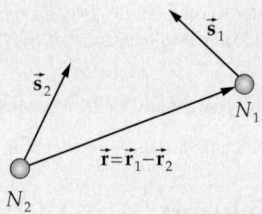

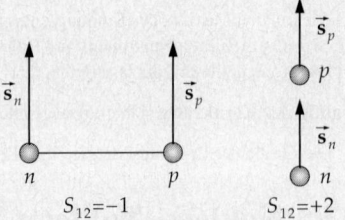

$$S_{12}=-1 \qquad S_{12}=+2$$

Abbildung 28.4: Tensorkraft S_{12} zwischen zwei
Nukleonen N_1, N_2. $\vec{s}_1, \vec{s}_2$: Nukleonenspins

Abbildung 28.5: Tensorkraft S_{12} in speziellen
Konfigurationen des Neutron(n)-Proton(p)-Systems

3.   Hard-core

Hard-core-Potential, unendlich hohes, abstoßendes Potential im abstandsabhängigen Formfaktor in den
Komponenten des Nukleon-Nukleon-Potentials. Zwei Nukleonen können sich nicht bis auf Abstände nähern, die kleiner als der Hard-core-Radius r_c, $r_c \approx 0.6$ fm, sind (**Abb. 28.6**). Das Hard-core-Potential trägt
zur Sättigungseigenschaft der Atomkernbindung bei.

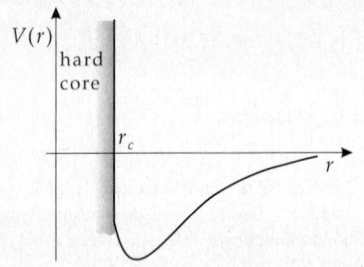

Abbildung 28.6: Hard-core-Potential mit
dem hard-core-Radius r_c. r: Abstand der
Nukleonen

28.3.2   Mesonenaustauschpotentiale

Mesonenaustausch, Emission eines virtuellen Mesons mit endlicher Masse durch ein Nukleon und Absorption dieses Mesons durch ein zweites Nukleon führt zu einer Änderung des Impulszustandes der Nukleonen, die als Wirkung einer Kraft interpretiert werden kann. Die Reichweite R dieser Kraft ist umgekehrt
proportional zur Masse m des ausgetauschten Mesons,

$$R \approx \hbar/(\dot{m}c).$$

1.   Yukawa-Potential,

Nukleon-Nukleon-Potential, das durch den Austausch eines einzelnen Pions ($m_\pi c^2 \approx 140$ MeV) zustande
kommt (**Ein-Pion-Austauschpotential, Abb. 28.7 (a)**). Das Yukawa-Potential enthält Zentralkräfte mit
Austauschcharakter und die langreichweitige Tensorkraft. Die Abstandsabhängigkeit ist gegeben durch

$$V_Y = \mathrm{e}^{-\mu r}/(\mu r), \quad \mu = m_\pi c/\hbar.$$

Das Ein-Pion-Austauschpotential liefert eine befriedigende Beschreibung der Nukleon-Nukleon-Wechselwirkung für Nukleonenabstände $r \overset{>}{\sim} 2$ fm.

➤   Der unkorrelierte Austausch von zwei Pionen kann näherungsweise durch den Austausch eines fikti-
    ven skalaren Mesons, des σ-Mesons mit einer Masse von ≈ 400 MeV, simuliert werden. Das σ-Meson
    vermittelt den anziehenden Anteil der Nukleon-Nukleon-Kraft bei mittleren Abständen
    (**Abb. 28.7 (b)**).

2. Bosonen-Austauschpotential

Nukleon-Nukleon-Potential, das durch den korrelierten Mehrpionen-Austausch in Form schwerer Mesonen mit ganzzahligem Spin zustande kommt (**Abb. 28.7 (c)**).

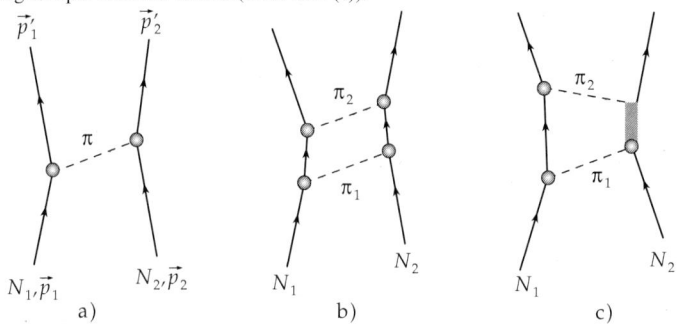

Abbildung 28.7: Austausch virtueller Mesonen zwischen zwei Nukleonen N_1, N_2. (a): Ein-Pion-Austausch, (b): 2π-Austausch, (c): 2π-Austausch unter virtueller Anregung der $\Delta(1232)$-Resonanz im Nukleon

2π-Kanal: isovektorielles ρ-Meson (Spin $I = 1$, Isospin $T = 1$),
3π-Kanal: isoskalares ω-Meson (Spin $I = 1$, Isospin $T = 0$).

Der Bosonen-Austausch beschreibt die Nukleon-Nukleon-Wechselwirkung bei geringen Abständen (aber $r > r_c$).

➤   Die Spin-Bahn-Kopplung im Nukleon-Nukleon-Potential ist durch den Austausch von Vektormesonen bedingt. Sie ist eine kurzreichweitige Kraft.

28.4   Kernmodelle

28.4.1   Fermigas-Modell

Fermigas-Modell, betrachtet den Atomkern als Ensemble von A Nukleonen, die sich wechselwirkungsfrei in einem begrenzten Raumbereich, der dem Kernvolumen entspricht, bewegen. Im Grundzustand besetzen die Nukleonen diskrete Impulszustände wachsender Energie bis zum **Fermi-Impuls** p_F, der durch die Kerndichte ρ bestimmt ist,

$$p_F = \hbar k_F, \quad k_F = \left(\frac{3}{2}\pi^2\rho \right)^{1/3} \approx 1.36\,\text{fm}^{-1}.$$

Fermi-Energie, maximale kinetische Energie eines Nukleons im Fermi-Gas,

$$\varepsilon_F = \frac{\hbar^2}{2m} k_F^2 \approx 37\,\text{MeV}.$$

28.4.2   Kernmaterie

Kernmaterie, hypothetisches Kernmodell, betrachtet den Atomkern als unendliches Nukleonensystem (Nukleonenzahl $A \to \infty$, Volumen $V \to \infty$) mit fester Teilchenzahldichte ρ bei der Temperatur $T = 0$,

$$\lim_{A,V \to \infty} \frac{A}{V} = \rho = \text{const}.$$

Vom Massenunterschied zwischen Neutron und Proton und der Coulomb-Wechselwirkung zwischen den Protonen wird abgesehen. Die Nukleonen wechselwirken über eine Zweiteilchen-Kraft, für die ein aus der freien Nukleon-Nukleon-Streuung abgeleitetes, realistisches Potential angesetzt wird. Die Bindungsenergie pro Nukleon B/A wird in der Näherung unabhängiger Paare als Funktion der Teilchenzahldichte ρ berechnet. Für kleine Dichten überwiegt die kinetische Energie der Nukleonen. Mit wachsender Dichte steigt der Einfluss der anziehenden, zur Bindung führenden Komponenten der Nukleon-Nukleon-Wechselwirkung, denen aber zunehmend die kurzreichweitigen, abstoßenden Anteile entgegenwirken. Dieses Zusammenspiel ergibt ein Minimum der Bindungsenergie pro Nukleon in Abhängigkeit von der Kerndichte. Das Minimum der Kurve entspricht den Sättigungswerten für Dichte und Bindungsenergie im Kern, wobei der für B/A gefundene Wert mit dem Volumenterm der **Bethe-Weizsäcker-Formel** (s. unten) verglichen werden kann.

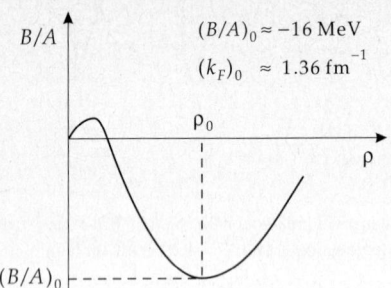

$(B/A)_0 \approx -16\,\mathrm{MeV}$

$(k_F)_0 \approx 1.36\,\mathrm{fm}^{-1}$

Abbildung 28.8: Kernmaterie. Bindungsenergie pro Nukleon B/A in Abhängigkeit von der Teilchenzahldichte ρ (schematisch).
ρ_0: Sättigungsdichte, $(B/A)_0$: Bindungsenergie pro Nukleon bei der Sättigungsdichte, $(k_F)_0$: dem Fermi-Impuls bei der Sättigungsdichte entsprechende Wellenzahl

28.4.3 Tröpfchen-Modell

Tröpfchen-Modell, betrachtet die Nukleonen wie Moleküle eines inkompressiblen geladenen Flüssigkeitströpfchens.

Grundzustand, der energetisch tiefste Energiezustand des Kerns.

1. Bethe-Weizsäcker-Formel,

liefert auf der Grundlage des Tröpfchen-Modells die Bindungsenergien der Atomkerne im Grundzustand:

Bindungsenergie = Volumen- + Oberflächen- + Coloumb- + Symmetrie- +Paarungs-Energie			$\mathrm{ML^2T^{-2}}$
$E_{\mathrm{B}} = a_{\mathrm{V}} \cdot A - a_{\mathrm{O}} \cdot A^{2/3}$ $-a_{\mathrm{C}} \cdot \dfrac{Z^2}{A^{1/3}} - a_{\mathrm{S}} \cdot \dfrac{(A-2Z)^2}{A}$ $+\varepsilon_{\mathrm{P}}$	**Symbol**	**Einheit**	**Benennung**
	a_{V}	MeV	Volumenenergie pro Nukleon
	a_{O}	MeV	Koeffizient der Oberflächenenergie
	a_{C}	MeV	Koeffizient der Coulomb-Energie
	a_{S}	MeV	Symmetriekoeffizient
	ε_{P}	MeV	Paarungsenergie
	A	1	Massenzahl
	Z	1	Ordnungszahl

Werte der Konstanten:

Konstante	a_{V}	a_{O}	a_{C}	a_{S}	ε_{P}
E /MeV	15.85	18.34	0.71	23.22	0 oder $\pm 11.46/\sqrt{A}$

2. Eigenschaften der Anteile in der Bindungsenergie

Volumenenergie ($E_{\mathrm{V}} \sim R^3 \sim A$), eine Folge der kurzen Reichweite der Kernkräfte. Nur die nächsten Nachbarn eines Nukleons werden durch die Kernkraft erreicht. Die Volumenenergie entspricht der Bindungsenergie im Grenzfall großer Massenzahlen A für $N = Z$ und unter Vernachlässigung der Coulombkräfte zwischen den Protonen. Die lineare Abhängigkeit der Volumenenergie von A bringt die **Sättigung** der Kernkräfte zum Ausdruck.

Oberflächenenergie ($E_O \sim R^2 \sim A^{\frac{2}{3}}$), eine Folge davon, dass bei einem endlichen Kern die Oberflächennukleonen ihre Wechselwirkungen mit benachbarten Nukleonen nicht absättigen können. Durch die Oberflächenenergie wird die Bindung des Kerns verringert.

Coulomb-Energie ($E_C \sim R^{-1} \sim A^{-\frac{1}{3}}$), bedingt durch die elektrische Abstoßung der Protonen. Die Coulomb-Energie verringert die Bindung des Kerns.

Symmetrieenergie ($E_S \sim (N-Z)^2/A$), berücksichtigt die Tendenz zur besonderen Stabilität der Kerne mit $N = Z$ für kleine A. Leichte Kerne werden instabiler, wenn $|N - Z|$ wächst.

Paarenergie, der Energiegewinn δ, wenn zwei Neutronen oder Protonen ein Paar mit dem Gesamtspin $S = 0$ bilden können. Die Paarenergie ist eine empirische Korrektur des reinen Flüssigkeitsmodells (s. S. 961), die für Kerne mit gerader Neutronen- und Protonzahl zu einer stärkeren Bindung führt.

$$\varepsilon = \begin{cases} \delta: & N \text{ gerade}, Z \text{ gerade} \\ 0: & N \text{ ungerade}, Z \text{ gerade, oder umgekehrt} \\ -\delta: & N \text{ ungerade}, Z \text{ ungerade} \end{cases} \qquad \delta = 11.46/\sqrt{A} \text{ MeV}$$

3.   Linie der Beta-Stabilität,

die Linie in der N-Z-Ebene, um die sich die stabilen Atomkerne gruppieren (**Abb. 28.9**).

➤   Leichte Kerne sind besonders stabil für $Z = N$. Das doppelt-magische Zinn-Isotop mit $Z = N = 50$ ist der schwerste Kern mit gleicher Neutronen- und Protonenzahl, der experimentell zugänglich ist. Schwerere Kerne mit $N = Z$ zerfallen durch spontane Protonenemission.

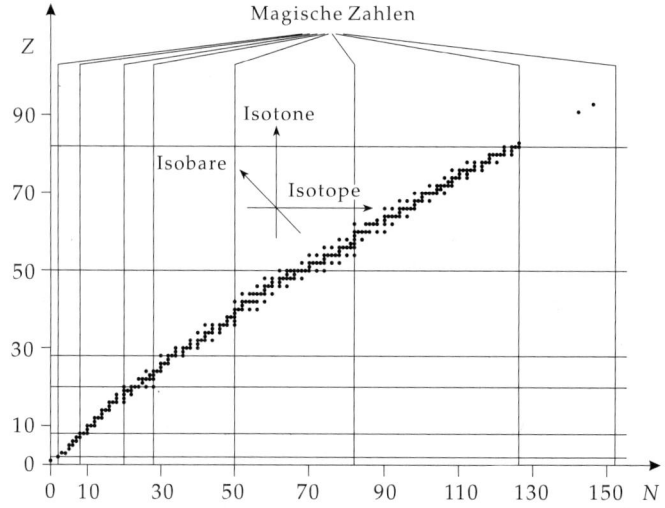

Abbildung 28.9: Linie der β-Stabilität im N-Z-Diagramm. Die Pfeile markieren Linien, in deren Richtung spezielle Nuklide liegen. Die magischen Zahlen markieren Schalenabschlüsse für Protonen und Neutronen

28.4.4   Schalenmodell

Schalenmodell, die Beschreibung der Bewegung der Nukleonen als nicht miteinander wechselwirkender Teilchen in einem **mittleren Potential**, das von den Nukleonen selbst erzeugt wird.

Diese Beschreibung der Nukleonenbewegung im Kern entspricht der Behandlung der Elektronenbewegung in der Elektronenhülle des Atomkerns. Während sich aber die Elektronen im Coulombpotential des Kerns als einem gegebenen äußeren Feld bewegen, werden im Schalenmodell des Kerns die zwischen den Nukleonen wirkenden Zweiteilchenkräfte in guter Näherung durch ein effektives mittleres Kernpotential ersetzt. Die verbleibende Zweiteilchen-Restwechselwirkung zwischen den Nukleonen ist schwach.

▲   Das Schalenmodell beschreibt das Energiespektrum von leichten Kernen und von Kernen in der Nähe abgeschlossener Schalen (magische Nukleonenzahlen) recht gut, wenn die Zweiteilchen-Restwechselwirkung zwischen den Nukleonen berücksichtigt wird.

Als Ansatz für das mittlere Potential kann ein **Oszillatorpotential** oder ein Potential, dessen Radialabhängigkeit der Massendichteverteilung des Kerns folgt, benutzt werden. In Massenzahlbereichen, in denen die Gestalt des Kerns von der Kugelform abweicht, muss ein **deformiertes mittleres Potential** verwendet werden. Charakteristisch für das mittlere Kernpotential ist das Auftreten einer starken **Spin-Bahn-Kopplung** $V_{ls}(r)(\hat{\vec{l}} \cdot \hat{\vec{s}})$, welche die Einteilchenzustände mit paralleler und antiparalleler Orientierung von Spin $\vec{s}$ und Bahndrehimpuls $\vec{l}$ energetisch unterscheidet.

1.   Einteilchenzustände im Schalenmodell

Das mittlere Potential wird zur Berechnung der Einteilchenzustände (Energieniveaus) der Nukleonen im Kern benutzt. Die **Quantenzahlen** der Einteilchenzustände sind:

- $n = 0, 1, 2, \dots$
  radiale Quantenzahl, Zahl der Nullstellen der Radialwellenfunktion,
- $l = 0, 1, 2, \dots$
  Bahndrehimpulsquantenzahl,
- $j = l \pm 1/2$
  Quantenzahl des Gesamtdrehimpulses $\vec{j} = \vec{l} + \vec{s}$,
- $m_j = m_l + m_s,\ m_j = -j, \dots, j$
  Quantenzahl für die Projektion des Gesamtdrehimpulses $j_z = l_z + s_z$. m_l und m_s sind die Quantenzahlen für Bahndrehimpuls bzw. Spin des Nukleons.

Übliche spektroskopische Klassifizierung der Einteichenzustände: $(n+1)l_j$.

Die **Einteilchenenergien** ε hängen nur von den Quantenzahlen n, l, j ab: $\varepsilon = \varepsilon_{nlj}$.

2.   Schalenstruktur der Energiezustände

Die Einteilchenzustände im mittleren Potential sind energetisch in Schalen gruppiert: der energetische Abstand zwischen den Niveaus innerhalb einer Schale ist wesentlich geringer als der energetische Abstand zwischen den Schalen (**Abb. 28.10**).

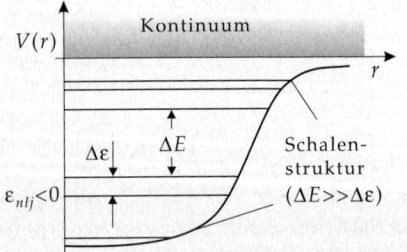

Abbildung 28.10: Schalenstruktur der Einteilchenzustände im mittleren Potential $V(r)$ des Schalenmodells (schematisch).
ε_{nlj}: Einteilchenenergien, n: radiale Knotenzahl, l: Quantenzahl des Bahndrehimpulses, j: Quantenzahl des Gesamtdrehimpulses

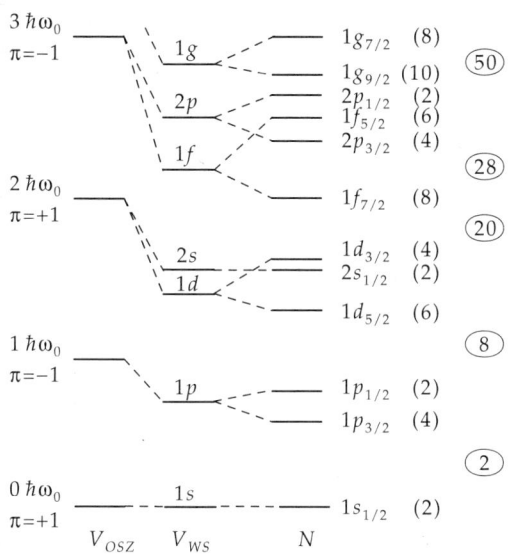

Abbildung 28.11: Einteilchenzustände im mittleren Potential des Schalenmodells. Spektroskopische Klassifizierung: $(n+1)lj$, n: Knotenzahl der Radialfunktion, l: Bahndrehimpuls, j: Gesamtdrehimpuls. (a): Oszillatorpotential, (b): Zentralpotential endlicher Tiefe mit Wood-Saxon Radialform, (c): Zentralpotential endlicher Tiefe mit Spin-Bahn-Kopplung (Nilsson). Zahlen in Klammern: maximale Besetzungszahlen für eine Nukleonensorte, Zahlen in Kreisen: magische Zahlen

3. Nukleonenkonfiguration

Nukleonenkonfiguration, bestimmte Besetzung der Einteilchenzustände $(n_1 l_1 j_1)$, $(n_2 l_2 j_2)$, ... $(n_f l_f j_f)$ durch die A Nukleonen des Atomkerns,

$$(n_1 l_1 j_1)^{N_1} (n_2 l_2 j_2)^{N_2} \cdots (n_f l_f j_f)^{N_f}, \quad N_1 + N_2 + \cdots + N_f = A.$$

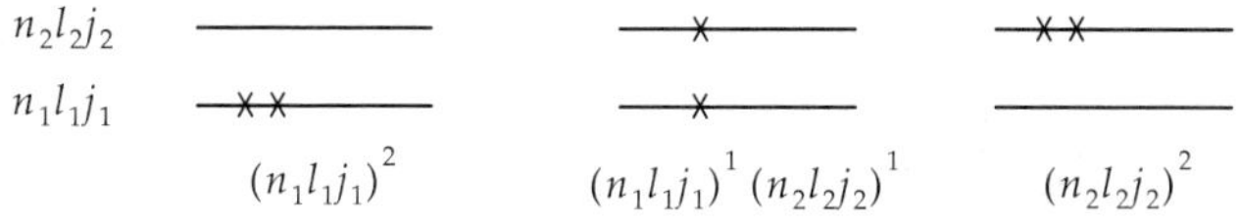

$$
\begin{array}{ccc}
n_2 l_2 j_2 & \text{———} & \text{——×——} & \text{——×—×——} \\
n_1 l_1 j_1 & \text{—×—×—} & \text{——×——} & \text{————} \\
& (n_1 l_1 j_1)^2 & (n_1 l_1 j_1)^1 (n_2 l_2 j_2)^1 & (n_2 l_2 j_2)^2
\end{array}
$$

Abbildung 28.12: Zweiteilchenkonfigurationen bei zwei Einteilchenzuständen $(n_1 l_1 j_1)$, $(n_2 l_2 j_2)$

Ein Einteilchenzustand (nlj) kann mit maximal $2j+1$ Neutronen und Protonen besetzt werden. Konfiguration: $(nlj)^{2j+1}$.

4. Magische Kerne

Magische Zahlen, Anzahl der Protonen oder Neutronen, für die der Atomkern relativ zu benachbarten Kernen besonders stabil ist:

$$N, Z: 2, 8, 20, 28, 50, 82, 126 \quad \text{und} \quad N = 184$$

▲ Bei magischen Kernen sind Nukleonenschalen vollständig aufgefüllt.

▲ Bei magischen Neutronenzahlen existieren besonders viele stabile Elemente.

Doppelt magische Kerne, Atomkerne, bei denen Neutronenzahl **und** Protonenzahl gleich einer magischen Zahl ist.

■ $^{4}_{2}\mathrm{He}_2$, $^{16}_{8}\mathrm{O}_8$, $^{40}_{20}\mathrm{Ca}_{20}$, $^{208}_{82}\mathrm{Pb}_{126}$.

▲   Doppelt magische Kerne sind besonders stabil und kommen in der Natur häufiger als ihre Nachbarn vor.

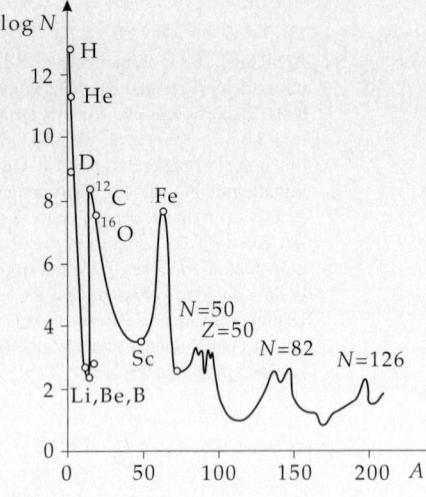

Abbildung 28.13: Kosmische Häufigkeitsverteilung der Elemente. N, Z: magische Zahlen

5.   Rolle der Restwechselwirkung

Konfigurationsmischung, durch die Restwechselwirkung zwischen den Nukleonen hervorgerufener Zustand, in dem die Wellenfunktionen verschiedener Nukleonenkonfigurationen kohärent überlagert werden.

➤   Wenn die Restwechselwirkung eine Zweiteilchen-Kraft ist, so kann sie nur Konfigurationen verknüpfen, die sich in den Einteilchenzuständen von höchstens zwei Teilchen unterscheiden.

6.   Angeregte Zustände im Schalenmodell

Einteilchenanregung, Übergang eines einzelnen Nukleons aus einem Einteilchenzustand $(nl\,j)$ in einen energetisch höherliegenden Einteilchenzustand $(n'l'\,j')$.

Teilchen-Loch-Anregung, Anregung eines einzelnen Nukleons aus einer vollbesetzten Schale. Übergang aus der Konfiguration $(n_h l_h j_h)^{2j+1}$ in die Konfiguration $(n_h l_h j_h)^{-1}(n_p l_p j_p)^1$.

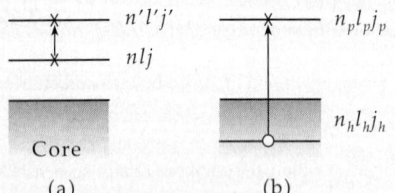

Abbildung 28.14: Elementare Anregungen im Schalenmodell. (a): Einteilchenanregung $(nl\,j) \longrightarrow (n'l'\,j')$, (b): Teilchen-Loch-Anregung $(n_h l_h j_h)^{-1}(n_p l_p j_p)^1$

28.4.5   Kollektivmodell

Kollektivmodell, beschreibt die Nukleonen nicht als einzelne, unabhängige Teilchen, sondern als Ensemble stark wechselwirkender Teilchen, die eine kohärente Bewegung ausführen. Die relevanten Freiheitsgrade sind die Koordinaten, welche die Vibrationen der Kernoberfläche und die Rotationen des Kerns erfassen.

Rotations- und Vibrationsanregungen, treten ähnlich wie bei Molekülen auf.

1. Vibrationen der Kernoberfläche

Vibrationsanregungen, harmonische Schwingungen der Kernoberfläche mit der Kreisfrequenz ω_l um die Gleichgewichtsform des Kerns. Die Schwingung wird durch den Drehimpuls I (Multipolordnung) und die Zahl n_l der Anregungsquanten (Phononen) charakterisiert. Für jeden Wert des Drehimpulses I ergibt sich für die angeregten Zustände in harmonischer Näherung ein äquidistantes Spektrum, $E_{In_l+1} - E_{In_l} = \hbar\omega_l$:

Vibrationsanregung			$\mathbf{ML^2T^{-2}}$
	Symbol	Einheit	Benennung
$E_{In_l} = \left(n_l + \dfrac{1}{2}\right) \cdot \hbar\omega_l$	E_{In_l}	J	Anregungsenergie
	$\hbar$	Js	Wirkungsquantum/(2π)
	ω_l	rads^{-1}	Kreisfrequenz
	I	1	Drehimpulsquantenzahl
	n_l	1	Schwingungsquantenzahl

Bei Kernen mit $N = Z$ treten Quadrupolschwingungen ($I = 2$) als niedrigste Vibrationsanregungen auf. Sind zwei Quadrupol-Schwingungsquanten angeregt ($n_2 = 2$), so ergeben sich im Kollektivmodell drei entartete Zustände mit dem Gesamtdrehimpuls (Kernspin) $J = 0, 2, 4$. Durch die Wechselwirkung zwischen den Phononen wird diese Entartung in realen Kernen aufgehoben: Man beobachtet im Niveauschema ein Triplett, das sich eng um die Energie des Zweiphononen-Zustandes bei $2 \cdot \hbar\omega_2$ gruppiert (**Abb. 28.15**).

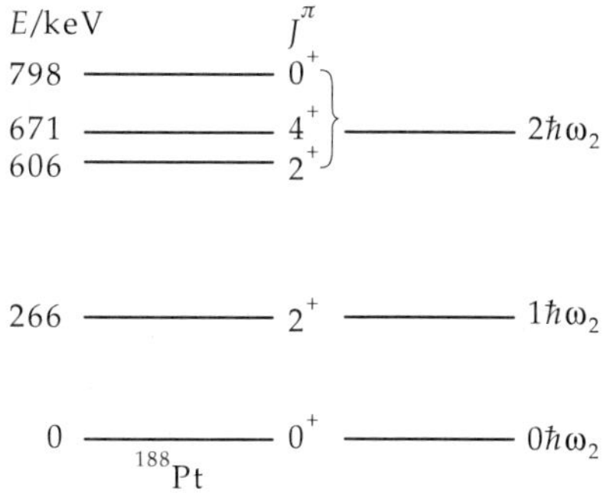

Abbildung 28.15: Anregung von Quadrupolschwingungen ($I = 2$) in ^{188}Pt. E: Anregungsenergie, $\hbar\omega_2$: Anregungsenergie eines Quadrupol-Phonons, J^π: Spin und Parität des Niveaus

2. Elektrisches Quadrupolmoment

Q_0, charakterisiert Kerne, die im Grundzustand eine deformierte Ladungsverteilung besitzen:

$$Q_0 = \frac{2}{5}Ze(b^2 - a^2).$$

b und a sind die Halbachsen des Ellipsoids, Z ist die Ladungszahl des Kerns.

3. Kernrotationen

Rotationsanregung, Rotation eines Kerns mit permanenter Deformation im Grundzustand mit dem Drehimpuls J um eine Achse senkrecht zur Symmetrieachse ohne Anregung der inneren Nukleonenbewegung. Die Anregungsenergie der Rotationszustände wird durch das Trägheitsmoment Θ des Kerns bestimmt. Im Rotationsspektrum wächst der Abstand benachbarter Zustände mit dem Drehimpuls der Rotation.

Rotationsanregung			ML^2T^{-2}
	Symbol	Einheit	Benennung
	E_J	J	Anregungsenergie
$E_J \;=\; \dfrac{\hbar^2}{2\Theta} J(J+1)$	$\hbar$	Js	Wirkungsquantum/2π
	J	1	Drehimpulsquantenzahl
	Θ	kg m^2	Trägheitsmoment

Bei axialsymmetrischen Kernen, deren Form invariant gegen eine Drehung von π um eine Achse senkrecht zur Symmetrieachse ist, bleibt die Rotationsquantenzahl J aus Symmetriegründen auf geradzahlige Werte $J = 0, 2, 4 \ldots$ eingeschränkt.

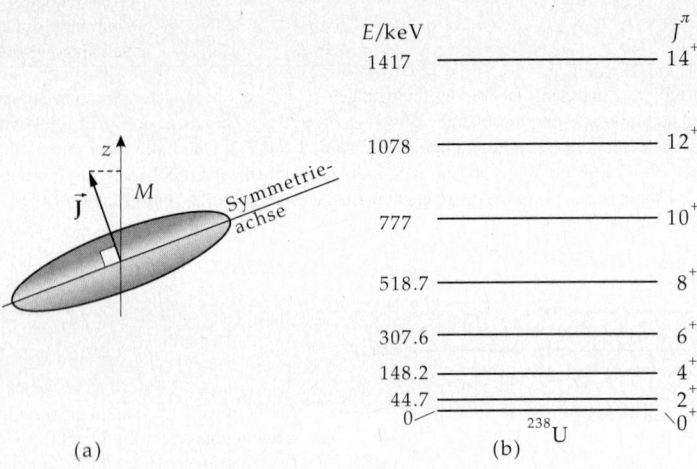

(a)   (b)

Abbildung 28.16: Anregung von Rotationszuständen in Atomkernen. (a): Drehimpuls $\vec{J}$ der Rotation um eine Achse senkrecht zur Symmetrieachse. M: Drehimpulsprojektion auf die z-Ache (Quantisierungsachse), (b): Rotationsbande in ^{238}U

➤   Das Trägheitsmoment der Kerne ist etwa um den Faktor 2 kleiner als das Trägheitsmoment eines starren Körpers der gleichen Gestalt.

28.5   Kernreaktionen

28.5.1   Reaktionskanäle und Wirkungsquerschnitte

Kernreaktion, Umwandlung eines Atomkerns durch Wechselwirkung (Stoß) mit einem anderen Kern, einem Hadron, einem Lepton oder einem Gammaquant. Reaktionsgleichung:

$$a + A \longrightarrow b + B, \qquad A(a,b)B.$$

a: einlaufendes Teilchen (Projektil),   A: Targetkern,
b: auslaufendes Teilchen (Ejektil),   B: Restkern.
Typen von Kernreaktionen:

elastische Streuung:	$a + A \longrightarrow a + A$.
unelastische Streuung:	$a + A \longrightarrow a' + A^*$.
Strahlungseinfang:	$a + A \longrightarrow B + \gamma$.
Umordnungsreaktion:	$a + A \longrightarrow b + B$, $a \neq b$.
Mehrteilchenreaktion:	$a + A \longrightarrow B + b_1 + b_2 + \cdots$.
Fusion:	$a + A \longrightarrow C^*$.
Induzierte Kernspaltung:	$a + A \longrightarrow B_1 + B_2$.

1. Charakteristika der Reaktionskanäle

Reaktionskanal, α, Aufteilung λ einer Anzahl N von Nukleonen in zwei Gruppen $N_1, N_2, N_1 + N_2 = N$, die sich in großem räumlichem Abstand voneinander befinden und deren innerer Zustand durch die Anregungsenergie, den Spin I_1, I_2, die Parität π_1, π_2 und eventuell weitere Quantenzahlen κ_1, κ_2 festgelegt ist:

$$\text{Kanalindex}: \quad \alpha = \{\lambda, I_1, I_2, \pi_1, \pi_2, \kappa_1, \kappa_2\}, \quad \lambda = (N_1, N_2), \quad N = N_1 + N_2.$$

Kanalradius R_α, minimaler Abstand der Nukleonengruppen N_1, N_2, bei dem zwischen beiden Kernen noch keine starken Wechselwirkungen auftreten.

Wechselwirkungsgebiet, Bereich des Konfigurationsraums, in dem für alle Partitionen λ die Massenmittelpunkte beider Kerne einen Abstand $R < R_\alpha$ voneinander haben.

Eingangskanal, Reaktionskanal, in dem sich das System zum Anfangszeitpunkt $t \to -\infty$ (Anfangszustand) befindet.

Ausgangskanal, Reaktionskanal, in dem sich das System zum Zeitpunkt $t \to +\infty$ (Endzustand) befindet.

Offener Kanal, Reaktionskanal, in dem eine Bewegung der Reaktionspartner durch den Energiesatz erlaubt ist.

Geschlossener Kanal, Reaktionskanal, in dem eine Bewegung der Reaktionspartner durch den Energiesatz verboten ist.

2. Kanalspin und Gesamtdrehimpuls

Kanalspin, $\vec{S}_i$, im Eingangskanal, Vektoraddition der Spins $\vec{I}_a$ und $\vec{I}_A$ des Inzidenzteilchens a bzw. des Targetkerns A zu einem Gesamtspin $\vec{S}_i$,

Kanalspin = Spin$_a$ + Spin$_A$			$\mathbf{ML^2T^{-1}}$
	Symbol	Einheit	Benennung
$\vec{S}_i = \vec{I}_a + \vec{I}_A$	$\vec{S}_i$	Js	Kanalspin
$|I_a - I_A| \leq S_i \leq I_a + I_A$	$\vec{I}_a$	Js	Spin des Projektils a
	$\vec{I}_A$	Js	Spin des Targets A

Analog gilt für den Kanalspin im Ausgangskanal S_f:

$$\vec{I}_b + \vec{I}_B = \vec{S}_f, \quad |I_b - I_B| \leq S_f \leq I_b + I_B.$$

Die Addition von Kanalspin $\vec{S}$ und Bahndrehimpuls der Relativbewegung $\vec{L}$ ergibt den Gesamtdrehimpuls $\vec{J}$ im jeweiligen Kanal,

$$\vec{L} + \vec{S} = \vec{J}, \quad |L - S| \leq J \leq S + L.$$

Gesamtdrehimpuls = Kanalspin + Bahndrehimpuls			ML^2T^{-1}
$\vec{J} = \vec{S} + \vec{L}$ $\|L-S\| \leq\ J\ \leq S+L$	Symbol	Einheit	Benennung
	$\vec{J}$	Js	Gesamtdrehimpuls
	$\vec{S}$	Js	Kanalspin
	$\vec{L}$	Js	Bahndrehimpuls Relativbewegung

3. Beispiel: Kernreaktionen an Lithium

Protoneninduzierte Kernreaktionen an $^7_3$Li bei einer Einschussenergie von einigen MeV:

Eingangskanal: $p + ^7_3$Li,

Ausgangskanäle: $p + ^7_3$Li,

$\qquad\qquad\quad p' + ^7_3$Li*,

$\qquad\qquad\quad n + ^7_4$Be,

$\qquad\qquad\quad \alpha + \alpha$,

$\qquad\qquad\quad \alpha + \alpha + \gamma$,

$\qquad\qquad\quad \alpha + t + p$.

4. Bezugssysteme

Laborsystem, das Bezugssystem, in dem der Targetkern im Anfangszustand ruht.

Schwerpunktsystem, das Bezugssystem, in dem der Schwerpunkt von Projektil und Targetkern ruht.

▲   Für eine im Vergleich zum einlaufenden Teilchen sehr große Masse des Streuzentrums werden Labor- und Schwerpunktskoordinaten identisch.

5. Wärmetönung von Kernreaktionen

Q-**Wert**, **Wärmetönung** Q einer Kernreaktion, die Differenz der kinetischen Energien im Ausgangskanal f (nach der Reaktion) und Eingangskanal i (vor der Reaktion) E_f bzw. E_i im Schwerpunktsystem:

$$Q = E_f - E_i .$$

Für den Q-Wert einer Kernreaktion, bei der ein leichtes Teilchen a (Masse m_a) mit der kinetischen Energie E_a auf einen ruhenden Targetkern A (Masse M_A) trifft und ein Restkern B (Masse M_B) mit der kinetischen Energie E_B und ein leichtes Teilchen b (Masse m_b) mit der kinetischen Energie E_b unter dem Reaktionswinkel θ entstehen, ergibt sich:

$$\begin{aligned}
Q &= E_B + E_b - E_a \\
&= (m_a + M_A - M_B - m_b) \cdot c^2 \\
&= E_b \left(1 + \frac{m_b}{M_B}\right) - E_a \left(1 - \frac{m_a}{M_B}\right) - \frac{2}{M_B} \sqrt{E_a E_b m_a m_b} \cos\theta .
\end{aligned}$$

Exotherme Reaktionen, Reaktionen mit positivem Q-Wert, $Q > 0$: Energie wird frei.

Endotherme Reaktionen, Reaktionen mit negativem Q-Wert, $Q < 0$: Energie wird benötigt. Die Reaktion wird nur oberhalb einer Schwellenergie beobachtet.

■ $^3_2$He $+ n \rightarrow ^4_2$He $+ Q$

$\qquad m_{^3\text{He}}\ =\ 3.0392471\ \text{u}$

$\qquad \underline{+m_n\ \ =\ 1.00866497\ \text{u}}$

$\qquad\ \Sigma\ \ =\ 4.047912\ \text{u} \qquad m_{^4\text{He}} = 4.002603256\ \text{u}$

Die Masse des ^{4}He ist kleiner als die erste Summe. Die Reaktion hat eine positive Wärmetönung.

■ ^{10}B $+ n \rightarrow {}^7$Li $+ ^4$He $+ Q$

$$
\begin{array}{rl}
m_{10_B} &= 10.01293800\ \text{u} \\
+m_n &= 1.00866497\ \text{u} \\
\hline
\Sigma &= 11.02160297\ \text{u}
\end{array}
\qquad
\begin{array}{rl}
m_{7_{Li}} &= 7.01600450\ \text{u} \\
m_{4_{He}} &= 4.002603256\ \text{u} \\
\hline
\Sigma &= 11.01860775\ \text{u}
\end{array}
$$

Die zweite Summe ist kleiner als die erste Summe. Der Q-Wert der Reaktion ist positiv. Bei dieser Reaktion wird Energie freigesetzt.

6. Wirkungsquerschnitte von Kernreaktionen

Wirkungsquerschnitt, σ, Dimension einer Fläche, ein Maß für die Wahrscheinlichkeit, mit der das System in der Wechselwirkung aus dem Eingangskanal in einen bestimmten Ausgangskanal übergeht.

$$
\sigma = \frac{\text{Anzahl der Reaktionen/Zeiteinheit}}{\text{Anzahl der einfallenden Teilchen/(Zeiteinheit} \cdot \text{Flächeneinheit)}} \ .
$$

Einheit des Wirkungsquerschnitts in der Atom- und Kernphysik: **Barn** b ($1\ \text{b} = 10^{-28}\ \text{m}^2$).
Wirkungsquerschnitte sind abhängig von der Projektil-Target-Kombination und der Einschussenergie.

Differentieller Wirkungsquerschnitt, $d\sigma/d\Omega$, Wirkungsquerschnitt für eine Reaktion, bei der das auslaufende Teilchen im Raumwinkelelement $d\Omega = \sin\theta\,d\theta\,d\phi$ beobachtet wird.

Doppelt differentieller Wirkungsquerschnitt, $d^2\sigma/(d\Omega\,dE)$, Wirkungsquerschnitt für eine Reaktion, bei der das auslaufende Teilchen im Raumwinkelelement $d\Omega$ und im Energieintervall dE beobachtet wird.

Totaler Wirkungsquerschnitt, σ_{tot}, das Integral des differentiellen Wirkungsquerschnitts über den gesamten Raumwinkel,

$$
\sigma_{\text{tot}}(E) = \int \left(\frac{d\sigma(E,\theta,\phi)}{d\Omega} \right) \cdot d\Omega
$$

Gesamtwirkungsquerschnitt, Summe der totalen Wirkungsquerschnitte $\sigma_{\alpha\alpha'}$ über alle offenen Reaktionskanäle α',

$$
\sigma_{\text{ges}} = \sum_{\alpha'} \sigma_{\alpha\alpha'} \ .
$$

Unterscheidung des Wirkungsquerschnitts nach der Art der Reaktion:

- **Elastischer Streuquerschnitt**, σ_s, Wirkungsquerschnitt für die elastische Streuung eines einfallenden Teilchens an einem Targetkern.
- **Inelastischer Streuquerschnitt**, σ_{in}, Wirkungsquerschnitt für die inelastische Streuung eines einfallenden Teilchens an einem Targetkern.
- **Reaktionsquerschnitt**, σ_{ab}, Wirkungsquerschnitt für den Übergang aus dem Eingangskanal a in den Ausgangskanal b.
- **Absorptionsquerschnitt**, σ_c, Wirkungsquerschnitt dafür, dass ein einfallendes Teilchen in der Probe absorbiert wird. Bei Neutronen wird dieser Querschnitt häufig auch **Einfangquerschnitt** genannt.

28.5.2 Erhaltungssätze in Kernreaktionen

▲ In Kernreaktionen bleiben außer Energie, Impuls und Drehimpuls die Baryonenzahl (Zahl der Nukleonen) und die elektrische Ladung erhalten.

▲ Bei Prozessen, die der starken Wechselwirkung unterliegen, bleiben ferner die Parität π und für spezielle Zweiteilchenwechselwirkungen auch der Isospin $\vec{T}$ erhalten,

$$
\begin{array}{rl}
\pi_a \cdot \pi_A \cdot (-1)^{L_i} &= \pi_b \cdot \pi_B \cdot (-1)^{L_f}, \\
\vec{T}_a + \vec{T}_A &= \vec{T}_b + \vec{T}_B \ .
\end{array}
$$

28.5.2.1 Energie- und Impulserhaltung

Kinematik von Kernreaktionen, wird durch Energie- und Impulserhaltungssatz bestimmt (**Abb. 28.17**). Beide Erhaltungssätze gelten generell, d.h., für alle Wechselwirkungen. Sie sind der Ausgangspunkt für die Berechnung der Kinematik von Stoßprozessen.

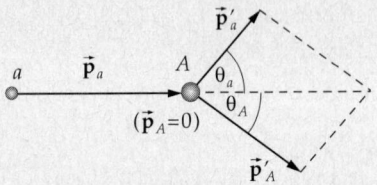

Abbildung 28.17: Impulserhaltung beim elastischen Stoß (Laborsystem). $\vec{p}$: Impuls vor dem Stoß, $\vec{p}'$: Impuls nach dem Stoß

Stößt das Teilchen a mit der kinetischen Energie $E_{kin}(a)$ auf einen ruhenden Targetkern A ($E_{kin}(A) = 0$), dann gilt bei Energie- und Impulserhaltung für die Reaktion A(a,b)B mit der Wärmetönung Q bei den Reaktionswinkeln θ_b, θ_B:

$$E_{kin}(a) = E_{kin}(b) + E_{kin}(B) - Q,$$

$$\frac{p_a^2}{2m_a} = \frac{p_b^2}{2m_b} + \frac{p_B^2}{2m_B} - Q,$$

$$\vec{p}_a = \vec{p}_b + \vec{p}_B.$$

Dieses Gleichungssystem liefert für das Teilchen b:

$$E_{kin}(b) = E_{kin}(a) - E_{kin}(B) + Q, \quad p_b = \sqrt{2m_b \cdot E_{kin}(b)}, \quad \sin\theta_b = \frac{p_B}{p_b} \cdot \sin\theta_B,$$

$$p_b = \frac{\sqrt{2m_a \cdot E_{kin}(a)} \cdot \cos\theta_B}{(1 + \frac{m_b}{m_B})}$$

$$\pm \sqrt{\left(\frac{\sqrt{2m_a \cdot E_{kin}(a)} \cdot \cos\theta_B}{(1 + \frac{m_b}{m_B})} \right)^2 + \frac{2E_{kin}(a)(m_b - m_a) + 2Q \cdot m_b}{(1 + \frac{m_b}{m_B})}}$$

Schwellenenergie, die Energie, die notwendig ist, um eine bestimmte Reaktion in Gang zu setzen. Diese Schwellenenergie tritt bei **endothermen Reaktionen** ($Q < 0$) auf.

$$E_{kin}(a, \text{Schwelle}) = -\frac{m_a + m_A}{m_A} Q \quad \text{mit} \quad Q < 0.$$

■ $p + p \rightarrow p + p + \pi$

In dieser Reaktion wird ein π-Meson erzeugt. Der Q-Wert dieser Reaktion ist deshalb gleich der Masse des π-Mesons, multipliziert mit dem Quadrat der Vakuumlichtgeschwindigkeit c:

$$Q = -m_\pi \cdot c^2 \approx -140 \, \text{MeV}.$$

Schwellenenergie: $\dfrac{m_p + m_p}{m_p} \cdot m_\pi \cdot c^2 \approx 2 \cdot 140 \, \text{MeV}.$

28.5.2.2 Drehimpulserhaltung

Stoßparameter b, Abstand, unter dem bei einem Stoßprozess die Inzidenzteilchen auf den Targetkern einlaufen. Der Stoßparameter bestimmt bei gegebener Energie $E_{kin}(a) = p_a^2/(2m_a)$ den Bahndrehimpuls L der Relativbewegung der beiden Reaktionspartner, $L = p_a \cdot b$ (**Abb. 28.18**).

▲ Wegen der endlichen Reichweite R der Kernkräfte bestimmt die Energie der einfallenden Teilchen die möglichen Bahndrehimpulse, die an der Reaktion beteiligt sein können (**Abb. 28.19**),

$$L_{max} = p_a \cdot R.$$

s-Wellen-Streuung, die Streuung von Teilchen an Atomkernen, an der nur Teilchen mit Bahndrehimpuls $L = 0$ (**zentrale Stöße**) zum Wirkungsquerschnitt beitragen.

➤ In der niederenergetischen Nukleon-Nukleon-Streuung kann man Bahndrehimpulse mit $L \geq 1$ vernachlässigen. s-Wellenstreuung dominiert auch bei der Streuung langsamer Neutronen ($E \approx 1 \, \text{eV}$) an Kernen.

p-Wellen-Streuung, Streuung mit Bahndrehimpulsen $L = 1$, trägt bei der Neutron-Kern-Streuung bereits bei Neutronenenergien um 1 MeV merklich zum Wirkungsquerschnitt bei.

➤ Bei der Streuung von 14 MeV-Neutronen an Kernen müssen bei der Berechnung der Wirkungsquerschnitte und Winkelverteilungen Bahndrehimpulse bis $L \approx 14$ berücksichtigt werden.

▲ Drehimpulserhaltung: Der Gesamtdrehimpuls im Eingangskanal i ist gleich dem Gesamtdrehimpuls im Ausgangskanal f:
$$\vec{J}_i = \vec{S}_i + \vec{L}_i = \vec{S}_f + \vec{L}_f = \vec{J}_f.$$

▲ Die Erhaltung des Gesamtdrehimpulses gestattet die Umwandlung von Bahndrehimpuls im Anfangszustand in Kernspin im Endzustand.

➤ Hohe Bahndrehimpulse ($L \approx 100\ \hbar$) werden bei schwerioneninduzierten Kernreaktionen mit einer spezifischen Energie von etwa 10 MeV/Nukleon) erreicht. Damit gelingt es, Anregungszustände mit hohem Spin (**Hochspinzustände**) zu erzeugen.

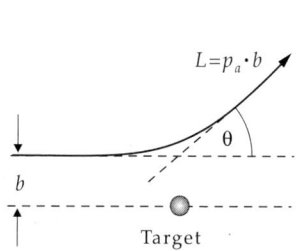

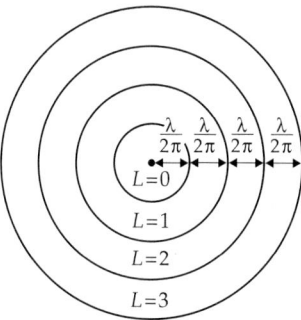

Abbildung 28.18: Stoßparameter b und Streuwinkel θ einer Trajektorie mit dem Bahndrehimpuls $L = p_a \cdot b$, p_a: Impuls des Inzidenzteilchens

Abbildung 28.19: Aufenthaltswahrscheinlichkeit des Inzidenzteilchens in Abhängigkeit vom Abstand Teilchen-Streuzentrum für verschiedene Bahndrehimpulse L der Partialwellen. λ: de-Broglie-Wellenlänge

28.5.3   Elastische Streuung

1.   Rutherford-Streuung,
die Streuung geladener Teilchen am Coulomb-Feld des Atomkerns.

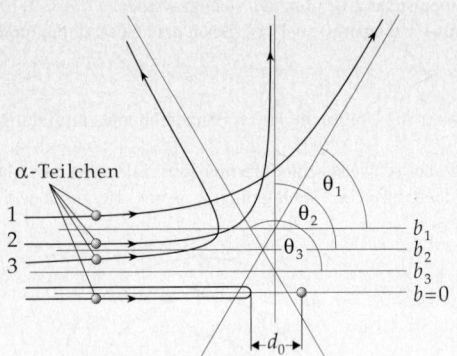

Abbildung 28.20: Rutherford-Streuung von α-Teilchen an Kernen. d_0: minimaler Abstand bei zentralem Stoß

2.   Rutherfordsche Streuformel
Differentieller Streuquerschnitt der Rutherford-Streuung im Schwerpunktsystem:

Rutherfordsche Streuformel			$\mathbf{L^2}$
	Symbol	Einheit	Benennung
$\dfrac{d\sigma_R}{d\Omega} = \left(\dfrac{Z \cdot Z' \cdot e^2}{4E_0}\right)^2$ $\cdot \dfrac{1}{\sin^4(\theta/2)} \cdot \left(\dfrac{1}{4\pi\varepsilon_0}\right)^2$	$\dfrac{d\sigma_R}{d\Omega}$	b/sr	differentieller Wirkungsquerschnitt
	Z	1	Ladungszahl des Projektils
	Z'	1	Ladungszahl des Targetkerns
	E_0	J	kinetische Energie des Projektils
	θ	rad	Streuwinkel
	e	C	Elementarladung
	ε_0	$CV^{-1}m^{-1}$	elektrische Feldkonstante

▲   Der kleinste Abstand d_0 zwischen dem Einschussteilchen der Energie E_0 und dem Targetkern wird bei zentralem Stoß erreicht.

■   Bei einer kinetischen Energie von 15.8 MeV beträgt d_0 für die Streuung von α-Teilchen an schweren Kernen etwa $1.2 \cdot 10^{-15}$ m.

3.   Mott-Streuung
die Streuung sehr hochenergetischer Teilchen (Geschwindigkeit v nahe der Lichtgeschwindigkeit c). Die Mott-Streutheorie berücksichtigt den Einfluss des Spins der wechselwirkenden Teilchen und liefert die relativistische Korrektur zum Rutherford-Streuquerschnitt $\dfrac{d\sigma_R}{d\Omega}$:

$$\frac{d\sigma_M}{d\Omega} = \frac{d\sigma_R}{d\Omega} \frac{\cos^2(\theta/2)}{1 + 2 \cdot (v/c)^2 \cdot \sin^2(\theta/2)}.$$

28.5.4 Compoundkernreaktion

Compoundkernreaktion, ein Reaktionsmodell, dem die Vorstellung vom Atomkern als Tropfen einer Kernflüssigkeit zugrunde liegt (s. S. 832). Die kinetische Energie des Inzidenzteilchens und die bei seinem Einfang durch den Targetkern freiwerdende Bindungsenergie werden statistisch – wie bei der Wärmezufuhr in einer Flüssigkeit – auf alle Nukleonenfreiheitsgrade verteilt. Es bildet sich ein hocherhitzter **Compoundkern** C mit einer Anregungsenergie, die durch die Summe aus Einschussenergie $E_{kin}(a)$ und Bindungsenergie $E_B(a)$ des Teilchens a im Kern B gegeben ist,

$$a + A \longrightarrow C^*, \quad E^*(C) = E_{kin}(a) + E_B(a).$$

1. **Bildungs- und Zerfallswahrscheinlichkeit von Compoundkernen**
Die Bildungswahrscheinlichkeit für den Compoundkern ist dann groß, wenn diese Anregungsenergie mit der Energie eines Niveaus im Compoundkern übereinstimmt. Andererseits besitzt der Compoundkern eine lange Lebensdauer, da er erst dann wieder zerfällt, wenn sich durch Stöße zwischen den Nukleonen ein Energiebetrag auf ein Nukleon oder eine Nukleonengruppe konzentriert hat, der über der Bindungsenergie liegt,

$$C^* \longrightarrow b + B.$$

■ Beim Einfang langsamer Neutronen mit einer Einschussenergie von nur 1 eV werden in Kernen mittlerer Massenzahl aufgrund der Bindungsenergie eines Neutrons etwa 8 MeV freigesetzt.

▲ Bildung und Zerfall des Compoundkerns sind unabhängige Prozesse. Der Wirkungsquerschnitt von Kernreaktionen, die über einen hochangeregten, langlebigen Compoundkernzustand verlaufen, zeigt in Abhängigkeit von der Einschussenergie schmale, dichtliegende Resonanzen (**Abb. 28.21**).

➤ Die Lebensdauer eines Compoundkernzustands beträgt etwa 10^{-18} s. Sie liegt damit um mehrere Größenordnungen über der Durchlaufzeit des Inzidenzteilchens durch den Kern.
In schweren Kernen beträgt die Breite der Neutronenresonanzen etwa 10^{-2} eV bei einem Resonanzabstand von etwa 50 keV.

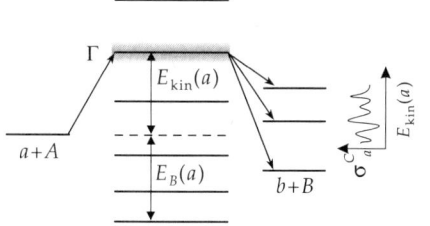

Abbildung 28.21: Compoundkernreaktion $a + A \longrightarrow C^* \longrightarrow b + B$ (schematisch).
Γ: totale Breite der Resonanz, σ_a^C: Wirkungsquerschnitt für die Compoundkernbildung in Abhängigkeit von der kinetischen Energie des Inzidenzteilchens $E_{kin}(a)$ mit Resonanzen bei quasistationären Zuständen des Compoundkerns C

2. **Wirkungsquerschnitt der Compoundkernreaktion A(a,b)B:**

$$\sigma_{ab} = \sigma_a^C \cdot P_b, \quad P_b = \frac{\Gamma_b}{\Gamma}, \quad \Gamma = \sum_i \Gamma_i, \quad i = a, b, c, \ldots.$$

σ_a^C: Wirkungsquerschnitt für die Compoundkernbildung,
P_b: Wahrscheinlichkeit für den Zerfall des Compoundkerns unter Emission des Teilchens b,
Γ_b: partielle Breite für den Zerfall $C^* \longrightarrow b+B$,
Γ: totale Breite des Compoundkernniveaus.

▲ Mit wachsender Anregungsenergie des Compoundkerns wird der Abstand benachbarter Resonanzen geringer, die Breite der Resonanzen nimmt zu, d.h., die Resonanzen beginnen zu überlappen.

$1/v$-**Gesetz** des Einfangquerschnitts langsamer Neutronen der Energie E:

$$\sigma_c \sim \frac{1}{\sqrt{E}} \sim \frac{1}{v}, \quad v: \text{Neutronengeschwindigkeit}.$$

■   Einige Bildungs- und Zerfallskanäle des Compoundkerns $^{51}\text{Cr}^*$ sind in **Abb. 28.22** aufgeführt.

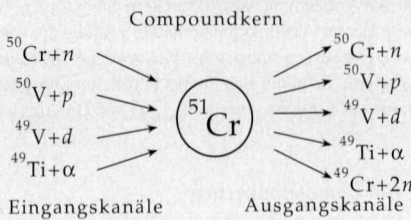

Abbildung 28.22: Reaktionen mit Bildung des Compoundkerns ^{51}Cr über verschiedene Eingangskanäle, Zerfall in verschiedene Ausgangskanäle

3.   Breit-Wigner-Formel,

beschreibt die Energieabhängigkeit des Wirkungsquerschnitts der Compoundkernreaktion A(a,b)B in der Nähe einer Resonanz (**Abb. 28.23**):

Breit-Wigner-Formel			**L²**
	Symbol	Einheit	Benennung
$\sigma(a,b,E) =$ $\sigma(a,E_r) \cdot \dfrac{\Gamma \cdot \Gamma_b}{(E - E_r)^2 + (\frac{1}{2}\Gamma)^2}$	$\sigma(a,b,E)$	m²	Wirkungsquerschnitt Reaktion $a \to b$
	E_r	MeV	Resonanzenergie
	E	MeV	Teilchenenergie
	$\sigma(a,E_r)$	m²	Compoundkernbildungsquerschnitt
	Γ	MeV	totale Breite der Compoundkernresonanz
	Γ_b	MeV	Partialbreite für Endkanal b

Verdampfungsspektrum, die Energieverteilung der aus einem hochangeregten Compoundkern emittierten Teilchen. Das Spektrum entspricht weitgehend einer Maxwell-Verteilung (**Abb. 28.24**). Für die Zahl $N(E)\,\mathrm{d}E$ der im Energieintervall zwischen E und $E + \mathrm{d}E$ emittierten Teilchen gilt:

$$N(E)\,\mathrm{d}E \sim E\,\mathrm{e}^{-E/(kT)}\,\mathrm{d}E\,, \quad T:\text{ Kerntemperatur}.$$

▲   Die Winkelverteilung der Reaktionsprodukte einer Compoundkernreaktion ist i. Allg. **isotrop**.

M   Resonanzreaktionen von Neutronen haben große praktische Bedeutung für den Betrieb von Kernreaktoren. Sie beeinflussen den Neutronentransport und führen zu unerwünschten Neutronenverlusten.

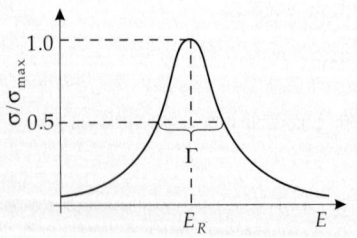

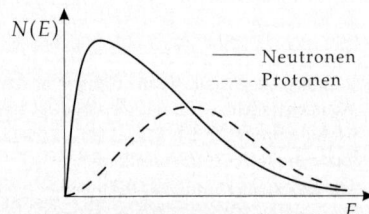

Abbildung 28.23: Breit-Wigner-Resonanzkurve mit der Halbwertsbreite Γ. E_R: Resonanzenergie

Abbildung 28.24: Verdampfungsspektrum für Neutronen und Protonen (schematisch)

28.5.5 Optisches Modell

Optisches Modell, betrachtet den Atomkern als brechendes und absorbierendes Medium. Es liefert Wirkungsquerschnitte für die elastische Streuung und die Absorption des Inzidenzteilchens aus dem Einfallskanal. Das optische Modell ist anwendbar für die Wechselwirkung von Neutronen, Protonen, komplexen leichten Teilchen (Deuteronen, α-Teilchen), schweren Ionen und Mesonen mit Kernen.

Optisches Potential $U(r)$, Funktion des Abstandes r des Inzidenzteilchens vom Mittelpunkt des Targetkerns, besteht aus einem komplexen sphärischen Potential und einem Spin-Bahn-Kopplungsterm:

$$U(r) = -V f(r) - jW g(r) + W_{ls}(r) (\vec{\sigma} \cdot \vec{l}) \, .$$

Oft verwendete Formfaktoren:

$$f(r) = \frac{1}{1 + e^{(r-R)/a}} \, , \qquad g(r) = e^{-(r-R)^2/b^2} \, .$$

R: Kernradius, a, b: Oberflächenparameter.

Der Formfaktor $f(r)$ des Realteils folgt der radialen Massendichteverteilung im Kern (**Woods-Saxon-Potential, Abb. 28.25**). Der Formfaktor $g(r)$ des Imaginärteils des optischen Potentials simuliert eine Oberflächenabsorption. Die Stärkeparameter V und W hängen von der Einschussenergie ab (**Abb. 28.26**).

▲   In Abhängigkeit von der Einschussenergie zeigen die mit dem optischen Modell berechneten Wirkungsquerschnitte **Riesenresonanzen** mit Breiten von einigen MeV.

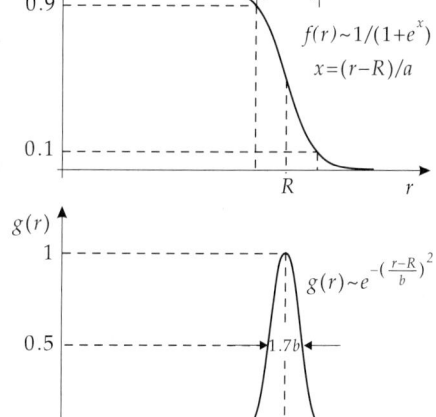

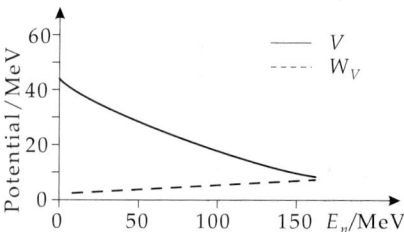

Abbildung 28.25: Formfaktoren des optischen Potentials. $f(r)$: Realteil (Woods-Saxon-Potential), $g(r)$: Imaginärteil (Gauß-Potential)

Abbildung 28.26: Abhängigkeit der Stärkeparameter des optischen Potentials von der Einschussenergie E

28.5.6   Direkte Reaktion

Direkte Reaktion, unterscheidet sich von einer Compoundkernreaktion dadurch, dass

- die Reaktionszeit ($\approx 10^{-22}$ s) etwa der Durchlaufzeit des Inzidenzteilchens durch den Targetkern entspricht,
- ein direkter Übergang aus dem Eingangskanal in den Endkanal erfolgt, ohne Bildung eines quasistationären Zwischenzustandes des Gesamtsystems,
- nur wenige Nukleonenfreiheitsgrade an der Reaktion beteiligt sind,
- der Reaktionsprozess vorwiegend an der Kernoberfläche abläuft,
- der Energieverlauf des Wirkungsquerschnitts breite Riesenresonanzen zeigt.

Stripping-Reaktion, eine direkte Reaktion, bei der in einer peripheren Wechselwirkung des Projektils mit dem Targetkern ein Teilchen aus dem Projektil abgestreift und in einen Einteilchenzustand im mittleren Potential des Targetkerns eingefangen wird.

Pick-up-Reaktion, eine direkte Reaktion, bei der in einer peripheren Wechselwirkung des Projektils mit dem Targetkern das Projektil ein Teilchen aus einem Einteilchenzustand im mittleren Potential des Targetkerns aufnimmt.

➤   Direkte Reaktionen dieses Typs werden genutzt, Einteilchenzustände in Kernen zu bestimmen.

Direkte unelastische Streuung, Stoßprozess, in dem bevorzugt kollektive Vibrations- und Rotationszustände des Targetkerns angeregt werden.

Intermediäre Prozesse, Reaktionen, bei denen die Bildung eines Zwischenzustandes des Gesamtsystems einsetzt, der Zerfall in den Ausgangskanal aber schon erfolgt, bevor ein vollständiger Gleichgewichtszustand erreicht ist. Die Spektren und Winkelverteilungen der Reaktionsprodukte zeigen sowohl Merkmale einer Compoundkern- als auch einer direkten Reaktion.

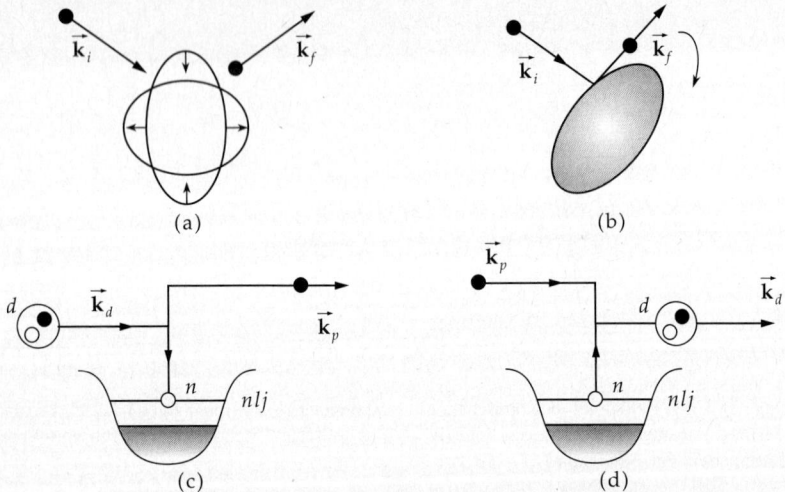

Abbildung 28.27: Direkte Reaktionen (schematisches Bild). $\vec{k}$: Wellenvektoren. (a): Vibrationsanregung, (b): Rotationsanregung, (c): Stripping-Reaktion A(d,p)B, Einfang des Neutrons in den Einteilchenzustand (nlj) des Targetkerns, (d): Pick-up-Reaktion A(p,d)B

28.5.7 Schwerionenreaktionen

Schwerionenreaktionen, Reaktionen, bei denen Atomkerne mit hoher Ordnungszahl $Z > 2$, $A > 4$ als Inzidenzteilchen verwendet werden.

1. Coulomb-Schwelle und kinetische Energie pro Nukleon

Coulomb-Schwelle, T_C, der erforderliche Mindestwert der kinetischen Energie des Inzidenzteilchens, um in den Bereich der Kernkräfte zu gelangen:

Coulombschwelle			$\mathbf{ML^2T^{-2}}$
	Symbol	Einheit	Benennung
$T_C = \dfrac{Z_1 \cdot Z_2 \cdot e^2}{(R_1 + R_2)} \cdot \dfrac{1}{4\pi\varepsilon_0}$	T_C	J	Coulomb-Schwelle
	Z_1, Z_2	1	Ordnungszahlen
	R_1, R_2	m	Kernradien
	e	C	Elementarladung
	ε_0	$CV^{-1}m^{-1}$	elektrische Feldkonstante

■ Für die Reaktion $^{40}_{20}\text{Ca}_{20}$ auf $^{208}_{82}\text{Pb}_{126}$ liegt die Coulomb-Schwelle bei 211 MeV, d.h., bei 5.3 MeV/Nukleon.

Spezifische Energie, ε, kinetische Energie pro Nukleon,

$$\varepsilon = \frac{E_{\text{kin}}}{A}.$$

Klassifizierung von Schwerionenreaktionen nach der spezifischen Energie ε:

$\varepsilon < 10\,\text{MeV/A}$:	niederenergetische Schwerionenreaktionen,
$10\,\text{MeV/A} < \varepsilon < 100\,\text{MeV/A}$:	Schwerionenreaktionen bei mittleren Energien,
$100\,\text{MeV/A} < \varepsilon < 10\,\text{GeV/A}$:	relativistische Schwerionenreaktionen,
$\varepsilon > 10\,\text{GeV/A}$:	ultrarelativistische Schwerionenreaktionen .

2. Besonderheiten von Schwerionenreaktionen

• Beide Reaktionspartner besitzen eine große Masse, so dass ein wesentlicher Teil der kinetischen Energie in der Energie der Schwerpunktsbewegung gebunden ist.

• Beide Reaktionspartner besitzen eine hohe Ladungszahl, so dass Coulomb-Effekte wesentlich werden und viele Erscheinungen aus dem Zusammenspiel von Coulomb- und Kernkräften resultieren.

• Im Wechselwirkungsgebiet bilden sich Zwischenzustände von 300 - 400 Nukleonen, so dass bei der Systembeschreibung makroskopische Aspekte stärker berücksichtigt werden können.

• Bei peripheren Stößen erfolgt die Kern-Kern-Wechselwirkung über Partialwellen, die einem großen Bahndrehimpuls der Relativbewegung ($L \geq 100\,\hbar$) entsprechen.

• Die de-Broglie-Wellenlänge für die Relativbewegung ist klein gegenüber charakteristischen geometrischen Abmessungen des Systems, so dass für die Relativbewegung eine klassische Betrachtungsweise auf der Grundlage von Stoßparametern und Trajektorien aufrechterhalten werden kann.

▲ In Schwerionenreaktionen werden Kernzustände mit sehr hohen Spins angeregt.

■ Bei der Reaktion $^{40}_{20}\text{Ca}_{20} \to ^{208}_{82}\text{Pb}_{126}$ kann an der Coulomb-Schwelle ein Bahndrehimpuls von etwa $140\,\hbar$ erreicht werden. Mit solch hohen Drehimpulsen lassen sich **superdeformierte Kerne** darstellen, die eine stark zigarrenförmige Struktur besitzen.

■ Für $^{40}_{20}\text{Ca}_{20}$-Ionen mit einer Energie von 10 MeV pro Nukleon beträgt die de-Broglie-Wellenlänge $\lambda = 0.5$ fm.

3. Reaktionstypen bei Schwerionenreaktionen

In Abhängigkeit vom Stoßparameter unterscheidet man bei niederenergetischen Schwerionenreaktionen folgende Reaktionstypen (**Abb. 28.28**):

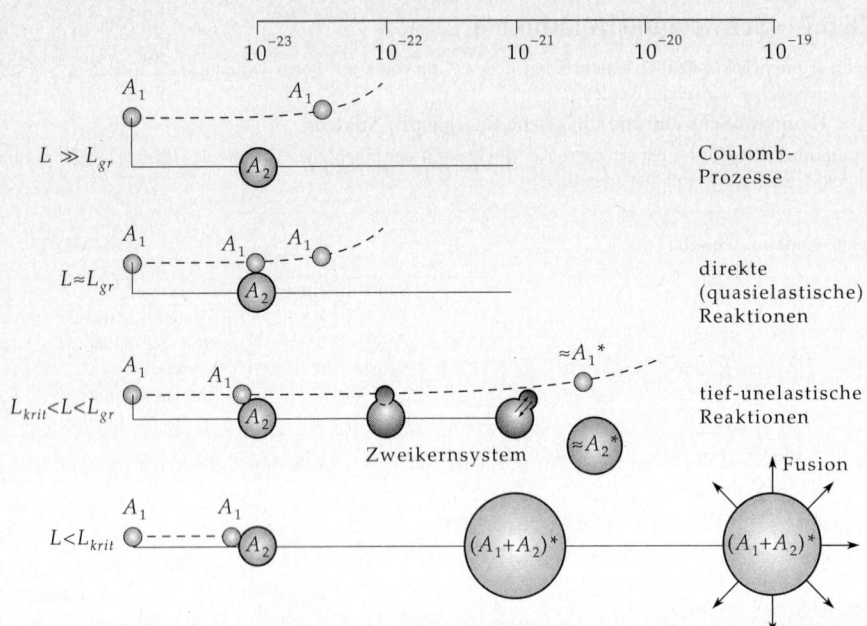

Abbildung 28.28: Klassifizierung von niederenergetischen Schwerionenreaktionen A_1+A_2 nach dem Stoßparameter (Bahndrehimpuls L). L_{gr}: Bahndrehimpuls für streifende Kern-Kern-Wechselwirkung, L_{krit}: Bahndrehimpuls für einsetzende Fusion

▲ **Coulomb-Prozesse**, elastische Rutherford-Streuung und Coulomb-Anregung kollektiver Zustände von Targetkern oder/und Projektil für große Stoßparameter, bei denen keine Kernkräfte wirksam werden ($L \gg L_{gr}$, L_{gr} - Drehimpuls bei streifendem Einfall).

▲ **Quasielastische Reaktionen**, direkte Reaktionen für Stoßparameter, die einem streifenden Einfall des Projektils entsprechen ($L \approx L_{gr}$). Die geringe Reaktionszeit von $\approx 10^{-22}$ s erlaubt die Anregung von nur wenigen Freiheitsgraden im Kern; der Energie- und Nukleonenaustausch zwischen Projektil und Targetkern ist noch gering.

▲ **Tief-unelastische Reaktionen**, Reaktionen bei mittleren Stoßparametern ($L_{krit} < L < L_{gr}$), welche über die Bildung eines relativ langlebigen Zweikernsystems mit einer Lebensdauer von $\approx 10^{-21}$ s ablaufen, in dem viele Freiheitsgrade angeregt sind, ohne dass ein Compoundkern erreicht wird. Hierbei erfolgt ein starker Energie- und Nukleonenaustausch zwischen Projektil und Targetkern.

▲ **Fusionsreaktionen**, Bildung eines hochangeregten Compoundkerns mit einer Lebensdauer von $\approx 10^{-18}$ s für kleine Stoßparameter ($L < L_{krit}$). Der Compoundkern zerfällt durch Teilchen- und Gammaemission oder Kernspaltung.

■ Im Wirkungsquerschnitt der Reaktion ^{40}Ar(379 MeV) $+^{232}$Th wird neben dem quasielastischen Maximum in der Nähe der Einschussenergie ein zweites relatives Maximum bei einem Energieverlust von ≈ 160 MeV beobachtet, das einem tief-unelastischen Prozess entspricht.

■ Bei der tief-unelastischen Reaktion $^{86}_{36}$Kr(515 MeV) $+ ^{166}$Er werden projektilähnliche Reaktionsprodukte mit Kernladungszahlen zwischen $Z = 28$ und $Z = 45$ nachgewiesen.

➤ Mit Schwerionenreaktionen lassen sich Nuklide weitab von der Stabilitätslinie erzeugen.

Stabilitätsinseln, Gebiete in der Z-N-Ebene, durch magische Ordnungszahl Z und Neutronenzahl N stabilisiert. Diese Atomkerne sollten – verglichen mit Nukliden in ihrer Umgebung im Z-N-Diagramm – hohe Lebensdauern haben. Eine solche Stabilitätsinsel wird nach Modellrechnungen um $Z = 114$ und $N = 184$ erwartet.

Superschwere Elemente, Elemente mit $Z \geq 110$, die bisher noch nicht erzeugt werden konnten.

➤ Die schwersten **Transuranelemente Nielsbohrium** ($_{107}$Ns), **Hassium** ($_{108}$Hs) und **Meitnerium** ($_{109}$Mt) sind auf diese Weise erzeugt worden (s. S. 796). Diese Atomkerne leben überraschend lange ($\tau \approx$ ms). Die lange Lebensdauer deutet auf eine Schalenstruktur hin.

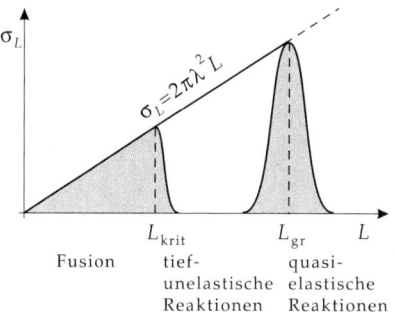

Abbildung 28.29: Schematische Aufteilung des Wirkungsquerschnitts einer niederenergetischen Schwerionenreaktion.
L_{gr}: Bahndrehimpuls für streifende Kern-Kern-Wechselwirkung, L_{krit}: Bahndrehimpuls für einsetzende Fusion

4. Höherenergetische Schwerionenstöße

Multifragmentation, Zerfall des in Schwerionenstößen mittlerer Energie gebildeten hochangeregten, komprimierten Nukleonensystems in zahlreiche Fragmente mit einer breiten Ladungs- und Massenzahlverteilung, wobei ein nuklearer Phasenübergang Flüssigkeit-Gas eine Rolle spielen sollte.

Relativistische Schwerionenstöße, am CERN (Genf) und am AGS (Brookhaven) durchgeführte Schwerionenreaktionen mit extrem hohen Einschussenergien, in denen neue Materiezustände produziert werden können:

- **Resonanzmaterie**, Anreicherung der normalen Kernmaterie mit angeregten, instabilen Zuständen der Nukleonen (Δ- und N^*-Resonanzen).
- **Antimaterie**, gebildet aus den Antiteilchen der Nukleonen: $\bar{p}$, $\bar{n}$, $\bar{d}$ (Anti-Deuteron), $\bar{\alpha}$ ...
- **Hyperkerne** und **Multi-Hyperon-Materie**, bestehend aus Nukleonen und Hyperonen (Λ-, Σ^-- und Ξ^--Teilchen).
- **Quark-Gluon-Plasma**, Phase der Kernmaterie, in der sich Quarks und Gluonen fast frei bewegen können, statt in Baryonen und Mesonen gebunden zu sein. Dieses **Deconfinement** wird erst bei sehr hoher Baryonen- und Energiedichte (1-3 GeV/fm^3) erwartet.

28.5.8 Kernspaltung

Kernspaltung, der Prozess der Zerlegung eines schweren Atomkerns in zwei annähernd gleich große Bruchstücke (**Spaltprodukte**) und einige Neutronen (**Spaltneutronen**). Kernspaltung kann durch Einfang von Neutronen oder Photonen durch den Kern angeregt werden.

■ ^{235}U + n → X + Y + νn + 200 MeV $\quad$ ν: Zahl der Spaltneutronen

Pro Spaltakt werden im Mittel $\nu = 2.43 \pm 0.07$ Neutronen mit einer mittleren Energie von 2 MeV emittiert.

1. Ursache der Kernspaltung

➤ Die Kernspaltung kann im Rahmen des **Tröpfchenmodells** und des **Schalenmodells** erklärt werden. Bei geringer Anregungsenergie führt der Kern Oberflächenschwingungen kleiner Amplitude um die

Gleichgewichtsform im Grundzustand aus. Die Oberflächenspannung erzeugt dabei eine Potential-barriere, die eine Stabilität des Kerns gegenüber großen Deformationen bedingt. Wächst die Anre-gungsenergie, so kann diese **Spaltbarriere** überwunden werden: die Kerndeformation nimmt zu, bis sich der Kern einschnürt und schließlich zwei getrennte Bruchstücke entstehen, die sich dann unter dem Einfluss des abstoßenden Coulombpotentials auseinander bewegen.

Spaltbarriere, der die Auslösung der Spaltung verhindernde Potentialwall.

Kern	Bindungsenergie des Neutrons	Spaltbarriere
^{235}U	6.5 MeV	^{236}U : 6 MeV
^{238}U	6 MeV	^{239}U : 7 MeV

➤   Da die Bindungsenergie eines Neutrons im ^{235}U die Spaltbarriere übersteigt, ist ^{235}U der Hauptbrenn-stoff bei thermischen Kernreaktoren.

2.   Spontane Spaltung und Spaltisomerie

Spontane Spaltung, Spaltung von Kernen mit $Z^2/A > 17$ aus dem Grundzustand, indem die Spaltbarriere durch Tunneleffekt überwunden wird. Die Halbwertszeit für spontane Spaltung ist größer als die Halbwerts-zeit für α-Zerfall.

■ ^{235}U: α-Zerfall: $T_{\frac{1}{2}} = 7.1 \cdot 10^8$ a,   spontane Spaltung: $T_{\frac{1}{2}} = 1.8 \cdot 10^{17}$ a.

Spaltisomerie, Auftreten eines zweiten, durch Schaleneffekte bedingten, Minimums im Kernpotential als Funktion des Abstandes der Spaltprodukte. Bei einer neutroneninduzierten Spaltung geht der Kern zunächst in einen angeregten Zustand im ersten Potentialminimum über, der an Zustände im zweiten Minimum kop-pelt. Aus diesen Zuständen im zweiten Minimum erfolgt schließlich die Spaltung durch Tunneleffekt.

■   Ein Beispiel ist die Reaktion:

^{16}O $+ ^{238}$U $\rightarrow ^{251}$Fm$^* + 3$n

Der angeregte Fermiumkern ^{251}Fm* spaltet mit einer mittleren Lebensdauer von $T_{\frac{1}{2}} \approx 0.014$ s.

➤   Mit geringer Wahrscheinlichkeit tritt auch eine Dreifachspaltung schwerer Kerne auf.

▲   Die kinetische Energie der Spaltprodukte macht nahezu die gesamte in der Spaltung frei werdende Energie aus.

▲   Die Spaltprodukte sind in der Regel radioaktiv.

▲   Der Zerfall der Spaltprodukte erfolgt vornehmlich durch n-Emission sowie durch γ- und β-Zerfall.

3.   Spaltungsneutronen und Massenverteilung

Prompte Neutronen, gleichzeitig mit der Spaltung emittierte Neutronen.

Verzögerte Neutronen, nach dem eigentlichen Spaltprozess von den Spaltprodukten emittierte Neutronen. Diese Emission ist typischerweise zwischen 0.2 s und 60 s verzögert.

➤   Verzögerte Neutronen spielen beim Ablauf der gesteuerten Kettenreaktion eine wichtige Rolle.

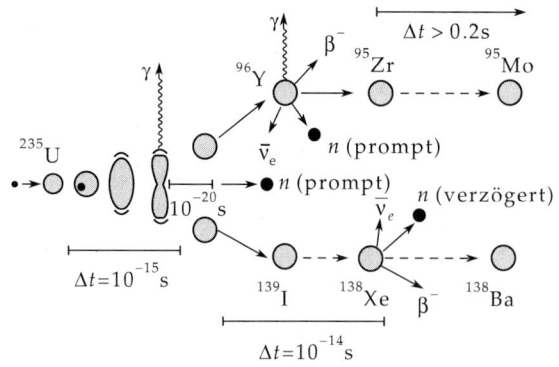

Abbildung 28.30: Zeitlicher Ablauf der Spaltung eines Urankerns

Massenverteilung in der Spaltung, Häufigkeitsverteilung der Spaltprodukte.

▲ Die Massenverteilung ist in der Regel asymmetrisch (Massenverhältnis der Spaltprodukte $\approx 3 : 2$).

■ Bei ^{235}U ist die symmetrische Spaltung 600mal seltener als die asymmetrische Spaltung.

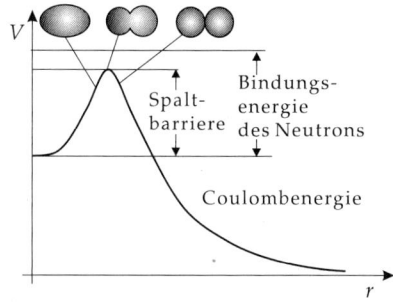

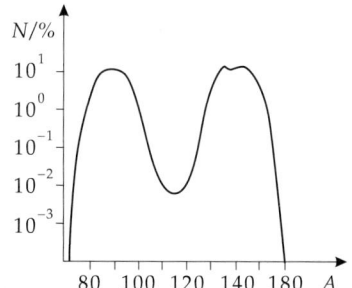

Abbildung 28.31: Kernspaltung. Potentielle Energie V und Kernform in Abhängigkeit vom Abstand r der Spaltprodukte

Abbildung 28.32: Massenverteilung der Spaltprodukte bei der Uranspaltung

28.6 Kernzerfall

Radioaktiver Zerfall, spontaner Zerfall von instabilen Nukliden unter Emission von Teilchen bzw. Photonen oder über radioaktive Zerfallsreihen in stabile Nuklide.

Radionuklid, Nuklid, das radioaktiven Zerfall zeigt.

Radioaktive Isotope, Radionuklide gleicher Kernladungszahl.

Radioaktivität, die Eigenschaft von Nukliden oder makroskopischen Stoffmengen (Atmosphäre, Gewässer, Gesteine, Baustoffe), radioaktive Strahlung auszusenden.

Natürliche Radioaktivität, Radioaktivität, die bei in der Natur vorkommenden Nukliden auftritt.

Künstliche Radioaktivität, Radioaktivität, die bei Nukliden auftritt, die in Kernreaktionen erzeugt wurden.

Arten der Radioaktivität:

Typ des Zerfalls	Änderung der		
	Kernladung ΔZ	Neutronenzahl ΔN	Massenzahl ΔA
α-Zerfall (Emission eines He-Kerns)	−2	−2	−4
β-Zerfall (e^+- oder e^--Emission)	±1	∓1	0
γ-Zerfall (Emission eines Photons)	0	0	0
Elektroneneinfang	−1	+1	0
Protonenemission	−1	0	−1
Neutronenemission	0	−1	−1
Clusterradioaktivität	$-Z_{cluster}$	$-N_{cluster}$	$-(Z_{cluster}+N_{cluster})$
spontane Spaltung	$\approx \frac{1}{2}Z$	$\approx \frac{1}{2}N$	$\approx \frac{1}{2}A$

▲   Der **radioaktive Zerfall** ist ein statistischer Prozess.

28.6.1   Zerfallsgesetz

1.   Zerfallskonstante

Zerfallskonstante, λ, beschreibt die Wahrscheinlichkeit für eine bestimmte radioaktive Zerfallsart. Sie ist unabhängig von Ort und Zeit, aber für den Kern typisch.

▲   Jedes Radionuklid hat eine andere Zerfallskonstante.

Die Zerfallskonstante gibt den Bruchteil der Kerne an, die pro Sekunde zerfallen.

Zerfallszahl = −Zerfallskonstante · Zahl der Kerne · Zeit			**1**
$\mathrm{d}N = -\lambda \cdot N \cdot \mathrm{d}t$	Symbol	Einheit	Benennung
	$\mathrm{d}N$	1	Zahl der Zerfälle
	λ	s^{-1}	Zerfallskonstante
	N	1	Zahl radioaktiver Kerne
	$\mathrm{d}t$	s	Zeitintervall

Der **radioaktive Zerfall** folgt dem exponentiellen Zerfallsgesetz (**Abb. 28.33**):

Zerfallsgesetz			**1**
$N(t) = N_0 e^{-\lambda \cdot t}$	Symbol	Einheit	Benennung
	$N(t)$	1	Zahl radioaktiver Kerne zur Zeit t
	N_0	1	Zahl der Kerne zur Zeit $t = 0$
	λ	s^{-1}	Zerfallskonstante
	t	s	Zeitvariable

Mittlere Lebensdauer τ (SI-Einheit: Sekunde s) radioaktiver Kerne, Kehrwert der Zerfallskonstanten:

$$\tau = \frac{1}{\lambda}.$$

2. **Halbwertszeit,**

$T_{\frac{1}{2}}$ (SI-Einheit: Sekunde s), die Zeitspanne, nach der die ursprüngliche Menge radioaktiver Kerne auf die Hälfte gesunken ist:

$$T_{\frac{1}{2}} = \frac{\ln 2}{\lambda} = \ln 2 \cdot \tau.$$

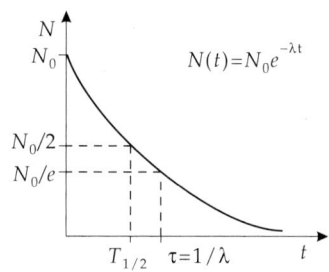

Abbildung 28.33: Exponentielles Zerfallsgesetz. λ: Zerfallskonstante, τ: mittlere Lebensdauer, $T_{\frac{1}{2}}$: Halbwertszeit

Partielle Zerfallskonstante, λ_k, die Wahrscheinlichkeit für eine spezielle Zerfallsart k.
Für radioaktive Isotope, die auf mehrere Arten zerfallen können, gilt:

$$\lambda = \sum_k \lambda_k.$$

3. **Aktivität,**

A, Zahl der Zerfälle pro Zeiteinheit,

$$A = -\frac{dN}{dt}.$$

Aktivität			T^{-1}

	Symbol	Einheit	Benennung
$A = \lambda \cdot N = \lambda \cdot N_0 e^{-\lambda \cdot t}$	M	kg/mol	Molmasse der Substanz
	m	kg	Masse der Substanz
$= \lambda \cdot \dfrac{m \cdot N_A}{M}$	N	1	Zahl der radioaktiven Kerne
	N_A	mol^{-1}	Avogadro-Konstante
	λ	s^{-1}	Zerfallskonstante

Becquerel (Bq), SI-Einheit der Aktivität:

$$1 \, \text{Bq} = \frac{1 \, \text{Zerfall}}{\text{s}}.$$

Spezifische Aktivität, A_s, auf die Masseneinheit der Substanz bezogene Aktivität,

$$A_s = \frac{A}{m}, \quad m: \text{Masse}.$$

4. **Radionuklide in der Umwelt**

Typische Konzentration einiger Radionuklide in der Umwelt:

Substanz	Radionuklid	Halbwertszeit $T_{\frac{1}{2}}/a$	Konzentration 10^{-3}Bq/l
Grundwasser	^{3}H	12.232	20 – 100
	^{40}K	$1.26 \cdot 10^9$	4 – 400
	^{238}U	$4.51 \cdot 10^9$	1 – 200
Oberflächenwasser	^{3}H	12.232	40 – 400
	^{40}K	$1.26 \cdot 10^9$	40 – 2000
	^{238}U	$4.51 \cdot 10^9$	– 40
Trinkwasser	^{3}H	12.232	20 – 70
	^{40}K	$1.26 \cdot 10^9$	200
	^{238}U	$4.51 \cdot 10^9$	– 40

5. Zerfallsketten,

entstehen dadurch, dass ein durch radioaktiven Zerfall entstandenes Nuklid wiederum radioaktiv sein kann.

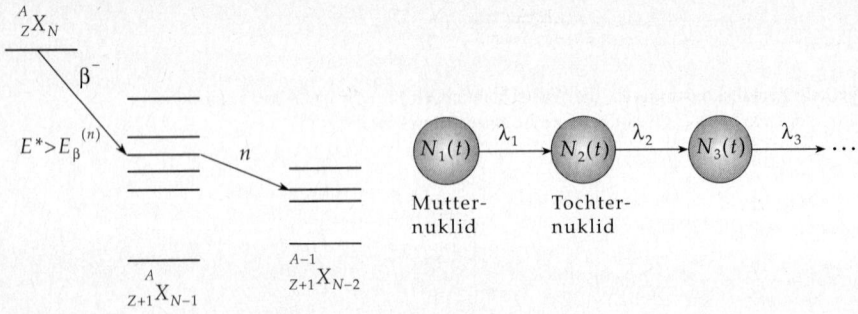

Abbildung 28.34: Zerfallskette (schematisch)

▲   Für die zu einer bestimmten Zeit t vorhandenen radioaktiven **Mutter-** und **Tochternuklide** gilt folgendes Zerfallsgesetz:

$\dfrac{\text{Änderung der Tochterkernzahl}}{\text{Zeiteinheit}} = \textbf{Erzeugungsrate} - \textbf{Zerfallsrate}$			$\mathbf{T^{-1}}$
	Symbol	Einheit	Benennung
	N_T	1	Zahl der Tochternuklide
$\dfrac{dN_T}{dt} = \lambda_M \cdot N_M - \lambda_T \cdot N_T$	N_M	1	Zahl der Mutternuklide
	t	s	Zeitvariable
	λ_T	s^{-1}	Zerfallskonstante der Tochter
	λ_M	s^{-1}	Zerfallskonstante der Mutter

Zerfallsgesetz für das Tochternuklid			**1**
	Symbol	Einheit	Benennung
	N_T	1	Zahl der Tochternuklide
$N_T(t) = N_M(0)\dfrac{\lambda_M}{\lambda_T - \lambda_M} \times$	$N_M(0)$	1	Zahl der Mutternuklide zur Zeit $t = 0$
$\left(e^{-\lambda_M \cdot t} - e^{-\lambda_T \cdot t} \right)$	t	s	Zeitvariable
	λ_T	s^{-1}	Zerfallskonstante des Tochterkerns
	λ_M	s^{-1}	Zerfallskonstante des Mutterkerns

Radioaktives Gleichgewicht, stationärer Zustand eines Tochterisotops mit gleich vielen Erzeugungs- wie Zerfallsreaktionen in einem bestimmten Zeitintervall:

$$\frac{dN_T}{dt} = 0.$$

Im Gleichgewicht gilt:

$$N_M \cdot \lambda_M = N_T \cdot \lambda_T, \qquad \frac{N_M}{N_T} = \frac{T_{\frac{1}{2}M}}{T_{\frac{1}{2}T}}.$$

N_M: Anzahl der Mutternuklide, N_T: Anzahl der Tochternuklide,

$T_{\frac{1}{2}M}$: Halbwertszeit des Mutternuklids, $T_{\frac{1}{2}T}$: Halbwertszeit des Tochternuklids.

6.   Beispiel: Uran-Radium-Zerfallsreihe,

(**Abb. 28.35**), in der Uranreihe gilt für das Radium:

$$\frac{N_{Ra}}{N_U} = 0.36 \cdot 10^{-6}.$$

Man muss daher Tonnen von Uran aufarbeiten, um ein Gramm Radium zu gewinnen.

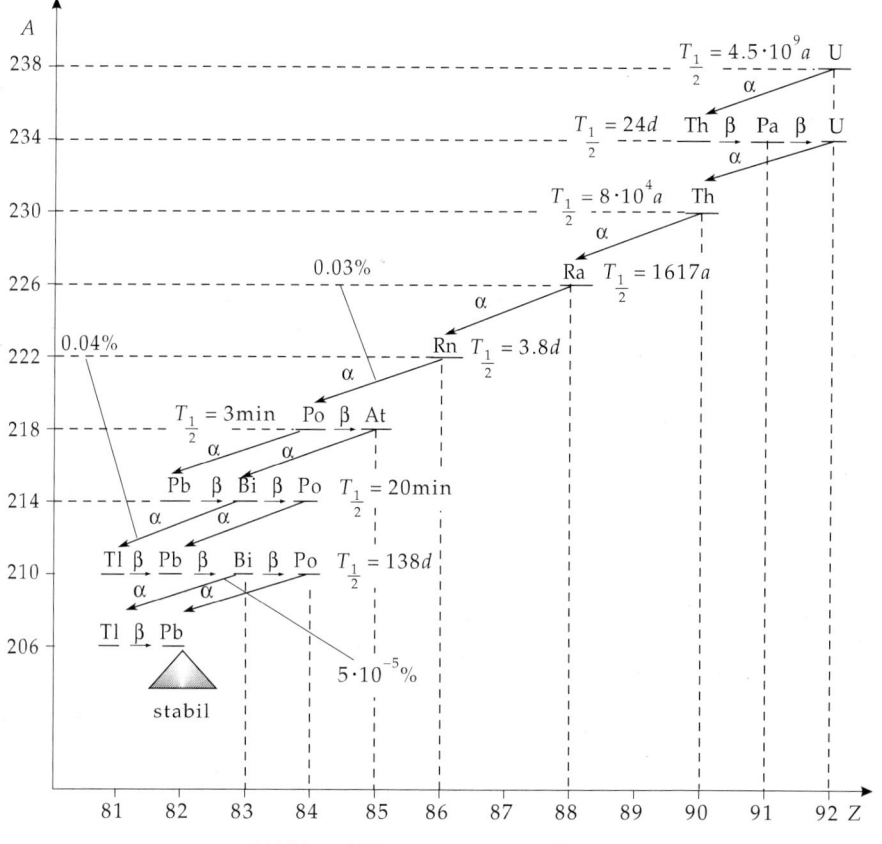

Abbildung 28.35: Uran-Radium-Zerfallsreihe

28.6.2 α-Zerfall

α-**Zerfall**, die Emission eines He-Kerns der Massenzahl $A = 4$ und der Kernladungszahl $Z = 2$ (**Abb. 28.36**).
Zerfallsgleichung:

$$\ _Z^A X_N \rightarrow\ _{Z-2}^{A-4} X_{N-2} +\ _2^4 \alpha_2 \,.$$

■ $\ _{84}^{212}\mathrm{Po}_{128} \longrightarrow\ _{82}^{208}\mathrm{Pb}_{126} +\ _2^4 \alpha_2 \,.$

▲ Die im α-Zerfall emittierten Teilchen besitzen hinsichtlich ihrer kinetischen Energie E_α ein Linienspektrum. Typische Energien der α-Teilchen liegen zwischen 4 MeV und 9 MeV.

■ ^{212}Po: $E_\alpha = 8.9$ MeV, ^{232}Th: $E_\alpha = 4.1$ MeV.

▲ Die Halbwertszeiten vieler α-radioaktiver Kerne sind relativ groß, da der α-Zerfall auf dem **Tunneleffekt** beruht. Der Potentialwall, der sich am Kernrand durch die Überlagerung von anziehendem Kernpotential und abstoßendem Coulombpotential ergibt, ist höher als die kinetische Energie der emittierten α-Teilchen. Die α-Teilchen müssen den Potentialwall durchtunneln, um den Kern zu verlassen (s. S. 760, **Abb. 28.37**).

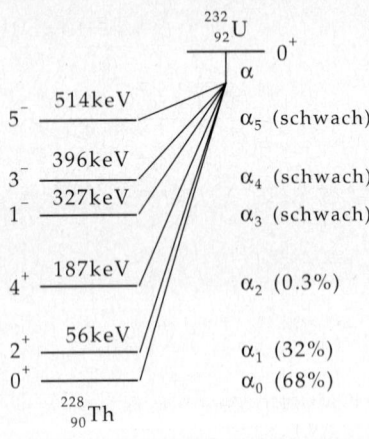

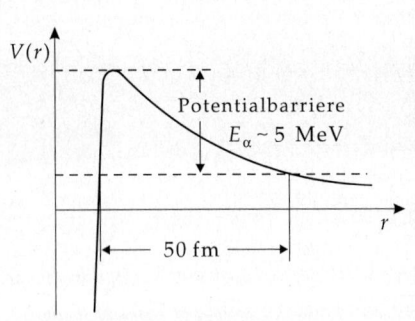

Abbildung 28.36: α-Zerfall. Beim Zerfall von $^{232}_{92}\mathrm{U}_{140}$ in $^{228}_{90}\mathrm{Th}_{138}$ werden sechs α-Gruppen unterschiedlicher kinetischer Energie und Intensität beobachtet, die verschiedenen Anregungszuständen des Endkerns entsprechen

Abbildung 28.37: α-Zerfall als Tunneleffekt durch die Coulombbarriere

Geiger-Nutallsche Beziehung, experimentell gefundener Zusammenhang zwischen der Zerfallskonstanten λ und der kinetischen Energie E_α der α-Teilchen:

$$\ln\lambda = k_1 + k_2 \cdot \ln E_\alpha \,.$$

Die Konstanten k_1 und k_2 sind für die einzelnen Zerfallsketten charakteristisch.

Durchlässigkeit, D, des Coulombpotentialwalles:

	Symbol	Einheit	Benennung
	D	1	Durchlässigkeit
	R	m	Kernradius
	λ_B	m	de-Broglie-Wellenlänge
	B	J	Höhe des Potentialwalls
	e	C = As	Elementarladung
	ε	C/(Vm)	elektrische Feldkonstante
	E	J	kinetische Energie des Teilchens
	Z	1	Ladungszahl des Kerns
	z	1	Ladungszahl des emitt. Teilchens

Durchlässigkeit eines Potentialwalls   **1**

$$D = e^{-\frac{4\pi \cdot R}{\lambda_B}} \cdot \gamma$$

$$\gamma = \sqrt{\frac{B}{E}}\arccos\sqrt{\frac{E}{B}} - \sqrt{1 - \frac{E}{B}}$$

$$B = \frac{Z \cdot z \cdot e^2}{4\pi\varepsilon_0 R}$$

$$\lambda_B = \frac{h}{\sqrt{2mB}}$$

Diese Beziehung gilt für alle geladenen Teilchen.

28.6.3 β-Zerfall

β-Zerfall, umfasst drei Formen von Kernumwandlungen, die durch die schwache Wechselwirkung verursacht werden:

* β^--**Zerfall**, Instabilität eines Atomkerns gegenüber der Emission eines Elektrons.
* β^+-**Zerfall**, Instabilität eines Atomkerns gegenüber der Emission eines Positrons.
* **Elektroneneinfang**, Einfang eines Elektrons der Hülle durch den Kern.

Der $\beta^\pm$-Zerfall ist ein Dreiteilchenzerfall:

$$n \longrightarrow p + e^- + \bar{\nu}_e, \quad p \longrightarrow n + e^+ + \nu_e.$$

Neutrino, ν, ein von Pauli (1931) zunächst hypothetisch eingeführtes Teilchen, um die Gültigkeit des Energieerhaltungssatzes und des Drehimpulserhaltungssatzes beim β-Zerfall zu sichern. Das Neutrino besitzt keine elektrische Ladung und vermutlich keine Ruhemasse, aber den Spin $s = 1/2$ und die Leptonenzahl ± 1.

Elektronen, Positronen und Neutrinos existieren im Kern nicht als konstituierende Bestandteile. Sie werden erst beim Zerfall durch die schwache Wechselwirkung zwischen den Nukleonen erzeugt.

Gleichung für den radioaktiven Zerfall:

$$_Z^A X_N \rightarrow _{Z\pm1}^A X_{N\mp1} + e^\mp + \begin{pmatrix} \bar{\nu}_e \\ \nu_e \end{pmatrix}.$$

Elektroneneinfang, e-Einfang, Einfang eines Hüllenelektrons durch den Kern unter Umwandlung eines Protons in ein Neutron.

Zerfallsgleichung:

$$e^- + _Z^A X_N \longrightarrow _{Z-1}^A X_{N+1} + \nu_e.$$

K-Einfang, der Einfang eines Elektrons aus der K-Schale. Intensivster Übergang, da die Aufenthaltswahrscheinlichkeit eines Elektrons im Kernbereich für die K-Schale am größten ist.

➤ Das in der K-Schale verbleibende Loch wird durch einen Elektronenübergang in der Hülle unter Emission charakteristischer Röntgenstrahlung oder eines Auger-Elektrons aufgefüllt.

1. β-Stabilität

β-Stabilität, die Eigenschaft von Isotopen, stabil gegen β-Zerfall zu sein.

▲   Alle in der Natur vorkommenden Nuklide liegen im Z-N-Diagramm im „Tal der stabilen Isotope".
    β^--Zerfall zeigen die im Energie-Z-Diagramm von Isobaren auf dem "linken Hang" gelegenen Nuklide.
    β^+-Zerfall zeigen die Nuklide auf dem „rechten Hang".

■ β-Zerfälle der Isobaren mit $A = 41$ (**Abb. 28.38 (a)**).

▲   Das **Energiespektrum** der beim β-Zerfall emittierten Elektronen ist kontinuierlich bis zu einer oberen **Grenzenergie** E_0 (**Abb. 28.38 (b)**).

➤   Ein Zweikörperzerfall in ein isobares Nuklid und ein β-Teilchen würde aus Gründen der Energie- und Impulserhaltung ein diskretes Spektrum zeigen.
    Wenn das Neutrino eine von Null verschiedene Ruhemasse hätte (Majorana-Neutrino), so müsste die Energieverteilung im obigen Bild vor der Grenzenergie abbiegen und den gestrichelt gezeichneten Verlauf annehmen.

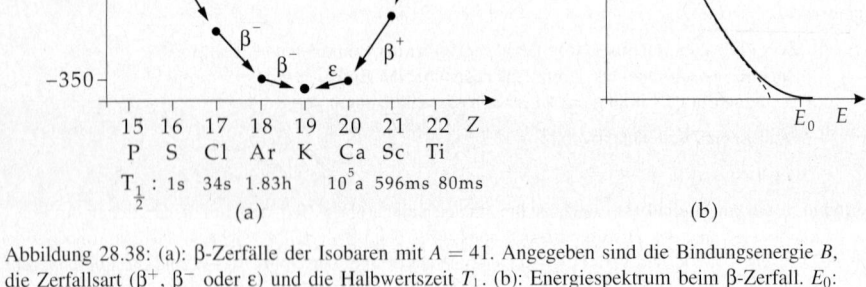

(a)   (b)

Abbildung 28.38: (a): β-Zerfälle der Isobaren mit $A = 41$. Angegeben sind die Bindungsenergie B, die Zerfallsart (β^+, β^- oder ε) und die Halbwertszeit $T_{\frac{1}{2}}$. (b): Energiespektrum beim β-Zerfall. E_0: Grenzenergie. Gestrichelt: Verlauf für endliche Neutrinomasse

2.   Fermi-Plot,

auch **Kurie-Darstellung**, die Darstellung der experimentellen β-Energieverteilung in einem Diagramm der Form:

Kurie-Darstellung des β-Spektrums			1
	Symbol	Einheit	Benennung
$$K(\varepsilon) = \sqrt{\frac{N(\eta)}{F(Z,\eta)\eta^2}}$$	$K(\varepsilon)$	1	Kurie-Funktion
	$N(\eta)$	1	Zahl der Elektronen
	$F(Z,\eta)$	1	Fermi-Funktion
	p	$kgms^{-1}$	Impuls
$$\eta = \frac{p}{m_0 c}$$	η	1	Impuls/m_0c
	E	$kgms^{-2}$	Energie
$$\varepsilon = \frac{E}{m_0 c^2}$$	ε	1	Energie/m_0c^2
	m_0	kg	Elektronenmasse
	c	ms^{-1}	Lichtgeschwindigkeit

3. Fermi-Funktion,

$F(Z,\eta)$, berücksichtigt die Verzerrung der Elektronen- und Positronenwellenfunktion ψ am Kernort durch das Coulombfeld des Kerns:

$$F(Z,\eta) = \frac{|\psi(0)_{\text{Coulomb}}|^2}{|\psi(0)_{\text{frei}}|^2}.$$

Die Fermi-Funktion hängt stark vom Element ab.

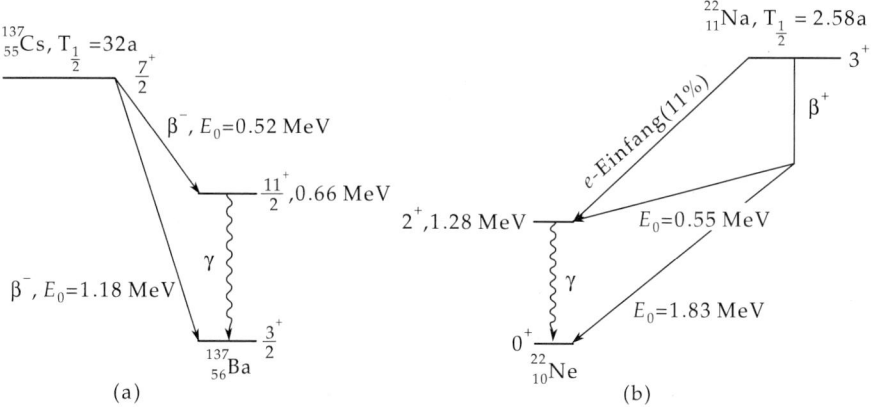

Abbildung 28.39: β-Zerfall und Elektroneneinfang. E_0: Grenzenergie im β-Spektrum. (a): Zerfallsschema für den β^--Zerfall von $^{137}_{55}Cs$, (b): Zerfallsschema für den β^+-Zerfall von $^{22}_{11}Na$

4. Auswahlregeln für Beta-Übergänge

Bei β-Übergängen zwischen Kernzuständen gelten Auswahlregeln für Spin und Parität.
Erlaubte Übergänge, der Fermi-Plot des β-Spektrums ist eine Gerade.
Verbotene Übergänge, der Fermi-Plots des β-Spektrums weicht von einer Geraden ab.
ft-**Wert**, ein Maß zur Klassifizierung des β-Zerfalls, verbunden mit der experimentell bestimmten Halbwertszeit $T_{\frac{1}{2}}$:

ft-Wert ~ Halbwertszeit			1

	Symbol	Einheit	Benennung
$$ft = T_{\frac{1}{2}} \int_1^{\varepsilon_0} F(Z,\varepsilon)\varepsilon\sqrt{\varepsilon^2-1}(\varepsilon_0-\varepsilon)^2 d\varepsilon$$	$F(Z,\varepsilon)$	1	Fermi-Funktion
	ε	1	Energie/(m_0c^2)
	ε_0	1	Maximalenergie/(m_0c^2)
	$T_{\frac{1}{2}}$	s	Halbwertszeit

Supererlaubte Übergänge: $\log ft \approx 3.5$.
Erlaubte Übergänge: $\log ft \approx 5$.
Verbotene Übergänge: $\log ft = 9 \dots 18$.

28.6.4 γ-Zerfall

γ-Zerfall, Emission eines Photons durch einen angeregten Kern. Die Anregung kann zum Beispiel durch einen vorangegangenen α- oder β-Zerfall, durch eine Kernreaktion oder einen unelastischen Stoß mit einem anderen Kern erfolgt sein. Ähnlich den Elektronen der Atomhülle haben auch Atomkerne diskrete Energieniveaus und senden elektromagnetische Strahlung mit charakteristischen Linienspektren aus.

Zerfallsgleichung:

$$_Z^A X_N^* \longrightarrow _Z^A X_N + \gamma.$$

■ $_{27}^{60}$Co-Präparat als γ-Quelle:
Der β-Zerfall von $_{27}^{60}$Co ($T_{\frac{1}{2}} = 5.2$ a) führt zu den angeregten Zuständen $E^* = 2.505$ MeV, $J^\pi = 4^+$ (99.9 %) und $E^* = 1.332$ MeV, $J^\pi = 2^+$ (0.1 %) des Kerns $_{28}^{60}$Ni. Die entsprechenden Grenzenergien im β-Spektrum sind 314 keV bzw. 1480 keV. Bei den Übergängen $4^+ \longrightarrow 2^+$ und $2^+ \longrightarrow 0^+$ (Grundzustand) emittiert der Ni-Kern γ-Strahlung von 1.173 MeV bzw. 1.332 MeV (**Abb. 28.40**).

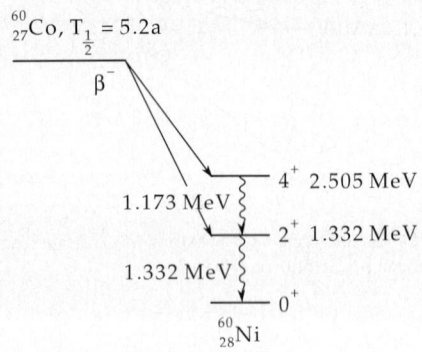

Abbildung 28.40: Zerfallsschema von $_{27}^{60}$Co

Kernisomerie, Auftreten langlebiger Anregungszustände in Atomkernen, bedingt z.b. durch große Unterschiede in den Spins der an möglichen Übergängen beteiligten Niveaus.

Kernresonanzfluoreszenz, die Reabsorption eines γ-Quants nach der Emission durch einen Kern der gleichen Art. Die Resonanzabsorption ist durch den Verlust der Rückstoßenergie und durch den Doppler-Effekt unterdrückt: Die Energie, die zum erneuten Anregen eines Kerns zur Verfügung steht, ist geringer als die Energie ΔE, um die sich das Isotop abgeregt hat. Die thermische Eigenbewegung der Kerne führt zu einer Verbreiterung der Linie im Emissions- und Absorptionsspektrum.

$\boxed{\text{M}}$ **Mössbauer-Effekt** (Rudolf Mößbauer, Nobelpreis 1961), Verstärkung der Resonanzabsorption in Kristallen bei tiefen Temperaturen, da der Rückstoßimpuls dabei auf den gesamten Kristall übertragen werden muss. Die Resonanzbreite ist dann so gering, dass Energiespektren mit Auflösungen bis zu 10^{-9} eV gemessen werden können.

28.6.5 Emission von Nukleonen und Nukleonenclustern

Verzögerte Nukleonenemission, Emission von Nukleonen im Anschluss an einen radioaktiven Zerfall (z.B. β-Zerfall), der zu angeregten Zuständen im Tochterkern führt, deren Anregungsenergie E^* oberhalb der Nukleonen-Bindungsenergie $E_B^{(N)}$ liegt (**Abb. 28.41**).

➤   Eine verzögerte Emission von α-Teilchen wurde ebenfalls beobachtet.

Spontane Nukleonenemission, Zerfall von Nukliden, die in Kernreaktionen jenseits der Grenze der Kernstabilität (verschwindende Bindungsenergie für Nukleonen bei hinreichendem Abstand von der Stabilitätslinie) erzeugt wurden, durch spontane Nukleonenemission (Protonenemission bei hohem Neutronendefizit, Neutronenemission bei hohem Neutronenüberschuss).

Clusterzerfall, der Zerfall von Atomkernen durch Emission von **Clustern** (^{12}C, ^{14}C und anderen Kernen). Dieser Zerfall weist auf die Bedeutung von Schalenabschlüssen für die Stabilität von Atomkernen hin.

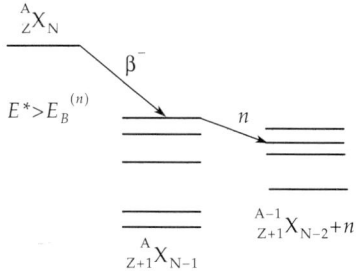

Abbildung 28.41: Zerfallsschema für verzögerte Nukleonenemission. E^*: Anregungsenergie, $E_B^{(n)}$: Neutronenbindungsenergie

28.7 Kernreaktor

Kettenreaktion, Kernspaltungsreaktionen, die sich durch Freisetzung von ausreichend vielen Neutronen pro Spaltakt bei kontrollierter konstanter Rate selbst aufrecht erhalten (Reaktor) oder explosionsartig entwickeln (Atombombe) (**Abb. 28.42**).

1. Charakteristika der Kettenreaktion

Multiplikationsfaktor, k, die Zahl der Neutronen, die bei einer Kettenreaktion frei werden und für eine weitere Spaltung zur Verfügung stehen.

▲ Voraussetzung für eine Kettenreaktion ist $k \geq 1$.

Unterkritische Anordnung, eine Anlage zur Kernspaltung, bei der der Multiplikationsfaktor kleiner als eins ist. Zur Aufrechterhaltung der Kernspaltung ist eine äußere Neutronenquelle erforderlich.

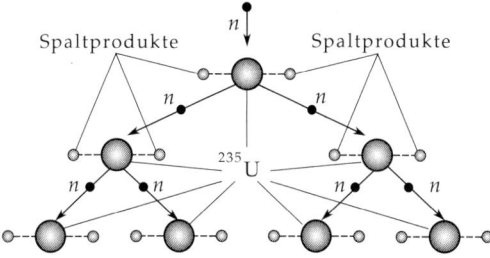

Abbildung 28.42: Schema einer Kettenreaktion

Kritische Anordnung, gesteuerte Kettenreaktion, eine Anlage zur Kernspaltung, bei welcher der Multiplikationsfaktor auf eins eingeregelt ist.

Überkritische Anordnung, der Multiplikationsfaktor ist größer als eins. Die Kettenreaktion wächst unkontrolliert an. Die Folge wäre eine Explosion.

Mittlere Spaltneutronenzahl, ν, die Zahl der pro Spaltakt im Mittel freigesetzten schnellen Neutronen. In realen Anordnungen verringert sich diese Zahl durch Strahlungseinfang in Brennstoff- und Fremdnukliden sowie durch Entweichen von Neutronen aus der aktiven Zone.

Vervielfachungskoeffizient, ε, der Faktor, um den sich die Spaltneutronenzahl infolge Freisetzung zusätzlicher Neutronen in der Spaltung von ^{238}U und ^{235}U durch schnelle Neutronen verändert.

Resonanzfaktor, ψ, Maß für den Verlust an Neutronen durch Neutronenabsorption im Energiegebiet, in dem die Wirkungsquerschnitte des Urans für den Resonanzeinfang besonders groß sind.

Resonanzentkommwahrscheinlichkeit, p, die Wahrscheinlichkeit, dem Resonanzeinfang zu entkommen:

$p = 1 - \psi$.

Spaltwahrscheinlichkeit, f, das Verhältnis von Spaltquerschnitt zum Gesamtabsorptionsquerschnitt.

Leckrate, L, die Wahrscheinlichkeit, mit der Neutronen aus der Oberfläche eines Reaktors entkommen können.

2.   Neutronenbilanz und Überschussreaktivität

Neutronenbilanz im Reaktor			1
	Symbol	Einheit	Benennung
	k	1	Multiplikationsfaktor
	ν	1	mittlere Neutronenzahl pro ^{235}U-Spaltung
$k = \nu \cdot \varepsilon \cdot p \cdot f \cdot L$	ε	1	Vervielfachungsfaktor durch ^{238}U-Spaltung
	p	1	Resonanzentkommwahrscheinlichkeit
	f	1	Spaltwahrscheinlichkeit
	L	1	Leckrate

▲   **Überschussreaktivität**:

$\delta = k - 1 > 0$.

Die Bedingung muss immer eingehalten werden, um den Brennstoffverbrauch und die „Vergiftung" des Brennstoffs durch neutroneneinfangende Spaltprodukte zu kompensieren.

Regelstäbe, Stäbe aus stark neutronenabsorbierendem Material, die die Überschussreaktivität regeln.

Verzögerte Neutronen, aus Spaltprodukten emittierte Neutronen. Sie verschieben die Regelzeit in den Sekundenbereich.

3.   Moderatoren und Neutronenspektrum

Moderatoren, Stoffe mit kleiner Massenzahl (H,D,B,C,O) und geringem Neutronenabsorptionsquerschnitt, die zur Thermalisierung der schnellen Spaltneutronen (mittlere Energie ≈ 2 MeV) verwendet werden. Die Abbremsung erfolgt hauptsächlich durch elastische Stöße mit den Moderatorkernen bis in den thermischen Energiebereich, für den der Spaltquerschnitt groß ist.

■   Bei thermischen Reaktoren wird oft Wasser als Moderator verwendet.

Neutronenspektrum, das Energiespektrum der Neutronen. **Abb. 28.43** zeigt das Neutronenspektrum der bei einem Spaltakt erzeugten Neutronen für einen Reaktor mit Moderator.

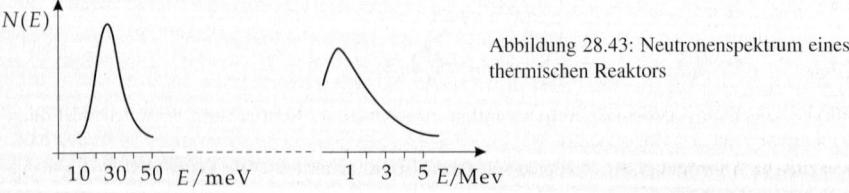

Abbildung 28.43: Neutronenspektrum eines thermischen Reaktors

Thermische Neutronen, stehen in thermischem Gleichgewicht mit dem Moderator. Ihre Geschwindigkeitsverteilung wird durch die Maxwell-Verteilung gut beschrieben. Wahrscheinlichste Werte für Geschwindigkeit und kinetische Energie: $v = 2200$ ms^{-1}, $E = 0.0253$ eV.

28.7.1 Reaktortypen

Die verschiedenen Reaktortypen werden nach den Kriterien

- Energie der die Spaltung auslösenden Neutronen und Art des spaltbaren Materials,
- Art des Kühlmittels,
- Art des Moderators

unterschieden.

Thermische Reaktoren, Kernspaltung erfolgt hauptsächlich durch thermische Neutronen ($E_n \approx 0.025$ eV).

Schnelle Reaktoren, Kernspaltung erfolgt haupsächlich durch schnelle Neutronen ($E_n > 0.1$ MeV).

Als **spaltbares Material** werden U^{235} (meist schwach angereichert), U^{233} (aus Th^{232} erbrütet) und Pu^{239} (aus U^{238} erbrütet) sowie Mischungen dieser eingesetzt.

Als **Moderatoren** dienen meist Wasser, schweres Wasser, oder Graphit, als **Kühlmittel** Wasser, Gase (CO_2, He), in schnellen Brütern (s. unten) flüssiges Natrium.

1. Druckwasserreaktoren,

thermische Reaktoren, die auf etwa 5% mit ^{235}U **angereichertes Uran** benutzen. Als Moderator **und** Kühlmittel wird Wasser verwendet. Ein erhöhter Druck (15.8 MPa) führt zu einer Siedepunktsverschiebung.

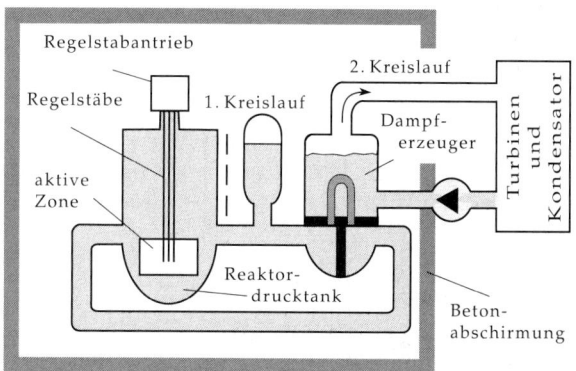

Abbildung 28.44: Schema eines Druckwasserreaktors

➤ Der Gehalt an ^{235}U im natürlichen Isotopemgisch von Uran beträgt 0.72%.

1. Kreislauf, der **Kühlmittelkreislauf**, der direkt durch die aktive Zone des Reaktors führt. Dieser Kühlmittelkreislauf ist in sich geschlossen.

Aktive Zone, der Bereich des Reaktors, in dem sich der Brennstoff befindet und die Kernspaltung vor sich geht.

2. Kreislauf, wird zum Kühlen des 1. Kreislaufs verwendet und treibt direkt die Generatoren an.

Abgebrannte Brennelemente, Brennelemente, bei denen der Anteil an ^{235}U nicht mehr ausreicht, um eine Kettenreaktion aufrechtzuerhalten ($< 0.8\%$ ^{235}U).

2. Siedewasserreaktoren,

Thermische Reaktoren mit angereichertem Uran als Brennstoff, bei denen das Kühlmittel (Wasser) von unten nach oben durch die aktive Zone strömt. Ein Teil des Wassers verdampft. Der Wasserdampf (Dampftemperatur etwa 286 °C ; Druck von etwa 7 MPa) wird direkt zum Antrieb einer Turbine benutzt. Der aus der Turbine austretende Dampf wird in einem Kondensator verflüssigt und in die aktive Zone zurückgepumpt.

3. Brutprozess und Brutreaktoren

Brüten von Kernbrennstoff, Gewinnung von thermisch spaltbarem Brennstoffnukliden $^{233}_{92}$U und $^{239}_{90}$Pu in Reaktoren durch Neutroneneinfang in $^{232}_{90}$Th bzw. $^{238}_{92}$U.

■ $n + {}^{232}_{90}Th \longrightarrow {}^{233}_{90}Th \longrightarrow {}^{233}_{91}Pa \longrightarrow {}^{233}_{42}U$.

Brutrate, das Verhältnis der durch Neutroneneinfang neugebildeten spaltbaren Kerne zur Anzahl gespaltener Kerne.

▲ Ist die Brutrate größer als eins, so erzeugt der Reaktor mehr Brennstoff, als er verbraucht.

Brutreaktor, Reaktoren mit Brutraten größer als eins.

Schnelle Brüter, verwenden Uran in natürlicher Isotopenzusammensetzung und Plutonium (ca. 80 % UO_2; 20 % PuO_2) für die Brennelemente. Im Brutmantel befindet sich an ^{235}U **abgereichertes** UO_2. **Brüten** erfolgt nach folgendem Prozess:

$$^{238}_{92}U + n \rightarrow {}^{239}_{92}U \quad \overset{\nearrow \gamma}{\underset{\beta^-;23.5\ min}{\longrightarrow}} \quad {}^{239}_{93}Np \quad \underset{\beta^-;2.36\ d}{\longrightarrow} \quad {}^{239}_{94}Pu.$$

Als Kühlmittel wird flüssiges Natrium verwendet. Ein Moderator ist hier nicht zweckmäßig. Das in der aktiven Zone entstehende $^{24}_{11}Na$ verbleibt im 1. Kreislauf in der Sicherheitszone des Reaktors.

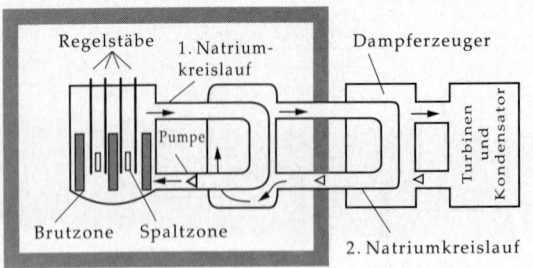

Abbildung 28.45: Schema eines schnellen Brüters

28.8 Kernfusion

Kernfusion, die Verschmelzung zweier Atomkerne. Bei der Fusion leichter Kerne wird Energie freigesetzt (s. S. 827).

■ Einige Fusionsreaktionen leichter Kerne:

$D + D \longrightarrow T + p + 4.04\ MeV$,

$D + T \longrightarrow {}^4He + n + 17.6\ MeV$,

$T + T \longrightarrow {}^4He + 2n + 11.3\ MeV$.

Weitere mögliche Fusionsreaktionen s. **Tab. 30.5/2**.

➤ Sonne und Fixsterne entnehmen ihre Energien solchen Fusionsreaktionen.

Wasserstoffverbrennung, Verschmelzung von vier Protonen über mehrere Zwischenreaktionen zu einem stabilen α-Teilchen, wobei ein Energiebetrag von 26.7 MeV freigesetzt wird.

■ Die Verbrennung von 1 g Wasserstoff liefert etwa $6 \cdot 10^{11}$ J.

Helium-Verbrennung Verschmelzung von drei α-Teilchen zu einem ^{12}C-Kern.

1. Proton-Proton-Prozess,

Wasserstoff-Zyklus, Wasserstoffverbrennung, bei der in den Reaktionsketten auch die leichten Kerne Li, Be und B als nukleare Katalysatoren auftreten. Die Reaktionsketten I, II, III unterscheiden sich vor allem durch den Energieanteil, der auf Neutrinos entfällt (**Abb. 28.46**). Die Reaktionskette I wird als Deuterium-Zyklus bezeichnet.

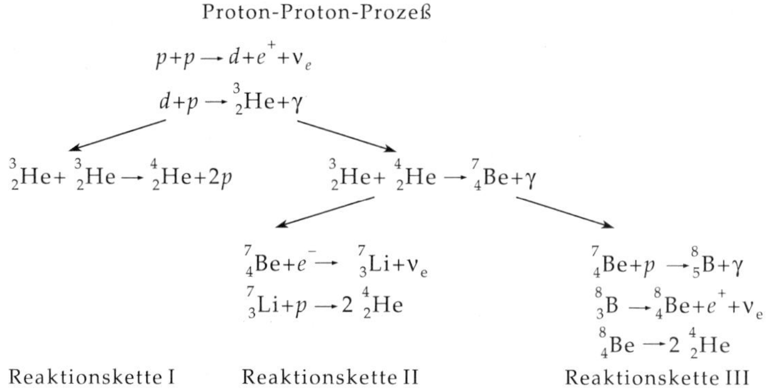

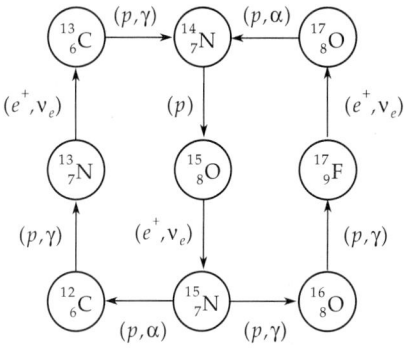

Proton-Proton-Prozeß
$p+p \to d+e^{+}+\nu_e$
$d+p \to {}^{3}_{2}\mathrm{He}+\gamma$
${}^{3}_{2}\mathrm{He}+{}^{3}_{2}\mathrm{He} \to {}^{4}_{2}\mathrm{He}+2p$
${}^{3}_{2}\mathrm{He}+{}^{4}_{2}\mathrm{He} \to {}^{7}_{4}\mathrm{Be}+\gamma$
${}^{7}_{4}\mathrm{Be}+e^{-} \to {}^{7}_{3}\mathrm{Li}+\nu_e$
${}^{7}_{3}\mathrm{Li}+p \to 2\,{}^{4}_{2}\mathrm{He}$
${}^{7}_{4}\mathrm{Be}+p \to {}^{8}_{5}\mathrm{B}+\gamma$
${}^{8}_{3}\mathrm{B} \to {}^{8}_{4}\mathrm{Be}+e^{+}+\nu_e$
${}^{8}_{4}\mathrm{Be} \to 2\,{}^{4}_{2}\mathrm{He}$
Reaktionskette I
Reaktionskette II
Reaktionskette III

Abbildung 28.46: Reaktionsketten des Proton-Proton-Prozesses

2. CNO-Zyklen,

in der Sonne ablaufende Wasserstoffverbrennung, deren Reaktionsketten die leichten Kerne C, N und O als nukleare Katalysatoren enthalten (**Abb. 28.47**).

${}^{13}_{6}\mathrm{C}$
(p,γ)
${}^{14}_{7}\mathrm{N}$
(p,α)
${}^{17}_{8}\mathrm{O}$
(e^{+},ν_e)
(p)
(e^{+},ν_e)
${}^{13}_{7}\mathrm{N}$
${}^{15}_{8}\mathrm{O}$
${}^{17}_{9}\mathrm{F}$
(p,γ)
(e^{+},ν_e)
(p,γ)
${}^{12}_{6}\mathrm{C}$
${}^{15}_{7}\mathrm{N}$
${}^{16}_{8}\mathrm{O}$
(p,α)
(p,γ)

Abbildung 28.47: CNO-Zyklus. Doppelter Zyklus, der durch das Verzweigungsverhältnis der Reaktionen ${}^{15}\mathrm{N}(p,\alpha){}^{12}\mathrm{C}$ und ${}^{15}\mathrm{N}(p,\gamma){}^{16}\mathrm{O}$ bestimmt wird

3. Kohlenstoff-Stickstoff-Zyklus,

CN-Zyklus, von Bethe zur Erklärung der Sonnenenergie vorgeschlagene Reaktionskette (**Abb. 28.48**).
Salpeter-Prozess, Verschmelzung von drei α-Teilchen zu einem ^{12}C-Kern in einem Zweistufenprozess:

$$^{4}\mathrm{He} + {}^{4}\mathrm{He} + 95\ \mathrm{keV} \longrightarrow {}^{8}\mathrm{Be} + \gamma, \quad {}^{8}\mathrm{Be} + {}^{4}\mathrm{He} \longrightarrow {}^{12}\mathrm{C} + \gamma + 7.4\ \mathrm{MeV}.$$

Bei der Fusion zweier Kerne muss die Coulomb-Barriere überwunden werden. Für den Wasserstoff-Zyklus ist die notwendige Energie 0.5 MeV. Dies entspricht einer Temperatur von etwa $5.8 \cdot 10^9$ K. Für den Kohlenstoff-Stickstoff-Zyklus wird eine etwa viermal höhere Temperatur benötigt als für den Deuterium-Zyklus.

Kohlenstoff-Stickstoff-Zyklus

$$^{12}_{6}C + ^{1}_{1}p \longrightarrow ^{13}_{7}N \xrightarrow{\beta^+} ^{13}_{6}C + e^+ + \nu_e$$

$$^{13}_{6}C + ^{1}_{1}p \longrightarrow ^{14}_{7}N + \gamma$$

$$^{14}_{7}N + ^{1}_{1}p \longrightarrow ^{15}_{8}O \xrightarrow{\beta^+} ^{15}_{7}N + e^+ + \nu_e$$

$$^{15}_{7}N + ^{1}_{1}p \longrightarrow ^{12}_{6}C + ^{4}_{2}He$$

Abbildung 28.48: CN-Zyklus

4.   Fusionsreaktor,

ein Kernreaktor, in dem eine kontrollierte Fusionsreaktion abläuft. Der Brennstoff liegt als Plasma vor. Die notwendige kinetische Energie der Reaktionspartner entspricht einer Plasmatemperatur von etwa 10^8 K.

Plasma, gasförmiges Gemisch aus freien Elektronen, Ionen und elektrisch neutralen Teilchen.

Confinement, der Einschluss eines Plasmas in einem begrenzten Volumen. Wegen der hohen Temperatur kann dieses Confinement nicht aus konventionellen Werkstoffen bestehen. Um in einem Fusionsreaktor einen Energiegewinn zu erzielen, muss das Hochtemperaturplasma außerdem für eine ausreichende Zeit zusammengehalten werden.

Magnetische Halterung, das Plasma wird in einem Magnetfeld spezieller Konfiguration bei geringer Brennstoffdichte für längere Zeit zusammengehalten.

Inertialhalterung, **Trägheitseinschluss**, durch Energiezufuhr über Laser-, Elektronen- oder Schwerionenstrahlen wird der Brennstoff komprimiert, so dass er durch seine eigene Trägheit für eine kurze Zeit bei hoher Dichte zusammengehalten wird.

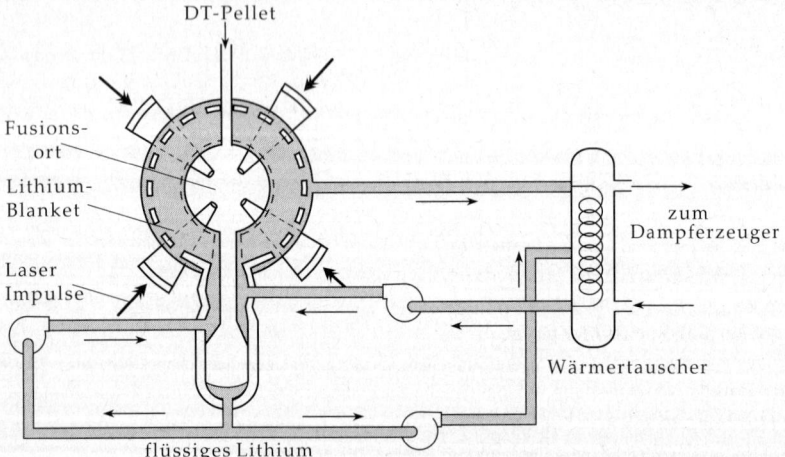

Abbildung 28.49: Schema eines Fusionsreaktors mit Trägheitseinschluss und Zündung des Brennstoff-Pellets durch Laserstrahlen

5.   Lawson-Kriterium,

Bilanzgleichung für die Aufrechterhaltung des Brennprozesses in einem Plasma (break-even-Bedingung):

Lawson-Kriterium			$\mathrm{ML^2T^{-2}}$
	Symbol	Einheit	Benennung
	E_F	J	Fusionsenergie
$(E_F + E_P + E_\gamma) \cdot (\eta + \varepsilon) \;=\; E_P + E_\gamma$	E_P	J	thermische Plasmaenergie
	E_γ	J	Bremsstrahlungsenergie
	η	1	Wirkungsgrad Energieumwandlung
	ε	1	Effektivität Energiezuführung

Dem Lawson-Kriterium konnte man sich 1993 am Joint European Torus (JET) bis auf etwa eine Größenordnung nähern.

28.9   Wechselwirkung von Strahlung mit Materie

28.9.1   Ionisierende Teilchen

Ionisierende Teilchen, alle geladenen Teilchen; sie erzeugen in Stößen mit Hüllenelektronen positive Ionen und freie Elektronen.

Ionisation, die Erzeugung eines freien Elektrons und eines positiven Ions in Stößen des einfallenden Teilchens mit einem Atom auf Kosten der kinetischen Energie des einfallenden Teilchens.

1.   Ionisationsverluste,

Verringerung der kinetischen Energie des einfallenden Teilchens durch Ionisationsprozesse.

Bremsstrahlung, die durch die Beschleunigung der einfallenden geladenen Teilchen im Coulombfeld des Atomkerns erzeugte Energieabstrahlung.

Strahlungsverluste, Verringerung der kinetischen Energie des einfallenden Teilchens durch Erzeugung von Bremsstrahlung in der elektromagnetischen Wechselwirkung mit dem Atomkern.

▲   Bei schweren geladenen Einschussteilchen sind die Strahlungsverluste gegenüber den Ionisationsverlusten vernachlässigbar. Energieverluste durch Bremsstrahlung werden erst wirksam für Energien $> m_0 c^2$ (für Protonen $> 10^3$ MeV).

▲   Wegen der Bremsstrahlungsverluste steigt bei Elektronen das Bremsvermögen bei Energien > 1 MeV rasch an (relativistischer Anstieg, engl. relativistic rise).

▲   Schwere geladene Teilchen haben eine materialabhängige endliche Reichweite R.

2.   Reichweite und Bragg-Peak

Mittlere Reichweite $\bar{R}$, die Eindringtiefe, bei der der einfallende Teilchenfluss auf die Hälfte gesunken ist (**Abb. 28.51**).

Extrapolierte Reichweite R_{ex}, der Schnittpunkt der Tangente am Wendepunkt der relativen Flussdichte als Funktion der Eindringtiefe mit der x-Achse.

Bragg-Maximum, Bragg-Peak, schwere geladene Teilchen einschließlich der Protonen ionisieren am Ende ihrer Trajektorie im Targetmaterial am stärksten (**Abb. 28.51**).

| M | Anwendung von Schwerionen- und Protonenstrahlen in Technik und Medizin: Wegen des Bragg-Peaks lässt sich die Eindringtiefe in Festkörpern (Ionenimplantation, Dotierung) bzw. in organischem Gewebe (Tumortherapie) über die Einschussenergie sehr genau (± 1 mm) steuern. |

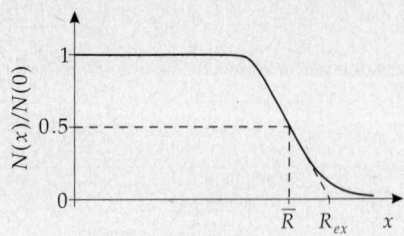

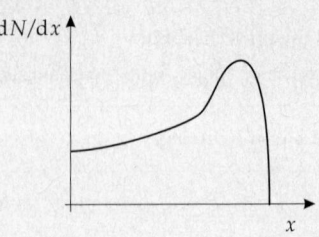

Abbildung 28.50: Reichweite schwerer geladener Teilchen in Materie. x: Eindringtiefe, $\bar{R}$: mittlere Reichweite, R_{ex}: extrapolierte Reichweite

Abbildung 28.51: Spezifisches Ionisationsvermögen dN/dx schwerer geladener Teilchen als Funktion der Eindringtiefe x

3.   Energie-Reichweite-Beziehung,

Zusammenhang von kinetischer Energie E_{kin} der Einschussteilchen (Ladung Z) und ihrer Reichweite R in einem Medium,

$$R \sim E_{\mathrm{kin}}^2/Z^2, \quad v \ll c,$$
$$R \sim E_{\mathrm{kin}}/Z^2, \quad v \approx c.$$

■   α-Teilchen mit einer Energie von $E = 5$ MeV haben in Luft eine Reichweite von 3.5 cm. In Aluminium beträgt die Reichweite dieser α-Teilchen nur 23 μm.

Reichweite von α-Teilchen s. **Tab. 30.6/3**.

▲   Im Gegensatz zu Bahnen schwerer geladener Teilchen verlaufen Elektronenbahnen im Target nicht geradlinig. Es gibt deshalb keine einheitliche Reichweite für Elektronen.

➤   Auch Photonen besitzen keine definierte Reichweite in Materie.

4.   Bremsvermögen,

S, differentieller Energieverlust dE längs Wegelement dx,

$$S = -\frac{dE}{dx}.$$

▲   Das Bremsvermögen hängt quadratisch von der Ladung des einfallenden Teilchens ab.

➤   Die Größe S wird in der **Dosimetrie** auch **lineares Energieübertragungsvermögen** (**LET**, linear energy transfer) L_∞ genannt.

Das Bremsvermögen für schwere geladene Teilchen mit Energie $E \ll m_0 c^2$ wird gut durch die **Bethe-Bloch-Gleichung** beschrieben:

Bethe-Bloch-Gleichung	MLT^{-2}

	Symbol	Einheit	Benennung
$$S = \frac{Z \cdot z^2 \cdot e^4 \cdot N_A \cdot m_i}{8\pi\varepsilon_0^2 \cdot m_e \cdot E_{kin} \cdot M_A} \cdot \rho$$ $$\times \ln\left(\frac{4m_e \cdot E_{kin}}{\bar{I} \cdot m_i}\right)$$	S	MeV/cm	Bremsvermögen
	Z	1	Ordnungszahl des Targetatoms
	z	1	Ladungszahl des Geschosses
	N_A	mol^{-1}	Avogadro-Konstante
	m_i	kg	Masse des Projektils
	ε_0	$CV^{-1}m^{-1}$	elektrische Feldkonstante
	m_e	kg	e^--Ruhemasse
	E_{kin}	J	kinetische Energie des Projektils
	M_A	g/mol	Molmasse Targetmaterial
	$\bar{I}$	J	mittlere Ionisationsenergie
	ρ	kg/m^3	Dichte

5. Bremsvermögen für Elektronen

Bremsvermögen für Elektronen	MLT^{-2}

	Symbol	Einheit	Benennung
$$S = \frac{Ze^4 N_A}{8\pi\varepsilon_0^2 m_e v^2 M_A} \cdot \rho$$ $$\times \ln\left(\frac{m_e v^2 E_{kin}}{2\bar{I}^2(1-\beta^2)}\right) + f(\beta)$$	S	MeV/cm	Bremsvermögen
	Z	1	Ordnungszahl Targetatom
	N_A	mol^{-1}	Avogadro-Konstante
	m_i	kg	Masse des Geschosses
	ε_0	$CV^{-1}m^{-1}$	elektrische Feldkonstante
	m_e	kg	Ruhemasse des Elektrons
	E_{kin}	J	kinetische Energie Geschossteilchen
	M_A	g/mol	Molmasse des Targets
	$\bar{I}$	J	mittlere Ionisationsenergie
	v	m/s	Elektronen-Geschwindigkeit
	β	1	v/c
	$f(\beta)$	J/m	relativistische Korrektur
	ρ	kg/m^3	Dichte

■ Das differentielle Ionisationsvermögen der Elektronen ist etwa 1000-mal kleiner als das der α-Teilchen.

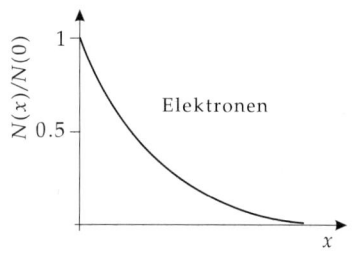

Abbildung 28.52: Eindringen von Elektronen in Materie. x: Eindringtiefe, $N(x)$: Teilchenzahl in Tiefe x

6.   Massenbremsvermögen und spezifische Ionisation

Massenbremsvermögen, S_m, das Verhältnis von Bremsvermögen S zur Dichte ρ des Targetmaterials,

$$S_m = -\frac{1}{\rho}\frac{dE}{dx}.$$

M   Diese Größe gestattet es, durch Wichtung mit den Massenanteilen der entsprechenden Komponente das Massenbremsvermögen von heterogenen Werkstoffen zu bestimmen.

Spezifische Ionisation, j, Verhältnis von Massenbremsvermögen S_m und mittlerer Ionisationsenergie $\bar{I}$,

$$j = S_m/\bar{I}.$$

Die längs eines Wegelements dx erzeugte Anzahl von Ionenpaaren dN ist gegeben durch

$$dN = j \cdot dx.$$

➤   Teilchen gleicher Ladung und gleicher Energie, aber unterschiedlicher Masse können durch ihre spezifische Ionisation unterschieden werden.

■   Ein Elektron der Energie $E_{kin} = 10^5$ eV erzeugt in Luft pro 1 cm Wegstrecke etwa 200 Ionenpaare. Ein Proton der gleichen Energie erzeugt auf der gleichen Wegstrecke etwa 10^4 Ionenpaare.

28.9.2   γ-Strahlung

Schwächung von γ-Strahlen durch eine Materialschicht der Dicke d und der Dichte ρ kann durch ein exponentielles Schwächungsgesetz beschrieben werden:

Schwächungsgesetz für γ-Strahlung			$\mathbf{L^{-2}T^{-1}}$
	Symbol	Einheit	Benennung
$\varphi = \varphi_0 e^{-\mu d}$	φ	$m^{-2}s^{-1}$	Teilchenflussdichte hinter Absorber
	φ_0	$m^{-2}s^{-1}$	Teilchenflussdichte vor Absorber
	μ	m^{-1}	linearer Schwächungskoeffizient
	d	m	Schichtdicke

Massenschwächungskoeffizient, $\mu_M = \mu/\rho$ (SI-Einheit m^2/kg), der auf die Dichte bezogene lineare Schwächungskoeffizient.

1.   Photoeffekt,

erzeugt Sekundärelektronen durch Wechselwirkung der Photonen mit den gebundenen Elektronen. Sekundärelektronen-Emission s. **Tab. 30.3/5.**

▲   Der Photoeffekt ist die dominierende Wechselwirkung für $E_\gamma < 0.5$ MeV.

Photo-Massenschwächungskoeffizient, τ/ρ (SI-Einheit m^2/kg), steigt schnell mit Z und nimmt mit zunehmender Photonenenergie ab (s. S. 790):

$$\frac{\tau}{\rho} \sim \frac{Z^4}{(hf)^3}.$$

2.   Comptoneffekt,

beschreibt den elastischen Stoß von Photonen an freien Elektronen.

Compton-Massenschwächungskoeffizient, σ/ρ (SI-Einheit m^2/kg), von der Ordnungszahl Z nahezu unabhängig und umgekehrt proportional zur γ-Energie:

$$\frac{\sigma}{\rho} \sim \frac{1}{hf}.$$

▲   Der Comptoneffekt dominiert im Bereich mittlerer Photonenenergien (H_2O : 30 keV $< hf <$ 25 MeV;   Pb : 500 keV $< hf <$ 5 MeV).

3. Paarbildung,

die Erzeugung eines Elektron-Positron-Paares im Coulombfeld des Atomkerns. Die Reaktionsschwelle liegt bei $hf = 2m_e c^2 = 1.022$ MeV, (s. S. 819).

Paar-Massenschwächungskoeffizient, κ/ρ (SI-Einheit m^2/kg), proportional zu Z und steigt mit wachsender γ-Energie logarithmisch an:

$$\frac{\kappa}{\rho} \sim Z \ln(hf).$$

4. Totaler Schwächungskoeffizient,

μ (SI-Einheit m^2/kg), setzt sich additiv aus dem Photoabsorptionskoeffizienten τ, dem Compton-Schwächungskoeffizienten σ und dem Paarbildungskoeffizienten κ zusammen:

$$\mu = \tau + \sigma + \kappa.$$

Massenschwächungskoeffizient für Röntgenstrahlung s. **Tab. 30.6/1.**

Linearer Schwächungskoeffizient, μ', Produkt aus Massenschwächungskoeffizient und Dichte (SI-Einheit m^{-1}),

$$\mu' = \mu \cdot \rho, \qquad \rho : \text{Dichte}.$$

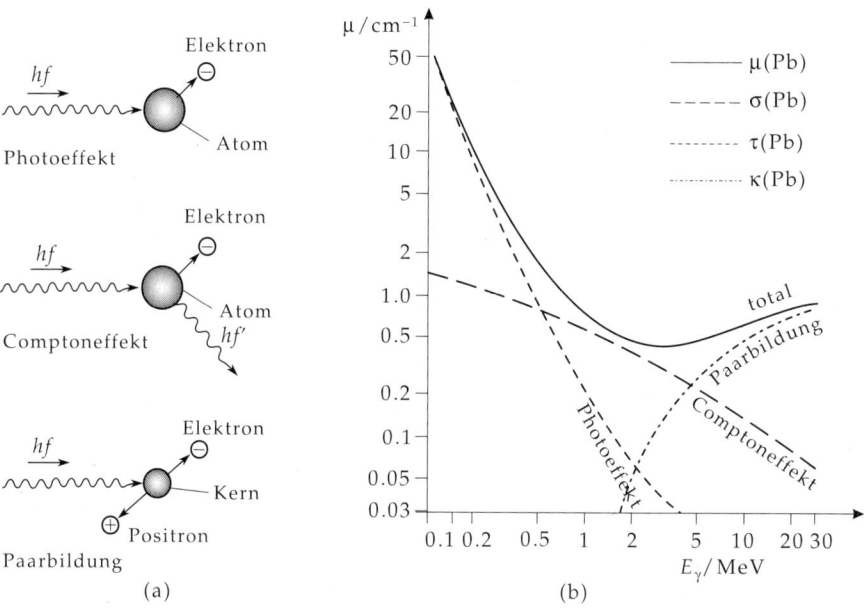

Abbildung 28.53: (a): Wechselwirkung von γ-Strahlung mit Materie. (b): Lineare Schwächungskoeffizienten von γ-Strahlung in Blei

28.10   Dosimetrie

Dosimetrie, Zweig der Messtechnik für ionisierende Strahlung, Röntgen-Strahlung, γ-Strahlung und Neutronen.

1.   Definition der Aktivität

Aktivität, A, Maß für die Zerfallsrate eines Radionuklids. Sie berücksichtigt nicht die unterschiedliche biologische Wirksamkeit der Strahlungsarten.

$\text{Aktivität} = \dfrac{\textbf{Anzahl der Zerfälle}}{\textbf{Zeit}}$			$\mathbf{T^{-1}}$
	Symbol	Einheit	Benennung
$A = \dfrac{dN}{dt}$	A	Bq	Aktivität
	N	1	Anzahl der Zerfälle
	t	s	Zeit

Becquerel, die SI-Einheit der Aktivität:

$$[A] = \text{Bq} = \frac{1\ \text{Zerfall}}{\text{s}}.$$

➤   Die früher benutzte Einheit von 1 Curie = 1 Ci ist historisch entstanden und entspricht der Anzahl der Zerfälle von 1 g ^{226}Ra pro Sekunde:

$$1\ \text{Ci} = 3.7 \cdot 10^{10}\ \text{Bq}.$$

2.   Energiedosis,

(kurz: Dosis) D, Maß für die physikalische Strahlenwirkung:

$\text{Energiedosis} = \dfrac{\textbf{absorbierte Strahlungsenergie}}{\textbf{Masse}}$			$\mathbf{L^2 T^{-2}}$
	Symbol	Einheit	Benennung
$D = \dfrac{\Delta W}{\Delta m}$	D	Gy	Energiedosis
	ΔW	J	absorbierte Strahlungsenergie
	Δm	kg	Masse

Gray, die SI-Einheit für die Energiedosis:

$$[D] = \text{Gy} = \frac{\text{J}}{\text{kg}}.$$

➤   Bis 1985 wurde das „rad" verwendet.

$$1\ \text{rad} = 10^{-2}\ \text{Gy}.$$

➤   In organischem Gewebe und in Wasser entspricht der Energiedosis von 1 Gy eine Temperaturerhöhung von 0.00024 K. Die Energieabgabe erfolgt aber auf engstem Raum. Deshalb können lebenswichtige Moleküle zerstört werden.

▲   Bei der Beurteilung einer Strahlenbelastung muss die unterschiedliche biologische Wirksamkeit der verschiedenen Strahlungsarten berücksichtigt werden.

3.   Äquivalentdosis,

H, berücksichtigt die unterschiedliche Wirksamkeit verschiedener Strahlungsarten:

$\textbf{Äquivalentdosis} = \textbf{Bewertungsfaktor} \cdot \textbf{Energiedosis}$			$\mathbf{L^2 T^{-2}}$
	Symbol	Einheit	Benennung
$H = q \cdot D$	H	Sv	Äquivalentdosis
	D	Gy	Energiedosis
	q	1	Bewertungsfaktor

Sievert, die SI-Einheit der Äquivalentdosis:

$$[H] = \mathrm{Sv} = \frac{\mathrm{J}}{\mathrm{kg}}.$$

➤ Bis 1979 diente das „rem" als Einheit der Äquivalentdosis:
1 rem = 10^{-2} Sv.

4. Bewertungsfaktor,

q, Faktor zur Beurteilung der biologischen Wirkung einer bestimmten Energiedosis von Strahlung. Er setzt sich zusammen aus dem Qualitätsfaktor *Q*, der die Strahlungsart, und einem Faktor *N*, der die räumliche und zeitliche Verteilung der Strahlung berücksichtigt:

$$q = QN$$

Bei Bestrahlung des Körpers von außen ist $N = 1$.

Qualitätsfaktor, *Q*, an das lineare Energieübertragungsvermögen geladener Teilchen (LET) für unbegrenzte Energieübertragung gebunden. Der Qualitätsfaktor wird durch Vereinbarungen festgelegt (gesetzlich geltende Werte siehe Strahlenschutz-Verordnung 1989 Anl. VII).

Mittlere Qualitätsfaktoren $\bar{Q}$ für verschiedene Strahlungsarten:

Strahlungsart	$\bar{Q}$
Röntgen, γ	1
Elektronen, Positronen	1
thermische Neutronen	2.3
schnelle Neutronen	10
α-Teilchen	20
schwere Ionen	20

Dosisleistung, die auf die Zeiteinheit bezogene Äquivalentdosis.

■ $\dfrac{\mathrm{Sv}}{\mathrm{h}}, \dfrac{\mathrm{Sv}}{\mathrm{min}}, \dfrac{\mathrm{Sv}}{\mathrm{s}}$

5. Teilchen- und Energieflussdichten

Spektrale Teilchenradianz, p_E, die raumwinkelbezogene und energiebezogene Teilchenflussdichte:

$$p_\mathrm{E}(\vec{r}) = \phi_\mathrm{E}(\vec{r}, t, E, \Omega) \quad /\mathrm{s}^{-1}\mathrm{J}^{-1}\mathrm{sr}^{-1}\mathrm{m}^{-2}.$$

Spektrale Teilchenflussdichte, ϕ_E, das Integral der spektralen Teilchenradianz über den Raumwinkel:

$$\phi_\mathrm{E}(\vec{r}, t, E) = \int p_\mathrm{E}(\vec{r})\mathrm{d}\Omega.$$

Teilchenfluenz, Φ, ergibt sich aus der spektralen Teilchenflussdichte durch Integration über die kinetische Energie und die Zeit:

Teilchenfluenz			**L^{-2}**

$$\Phi(\vec{r}) = \int\limits_{t_1}^{t_2} \int\limits_{0}^{\infty} \int\limits_{0}^{4\pi} p_\mathrm{E}(\vec{r})\mathrm{d}\Omega\mathrm{d}E\mathrm{d}t$$

$$= \frac{\mathrm{d}N}{\mathrm{d}A_\perp}$$

Symbol	Einheit	Benennung
$\Phi(\vec{r})$	m^{-2}	Teilchenfluenz
$p_\mathrm{E}(\vec{r})$	$1/(\mathrm{s\,J\,sr\,m}^2)$	spektrale Teilchenradianz
Ω	sr	Raumwinkel
E	J	Energie
t	s	Zeit
N	1	Teilchenzahl
$A_\perp$	m^2	Fläche

▲ Die Teilchenfluenz ist die Zahl der Teilchen, die in einer bestimmten Zeit ein Flächenelement einer Kugelfläche um die Quelle senkrecht durchfliegen.

Teilchenflussdichte, ϕ, die Teilchenfluenz pro Zeiteinheit.

Teilchenflussdichte = Teilchendichte · Geschwindigkeit			$L^{-2}T^{-1}$
	Symbol	Einheit	Benennung
	$\phi(\vec{r},t)$	$m^{-2}s^{-1}$	Teilchenflussdichte
$\phi(\vec{r},t) = \dfrac{\Phi(\vec{r})}{t} = n \cdot v$	$\Phi(\vec{r})$	m^{-2}	Teilchenfluenz
	t	s	Zeit
	n	m^{-3}	Teilchendichte
	v	ms^{-1}	Teilchengeschwindigkeit

Spektrale Energieflussdichte, ψ, das Produkt aus Teilchenflussdichte und Energie:

$$\psi = E \cdot \phi_E(\vec{r},t,E).$$

Energieflussdichte, I_E, das Integral des Produktes aus Teilchenflussdichte und Energie, integriert über die Energie:

$$I_E = \int E \cdot \phi_E(\vec{r},t,E) dE.$$

Energiefluenz, das Zeitintegral der Energieflussdichte

6. Schwächungsgesetz,

bestimmt die Schwächung eines Strahlungsbündels durch einen bestimmten Stoff einer Dicke dz:

Schwächung			$L^{-2}T^{-1}$
	Symbol	Einheit	Benennung
	$d\psi$	$m^{-2}s^{-1}$	Schwächung spektrale Energieflussdichte
$d\psi = -\psi \cdot \mu \cdot dz$	ψ	$m^{-2}s^{-1}$	spektrale Energieflussdichte
	μ	m^{-1}	linearer Massenschwächungskoeffizient
	dz	m	Materialdicke

Die Integration des obigen Gesetzes liefert als Schwächungsgesetz:

$$\psi = \psi_0 e^{-\mu z}.$$

Dieses Gesetz gilt nur für ein enges Strahlenbündel und wegen der starken Energieabhängigkeit des Massenschwächungskoeffizienten nur für monoenergetische Strahlung.

Halbwertsdicke, s, die Materialdicke, bei der die Hälfte der einfallenden Strahlungsquanten mit dem Material in Wechselwirkung tritt:

$$s = \frac{\ln 2}{\mu}.$$

7. Energietransferkoeffizient

Energie-Umwandlungs-Koeffizient, linearer Energietransferkoeffizient, μ_{tr}, bestimmt den Energietransfer von der Strahlung auf die schwächende Schicht:

Linearer Energietransferkoeffizient			L^{-1}

$\mu_{tr} = \dfrac{1}{W} \cdot \dfrac{dW_{kin}}{dz}$	Symbol	Einheit	Benennung
	μ_{tr}	m^{-1}	linearer Energietransferkoeffizient
	W	J	Gesamtenergie der Strahlung
	dW_{kin}	J	kinetische Energie Sekundärelektronen
	dz	m	Schichtdicke

8. Kerma,

(kinetic energy released per unit mass) K, beschreibt die erste Stufe der Wechselwirkung indirekt ionisierender Strahlung (z.b. Neutronen):

Indirekt ionisierende Strahlung			L^2T^{-2}

$K = \dfrac{1}{\rho} \dfrac{dE_{tr}}{dV}$	Symbol	Einheit	Benennung
	K	Gy	Kerma
	ρ	kg/m^3	Materialdichte
	E_{tr}	J	kinetische Energie der freigesetzten geladenen Teilchen
	V	m^3	Volumen

➤   Bei allen Angaben einer Kerma muss das Bezugsmaterial genannt werden.

9. Relative biologische Wirksamkeit

(RBW) einer Strahlungsart x für einen biologischen Endpunkt a (z.b. einen vorgegebenen Wert der Überlebenswahrscheinlichkeit einer Zellart), durch den Vergleich mit einer Referenzdosis bestimmt:

$$RBW_a = \left(\frac{D_{ref}}{D_x} \right)_a .$$

Die Referenzdosis erzeugt die gleiche biologische Wirkung wie die Dosis D_x.
Als Referenzdosis wird meist ^{60}Co-γ-Strahlung oder eine 250 keV-Röntgenstrahlung verwendet.

28.10.1   Dosismessverfahren

Personendosimetrie, die Messung der Dosis an einer für die Strahlenexposition repräsentativen Stelle der Körperoberfläche.

M   **Ionisationskammer**, Gaszähler mit der Gasverstärkung 1, werden im Dosisbereich von μGy bis 10^3 Gy eingesetzt. Die Entladung eines Zylinderkondensators wird gemessen. Die Restladung ist ein Maß für die Dosis (**Abb. 28.54 (b)**).
Die Ionisationskammern finden bei der Personendosimetrie Anwendung, da sie eine schnelle und hinreichend genaue Information liefern. Die Ionisationskammer stellt ein integrierendes Dosimeter dar.

Gasverstärkung, die Vermehrung freier Ladungsträger durch Sekundärionisation der primär erzeugten und im elektrischen Feld beschleunigten Ionen.

➤   Die Ionisationskammern finden bei der Personendosimetrie Anwendung. Sie liefern eine schnelle und hinreichend genaue Information. Die Ionisationskammer ist ein integrierendes Dosimeter.

M   **Proportionalzähler**, Gaszähler mit Gasverstärkung bis 10^4.
Die Impulshöhe des erzeugten Stromimpulses ist proportional der Energie der einfallenden Strahlung. Die Zahl der Impulse ist ein Maß für die Anzahl der einfallenden Strahlungsquanten (**Abb. 28.54 (a)**).

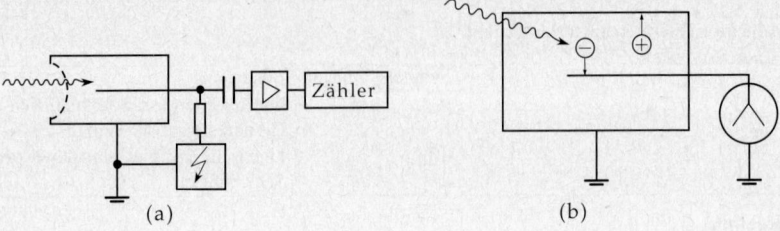

(a)   (b)

Abbildung 28.54: (a): Prinzipskizze eines Proportionalzählers. (b): Prinzipskizze einer Ionisationskammer

$\boxed{\text{M}}$ **Geiger-Müller-Zählrohre**, Auslösezählrohre, die mit Gasverstärkung um 10^8 arbeiten. Die Proportionalität zwischen Impulshöhe und Energie der einfallenden Strahlung geht verloren. Diese Dosimeter werden bei der Ortsdosimetrie und zur Dosisleistungsmessung eingesetzt.

Ortsdosis, die Äquivalentdosis für Weichteilgewebe an einem bestimmten Ort des Strahlenfeldes in einem bestimmten Zeitraum.

$\boxed{\text{M}}$ **Filmdosimeter**, Nachweisgeräte, die die Schwärzung fotografischen Materials durch die einfallende Strahlung nutzen. Sie werden im Dosisbereich zwischen 0.1 mSv und 1 Sv eingesetzt und sind für Photonenenergien zwischen 20 keV und 3 MeV geeignet. Es ist ein speicherndes und integrierendes Verfahren. Filmdosimeter finden Anwendung in der Personendosimetrie, insbesondere für die Kontrolle strahlungsexponierter Personen durch amtliche Messstellen. Durch Anwendung von Strahlungswandlern (etwa Cd-Blech für Neutronen in γ-Strahlung) ist dieses Dosimeter universell anwendbar. Es arbeitet integrierend.

$\boxed{\text{M}}$ **Thermolumineszenzdosimeter**, setzen die durch die ionisierende Strahlung in einem Festkörper gespeicherte Energie durch Erwärmung in Licht um. Diese Energiespeicherung ist ein Festkörpereffekt (s. S. 980).

Radiotoxizität, die Giftigkeit von Radionukliden für den menschlichen Körper auf Grund der emittierten Strahlung.

Biologische Halbwertszeit, die Zeit, in der eine im Körper vorhandene Aktivität durch Ausscheidung auf die Hälfte vermindert wird.

Nuklid	physikalische Halbwertszeit	biologische Halbwertzeit	kritisches Organ
Radiotoxizitätsklasse 1: Freigrenze 3.7 kBq			
^{90}Sr	28.1 a	11 a	Knochen
^{210}Pb	22 a	730 d	Knochen
^{210}Po	138 d	40 d	Milz
^{233}U	$1.63 \cdot 10^5$ a	300 d	Knochen

Nuklid	physikalische Halbwertszeit	biologische Halbwertzeit	kritisches Organ
Radiotoxizitätsklasse 2: Freigrenze 37 kBq			
^{22}Na	2.58 a	19 d	Ganzkörper
^{137}Cs	26.6 a	100 d	Muskel
^{144}Ce	285 d	330 d	Knochen
^{131}I	8.0 d	180 d	Schilddrüse
Radiotoxizitätsklasse 3: Freigrenze 370 kBq			
^{14}C	5570 a	35 a	Fettgewebe
^{24}Na	15 h	19 d	Ganzkörper
^{105}Rh	1.54 d	28 d	Nieren
^{109}Cd	1.3 a	100 d	Leber
Radiotoxizitätsklasse 4: Freigrenze 3.7 MBq			
^{3}H	12.6 a	19 d	Ganzkörper
^{238}U	$4.5 \cdot 10^9$ a	300 d	Nieren

28.10.2 Umweltradioaktivität

Kosmische Strahlung, die aus dem Weltraum auf die Erde auffallende Strahlung. Die kosmische Primärstrahlung besteht vor allem aus Protonen und α-Teilchen, die mit den Kernen der Luftmoleküle ($^{14}_{7}$N, $^{16}_{8}$O) wechselwirken. Komponenten der Sekundärstrahlung: p, n, π, μ, K, e, γ, ν.
Der Neutrinostrom hat auf Grund der schwachen Wechselwirkung, der er allein unterliegt, keinen Einfluss auf die Strahlenbelastung der Menschheit.

➤ Die mittlere Dosisleistung der kosmischen Strahlung auf Meereshöhe, etwa Hamburg, beträgt ungefähr $3 \cdot 10^{-4}$ Sv/a.

➤ In der kosmischen Strahlung wurden einzelne Ereignisse beobachtet, die auf Teilchen mit einer Energie $> 10^{20}$ eV schließen lassen. Die Natur (neue exotische Teilchen, energiereiche Photonen oder Atomkerne) und Herkunft (extragalaktische Quellen, Neutronensterne, Stoßfronten im Halo unserer Galaxis) dieser Teilchen ist gegenwärtig noch unklar.

Terrestrische Strahlung, Strahlung der natürlichen radioaktiven Nuklide mit sehr langen Halbwertszeiten und ihrer Tochterprodukte.
Die kosmische Strahlung erzeugt die radioaktiven Isotope Tritium $^{3}_{1}$H und $^{14}_{6}$C.
Terrestrische Strahlendosen für verschiedene Orte in der Bundesrepublik und extreme Werte im Ausland:

Ort/Land	Äquivalenzdosis / 10^{-5} Sv/a
Schleswig-Holstein	14
Weserbergland/Braunschweig	58
Harz/Spessart	102
Bayerischer Wald	146
Katzenbuckel/Baden-Würtemberg	630
Indien/Kerala	≤ 2700
Brasilien/Atlantikküste	≤ 8700

In der Hochatmosphäre erzeugte Nuklide kommen durch Sedimentation, Niederschlag oder Konvektion an die Erdoberfläche.

	bis 1963	1963/1964	1979
		/ Bq/kg(H_2O)	
Niederschlag Mitteleuropa (Jahres-∅)	740	222000	9250
Niederschlag europäische Westküste (Jahres-∅)	296	92500	2960
Grundwasser Mitteleuropa	444	166500	7400
Oberflächenwasser Nordatlantik	22.2	1850	555

■ Neben dem radioaktiven Wasserstoff - dem Tritium - und dem radioaktiven Kohlenstoff befindet sich in der Luft hauptsächlich Radon mit seinen Folgeprodukten. Radon entweicht aus Spalten in der Erdkruste und wird mit Quellwasser an die Oberfläche gespült.

Fall-out, Erhöhung der Radioaktivität, insbesondere des Tritiumgehalts, auf der Erdoberfläche als Folge **oberirdischer Atombombenversuche** in den sechziger Jahren.

Eigenstrahlung des menschlichen Körpers, entsteht durch radioaktive Isotope, die durch die Nahrung und Atmung aufgenommenen werden.

▲ Die natürliche Eigenstrahlung liegt bei etwa $3 \cdot 10^{-4}$ Sv/a.

Natürliche Strahlenexposition, die Summe aller drei Komponenten, kosmischer, terrestrischer und Eigenstrahlung.

▲ Die natürliche Strahlenexposition liegt zur Zeit bei etwa $1.1 \cdot 10^{-3}$ Sv/a.

Einzelne Körperteile werden durch die eingeatmeten Folgeprodukte wesentlich höher belastet.

■ Zum Beispiel liegt die Strahlenexposition der Lunge bei etwa $1.2 \cdot 10^{-2}$ Sv/a.

Zivilisatorische Strahlenexposition, die durch das Wirken des Menschen erzeugte Strahlenbelastung. Dazu gehören:

• Kernkraftwerke,
• medizinische Diagnostik,
• Baustoffe.

Aktivität verschiedener Baustoffe:

Baustoffe	^{226}Ra (α-Strahler)	^{232}Th (α-Strahler)	^{40}K (β-Strahler)
	/ Bq/kg		
Mauerziegel	52.5	49.2	652
Kalksandstein	11.5	4.1	273
Beton	26.3	21.8	437
Gasbeton	16.7	25.5	343

▲ Röntgendiagnostik und Strahlungstherapie sind die wesentlichen Expositionsfaktoren.

Dosisleistung verschiedener Röntgenstrahlungsquellen:

Gerät	Dosisleistung / Sv/h (Abstand 10 cm)
Schulröntgenröhre	< 0.01
Farbfernseher	$0.6 \cdot 10^{-6}$
Bildschirmmonitore	$5 \cdot 10^{-6}$
Oszillographen	$1 \cdot 10^{-6}$
Radarkontrollschirme	$4 \cdot 10^{-6}$

Zivilisatorische Einwirkung

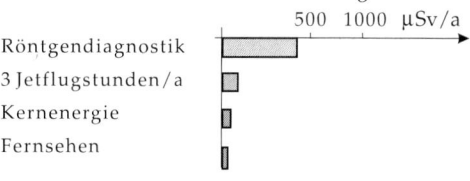

Röntgendiagnostik
3 Jetflugstunden/a
Kernenergie
Fernsehen

Natürliche Einwirkung

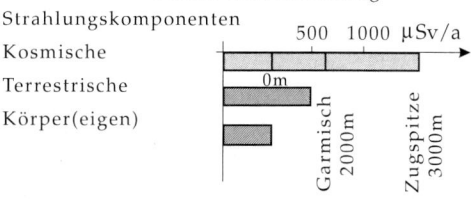

Strahlungskomponenten
Kosmische
Terrestrische
Körper(eigen)

Abbildung 28.55: Vergleich der zivilisatorischen und natürlichen Strahlenexposition

29 Festkörperphysik

29.1 Struktur fester Körper

29.1.1 Einige Grundbegriffe der Festkörperphysik

Festkörper, im folgenden oft kurz FK, Materie im festen Zustand. Festkörper können nach dem Ordnungszustand ihrer Strukturbausteine (Atome, Ionen, Moleküle) eingeteilt werden:

- **Kristalliner FK** (**Kristall**), Festkörper mit periodischer Ordnung der Strukturbausteine. In allen drei Raumrichtungen treten regelmäßige, periodisch wiederkehrende Anordnungen der Strukturbausteine auf.
- **Amorpher FK**. Festkörper ohne Fernordnung der Strukturbausteine. Es treten keine periodisch wiederkehrenden Anordnungen der Strukturbausteine auf.

- ■ Alkalimetalle besitzen Kristallstruktur. Diamant ist kristalliner Kohlenstoff. Kochsalz (Natriumchlorid, NaCl) weist eine kristalline Struktur auf.
- ■ Legierungen und Gele sind amorphe FK.

Viele feste Materialien (z. B. **Gläser** oder **Polymere**) lassen sich jedoch nicht in dieses Schema einordnen. Polymere besitzen eine teilweise periodische Ordnung. Es gibt FK mit einer mikrokristallinen Struktur.

Nach der Reaktion eines FK auf physikalische Einwirkungen unterscheidet man:

- **Isotroper FK**, keine Raumrichtung ist vor einer anderen ausgezeichnet. Der FK reagiert richtungsunabhängig.
- ▲ Amorphe FK sind oft isotrop.
- **Anisotroper FK**, bestimmte Raumrichtungen sind ausgezeichnet. Der FK reagiert richtungsabhängig.
- ▲ In Kristallen legen die periodischen Strukturen bevorzugte Raumrichtungen fest.

Einkristall, idealisierter FK, dessen periodisch wiederkehrende Atomstruktur sich über das ganze Volumen erstreckt. Die Kristallachsen besitzen in allen Bereichen des Körpers gegenüber einem körperfesten Koordinatensystem etwa gleiche Orientierung.

- ■ Salze, die aus **Lösungen** auskristallisieren, sind oft Einkristalle.

- M **Einkristallzüchtung** aus Schmelzen (einkomponentige Methoden), aus Lösungen (mehrkomponentige Methoden) oder aus der Gasphase.
Czochralski-Verfahren: Der Kristall wird direkt aus der Schmelze herausgezogen (**Abb. 29.1**).
Bridgeman-Verfahren: Der Kristall wächst in einem Tiegel, der mit konstanter Geschwindigkeit aus der heißen Zone in die kalte abgesenkt wird (**Abb. 29.2**).
Die obigen Verfahren haben den Nachteil, dass der Kristall durch Aufnahme von Sauerstoff aus den Tiegelwänden verunreinigt wird.
Zonenschmelzverfahren: Das unreine Material wird durch eine schmale Heizvorrichtung, die sich langsam weiterbewegt, aufgeschmolzen. Hinter der Heizungszone bildet sich ein Einkristall. Verunreinigungen, die die flüssige Phase bevorzugen, werden entfernt.

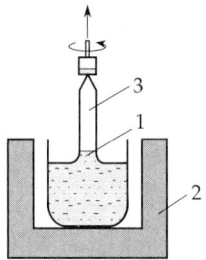

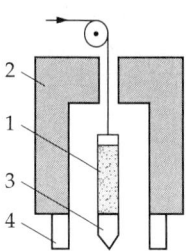

Abbildung 29.1: Schematisches Bild des
Czochralski-Verfahrens. 1 - Schmelze, 2 - Heizung,
3 - wachsender Einkristall

Abbildung 29.2: Schematisches Bild des
Bridgeman-Verfahrens. 1 - Schmelze, 2 - Heizung, 3 - wachsender Kristall, 4- Kühlung

Gitterfehler, Abweichung von der Idealstruktur einer strengen räumlichen Periodizität durch Gitterbaufehler (Versetzungen, Fehlstellen, Stapelfehler u.ä.).

▲   Art und Häufigkeit von Gitterfehlern bestimmen wesentlich die physikalischen Eigenschaften eines FK.

Polykristalline FK, die einkristallinen Bereiche (Kristallite) erstrecken sich nur über wenige Mikrometer, statistische Verteilung der Orientierung der Kristallite.

■   Metalle, aus Schmelzen kristallisiert, sind meist polykristallin.

Korn, einkristalliner Bereich im FK.
Korngrenzen, trennen die einkristallinen Bereiche eines polykristallinen FK.
Textur, Verteilung der Orientierung der Körner in einem polykristallinen FK.

29.1.2 Struktur der Kristalle

Kristallgitter, periodische, dreidimensionale Anordnung von Atomen, Molekülen oder Ionen, deren Art und geometrische Struktur die äußere Erscheinung und die physikalischen Eigenschaften des Kristalls bestimmt.

Raumgitter, Punktgitter, mathematische Abstraktion des Kristallgitters auf eine räumlich periodische Anordnung von Punkten, die den Gitterplätzen entsprechen. Die Art der Atome oder Moleküle an den Gitterpunkten wird vernachlässigt.

Basis, Gruppe von Atomen oder Molekülen, die jedem Gitterpunkt bzw. jedem elementaren Parallelepiped zugeordnet ist.

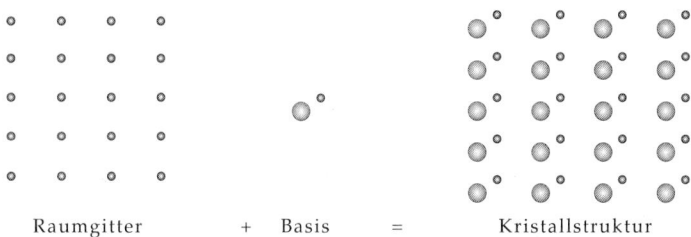

Raumgitter   +   Basis   =   Kristallstruktur

Abbildung 29.3: Zum Begriff der Kristallstruktur

1.   Kristallstruktur,

bestimmt durch die Struktursymmetrie, die Gitterparameter (Längen und Winkel) und die Angabe der in der asymmetrischen Einheit der Elementarzelle befindlichen Schwerpunktslagen und ihre Besetzung durch die Strukturbausteine.

Elementarzelle, Element des Kristallgitters, mit dem durch Translationen das vollständige Kristallgitter reproduziert werden kann.

Asymmetrische Einheit, kleinster Raumteil einer Elementarzelle, aus dem sich die gesamte Elementarzelle durch Anwendung von Symmetrieoperationen ergibt.

Translation, Verschiebung einer Elementarzelle im Raum um den Translationsvektor $\vec{T}$.

2.   Gittervektoren und Kristallachsen

Fundamentale Translationsvektoren, **Gittervektoren** $\vec{a}, \vec{b}, \vec{c}$, Verschiebungen $\vec{T} = \vec{a} n_1 + \vec{b} n_2 + \vec{c} n_3$ entlang ganzzahliger Vielfacher dieser Vektoren bilden ein Kristallgitter auf sich selbst ab.

■ $\vec{r}$ sei ein beliebiger Punkt im Raum. Dann ist das Kristallgitter am Punkt

$\vec{r}\,' = \vec{r} + n_1\vec{a} + n_2\vec{b} + n_3\vec{c}$ $(n_1, n_2, n_3$ ganze Zahlen$)$

identisch mit dem am Punkt $\vec{r}$. Die Gittervektoren $\vec{a}, \vec{b}, \vec{c}$ spannen ein Parallelepiped auf.

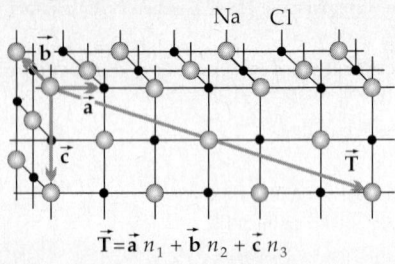

Abbildung 29.4: Zum Begriff des Translationsvektors

$$\vec{T} = \vec{a}\, n_1 + \vec{b}\, n_2 + \vec{c}\, n_3$$

▲   Die fundamentalen Translationsvektoren (Gittervektoren) $\vec{a}, \vec{b}, \vec{c}$ definieren ein Punktgitter eindeutig.

Kristallachsen, durch die fundamentalen Gittervektoren $\vec{a}, \vec{b}$ und $\vec{c}$ definierte Richtungen.

Gitterkonstanten, Beträge der fundamentalen Gittervektoren $\vec{a}, \vec{b}$ und $\vec{c}$, geben die Abstände der Basen längs der Kristallachsen an.

3.   Primitive Elementarzelle,

Elementarzelle, die bei gegebener Gitterstruktur das kleinstmögliche Volumen hat. Die primitive Elementarzelle enthält nur einen Gitterpunkt.

➤   Das primitive Parallelepiped besitzt zwar auf jeder seiner acht Ecken einen Gitterpunkt, doch diese müssen auf die acht Elementarzellen, die sich hier berühren, aufgeteilt werden.

Die in **Abb. 29.5** gezeigten Gittervektoren spannen jeweils eine primitive Elementarzelle auf.

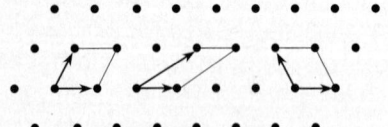

Abbildung 29.5: Primitive Elementarzellen

➤   Es ist durchaus nicht immer zweckmäßig und auch nicht üblich, die Elementarzelle so klein wie möglich zu wählen. Die in dem folgenden Bild gezeigten Elementarzellen von Wolfram und Kupfer bringen die kubische Symmetrie dieser Metalle besser zum Ausdruck.

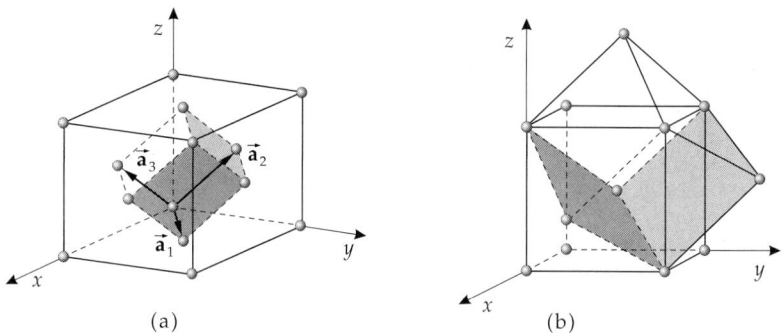

Abbildung 29.6: Elementarzelle. (a): Kupfer (kubisch-flächenzentriertes Gitter), (b): Wolfram (kubisch-raumzentriertes Gitter)

4. Kristallsystem und Gitterarten

Kristallsystem, Einteilung der Kristalle nach charakteristischen Merkmalen in sieben Kristallsysteme nach folgenden Kriterien:

- Gitterkonstanten sind gleich oder ungleich,
- Winkel zwischen den Kristallachsen.

Gitterarten:

- **Primitives Gitter**: alle Gitterpunkte liegen auf Eckpunkten der Elementarzelle.
- **Flächenzentriertes Gitter**: auf den Schnittpunkten der Flächendiagonalen der Elementarzelle befinden sich zusätzliche Atome.
- **Basiszentriertes Gitter**: besitzt neben den Atomen auf den Eckpunkten noch je ein Atom auf den Schnittpunkten der Flächendiagonalen zweier gegenüberliegender Flächen.
- **Raumzentriertes Gitter**: zusätzlich zu den Atomen auf den Eckpunkten sitzt noch ein Atom auf dem Schnittpunkt der Raumdiagonalen der Elementarzelle.

29.1.3 Bravais-Gitter

1. Arten von Bravais-Gittern

Bravais-Gitter, Bezeichung für einen individuellen Gittertyp. Im 3-D-Raum gibt es 14 verschiedene Bravais-Gitter:

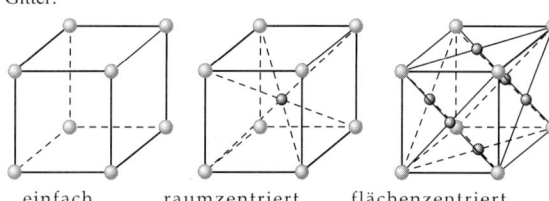

Abbildung 29.7: Kubisches Bravais-Gitter

einfach   raumzentriert   flächenzentriert
$a = b = c$; $\alpha = \beta = \gamma = 90°$

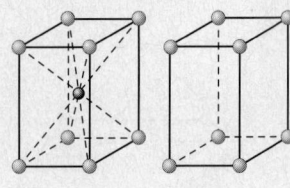

$a = b \neq c \; ; \quad \alpha = \beta = \gamma = 90°$

Abbildung 29.8: Tetragonales Bravais-Gitter

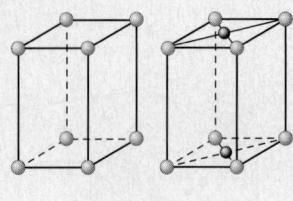

$a \neq b \neq c \; ; \; \alpha = \gamma = 90° \neq \beta$

Abbildung 29.9: Monoklines Bravais-Gitter

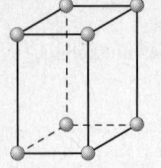 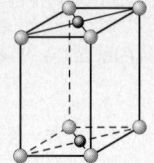 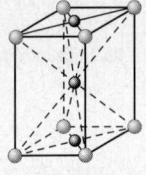 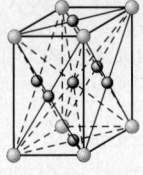

Abbildung 29.10: Orthorombisches Bravais-Gitter

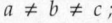

$a \neq b \neq c \; ; \qquad \alpha = \beta = \gamma = 90°$

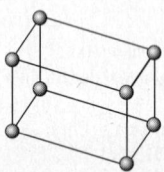  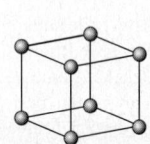

$a \neq b \neq c; \; \alpha \neq \beta \neq \gamma$ $a = b = c \; ;$ $a = b \neq c \; ;$

$\alpha = \beta = \gamma < 120°, \neq 90°$ $\alpha = \beta = 90°, \gamma = 120°$

(a)   (b)   (c)

Abbildung 29.11: Bravais-Gitter. (a): triklin, (b): rhomboedrisch, (c): hexagonal

Bei Metallen spielen nur

- das kubisch-flächenzentrierte Gitter (kfz; englisch: fcc),
- das kubisch-raumzentrierte Gitter (krz; englisch: bcc),
- die hexagonal dichteste Kugelpackung (hdP; englisch: hcp)

eine Rolle.

➤ Die Gittertypen wichtiger Elementkristalle sind im **Periodensystem der Elemente** (hinterer Umschlagdeckel) angegeben.

2. Packungsdichte der Elementarzelle

Dichteste Kugelpackung, regelmäßige Anordnung gleich großer Kugeln mit minimalem unausgefülltem Zwischenraum. Man unterscheidet die **hexagonale** und **flächenzentrierte** dichteste Kugelpackung.

Abb. 29.12 zeigt eine Schicht dichtestgepackter Kugeln, deren Mittelpunkte in A liegen.

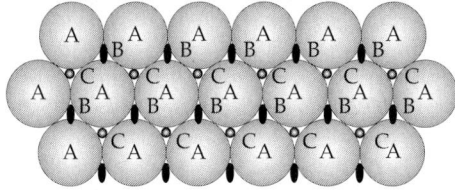

Abbildung 29.12: Dichteste Kugelpackung

Ist die zweite Schicht in B (oder in den gleichwertigen Plätzen C) angeordnet, so gibt es zwei Möglichkeiten für die Anordnung der dritten Schicht:

• Die Kugeln der dritten Schicht können über A angeordnet werden. Das Ergebnis ist eine Folge $ABABA\ldots$ (**hexagonale** Struktur).

• Die Kugeln der dritten Schicht belegen die Punkte über C. Das Ergebnis ist eine Ebenenfolge $ABCABC\ldots$ (**kubisch-flächenzentriert**).

▲ In einer dichtesten Kugelpackung berührt jede Kugel in einer Ebene sechs andere.

Packungsdichte, Raumausfüllung der Elementarzelle durch das Kugelvolumen.

• In beiden Strukturen der dichtesten Kugelpackung beträgt die Packungsdichte 74%.

• Zum Vergleich: die Packungsdichte des krz-Gitters beträgt 68%.

Koordinationszahl, Anzahl der nächsten Nachbarn eines Atoms.

3. Netzebene und Millersche Indizes

Netzebene, beliebige Ebene im Gitter. Eine Ebene wird durch drei Punkte, die nicht alle auf einer Geraden liegen, eindeutig bestimmt. Zur Definition der Netzebene werden die Schnittpunkte der Ebene mit den Kristallachsen verwendet. **Millersche Indizes**, abkürzende Kennzeichnung von Netzebenen bei vorgegebenen Kristallachsen. Sie werden wie folgt festgelegt:

• Die Schnittpunkte der Ebene mit den Kristallachsen, die durch die Gittervektoren $\vec{a}$, $\vec{b}$, $\vec{c}$ definiert sind, werden in Einheiten der Gitterkonstanten bestimmt (**Abb. 29.14**).

• Die Kehrwerte der so erhaltenen Zahlen werden auf den Hauptnenner gebracht.

• Die Zähler der Brüche sind die Millerschen Indizes der Netzebene.

• Die Ebenenkennzeichnung erfolgt durch Einklammern der Millerschen Indizes : (hkl).

• Liegt ein Schnittpunkt im Unendlichen, so ist der dazu gehörige Index 0.

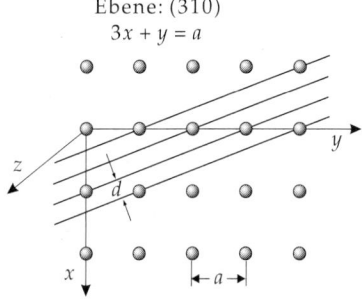

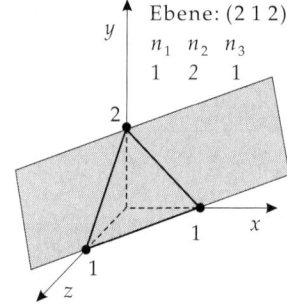

Abbildung 29.13: Netzebene senkrecht zur z-Achse, Gitterpunkte in x-y-Ebene

Abbildung 29.14: Konstruktionsschema der Millerschen Indizes: Beispiel $(h,k,l) = (2,1,2)$

■   Für die Ebene mit den Schnittpunkten 6, 2, 3 sind die Kehrwerte 1/6, 1/2, 1/3 → 1/6, 3/6, 2/6. Die Millerschen Indizes sind also (132).

●   Schneidet die Ebene eine oder mehrere Kristallachsen auf der negativen Seite des Ursprungs, so wird der Index durch einen oberen Querstrich gekennzeichnet.

■ $(h\bar{k}l)$ bedeutet, dass die $\vec{b}$-Achse im Negativen geschnitten wird.

Kristallrichtung, Richtung eines Vektors in der Basis der fundamentalen Gittervektoren, dessen Komponenten ganze Zahlen sind (**Abb. 29.16**).
Diese ganzen Zahlen werden in **eckige** Klammern gesetzt: $[hkl]$.

➤   In **kubischen** Kristallen steht die **Richtung** $[hkl]$ immer **senkrecht auf der Ebene** (hkl) mit denselben Indizes. In anderen Kristallsystemen gilt dies nicht allgemein.

Atomare Koordinaten u, v, w, bestimmen die Orte von Gitterpunkten in einer Elementarzelle. Sie werden in Bruchteilen der Gitterkonstanten a, b, c in Richtung der Kristallachsen angegeben.

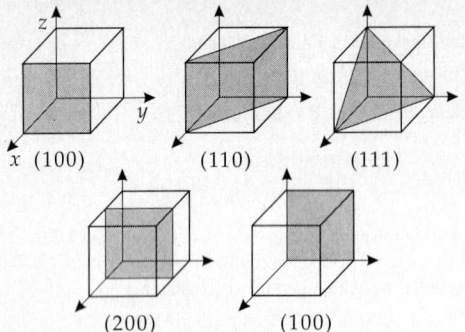

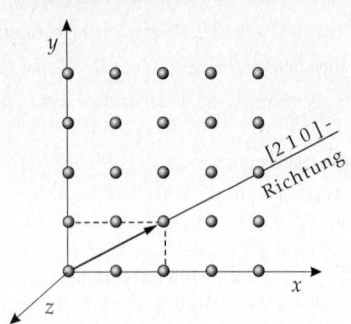

Abbildung 29.15: Einige Kristallebenen in einem kubischen Gitter

Abbildung 29.16: Kristallrichtung

29.1.3.1   Einfache Kristallstrukturen
1.   NaCl

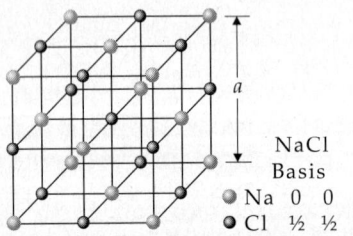

NaCl
Basis
● Na 0 0 0
○ Cl ½ ½ ½

Kristall	a/nm	Kristall	a/nm
LiH	0.408	AgBr	0.577
NaCl	0.563	MgO	0.420
KCl	0.629	MnO	0.443
PbS	0.592	UO	0.492

Abbildung 29.17: NaCl-Struktur und repräsentative Kristalle der NaCl-Struktur (a: Gitterkonstante)

Bravais-Gitter: kfz, Basis: 1 Natrium- und 1 Chloratom (Abstand: $\frac{1}{2}$-Raumdiagonale), Zahl der Basiseinheiten/Elementarzelle: 4, Koordinationszahl: 6
Atomare Koordinaten:

Na: 000; $\frac{1}{2}\frac{1}{2}0$; $\frac{1}{2}0\frac{1}{2}$; $0\frac{1}{2}\frac{1}{2}$ Cl: $\frac{1}{2}\frac{1}{2}\frac{1}{2}$; $00\frac{1}{2}$; $0\frac{1}{2}0$; $\frac{1}{2}00$

2. CsCl

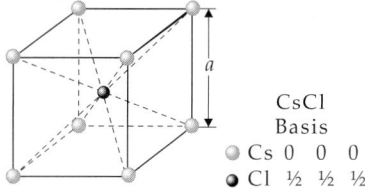

CsCl
Basis
◍ Cs 0 0 0
◉ Cl ½ ½ ½

Kristall	a/nm	Kristall	a/nm
CsCl	0.411	AgMg	0.328
TlBr	0.397	LiHg	0.329
TlI	0.420	AlNi	0.288
NH$_4$Cl	0.387	BeCu	0.270

Abbildung 29.18: CsCl-Struktur und repräsentative Kristalle der CsCl-Struktur (a: Gitterkonstante)

Bravais-Gitter: einfach kubisch, Basis: 1 Caesium- und 1 Chloratom (Abstand $\frac{1}{2}$-Raumdiagonale), Zahl der Basiseinheiten/Elementarzelle: 1, Koordinationszahl: 8
Atomare Koordinaten:

Cs: 000   Cl: $\dfrac{1}{2}\dfrac{1}{2}\dfrac{1}{2}$

29.1.4 Methoden der Strukturuntersuchung

1. Röntgenbeugung

gebräuchlichste Methode zur Strukturuntersuchung. Sie beruht auf der Beugung von Röntgenstrahlen an den Gitteratomen. Wellenlänge des Photons (Energie E_γ):

$$\lambda_\gamma = \frac{1.24}{E_\gamma/\mathrm{keV}} \ \mathrm{nm}.$$

Die Beugung erfolgt an den Elektronen der Atome. Die Intensität der Beugung hängt deshalb stark von der Ordnungszahl Z ab.
Röntgenbeugung ist für Elemente niedriger Ordnungszahl wenig empfindlich. Die Lagen von Sauerstoffatomen oder Wasserstoffatomen lassen sich mittels Röntgenbeugung kaum feststellen. Außerdem sind Elemente benachbarter Ordnungszahlen kaum voneinander zu unterscheiden.

2. Elektronenbeugung

Beugung von Elektronen an Atomkernen, somit empfindlich abhängig von der Ordnungszahl. Wellenlänge des Elektrons (Energie E_e):

$$\lambda_e = \frac{1.2}{\sqrt{E_e/\mathrm{eV}}} \ \mathrm{nm}.$$

Elektronen sind geladene Teilchen und etwa 2000-mal leichter als Neutronen. Sie wechselwirken elektromagnetisch sehr intensiv mit Materie und dringen deshalb nicht tief in den Kristall ein. Elektronenbeugung ist daher besonders für Strukturuntersuchungen an Oberflächen und dünnen Schichten von Bedeutung.

3. Neutronenbeugung

nutzt die Welleneigenschaft des Neutrons für die Beugung an den periodischen Strukturen aus. Neutronenbeugung am Kristallgitter tritt auf, wenn die de-Broglie-Wellenlänge der Neutronen (Energie E_n) mit dem Abstand der Gitterebenen im Kristall vergleichbar ist. Die Wellenlänge des Neutrons beträgt:

$$\lambda_n = \frac{0.028}{\sqrt{E_n/\mathrm{eV}}} \ \mathrm{nm}.$$

Die kohärente Streuung der Neutronen erfolgt an den Atomkernen der Strukturbausteine. Die Intensität der Beugung ist abhängig vom Neutronenstreuquerschnitt des Atomkerns. Experimente zur Strukturanalyse können mit thermischen Neutronen ($E_n \approx 0.025$ eV) durchgeführt werden.
Neutronenbeugung gestattet, sowohl die Lage von Elementen niedriger Ordnungszahl zu bestimmen als auch im periodischen System benachbarte Elemente zu unterscheiden.

Magnetische Streuung von Neutronen, Streuung an den magnetischen Momenten der Atome aufgrund der Wechselwirkung mit dem magnetischen Moment des Neutrons.

4.   Bragg-Bedingung

Voraussetzung für konstruktive Interferenz bei Reflexion der einfallenden Strahlung an den Netzebenen des Kristalls. Ist die Bedingung nicht erfüllt, so interferiert die Strahlung destruktiv.

Bragg-Bedingung			**L**
	Symbol	Einheit	Benennung
	n	1	ganze Zahl
$n\lambda \;=\; 2d \cdot \sin\Theta$	λ	m	Wellenlänge
	d	m	Netzebenenabstand
	Θ	rad	Glanzwinkel

➤   Die Wellenlänge muss in einem von der Struktur des Kristalls vorgegebenen Bereich liegen, der es erlaubt, messbare Bragg-Reflexe zu erzeugen.

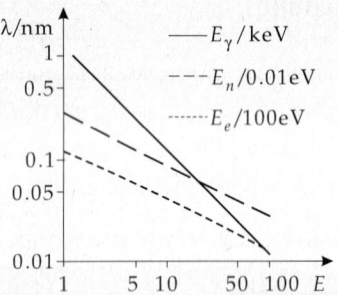

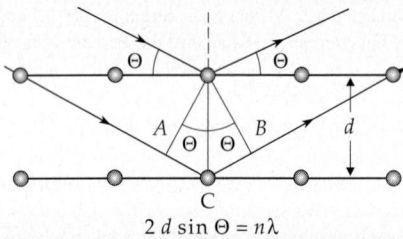

$2d \sin \Theta = n\lambda$

Abbildung 29.19: Wellenlängen von Photonen der Röntgenstrahlung, von Neutronen und Elektronen in Abhängigkeit von ihrer Energie

Abbildung 29.20: Bragg-Bedingung. Θ: Glanzwinkel. Der Einfallswinkel zum Lot auf die Netzebenen ist $\pi/2 - \Theta$, A, B: Wellenfronten, ABC: Gangunterschied $2d \sin \Theta$

5.   Methoden der Röntgen- und Neutronenstreuung

a) Laue-Verfahren Bei diesem Verfahren wird ein **feststehender Einkristall** von Röntgen- oder Neutronenstrahlen mit einem **kontinuierlichen, „weißen" Spektrum** durchstrahlt. Die Bragg-Bedingung ist nur für bestimmte Wellenlängen erfüllt. Bei bestimmten Winkeln treten konstruktive Interferenzen auf, die zu punktförmigen Reflexen führen. Das Muster der Reflexe ist durch die Struktur des Kristalls bedingt. Dieses Verfahren ist besonders geeignet für die schnelle Bestimmung von Kristallorientierungen und Kristallsymmetrien. Zur Strukturbestimmung wird dieses Verfahren kaum angewandt.

b) Drehkristall-Verfahren Ein **Einkristall** wird in einem **monoenergetischen** Röntgen- oder Neutronenstrahl um eine feste Achse **gedreht**. Bei bestimmten Drehwinkeln wird die Bragg-Bedingung erfüllt, und es treten punktförmig konstruktive Interferenzen auf.

c) Debye-Scherrer-Verfahren Dieses Verfahren wird zur Untersuchung von Pulvern eingesetzt. Mit einem **monoenergetischen Strahl** wird die **Pulverprobe durchstrahlt**. Die Kristallite sind statistisch in der Pulverprobe orientiert. Gebeugte Strahlen gehen von den Kristalliten aus, die zufällig so orientiert sind, dass der Primärstrahl auf einige Netzebenen unter einem Winkel einfällt, für den die Bragg-Bedingung erfüllt ist.

Das Debye-Scherrer-Verfahren wird eingesetzt, um die Veränderung der Gitterkonstanten mit der Temperatur oder die Variation der Zusammensetzung einer Legierung zu messen. Ein praktischer Vorteil des Verfahrens liegt darin, dass keine Einkristalle benötigt werden.

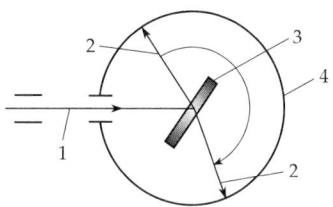

Abbildung 29.21: Drehkristall-Verfahren.
1 - Primärstrahl, 2 - Streustrahlung, 3 - rotierender Einkristall, 4 - Film

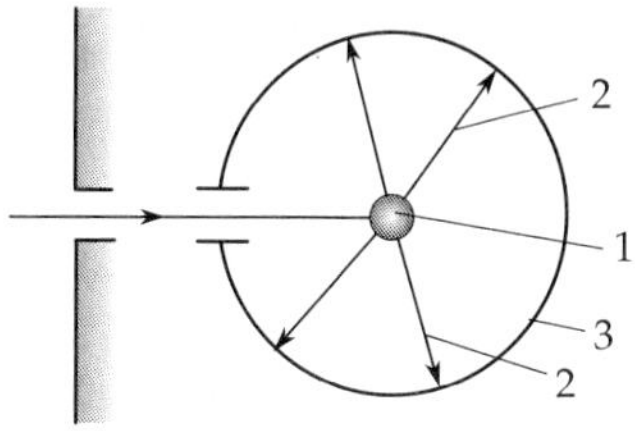

Abbildung 29.22: Debye-Scherrer-Verfahren.
1 - Polykristall, 2 - Streustrahlung, 3 - Film

29.1.5 Bindungsverhältnisse in Kristallen

1. Übersicht über die Bindungstypen von Kristallen

Bindungstyp	Ionen (heteropolar)	kovalent (homöopolar)	metallisch	Van-der-Waals
Eigenschaften	Isolator bei niedrigen Temperaturen, Ionenleitung bei hohen Temperaturen, plastisch verformbar	Isolator, Halbleiter, spröde, hoher Schmelzpunkt	elektrischer Leiter, guter Wärmeleiter, plastisch, Reflektivität hoch im IR und sichtbaren Bereich	Isolator, niedriger Schmelzpunkt, leicht komprimierbar, durchlässig im fernen UV
Wechsel-wirkung				
Beispiele	Alkalihalogenide	organische Moleküle; C; Si; InSb	Metalle, Legierungen	Edelgaskristalle, H_2, O_2, Polymere, Molekülkristalle
Bindungs-energie (eV/Atom)	$6 - 20$	$1 - 7$	$1 - 5$	$10^{-2} - 10^{-1}$

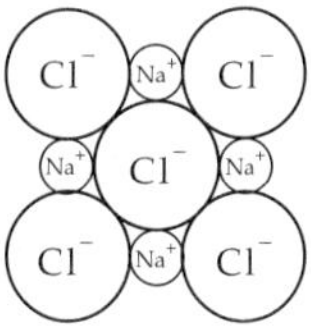

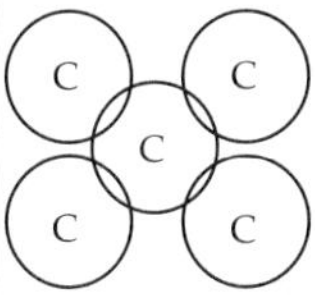

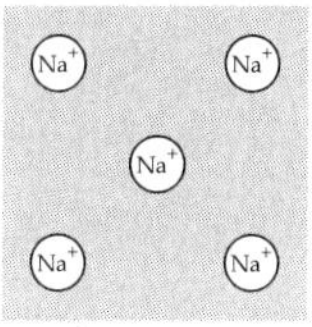

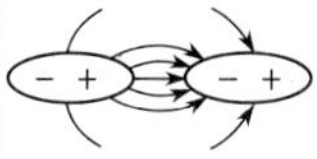

Gitterenergie, Differenzenergie der freien Atome und des Kristalls.

▲ Ein Kristall ist nur dann stabil, wenn seine Gesamtenergie kleiner ist als die Gesamtenergie der freien Atome oder Moleküle, aus denen er aufgebaut ist.

2. Ionenbindung,

hervorgerufen durch die anziehende Coulomb-Kraft zwischen unterschiedlich geladenen Ionen.

■   Kochsalz, Na^+Cl^-, ist ein typischer Ionenkristall.

Bindungsenergie in einer ionischen Bindung			ML^2T^{-2}
$$E_B = \frac{Q^2}{4\pi\varepsilon_0} \cdot \frac{\alpha}{r}$$	Symbol	Einheit	Benennung
	E_B	J	Bindungsenergie
	Q	$A \cdot s$	Ladung
	ε_0	As/(Vm)	elektrische Feldkonstante
	r	m	Abstand
	α	1	Madelung-Konstante

Ionenbindungskräfte haben eine große Reichweite. Oft müssen nicht nur die nächsten, sondern auch weiter entfernte Nachbarn berücksichtigt werden.

Madelung-Konstante α, bestimmt die Stärke der ionischen Bindung unter Berücksichtigung der weiter entfernten Ionenladungen.

Madelung-Konstante			1
$$\alpha = \sum_j \frac{\pm R}{r_j}$$	Symbol	Einheit	Benennung
	R	m	Abstand der nächsten Nachbarn
	r_j	m	Abstand des j-ten Ions vom Referenzion

Für den Fall eines negativen Referenzions steht bei positiven Ionen das Vorzeichen $+$ und bei negativen Ionen das Vorzeichen $-$.

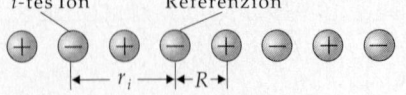

Abbildung 29.23: Zur Berechnung der Madelung-Konstanten

Tabelle typischer Werte der Madelung-Konstanten α:

Struktur	NaCl	CsCl	ZnS (kubisch)
α	1.747558	1.747558	1.6381

Abstoßende Wechselwirkung, tritt wegen der Coulomb-Kraft und des Pauli-Prinzips (s. S. 765) auf, wenn sich zwei Atome sehr nahe kommen und deren Elektronenschalen überlappen.

- Bei niedrigen Temperaturen sind Ionenkristalle Isolatoren.
- Bei hohen Temperaturen kommt es zur Ionenleitung. Ionenkristalle sind plastisch verformbar.

3. Metallische Bindung,

hat ihre Ursache in der elektrostatischen Wechselwirkung der von den Atomen abgegebenen Valenzelektronen mit allen positiven Atomrümpfen des Kristalls. Die Bindungspartner sind nicht starr gekoppelt, die freien Valenzelektronen haben eine hohe Beweglichkeit und sind nicht lokalisiert.

■   Natrium, Aluminium, Eisen

Übergangsmetalle, Metalle mit einer unvollständigen d-Schale (3d-, 4d-, 5d-Metalle), also alle Metalle außerhalb der acht Hauptgruppen im Periodensystem (s. S. 796) der Elemente. Sie sind durch eine hohe

Bindungsenergie ausgezeichnet. Zusätzliche Bindungskräfte werden durch die Wechselwirkung zwischen den inneren d-Schalen erzeugt.

■   Kupfer, Silber, Gold

Die metallische Bindung ist schwächer als die Ionenbindung. Deshalb ist die Gitterenergie eines Alkalimetallkristalls bedeutend kleiner als die eines ionischen Alkalihalogenidkristalles.
Beispiel: NaCl: 8.1 eV/Atom, Na: 1.1 eV/Atom.

$\boxed{\text{M}}$ Kristalle mit metallischer Bindung sind elektrische Leiter und gute Wärmeleiter. Sie sind plastisch verformbar. Im infraroten und sichtbaren Bereich reflektieren sie stark.

4.   Kovalente Bindung,
homöopolare Bindung, Elektronenpaarbindung durch Austauschwechselwirkung. Dieser Bindungstyp dominiert bei Elementen der dritten bis fünften Hauptgruppe des Periodensystems. Die nicht aufgefüllten Valenzelektronenschalen können sich mit Hilfe der Valenzelektronen der nächsten Nachbarn eine abgeschlossene edelgasähnliche Elektronenkonfiguration schaffen.

■   Viele Kohlenstoffverbindungen sind kovalent gebunden, insbesondere Diamant und organische Moleküle.

Elektronenaustausch, gemeinsame Zugehörigkeit eines Elektronenpaares zu zwei benachbarten Atomen.
Austauschwechselwirkung der kovalenten Bindung, durch den Elektronenaustausch zwischen Atomen vermittelte Kraft. Die Spins der Elektronen sind antiparallel gerichtet (Singulettzustand), so dass wegen des Pauli-Prinzips eine symmetrische Ortswellenfunktion bei beiden Elektronen vorliegt. Bei der im Ortsraum symmetrischen Elektronenwellenfunktion bei antiparallelen Spins ist die Aufenthaltswahrscheinlichkeit in der Mitte zwischen den Bindungspartnern höher als bei der im Ortsraum antisymmetrischen Wellenfunktion für parallele Spins (Triplettzustand). Gegenüber getrennten Atomen liefert die Singulett-Konfiguration einen Energiebeitrag, der zur Bindung der beiden Atome führt.

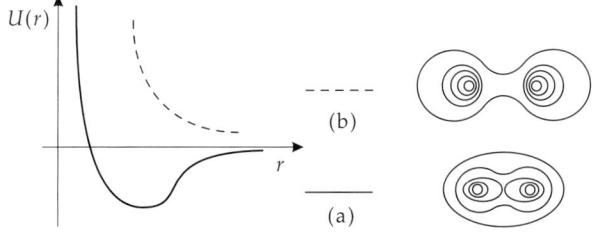

Abbildung 29.24: Bindungspotentiale in Abhängigkeit vom Atomabstand r für Elektronenpaare mit (a) antiparallelem Spin (Bindung) und (b) parallelem Spin (Streuzustand). Rechts sind die Konturlinien der Elektronendichte schematisch gezeigt: trotz der Austauschkraft verbleiben die Elektronen in der Nähe der Atome

▲   Kovalente Bindungen sind Bindungen zwischen neutralen Atomen. Eine Konfiguration, in der die Spins der beiden am Austausch beteiligten Elektronen parallel orientiert sind, führt nicht zu einer Bindung der Atome.
▲   Wichtige Beispiele sind kovalent gebundene Halbleiter.
▲   Außer Ionenbindungen und kovalenter Bindung existieren auch Kristalle mit einer Mischbindung.

5.   Van-der-Waals-Bindung,
schwach anziehende Dipol-Dipol-Wechselwirkung. Diese tritt auf, wenn in den Kristallatomen oder -molekülen gegenseitig momentane Dipolmomente induziert werden. Die Wechselwirkung über diese induzierten Dipolmomente (Dipol-Dipol-Wechselwirkung) führt zu einer schwachen elektrischen Anziehungskraft.

Van-der-Waals-Bindungsenergie			ML^2T^{-2}
$U(r) \approx -\dfrac{C}{r^6}$	Symbol	Einheit	Benennung
	$U(r)$	J	Bindungspotential
	C	Jm^6	Wechselwirkungskonstante
	r	m	Abstand

▲ C liegt in der Größenordnung von 10^{-77} Jm^6.

▲   Das Van-der-Waals-Potential ist die wichtigste anziehende Wechselwirkung in Edelgaskristallen und zwischen organischen Molekülen.

➤   Zur richtigen Beschreibung der experimentellen Daten wird zusätzlich noch ein schwaches, abstoßendes Potential vom Hard-Core-Typ $\sim r^{-12}$ benötigt.

Zusammen mit dem Van-der-Waals-Potential ergibt sich das **Lennard-Jones-Potential**

Lennard-Jones-Potential			ML^2T^{-2}
$U(r) = 4\varepsilon\left[\left(\dfrac{\sigma}{r}\right)^{12} - \left(\dfrac{\sigma}{r}\right)^6\right]$	Symbol	Einheit	Benennung
	$U(r)$	J	Bindungspotential
	r	m	Abstand
$C = 4\varepsilon\sigma^6$	ε	J	Parameter
	σ	m	Parameter

mit neuen Parametern ε und σ, wobei $C = 4\varepsilon\sigma^6$.

Tabelle von ε, σ und C für die Edelgase:

Edelgas	He	Ne	Ar	Kr	Xe
$\varepsilon/10^{-23}$ J	14	50	167	225	320
$\sigma/10^{-10}$ m	2.56	2.74	3.40	3.65	3.98
$C = 4\varepsilon\sigma^6/10^{-77}Jm^6$	0.016	0.085	1.032	2.128	5.088

29.2   Gitterfehler

Gitterfehler, Abweichung von der Idealstruktur einer strengen räumlichen Periodizität durch Gitterbaufehler (Fehlstellen, Versetzungen, Stapelfehler u.ä.).

▲   Art und Häufigkeit von Gitterfehlern verändern in charakteristischer Weise die mechanischen, elektrischen, magnetischen und optischen Eigenschaften der Festkörper.

29.2.1   Punktfehler

1.   Leerstellen,

Vakanzen, fehlende Atome auf den regulären Gitterplätzen.

Divakanzen, benachbarte Leerstellen.

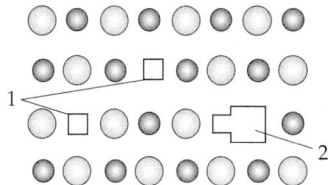

Abbildung 29.25: Gitterebene eines zweiatomigen Gitters mit Leerstellen (1 - Vakanzen, 2 - Divakanzen)

Leerstellen-Bildungsenergie, E_V, Energie, die aufgewendet werden muss, um ein Atom aus dem Gitterverband herauszulösen und an die Kristalloberfläche zu bringen.

Leerstellendichte im Gleichgewicht $\mathbf{L^{-3}}$

$$n = N \cdot e^{-\frac{E_V}{k_B T}}$$

Symbol	Einheit	Benennung
n	m^{-3}	Leerstellendichte
N	m^{-3}	Teilchendichte
E_V	J	Leerstellenbildungsenergie
k_B	$J \cdot K^{-1}$	Boltzmann-Konstante
T	K	Temperatur

■ Bei Raumtemperatur ist $\frac{n}{N} \approx 10^{-17}$.

Bei 1000 K steigt die Leerstellenkonzentration auf $\frac{n}{N} \approx 10^{-5}$.

▲ In Ionenkristallen ist es energetisch günstiger, wenn gleichviel Kationen- wie Anionenlücken entstehen.

M **Messung von Leerstellenkonzentrationen**: Die Leerstellenkonzentration kann aus der Differenz zwischen der relativen Längenausdehnung $\Delta L/L$ bei Erwärmung und der relativen Gitteränderung $\Delta a/a$, bestimmt mit Hilfe der Röntgenbeugung, berechnet werden. Eine Leerstelle beeinflusst die Beugung wenig; doch die Länge der Probe wächst, wenn Atome aus dem Kristallinnern an die Oberfläche wandern.

Leerstellenkonzentrationen werden seit 2 Jahrzehnten mit Hilfe der Positronenannihilationsspektroskopie (PAS) bestimmt. Im Festkörper durch Stöße mit den Gitteratomen thermalisierte Positronen einer Positronenquelle (z.B. ^{22}Na) werden in den Leerstellen eingefangen. Leerstellen bilden relativ zu ihrer Umgebung eine negativ geladene Senke. Die in solchen Leerstellen eingefangenen Positronen zeigen eine andere Charakteristik der Annihilationsphotonen als frei bewegliche Positronen.

2. Frenkel-Paare, Fremdstörstellen und Farbzentren

Zwischengitteratome, zusätzliche Atome, die im Gitter zwischen regulären Gitterplätzen eingebaut sind.

Frenkel-Paar, besteht aus einer Leerstelle und einem Atom auf einem Zwischengitterplatz, der sich in der Nähe der Leerstelle befindet, in die das Atom passt. Zwischen dem Zwischengitteratom und der Leerstelle besteht eine anziehende Wechselwirkung.

▲ In Silberhalogeniden sind Frenkel-Paare die häufigsten Punktfehler.

Fremdstörstellen, Fremdatome, die

• an regulären Gitterplätzen (**substitiell**) oder

• zwischen den Gitterplätzen (**interstitiell**)

eingebaut sind.

▲ Fremdstörstellen spielen in Halbleitern als Donatoren bzw. Akzeptoren eine dominierende Rolle.

Farbzentren, Störstellen, die sichtbares Licht absorbieren.

▲   Farbzentren treten in Ionenkristallen auf. Sie bedingen die Färbung dieser im optischen Bereich in der Regel durchsichtigen Kristalle.

F-Zentrum, einfachstes Farbzentrum. Es besteht aus einer Anionenlücke und aus einem an dieser Leerstelle gebundenen überschüssigen Elektron.

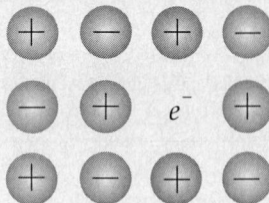

Abbildung 29.26: F-Zentrum

29.2.2   Eindimensionale Defekte

Versetzung, lineare Anordnung von Punktdefekten.

▲   Versetzungen erzeugen in ihrer Umgebung ein Spannungsfeld.

Stufenversetzung, eine Gitterebene endet wie ein Keil im Kristall.
Schon geringe äußere Spannungen können Versetzungen bewegen, wenn die Bindungskräfte keine Vorzugsrichtung besitzen.

Gleitebene, die Kristallebene, auf der zwei Teile des Kristalls aufeinander abgleiten.

▲   Bei Stufenversetzungen steht die Gleitrichtung senkrecht zur Versetzungslinie (Symbol ⊥).

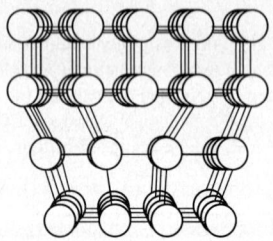

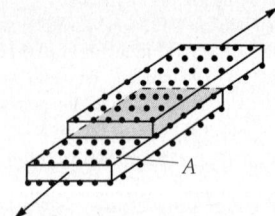

Abbildung 29.27: Stufenversetzung   Abbildung 29.28: Gleitebene

■   Kräfte von $1\,\text{N}/\text{cm}^2$ reichen mitunter aus, um eine Versetzung zu bewegen.

Schraubenversetzung, wie folgt vorstellbar: Ein Kristall wird bis ca. zur Mitte eingeschnitten. Danach wird eine Scherung parallel zur Schnittkante um einen Atomabstand durchgeführt.

▲   Das Kristallgitter ist parallel zur Versetzungslinie um eine Netzebene versetzt.

Burgers-Vektor, $\vec{b}$, kennzeichnet zusammen mit der Richtung der **Versetzungslinie** $\vec{s}$ die geometrischen Eigenschaften einer Versetzung. Der Burgers-Vektor $\vec{b}$ ist stets ein Gittervektor.

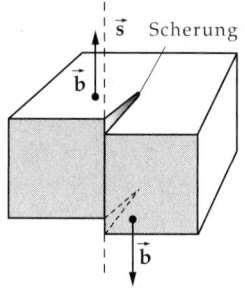

Abbildung 29.29: Schematisches Bild zur Entstehung einer Schraubenversetzung. $\vec{s}$: Versetzungslinie, $\vec{b}$: Burgers-Vektor

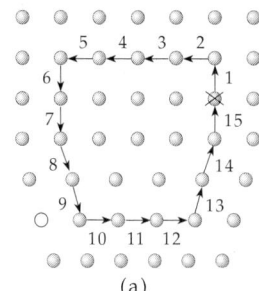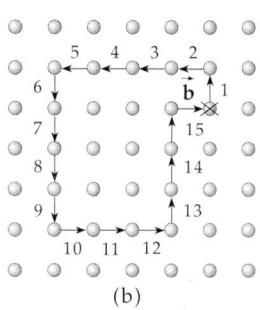

(a)   (b)

Abbildung 29.30: Burgers Vektor $\vec{b}$ einer Stufenversetzung. (a): Umlauf im gestörten Kristallbereich, (b): Umlauf im ungestörten Kristallbereich. Die Schrittfolgen sind durchnumeriert

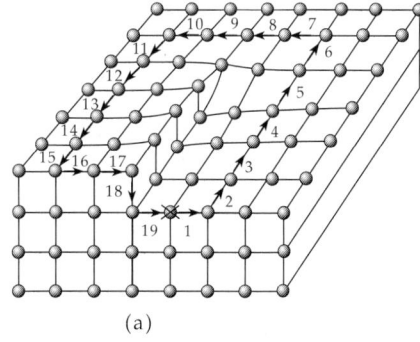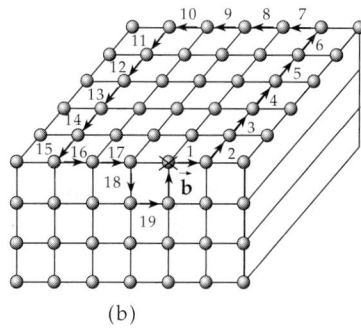

(a)   (b)

Abbildung 29.31: Burgers-Vektor $\vec{b}$ einer Schraubenversetzung. (a): Umlauf im gestörten Kristallbereich, (b): Umlauf im ungestörten Kristallbereich, fortlaufende Numerierung der Schrittfolge

- Um eine Versetzungslinie wird ein von Atom zu Atom fortschreitender geschlossener Umlauf vollständig im ungestörten Bereich des Kristalls durchgeführt.
- Dieser Umlauf, beginnend beim selben Atom, wird in den dazugehörigen idealen Kristall ohne Versetzung übertragen. Dieser Umlauf ist nicht mehr geschlossen.
- Der für den geschlossenen Umlauf fehlende Vektor ist der Burgers-Vektor $\vec{b}$.

▲   Bei **Stufenversetzungen** steht der Burgers-Vektor **senkrecht** auf der Versetzungslinie.

▲   Bei **Schraubenversetzungen** sind Burgers-Vektor und Versetzungslinie **parallel** zueinander orientiert.

Versetzungsdichte, Zahl der Versetzungslinien pro Flächeneinheit.

■   In stark verformten Metallkristallen hat man Versetzungsdichten von $10^{11} - 10^{12}\,\mathrm{cm}^{-2}$.

Plastizität, Maß für irreversible Formveränderbarkeit fester Körper unter dem Einfluß äußerer deformierender Kräfte.

▲   Je mehr Versetzungen in einem Kristall existieren, um so größer ist seine Plastizität.

$\boxed{\text{M}}$ Versetzungen lassen sich mittels geeigneter Laugen oder Säuren anätzen. Die Ätzgeschwindigkeit in dem durch die Versetzung gestörten Gebiet ist größer als im ungestörten Kristall. Die entstandenen Ätzgruben können lichtmikroskopisch oder elektronenmikroskopisch abgezählt werden.

29.2.3   Zweidimensionale Gitterfehler

Korngrenzen, Grenzen zwischen einkristallinen Bereichen (Körnern).

Kleinwinkel-Korngrenzen, Grenzen von Kristalliten, deren Korngrenzen durch Verdrehung der Kristallite, die die Korngrenze bilden, um nur wenige Winkelgrad zueinander entstehen. **Abb. 29.32** zeigt schematisch eine Kleinwinkel-Korngrenze, die durch aufeinanderfolgende Stufenversetzungen gebildet wird.

Stapelfehler, zwei Netzebenen sind in ihrer Ebene gegeneinander um einen Vektor verschoben, der **kein** Gittervektor ist.

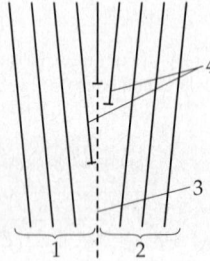

Abbildung 29.32: Schematische Darstellung einer Kleinwinkel-Korngrenze.
1 - Kristall 1, 2 - Kristall 2, 3 - Korngrenze, 4 - Stufenversetzungen

29.2.4   Amorphe Festkörper

Amorphe Festkörper, Festkörper, die keine Fernordnung besitzen. Eine gewisse Nahordnung in der Nachbarschaft des einzelnen Atoms kann vorhanden sein.

▲   Amorphe Festkörper werden immer durch Einfrieren von Unordnung erzeugt.

▲   Der amorphe Zustand ist ein metastabiler Zustand, d.h., nach einer längeren Lagerung (mitunter Jahre) rekristallisiert der Stoff wieder.

$\boxed{\text{M}}$ Nach einer Wärmebehandlung wandelt sich der amorphe Festkörper in den kristallinen Zustand um.

Metallische Gläser, amorphe Legierungen mit metallischen Eigenschaften:

•   elastisch bei hoher mechanischer Spannung,
•   magnetisch,
•   gut wärmeleitend,
•   elektrisch leitend

und Eigenschaften von Gläsern:

- mechanisch hart,
- korrosionsbeständig.

Zur Herstellung amorpher Metalle sind Abkühlgeschwindigkeiten von 10^6 K/s und mehr erforderlich. Einfache Metalle lassen sich nicht als stabile amorphe Stoffe herstellen. Einer Legierung muss neben dem Metall noch ein sogenannter Glasbildner (Bor oder Phosphor) zugesetzt werden. Metallische Gläser treten nur bei Banddicken bis 50 μm auf. Bei dickeren Bändern ist die Abkühlgeschwindigkeit zu langsam.

[M] **Smelt-Spinning** ist die häufigste Methode zur Herstellung metallischer Gläser (**Abb. 29.33**).

Metallische Gläser finden Anwendung als

- Transformatorbleche wegen der geringen Wirbelstromverluste,
- hartes Tonkopfmaterial wegen ihrer schnellen Ummagnetisierbarkeit,
- magnetische Speicher.

Nanokristalline Materialien, Festkörper, die bis zu etwa 50% aus Gitterfehlern bestehen (**Abb. 29.34**). Nanokristalline Materialien entstehen durch lokale Energiezufuhr und verbunden damit durch den Einbau einer hohen Dichte von Gitterfehlern.

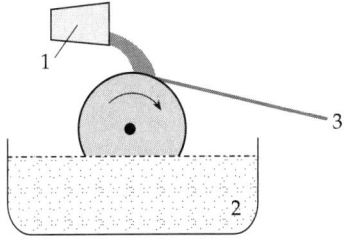

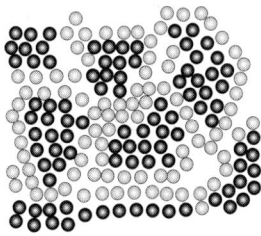

Abbildung 29.33: Schema des Smelt-Spinning-Verfahrens. 1 - Schmelztiegel, 2 - Kühlflüssigkeit, 3 - amorphes Band

Abbildung 29.34: Schema eines nanokristallinen Materials

29.3 Mechanische Eigenschaften von Werkstoffen

Mechanische Spannung, σ, auf die Querschnittsfläche bezogene Kraft, die ein Festkörper seiner Deformation entgegensetzt.

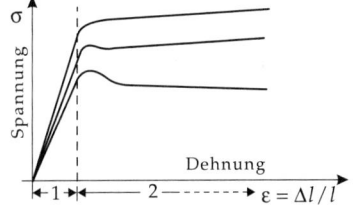

Abbildung 29.35: Spannungs-Dehnungs-Diagramm. 1 - Hookescher Bereich, 2 - plastischer Bereich

Hookesches Gesetz, linearer Zusammenhang zwischen Spannung und Dehnung (s. S. 48).
Elastischer Bereich, Bereich, in dem das Hookesche Gesetz gilt.

Hookesches Gesetz: Spannung $\sim$ Dehnung			$ML^{-1}T^{-2}$

	Symbol	Einheit	Benennung
	σ	$N \cdot m^{-2}$	Spannung
$\sigma = E \cdot \varepsilon$	E	$N \cdot m^{-2}$	Elastizitätsmodul
$\varepsilon = \Delta l / l$	ε	1	Dehnung
	l	m	Länge
	Δl	m	Längenänderung

Newtonsches Gesetz: das viskose oder plastische Verhalten eines Werkstoffes ist proportional zur Dehnungsgeschwindigkeit.

Newtonsches Gesetz: Spannung $\sim$ Dehnungsgeschwindigkeit			$ML^{-1}T^{-2}$

	Symbol	Einheit	Benennung
	σ	$N \cdot m^{-2}$	Spannung
$\sigma = \eta_0 \cdot \dfrac{d\varepsilon}{dt} \quad \varepsilon = \dfrac{\Delta l}{l}$	η_0	$N \cdot m^{-2} \cdot s$	dynamische Zähigkeit
	$d\varepsilon/dt$	s^{-1}	Dehnungsgeschwindigkeit
	l	m	Länge
	Δl	m	Längenänderung

Kriechen, Eigenschaft, die bei Polymeren ausgeprägt ist, aber auch bei anderen Werkstoffen vorkommt. Sie bedeutet das Nachgeben eines Stoffes unter einer angelegten mechanischen Spannung.

29.3.1   Makromolekulare Festkörper

Makromolekulare Festkörper, aus sehr langen Molekülen aufgebaute Festkörper.

▲   Makromolekulare Festkörper werden durch kovalente und Van-der-Waals-Bindungskräfte zusammengehalten.

▲   Makromolekulare Festkörper können sowohl amorph als auch kristallin sein.

29.3.1.1   Polymere

Monomere, Moleküle, die die reaktiven Grundbausteine der Polymere bilden.

Polymere, Makromoleküle, die sich aus Monomeren über chemische Reaktionen (Überführung des Monomers in einen reaktiven Zustand durch Aufbrechen von Bindungen, Kettenwachstum durch Anlagerung reaktiver Monomere, Kettenabbruch durch Anlagerung eines Moleküls) bilden. Der Prozess, in dem sich Monomere untereinander zu langen Ketten verbinden, wird als **Polymerisation** bezeichnet.

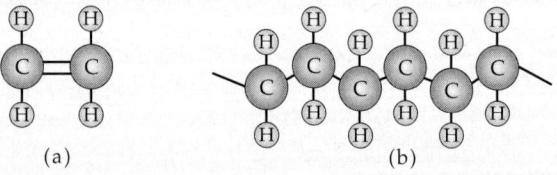

(a)   (b)

Abbildung 29.36: Schema der Polymerisation von Polyethylen. (a): Monomer (Ethen), (b): Polymer (Polyethylen)

1. Charakteristika von Polymeren

Molekülmassenverteilung, Schwankung der Molekülmasse auf Grund unterschiedlicher Kettenlängen.

▲ Die Molekülmassenverteilung bestimmt das Werkstoffverhalten.

▲ Je breiter die Molekülmassenverteilung, je größer also der Schwankungsbereich der Molekülmassen ist, um so weiter ist der Temperaturbereich, in dem die Polymere erweichen.

Mittlere relative Molekülmasse, Polymerisationsgrad, M_r, Maß für die Länge eines Makromoleküls.

Mittlere relative Molekülmasse M_r			1
$M_r = \dfrac{m_M}{u}$	Symbol	Einheit	Benennung
	M_r	1	mittlere relative Molekülmasse
	m_M	kg	Molekülmasse
	u	kg	Masse des Monomers

➤ Mittlere relative Molekülmassen haben einen Schwankungsbereich von einigen 10^3 bis zu einigen 10^6.

▲ Die mittlere relative Molekülmasse ist ein Maß für die Viskosität des Werkstoffes. Die Viskosität wächst mit der Molekülmasse.

▲ Polymere existieren nicht in der Gasphase.

Die Ordnung von Polymeren kann

• **statistisch** (Knäuelstruktur) oder
• **parakristallin** (in gewisser Ordnung zueinander ausgerichtete Kettenmoleküle)

sein.

▲ Die Zugfestigkeit von Polymerwerkstoffen ist stark temperaturabhängig.

▲ Feste Polymere sind visko-elastische Substanzen.

➤ Die theoretische Beschreibung der Ordnung von Polymeren kann mit feldtheoretischen Methoden erfolgen, die ursprünglich für magnetische Systeme entwickelt wurden (Pierre-Gilles de Gennes, Nobelpreis 1991).

2. Elastizität und Plastizität von Polymeren

Elastizität, in der Vergangenheit aufgetretene Deformationen wirken in der Gegenwart nicht nach; die Verformungen sind vollständig reversibel.

Plastizität, die Verformungen sind irreversibel und bleiben in der Zukunft erhalten.

■ Gummi ist weitgehend **elastisch**, Knetmasse ist **plastisch**.

Visko-Elastizität, nach Anlegen einer konstanten Spannung tritt zunächst eine kleine elastische Dehnung auf, der eine plastische Verformung folgt. Nach Fortfall der Spannung geht die elastische Dehnung wieder zurück, die plastische Verformung bleibt dagegen erhalten (**Abb. 29.37**).

▲ Das visko-elastische Verhalten wird durch Scherung der Makromoleküle (Kettenmoleküle) aneinander verursacht.

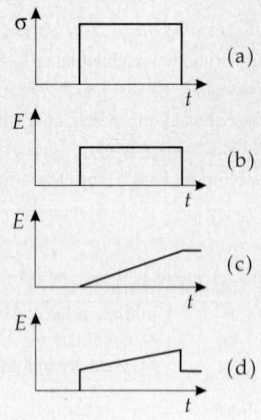

Abbildung 29.37: Visko-elastisches Verhalten.
(a): Spannungsverlauf, (b): elastisches
Verhalten, (c): plastisches Verhalten,
(d): visko-elastisches Verhalten

Belastungsgeschwindigkeit, $d\sigma/dt$, Geschwindigkeit, mit der sich die Spannung an dem Werkstück ändert.
Verformungsgeschwindigkeit, $d\varepsilon/dt$, Geschwindigkeit, mit der der Körper auf eine Belastung durch eine Dehnung reagiert.
Maxwell-Modell des visko-elastischen Verhaltens:

Maxwell-Modell			$\mathbf{T^{-1}}$
$\dfrac{d\varepsilon}{dt} = \dfrac{1}{G}\dfrac{d\sigma}{dt} + \dfrac{\sigma}{\eta}$	Symbol	Einheit	Benennung
	$d\varepsilon/dt$	s^{-1}	Verformungsgeschwindigkeit
	G	$N \cdot m^{-2}$	Schubmodul
	σ	$N \cdot m^{-2}$	Spannung
	η	$N \cdot m^{-2} \cdot s$	dynamische Viskosität

▲   Bei sehr geringer Schergeschwindigkeit verhält sich ein Polymer wie eine viskose Flüssigkeit.
▲   Bei extrem hohen Schergeschwindigkeiten (z.b. durch einen Schlag) verhält sich ein Polymer wie ein elastischer Festkörper.
■   Silly-Putty-Spielzeug

29.3.1.2   Thermoplaste

Thermoplaste, leicht schmelzbare und gut aufquellende Polymerwerkstoffe mit guter Lösbarkeit. Recycling ist bei geringem Energieeinsatz möglich.

■   Polyethylen (PE), Polyvinylchlorid (PVC), Polystyrol (PS), Polyamid (Nylon, Perlon), Polyester (Trevira), Polyacrylnitril (Dralon), Polycarbonate (Macrolon).

29.3.1.3   Elastomere

Elastomere, nahezu vollständig elastische Polymere.

▲   Elastomere sind quellbar, nicht schmelzbar und schwer löslich.
▲   Das elastische Verhalten der Elastomere entsteht durch **weitmaschige** Vernetzung der Makromoleküle.

Vulkanisieren, Vorgang der Vernetzung der Makromoleküle nach der Formgebung. Der Vernetzungsgrad der Moleküle ist maßgebend für die Elastizität des Materials.

■   Elastomere: Kunstkautschuk, Neopren, Polyurethan, Siliconkautschuk.

Relaxierend, Verhalten eines Polymers, dessen Dehnung nach Abschalten der Scherspannung exponentiell auf Null geht.

Voigt-Kelvin-Modell der Relaxation	1

$\varepsilon(t) = \dfrac{\sigma_0}{E}(1 - e^{-\frac{t}{\tau}})$ nach Einschalten

$\varepsilon(t) = \dfrac{\sigma_0}{E}e^{-\frac{t}{\tau}}$ nach Ausschalten

Symbol	Einheit	Benennung
ε	1	Dehnung
E	$N \cdot m^{-2}$	Elastizitätsmodul
σ_0	$N \cdot m^{-2}$	Spannung
τ	s	Relaxationszeit
t	s	Zeit

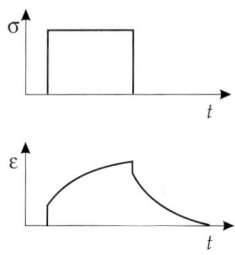

Abbildung 29.38: Relaxierendes Polymer (schematisch)

29.3.1.4 Duromere

Duromere (Duroplaste), sehr **engmaschig** vernetzte, sehr harte, **unelastische** Polymere.

▲ Duromere sind weder schmelzbar noch quellfähig oder löslich.
■ Duromere: Bakelite, Formaldehydharze und Epoxidharze.

29.3.2 Verbundwerkstoffe

Verbundwerkstoffe, aus verschiedenen Werkstoffen zu einem Werkstoff - dem Verbundwerkstoff - vereinigte Stoffe.

■ Stahlbeton, glasfaserverstärktes Polyester und Hartgewebe.

Schichtverbundstoffe, durch schichtweises Übereinanderlegen von einzelnen Werkstoffkomponenten erzeugte Verbundwerkstoffe.

■ **Bimetall**, Verbundwerkstoff, der aus zwei Werkstoffen (Metallen) unterschiedlicher Wärmeausdehnung besteht und als Temperaturschalter eingesetzt wird.

Teilchenverbundwerkstoffe, aus einer Matrix, in die kleine Teilchen eingelagert sind, bestehende Stoffe.

Dispersionshärtung, Einbringen von harten Teilchen, etwa Carbiden, Oxiden, Siliciden, in eine weiche Matrix. Dies führt zu einer Erhöhung der Festigkeit aufgrund der Behinderung von Versetzungsbewegungen.

■ Dispersionsgehärtete Legierungen finden bei Turbinenschaufeln Verwendung.
▲ Metallteilchen in einer Matrix aus Elastomeren können zur elektrischen Stromleitung führen: **leitende Elastomere**.

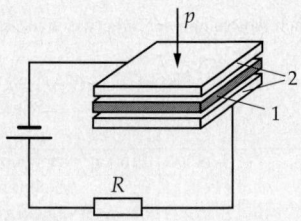

Abbildung 29.39: Prinzipskizze eines
Druckfühlers. 1 - leitendes Elastomer,
2 - leitende Platten

Faserverbundstoffe, Werkstoffe, bei denen sehr lange (Endlosfasern) oder kurze (Kurzfasern) metallische oder nichtmetallische Fasern in eine (metallische oder nichtmetallische) Matrix eingebettet werden.

▲   Die hochfesten Fasern übernehmen einen Teil der Kräfte.

Whisker, einkristalline Fasern, mit extrem hohen Zugfestigkeitswerten.

■   Faserverbundwerkstoffe werden im Leichtbau bei Fahrzeugen und Flugzeugen eingesetzt.

29.3.3   Legierungen

1.   Haupteigenschaften von Legierungen

Legierungen, Mischungen mehrerer Metalle zu einem zusammenhängenden Körper. Grenzfälle:

•   **Heterogenes Gemenge**, die Komponenten sind nicht mischbar. Die Legierung besteht dann stets aus verschiedenen Kristallarten.

■   Kupfer-Blei.

•   **Mischkristalle**, die Komponenten sind in allen Mischungsverhältnissen mischbar. Es entsteht eine homogene Legierung. Sie enthält nur eine Kristallart.

■   Kupfer-Nickel.

Intermetallische Verbindungen, bei bestimmten Zusammensetzungen bilden die Komponenten Verbindungen, die durch ein Kristallgitter gekennzeichnet sind.

■ Fe_3Al.

2.   Temperaturabhängige Formänderung von Legierungen

Formgedächtnis-Legierung, **Memory-Legierung**, Legierung, die eine temperaturabhängige Formänderung zeigt.

▲   Formgedächtnis wird hervorgerufen durch **Martensitische Phasenumwandlung**, eine diffusionslose und umkehrbare Phasenumwandlung, gekennzeichnet durch gekoppelte Atomverschiebungen um Beträge, die gegenüber dem Atomabstand klein sind. Eine sichtbare Formänderung findet statt.

▲   Formgedächtnis-Legierungen besitzen sowohl in **Größe** als auch **Vorzeichen** unterschiedliche Ausdehnungskoeffizienten in verschiedenen Richtungen. Sie liegen um 3 bis 4 Größenordnungen höher als bei einem gewöhnlichen Metall.

▲   Das Volumen eines Werkstückes nimmt bei Erwärmung zu.

Eigenschaften von Memory-Legierungen:

•   **superelastisches Verhalten**,
•   **hohes Dämpfungsvermögen**.

Einweg-Effekt, Memory-Effekte, bei denen der Zustand vor der Verformung sich nach einer Erwärmung wieder einstellt und bei Abkühlung erhalten bleibt.

Ausgangsform   Verformung   Erwärmung   Abkühlung

Abbildung 29.40: Memory-Legierung. Einweg-Effekt

Zweiweg-Effekte, werden durch zusätzliche Versetzungsbewegungen bei der Verformung irreversibel erzeugt. Bei Erwärmung über die Phasenumwandlungstemperatur entsteht eine Hochtemperaturverformung und bei Abkühlung eine entsprechende Tieftemperaturverformung.

▲   Diese Umwandlung ist sehr oft wiederholbar.

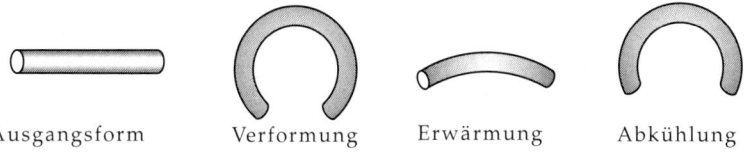

Ausgangsform   Verformung   Erwärmung   Abkühlung

Abbildung 29.41: Memory-Legierung. Zweiweg-Effekt

Allround-Effekte, treten bei bestimmten NiTi-Legierungen auf. Das Ausgangsmaterial wird verformt und danach bei 400 °C – 500 °C einer Wärmebehandlung ausgesetzt (**getempert**). Die Folge ist eine völlige Formumkehr bei Temperaturwechsel.

▲   Diese Umwandlung ist sehr oft wiederholbar.

Allround-Effekt

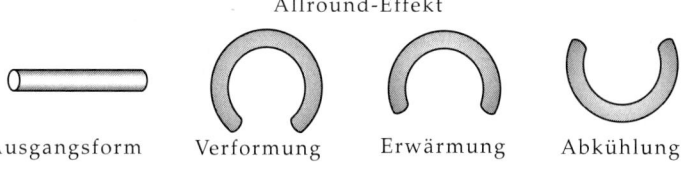

Ausgangsform   Verformung   Erwärmung   Abkühlung

Abbildung 29.42: Memory-Legierung. Allround-Effekt

3. Anwendungen von Memory-Effekten

*   Antennen in der Raumfahrt können aus einer kompakten Wicklung aus dünnem Draht bestehen. Sie weiten sich durch die Sonnenwärme zu einer Kreisform mit mehreren Kilometern Durchmesser.
*   **Kaltschweißen**, Verbindung von Rohren. Eine Buchse aus einer Memory-Legierung wird mit einem Innendurchmesser hergestellt, der um einige Prozent geringer ist als der äußere Durchmesser der zu verbindenden Teile. Bei der Temperatur des flüssigen Stickstoffs weitet sich die Buchse so weit auf, dass ihr Durchmesser größer wird als der Außendurchmesser der zu verbindenden Rohrteile. Bei Erwärmung auf Raumtemperatur schrumpft die Buchse, wobei sie sich in Achsenrichtung streckt. Es entsteht eine feste, hermetisch dichte Verbindung.

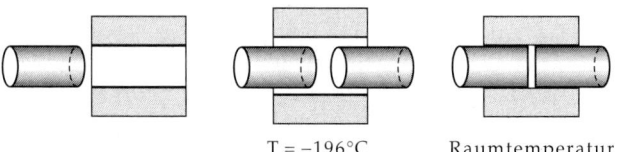

T = –196°C   Raumtemperatur

Abbildung 29.43: Kaltschweißen

• Bei der Operation von Knochenbrüchen: Eine Federklammer vorgegebener Abmessung und Form wird bei tiefen Temperaturen gedehnt. Ihre Enden werden in Bohrlöcher beiderseits der Bruchstelle befestigt. Die Legierung wird so gewählt, dass sich die Federklammer bei Körpertemperatur an ihre Ausgangsform erinnert und gleichzeitig in den **superelastischen Zustand** übergeht. Beim Zusammenwachsen der Knochenteile wird die restliche Verformung allmählich rückgängig gemacht und trotzdem ein konstante Druckspannung aufrecht erhalten.

4.   Superelastizität,

Eigenschaft bestimmter Legierungen, über den Hookeschen Bereich hinaus elastisch dehnbar zu sein. Bei Entlastung nach Erreichen der 10%-Dehnung verläuft die Entlastungslinie etwas tiefer, aber fast parallel zur Belastungslinie. Es bleibt keine bleibende Verformung zurück.

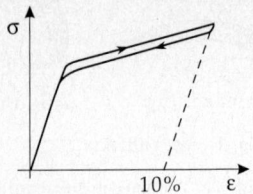

Abbildung 29.44: Spannungs-Dehnungs-Diagramm im superelastischen Fall

29.3.4   Flüssigkristalle

1.   Arten von Flüssigkristallen

Flüssigkristalle, zeigen in einem bestimmten Temperaturbereich oder in einem bestimmten Konzentrationsbereich eines Lösungsmittels gleichzeitig Eigenschaften einer Flüssigkeit und eines kristallinen Körpers. Flüssigkristalle werden aus langgestreckten Molekülen meist aromatischer Verbindungen gebildet.

Nematische Phasen, Flüssigkristalle, in denen im Mittel die Längsachsen der Moleküle innerhalb größerer oder kleinerer Gebiete parallel gerichtet sind. Die Moleküle können jedoch in Richtung dieser Achsen beliebig verschoben und um diese Achse gegeneinander verdreht sein.

Smektische Phasen, Flüssigkristalle, in denen die Moleküle auch mit parallelen Längsachsen, aber in Schichten vorliegen.

Im zeitlichen und räumlichen Mittel treten nur Parallelstellungen der Längsachsen in kleinen Bereichen auf.

▲   Äußere Felder können zum Idealfall – Parallelordnung aller Moleküle eines größeren Bereiches – führen.

Cholesterinische Phase, Sonderfall der nematischen Phase. Nematisch geordnete Bereiche sind schichtweise angeordnet, wobei die Richtungen der Längsachsen von Schicht zu Schicht verdreht sind.

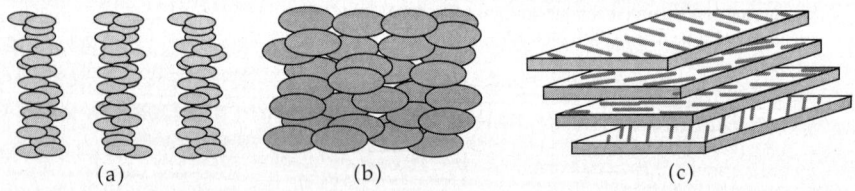

(a)   (b)   (c)

Abbildung 29.45: (a): smektische Phase, (b): nematische Phase (c): cholesterinische Phase

2. Eigenschaften von Flüssigkristallen

Orientierungselastizität, Eigenschaft der Orientierung der Längsachsen der Moleküle unter dem Einfluß einer äußeren Störung. Nach dem Aufheben der Störung stellt sich der frühere Zustand wieder ein.

Optische Doppelbrechung, optische Anisotropie, zeigen besonders Flüssigkristalle in der cholesterinischen Phase.

Selektive Totalreflexion, nur bestimmte Wellenlängen werden reflektiert. Die selektive Totalreflexion ist eine Eigenschaft cholesterinischer Flüssigkristalle, die aus **verdrillten nematischen Strukturen** aufgebaut sind. Sie ist abhängig von Druck- und Temperaturänderungen sowie elektrischen und magnetischen Feldern.

▲   Die reflektierte Wellenlänge hängt von der Ganghöhe der Helix und der mittleren Brechzahl des Flüssigkristalls ab.

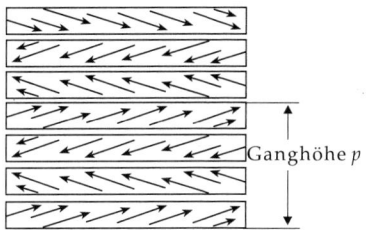

Abbildung 29.46: Verdrillte nematische Struktur

Ganghöhe p

3. Anwendungen von Flüssigkristallen

●   Flüssigkristalle werden zur flächenhaften Messung der Temperatur in der medizinischen Diagnostik verwendet. Es wird weißes Licht eingestrahlt. Das reflektierte Licht erscheint farbig entsprechend der Temperatur der Körperoberfläche.

●   Flüssigkristall-Anzeigeelement **LCD** (**L**iquid **C**rystal **D**isplay): Zwischen zwei Elektroden befindet sich eine 10 - 20 μm dicke Schicht einer nematischen Flüssigkeit, deren Moleküle sich infolge einer speziellen Präparation an den Elektroden mit um $\pi/2$ gegeneinander verdrehten Vorzugsrichtungen anlagern. Die Elektroden sind durchsichtig. Strahlt man Licht, das parallel zu einer Vorzugsrichtung linear polarisiert ist, auf diese verdrillte nematische Phase ein, dann wird die Polarisationsrichtung beim Durchgang durch die Zelle ebenfalls um $\pi/2$ gedreht. Beim Ansteuern der einzelnen Segmente der Elektrode mit einer Spannung von $10 - 20$ V wird die ursprüngliche Ausrichtung der Flüssigkeits-moleküle gestört, weil sich die Moleküle nun nach dem angelegten elektrischen Feld orientieren. Ein hinter der Zelle positionierter Analysator, dessen Durchlaßrichtung gegenüber dem Polarisator um $\pi/2$ gedreht ist, unterscheidet, ob das Elektrodensegment aktiviert wurde oder nicht: ein aktiviertes Elektrodenelement erscheint dunkel.

●   Trotz der hohen Spannung ist die LCD-Leistungsaufnahme praktisch null, da die Ausrichtung der Moleküle nur eine sehr geringe Energie benötigt.

29.4   Phononen und Gitterschwingungen

29.4.1   Elastische Wellen

1.   Gitterschwingungen,

Schwingungen der Gitterbausteine $n, n + 1$, etc. um ihre Gleichgewichtslage.

▲   Bei kleinen Auslenkungen gilt das Hookesche Gesetz (harmonische Gitterschwingungen).

Elastische Konstante, C_n, Kraftkonstante zwischen Ebenen, deren Abstand voneinander $n \cdot a$ beträgt, dabei ist a die Gitterkonstante.

Bewegungsgleichung mit einem Atom je Elementarzelle			MLT^{-2}

$$M\frac{d^2u_s}{dt^2} = F_s = \sum_n C_n(u_{s+n} - u_s)$$

Symbol	Einheit	Benennung
C_n	kgs^{-2}	elastische Konstante
u_s	m	Auslenkung der Ebene s
u_{s+n}	m	Auslenkung Ebene mit Abstand $n \cdot a$
M	kg	Atommasse
F_s	$kgms^{-2}$	Kraft
t	s	Zeit

2. Elastische Wellen,

Lösungen u_s der Bewegungsgleichung:

Elastische Welle			L

$$u_s(\vec{r},t) \sim e^{j(\vec{k}\vec{r}-\omega t)}$$

Symbol	Einheit	Benennung
u_s	m	Auslenkung
$\vec{k}$	m^{-1}	Wellenvektor
ω	rad/s	Kreisfrequenz
$\vec{r}$	m	Ortsvektor
t	s	Zeit

3. Dispersion der elastischen Wellen

Dispersion, $\omega(\vec{k})$, Abhängigkeit der Kreisfrequenz ω der elastischen Wellen vom Wellenvektor $\vec{k}$.
Für ein einatomiges kubisches Gitter, bei dem nur nächste Nachbarn ($n = 1$) wechselwirken, gilt für Ausbreitungsrichtungen parallel zur [100]-, [110]- und [111]-Richtung (Reduktion auf eindimensionales Problem einer eindimensionalen linearen Welle):

Dispersion			T^{-1}

$$\omega = \sqrt{\frac{4C_1}{M}} \left| \sin\left(\frac{ka}{2}\right) \right|$$

Symbol	Einheit	Benennung
ω	rad/s	Kreisfrequenz
k	m^{-1}	Wellenzahl
a	m	Gitterkonstante
C_1	kgs^{-2}	elastische Konstante
M	kg	Masse des Atoms

4. Phononen

Erste Brillouin-Zone, der Bereich, in dem die physikalisch sinnvollen Werte des Wellenvektors $\vec{k}$ liegen (s. Abb. 29.47). Der Bereich von $-\pi \ldots +\pi$ für die Phase ka umfaßt **alle** unabhängigen Werte von ω. Die Aussage, zwei benachbarte Atome seien um mehr als π außer Phase, ist physikalisch sinnlos, da es eine physikalisch identische Phase mit einem Wert innerhalb des Bereiches $-\pi \ldots +\pi$ gibt.

▲   Die Wellenzahl k kann auf den Bereich $-\pi/a \leq k \leq +\pi/a$ eingeschränkt werden.

Phonon, Energiequant einer elastischen Welle. Bezeichnung analog zu **Photon** für das Energiequant einer elektromagnetischen Welle.

▲   Die elastische Energie eines Gitters ist gequantelt.
▲   Die Ausbreitung der Phononen wird durch ihren Wellenvektor $\vec{k}$ und die Dispersionsrelation $\omega(\vec{k}$ beschrieben.

▲ Phononen wechselwirken mit Teilchen oder mit Feldern, als hätten sie einen Quasiimpuls $\hbar\vec{k}$.

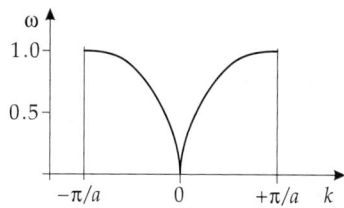

Abbildung 29.47: Erste Brillouin-Zone

Quasiimpuls eines Phonons, $\hbar\vec{k}$, Größe mit der Dimension eines Impulses, die im Kristall nicht real existiert, für erlaubte Übergänge zwischen Quantenzuständen jedoch der Impulserhaltung ähnlichen Auswahlregeln genügt.

5.   Messmethoden für Phononen

Phononenspektrum, Energieverteilung der elastischen Wellen im Festkörper.

$\boxed{M}$ **Unelastische Neutronenstreuung**, wichtigste Methode zur Messung des Phononenspektrums eines Festkörpers. Aufgrund ihrer Ladungsneutralität werden Neutronen nicht vom Coulombfeld der Atomkerne beeinflußt. Sie wechselwirken direkt mit den Atomkernen eines Kristallgitters.

Die **Kinematik der Neutronenstreuung** wird durch die Erhaltungssätze von Energie und Impuls bestimmt.

Energie- und Impulserhaltung in Neutronenstreuung

	Symbol	Einheit	Benennung
$E_f = E_i \pm \hbar \cdot \omega$	ω	rad/s	Phononenfrequenz
	$\vec{k}$	m^{-1}	Wellenvektor
$\vec{p}_f = \vec{p}_i \pm \hbar\vec{k}$	E_i, E_f	J	Energie des ein- bzw. auslaufenden Neutrons
	$\vec{p}_i, \vec{p}_f$	$kg \cdot m \cdot s^{-1}$	Impuls des ein- bzw. auslaufenden Neutrons
	$\hbar$	Js	Plancksches Wirkungsquantum

Die (+)-Zeichen gelten für Streuprozesse, bei denen ein Phonon vernichtet wird, und die (−)-Zeichen für Prozesse, bei denen ein Phonon erzeugt wird. Ist die Schallgeschwindigkeit v_s, so gilt $\omega = v_s \cdot k$.

$\boxed{M}$ Zur Bestimmung der Dispersionsrelation und damit der elastischen Konstanten wird der Energieverlust bzw. Energiegewinn der gestreuten Neutronen als Funktion der Streurichtung $\vec{p}_f - \vec{p}_i$ gemessen. Typische Neutronenenergien für solche Messungen liegen im Bereich von einigen MeV.

6.   Arten von Phononen

Longitudinale Phononen, entsprechen einer Schwingung des Mediums annähernd in Ausbreitungsrichtung der elastischen Welle.

Transversale Phononen, Energiequanten der Schwingungen des Mediums annähernd senkrecht zur Ausbreitungsrichtung. Exakte Parallelität bzw. Orthogonalität besteht nur für bestimmte Symmetrierichtungen im Kristall oder im Grenzfall isotroper Medien.

Akustische Phononen: Die Atome einer primitiven Elementarzelle schwingen in der gleichen Richtung (Analogie zur In-Phase-Schwingung gekoppelter Oszillatoren). Es treten immer drei akustische Zweige auf. Bei kleinen Wellenzahlen existiert eine annähernd lineare Beziehung $\omega \approx ck$ und somit eine Schallgeschwindigkeit.

Optische Phononen: Wenn die primitive Elementarzelle $N > 1$ Atome enthält, dann treten neben den akustischen Phononen zusätzlich $3N - 1$ „optische" Zweige auf, wobei die verschiedenen Atome der Elementarzelle gegeneinander schwingen (analog zu den Gegen-Phase-Schwingungen gekoppelter Oszillatoren). Die Eigenfrequenzen der optischen Phononen liegen höher als die der akustischen Zweige.

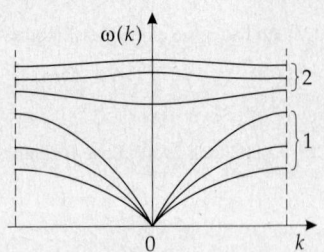

Abbildung 29.48: Schematischer Verlauf der Dispersionsbeziehung $\omega(k)$ im Grenzfall langer Wellen. (1): akustische Phononen, (2): optische Phononen

■ Bei einem zweiatomigen Gitter (z.B. NaCl) schwingen die Atome gegeneinander.

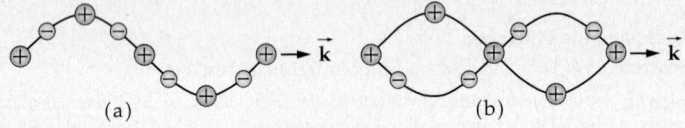

(a)   (b)

Abbildung 29.49: Schwingungszustände einer transversalen Phononenwelle. (a): akustischer Zweig, (b): optischer Zweig

7. Bewegungsgleichung elastischer Wellen

Bewegungsgleichung für elastische Wellen in Kristallen mit zwei Atomen pro Elementarzelle und bei Annahme einer Wechselwirkung nur zwischen nächsten Nachbarn (für Ausbreitungsrichtungen der Wellen, die mit Symmetrierichtungen zusammenfallen, bei denen die Netzebenen nur jeweils eine Atomsorte enthalten):

Bewegungsgleichungen mit 2 Atomen je Elementarzelle			**MLT^{-2}**
$M_1 \dfrac{d^2 u_{2i+1}}{dt^2} = C_1(u_{2i+2} + u_{2i} - 2u_{2i+1})$	Symbol	Einheit	Benennung
	u_i	m	Auslenkung der i-ten Gitterebene
$M_2 \dfrac{d^2 u_{2i}}{dt^2} = C_1(u_{2i+1} + u_{2i-1} - 2u_{2i})$	C_1	kg·s^{-2}	elastische Konstante
	M_1, M_2	kg	Massen der Atome

▲ Das gekoppelte Differentialgleichungssystem besitzt nur dann eine Lösung, wenn die folgende Dispersionsrelation gilt:

$$\omega^2 = C_1 \left(\frac{1}{M_1} + \frac{1}{M_2} \right) \pm C_1 \sqrt{ \left(\frac{1}{M_1} + \frac{1}{M_2} \right)^2 - \frac{4\sin^2(k \cdot a)}{M_1 \cdot M_2} } \ .$$

▲ Für kleines k, also sehr lange Wellen ($\lambda \gg a$) gilt:

$$\omega^2 \approx 2C_1 \left(\frac{1}{M_1} + \frac{1}{M_2} \right) \quad \text{optischer Zweig} \ ,$$

$$\omega^2 \approx \frac{2C_1}{M_1 + M_2} k^2 a^2 \quad \text{akustischer Zweig} \ .$$

8.   Phononengeschwindigkeit

Gruppengeschwindigkeit $v_{gr} = \dfrac{d\omega}{d\mathbf{k}}$ der elastischen Welle, Geschwindigkeit der Phononen.

Für einatomige Gitter (Atommasse M, Gitterabstand a) folgt aus der Dispersionsrelation:

$$v_{gr} = \sqrt{\frac{C_1 a^2}{M}} \cos\frac{ka}{2} .$$

▲   **Am Rande der Brillouin-Zone** ($ka = \pm\pi$) ist die **Gruppengeschwindigkeit immer** null. Diese elastischen Wellen sind deshalb stehende Wellen.

▲   **Elastische Konstante** C_1 und **Elastizitätsmodul** E sind einander proportional:
$C_1 = a \cdot E$, a : Gitterkonstante .

➤   In **Ionenkristallen** rufen optische Phononen eine starke elektrische Polarisation hervor, so dass dieser Schwingungstyp sehr effektiv durch **Photonen**, also durch elektromagnetische Felder, angeregt werden kann.

Frequenzlücke, Gap, der im Phononenspektrum **nicht** enthaltene Frequenzbereich zwischen akustischem und optischem Phononenzweig. Kristalle haben in diesem Frequenzbereich keine Eigenschwingungen, so dass sich elektromagnetische Wellen nur stark gedämpft ausbreiten können: das Reflexionsvermögen ist in diesem Frequenzbereich daher sehr hoch.

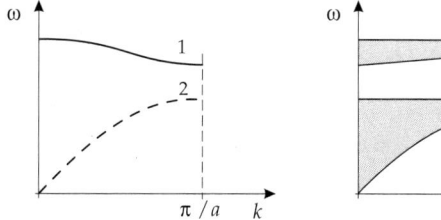

Abbildung 29.50: Schematische Darstellung der Frequenzlücke in der Zustandsdichte $D(\omega)$ des Phononenspektrums. (1): optische Frequenz, (2): akustische Frequenz

M   Die Dispersion der Ionenkristalle wird in Prismen für die Infrarotspektroskopie ausgenutzt.

29.4.2   Phononen und spezifische Wärmekapazität

Nach der klassischen Mechanik hat jeder schwingungsfähige Gitterbaustein eines Festkörpers drei Translationsfreiheitsgrade. Eine äquivalente Darstellung besagt, dass bei endlichen Temperaturen $T > 0$ im Gitter Phononen angeregt werden. Die Temperaturabhängigkeit der Anregung von Freiheitsgraden zeigt sich als thermodynamische Messgröße im Verlauf der spezifischen Wärmen $C(T)$.

Wärmekapazität, C_V, Ableitung der inneren Energie nach der Temperatur bei konstantem Volumen:

$$C_V = \left(\frac{\partial U}{\partial T}\right)_V .$$

Spezifische Wärmekapazität, c_V, Verhältnis der Wärmekapazität C_V zur Masse m des Stoffes:

$$c_V = \frac{C_V}{m} .$$

Molare Wärmekapazität, C_{mol}, Verhältnis der Wärmekapazität C_V zur Stoffmenge $n = m/M$, M: Molmasse:

$$C_{\mathrm{mol}} = \frac{C_V}{n} .$$

Dulong-Petitsches Gesetz: die molare Wärmekapazität ist eine Konstante.
Dies gilt im Bereich der Zimmertemperatur für fast alle Festkörper.

Dulong-Petitsches Gesetz			$\mathbf{ML^2T^{-2}\Theta^{-1}}$
	Symbol	Einheit	Benennung
$C_{mol} = 3N_A k_B = 24.9 \dfrac{J}{mol \cdot K}$	C_{mol}	$JK^{-1}mol^{-1}$	molare Wärmekapazität
	N_A	mol^{-1}	Avogadro-Konstante
	k_B	JK^{-1}	Boltzmann-Konstante

Tiefe Temperaturen $(T \to 0)$: die spezifische Wärmekapazität geht bei Isolatoren wie T^3 und bei Metallen wie T gegen Null:

$$c_V \sim \begin{cases} T^3 & \text{Isolatoren} \\ T & \text{Metalle} \end{cases} \quad \text{für} \quad T \to 0.$$

Bose-Einstein-Verteilung, Wahrscheinlichkeitsverteilung $n(\omega, T)$, einen Zustand der Energie $\hbar\omega$ im thermischen Gleichgewicht bei der Temperatur T zu finden,

$$n(\omega, T) = \frac{1}{e^{\frac{\hbar\omega}{k_B T}} - 1}.$$

Zustandsdichte, $D(\omega)$, Verteilung der Schwingungszustände über den Frequenzbereich. $D(\omega)d\omega$ ist die Zahl der Eigenschwingungen im Frequenzband zwischen ω und $\omega + d\omega$.

Innere Energie U **des Kristalls**:

Innere Energie eines Kristalls mit der Zustandsdichte $D(\omega)$			$\mathbf{ML^2T^{-2}}$
	Symbol	Einheit	Benennung
$U = \displaystyle\int_0^\infty \hbar\omega\, n(\omega, T) D(\omega)\, d\omega$	U	J	innere Energie
	ω	rad/s	Kreisfrequenz eines Oszillators
	$D(\omega)$	s	Zustandsdichte
	$n(\omega, T)$	1	Bose-Einstein-Verteilungsfunktion
	T	K	Temperatur
	$\hbar$	Js	Plancksches Wirkungsquantum

29.4.3　Einstein-Modell

Alle N Gitteratome schwingen mit gleicher Kreisfrequenz ω_E, aber völlig unabhängig voneinander, harmonisch und isotrop um ihre Gleichgewichtspositionen.

Zustandsdichte im Einstein-Modell:

$$D(\omega) = N \cdot \delta(\omega - \omega_E).$$

Dabei ist $\delta(\omega - \omega_E)$ die Delta-Funktion,

$$\delta(\omega - \omega_E) = \begin{cases} 0 & f\ddot{u}r \quad \omega \neq \omega_E \\ \to \infty & f\ddot{u}r \quad \omega = \omega_E \end{cases} , \quad \int_{-\infty}^{\infty} \delta(\omega - \omega_E) d\omega = 1.$$

| Innere Energie von N Oszillatoren im Einstein-Modell | | $\mathrm{ML^2T^{-2}}$ |

$$U = \frac{f \cdot N\hbar\omega}{e^{\frac{\hbar\omega}{k_B T}} - 1}$$

Symbol	Einheit	Benennung
U	J	innere Energie
N	1	Zahl der Oszillatoren
ω	rad/s	Oszillatorkreisfrequenz
k_B	$\mathrm{JK^{-1}}$	Boltzmann-Konstante
T	K	Temperatur
f	1	Anzahl Freiheitsgrade

Wärmekapazität:

$$C_V = f \cdot N k_B \left(\frac{\hbar\omega}{k_B T}\right)^2 \cdot \frac{e^{\frac{\hbar\omega}{k_B T}}}{\left(e^{\frac{\hbar\omega}{k_B T}} - 1\right)^2} \cdot$$

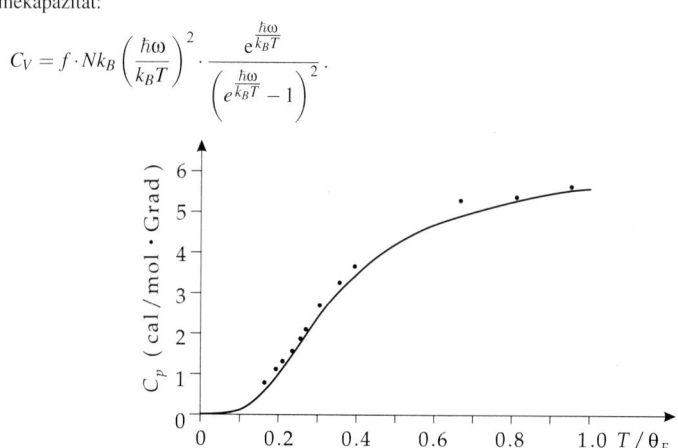

Abbildung 29.51: Vergleich der gemessenen Molwärme von Diamant mit der nach dem Einstein-Modell berechneten Kurve für einen Parameterwert $T_E = \frac{\hbar\omega}{k_B} = 1320$ K

Das Einstein-Modell liefert im Grenzwert hoher Temperaturen das Gesetz von Dulong-Petit. Bei sehr tiefen Temperaturen liefert es zu niedrige Werte für C_V.

29.4.4 Debye-Modell

Debye-Modell, die Zustandsdichte wächst quadratisch mit ω bis zur Grenzfrequenz ω_D. Bei dieser **Debye-Frequenz** ω_D sinkt die Zustandsdichte abrupt auf null.

| Zustandsdichte im Debye-Modell | | T |

$$D(\omega) = \begin{cases} \omega^2/\omega_D^3 & \text{für} \quad \omega \le \omega_D \\ 0 & \text{für} \quad \omega > \omega_D \end{cases}$$

$$\omega_D^3 = 6\pi^2 v_s^3 N/V, \quad \omega = v_s \cdot k$$

Symbol	Einheit	Benennung
$D(\omega)$	$\mathrm{srad^{-1}}$	Zustandsdichte
ω	$\mathrm{rad\ s^{-1}}$	Kreisfrequenz
ω_D	$\mathrm{rad\ s^{-1}}$	Debye-Frequenz
v_s	$\mathrm{m\ s^{-1}}$	Schallgeschwindigkeit
k	$\mathrm{m^{-1}}$	Wellenzahl
N	1	Anzahl Oszillatoren
V	$\mathrm{m^3}$	Volumen

Die Schallgeschwindigkeit v_s ist eine Konstante mit $\omega = v_s \cdot k$. Gruppengeschwindigkeiten werden im Debye-Modell durch mittlere Schallgeschwindigkeiten ersetzt.

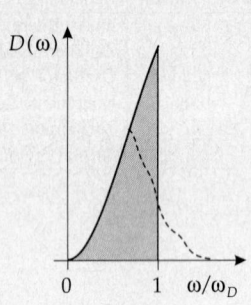

Abbildung 29.52: Zustandsdichte im Debye-Modell für ein einfaches kubisches Gitter. Schattierte Fläche: Integration über die Debye-Kugel, gestrichelte Linie: Integration über die erste Brillouin-Zone.

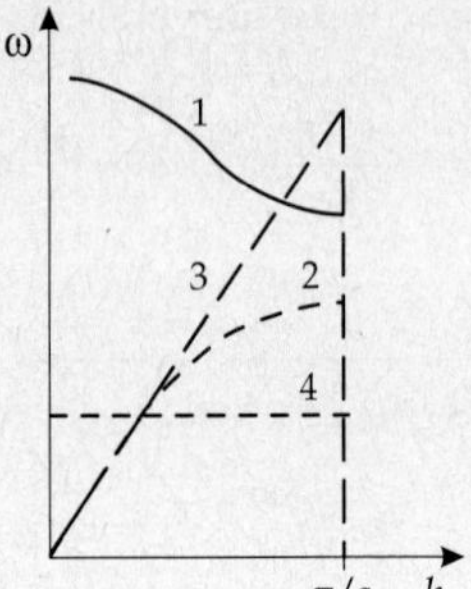

Abbildung 29.53: Dispersion im Einstein- und Debye-Modell. 1 - optischer Zweig, 2 - akustischer Zweig, 3 - Debye-Modell, 4 - Einstein-Modell

Debye-Temperatur, Θ_D, wird aus der Debye-Frequenz ω_D bestimmt:

Debye-Temperatur			Θ
$\Theta_D = \dfrac{\hbar\omega_D}{k_B} = \dfrac{\hbar v_s}{k_B} \cdot \left(\dfrac{6\pi^2 N}{V} \right)^{1/3}$	**Symbol**	**Einheit**	**Benennung**
	ω_D	rad s^{-1}	Debye-Frequenz
	v_s	m s^{-1}	Schallgeschwindigkeit
	N	1	Anzahl Oszillatoren
	V	m^3	Volumen
	k_B	JK^{-1}	Boltzmann-Konstante
	$\hbar$	Js	Plancksches Wirkungsquantum

N: Gesamtzahl der Teilchen im Volumen V.

Innere Energie für sehr tiefe Temperaturen $T \ll \Theta_D$ in jeder Gitterrichtung:

Innere Energie im Debye-Modell			$\mathbf{ML^2T^{-2}}$
$U = \dfrac{3}{5}\pi^4 N k_B T \left(\dfrac{T}{\Theta_D} \right)^3$	**Symbol**	**Einheit**	**Benennung**
	U	J	innere Energie
	N	1	Anzahl der Oszillatoren
	k_B	JK^{-1}	Boltzmann-Konstante
	T	K	Temperatur
	Θ_D	K	Debye-Temperatur

Debyesches T^3-Gesetz für tiefe Temperaturen $T \ll \Theta_D$:

Debyesches T^3-Gesetz für $T \ll \Theta_D$			$\mathbf{L^2 T^{-2} \Theta^{-1}}$
$C_V \approx \dfrac{12}{5} \pi^4 N \cdot k_B \left(\dfrac{T}{\Theta_D} \right)^3$	Symbol	Einheit	Benennung
	C_V	$JK^{-1}kg^{-1}$	Wärmekapazität
	N	1	Anzahl Oszillatoren
	k_B	JK^{-1}	Boltzmann-Konstante
	T	K	Temperatur
	Θ_D	K	Debye-Temperatur

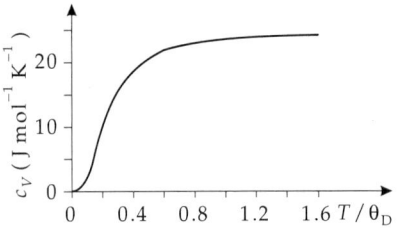

Abbildung 29.54: Spezifische Wärmekapazität c_V eines Festkörpers nach dem Debye-Modell. Das T^3-Gesetz entspricht dem Bereich $T/\Theta_D < 0.1$

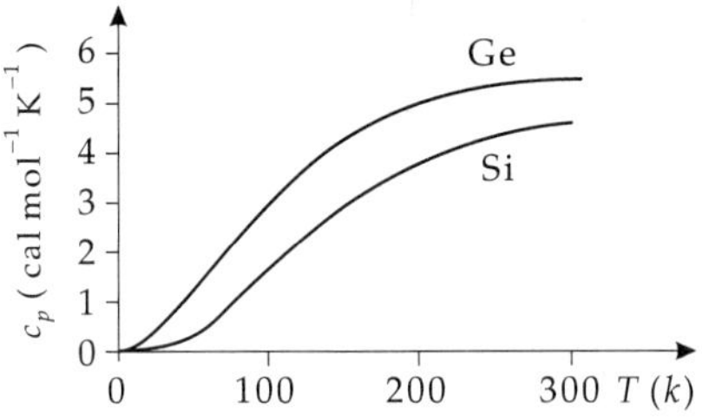

Abbildung 29.55: Spezifische Wärmekapazität c_p von Silicium und Germanium

29.4.5 Wärmeleitung

1. Isolatoren

Wärmeleitung in Isolatoren, durch die Bewegung von Phononen im Festkörper vermittelter Energietransport.

Freies Phononengas, Modell, in dem sich die Phononen - ähnlich wie in einem Gas - frei und unabhängig voneinander bewegen.

▲ Phononen breiten sich im Festkörper mit Schallgeschwindigkeit aus. Der durch sie vermittelte Wärmetransport erfolgt jedoch deutlich langsamer, da die Phononen untereinander und mit Verunreinigungen zusammenstoßen und dabei ihre Richtungen ständig verändern.

Mittlere freie Phononenweglänge, Λ_{ph}, Strecke, die ein Phonon im Mittel zwischen zwei Stößen zurücklegt.

▲ Die Wärmeleitung im Isolator kann durch das Phononengas modelliert werden.

Wärmeleitfähigkeit λ in Isolatoren			$\mathbf{MLT^{-3}\Theta^{-1}}$
$\lambda = \dfrac{1}{3} v \Lambda_{Ph} C_{Ph} \rho_{Ph}$	Symbol	Einheit	Benennung
	λ	W/(mK)	Wärmeleitfähigkeit
	v	m/s	mittlere Geschwindigkeit der Phononen
	Λ_{Ph}	m	mittlere freie Phononenweglänge
	C_{Ph}	JK^{-1}	Wärmekapazität des Phononengases
	ρ_{Ph}	m^{-3}	Phononendichte

➤ Die mittlere Gruppengeschwindigkeit und die spezifische Wärmekapazität kann nach dem Debye-Modell abgeschätzt werden. Die mittlere freie Weglänge kann nicht aus dem Debye-Modell abgeleitet werden. Im Rahmen dieses Modells wäre die mittlere freie Weglänge unendlich groß.

▲ Bei tiefen Temperaturen wird die mittlere freie Weglänge im Wesentlichen durch die Streuung der Phononen an den Gitterdefekten bestimmt.

Wärmestromdichte, j_q, die pro Flächen- und Zeiteinheit transportierte Wärme, beim Auftreten einer Temperaturdifferenz.

Wärmestromdichte j_q in Isolatoren			**MT^{-3}**
$$j_q = \lambda \cdot \frac{\Delta T}{\Delta x}$$	Symbol	Einheit	Benennung
	j_q	Wm^{-2}	Wärmestromdichte
	λ	W/(mK)	Wärmeleitfähigkeit
	$\Delta T/\Delta x$	Km^{-1}	Temperaturgradient

➤ Die Wärmeleitung ist ein nichtstationärer Prozess. Ein sehr kleines Volumenelement kann aber oft als im thermodynamischen Gleichgewicht befindlich betrachtet werden.

2. Metalle

Wärmeleitung in Metallen, unterscheidet sich von der in Isolatoren durch den zusätzlichen Wärmetransport über die freien Elektronen.

Elektronische Wärmeleitfähigkeit λ_{el} in Metallen			**MLT$^{-3}\Theta^{-1}$**
$$\lambda_{el} = \frac{1}{3}v_{el}\Lambda_{el}C_{el}\rho_{el}$$	Symbol	Einheit	Benennung
	λ_{el}	W/(mK)	Wärmeleitfähigkeit der Elektronen
	v_{el}	m/s	mittlere Geschwindigkeit der Elektronen
	Λ_{el}	m	mittlere freie Elektronenweglänge
	C_{el}	J/K	Wärmekapazität des Elektronengases
	ρ_{el}	m^{-3}	Dichte des Elektronengases

➤ Die Wärmekapazität des Elektronengases ist bedeutend kleiner als die des Phononensystems. Dagegen ist die mittlere Geschwindigkeit der Elektronen viel größer als die mittlere Gruppengeschwindigkeit (Schallgeschwindigkeit) der Phononen. Auch die mittlere freie Weglänge der Elektronen übersteigt die der Phononen.

▲ In Metallen wird Wärme hauptsächlich über das Elektronengas transportiert.

Wiedemann-Franzsches Gesetz: die Wärmeleitfähigkeit in Metallen ist direkt proportional der elektrischen Leitfähigkeit κ.

Wiedemann-Franzsches Gesetz			**MLT$^{-3}\Theta^{-1}$**
$$\lambda_{el} = \frac{\pi^2}{3}\left(\frac{k_B}{e}\right)^2 T\kappa$$	Symbol	Einheit	Benennung
	λ	Wm^{-1}K^{-1}	Wärmeleitfähigkeit
	k_B	JK^{-1}	Boltzmann-Konstante
	e	C	Elementarladung
	κ	Ω^{-1}m^{-1}	elektrische Leitfähigkeit
	T	K	Temperatur

29.5   Elektronen im Festkörper

Elektrische Leitfähigkeit, κ, eines Metalls, Verhältnis von Stromdichte und elektrischer Feldstärke. Sie ist umgekehrt proportional zum spezifischen elektrischen Widerstand ρ,

$$\kappa = \frac{1}{\rho}.$$

➤ Die SI-Einheit der elektrischen Leitfähigkeit ist $(\Omega m)^{-1}$.

■ Der spezifische elektrische Widerstand ρ variiert in Festkörpern von 10^{-8} Ωm bis 10^{13} Ωm.

Einteilung der Stoffe nach ihrem spezifischen elektrischen Widerstand

- **Leiter:** $\rho < 10^{-5}$ $\Omega m \Longleftrightarrow \kappa > 10^5 (\Omega m)^{-1}$ (z.B. Cu $5.88 \cdot 10^7$, Ag $6.21 \cdot 10^7$, Au $4.55 \cdot 10^7$)
- **Halbleiter:** 10^{-5} $\Omega m < \rho < 10^7$ $\Omega m \Longleftrightarrow 10^{-7} (\Omega m)^{-1} < \kappa < 10^5 (\Omega m)^{-1}$
- **Isolatoren:** $\rho > 10^7$ $\Omega m \Longleftrightarrow \kappa < 10^{-7} (\Omega m)^{-1}$

29.5.1   Freies Elektronengas

Ideales **Fermi-Gas,** Vielteilchenzustand aus freien, nicht wechselwirkenden Teilchen, die dem Pauli-Prinzip gehorchen.

1.   Eigenfunktion und Eigenwerte freier Elektronen

Die **Wellenfunktion des freien Elektrons** im stationären Zustand ist eine **ebene Welle:**

$$\varphi = \frac{1}{\sqrt{2\pi}} e^{j\vec{k}\vec{r}} \quad \text{Normierung auf } \delta\text{-Funktion}.$$

Da die Elektronen im Festkörper eingeschlossen sind, muss ihre Aufenthaltswahrscheinlichkeit am Rand null sein. Wird der Festkörper durch einen Würfel der Kantenlänge L mit periodischen Randbedingungen angenähert, so ist der Wellenzahlvektor längs der Würfelkanten einganzzahliges Vielfaches von $2\pi/L$:

Komponenten des Wellenzahlvektors			L^{-1}
$k_x = \dfrac{2\pi}{L} \cdot n_x, \quad k_y = \dfrac{2\pi}{L} \cdot n_y,$	Symbol	Einheit	Benennung
	k_x, k_y, k_z	m^{-1}	Komponenten des Wellenzahlvektors
	n_x, n_y, n_z	1	ganze Zahlen
$k_z = \dfrac{2\pi}{L} \cdot n_z$	L	m	Kantenlänge des Normierungsvolumens

▲ Freie Elektronen in einem Festkörper können nur diskrete Energiewerte annehmen:

Energiewerte freier Elektronen im Festkörper			ML^2T^{-2}
	Symbol	Einheit	Benennung
$E = \dfrac{\hbar^2}{2m} \cdot \vec{k}^2 = \dfrac{2\pi^2 \hbar^2}{mL^2}(n_x^2 + n_y^2 + n_z^2)$	E	J	Energie des Elektrons
	m	kg	Elektronenmasse
	L	m	Kantenlänge des Würfels
	n_x, n_y, n_z	1	ganze Zahlen

▲ Das Pauli-Prinzip verhindert, dass alle Elektronen den niedrigsten Energiezustand ($n_x = n_y = n_z = 1$) einnehmen. Jeder Energiezustand kann nur mit maximal zwei Elektronen mit entgegengesetztem Spin besetzt werden.

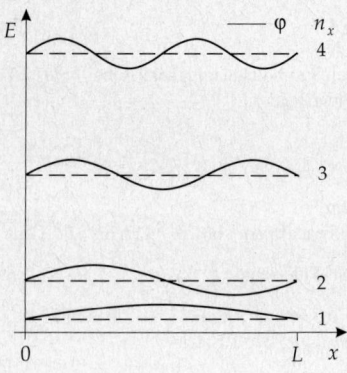

Abbildung 29.56: Energieniveaus (- - -) und Wellenfunktionen (φ) eines Elektronengases in einem Würfel der Kantenlänge L

2. Charakteristika des Fermi-Gases

Ortsraum, **Konfigurationsraum**, von den Ortsvektoren $\vec{r}$ aufgespannter Raum. Ein Punkt im Ortsraum hat die kartesischen Koordinaten (x, y, z).

Impulsraum, von den Impulsvektoren $\vec{p}$ aufgespannter Raum. Ein Punkt im Impulsaum hat die kartesischen Koordinaten p_x, p_y, p_z.

k-Raum, von den Wellenvektoren $\vec{k}$ aufgespannter Raum. Ein Punkt im k-Raum hat die kartesischen Koordinaten k_x, k_y, k_z.

Ein Teilchen mit dem Impuls $\vec{p} = \hbar\vec{k}$ hat im k-Raum die Koordinaten $(k_x, k_y, k_z) = \hbar^{-1}(p_x, p_y, p_z)$.

Grundzustand, Zustand mit der niedrigsten Energie. Wird konstruiert, indem bei einem N-Teilchensystem sukzessive – mit dem niedrigsten Energiezustand beginnend – die Teilchen in den jeweils niedrigst möglichen Einteilchenzustand gesetzt werden, bis alle N Teilchen untergebracht sind.

Fermi-Niveau, höchstes besetztes Energieniveau im Grundzustand eines Fermionen-Systems.

Fermi-Kugel, Volumen im Impulsraum, das von den Elektronen eines nicht-wechselwirkenden Elektronengases (Fermigas) im Grundzustand besetzt wird.

Fermi-Impuls, p_F, Radius der Fermi-Kugel. Der Fermi-Impuls ist der maximale Impuls eines Teilchens der Masse m in einem Fermigas, $p_F = \hbar k_F = \sqrt{2mE_F}$.

Fermi-Geschwindigkeit, v_F, Geschwindigkeit der Teilchen (Elektronen) mit Masse m an der Oberfläche der Fermi-Kugel:

$$v_F = \hbar k_F / m \,.$$

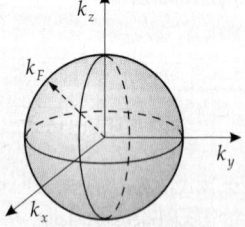

Abbildung 29.57: Fermi-Kugel

Fermi-Energie, E_F, Energie des Fermi-Niveaus, Oberfläche der Fermi-Kugel.

Zusammenhang zwischen Fermi-Energie und -Impuls			$\mathbf{ML^2T^{-2}}$
$E_F = \dfrac{p_F^2}{2m} = \dfrac{\hbar^2 k_F^2}{2m}$	Symbol	Einheit	Benennung
	E_F	J	Fermi-Energie
	p_F	kg·m/s	Fermi-Impuls
	k_F	m^{-1}	Fermi-Wellenzahl
	m	kg	Masse des Teilchens
	$\hbar$	Js	Wirkungsquantum/(2π)

Nur für $T = 0$ befindet sich das Elektronengas im Grundzustand. Für endliche Temperaturen werden Elektronen aufgrund der thermischen Energie einen Impuls größer als $\hbar k_F$ erhalten und die Fermi-Kugel verlassen: Die Oberfläche der Fermi-Kugel wird „aufgeweicht".

3. **Elektronenzahldichte im Fermi-Gas**

Elementarvolumen im k-Raum:

$$V_k = \left(\frac{2\pi}{L}\right)^3.$$

▲ Im Elementarvolumen finden zwei Elektronen mit entgegengesetztem Spin Platz.

Für ein dreidimensionales Elektronengas hat die Fermi-Kugel das Volumen

$$V_F = \frac{4\pi}{3} k_F^3.$$

Anzahl der Teilchen in der Fermi-Kugel mit Radius k_F,

$$N = 2 \cdot \frac{V_F}{V_k} = \frac{L^3}{3\pi^2} k_F^3 = \frac{V k_F^3}{3\pi^2},$$

wobei der Faktor 2 die möglichen Spinzustände pro Zustand zählt. $V = L^3$ ist das Volumen im Ortsraum.

Fermi-Wellenzahl und -Energie eines N-Elektronen-Systems			
$k_F = \left(\dfrac{3\pi^2 N}{L^3}\right)^{1/3}$	Symbol	Einheit	Benennung
	k_F	m^{-1}	Fermi-Wellenzahl
$E_F = \dfrac{\hbar^2}{2m}\left(\dfrac{3\pi^2 N}{L^3}\right)^{2/3}$	E_F	J	Fermi-Energie
	L	m	Breite des Potentialtopfs
	m	kg	Elektronenmasse
	N	1	Anzahl der Elektronen

▲ Die Elektronenzahldichte n bestimmt die Lage des Fermi-Niveaus, d.h. die Größe des Fermi-Impulses,

$$n = \frac{N}{L^3} = \frac{N}{V}.$$

Der Fermi-Impuls wächst, wenn bei gleichbleibender Teilchenzahl N das Volumen V, in dem ein Fermi-Gas eingeschlossen ist, verringert wird.

4. **Experimentelle Bestimmung der Elektronenzahldichte**

Elektronenzahldichten werden experimentell mit Hilfe des **Hall-Effekts** bestimmt. Durch ein leitendes Plättchen mit der Breite b und der Dicke d fließt in x-Richtung ein Strom mit der Stromdichte $j_x = n \cdot e \cdot v_x$, wobei n die Elektronendichte, v_x die Driftgeschwindigkeit und e die Elementarladung bedeuten.

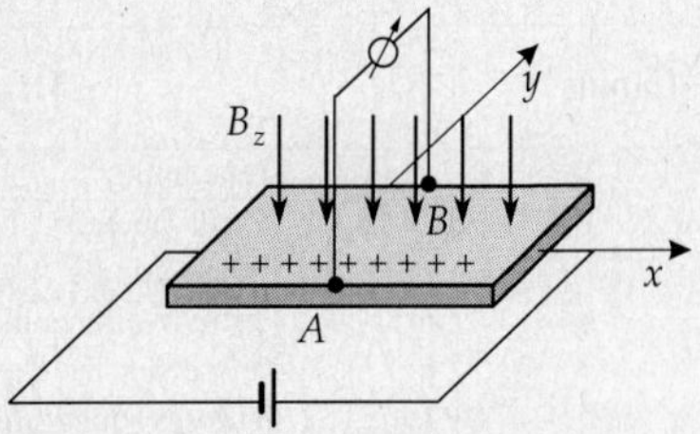

Abbildung 29.58: Hall-Effekt

Auf die Elektronen wirkt in einem zur Leiterebene transversalen Magnetfeld $\vec{B}_z$ eine Lorentz-Kraft,

$$F_L = -ev_x \cdot B_z \, .$$

Diese Kraft verschiebt die Elektronen senkrecht zur ursprünglichen Stromrichtung $\vec{e}_x$ und senkrecht zur Richtung der transversalen magnetischen Flussdichte. Zwischen den Punkten A und B entsteht eine Potentialdifferenz (**Hall-Spannung**):

$$U_H = B_z v_x b = \frac{1}{n \cdot e} j_x B_z b = R_H j_x B_z b \, .$$

Hall-Koeffizient, $R_H = \dfrac{1}{n \cdot e}$ (s. **Tab. 30.7/1**).

5.   Quanten-Halleffekt,

bei sehr tiefen Temperaturen (flüssiges Helium, $T \approx 4\,\mathrm{K}$) und sehr hohen Magnetfeldern (supraleitende Spule) ist der Hall-Widerstand $R_H = U_H / I_x$ eines extrem dünnen („2-dimensionalen") Plättchens quantisiert und über

$$R_H = \frac{h}{e^2} = 25812.807 \; \Omega$$

mit dem Planckschen Wirkungsquantum h und der Elementarladung e verknüpft. Bei Variation von Magnetfeld oder Strom werden nur die Hallwiderstände

$$R_{\mathrm{Hall}} = \frac{1}{n} \frac{h}{e^2} \, , \quad n \text{ ganzzahlig}$$

beobachtet. Erstmals wurde dieser Effekt 1977 von **Klaus von Klitzing** bei Hall-Effekt-Messungen an Silicium- Feldeffekt-Transistoren beobachtet (Nobelpreis 1985).

➤   Aufgrund der hohen Präzision in der Bestimmung von R_{Hall} kann der Quanten-Hall-Effekt als Definition eines **Widerstandsnormals** dienen.

M   Die Feinstrukturkonstante α kann über den Quanten-Hall-Effekt mit sehr hoher Genauigkeit gemessen werden:

$$\alpha = \frac{1}{2\varepsilon_0 c} \frac{e^2}{h} = \frac{1}{2\varepsilon_0 c} / R_{\mathrm{Hall}} \, .$$

6.   Tabelle einiger Parameter des Fermi-Niveaus verschiedener Metalle

	Alkalimetalle			Übergangsmetalle		
	Li	Na	K	Cu	Ag	Au
Elektronenkonzentration n in $10^{22}\,\mathrm{cm}^{-3}$	4.6	2.5	1.34	8.5	5.76	5.9
Fermi-Energie E_F in eV	4.7	3.1	2.1	7.0	5.5	5.5
Fermi-Wellenzahl k_F in $10^{10}\,\mathrm{m}^{-1}$	1.1	0.9	0.73	1.35	1.19	1.20
Fermi-Geschwindigkeit v_F in $10^6\,\mathrm{m/s}$	1.3	1.1	0.85	1.56	1.38	1.39

7.   Zustandsdichte in Fermi-Systemen

Zustandsdichte $D(E)$, Anzahl der Energiezustände pro Volumeneinheit und Energieintervall dE.

Zustandsdichte pro Volumen- und Energieeinheit	$M^{-1}L^{-5}T^2$

	Symbol	Einheit	Benennung
$D(E) = \dfrac{1}{V}\dfrac{dN}{dE}$	$D(E)$	$m^{-3}J^{-1}$	Zustandsdichte
	dE	J	betrachtetes Energieintervall
	dN	1	Anzahl der Zustände im Energieintervall dE
	V	m^3	Volumen

Zustandsdichte im Grundzustand für $T = 0$	$M^{-1}L^{-5}T^2$

	Symbol	Einheit	Benennung
$D_0(E) = \dfrac{1}{2\pi^2}\left(\dfrac{2m}{\hbar^2}\right)^{3/2}\cdot\sqrt{E}$	$D_0(E)$	$m^{-3}J^{-1}$	Zustandsdichte für $T = 0$
	m	kg	Elektronenmasse
	$\hbar$	Js	Wirkungsquantum$/(2\pi)$
	E	J	Energie des Elektronengases

8.   Fermi-Dirac-Verteilungsfunktion,

$f(E,T)$, Wahrscheinlichkeitsverteilung, in einem freien Elektronengas der Temperatur T einen Quantenzustand mit der Energie E zu besetzen,

$$f(E,T) = \frac{1}{e^{\frac{E-E_F}{k_B T}} + 1}.$$

▲   Für $T > 0$ muss die Zustandsdichte D_0 mit der Fermi-Verteilung $f(E,T)$ multipliziert werden, um die Zustandsdichte $D(E,T)$ zu erhalten (**Abb. 29.59**).

Zustandsdichte für $T > 0$	$M^{-1}L^{-5}T^2$

	Symbol	Einheit	Benennung
$D(E,T) = f(E,T)D_0(E)$	$D(E,T)$	$m^{-3}J^{-1}$	Zustandsdichte für $T > 0$
	$D_0(E)$	$m^{-3}J^{-1}$	Zustandsdichte für $T = 0$
$= \dfrac{1}{2\pi^2}\left(\dfrac{2m}{\hbar^2}\right)^{3/2}\dfrac{\sqrt{E}}{e^{\frac{E-E_F}{k_B T}}+1}$	$f(E,T)$	1	Fermi-Verteilung
	m	kg	Elektronenmasse
	$\hbar$	Js	Wirkungsquantum$/(2\pi)$
	k_B	JK^{-1}	Boltzmann-Konstante
	T	K	Temperatur
	E_F	J	Fermi-Energie
	E	J	Energie des Elektrons

➤   Bei Erhöhung der Temperatur von 0 auf T werden Elektronen aus dem Gebiet unterhalb der Fermi-Energie in das Gebiet oberhalb der Fermi-Energie thermisch angeregt. Im Festkörper können Elektronen in der Nähe der Fermi-Kante Energie von den Phononen aufnehmen.

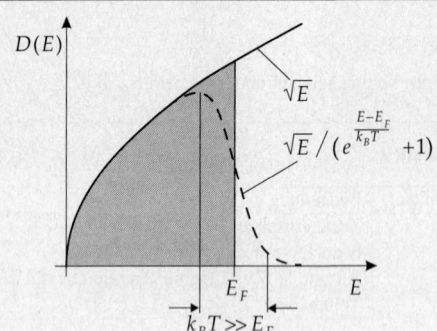

Abbildung 29.59: Zustandsdichte D des Fermigases in Abhängigkeit von der Energie E. Gestrichelte Linie: Dichte der besetzten Zustände für eine endliche Temperatur T ($k_B T \ll E_F$), schattierte Fläche: Dichte der besetzten Zustände für $T = 0$

9.   Fermi-Temperatur und Wärmekapazität

Fermi-Temperatur T_F zur Fermi-Energie E_F:

$$T_F = E_F / k_B.$$

➤ Die Fermi-Temperatur T_F ist nicht die physikalische Temperatur des Systems, sondern dient als Vergleichsgröße der Fermi-Energie mit der Temperatur.

▲ Nur Elektronen an der Oberfläche der Fermi-Kugel sind beweglich und können zur spezifischen Wärme beitragen. Das entspricht einem Bruchteil T/T_F aller Elektronen.

Wärmekapazität des Elektronengases, C_e, hängt linear von der Temperatur ab.

Innere Energie und Wärmekapazität des Elektronengases

$$U \approx N(k_B T)\frac{T}{T_F}$$

$$C_e \approx 2k_B N \frac{T}{T_F}$$

	Symbol	Einheit	Benennung
	U	J	innere Energie
	C_e	JK^{-1}	Wärmekapazität des Elektronengases
	N	1	Anzahl der Elektronen
	T	K	Temperatur
	T_F	K	Fermi-Temperatur
	k_B	JK^{-1}	Boltzmann-Konstante

29.5.2 Bändermodell

1.   Blochsches Theorem und Modell der fast freien Elektronen

Blochsches Theorem: Die Lösungen der Schrödingergleichung $\psi_k(\vec{r})$ für ein **periodisches Potential** $V(\vec{r}) = V(\vec{r} + \vec{T})$ besitzen stets folgende Form:

Bloch-Funktion $\mathbf{L^{-3/2}}$

$$\psi_k(\vec{r}) = u_k(\vec{r})\, e^{j\vec{k}\vec{r}}$$

$$u_k(\vec{r} + \vec{T}) = u_k(\vec{r})$$

Symbol	Einheit	Benennung
$\psi_k(\vec{r})$	$\mathrm{m}^{-3/2}$	Zustandsfunktion
$u_k(\vec{r})$	$\mathrm{m}^{-3/2}$	periodische Funktion
$\vec{r}$	m	Ortsvektor
$\vec{k}$	m^{-1}	Wellenvektor

▲ $\vec{T}$ ist ein **fundamentaler Translationsvektor** (s. S. 884) im Kristallgitter.

Kronig-Penney-Modell, an den Orten der Atomrümpfe wird ein δ-Potential angenommen.

▲   Im Kronig-Penney-Modell ergeben sich **Energie-Lücken**.

Fast-freie Elektronen, Modell zur Beschreibung von Leitungsmechanismen in Metallen, basierend auf der Annahme, dass die Elektronen von dem periodischen Gitterpotential nur schwach gestört sind, jedoch an den Gitterpunkten gemäß der Bragg-Bedingung gestreut werden können.

2.   Braggsche Reflexionsbedingung und stehende Elektronenwellen

Braggsche Reflexionsbedingung, Bedingung für die Reflexion einer Welle am Kristallgitter. Gegebene Wellenlängen können nur unter bestimmten Glanzwinkeln θ (Einfallswinkeln $\pi/2 - \theta$) reflektiert werden. Es gilt:

Braggsche Reflexionsbedingung   **L**

	Symbol	Einheit	Benennung
	a	m	Gitterkonstante
$2a\sin\theta = n\lambda$	θ	rad	Glanzwinkel
	λ	m	Wellenlänge
	n	1	ganze Zahl

Bragg-Bedingung in einer Dimension

	Symbol	Einheit	Benennung
$\lambda_n = \dfrac{2a}{n}$	a	m	Gitterkonstante
	λ_n	m	Wellenlänge
mit $k_n = \pm\dfrac{2\pi}{\lambda_n} = \pm\dfrac{n\pi}{a}$	k_n	m^{-1}	Wellenzahl
	n	1	ganze Zahl

Stehende Elektronenwellen im Kristall, werden durch die konstruktive Interferenz der an den Gitterpunkten gestreuten Elektronenwellen erzeugt.

Tritt Bragg-Reflexion auf, so bilden sich stehende Wellen ($n = 1$):

$$\psi(+) = e^{jk_1x} + e^{-jk_1x} = 2\cos\left(\frac{\pi x}{a}\right)$$

$$\psi(-) = e^{jk_1x} - e^{-jk_1x} = 2j\sin\left(\frac{\pi x}{a}\right)$$

Aufenthaltswahrscheinlichkeit stehender Elektronenwellen

	Symbol	Einheit	Benennung
$\rho(+) = \|\psi(+)\|^2 \sim \cos^2\dfrac{\pi x}{a}$	$\rho(+), \rho(-)$	m^{-3}	Wahrscheinlichkeitsdichten
	x	m	Ort
$\rho(-) = \|\psi(-)\|^2 \sim \sin^2\dfrac{\pi x}{a}$	a	m	Gitterkonstante

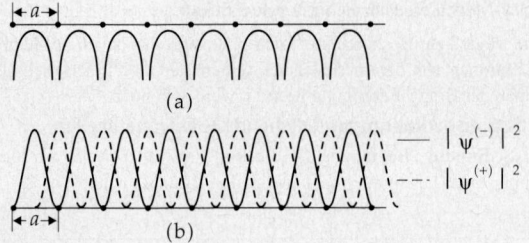

(a)

(b)

Abbildung 29.60: Schema der potentiellen Energie (a) und der Aufenthaltswahrscheinlichkeiten stehender Wellen (b)

Je nach Art der Interferenz befinden sich die Elektronen vorwiegend

• nahe bei den Atomrümpfen ($x = 0$, a, $2a$,..., Maxima von $\rho(+)$) oder
• weit von ihnen entfernt ($x = a/2$, $3a/2$,..., Maxima von $\rho(-)$).

Die beiden Zustände haben *verschiedene* Energie.

➤ Der Erwartungswert der potentiellen Energie einer laufenden, nicht der Bragg-Bedingung genügenden Welle ist größer als der im Zustand $\psi(+)$, aber kleiner als der im Zustand $\psi(-)$. Energien zwischen diesen Niveaus können von laufenden Wellen innerhalb des Modells nicht angenommen werden.

3. Energiebänder und -lücken

Energieband, Synonym für einen beschränkten, aber kontinuierlichen Energiebereich.

Energielücke, E_g, verbotener Energiebereich zwischen erlaubten Energiebändern.

Befindet sich die Fermi-Energie innerhalb eines erlaubten Energiebandes, so können Elektronen bei $T > 0$ *ohne* Überwindung einer Energiebarriere, also bereits bei sehr kleinen Temperaturen, höher energetische Zustände besetzen. Liegt die Fermi-Kante innerhalb eines verbotenen Bandes, so benötigen die Elektronen mindestens die Lücken-Energie (Energiebarriere), um in einen angeregten Zustand überzugehen.

• **Valenzband**, erlaubtes Energieband, in dem bei $T = 0$ alle Elektronenzustände besetzt sind.
• **Leitungsband**, erlaubtes Energieband höherer Energie als das Valenzband.
▲ Elektronen im Leitungsband tragen zur elektrischen Leitung bei.
▲ Im Grundzustand ($T = 0$) ist das Leitungsband *nicht* voll besetzt.

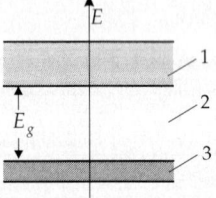

Abbildung 29.61: Bänderschema mit Valenzband, Leitungsband und Energielücke. 1 - Leitungsband unbesetzt, 2 - Energielücke E_g, 3 - Valenzband besetzt

4. Metalle, Isolatoren und Halbleiter

Metalle, Substanzen, bei denen sich die Fermi-Energie etwa in der Mitte eines erlaubten Bandes befindet. Das Energieband ist also nicht voll besetzt und deshalb ein Leitungsband. Es gibt etwa ebenso viele unbesetzte wie besetzte Zustände, so dass viele Elektronen auch bei niedrigen Temperaturen im Leitungsband beweglich sind.

Isolatoren, Dielektrika, Substanzen, bei denen die Fermi-Energie im verbotenen Bereich zwischen zwei Bändern liegt. Die thermische Energie reicht nicht aus, um genügend viele Elektronen aus dem vollbesetzten Valenzband in das freie Leitungsband zu heben.

Halbmetalle, schlecht leitende Metalle, bei denen die Fermi-Energie in der Nähe der oberen oder unteren Kante einen erlaubten Bandes liegt. Liegt das Fermi-Niveau in der Nähe der unteren Bandkante, so stehen nicht viele Elektronen zur Verfügung, um im elektrischen Feld Energie aufzunehmen und am Leitungsprozess teilzunehmen. Liegt die Fermi-Energie dagegen in der Nähe der oberen Bandkante, so stehen zwar genügend Elektronen zur Verfügung, aber die Zahl der erlaubten freien Zustände ist gering.

Halbleiter, besitzen einen schmalen verbotenen Bereich ($E_g \approx 1\,\mathrm{eV}$), in dem die Fermi-Energie liegt. Durch thermische Anregung bei Temperaturen $T > 0$ können Elektronen aus dem vollständig besetzten Valenzband die Energielücke überwinden und ins freie Leitungsband gelangen.

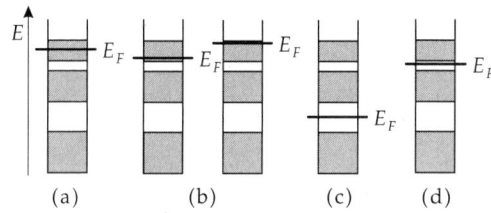

(a)   (b)   (c)   (d)

Abbildung 29.62: Bänderschema verschiedener Stoffe. (a): Metall, (b): Halbmetall, (c): Isolator, (d): Halbleiter

5. Fermi-Energie und optische Eigenschaften

Die **optischen Eigenschaften von Festkörpern** werden stark von der Lage der Fermi-Energie bestimmt. Das sichtbare Licht liegt im Energiebereich $1.6\,\mathrm{eV} < E < 3.2\,\mathrm{eV}$. Die Bandlücke in Dielektrika (Isolatoren) beträgt etwa 4 eV. Die Energie des sichtbaren Lichtes reicht nicht aus, um Elektronen ins nächsthöhere Band zu heben.

▲   Alle idealen **Dielektrika** sind für das sichtbare Spektrum durchlässig. Die Undurchlässigkeit vieler dielektrischer Minerale hängt mit Verunreinigungen zusammen.

▲   **Metalle** haben genügend freie Elektronen und freie erlaubte Energiezustände, um Lichtquanten gut zu absorbieren. Metalle sind deshalb **lichtundurchlässig**. Andererseits kann ein Elektron Energie verlieren, indem es ein Photon entsprechender Energie erzeugt. Beide Prozesse sind gleichwahrscheinlich. Metalle reflektieren deshalb gut. Voraussetzung für hohe **Reflexion** bzw. **Absorption** ist eine saubere Oberfläche. Oxidation führt oft zur Bildung dielektrischer Oberflächenschichten.

■   Gewöhnliche Spiegel reflektieren das Licht an einer hinter Glas aufgedampften Metallschicht (z. B. Silber).

▲   Halbleiter mit Bandlücken von 1 eV können Lichtquanten absorbieren. Ein Elektron kann mit Hilfe der Energie eines Photons die Energielücke zwischen Valenzband und Leitungsband überwinden (**Photostrom**).

6. Besetzungszahlen und Bewegungsgleichung

Besetzungszahl, Zahl der Elektronen, die ein Energieband besetzen. In isolierten Atomen ist die Besetzungszahl von Energiezuständen, die durch die Hauptquantenzahl n und die Bahndrehimpulsquantenzahl l klassifiziert werden, gegeben durch $2(2l + 1)$.

▲   Energiebänder werden durch die gleichen Quantenzahlen beschrieben wie das isolierte Atom.

■   Das Lithiumatom besitzt drei Elektronen. Zwei Elektronen besetzen das energetisch tiefste Niveau (1s-Niveau), das damit vollständig besetzt ist. Das überschüssige Elektron belegt den 2s-Zustand,

der bei etwas höherer Energie liegt. Bilden Lithiumatome einen Kristall, so entsteht ein lokalisierter Core-Zustand vom 1s-Charakter und ein darüber liegendes Energieband vom 2s-Charakter. Jedes Lithiumatom liefert 2 Elektronen in den 1s-Core-Zustand. Dieser ist damit voll besetzt. Das dritte Elektron geht in das 2s-Band. Dieses Band ist nur zur Hälfte gefüllt. Ein Lithiumkristall ist also ein Metall.
Analog verhalten sich die anderen Alkalimetalle Na, K, Rb, Cs und Fr.

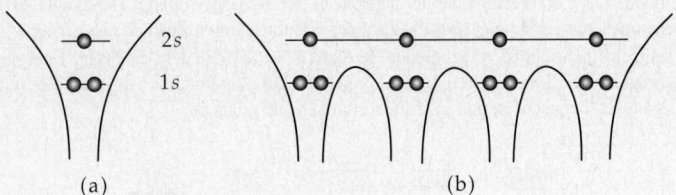

(a)   (b)

Abbildung 29.63: (a): Energieniveaus im Li-Atom, (b): Energieband (2s) und lokalisierte 1s-Core-Zustände im Li-Kristall

Bewegungsgleichung eines Elektrons im Festkörper unter Einfluß der Kräfte des Kristallgitters:

Bewegungsgleichung eines Elektrons			$\mathbf{MLT^{-2}}$
$\hbar\dfrac{\mathrm{d}\vec{k}}{\mathrm{d}t} = m^* \cdot \dfrac{\mathrm{d}\vec{v}_{\mathrm{gr}}}{\mathrm{d}t} = \vec{F}$ $v_{\mathrm{gr}} = \dfrac{1}{\hbar}\cdot\dfrac{\mathrm{d}\varepsilon}{\mathrm{d}k}$	Symbol	Einheit	Benennung
	F	$\mathrm{kg\cdot ms^{-2}}$	Kraft
	k	$\mathrm{m^{-1}}$	Wellenzahl des Elektrons
	m^*	kg	effektive Elektronenmasse
	v_{gr}	m/s	Gruppengeschwindigkeit Elektronenwelle
	$\varepsilon(k)$	J	Dispersion des Elektrons
	$\hbar$	Js	Wirkungsquantum/(2π)

Effektive Masse, m^*, berücksichtigt die Abhängigkeit der Elektronenenergie von der Wellenzahl (Dispersion).

Effektive Elektronenmasse im Festkörper			$\mathbf{M}$
$m^* = \dfrac{\hbar^2}{\dfrac{\mathrm{d}^2\varepsilon}{\mathrm{d}k^2}}$	Symbol	Einheit	Benennung
	m^*	kg	effektive Masse
	$\hbar$	Js	Wirkungsquantum/(2π)
	ε	J	Elektronenenergie
	k	$\mathrm{m^{-1}}$	Wellenzahl

▲   Schmale Energiebänder entsprechen einer großen effektiven Masse.

■   Na: Im Natrium ist das 3s-Band halbvoll. Die Bewegung der Elektronen erfolgt nahezu frei:

$$\frac{m^*}{m} \approx 1.$$

Fe, Co, Pt: 3d-Übergangsmetalle. Hier wird zuerst das 4s-Band aufgefüllt.

Alle s-Bänder sind sehr schmal, also ist m^* groß:

$$\frac{m^*}{m} \approx 10.$$

29.6 Halbleiter

Halbleiter, Dielektrikum mit kleinem Bandabstand (Energielücke zwischen Leitungs- und Valenzband).
Elementhalbleiter, Elemente der IV. Gruppe des Periodensystems mit jeweils vier Valenzelektronen.

- Elementhalbleiter: C, Si, Ge, Sn (Eigenschaften s. **Tab. 30.9/1**).

Verbindungshalbleiter, chemische Verbindung mit den Eigenschaften eines Halbleiters (s. **Tab. 30.9/2**).

Eigenleitung eines Halbleiters, entsteht, wenn durch thermische Anregung oder durch Lichteinfall Elektronen aus dem Valenzband in das leere Leitungsband gelangen.

Defektelektronen, Löcher, die im Valenzband zur vollen Auffüllung fehlenden Elektronen. Im See der negativen Elektronen verhalten sich die Löcher wie positive Teilchen.

▲   Bei eigenleitenden Halbleitern entstehen freie Elektronen und Löcher immer paarweise.

1.   Elektronendichte und Leitfähigkeit in Halbleitern

Freie Elektronendichte = Löcherdichte			L^{-3}

	Symbol	Einheit	Benennung
$n = p$	n	m^{-3}	Dichte der freien Elektronen
	p	m^{-3}	Dichte der Löcher

Die Leitfähigkeit κ wird durch das Produkt aus Beweglichkeit μ und der Zahl der freien Ladungsträger n, p bestimmt.

Leitfähigkeit eines Halbleiters			$I^2 T^3 M^{-1} L^{-3}$

	Symbol	Einheit	Benennung
	κ	$\Omega^{-1} m^{-1}$	Leitfähigkeit
	e	C	Elementarladung
$\kappa = e(\mu_n \cdot n + \mu_p \cdot p)$	μ_n	$m^2/(Vs)$	Beweglichkeit der Elektronen
	μ_p	$m^2/(Vs)$	Beweglichkeit der Löcher
	n	m^{-3}	Dichte der freien Elektronen
	p	m^{-3}	Dichte der Löcher

Elektronendichte im Leitungsband			L^{-3}

	Symbol	Einheit	Benennung
	n	m^{-3}	Dichte der freien Elektronen
	E_L	J	untere Kante des Leitungsbandes
$n = n_L \cdot e^{\frac{E_L - E_F}{k_B T}}$	E_F	J	Fermi-Energie
	n_L	m^{-3}	effektive Elektronendichte im Leitungsband
	k_B	JK^{-1}	Boltzmann-Konstante
	T	K	Temperatur

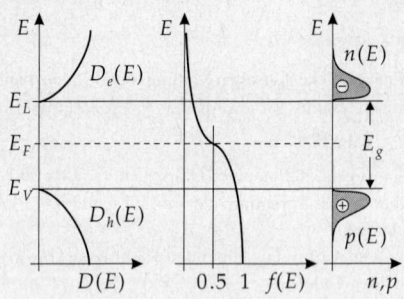

Abbildung 29.64: Zustandsdichte D, Verteilungsfunktion f und Ladungsträgerdichte n, p eines Halbleiters. E_V: obere Kante des Valenzbandes, E_L: untere Kante des Leitungsbandes, E_F: Fermi-Energie, E_g: Energielücke

Löcherdichte im Valenzband			L^{-3}
	Symbol	Einheit	Benennung
	p	m^{-3}	Löcherdichte
	E_V	J	obere Kante des Valenzbandes
$p = n_V \cdot e^{-\frac{E_F - E_V}{k_B T}}$	E_F	J	Fermi-Energie
	n_V	1	effektive Löcherdichte im Valenzband
	k_B	JK^{-1}	Boltzmann-Konstante
	T	K	Temperatur

➤ Die Beweglichkeiten von Elektronen μ_n und Löchern μ_p sind stark abhängig vom Halbleitermaterial.

▲ Die Elektronenbeweglichkeiten reiner Halbleiter sind nur schwach temperaturabhängig,

$$\mu(T) = \mu_0 \left(\frac{T}{T_0} \right)^{3/2}.$$

Intrinsische Ladungsträgerdichte, n_i, Dichte der freien Ladungsträger für eigenleitende Halbleiter.

Intrinsische Ladungsträgerdichte n_i			L^{-3}
	Symbol	Einheit	Benennung
	n_i	m^{-3}	intrinsische Ladungsträgerdichte
	n_L, n_V	m^{-3}	effektive Zustandsdichten im Leitungs- bzw. Valenzband
$n_i = \sqrt{n_L n_V} \cdot e^{-\frac{E_g}{2k_B T}}$	E_g	J	Energielücke
	T	K	Temperatur
	k_B	J/K	Boltzmann-Konstante

➤ Die Eigenleitfähigkeit σ ist sehr klein. Bei Raumtemperatur ist

$$k_B T \approx \frac{1}{40} \text{ eV}.$$

Bei einer Energielücke mit $E_g \approx 1$ eV ergibt dies

$$\sigma \approx 10^{-8} \ \Omega^{-1} m^{-1}.$$

[M] Der Halbleiterwiderstand, $R(T)$, kann als Temperatursensor zur Messung tiefer Temperaturen verwendet werden gemäß der Relation

$$R(T) \approx R_0 \cdot e^{\frac{-E_g}{2k_B T}}.$$

Dabei ist R_0 eine materialabhängige Konstante.

2. Eigenschaften der wichtigen Elementhalbleiter Ge, Si

	Ge	Si
	Kristallstrukturdaten	
Struktur	Diamant	Diamant
Gitterkonstante a	0.564613 nm	0.543095 nm
Atomdichte n	$4.42 \cdot 10^{22}$ cm^{-3}	$0.5 \cdot 10^{22}$ cm^{-3}
	elektrische Eigenschaften	
Bandgap E_g	0.66 eV	1.11 eV
intrinsische Trägerdichte n_i	$2.24 \cdot 10^{13}$ cm^{-3}	$1.14 \cdot 10^{10}$ cm^{-3}
relative Dielektrizitätszahl ε	16	11.8
Beweglichkeit μ_n	3900 cm^2 V^{-1} s^{-1}	1350 cm^2 V^{-1} s^{-1}
Beweglichkeit μ_p	1900 cm^2 V^{-1} s^{-1}	480 cm^2 V^{-1} s^{-1}
	effektive Zustandsdichte	
Leitungsband n_L	$1.04 \cdot 10^{19}$ cm^{-3}	$3.22 \cdot 10^{19}$ cm^{-3}
Valenzband n_V	$6.03 \cdot 10^{18}$ cm^{-3}	$1.83 \cdot 10^{19}$ cm^{-3}

29.6.1 Störstellenleitung

Fremdatome, die in reinen Halbleitern eingebaut werden, verändern erheblich den spezifischen Widerstand.

➤ Schon ein Zusatz von 1 ppm ($= 10^{-6}$) an Fremdatomen kann die Leitfähigkeit um mehr als einen Faktor 100 erhöhen.

1. Donator,

Fremdatom mit größerer Zahl an Valenzelektronen als die Atome des reinen Halbleitergitters. Die überzähligen Elektronen werden nicht zur Gitterbindung benötigt und sind mit geringem Energieaufwand vom Rumpfatom zu trennen.

▲ Im Bändermodell bilden diese Elektronen lokalisierte Niveaus direkt unterhalb des Leitungsbandes.
■ Für Elementhalbleiter der IV. Gruppe (z. B. Ge) sind Elemente der V. Gruppe (z. B. P) Donatoren.

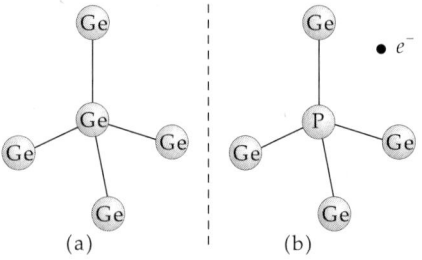

Abbildung 29.65: Dotierung eines Germaniumkristalls mit Phosphoratomen (schematisch). (a): Undotierter Germaniumkristall, (b): Germaniumkristall mit Phosphoratom dotiert

Dotierung eines Germaniumkristalls mit Phosphoratomen: Das nicht abgesättigte Elektron des fünfwertigen Phosphoratoms geht mit dem positiven Ion eine Bindung ein, die zu einem wasserstoffähnlichen Zustand führt. Die Bindungsenergie dieses Systems ist nur 0.01 eV für Germanium und 0.03 eV für Silicium.

2.   Akzeptor,

Fremdatom mit weniger Valenzelektronen als die Gitteratome, bietet einem anderen Elektron ein tiefliegendes Energieniveau im Kristallverband an. Da beim Auffüllen der Fehlstelle eine andere Fehlstelle gebildet wird, das Loch also an anderer Stelle auftritt, spricht man von Löcher-Leitung.

▲   Im Bändermodell bilden diese Elektronen **lokalisierte Niveaus** dicht oberhalb des Valenzbandes.

■   Für Elementhalbleiter der IV. Gruppe sind Elemente der III. Gruppe Akzeptoren.

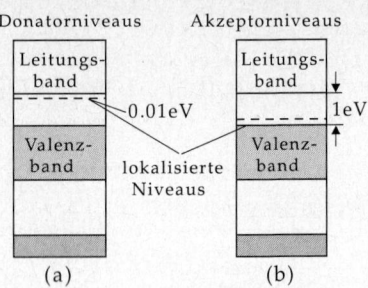

Abbildung 29.66: Bandschema mit lokalisierten Elektronenniveaus. (a): Donatorniveaus, (b): Akzeptorniveaus

3.   Dotierung von Halbleitern

Dotierung, Vorgang, bei dem in ein reines Halbleitergitter Fremdatome (Donatoren, Akzeptoren) mit abweichender Zahl von Valenzelektronen eingebracht werden.

Lokalisierte Niveaus in verschiedenen Halbleitern s. **Tab. 30.9/3 und 30.9/4.**

Majoritätsladungsträger, Ladungsträger, die dominierend an der elektrischen Leitung teilnehmen.

n-Dotierung, Dotierung mit Donatoren, Elektronenleitung dominiert.

p-Dotierung, Dotierung mit Akzeptoren, Löcherleitung dominiert.

n-Halbleiter, Halbleiter mit $n > p$, Elektronenleitung dominiert.

p-Halbleiter, Halbleiter mit $p > n$, Löcherleitung dominiert.

➤   Ohne angelegte Spannung diffundieren aufgrund des Elektronenüberschusses in der n- und des Elektronenmangels in der p-Schicht Elektronen aus der n- in die p-Schicht, wo zwar Ladungsneutralität herrscht, aber doch freie Kristallgitterplätze vorhanden sind.

Raumladungszonen, in der Grenzschicht bildet sich eine positive Raumladung in der n- und eine negative in der p-Zone aus.

Kontakte von p- und n-Halbleiterschichten: Ein p-n-Übergang entsteht in einem Einkristall, der zwei entgegengesetzt dotierte Bereiche enthält. Der Bereich mit eingebauten Akzeptoratomen ist p-leitend, im Bereich mit eingebauten Donatoratomen sind die Elektronen Majoritätsladungsträger.

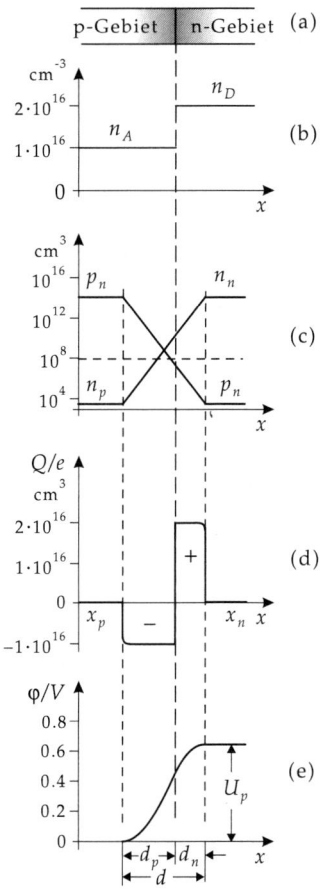

Abbildung 29.67: Eigenschaften dotierter
Halbleiter.
(a): pn-Grenzgebiet,
(b): Akzeptor- und Donatorkonzentration,
(c): Ladungsträgerdichte,
(d): Raumladungszonen mit Breiten d_n
(negativ) und d_p (positiv),
(e): Potentialdifferenz zwischen n- und p-Zone

Breiten der negativen bzw. positiven Raumladungszone d_n bzw. d_p, wegen der Ladungsneutralität gegeben
durch:

Breiten der Raumladungszonen			L
	Symbol	Einheit	Benennung
$d_n \cdot n_D = d_p \cdot n_A$	d_n, d_p	m	Breite der negativen bzw. positiven Raumladungszone
	n_D, n_A	m^{-3}	Majoritätsladungsträgerdichte

➤ Die Raumladungszonen erzeugen ähnlich wie beim Plattenkondensator ein Potentialgefälle, die Diffusionsspannung.

Diffusionsspannung, U_D, Potentialdifferenz zwischen dem n- und dem p-Gebiet:

Diffusionsspannung am pn-Übergang			$L^2T^{-3}MI^{-1}$

$$U_D = \frac{k_B T}{e} \ln \frac{n_A n_D}{n_i^2}$$

Symbol	Einheit	Benennung
U_D	V	Diffusionsspannung
n_A	m^{-3}	Akzeptorkonzentration
n_D	m^{-3}	Donatorkonzentration
n_i	m^{-3}	intrinsische Ladungsträgerdichte
e	C	Elementarladung
k_B	JK^{-1}	Boltzmann-Konstante
T	K	Temperatur

Für die Breite der Raumladungszone ergibt sich:

Breite der Raumladungszone			L

$$d = \sqrt{\frac{2\varepsilon_r\varepsilon_0 U_D}{e} \cdot \frac{n_A + n_D}{n_A \cdot n_D}}$$

Symbol	Einheit	Benennung
d	m	Breite der Raumladungszone
ε_r	1	relative Dielektrizitätszahl
ε_0	C/(Vm)	elektrische Feldkonstante
U_D	V	Diffusionsspannung
n_A	m^{-3}	Akzeptorkonzentration
n_D	m^{-3}	Donatorkonzentration
e	C	Elementarladung

29.6.2   Halbleiterdiode

Diode, Schaltelement, das den Strom nur in einer Richtung leitet, in der anderen sperrt.
Halbleiterdiode, Schaltelemente mit einem pn-Übergang.

1.   Hauptcharakteristika von Halbleiterdioden
Anode, Elektrode an der p-Schicht der Diode.
Katode, Elektrode an der n-Schicht der Diode.

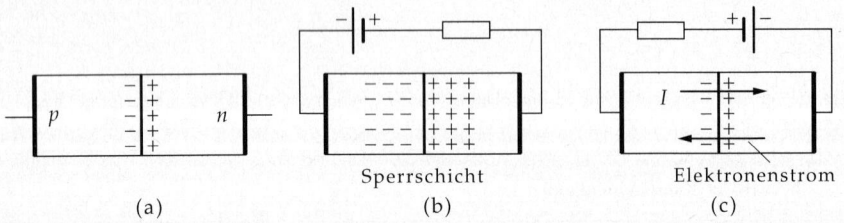

Abbildung 29.68: pn-Übergang, äußere Spannung (a): Null, (b): negativ (Sperrrichtung), (c): positiv (Durchlassrichtung)

Sperrspannung, U_{Sp}, negative Spannung zwischen p- und n-Schicht, führt zu einer Verbreiterung der Raumladungszone: Die Ladungsträger werden vom elektrischen Feld aus ihr herausgedrängt, und der Stromfluss ist weitgehend unterbrochen, die Raumladungszone wirkt als **Sperrschicht**.

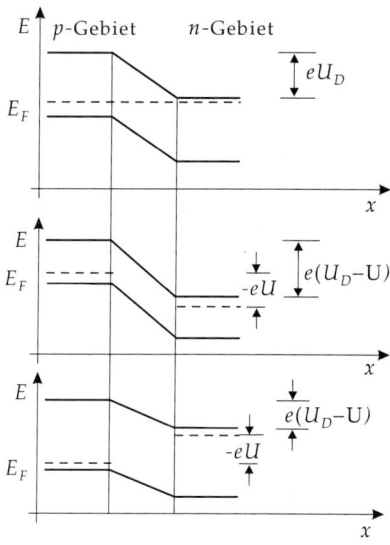

Abbildung 29.69: Energieniveaus im Bänder-modell am pn-Übergang

Lawinendurchbruch, sehr steiles Ansteigen des Diodenstromes bei Überschreitung einer maximalen negativen Spannung, die gewöhnlich weit über 6 V liegt.

Zener-Effekt, ähnlich dem Lawinendurchbruch, bewirkt jedoch das schnelle Ansteigen bei wesentlich kleineren Spannungen (unter 6 V).

Durchbruchspannung, **Zener-Spannung**, U_Z, negative Spannung, bei der der Lawinen- oder Zener-Durchbruch einsetzt.

➤ Beim Überschreiten der Durchbruch-Spannung kann das Bauteil zerstört werden.

Eine positive Spannung zwischen p- und n-Zone verstärkt den Diffusionsvorgang von der n- in die p-Schicht: Die Elektronen werden durch das elektrische Feld entgegen dessen Richtung beschleunigt. Der Strom steigt exponentiell mit der Spannung (**Shockley-Diodenformel**).

Shockleysche Diodenformel			I

	Symbol	Einheit	Benennung
$I = I_{Sp}\left(e^{U/U_T} - 1\right)$	I_{Sp}	A	Sperrstrom
	E_g	eV	Energielücke
$I_{Sp} \sim e^{-E_g/k_B T}$	U_T	V	Temperaturspannung
	U	V	pn-Spannung
$U_T = k_B T / e$	I	A	Strom in pn-Richtung
	k_B	JK^{-1}	Boltzmann-Konstante
	T	K	Temperatur
	e	C	Elementarladung

▲ Elektrische Eigenschaften von Dioden sind stark abhängig von der Geometrie, der Dotierung und der Temperatur.

➤ Material- und Geometrieeigenschaften stecken im Faktor I_{Sp}.

➤ Die Temperaturspannung U_T wird oft der thermischen Energie kT gleichgesetzt und in eV angegeben.

Sperrrichtung, Anodenpotential ist **negativ** gegenüber dem Katodenpotential.

Sperrstrom, I_{Sp}, Reststrom eines in Sperrrichtung betriebenen pn-Übergangs. Der Sperrstrom wird verursacht von Elektronen aus der p-Schicht und Löchern aus der n-Schicht, also Minoritätsträgern, die das elektrische Feld durch die Sperrschicht treibt.

Durchlassrichtung, Anodenpotential **positiv** gegenüber Katodenpotential.

Schleusenspannung, U_S, positive Spannung, bei deren Überschreiten die Diode niederohmig wird, also den Strom leitet. U_S kann aufgrund des steilen, aber stetigen Stromanstiegs mit wachsender Spannung nicht exakt festgelegt werden. In der Praxis kann der Übergang vom sperrenden in den leitenden Zustand oft als sprungartig angenommen werden.

Sperr-Erholzeit, Zeitdauer, die ein pn-Übergang beim Umpolen der Spannung benötigt, um vom sperrenden in den leitenden Zustand überzugehen.

Kennlinien, beschreiben graphisch die Strom-Spannungs-Abhängigkeit eines Schaltelements.

Es gibt verschiedene Typen von Dioden, die sich vor allem in der Stärke der Dotierung der beiden Schichten unterscheiden. Dies wirkt sich auf die Werte der Kenngrößen, aber auch auf die Kennlinien aus.

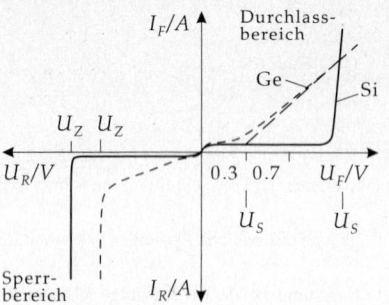

Abbildung 29.70: Kennlinien typischer Germanium- und Siliziumdioden,
U_F: Spannung in Durchlassrichtung,
U_R: Spannung in Sperrrichtung,
U_Z: Zenerspannung,
U_S: Schleusenspannung,
I_F: Dauerdurchlassstrom,
I_R: Sperrstrom

➤ Die Katode einer Diode ist in der Regel durch einen aufgedruckten Ring auf dem Bauteil und durch den senkrechten Strich im Schaltzeichen gekennzeichnet.

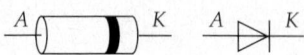

Abbildung 29.71: Kennzeichen der Katode am Bauteil (links) und im Schaltzeichen (rechts) einer Diode

2. Schaltdiode,

schnelle Diode. In Durchlassrichtung leitet die Diode mit geringem Durchlasswiderstand, während sie in Sperrrichtung mit sehr kleinem Reststrom sperrt. Schaltdioden lassen sich sehr preisgünstig in großer Stückzahl herstellen und werden aufgrund ihrer vielseitigen Einsetzbarkeit auch **Universaldioden** genannt.

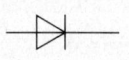

Abbildung 29.72: Schaltdiode: Schaltsymbol und typische Kennwerte
U_S: klein (Si: 0.7 V, Ge: 0.3 V),
U_Z: 50 ... 100 V,
I_F: 50 ... 200 mA,
I_R: $\approx$ 1 nA,
τ: 2 ... 20 ns

M   Universaldiode zum Schalten, Begrenzen, Entkoppeln und für Logikschaltungen

3. Schottky-Diode,

sehr schnelle, für hohe Frequenzen geeignete Diode. Sie besitzt keinen pn-, sondern einen Metall-Halbleiterübergang, was dazu führt, dass nur Majoritätsträger zur Stromleitung beitragen. Die Schottky-Diode reagiert sehr schnell auf Spannungswechsel, so dass selbst Ströme im GHz-Bereich sicher geschaltet werden können. Die Kennlinie ist mit der einer Schaltdiode vergleichbar, sie steigt jedoch in Durchlassrichtung weniger steil an.

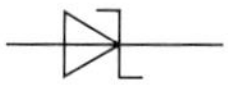

Abbildung 29.73: Schaltsymbol und typische Kennwerte einer Schottky-Diode.
U_S: 0.3 - 0.4 V,
U_Z: 50 ... 100 V,
I_F: 0.1 ... 1 mA,
τ: 10 ... 100 ps

■   Anwendung: in Hochfrequenzschaltungen (bis ca. 40 GHz).

4. Gleichrichterdiode,

gewährleistet im Gegensatz zu den Schaltdioden eine hohe zulässige Verlustleistung und Stromstoßfestigkeit. Letzteres ist besonders in Gleichrichterschaltungen, die direkt am Stromnetz hängen, sehr wichtig, da im Durchlassbereich sehr hohe Ströme (> 10 A) auftreten können. Aufgrund der hohen Spannungen, denen Netzgleichrichter ausgesetzt sind, sollte der Sperrstrom sehr niedrig sein, da sonst zusätzliche Verluste entstehen. Die Kennlinie entspricht der einer Schaltdiode.

Abbildung 29.74: Schaltsymbol und typische Kennwerte einer Gleichrichterdiode.
U_F: $\leq$ 1 V,
U_Z: bis 500 V,
I_R: $\approx$ 50 μA,
τ: etwa μs (in Hochfrequenzgleichrichtern sehr klein)

■   **Brückengleichrichter:**
Wenn U_E positiv ist, so fließt über die Dioden 1 und 2 ein Strom durch den Lastwiderstand R_L. Die Dioden 3 und 4 sind in diesem Fall gesperrt. In der nächsten Halbwelle leiten D_4 und D_3, während D_1 und D_2 sperren. Durch R_L fließt ein Strom in derselben Richtung. Vorteil der Schaltung gegenüber Gleichrichtern mit nur einer Diode ist die Tatsache, dass auch während der negativen Halbwelle ein Strom durch den Lastwiderstand fließt. Allerdings schwankt der Spannungspegel noch sehr stark. Diese Schwankung kann durch Parallelschalten eines Ladekondensators C zu R_L verringert werden.

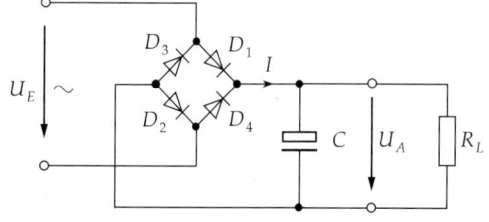

Abbildung 29.75: Schaltung eines Brückengleichrichters

5. Z-Diode,

stark dotierte und in Sperrrichtung betriebene Diode. Sie verhält sich in Durchlassrichtung und in Sperr-richtung ähnlich wie eine Schaltdiode, besitzt jedoch eine wesentlich geringere, typenmäßig sehr genau spezifizierte Zener-Spannung U_Z (durch die hohe Dotierung wird die Feldstärke in der Grenzschicht sehr hoch, wodurch vermehrt Elektron-Loch-Bindungen aufgerissen werden, die dann als Ladungsträger zum Stromfluss beitragen können). Im Gegensatz zur Schaltdiode ist der Durchbruch bei der Z-Diode gewollt und führt *nicht* zur Beschädigung der Diode.

Abbildung 29.76: Schaltzeichen der Z-Diode

■   Die Z-Diode wird zur Spannungsbegrenzung und -stabilisierung eingesetzt.

6. Diac-Triggerdiode,

(**DI**ode **A**lternating **C**urrent switch), besteht im Gegensatz zu allen anderen Diodentypen aus zwei pn-Übergängen und wird ab einer definierten Spannung leitend.

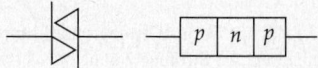

Abbildung 29.77: Schaltzeichen und Schicht-folge eines Diac

Im Prinzip handelt es sich um zwei entgegengesetzt in Reihe geschaltete Dioden, so dass bei Anlegen einer Spannung eine Diode in Durchlass- und eine in Sperrrichtung geschaltet ist. Dabei fließt nur ein kleiner Reststrom $I \leq 100\ \mu A$, solange die Spannung nicht über die Durchbruchspannung U_Z eines pn-Übergangs hinaus gesteigert wird. Dann wird der Diac plötzlich niederohmig und der Strom steigt stark an, während die Spannung absinkt. Verringert man die angelegte Spannung wieder, so wird der Diac stromlos, sobald eine Haltespannung U_H unterschritten wird. Aufgrund der Symmetrie der Schichten spielt die Polarität des Diac keine Rolle.

Abbildung 29.78: Kennlinie eines Diac

Diacs werden dort eingesetzt, wo kurze definierte Stromimpulse nötig sind, um einen (elektronischen) Schalter bei genau definierter Spannung sicher zu zünden.

7. Photodiode,

verändert ihren Durchlasswiderstand in Abhängigkeit von der in die Diode dringenden Lichtstärke, wird in *Sperrrichtung* betrieben.

➤   Photodioden werden in Sperrrichtung unterhalb der Durchbruchspannung betrieben (kleine Sperr-schichtkapazität für kurze Ansprechzeiten). Der Sperrstrom hängt in einem großen Bereich im we-sentlichen von der Beleuchtungsstärke ($\approx 0.1\ \mu A/lx$) und nur schwach, aber linear von der Sperr-spannung ab.

Die im dotierten Kristall der Photodiode gebundenen Ladungsträger können durch Energiezufuhr mittels einfallenden Lichts aus dem Valenzband in das Leitungsband gehoben werden (Photoeffekt, Erzeugung von Elektronen-Loch-Paaren). Die Energie der Lichtquanten

$$E_{Ph} = hf$$

muss dazu größer sein als die Bindungsenergie der Ladungsträger an den Gitterplätzen, wobei h das Planck-sche Wirkungsquantum und f die Frequenz des Lichts ist (s. **Tab. 30.9/5**).

➤ Wird die Frequenz zu klein, also die Wellenlänge zu groß, so werden trotz hoher Lichtintensität keine Ladungsträger mehr freigesetzt (Spektralbereich: Si-Dioden $0.6\ldots 1\,\mu m$, Ge-Dioden $0.5\ldots 1.7\,\mu m$).

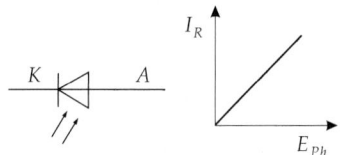

Abbildung 29.79: Schaltzeichen und Kennlinie einer Photodiode

Der Photoeffekt tritt im Prinzip auch bei gewöhnlichen pn-Übergängen auf. Bei der Photodiode wurde der Effekt jedoch durch Aufbau und Dotierung optimiert.

8.   PIN-Diode,

ein für hochfrequente Wechselsignale stromabhängiger ohmscher Widerstand. Sie wird in Durchlaßrichtung betrieben.

Zwischen der p- und der n-Schicht ist bei der PIN-Diode eine undotierte isolierende Schicht (i-Schicht) eingefügt, in der kaum freie Ladungsträger vorhanden sind. In Sperrichtung isoliert diese Intrinsic-Schicht, in Durchlaßrichtung strömen jedoch Ladungsträger aus den dotierten Schichten in die Isolierschicht, so dass sie leitend wird.

▲ Eine PIN-Diode ist für hochfrequente Wechselströme ein stromabhängiger ohmscher Widerstand.

Dazu wird einem Steuergleichstrom I_d, der den Widerstandswert festlegt, ein hochfrequenter Wechselstrom überlagert, dem die PIN-Diode einen ohmschen Widerstand R bietet.

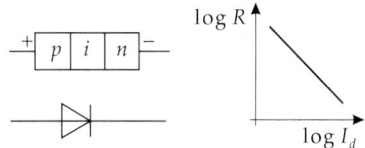

Abbildung 29.80: Aufbau, Schaltzeichen und Kennlinie einer PIN-Diode. i: undotierte isolierende Schicht

■ Anwendung: stromgesteuerter Schalter für Hochfrequenzsignale.

9.   Step-Recovery-Diode,

(SRD), der Stromfluß in der Sperrschicht endet beim Wechsel von Durchlaß- nach Sperrichtung *abrupt* und nicht stetig.

➤ Im Prinzip zeigen alle Dioden diesen Effekt, bei der Step-Recovery-Diode ist er aufgrund der Dotierung besonders ausgeprägt.

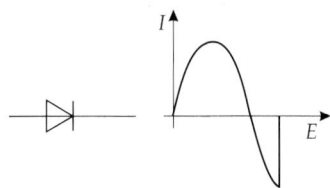

Abbildung 29.81: Schaltzeichen und Kennlinie der Step-Recovery-Diode

■ Anwendung: Erzeugung steiler Impulse, Frequenzvervielfacher bis in den GHz-Bereich.

10. Tunnel-Diode

Tunnel-Effekt, quantenmechanischer Effekt, der erlaubt, dass ein Teilchen eine hohe, aber hinreichend dünne Potentialbarriere mit einer gewissen von Höhe und Breite der Barriere abhängigen Wahrscheinlichkeit zu überwinden vermag, obwohl klassisch die Energie nicht ausreicht.

Tunnel-Diode, sehr stark dotierte Germaniumdiode. Die Dotierung ist so hoch, dass das Übergangsgebiet zwischen den Schichten, die Sperrschicht, sehr dünn wird. Dann tritt der Wellencharakter der Elektronen zutage, die in der Lage sind, diesen dünnen Potentialwall aufgrund des Tunnel-Effektes zu überwinden, obwohl die Feldstärken eigentlich dazu nicht ausreichen. Dieser Effekt bewirkt bei kleinen positiven pn-Spannungen einen für Dioden atypischen linearen Stromanstieg (Tunnelströme von p nach n und umgekehrt heben sich bei $U = 0$ gerade auf, bei Spannungserhöhung steigt der Strom proportional zur Spannung). Bei weiterer Spannungserhöhung stehen immer weniger Energieniveaus zur Verfügung, in die Elektronen tunneln könnten, so dass der Stromanstieg geringer wird, bis schließlich über ein Strommaximum ein fallender Kennlinienteil erreicht wird. Bei hohen Spannungen überwiegt dann wieder der normale Diffusionsstrom. Bei negativer pn-Spannung wird die Tunneldiode sofort leitend. Dies macht man sich bei der *Backward-Diode* zunutze. Charakteristisch für die Tunnel-Diode ist ihre sehr schnelle Schaltzeit von ca. 100 ps, die den Einsatz in der Hochfrequenztechnik ermöglicht.

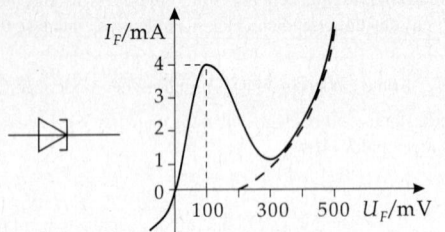

Abbildung 29.82: Schaltzeichen und Kennlinie einer Tunnel-Diode

■ Anwendung: sehr schnelle Triggerdiode, Höchstfrequenzoszillator, Entdämpfung von Schwingkreisen

11. Backward-Diode,

besitzt eine geringere Dotierung als die Tunnel-Diode und damit einen stark abgeschwächten Strompeak bei positiven Spannungen, behält jedoch die Eigenschaft der Leitfähigkeit bei negativen Spannungen. Dies führt dazu, dass sich die Backward-Diode gerade umgekehrt zu einer normalen Diode verhält. Sie wird in *Sperrrichtung* beschaltet und leitet dann bei negativer Spannung ohne Schleusenspannung und sperrt bei positiver bis zu einer vergleichsweise kleinen Sperrspannung.

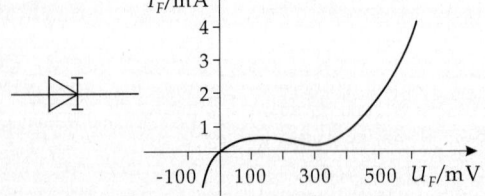

Abbildung 29.83: Schaltzeichen und Kennlinie der Backward-Diode

■ Anwendung: Hochfrequenz-Gleichrichter für kleine Spannungen.

12. Kapazitätsdiode (Varaktor),

spannungsabhängige Kapazität, in Sperrrichtung betrieben.

Die Sperrschicht einer Kapazitätsdiode wirkt als Kondensator, dessen Fläche konstant bleibt, während durch die angelegte Steuerspannung der Abstand der Flächen und damit die Kapazität verändert wird. Dieser Effekt tritt bei allen Dioden auf. Kapazitätsdioden zeichnen sich durch ein großes Verhältnis zwischen höchster (5...300 pF) und niedrigster (1...5 pF) zu erreichender Kapazität, doch einen sehr kleinen Innenwiderstand und damit hohe Güte aus.

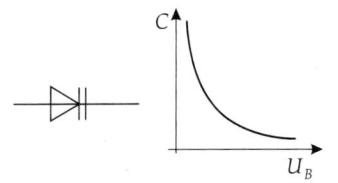

Abbildung 29.84: Schaltzeichen und Kennlinie der Kapazitätsdiode

■   Anwendung: Senderabstimmung in Rundfunk- und Fernsehgeräten.

13. Leuchtdiode (LED),

Lichtquelle mit materialabhängiger Frequenz, deren Intensität über den Strom durch die in Durchlassrichtung betriebene pn-Schicht gesteuert wird.

Dotiert man die n-Schicht sehr stark gegenüber der p-Schicht, so besteht der Leitungsstrom hauptsächlich aus Elektronen und beruht nur in sehr geringem Maße auf Löcherleitung. Die in Durchlassrichtung in die p-Schicht gelangenden Elektronen rekombinieren mit den dort vorhandenen Löchern. Dabei wird Energie frei, die in Form von Licht abgegeben wird, je nach Material im infraroten oder im sichtbaren Bereich. Führt man die Strahlung, die in jeder Diode mehr oder weniger stark auftritt, nach außen, so erhält man eine LED.

➤   LEDs werden nicht aus Silicium oder Germanium, sondern aus GaAsP (III-V-Verbindung) hergestellt. Ihr Wirkungsgrad beträgt im Infraroten einige Prozent, sonst weniger als 0.1 Prozent.

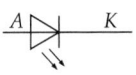

Abbildung 29.85: Leuchtdiode.
rot, gelb: GaAsP (Gallium-Arsenid-Phosphid),
grün: GaP (Gallium-Phosphid),
blau: SiC (Silicium-Carbid),
infrarot: GaAs (Gallium-Arsenid), GaAlAs
(Gallium-Aluminium-Arsenid)

▲   Die Frequenz des emittierten Lichtes richtet sich nach dem Energiegewinn bei der Rekombination.
■   Einsatz als Signallampen, Unterhaltungselektronik, Optokoppler, Glasfasersysteme.

29.6.3 Transistor

Transistor, Halbleiterbauelement mit mindestens zwei pn-Übergängen, hauptsächlich zur Steuerung und Verstärkung von Signalen, aber auch als elektronischer Schalter eingesetzt.

Man unterscheidet zwischen bipolaren und unipolaren (Feldeffekt-)Transistoren. Bipolare Transistoren sind strom-, unipolare spannungsgesteuert. Das bedeutet, dass unipolare Transistoren wesentlich weniger Leistung aufnehmen als bipolare, weswegen sie heutzutage vor allem in der Mikroelektronik hochintegrierter Schaltkreise immer mehr die bipolaren Typen verdrängen.

29.6.3.1   Bipolare Transistoren

Bipolarer Transistor, besteht im wesentlichen aus zwei pn-Übergängen, wobei die Reihenfolge der Schichten den Namen des Transistors bestimmt (**npn**- oder **pnp**-Transistor).

npn-Transistor, bipolarer Transistor mit der Schichtfolge npn.

pnp-Transistor, bipolarer Transistor mit der Schichtfolge pnp, wird in vielen Fällen durch einen npn-Transistor ersetzt.

Basis, B, Elektrode an der mittleren Schicht, an ihr werden die Steuersignale angelegt.

Kollektor, C, Elektrode an einer der äußeren Schichten. Im Allgemeinen auf positivem Potential bei npn- und negativem Potential bei pnp-Transistoren gegenüber dem

Emitter, E, Elektrode an der zweiten äußeren Schicht.

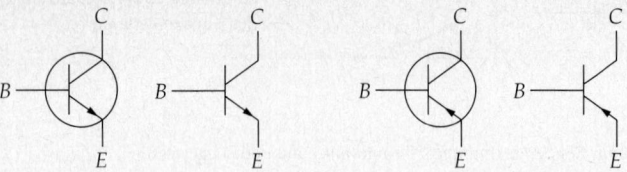

Abbildung 29.86: Schaltzeichen eines npn- und pnp-Transistors, jeweils alte (mit Kreis) und neue Notation

▲   In der Regel sind Transistoren *nicht* symmetrisch aufgebaut. Kollektor- und Emitteranschluß dürfen nicht vertauscht werden.

➤   Merkregel: Der Kollektor sammelt (englisch: to collect) Majoritätsträger der Mittelschicht und gibt sie am Emitter wieder aus (englisch: to emit = aussenden). Der Stromfluss der Basis-Majoritätsträger geht also immer vom Kollektor zum Emitter.

➤   Aufgrund der häufigen Verwendung wird im folgenden nur der npn-Typ behandelt. Der pnp-Transistor ist funktional äquivalent und schaltungstechnisch invers und kann in den meisten Fällen durch npn-Transistoren ersetzt werden.

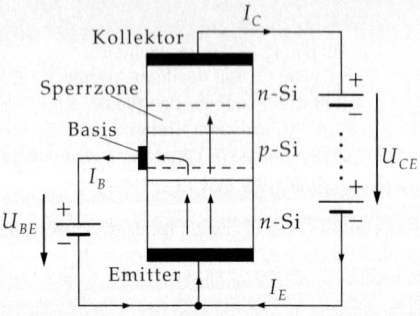

Abbildung 29.87: Aufbau und Funktionsweise eines bipolaren Transistors

Zwischen Kollektor C und E liege eine positive Spannung U_{CE}. Ist nun B negativ gegenüber E, so kann kein Strom zu C fließen, da sowohl die BC-, als auch die EB-Diode in Sperrichtung geschaltet ist. Ist dagegen B positiv gegen E, so ist die BE-Diode in Durchlassrichtung geschaltet und Elektronen gelangen von der n- in die p-Zone. Ist die mittlere freie Weglänge der Elektronen bis zur Rekombination mit einem Gitterloch nun groß und die p-Schicht dünn genug, so können die Elektronen bis zum BC-Übergang diffundieren, wo sie wegen der positiven U_{CE}-Spannung zum Kollektor abgesaugt werden: ein Strom fließt.

Bezeichnungen in Transistorschaltungen:

I_C Kollektorstrom
I_B Basisstrom
I_E Emitterstrom
U_{CE} Kollektor- Emitter-Spannung
U_{BE} Basis-Emitter-Spannung
U_{BC} Basis-Kollektor-Spannung

➤ Bei pnp-Transistoren muss die Basis gegenüber dem Emitter negativ beschaltet werden.
▲ Der Transistor wirkt stromverstärkend: Ein kleiner Basisstrom führt zu einem großen Kollektorstrom.

Vierquadranten-Kennlinienfeld, eine Möglichkeit zur kompakten Darstellung der Abhängigkeiten aller Eingangs- und Ausgangsströme und -spannungen. Sie hat den Vorteil, dass man das Gesamtsystem auf einen Blick übersieht.

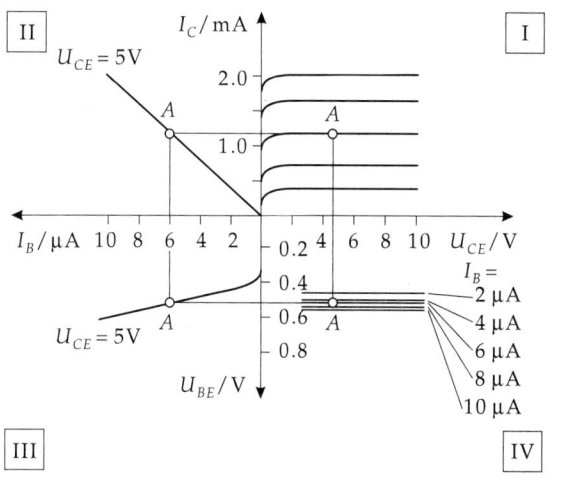

Abbildung 29.88:
Vierquadranten-Kennlinienfeld eines npn-Transistors in Emitterschaltung. Die Punkte A markieren Arbeitspunkte im linearen Bereich der Kennlinien

Eingangskennlinie, Abhängigkeit $I_B = I_B(U_{BE})$ bei $U_{CE} = $ const. (dritter Quadrant). Im Prinzip handelt es sich hierbei um die Kennlinie der Basis-Emitter-Diode.

Ausgangskennlinie, Abhängigkeit $I_C = I_C(U_{CE})$ mit dem Parameter I_B (erster Quadrant).

Sättigungsbereich, Bereich der Ausgangskennlinien, in dem I_C mit U_{CE} stark ansteigt (U_{CE} klein).

Aktiver Bereich, der Teil der Ausgangskennlinie, bei dem I_C von U_{CE} kaum, von I_B aber stark abhängt. Transistoren in Verstärkerschaltungen arbeiten in diesem Bereich.

Stromverstärkungskennlinie oder **Übertragungskennlinie**, Abhängigkeit $I_C = I_C(I_B)$ mit $U_{CE} = $ const. (zweiter Quadrant).

Rückwirkungskennlinie, Rückwirkung der Ausgangsspannung U_{CE} auf die Eingangsspannung $U_{BE} = U_{BE}(U_{CE}, I_B)$ (vierter Quadrant). Im aktiven Bereich ist die Rückwirkung ≈ 0, also U_{BE} von U_{CE} unabhängig.

Steuerkennlinie, Kombination aus Eingangs- und Stromverstärkungskennlinie $I_C = I_C(U_{BE})$ bei $U_{CE} = $ const.

Grenzdaten, Maximalwerte für die Beschaltung eines Transistors. Werden diese überschritten, so kann der Transistor zerstört werden. Besonders empfindlich sind Transistoren auf zu hohe Basisspannungen oder -ströme, da hierbei die sehr dünne mittlere Schicht in Mitleidenschaft gezogen wird. Aber auch zu große

Leistungsaufnahme im Ausgangskreis kann zur Beschädigung führen. Die Grenzdaten sind dem Datenblatt zum Bauteiltyp zu entnehmen.

Arbeitspunkt, bestimmt den Bereich im Kennlinienfeld, in dem der Transistor arbeitet. In der **Analogtechnik** wird der Transistor häufig zur Wechselstrom- oder Wechselspannungsverstärkung eingesetzt. Damit der Transistor die Signale nicht verzerrt, müssen diese im linearen Bereich der Kennlinien liegen. Da die Kennlinien aber um den Nullpunkt extrem nicht-linear sind, muss das Signal in einen linearen Bereich, den Arbeitspunkt, angehoben werden (Punkte A im Kennlinienfeld). Dies geschieht mit einer äußeren Beschaltung, in der eine Gleichspannung dem Wechselsignal überlagert wird.

Kollektorwiderstand, Widerstand vor dem Kollektor. Analog sind **Emitterwiderstand** und **Basiswiderstand** definiert.

Widerstandsgerade, dient dazu, den Arbeitspunkt im Kennlinienfeld zu bestimmen und wird durch den Kollektorwiderstand R_C (in Emitterschaltung) festgelegt. Dieser vermittelt eine Abhängigkeit zwischen I_C und U_{CE} gemäß dem Ohmschen Gesetz

$$I_C = \frac{U_0 - U_{CE}}{R_C},$$

die zusätzlich zur durch den Transistor vorgegebenen Beziehung $I_C = I_C(U_{CE})$ erfüllt sein muss. Damit liegt bei vorgegebenem I_B der Arbeitspunkt fest.

➤   Die Arbeitspunkteinstellung ist das Wichtigste an jeder Transistorschaltung und ist entscheidend für ihre ordnungsgemäße Funktion. Es muss immer auf die Grenzdaten des Transistors geachtet werden.

29.6.3.2   Grundschaltungen

Grundschaltungen, fundamentale Schaltungen eines Transistors. Es gibt drei verschiedene Grundschaltungen für bipolare Transistoren, je nachdem, welche der drei Elektroden der gemeinsame Bezugspunkt für Ein- und Ausgangssignal ist. Man unterscheidet Emitter-, Basis- und Kollektorschaltung. Die Emitterschaltung ist die gebräuchlichste Schaltung zur Spannungsverstärkung.

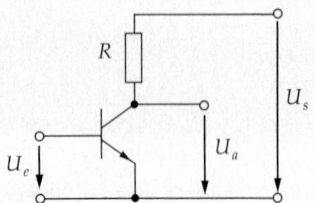

Abbildung 29.89: Prinzip der Emitterschaltung.
$U_e = U_{BE}$: Eingangsspannung,
$U_a = U_{CE}$: Ausgangsspannung

Emitterschaltung, Emitter ist gemeinsamer Bezugspunkt für Ein- und Ausgangssignal.

Kenngrößen des Transistors in Emitterschaltung

		Symbol	Einheit	Benennung
$R_{BE} =$	$\dfrac{\partial U_{BE}}{\partial I_B}$			
$v_r =$	$\dfrac{\partial U_{BE}}{\partial U_{CE}}$	R_{BE}	Ω	differentieller Eingangswiderstand
		v_r	1	Spannungsrückwirkung
$\beta =$	$\dfrac{\partial I_C}{\partial I_B}$	β	1	Kleinsignalstromverstärkung
		R_{CE}	Ω	differentieller Ausgangswiderstand
$R_{CE} =$	$\dfrac{\partial U_{CE}}{\partial I_C}$			

Vierpol, Schaltgruppe, deren innere Struktur und Funktionsweise im Detail vernachlässigt wird und von der nur der funktionale Zusammenhang zwischen Eingangs- und Ausgangsgrößen bekannt ist.
Vierpolgleichungen, Bestimmungsgleichungen eines Vierpols. Sie verknüpfen Eingangs- und Ausgangsgrößen des Vierpols.
Man kann einen Transistor als einen Vierpol betrachten. Dabei ist eine Elektrode dem Eingang und Ausgang des Vierpols gemeinsam (E bei Emitterschaltung). Mit Hilfe der Vierpolgleichungen kann man die Übertragung der Eingangsgrößen U_{BE} und I_B durch den Transistor berechnen. Für Kollektor- und Basis-Schaltung lassen sich analoge Beziehungen angeben.

Vierpolgleichungen des Transistors in Emitterschaltung

	Symbol	Einheit	Benennung
$\Delta U_{BE} = R_{BE}\Delta I_B + v_r\Delta U_{CE}$	ΔU_{BE}	V	Basisspannungsänderung
	ΔI_B	A	Basisstromänderung
	ΔU_{CE}	V	Ausgangsspannungsänderung
$\Delta I_C = \beta\Delta I_B + \dfrac{1}{R_{CE}}\Delta U_{CE}$	ΔI_C	A	Kollektorstromänderung
	R_{BE}	Ω	differentieller Eingangswiderstand
	R_{CE}	Ω	differentieller Ausgangswiderstand

▲ Den differentiellen Größen können die Größen

$$R_E = \frac{\Delta U_{BE}}{\Delta I_B} \qquad \text{Eingangswiderstand}$$

$$B = \frac{\Delta I_C}{\Delta I_B} \qquad \text{Stromverstärkung}$$

$$R_A = \frac{\Delta U_{CE}}{\Delta I_C} \qquad \text{Ausgangswiderstand}$$

zugeordnet werden. Im aktiven Bereich sind die differentiellen und integrierten Werte in relativ guter Übereinstimmung.

Charakteristische Größen der Emitterschaltung

Spannungsverstärkung:	Symbol	Einheit	Benennung
$v_u = \dfrac{\Delta U_{CE}}{\Delta U_{BE}} = -\dfrac{\beta R_C}{R_{BE,A}}$			
$v_u \approx -100\ldots-200$	R_C	Ω	Kollektorwiderstand
	β	1	Kleinsignalstromverstärkung
Eingangswiderstand:	$R_{BE,A}$	Ω	Eingangswiderstand am Arbeitspunkt
$R_{BE} = \dfrac{U_T}{I_B} \approx \dfrac{40\,\text{mV}}{I_B}$	U_T	V	Temperaturspannung
Ausgangswiderstand:	$\|$		Parallelschaltung
$R_A = R_{CE}\|R_C$			

➤ Das negative Vorzeichen von v_u bedeutet eine 180°-Phasenverschiebung des Ausgangssignals gegenüber dem Eingangssignal. v_u ist natürlich durch die Spannungsrückwirkung und R_{CE} begrenzt und kann nicht durch einfache Erhöhung von R_C beliebig vergrößert werden.

Gegenkopplung, Methode, in einer Verstärkerschaltung das Ausgangssignal dem Eingangssignal gegenphasig, also mit umgekehrtem Vorzeichen, wieder zuzuführen. Dadurch wird immer die Verstärkung der

Schaltung abgesenkt, der Arbeitspunkt jedoch stabilisiert, da sich die Schaltung selbst nachreguliert. Die Kennlinie wird linearisiert.

Spannungsgegenkopplung, Gegenkopplung, bei der die *Ausgangsspannung* über einen Spannungsteiler an den Eingang zurückgeführt wird. Die Verstärkung der Transistorstufe wird unabhängig von den Transistorkenngrößen und fast nur von der äußeren Beschaltung bestimmt.

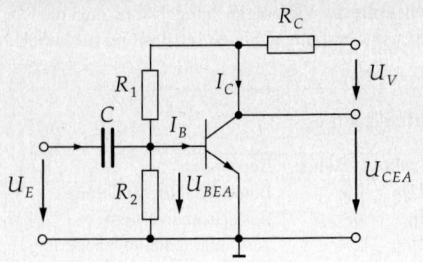

Abbildung 29.90: Emitterschaltung mit Spannungsgegenkopplung

Spannungsverstärkung:

$$v \approx -\frac{R_2}{R_i} \qquad R_i: \quad \text{Innenwiderstand der Spannungsquelle.}$$

Eingangswiderstand:

$$\frac{1}{R_E} = \frac{1}{R_1} + \frac{1}{R_{\mathrm{BE}}} + \frac{v_u}{R_2} \Rightarrow R_E \ll R_{\mathrm{BE}}.$$

Ausgangswiderstand:

$$R_A = R_{\mathrm{C}} \| R_{\mathrm{CE}} \cdot \frac{v}{v_u}.$$

Durch die geringere Verstärkung wird auch der Arbeitspunkt stabiler gemäß $\Delta U_{\mathrm{CE}} = v_D \Delta U_{\mathrm{BE}}$ mit der **Driftverstärkung**

$$v_D = 1 + \frac{R_2}{R_1}.$$

Stromgegenkopplung, Gegenkopplung, bei der die vom *Ausgangsstrom* erzeugte Spannung gegenphasig an den Eingang zurückgekoppelt wird.

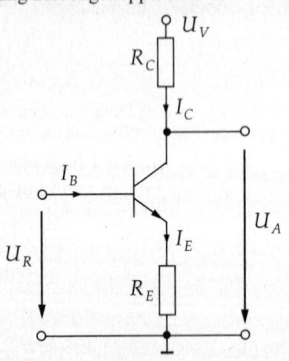

Abbildung 29.91: Emitterschaltung mit Stromgegenkopplung

Spannungsverstärkung	Eingangswiderstand	Ausgangswiderstand
$v \approx -\dfrac{R_{\mathrm{C}}}{R_E}$	$R_E = R_{\mathrm{BE}} + \beta R_E \gg R_{\mathrm{BE}}$	$R_A \approx R_{\mathrm{CE}}(1 + \beta \dfrac{R_E}{R_{\mathrm{BE}}})$

➤ Ein großer Eingangswiderstand ist bei Verstärkern sinnvoll, damit die Belastung der Signalquelle gering ist.

▲ Aufgrund des hohen Ausgangswiderstandes eignet sich die stromgegengekoppelte Emitterschaltung als *Konstantstromquelle.*

■ **Verstärkerstufe in Emitterschaltung:** Der Eingangskondensator C_1 verhindert einen Kurzschluß der Basisvorspannung durch den Signalgenerator. Der Ausgangskondensator C_2 trennt den Lastwiderstand gleichspannungsmäßig von der Kollektorspannung ab. Der Emitter-Kondensator C_E überbrückt R_E wechselstrommäßig.

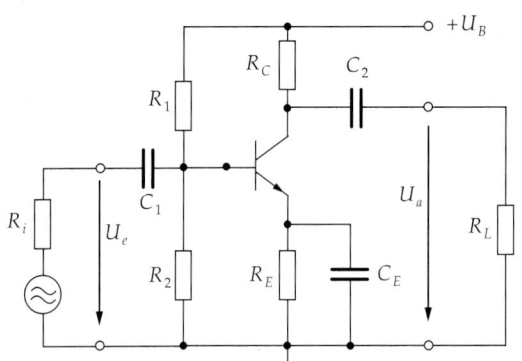

Abbildung 29.92: Verstärkerstufe in Emitterschaltung

Kollektorschaltung, Grundschaltung, bei der der Kollektor das gemeinsame Bezugspotential des Eingangs- und Ausgangsstromkreises darstellt.

➤ Man bezeichnet einen Transistorstufe in Kollektorschaltung oft auch als **Emitterfolger**

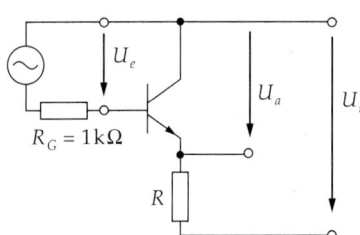

Abbildung 29.93: Kollektorschaltung

Spannungsverstärkung	Stromverstärkung	Ausgangswiderstand
$v_u \approx 1$	$I_E = \beta I_B$	$R_A = \dfrac{R_{BE}}{\beta} \ll R_{BE}$

■ Aufgrund des hohen Eingangs- und niedrigen Ausgangswiderstandes werden Kollektorschaltungen oft als **Impedanzwandler,** also Anpassungsglieder zwischen hochohmigen Signalquellen und niederohmigen Verbrauchern, verwendet.

Basisschaltung, Grundschaltung, bei der die Basis das gemeinsame Potential von Eingangs- und Ausgangskreis bildet.

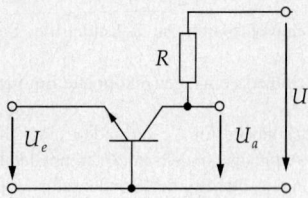

Abbildung 29.94: Basisschaltung

Spannungsverstärkung   Stromverstärkung   Eingangswiderstand

$$v_u = +\frac{\beta R_C}{R_{BE}} \qquad\qquad \alpha \approx 1 \qquad\qquad R_E = \frac{R_{BE}}{\beta}$$

Die Spannungsverstärkung ist dieselbe wie in Emitterschaltung. Das Ausgangssignal ist jedoch mit dem Eingangssignal in Phase, wodurch eine Spannungsgegenkopplung verhindert wird. Eingang und Ausgang sind durch das konstante Basispotential völlig entkoppelt.

■   Die Basisschaltung besitzt eine sehr hohe Grenzfrequenz und damit eine viel größere Bandbreite als eine Emitterstufe.

29.6.3.3   Darlington-Transistor

Darlington-Transistor, Hintereinanderschaltung zweier Transistoren. Die Gesamtstromverstärkung entspricht dem Produkt der einzelnen Stromverstärkungsfaktoren und wird wie ein einzelner Transistor mit sehr hoher Verstärkung beschaltet.

■   Eine solch hohe Verstärkung ($\beta > 1000$) kann nötig sein, um sehr hochohmige Spannungsquellen an sehr niederohmige Verbraucher anzupassen.

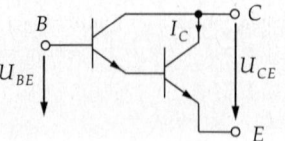

Abbildung 29.95: Schaltbild eines Darlington-Transistors

29.6.4   Unipolare (Feldeffekt-)Transistoren

Feldeffekt-Transistor (FET),   spannungs- und damit nahezu leistungslos gesteuerter Transistor, der in den meisten Fällen einen bipolaren Transistor ersetzen kann.
Substrat, dotierter Halbleiterblock, in den die zur Funktion des FET notwendigen pn-Übergänge eindiffundiert werden.
Während beim bipolaren Transistor zweierlei Arten von Ladungsträgern, Elektronen und Löcher, an der Stromleitung beteiligt sind, besteht der unipolare Transistor aus einem Substrat, in dem nur die Majoritätsträger leiten: entweder Elektronen *oder* Löcher. Die Ladungsträger werden durch ein von außen angelegtes Feld beeinflußt, wodurch der Stromfluß geregelt wird. Die Steuerung ist also leistungslos.

29.6.4.1   Sperrschicht-FET (Junction-FET)

Sperrschicht-FET,   (SFET, JFET), besteht aus einem dotierten Si-Kristall als Substrat, in das eine kanalförmige Zone (Dicke $\approx 1\,\mu m$) mit inverser Dotierung eingelassen ist. Je nach Kanaldotierung unterscheidet man zwischen n- und p-Kanal-FET. In der Abbildung ist ein n-Kanal-FET dargestellt.

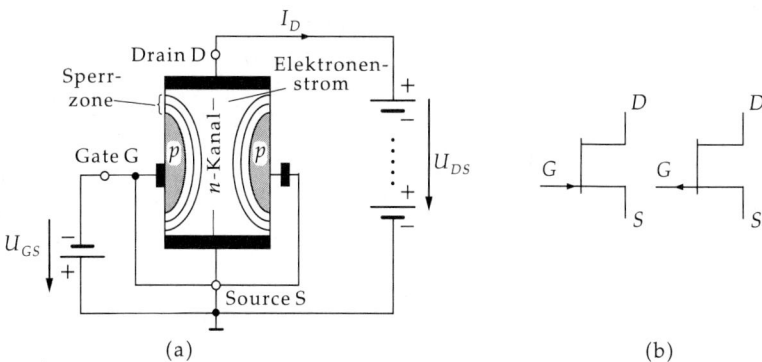

(a)   (b)

Abbildung 29.96: (a): Aufbau und Arbeitsweise eines n-Kanal-Sperrschicht-FET. (b): Schaltsymbole für n-Kanal- und p-Kanal-Sperrschicht-FET .

Drain (D) und **Source** (S), mit dem Leitungskanal verbundene Elektroden eines FET. An D und S liegt das zu steuernde Signal an.

Gate (G), Elektrode an einer in den n-Kanal eindiffundierten, dünnen p-Zone, an die die Steuerspannung angelegt wird.

Bulk (B), nur bei MOSFETs vorhandene Elektrode, die am Substrat angebracht ist. B ist in vielen Fällen intern mit der Source verbunden.

Legt man eine Spannung U_{DS} zwischen D und S an, so fließt ein Elektronenstrom durch den n-Kanal wie durch einen ohmschen Widerstand, unabhängig von der Richtung der Spannung. Wird nun G negativ gegen S ($U_{GS} < 0$), so sperrt der pn-Übergang zwischen S und G.

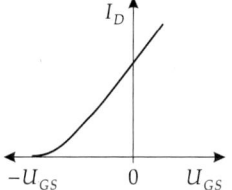

Abbildung 29.97: Kennlinie eines Sperrschicht-FETs

➤   Der Name Sperrschicht-FET kommt daher, dass zum Betrieb eine Sperrschicht zwischen Steuerelektrode und **Leitungskanal** aufgebaut wird.

An der Grenzschicht bildet sich eine ladungsträgerfreie Zone aus, die sich mit zunehmender Sperrspannung U_{GS} immer weiter in den n-Kanal ausdehnt. Dadurch wird der Kanalquerschnitt verkleinert und der Widerstand erhöht: Der Kanalwiderstand kann über die Gatespannung gesteuert werden.

Selbstleitender FET, FET, der ohne angelegte Gatespannung den DS-Strom leitet.

Selbstsperrender FET, sperrt ohne angelegte Gatespannung.

➤   Der Sperrschicht-FET ist ein selbstleitender FET.

Im Gegensatz zu bipolaren Transistoren sind Sperrschicht-FETs in vielen Fällen symmetrisch aufgebaut, D und S sind also vertauschbar.

➤   Bei negativem Gate fließt ein Gatestrom von nur 1 pA bis 1 μA. Wird dagegen die Gate-Spannung U_{GS} positiv, so wird der pn-Übergang zwischen Gate und n-Kanal leitend. In diesem Falle nimmt der FET also Leistung auf, so dass dieser Zustand vermieden werden sollte.

29.6.4.2   Insulated Gate FET (IGFET, MOSFET)

MOS-Technologie (**MOS** **M**etall-**O**xid-**S**ilicon), Herstellungsprinzip für FETs, bei der das Gate mit einer dünnen, aber hochwertigen Isolierschicht (meist Metall-Oxid) von einem pn-Übergang getrennt ist. **MOSFET**, ein in MOS-Technologie hergestellter FET, der den Vorteil hat, auch bei positiver Gate-Spannung stromlos zu bleiben.

Enhancement- oder Anreicherungstyp, selbstsperrender MOSFET. Man unterscheidet p- und n-Kanal-MOSFETs. Beim n-Kanal-MOSFET sind in ein p-dotiertes Substrat zwei n-dotierte Inseln, Source (*S*) und Drain (*D*), eingelassen. Zwischen *D* und *S* kann kein Strom fließen, wenn eine Spannung U_{DS} angelegt wird, da unabhängig von der Richtung der Spannung ein pn-Übergang sperrt. An der Oberfläche ist eine dünne Isolierschicht aufgebracht, auf die eine Metallschicht als Elektrode, das Gate (*G*), aufgedampft ist. Das Substrat selbst kann entweder eine eigene Elektrode Bulk (B) erhalten oder aber intern mit der Source verbunden werden. Wichtig wird dieser Anschluß beim Leistungs-FET. Wird das Gate positiv gegenüber der Source, so werden die Minoritätsträger der p-Zone, die Elektronen aufgrund der elektrostatischen Anziehung ganz dicht an die Isolierschicht herangezogen, so dass ein n-leitender Kanal zwischen *S* und *D* entsteht.

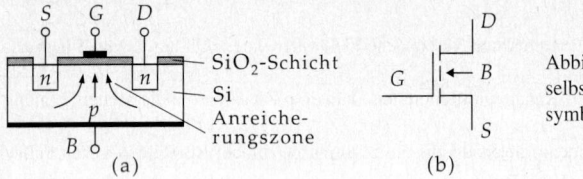

Abbildung 29.98:   (a): Aufbau eines selbstsperrenden MOSFET, (b): Schaltsymbol für n-Kanal-Typ

➤   Beim Anreicherungstyp werden die Minoritätsträger im Substrat zwischen den n-leitenden Inseln angereichert und bilden die Leitungselektronen, die zum Stromfluß beitragen.

Je höher die Gate-Spannung, um so höher wird die Anzahl der Elektronen im DS-Kanal, und um so niederohmiger wird der Leitungswiderstand.

Depletion- oder Verarmungstyp, ein analog zum Sperrschicht-FET selbstleitender Feldeffekttransistor. Hier ist zwischen den Inseln des Anreicherungstyps ein dünner, zum Beispiel n-leitender, Kanal eingelassen, der ohne Gate-Spannung einen Stromfluß zuläßt: Der FET ist selbstleitend. Wird die Gate-Spannung negativ, so werden die Majoritätsträger im n-Kanal aus demselben herausgedrängt, und es bleiben weniger Leitungselektronen zurück: Der Widerstand wird höher. Das Besondere an diesem FET ist die Tatsache, dass bei positiver Gate-Spannung die Leitungselektronen im n-Kanal durch Minoritätsträger des Substrates angereichert werden und der Drainstrom sich somit erhöhen läßt.

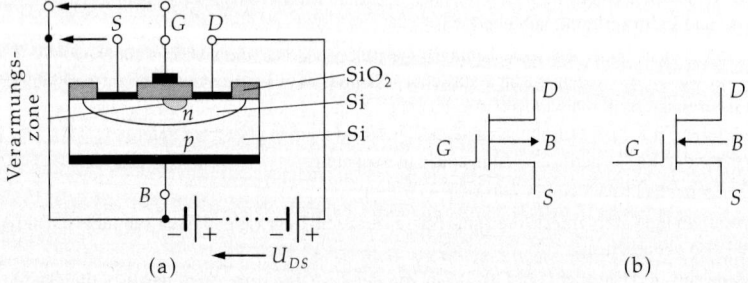

Abbildung 29.99: (a): Aufbau eines selbstleitenden MOSFET, (b): Schaltsymbole für p-Kanal- und n-Kanal-Typ

➤ Sind Bulk und Source intern verbunden, so wird dies auch im Schaltsymbol angedeutet:

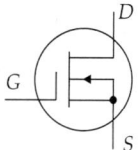

Abbildung 29.100: Schaltsymbol eines selbstleitenden n-Kanal-MOSFET mit intern verbundenen Source- und Bulk-Elektroden

■ Der FET ist für hochintegrierte Schaltkreise aufgrund seiner leistungslosen Steuerung und der Möglichkeit, ihn mit kürzeren Schaltzeiten auf immer kleinerer Substratfläche herzustellen, unentbehrlich geworden.

Dual-Gate-MOSFET, entspricht einem normalen MOSFET, besitzt jedoch zwei Gate-Elektroden G_1 und G_2, die hintereinander oberhalb des Leitungskanals angebracht sind. Die unabhängige Beschaltung beider Gates beeinflusst den Stromfluß ebenso unabhängig voneinander, sofern nicht ein Gate den Strom vollständig abschnürt.

■ Anwendung: regelbarer Verstärker in Hochfrequenzschaltungen. Ein Gate steuert das Nutzsignal, das andere die Steilheit des MOSFET.

29.6.5 Thyristor

Thyristor oder **Vierschichtdiode**, mit einer pnp-Struktur, also drei Sperrschichten ausgestatteter Halbleiter. Wie eine gewöhnliche Diode kann der Thyristor den Laststrom nur in einer Richtung leiten.

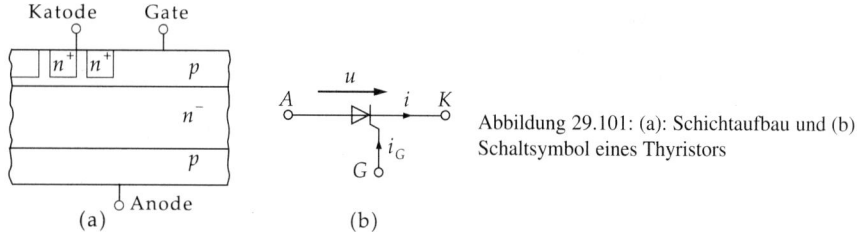

Abbildung 29.101: (a): Schichtaufbau und (b): Schaltsymbol eines Thyristors

Anode und **Katode**, wie bei der normalen Diode Bezeichnung für die jeweils äußerste p- beziehungsweise n-Schicht.

Gate, Elektrode an der inneren p-Schicht, die bei positiver Spannung gegen die Katode den Thyristor leitend macht.

Blockierbereich des Thyristors, Spannungsbereich bis zu einer maximalen positiven Spannung U_{DRM}, die nicht überschritten werden darf. In diesem Bereich blockiert der Thyristor über die mittlere Sperrschicht.

➤ Wird der Thyristor mit einer höheren Spannung belastet, so kommt es zur sog. **Überkopfzündung**, bei der der Thyristor schlagartig durchlässig wird. Dies kann jedoch den Thyristor zerstören!

Blockierstrom, Reststrom, der bei einem im Blockierbereich betriebenen Thyristor fließt.

Durchlaßbereich, Teil der Thyristor-Kennlinie, in den eine positive Gatespannung den Arbeitspunkt des Thyristors aus dem Blockierbereich befördert.

Zündstrom, i_G, Strom am Gate, der die mittlere Sperrschicht mit Ladungsträgern überflutet und den Thyristor *zündet*, also leitend macht.

Sperrbereich, Bereich negativer Spannung zwischen Anode und Katode. Im Sperrbereich kann der Thyristor nicht leitend werden, da die beiden äußeren Sperrschichten sperren.

Spitzensperrspannung, maximale negative Spannung U_{RRM}, mit der der Thyristor beschaltet werden darf.

Sperrstrom, Reststrom i_R von einigen μA durch den im Sperrbereich beschalteten Thyristor.

➤ Bei Überschreiten der Spitzensperrspannung U_{RRM} steigt der Sperrstrom lawinenartig an, und der Thyristor wird zerstört.

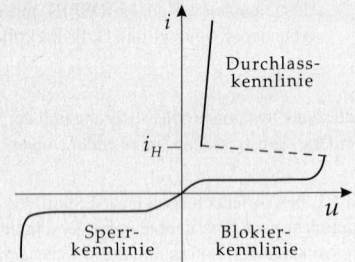

Abbildung 29.102: Kennlinie des Thyristors

Haltestrom, i_H, Stromstärke (gewöhnlich zwischen 10 und 100 mA), oberhalb der ein gezündeter Thyristor trotz fehlender Gate-Spannung leitend bleibt. Ist für einen genügend hohen Strom beim Durchschalten gesorgt, so genügt ein kurzer Zündimpuls am Gate, um den Thyristor dauerhaft leitend zu machen.

Zündimpuls, Spannungsimpuls auf das Gate, schaltet den Thyristor in den leitenden Zustand, sofern im gezündeten Zustand ein ausreichender Haltestrom fließt.

Zündzeit, Zeitspanne die der Thyristor benötigt, um vom blockierenden in den leitenden Zustand überzugehen. Sie ist abhängig von der Steilheit des Zündimpulses.

■ **Phasenanschnittsteuerung**: Durch kurze periodische Stromimpulse am Gate eines Thyristors können durch geeignete Phasenbeziehungen der Impulse zu einer Steuerwechselspannung bestimmte Phasen des Wechselsignals ausgeblendet werden. Das Ganze funktioniert nur in der positiven Halbwelle, da für negative Spannungen der Thyristor stets sperrt. Wird der Thyristor jedoch während der positiven Halbwelle durch den Stromimpuls gezündet, so bleibt der Spannungsabfall an ihm null, bis die Wechselspannung die Haltespannung unterschreitet.

➤ Thyristoren gibt es bis zu Sperrspannungen von mehreren kV und Strömen bis zu einigen kA. Ihr Einsatzbereich ist auf den kHz-Bereich beschränkt.

29.6.5.1   Triac

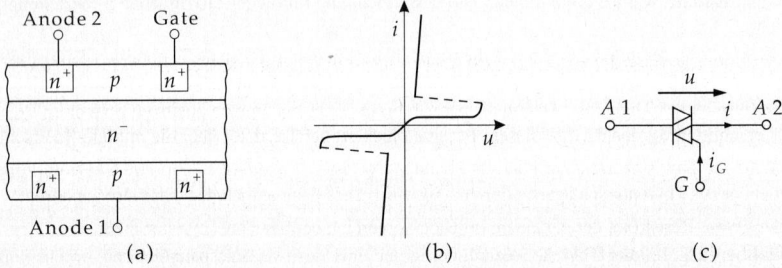

Abbildung 29.103: (a): Aufbau, (b): Kennlinie und (c): Schaltzeichen eines Triac

Triac (**TRI**ode **A**lternating **C**urrent switch), wirkt wie zwei antiparallel geschaltete Thyristoren und wird häufig als **bidirektionaler Thyristor** bezeichnet. Er vermag sowohl die positive als auch die negative Halbwelle einer Wechselspannung zu steuern.

29.6.5.2 Abschaltthyristor (GTO)

Abschaltthyristor, (**GTO**, **G**ate **T**urn **O**ff Thyristor), läßt sich durch positiven Gateimpuls zünden und durch einen negativen wieder ausschalten. Dabei gibt es sowohl GTOs mit symmetrischem als auch mit asymmetrischem Sperrvermögen.

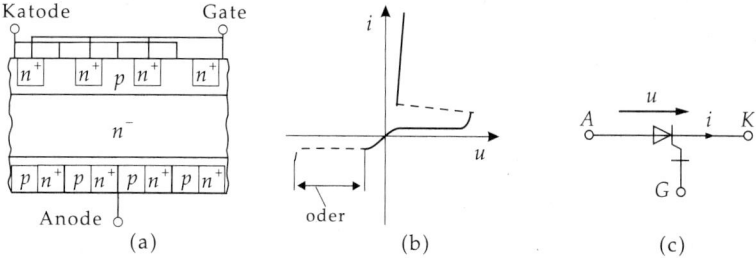

Abbildung 29.104: (a): Aufbau, (b): Kennlinie und (c): Schaltzeichen eines GTO

■ Erzeugung einer sinusförmigen Ausgangsspannung aus einer Gleichspannung mit Pulswechselrichtern.

29.6.5.3 Insulated-Gate-Bipolar-Thyristor (IGBT)

IGBT, stellt eine Kombination zwischen der MOS-Technologie und der des bipolaren Transistors dar. Zum Ein- und Ausschalten sind daher nur kleine Steuerleistungen erforderlich; der Durchlasswiderstand ist sehr gering.

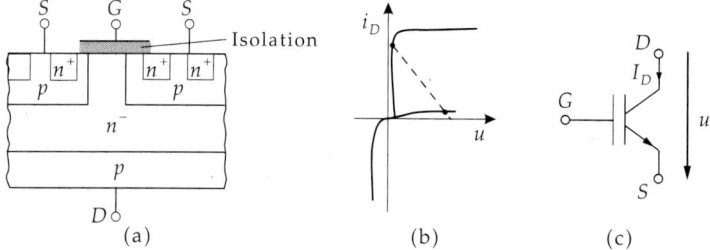

Abbildung 29.105: (a): Aufbau, (b): Kennlinie und (c): Schaltzeichen eines IGBT

29.6.6 Integrierte Schaltkreise (IC)

Integrierter Schaltkreis (**IC**, **I**ntegrated **C**ircuit), aus mehreren Transistorfunktionen bestehende, auf einem einzigen Halbleitersubstrat auf möglichst kleinem Raum zusammengefasste Schaltung.

29.6.6.1 Herstellung von ICs

Wafer, Silicium-Substrat, auf dem die zur Herstellung eines IC notwendigen Strukturen aufgebracht werden.

M **Vapor-Phase Epitaxy**, Verfahren zur Aufbringung von Si-Schichten auf einen Wafer. In einer Heizkammer werden aus Si-haltigen Gasen durch chemische Reaktion Si-Atome erzeugt, die sich auf dem Wafer ablagern.

■ Bei 1250 °C reagiert SiCl$_4$ mit H$_2$ zu Si und HCl. Das HCl wird abgeführt, während sich das Si ablagert.

➤ Die Schichten können **dotiert** werden, wobei das H$_2$ zuvor durch borhaltige (p-Dotierung) oder phosphorhaltige (n-Dotierung) Gase geleitet wird.

Oxidation, Aufbringen einer SiO$_2$-Schicht auf einen Wafer zwecks

● Isolierung
● Schutz vor Verunreinigung der pn-Übergänge
● Erzeugung von Schaltungsstrukturen.

29.6.6.2 Erzeugung von Schaltungsstrukturen

Allgemeines Verfahren (s. **Abb. 29.106**):

(a) Aufbringen einer SiO$_2$-Schicht auf den Si-Wafer.
(b) Darauf wird eine Schicht lichtempfindlichen Materials aufgebracht.
(c) **Photolithographie**: Maskieren (Abdecken) der Bereiche, in denen das SiO$_2$ zu entfernen ist und Bestrahlen mit UV-Licht (verändert die chemische Beschaffenheit beleuchteter und unbeleuchteter Stellen).
(d) **Entwicklung** in geeigneter chemischer Lösung legt SiO$_2$ in unbestrahlten Gebieten frei.
(e) Wegätzen des SiO$_2$ an den freigelegten Stellen.
(f) Entfernen des lichtempfindlichen Materials.

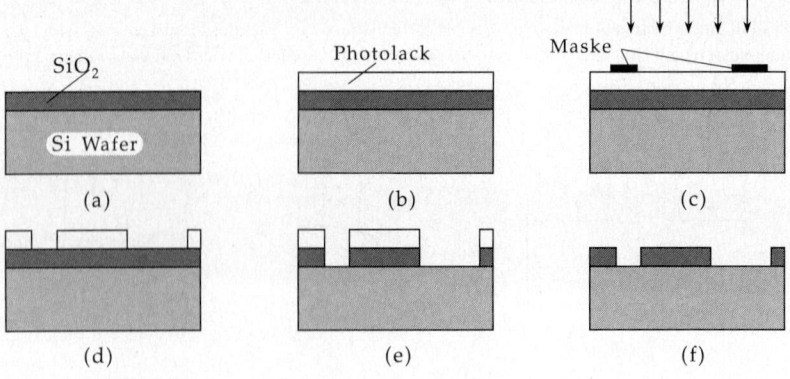

Abbildung 29.106: Photolithographische Herstellung eines IC. Legende s. Text

Dotierung

M In einer entweder mit Bor- oder mit Phosphoratomen angereicherten Atmosphäre wird Silicium auf ca. 1000 °C erhitzt, so dass Si-Atome aus dem Gitterverband herausgelöst werden und freie Gitterplätze hinterlassen, in welche sich Bor- oder Phosphoratome einlagern (**eindiffundieren**) können und somit das Silicium entweder p- (Bor) oder n-dotiert (Phosphor) wird.

▲ Die Eindringtiefe der Diffusion ist **zeit- und temperaturabhängig**.

■ Phosphoratome können in Si bis zu 1 μm eindringen, wenn das Substrat für 1 Stunde auf 1000 °C erhitzt wird.

➤ Die Diffusionsgeschwindigkeit in SiO$_2$ ist wesentlich geringer als in reinem Silicium. Die durch **Photolithographie** aufgebrachten Strukturen bestimmen, welche Zonen dotiert werden.

Realisierung elektronischer Bauelemente

Transistor und **Diode** (s. **Abb. 29.107**):

(a) Aufbringen einer n-dotierten Schicht auf ein p-dotiertes Substrat. Ein Teil dieser Schicht wird der Kollektor.

(b) Durch Oxidation und Photolithographie wird der Zustand in (b) erzeugt.

(c) Eindiffundieren von Akzeptor-Atomen in den freigelegten Teil der n-Schicht: Dieser Bereich entspricht der Basis.

(d) Nach weiterer Oxidation und Photolithographie wird in einen Teil der p-Schicht eine weitere n-Schicht eindiffundiert. Diese Region ist der Emitter.

(e) Nochmaliges Oxidieren und Öffnen dreier Fenster oberhalb Kollektor, Basis und Emitter und Aufdampfen einer Al-Schicht erzeugt die Anschlußelektroden.

➤ Zur Herstellung von Dioden entfallen die Schritte (d) und (e).

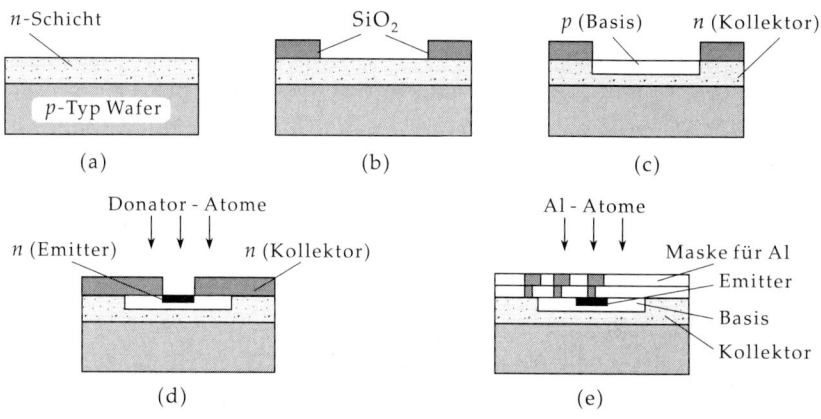

Abbildung 29.107: Herstellung einer Transistorfunktion. Legende s. Text

Widerstand: In eine n-dotierte Schicht wird eine schmale p-Schicht eingelassen, so dass einer der entstehenden pn-Übergänge in Sperrichtung betrieben und dadurch ein Widerstand erzeugt wird. Die Größe des Widerstandes ist abhängig von der Länge des p-Kanals, dem Querschnitt und der Stärke der Dotierung.

➤ Aufgrund der hohen Leitfähigkeit von Si ist es sehr schwierig, hochohmige Widerstände herzustellen, ohne zuviel Platz zu verbrauchen. Oftmals wird deshalb der Widerstand durch einen Transistor ersetzt und der Widerstandswert durch den Basisstrom bestimmt.

Kondensator: Ein Kondensator besteht im Wesentlichen aus zwei leitenden, durch einen Isolator getrennte Elektroden. Eine Elektrode wird meist durch eine sehr hoch dotierte und damit gut leitende p- oder n-Zone erzeugt. Auf diese Schicht wird eine isolierende SiO_2-Schicht aufgebracht. Die zweite Elektrode wird durch Aufdampfen eines dünnen Aluminium-Films auf die Oxidschicht realisiert.

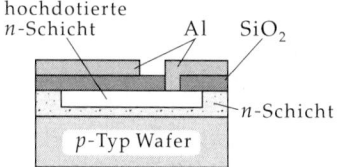

Abbildung 29.108: Kondensator auf einem Silicium-Chip

▲   Intergrierte Schaltungen sind in den meisten Fällen in **MOS-Technologie** wegen deren geringer Leistungsaufnahme der einzelnen Transistorfunktionen realisiert, um eine zu starke Erwärmung des Bauteils zu verhindern.

➤   Bei extrem hochintegrierten Schaltungen kann es dennoch zu Problemen mit der Wärmeabführung kommen. Die Bauteile müssen deshalb mit Kühlvorrichtungen versehen werden.

M   In der Praxis wird die Kühlung von ICs häufig bewerkstelligt, indem das Bauteil in thermischen Kontakt mit einem gut wärmeleitenden Medium, in der Regel Kupfer, gebracht wird. Neueste Erkenntnisse deuten darauf hin, dass **Diamant** (98.9 % ^{12}C und 1.1 % ^{13}C) durch Verringerung des ^{13}C-Anteils (auf 0.001 %) und Abkühlung auf 80 K (flüssiger Stickstoff) eine Wärmeleitfähigkeit $\lambda > 2000$ W cm^{-1} K^{-1}) besitzt (zum Vergleich: Kupfer: $\lambda = 4.01$ W cm^{-1} K^{-1}) und damit **500-fache** Leistungsdichte erreicht werden könnte.

29.6.7 Operationsverstärker

Operationsverstärker, mehrstufiger Verstärker mit hohem Verstärkungsfaktor, der durch **äußere Beschaltung** eine definierte Verstärkung erhalten oder **mathematische Operationen** ausführen kann.

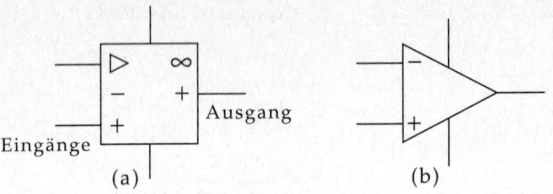

Abbildung 29.109: (a): Genormtes und (b): veraltetes Schaltzeichen eines Operationsverstärkers. „–" bezeichnet den invertierenden, „+" den nicht-invertierenden Eingang

➤   Die vertikalen Anschlüsse bezeichnen die (symmetrische) Spannungsversorgung des Operationsverstärkers und werden in der Regel nicht gezeichnet.

Invertierender Eingang, Vorzeichen des Eingangssignals wird umgekehrt.

Nicht-invertierender Eingang, Vorzeichen des Eingangssignals bleibt unverändert.

Differenzverstärker, Grundkomponente eines Operationsverstärkers. Er besteht aus zwei - möglichst identischen - Transistoren:

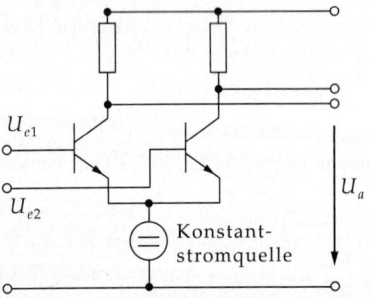

Abbildung 29.110: Differenzverstärker

M   Liegen beide Eingänge auf **derselben** Spannung, so sollte $U_a = 0$ sein. In der **Praxis** ist jedoch **stets** $U_a \neq 0$. Der Grund für dieses Verhalten ist die **Bauteiltoleranz** der Transistoren und Widerstände, die dazu führt, dass der Differenzverstärker **unsymmetrisch** wird.

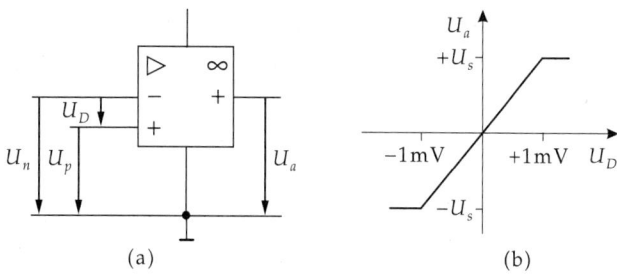

Abbildung 29.111: (a): Beschaltung und (b): Kennlinie eines Operationsverstärkers

▲ Der Operationsverstärker verstärkt stets die **Differenz** der Spannungen an beiden Eingängen.

Ausgangsspannung im Operationsverstärker

	Symbol	Einheit	Benennung
	U_a	V	Ausgangsspannung
$U_a = A(U_p - U_n) = AU_D$	U_p	V	nicht-invertierte Eingangsspannung
	U_n	V	invertierte Eingangsspannung
	U_D	V	Differenzspannung
	A	1	Verstärkung

▲ Ein Operationsverstärker darf nur mit sehr **kleinen** Spannungsdifferenzen betrieben werden (Größenordnung Millivolt).

Linearer Bereich, Bereich der Differenzspannung U_D, in dem der Operationsverstärker **spannungsverstärkende Wirkung** besitzt (bis etwa ±1 mV).

Sättigungsbereich, Differenzspannungen außerhalb des linearen Bereichs. Die Ausgangsspannung ändert sich nicht mehr mit Erhöhung von U_D und bleibt konstant auf der Versorgungsspannung $\pm U_S$.

Idealer Operationsverstärker, Operationsverstärker mit folgenden Eigenschaften:

	ideal	real
Leerlauf-Verstärkung A	∞	$10^3 \dots 10^6$
Eingangswiderstand R_e		
(an beiden Eingängen)	∞	≈ 1 MΩ
Ausgangswiderstand R_a	0	≈ 100 Ω

➤ Alle Angaben zum Operationsverstärker beziehen sich stets auf den **idealen** Operationsverstärker. In der Praxis werden immer geringfügige Abweichungen auftreten.

29.6.7.1 Gegengekoppelter Operationsverstärker

▲ Im Verstärkerbetrieb muss ein stabiler Arbeitspunkt im **linearen Bereich** des Operationsverstärkers eingestellt werden, damit er nicht in einen Sättigungszustand hineinläuft. Dies wird - wie beim Transistor-Verstärker - durch **Gegenkopplung** realisiert.

Gegenkopplung, das Ausgangssignal U_a des Operationsverstärker wird über den **invertierenden Eingang** (gegenphasig) zurückgeführt. Abweichungen vom Arbeitspunkt werden so mit negativem Vorzeichen und damit abschwächend zurückgeführt.

29.6.7.2 Invertierender Verstärker

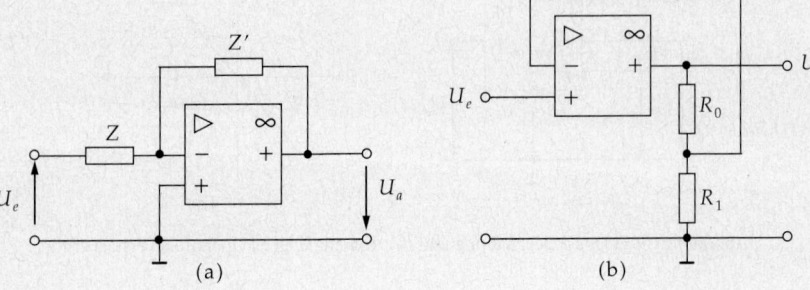

Abbildung 29.112: (a): Invertierender Verstärker, (b): nicht-invertierender Verstärker. Z und Z' bezeichnen (reelle oder komplexe) Widerstände

Verstärkung des invertierenden Verstärkers			1

	Symbol	Einheit	Benennung
$\dfrac{U_a}{U_e} = -\dfrac{Z'}{Z}\dfrac{A\beta}{1+A\beta} \approx -\dfrac{Z'}{Z}$	U_a	V	Ausgangsspannung
	U_e	V	Eingangsspannung
$\beta \approx \dfrac{Z}{Z+Z'}$	Z, Z'	Ω	Widerstände
	A	1	Leerlauf-Verstärkung
	β	1	Teiler-Faktor

▲ Die Verstärkung des invertierenden Verstärkers ist - für hinreichend große Leerlaufverstärkung - **unabhängig** von der Architektur des Operationsverstärkers und **nur** von der äußeren Beschaltung bestimmt.

▲ Der invertierende Verstärker simuliert die **Multiplikation von U_e mit einem konstanten Faktor** $-Z'/Z$.

➤ Mit einem Operationsverstärker läßt sich auch ein **nicht-invertierender** Verstärker realisieren (**Abb. 29.112 (b)**) mit der Verstärkung

$$\frac{U_a}{U_e} = 1 + \frac{R_0}{R_1}$$

▲ Die Verstärkung des nicht-invertierenden Verstärkers ist gering.

29.6.7.3 Summationsverstärker

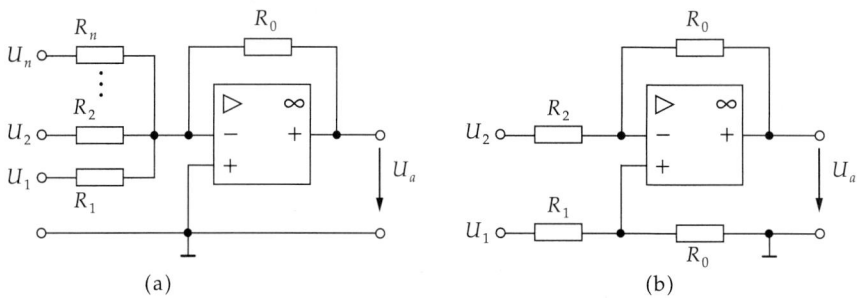

(a)   (b)

Abbildung 29.113: (a): Summationsverstärker, (b): Summierer und Subtrahierer

▲   Die Widerstände $R_1 \dots R_n$ bestimmen die Faktoren, mit denen die Eingangsspannungen $U_1 \dots U_n$ gewichtet werden. Die Ausgangsspannung entspricht der Summe der gewichteten Eingangsspannungen, versehen mit einem konstanten Faktor, der durch den Widerstand R_0 bestimmt wird.

Kenngrößen des Summationsverstärkers

$$U_a = -R_0 \left(\frac{U_1}{R_1} + \cdots + \frac{U_n}{R_n} \right)$$

$$U_a = -\frac{R_0}{R}(U_1 + \cdots + U_n)$$

$$\text{für } R = R_1 = \cdots = R_n$$

Symbol	Einheit	Benennung
U_a	V	Ausgangsspannung
$U_1, \dots, U_n$	V	Eingangsspannungen
R_0	Ω	Kopplungswiderstand
$R_1 \dots R_n$	Ω	Gewichtsfaktoren

Subtrahierer, analog zum Summierer, der **nicht-invertierende** Eingang wird auf den zu subtrahierenden Spannungspegel gesetzt.

➤   Addition und Subtraktion können **gleichzeitig** mit einem einzigen Operationsverstärker durchgeführt werden.

29.6.7.4 Integrator

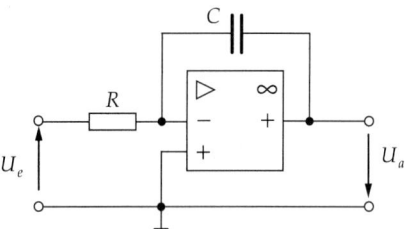

Abbildung 29.114: Schaltbild eines Integrators

Bei harmonischen Signalen $U_e(t) \sim e^{j\omega t}$ mit der Kreisfrequenz ω beträgt der Wechselstromwiderstand Z_C eines Kondensators mit der Kapazität C:

$$Z_C = \frac{1}{j\omega C}.$$

Mit $Z = R$ und $Z' = Z_C$ erhält man einen invertierenden Verstärker, woraus folgt

---

Wirkungsweise des Integrators bei harmonischen Signalen

$$U_a = -\frac{U_e}{j\omega RC}$$

$$= -\frac{1}{RC}\int_0^t U_e(t')\,dt'$$

Symbol	Einheit	Benennung
U_a	V	Ausgangsspannung
U_e	V	Eingangsspannung
R	Ω	Ladewiderstand
C	F	Kapazität des Kondensators

▲ Da jede beliebige Zeitabhängigkeit auf eine Überlagerung harmonischer Funktionen zurückführbar ist (Fourier-Zerlegung), kann die integrierende Wirkung ganz allgemein gezeigt werden.

Summierender Integrator, Integrator, bei dem der Ladestrom analog zum Summationsverstärker über separate Widerstände $R_1 \ldots R_n$ zugeführt wird:

$$U_a = -\frac{1}{C}\int_0^t \left(\frac{U_1}{R_1} + \cdots + \frac{U_n}{R_n}\right) dt'.$$

29.6.7.5 Differenzierer

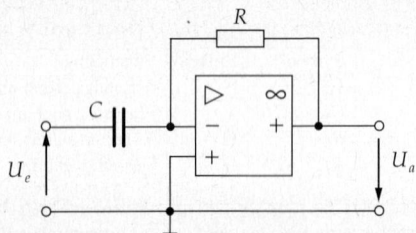

Abbildung 29.115: Schaltbild eines Differenzierers

Mit $Z = 1/(j\omega C)$ und $Z' = R$ ergibt sich für den invertierenden Verstärker bei harmonischem $U_e(t)$:

Kenngrößen des Differenzierers

$$U_a = -j\omega RC \cdot U_e$$

$$= -RC\frac{dU_e}{dt}$$

Symbol	Einheit	Benennung
U_a	V	Ausgangsspannung
U_e	V	Eingangsspannung
R	Ω	Ladewiderstand
C	F	Kapazität des Kondensators

▲ Auch für den Differenzierer lässt sich die differenzierende Wirkung für beliebige Eingangssignale $U_e(t)$ beweisen.

➤ Das Differenzieren ist in der Praxis weit schlechter realisierbar als das Integrieren:

• Für hohe Frequenzen ω werden die Näherungen an den idealen Operationsverstärker immer schlechter erfüllt, da die Leerlauf-Verstärkung $A \to A/(j\omega RC)$ herabgesenkt und damit $A \to \infty$ nicht mehr erfüllt wird.

• Hochfrequente Rauschkomponenten am Verstärkereingang werden besonders verstärkt.

• Für großes ω und damit kleinen Wert von $1/(j\omega C)$ macht sich der Innenwiderstand R_i des Signalgenerators bemerkbar.

M Anwendung: **Analog-Rechner**
Mit Hilfe von Operationsverstärkern können mathematische Probleme, z.B. die Integration von Differentialgleichungen, gelöst werden.

29.6.7.6 Spannungsfolger

Spannungsfolger, die volle Ausgangsspannung wird auf den invertierenden Eingang zurückgegeben (100%-ige Gegenkopplung): Das Ausgangssignal folgt dem Eingangssignal getreu nach,

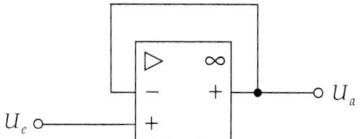

Abbildung 29.116: Spannungsfolger

$$\frac{U_e}{U_a} \approx 1.$$

▲ Der Ausgangswiderstand ist sehr niederohmig, während der Eingangswiderstand sehr groß ist.
■ Der Spannungsfolger wird oft als **Impedanzwandler** eingesetzt.

29.6.7.7 Mitgekoppelter Operationsverstärker

Mitkopplung oder **Rückkopplung**, das Ausgangssignal wird auf den **nicht-invertierenden** Eingang zurückgegeben. Aufgrund der verstärkenden Wirkung des Operationsverstärkers wird dieser in den **Sättigungszustand** getrieben.
Bistabile Kippschaltung, Schaltung mit zwei stabilen Ausgangszuständen. Eine bistabile Kippschaltung produziert **Rechtecksignale**.

29.6.7.8 Schmitt-Trigger

Schmitt-Trigger bistabile Kippschaltung, die beim Überschreiten zweier bestimmter Eingangssignalpegel jeweils in den anderen Zustand übergeht. Das Umschalten zwischen den stabilen Zuständen soll sehr schnell erfolgen.

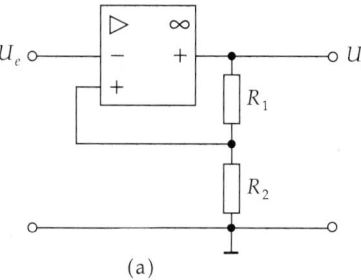

(a)

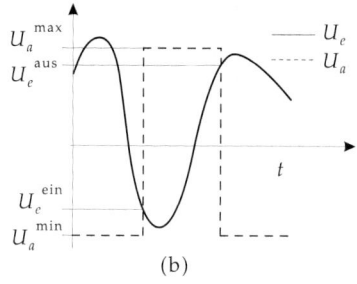

(b)

Abbildung 29.117: Schmitt-Trigger, (a): Schaltung, (b): Wirkungsweise

Beim Überschreiten von U_e^{ein} kippt die Schaltung in den „ein"-Zustand, bei Unterschreiten von U_e^{aus} kippt sie zurück in den „aus"-Zustand. Es gilt:

$$U_e^{\text{ein}} = \frac{R_1}{R_1 + R_2} U_a^{\text{min}},$$

$$U_e^{\text{aus}} = \frac{R_1}{R_1 + R_2} U_a^{\text{max}}.$$

Schalthysterese, Differenz $U_e^{\text{aus}} - U_e^{\text{ein}}$. Sie wird durch die Beschaltung festgelegt und kann nicht beliebig klein gemacht werden.

$$U_e^{\text{aus}} - U_e^{\text{ein}} = (U_a^{\text{max}} - U_a^{\text{min}})(\frac{R_1}{R_1 + R_2} - \frac{1}{A})$$

$$\approx (U_a^{\text{max}} - U_a^{\text{min}})\frac{R_1}{R_1 + R_2}$$

▲ $R_1/(R_1 + R_2)$ muss **immer** größer sein als A^{-1}.

29.7   Supraleitung

Supraleitung, Ordnungszustand der Materie, der in vielen Metallen oder Verbindungen mit metallischer Leitfähigkeit auftritt. Ausnahme: Metalle oder Verbindungen mit magnetischer Ordnung. Magnetische Korrelationen zerstören die supraleitenden Eigenschaften (**Abb. 29.118**).

Für Supraleiter sind zwei Effekte von besonderer Bedeutung:

- Der spezifische elektrische Widerstand $\rho(T)$ sinkt beim Abkühlen unter eine charakteristische Temperatur T_c auf einen Wert ab, der experimentell nicht von $\rho = 0$ unterschieden werden kann.
- Für Temperaturen $T < T_c$ und Magnetfelder $B < B_{c1}$ sind die Stoffe ideale Diamagnete (Meißner-Ochsenfeld-Effekt).

Eine Tabelle mit charakteristischen physikalischen Größen einiger Supraleiter findet sich im Tabellenteil.

29.7.1   Grundlegende Eigenschaften der Supraleitung

1.   Meißner-Ochsenfeld-Effekt,

auch **Meißner-Effekt**, das ideale diamagnetische Verhalten eines Supraleiters in einem schwachen Magnetfeld. Wird ein Supraleiter in einem Magnetfeld ($B < B_{c1}$) unter seine Sprungtemperatur T_c abgekühlt, so werden die magnetischen Feldlinien aus dem Innern des Supraleiters verdrängt. Dabei fließt ein induzierter Abschirmstrom in einer dünnen Oberflächenschicht der Probe, dessen Magnetfeld die äußere Flussdichte kompensiert. Der ideale Diamagnetismus ist nicht auf die ideale Leitfähigkeit zurückzuführen.

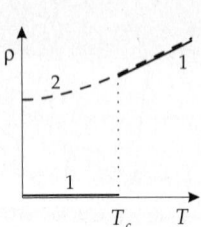

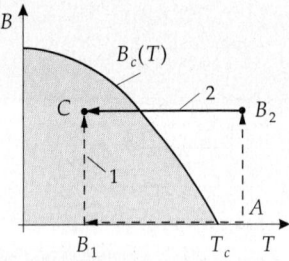

Abbildung 29.118: Temperaturabhängigkeit des elektrischen Widerstandes eines Supraleiters (1) und eines Normalleiters (2)

Abbildung 29.119: Alternative Prozessführung im B-T-Phasendiagramm für Supraleiter und idealen Leiter. Der Endzustand (C) ist für den idealen Leiter abhängig vom Weg. Im Supraleiter ist C wegunabhängig (thermodynamisch stabiler Zustand)

➤   Unterhalb T_c (im supraleitenden Zustand) besitzen die thermodynamischen Größen und einige der physikalischen Transportgrößen der meisten Supraleiter eine exponentielle Temperaturabhängigkeit. Dies deutet auf die Entstehung einer Energielücke an der Fermi-Kante im supraleitenden Zustand hin.

▲ Die magnetische Suszeptibilität eines idealen Typ I-Supraleiters beträgt

$$\chi = -\frac{1}{4\pi} \quad \text{(cgs-System)} \qquad \chi = -1 \quad \text{(SI-System)}.$$

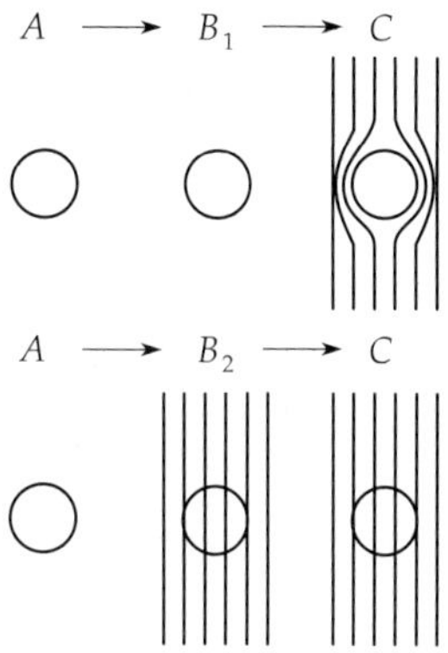

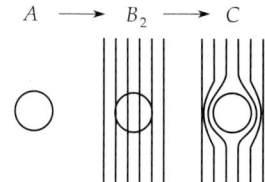

Abbildung 29.120: Zustände für Weg 1 und 2 für idealen Leiter

Abbildung 29.121: Zustände für Weg 2 für Typ-I-Supraleiter

▲ Die spezifische Wärme besitzt eine λ-Anomalie bei T_c.
Für $T < T_c$ zeigt sie einen exponentiellen Temperaturverlauf.

▲ Als Transportgröße verhält sich die Ultraschalldämpfung im supraleitenden Zustand wie die spezifische Wärme.

M Die Temperaturabhängigkeit der Ultraschalldämpfung, die proportional zur Anzahl der normalleitenden Elektronen ist, war eine der ersten experimentellen Bestätigungen der BCS-Theorie.

2. Theorie der Supraleitung

BCS-Theorie (nach Bardeen, Cooper, Schrieffer), grundlegende mikroskopische Theorie der Supraleitung. Sie beschreibt die Kopplung zweier Elektronen mit entgegengesetztem Spin und Impuls mittels eines Phonons.

Die anziehende Coulomb-Kraft zwischen einem Elektron und den Ionenrümpfen erzeugt dabei eine lokale und momentane Gitterdeformation. Wegen der großen Masse der Gitteratome und der damit verbundenen Trägheit wird diese Gitterdeformation durch die thermische Bewegung nicht sofort rückgängig gemacht. Ein zweites Elektron kann sich dann in einem Kraftfeld positiver Ladung befinden und wird angezogen. Dadurch ist eine attraktive Wechselwirkung zwischen zwei Elektronen über eine Gitterdeformation gegeben. Diese Kopplung ist energetisch günstig, wenn Spin und Impuls der beiden Elektronen antiparallel ausgerichtet sind.

Aus zwei Elektronen entsteht so mittels eines Phonons ein neues Quasiteilchen, das als Cooper-Paar bezeichnet wird. Jedes Elektron gewinnt durch die Paarbildung $E_G/2$ an Energie. Außerdem entsteht eine Energielücke der Breite E_G in der Elektronenverteilung an der Fermi-Kante. Diese Energielücke bestimmt die physikalischen Eigenschaften der BCS-Supraleiter. Da sich ihre Breite mit sinkender Temperatur exponentiell ändert, besitzen auch alle physikalischen Eigenschaften des Festkörpers, die mit den Leitungselektronen verknüpft sind, eine exponentielle Temperaturabhängigkeit.

Cooper-Paar, Quasiteilchen der BCS-Theorie. Sein Spin ist ganzzahlig, so dass das Pauli-Prinzip für Cooper-Paare nicht gilt. Cooper-Paare unterliegen der Bose-Einstein-Statistik.

▲ Cooper-Paare können alle den tiefsten energetischen Zustand besetzen (Bose-Einstein-Kondensation).

Sie stehen daher alle in einer festen Phasenbeziehung, was zur Bildung makroskopischer Quantenzustände führt.

▲   Unelastische Streuprozesse treten bei der Bewegung der Cooper-Paare nicht auf, solange der Energieverlust geringer als die Energielücke ist.

3.   Isotopen- und Josephson-Effekt

Isotopen-Effekt, Abhängigkeit der Sprungtemperatur T_c von der Masse M des Isotops des Supraleiters,

$$M^\alpha \cdot T_c = \text{const.}, \qquad \alpha \approx 0.5 \,.$$

$\boxed{\text{M}}$ Der Parameter α hängt von der Isotopenreihe ab. Der häufigste experimentelle Wert liegt bei etwa 1/2. Ein solcher Wert wird nach der BCS-Theorie erwartet. Der Isotopen-Effekt wird experimentell zur Bestätigung der BCS-Theorie und der Mitwirkung von Gitterschwingungen bei der Bildung von Cooper-Paaren verwendet.

Josephson-Effekt, das Tunneln von Cooper-Paaren durch eine dünne isolierende Schicht zwischen zwei Supraleitern. Beruht auf der festen Phasenbeziehung der Cooper-Paare untereinander (Phasenkohärenzeffekt, makroskopische Quantenzustände). Es fließt ein Tunnelstrom ohne äußere Spannung. Zwischen den beiden Supraleitern tritt beim Tunnelprozess für die Cooper-Paare ein Phasensprung auf.

$\boxed{\text{M}}$ Die Phasenkohärenzeffekte in Supraleitern besitzen eine große messtechnische Bedeutung zur Bestimmung kleinster Magnetfelder. Solche Systeme werden als **SQUID** (**s**uperconducting **qu**antum **i**nterferometer **d**evice) bezeichnet. Einsatzgebiete: Festkörperphysik, Geophysik, besonders: Biophysik/Medizin.

4.   Kritische Stromdichte,

die Stromdichte, bei der der supraleitende Zustand in die Normalleitung übergeht. Die Ursache ist ein größerer möglicher Energieverlust als der Energielücke bei der unelastischen Streuung der Cooper-Paare entspricht.

■   Die Stromdichte ist $j = 2env$. n ist die Zahl der Cooper-Paare und v die Driftgeschwindigkeit der Cooper-Paare. Betrachtet wird ein Kristallgitter der Masse M, das eine Störung enthält. Das Gitter bewegt sich mit der relativen Geschwindigkeit v zu dem Elektronengas. Wird bei einem Stoßprozess eine Anregungsenergie ε an das Gitter übertragen, so müssen sowohl Energie- als auch Impulssatz gelten:

$$\frac{1}{2}Mv^2 = \frac{1}{2}Mv'^2 + \varepsilon, \quad M\vec{v} = M\vec{v}' + \hbar\vec{k} \,.$$

Daraus folgt:

$$0 = \hbar\vec{k}\vec{v} + \frac{\hbar^2 k^2}{2M} + \varepsilon \,.$$

Ist die Masse des Kristalls sehr groß $(M \to \infty)$, dann gilt

$$v_c = \frac{\varepsilon}{\hbar k} \,,$$

mit v_c als Geschwindigkeit für die Energie $\varepsilon = E_g$. Die Existenz einer Energielücke E_g verhindert die unelastische Streuung für Geschwindigkeiten $v < v_c$. Für größere Geschwindigkeiten ist eine unelastische Streuung möglich.

5.   Kritische magnetische Flussdichte,

B_c, eine Folge des kritischen Stroms. Oberhalb einer kritischen Feldstärke bricht der supraleitende Zustand zusammen.

■   Die technischen Anwendungen für Supraleiter liegen neben den SQUID-Systemen vor allem im Bau von Hochfeldmagneten. Dabei ist die kritische Stromdichte der verwendeten Materialien die entscheidende Größe. Zur Zeit werden Drähte aus Nb-Verbindungen hergestellt, die in eine Cu-Matrix eingebettet sind. Die maximale Flussdichte solcher Magnete beträgt etwa 20 Tesla.

Pinnen, das Anheften der magnetischen Flussschläuche in einem Supraleiter zweiter Art an einem bestimmten Ort im Supraleiter. Das Schaffen von Pinning-Zentren ist notwendig, weil die Lorentz-Kraft zwischen den magnetischen Flussschläuchen bei Fließen eines Stromes zu einer Wanderung der Schläuche führt, was mit einer Wärmeentwicklung verbunden ist. Materialien mit gepinnten Flussschläuchen werden als harte Supraleiter bezeichnet. Sie besitzen eine höhere kritische Stromdichte und werden im Magnetbau verwendet.

Pinning-Zentren, Orte, an denen die magnetischen Flussschläuche in Supraleitern zweiter Art angeheftet werden können. Solche Pinning-Zentren können Versetzungen, Korngrenzen oder Ausscheidungen sein, d.h. Störstellen im Kristallgitter.

6. **Supraleiter vom Typ I und Typ II**

Typ I- und Typ II-Supraleiter, Supraleiter erster und zweiter Art. Ein genügend starkes Magnetfeld zerstört die Supraleitung und das diamagnetische Verhalten der Probe. Typ-I- und Typ-II-Supraleiter verhalten sich im magnetischen Feld unterschiedlich.

*   **Typ-I** (auch **weiche Supraleiter**): Bei zunehmender magnetischer Feldstärke tritt bei $H = H_c$ ein abrupter Übergang von der Supraleitung zur Normalleitung auf. Die Abschirmströme fließen in einer dünnen Oberflächenschicht der Dicke λ (**London-Eindringtiefe**). Die Werte von H_c sind zu gering, um den Typ-I-Supraleiter für supraleitende Magnetspulen zu verwenden.

*   **Typ-II** (oft Legierungen oder Übergangsmetalle mit großem elektrischen Widerstand im Normalzustand, d.h., kleiner mittlerer freier Weglänge der Elektronen im Normalzustand). Der Wechsel vom supraleitenden zum normalleitenden Zustand tritt nicht sprunghaft auf, sondern erstreckt sich über ein Intervall der magnetischen Feldstärke zwischen H_{c1} und H_{c2}. Bei $H_{c1} < H_c$ beginnt das Feld in die Probe einzudringen, in Form von normalleitenden Flussschläuchen (Vortices). Die Austrittspunkte der Flussschläuche können mit kleinen ferromagnetischen Teilchen im Elektronenmikroskop sichtbar gemacht werden; sie bilden wieder geordnete Strukturen. Das magnetische Moment der Vortices ist quantisiert. Erst bei Feldstärken $> H_{c2}$ verschwindet die Supraleitung vollständig.

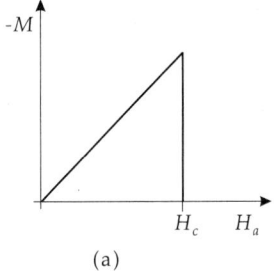 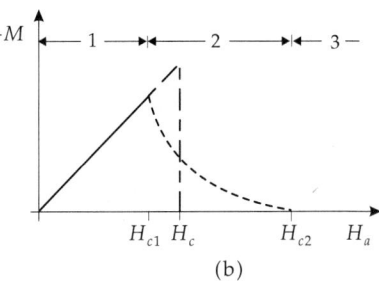

Abbildung 29.122: Magnetisierungskurve $M(H)$ von Supraleitern. (a): Typ I-Supraleiter, (b): Typ II-Supraleiter.
1 - supraleitender Zustand, 2 - Mischzustand, 3 - normalleitender Zustand. Das negative Vorzeichen von M entspricht dem diamagnetischen Verhalten

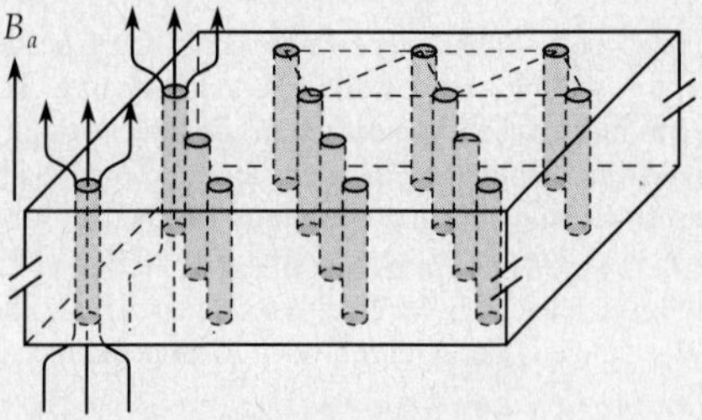

Abbildung 29.123: Vortex-Gitter der Fluß-
schläuche im Typ II-Supraleiter

Flussquant, die elementare Größe des magnetischen Flusses. Sie beträgt in Flussschläuchen:

$$\Phi_0 = \frac{h}{2e} = 2 \cdot 10^{-15} \text{ Vs}.$$

➤   Die Zwei im Nenner ist eine Folge der doppelten Ladung eines Cooper-Paares.

7.   London-Eindringtiefe und Ginsburg-Landau-Parameter

London-Eindringtiefe, meist als λ bezeichnet. Sie bestimmt die Eindringtiefe eines Magnetfelds in einen Supraleiter.

Kohärenzlänge, meist als ξ bezeichnet. Sie entspricht der räumlichen Ausdehnung eines Cooper-Paares. Das Verhältnis von λ zu ξ, der Ginsburg-Landau-Parameter κ, unterscheidet zwischen Typ I- und Typ II-Supraleitern.

Ginsburg-Landau-Parameter

$$\kappa = \frac{\lambda}{\xi}.$$

▲   Supraleiter 1. Art: $\kappa < \dfrac{1}{\sqrt{2}}$.

▲   Supraleiter 2. Art: $\kappa > \dfrac{1}{\sqrt{2}}$.

[M]   Wegen der Verdrängung eines Magnetfelds aus dem Supraleiter werden zur Abschirmung von elektromagnetischen Störfeldern supraleitende Materialien verwendet.

29.7.2   Hochtemperatur-Supraleiter

Hochtemperatur-Supraleiter (**HTSL**), supraleitende Kupferoxid-Verbindungen mit Sprungtemperaturen $T_c \geq 80$ K. Sie kristallisieren in der tetragonalen **Perovskitstruktur**. Dies führt zu einer Anisotropie der supraleitenden Eigenschaften.

➤   HTSL zeigen erheblichen Restwiderstand, auch wegen der thermischen Bewegung der magnetischen Flusslinien.

➤   Die Hochtemperatur-Supraleiter können große Bedeutung für technische Anwendung der Supraleitung erlangen. Für Erreichen des supraleitenden Zustands wird nicht mehr das teure verflüssigte Helium benötigt; es reicht schon die Temperatur des flüssigen Stickstoffs aus.

Das zur Zeit am besten untersuchte HTSL-System ist $YBa_2Cu_3O_7$. Je nach Sauerstoffgehalt der Probe beträgt die Sprungtemperatur 60 - 93 K.

➤   Diese Supraleiter sind keramische Supraleiter und zeigen im Nullfeld ($B = 0$ T) eine relativ geringe kritische Stromdichte bei $T = 77$ K.

1.   Familien von Hochtemperatur-Supraleitern und stoffspezifische Eigenschaften

Die folgende Tabelle zeigt die wichtigsten Familien von Hochtemperatur-Supraleitern:

Bezeichnung	Formel	maximales T_c
123-HTSL	$(Y, Eu, Gd, \cdot)Ba_2CU_3O_7$	92 (YBCO)
Wismut-22$(n-1)n$	$Bi_2Sr_2Ca_{n-1}Cu_nO_{2n+4}$	90 (Bi-2212)
		122 (Bi2223)
		90 (Bi-2234)
Thallium-22$(n-1)n$	$Tl_2Ba_2Ca_{n-1}Cu_nO_{2n+4}$	110 (Tl-2212)
		127 (Tl-2223)
		119 (Tl-2234)
Thallium-12$(n-1)n$	$Tl(Sr, Ba)_2Ca_{n-1}Cu_nO_{2n+3}$	90 (Tl-1212)
		122 (Tl-1223)
		122 (Tl-1234)
		110 (Tl-1245)

▲   In allen HTSL sind eine gewisse Anzahl von Cu-O-Schichten mit dazwischen liegenden Schichten aus Y- oder Ca-Ionen zu einem Paket übereinander angeordnet. Die leitenden CuO-Schichten werden durch Isolationsschichten (BaO-, SrO- bzw. TcO-Schichten) getrennt.

▲   In HTSL sind die supraleitenden Eigenschaften stark anisotrop ($j_C, H_{C_{1,2}}$ ∥ zur CuO-Schicht 5 bis 10 mal größer als $j_C, H_{C_{1,2}}$ ⊥ zur CuO-Schicht).

▲   Die vielen Korngrenzen in den keramischen HTSL werden zu Barrieren für die Cooper-Paare und reduzieren den kritischen Strom.

2.   Verfahren zur Erzeugung von HTSL-Schichten

Epitaktische HTSL-Filme, entstehen durch Filmwachstum auf einkristallinen Substraten. Durch diese einkristallinen Schichten wird die Anisotropie der HTSL ausgenutzt. j_C erhöht sich. Als Substrate werden $SrTiO_3, LaHCO_3$ oder auch Al_2O_3 verwendet.

Texturierung, eine weitere Methode, um die kritische Stromdichte zu vergrößern. Durch gesteuerte Kristallisation wird die regellose Verteilung der Kristallite in eine orientierte Verteilung der Kristallachsen um eine vorgegebene Richtung umgewandelt.

➤   Diese Methode der Texturierung wird auf kompakte HTSL-Keramiken angewendet.

■   Supraleitende Resonatoren: Auf Grund ihrer Energielücke weisen HTSL im Frequenzbereich bis 100 GHz erheblich geringere HF-Verluste auf als Normalleiter (**Abb. 29.125**).

■   Miniaturisierung von Antennen im unteren GHz-Bereich und bei Millimeterwellen-Antennen. Sie zeigen deutlich geringere Verluste als Normalleiter (**Abb. 29.124**).

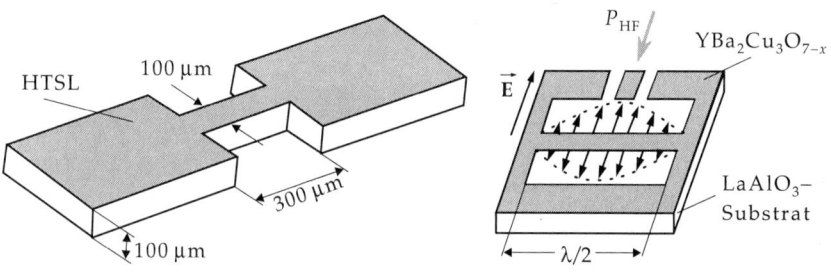

Abbildung 29.124: Modell einer Antenne aus HTSL-Schichten

Abbildung 29.125: Modell eines Resonators aus $YBa_2Cu_3O_7$

■   Hochstromleiter in geringen Magnetfeldern: Als Supraleiter wird die Bi-2223 Phase verwendet. Das
    keramisierte Pulver wird in Ag-Rohre gefüllt. Diese Rohre werden gezogen oder gewalzt und wärme-
    behandelt. Man erreicht kritische Stromdichten (bei $T = 77$ K und 0 T) von 13000 A/cm^2.

➤   HTSL-Keramiken haben eine Reihe negativer Materialeigenschaften, u.a.:
•   hohe Sprödigkeit,
•   hohe Instabilität gegen Sauerstoffentzug.

29.8   Magnetische Eigenschaften

Magnetismus, quantenmechanisches Phänomen, Ordnungszustand der Materie, der in Leitern und Isolatoren in unterschiedlichen Formen auftritt. Metallische Systeme ordnen sich bei tiefen Temperaturen entweder
supraleitend oder magnetisch.

Magnetisierung, M, definiert als Quotient des magnetischen Moments und des Volumens der Probe. M
hängt von der Stärke des äußeren Magnetfeldes und der Temperatur ab.

Definitionen:

cgs-System: $\vec{B}' = \vec{B}_a + 4\pi\vec{M}$,

SI-System: $\vec{B} = \vec{B}_a + \mu_0\vec{M}$

$\vec{B}_a$: äußere magnetische Flussdichte.

Magnetische Suszeptibilität, χ_m, Quotient aus dem Betrag der Magnetisierung $|\vec{M}|$ und dem Betrag der
magnetischen Feldstärke $|\vec{H}|$,

$$\chi_m = \frac{M}{H}, \quad \text{bzw.} \quad \chi_m = \frac{\partial M}{\partial H}.$$

Dimension: Gemäß $\vec{B} = \mu_0\vec{H} + \vec{I} = \mu_0(\vec{H} + \vec{M})$, der Definition der magnetischen Polarisation $\vec{I} = \mu_0\chi_m\vec{H}$
sowie der Materialgleichung $\vec{B} = \mu_r\mu_0\vec{H}$ (μ_0: magnetische Feldkonstante, μ_r: relative Permeabilität, $\mu =
\mu_r\mu_0$: Permeabilität) ist die Suszeptibilität dimensionslos und mit der relativen Permabilität im isotropen
Medium verknüpft über

$$\chi_m = \mu_r - 1.$$

Die Maßzahlen der Suszeptibilität im cgs-System und im praktischen System unterscheiden sich um den
Faktor 4π.

1.   Arten des Magnetismus

Bei **paramagnetischen Substanzen** gilt $\chi_m > 0$ ($\vec{M}, \vec{H}$ parallel),

bei **diamagnetischen Substanzen** gilt $\chi_m < 0$ ($\vec{M}, \vec{H}$ antiparallel),

bei **Ferromagneten** hängt χ_m von der Vorgeschichte der Magnetisierung ab.

$\boxed{\text{M}}$ Magnetische Suszeptibilitäten werden über die Kraft $\vec{F}$ auf eine Probe im inhomogenen Magnetfeld
    $\vec{H}$ mit Hilfe einer magnetischen Waage gemessen,

$$F_x \sim V \cdot \vec{H} \cdot \frac{d\vec{H}}{dx}.$$

Voraussetzung ist, dass sich sowohl $\vec{H}$ als auch $\dfrac{d\vec{H}}{dx}$ über das Probevolumen praktisch nicht ändern.
Diese Methode erlaubt Änderungen der Suszeptibilität bis 10^{-10} zu messen.

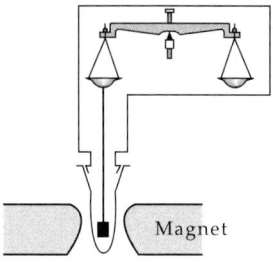

Abbildung 29.126: Magnetische Waage

Magnet

2. Diamagnetismus,

hängt mit dem Bestreben der elektrischen Ladungen zusammen, das Innere eines Mediums gegen ein äußeres Magnetfeld abzuschirmen.

➤ Eine Analogie ist die Lenzsche Regel der Elektrodynamik.

Diamagnetische Molsuszeptibilität nach Langevin, erzeugt durch die Elektronen der einzelnen Atome:

Diamagnetische Molsuszeptibilität	$L^3 mol^{-1}$

	Symbol	Einheit	Benennung
$\chi_d = -\mu_0 \dfrac{N_A Z e^2}{6m} <r^2>$ (SI)	χ_d	1	diamagnetische Suszeptibilität
	μ	Am^2	magnetisches Moment des Elektrons
	Z	1	Ordnungzahl
$\chi_d = -\dfrac{N_A Z e^2}{6mc^2} <r^2>$	e	C	Elementarladung
	N_A	mol^{-1}	Avogadro-Zahl
	m	kg	Elektronenmasse
	c	ms^{-1}	Lichtgeschwindigkeit

Dabei ist $<r^2>$ die mittlere quadratische Entfernung der Elektronen vom Atomkern.
Typische Werte für die diamagnetische Molsuszeptibilität sind:

	He	Ne	Ar	Kr	Xe
χ_{d_μ} (in $10^{-12} m^3/mol$)	-1.9	-7.2	-19.4	-28.0	-43.0

➤ Die obige Formel setzt voraus, dass die Feldrichtung und die Symmetrieachse des Systems übereinstimmen. In vielen Molekülen ist dies nicht der Fall.

▲ Supraleiter 1. Art verhalten sich auch wie ideale Diamagnete.

3. Paramagnetismus,

tritt auf bei

• Atomen, Molekülen und Gitterfehlstellen mit einer ungeraden Zahl von Elektronen. Der Gesamtspin kann in diesem Fall nicht null sein

• freien Atomen und Ionen mit einer teilweise gefüllten inneren Schale, z.B. bei Übergangsmetallen, Seltenen Erden und Aktiniden

➤ Der Einbau dieser Atome in ein Kristallgitter ist nicht notwendig mit einem paramagnetischen Verhalten des gesamten Festkörpers verbunden.

• einigen Stoffen mit einer geraden Anzahl von Elektronen,

• Metallen.

4.   Langevin-Gleichung und Curie-Gesetz

Magnetisierung eines Mols einer Substanz mit einem magnetischen Atommoment μ, beschrieben durch die Langevin-Gleichung:

$$M = N_A \cdot \mu \cdot L(x), \quad x = \frac{\mu \cdot H}{k_B \cdot T},$$

die Langevin-Funktion $L(x)$ ist gegeben durch

$$L(x) = \coth x - \frac{1}{x}$$

Bei hohen Temperaturen $T \gg \frac{\mu H}{k_B}, x \ll 1$, ergibt sich durch Entwickeln der coth-Funktion

$$L(x) \approx \frac{x}{3}.$$

Die Abhängigkeit der magnetischen Suszeptibilität von der Temperatur in dieser Näherung ist gegeben durch das **Curie-Gesetz**:

$$\chi_M = \frac{M}{H} = \frac{N_A \mu^2}{3 k_B T} = \frac{C_p}{T}.$$

Die Größe $C_p = N_A \mu^2/(3 k_B)$ ist substanzabhängig.

$\boxed{M}$ Wegen des $\frac{1}{T}$-Verhaltens der magnetischen Suszeptibilität erlaubt das Curie-Gesetz die Verwendung paramagnetischer Salze zur Temperaturmessung für tiefe Temperaturen ($T < 1$ K). **Der Paramagnetismus der Leitungselektronen** entsteht aus dem Spinmoment der Elektronen. Für $\frac{\mu_B H}{k_B T} \ll 1$ gilt:

$$\chi_M = \frac{N_A \mu_B^2}{k_B T}, \quad \mu_B: \quad \text{Bohrsches Magneton.}$$

Das Bohrsche Magneton μ_B ist im cgs-System definiert als $e\hbar/(2mc)$, im SI-System als $e\hbar/(2m)$. Es entspricht praktisch dem magnetischen Spinmoment eines freien Elektrons.

Nur Leitungselektronen in der Nähe der Fermi-Energie können zur paramagnetischen Suszeptibilität beitragen. Dieser Anteil ist gegeben durch T/T_F. Der Anteil der Leitungselektronen an der Suszeptibilität ist

$$\chi_{el} = \chi_m \frac{T}{T_F} = \frac{N_A \mu_B^2}{k_B T_F}.$$

▲ Die Leitungselektronen liefern einen **temperaturunabhängigen** Beitrag zur Suszeptibilität bei hohen Temperaturen.

▲ Bei tiefen Temperaturen sind die Elektronenspins parallel zum Feld ausgerichtet.

29.8.1   Ferromagnetismus

1.   Entstehung des Ferromagnetismus

Ferromagnete, enthalten spontan ausgerichtete Bereiche gleicher Magnetisierungsrichtung. Diese Bereiche werden als Weißsche Bezirke bezeichnet. Ferromagnetismus ist bedingt durch unaufgefüllte innere Elektronenschalen.

Austauschintegral I, bestimmt die Wechselwirkungsenergie E_{int} benachbarter Atome über die magnetische Dipol-Dipol-Wechselwirkung der Elektronenspins $\vec{s}_i, \vec{s}_{i+1}$ ($i, i+1$: benachbarte Plätze in einer linearen Spinkette):

$$E_{int} = -\frac{2I}{\hbar^2} (\vec{s}_i \cdot \vec{s}_{i+1}).$$

Das Austauschintegral I hängt von der Überlappung der Aufenthaltswahrscheinlichkeiten der Elektronen in beiden Atomen ab. Die Wechselwirkung ist deshalb auf unmittelbar benachbarte Atome beschränkt.

▲ Bei Vernachlässigung der elektrostatischen Abstoßung ziehen sich Elektronen mit antiparallelem Spin an $(I > 0)$.

▲ Eine reine magnetische Dipol-Dipol-Wechselwirkung kann nicht die Ursache dieser ausgerichteten Bereiche sein.

▲ Über die Leitungselektronen wird der Spinzustand benachbarter Atomelektronen beeinflusst.

▲ Ferromagnetismus benötigt Leitungselektronen. Deshalb tritt Ferromagnetismus nur in Metallen auf.

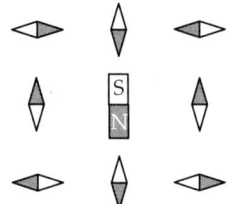

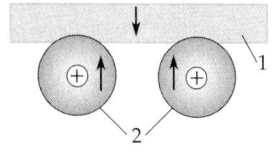

Abbildung 29.127: Orientierung atomarer Dipole unter dem Einfluss eines zentralen Dipols

Abbildung 29.128: Austauschwechselwirkung zwischen benachbarten Atomen mit Hilfe der Leitungselektronen. 1 - Leitungselektronen, 2 - Atome

2. Langevin-Gleichung des Ferromagnetismus

Molekularfeld, ein Modellfeld, das durch spontane Magnetisierung erzeugt wird:

$$\vec{H}_{\text{Molekularfeld}} = \lambda \cdot \vec{M}.$$

Die atomaren magnetischen Momente unterliegen dem äußeren Feld $\vec{H}$ und diesem Molekularfeld. Als Magnetisierung erhält man:

$$M = N_A \mu_B \tanh \frac{\mu_B(H + \lambda M)}{k_B T}.$$

Ohne äußeres Magnetfeld gilt:

$$M = N_A \mu_B \tanh \frac{\lambda \mu_B M}{k_B T} = f(M, T).$$

Abb. 29.129 zeigt graphische Lösungen dieser Gleichung und ihre Temperaturabhängigkeit.

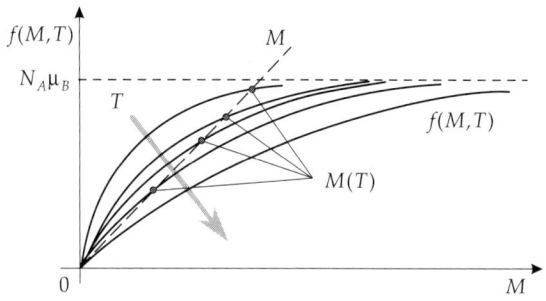

Abbildung 29.129: Graphische Lösung der Langevin-Gleichung

Es gibt keine Lösung, wenn der Anstieg der Funktion $f(M, T)$ kleiner oder gleich 1 wird. Dann bricht die Magnetisierung zusammen. Das tritt ein bei Temperaturen oberhalb der Curie-Temperatur T_C,

$$T > T_C = \frac{N_A \mu_B^2 \lambda}{k_B}.$$

Curie-Weiß-Gesetz, beschreibt die Magnetisierung für $T > T_C$:

$$M = \frac{T_C \cdot H}{\lambda(T - T_C)}, \qquad \chi_m = \frac{C}{T - T_C}.$$

3.   Magnetische Hysterese

Hysterese, die Abhängigkeit eines physikalischen Zustandes in einem Festkörper von den vorangegangenen Zuständen.

Magnetische Hysterese, Abhängigkeit der magnetischen Flussdichte von der magnetischen Feldstärke. Tritt bei allen ferromagnetischen und ferrimagnetischen Stoffen auf.

Neukurve der Magnetisierung, Verlauf der Magnetisierung einer vorher noch keinem äußeren Feld unterworfenen Probe als Funktion des angelegten Magnetfeldes.

Sättigungsmagnetisierung, M_s, wird erreicht, wenn alle atomaren Dipole parallel ausgerichtet sind. Die ganze Probe besteht nur aus einer Domäne.

Remanenz, B_R, Restmagnetisierung, die übrigbleibt, wenn nach Erreichen der Sättigungsmagnetisierung das Magnetfeld H wieder auf null abgesenkt wird.

Koerzitivfeldstärke, H_c, die Feldstärke, die entgegen der ursprünglichen Magnetfeldrichtung angelegt werden muss, damit die Magnetisierung M auf null zurückgeht.

▲   Die von der Hysteresekurve eingeschlossene Fläche ergibt die Verlustenergie, d.h. die Absorption magnetischer Energie in dem Material durch Ummagnetisierung.

▲   Bei kleinen Feldstärkeänderungen verschieben sich die Domänen wieder reversibel.

Barkhausen-Effekt, irreversible Wandverschiebungen und Drehungen bei höheren Feldstärken.
Abb. 29.131 zeigt ein Stück der Hysterese in starker Vergrößerung.

Weichmagnete, Magnete mit einer schmalen und flachen Hysterese. Sie haben kleine Koerzitivfeldstärken und kleine Remanenz.

Hartmagnete, Magnete mit einer fast rechteckförmigen Hysterese mit einer hohen Remanenz und großer Koerzitivfeldstärke.

■   Ferromagnete besitzen große technische Bedeutung. Weichmagnetische Stoffe werden in Transformatoren, in Elektromagneten oder als magnetische Abschirmung verwendet. Hartmagnete dienen als Permanentmagnete in Generatoren und Motoren. Sehr wichtig ist die Verwendung als Speichermedium (z.B. bei Ton- und Videobändern, Harddisks, Streamer Tapes).

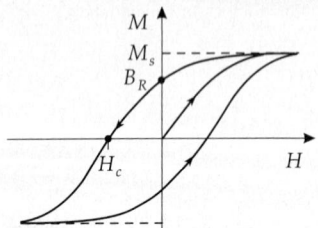

Abbildung 29.130: Ferromagnetische Hysterese.
M_s: Sättigungsmagnetisierung, B_R: Remanenz,
H_c: Koerzitivfeldstärke

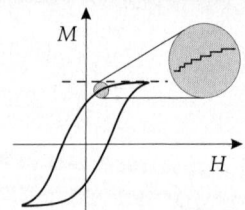

Abbildung 29.131: Barkhausen-Sprünge

29.8.2   Antiferromagnetismus und Ferrimagnetismus

Antiferromagnetismus und Ferrimagnetismus, es existieren Teilgitter mit entgegengesetzter Magnetisierung.

Antiferromagnetismus, die Magnetisierung der Teilgitter kompensiert sich, weil die antiparallel orientierten magnetischen Momente der Strukturbausteine gleich groß sind. Die resultierende Magnetisierung ist null, es treten keine Domänen auf. Die Substanz verhält sich diamagnetisch.

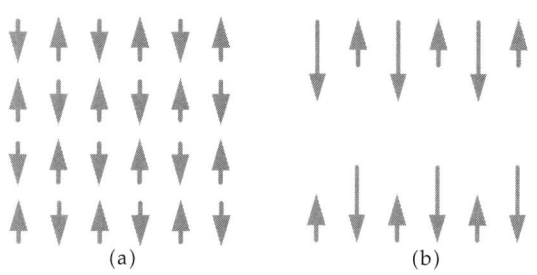

Abbildung 29.132: Antiferromagnet
(a) und Ferrimagnet (b)

(a)   (b)

Neél-Temperatur, T_N, die Temperatur, oberhalb der alle atomaren Momente auf Grund der thermischen Bewegung statistisch ungeordnet sind. Der Stoff ist dann paramagnetisch. Für die Suszeptibilität gilt für $T \geq T_N$:

$$\chi_m = \frac{C}{T + \theta},$$

wobei θ die sogenannte paramagnetische Neél-Temperatur ist.

■   Manganoxid (MnO) ist ein Beispiel für einen Antiferromagneten.

Ferrimagnetismus, die magnetischen Momente der Teilgitter kompensieren sich nur teilweise, weil die antiparallel orientierten magnetischen Momente benachbarter Strukturbausteine unterschiedliche Größe haben. Die Substanz verhält sich schwach ferromagnetisch.

■   Eisenoxid Fe_2O_3 verhält sich ferrimagnetisch. Das Eisenatom tritt in dieser Verbindung in zweiwertiger und in dreiwertiger Form auf. Dementsprechend existieren zwei verschieden große atomare magnetische Momente.

➤   Die Behandlung von Antiferromagnetismus und Ferrimagnetismus erfolgt analog zum Ferromagnetismus mit der Molekularfeldmethode. Die Molekularfelder der beiden Teilgitter erhalten lediglich unterschiedliche Vorzeichen.

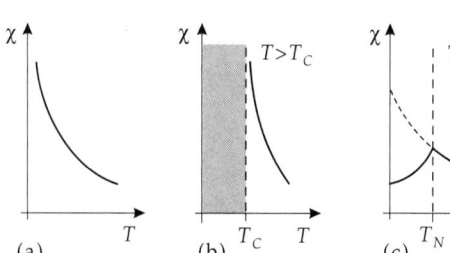

Abbildung 29.133: Vergleich der Suszeptibilität von Paramagnet (a), Ferromagnet (b) (mit kompliziertem Verhalten im schraffierten Bereich) und Antiferromagnet (c). T_C: Curie-Temperatur, T_N: Neél-Temperatur

29.9   Dielektrische Eigenschaften

Dielektrikum, Kristall, dessen Leitfähigkeit um ca. 20 Größenordnungen kleiner ist als die eines Metalls.

Die Kapazität eines Kondensators wird erhöht, wenn ein Dielektrikum zwischen die Platten eines Kondensators gebracht wird.

Polarisation $\vec{P}$, elektrisches Dipolmoment eines Festkörpers, bezogen auf die Volumeneinheit.

Orientierungspolarisation, Ausrichten eines polaren Moleküls im elektrischen Feld. Die Ladungsverteilung im Molekül bleibt unverändert.

Verschiebungspolarisation, Verschiebung elektrischer Ladungen im Dielektrikum unter dem Einfluss eines elektrischen Feldes $\vec{E}$. Aus neutralen Molekülen werden Dipole.

➤   In beiden Fällen führt Polarisation zu einer **Ladungstrennung**.

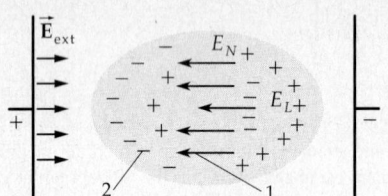

Abbildung 29.134: Verschiebungspolarisation. 1 - durch lokales Feld E_L gebildete Dipole, 2 - durch Entelektrisierungsfeld E_N erzeugte Ladungen

Die induzierten oder permananten Dipole werden durch das elektrische Feld ausgerichtet.

1.   Elektrische Verschiebungsdichte im Dielektrikum

Elektrische Verschiebungsdichte, $\vec{D}$, charakterisiert das elektrische Feld in einem Dielektrikum:

Elektrische Verschiebungsdichte $\vec{D}$			ITL^{-2}
	Symbol	Einheit	Benennung
$\vec{D} = \varepsilon_0 \vec{E} + \vec{P}$	$\vec{D}$	Cm^{-2}	elektrische Verschiebungsdichte
	$\vec{E}$	Vm^{-1}	elektrische Feldstärke
	$\vec{P}$	Cm^{-2}	elektrische Polarisation
	ε_0	$CV^{-1}m^{-1}$	elektrische Feldkonstante

2.   Ladungstrennung im Dielektrikum

Elektrische Suszeptibilität, χ, Stärke der Ladungstrennung im Dielektrikum. χ beschreibt die makroskopische dielektrische Eigenschaft der Substanz.

➤   Bei kleinen elektrischen Feldstärken ist die elektrische Polarisation proportional zur elektrischen Feldstärke:

$$\vec{P} = \varepsilon_0 \chi \vec{E},$$

wobei χ die elektrische Suszeptibilität, $\vec{E}$ die elektrische Feldstärke und ε_0 die elektrische Feldkonstante ist.

In wenigen Ausnahmefällen tritt ein konstantes Glied in der Formel auf (z.B. Seignettesalze).

Für kleine elektrische Feldstärken E gilt:

Verschiebungsdichte $\vec{D}$ für kleine elektrische Feldstärken			ITL^{-2}

$\vec{D} = \varepsilon_0\vec{E} + \varepsilon_0\chi\vec{E}$ $= \varepsilon_0\varepsilon_r\vec{E}$ $\varepsilon_r = 1 + \chi$	Symbol	Einheit	Benennung
	$\vec{D}$	Cm^{-2}	elektrische Verschiebungsdichte
	$\vec{E}$	Vm^{-1}	elektrische Feldstärke
	χ	1	elektrische Suszeptibilität
	ε_0	CV^{-1}m^{-1}	elektrische Feldkonstante
	ε_r	1	Dielektrizitätszahl

➤ Laserlicht kann so hohe elektrische Feldstärken erzeugen, dass die Näherung einer linearen Abhängigkeit zwischen Polarisation und elektrischer Feldstärke nicht mehr anwendbar ist. Die Polarisation muss dann in eine Potenzreihe entwickelt werden,

$$\vec{P} = \varepsilon(A + \chi E + \chi'E^2 + \cdots)\frac{\vec{E}}{E}.$$

▲ In anisotropen Stoffen ist die Dielektrizitätszahl ein Tensor.
▲ Die Dielektrizitätszahl ist frequenzabhängig.

3. Polarisierbarkeit und lokales Feld

Polarisierbarkeit, α_i, bestimmt die Größe des unter dem Einfluss eines elektrischen Feldes am Ort eines Dipols entstehenden Dipolmoments $\vec{p}_i$,

$$\vec{p}_i = \alpha_i \cdot \vec{E}_{Li},$$

wobei $\vec{E}_{Li}$ die lokale Feldstärke am Ort i ist. Die Polarisierbarkeit ist eine atomare Größe und hängt von der Struktur des Kristalls ab.

Lokales Feld, E_L, Überlagerung des externen Feldes $\vec{E}_{ext}$ mit dem Feld $\vec{E}_{Probe}$ der Dipole der Probe,

$$\vec{E}_L = \vec{E}_{ext} + \vec{E}_{Probe}.$$

➤ Man beschränkt sich in der Regel auf geometrisch einfache Probekörper wie Ellipsoid, Kugel oder Scheibe.

Entelektrisierungsfeld, $\vec{E}_N$, durch die Ladungen auf der Oberfläche eines Probekörpers (z.B. Ellipsoids) erzeugtes Feld, das dem äußeren Feld entgegengerichtet ist und von der Geometrie der Probe abhängt. In der Probe gilt:

$$\vec{E} = \vec{E}_{ext} + \vec{E}_N$$

mit

$$\vec{E}_N = -\frac{1}{\varepsilon_0}N\vec{P}; \quad N = \begin{cases} 1 & \text{Ellipsoid} \\ \dfrac{1}{3} & \text{Kugel} \\ 1 & \text{Scheibenfläche} \perp \vec{E}_{ext} \\ 0 & \text{Scheibenfläche} \parallel \vec{E}_{ext} \end{cases}$$

Lorentzfeld, $\vec{E}_i$, elektrisches Feld in einem fiktiven Hohlraum im Inneren eines polarisierten Dielektrikums,

$$\vec{E}_i = -\vec{E}_N = -\frac{N}{\varepsilon_0} \cdot \vec{P}.$$

N ist durch die geometrische Form des Hohlraumes bestimmt.

4. Dipolfeld im Kristallgitter

Dipolfeld, $\vec{E}_D(\vec{r})$, elektrisches Feld im Abstand $\vec{r}$ von einem **Punktdipol** am Ort $\vec{r} = \vec{0}$ mit dem Dipolmoment $\vec{p}$:

Elektrisches Feld eines Dipols			$LT^{-3}MI^{-1}$
$$\vec{E}_D(\vec{r}) = \frac{3(\vec{p}\cdot\vec{r})\vec{r} - r^2\vec{p}}{4\pi\varepsilon_0 r^5}$$	Symbol	Einheit	Benennung
	$E_D(\vec{r})$	V/m	Dipolfeld
	$\vec{r}$	m	Abstandsvektor zum Dipol
	$\vec{p}$	Cm	Dipolmoment
	ε_0	C/(Vm)	elektrische Feldkonstante

Dipolfeld im Kristallgitter:

$$\vec{E}_D = \sum_i E_D(\vec{r}_i).$$

➤ Das Dipolfeld $\vec{E}_D$ hängt von der Gitterstruktur ab.

➤ Für alle Gitter mit kubischer Symmetrie liefert die Gittersumme null, d.h. das Dipolfeld wird null, $\vec{E}_D = 0$. Für Gitter mit tetragonaler Perovskit-Struktur ($\longrightarrow$ Hochtemperatursupraleiter) gilt dies nicht.

■ Das lokale Feld für **kubische Gittertypen** ergibt sich für eine Kugel als Probekörper zu:

$$\vec{E}_L = \vec{E}_{\text{ext}} - \frac{1}{\varepsilon_0}\cdot\vec{P} + \frac{1}{3\varepsilon_0}\cdot\vec{P}.$$

Dieses lokale Feld erzeugt die lokale Polarisation eines Gitteratoms.

▲ Für N_V gleichartige Gitteratome pro Volumeneinheit gilt für die Polarisation des Probekörpers:

$$\vec{P} = \varepsilon_0 N_V \alpha \vec{E}_L = \varepsilon_0 N_V \alpha(\vec{E} + \frac{1}{3\varepsilon_0}\cdot\vec{P}).$$

Polarisation eines kugelförmigen Probekörpers			ITL^{-2}
$$\vec{P} = \varepsilon_0\chi\vec{E}$$ $$\chi = \frac{N_V\alpha}{1-\frac{1}{3}N_V\alpha}$$	Symbol	Einheit	Benennung
	$\vec{P}$	Cm^{-2}	Polarisation
	χ	1	elektrische Suszeptibilität
	$\vec{E}$	Vm^{-1}	elektrische Feldstärke
	N_V	1	Atomdichte im Gitter
	α	1	Polarisierbarkeit

➤ Ist der Kristall aus verschiedenen Atomsorten aufgebaut und besitzen die Atome unterschiedliche Polarisierbarkeit, so muss über diese Atome summiert werden.

Elektrische Suszeptibilität			1
$$\chi = \frac{\sum_i N_i\alpha_i}{1-\frac{1}{3}\sum_i N_i\alpha_i}$$	Symbol	Einheit	Benennung
	χ	1	elektrische Suszeptibilität
	N_i	1	Zahl der Atome i
	α_i	1	Polarisierbarkeit der Atome i

5. Elektronische und ionische Polarisation

Elektronische Polarisation, Deformation und Verschiebung der Elektronenwolken eines Atoms relativ zu seinem praktisch punktförmigen positiven Atomkern (**Abb. 29.135**).

➤ Elektronische Polarisation kann immer auftreten.

➤ In dem Feld einer elektromagnetischen Strahlung ist die elektronische Polarisation keine statische Größe. Sie wird im Rhythmus der elektromagnetischen Wellen schwingen. Beschleunigte Ladungen strahlen aber Energie ab: Die erzwungene Schwingung der elektronischen Ladungswolke ist gedämpft. Die Polarisierbarkeit α_i und damit die Suszeptibilität χ sind deshalb komplexe Zahlen. Die Dielektrizitätszahl ε_r wird ebenfalls komplex.

▲ Für ein Dielektrikum im elektromagnetischen Wechselfeld besteht zwischen den optischen Größen Brechungszahl n und Absorptionskoeffizient κ sowie der elektrischen Suszeptibilität χ ein Zusammenhang:

Dielektrizitätszahl ε_r **1**

$$\varepsilon_r = 1 + \chi = (n + j\kappa)^2$$

Symbol	Einheit	Benennung
ε_r	1	Dielektrizitätszahl
χ	1	elektrische Suszeptibilität
n	1	Brechzahl
κ	1	Absorptionskoeffizient
j	–	imaginäre Einheit

Ionische Polarisation, tritt in Ionenkristallen auf. Die positiven und negativen Ionen werden in einem elektrischen Feld unterschiedlich ausgelenkt.

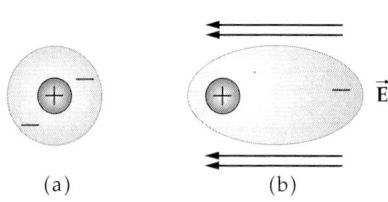

(a)   (b)

Abbildung 29.135: Elektronische Polarisation im elektrischen Feld $\vec{E}$. Schattierte Fläche: elektronische Ladungswolke. (a): Ladungsverteilung im Atom ohne Feld, (b): Ladungsverteilung im Atom im Feld

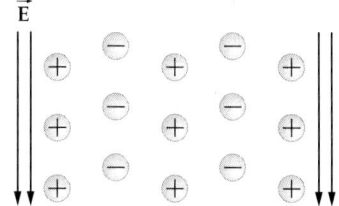

Abbildung 29.136: Ionische Polarisation im elektrischen Feld $\vec{E}$

Gesamtpolarisation, Summe aus ionischer und elektronischer Polarisation.

29.9.1 Paraelektrika

Paraelektrika, Festkörper, in denen ohne ein äußeres elektrisches Feld elektrische Dipole existieren, die aufgrund der thermischen Bewegung aber ungeordnet sind.

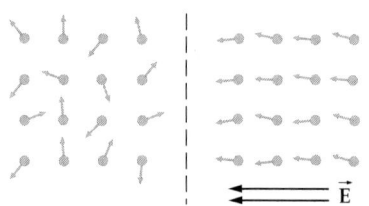

Abbildung 29.137: Orientierungspolarisation in Paraelektrika

Orientierungspolarisierbarkeit, α_{orient}, Funktion der Frequenz und infolge der Dämpfung komplex,

$$\alpha_{\text{orient}} = \frac{\alpha_0}{1 - j\omega\tau}.$$

τ ist eine charakteristische Zeitkonstante - die Relaxationszeit. α_0 ist die statische Polarisierbarkeit bei Anlegen eines Gleichfeldes (zeitlich konstantes Feld).

■   Orientierungspolarisation tritt bei Flüssigkristallen auf.
➤   Die Dielektrizitätszahl $\varepsilon_r = 1 + \chi$ bei Anlegen eines Gleichfeldes ($\omega = 0$) beträgt für Wasser bei Zimmertemperatur 81.
      Im Bereich des sichtbaren Lichtes beträgt dieser Wert nur 1.77. Deshalb ist Wasser für Licht gut durchlässig. Der Unterschied in der Dielektrizitätskonstante zwischen Gleichfeld und sichtbarem Licht wird durch die Orientierungspolarisation bedingt. Bei hohen Frequenzen schaltet die Dämpfung die Orientierungspolarisation praktisch aus.

Dielektrische Verluste, w, treten beim Anlegen eines elektrischen Feldes aufgrund des Widerstandes gegen eine Polarisation auf,

$$w = \operatorname{Im}\chi \cdot E^2 \omega,$$

wobei $\operatorname{Im}\chi$ der imaginäre Teil der komplexen elektrischen Suszeptibilität ist.

29.9.2 Ferroelektrika

1. Elektrete

Ferroelektrische Kristalle, weisen auch ohne äußeres elektrisches Feld eine spontane Polarisation auf.
Elektrete, ferroelektrische Kristalle mit einem permanenten Dipolmoment. Ihre Polarisation lässt sich durch ein äußeres Feld nicht beeinflussen.

➤   Elektrete haben ihre Analogie in den Permanentmagneten.
■   Beispiele für Elektrete: Nylon und Wachs.
▲   In der Regel zeigen ferroelektrische Kristalle ähnlich wie ferromagnetische Stoffe eine Hysterese.
➤   Bei Elektreten ist die Hysterese praktisch ein Rechteck.

Ferroelektrische Curie-Temperatur, T_C, Temperatur, oberhalb der sich der Kristall nicht mehr im ferroelektrischen Zustand befindet.

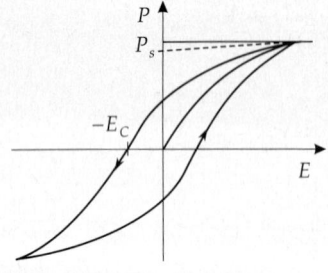

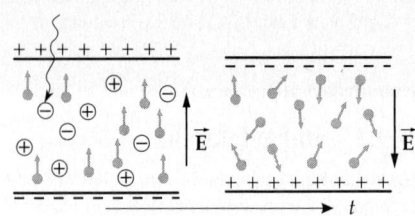

Abbildung 29.138: Ferroelektrische Hysterese. P_s: spontane Polarisation, E_C: Koerzitivfeldstärke

Abbildung 29.139: Einfluß ionisierender Strahlung auf die Ladungsverteilung in Elektreten

M   Die **Erzeugung von Elektreten** erfolgt thermisch oder photoelektrisch. Eine Probe wird über die Curie-Temperatur hinaus aufgeheizt und in diesem Zustand einem starken elektrischen Feld ausgesetzt. Die im Feld orientierten Dipole werden durch Abkühlung eingefroren. Dieser Zustand ist thermisch ein Nichtgleichgewichtszustand. Mit einer Relaxationszeit τ wird er in den Gleichgewichtszustand übergehen. Bei Elektreten liegt diese Relaxationszeit im Bereich von Jahren.
▲   Ionisierende Strahlung erzeugt im Elektret freie Ladungsträger. Dadurch ändert sich die Oberflächenladung. Das innere Feld kehrt sich um.
■   Elektrete finden als Strahlungsdetektoren Anwendung.

2. Piezoelektrizität

Eigenschaft eines Dielektrikums, sich unter dem Einfluss einer mechanischen Deformation zu polarisieren und umgekehrt sich unter dem Einfluss eines elektrischen Feldes zu deformieren (Elektrostriktion). Die Ursache für die Piezoelektrizität sind unterschiedliche Elastizitätsmodule der beiden Untergitter aus positiven und negativen Ionen.

▲   Ionenkristalle können Piezoelektrizität aufweisen. Notwendige Voraussetzung ist das Fehlen eines Symmetriezentrums.

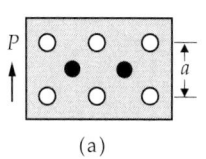 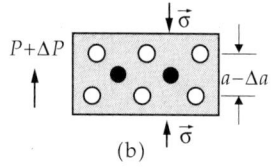

(a)   (b)

Abbildung 29.140: Piezoelektrizität (schematisch). (a): Kristall ohne mechanische Spannung, (b): Kristall mit mechanischer Spannung σ. ΔP: durch die Spannung induzierte piezoelektrische Polarisation

■   **Wandlung von Druck in elektrische Spannung**:
• piezoelektrische Gasanzünder,
• piezoelektrische Mikrophone.
Wandlung von elektrischer Spannung in Deformation und umgekehrt:
• Schwingquarz.
➤   Piezoelektrische Kristalle brauchen nicht unbedingt ferroelektrisch zu sein. Beispiel: Quarz.

Domänen, Gebiete in Ferroelektrika, in denen die Polarisation für alle Strukturbausteine die gleiche Richtung hat. In angrenzenden Domänen herrschen andere Orientierungen vor.

▲   Domänen haben eine Größe von einigen Mikrometern.
➤   Eine mikroskopische Erklärung der Ferroelektrizität ist bisher noch nicht befriedigend gelungen.

29.10   Optische Eigenschaften von Kristallen

▲   Kristalle, die bei Raumtemperatur als elektrischer Isolator wirken, sind normalerweise durchsichtig.
▲   Farblose Kristalle besitzen im sichtbaren Spektralbereich keine Anregungsmöglichkeiten von Elektronenzuständen oder Schwingungszuständen des Kristalls.
➤   Die Wellenlängen im sichtbaren Spektralbereich liegen zwischen 360 nm und 740 nm. Dieser Wellenlängenbereich entspricht Energien zwischen 3.4 eV und 1.7 eV.

29.10.1   Exzitonen und ihre Eigenschaften

Exziton, gebundenes Elektron-Loch-Paar. Bei der Bildung eines Exitons wird die Bindungsenergie E_B frei. Daher wird zwar für die Erzeugung eines ungebundenen Teilchen-Loch-Paares mindestens die Energie E_g benötigt, aber für die Erzeugung eines gebundenen Teilchen-Loch-Paares die kleinere Energie $E_g - E_B$.

➤   Exzitonen können sich durch den Kristall bewegen. Sie transportieren Anregungsenergie, aber keine Ladung.

Rekombination, Zerfall des Exzitons. Das Elektron fällt in den unbesetzten Zustand (Loch) zurück. Die Anregungsenergie wird frei und verläßt als Strahlung den Kristall.

➤   Das Elektron-Loch-Paar kann als Analogon zum Positronium-Atom (gebundenes e^+e^--System) betrachtet werden.

Energieniveau eines Exzitons, läßt sich für schwach gebundene Exzitonen (Mott-Wannier-Exzitonen), bezogen auf die Oberkante des Valenzbandes, durch folgende Formel beschreiben:

Energieniveau des Mott-Wannier-Exzitons			ML^2T^{-2}

$$E_n = E_g - \frac{2\pi^2\mu e^4}{h^2\varepsilon^2 n^2} \text{ (cgs)}$$

$$E_n = E_g - \frac{\mu e^4}{8h^2\varepsilon_0^2\varepsilon^2 n^2} \text{ (SI)}$$

$$\frac{1}{\mu} = \frac{1}{m_e^*} + \frac{1}{m_h^*}$$

Symbol	Einheit	Benennung
E_n	J	Exziton-Energie
E_g	J	Energielücke
μ	kg	reduz. Masse des Elektron-Loch-Systems
m_e^*	kg	effektive Masse des Elektrons
m_h^*	kg	effektive Masse des Loches
e	C	Elementarladung
h	Js	Plancksches Wirkungsquantum
ε	$C^2N^{-1}m^{-2}$	Dielektrizitätszahl des Kristalls
n	1	Hauptquantenzahl

■ Cu_2O ist ein Kristall, dessen Absorptionsspektrum bei tiefen Temperaturen durch Exzitonenanregungen durch die obige Gleichung beschrieben wird.

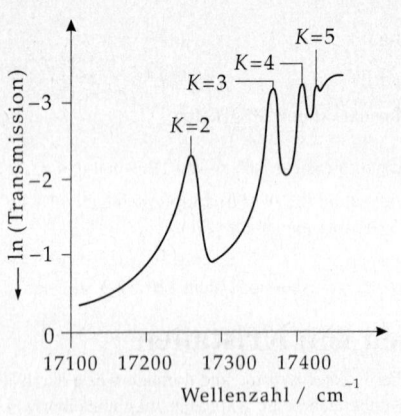

Abbildung 29.141: Absorptionsspektrum von Cu_2O

M Absorptionsspektren werden mittels einer Anordnung entsprechend **Abb. 29.142** gemessen.

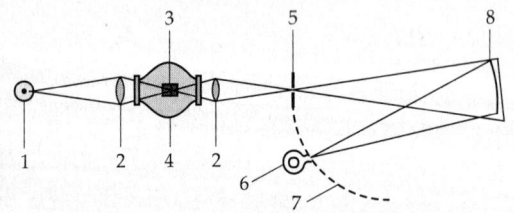

Abbildung 29.142: Optisches Spektrometer. 1 - W-Glühwendel, 2 - Linse, 3 - Probe, 4 - Dewar, 5 - Eintrittsspalt, 6 - Photovervielfacher, 7 - Rowland-Kreis, 8 - Konkavgitter

Frenkel-Exziton, an einem Gitteratom eines Kristalls lokalisiertes gebundenes Elektron-Loch-Paar. Ein ideales Frenkel-Exziton wandert als Welle durch den gesamten Kristall, Elektron und Loch bleiben aber immer nahe beisammen.

▲ In Alkalihalogenidkristallen sind die Exzitonen mit niedrigster Energie an den negativen Halogenionen lokalisiert.

▲   Reine Alkalihalogenidkristalle sind im sichtbaren Teil des Spektrums durchsichtig. Die Absorption im Ultravioletten weist eine beträchtliche Strukturierung auf.

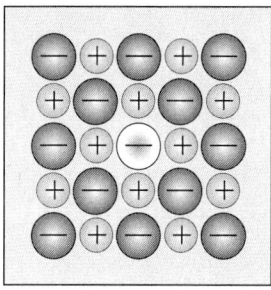

Abbildung 29.143: Schematische Darstellung eines Frenkel-Exzitons, lokalisiert an einem Atom eines Alkalihalogenidkristalls

29.10.2   Photoleitfähigkeit

Photoleitfähigkeit, Zunahme der elektrischen Leitfähigkeit eines elektrisch isolierenden Kristalls unter Einwirkung von Strahlung durch die Anhebung eines Elektrons aus dem Valenzband in das Leitungsband (unter Erzeugung eines Loches im Valenzband) infolge Photon-Absorption.

▲   Sowohl Löcher als auch Elektronen können zur Leitfähigkeit beitragen.

Zeitliche Änderung der Elektronenkonzentration n im Rahmen eines einfachen Modells – (Elektron-Loch-Paare werden im ganzen Kristall gleichförmig erzeugt; die Rekombination erfolgt über direkte Vernichtung von Elektron-Loch-Paaren) – ergibt sich aus einer Bilanzgleichung:

Änderung der Elektronenkonzentration			$L^{-3}T^{-1}$
$\dfrac{\mathrm{d}n}{\mathrm{d}t} = L - An^2$	Symbol	Einheit	Benennung
	n	m^{-3}	Elektronenkonzentration
	L	$s^{-1}m^{-3}$	Absorptionswahrscheinlichkeit
	A	$m^3 s^{-1}$	Maß für Rekombinationswahrscheinlichkeit

Im stationären Zustand ist $\dfrac{\mathrm{d}n}{\mathrm{d}t} = 0$, und es gilt:

$$n_0 = \sqrt{\frac{L}{A}}\,.$$

Zeitkonstante, t_0, bestimmt die Abnahme der Ladungsträger nach dem Abschalten der Lichtquelle. Es gilt:

$$n = \frac{n_0}{1 + \dfrac{t}{t_0}}\,.$$

In der Zeit t_0 fällt die Ladungsträgerkonzentration auf $n_0/2$.

Empfindlichkeit, G, Verhältnis von Photonenstrom I zur Absorptionswahrscheinlichkeit,

$$G = \frac{I}{L \cdot d \cdot e} \qquad d: \text{Dicke der Probe.}$$

Haftstellen, Traps, Störstellen im Kristall, die Energieniveaus zwischen Leitungs- und Valenzband anbieten und somit ein Elektron oder ein Loch zwischen den Energiebändern „festhalten" können.

■   Haftstellen beeinflussen entscheidend das zeitliche Verhalten der photoleitenden Zelle im **Belichtungsmesser** oder in der **Lumineszenzschicht** einer Fernsehröhre.

29.10.3   Lumineszenz

Lumineszenz, Absorption von Energie in Materie mit darauf folgender Wiederausstrahlung im sichtbaren Spektralbereich bzw. in benachbarten Spektralgebieten.

➤   Die Art der Anregung spielt keine Rolle.

Phosphore, kristalline Festkörper, die lumineszenzfähig sind.

Fluoreszenz, Emission von Licht schon während der Anregung oder innerhalb einer sehr kurzen Zeit von 10^{-8} s danach.

➤   Das Zeitintervall 10^{-8} s entspricht etwa der Lebensdauer eines atomaren Energiezustandes für einen erlaubten elektrischen Dipolübergang im sichtbaren Bereich.

Phosphoreszenz, Nachleuchten in einer endlichen Zeit nach Abschalten der Anregung.

➤   Die Verzögerungszeit kann in einem weiten Bereich variieren: Erdalkali-, Zinksulfid- und Zinksilikat-Phosphore haben je nach Zusammensetzung Nachleuchtdauern zwischen μs (**Fernsehschirme**) und mehreren Stunden (**Leuchtzifferblätter**).

➤   Viele Festkörper haben einen geringen Wirkungsgrad für die Umwandlung anderer Energieformen in Strahlung.

Aktivatoren, Stoffe, die in geringen Beimischungen ein erhebliche Steigerung des Wirkungsgrades verursachen.

29.10.4   Optoelektronische Eigenschaften

Optoelektronik, beschäftigt sich mit Erscheinungen, die bei der Umwandlung elektrischer Energie in optische und umgekehrt auftreten.

▲   Wichtigstes Bauelement ist der Halbleiter-pn-Übergang.

Leuchtdiode (**L**ight **E**mitting **D**iode, LED) oder **Lumineszenzdiode**, besteht aus einem pn-Übergang.

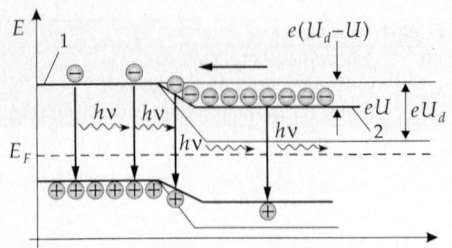

Abbildung 29.144: Schematisches Bild eines pn-Überganges einer LED. 1 - p-Gebiet, 2 - n-Gebiet

Durch eine Spannung in Flussrichtung wird die Bandverbiegung abgeschwächt. Die Elektronen brauchen nur die Energie $e(U_d - U)$ aufzuwenden, um vom n-Gebiet ins p-Gebiet zu gelangen. Umgekehrt gilt dies auch für die Löcher. In der Nähe des Überganges rekombinieren Elektronen und Löcher und geben die Energie der Bandlücke E_g in Form von Photonen ab.

▲   LED erzeugen nahezu monochromatisches, aber im Allgemeinen **inkohärentes** Licht der Wellenlänge

$$\lambda \approx \frac{1.24}{E_g/\text{eV}} \ \mu\text{m},$$

(E_g in Elektronenvolt). Die Farbe der LED wird also durch die Größe der verbotenen Zone bestimmt.

▲   Die abgegebene Strahlungsleistung ist dem Strom proportional.

▲   LED haben sehr hohe Lebensdauern.

Laserdiode, LD, pn-Übergang mit sehr hoher Dotierung $n_D \approx 10^{19}$ cm^{-3} (**entarteter Halbleiter**).

▲ Laserdioden produzieren **kohärente** Strahlung.

▲ Elektronen füllen das Leitungsband im n-Gebiet auf. Umgekehrt füllen die Löcher das Valenzband auf.

Besetzungsinversion bei Laserdioden: Energetisch hoch liegende Zustände im Leitungsband sind mit Elektronen besetzt, während tief liegende Zustände leer sind (tritt im Übergangsgebiet der aktiven Zone auf).

▲ Damit ist die Grundvoraussetzung für die stimulierte Emission des Lasers gegeben.

Resonatorspiegel, notwendig für die Rückkopplung, bilden die Grenzflächen des Halbleiterkristalls. Die spiegelnden Endflächen sind Spaltflächen des Kristalls, die völlig eben und parallel verlaufen. Infolge der hohen Brechungszahl von Halbleitern ist die Reflexion sehr stark.

Spontane Emission ($\rightarrow$ Atomphysik), tritt schon bei geringen Stromstärken auf.

Schwellenstrom, I_{th}, Stromstärke, oberhalb der stimulierte Emission auftritt.

Longitudinale Schwingungsmoden des Lasers, stehende Wellen, aus denen das Laserspektrum aufgebaut ist. Aufgrund der endlichen Länge L der Laserdiode (Abstand der reflektierenden Ebenen) können sich nur stehende Wellen mit Wellenlängen

$$\lambda = \frac{m}{n}\frac{L}{2}; \quad m = 1, 2, 3, \ldots$$

ausbilden. Dabei ist n die Brechzahl des Kristalls.

Formelzeichen Quantenphysik

Symbol	Einheit	Benennung
α	$\mathrm{Cm^2V^{-1}}$	Polarisierbarkeit
α	1	Feinstrukturkonstante
α	1	Madelung-Konstante
β	1	Kleinsignalstromverstärkung
γ	$\mathrm{Nm^2/kg^2}$	Gravitationskonstante
Γ	MeV	Zerfallsbreite
Δ	$1/\mathrm{m^2}$	Laplace-Operator
ε	1	Energie/$m_0 c^2$
ε	1	Dehnung
ε	1	Effektivität der Energiezuführung
ε	1	Vervielfachungsfaktor
ε	J	Elektronenenergie
ε	J	Lennard-Jones-Parameter
ε_P	J	Paarungsenergie
ε_0	As/Vm	elektrische Feldkonstante
$d\varepsilon/dt$	$\mathrm{s^{-1}}$	Dehnungsgeschwindigkeit
η	1	Impuls/$m_0 c$
η	1	Wirkungsgrad
η_0	$\mathrm{N\,m^{-2}s}$	dynamische Zähigkeit
θ, Θ	rad	Winkel
Θ_D	K	Debye-Temperatur
κ/ρ	$\mathrm{m^2/kg}$	Paar-Massenschwächungskoeffizient
κ	1	Absorptionskoeffizient
κ	$\Omega^{-1}\mathrm{m^{-1}}$	elektrische Leitfähigkeit
λ	$1/\mathrm{s}$	Zerfallskonstante
λ	W/(mK)	Wärmeleitfähigkeit
λ	m	Wellenlänge
Λ	m	mittlere freie Weglänge
μ	$1/\mathrm{m}$	linearer Schwächungskoeffizient
μ	kg	reduzierte Masse
μ	J/T	magnetisches Moment
μ	J	chemisches Potential
$\hat{\mu}_l, \hat{\mu}_s$	$\mathrm{J/T^1}$	Operator des magnetischen Momentes
μ_n	$\mathrm{m^2/(Vs)}$	Beweglichkeit der Elektronen
μ_p	$\mathrm{m^2/(Vs)}$	Beweglichkeit der Löcher
μ_B	J/T	Bohrsches Magneton
μ_K	J/T	Kernmagneton
ν	1	mittlere Neutronenzahl
π	1	Parität
ρ	$\mathrm{m^{-3}}$	Teilchendichte

Symbol	Einheit	Benennung
σ/ρ	m^2/kg	Compton-Massenschwächungskoeffizient
σ	b	Wirkungsquerschnitt
σ	J/m^2K^4	Stefan-Boltzmann-Konstante
σ	Nm^{-2}	Spannung
σ	1	Abschirmkonstante
σ	m	Lennard-Jones-Parameter
τ/ρ	m^2/kg	Photo-Massenschwächungskoeffizient
τ	s	mittlere Lebensdauer
τ	s	Relaxationszeit
$\Phi(\vec{r})$	$1/m^2$	Teilchenfluenz
$\phi(\vec{r},t)$	$1/m^2s$	Teilchenflussdichte
Φ_{es}	W	Gesamtstrahlungsfluss
φ	$1/m^2s$	Teilchenflussdichte hinter Absorber
φ	rad	Streuwinkel
χ	1	elektrische Suszeptibilität
χ_d	1	diamagnetische Suszeptibilität
χ_μ	m^{-1}	Molsuszeptibilität
ψ	$m^{-3/2}$	Wellenfunktion
$\psi_k(\vec{r})$	$m^{-3/2}$	Zustandsfunktion
ω_D	$rad\ s^{-1}$	Debye-Frequenz
ω	$rad\ s^{-1}$	Kreisfrequenz
Ω	sr	Raumwinkel
a	m	Gitterkonstante
a_C	MeV	Koeffizient der Coulombenergie
a_O	MeV	Koeffizient der Oberflächenergie
a_S	MeV	Symmetriekoeffizient
a_V	MeV	Volumenenergie pro Nukleon
A	Bq	Aktivität
A	m^3s^{-1}	Rekombinationswahrscheinlichkeit
A	1	Massenzahl
A	1	Verstärkung
b	mK	Wiensche Konstante
B	1	Baryonenzahl
B	1	Bottom-Quantenzahl
B	J	Bindungsenergie
B	T	magnetische Induktion
c	m/s	Lichtgeschwindigkeit
c_V	J/kgK	Wärmekapazität
C	F	Kapazität des Kondensators
C	Jm^6	Van-der-Waals-Wechselwirkungskonstante
C	1	Charm-Quantenzahl
$\hat{C}$	1	Ladungskonjugations-Operator
C_e	JK^{-1}	Wärmekapazität des Elektronengases
C_n	$kg\ s^{-2}$	elastische Konstante
C_{el}	J/K	Wärmekapazität des Elektronengases
C_{Ph}	JK^{-1}	Wärmekapazität des Phononengases
d	m	Netzebenenabstand

Symbol	Einheit	Benennung
d_n	m	Breite der negativen Raumladungszone
d_p	m	Breite der positiven Raumladungszone
D	Gy	Energiedosis
$\vec{D}$	Asm^{-2}	elektrische Verschiebungsdichte
$D(\omega)$	s	Zustandsdichte
e	As	Elementarladung
E	$\mathrm{N\,m}^{-2}$	Elastizitätsmodul
E	J	Energie
dE	J	Energieintervall
$\vec{E}$	Vm^{-1}	elektrische Feldstärke
E_B	J	Bindungsenergie
$E_D(\vec{r})$	V/m	Dipolfeld
E_F	J	Fermi-Energie
E_g	J	Energielücke
E_L	J	untere Kante des Leitungsbandes
E_N	J	Exziton-Energie
E_V	J	Leerstellenbildungsenergie
E_V	J	untere Kante des Valenzbandes
E_I	J	Ionisierungsenergie
E_kin	J	kinetische Energie
f	$1/\mathrm{s}$	Frequenz
f	1	Anzahl Freiheitsgrade
f	1	Spaltwahrscheinlichkeit
$f(E,T)$	1	Fermi-Verteilung
$\vec{F}$	N	Kraft
$F(Z,\eta)$	1	Fermi-Funktion
F_S	$\mathrm{kg\,m\,s}^{-2}$	Verformungskraft
G	$\mathrm{N\,m}^{-2}$	Schubmodul
g	1	Landé-Faktor
g_i	1	Gewichtsfaktor
g_s, g_l	1	g-Faktor
h	Js	Wirkungsquantum
$\hbar$	Js	Wirkungsquantum $(h/2\pi)$
H	Sv	Äquivalentdosis
$\hat{H}$	J	Hamilton-Operator
I	$\mathrm{kg\,m}^2$	Trägheitsmoment
$\bar{I}$	J	mittlere Ionisationsenergie
I	1	Isospinquantenzahl
$\vec{I}, \vec{j}, \vec{J}$	Js	Gesamtdrehimpuls
I_Sp	A	Dioden-Sperrstrom
ΔI_B	A	Basisstromänderung
ΔI_C	A	Kollektorstromänderung
j	1	imaginäre Einheit
j_q	Wm^{-2}	Wärmestromdichte
J	1	Rotationsquantenzahl
J, j	1	Drehimpulsquantenzahl

Symbol	Einheit	Benennung
k	J/K	Boltzmann-Konstante
k	1	Multiplikationsfaktor
k	m^{-1}	Wellenvektor
$\vec{k}, \vec{K}$	1/m	Wellenvektor (Betrag)
k_B	JK^{-1}	Boltzmann-Konstante
k_F	m^{-1}	Fermi-Impuls
K	m^{-1}	Wellenzahl
K	Gy	Kerma
$\vec{l}, \vec{L}$	Js	Bahndrehimpuls
L	1	Leckrate
L	1	Leptonenzahl
L	$s^{-1}m^{-3}$	Absorptionswahrscheinlichkeit
L, l	1	Bahndrehimpulsquantenzahl
$L_{e,v}(T)/(m^2sr)$	Ws	spektrale Strahldichte
m	kg	Teilchenmasse
m^*	kg	effektive Masse
m_M	kg	Molekülmasse
m_e	kg	Elektronenmasse
m_j	1	Magnetische Quantenzahl
M	kg	Atommasse
M	kg/mol	Molmasse
M_r	1	mittlere relative Molekülmasse
n	m^{-3}	Leerstellendichte
n	m^{-3}	Dichte der freien Elektronen
n, m	1	Hauptquantenzahl
$n(\omega, T)$	1	Bose-Einstein-Verteilungsfunktion
n_A	m^{-3}	Akzeptorenkonzentration
n_D	m^{-3}	Donatorenkonzentration
n_i	m^{-3}	Intrinsische Ladungsträgerdichte
n_L	m^{-3}	effektive Elektronendichte im Leitungsband
n_V	1	effektive Löcherdichte
N	m^{-3}	Teilchendichte
N_1, N_2	1	Besetzungszahlen
N_A	1	Avogadro-Konstante
p	m^{-3}	Dichte der Löcher
p	1	Resonanzentkommwahrscheinlichkeit
$\vec{p}$	kg m/s	Impuls
$\vec{p}, d$	Cm	elektrisches Dipolmoment
$\vec{P}$	Asm^{-2}	elektrische Polarisation
$p_E(\vec{r})$	$1/(Jssrm^2)$	spektrale Teilchenradianz
$\hat{P}$	1	Spiegelungsoperator
Q	As	Ladung
Q	J	Strahlungsenergie
Q	J	Wärmetönung
$r_{BE,A}$	Ω	Eingangswiderstand am Arbeitspunkt

Symbol	Einheit	Benennung
r_{BE}	Ω	differentieller Eingangswiderstand
r_{CE}	Ω	differentieller Ausgangswiderstand
r_n	m	Bohrscher Bahnradius
R_∞	$1/m$	Rydberg-Konstante
R_C	Ω	Kollektorwiderstand
R_H	$1/m$	Rydberg-Konstante
$\vec{s}, \vec{S}$	Js	Spin
S	MeV/cm	Bremsvermögen
S	1	Strangeness-Quantenzahl
S, s	1	Spinquantenzahl
T	K	Temperatur
$\hat{T}$	1	Zeitumkehr-Operator
T_F	K	Fermi-Temperatur
$T_{1/2}$	s	Halbwertszeit
T_C	J	Coulombschwelle
u	J/m^3	Strahlungsenergiedichte
u	kg	atomare Masseneinheit
u_k	m	Auslenkung der k-ten Gitterebene
$u_k(\vec{r})$	$m^{-3/2}$	periodische Funktion
$u_\nu(\nu, T)$	Js/m^3	spektrale Strahlungsenergiedichte
u_s	m	Auslenkung der Ebene S
u_{s+n}	m	Auslenkung der Ebene mit Abstand $n \cdot a$
U	J	innere Energie
$U(R)$	J	Bindungsenergie
U_0	V	Beschleunigungsspannung
U_n	V	Eingangsspannungen
U_a	V	Ausgangsspannung
U_D	V	Differenzspannung
U_D	V	Diffusionsspannung
U_e	V	Eingangsspannung
U_n	V	invertierte Eingangsspannung
U_p	V	Nicht-invertierte Eingangsspannung
U_T	V	Temperaturspannung
ΔU_{BE}	V	Basisspannungsänderung
ΔU_{CE}	V	Ausgangsspannungsänderung
V	m^{-3}	Volumen
$V(r)$	J	Potential
υ	1	Schwingungsquantenzahl
υ	m/s	mittlere Phononen-Geschwindigkeit
υ_{el}	m/s	mittlere Geschwindigkeit der Elektronen
υ_{gr}	m/s	Gruppengeschwindigkeit der Elektronenwelle
υ_r	1	Spannungsrückwirkung
w	1	Aufenthaltswahrscheinlichkeit
W_A	J	Austrittsarbeit
W_I	J	Ionisierungsarbeit
Z	1	Ordnungszahl
Z	Ω	komplexer Widerstand
Z^*	1	effektive Ordnungszahl

30   Tabellen zur Quantenphysik

30.1   Ionisationspotentiale

30.1/1: Ionisationsenergien der Elemente

In der folgenden Tabelle sind die Ionisationsenergien E_i in eV für die Elemente und verschiedene Ladungszustände aufgeführt.

Z	1+	2+	3+	4+	5+	6+	7+	8+	9+	10+	11+	12+
1 H	13.598											
2 He	24.587	54.416										
3 Li	5.392	75.638	122.451									
4 Be	9.322	18.211	153.893	217.713								
5 B	8.298	25.154	37.930	259.368	340.217							
6 C	11.260	24.383	47.887	64.492	392.077	489.981						
7 N	14.534	29.601	47.448	77.472	97.888	552.057	667.029					
8 O	13.618	35.116	54.934	77.412	113.896	138.116	739.315	871.387				
9 F	17.422	34.970	62.707	87.138	117.240	157.161	185.182	953.886	1103.89			
10 Ne	21.564	40.962	63.45	97.11	126.21	157.93	207.27	239.09	1195.797	1362.164		
11 Na	5.139	47.286	71.64	98.91	138.39	172.15	208.47	264.18	299.87	1465.091	1648.659	
12 Mg	7.646	15.035	80.143	109.24	141.26	186.50	224.94	265.90	327.95	367.53	1761.802	1962.613
13 Al	5.986	18.828	28.447	119.99	153.71	190.47	241.43	284.59	330.21	398.57	442.07	2085.983
14 Si	8.151	16.345	33.492	45.141	166.77	205.05	246.52	303.17	251.10	401.43	476.06	523.50
15 P	10.486	19.725	30.18	51.37	65.023	230.43	263.22	309.41	371.73	424.50	479.57	560.41
16 S	10.360	23.33	34.83	47.30	72.68	88.049	280.93	328.23	279.10	447.09	504.78	564.65
17 Cl	12.967	23.81	39.61	53.46	67.8	98.03	114.193	348.28	400.05	455.62	529.26	591.97
18 Ar	15.759	27.629	40.74	59.81	75.02	91.007	124.319	143.456	422.44	478.68	538.95	618.24
19 K	4.341	31.625	45.72	60.91	82.66	100.00	117.56	154.86	175.814	503.44	564.13	629.09
20 Ca	6.113	11.871	50.908	67.10	84.41	108.78	127.70	147.24	188.54	211.270	591.25	656.39
21 Sc	6.54	12.80	24.76	73.47	91.66	111.1	138.0	158.7	180.02	225.32	249.832	685.89
22 Ti	6.82	13.58	27.491	43.266	99.22	119.36	140.8	168.5	193.2	215.91	265.23	291.497
23 V	6.74	14.65	29.310	46.707	65.23	128.12	150.17	173.7	205.8	230.5	255.04	308.25
24 Cr	6.766	16.50	30.96	49.1	69.3	90.56	161.1	184.7	209.3	244.4	270.8	298.0
25 Mn	7.435	15.640	33.667	51.2	72.4	95	119.27	196.46	221.8	248.3	286.0	314.4
26 Fe	7.870	16.18	30.651	54.8	75.0	99	125	151.06	235.04	262.1	290.4	330.8
27 Co	7.86	17.06	33.50	51.3	79.5	102	129	157	186.13	276	305	336
28 Ni	7.635	18.168	35.17	54.9	75.5	108	133	162	193	224.5	321.2	352
29 Cu	7.726	20.292	36.83	55.2	79.9	103	139	166	199	232	266	368.8
30 Zn	9.394	17.964	39.722	59.4	82.6	108	134	174	203	238	274	310.8
31 Ga	5.999	20.51	30.71	64								
32 Ge	7.899	15.934	34.22	45.71	93.5							
33 As	9.81	18.633	28.351	50.13	62.63	127.6						
34 Se	9.752	21.19	30.820	42.944	68.3	81.70	155.4					
35 Br	11.814	21.8	36	47.3	59.7	88.6	103.0	192.8				
36 Kr	13.99	24.359	36.95	52.5	64.7	78.5	111.0	126	230.39			
37 Rb	4.177	27.28	40	52.6	71.0	84.4	99.2	136	150	277.1		
38 Sr	5.695	11.030	43.6	57	71.6	90.8	106	122.3	162	177	324.1	
39 Y	6.38	12.24	20.52	61.8	77.0	93.0	116	129	146.52	191	206	374.0
40 Zr	6.84	13.13	22.99	34.84	84.5							
41 Nb	6.88	14.32	25.04	38.3	5055	102.6	125					
42 Mo	7.099	16.15	27.16	46.4	61.2	68	126.8	153				

Z	Ladungszustand											
	1^+	2^+	3^+	4^+	5^+	6^+	7^+	8^+	9^+	10^+	11^+	12^+
43 Tc	7.28	15.26	29.54	43	59	76	94	161	183	185		
44 Ru	7.37	16.76	28.47	46.5	63	81	100	119	192	216		
45 Rh	7.46	18.08	31.06	45.6	67	85	105	126	147	225		
46 Pd	8.34	19.43	32.93	48.8	66	90	110	132	155	178		
47 Ag	7.576	21.49	34.83	52	70	89	116	139	162	187		
48 Cd	8.991	16.904	4405	550	73	94	115	146	170	185		
49 In	5.785	19.86	28.0	58	77	98	120	144	178	204		
50 Sn	4.332	14.63	30.7	46.4	81.1	103	126	150	176	213		
51 Sb	8.64	16.7	24.8	44.1	63.8	107.6	132	157	184	211		
52 Te	9.01	18.8	30.6	37.9	66	83	137.1	164	192	220		
53 I	10.44	19.0	31.4	41.7	71	83	104	169.9	200	229		
54 Xe	12.127	21.2	32.1	45.5	57	89	102	126	204.3	238		
55 Cs	3.893	25.1	34.6	45.5	62	74	108	122	150	256		
56 Ba	5.210	10.01	37	48.8	62	80	93	106	144	158		
57 La	5.61	11.43	19.17	52	66	80	100	114	151	165		
58 Ce	6.91	12.3	19.5	36.7	70	85	100	122	137	172		
59 Pr	5.76	10.55	21.62	39.95	57.45							
60 Nd	5.49	10.72										
61 Pm	5.55	10.90										
62 Sm	5.63	11.07										
63 Eu	5.67	11.25										
64 Gd	6.14	12.1										
65 Tb	5.85	11.52										
66 Dy	5.93	11.67										
67 Ho	6.02	11.80										
68 Er	6.10	11.93										
69 Tm	6.18	12.05	23.71									
70 Yb	6.254	12.17	25.2									
71 Lu	5.426	13.9	19									
72 Hf	7.0	14.9	23.3	33.3								
73 Ta	7.89	16.2	22.3	33.1	45							
74 W	7.98	17.7	24.1	35.4	48	61						
75 Re	7.88	16.6	26	37.7	51	64	79					
76 Os	8.7	17	25	40	54	68	83	99				
77 Ir	9.1	17.0	27	39	57	72	88	104	121			
78 Pt	8.96	18.54	28.5	41.1	55	75	92	109	127	146		
79 Au	9.223	20.5	30.5	43.5	58	73	96	114	133	153		
80 Hg	10.434	18.761	34.21	46	61	77	94	120	139	159		
81 Tl	3.106	20.42	29.8	50.7	64	81	98	116	145	166		
82 Pb	7.415	15.03	31.93	42.3	69.73	84	103	122	142	173		
83 Bi	7.287	19.3	25.6	45.3	56	94.42	107	127	148	169		
84 Po	8.2	19.4	27.3	38	61	73	112	132	154	176		
85 At	9.2	20.1	29.3	41	51	78	91	138	160	183		
86 Rn	10.745	21.4	29.4	43.8	55	67	97	111	166	190		
87 Fr	3.98	22.5	33.5	43	59	71	84	117	133	197		
88 Ra	5.277	10.144	34.3	46.4	58.5	76	89	103	140	156		
89 Ac	6.89	11.5	–	49	62	76	95	109	123	164		
90 Th	6.95	11.5	20.0	28.7	65	8,	94	115	130	145		
91 Pa	–	–	–	–	–	84	100	115	138	154		
92 U	6.2	–	–	–	–	–	104	121	137	126		

30.1/2: Ionisationsenergie von Stickstoffverbindungen

Molekül	E_i /eV	Molekül	E_i /eV	Molekül	E_i /eV	Molekül	E_i /eV		E_i /eV
NH	13.10	CH_3CN	11.96	$n-C_3H_7NH_2$	9.17	N_2^+	50	CH_3N_3	9.5
NH_2	11.4	C_2H_5N	9.94	$(CH_3)_3N$	8.32	N_2H_2	9.85	NF	12.0
NH_3	10.15	$(CH_3)_2NH$	8.4	C_4N	12.3	N_2H_3	7.88	NF_2	12.0
ND_3	11.52	$C_2H_5NH_2$	9.32	$(CH_3)_2CCN$	9.15	N_2H_4	9.56	NF_3	13.2
CN	15.13	C_2H_3CN	10.75	$n-C_4H_9NH_2$	9.19	CH_3N-NH_2	5.07	CH_2FCN	13.0
HCN	13.86	C_2H_5CN	11.85	$(C_6H_5)_2NH$	8.44	C_2N_2	13.8	N_2F_4	12.04
CH_3NH_2	9.41	C_3N	14.3	C_5N	12.0	$(CH_3)_2N-NH_2$	8.12	CNCl	12.49
CH_5N	8.97	C_3HN	11.6	C_6H_7N	7.70	$(CH_3)_3N_2$	4.95	CH_2ClCN	12.2
C_2N	12.8	CH_3CHCN	9.76	C_7H_9N	7.34	$NCC \equiv CCN$	11.4	CNBr	11.95
CH_2CN	10.87	$C_3H_5NH_2$	9.6	N_2	15.51	NH_3	10.3	CNI	10.98

30.1/3: Ionisationsenergien von Kohlenwasserstoffverbindungen

Molekül	E_i /eV	Molekül	E_i /eV
H_2	15.427	$C_5H_2 = C(CH_3) - CH = CH_2$	8.85
Graphit	3.8	$CH_3CH_2CCH_3 = CH_2$	9.12
CH_2	11.82	$CH_3CH_2CH_2CH = CH_2$	9.50
CH	9.86	C_5H_{12}	10.37
CD_3	9.95	C_6H_4	10.23
CH_4	12.99	C_6H_6	9.245
CD_4	13.25	$CH_2 = C(CH_3 - C)CH_3 = CH_2$	8.72
C_2H_2	11.41	C_6H_{10}	8.945
C_2H_3	9.45	$C_4H_9CH = CH_2$	9.46
C_2H_4	10.516	$(CH_3)_2CHCH = CHCH_3$	8.30
$(C_4H_8)_4$	9.23	C_6H_{12}	9.08
C_2H_5	8.80	C_6H_{14}	10.17
C_2H_6	11.65	C_7H_7	7.73
C_3H_3	8.25	C_7H_8	8.820
$C_3HC \equiv CH$	10.34	$CH_3C_6H_{11}$	9.86
$CH_3CH \equiv CH_2$	9.73	C_7H_16	10.06
C_3H_8	11.08	$C_6H_5CH = CH_2$	8.86
$CH \equiv C - C \equiv CH$	10.73	$1.2 - (CH_3)_2C_6H_4$	8.56
$CH_2 = CH - CH = CH_2$	9.07	$C_6H_5CH_2CH_3$	8.76
$CH_3C \equiv CCH_3$	11.46	$C_6H_{13}CH = CH_2$	9.52
$CH_3CH_2CH = CH_2$	9.58	C_8H_{18}	10.24
$(CH_3)_2C = CH_2$	9.23	$C_6H_5C_3H_7$	8.72
$CH_3C_3H_5$	9.88	C_9H_{20}	1021
C_4H_{10}	9.08	$C_{10}H_8$	8.12
C_5H_6	8.58	$C_{14}H_{10}$	7.38

30.1/4:   Ionisationsenergien von Halogenverbindungen

Molekül	E_i/eV	Molekül	E_i/eV	Molekül	E_i/eV	Molekül	E_i/eV
HF	15.77	$C_6F_5CH_3$	9.6	C_2H_3Cl	9.995	CH_2Br_2	10.8
F_2	15.83	HCl	12.74	$Cl_2C=CH_2$	9.79	C_2H_3Br	9.80
CF	13.81	ClF_3	13.0	$zykl-ClHC-CHCl$	9.67	$zykl-BrHC=CHBr$	9.69
CF_2	13.30	Cl_2	11.48	$C_2F_2Cl_2$	10.0	C_2HBr_3	9.27
CHF_2	9.45	CCl	12.9	C_2F_3Cl	10.4	C_2H_5Br	10.29
CF_3	10.10	CCl_2	13.10	C_2Cl_4	9.5	$CH_3-C\equiv CBr$	10.1
CH_3F	12.85	CH_2Cl	9.70	C_2H_5Cl	10.97	C_6H_5Br	9.41
CF_7	17.8	CCl_2	8.78	$CH_3C\equiv CCl$	9.9	HI	10.38
C_2H_3F	10.37	CH_3Cl	11.28	HBr	11.62	IF_5	13.5
$H_2C=CF_2$	10.30	CF_3Cl	12.92	C_6H_5Cl	9.07	ICl	10.4
C_2HF_3	10.14	CClF	13.13	Br_2	10.55	IBr	10.3
C_2H_4	10.12	CCl_2F	8.96	BrCl	11.1	I_2	9.28
C_2H_5F	12.00	CCl_3	7.92	CBr	10.11	CH_3I	9.51
$CH_2=CHCF_3$	10.9	CCl_4	11.1	CH_2Br	8.34	CF_3I	10.0
C_6H_4F	10.86	CH_2Cl_2	11.4	$CHBr_2$	8.13	C_2H_5I	9.33
C_6H_5F	9.197	CF_2Cl_2	11.8	CH_3Br	10.54	$n-C_3H_7I$	9.41
C_6ClF_5	10.4	$CHCl_3$	11.42	$CHBrF_2$	12.1	$CH_2-C_4H_9$	9.19
C_6BrF_5	9.6	C_2HCl_3	9.47	CF_3Br	12.3	C_6H_5I	9.10

30.1/5:   Ionisationsenergien von Sauerstoffverbindungen

Molekül	E_i/eV	Molekül	E_i/eV	Molekül	E_i/eV	Molekül	E_i/eV
OH	13.18	$n-C_3H_7OH$	10.42	$HFC=O$	11.4	ClO	10.4
H_2O	12.60	$n-C_4H_9OH$	10.30	CHOCHO	9.48	$COCl_2$	11.77
CO	14.01	$(C_2H_5)_2O$	9.53	$(H_2CO)_2$	10.51	$CH_2ClCOCH_3$	9.91
CO^+	43	C_6H_5OH	8.50	CH_3COOH	10.38	$CHCl_2COCH_3$	10.12
CH_2O	10.90	$(C_6H_5)HC=O$	9.51	$HCOOCH_3$	10.82	ClO_2	11.1
CH_3O	9.2	O_2	14.01	CH_3COCHO	9.60	ClO_3	11.7
CH_2OH	8.2	O_2^+	50	C_2H_5COOH	10.47	ClO_3F	13.6
CH_3OH	10.95	HO_2	11.53	CH_3COOCH_3	10.27	NO	9.25
$CH_2=C=O$	9.60	H_2O_2	1092	$n-C_3H_7COOH$	10.2	$NH_2HC=O$	10.16
C_2H_5O	9.2	CO_2	13.79	O_3	11.7	N_2O	12.63
C_2H_4OH	7.0	HCOO	9.0	FO	13.0	NO_2	9.78 ... 12.3
C_2H_5OH	10.25	COOH	8.7	F_2O	13.7	CH_5ONO	10.7
$(CH_3)_2O$	10.00	HCOOH	11.05	$(CF_3)_2C=O$	11.82	CH_3NO_2	11.34

30.1/6:   Dissoziationsenergie zweiatomiger Moleküle

Molekül	E_d/eV	Molekül	E_d/eV	Molekül	E_d/eV	Molekül	E_d/eV	Molekül	E_d/eV
Ag_2	1.8	BO	7.45	CsBr	4.3	I_2	1.54	NaK	0.61
AgBr	3.1	BaBr	2.8	CsCl	4.4	IBr	1.82	N_2	9.76
AgCl	3.4	BaCl	2.7	CsF	5.0	ICl	2.15	NBr	2.9
AgH	2.36	BaF	3.8	CsH	1.9	IF	2.9	NF	2.6
AgI	2.6	BaH	1.8	CsI	3.6	IO	1.9	NH	3.6
AgO	2.5	BaO	4.7	Cu_2	0.2	K_2	0.51	NO	3.5
AgSn	2.55	BaS	2.4	CuBr	3.4	KBr	3.95	NS	5.0
AlBr	4.6	BeCl	4.8	CuCl	3.7	KCl	4.4	O_2	5.1
AlC	1.9	BeF	7.0	CuF	3.0	KF	5.1	OH	4.4
AlCl	5.1	BrCl	2.23	CuH	2.9	KH	1.86	P_2	5.0
AlF	7.65	BrF	2.4	CuI	3.0	KI	3.33	Rb_2	0.48
AlH	2.9	BrO	2.4	CuO	4.8	Li_2	1.1	RbBr	4.0
AlI	3.84	CaBr	2.9	D_2	4.55	LiBr	4.4	RbCl	4.4
AlO	5.0	CaCl	2.8	F_2	1.6	LiCl	4.8	RbF	5.4
AlS	3.5	CaF	3.1	FO	1.9	LiF	6.0	RbH	1.8
AsN	6.6	CaH	1.7	H_2	4.48	LiH	2.4	RbI	3.3
AsO	5.0	CaI	2.8	HD	4.51	LiI	3.6	S_2	4.3
Au_2	2.28	CaO	5.0	HT	4.52	LiO	3.43	SF	2.8
AuAl	3.1	CaS	3.0	HBr	3.75	MnBr	3.2	SH	3.5
AuCl	3.1	C_2	6.2	HCl	4.43	MnCl	3.9	SO	5.3
AuCr	2.2	CCl	2.8	HF	5.9	MnF	5.0	Tl_2	4.59
AuCu	2.4	CF	4.7	HI	3.05	MnH	2.2	TlBr	3.4
AuH	3.1	CH	3.47	Hg_2	0.06	MnO	3.4	TlCl	3.8
AuMg	2.7	CN	8.4	HgBr	0.7	Na_2	0.7	TlF	4.7
AuSn	2.55	CO	11.1	HgCl	1.0	NaBr	3.8	TlH	2.0
BBr	4.5	Cl_2	2.48	HgF	1.8	NaCl	4.2	TlI	2.8
BCl	5.2	ClF	2.6	HgH	0.38	NaF	5.0	ZnCl	2.6
BF	8.1	ClO	2.8	HgI	0.36	NaH	2.1	ZnH	0.85
BH	3.0	Cs_2	0.45	HgS	2.8	NaI	3.1	ZnI	1.4

30.2   Atom- und Ionenradien der Elemente

Atom- und Ionenradien der Elemente sind von der Messmethode abhängig. Deshalb sind die in der folgenden Tabelle zusammengestellten Daten für die Atom- und Ionenradien nur als Orientierungswerte zu betrachten.

30.2/1:   Atom- und Ionenradien der Elemente

Ordnungs-zahl	Ele-ment	La-dung	Radius /nm	Ordnungs-zahl	Ele-ment	La-dung	Radius /nm	Ordnungs-zahl	Ele-ment	La-dung	Radius /nm
1	H	−1	0.154	16	S	−2	0.184	28	Ni	0	0.121
		0	0.46			0	0.095			+2	0.069
2	He	0	0.122			+2	0.219			+3	0.035
3	Li	0	0.155			+4	0.037	29	Cu	0	0.128
		+1	0.068			+6	0.030			+1	0.096
4	Be	0	0.113	17	Cl	−1	0.181			+2	0.072
		+1	0.044			0	0.089	30	Zn	0	0.139
		+2	0.035			+5	0.034			+1	0.088
5	B	0	0.091			+7	0.027			+2	0.074
		+1	0.035	18	Ar	0	0.192	31	Ga	0	0.139
		+3	0.023			+1	0.154			+1	0.081
6	C	−4	0.260	19	K	0	0.236			+3	0.062
		0	0.077			+1	0.133	32	Ge	−4	0.272
		+4	0.016	20	Ca	0	0.197			0	0.139
7	N	−3	0.171			+1	0.118			+2	0.073
		0	0.071			+2	0.099			+4	0.053
		+3	0.016	21	Sc	0	0.164	33	As	−3	0.222
		+5	0.013			+3	0.073			0	0.148
8	O	−2	0.132	22	Ti	0	0.146			+3	0.058
		−1	0.176			+1	0.096			+5	0.046
		0	0.056			+2	0.094	34	Se	−2	0.191
		+1	0.022			+3	0.076			−1	0.232
		+6	0.009			+4	0.068			0	0.160
9	F	−1	0.133	23	V	0	0.134			+1	0.066
		0	0.053			+2	0.088			+4	0.050
		+7	0.007			+3	0.074			+6	0.042
10	Ne	0	0.160			+4	0.063	35	Br	−1	0.196
		+1	0.112			+5	0.059			0	0.105
11	Na	0	0.189	24	Cr	0	0.127			+5	0.047
		+1	0.097			+1	0.081			+7	0.039
12	Mg	0	0.160			+2	0.089	36	Kr	0	0.198
		+1	0.082			+3	0.063	37	Rb	0	0.248
		+2	0.066			+6	0.052			+1	0.147
13	Al	0	0.143	25	Mn	0	0.130	38	Sr	0	0.215
		+3	0.051			+2	0.080			+2	0.112

Fortsetzung der Tabelle auf der nächsten Seite

Fortsetzung der Tabelle 30.2/1

Ordnungszahl	Element	Ladung	Radius /nm	Ordnungszahl	Element	Ladung	Radius /nm	Ordnungszahl	Element	Ladung	Radius /nm
14	Si	−4	0.271			+3	0.066	39	Y	0	0.181
		−1	0.384			+4	0.060			+3	0.089
		0	0.134			+7	0.046	40	Zr	0	0.160
		+1	0.065	26	Fe	0	0.126			+1	0.109
		+4	0.042			+2	0.074			+2	0.074
15	P	−3	0.212			+3	0.064	41	Nb	0	0.145
		0	0.130	27	Co	0	0.125			+1	0.100
		+3	0.044			+2	0.072			+4	0.074
		+5	0.035			+3	0.063			+5	0.069
42	Mo	0	0.139			+1	0.139	77	Ir	0	0.135
		+1	0.093			+3	0.106			+4	0.068
		+4	0.070			+4	0.090	78	Pt	0	0.138
		+6	0.062	58	Ce	0	0.183			+2	0.080
43	Tc	0	0.136			+1	0.127			+4	0.065
		+7	0.098			+3	0.103	79	Au	0	0.144
44	Ru	0	0.134			+4	0.092			+1	0.137
		+4	0.067	59	Pr	0	0.182			+3	0.085
45	Rh	0	0.134			+3	0.101	80	Hg	0	0.160
		+3	0.068			+4	0.090			+1	0.127
		+4	0.065	60	Nd	0	0.182			+2	0.110
46	Pd	0	0.137			+3	0.099	81	Tl	0	0.171
		+2	0.080	61	Pm	0	−			+1	0.147
		+4	0.065			+3	0.098			+3	0.095
47	Ag	0	0.144	62	Sm	0	0.181	82	Pb	0	0.175
		+1	0.126			+3	0.096			+2	0.080
		+2	0.089	63	Eu	0	0.202			+4	0.065
48	Cd	0	0.156			+2	0.109	83	Bi	−4	0.213
		+1	0.114			+3	0.095			0	0.182
		+2	0.097	64	Gd	0	0.179			+1	0.098
49	In	0	0.166			+3	0.094			+3	0.096
		+1	0.130	65	Tb	0	0.177			+5	0.071
		+3	0.081			+3	0.092	84	Po	+6	0.067
50	Sn	−4	0.294			+4	0.084	85	At	+7	0.062
		−1	0.370	66	Dy	0	0.177	87	Fr	0	0.280
		0	0.158			+3	0.091			+1	0.180
		+2	0.093	67	Ho	0	0.176	88	Ra	0	0.235
		+4	0.071			+3	0.089			+2	0.143
51	Sb	−3	0.245	68	Er	0	0.175	89	Ac	0	0.203
		0	0.161			+3	0.088			+3	0.118
		+3	0.076	69	Tm	0	0.174	90	Th	0	0.180
		+5	0.062			+3	0.087			+4	0.102

Fortsetzung der Tabelle auf der nächsten Seite

Fortsetzung der Tabelle 30.2/1

Ordnungs-zahl	Ele-ment	La-dung	Radius /nm	Ordnungs-zahl	Ele-ment	La-dung	Radius /nm	Ordnungs-zahl	Ele-ment	La-dung	Radius /nm
52	Te	−2	0.211	70	Yb	0	0.193	91	Pa	0	0.162
		−1	0.250			+3	0.081			+3	0.113
		0	0.170	71	Lu	0	0.174			+4	0.098
		+1	0.082			+3	0.085			+5	0.089
		+4	0.070	72	Hf	0	0.159	92	U	0	0.153
		+6	0.056			+4	0.078			+4	0.097
53	I	−1	0.220	73	Ta	0	0.146			+6	0.080
		0	0.124			+5	0.068	93	Np	0	0.150
		+5	0.062	74	W	0	0.140			+3	0.110
		+7	0.050			+4	0.070			+4	0.095
54	Xe	0	0.218			+6	0.062			+7	0.071
55	Cs	0	0.268	75	Re	0	0.137	94	Pu	0	0.162
		+1	0.167			+4	0.072			+3	0.108
56	Ba	0	0.221			+7	0.056			+4	0.093
		+1	0.153	76	Os	0	0.135	95	Am	+3	0.107
		+2	0.134			+4	0.088			+4	0.092
57	La	0	0.187			+6	0.069				

30.3   Elektronenemission

30.3/1:   Austrittsarbeit W_A der Elektronen aus den reinen Elementen

In der Tabelle werden die Werte für verschiedene Messmethoden angegeben. Für die Messmethoden werden folgende Abkürzungen verwendet: T: thermische Ionisation; P: Photoemission; CPD: Kontaktpotentialdifferenz; F: Feldemission. Für einkristalline Proben sind die kristallographischen Richtungen angegeben, in denen die Austrittsarbeit gemessen wurde. Kursive Daten sind relativ unsichere Werte (unklare Messmethoden, unklare Probenpräparation).

Element	W_A/eV	Kristallrichtung	Methode	Element	W_A/eV	Kristallrichtung	Methode
Ag	*4.26*		P		4.55	(332)	P
	4.64	(100)	P	Na	2.75		P
	4.52	(110)	P	Nb	4.3		P
	4.74	(111)	P		4.02	(001)	P
Al	4.28		P		4.87	(110)	P
	4.41	(100)	P		4.36	(111)	T
	4.06	(110)	P		4.63	(112)	T
	4.24	(111)	P		4.29	(113)	T
As	*3.75*		P		3.95	(116)	T
Au	5.1		P		4.18	(310)	T
	5.47	(100)	P	Nd	3.2		P
	5.37	(110)	P	Ni	5.15		P
	5.31	(111)	P		5.22	(100)	P
B	*4.45*		T		5.04	(110)	P
Ba	*2.7*		T		5.35	(111)	P
Be	4.98		P	Os	*4.83*		T
Bi	*4.22*		P	Pb	4.25		P

Fortsetzung der Tabelle auf der nächsten Seite

Fortsetzung der Tabelle 30.3/1

Element	W_A /eV	Kristallrichtung	Methode	Element	W_A /eV	Kristallrichtung	Methode
C	*5.0*		CPD	Pd	5.12		P
Ca	2.87		P		5.6	(111)	P
Cd	*4.22*		CPD	Pt	5.65		P
Ce	2.9		P		5.7	(111)	P
Co	5.0		P	Rb	*2.16*		P
Cr	4.5		P	Re	*4.96*		T
Cs	2.14		P		5.75	(1011)	F
Cu	4.65		P	Rh	4.98		P
	4.59	(100)	P	Ru	4.71		P
	4.48	(110)	P	Sb	4.55(amorph)		–
	4.94	(111)	P		4.7	(100)	–
	4.53	(112)	P	Sc	3.5		P
Eu	2.5		P	Se	5.9		P
Fe	4.5		P	Si (n)	4.85		CPD
	4.67	(100)	P	Si (p)	*4.91*	(100)	CPD
	4.81α	(111)	P		4.60	(111)	P
	4.70α		P	Sm	2.7		P
	4.62β		P	Sn	*4.42*		CPD
	4.68γ		P	Sr	*2.59*		T
Ga	4.2		CPD	Ta	4.25		T
Ge	5.0		CPD		4.15	(100)	T
	4.80	(111)	P		4.80	(110)	T
Gd	3.1		P		4.00	(111)	T
Hf	3.9		P	Tb	3.0		P
Hg	4.49		P	Te	4.95		P
In	4.12		P	Th	3.4		T
Ir	*5.27*		T	Ti	4.33		P
	5.42	(110)	F	Tl	*3.84*		CPD
	5.76	(111)	F	U	3.63		P& CPD
	5.67	(100)	F		3.73	(100)	P& CPD
	5.00	(210)	F		3.90	(110)	P& CPD
K	2.30		P		3.67	(113)	P& CPD
La	3.5		P	V	4.3		P
Li	*2.9*		F	W	4.55		CPD
Lu	*3.3*		CPD		4.63	(100)	F
Mg	*3.66*		P		5.25	(110)	F
Mn	4.1		P		4.47	(111)	F
Mo	4.6		P		4.18	(113)	CPD
	4.53	(100)	P		4.30	(116)	T
	4.95	(110)	P	Y	3.1		P
	4.55	(111)	P	Zn	*4.33*		P
	4.36	(112)	P		4.9	(0001)	CPD
	4.50	(114)	P	Zr	4.05		P

30.3/2: Austrittsarbeit für adsorbierte Oberflächen

Adsorbens	Adsorbat	W_A /eV	Adsorbens	Adsorbat	W_A /eV
Be	Cs	1.94	Pt	O	6.55
C	Cs	1.37	Pt	Na	2.10
Ti	Cs	1.32	Pt	K	1.62
Cr	Cs	1.71	Pt	Rb	1.57
Fe	Cs	1.82	Pt	Cs	1.38
Ni	Cs	1.37	Pt	Ba	1.9
Cu	Ba	3.35	Pt	Ba	3.28
Ge	Ba	2.2	Au	O	6.46
Zr	Cs	3.93	Au	O	5.66
Mo	Cs	1.54	Au	Ba	2.3
Mo	Th	2.58	Au	Ba	3.35
Ag	Ba	1.56	WO	Na	1.72
Hf	Cs	3.62	WO	K	1.76
Ta	Cs	1.1	Stahl	Cs	1.41
Ta	Cs	1.6	Stahl (304)	Cs	1.52
W	Li	2.18	Ag_2O	Cs	0.75
W	O	6.20	NbC	Cs	1.2
W	Ba	1.75	ZrC	Cs	1.60
W	La	2.2	Mo_2C	Cs	1.45
W	Th	2.63	Ta_2C	Cs	1.4
Re	Cs	1.45	$MoSi_2$	Cs	1.75
Re	Th	2.58	WSi_2	Cs	1.47

30.3/3: Thermoemissionseigenschaften einer Wolframkatode

Grundlegende Eigenschaften einer Thermokatode sind: Die Stromdichte der Thermoemission j_T; die Verdampfungsgeschwindigkeit v_v des aktivierten Oberflächenmaterials. Daraus lässt sich die Effektivität der Thermokatode ausrechnen: $\eta = j_T/v_v$.

T /K	j_T /A/cm^2	v_v /$g/(cm^2\,s)$	T /K	j_T /A/cm^2	v_v /$g/(cm^2\,s)$
2100	$3.9 \cdot 10^{-3}$	$2.0 \cdot 10^{-13}$	2600	$7.0 \cdot 10^{-1}$	$3.9 \cdot 10^{-9}$
2200	$1.3 \cdot 10^{-2}$	$2.1 \cdot 10^{-12}$	2700	1.6	$1.8 \cdot 10^{-8}$
2300	$4.1 \cdot 10^{-2}$	$1.8 \cdot 10^{-11}$	2800	3.5	$7.4 \cdot 10^{-8}$
2400	$1.2 \cdot 10^{-1}$	$1.2 \cdot 10^{-10}$	2900	7.3	$2.8 \cdot 10^{-7}$
2500	$3.0 \cdot 10^{-1}$	$7.6 \cdot 10^{-10}$	3000	14.0	$9.5 \cdot 10^{-7}$

30.3/4: Photokatoden aus Alkaliantimoniden

Fotokatode	Quantenausbeute $\dfrac{\text{Elektronen}}{\text{Photon}}$	Grenzwellenlänge λ_0/nm	Empfindlichkeit $/\mu\text{A}/\text{lm}$	Energielücke $/\text{eV}$	Typ	therm. Rauschen $/\text{A}/\text{cm}^2$
K_3Sb	0.07	550	12	1.4	p	–
K_2CsSb	0.3	660	100	1.0	p	10^{-17}
$K_2CsSb(O)$	0.35	780	130	1.0	p	10^{-16}
Na_3Sb	0.02	330	?	1.1	n	–
Na_2KSb	0.30	600	60	1.0	p	10^{-16}
Rb_3Sb	0.10	580	25	1.0	p	–
Cs_3Sb	0.15	580	25	1.6	p	10^{-16}
Cs_3Sb auf MgO	0.20	650	80	1.6	p	10^{-15}
$(Cs)Na_2KSb$	0.30	870	300	1.0	p	10^{-15}

30.3/5: Grundlegende Eigenschaften der Sekundärelektronen–Emission

Die Sekundärelektronen-Ausbeute δ ist die Zahl der emittierten Elektronen pro Geschosselektron.Der Maximalwert δ_{max} und die dazu notwendige Energie des primären Elektrons E_{max} ist in der folgenden Tabelle für einige Elemente zusammengestellt. Dazu sind die Energiewerte der Primärelektronen, die zu einer Ausbeute von 1 führen, angegeben.

Element	δ_{max}	E_{max}/eV	E_I/eV	E_{II}/eV	Element	δ_{max}	E_{max}/eV	E_I/eV	E_{II}/eV
Ag	1.5	800	200	> 2000	Mg	0.95	300	–	–
Al	1.0	300	300	300	Mo	1.25	375	150	1200
Au	1.4	800	150	> 2000	Na	0.82	300		
B	1.2	150	50	600	Nb	1.2	375	150	1050
Ba	0.8	400	–	–	Ni	1.3	550	150	> 1500
Bi	1.2	550			Pb	1.1	500	250	1000
Be	0.5	200	–	–	Pd	> 1.3	> 250	120	
C (Diamant)	2.8	750		> 5000	Pt	1.8	700	350	3000
C (Graphit)	1.0	300	300	300	Rb	0.9	350	–	–
C (Russ)	0.45	500	–	–	Sb	1.3	600	250	2000
Cd	1.1	450	300	700	Si	1.1	250	125	500
Co	1.2	600	200		Sn	1.35	500		
Cs	0.7	400	–	–	Ta	1.3	600	250	> 2000
Cu	1.3	600	200	1500	Th	1.1	800		
Fe	1.3	400	120	1400	Ti	0.9	280	–	–
Ga	1.55	500	75		Tl	1.7	650	70	> 1500
Ge	1.15	500	150	900	W	1.4	650	250	> 1500
K	0.7	200	–	–	Zr	1.1	350		
Li	0.5	85	–	–					

30.4   Röntgenstrahlung

30.4/1:   **Hauptlinien des charakteristischen Röntgenspektrums einiger Elemente (K-Serie)**

Element	Wellenlänge $\lambda\,/\mathrm{m}^{-12}$			Element	Wellenlänge $\lambda\,/\mathrm{m}^{-12}$		
	α_2	α_1	β		α_2	α_1	β
Blei	17.0	16.5	14.6	Mangan	210.6	210.2	191.0
Chrom	229.4	229.0	208.5	Nickel	166.2	165.8	150.0
Eisen	194.0	193.6	175.7	Selen	110.9	110.5	99.2
Germanium	125.8	125.4	112.9	Silicium	712.8	712.5	676.8
Gold	18.5	18.0	15.9	Uran	13.1	12.6	11.1
Cobalt	179.3	178.9	162.1	Wolfram	21.4	20.9	18.4
Kupfer	154.4	154.1	139.2	Zink	143.9	143.5	129.5

30.5   Kernreaktionen

30.5/1:   **Wirkungsquerschnitt für die Streuung von Neutronen an verschiedenen Elementen**

Element	schnelle Neutronen $\sigma_{tot}\,/\mathrm{b}$	thermische Neutronen		
		σ_S /b	σ_{Ab} /b	σ_A /b
H	0.9	38 (H_2)	0.33	
He	1.4	0.8		
Al	1.7	1.4	0.23	0.23
Fe	3.0	11.4	2.53	0.003
Ni	3.2	17.5	4.6	0.03
Cu	3.2	7.8	3.7	0.64; 2.9
Ge	3.4	9	2.4	0.002; 0.02; 0.2; 0.6
Cd	4.3	7	2600	0.1; 0.3; 0.04
Hg	4.8	21	380	0.025; 1.0
Pb	4.7	11.4	0.17	0.0003
^{232}Th	7.2	12.6	7.4	7.4
^{238}U	5.2	8.3	7.68	2.73; 0.76
^{238}U	1.3		687	107; 580 (Spaltung)
^{239}Pu	2.0		1065	315; 750 (Spaltung)

30.5/2:   Kernfusionsreaktionen

Reaktion	Reaktionsenergie Q/MeV	Reaktion	Reaktionsenergie Q/MeV
${}_1^2\text{H}+{}_1^3\text{H} \rightarrow {}_2^4\text{He}+{}_0^1\text{n}$	17.61	${}_7^{14}\text{N}+{}_1^1\text{H} \rightarrow {}_8^{15}\text{O}+\gamma$	7.3
${}_1^2\text{H}+{}_1^2\text{H} \rightarrow {}_2^3\text{He}+{}_0^1\text{n}$	3.27	${}_8^{15}\text{O} \rightarrow {}_7^{15}\text{N}+e^+$	1.7
${}_1^2\text{H}+{}_1^2\text{H} \rightarrow {}_1^3\text{H}+{}_1^1\text{p}$	4.03	${}_7^{15}\text{N}+{}_1^1\text{H} \rightarrow {}_6^{12}\text{C}+{}_2^4\text{He}$	4.9
${}_1^2\text{H}+{}_2^3\text{He} \rightarrow {}_2^4\text{He}+{}_1^1\text{p}$	18.35	${}_1^2\text{H}+{}_1^1\text{H} \rightarrow {}_2^3\text{He}+\gamma$	5.4
${}_1^1\text{p}+{}_5^{11}\text{B} \rightarrow 3\cdot{}_2^4\text{He}$	8.7	${}_1^2\text{H}+{}_1^2\text{H} \rightarrow {}_2^4\text{He}+\gamma$	23.8
${}_6^{12}\text{C}+{}_1^1\text{H} \rightarrow {}_7^{13}\text{N}+\gamma$	1.9	${}_2^3\text{He}+{}_1^1\text{H} \rightarrow {}_2^4\text{He}+e^+$	18.7
${}_7^{13}\text{N} \rightarrow {}_6^{13}\text{C}+e^+$	1.2	${}_2^3\text{He}+{}_1^3\text{H} \rightarrow {}_2^4\text{He}{}_1^2\text{H}$	14.3
${}_6^{13}\text{C}+{}_1^1\text{H} \rightarrow {}_7^{14}\text{N}$	1.9		

30.6   Wechselwirkung der Strahlung mit Materie

30.6/1:   Massenschwächungskoeffizient μ/ρ in $10^{-1}\,\text{m}^2/\text{kg}$ **für Röntgenstrahlung**

Element	Wellenlänge λ/nm									
	0.02	0.04	0.06	0.08	0.10	0.12	0.14	0.16	0.18	0.2
Ag	5.4	37	17	39	71	120	174	250	354	436
Al	0.27	1.05	3.3	7.3	14.0	24	36	55	79	106
C	0.167	0.243	0.40	0.80	1.40	2.5	3.9	5.8	7.9	10.0
Cu	1.45	10	32	71	134	218	42	60	85	119
Fe	1.06	7.1	23.5	50.7	95	170	270	390	61	78
N	0.177	0.34	0.73	1.51	2.6					
O	0.183	0.336	0.730	1.53						
Pb	4.6	33	77	147	77	128	180	258	360	

30.6/2:   Massenschwächungskoeffizient für Elektronen in Aluminium

Energie E /keV	μ/ρ /m^{2}kg^{-1}	Energie E /keV	μ/ρ /m^{2}kg^{-1}
0.9	$2.5\cdot10^5$	100.0	13
5.8	$1.5\cdot10^4$	200.0	2.9
10.5	$3.5\cdot10^3$	460.0	0.9
46.6	$7.4\cdot10^1$	660.0	0.6

30.6/3:   Reichweite von α-Teilchen in Luft, biologischem Gewebe und Aluminium

Energie E / MeV	Luft, R /cm	Gewebe, R /μm	Aluminium, R /μm
4.0	2.5	31	16
5.0	3.5	43	23
6.0	4.6	56	30
7.0	5.9	72	38
8.0	7.4	91	48
9.0	8.9	110	58
10.0	10.6	130	69

30.7 Halleffekt

30.7/1: Hallkoeffizient für Metalle

Der Hallkoeffizient ist für Temperaturen zwischen 0 °C und 30 °C angegeben.

Metall	$R_H\ 10^{-10}\ /(m^3/C)$	Metall	$R_H\ 10^{-10}\ /(m^3/C)$
Li	−1.7	Ag (technisch)	−0.897
Be (99.5%)	+7.7	Ag (99.9%)	−0.909
Na	−2.1	Cd (99.9%)	+0.531
Mg	−0.83	In	−0.073
Al (99.5%)	0.33	Sn	−0.022
K	−4.2	Cs	−7.8
Ca (99%)	−1.78	La (99.8%)	−0.8
Ti (99.91%)	−0.26	Ce (99.88%)	+1.81
Ti (99.87%)	+0.10	Pr (99.9%)	+0.709
V	+0.82	Nd (99.98%)	+0.971
V (99.63%)	+0.79	Sm	−0.21
Cr (99.9%)	+3.63	Sm ($\frac{\rho_{273K}}{\rho_{4.2K}} = 17.3$)	−0.5
Mn (99.99%)	+0.84	Tm	−1.5
Cu	−0.536	Yb	+3.7
Zn (technisch)	+1.04	Lu	−0.53
Ga	−0.63	Lu (Einkr. $\frac{\rho_{273K}}{\rho_{4.2K}} = 25$)	
Rb	−4.2	H ∥ c	−2.6
Y (99.2%)	−0.770	H ⊥ c	+0.4
Y (Einkr. $\frac{\rho_{273K}}{\rho_{4.2K}} = 10.4$)		Hf (99.4%)	+0.42
H ∥ c	−1.72	Ta (99.8%)	+0.971
H ⊥ c	−0.47	W	+1.18
Y ($\frac{\rho_{273K}}{\rho_{4.2K}} = 16$)		Re	+3.15
H ∥ c	+1.5	Re ($\frac{\rho_{273K}}{\rho_{4.2K}} = 27$)	+1.6
H ⊥ c	+0.4	Ir	+0.402
Zr (97.3%Zr;2.4%Hf)	+1.385	Pt	−1.27
Zr ($\frac{\rho_{273K}}{\rho_{4.2K}} = 38$)	+2.15	Pt (99.9%)	−0.214
Nb	+0.88	Au	−0.705
Mo	+1.80	Hg	< 0.02
Ru	+2.2	Tl	+0.24
Rh (99.5%)	+0.505	Th	−1.2
Pd	−0.845	U	+0.34

30.8 Supraleiter

30.8/1: **Ausgewählte Eigenschaften supraleitender Elemente**

Wesentliche Eigenschaften von Supraleitern sind die Sprungtemperatur T_c und die kritische Feldstärke H_c.

Element	T_c/K	H_c/(A/m)
W	0.0154 ± 0.0005	91.51 ± 2.39
Be	0.026	
Lu	0.1 ± 0.03	27852.115 ± 3978.87
Ir	0.1125 ± 0.001	1273.24 ± 3.97
Hf	0.128	1010.63
U	0.2	
Ti	0.40 ± 0.04	4456.34
Ru	0.49 ± 0.015	5490.85 ± 159.15
Cd	0.517 ± 0.002	2228.17 ± 79.58
Zr	0.61 ± 0.15	3740.14
Zr(ω)	$0.65; 0.95$	
Os	0.66 ± 0.03	5570.42
Zn	0.85 ± 0.01	4297.18 ± 23.87
Mo	0.915 ± 0.005	7639.44 ± 238.73
Gd	1.083 ± 0.0001	4639.37 ± 15.92
Al	1.175 ± 0.002	8347.68 ± 23.87
Th	1.38 ± 0.02	127.32 ± 238.73
Pa	1.4	
Re	1.697 ± 0.006	15915.49 ± 397.89
Tl	2.38 ± 0.02	14164.79 ± 159.15
In	3.408 ± 0.001	22401.06 ± 159.15
Sn	3.722 ± 0.001	24271.13 ± 159.15
Hg(β)	3.949	$26\,976.76$
Hg(α)	4.154 ± 0.001	32706.34 ± 159.15
Ta	4.47 ± 0.04	65969.72 ± 477.46
La(α)	4.88 ± 0.02	63661.98 ± 795.77
V	5.40 ± 0.05	$112\,045.08$
Gd(β)	$5.9; 6.2$	$44\,563.38$
La(β)	6.00 ± 0.1	$87\,216.91; 127\,323.95$
Gd(γ)	7	$75\,598.60$
Pb	7.196 ± 0.006	63900.71 ± 79.57
Tc	7.8 ± 0.1	$112\,204.23$
Gd(Δ)	7.85	$64\,855.63$
Nb	9.25 ± 0.02	$163\,929.59$

30.8/2: **Supraleitende Verbindungen und Legierungen mit $T_c > 10$ K**

Substanz	T_c/K	Substanz	T_c/K	Substanz	T_c/K
Al_2CMo_3	10.0	CNb	11.5	$Mo_6Pb_{0.9}S_{7.5}$	15.2
CW	10	C_3Y_2	11.5	$B_{0.1}Si_{0.9}V_3$	15.8
$Nb_{0.18}Re_{0.82}$	10	B_4LuRh_4	11.7	$MoTc_3$	15.8
B_2LuRu	10	$Mo_{0.3}SiV_{2.7}$	11.7	$C_{0.1}Si_{0.9}V_3$	16.4
$Ir_{0.4}Nb_{0.6}$	10	AlV_3	11.8	Nb_2SnTa	16.4
$RhTa_3$	10	$Mo_{0.3}Tc_{0.7}$	12.0	Nb_3Sn_2	16.6
CMo_xNb_{1-x}	10.2(max)	CMo_2	12.2	GaV_3	16.8
CTa	10.3	Mo_6Se_8Tl	12.2	$C_{0.66}Th_{0.13}Y_{0.21}$	17
$NbTc_3$	10.5	$Nb_2SnTa_{0.5}V_{0.5}$	12.2	$PbTa_3$	17
$Mo_{\approx 0.60}Re_{0.395}$	10.6	$B_{0.03}C_{0.51}Mo_{0.47}$	12.5	SiV_3	17.1
Mo_3Ru	10.6	Mn_3Si	12.5	$Nb_{2.5}SnTa_{0.5}$	17.6
NZr	10.7	$Al_{0.5}Ge_{0.5}Nb$	12.6	$Nb_{2.75}SnTa_{0.25}$	17.8
$Cu_{1.8}Mo_6S_8$	10.8	Mo_3Os	12.7	$AlNb_3$	18.0
$NbSnTa_2$	10.8	$Nb_{0.3}SiV_{2.7}$	12.8	$(Ca,La)_2CuO_4$	18
$Nb_{0.75}Zr_{0.25}$	10.8	$BaBi_{0.2}O_3Pb_{0.8}$	13.2	Nb_3Sn	18.05
$Nb_{0.66}Zr_{0.33}$	10.8	$SiV_{2.7}Zr_{0.3}$	13.2	Nb_3Si	19
Nb_3Pt	10.9	LiO_4Ti_2	13.7	$Al_{\approx 0.8}Ge_{\approx 0.2}Nb_3$	20.7
$SiTi_{0.3}V_{2.7}$	10.9	$Br_2Mo_6S_6$	13.8	$GeNb_3$	23.2
C_3La	11.0	$N_{0.93}Nb_{0.85}Zr_{0.15}$	13.8	$(Ba,La)_2CuO_4$	36
GeV_3	11	InV_3	13.9	$Cu(La,Sr)_2O_4$	39
$Mo_{0.52}Re_{0.48}$	11.1	$Mo_{0.57}Re_{0.43}$	14.0	$Ba_2Cu_3LaO_6$	80
B_4Rh_4Y	11.3	$Ge_{0.1}Si_{0.9}V_3$	14.0	$Ba_2Cu_3O_7Y$	90
$Cr_{0.3}SiV_{2.7}$	11.3	CMo	14.3	$Ba_2Cu_3O_7Tm$	101
$Ge_{0.5}Nb_3Sn_{0.5}$	11.3	$GaNB_3$	14.5	$Bi_2CaCu_2O_8Sr_2$	110
$LaMo_6Se_8$	11.4	$Al_{0.1}Si_{0.9}V_3$	14.5	$Ba_2CaCu_2O_8Tl_2$	120
$AuNb_3$	11.5	Mo_3Tc	15		

30.9 Halbleiter

30.9.1 Thermische, magnetische und elektrische Eigenschaften von Halbleitern

30.9/1: Elementhalbleiter

Die angegebenen Werte gelten unter Normalbedingungen.

Substanz	Bildungs-enthalpie $(\text{kJ} \cdot \text{mol}^{-1})$	Dielektrizitäts-konstante ε_r	Brechungs-index n	Energiegap E_g/eV	Beweglichkeit $\mu/(\text{cm}^2\text{V}^{-1}\text{s}^{-1})$ Elektronen	Löcher
C	714.4	5.7	2.419	5.4	1800	1400
Si	324	11.8	3.99	1.107	1900	500
Ge	791	16	3.99	0.67	3800	1820
α-Sn	267.5			0.08	2500	2400

30.9/2: Verbindungshalbleiter

Substanz	Bildungs-enthalpie $(\text{kJ} \cdot \text{mol}^{-1})$	Dielektr.-zahl ε	Brechungs-index n	Energie-lücke E_g/eV	Beweglichkeit $\mu/(\text{cm}^2\text{V}^{-1}\text{s}^{-1})$ Elektronen	Löcher	Anwendung
ZnS	477	8.9	2.356	3.54	180		Leuchtstoff
ZnSe	422	9.2	2.89	2.58	540	28	
ZnTe	376	10.4	3.56	2.26	340	100	
CdTe	339	7.2	2.5	1.44	1200	50	
HgSe	247			2.12	20000		
AlAs	627	10.9		2.16	1200	420	
AlSb	585	11	3.2	1.60	200...400	550	
GaP	635	11.1	3.2	2.24	300	150	LED (grün) ; IR – Dioden
GaAs	535	13.2	3.30	1.35	8800	400	LED; FET; IR–Dioden
GaSb	493	15.7	3.8	0.67	4000	1400	
InP	560	12.4	3.1	1.27	4600	150	Gunnelemente
InAs	477	14.6	3.5	0.36	33000	460	Hallgenerator,$R_H = 100\text{cm}^3/\text{As}$
InSb	447	17.7	3.96	0.163	78000	750	Hallgenerator,$R_H = 400\text{cm}^3/\text{As}$
Bi_2Te_3	–	–	–	0.15	800	400	Elektr. Kühlm.
PbTe	393	280	–	0.21	1600	750	IR–Detektor
PbS	435	–	–	0.37	800	1000	Photowiderstand, IR–Detektor

30.9/3: Eigenschaften von Dotierungen in Si

Die Energie E_i der Donatorniveaus D gibt den Abstand vom Boden des Leitungsbandes an; die Energie E_i der Akzeptorniveaus A ist der Abstand vom Rand des Valenzbandes.

	Al	As	Au	B	Bi	Cu	Fe	Ga
Typ	A	D	A	A	D	A	A	A
E_i/eV	0.057	0.049	0.35; 0.67	0.046	0.069	0.24; 0.72	0.4; 0.66	0.065

	In	Li	O	P	S	Sb	Tl	Zn
Typ	A	D	D	D	D	D	A	A
E_i/eV	0.16	0.033	0.03 − 0.06	0.044	0.18; 0.37	0.039	0.26	0.31; 0.66

30.9/4:   Eigenschaften von Dotierungen in Ge

Die Energie E_i der Donatorniveaus D gibt den Abstand vom Boden des Leitungsbandes an; die Energie E_i der Akzeptornivaus A ist der Abstand vom Rand des Valenzbandes.

	Al	Ag	As	Au	B	Be	Bi
Typ	A	D	D	A	A	A	D
E_i /eV	0.0102	0.13; 0.5; 0.7	0.0127	0.16; 0.59; 0.75	0.0104	0.07	0.012

	Cd	Co	Cr	Cu	Fe	Ga	In
Typ	A	A	A	A	A	A	A
E_i /eV	0.05; 0.15	0.09; 0.25; 0.48	0.07; 0.12	0.4; 0.33; 0.53	0.35; 0.52	0.0108	0.0112

	Li	Mn	Ni	O	P	Pt	S
Typ	D	A	D	D	D	A	D
E_i /eV	0.0093	0.16; 0.42	0.22; 0.49	0.01	0.012	0.04; 0.20; 0.67	0.18

	Sb	Se	Te	Tl	Zn		
Typ	D	D	D	A	A		
E_i /eV	0.0096	0.014; 0.28	0.11; 0.30	0.01	0.03; 0.09		

30.9/5:   Wirkung ionisierender Strahlung auf halbleitende Materialien

In der folgenden Tabelle sind die Ionisationsenergien für Elektronen-Loch-Paar Erzeugung sowie die pro 10^{-2} J/kg erzeugten Paardichten g_0 angegeben.

Material	E_{Ion}/eV	g_0/cm^{-3}
Silicium	3.6	$10 \cdot 10^{13}$
Siliciumdioxid	≈ 18	$\approx 8 \cdot 10^{12}$
Galliumarsenid	≈ 4.8	$\approx 7 \cdot 10^{13}$
Germanium	2.8	$1.2 \cdot 10^{14}$

Teil VI   Anhang

31   Messungen und Messfehler

Die Statistik gibt verschiedene Verfahren an, die unter bestimmten Bedingungen Aussagen über den **Erwartungswert** (Mittelwert) und die **Streuung** (Abweichung vom Mittelwert) der betrachteten Zufallsgröße (z.B. einer Stichprobe oder einer Messung/Messreihe) oder über die **Korrelation** zwischen Zufallsgrößen zulassen. Damit wird eine **Fehlerabschätzung** relativ zum tatsächlichen Wert möglich.

31.1   Beschreibung von Messungen

Messung, quantitative Bestimmung einer physikalischen Größe in einem Experiment durch Vergleich mit der Größeneinheit.

Messgröße, Merkmal, Messvariable, Bezeichnung der Eigenschaft, die durch eine Messung, statistische Erhebung, Stichprobenentnahme oder Ausführung eines Zufallsexperiments bestimmt werden soll.

Diskrete Messgrößen

■   Würfelziffern 1 bis 6, Seiten einer Münze (Kopf oder Zahl).

Stetige Messgrößen

■   Messwerte für die Kapazität eines Kondensators oder den Wert eines Widerstandes.

31.1.1   Größen und SI-Einheiten

Physikalische Vorgänge können durch mathematische Objekte (Zahlen, Vektoren, Funktionen usw.) und Beziehungen zwischen ihnen (Gleichungen) beschrieben werden. Ziel der Physik ist die experimentelle Erfassung und möglichst genaue Beschreibung der Naturvorgänge aufgrund der ihnen zugrundeliegenden Gesetze.

Physikalische Größe, dient zur Beschreibung physikalischer Zustände und Vorgänge. Eine physikalische Größe muß aufgrund einer **Messvorschrift** mit einer **Messapparatur** messbar sein, d.h., sie muß durch einen physikalischen Vorgang in eine direkt der menschlichen Erfahrungswelt zugängliche Erscheinung (z.B. einen Zeigerausschlag) umgewandelt werden können.

Einheit, eine Vereinbarung, aufgrund derer die Beobachtung einer physikalischen Einheit quantifiziert werden kann. Z.B. ist die Masseneinheit die Masse des internationalen Kilogrammprototyps, d.h., alle Massen werden in Vielfachen und Teilen dieser Masse gemessen. Die Festlegung einer Einheit geschieht durch die Angabe derjenigen physikalischen Erscheinung, die eine Einheit (oder eine bestimmte Menge) der physikalischen Größe ausmachen soll (Masse des Kilogrammprototyps; vom Licht während einer bestimmten Zeit im Vakuum zurückgelegte Strecke; absolute Temperatur beim Tripelpunkt von Wasser, usw.). Die Einheit erhält einen Namen (z. B. Kilogramm), der in Formeln durch eine **Abkürzung** (kg) bezeichnet wird.

▲   Jede physikalische Größe wird durch die Angabe ihres **Zahlenwerts (Maßzahl)** $\{G\}$ und ihrer **Einheit** $[G]$ angegeben:

$$G = \{G\} \cdot [G].$$

Einheitensystem, ein System von Einheiten, das es erlaubt, alle messbaren physikalischen Größen zu quantifizieren. **Grundgrößen** oder **Basisgrößen** eines Einheitensystems mit ihren **Basiseinheiten** sind so gewählt, dass die Einheiten aller messbaren Größen aus ihnen abgeleitet werden können.

SI-Einheiten, im **Système International d'Unités** (Internationales Einheitensystem) festgelegte und in der Bundesrepublik Deutschland für den amtlichen und geschäftlichen Verkehr aufgrund des *Gesetzes über Einheiten im Messwesen* vom 2. Juli 1969 (BGBl. I S. 709) vorgeschriebene Einheiten. (SI-Grundgrößen (s. S. 1029), SI-Einheiten (s. S. 1030)).

➤ Das SI wurde durch die *Conférence Générale des Poids et Mesures* (Allgemeine Konferenz über Gewichte und Maße), die durch den Meter-Vertrag vom 20. Mai 1875 begründet wurde und heute 47 Mitgliedsländer hat, etabliert und wird durch das *Bureau International des Poids et Mesures* (Internationales Amt für Gewichte und Maße) in Sèvres (Frankreich) verwaltet und weitergeführt. Sowohl die *International Standardization Organization* (Internationale Organisation für Standardisierung, **ISO**) als auch die *International Union of Pure and Applied Physics* (Internationale Vereinigung für Reine und Angewandte Physik, **IUPAP**) stellen internationale Empfehlungen für den Gebrauch des Systems zusammen, die auf nationaler Ebene durch Deutsche Industrienormen (**DIN**) verbindlich festgelegt sind.

Neben dem SI existieren noch einige Einheiten, deren Gebrauch in Deutschland gesetzlich für einzelne Bereiche zulässig ist (z.b. Karat als Gewichtseinheit bei Edelsteinen, Dioptrie als Einheit der Brechkraft) (s. S. 1032).

➤ Alle Größen, die nicht im SI oder anderweitig gesetzlich festgelegt sind, sollten nicht verwendet werden. Dies trifft insbesondere für die früheren technischen Maßsysteme auf der Basis des Kiloponds oder des Dyns zu, aber auch auf das Zentimeter-Gramm-Sekunde–System.

Die verschiedenen Einheitensysteme unterscheiden sich nicht nur in der Wahl ihrer Basiseinheiten, sondern auch in der Festlegung der Basiseinheiten und der abgeleiteten Einheiten. So ist im SI die Masse eine Basiseinheit und die Kraft eine aus ihr abgeleitete Einheit, während die Masse sich im Kilopond-System aus der Grundeinheit Kraft ergibt.

➤ Einheitennamen sollen nur so geschrieben werden, wie sie im SI festgelegt sind. Also Meter, nicht meter, Kurzform m, nie mt; Quadratzentimeter cm^2, nie qcm; K für Kelvin, nicht °K, aber °C für Grad Celsius; Kilometer pro Stunde (km/h), nicht Stundenkilometer oder Kilometer/Stunde. Die Einheit wird immer durch eine Leerstelle von der Zahl abgetrennt, also 35 mm-Film, nicht 35mm- oder 35-mm-Film (Ausnahme: die Symbole °, ′ und ″ für Grad, Minute und Sekunde).

Abgeleitete Einheiten, **zusammengesetzte Einheiten**, definiert über Gleichungen zwischen physikalischen Größen. Abgeleitete Einheiten können durch Multiplikation oder Division von Basiseinheiten angegeben werden. So ist die SI-Einheit der Geschwindigkeit, Meter pro Sekunde (m/s), durch Division aus den Basiseinheiten Meter (m) und Sekunde (s) hervorgegangen. Dabei können auch Potenzen verwendet werden:

$$1 \, m \cdot m = 1 \, m^2 \,.$$

Negative Exponenten können zur Klarheit anstelle von Divisionsstrichen geschrieben werden; sonst müssen Klammern gesetzt werden, wo Verwechslungen vorkommen können:

$$1 \, kg/(m \cdot s^2) = 1 \, kgm^{-1}s^{-2} \,.$$

▲ Jede abgeleitete Einheit wird unabhängig vom gewählten Einheitensystem dadurch charakterisiert, welche Grundeinheiten mit welchen Potenzen in ihr auftreten.

Dimension, unabhängig von den gewählten Einheiten für jede physikalische Größe die Angabe, aus welchen Potenzen der Grundgrößen sie zusammengesetzt ist. Dies erfolgt hier durch einen Kasten oben rechts in allen Formelkästen (s. S. 1029).

■ Die Einheit der dynamischen Viskosität ist

$$1 \, Pa \cdot s = 1 \, N/(m^2 \cdot s) = (1 \, kg \cdot m/s^2)/(m^2 \cdot s) = 1 \, kg/(m \cdot s) = 1 \, kg \cdot m^{-1} \cdot s^{-1} \,.$$

Ihre Dimension wird systemunabhängig geschrieben:

$$ML^{-1}T^{-1} \,.$$

➤ Zusammengesetzte Einheiten werden so gesprochen, dass miteinander multiplizierte Einheiten einfach hintereinandergesetzt werden und dividierende Einheiten durch ein „pro" verbunden werden. Beispiel:

$$kg \, m \, / \, s^2 = Kilogrammeter \, pro \, Sekundenquadrat \,.$$

Die Sprechweise km/h = Kilometer pro Stunde ist richtig; Stundenkilometer ist nicht korrekt und kann zu Mißverständnissen führen.

➤ Einige zusammengesetzte Einheiten besitzen **Sondernamen** wie das Hertz (1/s), das Newton (kg· m/s^2) und andere, die anstelle des zusammengesetzten Namens gebraucht werden.

Dimensionslose Größen, Größen mit der Einheit 1, d.h., ihr Zahlenwert ist nicht vom gewählten Einheitensystem abhängig. Dies sind insbesondere Prozentzahlen, also Angaben relativ zu einer anderen Größe, und Winkel.

Umrechnungen von Einheiten dienen dazu, in verschiedenen Einheiten ausgedrückte Größen vergleichbar zu machen. Sie erfolgen, indem man in einer Formel die Einheit durch einen Umrechnungsfaktor und eine andere Einheit ersetzt. Zur Umrechnung der alten Einheit Kilopond in die neue Einheit Newton ist z. B. die Umrechnungsformel

$$1 \text{ kp} = 9.80665 \text{ N}$$

anzuwenden. Eine Unze pro Kubikzoll (oz/in^3) ist damit

$$1 \text{ oz/in}^3 = \frac{1 \text{ oz}}{(1 \text{ in})^3} = \frac{0.02835 \text{ kg}}{(0.0254 \text{ m})^3} = \frac{0.02835 \text{ kg}}{0.0254^3 \text{ m}^3} = 1730 \text{ kg/m}^3 .$$

Dezimalvorsätze, Präfixe, dienen dazu, dezimale Vielfache und Teile von Basiseinheiten zu bezeichnen. Präfixe über 10^6 werden durch Großbuchstaben, alle anderen durch Kleinbuchstaben dargestellt. (s. S. 1029.) Beispiel:

$$1 \text{ km} = 1 \text{ Kilometer} = 10^3 \text{ m} = 1000 \text{ m} .$$

➤ Nur **ein** Vorsatz ist vor einer Einheit zulässig.

➤ Ausnahme: Aus historischen Gründen sind die von der Grundeinheit Kilogramm (kg) abgeleiteten Einheiten das Gramm ($= 10^{-3}$ kg), Milligramm ($= 10^{-6}$ kg) usw.

➤ Potenzen beziehen sich auch auf den Dezimalvorsatz:

$$1 \text{cm}^2 = 1 \text{ Quadratzentimeter} = 1 \cdot (\text{cm})^2 = 1 \cdot (10^{-2} \text{ m})^2 = 10^{-4} \text{ m}^2 .$$

Naturkonstanten, die Kenngrößen gewisser Naturerscheinungen, die nach unserer Erkenntnis in allen physikalischen Vorgängen einen festen Wert haben, wie z. B. die Gravitationskonstante oder die Lichtgeschwindigkeit im Vakuum. Einige von ihnen werden zur Festlegung der Basisgrößen benutzt, weil sie unabhängig gemessen werden können; ihre Werte sind dann im Einheitensystem exakt.

➤ Die Werte von Naturkonstanten werden durch Messungen festgelegt. Dabei werden in einer **Ausgleichsrechnung (Regression)** diejenigen Werte gefunden, bei denen die Messungen sich am wenigsten widersprechen, zuletzt durch CODATA 1986.

➤ Einige Konstanten sind durch Norm für den technischen Gebrauch festgelegt.

Werkstoffkonstanten, Materialkonstanten, kennzeichnen die spezifischen Eigenschaften von Materialien. Sie können von der Zusammensetzung des Materials und äußeren Einflüssen wie Druck, Spannung usw. abhängen.

Naturkonstanten haben dagegen einen beliebig genau feststellbaren Wert, dessen Kenntnis nur durch die Messgenauigkeit der Apparatur beschränkt ist.

➤ Die Zahlenwerte der Naturkonstanten hängen vom gewählten Einheitensystem ab. Umgekehrt ist das Einheitensystem durch die Angabe dieser Zahlenwerte bestimmt. Einige Naturkonstanten haben die Einheit 1 (wie die Feinstrukturkonstante (s. S. 779) $\alpha \approx 1/137$) und damit in allen Einheitensystemen den gleichen Wert.

31.2   Fehlerrechnung und Statistik

31.2.1   Fehlerarten

Messwerte physikalischer Größen sind immer fehlerbehaftet, d.h., sie weichen vom wahren Wert ab.

31.2.1.1   Messergebnis

Messergebnis, Messwert, Istwert, Wert einer oder mehrerer Messvariablen nach einer Messung, i. Allg. nicht exakt reproduzierbar, sondern schwankt bei wiederholten Messungen um einen **Mittelwert** bzw. **wahren Wert**.

■ Dies kann beispielsweise die Länge einer Schraube in der industriellen Herstellung, das Ergebnis eines numerischen Zufallszahlengenerators, die Energie eines Teilchens im idealen Gas oder der Regenniederschlag in 24 Stunden sein.

Messreihe, Zusammenstellung von mehreren Messergebnissen. Man erzeugt dadurch eine **Urliste.**

31.2.1.2   Messfehler

Messfehler, Abweichung eines Messwertes vom wahren Wert. Man unterscheidet je nach Ursache sogenannte **systematische** und **statistische** Fehler.

Systematische Fehler, für das Messverfahren charakteristische Fehler, die durch die Messanordnung oder den Messvorgang bedingt sind (z.B. falsche Eichung des Messgerätes); durch Abänderung des Versuchsaufbaus nur zum Teil vermeidbar.

Statistische Fehler, zufällige Fehler, Abweichungen, bedingt durch den Experimentator (z.B. Ablesefehler), durch unkontrollierbare Störungen (z.B. Temperatureinflüsse, Luftdruckänderungen usw.) oder durch die Zufälligkeit des Ereignisses, das untersucht wird (z.B. radioaktiver Zerfall).

Messgenauigkeit, in einem Experiment durch sytematische Fehler und statistische Fehler bestimmt.

Wahrer Fehler, δx_{iw}, Abweichung der i-ten Messung mit dem Messergebnis x_i vom „wahren Wert" x_w. Meist unbekannt, da x_w nicht bekannt ist,

$$\delta x_{iw} = x_i - x_w.$$

Absoluter Fehler, Messfehler, der sich auf die Einzelmessung bezieht.

Scheinbarer Fehler, Abweichung des Messwertes x_i vom arithmetischen Mittelwert $\bar{x}$ als Näherungswert für den wahren Wert,

$$v_i = x_i - \bar{x}.$$

Durchschnittlicher Fehler, lineare Streuung, Mittelwert des Betrages der scheinbaren Fehler bei n Einzelmessungen,

$$d_x = \bar{v}_i = \frac{1}{n} \sum_{i=1}^{n} |x_i - \bar{x}|.$$

Relativer Fehler, v_{rel}, absoluter Fehler, dividiert durch den Mittelwert, dimensionslose Größe:

$$v_{\text{rel}} = \frac{v_i}{\bar{x}} = \frac{x_i - \bar{x}}{\bar{x}}.$$

Prozentualer Fehler, $v_\%$, relativer Fehler in Prozent, $v_\% = v_{\text{rel}} \cdot 100\%$.

Absoluter Maximalfehler, δz_{max}, obere Fehlerschranke einer von fehlerbehafteten Parametern x und y abhängigen Größe $z = f(x,y)$,

$$\delta z_{\text{max}} = \left| \frac{\partial}{\partial x} f(\bar{x}, \bar{y}) \delta x \right| + \left| \frac{\partial}{\partial y} f(\bar{x}, \bar{y}) \delta y \right|.$$

Relativer Maximalfehler, $\delta z_{\text{max}} / \bar{z}$, absoluter Maximalfehler, dividiert durch den Mittelwert.

■ Ein Draht (Länge L, Radius R) wird durch eine Kraft F (Spannung σ) um ΔL gedehnt. Aus der Messung von L, R, F und ΔL soll der Elastizitätsmodul E des Drahtes bestimmt werden. Nach dem Hookeschen Gesetz gilt:

$$\frac{\Delta L}{L} = \frac{1}{E} \cdot \sigma, \quad \sigma = \frac{F}{A}, \quad A = \pi R^2.$$

Wegen

$$E = \frac{F}{\pi R^2} \cdot \frac{L}{\Delta L}$$

kann dann der maximale relative Fehler, mit dem die Angabe von E behaftet ist, wie folgt aus den Fehlern δL, δR, δF, $\delta(\mathrm{d}L)$ der Einzelmessung berechnet werden:

$$\left| \frac{\delta E}{E} \right|_{max} = \left| \frac{\delta F}{F} \right| + 2\left| \frac{\delta R}{R} \right| + \left| \frac{\delta L}{L} \right| + \left| \frac{\delta(\Delta L)}{\Delta L} \right|.$$

Der Fehler der Radiusmessung geht mit dem Faktor zwei in den maximalen relativen Fehler des Elastizitätsmodul ein.

Mittlerer Fehler der Einzelmessung, $\overline{\delta x}$

$$\sigma_n = \overline{\delta x} = \sqrt{\frac{1}{(n-1)} \sum_{i=1}^{n} (x_i - \bar{x})^2}, \quad \bar{x} \text{ ist der arithmetische Mittelwert.}$$

Mittlerer Fehler des Mittelwertes, $\overline{\delta \bar{x}}$

$$\bar{\sigma}_n = \overline{\delta \bar{x}} = \sqrt{\frac{1}{n(n-1)} \sum_{i=1}^{n} (x_i - \bar{x})^2}, \quad \bar{x} \text{ ist der arithmetische Mittelwert.}$$

▲ Der mittlere Fehler $\overline{\delta \bar{x}}$ des Mittelwertes $\bar{x}$ ist gleich dem mittleren Fehler $\overline{\delta x}$ der Einzelmessung x_i, dividiert durch die Wurzel der Anzahl der Messungen:

$$\overline{\delta \bar{x}} = \frac{\overline{\delta x}}{\sqrt{n}}.$$

31.2.1.3 Fehlerfortpflanzung

Fehlerfortpflanzung, der Fehler einer aus direkt gemessenen Teilgrößen $x_0, y_0, \ldots$ zusammengesetzten physikalischen Größe $f(x_0, y_0, \ldots)$ kann aus den Fehlern für die Teilgrößen berechnet werden.

Fehlerfortpflanzung in der Einzelmessung

$$\overline{\delta f(x_0, y_0)} = \left. \frac{\partial f(x, y)}{\partial x} \right|_{x_0, y_0} \overline{\delta x} + \left. \frac{\partial f(x, y)}{\partial y} \right|_{x_0, y_0} \overline{\delta y}.$$

Gaußsches Fehlerfortpflanzungsgesetz, Fehlerfortpflanzung der Mittelwertfehler,

$$\overline{\delta f(x_0, y_0)} = \sqrt{\left(\left. \frac{\partial f(x, y)}{\partial x} \right|_{x_0, y_0} \overline{\delta x} \right)^2 + \left(\left. \frac{\partial f(x, y)}{\partial y} \right|_{x_0, y_0} \overline{\delta y} \right)^2}.$$

■ Die Dichte ρ eines kugelförmigen Körpers wird indirekt durch Messung der Kugelmasse m und des Kugelradius R bestimmt, $\rho = \rho(m, R)$. Der Fehler der Dichtemessung folgt aus den Messfehlern von Masse und Radius.

31.2.2 Mittelwerte von Messreihen

Arithmetischer Mittelwert (arithmetisches Mittel), **empirischer Erwartungswert**, Näherungswert für den wahren Wert einer Messreihe aus n Einzelmessungen. Oft wird das gleichgewichtete Mittel der n fehlerbehafteten Messwerte angegeben:

$$\bar{x} = \frac{1}{n} \sum_{i=1}^{n} x_i = \frac{1}{n} \sum_{j=1}^{k} H_j \cdot x_j = \sum_{j=1}^{k} h_j \cdot x_j,$$

d.h., die n Messwerte verteilen sich auf $k \leq n$ verschiedene x_j-Werte mit der Häufigkeit H_j.

▲ Schwerpunktseigenschaft, die Summe der Abweichungen der Messwerte aus der Urliste vom arithmetischen Mittel ist durch Definition identisch Null,

$$\sum_{i}^{n}(x_i - \bar{x}) \equiv 0.$$

▲ Linearität des arithmetischen Mittels,
$$\overline{(ax+b)} = a\bar{x} + b,$$

▲ a, b Konstanten, x Messvariable.

▲ Quadratische Minimumseigenschaft, die Summe der **Quadrate** der Abstände aller Messwerte x_i vom Mittelwert $\bar{x}$ ist minimal:

$$\sum_{i}^{n}(x_i - \bar{x})^2 = \text{Minimum}.$$

➤ Diese Eigenschaft ist ein Grundbestandteil der **Ausgleichsrechnung**.

▲ Vereinigung von Messungen, das Mittel einer Gesamtmessung mit n Messwerten ist die Summe der Mittelwerte in den Teilmessungen, gewichtet mit dem relativen Anteil von Messpunkten $n_i / \sum n_i = n_i/n$,

$$\bar{x} = \sum \bar{x}_i \cdot \frac{n_i}{n} = \sum \bar{x}_i n_i / \sum n_i.$$

▲ Liegt die Messreihe in Form einer Häufigkeitsverteilung vor, dann gilt

$$\bar{x} = \frac{1}{\sum_{i}^{k} H_i} \sum_{i=1}^{k} x_i H_i.$$

▲ x_i sind in diesem Fall die Klassenmitten der Klassen K_i ($i = 1, ..., k$).

Quantil, **Perzentil** der Ordnung p, Messwert, der von einem Anteil p aller Messwerte aus der Urliste **nicht** überschritten und von einem Anteil $1 - p$ **nicht** unterschritten wird, Kenngröße zur Beschreibung der Lage der einzelnen Messwerte zueinander.

Median, **Zentralwert** $\tilde{x}$, Spezialfall eines **Perzentils**, $\tilde{x}$, definiert als derjenige Wert, der die Zahl der nach ihrer Größe geordneten n Messwerte der Urliste **halbiert**.

Median für gerade Anzahl von Messwerten:

$$\tilde{x} = \frac{x_{\frac{n}{2}} + x_{\frac{n}{2}+1}}{2}.$$

Median für ungerade Anzahl von Messwerten:

$$\tilde{x} = x_{\frac{n+1}{2}}.$$

➤ Anwendung des Medians vorwiegend in folgenden Fällen:
a) Klassen an den Rändern der geordneten Urliste fehlen;
b) Extreme Messwerte („**Ausreißer**") treten auf, die das Ergebnis verfälschen würden;
c) Änderungen der Messwerte oberhalb und unterhalb des Mittelwerte sollen dessen Wert nicht beeinflussen.

▲ Die Summe der absoluten Beträge der Abweichungen aller Messwerte x_i vom Median $\tilde{x}$ ist kleiner als die Summe der Abweichungen von jedem anderen Wert a:

$$\sum_{i=1}^{n}|x_i - \tilde{x}| < \sum_{i=1}^{n}|x_i - a|, \quad \begin{array}{ll} \text{für alle} & a \neq \tilde{x}, \qquad\qquad\quad \text{falls } n \text{ ungerade}, \\ \text{für alle} & x_{\frac{n}{2}} \leq a \leq x_{\frac{n}{2}+1}, \quad \text{falls } n \text{ gerade}. \end{array}$$

Quadratisches Mittel,

$$x_{\text{quad}} = \sqrt{\frac{1}{n} \sum_{i=1}^{n} x_i^2}.$$

Geometrisches Mittel,

$$\hat{x} = \sqrt[n]{\prod_{i=1}^{n} x_i} = (x_1 \cdot x_2 \cdot \ldots \cdot x_n)^{(1/n)}.$$

➤ Das geometrische Mittel wird besonders für Größen benutzt, bei denen als Gesetzmäßigkeiten geometrische Folgen auftreten.

■ Mittleres durchschnittliches **Wachstumstempo** oder **Zuwachsrate** von zeitlichen Vorgängen (radioaktiver Zerfall, Lebenszeit von Bauelementen),

$$\hat{x} = (x_1 \cdot x_2 \cdot \ldots \cdot x_n)^{(1/n)} \quad, \quad x_i > 0.$$

▲ Der Logarithmus des geometrischen Mittels ist gleich dem arithmetischen Mittel der Logarithmen aller Messwerte,

$$\ln \hat{x} = \frac{1}{n}(\ln x_1 + \ldots + \ln x_n).$$

Wachstumstempo, durchschnittliche prozentuale Entwicklung von x_n auf x_{n+1} (Angaben in Prozentanteilen einer Gesamtmenge A),

$$\overline{W} = \sqrt[n-1]{\frac{x_n}{x_1}} \cdot 100\%.$$

Zuwachsrate, durchschnittliche prozentuale Entwicklung um $\bar{R}$ Prozent,

$$\bar{R} = \left(\sqrt[n-1]{\frac{x_n}{x_1}} - 1\right) \cdot 100\%.$$

➤ Liegt keine prozentuale Entwicklung vor, so können an Stelle von x_1, x_n die Absolutwerte $a_1 = x_1 \cdot A$, $a_n = x_n \cdot A$ eingesetzt werden.

Harmonisches Mittel,

$$x_h = \frac{n}{\sum_{i=1}^{n} \frac{1}{x_i}}.$$

▲ **Satz von Cauchy**: Es besteht die folgende Hierarchie der Mittelwerte $x_{quad}, x_h, \hat{x}$ und $\bar{x}$:

$$x_{\min} \leq x_h \leq \hat{x} \leq \bar{x} \leq x_{\text{quad}} \leq x_{\max}.$$

31.2.3 Streuung

Streuung, mittlere quadratische Abweichung, Standardabweichung, Maß für die durch Messfehler bedingte Streuung, Schwankung der Messwerte um den wahren Wert.

Spannweite, Variationsbreite, Abstand zwischen größtem und kleinstem Messwert,

$$\delta x_{\max} = x_{\max} - x_{\min}.$$

➤ Wird meist für kleine Anzahl von Messwerten benutzt. Verwendung bei statistischen Qualitätskontrollen mittels Kontrollkarten.

Mittlere absolute Abweichung um den Wert C,

$$\overline{|\delta x|_C} = \frac{1}{n} \sum_{i=1}^{n} |x_i - C|.$$

➤ Üblicherweise wird $C = \tilde{x}$ (Median) oder $C = \bar{x}$ (arithmetisches Mittel) benutzt.
➤ Liegt eine nach Klassen geordnete Häufigkeitstabelle vor, werden die Klassenmitten als Messgrößen x_i eingesetzt.

Mittlere quadratische Abweichung, Standardabweichung, empirische Streuung,

$$\sigma_n = \sqrt{\overline{(\delta x)^2}} = \sqrt{\frac{1}{n-1} \sum_{i=1}^{n} (x_i - \bar{x})^2}.$$

▲   Liegt die Messreihe in Form einer Häufigkeitsverteilung vor, so gilt

$$\sigma_n = \sqrt{\overline{(\delta x)^2}} = \sqrt{\frac{1}{n-1} \sum_{i=1}^{k} (x_i - \bar{x})^2 H(x_i)}, \quad n = \sum_i H(x_i).$$

➤   Im Fall einer Klasseneinteilung werden oft die Klassenmitten anstelle der unbekannten Messwerte eingesetzt.

Empirische Varianz σ_n^2, Quadrat der Standardabweichung, insbesondere im englischen Sprachgebrauch wird diese Größe auch als **Varianz** bezeichnet.

Die empirische Streuung σ_n ist eine **erwartungstreue** Schätzung für die Streuung einer zugrundeliegenden Wahrscheinlichkeitsfunktion über der Grundgesamtheit.

Relatives Streuungsmaß, Variationskoeffizient, Variabilitätskoeffizient, prozentuale Angabe des Streuungsmaßes, bezogen auf das arithmetische Mittel,

$$\overline{(\delta x)^2}_{\text{rel}} = \frac{\overline{(\delta x)^2}}{\bar{x}} \cdot 100\%.$$

31.2.4   Korrelation

Kovarianz zweier Messgrößen x, y, $\text{cov}(x,y)$, Erwartungswert des Produktes der Abweichungen der jeweiligen Größe von ihrem Mittelwert,

$$\text{cov}(x,y) = \overline{(x - \bar{x})(y - \bar{y})}.$$

Korrelationskoeffizient von x, y, ρ_{xy}, Kovarianz von x, y, dividiert durch das Produkt der mittleren quadratischen Abweichungen σ_x, σ_y,

$$\rho_{xy} = \frac{\text{cov}(x,y)}{\sigma_x \cdot \sigma_y}, \quad -1 \le \rho_{xy} \le 1.$$

•   Sind x und y **statistisch unabhängige Zufallsgrößen**, dann ist $\rho_{xy} = 0$; x und y sind **nicht korreliert**.
• x und y sind genau dann linear abhängig, $y = ax + b$ (a, b : reelle Zahlen), wenn $\rho_{xy} = \pm 1$.
•   Das Vorzeichen des Korrelationskoeffizienten gibt an, ob eine positive oder negative Korrelation vorliegt:
     positive Korrelation, eine Vergrößerung (Verkleinerung) von x hat eine Vergrößerung (Verkleinerung) von y zur Folge,
     negative Korrelation, eine Vergrößerung (Verkleinerung) von x hat eine Verkleinerung (Vergrößerung) von y zur Folge.

31.2.5   Ausgleichsrechnung, Regression

Regression, optimale Anpassung einer geeignet gewählten parameterabhängigen **Regressionskurve** (**Ausgleichskurve**) $y = f(x, a, b, \dots)$ an n vorgegebene Messpunkte $(x_1, y_1), (x_2, y_2), \dots, (x_n, y_n)$ zweier korrelierter Zufallsgrößen.

Summe der Fehlerquadrate, Summe der Quadrate der Abstände zwischen den Messwerten y_i und den Funktionswerten der Regressionskurve f an den Punkten x_i,

$$\sum_{i=1}^{n} [y_i - f(x_i, a, b, \dots)]^2.$$

Prinzip der kleinsten Quadrate, erlaubt die Berechnung des Parametersatzes $a, b, \dots$, für den die Regressionskurve die vorgegebenen Messpunkte am besten annähert, durch die Forderung, dass die Summe der Fehlerquadrate ein Minimum annimmt (**Gaußsches Minimalprinzip**),

$$\sum_{i=1}^{n} [y_i - f(x_i)]^2 = \text{Min}.$$

Lineare Regression, Ausgleichsrechnung mit dem Ansatz einer Geraden als Regressionskurve, $y = ax + b$.

Geeigneter Ansatz, wenn die beiden Zufallsgrößen annähernd linear korreliert sind.

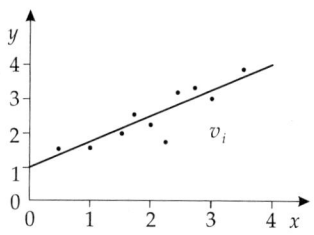

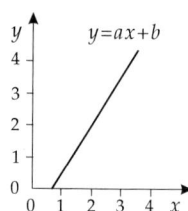

Abbildung 31.1: Anpassung einer Kurve an vorgegebene Messpunkte nach dem Prinzip der kleinsten Quadrate

Abbildung 31.2: Lineare Regression

31.2.6   Häufigkeitsverteilungen

Urliste, Liste mit allen Messwerten in einer Messreihe, gleiche Messergebnisse können dabei wiederholt auftreten.

■ Bei der Produktion von n Kondensatoren mit einer Kapazität von $C = 100\ \mu F$ beträgt der Wert für jedes Bauteil i. Allg. nicht exakt 100 μF, sondern schwankt um diesen Wert. Der Wert gehorcht einer charakteristischen Verteilung um den Sollwert $C = 100\ \mu F$. Um die Art dieser Verteilung und die Natur des zugrundeliegenden Wahrscheinlichkeitsprozesses genauer zu verstehen, bestimmt man die sogenannte **relative Häufigkeitsverteilung** und vergleicht mit speziellen Wahrscheinlichkeitsfunktionen, die aus bekannten Wahrscheinlichkeitsstrukturen abgeleitet werden können. (Beispielsweise kann die hypergeometrische Verteilung auf das sehr einfache und anschauliche **Urnenmodell** zurückgeführt werden.)
In unserem Beispiel ist die einzelne Messgröße die Kapazität jedes Kondensators. Diese Messwerte bilden die sogenannte **Urliste**:

Kondensator Nr.	1	2	3	4	5	6	...	N
Kapazität in μF	101.1	99.6	101.4	103.3	98.0	99.5	...	C_N

Klasse K_i, Menge aus mehreren Elementen (Messergebnissen) einer Urliste mit bestimmten Eigenschaften, die unter dem Index i zusammengefaßt werden.

■ Bei der Tagesproduktion von n Kondensatoren einer vorgegebenen Kapazität C kann man eine Klassifizierung durchführen, indem man Kapazitäten in $N = 8$ Intervallbereiche ($N = 8$ Klassen) aufteilt.

Klasse	Intervallgrenzen	Klasse	Intervallgrenzen
K_1	$C < 92.5$	K_5	$100.0 \leq C < 102.5$
K_2	$92.5 \leq C < 95.0$	K_6	$102.5 \leq C < 105.0$
K_3	$95.0 \leq C < 97.5$	K_7	$105.0 \leq C < 107.5$
K_4	$97.5 \leq C < 100.0$	K_8	$107.5 \leq C$

➤ Es müssen nicht immer Klassen definiert werden. Bei diskreten, sich in der Urliste wiederholenden Messwerten $x = X_i$, können diese natürlich als eine eigene Klasse $K_i = X_i$ angesehen werden.

Klassenmitte, **Intervallmitte**, arithmetisches Mittel der Intervallgrenzen einer Klasse.

➤   Zweckmäßiger ist es, das arithmetische Mittel aller Messwerte innerhalb der jeweiligen Klasse zu bilden. Die einzelnen Messwerte sind aber manchmal nicht bekannt oder man verzichtet aus Zeitgründen (Rechenaufwand bei sehr umfangreichen Erhebungen) auf ihre Ermittlung. Die Intervallmitte ist daher i. Allg. eine Näherung.

Häufigkeit, $H_i = H(K_i)$, Anzahl der Messergebnisse aus der Urliste, die in die Klasse K_i fallen.

➤   Bei Messwerten, die sich in der Urliste wiederholen, kann auch ein diskreter Messwert als Klasse gelten.

Häufigkeitstabelle, tabellarische Abbildung von jeder Klasse auf die zugehörige Anzahl (**Häufigkeit**) der Messwerte.

■   Die Häufigkeitstabelle einer Tagesproduktion, bezogen auf die Kapazität unserer Kondensatoren, könnte folgendermaßen aussehen:

K_i	K_1	K_2	K_3	K_4	K_5	K_6	K_7	K_8	Summe
$H(K_i)$	133	43789	189345	281321	255128	206989	26923	155	1003783

Häufigkeitsverteilung, **Häufigkeitshistogramm,** grafische Darstellung einer Häufigkeitstabelle.

■   Zu obiger Häufigkeitstabelle gehört das in **Abb. 31.3** gezeigte **Balkendiagramm**. Zur übersichtlichen Darstellung werden oft auch andere Diagramme verwendet, z.B. das **Kreisdiagramm**.

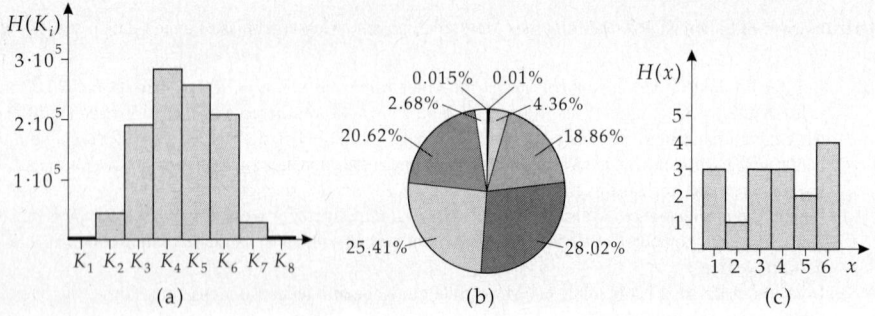

(a)   (b)   (c)

Abbildung 31.3: Darstellung einer Häufigkeitstabelle. (a): Balkendiagramm, (b): Kreisdiagramm, (c): Verteilung mit drei Häufungsstellen

Relative Häufigkeit, die relative Häufigkeit der Klasse K_i bei n Messwerten:

$$h_i = \frac{H_i}{n}.$$

Relative Häufigkeitsverteilung, normierte Häufigkeitsverteilung h_i,

$$\sum_{i=1}^{n} h_i = 1.$$

Die relative Häufigkeit kann auch in einem Histogramm grafisch dargestellt werden.

▲   Bei der Division der (relativen) Häufigkeit durch einen konstanten Faktor c bleibt das arithmetische Mittel erhalten,

$$\frac{\sum_i^n x_i \cdot H(x_i)/c}{\sum_i^n H(x_i)/c} \equiv \bar{x}.$$

Modalwert, Dichtemittel x_m, häufigster Messwert in einer Folge von Messwerten.

➤ Für Messreihen mit mehreren Häufungsstellen existieren auch mehrere Dichtemittel. Jeder Häufungsbereich muß gesondert betrachtet werden.

Urnenmodell, aus einem Gefäß mit N Kugeln, von denen M schwarz und $N - M$ weiß sind, werden n Kugeln gezogen. Ist p die Wahrscheinlichkeit, eine schwarze Kugel zu ziehen, dann ist die Wahrscheinlichkeit, eine weiße Kugel zu ziehen, gegeben durch $1 - p$. Gesucht ist die Wahrscheinlichkeit, dass sich unter den n gezogenen Kugeln k Kugeln einer bestimmten Farbe befinden (bei n-maliger Wiederholung des Experiments tritt ein bestimmtes Ereignis genau k-mal ein).
Ziehen **mit Zurücklegen**, jede Kugel wird nach dem Ziehen in die Urne zurückgelegt.
Ziehen **ohne Zurücklegen**, die gezogenen Kugeln werden nicht in die Urne zurückgelegt.

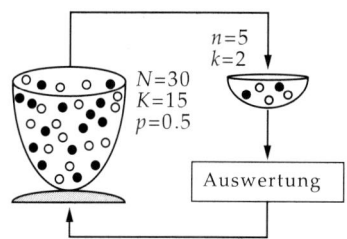

Abbildung 31.4: Urnenmodell

mit / ohne Zurücklegen

Einzelwahrscheinlichkeit, $P(k)$, Wahrscheinlichkeit, dass eine diskrete Zufallsgröße in einer Einzelmessung den Wert k annimmt.

31.2.6.1   Spezielle diskrete Verteilungen

• **Hypergeometrische Verteilung**

$$P(k) = \frac{\binom{pN}{k} \binom{N(1-p)}{n-k}}{\binom{N}{n}}, \quad p \cdot N: \text{ganzzahlig.}$$

Erwartungswert: $n \cdot p$.
Varianz: $\sigma^2 = n \cdot p(1-p)[(N-n)/(N-1)]$.
• **Binomialverteilung**

$$P(k) = \binom{n}{k} p^k (1-p)^{n-k}.$$

Erwartungswert: $n \cdot p$.
Varianz: $\sigma^2 = n \cdot p(1-p)$.
• **Poisson-Verteilung**

$$P(k) = \frac{c^k}{k!} \cdot e^{-c}, \quad k = 0, 1, 2, \ldots; \quad c > 0.$$

Erwartungswert: c.
Varianz: $\sigma^2 = c$.

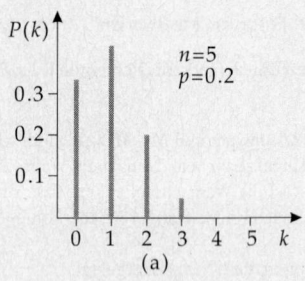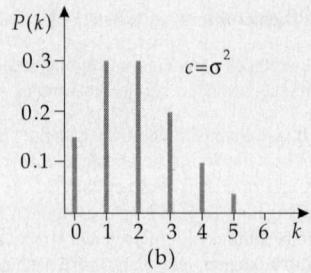

Abbildung 31.5: (a): Binomialverteilung, (b): Poisson-Verteilung

▲ Die hypergeometrische Verteilung entspricht dem Urnenmodell ohne Zurücklegen der gezogenen Kugeln. Die Binomialverteilung entspricht dem Urnenmodell mit Zurücklegen der gezogenen Kugeln.

▲ Die Binomialverteilung ergibt sich aus der hypergeometrischen Verteilung, wenn in einem Urnenmodell die Zahl der Kugeln sehr groß wird ($N \to \infty$) und der Umfang der Stichproben n klein bleibt.

▲ Die Poisson-Verteilung ergibt sich aus der Binomialverteilung, wenn im Urnenmodell die Zahl der Ziehungen n sehr groß und der markierte Anteil p sehr klein, aber endlich ist, $n \to \infty$, $p \to 0$.

Wahrscheinlichkeitsdichte, $f(x)$, Verteilungsdichte einer stetigen Zufallsgröße oder idealisierte analytische Funktion für die Wahrscheinlichkeitsverteilung diskreter Zufallsgrößen.

31.2.6.2 Spezielle stetige Verteilungen

● **Gauß-Verteilung, Normalverteilung**

$$f(x) = \frac{1}{\sigma\sqrt{2\pi}} e^{-(x-m)^2/(2\sigma^2)}.$$

Erwartungswert: m.
Varianz: σ^2.

● **Standardnormalverteilung, Gaußsche Normalverteilung,** Spezialfall der Normalverteilung mit $m = 0$ und $\sigma = 1$.

● **Exponentialverteilung**

$$f(x) = \lambda e^{-\lambda x}, \quad \lambda > 0, \quad x \geq 0.$$

Erwartungswert: $1/\lambda$.
Varianz: $\sigma^2 = 1/\lambda^2$.

● **Weibull-Verteilung**

$$f(x) = \frac{\gamma}{\beta} \left(\frac{x-\alpha}{\beta}\right)^{\gamma-1} e^{-((x-\alpha)/\beta)^\gamma}, \quad x \geq \alpha.$$

Erwartungswert: $\beta\,\Gamma(1 + 1/\gamma) + \alpha$.
Varianz: $\sigma^2 = \beta^2\left\{\Gamma(1 + 2/\gamma) - [\Gamma(1 + 1/\gamma)]^2\right\}$, $\quad \Gamma(k)$: Gamma-Funktion.

● χ^2**-Verteilung** mit dem Freiheitsgrad n: Verteilung, die sich für die Messgröße $\chi^2 = Y_n = x_1^2 + x_2^2 + \cdots x_n^2$ ergibt, wenn die einzelnen Messwerte $x_i(i = 1, \ldots, n)$ standardnormalverteilt sind,

$$f_\chi(Y_n; n) = \frac{1}{2^{n/2}\Gamma(n/2)} Y_n^{(n/2)-1} e^{-Y_n/2}.$$

Erwartungswert: n.
Varianz: $\sigma^2 = 2n$

• *t*-**Verteilung, Student-Verteilung**, Verteilung, die sich für die Messgröße $T_n = x/\sqrt{Y_n/n}$ ergibt, wenn x standardnormalverteilt und Y_n $f_\chi(Y_n;n)$-verteilt sind,

$$f_t(T_n;n) = \frac{\Gamma((n+1)/2)}{\sqrt{n\pi}\Gamma(n/2)} \left(1 + \frac{T_n^2}{n}\right)^{-(n+1)/2}$$

Erwartungswert: 0.
Varianz: $\sigma^2 = n/(n-2)$.

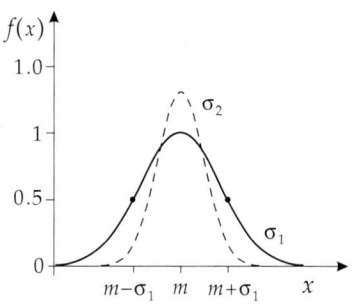

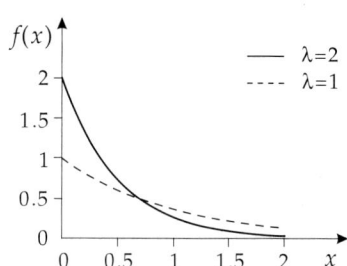

Abbildung 31.6: Normalverteilung. Maximum: $M = 1/(\sigma\sqrt{2\pi})$, Wendepunkte: $(m \pm \sigma)$, Halbwertsbreite: b.

Abbildung 31.7: Exponentialverteilung

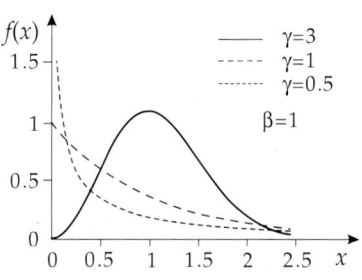

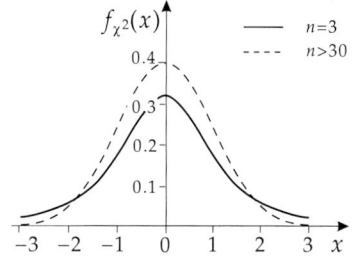

Abbildung 31.8: Weibull-Verteilung

Abbildung 31.9: χ^2-Verteilung

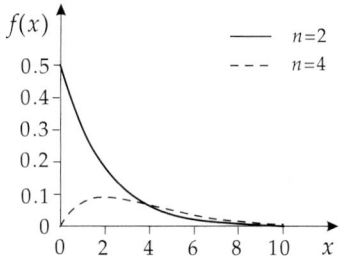

Abbildung 31.10: *t*-Verteilung

Die **Normalverteilung** ist symmetrisch um ihr Maximum bei $x = m$. Der Maximalwert der Funktion $f(x)$ ist $1/(\sigma\sqrt{2\pi})$. Die Normalverteilung hat Wendepunkte bei $x = m \pm \sigma$. Von den Messwerten liegen etwa

99.7 % im Intervall $x = m \pm 3\sigma$, etwa 95.5 % im Intervall $x = m \pm 2\sigma$ und etwa 68 % im Intervall $x = m \pm \sigma$. Die Varianz σ^2 kann aus der **Halbwertsbreite** b der Kurve, d.h. der Breite der Kurve in halber Höhe des Maximums, entnommen werden, $\sigma^2 = 0.18 \cdot b^2$. Bei einer endlichen Anzahl n von Messungen ist der aritmetische Mittelwert der Messergebnisse $\bar{x}$ der beste Schätzwert für den Erwartungswert m. Die Normalverteilung ist auf 1 normiert,

$$\int_{-\infty}^{\infty} f(x)\,dx = 1 .$$

Zentraler Grenzwertsatz, die Summe aus n unabhängigen, aber derselben Verteilung gehorchenden Zufallsgrößen konvergiert mit wachsendem n immer gegen die Normalverteilung.

▲   Aufgrund der vielfachen Überlagerung von Fehlerquellen sind Messfehler i. Allg. normalverteilt.

31.2.7 Zuverlässigkeit

Zeitabhängige Ereignisse (z.b. radioaktiver Zerfall, Ausfall eines elektrischen Bauteils) können mit einigen speziellen Größen sinnvoll beschrieben werden.

Lebensdauer, zeitlicher Abstand zwischen den Ausfällen von Objekten. Die Verteilung der Ausfälle in der Zeit kann rein zufällig sein (nichtalternde Objekte) oder z.b. durch äußere Einflüsse verändert werden (alternde Objekte).

Nichtalternde Objekte, Objekte mit endlicher **Lebensdauer**, deren Ausfall rein zufällig ist und einer Verteilung gehorcht, die auf einem rein kombinatorischen Zufallsprinzip beruht (**Urnenmodell**, **Poisson-Verteilung**, **Exponentialverteilung**). Sie unterliegen keinem Alterungsprozess, wie z.B. äußeren Abnutzungserscheinungen.

■   In guter Näherung sind elektronische Bauteile wie Widerstände, Kondensatoren, integrierte Schaltkreise (unter den zulässigen Anwendungsbedingungen, d.h. keine übermäßige Belastung durch beispielsweise zu hohen Strom oder zu hohe Spannung) nichtalternde Objekte.

■   Auch in nichttechnischen Bereichen findet man Objekte mit endlicher „Lebensdauer". So ist z.B. die Infektion mit einer seltenen Krankheit in guter Näherung poisson-verteilt, die zeitlichen Abstände zwischen mehreren Infektionen gehorchen der Exponentialverteilung.

▲   Die Ausfälle nichtalternder Objekte sind in der Zeit poisson-verteilt. Die zeitlichen Abstände zwischen den Ausfällen gehorchen der Exponentialverteilung.

Alternde Objekte, Objekte mit endlicher **Lebensdauer**, die einem Alterungsprozeß gehorchen. Die Alterung kann den rein zufälligen Zerfallsprozeß beeinflussen und ändert damit auch die Verteilung der Ausfälle (siehe Weibull-Verteilung).

■   Typische Beispiele für alternde Objekte sind Motoren, Reifen, Werkzeuge.

▲   Der Ausfall alternder Objekte ist nicht mehr poisson-verteilt. Zur Beschreibung der zeitlichen Abstände zwischen den Ausfällen muß eine speziellere Form der Verteilung herangezogen werden. Oft kann der zeitliche Abstand zwischen Ausfällen durch eine Überlagerung mehrerer Exponentialverteilungen beschrieben werden. Die Lebensdauer alternder Objekte kann unter Umständen auch durch die **Weibull-Verteilung** beschrieben werden.

Exponential- und Weibull-Verteilung sind Spezialfälle der **Zuverlässigkeit**.

Zuverlässigkeit $Z(t)$, mittlere Anzahl der nach der Zeit t noch funktionierenden Teile $N(t)$, relativ zur Ausgangsmenge N_0. Allgemeiner Ansatz zur Beschreibung von Alterungsprozessen als Funktion der Zeit:

$$Z(t) = \frac{N(t)}{N_0} = e^{-\int_0^t \lambda(t')\,dt'} .$$

$Z(t)$ ist die Wahrscheinlichkeit dafür, dass ein Teil nach der Zeit t noch **nicht** ausgefallen ist.

Ausfallwahrscheinlichkeit, $F(t)$, mittlere Zahl der nach der Zeit t ausgefallenen Teile, $N_0 - N(t)$, relativ zur Ausgangsmenge N_0,

$$F(t) = 1 - Z(t).$$

$F(t)$ ist die Wahrscheinlichkeit dafür, dass ein Teil nach der Zeit t ausgefallen ist.

Ausfalldichte, ρ, mittlere Zahl der Ausfälle pro Zeit zum Zeitpunkt t, relativ zur Ausgangsmenge N_0,

$$\rho(t) = \frac{\mathrm{d}F(t)}{\mathrm{d}t} = -\frac{\mathrm{d}Z(t)}{\mathrm{d}t} = \lambda(t)Z(t).$$

➤ Das Integral über die Ausfalldichte ist gerade die Menge der Ausfälle relativ zur Ausgangsmenge N_0,

$$\int_0^t \rho(t')\mathrm{d}t' = -\int_0^t \frac{\mathrm{d}Z(t')}{\mathrm{d}t'}\mathrm{d}t' = -(Z(t) - Z(0)) = 1 - Z(t) = F(t).$$

Ausfallrate, mittlere Zahl der Ausfälle pro Zeit, relativ zur Anzahl der noch funktionierenden Teile $N(t)$,

$$\lambda(t) = -\frac{1}{N(t)}\frac{\mathrm{d}N(t)}{\mathrm{d}t} = -\frac{1}{Z(t)}\frac{\mathrm{d}Z}{\mathrm{d}t} = \frac{\rho(t)}{Z(t)}.$$

Mittlere Zeit bis zum Ausfall (Mean Time To Failure, MTTF),

$$\mathrm{MTTF} = \int_0^\infty Z(t)\mathrm{d}t.$$

▲ Die Wahrscheinlichkeit, dass nach der Zeit t das Gesamtsystem noch funktioniert, ist gleich dem Produkt der Zuverlässigkeiten der Einzelsysteme,

$$Z_{\mathrm{gesamt}} = Z_1 Z_2 ... Z_n.$$

Nichtalternde Objekte:

$$\lambda_{\mathrm{gesamt}} = \lambda_1 + \lambda_2 + ... + \lambda_n.$$

▲ Eine Näherung für die Ausfallrate, vorausgesetzt die Rate λ und die Zeit t sind klein, ist die Anzahl der Ausfälle pro Ausgangsmenge und Betriebszeit,

$$\lambda \approx \frac{(1 - N(t))}{N_0 \cdot t} = \frac{\text{Ausfälle}}{\text{Anfangsmenge} \cdot \text{Betriebszeit}}.$$

▲ Für nichtalternde Objekte ist $Z(t)$ die Exponentialverteilung ($\lambda =$const.) und die Ausfallzeit entsprechend $1/\lambda$.

■ Einige Ausfallraten (λ in Fit = Ausfall/10^9 h):

Wrapverbindung	0.0025
Glimmerkondensator	1
HF-Spule	1
Metallschichtwiderstand	1
Papierkondensator	2
Transistor	200
Leuchtdiode (50% Leuchtkraftverlust)	500

32 Vektorrechnung

32.1 Vektoren

Vektor, eine Größe, die sowohl einen **Betrag** als auch eine **Richtung** hat. Ein Vektor wird durch einen Vektorpfeil, dessen Länge den Betrag des Vektors angibt, veranschaulicht.

■ Geschwindigkeit, Impuls und elektrische Feldstärke sind Vektoren, ebenso wie der Ortsvektor, der vom Ursprung des Koordinatensystems an einen bestimmten Ort zeigt.

Vektoren zeichnen sich durch ihr Verhalten bei Drehungen des Koordinatensystems aus. Da sie eine Richtung haben, die relativ zu einem Koordinatensystem gemessen wird, ändern sie sich (d.h. ihre Richtung, nicht ihren Betrag) bei einer Drehung des Koordinatensystems. Im Gegensatz dazu verändern **Skalare** ihren Wert nicht; es handelt sich bei ihnen um reelle oder komplexe Zahlen.

■ Zeit, Masse, Ladung und Temperatur sind Skalare.

Stellen sie physikalische Größen dar, so haben sowohl Skalare als auch Vektoren eine **Einheit**, die zusätzlich anzugeben ist. Bei Vektoren bezieht sich die Einheit dann auf den Betrag des Vektors.

➤ Obwohl der Betrag des Vektors durch die Länge des Vektorpfeils veranschaulicht wird, kann er eine beliebige Einheit haben. Z.B. ist die Einheit eines Kraftvektors das Newton.

Komponentendarstellung, Darstellung des Vektors in einem kartesischen Koordinatensystem. Um eine beliebigen Vektor zu veranschaulichen, legt man den Anfang des Vektorpfeils in den Ursprung eines kartesischen Koordinatensystems und gibt die Koordinaten des Endpunktes in Form eines Spaltenvektors an:

$$\vec{a} = \begin{pmatrix} a_x \\ a_y \\ a_z \end{pmatrix} \quad \longleftrightarrow \quad \vec{a} = a_x \vec{e}_x + a_y \vec{e}_y + a_z \vec{e}_z \,,$$

wobei $\vec{e}_x, \vec{e}_y, \vec{e}_z$ Einheitsvektoren in Richtung der positiven Koordinatenachsen sind. Die Komponenten des Vektors haben die gleiche Einheit wie der Vektor selbst,

$$[a_x] = [a_y] = [a_z] = [\vec{a}] \,.$$

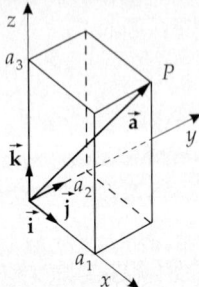

Abbildung 32.1: Komponentendarstellung eines Vektors $\vec{a}$ in einem dreidimensionalen kartesischen Koordinatensystem

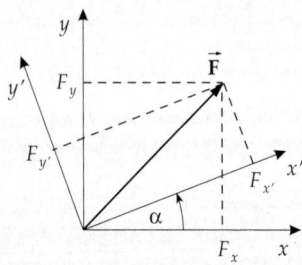

Abbildung 32.2: Verhalten eines Vektors bei einer Drehung des Koordinatensystems. Angegeben sind die Komponenten (F_x, F_y) und $(F_{x'}, F_{y'})$ des Vektors $\vec{F}$ in zwei um den Winkel α gegeneinander gedrehten Koordinatensystemen

➤ Auf den Achsen des Koordinatensystems, in dem ein Vektor gemessen wird, ist die Einheit des Vektors abzutragen, z.B. Newton bei Kraftvektoren. Es ist daher ein anderes Koordinatensystem als das Raumkoordinatensystem! Nur die Richtung der Achsen, nicht die Beschriftung, ist gleich.

Betrag eines Vektors, die Länge des Vektorpfeils. In Komponentendarstellung ergibt sie sich aus dem Satz des Pythagoras:

$$|\vec{a}| = \sqrt{a_x^2 + a_y^2 + a_z^2}.$$

Für die Einheit gilt wieder:

$$[|\vec{a}|] = [\vec{a}].$$

32.2 Multiplikation mit einem Skalar

Ein Vektor kann mit einer reellen oder komplexen Zahl (Skalar) multipliziert werden.

Multiplikation mit einem Skalar, jede Komponente wird mit der reellen oder komplexen Zahl α multipliziert:

$$\alpha\vec{a} = \begin{pmatrix} \alpha a_x \\ \alpha a_y \\ \alpha a_z \end{pmatrix}.$$

Die Länge des Vektors wird um den Faktor $|\alpha|$ verändert: $|\alpha\vec{a}| = |\alpha|\,|\vec{a}|$; ist $\alpha < 0$, so zeigt der resultierende Vektor in Gegenrichtung des ursprünglichen Vektors.

Gegenvektor, inverser Vektor, der Vektor, den man durch Multiplikation mit -1 erhält. Er hat die gleiche Länge wie der ursprüngliche Vektor, zeigt aber in die entgegengesetzte Richtung.

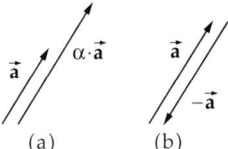

(a) (b)

Abbildung 32.3: Vektorrechnung.
(a): Multiplikation eines Vektors $\vec{a}$ mit einem Skalar α, (b): Gegenvektor $-\vec{a}$

32.3 Addition und Subtraktion von Vektoren

Vektoren können addiert und subtrahiert werden, sofern sie die gleiche Einheit haben.

Vektoraddition, die einzelnen Komponenten werden addiert:

$$\vec{a} + \vec{b} = \begin{pmatrix} a_x + b_x \\ a_y + b_y \\ a_z + b_z \end{pmatrix},$$

wobei $\vec{a}$ und $\vec{b}$ beliebige Vektoren sind, die die gleiche Einheit besitzen. $\vec{a}$ und $\vec{b}$ formen ein Parallelogramm; der resultierende Vektor ist die Diagonale.

Man erhält das gleiche Ergebnis, wenn man einen Vektor an das Ende des anderen Vektors setzt; der resultierende Vektor geht dann vom Anfangspunkt des ersten Vektors (Ursprung) zum Endpunkt des zweiten Vektors.

Vektorsubtraktion, wird erreicht, indem man den Gegenvektor addiert:

$$\vec{a} - \vec{b} = \vec{a} + (-1) \cdot \vec{b}.$$

Der Vektor $\vec{a} - \vec{b}$ heißt auch Differenzvektor; er führt vom Endpunkt des Vektors $\vec{b}$ zum Endpunkt des Vektors $\vec{a}$.

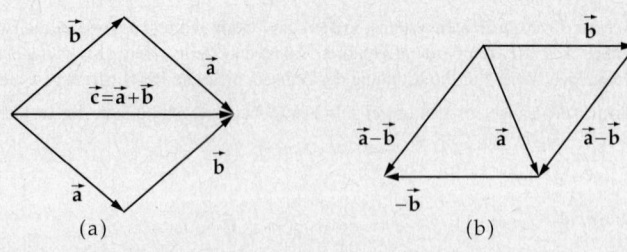

Abbildung 32.4: Vektorrechnung. (a); Addition, (b): Subtraktion der Vektoren $\vec{a}$ und $\vec{b}$

Einheitsvektor in Richtung $\vec{a}$, ein Vektor der Länge eins in Richtung des Vektors $\vec{a}$. Man erhält ihn durch Dividieren des Vektors $\vec{a}$ durch seine Länge:

$$\vec{e} = \frac{\vec{a}}{|\vec{a}|}.$$

Einheitsvektoren dienen oft zur Angabe einer Richtung.

32.4   Multiplikation von Vektoren

Es gibt zwei Arten der Multiplikation von Vektoren.

1.   Skalarprodukt,

$\vec{a} \cdot \vec{b}$, dessen Wert eine reelle Zahl, also ein Skalar, ist. Das Skalarprodukt ist die Länge der lotrechten Projektion des einen Vektors auf den zweiten Vektor, multipliziert mit dem Betrag des zweiten Vektors; ist der Winkel α zwischen beiden Vektoren größer als 90°, so ist das Skalarprodukt negativ. Es gilt:

Skalarprodukt			
	Symbol	Einheit	Benennung
$\vec{a} \cdot \vec{b} = |\vec{a}|\,|\vec{b}|\cos\alpha$	$\vec{a}, \vec{b}$	beliebig	Vektoren
$\phantom{\vec{a} \cdot \vec{b}} = a_x b_x + a_y b_y + a_z b_z$	$a_x, b_x, \ldots$	beliebig	Komponenten
	α	rad	Winkel zwischen $\vec{a}$ und $\vec{b}$

Das Skalarprodukt ist kommutativ, d.h.

$$\vec{a} \cdot \vec{b} = \vec{b} \cdot \vec{a}.$$

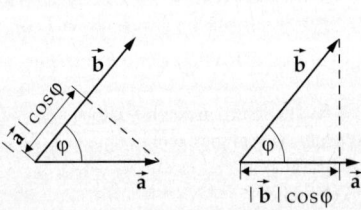

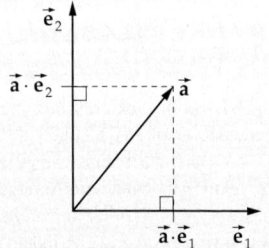

Abbildung 32.5: Skalarprodukt zweier Vektoren $\vec{a}$ und $\vec{b}$

Abbildung 32.6: Komponenten (a_x, a_y) eines Vektors $\vec{a}$ in Richtung der durch $\vec{e}_x, \vec{e}_y$ gegebenen Achsen

Das Skalarprodukt ist geeignet, die **Projektion** eines Vektors auf die Richtung eines anderen Vektors zu bilden. Insbesondere kann man damit einen gegebenen Vektor in seine kartesischen Komponenten zerlegen. Es gilt:

$$\vec{a} = \begin{pmatrix} a_x \\ a_y \\ a_z \end{pmatrix} = a_x\vec{e}_x + a_y\vec{e}_y + a_z\vec{e}_z,$$

$$a_x = \vec{a} \cdot \vec{e}_x \quad , \quad a_y = \vec{a} \cdot \vec{e}_y \quad , \quad a_z = \vec{a} \cdot \vec{e}_z \quad ,$$

wenn $\vec{e}_x$, $\vec{e}_y$ und $\vec{e}_z$ Einheitsvektoren in Richtung der Achsen eines kartesischen Koordinatensystems sind. Mittels des Skalarprodukts kann geprüft werden, ob zwei Vektoren senkrecht aufeinander stehen:

▲ Das Skalarprodukt zweier senkrecht aufeinander stehender Vektoren ist null.

Die Länge eines Vektors ist gleich der Wurzel aus dem Skalarprodukt des Vektors mit sich selbst:

$$|\vec{a}| = \sqrt{\vec{a} \cdot \vec{a}}.$$

Sie ist immer größer oder gleich null.

Schließlich läßt sich der Winkel α zwischen zwei Vektoren $\vec{a}$ und $\vec{b}$ durch das Skalarprodukt berechnen. Es gilt:

$$\cos\alpha = \frac{\vec{a} \cdot \vec{b}}{|\vec{a}|\,|\vec{b}|}.$$

2. Vektorprodukt,

Kreuzprodukt, $\vec{a} \times \vec{b}$, ordnet zwei Vektoren $\vec{a}$ und $\vec{b}$ einen Wert zu, der wieder ein Vektor ist, senkrecht auf $\vec{a}$ und $\vec{b}$ steht und dessen Länge gleich dem Produkt aus den Längen der beiden Vektoren und dem Sinus des eingeschlossenen Winkels ist.

Vektorprodukt		Symbol	Einheit	Benennung
$|\vec{a} \times \vec{b}| = |\vec{a}|\,|\vec{b}|\sin\alpha$		$\vec{a}, \vec{b}$	beliebig	Vektoren
$\vec{a} \times \vec{b} = \begin{pmatrix} a_yb_z - b_ya_z \\ a_zb_x - b_za_x \\ a_xb_y - b_xa_y \end{pmatrix}$		$a_x, b_x, \ldots$	beliebig	Komponenten
		α	rad	Winkel zw. $\vec{a}$ und $\vec{b}$

Das Vektorprodukt dient zur Konstruktion eines Vektors, der senkrecht auf zwei gegebenen Vektoren steht. Die Vektoren $\vec{a}$, $\vec{b}$ und $\vec{a} \times \vec{b}$ bilden in dieser Reihenfolge ein **Rechtssystem** d.h., ihre Richtung folgt Daumen, Zeigefinger und Mittelfinger der rechten Hand.

➤ Unterschiede zwischen Skalar- und Vektorprodukt: Das Vektorprodukt ist ein Vektor, das Skalarprodukt ist eine reelle Zahl. Das Skalarprodukt ist maximal, wenn die beiden Vektoren parallel zueinander stehen, das Vektorprodukt (d.h. der Betrag des resultierenden Vektors) ist maximal, wenn die Vektoren senkrecht aufeinander stehen.

Die wichtigsten Eigenschaften des Vektorprodukts sind:

▲ $\vec{a} \times \vec{a} = 0$: Das Vektorprodukt eines Vektors mit sich selbst verschwindet.

▲ $\vec{a} \times \vec{b} = -\vec{b} \times \vec{a}$: Das Vektorprodukt ist antikommutativ.

▲ Zwischen den Einheitsvektoren des kartesischen Koordinatensystems bestehen folgende Beziehungen:

$$\vec{e}_x \times \vec{e}_y = \vec{e}_z ; \quad \vec{e}_y \times \vec{e}_z = \vec{e}_x ; \quad \vec{e}_z \times \vec{e}_x = \vec{e}_y .$$

Die Kreuzprodukte zwischen gleichen Einheitsvektoren sind null:

$$\vec{e}_x \times \vec{e}_x = \vec{e}_y \times \vec{e}_y = \vec{e}_z \times \vec{e}_z = 0.$$

▲   **Spatprodukt**, das Skalarprodukt eines Vektors $\vec{c}$ mit dem Vektorprodukt der Vektoren $\vec{a}$ und $\vec{b}$:
$(\vec{a} \times \vec{b}) \cdot \vec{c}$.
Das Spatprodukt ist nur in drei Dimensionen definiert. Das Spatprodukt ist ein Skalar, dessen Absolutwert das Volumen des von $\vec{a}, \vec{b}, \vec{c}$ aufgespannten Parallelepipeds (Spat) angibt.

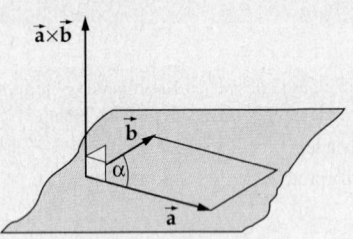 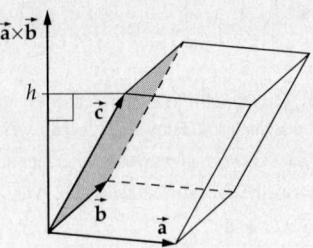

Abbildung 32.7: Vektorprodukt zweier Vektoren $\vec{a}$
und $\vec{b}$. $\vec{a} \times \vec{b}$ steht senkrecht auf den Vektoren $\vec{a}$ und
$\vec{b}$.

Abbildung 32.8: Spatprodukt

Das doppelte **Kreuzprodukt** $\vec{a} \times (\vec{b} \times \vec{c})$ liegt in der Ebene, die von den Vektoren $\vec{b}$ und $\vec{c}$ aufgespannt
wird :
$$\vec{a} \times (\vec{b} \times \vec{c}) = \vec{b}(\vec{a} \cdot \vec{c}) - \vec{c}(\vec{a} \cdot \vec{b}).$$

33 Differential- und Integralrechnung

33.1 Differentialrechnung

Ableitung einer Funktion $y = f(x)$ im Punkt x, definiert als Steigung der Tangente an die Funktionskurve im Punkt x.

Differenzenquotient Steigung der Sekante durch die Punkte $P(x, y)$ und $P_0(x_0, y_0)$,

$$\frac{\Delta y}{\Delta x} = \frac{\Delta f(x)}{\Delta x} = \frac{f(x) - f(x_0)}{x - x_0}.$$

Differentialquotient, $f'(x)$, Grenzwert des Differenzenquotienten für $P \to P_0$, $\Delta x \to 0$,

$$\frac{dy}{dx} = f'(x) = \lim_{\Delta x \to 0} \frac{\Delta y}{\Delta x} = \lim_{\Delta x \to 0} \frac{f(x + \Delta x) - f(x)}{\Delta x}.$$

Die Ableitung einer Funktion im Punkt P_0 entspricht dem Anstieg ihres Graphen im Punkt P_0, $f'(x_0) = \tan \alpha$.

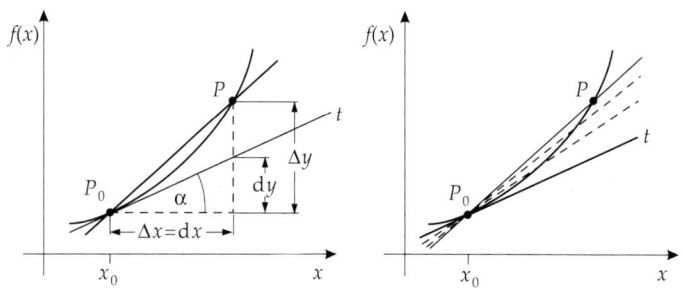

Abbildung 33.1: Ableitung einer Funktion $f(x)$. t: Tangente

33.1.1 Differentiationsregeln

Konstantenregel, die Ableitung einer Konstanten c ist gleich null,

$$c' = 0.$$

Faktorregel, ein konstanter Faktor c bleibt beim Differenzieren erhalten,

$$(c \cdot f(x))' = c \cdot f'(x).$$

Potenzregel, beim Differenzieren einer Potenzfunktion wird der Exponent um eins erniedrigt, und der alte Exponent erscheint als Faktor,

$$\frac{d}{dx} x^n = n \cdot x^{n-1}.$$

Summenregel, die Ableitung einer Summe (Differenz) ist gleich der Summe (Differenz) der Ableitungen,

$$(f(x) \pm g(x))' = f'(x) \pm g'(x).$$

Produktregel

$$(f(x) \cdot g(x))' = f(x) \cdot g'(x) + f'(x) \cdot g(x),$$
$$(f(x) \cdot g(x) \cdot h(x))' = f(x) \cdot g(x) \cdot h'(x) + f(x) \cdot g'(x) \cdot h(x) + f'(x) \cdot g(x) \cdot h(x)$$

Quotientenregel

$$\left(\frac{f(x)}{g(x)}\right)' = \frac{g(x) \cdot f'(x) - f(x) \cdot g'(x)}{g^2(x)},$$

$$\left(\frac{1}{g(x)}\right)' = \frac{-g'(x)}{g^2(x)}.$$

Kettenregel

$$(f(g(x))' = g'(x) \cdot f'(g(x)), \qquad \frac{\mathrm{d}f}{\mathrm{d}x} = \frac{\mathrm{d}g}{\mathrm{d}x} \cdot \frac{\mathrm{d}f}{\mathrm{d}g}.$$

$\dfrac{\mathrm{d}f}{\mathrm{d}g}$: äußere Ableitung, $\dfrac{\mathrm{d}g}{\mathrm{d}x}$: innere Ableitung.

Logarithmische Ableitung, Ableitung des Logarithmus $\ln y$ der Funktion y mit $y > 0$,

$$(\ln y)' = \frac{y'}{y}.$$

33.2 Integralrechnung

Integration, Umkehrung der Differentiation.

Stammfunktion, **Integralfunktion** $F(x)$ einer Funktion $f(x)$, Funktion, deren Ableitung $F'(x)$ gleich $f(x)$ ist, im selben Intervall definiert wie $f(x)$.

Integration einer Funktion $f(x)$, Bestimmung der Stammfunktion $F(x)$ von $f(x)$, deren Ableitung wieder die ursprüngliche Funktion $f(x)$ ist.

▲ Zu jeder integrierbaren Funktion gibt es unendlich viele Stammfunktionen $F(x) + C$, die sich nur um eine additive **Integrationskonstante** C unterscheiden. Alle Stammfunktionen besitzen bei einem festen Wert x die gleiche Steigung.

Unbestimmtes Integral I, die Integrationskonstante C ist nicht festgelegt,

$$I = \int f(x)\,\mathrm{d}x + C.$$

Bestimmtes Integral, obere und untere Integrationsgrenze ist festgelegt. Das bestimmte Integral ist eine Zahl,

$$A = \int_a^b f(x)\,\mathrm{d}x = F(b) - F(a).$$

▲ Das bestimmte Integral A entspricht der Fläche zwischen der Funktion $f(x)$ und der x-Achse zwischen $x = a$ und $x = b$. Wird $f(x)$ im Integrationsintervall auch negativ, dann ist das bestimmte Integral die Differenz der Flächen über und unter der x-Achse.

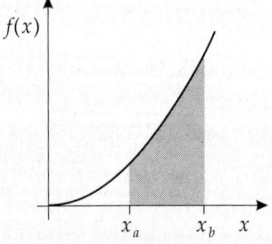

Abbildung 33.2: Bestimmtes Integral A der Funktion $f(x)$

33.2.1 Integrationsregeln

Konstantenregel, ein konstanter Faktor kann vor das Integral gezogen werden,

$$\int c \cdot f(x)\, \mathrm{d}x = c \cdot \int f(x)\, \mathrm{d}x.$$

Summenregel, das Integral einer Summe ist gleich der Summe der Integrale,

$$\int (f(x) + g(x))\, \mathrm{d}x = \int f(x)\, \mathrm{d}x + \int g(x)\, \mathrm{d}x.$$

Potenzregel

$$\int x^n\, \mathrm{d}x = \frac{x^{n+1}}{n+1}, \quad n \neq -1.$$

Vertauschungsregel, Vorzeichenumkehr des bestimmten Integrals beim Vertauschen der Integrationsgrenzen,

$$\int_a^b f(x)\, \mathrm{d}x = -\int_b^a f(x)\, \mathrm{d}x.$$

Gleichheit von oberer und unterer Grenze, das Integral ist null,

$$\int_a^a f(x)\, \mathrm{d}x = 0.$$

Intervallregel, bestimmte Integrale lassen sich in Teilintervalle zerlegen,

$$\int_a^b f(x)\, \mathrm{d}x = \int_a^c f(x)\, \mathrm{d}x + \int_c^b f(x)\, \mathrm{d}x.$$

Partielle Integration, Umkehrung der Produktregel der Differentiation,

$$\int f(x) \cdot g'(x)\, \mathrm{d}x = f(x) \cdot g(x) - \int f'(x) \cdot g(x)\, \mathrm{d}x.$$

Substitutionsregel

$$\int f(g(x)) \cdot g'(x)\, \mathrm{d}x = \int f(z)\, \mathrm{d}z, \quad z = g(x).$$

Logarithmische Integration

$$\int \frac{f'(x)}{f(x)}\, \mathrm{d}x = \ln|f(x)| + C.$$

33.3   Ableitungen und Integrale elementarer Funktionen

Gegeben werden die Funktion $f(x)$, ihre Ableitung $f'(x) = \dfrac{\mathrm{d}f}{\mathrm{d}x}$

und die Stammfunktion $\int f(x)\,\mathrm{d}x = F(x) + C$.

$f(x)$	$f'(x)$	$F(x)$	$f(x)$	$f'(x)$	$F(x)$
c	0	cx	e^x	e^x	e^x
x	1	$\frac{1}{2}x^2$	a^x	$a^x\ln(a)$	$\dfrac{a^x}{\ln(a)}$
x^a	ax^{a-1}	$\dfrac{x^{a+1}}{a+1}$	$\ln(x)$	$\dfrac{1}{x}$	$x\ln x - x$
$\dfrac{1}{x}$	$-\dfrac{1}{x^2}$	$\ln|x|$	$\log_a(x)$	$\dfrac{1}{x\ln(a)}$	$\dfrac{x\ln x - x}{\ln(a)}$
$\sin(x)$	$\cos(x)$	$-\cos(x)$	$\arcsin(x)$	$\dfrac{1}{\sqrt{1-x^2}}$	$x\arcsin(x) + \sqrt{1-x^2}$
$\cos(x)$	$-\sin(x)$	$\sin(x)$	$\arccos(x)$	$\dfrac{-1}{\sqrt{1-x^2}}$	$x\arccos(x) - \sqrt{1-x^2}$
$\tan(x)$	$\dfrac{1}{\cos^2(x)}$	$-\ln|\cos(x)|$	$\arctan(x)$	$\dfrac{1}{1+x^2}$	$x\arctan(x) - \frac{1}{2}\ln(1+x^2)$
$\cot(x)$	$\dfrac{-1}{\sin^2(x)}$	$\ln|\sin(x)|$	$\text{arccot}\,(x)$	$\dfrac{-1}{1+x^2}$	$x\,\text{arccot}\,(x) + \frac{1}{2}\ln(1+x^2)$
$\sinh(x)$	$\cosh(x)$	$\cosh(x)$	$\text{Arsinh}(x)$	$\dfrac{1}{\sqrt{x^2+1}}$	$x\text{Arsinh}(x) - \sqrt{x^2+1}$
$\cosh(x)$	$\sinh(x)$	$\sinh(x)$	$\text{Arcosh}(x)$	$\dfrac{1}{\sqrt{x^2-1}}$	$x\text{Arcosh}(x) - \sqrt{x^2-1}$
$\tanh(x)$	$\dfrac{1}{\cosh^2(x)}$	$\ln(\cosh(x))$	$\text{Artanh}(x)$	$\dfrac{1}{1-x^2}$	$x\text{Artanh}(x) + \frac{1}{2}\ln(1-x^2)$
$\coth(x)$	$\dfrac{-1}{\sinh^2(x)}$	$\ln|\sinh(x)|$	$\text{Arcoth}(x)$	$\dfrac{1}{1-x^2}$	$x\text{Arcoth}(x) + \frac{1}{2}\ln(x^2-1)$

34 Tabellen zum SI–System

34.0/1: Internationales Einheitensystem (SI-System): Basisgrößen

Name	Abk.	Definition	Dim.
Meter	m	„Das Meter ist die Länge des Weges, den das Licht in Vakuum im 1/299 792 458 ten Teil einer Sekunde zurücklegt."	L
Kilogramm	kg	„Das Kilogramm ist die Masse eines internationalen Prototyps des Kilogramm. Er ist ein Platin-Iridium-Zylinder, der im BIPM in Sèvres bei Paris aufbewahrt wird."	M
Sekunde	s	„Die Sekunde ist die Zeitdauer von 9 192 631 770 Schwingungsperioden einer Strahlung, die dem Übergang zwischen den zwei Hyperfeinstrukturniveaus des Grundzustandsniveaus eines Cs^{133} Atoms entspricht."	T
Ampere	A	„Das Ampere ist der konstante Strom, der, wenn er in zwei unendlich ausgedehnten Leitern mit vernachlässigbarem Querschnitt, die sich im Vakuum in einem Meter Abstand voneinander befinden, fließt, eine Kraft von $2 \cdot 10^{-7}$N pro Längenmeter erzeugt."	I
Kelvin	K	„Das Kelvin ist der 1/273.16 te Teil der thermodynamischen Temperatur des Tripelpunktes des Wassers."	Θ
Mol	mol	„Das Mol ist die Menge einer Substanz, die so viel elementare Bestandteile enthält, wie sich Atome in 0.012 kg von Kohlenstoff-12 befinden."	N
Candela	cd	„Die Candela ist die Lichtstärke in einer gegebenen Richtung einer monochromatischen Strahlungsquelle der Frequenz von $540 \cdot 10^{12}$ Hertz und einer Strahlstärke in diese Richtung von (1/683) Watt pro Steradiant."	J

34.0/2: Dezimalvorsätze

Vorsatz	Wert	Abkürzung	Vorsatz	Wert	Abkürzung
Yocto	10^{-24}	y	Deka	10^{1}	da
Zepto	10^{-21}	z	Hekto	10^{2}	h
Atto	10^{-18}	a	Kilo	10^{3}	k
Femto	10^{-15}	f	Mega	10^{6}	M
Piko	10^{-12}	p	Giga	10^{9}	G
Nano	10^{-9}	n	Tera	10^{12}	T
Mikro	10^{-6}	μ	Peta	10^{15}	P
Milli	10^{-3}	m	Exa	10^{18}	E
Zenti	10^{-2}	c	Zetta	10^{21}	Z
Dezi	10^{-1}	d	Yotta	10^{24}	Y

34.0/3:   Abgeleitete SI-Einheiten

Name	Symbol	Definitionsgleichung	Einheit	Einheitenname
1. Länge				
Winkel	$\alpha, \varphi, \dots$		rad	Radiant
Raumwinkel	Ω		sr	Steradiant
Länge	$s, l, \dots$		m	Meter
Fläche	A	$A = s^2$	m^2	
Volumen	V	$V = s^3$	m^3	
2. Zeit und Geschwindigkeit				
Zeit	t		s	Sekunde
Schwingungsdauer	T	$T = \dfrac{\text{Zeit}}{\text{Schwingungen}}$	s	
Frequenz	f	$f = 1/T$	$\text{Hz} = 1/s$	Hertz
Geschwindigkeit	$\vec{v}$	$v = ds/dt$	$m\,s^{-1}$	
Winkelgeschw.	$\vec{\omega}$	$\omega = d\alpha/dt$	$\text{rad}\,s^{-1}$	
Beschleunigung	$\vec{a}$	$a = d^2 s/dt^2$	$m\,s^{-2}$	
Winkelbeschl.	$\vec{\alpha}$	$\alpha = d^2\varphi/dt^2$	$\text{rad}\,s^{-2}$	
3. Mechanik				
Masse	m		kg	Kilogramm
Dichte	ρ	$\rho = m/V$	$\text{kg}\,m^{-3}$	
Kraft	$\vec{F}$	$F = m \cdot a$	$N = \text{kg}\,m\,s^{-2}$	Newton
Trägheitsmoment	J	$J = \sum_i m_i r_i^2$	$\text{kg}\,m^2$	
Drehmoment	M	$M = r \times F$	$N\,m$	
Impuls	$\vec{p}$	$p = m \cdot v$	$\text{kg}\,m\,s^{-1}$	
Druck	p	$p = F/A$	$\text{Pa} = N\,m^{-2}$	Pascal
Arbeit, Energie	W	$W = \int \vec{F} \cdot d\vec{s}$	$J = N\,m$	Joule
Leistung	P	$P = dW/dt$	$W = N\,m\,s^{-1}$	Watt
Oberflächenspannung	σ	$\sigma = dW/dA$	$N\,m^{-1}$	
Elastitätsmodul	E	$E = \sigma/\varepsilon$	$N\,m^{-2}$	
Kompressionsmodul	K	$K = -V dp/dV$	$N\,m^{-2}$	
dyn. Viskosität	η	$\eta = (F_R/A) \cdot dd/dv$	$\text{Pa}\,s$	
kin. Viskosität	ν	$\nu = \eta/\rho$	$m^2\,s^{-1}$	
Wirkungsgrad	η	$\eta = P_{\text{eff}}/P_{ein}$	1	
4. Elektrizität und Magnetismus				
el. Ladung	Q	$Q = I \cdot t$	$C = A\,s$	Coulomb
el. Spannung	U	$U = W/Q$	$V = J\,C^{-1}$	Volt
el. Feldstärke	$\vec{E}$	$\vec{E} = \vec{F}/Q$	$N\,C^{-1} = V\,m^{-1}$	
el. Widerstand	R	$R = U/I$	$\Omega = V\,A^{-1}$	Ohm
el. Leitwert	G	$G = 1/R$	$S = \Omega^{-1}$	Siemens
spez. el. Widerstand	ρ	$\rho = RA/l$	$\Omega\,m$	
spez. el. Leitfähigkeit	κ	$\kappa = 1/\rho$	$\Omega^{-1} m^{-1}$	
el. Kapazität	C	$C = Q/U$	$F = C\,V^{-1}$	Farad
Permittivität	ε	$\varepsilon = D/E$	$F\,m^{-1}$	
magn. Fluss	Φ	$\Phi = \int U dt$	$\text{Wb} = V\,s$	Weber
Induktivität	L	$L = \Phi/I$	$H = V\,s\,A^{-1}$	Henry
magn. Flussdichte	$\vec{B}$	$B = d\Phi/dA$	$T = \text{Wb}\,m^{-2}$	Tesla
magn. Feldstärke	$\vec{H}$	$H = dI/ds$	$A\,m^{-1}$	
Permeabilität	μ	$\mu = B/H$	$H\,m^{-1}$	

Name	Symbol	Definitionsgleichung	Einheit	Einheitenname
5. Thermodynamik				
Temperatur	T		K	Kelvin
Wärmemenge	Q	(= Energieform)	J	Joule
Wärmekapazität	C	$C = \Delta Q / \Delta T$	JK^{-1}	
spez. Wärmekapazität	c	$c = C/m$	$\mathrm{JK}^{-1}\mathrm{kg}^{-1}$	
Wärmeleitfähigkeit	λ	$\lambda = l\,\mathrm{d}Q/At\,\mathrm{d}T$	$\mathrm{WK}^{-1}\mathrm{m}^{-1}$	
Entropie	S	$S = Q/T$	JK^{-1}	
spez. Heizwert	H	$H = Q/m$	Jkg^{-1}	
innere Energie	U	$U = \frac{f}{2} n_{\mathrm{mol}} RT$	J	
freie Energie	F	$F = U - TS$	J	
Enthalpie	H	$H = U + pV$	J	
freie Enthalpie	G	$G = U + pV - TS$	J	
6. Physikalische Chemie				
Anzahl der Teilchen	N		1	
Teilchenzahldichte	n	$n = N/V$	m^{-3}	
Stoffmenge	n	$n = N/N_{\mathrm{A}}$	mol	Mol
7. Licht				
Lichtstärke	I		cd	Candela
Lichtstrom	Φ	$\Phi = \int I \mathrm{d}\Omega$	$\mathrm{lm} = \mathrm{cdsr}$	Lumen
Lichtmenge	Q	$Q = \int \Phi \mathrm{d}t$	lms	
Leuchtdichte	L	$L = \mathrm{d}I/(\mathrm{d}A\cos\theta)$	cdm^{-2}	
Beleuchtungsstärke	E	$E = (\mathrm{d}\Phi/\mathrm{d}A)\cos\theta$	$\mathrm{lx} = \mathrm{lmm}^{-2}$	Lux
Belichtung	H	$H = \int E \mathrm{d}t$	lxs	
Strahlungsfluss	Φ_e	$\Phi_e = \mathrm{d}W/\mathrm{d}t$	W	
Strahlungsstärke	I_e	$I_e = \mathrm{d}\Phi_e/\mathrm{d}\Omega$	Wsr^{-1}	
Strahlungsdichte	B_e	$B_e = \mathrm{d}I_e/(\mathrm{d}A\cos\theta)$	$\mathrm{Wm}^{-2}\mathrm{sr}^{-1}$	
Bestrahlungsstärke	E_e	$E_e = (\mathrm{d}\Phi_e/\mathrm{d}A)\cos\theta$	Wm^{-2}	
Bestrahlung	H_e	$H_e = \int E_e \mathrm{d}t$	Jm^{-2}	
Brennweite	f	$1/f = 1/a + 1/b$	m	
8. Kernreaktionen				
Zerfallskonstante	λ	$\lambda = -\mathrm{d}N/(N\,\mathrm{d}t)$	s^{-1}	
Halbwertszeit	$T_{1/2}$	$T_{1/2} = \ln 2/\lambda$	s	
Aktivität	A	$A = \dfrac{\text{Zerfälle}}{\text{Zeit}}$	$\mathrm{Bq} = \mathrm{s}^{-1}$	Becquerel
spez. Aktivität	a	$a = A/m$	Bqkg^{-1}	
Energiedosis	D	$D = W/m$	$\mathrm{Gy} = \mathrm{Jkg}^{-1}$	Gray
Energiedosisrate	$\dot{D}$	$\dot{D} = \mathrm{d}D/\mathrm{d}t$	Gys^{-1}	
Äquivalentdosis	D_q	$D_q = q \cdot N \cdot D$ [1]	$\mathrm{Sv} = \mathrm{Jkg}^{-1}$	Sievert
Wirkungsquerschnitt	σ	$\sigma = \dfrac{-\mathrm{d}N}{nN\mathrm{d}s}$	m^2	
9. Akustik				
Schalldruck	p		Pa	
Schalldruckpegel	L_p	$L_p = 20\log_{10}(p/p_0)$	db	Dezibel
Lautstärkepegel	L_N	$L_N = 20\log_{10}(p/p_0)$	phon	Phon

[1] q ist ein Qualitätsfaktor für die verschiedenen Strahlungsarten. N ist das Produkt aus mehreren Faktoren, die durch die ICRP(International Commission on Radiological Protection) näher definiert sind. Sie stehen mit der biologischen Wirksamkeit im Zusammenhang.

34.0/4: SI-fremde Einheiten, die weiter gültig sind
Die Tabelle gibt einen Überblick über andere gesetzlich zulässige Einheiten und ihre Umrechnung in SI-Einheiten.

Größe	Einheit	Abkürzung	Beziehung zur SI-Einheit
allgemein gültig			
ebener Winkel	Sekunde	″	$1'' = (1/60)'$
	Minute	′	$1' = (1/60)°$
	Grad	°	$1° = (\pi/180)\mathrm{rad}$
Volumen	Liter	l	$1\,\mathrm{l} = 10^{-3}\,\mathrm{m}^3$
Zeit	Minute	min	$1\,\mathrm{min} = 60\,\mathrm{s}$
	Stunde	h	$1\,\mathrm{h} = 60\,\mathrm{min} = 3600\,\mathrm{s}$
	Tag	d	$1\,\mathrm{d} = 24\,\mathrm{h} = 86400\,\mathrm{s}$
	Gemeinjahr	a	$1\,\mathrm{a} = 365\,\mathrm{d} = 8760\,\mathrm{h}$
Masse	Tonne	t	$1\,\mathrm{t} = 10^3\,\mathrm{kg}$
Druck	bar	bar	$1\,\mathrm{bar} = 10^5\,\mathrm{Pa}$
auf Spezialgebieten gültig			
Länge in der	Lichtjahr	ly	$1\,\mathrm{ly} = 9,4605 \cdot 10^{15}\,\mathrm{m}$
Astronomie	Parsec	pc	$1\,\mathrm{pc} = 3,0857 \cdot 10^{16}\,\mathrm{m} = 3,26\,\mathrm{ly}$
	astronomische Einheit	AE	$1\,\mathrm{AE} = 1,4959787 \cdot 10^{11}\,\mathrm{m}$
Länge in der Seefahrt	Seemeile	sm	$1\,\mathrm{sm} = 1852\,\mathrm{m}$
Länge in der Atomphysik	Ångström	Å	$1\,\text{Å} = 10^{-10}\,\mathrm{m}$
Geschwindigkeit in der Seefahrt	Knoten	kn	$\mathrm{kn} = 1\,\mathrm{sm\,h}^{-1} = 0.514444\,\mathrm{m\,s}^{-1}$
Brechkraft von Linsen	Dioptrie	dpt	$1\,\mathrm{dpt} = \mathrm{m}^{-1}$
Fläche von Flur- und Grundstücken	Hektar	ha	$1\,\mathrm{ha} = 10^4\,\mathrm{m}^2$
	Ar	a	$1\,\mathrm{a} = 10^2\,\mathrm{m}^2$
Flüssigkeiten	Liter	l	$1\,\mathrm{l} = 1\,\mathrm{dm}^3 = 10^{-3}\,\mathrm{m}^3$
ebener Winkel in der Geodäsie	Gon	gon	$1\,\mathrm{gon} = (\pi/200)\,\mathrm{rad}$
Feinheit von textilen Fasern	Tex	tex	$1\,\mathrm{tex} = 10^{-6}\,\mathrm{kg\,m}^{-1}$
Masse von Edelsteinen	Karat	Kt	$1\,\mathrm{Kt} = 0.2\,\mathrm{g}$
Masse in der Atomphsik	atomare Masseneinheit	u	$1\,\mathrm{u} = 1.6605402 \cdot 10^{-27}\,\mathrm{kg}$
Energie in der Atomphysik	Elektronenvolt	eV	$1\,\mathrm{eV} = 1.60217733 \cdot 10^{-19}\,\mathrm{J}$

34.0/5: Umrechnungstabelle von Energieeinheiten

	erg	J	kWh
1 erg	1	10^{-7}	$2.7778 \cdot 10^{-14}$
1 J	10^7	1	$2.7778 \cdot 10^{-7}$
1 kWh	$3.6 \cdot 10^{13}$	$3.6 \cdot 10^6$	1
1 kpm	$9.8066 \cdot 10^7$	9.8066	$2.72 \cdot 10^{-6}$
1 kcal	$4.1868 \cdot 10^{10}$	$4.1868 \cdot 10^3$	$1.16 \cdot 10^{-3}$
1 eV	$1.6021 \cdot 10^{-12}$	$1.6 \cdot 10^{-19}$	$4.45 \cdot 10^{-26}$

	kpm	kcal	eV
1 erg	$1.0197 \cdot 10^{-8}$	$2.3884 \cdot 10^{-11}$	$6.2419 \cdot 10^{11}$
1 J	$1.10197 \cdot 10{-}1$	$2.3884 \cdot 10^{-4}$	$6.2419 \cdot 10^{18}$
1 kWh	$3.6709 \cdot 10^5$	$8.6001 \cdot 10^2$	$2.25 \cdot 10^{25}$
1 kpm	1	$2.3427 \cdot 10^{-3}$	$2.6126 \cdot 10^{19}$
1 kcal	$4.2685 \cdot 10^2$	1	$2.6126 \cdot 10^{22}$
1 eV	$1.634 \cdot 10^{-20}$	$3.8276 \cdot 10^{-23}$	1

34.0/6: **Windstärken** (zu messen 10 m über dem Boden)

Beaufort-Grad	Geschwindigkeit	Staudruck	Name / Kennzeichen
3	3.4 bis 5.3 m/s	ca. 0.017 kN/m^2	schwache Brise / bewegt Blätter
6	9.9 bis 12.4 m/s	ca. 0.08 kN/m^2	starker Wind / bewegt starke Äste, heult
9	18.3 bis 21.5 m/s	ca. 0.25 kN/m^2	Sturm / bewegt lose Steine
12	ab 30 m/s	ab 0.5 kN/m^2	Orkan / bewegt schwere Gegenstände

34.0/7:   **Anglo-amerikanische Einheiten**

Größe	Einheit	Abkürzung	Umrechnung in SI-Einheit
Länge	inch	in	$1\,\text{in} = 0.0254\,\text{m}$
	foot	ft	$1\,\text{ft} = 12\,\text{in} = 0.3048\,\text{m}$
	yard	yd	$1\,\text{yd} = 3\,\text{ft} = 0.9144\,\text{m}$
	statute mile	mile	$1\,\text{mile} = 1760\,\text{yd} = 1609.34\,\text{m}$
	nautical mile	n mile	$1\,\text{n mile} = 1852\,\text{m}$
Fläche	square inch	in^2	$1\,\text{in}^2 = 6.452 \cdot 10^{-4}\,\text{m}^2$
	square foot	ft^2	$1\,\text{ft}^2 = 144\,\text{in}^2 = 0.0929\,\text{m}^2$
	square yard	yd^2	$1\,\text{yd}^2 = 9\,\text{ft}^2 = 0.8361\,\text{m}^2$
	square mile	mile^2	$1\,\text{mile}^2 = 2.59 \cdot 10^6\,\text{m}^2$
	acre	a	$1\,\text{a} = 4046.86\,\text{m}^2$
Volumen	cubic inch	in^3	$1\,\text{in}^3 = 1.63871 \cdot 10^{-5}\,\text{m}^3$
	cubic foot	ft^3	$1\,\text{ft}^3 = 0.02832\,\text{m}^3$
	cubic yard	yd^3	$1\,\text{yd}^3 = 0.76456\,\text{m}^3$
	gallon	gal	$1\,\text{gal} = 3.78541 \cdot 10^{-3}\,\text{m}^3$
	Registerton	RT	$1\,\text{RT} = 100\,\text{ft}^3 = 2.832\,\text{m}^3$
Geschwindigkeit	mile per hour	mph	$1\,\text{mph} = 1.609\,\text{km/h} = 0.447\,\text{m/s}$
Masse	grain	gr	$1\,\text{gr} = 6.4799 \cdot 10^{-5}\,\text{kg}$
	dram	dram	$1\,\text{dram} = 1.77184 \cdot 10^{-3}\,\text{kg}$
	ounce	oz	$1\,\text{oz} = 2.83495 \cdot 10^{-2}\,\text{kg}$
	pound	lb	$1\,\text{lb} = 0.45359\,\text{kg}$
	long hundredweight	long cwt	$1\,\text{long cwt} = 50.8023\,\text{kg}$
	short hundredweight	sh cwt	$1\,\text{sh cwt} = 45.3592\,\text{kg}$
	long ton	long tn	$1\,\text{long tn} = 1016.05\,\text{kg}$
	short ton	sh tn	$1\,\text{sh tn} = 907.185\,\text{kg}$
Druck	pound-force per square inch	lbf/in^2	$1\,\text{lbf in}^{-2} = 6.8947 \cdot 10^3\,\text{Pa}$
	pound-force per square foot	lbf/ft^2	$1\,\text{lbf ft}^{-2} = 47.88\,\text{Pa}$
	ton-force per square foot	tonf/ft^2	$1\,\text{tonf ft}^{-2} = 107.252 \cdot 10^3\,\text{Pa}$
Energie	foot pound-force	ft lbf	$1\,\text{ft lbf} = 1.3558\,\text{J}$
	British thermal unit	Btu	$1\,\text{Btu} = 1055.06\,\text{J}$
Leistung	horsepower	hp	$1\,\text{hp} = 745.7\,\text{W}$

Index

 *Weitere Titel aus unserem Verlagsprogramm*

H. Stöcker u.a.
DeskTop Mathematik
1996, Multiplattform-CD-ROM auf HTML-Basis, mit Animationen,
Hyperlinks und zahlreichen aufwendigen Grafiken,
DM 78,- unverb. Preisempf.
ISBN 3-8171-1489-3

„DeskTop Mathematik", die erste umfassende Multimedia-Mathematik-
Enzyklopädie, bietet schnellen Zugriff auf Tausende von mathematischen
Begriffen, Formeln, Regeln und Sätzen von der elementaren Schulmathematik
über Basis- zum Aufbauwissen (bis hin zur Informatik). Die CD-ROM wie
das zugrunde liegende „Taschenbuch mathematischer Formeln und moderner
Verfahren" von Prof. Horst Stöcker wurden für Studierende, Wissenschaftler
und Praktiker konzipiert.

„DeskTop Mathematik" ist als HTML-Dokument plattformübergreifend
nutzbar, das Medium ist damit eine zeitgemäße Lern- und Arbeitshilfe an PC,
Workstation oder Mac. Die durch Hyperlinks stark vernetzte HTML-Struktur
aus Text, Formeln, Farbgraphiken, Tabellen, Computerprogrammen und
QuickTime-Video-Animationen ermöglicht es, Mathematik interaktiv zu
begreifen.

Achtung ermäßigter Preis
CD -ROM und Taschenbuch
im Bundle statt DM 116,- nur
DM 98,- unverb. Preisempf.

 hades

I. N. Bronstein, K. A. Semendjajew,
G. Musiol, H. Mühlig
Taschenbuch der Mathematik
3., überarb. und erw. Aufl. 1997, 1.109 Seiten, Plastikeinband,
DM 58,-
ISBN 3-8171-2003-6
Dieses Werk ist im deutschsprachigen Raum für viele Studierende der Ingenieur-
und Naturwissenschaften ein unverzichtbares Buch geworden. Aber auch für
fertig ausgebildete Ingenieure und Naturwissenschaftler und weiter solche,
die mit Anwendungen der Mathematik zu tun haben, ist es ein wichtiger
Begleiter durch den Berufsalltag.
Nach nur zwei Jahren war die zweite, wesentlich erweiterte Auflage der
Neubearbeitung vergriffen. In der nun vorliegenden dritten Auflage wurden
einige Kapitel erweitert, im Detail ergänzt und zusätzliche Abschnitte aufgenommen. Das erprobte Standardwerk erfüllt thematisch und methodisch die
Erfordernisse der Zeit.

A. D. Poljanin, V. F. Sajzew
Sammlung gewöhnlicher Differentialgleichungen
1996, 271 Seiten, Plastikeinband,
DM 29,80
ISBN3-8171-1389-7
Ein Ergänzungsband zu „Bronstein u.a., Taschenbuch der Mathematik", der
den Stoff zum behandelten Thema erheblich erweitert.

H. Lutz, W. Wendt
Taschenbuch der Regelungstechnik
2., überarb. u. erw. Aufl. 1997, ca. 900 Seiten, Plastikeinband,
ca. DM 48,-
ISBN 3-8171-1552-0
Das Nachschlagewerk beinhaltet die Berechnung von einfachen Regelkreisen
mit Proportional-Elementen, von Regelkreisen im Zeit- und Frequenzbereich
bis zu digitalen Regelungen und Zustandsregelungen. Die Verfahren der
Zustandsregelung werden auf Probleme der Antriebstechnik angewendet. Die
2. Auflage ist um die Gebiete Fuzzy-Regler und die Programmier- und
Simulationssprache MATLAB erweitert.

R. Kories, H. Schmidt-Walter
Taschenbuch der Elektrotechnik
2., überarb. und erw. Aufl. 1995, 733 Seiten,
Plastikeinband, Stichwortverz. dt. - engl.,
DM 38,-
ISBN 3-8171-1412-5
Das Taschenbuch enthält die Gebiete Gleichstrom, elektrische und magnetische
Felder, Wechselstrom, Netzwerke bei veränderlichen Frequenzen, Signale
und Systeme, Analog- und Digitaltechnik, Stromversorgungen. Es ist für
Studenten hervorragend geeignetals rasch verfügbarer Informationspool für
Klausuren und Prüfungen, sicheres Hilfsmittel beim Lösen von Problemen
und Übungsaufgaben und ist auch für den Berufspraktiker ein kompaktes
Nachschlagewerk. Jedes Kapitel ist für sich eine selbständige Einheit und
enthält alle wichtigen Begriffe, Formeln, Regeln und Sätze sowie zahlreiche
Beispiele und Anwendungen.

T. Krist
Taschenbuch Technik und Technologie
1997, ca. 600 Seiten, zahlr. Abbildungen und Tabellen, Plastikeinband,
ca. DM 38,-
ISBN 3-8171-1391-9
In gestraffter Form werden u.a. die Gebiete Mathematik, Technische Physik,
Festigkeitslehre, Elektrotechnik, Wärmetechnik, ,Technische Stoffe, Maschi-
nenelemente und -teile, Steuer- und Regelungstechnik sowie Fertigungstechnik
behandelt. Formeln und umfangreiche Tabellen bereiten den Inhalt praxisgerecht
auf. Zusätzlich wird die Anwendung auf eigene Problemstellungen durch die
angeführten Beispiele erleichtert. Das Buch ist somit gut geeignet für die
technische Ausbildung und die Praxis.

W. Schröter, K.-H. Lautenschläger, H. Bibrack
Taschenbuch der Chemie
17., korr. Aufl. 1995, 858 Seiten, 115 Abb., 52 Tab. und 8 Tafeln, Plastikeinband,
DM 38,-
ISBN 3-8171-1472-9
Das Taschenbuch gliedert sich in die Hauptteile Allgemeine Chemie, Anor-
ganische Chemie und Organische Chemie. Diese werden ergänzt durch
Abschnitte über Sondergebiete, makromolekulare Werkstoffe und die Nomen-
klatur chemischer Verbindungen. Begriffe werden definiert, Gesetzmäßigkeiten
und Beziehungen hergeleitet, ihre Anwendung wird - vielfach an Hand von
Beispielen - erläutert.

Main process table

Zustandsänderung	Isothermer Prozeß T_{Pr} $\Delta T = 0,\ T = $ konst.	Isobarer Prozeß p_{Pr} $\Delta p = 0,\ p = $ konst.	Isochorer Prozeß V_{Pr} (Isovolume) $\Delta V = 0$ $V = $ konst.	Adiabatischer Proz. (Isentrope) S_{Pr} $\Delta Q = 0,\ S = $ konst.	Polytroper Prozeß $p \cdot V^n = $ konst.
Konstante	$pV,$	$V/T,$	$p/T,$		
Gesetz	$\dfrac{p_1}{p_2} = \dfrac{V_2}{V_1}$	$\dfrac{V_1}{V_2} = \dfrac{T_1}{T_2}$	$\dfrac{p_1}{p_2} = \dfrac{T_1}{T_2}$	$\dfrac{p_1}{p_2} = \left(\dfrac{V_2}{V_1}\right)^{\kappa}$	$\dfrac{p_1}{p_2} = \left(\dfrac{V_2}{V_1}\right)^{n}$
Polytropenexponent	$n = 1$	$n = 0$	$n = \infty$	$n = \kappa$	$n = n$
Inn. Energie $\Delta U = \Delta Q + \Delta W$	$\Delta U = 0$	$C_V(T_2 - T_1)$	$C_V(T_2 - T_1) = \Delta Q$	$C_V(T_2 - T_1) = \Delta W$	$C_V(T_2 - T_1)$
Wärmezufuhr $\Delta Q = C\Delta T$	$\Delta Q = -\Delta W$	$C_p(T_2 - T_1)$	$C_V(T_2 - T_1) = \Delta U$	$\Delta Q = 0$	$\dfrac{n-\kappa}{\kappa - 1} W = C_V \dfrac{n-\kappa}{n-1}(T_2 - T_1)$
aufgew. Gasarbeit $\Delta W = -\int p\,dV$	$p_1 V_1 \ln\left(\dfrac{V_2}{V_1}\right) = $ $p_1 V_1 \ln\left(\dfrac{p_1}{p_2}\right)$	$p(V_1 - V_2)$	$\Delta W = 0$	$\Delta W = \Delta U = \dfrac{p_2 V_2 - p_1 V_1}{\kappa - 1}$	$\dfrac{p_2 V_2 - p_1 V_1}{n - 1} = C_V \dfrac{\kappa - 1}{n - 1}(T_2 - T_1)$
techn. Arbeit $\Delta W_t = \int V\,dp$	$\Delta W_t = \Delta W$	$\Delta W_t = 0$	$V(p_2 - p_1)$	$\Delta W_t = \kappa \Delta W$	$\Delta W_t = n \Delta W$
Entropieänderung $\Delta S = \dfrac{\Delta Q}{T}$	$mR_s \ln\left(\dfrac{V_2}{V_1}\right) = \dfrac{W}{T}$ $\dfrac{V_2}{V_1} = \dfrac{p_1}{p_2},\ mR_s = \dfrac{pV}{T}$	$C_p \ln\left(\dfrac{T_2}{T_1}\right) = $ $C_p \left(\dfrac{V_2}{V_1}\right)$	$C_V \ln\left(\dfrac{T_2}{T_1}\right) = $ $C_V \left(\dfrac{p_2}{p_1}\right)$	$\Delta S = 0$	$C_V \dfrac{n-\kappa}{n-1} \ln\left(\dfrac{T_2}{T_1}\right)$

Thermodynamisches Potential

		Differential
Entropie	$S = -\dfrac{\partial F}{\partial T}\Big|_{V,N} = -\dfrac{\partial G}{\partial T}\Big|_{p,N}$	$\Delta S = \dfrac{\Delta Q}{T}$
innere Energie	$U = \dfrac{f}{2} n_{mol} RT = \dfrac{f}{2} m R_s T$	$dU = TdS - pdV$
freie Energie	$F = U - TS$	$dF = -pdV - SdT$
Enthalpie	$H = U + pV$	$dH = Vdp + TdS$
freie Enthalpie	$G = U + pV - TS$	$dG = Vdp - SdT$

Kreisprozeß	Schritte (Abk. s.oben)	Anwendung im ...System	Gleichgew.
Carnot	$T_{Pr} \to S_{Pr} \to T_{Pr} \to S_{Pr}$	abgeschlossenen isochoren	maximal
Stirling	$T_{Pr} \to V_{Pr} \to T_{Pr} \to V_{Pr}$	adiabatischen isochoren	minimal
Otto	$S_{Pr} \to V_{Pr} \to S_{Pr} \to V_{Pr}$	isothermen isochoren	minimal
Diesel	$S_{Pr} \to p_{Pr} \to S_{Pr} \to V_{Pr}$	adiabatischen isobaren	minimal
Joule	$S_{Pr} \to p_{Pr} \to S_{Pr} \to p_{Pr}$	isothermen isobaren	minimal
Ericsson	$T_{Pr} \to p_{Pr} \to T_{Pr} \to p_{Pr}$	isothermen isobaren	minimal

relative Atommasse (¹²...
***radioaktive**
(keine stabile Isotope be...)

Phase (unter Normalbedingungen)
- g Gas
- l Flüssigkeit
- m Metall
- fm Ferromagnetikum
- hm Halbmetall
- hl Halbleiter

Kristallstruktur
- k kubisch
- krz kubischraumzentriert
- kfz kubischflächenzentriert
- h hexagonal
- t tetragonal
- o orthorhombisch
- r rhomboedrisch
- m monoklin
- d Diamant
- o2 Sauerstoff Molekül

Beispiel: g h 1,00794 $_1$H $^{-1}$ 1 3(β⁻) 12,3 a Wasserstoff — Ordnungszahl, Name, Symbol, (wichtigste) Ox..., Wichtigst Zerfallsar Lebensda...

Periodensystem der Elemente

- g h | 1,00794 | $_1$H $^{-1}$ 1 | 3 (β⁻,γ) 12,3 a | Wasserstoff
- m krz | 6,941 | $_3$Li 1 | 8 (β⁻) 842 ms | Lithium
- m h | 9,012182 | $_4$Be 2 | 7 (ε,γ) 53 d | Beryllium
- m krz | 22,989768 | $_{11}$Na 1 | 22 (β⁺,γ) 2,6 a | Natrium
- m h | 24,3050 | $_{12}$Mg 2 | 28 (β⁻,γ) 21 h | Magnesium
- m krz | 39,0983 | $_{19}$K 1 | 42 (β⁻,γ) 12 h | Kalium
- m kfz | 40,078 | $_{20}$Ca 2 | 45 (β⁻) 163 d | Calcium
- m h | 44,955910 | $_{21}$Sc 2 | 46 (β⁻,γ) 84 d | Scandium
- m h | 47,88 | $_{22}$Ti 3 | 44 (ε,γ) 47,3 a | Titan
- m krz | 50,9415 | $_{23}$V 4 | 49 (ε) 330 d | Vanadium
- m krz | 51,9961 | $_{24}$Cr 3 | 51 (ε,γ) 28 d | Chrom
- m krz | 54,93805 | $_{25}$Mn 2 | 54 (ε,γ) 312 d | Mangan
- fm krz | 55,847 | $_{26}$Fe 2 | 59 (β⁻,γ) 45 d | Eisen
- fm h | 58,93320 | $_{27}$Co | 60 (β⁻,γ) 5,3 a | Cobalt
- m krz | 85,4678 | $_{37}$Rb 1 | 86 (β⁻,γ) 19 d | Rubidium
- m kfz | 87,62 | $_{38}$Sr 2 | 90 (β⁻) 28,5 a | Strontium
- m h | 88,90585 | $_{39}$Y 3 | 88 (ε,γ) 107 d | Yttrium
- m h | 91,224 | $_{40}$Zr 4 | 95 (β⁻,γ) 64 d | Zirconium
- m krz | 92,90638 | $_{41}$Nb 4 | 94 (β⁻,γ) 2 · 10⁴ a | Niob
- m krz | 95,94 | $_{42}$Mo 6 | 99 (β⁻,γ) 66 h | Molybdän
- m h | 96,9063* | $_{43}$Tc 4 | 99 (β⁻) 2,1 · 10⁵ a | Technetium
- m h | 101,07 | $_{44}$Ru 2 | 103 (β⁻,γ) 39 d | Ruthenium
- m kfz | 102,9055 | $_{45}$Rh 3 | 105 (β⁻,γ) 36 | Rhodium
- m krz | 132,90543 | $_{55}$Cs $^{-1}$ 1 | 137 (β⁻,γ) 30,2 a | Cäsium
- m krz | 137,327 | $_{56}$Ba 2 | 133 (ε,γ) 10,5 a | Barium
- m h | 138,9055 | $_{57}$La 3 | 140 (β⁻,γ) 40 h | Lanthan
- m kfz | 140,115 | $_{58}$Ce 4 | 141 (β⁻,γ) 33 d | Cer
- m h | 140,90765 | $_{59}$Pr 4 | 143 (β⁻) 14 d | Praseodym
- m h | 144,24 | $_{60}$Nd 3 | 147 (β⁻,γ) 11 d | Neodym
- m h | 146,9151* | $_{61}$Pm 3 | 147 (β⁻) 2,6 a | Promethium
- m krz | 150,36 | $_{62}$Sm 3 | 153 (β⁻,γ) 47 h | Samarium
- m krz | 151,965 | $_{63}$Eu | 152 (β⁻,γ) 13,3 | Europium
- m h | 178,49 | $_{72}$Hf 4 | 181 (β⁻,γ) 42 d | Hafnium
- m krz | 180,9479 | $_{73}$Ta 5 | 182 (β⁻,γ) 114 d | Tantal
- m krz | 183,84 | $_{74}$W 5 | 185 (β⁻) 75 d | Wolfram
- m h | 186,207 | $_{75}$Re 5 | 186 (β⁻,γ) 91 h | Rhenium
- m h | 190,23 | $_{76}$Os 4 | 185 (ε,γ) 94 d | Osmium
- m kfz | 192,22 | $_{77}$Ir | 192 (β⁻,γ) 74 | Iridium
- m krz | 223,0197* | $_{87}$Fr 1 | 223 (β⁻,γ) 22 m | Francium
- m krz | 226,0254* | $_{88}$Ra 2 | 226 (α,γ) 1600 a | Radium
- m kfz | 227,0278* | $_{89}$Ac 0 3 | 227 (β⁻) 21,8 a | Actinium
- m kfz | 232,0381* | $_{90}$Th 2 4 | 232 (α) 1,4 · 10¹⁰ a | Thorium
- m t | 231,0358* | $_{91}$Pa 4 5 | 231 (α,γ) 3,3 · 10⁴ a | Protactinium
- m o | 238,0289* | $_{92}$U 5 6 | 238 (α) 4,5 · 10⁹ a | Uran
- m o | 237,0482* | $_{93}$Np 4 5 | 237 (α,γ) 2,1 · 10⁶ a | Neptunium
- m m | 244,0642* | $_{94}$Pu 3 | 244 (α) 8,3 · 10⁷ a | Plutonium
- m | 243,0614* | $_{95}$Am | 243 (α,γ) 7370 | Americium
- ? | 261,1087* | $_{104}$Rf | 261 (α) 65 s | Rutherfordium
- ? | 262,1138* | $_{105}$Hn | 262 (α,sf) 34 s | Hahnium
- m? | 263,1182* | $_{106}$Unh | 263 (α,sf) 0,8 s | namenlos
- ? | 262,1229* | $_{107}$Ns | 262 (α) 0,1 s | Nielsbohrium
- ? | 265* | $_{108}$Hs | 265 (α) 2 ms | Hassium
- ? | 266* | $_{109}$Mt | 266 (α) 4 ms | Meitnerium

Große Biographien bei claassen

Felix Grayeff
Heinrich VIII.

Das Leben eines Königs. Schicksal eines Reiches
368 Seiten, 16 Seiten Abbildungen, gebunden

»Wenige historische Persönlichkeiten haben ein solches Maß an ›Unsterblichkeit‹ erreicht wie Heinrich VIII. von England. Aufgrund umfangreichen Quellenstudiums bringt Grayeff eine neue Deutung: Es waren politische Motive, keineswegs aber ›niedrige Gelüste‹, die Heinrich veranlaßten, sechsmal zu heiraten und zwei seiner Frauen aufs Schafott zu schicken. Die sechs Königinnen waren Werkzeuge in den Händen der Großen, der Lords, Kardinäle und Kanzler, die im Zeitalter der Glaubenskämpfe mit rücksichtsloser Härte um Einfluß und Macht kämpften.« *Welt am Sonntag*

Karl Heinz Wocker
Königin Victoria

560 Seiten, 22 Abbildungen,
davon 4 in Farbe, gebunden

»Obwohl das Buch breit als Zeitgeschichte angelegt ist, gelingt es Wocker immer wieder, den Charakter und die Psyche der Königin herauszuarbeiten. Sie ist für ihn mehr als die prüde, engstirnige Bürgersfrau auf dem Thron, als die sie oft dargestellt wurde. Er entdeckt an ihr Züge von Toleranz, von politischer Vernunft und von Verständnis für die neuen Entwicklungen ihrer Zeit.« *Süddeutsche Zeitung*

claassen Verlag, Postfach 9229, 4000 Düsseldorf 1